THE 개념 블랙라벨

체계적 개념 학습을 위한
Plus⁺ 기본서

Tomorrow
better than today

BLACK LABEL

공통수학 1

저자 이문호 하나고등학교

검토한 선생님
김성은 블랙박스수학과학전문학원
어수강 어수강수학학원
이원제 현대고등학교
정재호 온풀이수학학원
이정연 경기고등학교

검토한 선배님
김영현 서울대 자유전공학부
정지우 서울대 약학과
성준호 연세대 의예과
신정원 서울대 전기정보공학부
이현빈 서울대 의예과

기획·검토에 도움을 주신 선생님
강동운 이엠스쿨
강성철 목동일타수학학원
강슬기 위슬런학원
강연호 유투엠수학학원
강원택 탑시드영수학원
강장섭 강장섭수학전문학원
강향진 엠코드학원
고대원 분당더원학원
곽웅수 카르페영수학원
곽인영 더큰수학학원
구수영 수학인재양성소
권대중 PGANEO 학원
권석 IRC수학학원
권수지 AIM수학교습소
권순범 U2M수학하남신장캠퍼스
권오철 파스칼수학교습소
권지영 수학더채움학원
기미나 기쌤수학
기혜선 체리온탑수학영어학원
김건우 더매쓰수학학원
김경미 춘천페르마수학
김경진 경진수학학원다산점
김경철 분당서울수학학원
김규보 강동메리트학원
김나리 강남예일학원
김나영 이꼼수학
김도연 그릿수학학원
김동건 대치미래탐구영재특목센터
김동현 새봄수학학원
김리안 수리안학원
김명후 김명후수학학원
김문호 인천MTM수학
김미정 일등수학학원
김민수 대치원수학
김민재 계성고등학교
김병한 하이클래스수학학원
김복응 더브레인코어학원
김봉조 퍼스트클래스수학영어전문학원
김상한 UNK수학전문학원
김상호 김상호전주휴민고등수학
김선영 인사이트학원
김성진 미친수학전문학원
김수영 봉덕김쌤수학학원
김승아 김승아아샘수학
김승훈 하이스트염창관
김아영 뷰티풀마인드수학학원
김연주 목동쌤올림수학
김연진 수학메디컬센터
김영미 제로미수학
김영삼 퍼스트수학전문학원
김영숙 다산더원수학학원
김영숙 수플러스학원
김영태 일인주의학원
김우진 세종정진수학학원
김원대 메이블수학전문학원
김재훈 대치미래인학원
김정민 송파청어람수학원
김지선 수학전문순수
김지원 대치명인학원
김지현 엠코드수학과학학원
김지현 파스칼대덕학원
김진규 서울바움수학
김진식 대구경신고등학교
김진완 성일학원
김진우 잠실파인만학원
김창규 엠베스트SE 다산학원
김태성 광주북구김태성수학
김태완 제주콤수학학원
김태학 평택드림에듀학원
김태화 김태화수학학원
김태환 대구로고스수학학원
김하늘 역경패도수학전문
김현정 H-Math
김호원 분당원수학학원
김희수 수학의아침이매프리미엄관
노현주 수성수학교습소
도미나 필즈더클래식남양주다산센터
류세정 피톤치드수학학원
류희주 상동고등학교
맹우영 매트릭스수학학원
문상경 수아일체수학학원
문용근 올림수학
문재웅 수학의공간
민병인 예산고등학교
박경 강장섭수학전문학원
박경란 박경란수학교습소
박기석 천지명장학원
박대희 실전수학
박도솔 도솔샘수학
박동민 울산동지수학과학전문학원
박동수 헤세드입시학원
박동진 더힐링수학
박미옥 목포폴리아학원
박산성 Venn수학
박서정 더강한수학전문학원
박성정 대치마녀수학
박세미 수학의시작
박소영 수이학원
박수준 수준영재수학학원
박승남 일등수학교실
박연지 상승에듀
박우용 이룸학원
박주영 에픽수학
박주현 장훈고등학교
박준현 의성H-secret수학학원
박천진 천진수학
박홍식 연세수학원
배정연 제이엔씨수학학원
배태익 스키마아카데미
백경주 수학의아침
백낙구 백구수학

BLACKLABEL

백은아 동탄함께하는수학학원
백재용 대구남산고등학교
변재호 변재호수학학원
서경도 보승수학study
서동욱 FM최강수학학원
서미란 파이데이아학원
서수연 수학전문순수학원
서승우 천안담다수학
서용준 와이제이학원
서원준 잠실시그마수학학원
서유니 우방수학
서지은 JE수학전문학원
설성희 설쌤수학
손성준 미사강변스마트해법수학
손예지 수학전문일비충천
손윤미 생각하는아이들학원
송규성 하이클래스학원
송예석 미래탐구중계영재센터
송지연 아이비리그어학원데칼트수학
신은숙 마곡펜타곤학원
심혜림 별고을교육원
양우석 강의하는아이들
양은정 해법수학학원
양재우 최상위수학학원
양정환 인스쿨입시학원
양철웅 무결수학학원
양형준 대들보수학
어성웅 어쌤수학학원
엄지희 티포인트에듀학원
엄초이 분당파인만학원
여득환 기찬수학전문학원
오경진 마법수학학원
오윤지 유캔수학
오재홍 대전오르고수학학원
원영숙 잠실자유자재학원
유광근 역촌파머스영어수학학원
유상미 호크마수학학원
유승구 다산코시수학학원
유현수 수학당
윤인영 브레인수학
윤정혜 아주즐거운보습학원
이가영 마루수학국어학원
이근영 매스마스터수학전문학원
이기섭 다른수학학원
이나경 에스엔에듀,델타학원
이동만 중계아르케EDM수학전문학원
이명진 한솔플러스수학학원
이민호 토마도수학과학학원
이병문 광명최강수학학원
이상호 원리비법수학학원
이성우 라티오수학학원
이세복 경기퍼스널수학학원
이수동 이수동부천E&T수학전문학원
이수현 하이매쓰수학교습소
이승훈 이승훈수학
이옥열 구포해오름단과학원
이용희 주성박미숙수학학원
이유림 수학의아침
이윤주 와이제이수학
이은경 베리타스영수학원
이은경 이은경더쌤수학학원
이은정 창조국제기독학교
이재광 생존학원
이재호 PGA오목관
이정미 수자인스마트해법수학
이정희 MNM팬덤학원
이종문 이종문수학학원
이종환 이꼼수학
이준호 최상위수학학원
이진주 분당원수학학원
이태구 서강수학학원
이태형 가토수학과학학원
이학송 뷰티풀마인드수학학원
이현희 폴리아에듀
이홍우 홍샘수학학원
이희경 썸수학교습소
임맑은 이지매쓰수학학원
임병수 모티브에듀학원
임상혁 생각하는두꺼비
장광덕 동탄의수학학원
장병훈 로운수학
장성훈 미독수학
장세완 장선생수학학원
장지식 피큐브아카데미
장태식 라이징수학학원
장태희 오르다수학
전우진 인사이트수학학원
전원 강남한국학원
전진우 플랜지에듀학원
정경애 수투수학학원
정다원 광주인성고등학교
정명근 정명근 중계동 토브수학학원
정민호 스테듀입시학원
정승민 덕이고등학교
정용재 성영재수학전문학원
정원경 봉동해법수학
정인혁 수학과통하다학원
정지흠 목동PGANEO
정진경 하우투쏠수학학원
정충현 구주이배수학학원
정화진 진화수학학원
정효석 최상위하다수학학원
조경순 조쌤수학학원
조민아 러닝트리학원
조승진 서울대조승진수학교습소
조영민 정석수학풍동학원
조인상 임기세수학학원
조지연 나음에듀케이션학원
주진돈 평촌메가스터디학원
지정경 분당가인아카데미
지정화 이룸수학학원
차현정 일등급영재수학학원
채규보 뉴파인반포본원
채상훈 서울광성고등학교
최광현 수지일비충전
최명희 MH수학클리닉학원
최미란 STL스카이학원
최영준 이지수학전문학원
최용재 필에듀입시학원
최용희 대치명인학원
최원석 고려대최쌤
최유미 분당파인만학원
최현정 MQ멘토수학
하윤석 거제정금학원
한광훈 행당뉴스터디학원
한명석 아드폰테스
한정엽 최상위수학학원
함영호 함영호고등수학전문클럽
함주호 함쌤학원
현제윤 정명수학
황가영 루나수학
황상미 수학대가
황하남 과학수학의봄날학원
황혜현 현선생수학

초판1쇄 2024년 4월 1일

펴낸이 신원근

펴낸곳 ㈜진학사 블랙라벨부

기획편집 윤하나 유효정 홍다솔 김지민 최지영 김대현

디자인 이지영

마케팅 박세라

주소 서울시 종로구 경희궁길 34

학습 문의 booksupport@jinhak.com

영업 문의 02 734 7999

팩스 02 722 2537

출판 등록 제 300-2001-202호

이 책의 동영상 강의 사이트 강남구청 인터넷수능방송

WWW.**JINHAK**.COM

THE 개념 블랙라벨

공통수학 1

BLACKLABEL

If you only do what you can do,
you'll never be more than you are now.
You don't even know who you are.

집 필 방 향

교육과정에서 다루는 모든 내용 수록

빈출 문제에 적용 가능한 실전 개념 수록

학습 내용의 체계적 정리

수학에 자신감이 생기는 단계적 학습 구성

시험 대비 가능한 최신 기출문제 수록

이 책을 펴내면서

"어떻게 하면 수학을 잘 할 수 있나요?"

20여 년간 만났던 제자와 학부모님들께 항상 들었던 질문입니다. "열심히 하면 돼."라고 답하는 것으로 책임을 면하기에는 많은 학생들이 수학 문제집과 씨름하고 잠을 줄이면서까지 열심히 하고 있습니다. 이러한 질문은 몇몇 요행을 바라는 학생의 질문일 수도 있지만 대부분 열심히 하는 것만으로는 해결할 수 없는 답답함을 토로하는 말들입니다. 이 책은 그 답답함에 대해 고민하고 만들어낸 저의 진심 어린 대답입니다.

"문제를 많이 풀어야 할까요?" "어떤 문제집이 좋은가요?"

정말 문제를 많이 풀면, 아니면 어떤 특정한 문제집을 사서 풀면 실력이 쭉쭉 올라가는 희열을 느낄 수 있을까요? 문제 풀이는 자신이 학습한 개념을 정확히 이해하고 있는지 스스로 확인하는 과정인 동시에, 수학적 사고력을 키우는 과정이기도 합니다. 문제 풀이는 '개념 이해'의 검증을 바탕으로 합니다. 그러니 당연히 개념을 탄탄하게 쌓지 않은 채 문제 풀이에만 집중한다면 작은 파도에도 쉽게 휩쓸리는 모래성을 쌓는 것에 불과할 것입니다. 풀지 못한 문제의 해설을 보며 '이해했다'라는 착각에 빠져 오늘도 '열심히' 모래성을 쌓고 있을지도 모르는 학생들에게 '개념 학습'의 중요성을 말해주고 싶습니다.

'어떤 일이든 때가 있다'는 말은 수학을 학습할 때도 해당이 됩니다. '어떤 문제집을 선택하는 것이 좋을까?'라는 고민을 하고 있다면 '나의 개념 확립은 확실히 되어 있나'를 먼저 짚어보고 그렇지 않다면 개념을 잘 학습할 수 있는 교재를 선정하여 차근차근 자신의 실력을 쌓아가야 합니다. 개념을 제대로 이해하지 못하고 문제풀이만 반복적으로 한다면 사상누각(砂上樓閣)과 다를 바 없습니다.

2022 개정 교육과정을 맞이하여 벌써 네 번째 교과서를 집필하면서 수학 교과서에 무엇을 담아야 할까 진지하게 고민하며 함께한 교수님과 선생님들의 의지까지 담아 개념서를 만들어 보자고 생각했습니다. 그렇게 만들어진 **더 개념 블랙라벨**은 개념, 원리, 법칙을 이해하기 쉽게 설명한 '기본 개념'과 함께 '통합 개념', '심화 개념'까지 포함하고 있는 확장된 개념 학습서입니다. 또한 개념 학습 이후 교과서에서도 다루고 있는 기본 유형과 학생들이 실제 시험에서 자주 마주치게 될 필수 유형, 사고력을 확장시킬 수 있는 발전 문제까지 수록하여 자신의 수준에 맞는 문제를 선택할 수 있도록 구성하였습니다.

끝으로 이 책이 세상의 빛을 볼 수 있도록 도와주신 진학사 대표님, 좋은 책을 만들기 위한 일념으로 애쓴 편집부 직원들, 부족한 책의 완성도를 높이기 위해 꼼꼼히 검토한 동료 선생님들, 그리고 바쁜 학사일정 중에도 기꺼이 자신의 일처럼 검토에 참여한 제자들에게 깊은 감사의 마음을 전하며 이 책을 통해 함께 할 여러분을 응원하겠습니다.

이 문 호

이 책의
구성과 특징

개념 학습

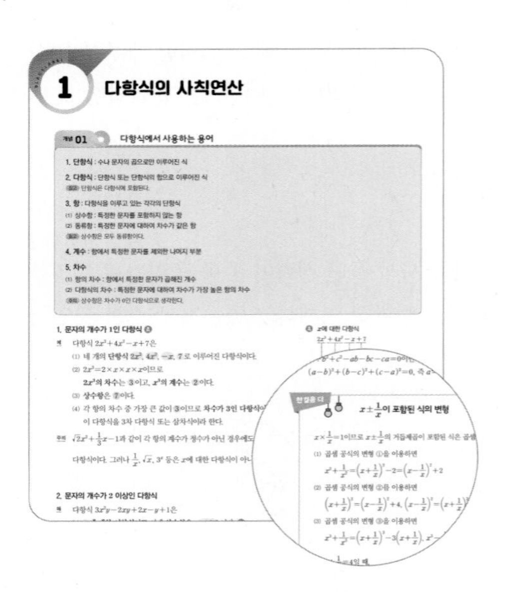

개념 정리

각 단원을 소주제로 분류하여 반드시 알아야 할 주요 내용 및 공식을 정리하였습니다.

개념 설명

개념 정리 내용을 **예**와 **설명**, **증명** 등을 통해 개념을 명확히 이해할 수 있도록 하였습니다. 또한, 추가적으로 알아 두면 좋은 **참고**와 **주의**를 삽입하고 Tip을 링크하여 더 꼼꼼하게 학습을 할 수 있도록 하였습니다.

한 걸음 더

교육 과정 외에도 실전 문제 해결에 도움이 되는 확장된 개념을 제시하여 수학적 사고력을 높일 수 있도록 하였습니다.

유형 학습

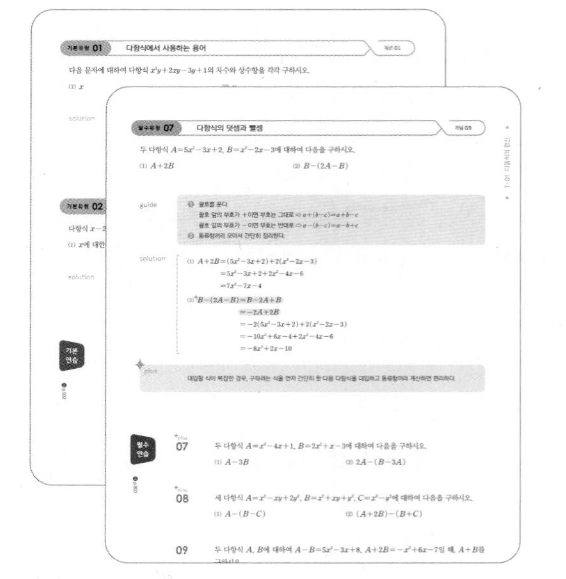

기본유형

앞에서 배운 개념을 바로 적용할 수 있도록 꼭 알아야 할 교과서적인 기본 문제를 수록하였습니다.

필수유형

최신 기출 경향을 반영한 빈출 유형을 삽입하여 시험 대비를 위한 학습이 가능하도록 하였습니다.

Guide 유형 해결을 위한 단계를 정리하였습니다.

Solution 유형 문제의 구체적인 해결 방법을 제시하였습니다.

plus 해당 유형을 푸는 데 필요한 Tip을 수록하였습니다.

기본연습 및 유형연습

기본유형 및 필수유형에서 학습한 내용을 연습할 수 있는 유사 문제 및 유형 확장 문제를 실어 반복하여 학습할 수 있도록 하였습니다.

마무리 학습

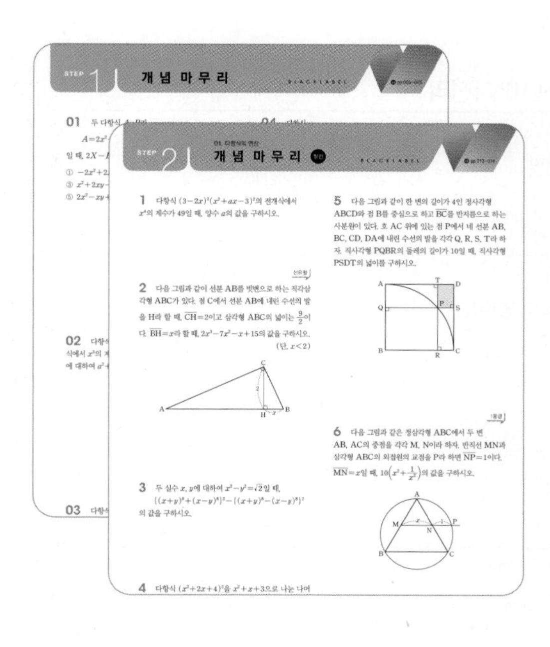

STEP 2 01. 다항식의 연산 개념 마무리 BLACKLABEL

1 다항식 $(3-2x)^2(x^2+ax-3)^2$의 전개식에서 x^4의 계수가 49일 때, 양수 a의 값을 구하시오.

신유형

2 다음 그림과 같이 선분 AB를 빗변으로 하는 직각삼각형 ABC가 있다. 점 C에서 선분 AB에 내린 수선의 발을 H라 할 때, $\overline{CH}=2$이고 삼각형 ABC의 넓이는 $\frac{9}{2}$이다. $\overline{BH}=x$라 할 때, $2x^3-7x^2-x+15$의 값을 구하시오. (단, $x<2$)

3 두 실수 x, y에 대하여 $x^2-y^2=\sqrt{2}$일 때,
$\{(x+y)^8+(x-y)^8\}^2-\{(x+y)^8-(x-y)^8\}^2$
의 값을 구하시오.

4 다항식 $(x^2+2x+4)^3$을 x^2+x+3으로 나눈 나머

5 다음 그림과 같이 한 변의 길이가 4인 정사각형 ABCD와 점 B를 중심으로 하고 $\overline{BC}$를 반지름으로 하는 사분원이 있다. 호 AC 위에 있는 점 P에서 네 선분 AB, BC, CD, DA에 내린 수선의 발을 각각 Q, R, S, T라 하자. 직사각형 PQBR의 둘레의 길이가 10일 때, 직사각형 PSDT의 넓이를 구하시오.

1등급

6 다음 그림과 같은 정삼각형 ABC에서 두 변 AB, AC의 중점을 각각 M, N이라 하자. 반직선 MN과 삼각형 ABC의 외접원의 교점을 P라 하면 $\overline{NP}=1$이다. $\overline{MN}=x$일 때, $10\left(x^2+\frac{1}{x^2}\right)$의 값을 구하시오.

STEP 1 개념 마무리

각 단원의 개념을 완벽하게 이해하고 제대로 학습하였는지 점검할 수 있도록 하였습니다.

STEP 2 개념 마무리(발전)

STEP 1의 문제보다 높은 수준의 문제 또는 통합형 문제를 제공하여 사고력을 키우고, 실력을 향상시킬 수 있도록 하였습니다.

서술형 & 신유형 & 1등급

단원별로 서술형으로 자주 나오는 문항, 새롭게 등장한 문항, 고난도 문항을 표시하여 연습할 수 있도록 하였습니다.

정답과 해설

I. 다항식

01. 다항식의 연산

① 다항식의 사칙연산

기본+필수연습

01 (1) 차수 : 4, 상수항 : y^2+4
(2) 차수 : 3, 상수항 : $3x^4+4$
02 (1) $4y^2x^3+(3y^2+1)x-y^2-2y+1$
(2) $x+1-2y+(4x^3+3x-1)y^2$
03 (1) $A+B=3x^3-6x^2-4x-3$, $A-B=-x^3+4x+7$
(2) $A+B=4x^2+xy+3y^2$, $A-B=-2x^2-3xy+5y^2$
04 (1) $-15x^3+11x^2-2x$
(2) $6x^3-5x^2y+6xy^2+8y^3$
05 (1) 몫 : x^2-x+2, 나머지 : -2
(2) 몫 : $4x+1$, 나머지 : $4x+1$
06 x^3-2x^2+3
07 (1) $-5x^2-7x+10$ (2) $3x^2-21x+8$
08 (1) x^2-2xy (2) x^2+4y^2
09 x^2+3x-2 10 (1) 12 (2) 5
11 -42 12 6 13 $2x-1$ 14 11
15 4

01

(1) x에 대한 최고차항은 $3x^4$이므로 차수는 4이고, 상수항은 y^2+4이다.
(2) y에 대한 최고차항은 y^3이므로 차수는 3이고, 상수항은 $3x^4+4$이다.

답 (1) 차수 : 4, 상수항 : y^2+4
(2) 차수 : 3, 상수항 : $3x^4+4$

(2) 다항식 $4x^3y^2+3xy^2-y^2+x-2y+1$을 y에 대한 오름차순으로 정리하면
$x+1-2y+(4x^3+3x-1)y^2$

답 (1) $4y^2x^3+(3y^2+1)x-y^2-2y+1$
(2) $x+1-2y+(4x^3+3x-1)y^2$

03

(1) $A+B=(x^3-3x^2+2)+(2x^3-3x^2-4x-5)$
$=(1+2)x^3+(-3-3)x^2-4x+(2-5)$
$=3x^3-6x^2-4x-3$
$A-B=(x^3-3x^2+2)-(2x^3-3x^2-4x-5)$
$=(1-2)x^3+(-3+3)x^2+4x+(2+5)$
$=-x^3+4x+7$
(2) $A+B=(x^2-xy+4y^2)+(3x^2+2xy-y^2)$
$=(1+3)x^2+(-1+2)xy+(4-1)y^2$
$=4x^2+xy+3y^2$
$A-B=(x^2-xy+4y^2)-(3x^2+2xy-y^2)$
$=(1-3)x^2+(-1-2)xy+(4+1)y^2$
$=-2x^2-3xy+5y^2$

답 (1) $A+B=3x^3-6x^2-4x-3$, $A-B=-x^3+4x+7$
(2) $A+B=4x^2+xy+3y^2$, $A-B=-2x^2-3xy+5y^2$

04

(1) $(5x^2-2x)(-3x+1)$
$=5x^2(-3x+1)-2x(-3x+1)$
$=-15x^3+5x^2+6x^2-2x$
$=-15x^3+11x^2-2x$
(2) $(2x^2-3xy+4y^2)(3x+2y)$

빠른 정답

답을 빠르게 확인하고, 채점할 수 있도록 하였습니다.

자세한 풀이

풀이 과정을 자세하게 제공하여 풀이를 보는 것만으로도 문제 해결 방안이 바로 이해될 수 있도록 하였습니다.

다른 풀이

더 쉽고, 빠르게 풀 수 있는 다른 풀이를 제공하여 다양한 사고를 할 수 있도록 하였습니다.

보충 설명

풀이에서 사용하고 있는 개념이나 Tip 등을 제공하여 문제 풀이에 도움이 되도록 하였습니다.

이 책의 차례

I 다항식

II 방정식과 부등식

III 경우의 수

IV 행렬

틀을
깨는
생각

Shoot for the moon

and if you miss,

you will still be among the stars.

달을 향해 쏴라.

달을 놓치더라도 당신은 여전히 별들 사이에 있을 것이다.

... 레스 브라운(Les Brown)

I
다항식

01 다항식의 연산 | 02 항등식과 나머지정리 | 03 인수분해

BLACKLABEL

1 다항식의 사칙연산

개념 01  다항식에서 사용하는 용어

1. 단항식 : 수나 문자의 곱으로만 이루어진 식

2. 다항식 : 단항식 또는 단항식의 합으로 이루어진 식

참고 단항식은 다항식에 포함된다.

3. 항 : 다항식을 이루고 있는 각각의 단항식

(1) 상수항 : 특정한 문자를 포함하지 않는 항

(2) 동류항 : 특정한 문자에 대하여 차수가 같은 항

참고 상수항은 모두 동류항이다.

4. 계수 : 항에서 특정한 문자를 제외한 나머지 부분

5. 차수

(1) 항의 차수 : 항에서 특정한 문자가 곱해진 개수

(2) 다항식의 차수 : 특정한 문자에 대하여 차수가 가장 높은 항의 차수

주의 상수항은 차수가 0인 다항식으로 생각한다.

1. 문자의 개수가 1인 다항식 Ⓐ

예 다항식 $2x^3+4x^2-x+7$은

(1) 네 개의 **단항식** $2x^3$, $4x^2$, $-x$, 7로 이루어진 다항식이다.

(2) $2x^3=2\times x\times x\times x$이므로

$2x^3$의 차수는 3이고, **x^3의 계수**는 2이다.

(3) **상수항**은 7이다.

(4) 각 항의 차수 중 가장 큰 값이 3이므로 **차수가 3인 다항식**이다.

이 다항식을 3차 다항식 또는 삼차식이라 한다.

주의 $\sqrt{2}x^2+\frac{1}{3}x-1$과 같이 각 항의 계수가 정수가 아닌 경우에도 x에 대한 다항식이다. 그러나 $\frac{1}{x}$, $\sqrt{x}$, 3^x 등은 x에 대한 다항식이 아니다.

2. 문자의 개수가 2 이상인 다항식

예 다항식 $3x^2y-2xy+2x-y+1$은

(1) **x에 대한 이차식**이고 이때 **상수항**은 $-y+1$이다. Ⓑ
$3yx^2-(2y-2)x-y+1$

(2) **y에 대한 일차식**이고 이때 **상수항**은 $2x+1$이다.
$(3x^2-2x-1)y+2x+1$

(3) x에 대한 다항식으로 볼 때, $-2xy$, $2x$는 **동류항**이고,

y에 대한 다항식으로 볼 때, $3x^2y$, $-2xy$, $-y$는 **동류항**이다. Ⓒ

Ⓐ x에 대한 다항식

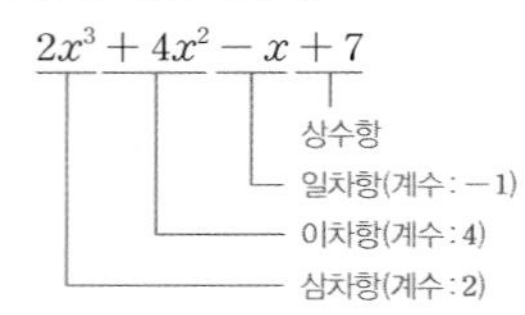

Ⓑ x에 대한 최고차항의 차수와 계수

$3x^2y$가 x에 대한 단항식일 때, x^2의 계수는 $3y$이고 x에 대한 이차식이다.

Ⓒ 변수에 따른 동류항

x를 변수로 생각하면 $-2xy$, $2x$는 모두 x에 대한 일차식이므로 동류항이다.

개념 02 다항식의 정리

1. 내림차순으로 정리

다항식을 한 문자에 대하여 차수가 높은 항부터 낮은 항의 순서로 나타낸다.

참고 특별한 언급이 없으면 다항식은 보통 내림차순으로 정리한다.

2. 오름차순으로 정리

다항식을 한 문자에 대하여 차수가 낮은 항부터 높은 항의 순서로 나타낸다.

다항식에서 문자가 많으면 읽기 힘들기 때문에 보기 좋도록 순서를 바꾸거나 동류항끼리 모아서 나타내는데, 이를 '**다항식을 정리한다.**'고 한다.

예 다항식 $3x^2+2xy+y^2-x-5$를

(1) x**에 대하여 내림차순으로 정리**하면 $3x^2+(2y-1)x+y^2-5$이다.

(2) y**에 대하여 내림차순으로 정리**하면 $y^2+2xy+3x^2-x-5$이다.

개념 03 다항식의 덧셈과 뺄셈

1. 다항식의 덧셈과 뺄셈

(i) 괄호가 있으면 괄호를 푼다.

(ii) 한 문자에 대하여 내림차순으로 정리한다.

(iii) 동류항끼리 모아서 간단히 정리한다.

2. 다항식의 덧셈에 대한 성질

세 다항식 A, B, C에 대하여

(1) 교환법칙 : $A+B=B+A$

(2) 결합법칙 : $(A+B)+C=A+(B+C)$

참고 $(A+B)+C$, $A+(B+C)$에서 괄호를 생략하여 $A+B+C$로 나타내기도 한다.

두 다항식 A, B에 대하여 $A+B$는 각 항을 동류항끼리 모은 후 더하고, $A-B$는 B의 각 항의 부호를 바꾼 후 더한다. D E

예 다항식 $A=3x^2-2x$, $B=x^2-4x+6$에 대하여 $A+B$, $A-B$를 다음과 같이 계산할 수 있다.

$$\begin{aligned}A+B&=(3x^2-2x)+(x^2-4x+6)\\&=3x^2+x^2-2x-4x+6 \quad \text{(교환법칙)}\\&=(3x^2+x^2)+(-2x-4x)+6 \quad \text{(결합법칙)}\\&=4x^2-6x+6\end{aligned}$$

$$\begin{aligned}A-B&=(3x^2-2x)-(x^2-4x+6)\\&=3x^2-2x-x^2+4x-6 \quad \text{(교환법칙)}\\&=3x^2-x^2-2x+4x-6 \quad \text{(결합법칙)}\\&=(3x^2-x^2)+(-2x+4x)-6\\&=2x^2+2x-6\end{aligned}$$

D $\boldsymbol{A-B=A+(-B)}$

$-B$는 다항식 B의 각 항의 부호를 바꾼 것이다.

E 다항식 $\boldsymbol{A}$와 $\boldsymbol{kA}$ (단, $\boldsymbol{k}$는 실수)

kA는 다항식 A의 각 항에 실수 k를 곱한 것이다.

개념 04 지수법칙

a, b가 실수이고, m, n이 자연수일 때,

(1) $a^m \times a^n = a^{m+n}$

(2) $(a^m)^n = a^{mn}$

(3) $(ab)^m = a^m b^m$

(4) $a^m \div a^n = \begin{cases} a^{m-n} & (m>n) \\ 1 & (m=n) \\ \dfrac{1}{a^{n-m}} & (m<n) \end{cases}$ (단, $a \neq 0$)

(5) $\left(\dfrac{b}{a}\right)^n = \dfrac{b^n}{a^n}$ (단, $a \neq 0$)

예1 $3x^2y^5 \times (-2xy^3)^2 = 3x^2y^5 \times 4x^2y^6$

$= 12x^{2+2}y^{5+6} = 12x^4y^{11}$

예2 $3x^2y^5 \div (-2xy^3)^2 = \dfrac{3x^2y^5}{4x^2y^6} = \dfrac{3}{4y}$

개념 05 다항식의 곱셈

1. 다항식의 곱셈

(i) 지수법칙과 분배법칙을 이용하여 전개한다.

(ii) 동류항끼리 모아서 간단히 정리한다.

2. 다항식의 곱셈에 대한 성질

세 다항식 A, B, C에 대하여

(1) 교환법칙 : $AB=BA$

(2) 결합법칙 : $(AB)C=A(BC)$

참고 $(AB)C$, $A(BC)$에서 괄호를 생략하여 ABC로 나타내기도 한다.

(3) 분배법칙 : $A(B+C)=AB+AC$, $(A+B)C=AC+BC$

다항식의 곱셈에서는 지수법칙과 분배법칙을 이용하여 괄호를 먼저 풀고 동류항끼리 정리하여 하나의 다항식으로 나타낸다. Ⓐ

예

$(x-5)(3x+2) = \underset{①}{3x^2} \underset{②}{+2x} \underset{③}{-15x} \underset{④}{-10}$ ← 분배법칙을 이용한다.

$= 3x^2 - 13x - 10$ ← 동류항끼리 모아서 간단히 한다.

이와 같이 다항식의 곱셈에서 괄호를 풀어 하나의 다항식으로 만드는 것을 '**다항식을 전개한다.**'고 하고, 전개하여 얻은 식을 **전개식**이라 한다.

주의 분배법칙을 써서 다항식을 전개할 때, 예의 ①, ②, ③, ④와 같이 순서를 정하여 계산하면 실수를 피할 수 있다.

Ⓐ **수의 곱셈과 다항식의 곱셈**

수의 곱셈처럼 다항식의 곱셈도

(1) 위치를 바꾸어 곱하거나 (교환법칙)

(2) 순서를 바꾸어 곱할 수 있다. (결합법칙)

개념 06 다항식의 나눗셈

1. 다항식의 나눗셈

(i) 각각의 다항식을 내림차순으로 정리한다.

(ii) 차수를 맞추어 자연수의 나눗셈과 같은 방법으로 계산한다. ← 나머지의 차수가 나누는 식의 차수보다 낮을 때까지 계산한다.

2. 다항식의 나눗셈에 대한 등식

다항식 A를 다항식 B $(B\neq0)$로 나눈 몫을 Q, 나머지를 R이라 하면

$A=BQ+R$ (단, (R의 차수)<(B의 차수))

특히 $R=0$, 즉 $A=BQ$이면 'A는 B로 나누어떨어진다.'고 한다.

$$\begin{array}{r|l} & Q\text{ (몫)} \\ \hline B & A \\ & BQ \\ \hline & R\text{ (나머지)}\end{array}$$

참고 Q는 몫을 뜻하는 quotient의 첫 글자이고 R은 나머지를 뜻하는 remainder의 첫 글자이다.

1. 다항식의 나눗셈

다항식을 다항식으로 나눌 때에는 우선 각 다항식을 내림차순으로 정리한 후, 자연수의 나눗셈에서 자릿수를 맞추어 계산하는 것처럼 다항식의 각 항의 차수를 맞추어 계산한다. Ⓑ

예 다항식 x^3+x^2-2를 $x+2$로 나누면 다음과 같다. Ⓒ

$$\begin{array}{r}
x^2-x+2 \quad \leftarrow \text{몫} \\
x+2\,\big)\,\overline{x^3+x^2-2} \\
x^3+2x^2 \quad \leftarrow (x+2)\times x^2 \\
\hline
-x^2-2 \\
-x^2-2x \quad \leftarrow (x+2)\times(-x) \\
\hline
2x-2 \\
2x+4 \quad \leftarrow (x+2)\times 2 \\
\hline
-6 \quad \leftarrow \text{나머지}
\end{array}$$

$\Rightarrow x^3+x^2-2$
$=(x+2)(x^2-x+2)-6$

Ⓑ 계수가 0인 항은 그 자리를 비워 두고 계산한다.

Ⓒ **계수만을 이용한 다항식의 나눗셈**

$$\begin{array}{r}
1\quad -1\quad\ \ 2 \\
1\ \ 2\,\big)\,\overline{1\quad\ \ 1\quad\ \ 0\quad -2} \\
1\quad\ \ 2 \\
\hline
-1\quad\ \ 0\quad -2 \\
-1\quad -2 \\
\hline
2\quad -2 \\
2\quad\ \ 4 \\
\hline
-6
\end{array}$$

2. 다항식의 나눗셈에 대한 등식

다항식 $f(x)$를 $g(x)$ $(g(x)\neq0)$로 나눈 몫을 $Q(x)$, 나머지를 $R(x)$라 하면

$f(x)=g(x)Q(x)+R(x)$ Ⓓ

특히 $R(x)=0$이면 '$f(x)$는 $g(x)$로 나누어떨어진다.'고 한다.

이때 자연수의 나눗셈에서 나머지가 나누는 수보다 작은 것처럼 다항식의 나눗셈에서는 나머지의 차수가 나누는 식의 차수보다 작아야 한다. 즉,

($R(x)$의 차수)<($g(x)$의 차수)

(1) $g(x)$가 일차식이면 $R(x)=a$ (상수)

(2) $g(x)$가 이차식이면 $R(x)=ax+b$ (일차식 이하)

(3) $g(x)$가 삼차식이면 $R(x)=ax^2+bx+c$ (이차식 이하)

(단, (1), (2), (3)에서 a, b, c는 상수) Ⓔ

예 다항식 $P(x)$를 x^2-5로 나눈 몫이 $x+2$, 나머지가 3이면

$P(x)=(x^2-5)(x+2)+3=(x^3+2x^2-5x-10)+3$
$=x^3+2x^2-5x-7$

Ⓓ **다항식의 나눗셈에서의 차수**

($f(x)$의 차수)
$=$($g(x)$의 차수)$+$($Q(x)$의 차수)

Ⓔ $R(x)$의 차수가 $g(x)$의 차수보다 작기만 하면 되므로 세 상수 a, b, c의 값으로 각각 0도 가능하다.

기본유형 01 다항식에서 사용하는 용어

개념 01

다음 문자에 대하여 다항식 $x^3y+2xy-3y+1$의 차수와 상수항을 각각 구하시오.

(1) x (2) y

solution

(1) 각 항 중에서 x에 대한 차수가 가장 큰 항이 x^3y이므로
차수는 3이고, 상수항은 $-3y+1$이다.

(2) 각 항 중에서 y에 대한 차수가 가장 큰 항이 x^3y, $2xy$, $-3y$이므로
차수는 1이고, 상수항은 1이다.

기본유형 02 다항식의 정리

개념 02

다항식 $x-2x^2-8+5x^3$을 다음과 같이 정리하시오.

(1) x에 대한 내림차순 (2) x에 대한 오름차순

solution

(1) 주어진 다항식을 x에 대한 내림차순으로 정리하면 $5x^3-2x^2+x-8$이다.

(2) 주어진 다항식을 x에 대한 오름차순으로 정리하면 $-8+x-2x^2+5x^3$이다.

기본 연습

정답 p.002

01 다음 문자에 대하여 다항식 $2xy^2+3x^4+4-x^2y+y^3$의 차수와 상수항을 구하시오.

(1) x (2) y

02 다항식 $4x^3y^2+3xy^2-y^2+x-2y+1$을 다음과 같이 정리하시오.

(1) x에 대한 내림차순 (2) y에 대한 오름차순

기본유형 03 다항식의 덧셈과 뺄셈

개념 03

두 다항식 A, B에 대하여 $A=2x^2-4xy+y^2$, $B=x^2+xy-3y^2$일 때, 다음을 계산하시오.

(1) $A+B$

(2) $A-B$

solution

(1) $A+B=(2x^2-4xy+y^2)+(x^2+xy-3y^2)$
$=(2+1)x^2+(-4+1)xy+(1-3)y^2$
$=3x^2-3xy-2y^2$

$$\begin{array}{rr} & 2x^2-4xy+y^2 \\ +) & x^2+xy-3y^2 \\ \hline & 3x^2-3xy-2y^2 \end{array}$$

(2) $A-B=(2x^2-4xy+y^2)-(x^2+xy-3y^2)$
$=2x^2-4xy+y^2-x^2-xy+3y^2$
$=(2-1)x^2+(-4-1)xy+(1+3)y^2$
$=x^2-5xy+4y^2$

$$\begin{array}{rr} & 2x^2-4xy+y^2 \\ -) & x^2+xy-3y^2 \\ \hline & x^2-5xy+4y^2 \end{array}$$

기본유형 04 다항식의 곱셈

개념 04+05

다음 식을 전개하시오.

(1) $(x+1)(x^2-x-1)$

(2) $(x^2-2xy+y)(x-3y)$

solution

(1) $(x+1)(x^2-x-1)=x(x^2-x-1)+(x^2-x-1)$
$=x^3-x^2-x+x^2-x-1$
$=x^3-2x-1$

(2) $(x^2-2xy+y)(x-3y)=x^2(x-3y)-2xy(x-3y)+y(x-3y)$
$=x^3-3x^2y-2x^2y+6xy^2+xy-3y^2$
$=x^3-5x^2y+6xy^2+xy-3y^2$

기본 연습

해 p.002

03 다음 두 다항식 A, B에 대하여 $A+B$와 $A-B$를 각각 계산하시오.

(1) $A=x^3-3x^2+2$, $B=2x^3-3x^2-4x-5$

(2) $A=x^2-xy+4y^2$, $B=3x^2+2xy-y^2$

04 다음 식을 전개하시오.

(1) $(5x^2-2x)(-3x+1)$

(2) $(2x^2-3xy+4y^2)(3x+2y)$

기본유형 05 다항식의 나눗셈

개념 04+06

다음 나눗셈의 몫과 나머지를 구하시오.

(1) $(2x^2-x+3)\div(2x+1)$

(2) $(4x^3-3x+12)\div(x^2+2x-3)$

solution

(1)

$$\begin{array}{r} x-1 \\ 2x+1\,\overline{)\,2x^2-x+3} \\ \underline{2x^2+x} \\ -2x+3 \\ \underline{-2x-1} \\ 4 \end{array}$$

따라서 $2x^2-x+3$을 $2x+1$로 나눈 몫은 $x-1$이고 나머지는 4이다.

(2)

$$\begin{array}{r} 4x-8 \\ x^2+2x-3\,\overline{)\,4x^3-3x+12} \\ \underline{4x^3+8x^2-12x} \\ -8x^2+9x+12 \\ \underline{-8x^2-16x+24} \\ 25x-12 \end{array}$$

따라서 $4x^3-3x+12$를 x^2+2x-3으로 나눈 몫은 $4x-8$이고 나머지는 $25x-12$이다.

기본유형 06 다항식의 나눗셈에 대한 등식

개념 06

다항식 $f(x)$를 $x+1$로 나눈 몫이 x^2-x+2이고 나머지가 2일 때, $f(x)$를 구하시오.

solution

다항식 $f(x)$를 $x+1$로 나눈 몫이 x^2-x+2, 나머지가 2이므로

$f(x)=(x+1)(x^2-x+2)+2=x(x^2-x+2)+(x^2-x+2)+2$

$=x^3-x^2+2x+x^2-x+2+2=x^3+x+4$

기본 연습

p.003

05 다음 나눗셈의 몫과 나머지를 구하시오.

(1) $(3x^3-2x^2+5x)\div(3x+1)$

(2) $(4x^3+5x^2-3x-1)\div(x^2+x-2)$

06 다항식 $f(x)$를 x^2-x+1로 나눈 몫이 $x-1$이고 나머지가 $-2x+4$일 때, $f(x)$를 구하시오.

필수유형 07 다항식의 덧셈과 뺄셈

개념 03

두 다항식 $A=5x^2-3x+2$, $B=x^2-2x-3$에 대하여 다음을 구하시오.

(1) $A+2B$ (2) $B-(2A-B)$

guide

❶ 괄호를 푼다.
괄호 앞의 부호가 $+$이면 부호는 그대로 ⇨ $a+(b-c)=a+b-c$
괄호 앞의 부호가 $-$이면 부호는 반대로 ⇨ $a-(b-c)=a-b+c$
❷ 동류항끼리 모아서 간단히 정리한다.

solution

(1) $A+2B=(5x^2-3x+2)+2(x^2-2x-3)$
$=5x^2-3x+2+2x^2-4x-6$
$=7x^2-7x-4$

(2) $B-(2A-B)=B-2A+B$
$=-2A+2B$
$=-2(5x^2-3x+2)+2(x^2-2x-3)$
$=-10x^2+6x-4+2x^2-4x-6$
$=-8x^2+2x-10$

plus

대입할 식이 복잡한 경우, 구하려는 식을 먼저 간단히 한 다음 다항식을 대입하고 동류항끼리 계산하면 편리하다.

필수 연습

p.003

plus
07 두 다항식 $A=x^2-4x+1$, $B=2x^2+x-3$에 대하여 다음을 구하시오.

(1) $A-3B$ (2) $2A-(B-3A)$

plus
08 세 다항식 $A=x^2-xy+2y^2$, $B=x^2+xy+y^2$, $C=x^2-y^2$에 대하여 다음을 구하시오.

(1) $A-(B-C)$ (2) $(A+2B)-(B+C)$

09 두 다항식 A, B에 대하여 $A-B=5x^2-3x+8$, $A+2B=-x^2+6x-7$일 때, $A+B$를 구하시오.

필수유형 08 다항식의 곱셈

개념 05

다항식 $(x^3+x^2-2x+3)(-3x^3+2x^2-x+4)$의 전개식에서 다음을 구하시오.

(1) x^2의 계수

(2) x^3의 계수

guide

❶ 전개식에서 특정 항의 계수를 구할 때는 필요한 항만 계산한다.

(1) 이차항의 계수를 구할 때,
(이차항)×(상수항), (일차항)×(일차항), (상수항)×(이차항)만 찾아서 구한다.

(2) 삼차항의 계수를 구할 때,
(삼차항)×(상수항), (이차항)×(일차항), (일차항)×(이차항), (상수항)×(삼차항)만 찾아서 구한다.

❷ 동류항의 계수를 모두 더한다.

solution

(1) $(x^3+x^2-2x+3)(-3x^3+2x^2-x+4)$의 전개식에서 x^2항이 나오는 경우는

$x^2\times4,\ (-2x)\times(-x),\ 3\times2x^2$

의 세 가지이다. 즉, x^2항은

$4x^2+2x^2+6x^2=12x^2$

따라서 x^2의 계수는 12이다.

(2) $(x^3+x^2-2x+3)(-3x^3+2x^2-x+4)$의 전개식에서 x^3항이 나오는 경우는

$x^3\times4,\ x^2\times(-x),\ (-2x)\times2x^2,\ 3\times(-3x^3)$

의 네 가지이다. 즉, x^3항은

$4x^3-x^3-4x^3-9x^3=-10x^3$

따라서 x^3의 계수는 -10이다.

필수 연습

p.004

10 다항식 $(x^4+2x^3+3x^2+4x+5)(4x^3-3x^2+2x-1)$의 전개식에서 다음을 구하시오.

(1) x^3의 계수

(2) x^6의 계수

11 다항식 $(x-3y-2)(x+ay+b)$의 전개식에서 xy의 계수와 y의 계수가 모두 4일 때, 두 상수 a, b에 대하여 ab의 값을 구하시오.

12 다항식 $(1+x+x^2+\cdots+x^{100})^2$의 전개식에서 x^5의 계수를 구하시오.

필수유형 09 다항식의 나눗셈

개념 06

다항식 $2x^3+x^2+3x+1$을 이차식 $f(x)$로 나눈 몫이 $2x-1$, 나머지가 $2x+2$일 때, $f(x)$를 구하시오.

guide

❶ 다항식 $f(x)$를 $g(x)$ $(g(x)\neq 0)$로 나눈 몫을 $Q(x)$, 나머지를 $R(x)$라 하면

$f(x)=g(x)Q(x)+R(x)$ (단, ($R(x)$의 차수)$<$($g(x)$의 차수))

❷ 다항식의 나눗셈은 수의 나눗셈과 같은 방법으로 직접 나눈다.

solution

$2x^3+x^2+3x+1=f(x)(2x-1)+2x+2$이므로

$(2x-1)f(x)=2x^3+x^2+3x+1-(2x+2)$

$=2x^3+x^2+x-1$

즉, $f(x)$는 $2x^3+x^2+x-1$을 $2x-1$로 나눈 몫이다.

따라서 직접 나눗셈을 하면 오른쪽과 같으므로

$f(x)=x^2+x+1$

$$\begin{array}{r|l} & x^2+x+1 \\ \hline 2x-1 & 2x^3+x^2+x-1 \\ & 2x^3-x^2 \\ \hline & \quad 2x^2+x \\ & \quad 2x^2-x \\ \hline & \qquad 2x-1 \\ & \qquad 2x-1 \\ \hline & \qquad\quad 0 \end{array}$$

plus

$f(x)=g(x)Q(x)+R(x)$ $(g(x)Q(x)\neq 0)$에서 $f(x)-R(x)=g(x)Q(x)$

⇨ (1) $f(x)-R(x)$를 $g(x)$로 나눈 몫은 $Q(x)$이다.

(2) $f(x)-R(x)$를 $Q(x)$로 나눈 몫은 $g(x)$이다.

필수 연습

해 pp.004~005

13 (plus) 다항식 $4x^3-3x-5$를 일차식 $f(x)$로 나눈 몫이 $2x^2+x-1$, 나머지가 -6일 때, $f(x)$를 구하시오.

14 다항식 $3x^3+5x+a$를 x^2+x+1로 나눈 나머지가 $5x+14$일 때, 상수 a의 값을 구하시오.

15 다항식 $f(x)$를 x^3-x^2+2x로 나눈 나머지는 x^2+ax+3이고, x^2-x+2로 나눈 나머지는 $4x+b$이다. 이때 두 상수 a, b에 대하여 $a+b$의 값을 구하시오.

01 두 다항식 A, B가

$$A=2x^2+6xy+2y^2,\ B=-\frac{1}{2}x^2+2xy+y^2$$

일 때, $2X-B=A-5B$를 만족시키는 다항식 X는?

① $-2x^2+2xy-y^2$ ② $x^2-2xy+y^2$
③ $x^2+2xy-2y^2$ ④ $2x^2-xy-y^2$
⑤ $2x^2-xy+2y^2$

02 다항식 $(2x^2+ax+1)(-2x^2+bx+3)$의 전개식에서 x^3의 계수와 x^2의 계수가 모두 6이다. 두 상수 a, b에 대하여 a^2+b^2의 값을 구하시오.

03 다항식 $(x+3)(x+2)(x-1)(x-2)$의 전개식에서 x^2의 계수와 x의 계수의 합을 구하시오.

04 다항식

$$(1+2x)^2+(1+2x+3x^2)^2$$

의 전개식에서 x^2의 계수를 구하시오.

05 다항식 A를 $x+2$로 나눈 몫이 x^2-2이고 나머지가 3이다. 다항식 A를 x^2+1로 나눈 몫을 $Q(x)$, 나머지를 $R(x)$라 할 때, $Q(2)+R(3)$의 값을 구하시오.

06 다항식 $f(x)$를 $3x^2-x+1$로 나눈 나머지가 $3x+8$일 때, $x^2f(x)$를 $3x^2-x+1$로 나눈 나머지를 구하시오.

곱셈 공식

개념 07 공통부분이 있는 다항식의 전개

1. 공통부분이 있는 경우 : 공통부분을 한 문자로 치환하여 전개한다.

2. ( )( )( )( ) 꼴인 경우 : 공통부분이 생기도록 두 개씩 묶어서 전개한 후, 공통부분을 한 문자로 치환하여 전개한다.

주의 치환한 문자에 원래의 식을 대입하여 정리한다.

예1 $(x+y-z)(x+y+z)$에서 $x+y=X$로 놓으면

$(x+y-z)(x+y+z)=(X-z)(X+z)$

$=X^2-z^2=(x+y)^2-z^2$ ← 반드시 원래의 식을 다시 대입하여 정리한다.

$=x^2+2xy+y^2-z^2$

예2 $(x+1)(x+2)(x+3)(x+4)=\{(x+1)(x+4)\}\{(x+2)(x+3)\}$ Ⓐ (2+3=5, 1+4=5)

$=(x^2+5x+4)(x^2+5x+6)$

에서 $x^2+5x=X$로 놓으면

(주어진 식)$=(X+4)(X+6)=X^2+10X+24$

$=(x^2+5x)^2+10(x^2+5x)+24$ ← 반드시 원래의 식을 다시 대입하여 정리한다.

$=x^4+10x^3+35x^2+50x+24$

Ⓐ 일차항의 계수가 1인 네 일차식의 곱으로 이루어진 사차식에서 상수항의 합이 같도록 두 개씩 묶어서 각각 전개하면 일차항의 계수가 서로 같은 이차식을 얻을 수 있다.

개념 08 곱셈 공식

① $(a+b)^2=a^2+2ab+b^2$, $(a-b)^2=a^2-2ab+b^2$

② $(a+b)(a-b)=a^2-b^2$

③ $(x+a)(x+b)=x^2+(a+b)x+ab$

④ $(ax+b)(cx+d)=acx^2+(ad+bc)x+bd$

⑤ $(a+b+c)^2=a^2+b^2+c^2+2ab+2bc+2ca$

⑥ $(a+b)^3=a^3+3a^2b+3ab^2+b^3$, $(a-b)^3=a^3-3a^2b+3ab^2-b^3$

⑦ $(a+b)(a^2-ab+b^2)=a^3+b^3$, $(a-b)(a^2+ab+b^2)=a^3-b^3$

⑧ $(x+a)(x+b)(x+c)=x^3+(a+b+c)x^2+(ab+bc+ca)x+abc$

⑨ $(a+b+c)(a^2+b^2+c^2-ab-bc-ca)=a^3+b^3+c^3-3abc$

⑩ $(a^2+ab+b^2)(a^2-ab+b^2)=a^4+a^2b^2+b^4$

특별한 형태의 다항식의 곱을 전개할 때, 다항식의 곱셈에 대한 성질과 곱셈 공식을 이용하면 편리하다.

참고 여러 개의 문자가 포함된 복잡한 다항식의 곱셈을 전개할 때, 다음과 같이 정리하면 알아보기 편하다.

(1) 문자의 알파벳 순서 지키기 : $ab+ac+cb$ ⇨ $ab+bc+ca$

(2) 기준이 되는 문자에 대하여 내림차순으로 정리하기 : $3x-y+x^2$ ⇨ x^2+3x-y

곱셈 공식 ①~④는 이미 중학교에서 배웠으므로 곱셈 공식 ⑤~⑩의 좌변을 분배법칙, 교환법칙, 결합법칙을 이용하여 전개해 보자.

증명 ⑤ $(a+b+c)^2=\{(a+b)+c\}^2$

$=(a+b)^2+2(a+b)c+c^2$

$=a^2+2ab+b^2+2ac+2bc+c^2$

$=a^2+b^2+c^2+2ab+2bc+2ca$ Ⓐ

⑥ $(a+b)^3=(a+b)^2(a+b)$

$=(a^2+2ab+b^2)(a+b)$

$=a^3+a^2b+2a^2b+2ab^2+ab^2+b^3$

$=a^3+3a^2b+3ab^2+b^3$ Ⓐ

같은 방법으로 $(a-b)^3=a^3-3a^2b+3ab^2-b^3$ Ⓐ Ⓑ

⑦ $(a+b)(a^2-ab+b^2)=a^3-a^2b+ab^2+a^2b-ab^2+b^3$

$=a^3+b^3$

같은 방법으로 $(a-b)(a^2+ab+b^2)=a^3-b^3$

⑧ $(x+a)(x+b)(x+c)$

$=(x^2+ax+bx+ab)(x+c)$

$=x^3+cx^2+ax^2+acx+bx^2+bcx+abx+abc$

$=x^3+(a+b+c)x^2+(ab+bc+ca)x+abc$

⑨ $(a+b+c)(a^2+b^2+c^2-ab-bc-ca)$

$=a^3+ab^2+ac^2-a^2b-abc-a^2c+a^2b+b^3+bc^2-ab^2-b^2c$

$-abc+a^2c+b^2c+c^3-abc-bc^2-ac^2$

$=a^3+b^3+c^3-3abc$

⑩ $(a^2+ab+b^2)(a^2-ab+b^2)=\{(a^2+b^2)+ab\}\{(a^2+b^2)-ab\}$

$=(a^2+b^2)^2-(ab)^2$

$=a^4+2a^2b^2+b^4-a^2b^2$

$=a^4+a^2b^2+b^4$

Ⓐ 공통인수로 묶어서 나타낸 경우

⑤ $(a+b+c)^2$
$=a^2+b^2+c^2+2(ab+bc+ca)$

⑥ $(a+b)^3=a^3+3ab(a+b)+b^3$,
$(a-b)^3=a^3-3ab(a-b)-b^3$

Ⓑ $(a-b)^3$의 전개

$(a-b)^3=\{a+(-b)\}^3$으로 생각하여 전개할 수 있다.

개념 09 곱셈 공식의 변형

① $a^2+b^2=(a+b)^2-2ab=(a-b)^2+2ab$

② $(a+b)^2=(a-b)^2+4ab$, $(a-b)^2=(a+b)^2-4ab$

③ $a^3+b^3=(a+b)^3-3ab(a+b)$, $a^3-b^3=(a-b)^3+3ab(a-b)$

④ $a^2+b^2+c^2=(a+b+c)^2-2(ab+bc+ca)$

⑤ $a^2+b^2+c^2-ab-bc-ca=\frac{1}{2}\{(a-b)^2+(b-c)^2+(c-a)^2\}$

$a^2+b^2+c^2+ab+bc+ca=\frac{1}{2}\{(a+b)^2+(b+c)^2+(c+a)^2\}$

⑥ $a^3+b^3+c^3=(a+b+c)(a^2+b^2+c^2-ab-bc-ca)+3abc$

개념08의 곱셈 공식에서 적당히 이항하여 다음과 같이 변형할 수 있다.

증명 ① 곱셈 공식 $(a+b)^2=a^2+2ab+b^2$, $(a-b)^2=a^2-2ab+b^2$에서

$a^2+b^2=(a+b)^2-2ab=(a-b)^2+2ab$

② 곱셈 공식의 변형 ①에서 $(a+b)^2-2ab=(a-b)^2+2ab$이므로

$(a+b)^2=(a-b)^2+4ab$, $(a-b)^2=(a+b)^2-4ab$

⑤ $a^2+b^2+c^2-ab-bc-ca$

$=\frac{1}{2}(2a^2+2b^2+2c^2-2ab-2bc-2ca)$

$=\frac{1}{2}\{(a^2-2ab+b^2)+(b^2-2bc+c^2)+(c^2-2ca+a^2)\}$

$=\frac{1}{2}\{(a-b)^2+(b-c)^2+(c-a)^2\}$

같은 방법으로

$a^2+b^2+c^2+ab+bc+ca=\frac{1}{2}\{(a+b)^2+(b+c)^2+(c+a)^2\}$

예 $a+b=4$, $ab=2$일 때,

$a^2+b^2=(a+b)^2-2ab=4^2-2\times2=12$ ← 곱셈 공식의 변형 ①

$a^3+b^3=(a+b)^3-3ab(a+b)=4^3-3\times2\times4=40$ ← 곱셈 공식의 변형 ③

참고 $a^2+b^2+c^2-ab-bc-ca=0$이면 곱셈 공식의 변형 ⑤에 의하여

$(a-b)^2+(b-c)^2+(c-a)^2=0$, 즉 $a=b=c$이다. Ⓒ

Ⓒ **$a^3+b^3+c^3=3abc$인 경우**

$a^3+b^3+c^3=3abc$이면 곱셈 공식의 변형 ⑥에 의하여

$(a+b+c)\times(a^2+b^2+c^2-ab-bc-ca)=0$

이어야 하므로

$a+b+c=0$ 또는 $a=b=c$

한걸음 더

$x\pm\frac{1}{x}$이 포함된 식의 변형

기본유형 12

$x\times\frac{1}{x}=1$이므로 $x\pm\frac{1}{x}$의 거듭제곱이 포함된 식은 곱셈 공식의 변형을 이용하여 다음과 같이 나타낼 수 있다.

(1) 곱셈 공식의 변형 ①을 이용하면

$x^2+\frac{1}{x^2}=\left(x+\frac{1}{x}\right)^2-2=\left(x-\frac{1}{x}\right)^2+2$

(2) 곱셈 공식의 변형 ②를 이용하면

$\left(x+\frac{1}{x}\right)^2=\left(x-\frac{1}{x}\right)^2+4$, $\left(x-\frac{1}{x}\right)^2=\left(x+\frac{1}{x}\right)^2-4$

(3) 곱셈 공식의 변형 ③을 이용하면

$x^3+\frac{1}{x^3}=\left(x+\frac{1}{x}\right)^3-3\left(x+\frac{1}{x}\right)$, $x^3-\frac{1}{x^3}=\left(x-\frac{1}{x}\right)^3+3\left(x-\frac{1}{x}\right)$

예 $x+\frac{1}{x}=4$일 때,

$x^2+\frac{1}{x^2}=\left(x+\frac{1}{x}\right)^2-2=4^2-2=14$

$x^3+\frac{1}{x^3}=\left(x+\frac{1}{x}\right)^3-3\left(x+\frac{1}{x}\right)=4^3-3\times4=52$

기본유형 10 곱셈 공식

개념 08

곱셈 공식을 이용하여 다음 식을 전개하시오.

(1) $(4a-b)(4a+b)$

(2) $(5x+7)(2x-1)$

(3) $(4x-y-3z)^2$

(4) $(x+2y)^3$

(5) $(x+3)(x^2-3x+9)$

(6) $(x+1)(x+2)(x-3)$

(7) $(x-y+2z)(x^2+y^2+4z^2+xy+2yz-2zx)$

(8) $(4x^2+2xy+y^2)(4x^2-2xy+y^2)$

solution

(1) $(4a-b)(4a+b)=(4a)^2-b^2=16a^2-b^2$

(2) $(5x+7)(2x-1)=(5\times2)x^2+\{5\times(-1)+7\times2\}x+7\times(-1)=10x^2+9x-7$

(3) $(4x-y-3z)^2=(4x)^2+(-y)^2+(-3z)^2+2\times4x\times(-y)+2\times(-y)\times(-3z)+2\times(-3z)\times4x$
$=16x^2+y^2+9z^2-8xy+6yz-24zx$

(4) $(x+2y)^3=x^3+3\times x^2\times2y+3\times x\times(2y)^2+(2y)^3=x^3+6x^2y+12xy^2+8y^3$

(5) $(x+3)(x^2-3x+9)=x^3+3^3=x^3+27$

(6) $(x+1)(x+2)(x-3)=x^3+(1+2-3)x^2+\{1\times2+2\times(-3)+(-3)\times1\}x+1\times2\times(-3)$
$=x^3-7x-6$

(7) $(x-y+2z)(x^2+y^2+4z^2+xy+2yz-2zx)=x^3+(-y)^3+(2z)^3-3\times x\times(-y)\times2z$
$=x^3-y^3+8z^3+6xyz$

(8) $(4x^2+2xy+y^2)(4x^2-2xy+y^2)=(2x)^4+(2x)^2\times y^2+y^4=16x^4+4x^2y^2+y^4$

기본 연습

16 곱셈 공식을 이용하여 다음 식을 전개하시오.

(1) $(2a-3b)(2a+3b)$

(2) $(2x+5)(3x-4)$

(3) $(a-b+1)^2$

(4) $(2a-3)^3$

(5) $(a-2b)(a^2+2ab+4b^2)$

(6) $(a-2)(a+4)(a-6)$

(7) $(a+2b-2c)(a^2+4b^2+4c^2-2ab+4bc+2ca)$

(8) $(a^2+3ab+9b^2)(a^2-3ab+9b^2)$

답 pp.006~007

기본유형 11 곱셈 공식의 변형

개념 09

$x+y=5$, $xy=2$일 때, 다음 식의 값을 구하시오.

(1) x^2+y^2 (2) $(x-y)^2$ (3) x^3+y^3

solution

(1) $x^2+y^2=(x+y)^2-2xy=5^2-2\times2=21$

(2) $(x-y)^2=(x+y)^2-4xy=5^2-4\times2=17$

(3) $x^3+y^3=(x+y)^3-3xy(x+y)=5^3-3\times2\times5=95$

기본유형 12 $x\pm\frac{1}{x}$이 포함된 식의 변형

한 걸음 더

$x+\frac{1}{x}=5$일 때, 다음 식의 값을 구하시오.

(1) $x^2+\frac{1}{x^2}$ (2) $x^3+\frac{1}{x^3}$

solution

(1) $x^2+\frac{1}{x^2}=\left(x+\frac{1}{x}\right)^2-2=5^2-2=23$

(2) $x^3+\frac{1}{x^3}=\left(x+\frac{1}{x}\right)^3-3\left(x+\frac{1}{x}\right)=5^3-3\times5=110$

기본 연습

해설 p.007

17 $a-b=-6$, $ab=12$일 때, 다음 식의 값을 구하시오.

(1) a^2+b^2 (2) $(a+b)^2$ (3) a^3-b^3

18 $a^2+\frac{1}{a^2}=14$일 때, 다음 식의 값을 구하시오. (단, $a>0$)

(1) $a+\frac{1}{a}$ (2) $a^3+\frac{1}{a^3}$

필수유형 13 공통부분이 있는 다항식의 전개

개념 07

다음 식을 전개하시오.

(1) $(x^2+x-3)(x^2+x-7)$　　(2) $(x-3)(x-1)(x+2)(x+4)$

guide

❶ 공통부분이 없다면 생기도록 전개한다.
( )( )( )( ) 꼴의 경우, 공통부분이 생기도록 두 개씩 묶어서 전개한다.
❷ 공통부분을 한 문자로 생각하여 치환한 후, 전개한다.
❸ 치환한 문자에 원래의 식을 대입하여 정리한다.

solution

(1) $x^2+x=X$로 놓으면

$(x^2+x-3)(x^2+x-7)=(X-3)(X-7)$
$=X^2-10X+21$
$=(x^2+x)^2-10(x^2+x)+21$ ← $X=x^2+x$를 대입하여 전개한다.
$=x^4+2x^3+x^2-10x^2-10x+21$
$=x^4+2x^3-9x^2-10x+21$

(2) $(x-3)(x-1)(x+2)(x+4)=\{(x-1)(x+2)\}\{(x-3)(x+4)\}$ ← 상수항의 합이 같도록 묶는다.
$=(x^2+x-2)(x^2+x-12)$

$x^2+x=X$로 놓으면

(주어진 식)$=(X-2)(X-12)$
$=X^2-14X+24$
$=(x^2+x)^2-14(x^2+x)+24$ ← $X=x^2+x$를 대입하여 전개한다.
$=x^4+2x^3+x^2-14x^2-14x+24$
$=x^4+2x^3-13x^2-14x+24$

필수 연습

pp.007~008

19 다음 식을 전개하시오.

(1) $(2x^2+5x-3)(2x^2-5x-3)$　　(2) $(x-7)(x-3)(x+1)(x+5)$

20 다항식 $(2a+b-c)(2a-b+c)$를 전개하시오.

21 다항식 $(2x-1)(2x+1)(2x+3)(2x+5)$의 전개식에서 x^2의 계수를 구하시오.

필수유형 14 곱셈 공식

개념 08

다음 식을 전개하시오.

(1) $(x-1)(x+1)(x^2+1)(x^4+1)$

(2) $(x+y+z)^2+(x-y+z)^2+(x-y-z)^2$

(3) $(x+2)^3(x-2)^3$

(4) $(x^2-y^2)(x^2-xy+y^2)(x^2+xy+y^2)$

guide

1. 곱셈 공식을 이용하여 식을 전개한다.
2. 다항식의 정리의 기본 원칙에 따라 정리하여 쓴다.
3. 적합한 곱셈 공식이 생각나지 않으면 분배법칙을 이용하여 전개할 수도 있다.

solution

(1) $\underline{(x-1)(x+1)}(x^2+1)(x^4+1)=\underline{(x^2-1)(x^2+1)}(x^4+1)$ ← 곱셈 공식 $(a+b)(a-b)=a^2-b^2$을 순서대로 적용한다.

$=\underline{(x^4-1)(x^4+1)}=x^8-1$

(2) $(x+y+z)^2+(x-y+z)^2+(x-y-z)^2$

$=x^2+y^2+z^2+2xy+2yz+2zx+x^2+y^2+z^2-2xy-2yz+2zx+x^2+y^2+z^2-2xy+2yz-2zx$

$=3x^2+3y^2+3z^2-2xy+2yz+2zx$

(3) $(x+2)^3(x-2)^3=\{(x+2)(x-2)\}^3$ ← $(x+2)^3$, $(x-2)^3$을 각각 전개한 후 곱하는 것보다 계산이 간단하다.

$=(x^2-4)^3$

$=(x^2)^3-3\times(x^2)^2\times4+3\times x^2\times4^2-4^3$

$=x^6-12x^4+48x^2-64$

(4) $(x^2-y^2)(x^2-xy+y^2)(x^2+xy+y^2)=\{(x+y)(x^2-xy+y^2)\}\{(x-y)(x^2+xy+y^2)\}$

$=(x^3+y^3)(x^3-y^3)=x^6-y^6$

다른 풀이

(4) $(x^2-y^2)(x^2-xy+y^2)(x^2+xy+y^2)=(x^2-y^2)(x^4+x^2y^2+y^4)$

$=(x^2)^3-(y^2)^3=x^6-y^6$

필수 연습

p.008

22 다음 식을 전개하시오.

(1) $(a-\sqrt{2})(a+\sqrt{2})(a^2+2)(a^4+4)$

(2) $(a-b+1)^2+(a+b-1)^2+(a-b-1)^2$

(3) $(a-2b)^3(a+2b)^3$

(4) $(a-1)(a+2)(a^2+a+1)(a^2-2a+4)$

23 다항식 $(1-x)(1+x+x^2)(1+x^3+x^6)(1+x^9)$을 전개하시오.

24 $x^4=8$, $y^4=\sqrt{3}$일 때, $(x-\sqrt{2}y)(x+\sqrt{2}y)(x^2+2y^2)(x^4+4y^4)$의 값을 구하시오.

필수유형 15 곱셈 공식의 변형(1) 개념 09

다음을 구하시오.

(1) $a+b=2$, $a^2+b^2=6$일 때, a^4+b^4의 값

(2) $x^2-3x+1=0$일 때, $x^3+2x^2+\frac{2}{x^2}+\frac{1}{x^3}$의 값

guide

❶ 다음 곱셈 공식의 변형을 이용하여 $a+b$, ab를 포함한 식으로 변형한다.
① $a^2+b^2=(a+b)^2-2ab=(a-b)^2+2ab$
② $(a+b)^2=(a-b)^2+4ab$, $(a-b)^2=(a+b)^2-4ab$
③ $a^3+b^3=(a+b)^3-3ab(a+b)$, $a^3-b^3=(a-b)^3+3ab(a-b)$
❷ $a+b$, ab의 값을 대입하여 주어진 식의 값을 구한다.

solution

(1) $a^2+b^2=(a+b)^2-2ab$에서 $6=2^2-2ab$, $2ab=-2$
즉, $ab=-1$이므로
$a^4+b^4=(a^2+b^2)^2-2a^2b^2=6^2-2\times(-1)^2=34$

(2) $x^2-3x+1=0$에서 $x\neq0$이므로 양변을 x로 나누면 $x-3+\frac{1}{x}=0$ $\therefore x+\frac{1}{x}=3$
($x=0$이면 $0-3\times0+1\neq0$)
따라서 $x^2+\frac{1}{x^2}=\left(x+\frac{1}{x}\right)^2-2=3^2-2=7$이고
$x^3+\frac{1}{x^3}=\left(x+\frac{1}{x}\right)^3-3\left(x+\frac{1}{x}\right)=3^3-3\times3=18$이므로
$x^3+2x^2+\frac{2}{x^2}+\frac{1}{x^3}=x^3+\frac{1}{x^3}+2\left(x^2+\frac{1}{x^2}\right)=18+2\times7=32$

plus

$x^2-kx+1=0$ (k는 상수)에서 $x\neq0$이므로 양변을 x로 나누면 $x-k+\frac{1}{x}=0$에서 $x+\frac{1}{x}=k$

필수 연습

워크북 pp.008~009

plus
25 다음을 구하시오.

(1) $x+y=1$, $x^3+y^3=4$일 때, x^4+y^4의 값

(2) $x^2-7x+1=0$일 때, $x^3+\frac{1}{x^3}+3x+\frac{3}{x}$의 값

26 양수 x에 대하여 $x-\frac{1}{x}=2$일 때, $\frac{3x^6-2x^4+2x^2+3}{x^3}$의 값을 구하시오.

27 두 양수 a, b에 대하여 $a^2=4-2\sqrt{3}$, $b^2=4+2\sqrt{3}$일 때, $\frac{b^2}{a}+\frac{a^2}{b}$의 값을 구하시오.

필수유형 16 곱셈 공식의 변형(2)

개념 09

$x+y+z=4$, $xy+yz+zx=2$, $xyz=-4$일 때, 다음 식의 값을 구하시오.

(1) $x^2+y^2+z^2$ (2) $x^2y^2+y^2z^2+z^2x^2$ (3) $x^3+y^3+z^3$

guide

❶ 다음 곱셈 공식의 변형을 이용하여 식을 변형한다.

④ $a^2+b^2+c^2=(a+b+c)^2-2(ab+bc+ca)$

⑤ $a^2+b^2+c^2-ab-bc-ca=\frac{1}{2}\{(a-b)^2+(b-c)^2+(c-a)^2\}$

$a^2+b^2+c^2+ab+bc+ca=\frac{1}{2}\{(a+b)^2+(b+c)^2+(c+a)^2\}$

⑥ $a^3+b^3+c^3=(a+b+c)(a^2+b^2+c^2-ab-bc-ca)+3abc$

❷ 주어진 식의 값을 구한다.

solution

(1) $x^2+y^2+z^2=(x+y+z)^2-2(xy+yz+zx)$

$=4^2-2\times2=12$

(2) $x^2y^2+y^2z^2+z^2x^2=(xy)^2+(yz)^2+(zx)^2$

$=(xy+yz+zx)^2-2xyz(x+y+z)$ ← $(xy+yz+zx)^2=x^2y^2+y^2z^2+z^2x^2+2xy^2z+2yz^2x+2zx^2y$

$=2^2-2\times(-4)\times4$

$=36$

(3) $x^3+y^3+z^3=(x+y+z)(x^2+y^2+z^2-xy-yz-zx)+3xyz$

$=4\times(12-2)+3\times(-4)$ ($\because$ (1))

$=28$

필수 연습

28 $a+b+c=2$, $ab+bc+ca=-5$, $abc=-6$일 때, 다음 식의 값을 구하시오.

(1) $a^2+b^2+c^2$ (2) $(a-b)^2+(b-c)^2+(c-a)^2$ (3) $a^3+b^3+c^3$

완 p.009

29 세 실수 a, b, c에 대하여 $a-b=5$, $a-c=3$이 성립할 때, $a^2+b^2+c^2-ab-bc-ca$의 값을 구하시오.

30 어느 직육면체의 모든 모서리의 길이의 합은 48, 대각선의 길이는 $\sqrt{62}$이고 부피는 42이다. 이 직육면체의 가로의 길이, 세로의 길이, 높이를 각각 x, y, z라 할 때, $x^2y^2+y^2z^2+z^2x^2$의 값을 구하시오.

07 다음 식의 전개식에서 x^2y^2의 계수와 y^2z^2의 계수의 합을 구하시오.

$$(x+2y+3z)(x+2y-3z)(x-2y+3z)(x-2y-3z)$$

08 $2001^3+3998\times4002$를 1000으로 나누었을 때의 나머지를 구하시오.

09 다음 〈보기〉에서 다항식을 전개한 것으로 옳은 것만을 있는 대로 고른 것은?

보기

ㄱ. $(2x-5y)^3=8x^3-60x^2y+150xy^2-125y^3$

ㄴ. $(ab+bc-2ca)^2$
$=a^2b^2+b^2c^2+4c^2a^2+abc(2a-b+2c)$

ㄷ. $(a-2b)(a+2b)(a^2+4b^2)(a^8+16a^4b^4+256b^8)$
$=a^{12}-4096b^8$

① ㄱ ② ㄱ, ㄴ ③ ㄱ, ㄷ
④ ㄴ, ㄷ ⑤ ㄱ, ㄴ, ㄷ

10 두 양수 x, y가 $x^2+4y^2=12xy$를 만족시킬 때, $\left|\frac{x-2y}{x+2y}\right|$의 값은?

① $\frac{1}{2}$ ② $\frac{\sqrt{2}}{2}$ ③ 1
④ $\sqrt{2}$ ⑤ 2

11 $x^2-4x+1=0$일 때,
$x^3+2x^2-4x-3-\frac{4}{x}+\frac{2}{x^2}+\frac{1}{x^3}$의 값을 구하시오.

서술형

12 $x+y=3$, $x^2+y^2=7$일 때, x^5+y^5의 값을 구하시오.

13 다음 그림과 같이 길이가 8인 선분 AB 위의 점 C에 대하여 선분 AC를 한 모서리로 하는 정육면체와 선분 BC를 한 모서리로 하는 정육면체가 있다. 두 정육면체의 부피의 합이 224일 때, 두 정육면체의 겉넓이의 합을 구하시오.

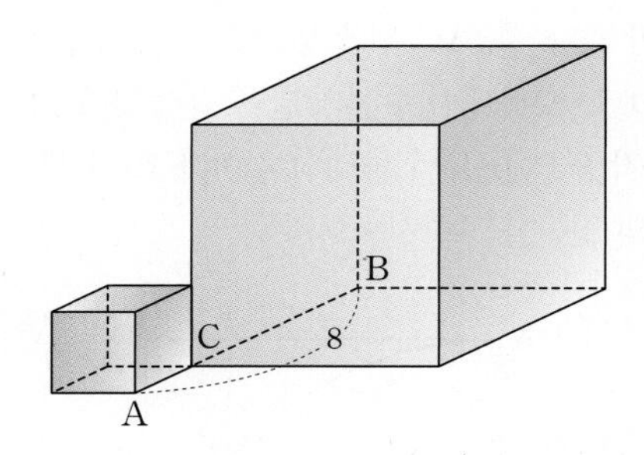

14 세 실수 a, b, c에 대하여

$$a^2+b^2+c^2-ab-bc-ca=0$$

일 때, $\frac{b}{2a}+\frac{2c}{b}+\frac{a}{2c}$의 값을 구하시오.

15 세 실수 a, b, c에 대하여

$$a+b+c=3,\ a^2+b^2+c^2=15,\ \frac{1}{a}+\frac{1}{b}+\frac{1}{c}=3$$

일 때, $\frac{1}{a^2}+\frac{1}{b^2}+\frac{1}{c^2}$의 값을 구하시오.

16 세 실수 x, y, z에 대하여

$$x+2y-4z=12,\ x^2+4y^2+16z^2=48$$

일 때, $x+y+z$의 값을 구하시오.

17 세 실수 a, b, c가 다음 조건을 만족시킬 때, $3abc$의 값을 구하시오.

(가) a, $2b$, $3c$ 중에서 적어도 하나는 4이다.

(나) $4(a+2b+3c)=2ab+6bc+3ca$

---

18 다음 그림과 같은 직육면체의 겉넓이가 94이고, 삼각형 BGD의 각 변의 길이의 제곱의 합이 100일 때, 이 직육면체의 모든 모서리의 길이의 합을 구하시오.

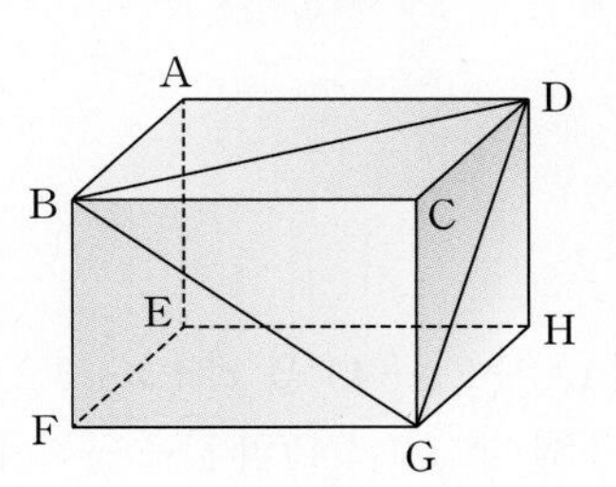

1 다항식 $(3-2x)^2(x^2+ax-3)^2$의 전개식에서 x^4의 계수가 49일 때, 양수 a의 값을 구하시오.

신유형

2 다음 그림과 같이 선분 AB를 빗변으로 하는 직각삼각형 ABC가 있다. 점 C에서 선분 AB에 내린 수선의 발을 H라 할 때, $\overline{CH}=2$이고 삼각형 ABC의 넓이는 $\frac{9}{2}$이다. $\overline{BH}=x$라 할 때, $2x^3-7x^2-x+15$의 값을 구하시오. (단, $x<2$)

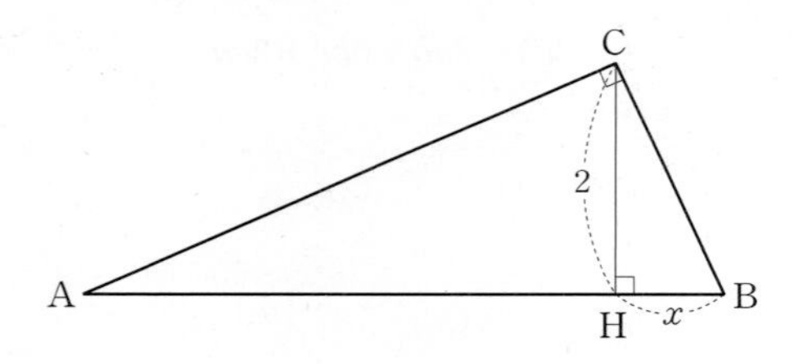

3 두 실수 x, y에 대하여 $x^2-y^2=\sqrt{2}$일 때,

$$\{(x+y)^8+(x-y)^8\}^2-\{(x+y)^8-(x-y)^8\}^2$$

의 값을 구하시오.

4 다항식 $(x^2+2x+4)^3$을 x^2+x+3으로 나눈 나머지를 $R(x)$라 할 때, $R(-4)$의 값을 구하시오.

5 다음 그림과 같이 한 변의 길이가 4인 정사각형 ABCD와 점 B를 중심으로 하고 $\overline{BC}$를 반지름으로 하는 사분원이 있다. 호 AC 위에 있는 점 P에서 네 선분 AB, BC, CD, DA에 내린 수선의 발을 각각 Q, R, S, T라 하자. 직사각형 PQBR의 둘레의 길이가 10일 때, 직사각형 PSDT의 넓이를 구하시오.

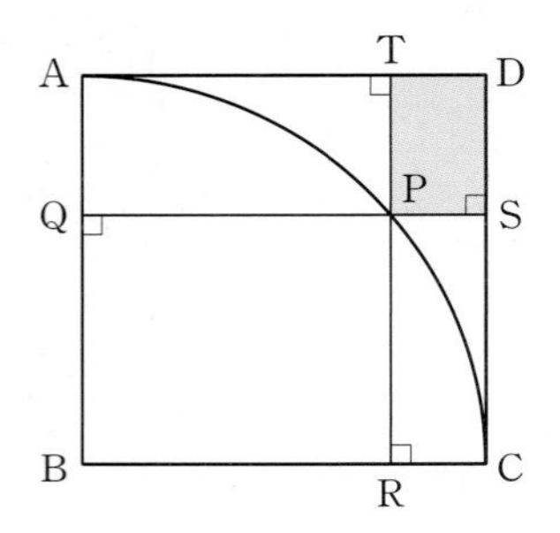

1등급

6 다음 그림과 같은 정삼각형 ABC에서 두 변 AB, AC의 중점을 각각 M, N이라 하자. 반직선 MN과 삼각형 ABC의 외접원의 교점을 P라 하면 $\overline{NP}=1$이다. $\overline{MN}=x$일 때, $10\left(x^2+\frac{1}{x^2}\right)$의 값을 구하시오.

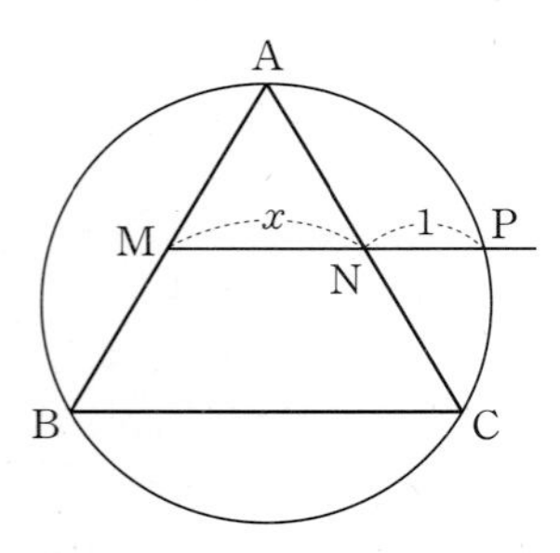

I 다항식

BLACKLABEL

1 항등식

개념 01 항등식의 뜻

1. 항등식과 방정식

(1) 항등식 : 주어진 등식의 문자에 어떤 값을 대입해도 항상 성립하는 등식

(2) 방정식 : 주어진 등식의 문자에 특정한 값을 대입할 때만 성립하는 등식

참고 등식 : 등호를 사용하여 두 수나 두 식이 서로 같음을 나타낸 식

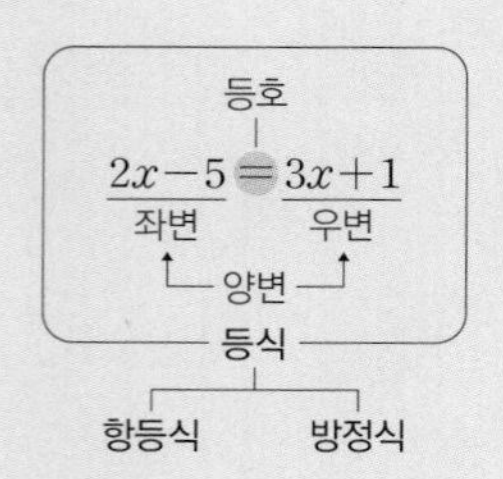

2. 'x에 대한 항등식'과 같은 표현

(1) 모든(임의의) x에 대하여 항상 성립하는 등식

(2) x의 값에 관계없이 항상 성립하는 등식

(3) x에 어떤 값을 대입해도 항상 성립하는 등식

예1 등식 $(x-1)^2=x^2-2x+1$은 x에 어떤 값을 대입해도 항상 성립하므로 **항등식**이다.

예2 등식 $2x-4=0$은 어떤 특정한 값$(x=2)$에 대해서만 성립하므로 **방정식**이다.

참고 곱셈 공식과 나눗셈을 이용한 등식은 문자에 어떤 값을 대입해도 항상 성립하므로 항등식이다.

곱셈 공식의 예 : $(x+1)(x-1)=x^2-1$, $(x+1)(x^2-x+1)=x^3+1$

나눗셈을 이용한 등식의 예 : 다항식 x^2+3x+3을 $x+1$로 나눈 몫은 $x+2$, 나머지는 1이다.

$\Rightarrow x^2+3x+3=(x+1)(x+2)+1$

개념 02 항등식의 성질

1. x에 대한 항등식

기호 '$\Longleftrightarrow$'는 두 문장이나 식의 의미가 서로 같음을 나타낸다.

(1) $ax+b=0$이 x에 대한 항등식 $\Longleftrightarrow a=0,\ b=0$

(2) $ax+b=a'x+b'$이 x에 대한 항등식 $\Longleftrightarrow a=a',\ b=b'$

(3) $ax^2+bx+c=0$이 x에 대한 항등식 $\Longleftrightarrow a=0,\ b=0,\ c=0$

(4) $ax^2+bx+c=a'x^2+b'x+c'$이 x에 대한 항등식 $\Longleftrightarrow a=a',\ b=b',\ c=c'$

2. x, y에 대한 항등식

(1) $ax+by+c=0$이 x, y에 대한 항등식 $\Longleftrightarrow a=0,\ b=0,\ c=0$

(2) $ax+by+c=a'x+b'y+c'$이 x, y에 대한 항등식 $\Longleftrightarrow a=a',\ b=b',\ c=c'$

1. 항등식의 성질

항등식의 성질을 이용하여 주어진 식이 항등식이 되도록 하는 미지수의 값을 구할 수 있다.

예1 $(a-2)x^2-bx+c+1=0$이 x에 대한 항등식일 때, x에 대한 항등식 (3)에 의하여

$a-2=0,\ -b=0,\ c+1=0$이므로 $a=2,\ b=0,\ c=-1$

예2 $ax^2+2x+3=bx+c$가 x에 대한 항등식일 때, x에 대한 항등식 (4)에 의하여 $a=0$, $b=2$, $c=3$

예3 $a(x-1)+b(y+3)=3x+y$가 x, y에 대한 항등식일 때,
$ax+by-a+3b=3x+y$에서 x, y에 대한 항등식 (2)에 의하여
$a=3$, $b=1$

2. '$ax^2+bx+c=0$이 x에 대한 항등식 $\Leftrightarrow$ $a=0$, $b=0$, $c=0$'의 증명 Ⓐ

(ⅰ) $ax^2+bx+c=0$이 x에 대한 항등식이면 $a=0$, $b=0$, $c=0$이다.

증명 $ax^2+bx+c=0$이 x에 대한 항등식이면 x에 어떤 값을 대입해도 항상 성립하므로 $x=0$, $x=1$, $x=-1$을 각각 대입하면
$c=0$, $a+b+c=0$, $a-b+c=0$
$c=0$을 나머지 두 식에 대입한 후 연립하여 풀면
$a=b=c=0$

(ⅱ) $a=0$, $b=0$, $c=0$이면 $ax^2+bx+c=0$이 x에 대한 항등식이다.

증명 $a=b=c=0$이면 모든 x에 대하여 등식 $0\times x^2+0\times x+0=0$이 항상 성립하므로 $ax^2+bx+c=0$은 x에 대한 항등식이다.

Ⓐ **x에 대한 항등식 (4)의 증명**
$ax^2+bx+c=a'x^2+b'x+c'$에서 우변의 모든 항을 좌변으로 이동하여
$(a-a')x^2+(b-b')x+(c-c')=0$
으로 나타낸 후 x에 대한 항등식 (3)의 증명을 이용할 수도 있다.

개념 03 미정계수법

미정계수법 : 항등식의 성질을 이용하여 주어진 등식에서 정해져 있지 않은 계수를 정하는 방법
(1) 계수비교법 : 항등식의 양변에서 동류항의 계수를 비교하여 계수를 정하는 방법
(2) 수치대입법 : 항등식의 특정한 문자에 적당한 수를 대입하여 계수를 정하는 방법

항등식에서 미정계수를 구할 때, '계수비교법'과 '수치대입법' 중 어떤 것을 사용해도 그 결과는 같다. Ⓑ

예 등식 $a(x-1)(x+1)+b(x-1)+c(x+1)=2x^2-x+1$이 x에 대한 항등식일 때, 상수 a, b, c의 값은 다음과 같이 구할 수 있다.

(1) 계수비교법 사용
좌변을 전개하여 x에 대하여 정리하면
$ax^2+(b+c)x-a-b+c=2x^2-x+1$이므로
$a=2$, $b+c=-1$, $-a-b+c=1$
$\therefore a=2$, $b=-2$, $c=1$

(2) 수치대입법 사용
양변에 $x=1$을 대입하면 $2c=2$이므로 $c=1$
양변에 $x=-1$을 대입하면 $-2b=4$이므로 $b=-2$
양변에 $x=0$을 대입하면 $-a+2+1=1$이므로 $a=2$
$\therefore a=2$, $b=-2$, $c=1$

Ⓑ **계수비교법과 수치대입법의 사용**
(1) 등식의 양변이 전개하기 쉬운 형태이거나 차수가 낮은 항등식
⇨ 계수비교법
(2) 인수분해 되어 있는 형태이거나 차수가 높아 전개하기 어려운 항등식
⇨ 수치대입법

기본유형 01 항등식의 뜻

개념 01

다음 등식이 항등식인지 방정식인지 구분하시오.

(1) $x^2+2x=0$

(2) $x^2-x+2=x(x-1)+2$

(3) $2x+3=3x+2$

(4) $(x+1)^2-(x+1)+3=x^2+x+3$

solution

(1) $x^2+2x=0$은 $x=0$ 또는 $x=-2$를 대입하면 등식이 성립하고, $x\neq0$, $x\neq-2$인 x의 값을 대입하면 성립하지 않으므로 방정식이다.

(2) $x^2-x+2=x(x-1)+2$는 x에 어떤 값을 대입해도 등식이 항상 성립하므로 항등식이다.

(3) $2x+3=3x+2$는 $x=1$을 대입하면 등식이 성립하고, $x\neq1$인 x의 값을 대입하면 성립하지 않으므로 방정식이다.

(4) $(x+1)^2-(x+1)+3=x^2+x+3$은 x에 어떤 값을 대입해도 등식이 항상 성립하므로 항등식이다.

기본유형 02 항등식의 성질

개념 02

등식 $(a-1)x+2(b+3)y+c-2=2x-y+5$가 x, y에 대한 항등식일 때, 상수 a, b, c의 값을 구하시오.

solution

$(a-1)x+2(b+3)y+c-2=2x-y+5$가 x, y에 대한 항등식이므로

$a-1=2$, $2(b+3)=-1$, $c-2=5$

$\therefore a=3,\ b=-\frac{7}{2},\ c=7$

기본연습

답 p.015

01 다음 등식이 항등식인지 방정식인지 구분하시오.

(1) $3x+1=0$

(2) $x+2x=3x$

(3) $(x+2)^2=x^2+4x+4$

(4) $x^2-3x+2=(x-1)(x-2)$

02 등식 $a(x+y)+b(x-y)+2=3x-y+c$가 x, y에 대한 항등식일 때, 상수 a, b, c의 값을 구하시오.

기본유형 03 미정계수법 – 계수비교법

개념 03

다음 등식이 x에 대한 항등식일 때, 상수 a, b의 값을 구하시오.

(1) $x^2+x+a=x^2+bx+6$

(2) $6x-5=a(x-1)+bx$

solution

(1) 등식 $x^2+x+a=x^2+bx+6$이 x에 대한 항등식이므로 양변의 동류항의 계수를 비교하면

$a=6$, $b=1$

(2) 등식 $6x-5=a(x-1)+bx$에서

$6x-5=(a+b)x-a$

이 등식이 x에 대한 항등식이므로 양변의 동류항의 계수를 비교하면

$6=a+b$, $-5=-a$

$\therefore a=5$, $b=1$

기본유형 04 미정계수법 – 수치대입법

개념 03

다음 등식이 x에 대한 항등식일 때, 상수 a의 값을 구하시오.

(1) $x^3-x^2+x+3=(x-1)(x^2+1)+a$

(2) $x^3-5x^2+ax-16=(x-3)f(x)-1$

solution

(1) 주어진 등식이 x에 대한 항등식이므로 x에 어떤 값을 대입해도 항상 성립한다.

양변에 $x=1$을 대입하면 $1-1+1+3=a$

$\therefore a=4$

(2) 주어진 등식이 x에 대한 항등식이므로 x에 어떤 값을 대입해도 항상 성립한다.

양변에 $x=3$을 대입하면 $27-45+3a-16=-1$

$\therefore a=11$

기본 연습

03 모든 실수 x에 대하여 등식 $x^2+ax+4=x(x+2)+b$가 항상 성립할 때, 두 상수 a, b에 대하여 $a+b$의 값을 구하시오.

04 등식 $2x^2-x+a=2(x-1)^2+b(x-1)+4$가 x에 대한 항등식이 되도록 하는 상수 a, b의 값을 구하시오.

해 pp.015~016

필수유형 05 항등식의 성질

개념 02

실수 x, y의 값에 관계없이 등식

$$(a+2b)x+(b-a)y+6x=0$$

이 항상 성립할 때, 상수 a, b의 값을 구하시오.

guide

❶ 실수 x, y의 값에 관계없이 ~, 모든 실수 x, y에 대하여 ~
⇨ x, y에 대한 항등식

❷ $Ax+By+C=0$ 꼴로 정리한 후, $A=0$, $B=0$, $C=0$임을 이용한다.

solution

주어진 등식을 x, y에 대하여 정리하면

$(a+2b+6)x+(b-a)y=0$

이 등식이 x, y에 대한 항등식이므로

$a+2b+6=0$, $b-a=0$

두 식을 연립하여 풀면 $a=-2$, $b=-2$

plus

x, y의 관계식이 주어진 경우 x, y의 관계식을 x 또는 y에 대하여 정리한 후 항등식에 대입한다.

필수 연습

p.016

05 실수 x, y의 값에 관계없이 등식

$$(x-2y)a+(3y-x)b+2x-3y=0$$

이 항상 성립할 때, 두 상수 a, b에 대하여 $a+b$의 값을 구하시오.

plus

06 $x+2y=1$을 만족시키는 모든 실수 x, y에 대하여 등식 $ax^2-3bxy+cy=3$이 항상 성립하도록 하는 세 상수 a, b, c에 대하여 $a+b+c$의 값을 구하시오.

07 어떤 x, y의 값에 대하여도 등식

$$2x^2+axy-y^2+3x+b=(x+cy+1)(2x+y+d)$$

가 항상 성립하도록 네 상수 a, b, c, d의 값을 정할 때, $a+2b+3c+4d$의 값을 구하시오.

필수유형 06 미정계수법

개념 03

다음 물음에 답하시오.

(1) 등식 $ax^2+(a+1)x+2=2(x+1)^2-bx$가 임의의 실수 x에 대하여 항상 성립할 때, 상수 a, b의 값을 구하시오.

(2) 등식 $x^3-1=(x-1)(x-2)(x+1)+a(x-1)(x-2)+b(x-1)+c$가 모든 실수 x에 대하여 항상 성립할 때, 상수 a, b, c의 값을 구하시오.

guide

❶ 문제의 형태에 따라 계산이 편리한 방법을 찾는다.
(1) 계수비교법 : 식의 전개가 쉽고, 각 항이 0이 되게 하는 수를 찾기 어려운 경우
(2) 수치대입법 : 각 항이 0이 되게 하는 수를 찾기 쉽고, 식의 전개가 어려운 경우
❷ 미정계수법을 이용하여 미정계수를 구할 때 계수비교법과 수치대입법 중 어느 것을 사용해도 그 결과는 같다.

solution

(1) $ax^2+(a+1)x+2=2(x+1)^2-bx$에서
$ax^2+(a+1)x+2=2x^2+(4-b)x+2$
이 등식이 x에 대한 항등식이므로 양변의 동류항의 계수를 비교하면
$a=2$, $a+1=4-b$
위의 두 식을 연립하여 풀면 $a=2$, $b=1$

(2) 주어진 등식이 x에 대한 항등식이므로 x에 어떤 값을 대입해도 등식이 항상 성립한다.
양변에 $x=1$을 대입하면 $c=0$
양변에 $x=2$를 대입하면 $7=b+c$ $\quad\therefore b=7$
양변에 $x=-1$을 대입하면 $-2=6a-2b+c$, $6a=12$ $\quad\therefore a=2$
$\therefore a=2$, $b=7$, $c=0$

필수 연습

해 pp.016~017

08 다음 물음에 답하시오.

(1) 등식 $ax^3+bx^2-3x-2=(x^2+x-1)(cx+2)$가 모든 실수 x에 대하여 항상 성립할 때, 상수 a, b, c의 값을 구하시오.

(2) 등식 $2x^2-3x-2=a(x-1)(x+2)+bx(x+2)+cx(x-1)$이 x의 값에 관계없이 항상 성립할 때, 세 상수 a, b, c에 대하여 $ab-c$의 값을 구하시오.

09 등식 $(k+1)x-2(k-1)y-k-3=0$이 모든 실수 k에 대하여 항상 성립하도록 하는 두 실수 x, y에 대하여 xy의 값을 구하시오.

10 다항식 $f(x)$에 대하여 등식 $(x^2-1)f(x)=2x^6+ax^3+b$가 x에 대한 항등식이다. 두 상수 a, b에 대하여 $a-2b$의 값을 구하시오.

필수유형 07 다항식의 나눗셈과 항등식

개념 01+03

다항식 $3x^3-4x^2+ax+2$를 x^2+x-1로 나눈 몫이 $3x+b$, 나머지가 $2x+c$일 때, 상수 a, b, c의 값을 구하시오.

guide

① 다항식의 나눗셈에 대한 등식 $A=BQ+R$로 나타낸다.
이때 $R=0$, 즉 $A=BQ$이면 A는 B로 나누어떨어진다고 한다.
② ①의 식은 x에 대한 항등식이므로 계수비교법 또는 수치대입법을 사용하여 미정계수를 구한다.

solution

$3x^3-4x^2+ax+2$를 x^2+x-1로 나눈 몫이 $3x+b$, 나머지가 $2x+c$이므로

$$3x^3-4x^2+ax+2=(x^2+x-1)(3x+b)+2x+c$$
$$=3x^3+(b+3)x^2+(b-1)x-b+c$$

이 등식이 x에 대한 항등식이므로 양변의 동류항의 계수를 비교하면

$-4=b+3$, $a=b-1$, $2=-b+c$

$\therefore$ $a=-8$, $b=-7$, $c=-5$

plus

나눗셈에 대한 등식 $A=BQ+R$로 나타낸 후, 양변을 비교하여 B 또는 Q의 차수와 계수를 먼저 파악한다.

필수연습

pp.017~018

11 다항식 x^4-ax^3+b를 x^2+x+1로 나눈 몫이 x^2+a, 나머지가 $cx+2$일 때, 세 상수 a, b, c에 대하여 abc의 값을 구하시오.

plus
12 다항식 ax^3+11x^2+bx-4가 $(x+2)^2$으로 나누어떨어질 때, 두 상수 a, b에 대하여 ab의 값을 구하시오.

plus
13 다항식 x^4+ax^2-b를 다항식 $(x+1)(x^2+2)$로 나눈 몫이 $f(x)$이고 나머지가 x^2+1일 때, 두 상수 a, b에 대하여 $f(a)+b$의 값을 구하시오.

필수유형 **08**

다항식에서 계수의 합

개념 03

등식 $(-2x^2+3x+1)^5=a_{10}x^{10}+a_9x^9+a_8x^8+\cdots+a_1x+a_0$이 x의 값에 관계없이 항상 성립할 때, 다음을 구하시오. (단, a_0, a_1, a_2, $\cdots$, a_{10}은 상수이다.)

(1) a_{10}

(2) a_0

(3) $a_0+a_1+a_2+\cdots+a_{10}$

(4) $a_1+a_3+a_5+a_7+a_9$

guide

❶ 주어진 등식의 양변에 적당한 수를 대입하여 계수에 대한 식으로 나타낸다.

❷ x에 대한 항등식 $f(x)=a_nx^n+a_{n-1}x^{n-1}+a_{n-2}x^{n-2}+\cdots+a_0$에 대하여 다음을 이용하면 다항식의 계수의 합을 구할 수 있다.

(1) $f(0)=a_0$ ← 상수항

(2) $f(1)=a_n+a_{n-1}+a_{n-2}+\cdots+a_0$ ← 계수의 합

(3) $f(-1)=(-1)^na_n+(-1)^{n-1}a_{n-1}+(-1)^{n-2}a_{n-2}+\cdots+a_0$

solution

$(-2x^2+3x+1)^5=a_{10}x^{10}+a_9x^9+a_8x^8+\cdots+a_1x+a_0$ ······㉠

(1) ㉠의 좌변의 최고차항의 계수는 $(-2)^5$, 우변의 최고차항의 계수는 a_{10}이므로

$a_{10}=(-2)^5=-32$

(2) ㉠의 양변에 $x=0$을 대입하면 $a_0=1$

(3) ㉠의 양변에 $x=1$을 대입하면

$a_0+a_1+a_2+\cdots+a_{10}=2^5=32$ ······㉡

(4) ㉠의 양변에 $x=-1$을 대입하면

$a_0-a_1+a_2-\cdots-a_9+a_{10}=(-4)^5=-2^{10}=-1024$ ······㉢

㉡−㉢을 하면

$2(a_1+a_3+a_5+a_7+a_9)=1056$ $\therefore a_1+a_3+a_5+a_7+a_9=528$

필수 연습

p.018

14 모든 실수 x에 대하여 등식 $(1+x-2x^2)^{10}=a_{20}x^{20}+a_{19}x^{19}+a_{18}x^{18}+\cdots+a_1x+a_0$이 항상 성립할 때, 다음을 구하시오. (단, a_0, a_1, a_2, $\cdots$, a_{20}은 상수이다.)

(1) a_{20}

(2) a_0

(3) $a_0+a_1+a_2+\cdots+a_{20}$

(4) $a_0+a_2+a_4+\cdots+a_{20}$

15 x에 어떤 값을 대입하더라도 등식

$$x^{11}+2=a_{11}(x-1)^{11}-a_{10}(x-1)^{10}+a_9(x-1)^9-\cdots+a_1(x-1)-a_0$$

이 항상 성립할 때, 상수 a_0, a_1, a_2, $\cdots$, a_{11}에 대하여 $a_1+a_3+a_5+\cdots+a_{11}$의 값을 구하시오.

01 등식 $(a+b-4)x+ab+2=0$이 x의 값에 관계없이 항상 성립할 때, 두 상수 a, b에 대하여 a^2+b^2의 값을 구하시오.

02 x에 대한 이차방정식

$$x^2+(2k+a+2)x+ak+3b-9=0$$

이 실수 k의 값에 관계없이 2를 근으로 가질 때, 두 상수 a, b에 대하여 ab의 값을 구하시오.

03 $3x-y=2$를 만족시키는 모든 실수 x, y에 대하여 등식 $ax^2+bxy+cy^2=4$가 항상 성립할 때, 세 상수 a, b, c에 대하여 abc의 값을 구하시오.

서술형

04 모든 실수 x에 대하여 $\dfrac{x^2-x+a}{2x^2+bx+3}$의 값이 항상 일정할 때, 두 상수 a, b에 대하여 $2a+b$의 값을 구하시오. (단, $2x^2+bx+3\neq0$)

05 다항식 $(x+2)(x-1)(x+a)+b(x-1)$이 x^2+5x+4로 나누어떨어질 때, 두 상수 a, b에 대하여 $a-b$의 값을 구하시오.

06 모든 실수 x에 대하여 등식

$$(3x^2+x-1)^5=a_{10}x^{10}+a_9x^9+a_8x^8+\cdots+a_0$$

이 항상 성립할 때, $\dfrac{a_1}{2}+\dfrac{a_3}{2^3}+\dfrac{a_5}{2^5}+\dfrac{a_7}{2^7}+\dfrac{a_9}{2^9}$의 값은?

(단, a_0, a_1, a_2, $\cdots$, a_{10}은 상수이다.)

① $\dfrac{119}{1024}$ ② $\dfrac{15}{128}$ ③ $\dfrac{121}{1024}$ ④ $\dfrac{61}{512}$ ⑤ $\dfrac{123}{1024}$

2 나머지정리

개념 04 나머지정리

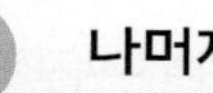

(1) 다항식 $f(x)$를 일차식 $x-\alpha$로 나누었을 때의 나머지를 R이라 하면
$$R=f(\alpha)$$
(2) 다항식 $f(x)$를 일차식 $ax+b$로 나누었을 때의 나머지를 R이라 하면
$$R=f\left(-\frac{b}{a}\right)$$

참고 나머지정리는 다항식을 일차식으로 나누었을 때의 나머지를 항등식의 성질을 이용하여 구하는 방법이다. Ⓐ

1. 다항식 $f(x)$를 일차식 $x-\alpha$로 나누는 경우

다항식 $f(x)$를 일차식 $x-\alpha$로 나눈 몫을 $Q(x)$, 나머지를 R이라 하면
$$f(x)=(x-\alpha)Q(x)+R$$
이 등식은 x에 대한 항등식이므로 양변에 $x=\alpha$를 대입하면
$$R=f(\alpha)$$
따라서 $f(x)$를 $x-\alpha$로 나눈 나머지는 $f(\alpha)$이다.

참고 다항식을 일차식으로 나눈 나머지를 구하려면 다항식에 (일차식)$=0$을 만족시키는 x의 값을 대입하면 된다.

예 다항식 $f(x)=3x^3+2x^2-x+1$을 $x-1$로 나눈 나머지를 R이라 하면
$$R=f(\underbrace{1}_{x-1=0\text{에서 }x=1})=3\times1^3+2\times1^2-1+1=5$$ Ⓑ

2. 다항식 $f(x)$를 일차식 $ax+b$로 나누는 경우

다항식 $f(x)$를 일차식 $ax+b$로 나눈 몫을 $Q(x)$, 나머지를 R이라 하면
$$f(x)=(ax+b)Q(x)+R$$
$$=a\left(x+\frac{b}{a}\right)Q(x)+R$$ Ⓒ

이 등식은 x에 대한 항등식이므로 양변에 $x=-\frac{b}{a}$를 대입하면
$$R=f\left(-\frac{b}{a}\right)$$
따라서 $f(x)$를 $ax+b$로 나눈 나머지는 $f\left(-\frac{b}{a}\right)$이다.

예 다항식 $f(x)=3x^3+2x^2-x+1$을 $2x+1$로 나눈 나머지를 R이라 하면
$$R=f\Big(\underbrace{-\frac{1}{2}}_{2x+1=0\text{에서 }x=-\frac{1}{2}}\Big)=3\times\left(-\frac{1}{2}\right)^3+2\times\left(-\frac{1}{2}\right)^2-\left(-\frac{1}{2}\right)+1=\frac{13}{8}$$

Ⓐ 나머지정리의 사용

나머지정리는 나누는 식이 일차식일 때만 사용할 수 있다. 나누는 식이 일차식이 아니거나 나머지가 아닌 몫을 구하려면 직접 나누어야 한다.

Ⓑ 다항식의 나눗셈 이용

```
         3x²+5x +4
x-1 ) 3x³+2x²- x+1
      3x³-3x²
      ----------
           5x²- x+1
           5x²-5x
           --------
               4x+1
               4x-4
               ----
                  5
```

Ⓒ $f(x)$를 $x+\frac{b}{a}$로 나눈 몫과 나머지

$$f(x)=a\left(x+\frac{b}{a}\right)Q(x)+R$$
$$=\left(x+\frac{b}{a}\right)\times aQ(x)+R$$
(1) 몫 : $aQ(x)$

(2) 나머지 : $R=f\left(-\frac{b}{a}\right)$

개념 05 인수정리

다항식 $f(x)$에 대하여 $f(x)$가 일차식 $x-\alpha$로 나누어떨어진다. $\Longleftrightarrow f(\alpha)=0$

1. 다항식 $f(x)$가 일차식 $x-\alpha$로 나누어떨어지는 경우

나머지정리에 의하여 다항식 $f(x)$를 일차식 $x-\alpha$로 나누었을 때의 나머지가 $f(\alpha)$이므로 $f(x)$가 $x-\alpha$로 나누어떨어지면 $f(\alpha)=0$이다. Ⓐ Ⓑ

또한, $f(\alpha)=0$이면 다항식 $f(x)$는 $x-\alpha$로 나누어떨어진다. Ⓒ

예 다항식 $f(x)=x^3+ax+2$가 $x-1$로 나누어떨어지면
$f(1)=0$이므로 $f(1)=1^3+a\times1+2=0$에서 $a=-3$

2. 다항식 $f(x)$가 일차식 $ax+b$로 나누어떨어지는 경우

다항식 $f(x)$가 일차식 $ax+b$로 나누어떨어지면 $f\left(-\frac{b}{a}\right)=0$이다.

또한, $f\left(-\frac{b}{a}\right)=0$이면 $f(x)$는 $ax+b$로 나누어떨어진다.

예 다항식 $f(x)=2x^2+ax-2$가 $2x-1$로 나누어떨어지면
$f\left(\frac{1}{2}\right)=0$이므로 $f\left(\frac{1}{2}\right)=2\times\left(\frac{1}{2}\right)^2+a\times\frac{1}{2}-2=0$에서 $a=3$

Ⓐ 인수정리와 나머지정리
인수정리는 나머지정리에서 나머지가 0인 경우이다.

Ⓑ '$f(x)$를 $x-\alpha$로 나누었을 때의 나머지가 0이다.'와 같은 표현
(1) $f(\alpha)=0$
(2) $f(x)=(x-\alpha)Q(x)$
(3) $f(x)$는 $x-\alpha$를 인수로 갖는다.
(4) $f(x)$는 $x-\alpha$로 나누어떨어진다.

Ⓒ 다항식의 인수와 인수정리
인수정리를 이용하면 다항식의 나눗셈을 하지 않아도 다항식이 어떤 일차식을 인수로 갖는지 쉽게 알 수 있다.

한 걸음 더 나머지정리의 확장

필수유형 14

다항식 $f(x)$를 일차식 $x-\alpha$로 나눈 나머지가 R_1, 일차식 $x-\beta$로 나눈 나머지가 R_2일 때, 다항식 $f(x)$를 이차식 $(x-\alpha)(x-\beta)$로 나눈 나머지는 $a(x-\alpha)+R_1$ 또는 $a(x-\beta)+R_2$ (a는 상수)이다.

증명 다항식 $f(x)$를 $x-\alpha$, $x-\beta$로 나눈 몫을 각각 $Q_1(x)$, $Q_2(x)$라 하면

$$f(x)=(x-\alpha)Q_1(x)+R_1,\ f(x)=(x-\beta)Q_2(x)+R_2$$

다항식 $f(x)$를 다항식 $(x-\alpha)(x-\beta)$로 나눈 몫을 $Q(x)$, 나머지를 $R(x)$라 하면

$$f(x)=(x-\alpha)(x-\beta)Q(x)+R(x)$$

이때 $(x-\alpha)(x-\beta)$가 이차식이므로 $R(x)=ax+b$ (a, b는 상수)라 하면

$$\begin{aligned}f(x)&=(x-\alpha)(x-\beta)Q(x)+ax+b\\&=(x-\alpha)(x-\beta)Q(x)+a(x-\alpha)+a\alpha+b\\&=(x-\alpha)\{(x-\beta)Q(x)+a\}+a\alpha+b\end{aligned}$$

따라서 $R_1=a\alpha+b$이고 $R(x)=a(x-\alpha)+R_1$이다.
같은 방법으로 $R(x)=a(x-\beta)+R_2$로 나타낼 수도 있다.

개념 06 조립제법

1. 조립제법

x에 대한 다항식을 일차식으로 나눌 때, 계수만을 사용하여 몫과 나머지를 구하는 방법

주의 조립제법을 이용할 때는 주어진 식을 내림차순으로 적고, 해당되는 차수의 항이 없으면 그 자리에 0을 적는다.

2. 조립제법의 확장

다항식 $f(x)$를 일차식 $x+\frac{b}{a}$로 나눈 몫을 $Q(x)$, 나머지를 R이라 하면

$\big)\times a$ $\big)\times\frac{1}{a}$

다항식 $f(x)$를 일차식 $ax+b$로 나눈 몫은 $\frac{1}{a}Q(x)$, 나머지는 R이다.

1. 조립제법

예 나눗셈 $(2x^3-11x^2+19x-5)\div(x-3)$의 몫과 나머지를 직접 나누어 계산해보고, 조립제법으로도 구해 보자.

(1) 직접 나누는 경우

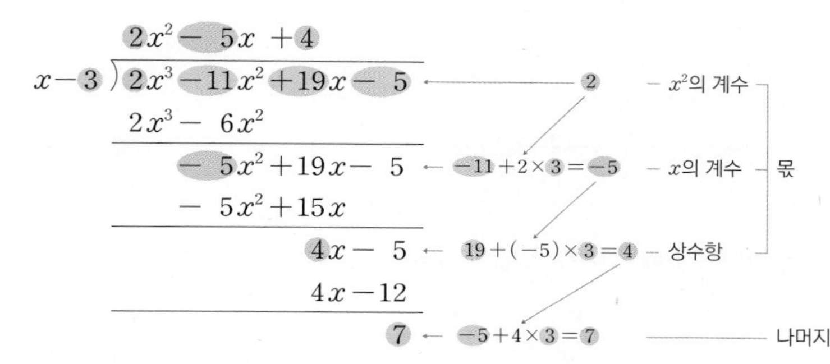

(2) 조립제법을 이용하는 경우

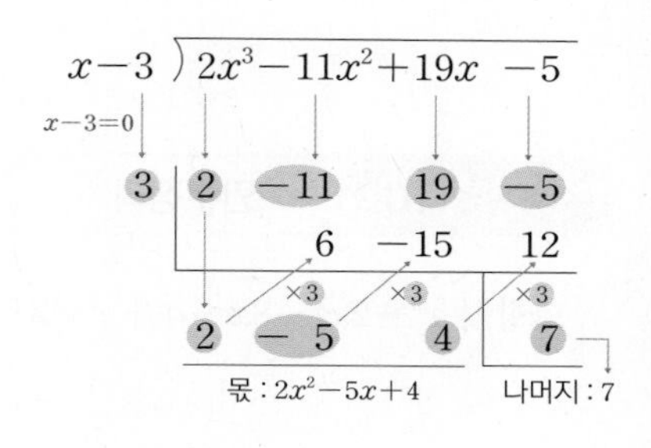

이때 조립제법을 이용하는 순서는 다음과 같다.

(i) 내림차순으로 정리한 다항식 $2x^3-11x^2+19x-5$의 계수 2, -11, 19, -5를 첫째 줄에 차례대로 적는다.

(ii) (나누는 식)$=0$이 되는 x의 값, 즉 $x-3=0$을 만족시키는 x의 값 3을 맨 왼쪽에 적는다.

(iii) 다항식 $2x^3-11x^2+19x-5$의 최고차항의 계수 2를 셋째 줄 맨 앞에 적는다.

(iv) (ii), (iii)에서 적은 두 수 3과 2의 곱 6을 첫째줄의 -11 아래에 적고, -11과 6의 합 -5를 6 아래에 적는다.

(v) (iv)와 같은 과정을 반복하면 셋째 줄의 마지막 수 7이 나머지이고, 이 수를 제외한 2, -5, 4가 각각 몫의 x^2의 계수, x의 계수, 상수항이 된다.

2. 조립제법의 확장

다항식 $f(x)$를 $x+\frac{b}{a}$로 나눌 때의 몫을 $Q(x)$, 나머지를 R이라 하면

$$\begin{aligned} f(x) &= \left(x+\frac{b}{a}\right)Q(x)+R \\ &= a\left(x+\frac{b}{a}\right)\times\frac{1}{a}Q(x)+R \\ &= (ax+b)\times\frac{1}{a}Q(x)+R \end{aligned}$$

즉, $f(x)$를 $ax+b$로 나누었을 때의 몫은 $f(x)$를 $x+\frac{b}{a}$로 나누었을 때의 몫의 $\frac{1}{a}$이고, 나머지는 같다.

기본유형 09 나머지정리

개념 04

다음 물음에 답하시오.

(1) 다항식 x^3+x^2+4x-a를 $x-2$로 나눈 나머지가 3일 때, 상수 a의 값을 구하시오.

(2) 다항식 x^3+x^2+x+1을 $3x-1$로 나눈 나머지를 구하시오.

solution

(1) $f(x)=x^3+x^2+4x-a$라 하면 다항식 $f(x)$를 $x-2$로 나눈 나머지가 3이므로 $f(2)=3$

$f(2)=2^3+2^2+4\times2-a=20-a$이므로 $20-a=3$

$\therefore a=17$

(2) $f(x)=x^3+x^2+x+1$이라 하면 다항식 $f(x)$를 $3x-1$로 나눈 나머지는 $f\left(\frac{1}{3}\right)$이다.

$\therefore f\left(\frac{1}{3}\right)=\left(\frac{1}{3}\right)^3+\left(\frac{1}{3}\right)^2+\frac{1}{3}+1=\frac{40}{27}$

기본유형 10 인수정리

개념 05

다항식 x^3-2x^2-8x+a가 $x-3$으로 나누어떨어질 때, 상수 a의 값을 구하시오.

solution

$f(x)=x^3-2x^2-8x+a$라 하면 다항식 $f(x)$가 $x-3$으로 나누어떨어지므로 $f(3)=0$

$f(3)=3^3-2\times3^2-8\times3+a=-15+a$이므로 $-15+a=0$

$\therefore a=15$

기본 연습

16 다음 물음에 답하시오.

(1) 다항식 x^3+27x^2-x+k를 $x+1$로 나눈 나머지가 12일 때, 상수 k의 값을 구하시오.

(2) 다항식 $8x^3+12x^2+5$를 $2x+1$로 나눈 나머지를 구하시오.

정답 p.020

17 다항식 x^3-2x-a가 $x-1$로 나누어떨어질 때, 상수 a의 값을 구하시오.

기본유형 11 나눗셈에 대한 등식에서의 나머지정리

개념 04

다항식 $f(x)$를 x^2-1로 나눈 몫은 $2x+1$이고 나머지는 5일 때, 다항식 $f(x)$를 $x+2$로 나눈 나머지를 구하시오.

solution

다항식 $f(x)$를 x^2-1로 나눈 몫은 $2x+1$이고 나머지는 5이므로

$f(x)=(x^2-1)(2x+1)+5$

이때 $f(x)$를 $x+2$로 나눈 나머지는 $f(-2)$이므로

$f(-2)=(4-1)\times(-4+1)+5=-4$

기본유형 12 조립제법

개념 06

조립제법을 이용하여 다음 나눗셈의 몫과 나머지를 구하시오.

(1) $(x^3-x^2+3)\div(x-2)$ (2) $(2x^3+5x^2-9x-4)\div(2x-1)$

solution

(1) $x-2=0$에서 $x=2$이므로 조립제법을 이용하면 오른쪽과 같다.
즉, x^3-x^2+3을 $x-2$로 나눈 몫은 x^2+x+2이고 나머지는 7이다.

$$\begin{array}{r|rrrr} 2 & 1 & -1 & 0 & 3 \\ & & 2 & 2 & 4 \\ \hline & 1 & 1 & 2 & \boxed{7} \end{array}$$

(2) $2x-1=0$에서 $x=\frac{1}{2}$이므로 조립제법을 이용하면 오른쪽과 같다.

$$\begin{array}{r|rrrr} \frac{1}{2} & 2 & 5 & -9 & -4 \\ & & 1 & 3 & -3 \\ \hline & 2 & 6 & -6 & \boxed{-7} \end{array}$$

즉, $2x^3+5x^2-9x-4$를 $x-\frac{1}{2}$로 나눈 몫은 $2x^2+6x-6$이고 나머지는 -7이므로

$2x^3+5x^2-9x-4=\left(x-\frac{1}{2}\right)(2x^2+6x-6)-7=\left(x-\frac{1}{2}\right)\times2(x^2+3x-3)-7$

$=(2x-1)(x^2+3x-3)-7$

따라서 구하는 몫은 x^2+3x-3이고, 나머지는 -7이다.

기본 연습

18 다항식 $f(x)$를 $(x-3)(2x-a)$로 나눈 몫은 $x+1$이고 나머지는 6이다. 다항식 $f(x)$가 $x-2$로 나누어떨어질 때, 상수 a의 값을 구하시오.

일 p.020

19 조립제법을 이용하여 다음 나눗셈의 몫과 나머지를 구하시오.

(1) $(2x^3-5x^2+6)\div(x+1)$ (2) $(3x^3-5x^2+x+3)\div(3x+1)$

필수유형 13 나머지정리 – 일차식으로 나누는 경우

개념 04

다항식 x^3+ax^2+bx+6을 $x+1$, $2x-3$으로 나눈 나머지가 각각 10, $\frac{75}{8}$일 때, 상수 a, b의 값을 구하시오.

guide

❶ 나머지정리를 이용하여 주어진 조건을 식으로 나타낸다.

(1) 다항식 $f(x)$를 일차식 $x-\alpha$로 나눈 나머지를 R이라 하면 $R=f(\alpha)$

(2) 다항식 $f(x)$를 일차식 $ax+b$로 나눈 나머지를 R이라 하면 $R=f\left(-\frac{b}{a}\right)$

❷ ❶에서 구한 식을 연립하여 미정계수의 값을 구한다.

solution

$f(x)=x^3+ax^2+bx+6$이라 하면 나머지정리에 의하여

$f(-1)=10$, $f\left(\frac{3}{2}\right)=\frac{75}{8}$이므로

$-1+a-b+6=10$, $\frac{27}{8}+\frac{9}{4}a+\frac{3}{2}b+6=\frac{75}{8}$

$\therefore a-b=5$, $3a+2b=0$

두 식을 연립하여 풀면

$a=2$, $b=-3$

필수 연습

20 다항식 $2x^3+ax^2+bx+9$를 $x+2$, $2x-1$로 나눈 나머지가 모두 3일 때, 두 상수 a, b의 합 $a+b$의 값을 구하시오.

유제 p.021

21 다항식 $f(x)$를 x^2-x+1로 나눈 몫이 $3x^2-2x+1$이고, 나머지가 -4이다. $f(x)$를 $x-1$로 나눈 나머지를 구하시오.

22 다항식 $f(x)$를 $x+4$로 나눈 나머지가 -12일 때, 다항식 $(x^2+2x-3)f(x)$를 $x+4$로 나눈 나머지를 구하시오.

필수유형 14 나머지정리 - 이차식으로 나누는 경우

개념 04

다항식 $f(x)$를 $x-1$로 나눈 나머지는 2이고, $x-2$로 나눈 나머지가 -1일 때, $f(x)$를 $(x-1)(x-2)$로 나눈 나머지를 구하시오.

guide

❶ 나누는 식이 이차식이면 나머지정리를 바로 사용할 수 없으므로 다항식의 나눗셈에 대한 등식 꼴로 나타낸다.
❷ 나누는 식이 이차식이면 나머지는 일차 이하의 식 꼴로 나타낸다.
⇨ $R(x)=ax+b$ (a, b는 상수)

solution

$f(x)$를 $(x-1)(x-2)$로 나눈 몫을 $Q(x)$, 나머지를 $ax+b$ (a, b는 상수)라 하면
$f(x)=(x-1)(x-2)Q(x)+ax+b$ ……㉠
다항식 $f(x)$를 $x-1$로 나눈 나머지가 2이고, $x-2$로 나눈 나머지가 -1이므로 나머지정리에 의하여
$f(1)=2$, $f(2)=-1$
$x=1$, $x=2$를 ㉠에 각각 대입하면
$f(1)=a+b=2$, $f(2)=2a+b=-1$
두 식을 연립하여 풀면 $a=-3$, $b=5$
따라서 구하는 나머지는 $-3x+5$이다.

다른 풀이 다항식 $f(x)$를 $x-1$, $x-2$로 나눈 나머지를 각각 R_1, R_2라 하면
$R_1=2$, $R_2=-1$
즉, ㉠에서 $ax+b=a(x-1)+2=a(x-2)-1$이므로
$ax-a+2=ax-2a-1$에서 $-a+2=-2a-1$ $\therefore a=-3$
따라서 $-3x+b=-3(x-1)+2$이므로 $b=5$
즉, $f(x)$를 $(x-1)(x-2)$로 나눈 나머지는 $-3x+5$이다.

plus

다항식 $f(x)$를 두 일차식 $x-\alpha$, $x-\beta$로 나눈 나머지가 각각 R_1, R_2일 때,
$f(x)$를 이차식 $(x-\alpha)(x-\beta)$로 나눈 나머지는
$a(x-\alpha)+R_1$ 또는 $a(x-\beta)+R_2$ (a는 상수)이다. ▶p.044 한 걸음 더

pp.021~022

23 (plus) 다항식 $P(x)$를 $x-4$로 나눈 나머지가 -1이고, $x+4$로 나눈 나머지가 7일 때, $P(x)$를 x^2-16으로 나눈 나머지를 구하시오.

24 다항식 $f(x)$를 $(x-3)^2$으로 나눈 나머지는 $2x-1$이고, $x+4$로 나눈 나머지는 -2이다. 다항식 $(x^2-2x-1)f(x)$를 $(x-3)(x+4)$로 나눈 나머지를 $R(x)$라 할 때, $R(2)$의 값을 구하시오.

필수유형 15 나머지정리 – 삼차식으로 나누는 경우

개념 04

다항식 $f(x)$를 x^2+2로 나눈 나머지가 $2x-1$이고, $x+1$로 나눈 나머지가 3일 때, $f(x)$를 $(x^2+2)(x+1)$로 나눈 나머지를 구하시오.

guide

1. 나누는 식이 삼차식이면 나머지정리를 바로 사용할 수 없으므로 다항식의 나눗셈에 대한 등식의 꼴로 나타낸다.
2. 나누는 식이 삼차식이면 나머지 $R(x)$는 이차 이하의 식 꼴로 나타낸다.
   ⇨ $R(x)=ax^2+bx+c$ (a, b, c는 상수)
3. $A(x)=B(x)Q(x)+R(x)$에서 $R(x)$의 차수가 $B(x)$의 차수보다 크거나 같으면
   ($A(x)$를 $B(x)$로 나눈 나머지)=($R(x)$를 $B(x)$로 나눈 나머지)임을 이용한다.

solution

다항식 $f(x)$를 $(x^2+2)(x+1)$로 나눈 몫을 $Q(x)$, 나머지를 ax^2+bx+c (a, b, c는 상수)라 하면

$f(x)=(x^2+2)(x+1)Q(x)+ax^2+bx+c$

이때 $(x^2+2)(x+1)Q(x)$는 x^2+2로 나누어떨어지므로 $f(x)$를 x^2+2로 나눈 나머지는

ax^2+bx+c를 x^2+2로 나눈 나머지와 같다.

즉, ax^2+bx+c를 x^2+2로 나눈 나머지가 $2x-1$이므로

$ax^2+bx+c=a(x^2+2)+2x-1$

$\therefore f(x)=(x^2+2)(x+1)Q(x)+\underline{a(x^2+2)+2x-1}$ ……㉠

└ p.044 한 걸음 더를 삼차식으로 나눈 나머지로 확장시킨 것이다.

$f(x)$를 $x+1$로 나눈 나머지가 3이므로 ㉠에서

$f(-1)=3a-3=3$ $\therefore a=2$

따라서 구하는 나머지는 $2(x^2+2)+2x-1=2x^2+2x+3$

다른 풀이

$f(x)=(x^2+2)(x+1)Q(x)+ax^2+bx+c$

$=(x^2+2)(x+1)Q(x)+a(x^2+2)+bx+c-2a$

$=(x^2+2)\{(x+1)Q(x)+a\}+bx+c-2a$ ……㉡

$f(x)$를 x^2+2로 나눈 나머지가 $2x-1$이므로 ㉡에서 $bx+c-2a=2x-1$ $\therefore b=2$, $c-2a=-1$

$f(x)$를 $x+1$로 나눈 나머지가 3이므로 ㉡에서 $f(-1)=a-b+c=3$ $\therefore a+c=5$

$c-2a=-1$, $a+c=5$를 연립하여 풀면 $a=2$, $c=3$

따라서 구하는 나머지는 $2x^2+2x+3$

25 다항식 $f(x)$를 x^2+1로 나눈 나머지가 $x+4$이고, $x-2$로 나눈 나머지가 1일 때, $f(x)$를 $(x^2+1)(x-2)$로 나눈 나머지를 구하시오.

답 p.022

필수유형 16 나머지정리 – 몫을 나누는 경우

개념 04

다항식 $f(x)$를 $x-2$로 나눈 몫이 $Q(x)$, 나머지는 3이고, 다항식 $Q(x)$를 $x-1$로 나눈 나머지는 2일 때, $f(x)$를 $x-1$로 나누었을 때의 나머지를 구하시오.

guide

❶ 다항식을 나눗셈에 대한 등식 $A(x)=B(x)Q(x)+R(x)$로 나타낸다.
❷ 몫 $Q(x)$도 ❶과 같은 방법으로 나타낸다.
❸ 나머지정리를 이용하여 나머지를 구한다.

solution

다항식 $f(x)$를 $x-2$로 나눈 몫이 $Q(x)$, 나머지가 3이므로

$f(x)=(x-2)Q(x)+3$ ……㉠

다항식 $Q(x)$를 $x-1$로 나눈 몫을 $Q_1(x)$라 하면 나머지가 2이므로

$Q(x)=(x-1)Q_1(x)+2$ ……㉡

㉡을 ㉠에 대입하여 정리하면

$f(x)=(x-2)\{(x-1)Q_1(x)+2\}+3=(x-2)(x-1)Q_1(x)+2x-1$

따라서 $f(x)$를 $x-1$로 나누었을 때의 나머지는

$f(1)=2\times1-1=1$

다른 풀이 다항식 $Q(x)$를 $x-1$로 나눈 나머지가 2이므로 나머지정리에 의하여

$Q(1)=2$

따라서 구하는 나머지는 $f(1)$이므로 ㉠의 양변에 $x=1$을 대입하면

$f(1)=(1-2)\times Q(1)+3=(-1)\times2+3=1$

26 다항식 $f(x)$를 $x-1$로 나눈 몫은 $Q(x)$, 나머지는 5이고, $Q(x)$를 $x+2$로 나눈 나머지는 10일 때, $f(x)$를 $x+2$로 나눈 나머지를 구하시오.

p.022

27 다항식 $f(x)$를 $x+1$로 나누면 몫이 $Q(x)$, 나머지는 4이고, $Q(x)$를 $x-3$으로 나눈 나머지는 12이다. $f(x)$를 $(x+1)(x-3)$으로 나눈 나머지가 $R(x)$일 때, $R(-2)$의 값을 구하시오.

필수유형 17 **인수정리** 개념 05

다항식 ax^3+11x^2+bx-4가 $(x+1)(x-2)$로 나누어떨어질 때, 두 상수 a, b에 대하여 $b-a$의 값을 구하시오.

guide

❶ 인수정리를 이용하여 주어진 조건을 식으로 나타낸다.
⇨ 다항식 $f(x)$에 대하여 $f(x)$가 일차식 $x-\alpha$로 나누어떨어지면 $f(\alpha)=0$
❷ 구한 식을 연립하여 미지수의 값을 구한다.

solution

$f(x)=ax^3+11x^2+bx-4$라 하면 인수정리에 의하여
$f(-1)=0$, $f(2)=0$
$f(-1)=0$에서 $-a+11-b-4=0$
$\therefore a+b=7$ ……㉠
$f(2)=0$에서 $8a+44+2b-4=0$
$\therefore 4a+b=-20$ ……㉡
㉠, ㉡을 연립하여 풀면
$a=-9$, $b=16$
$\therefore b-a=25$

필수 연습

정답 pp.022~023

28 다항식 $3x^3+ax^2+bx-36$이 x^2+x-6으로 나누어떨어질 때, 두 상수 a, b에 대하여 $a-b$의 값을 구하시오.

29 다항식 x^3+ax^2+7x+b가 $(x+2)(x-1)$로 나누어떨어질 때, 이 다항식을 $x-3$으로 나눈 나머지를 구하시오. (단, a, b는 상수이다.)

30 다항식 $f(x)-3$이 x^2-9를 인수로 가질 때, 다항식 $f(x+1)$을 x^2+2x-8로 나눈 나머지를 구하시오.

필수유형 18 조립제법

개념 06

조립제법을 이용하여 다항식 x^3+4x^2-2x+3을 $(x-1)^2$으로 나눈 몫과 나머지를 구하시오.

guide 나누는 식이 일차식이 아닌 경우에는 조립제법을 연속으로 사용한다.

solution

$f(x)=x^3+4x^2-2x+3$이라 하고, $x-1=0$에서 $x=1$이므로 조립제법을 연속으로 이용하면 오른쪽과 같다.

1	1	4	−2	3	
		1	5	3	
1	1	5	3	6	……(i)
		1	6		
	1	6	9		……(ii)

(i) $f(x)$를 $x-1$로 나눈 몫과 나머지는 각각
x^2+5x+3, 6이므로
$f(x)=(x-1)(x^2+5x+3)+6$ ……㉠

(ii) x^2+5x+3을 $x-1$로 나눈 몫과 나머지는 각각
$x+6$, 9이므로
$x^2+5x+3=(x-1)(x+6)+9$ ……㉡

㉡을 ㉠에 대입하면

$f(x)=(x-1)\{(x-1)(x+6)+9\}+6$
$=(x-1)^2(x+6)+9(x-1)+6$
$=(x-1)^2(x+6)+9x-3$

∴ 몫 : $x+6$, 나머지 : $9x-3$

필수 연습

해 pp.023~024

31 조립제법을 이용하여 다항식 x^4+2x^2+4x-8을 $(x-1)(x+2)$로 나눈 몫과 나머지를 구하시오.

32 오른쪽은 조립제법을 이용하여 다항식 x^4+ax+b가 $(x-2)^2$으로 나누어떨어질 때, 그 몫을 구하는 과정이다. 몫을 $Q(x)$라 할 때, 두 상수 a, b에 대하여 $a+b+Q(2)$의 값을 구하시오.

□	1	0	0	a	b
		□	4	□	□
□	1	2	4	□	0
		2	□	24	
	1	4	□	0	

33 오른쪽은 조립제법을 이용하여 다항식 x^3-x^2+ax-b를 $(x-1)(x-3)$으로 나누었을 때의 몫과 나머지를 구하는 과정이다. 몫을 $Q(x)$라 할 때, 두 상수 a, b에 대하여 $Q(ab)$의 값을 구하시오.

□	1	−1	a	$-b$
		1	0	□
□	1	0	□	2
		□	□	
	1	□	3	

필수유형 19 조립제법의 활용

개념 06

등식

$$3x^3-2x^2-4x-7=a(x-2)^3+b(x-2)^2+c(x-2)+d$$

가 x에 대한 항등식이 되도록 하는 상수 a, b, c, d의 값을 구하시오.

guide

① 다항식 $f(x)$가 $x-\alpha$에 대한 내림차순으로 정리되었음을 확인한다.
⇨ $f(x)=a(x-\alpha)^3+b(x-\alpha)^2+c(x-\alpha)+d$ 꼴

② 조립제법을 연속으로 사용하여 미정계수 a, b, c, d를 d, c, b, a의 순서대로 구한다.

solution

$f(x)=3x^3-2x^2-4x-7$이라 하고, $f(x)$를 $\underset{x=2}{\underline{x-2}}$로 나누는 조립제법을 연속으로 이용하면 오른쪽과 같다.

2	3	−2	−4	−7	
		6	8	8	
2	3	4	4	1 ← d	……(i)
		6	20		
2	3	10	24 ← c		……(ii)
		6			
	3	16 ← b			……(iii)
	↑ a				

(i) $f(x)$를 $x-2$로 나눈 몫과 나머지는 각각
$3x^2+4x+4$, 1이므로
$f(x)=(x-2)(3x^2+4x+4)+1$ ……㉠

(ii) $3x^2+4x+4$를 $x-2$로 나눈 몫과 나머지는 각각
$3x+10$, 24이므로
$3x^2+4x+4=(x-2)(3x+10)+24$
이것을 ㉠에 대입하면
$f(x)=(x-2)\{(x-2)(3x+10)+24\}+1$
$=(x-2)^2(3x+10)+24(x-2)+1$ ……㉡

(iii) $3x+10$을 $x-2$로 나눈 몫과 나머지는 각각 3, 16이므로
$3x+10=3(x-2)+16$
이것을 ㉡에 대입하면
$f(x)=(x-2)^2\{3(x-2)+16\}+24(x-2)+1$
$=3(x-2)^3+16(x-2)^2+24(x-2)+1$

(i), (ii), (iii)에서
$a=3, b=16, c=24, d=1$

필수 연습

34 모든 실수 x에 대하여 등식

$$2x^3-5x+3=a(x+1)^3+b(x+1)^2+c(x+1)+d$$

가 항상 성립할 때, $a-b-c+d$의 값을 구하시오. (단, a, b, c, d는 상수이다.)

해 p.024

07 다항식 $f(2x+4)$를 $x-2$로 나눈 나머지가 6일 때, 다항식 $xf(x)$를 $x-8$로 나눈 나머지를 구하시오.

08 다항식 $f(x)=x^3+x^2+2x+1$을 $x-a$로 나눈 나머지를 R_1, $f(x)$를 $x+a$로 나눈 나머지를 R_2라 하자. $R_1+R_2=6$일 때, $f(x)$를 $x-a^2$으로 나눈 나머지를 구하시오. (단, a는 상수이다.)

09 다음 조건을 만족시키는 삼차식 $f(x)$를 x^2+6x+8로 나누었을 때의 나머지를 구하시오.

(가) $f(0)=1$
(나) $f(x-2)=f(x)-x^2$

서술형

10 다항식 x^5을 $x+1$로 나눈 나머지가 a이고 102^5을 103으로 나눈 나머지가 b일 때, 두 상수 a, b의 곱 ab의 값을 구하시오.

신유형

11 x에 대한 다항식 $x^n(x^2+ax+b)$를 $(x-3)^2$으로 나눈 나머지가 $3^n(x-3)$이다. 이때 두 상수 a, b에 대하여 $a-b$의 값을 구하시오. (단, n은 자연수이다.)

12 다항식 $f(x)$를 $(x-2)^2$으로 나누었을 때의 나머지는 $2x-5$이고 x^2+2x+4로 나누었을 때의 나머지가 $x+3$이다. 다항식 $f(x)$를 x^3-8로 나누었을 때의 나머지를 구하시오.

13 다항식 $4x^3+2ax^2+(3a-1)x+2$를 $2x-1$로 나눈 몫을 $Q(x)$, 나머지를 R이라 하면 $Q(1)=0$일 때, $Q(2)+R$의 값을 구하시오. (단, a는 상수이다.)

14 다항식 $f(x)=x^3+ax^2-4x-3$에 대하여 다항식 $f(x+2)$가 $x+1$로 나누어떨어질 때, 상수 a의 값을 구하시오.

15 다항식 $f(x)-1$이 x^2-4로 나누어떨어질 때, 다항식 $xf(x+1)$을 x^2+2x-3으로 나눈 나머지를 구하시오.

16 다음은 다항식 $P(x)=ax^3+bx^2+cx+1$을 $x+2$로 나누었을 때의 몫과 나머지를 조립제법을 이용하여 구하는 과정의 일부를 나타낸 것이다.

-2	a	b	c	1
		☐	☐	☐
	2	1	-3	7

$P(x)$를 $x-3$으로 나누었을 때의 나머지를 구하시오.
(단, a, b, c는 상수이다.)

17 다항식 x^6+1을 $(x+1)^2$으로 나눈 나머지를 구하시오.

18 다항식 $8x^3+8x^2-4x+3$을 $a(2x+1)^3+b(2x+1)^2+c(2x+1)+d$ 꼴로 변형할 때, 네 상수 a, b, c, d에 대하여 $ad+bc$의 값을 구하시오.

개념 마무리 발전

해 pp.028~030

1 다항식 $f(x)=2x^2-4x+k$에 대하여 다항식 $f(x^2)$이 $f(x)$로 나누어떨어지도록 하는 상수 k의 값을 구하시오.

2 다항식 x^4+x^3+ax+b를 x^2-x+1로 나눈 나머지가 x일 때, $a+b$의 값을 구하시오.

(단, a, b는 상수이다.)

서술형

3 최고차항의 계수가 1인 이차 이상의 다항식 $P(x)$에 대하여 x의 값에 관계없이 등식

$$P(x^2-1)-x^2=x^2P(x)+a$$

가 항상 성립할 때, 상수 a의 값을 구하시오.

4 다항식 $f(x)$를 $x-2$로 나눈 나머지가 2, $x+2$로 나눈 나머지가 -2이고, x^2+4로 나눈 나머지가 $9x-16$이다. $f(x)$를 x^4-16으로 나눈 나머지가 $R(x)$일 때, $R(3)$의 값을 구하시오.

5 삼차 다항식 $P(x)$가 다음 조건을 만족시킬 때, $P(4)$의 값을 구하시오.

(가) $(x-1)P(x-2)=(x-7)P(x)$
(나) $P(x)$를 x^2-4x+2로 나눈 나머지는 $2x-10$이다.

1등급

6 $f(1)=1$, $f(2)=\frac{1}{2}$, $f(3)=\frac{1}{3}$, $f(4)=\frac{1}{4}$을 만족시키는 차수가 가장 낮은 다항식 $f(x)$에 대하여 $g(x)=xf(x)-1$일 때, $g(x)$의 최고차항의 계수를 구하시오.

The past cannot be changed.

The future is yet in your power.

과거를 바꿀 순 없지만

미래는 아직 당신 손에 달려 있다.

... 휴 화이트(Hugh White)

I

다항식

01 다항식의 연산

02 항등식과 나머지정리

03 인수분해

1. 인수분해

개념 01 인수분해

개념 02 인수분해 공식

2. 복잡한 식의 인수분해

개념 03 공통부분이 있는 식의 인수분해

개념 04 복이차식의 인수분해

개념 05 여러 개의 문자가 포함된 식의 인수분해

개념 06 인수정리를 이용한 인수분해

1 인수분해

개념 01 

인수분해

하나의 다항식을 두 개 이상의 다항식의 곱으로 나타내는 것을 인수분해라 한다.
이때 곱을 이루는 각각의 다항식을 처음 다항식의 인수라 한다.

참고 $x^2-5x+6=(x-1)(x-4)+2$에서 $(x-1)(x-4)+2$는 다항식의 곱으로만 나타낸 것이 아니므로 다항식 x^2-5x+6을 인수분해한 것이 아니다.

인수분해
a^2-b^2 ⇄ $(a+b)(a-b)$
전개

인수분해는 다항식의 계수의 조건에 따라 다음과 같이 더 이상 인수분해할 수 없을 때까지 한다.

예 $x^4-4=(x^2+2)(x^2-2)$ ← 유리수 계수

$\quad=(x^2+2)(x+\sqrt{2})(x-\sqrt{2})$ ← 실수 계수

참고 일반적으로는 인수분해된 식의 계수를 유리수 범위로 한정하여 생각한다.

개념 02 

인수분해 공식

① $a^2+2ab+b^2=(a+b)^2$, $a^2-2ab+b^2=(a-b)^2$
② $a^2-b^2=(a+b)(a-b)$
③ $x^2+(a+b)x+ab=(x+a)(x+b)$
④ $acx^2+(ad+bc)x+bd=(ax+b)(cx+d)$
⑤ $a^2+b^2+c^2+2ab+2bc+2ca=(a+b+c)^2$
⑥ $a^3+3a^2b+3ab^2+b^3=(a+b)^3$, $a^3-3a^2b+3ab^2-b^3=(a-b)^3$
⑦ $a^3+b^3=(a+b)(a^2-ab+b^2)$, $a^3-b^3=(a-b)(a^2+ab+b^2)$
⑧ $x^3+(a+b+c)x^2+(ab+bc+ca)x+abc=(x+a)(x+b)(x+c)$
⑨ $a^3+b^3+c^3-3abc=(a+b+c)(a^2+b^2+c^2-ab-bc-ca)$
$\quad=\frac{1}{2}(a+b+c)\{(a-b)^2+(b-c)^2+(c-a)^2\}$
⑩ $a^4+a^2b^2+b^4=(a^2+ab+b^2)(a^2-ab+b^2)$

인수분해에서 가장 기본이 되는 것은 공통인수를 찾아 묶거나 인수분해 공식을 적용하는 것이다.

참고 다항식의 인수분해는 다항식의 전개를 거꾸로 한 것이므로 곱셈 공식의 좌변과 우변을 서로 바꾸면 인수분해 공식을 얻을 수 있다.

1. 공통인수로 묶기

예 $ma+mb=m(a+b)$, $x(a+b)+y(a+b)=(a+b)(x+y)$

2. 이차식의 인수분해

인수분해 공식 ①~⑤를 적용한다.

예 ① $4x^2+12x+9=(2x)^2+2\times(2x)\times3+3^2=(2x+3)^2$

② $x^2-4y^2=x^2-(2y)^2=(x+2y)(x-2y)$

③ $x^2-x-12=(x+3)(x-4)$

④ $6x^2+13x-5=(2x+5)(3x-1)$ A

⑤ $x^2+y^2+z^2+2xy-2yz-2zx$

$=x^2+y^2+(-z)^2+2\times x\times y+2\times y\times(-z)+2\times(-z)\times x$

$=(x+y-z)^2$

A 이차식의 인수분해

$6x^2+13x-5$

$2x \quad +5 \rightarrow +15x$

$3x \quad -1 \rightarrow -\ 2x$

$+13x$

3. 삼차식의 인수분해

인수분해 공식 ⑥, ⑦, ⑧을 적용한다.

예 ⑥ $x^3+9x^2+27x+27=x^3+3\times x^2\times3+3\times x\times3^2+3^3$

$=(x+3)^3$

⑦ $x^3-64=x^3-4^3=(x-4)(x^2+4x+16)$

⑧ $x^3+6x^2+11x+6$

$=x^3+(1+2+3)x^2+(1\times2+2\times3+3\times1)x+1\times2\times3$

$=(x+1)(x+2)(x+3)$ B

B 인수분해 공식 ⑧ 꼴의 다항식은 일반적으로 p.67의 **개념06**과 같이 인수정리를 이용하여 인수분해한다.

4. 인수분해 공식 ⑨, ⑩의 이해

증명 ⑨ $(a+b+c)(a^2+b^2+c^2-ab-bc-ca)=a^3+b^3+c^3-3abc$에

p.021 곱셈 공식 ⑨

$a^2+b^2+c^2-ab-bc-ca=\frac{1}{2}\{(a-b)^2+(b-c)^2+(c-a)^2\}$

p.022 곱셈 공식의 변형 ⑤

을 대입하면

$a^3+b^3+c^3-3abc$

$=\frac{1}{2}(a+b+c)\{(a-b)^2+(b-c)^2+(c-a)^2\}$ C D

⑩ $a^4+a^2b^2+b^4=a^4+2a^2b^2+b^4-a^2b^2$

$=(a^2+b^2)^2-(ab)^2$

$=(a^2+ab+b^2)(a^2-ab+b^2)$

예 ⑨ $x^3-y^3-z^3-3xyz$

$=x^3+(-y)^3+(-z)^3-3\times x\times(-y)\times(-z)$

$=(x-y-z)(x^2+y^2+z^2+xy-yz+zx)$

$=\frac{1}{2}(x-y-z)\{(x+y)^2+(y-z)^2+(z+x)^2\}$

⑩ $x^4+4x^2y^2+16y^4=x^4+8x^2y^2+16y^4-4x^2y^2$

$=(x^2+4y^2)^2-(2xy)^2$

$=(x^2+2xy+4y^2)(x^2-2xy+4y^2)$

C $\boldsymbol{a^3+b^3+c^3-3abc=0}$인 경우

인수분해 공식 ⑨에서

$a^3+b^3+c^3-3abc=0$이면

$\frac{1}{2}(a+b+c)$

$\times\{(a-b)^2+(b-c)^2+(c-a)^2\}=0$

이어야 하므로

$a+b+c=0$ 또는 $a=b=c$

D $\boldsymbol{(a-b)^3+(b-c)^3+(c-a)^3}$의 인수분해

$a-b=A,\ b-c=B,\ c-a=C$라 하면

$A+B+C=(a-b)+(b-c)+(c-a)$

$=0$

따라서 인수분해 공식 ⑨에 의하여

$A^3+B^3+C^3-3ABC=0$, 즉

$A^3+B^3+C^3=3ABC$

가 성립한다.

$\therefore\ (a-b)^3+(b-c)^3+(c-a)^3$

$=3(a-b)(b-c)(c-a)$

기본유형 01 공통인수를 이용한 인수분해

개념 02

다음 식을 인수분해하시오.

(1) $2a^2b+4ab^3$

(2) $x(y+1)+y+1$

solution

(1) $2a^2b+4ab^3=2ab(a+2b^2)$

(2) $x(y+1)+y+1=(x+1)(y+1)$

기본유형 02 인수분해 공식

개념 02

인수분해 공식을 이용하여 다음 식을 인수분해하시오.

(1) x^2-y^2+2y-1

(2) $x^2+y^2+4z^2-2xy+4yz-4zx$

(3) $x^3+12x^2+48x+64$

(4) $8x^3-27$

(5) $x^3-y^3+z^3+3xyz$

(6) $x^4+3x^2y^2+4y^4$

solution

(1) $x^2-y^2+2y-1=x^2-(y-1)^2=\{x+(y-1)\}\{x-(y-1)\}=(x+y-1)(x-y+1)$

(2) $x^2+y^2+4z^2-2xy+4yz-4zx=(x-y-2z)^2$

(3) $x^3+12x^2+48x+64=(x+4)^3$

(4) $8x^3-27=(2x-3)(4x^2+6x+9)$

(5) $x^3-y^3+z^3+3xyz=(x-y+z)(x^2+y^2+z^2+xy+yz-zx)$

$$=\frac{1}{2}(x-y+z)\{(x+y)^2+(y+z)^2+(z-x)^2\}$$

(6) $x^4+3x^2y^2+4y^4=x^4+4x^2y^2+4y^4-x^2y^2$

$$=(x^2+2y^2)^2-(xy)^2=(x^2+xy+2y^2)(x^2-xy+2y^2)$$

기본 연습

답 p.031

01 다음 식을 인수분해하시오.

(1) ax^3+2ax^2y

(2) $a(b-2)-2(b-2)$

02 인수분해 공식을 이용하여 다음 식을 인수분해하시오.

(1) $a^2+4ab+4b^2-c^2$

(2) $a^2+4b^2+9c^2-4ab-12bc+6ca$

(3) $-27a^3+54a^2b-36ab^2+8b^3$

(4) a^3+125b^3

(5) $a^3+8b^3-c^3+6abc$

(6) $a^4+9a^2b^2+81b^4$

필수유형 03 인수분해

개념 02

다음 식을 인수분해하시오.

(1) $x(y+3)-3y-y^2$

(2) $(x+y)^2-xz-yz$

(3) $8ax^2+28axy+12ay^2$

(4) $x(y-z)^2-x^3$

(5) x^6-64y^6

(6) $a^2+4b^2-4ab+4a-8b+4$

guide

❶ 공통인수를 찾아 묶는다.
❷ 인수분해 공식을 적용한다.
❸ 더 이상 인수분해할 수 없을 때까지 인수분해한다.

solution

(1) $x(y+3)-3y-y^2=x(y+3)-y(y+3)=(x-y)(y+3)$

(2) $(x+y)^2-xz-yz=(x+y)^2-z(x+y)=(x+y)(x+y-z)$

(3) $8ax^2+28axy+12ay^2=4a(2x^2+7xy+3y^2)=4a(x+3y)(2x+y)$

(4) $x(y-z)^2-x^3=x\{(y-z)^2-x^2\}=x(y-z+x)(y-z-x)$

(5) $x^6-64y^6=(x^3+8y^3)(x^3-8y^3)=(x+2y)(x^2-2xy+4y^2)(x-2y)(x^2+2xy+4y^2)$
$=(x+2y)(x-2y)(x^2+2xy+4y^2)(x^2-2xy+4y^2)$

(6) $a^2+4b^2-4ab+4a-8b+4=a^2+(-2b)^2+2^2+2(-2ab-4b+2a)=(a-2b+2)^2$

다른 풀이

(5) $x^6-64y^6=(x^2-4y^2)(x^4+4x^2y^2+16y^4)=(x+2y)(x-2y)(x^2+2xy+4y^2)(x^2-2xy+4y^2)$

필수 연습

해 pp.031~032

03 다음 식을 인수분해하시오.

(1) $a(2-a)-2b+ab$

(2) $(a-b)^2+ac-bc$

(3) $12a^2x^2-36abx^2+27b^2x^2$

(4) $a^3-b^2c-ab^2+a^2c$

(5) $(a+b)^3+27b^3$

(6) $a^4+b^4+4c^4+2a^2b^2-4b^2c^2-4c^2a^2$

04 $x=\sqrt{3}+\sqrt{2}$, $y=\sqrt{3}-\sqrt{2}$일 때, x^2y+xy^2+x+y의 값을 구하시오. [교육청]

05 이차 이하의 두 다항식 A, B가 $AB=x^3-y^3-6xy-8$을 만족시킨다.
$AB=0$이 되도록 하는 두 실수 x, y에 대하여 $x-y$의 최댓값을 구하시오.

01 $x+y=3$, $xy=-10$일 때,
$x^2(y-1)+y^2(x+1)$의 값을 구하시오. (단, $x>y$)

02 다항식 $4x^6+6x^3-x^4-3x^2$의 인수인 것만을 〈보기〉에서 있는 대로 고른 것은?

보기

ㄱ. x^2　　ㄴ. x^2-1
ㄷ. $2x^3-x^2$　　ㄹ. $2x^3-x^2+3$

① ㄱ, ㄴ　② ㄱ, ㄷ　③ ㄴ, ㄷ
④ ㄴ, ㄹ　⑤ ㄷ, ㄹ

03 다음 중 다항식의 인수분해로 옳지 않은 것은?

① $9a^2-36b^2=9(a+2b)(a-2b)$
② $8a^3-b^3c^6=(2a-bc^2)(4a^2+2abc^2+b^2c^4)$
③ $8x^3-12x^2y+6xy^2-y^3=(2x-y)^3$
④ $a^2+4b^2+9c^2+4ab-12bc-6ca$
$=(a+2b-3c)^2$
⑤ $a^6-1=(a+1)(a-1)(a^2+a+1)(a^2-a-1)$

04 다음 중 다항식 $(x+1)^6-64$의 인수가 아닌 것은?

① $x-1$　② $x+3$
③ x^2+1　④ x^2+3
⑤ x^2+4x+7

05 세 실수 a, b, c에 대하여
$a+b+c=ab+bc+ca=4$일 때, $a^3+b^3+c^3-3abc$의 값을 구하시오.

06 다항식 $(x-y+3)^3-(x+2)^3+(y-1)^3$을 인수분해하시오.

2 복잡한 식의 인수분해

개념 03 공통부분이 있는 식의 인수분해

1. 공통부분이 드러나 있는 경우

(i) 공통부분을 한 문자 X로 치환하여 인수분해한다.

(ii) X를 원래의 식으로 바꾸어 나타낸다.

2. 공통부분이 드러나 있지 않은 경우

공통부분이 생기도록 식을 변형한 다음, 공통부분을 치환하여 인수분해한다.

공통부분이 있는 복잡한 식을 인수분해할 때, 치환을 이용하면 식이 간단해지거나 차수가 낮아져서 인수분해 공식을 적용하기 쉽다.

예1 $(x^2+2x)^2-4(x^2+2x)+3$에서 $x^2+2x=X$로 놓으면

(주어진 식) $=X^2-4X+3=(X-1)(X-3)$

$=(x^2+2x-1)(x^2+2x-3)$

$=(x+3)(x-1)(x^2+2x-1)$

예2 $(x+1)(x+2)(x-4)(x-5)+5$ Ⓐ

$=\{(x+1)(x-4)\}\{(x+2)(x-5)\}+5$

$=(x^2-3x-4)(x^2-3x-10)+5$ ← 상수항의 합이 서로 같아지도록 일차식을 두 개씩 짝짓는다.

이때 $x^2-3x=X$로 놓으면

(주어진 식) $=(X-4)(X-10)+5=X^2-14X+45$

$=(X-5)(X-9)=(x^2-3x-5)(x^2-3x-9)$

Ⓐ **(일차식)(일차식)(일차식)(일차식) 꼴에서 상수항의 곱이 서로 같도록 짝짓는 경우**

$(x+8)(x+2)(x-1)(x-4)+8x^2$

$=\{(x-4)(x+2)\}\{(x-1)(x+8)\}+8x^2$

$=(x^2-2x-8)(x^2+7x-8)+8x^2$

이때 $x^2-8=X$로 놓으면

(주어진 식) $=(X-2x)(X+7x)+8x^2$

$=X^2+5xX-6x^2$

$=(X+6x)(X-x)$

$=(x^2+6x-8)(x^2-x-8)$

개념 04 복이차식의 인수분해

1. 복이차식 : 짝수 차수의 항과 상수항으로만 이루어진 다항식

예 x^4+ax^2+b (a, b는 상수) 꼴

2. 복이차식의 인수분해

(1) $x^2=X$로 치환하여 인수분해한다.

(2) (1)과 같이 치환해도 인수분해되지 않는 경우에는 $(x^2+A)^2-(Bx)^2$ 꼴로 변형하여 인수분해한다.

예1 $2x^4-3x^2-2$에서 $x^2=X$로 놓으면

$2x^4-3x^2-2=2X^2-3X-2$

$=(X-2)(2X+1)=(x^2-2)(2x^2+1)$

예2 $x^4-15x^2+9=x^4-6x^2+9-9x^2$ Ⓑ

$=(x^2-3)^2-(3x)^2=(x^2+3x-3)(x^2-3x-3)$

Ⓑ **x^2을 치환해도 인수분해되지 않는 경우**

$x^2=X$로 치환하여 얻은 식 $X^2-15X+9$가 인수분해되지 않으므로 이차항을 분리하여 $(x^2+A)^2-(Bx)^2$ 꼴로 변형한다.

개념 05 여러 개의 문자가 포함된 식의 인수분해

1. 차수가 서로 다른 문자에 대한 다항식인 경우

차수가 가장 낮은 한 문자에 대한 내림차순으로 정리하여 인수분해한다.

2. 모든 문자의 차수가 같은 경우

어느 한 문자에 대한 내림차순으로 정리하여 인수분해한다.

참고 내림차순으로 정리한 식의 상수항이 복잡한 경우, 상수항을 먼저 인수분해한 후 전체를 인수분해한다.

예1 $x^2+3x+3y+xy=(x+3)y+x^2+3x$ ← y에 대하여 내림차순으로 정리한다.

(x에 대한 2차식, y에 대한 1차식)

$=(x+3)y+x(x+3)$ ← 상수항을 먼저 인수분해한다.

$=(x+3)(x+y)$ ← 전체를 인수분해한다.

예2 $x^2-2xy+y^2-5x+5y+6=x^2-(2y+5)x+(y^2+5y+6)$ ← x에 대하여 내림차순으로 정리한다.

(x, y에 대하여 각각 2차식)

$=x^2-(2y+5)x+(y+2)(y+3)$ ← 상수항을 먼저 인수분해한다.

$=\{x-(y+2)\}\{x-(y+3)\}$ ← 전체를 인수분해한다.

$=(x-y-2)(x-y-3)$

참고 모든 문자의 차수가 같은 경우 어느 문자에 대한 내림차순으로 정리하여 인수분해하더라도 그 결과는 같다.
예2에서 y에 대한 내림차순으로 정리하면

$x^2-2xy+y^2-5x+5y+6=y^2-(2x-5)y+(x^2-5x+6)=y^2-(2x-5)y+(x-2)(x-3)$

$=\{y-(x-2)\}\{y-(x-3)\}=(x-y-2)(x-y-3)$

한걸음 더 대칭식의 인수분해

필수유형 11

두 개 이상의 문자를 포함하는 식에서 문자를 서로 바꾸어도 처음과 같게 되는 식을 '대칭식'이라 한다.
이때 세 문자 x, y, z에 대한 대칭식에서 $x-y$가 인수이면 $y-z$, $z-x$도 인수이다. ← $x+y$가 인수이면 $y+z$, $z+x$도 인수이다.

설명 일반적으로 세 문자 x, y, z에 대한 대칭식은 다음과 같이 인수분해할 수 있다.

$xy(x-y)+yz(y-z)+zx(z-x)=x^2y-xy^2+y^2z-yz^2+z^2x-zx^2$

$=(y-z)x^2-(y^2-z^2)x+yz(y-z)$ ← 한 문자에 대하여 내림차순으로 정리한다.

$=(y-z)x^2-(y+z)(y-z)x+yz(y-z)$

$=(y-z)\{x^2-(y+z)x+yz\}$

$=(y-z)(x-y)(x-z)=-(x-y)(y-z)(z-x)$

한편, 다항식 $xy(x-y)+yz(y-z)+zx(z-x)$에 y 대신 x를 대입하면 식의 값이 0이 되므로 이 다항식은 $x-y$를 인수로 갖는다. 또한 이 다항식은 대칭식이므로 같은 방법으로 $y-z$, $z-x$도 인수로 갖는다.
따라서 주어진 식은 다음과 같이 인수분해할 수 있다.

$xy(x-y)+yz(y-z)+zx(z-x)=A(x-y)(y-z)(z-x)$ (단, A는 상수)

위의 식은 항등식이므로 $x=0$, $y=1$, $z=-1$을 대입하여 정리하면 $A=-1$임을 알 수 있다.

개념 06 인수정리를 이용한 인수분해

삼차 이상의 다항식 $f(x)$가 일차식을 인수로 가지면 인수정리를 이용하여 다음과 같이 인수분해한다.
(i) $f(\alpha)=0$을 만족시키는 상수 α의 값을 구한다.
(ii) 조립제법을 이용하여 $f(x)=(x-\alpha)Q(x)$ 꼴로 정리한다.
(iii) $Q(x)$가 더 이상 인수분해되지 않을 때까지 인수분해 공식 또는 (i), (ii)의 과정을 반복하여 인수분해한다.

1. 인수정리를 이용한 인수분해 Ⓐ

다항식 $f(x)$는 $f(\alpha)=0$이면 인수정리에 의하여 일차식 $x-\alpha$를 인수로 갖는다.

예 다항식 $f(x)=x^3-2x^2-5x+6$에서
$f(1)=1-2-5+6=0$ Ⓑ
즉, 일차식 $x-1$이 $f(x)$의 인수이므로
$f(x)=(x-1)(x^2-x-6)=(x-1)(x-3)(x+2)$

1	1	−2	−5	6
		1	−1	−6
	1	−1	−6	0

2. $f(\alpha)=0$에서 α의 값 구하기

계수가 정수인 다항식 $f(x)$에 대하여 $f(\alpha)=0$을 만족시키는 상수 α의 값은

$$\pm\frac{f(x)\text{의 상수항의 약수}}{f(x)\text{의 최고차항의 계수의 약수}}$$ Ⓒ

를 이용하여 찾는다.

예 다항식 $2x^3-x^2-8x+4$의 상수항이 4이고, 최고차항의 계수가 2이므로 $f(\alpha)=0$이 되는 상수 α는 ±1, ±2, ±4, $\pm\frac{1}{2}$ 중에서 찾을 수 있다.
이때 $f(2)=0$, $f(-2)=0$, $f\left(\frac{1}{2}\right)=0$임을 확인할 수 있다.

Ⓐ 인수정리 ← p.044 개념05
다항식 $f(x)$에 대하여
$f(\alpha)=0$
$\Longleftrightarrow f(x)$가 일차식 $x-\alpha$로 나누어떨어진다.
$\Longleftrightarrow f(x)=(x-\alpha)Q(x)$

Ⓑ $x-1$을 인수로 갖는 경우
다항식의 각 항의 계수와 상수항의 총합이 0이면 이 다항식은 $x-1$을 인수로 갖는다.

Ⓒ 최고차항의 계수가 1인 경우
최고차항의 계수가 1인 경우, 상수 α의 값은 $\pm$(상수항의 약수) 중에서 찾을 수 있다.

한걸음 더 계수가 대칭인 사차식의 인수분해

기본연습 10

x^2항을 중심으로 계수가 대칭인 다항식은 다음과 같이 인수분해할 수 있다.

예 $x^4-4x^3+5x^2-4x+1=x^2\left(x^2-4x+5-\frac{4}{x}+\frac{1}{x^2}\right)=x^2\left\{\left(x^2+\frac{1}{x^2}\right)-4\left(x+\frac{1}{x}\right)+5\right\}$

$=x^2\left\{\left(x+\frac{1}{x}\right)^2-4\left(x+\frac{1}{x}\right)+3\right\}$ ← $x^2+\frac{1}{x^2}=\left(x+\frac{1}{x}\right)^2-2$를 이용하여 $x+\frac{1}{x}$에 대한 식으로 정리한다.

$=x^2\left(x+\frac{1}{x}-1\right)\left(x+\frac{1}{x}-3\right)$

$=(x^2-x+1)(x^2-3x+1)$ ← $x+\frac{1}{x}$에 대한 각 식에 x를 곱하여 다항식이 되도록 한다.

기본유형 04 공통부분이 있는 식의 인수분해

개념 03

다음 식을 인수분해하시오.

(1) $(x^2-4x)(x^2-4x-2)-8$ (2) $(x+1)(x+2)(x+3)(x+4)-120$

solution

(1) $x^2-4x=X$로 놓으면

$(x^2-4x)(x^2-4x-2)-8=X(X-2)-8=X^2-2X-8=(X+2)(X-4)$

$=(x^2-4x+2)(x^2-4x-4)$

(2) $(x+1)(x+2)(x+3)(x+4)-120=\{(x+1)(x+4)\}\{(x+2)(x+3)\}-120$

$=(x^2+5x+4)(x^2+5x+6)-120$

이때 $x^2+5x=X$로 놓으면

(주어진 식)$=(X+4)(X+6)-120=X^2+10X-96=(X+16)(X-6)$

$=(x^2+5x+16)(x^2+5x-6)=(x+6)(x-1)(x^2+5x+16)$

기본유형 05 복이차식의 인수분해

개념 04

다음 식을 인수분해하시오.

(1) x^4-5x^2+4 (2) x^4+4x^2+16

solution

(1) $x^2=X$로 놓으면

$x^4-5x^2+4=X^2-5X+4=(X-1)(X-4)$

$=(x^2-1)(x^2-4)$

$=(x+2)(x+1)(x-1)(x-2)$

(2) $x^4+4x^2+16=(x^4+8x^2+16)-4x^2=(x^2+4)^2-(2x)^2$

$=(x^2+2x+4)(x^2-2x+4)$

기본 연습

해 p.033

06 다음 식을 인수분해하시오.

(1) $(x-2y)(x-2y-5)+4$ (2) $(x+1)(x-2)(x+3)(x+6)+54$

07 다음 식을 인수분해하시오.

(1) x^4-17x^2+16 (2) x^4+9x^2+25

기본유형 06 여러 개의 문자가 포함된 식의 인수분해

개념 05

다음 식을 인수분해하시오.

(1) $x^2y-zx-xy^2+yz$

(2) $2x^2+3xy+y^2+3x+y-2$

solution

(1) 주어진 식을 z에 대한 내림차순으로 정리하면 ← x, y에 대하여 각각 2차식, z에 대하여 1차식

$-(x-y)z+x^2y-xy^2=-(x-y)z+xy(x-y)=(x-y)(xy-z)$

(2) 주어진 식을 x에 대한 내림차순으로 정리하면

$2x^2+(3y+3)x+y^2+y-2=2x^2+(3y+3)x+(y+2)(y-1)=(x+y+2)(2x+y-1)$

$x \to +(y+2)$
$2x \to +(y-1)$

기본유형 07 인수정리를 이용한 인수분해

개념 06

다음 식을 인수분해하시오.

(1) $x^3-6x^2+11x-6$

(2) $x^4+2x^3-8x^2-3x+6$

solution

(1) $f(x)=x^3-6x^2+11x-6$이라 하면 $f(1)=1-6+11-6=0$이므로

$f(x)$는 $x-1$을 인수로 갖는다.

따라서 오른쪽과 같이 조립제법을 이용하여 인수분해하면

$f(x)=(x-1)(x^2-5x+6)=(x-1)(x-2)(x-3)$

1	1	−6	11	−6
		1	−5	6
	1	−5	6	0

(2) $f(x)=x^4+2x^3-8x^2-3x+6$이라 하면

$f(-1)=1-2-8+3+6=0$, $f(2)=16+16-32-6+6=0$

이므로 $f(x)$는 $x+1$, $x-2$를 인수로 갖는다.

따라서 오른쪽과 같이 조립제법을 이용하여 인수분해하면

$f(x)=(x+1)(x-2)(x^2+3x-3)$

−1	1	2	−8	−3	6
		−1	−1	9	−6
2	1	1	−9	6	0
		2	6	−6	
	1	3	−3	0	

기본 연습

해 pp.033~034

08 다음 식을 인수분해하시오.

(1) $a^2+c^2-2ac+ab-bc$

(2) $x^2-xy-2y^2+x-5y-2$

09 다음 식을 인수분해하시오.

(1) x^3+x^2-5x+3

(2) $x^4-x^3-7x^2+x+6$

10 다항식 $x^4-5x^3+6x^2-5x+1$을 인수분해하시오.

필수유형 08 공통부분이 있는 식의 인수분해

개념 03

다음 물음에 답하시오.

(1) 다항식 $(x^2+3x)(x^2+3x+3)+2$가 $(x+a)(x+b)(x^2+cx+1)$로 인수분해될 때, 세 정수 a, b, c에 대하여 $a+b+c$의 값을 구하시오.

(2) 다항식 $(x+4)(x+2)(x-1)(x-3)+24$가 $(x+a)(x+b)(x^2+cx+d)$로 인수분해될 때, 네 정수 a, b, c, d에 대하여 $ab-cd$의 값을 구하시오.

guide

❶ 공통부분이 드러나 있지 않은 경우, 공통부분이 생기도록 적당히 전개한다.
특히, (일차식)(일차식)(일차식)(일차식) 꼴의 경우, 공통부분이 생기도록 일차식을 두 개씩 짝지어 전개한다.

❷ 공통부분을 한 문자로 치환하여 인수분해한다.

❸ 치환한 문자를 원래의 식으로 바꾸어 나타낸 후, 더 이상 인수분해할 수 없을 때까지 인수분해한다.

solution

(1) $x^2+3x=X$로 놓으면

$$(x^2+3x)(x^2+3x+3)+2=X(X+3)+2=X^2+3X+2=(X+1)(X+2)$$
$$=(x^2+3x+1)(x^2+3x+2)=(x+1)(x+2)(x^2+3x+1)$$

따라서 $a=1$, $b=2$, $c=3$ 또는 $a=2$, $b=1$, $c=3$이므로

$a+b+c=6$

(2) $$(x+4)(x+2)(x-1)(x-3)+24=\{(x+2)(x-1)\}\{(x+4)(x-3)\}+24$$
$$=(x^2+x-2)(x^2+x-12)+24$$

$x^2+x=X$로 놓으면

$$(\text{주어진 식})=(X-2)(X-12)+24=X^2-14X+48=(X-6)(X-8)$$
$$=(x^2+x-6)(x^2+x-8)=(x+3)(x-2)(x^2+x-8)$$

따라서 $a=3$, $b=-2$, $c=1$, $d=-8$ 또는 $a=-2$, $b=3$, $c=1$, $d=-8$

$ab-cd=-6-(-8)=2$

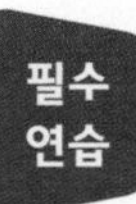

pp.034~035

11 다음 물음에 답하시오.

(1) 다항식 $(2x+y)^2-2(2x+y)-3$이 $(ax+y+1)(2x+by+c)$로 인수분해될 때, 세 상수 a, b, c에 대하여 $a+b+c$의 값을 구하시오. [교육청]

(2) 다항식 $(x^2+x)(x^2+5x+6)-15$가 $(x^2+ax-3)(x^2+bx+c)$로 인수분해될 때, 세 상수 a, b, c에 대하여 abc의 값을 구하시오.

12 다항식 $(x+2)(x+4)(x+6)(x+8)+k$가 이차식 $f(x)$에 대하여 $\{f(x)\}^2$으로 인수분해될 때, 상수 k의 값을 구하시오.

필수유형 09 복이차식의 인수분해

개념 04

다음 물음에 답하시오.

(1) 다항식 $a^4-a^2b^2-12b^4$이 $(a+kb)(a-lb)(a^2+mb^2)$으로 인수분해될 때, 세 자연수 k, l, m에 대하여 $lm-k$의 값을 구하시오.

(2) 다항식 x^4+7x^2+16이 $(x^2+ax+b)(x^2-ax+b)$로 인수분해될 때, 두 양수 a, b에 대하여 $a+b$의 값을 구하시오.

guide

❶ x^2, x^4, x^6, … 등으로 이루어진 식에서는 $x^2=X$로 치환하여 인수분해한다.
이때 사용된 문자가 2개인 경우에는 각각 치환하여 인수분해한다. ← $a^2=X$, $b^2=Y$와 같이 치환한다.

❷ 치환해도 인수분해되지 않는 경우에는 이차항을 분리하여 $(x^2+A)^2-(Bx)^2$ 꼴로 변형하여 인수분해한다.

solution

(1) $a^2=X$, $b^2=Y$로 놓으면

$$a^4-a^2b^2-12b^4=X^2-XY-12Y^2=(X-4Y)(X+3Y)$$
$$=(a^2-4b^2)(a^2+3b^2)=(a+2b)(a-2b)(a^2+3b^2)$$

따라서 $k=2$, $l=2$, $m=3$이므로

$lm-k=2\times3-2=4$

(2) $x^4+7x^2+16=(x^4+8x^2+16)-x^2$

$$=(x^2+4)^2-x^2$$
$$=(x^2+x+4)(x^2-x+4)$$

따라서 $a=1$, $b=4$이므로

$a+b=5$

필수 연습

p.035

13 (1) 다항식 $x^4-10x^2y^2+9y^4$이 $(x+ay)(x+by)(x+cy)(x+dy)$로 인수분해될 때, 네 상수 a, b, c, d에 대하여 $a+2b+3c+4d$의 값을 구하시오. (단, $a>b>c>d$)

(2) 다항식 x^4+2x^2+9가 $(x^2+ax+b)(x^2+cx+d)$로 인수분해될 때, 네 상수 a, b, c, d에 대하여 $ad-bc$의 값을 구하시오. (단, $a>c$)

14 다항식 x^4-7x^2+1이 이차항의 계수가 양수이고 각 항의 계수가 모두 정수인 두 이차식 $f(x)$, $g(x)$의 곱 $f(x)g(x)$로 인수분해될 때, $f(1)+g(1)$의 값을 구하시오.

필수유형 10 여러 개의 문자가 포함된 식의 인수분해 (1)

개념 05

x, y에 대한 이차식 $x^2+kxy-3y^2+x+11y-6$이 x, y에 대한 두 일차식의 곱으로 인수분해되도록 하는 자연수 k의 값을 구하시오.

guide

❶ 차수가 가장 낮은 한 문자에 대한 내림차순으로 정리하여 인수분해한다.
이때 모든 문자의 차수가 같다면 어느 한 문자에 대한 내림차순으로 정리하여 인수분해한다.

❷ 상수항이 복잡한 경우, 상수항을 먼저 인수분해한 후 전체를 인수분해한다.

solution

주어진 이차식을 x에 대한 내림차순으로 정리하면

$x^2+(ky+1)x-3y^2+11y-6=x^2+(ky+1)x-(y-3)(3y-2)$

위의 식이 x, y에 대한 두 일차식의 곱으로 인수분해되려면

$(y-3)-(3y-2)=ky+1$ 또는 $-(y-3)+(3y-2)=ky+1$

이때 양변의 상수항이 1로 같아야 하므로 $-(y-3)+(3y-2)=ky+1$에서 $2y+1=ky+1$

따라서 양변의 y의 계수를 비교하면 $k=2$

다른 풀이 주어진 이차식을 y에 대한 내림차순으로 정리하면

$-3y^2+(kx+11)y+x^2+x-6=-3y^2+(kx+11)y+(x+3)(x-2)$

위의 식이 x, y에 대한 두 일차식의 곱으로 인수분해되려면

$-3(x+3)+(x-2)=kx+11$ 또는 $(x+3)-3(x-2)=kx+11$ 또는

$3(x+3)-(x-2)=kx+11$ 또는 $-(x+3)+3(x-2)=kx+11$

이때 양변의 상수항이 11로 같아야 하므로 $3(x+3)-(x-2)=kx+11$에서 $2x+11=kx+11$

따라서 양변의 x의 계수를 비교하면 $k=2$

15 x, y에 대한 이차식 $2x^2+2y^2-5xy-5y+kx-3$이 x, y에 대한 두 일차식의 곱으로 인수분해되도록 하는 정수 k의 값을 구하시오.

p.035

16 $x+y-z=1$일 때, 다항식 $x^2-xy-6y^2-9x+12y+5z$를 x, y에 대한 두 일차식의 곱으로 인수분해하시오.

필수유형 11 여러 개의 문자가 포함된 식의 인수분해(2)

개념 05

다항식 $x^2(y+z)+y^2(z+x)+z^2(x+y)+2xyz$를 인수분해하시오.

guide

❶ 주어진 식을 전개한다.
❷ 차수가 가장 낮은 한 문자에 대한 내림차순으로 정리하여 인수분해한다.
이때 모든 문자의 차수가 같다면 어느 한 문자에 대한 내림차순으로 정리하여 인수분해한다.

solution

주어진 식을 x에 대한 내림차순으로 정리하여 인수분해하면

$x^2(y+z)+y^2(z+x)+z^2(x+y)+2xyz$
$=x^2y+x^2z+y^2z+xy^2+xz^2+yz^2+2xyz$
$=(y+z)x^2+(y^2+2yz+z^2)x+y^2z+yz^2$
$=(y+z)x^2+(y+z)^2x+yz(y+z)$
$=(y+z)\{x^2+(y+z)x+yz\}$
$=(x+y)(y+z)(z+x)$

다른 풀이 $f(x, y, z)=x^2(y+z)+y^2(z+x)+z^2(x+y)+2xyz$라 하면 $f(x, y, z)$는 대칭식이다.
이 식의 y 대신 $-x$를 대입하면

$f(x, -x, z)=x^2(-x+z)+(-x)^2(z+x)+z^2\{x+(-x)\}+2x(-x)z$
$=-x^3+x^2z+x^2z+x^3-2x^2z=0$

따라서 $x+y$가 $f(x, y, z)$의 인수이므로 $y+z$, $z+x$도 인수이다.
이때 $f(x, y, z)$는 3차식이므로
$x^2(y+z)+y^2(z+x)+z^2(x+y)+2xyz=A(x+y)(y+z)(z+x)$ (단, A는 상수)
위의 식은 항등식이므로 $x=y=z=1$을 대입하여 정리하면 $A=1$이다.
$\therefore x^2(y+z)+y^2(z+x)+z^2(x+y)+2xyz=(x+y)(y+z)(z+x)$

plus

세 문자 x, y, z에 대한 대칭식에서
$x-y$가 인수이면 $y-z$, $z-x$도 인수이고, $x+y$가 인수이면 $y+z$, $z+x$도 인수이다. ▶ p.066 한 걸음 더

필수연습

plus **17** 다항식 $(x+y+z)^3-x^3-y^3-z^3$을 인수분해하시오.

plus **18** 다항식 $(a^2+b^2+c^2)(a^2b^2+b^2c^2+c^2a^2)-a^2b^2c^2$을 인수분해하시오.

유 p.036

필수유형 12 **인수정리를 이용한 인수분해** 개념 06

다항식 $x^4-2x^3+2x^2-x-6$이 $(x+1)(x+a)(x^2+bx+c)$로 인수분해될 때, 세 정수 a, b, c에 대하여 $a^2+b^2+c^2$의 값을 구하시오.

guide

❶ $f(\alpha)=0$을 만족시키는 상수 α의 값을 구한다.
❷ 조립제법을 이용하여 $f(x)=(x-\alpha)Q(x)$ 꼴로 인수분해한다.
❸ $Q(x)$가 더 이상 인수분해되지 않을 때까지 인수분해 공식 또는 ❶, ❷의 과정을 반복하여 인수분해한다.

solution

$f(x)=x^4-2x^3+2x^2-x-6$이라 하면
$f(-1)=1+2+2+1-6=0$, $f(2)=16-16+8-2-6=0$
이므로 $f(x)$는 $x+1$, $x-2$를 인수로 갖는다.
따라서 다음과 같이 조립제법을 이용하여 인수분해하면

-1	1	-2	2	-1	-6
		-1	3	-5	6
2	1	-3	5	-6	0
		2	-2	6	
	1	-1	3	0	

$f(x)=(x+1)(x-2)(x^2-x+3)$
따라서 $a=-2$, $b=-1$, $c=3$이므로
$a^2+b^2+c^2=(-2)^2+(-1)^2+3^2=14$

필수 연습

pp.036~037

19 다항식 $2x^3-3x^2-12x-7$이 $(x+a)^2(bx+c)$로 인수분해될 때, 세 상수 a, b, c에 대하여 $a+b-c$의 값을 구하시오.

20 다항식 $2x^3+4x^2+(a+6)x+a+4$가 $(x-a)(2x^2+2x+b)$로 인수분해될 때, 두 상수 a, b에 대하여 a^2+b^2의 값을 구하시오.

필수유형 13 인수분해를 이용한 수의 계산

개념 03

다음 식의 값을 구하시오.

(1) $\dfrac{365^3+1}{365^2-365+1}$　　(2) $\sqrt{10\times13\times14\times17+36}$

guide

❶ 바로 계산하기 어려운 수의 계산에서는 특정한 수를 문자로 치환하여 인수분해한다.
❷ 치환한 문자에 원래의 수를 대입하여 식의 값을 구한다.

solution

(1) $365=x$로 놓으면

$$\frac{365^3+1}{365^2-365+1}=\frac{x^3+1}{x^2-x+1}=\frac{(x+1)(x^2-x+1)}{x^2-x+1}=x+1=365+1=366$$

(2) $10=x$로 놓으면

$$\begin{aligned}\sqrt{10\times13\times14\times17+36}&=\sqrt{x(x+3)(x+4)(x+7)+36}\\&=\sqrt{\{x(x+7)\}\{(x+3)(x+4)\}+36}\\&=\sqrt{(x^2+7x)(x^2+7x+12)+36}\end{aligned}$$

$x^2+7x=X$로 놓으면

$$\begin{aligned}(\text{주어진 식})&=\sqrt{X(X+12)+36}=\sqrt{X^2+12X+36}=\sqrt{(X+6)^2}\\&=\sqrt{(x^2+7x+6)^2}=x^2+7x+6\\&=10^2+7\times10+6=176\end{aligned}$$

← $x=10$이므로 $x^2+7x+6\geq0$

필수 연습

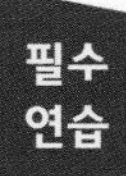

p.037

21 다음 식의 값을 구하시오.

(1) $\dfrac{2025^3+1}{2024^3-1}$　　(2) $\sqrt{101\times102\times103\times104+1}$

22 2 이상의 세 자연수 a, b, c에 대하여

$$(15^2+2\times15)^2-11\times(15^2+2\times15)+24=2^2\times3^2\times a\times b\times c$$

일 때, $a+b+c$의 값을 구하시오.

필수유형 14 삼각형의 모양 판단하기

개념 05

삼각형의 세 변의 길이 a, b, c에 대하여

$$a^2(b^2+c^2-a^2)=b^2(c^2+a^2-b^2)$$

이 성립할 때, 이 삼각형은 어떤 삼각형인지 구하시오.

guide

❶ 삼각형의 세 변의 길이 a, b, c에 대하여 주어진 식이 다음을 만족시키는지 확인한다.

(1) $a=b$ 또는 $b=c$ 또는 $c=a$ ⇨ 이등변삼각형

(2) $a=b=c$ ⇨ 정삼각형

(3) $c^2=a^2+b^2$ ⇨ 빗변의 길이가 c인 직각삼각형

(4) $a=b$이고 $c^2=a^2+b^2$ ⇨ 빗변의 길이가 c인 직각이등변삼각형

❷ 삼각형의 세 변의 길이 a, b, c는 항상 $a>0$, $b>0$, $c>0$이고 $a+b>c$, $b+c>a$, $c+a>b$임에 유의한다.

solution

모든 항을 좌변으로 이항한 후, c에 대한 내림차순으로 정리하면

$a^2(b^2+c^2-a^2)-b^2(c^2+a^2-b^2)=0$

$a^2b^2+a^2c^2-a^4-b^2c^2-a^2b^2+b^4=0$, $(a^2-b^2)c^2+b^4-a^4=0$

$(a^2-b^2)c^2-(a^2-b^2)(a^2+b^2)=0$, $(a^2-b^2)\{c^2-(a^2+b^2)\}=0$

$\therefore (a+b)(a-b)(c^2-a^2-b^2)=0$

그런데 a, b, c는 삼각형의 세 변의 길이이므로 $a+b>0$

$\therefore a=b$ 또는 $c^2=a^2+b^2$

따라서 주어진 삼각형은 $a=b$인 이등변삼각형 또는 빗변의 길이가 c인 직각삼각형이다.

필수 연습

p.037

23 삼각형의 세 변의 길이 a, b, c에 대하여

$$a^2(b-c)-b^2(b+c)+c^2(b+c)=0$$

이 성립할 때, 이 삼각형은 어떤 삼각형인지 구하시오.

24 삼각형의 세 변의 길이 a, b, c에 대하여

$$(a+b)^3+(b+c)^3+(c+a)^3=3(a+b)(b+c)(c+a)$$

가 성립할 때, 이 삼각형은 어떤 삼각형인지 구하시오.

07 다항식 $(x^2-x)^2+2x^2-2x-15$가 $(x^2+ax+b)(x^2+ax+c)$로 인수분해될 때, 세 상수 a, b, c에 대하여 $a+b+c$의 값을 구하시오.

08 다항식 $x(x-1)(x^2-x-1)-2$의 인수인 것만을 〈보기〉에서 있는 대로 고른 것은?

보기

ㄱ. $x+1$　　ㄴ. $x+2$

ㄷ. x^2-x-2　　ㄹ. x^3+1

ㅁ. x^3-x-2

① ㄱ, ㄷ　② ㄴ, ㄹ　③ ㄱ, ㄴ, ㅁ
④ ㄱ, ㄷ, ㄹ　⑤ ㄴ, ㄷ, ㅁ

09 x에 대한 다항식

$$(x^2+5x-3)(x^2+5x+5)+k$$

가 $(x+2)(x+3)f(x)$로 인수분해될 때, $f(-3)+k$의 값을 구하시오. (단, k는 상수이고, $f(x)$는 다항식이다.)

서술형

10 x^2의 계수가 1이고, 각 항의 계수가 모두 정수인 두 이차식 $f(x)$, $g(x)$에 대하여

$$f(x)g(x)=x^4-14x^2+1$$

일 때, $f(x)+g(x)$를 $x+1$로 나눈 나머지를 구하시오.

11 사차식 x^4-ax^2+9가 이차식 x^2+bx-3을 인수로 갖도록 하는 두 자리 자연수 a의 개수를 구하시오. (단, b는 정수이다.)

12 $x<y<z$인 세 자연수 x, y, z에 대하여

$$y^3+xy^2+y^2z-x^3-x^2y-x^2z=55$$

일 때, $x+2y+3z$의 값을 구하시오.

13 다항식

$$(x+y)^2(x-y)^2-5(x^2+y^2)+6xy+4$$

를 인수분해하시오.

14 다항식 $6x^4+x^3+5x^2+x-1$이 $(ax+1)f(x)g(x)$로 인수분해될 때, $f(a)+g(a)$의 값을 구하시오. (단, a는 자연수이고, $f(x)$, $g(x)$는 최고차항의 계수가 자연수인 일차 이상의 다항식이다.)

15 두 다항식

$$x^3+2x^2-x-2,\ 2x^3+(a-2)x^2+ax-2a$$

의 차수가 가장 높은 공통인수를 $p(x)$라 하자. 다항식 $p(x)$가 x^2의 계수가 1인 이차식일 때, 상수 a의 값을 구하시오.

16 2 이상의 세 자연수 p, q, r에 대하여

$$42\times(42-1)\times(42+6)+5\times42-5=p\times q\times r$$

일 때, $p+q+r$의 값은? [교육청]

① 131 ② 133 ③ 135
④ 137 ⑤ 139

17 삼각형의 세 변의 길이 a, b, c에 대하여 x에 대한 다항식 $x^4-2(a^2+ab+b^2)x^2+(a+b)^2(a^2+b^2)$이 $x-c$로 나누어떨어질 때, 이 삼각형은 어떤 삼각형인가?

① 정삼각형
② $a=b$인 이등변삼각형
③ $b=c$인 이등변삼각형
④ 빗변의 길이가 a인 직각삼각형
⑤ 빗변의 길이가 c인 직각삼각형

18 자연수 n에 대하여 다음 그림과 같이 정사각형 모양의 색종이를 겹치지 않게 빈틈없이 이어 붙여 가로, 세로의 길이가 각각 $n^3+8n^2+17n+10$, n^2+7n+6인 직사각형 모양의 작품을 만들었다. 사용된 색종이의 개수가 $(n+a)(n+b)(n+c)$일 때, $a+b+c$의 값을 구하시오. (단, 색종이의 한 변의 길이는 n에 대한 일차식이고 a, b, c는 상수이다.)

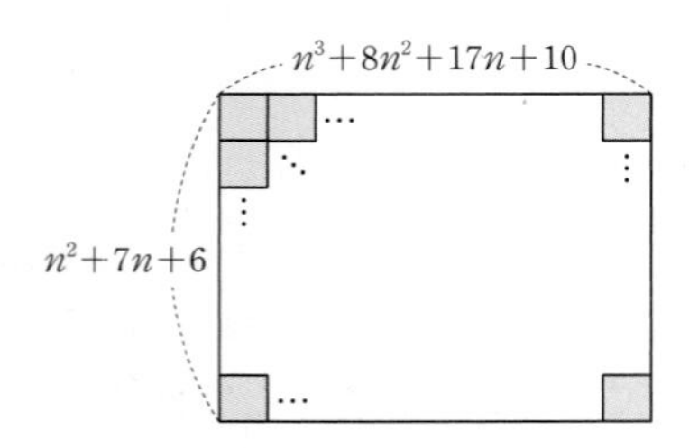

1 세 자연수 a, b, c에 대하여 다항식 x^2+4x-c가 $(x-a)(x+b)$로 인수분해되도록 하는 100 이하의 자연수 c의 개수를 구하시오.

2 다항식 $a^3+b^3+c^3+3(a+b)(b+c)(c+a)$를 인수분해하시오.

1등급

3 두 실수 a, b에 대하여 다항식 $f(x)=x^4+ax^3+bx-1$은 $x-1$을 인수로 갖고 x의 계수와 상수항이 정수인 네 일차식의 곱으로 인수분해된다. 양수 a에 대하여 $f(a)$의 값을 구하시오.

4 x^2의 계수가 1인 두 이차 다항식 $f(x)$, $g(x)$가 다음 조건을 만족시킨다.

(가) 모든 실수 x에 대하여
$(x+3)f(x)=(x-4)g(x)$
(나) $f(x)g(x)=x^4-11x^3+23x^2+95x-300$

이때 $f(3)-g(4)$의 값을 구하시오.

신유형

5 삼각형 ABC의 세 변의 길이 a, b, c에 대하여
$a^3-ab^2-b^2c+a^2c=0$,
$a^3+a^2b-ac^2+ab^2+b^3-bc^2=0$
이 모두 성립한다. $c=4\sqrt{2}$일 때, 삼각형 ABC의 넓이를 구하시오.

6 오른쪽 그림과 같이 여덟 개의 정삼각형으로 이루어진 정팔면체가 있다. 여섯 개의 꼭짓점에는 자연수를 적고 여덟 개의 정삼각형의 면에는 각각의 삼각형의 꼭짓점에 적힌 세 수의 곱을 적는다. 여덟 개의 면에 적힌 수들의 합이 105일 때, 여섯 개의 꼭짓점에 적힌 수들의 합을 구하시오. [교육청]

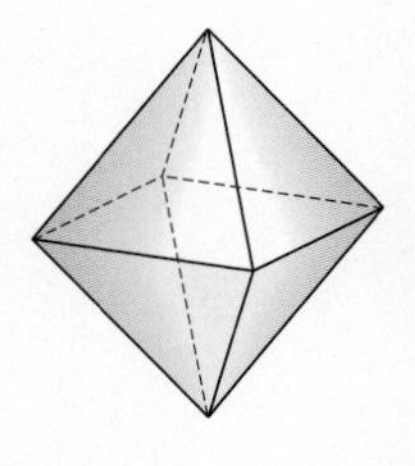

Only the curious will learn
and only the resolute
overcome the obstacles to learning.

지적인 욕구가 있는 자만이 배울 것이요,

의지가 확고한 자만이 배움의 길목에 있는 장애물을 극복할 것이다.

... 유진 윌슨(Eugene S. Wilson)

II 방정식과 부등식

04 복소수

05 이차방정식

06 이차방정식과 이차함수

07 여러 가지 방정식

08 여러 가지 부등식

1 복소수와 그 연산

개념 01 복소수

1. 허수단위

제곱하여 -1이 되는 새로운 수를 i로 나타내고, i를 허수단위(imaginary unit)라 한다.

$i^2=-1,\ i=\sqrt{-1}$ Ⓐ

2. 복소수

(1) 복소수 : 실수 a, b에 대하여 $a+bi$ 꼴로 나타내어지는 수를 복소수라 한다.
이때 $a+bi$에서 a를 실수부분, b를 허수부분이라 한다.

$a + b\,i$ (↑ 실수부분, ↑ 허수부분)

(2) 복소수의 분류

실수 a, b에 대하여

복소수 $a+bi$
- 실수 a $(b=0)$
- 허수 $a+bi$ $(b\neq0)$
  - 순허수 bi $(a=0)$
  - 순허수가 아닌 허수 $a+bi$ $(a\neq0)$

1. 복소수의 실수부분, 허수부분

예 복소수 $2+3i$에서 2를 실수부분, 3을 허수부분이라 한다.

주의 허수부분은 $3i$가 아니라 3이다.

2. 복소수의 분류 Ⓑ

복소수 $a+bi$에 대하여

(1) $b=0$일 때, $a+0i=a$이므로 실수이다.

예1 $-2,\ 0,\ \sqrt{3},\ \cdots$

(2) $b\neq0$일 때, 즉 허수부분이 0이 아닐 때, 허수라 한다.

예2 $1+i,\ -2+2i,\ -3i,\ \cdots$

(3) $a=0,\ b\neq0$일 때, $0+bi=bi$이고, 이를 순허수라 한다.

예3 $-3i,\ 7i,\ \cdots$

3. 실수와 허수의 대소 관계

실수의 대소 관계는 정할 수 있지만 허수의 대소 관계는 정할 수 없다. Ⓒ

설명 실수와 허수, 허수와 허수 사이에 대소 관계를 정할 수 있다고 하면 허수단위 i에 대하여 $i>0,\ i=0,\ i<0$ 중 하나가 성립하므로 다음과 같이 나누어 생각할 수 있다.

(i) $i>0$이면 $i^2>0$ (ii) $i=0$이면 $i^2=0$ (iii) $i<0$이면 $i^2>0$

그런데 $i^2=-1$이므로 (i), (ii), (iii)은 모두 성립하지 않는다.

따라서 실수와 허수, 허수와 허수는 서로 대소 관계를 정할 수 없다.

Ⓐ **$x^2=-1$을 만족시키는 x의 값**

모든 실수 x에 대하여 $x^2\geq0$이므로 방정식 $x^2=-1$을 만족시키는 실수 x의 값은 존재하지 않는다.

Ⓑ **복소수의 분류**

실수와 허수 모두 복소수이다.
또한 순허수는 허수에 포함된다.

Ⓒ **수직선과 대소 관계**

두 실수 a, b에 대하여 $a<b$ 등과 같이 대소 관계를 정할 수 있으면 다음과 같이 수직선 위에서 실수 b를 나타내는 점을 실수 a를 나타내는 점보다 오른쪽에 나타낸다.

그러나 허수는 대소 관계를 정할 수 없으므로 위와 같은 방법으로 수직선 위에 나타낼 수 없다.

개념 02 복소수가 서로 같을 조건

실수 a, b, c, d에 대하여

(1) $a+bi=c+di$이면 $a=c$, $b=d$

(2) $a+bi=0$이면 $a=0$, $b=0$

실수부분 $a=c$

$a + bi = c + di$

허수부분 $b=d$

두 복소수에서 실수부분은 실수부분끼리, 허수부분은 허수부분끼리 서로 같으면 두 복소수는 서로 같다고 한다. D

예1 두 실수 a, b에 대하여 $a+bi=2+i$이면

$a=2$, $b=1$

예2 두 실수 a, b에 대하여 $a-1+(b+3)i=0$이면

$a-1=0$, $b+3=0$

$\therefore a=1$, $b=-3$

D 무리수가 서로 같을 조건

a, b, c, d가 유리수이고, $\sqrt{m}$이 무리수일 때, 다음이 성립한다.

(1) $a+b\sqrt{m}=c+d\sqrt{m}$

$\Longleftrightarrow a=c$, $b=d$

(2) $a+b\sqrt{m}=0$

$\Longleftrightarrow a=0$, $b=0$

개념 03 켤레복소수

복소수 $a+bi$ (a, b는 실수)에 대하여 허수부분의 부호를 바꾼 복소수 $a-bi$를 $a+bi$의 켤레복소수라 하고, 이것을 기호로

$\overline{a+bi}$

와 같이 나타낸다.

참고 복소수 z의 켤레복소수 $\bar{z}$를 'z bar'라고 읽는다.

$\overline{a+bi}=a-bi$

두 실수 a, b에 대하여 $\overline{a+bi}=a-bi$, $\overline{a-bi}=a+bi$이므로 두 복소수

$a+bi$와 $a-bi$

는 서로 켤레복소수이다.

예1 복소수 $1+2i$의 허수부분이 2이므로 $\overline{1+2i}=1-2i$

복소수 $1-2i$의 허수부분이 -2이므로 $\overline{1-2i}=1+2i$

따라서 두 복소수 $1+2i$와 $1-2i$는 서로 켤레복소수이다.

예2 (1) 실수 3은 $3+0i$와 같으므로 허수부분이 0이고, $\bar{3}=3$

(2) 순허수 $5i$는 $0+5i$와 같으므로 실수부분이 0, 허수부분이 5이고, $\overline{5i}=-5i$

참고 복소수 z와 그 켤레복소수 $\bar{z}$에 대하여 다음이 성립한다.

(1) z가 실수이면 $\bar{z}=z$이다.

(2) z가 순허수 또는 0이면 $\bar{z}=-z$이다.

개념 04 복소수의 사칙연산

1. 복소수의 사칙연산 Ⓐ

a, b, c, d가 실수일 때,

(1) $(a+bi)+(c+di)=(a+c)+(b+d)i$

(2) $(a+bi)-(c+di)=(a-c)+(b-d)i$

(3) $(a+bi)(c+di)=(ac-bd)+(ad+bc)i$ ← $i^2=-1$이므로 $bi\times di=-bd$이다.

(4) $\dfrac{a+bi}{c+di}=\dfrac{ac+bd}{c^2+d^2}+\dfrac{bc-ad}{c^2+d^2}i$ (단, $c+di\neq0$) ← 분모, 분자에 $c-di$를 곱한다.

2. 복소수의 연산에 대한 성질

복소수 z, w, v에 대하여

(1) 교환법칙 : $z+w=w+z$, $zw=wz$

(2) 결합법칙 : $(z+w)+v=z+(w+v)$, $(zw)v=z(wv)$

(3) 분배법칙 : $z(w+v)=zw+zv$, $(z+w)v=zv+wv$

1. 복소수의 덧셈과 뺄셈

복소수의 덧셈과 뺄셈에서 실수부분은 실수부분끼리, 허수부분은 허수부분끼리 각각 계산한다.

예1 $(1+2i)+(3+4i)=(1+3)+(2+4)i=4+6i$

예2 $(1+2i)-(3+4i)=(1-3)+(2-4)i=-2-2i$

2. 복소수의 곱셈

복소수의 곱셈은 허수단위 i를 문자처럼 생각하고 분배법칙을 이용하여 계산한다. 이때 $i^2=-1$을 이용하여 결과를 간단히 정리한다.

예 $(1+2i)(3+4i)=3+4i+6i+8i^2$

$=(3-8)+(4+6)i$

$=-5+10i$

참고 복소수의 곱셈에서 교환법칙이 성립하므로 다음이 성립한다.

$(1+2i)(3+4i)=(3+4i)(1+2i)$

3. 복소수의 나눗셈 Ⓑ

복소수의 나눗셈에서 분모에 허수가 있으면 분모의 켤레복소수를 분모, 분자에 각각 곱하여 분모를 실수로 만든 후, 계산한다.

예 $\dfrac{3+4i}{1+2i}=\dfrac{(3+4i)(1-2i)}{(1+2i)(1-2i)}$

$=\dfrac{3-6i+4i-8i^2}{1-4i^2}$

$=\dfrac{11-2i}{5}=\dfrac{11}{5}-\dfrac{2}{5}i$

Ⓐ **복소수의 사칙연산의 결과**

복소수의 사칙연산에서 그 결과는 $x+yi$ (x, y는 실수) 꼴로 나타낸다.

Ⓑ **분모가 순허수인 경우**

분모가 순허수인 경우에는 i를 분모, 분자에 각각 곱하여 계산한다.

즉, a, b, c가 실수일 때,

$\dfrac{a+bi}{ci}=\dfrac{(a+bi)i}{ci^2}=\dfrac{-b+ai}{-c}$

$=\dfrac{b}{c}-\dfrac{a}{c}i$ (단, $c\neq0$)

기본유형 01 복소수

개념 01

다음 복소수에 대한 설명으로 〈보기〉에서 옳은 것만을 있는 대로 고르시오.

보기

ㄱ. 실수는 복소수이다.

ㄴ. $2+4\sqrt{3}i$의 실수부분은 2, 허수부분은 $4\sqrt{3}$이다.

ㄷ. 복소수 z가 순허수이면 실수부분은 0이다.

ㄹ. $1+i$는 $1-i$보다 큰 수이다.

solution

ㄱ. 실수는 허수부분이 0인 복소수이다. (참)

ㄴ. $2+4\sqrt{3}i$의 실수부분은 2이고 허수부분은 $4\sqrt{3}$이다. (참)

ㄷ. 복소수 z를 $z=a+bi$ (a, b는 실수)라 하면 z가 순허수이므로 $a=0$
즉, 실수부분이 0이다. (참)

ㄹ. 두 허수 $1+i$, $1-i$의 대소 관계를 정할 수 없다. (거짓)

기본유형 02 복소수가 서로 같을 조건

개념 02

다음 등식을 만족시키는 실수 x, y의 값을 구하시오.

(1) $(x-4)+(5-y)i=0$

(2) $(x+y)-2yi=8i$

solution

(1) $(x-4)+(5-y)i=0$에서 복소수가 서로 같을 조건에 의하여
$x-4=0$, $5-y=0$ $\quad\therefore x=4$, $y=5$

(2) $(x+y)-2yi=8i$에서 복소수가 서로 같을 조건에 의하여
$x+y=0$, $-2y=8$ $\quad\therefore x=4$, $y=-4$

기본연습

답 p.042

01 다음 복소수에 대한 설명으로 〈보기〉에서 옳은 것만을 있는 대로 고르시오.

보기

ㄱ. 허수는 복소수이다.

ㄴ. 0은 복소수가 아니다.

ㄷ. $3-i$의 실수부분은 3, 허수부분은 1이다.

ㄹ. 복소수 z가 실수이면 허수부분은 0이다.

02 다음 등식을 만족시키는 실수 x, y의 값을 구하시오.

(1) $x+(x-y)i=4$

(2) $(x+2y)-(-2x+y)i=5+5i$

기본유형 03 켤레복소수

개념 03

다음 복소수의 켤레복소수를 구하시오.

(1) $-5+2i$ (2) -4 (3) $3i$

solution

(1) $\overline{-5+2i}=-5-2i$ (2) $\overline{-4}=-4$ (3) $\overline{3i}=-3i$

기본유형 04 복소수의 사칙연산

개념 04

다음을 계산하시오.

(1) $(3+i)+2(4-2i)$ (2) $i(3+i)-(4-2i)$

(3) $(3+i)(4-2i)$ (4) $\dfrac{4-2i}{3+i}$

solution

(1) $(3+i)+2(4-2i)=3+i+8-4i=11-3i$

(2) $i(3+i)-(4-2i)=3i+i^2-4+2i$
$=3i-1-4+2i=-5+5i$

(3) $(3+i)(4-2i)=12-6i+4i-2i^2$
$=12-6i+4i+2=14-2i$

(4) $\dfrac{4-2i}{3+i}=\dfrac{(4-2i)(3-i)}{(3+i)(3-i)}=\dfrac{12-4i-6i+2i^2}{9-i^2}=\dfrac{12-4i-6i-2}{9+1}=\dfrac{10-10i}{10}=1-i$

기본 연습

pp.042~043

03 다음 복소수의 켤레복소수를 구하시오.

(1) $2\sqrt{3}-6i$ (2) $\sqrt{7}$ (3) $-9i$

04 다음을 계산하시오.

(1) $3(1+i)+i(i-1)$ (2) $(1-i)-2i(i+1)$

(3) $(1+i)^2$ (4) $\dfrac{1-i}{1+i}$

필수유형 05 복소수의 사칙연산

개념 04

다음 등식을 만족시키는 실수 x, y의 값을 구하시오.

(1) $(x+2i)(3x-i)-2(5-yi)=4+10i$　　(2) $(1+i)x+(1-y)i=\dfrac{2-i}{1+i}$

guide

❶ 복소수의 사칙연산을 이용하여 식을 간단히 나타낸다.

a, b, c, d가 실수일 때,

(1) $(a+bi)+(c+di)=(a+c)+(b+d)i$

(2) $(a+bi)-(c+di)=(a-c)+(b-d)i$

(3) $(a+bi)(c+di)=(ac-bd)+(ad+bc)i$

(4) $\dfrac{a+bi}{c+di}=\dfrac{ac+bd}{c^2+d^2}+\dfrac{bc-ad}{c^2+d^2}i$ (단, $c+di\neq0$)

❷ 복소수가 서로 같을 조건을 이용하여 미지수의 값을 구한다.

solution

(1) 주어진 등식의 좌변을 $a+bi$ (a, b는 실수) 꼴로 정리하면

$(x+2i)(3x-i)-2(5-yi)=(3x^2-8)+(5x+2y)i$

이므로 복소수가 서로 같을 조건에 의하여

$3x^2-8=4$, $5x+2y=10$

즉, $3x^2-8=4$에서 $3x^2=12$, $x^2=4$　　$\therefore x=\pm2$

$x=-2$를 $5x+2y=10$에 대입하면 $y=10$

$x=2$를 $5x+2y=10$에 대입하면 $y=0$

따라서 구하는 실수 x, y의 값은 $x=-2$, $y=10$ 또는 $x=2$, $y=0$이다.

(2) 주어진 등식의 양변을 $a+bi$ (a, b는 실수) 꼴로 정리하면

(좌변)$=x+(x-y+1)i$, (우변)$=\dfrac{(2-i)(1-i)}{(1+i)(1-i)}=\dfrac{2-2i-i-1}{2}=\dfrac{1}{2}-\dfrac{3}{2}i$

즉, 복소수가 서로 같을 조건에 의하여 $x=\dfrac{1}{2}$, $x-y+1=-\dfrac{3}{2}$이므로 $y=3$

따라서 구하는 실수 x, y의 값은 $x=\dfrac{1}{2}$, $y=3$이다.

필수 연습

해 p.043

05 다음 등식을 만족시키는 실수 a, b의 값을 구하시오.

(1) $(a-bi)^2=-6+8i$　　(2) $\dfrac{a}{1-i}+\dfrac{b}{1+i}=12-9i$

06 복소수 $z=a+bi$ (a, b는 실수)에 대하여 $\dfrac{iz}{z-4}$의 허수부분이 0일 때, a^2+b^2-4a의 값을 구하시오. (단, $z\neq4$)

01 다음 복소수 중에서 허수의 개수를 구하시오.

$\sqrt{2}-i^2$	$2\pi+3$	$\sqrt{121}i$
$-3i+\frac{1}{\sqrt{2}}$	$3-\sqrt{10}$	$\sqrt{(-5)^2}$

02 $a+b^2=5$인 두 실수 a, b에 대하여 $(a-4)+(b-1)i$가 순허수일 때, $a+b$의 값을 구하시오.

03 복소수 $z=(x^2-4)+(x-2)(x+1)i$에 대하여 $z<0$이 성립하도록 하는 실수 x의 값을 구하시오.

04 $xy<0$인 두 실수 x, y가 등식

$$|x-y|+(x-2)i=5-4i$$

를 만족시킬 때, $x+y$의 값을 구하시오.

05 등식 $(3+2i)x^2-5x(2y+i)=\overline{8-12i}$를 만족시키는 두 정수 x, y에 대하여 $x+y$의 값을 구하시오.

06 두 실수 a, b에 대하여 $\frac{1}{1-ai}=\frac{1}{2}+bi$일 때, $a+2b$의 값을 구하시오. (단, $a>0$)

2 복소수의 성질

개념 05  허수단위 i의 거듭제곱

$i^2=-1$이므로 i, i^2, i^3, i^4의 값은 각각 i, -1, $-i$, 1이다.

즉, $n=0, 1, 2, \cdots$일 때,

(1) $i=i^5=i^9=\cdots=i^{4n+1}=\cdots=i$

(2) $i^2=i^6=i^{10}=\cdots=i^{4n+2}=\cdots=-1$

(3) $i^3=i^7=i^{11}=\cdots=i^{4n+3}=\cdots=-i$

(4) $i^4=i^8=i^{12}=\cdots=i^{4(n+1)}=\cdots=1$

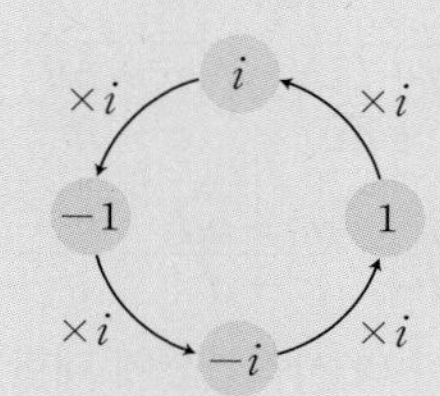

i^n (n은 자연수)의 값은 n을 4로 나눈 나머지에 따라 i, -1, $-i$, 1이 반복되어 나타난다.

예 (1) $i^{97}=(i^4)^{24}\times i^1=1\times i=i$ (2) $i^{98}=(i^4)^{24}\times i^2=1\times(-1)=-1$,

(3) $i^{99}=(i^4)^{24}\times i^3=1\times(-i)=-i$ (4) $i^{100}=(i^4)^{25}=1$

개념 06 켤레복소수의 성질

1. 켤레복소수의 성질

복소수 z와 그 켤레복소수 $\overline{z}$에 대하여 다음이 성립한다.

(1) $\overline{(\overline{z})}=z$ (2) $z+\overline{z}$는 실수

(3) $z-\overline{z}$는 순허수 또는 0 (4) $z\overline{z}$는 0 이상의 실수

참고 z가 실수 $\Longleftrightarrow \overline{z}=z$, z가 순허수 또는 $0 \Longleftrightarrow \overline{z}=-z$

2. 켤레복소수의 사칙연산에 대한 성질

두 복소수 z_1, z_2와 각각의 켤레복소수 $\overline{z_1}$, $\overline{z_2}$에 대하여

(1) $\overline{z_1+z_2}=\overline{z_1}+\overline{z_2}$ (2) $\overline{z_1-z_2}=\overline{z_1}-\overline{z_2}$

(3) $\overline{z_1z_2}=\overline{z_1}\times\overline{z_2}$ (4) $\overline{\left(\dfrac{z_1}{z_2}\right)}=\dfrac{\overline{z_1}}{\overline{z_2}}$ (단, $z_2\neq0$)

1. 켤레복소수의 성질

a, b가 실수일 때, 복소수 $z=a+bi$와 그 켤레복소수 $\overline{z}=a-bi$에 대하여

(1) $\overline{(\overline{z})}=\overline{(\overline{a+bi})}=\overline{a-bi}=a+bi=z$

(2) $z+\overline{z}=(a+bi)+(a-bi)=2a$ ⇨ 실수

(3) $z-\overline{z}=(a+bi)-(a-bi)=2bi$ ⇨ 순허수 또는 0

(4) $z\overline{z}=(a+bi)(a-bi)=a^2+b^2$ ⇨ 0 이상의 실수

예 복소수 $z=1+2i$에 대하여

(1) $\overline{(\overline{z})}=\overline{(\overline{1+2i})}=\overline{1-2i}=1+2i$ (2) $z+\overline{z}=(1+2i)+(1-2i)=2$

(3) $z-\overline{z}=(1+2i)-(1-2i)=4i$ (4) $z\overline{z}=(1+2i)(1-2i)=1^2-(2i)^2=1+4=5$

2. 켤레복소수의 사칙연산에 대한 성질

a, b, c, d가 실수일 때, 두 복소수 $z_1=a+bi$, $z_2=c+di$에 대하여

(1) $\overline{z_1+z_2}=\overline{(a+bi)+(c+di)}=\overline{(a+c)+(b+d)i}=(a+c)-(b+d)i$

$\overline{z_1}+\overline{z_2}=(a-bi)+(c-di)=(a+c)-(b+d)i$ $\quad\therefore \overline{z_1+z_2}=\overline{z_1}+\overline{z_2}$ ← 같은 방법으로 $\overline{z_1-z_2}=\overline{z_1}-\overline{z_2}$

(2) $\overline{z_1z_2}=\overline{(a+bi)(c+di)}=\overline{(ac-bd)+(ad+bc)i}=(ac-bd)-(ad+bc)i$

$\overline{z_1}\times\overline{z_2}=(a-bi)(c-di)=(ac-bd)-(ad+bc)i$ $\quad\therefore \overline{z_1z_2}=\overline{z_1}\times\overline{z_2}$

(3) $\overline{\left(\dfrac{z_1}{z_2}\right)}=\overline{\left(\dfrac{a+bi}{c+di}\right)}=\overline{\left(\dfrac{ac+bd}{c^2+d^2}+\dfrac{bc-ad}{c^2+d^2}i\right)}=\dfrac{ac+bd}{c^2+d^2}-\dfrac{bc-ad}{c^2+d^2}i$

$\dfrac{\overline{z_1}}{\overline{z_2}}=\dfrac{a-bi}{c-di}=\dfrac{ac+bd}{c^2+d^2}-\dfrac{bc-ad}{c^2+d^2}i$ $\quad\therefore \overline{\left(\dfrac{z_1}{z_2}\right)}=\dfrac{\overline{z_1}}{\overline{z_2}}$

예 켤레복소수의 사칙연산에 대한 성질을 이용하여 계산하면 다음과 같다.

(1) $\overline{(1+2i)-(3+4i)}=\overline{(1+2i)}-\overline{(3+4i)}=(1-2i)-(3-4i)$

$=(1-3)+(-2+4)i=-2+2i$

(2) $\overline{(1+2i)(3+4i)}=\overline{(1+2i)}\times\overline{(3+4i)}=(1-2i)(3-4i)$

$=(3-8)+(-4-6)i=-5-10i$

(3) $\overline{\left(\dfrac{3+4i}{1+2i}\right)}=\dfrac{\overline{3+4i}}{\overline{1+2i}}=\dfrac{3-4i}{1-2i}=\dfrac{(3-4i)(1+2i)}{(1-2i)(1+2i)}$

$=\dfrac{3+8+6i-4i}{1+4}=\dfrac{11}{5}+\dfrac{2}{5}i$

한걸음 더

z^2이 실수가 되기 위한 조건

기본유형 08 + 필수유형 13

복소수 z에 대하여 z^2이 실수가 되기 위한 조건은 다음과 같다.

(1) z^2이 실수 $\Longleftrightarrow$ z는 실수 또는 순허수

(2) z^2이 양수 $\Longleftrightarrow$ z는 0이 아닌 실수

(3) z^2이 음수 $\Longleftrightarrow$ z는 순허수

증명 두 실수 a, b에 대하여 복소수 $z=a+bi$라 하면 $z^2=(a+bi)^2=a^2-b^2+2abi$

(1) z^2이 실수이면 $2ab=0$이어야 하므로 $a=0$ 또는 $b=0$이다.

⇨ $a=0$이면 z는 순허수, $b=0$이면 z는 실수이다.

(2) z^2이 양수이면 $a^2-b^2>0$이고, $2ab=0$이어야 하므로 $a\neq 0$, $b=0$이다.

⇨ $a\neq 0$, $b=0$이면 z는 0이 아닌 실수이다.

(3) z^2이 음수이면 $a^2-b^2<0$이고, $2ab=0$이어야 하므로 $a=0$, $b\neq 0$이다.

⇨ $a=0$, $b\neq 0$이면 z는 순허수이다.

개념 07 음수의 제곱근

1. 음수의 제곱근

$a>0$일 때,

(1) $\sqrt{-a}=\sqrt{a}i$

(2) $-a$의 제곱근은 $\sqrt{a}i$와 $-\sqrt{a}i$이다.

2. 음수의 제곱근의 성질

a, b가 실수일 때,

(1) $a<0$, $b<0$이면 $\sqrt{a}\sqrt{b}=-\sqrt{ab}$

(2) $a>0$, $b<0$이면 $\dfrac{\sqrt{a}}{\sqrt{b}}=-\sqrt{\dfrac{a}{b}}$

1. 음수의 제곱근

$a>0$일 때,

$$(\sqrt{a}i)^2=ai^2=-a,\ (-\sqrt{a}i)^2=ai^2=-a$$

이므로 $-a$의 제곱근은 $\sqrt{a}i$와 $-\sqrt{a}i$이다.

예 두 복소수 $\sqrt{2}i$와 $-\sqrt{2}i$에 대하여

$$(\sqrt{2}i)^2=2i^2=-2,\ (-\sqrt{2}i)^2=2i^2=-2$$

이므로 -2의 제곱근은 $\sqrt{2}i$와 $-\sqrt{2}i$이다.

2. 음수의 제곱근의 성질의 증명

(1) $a<0$, $b<0$일 때, Ⓐ

$$\sqrt{a}\sqrt{b}=\sqrt{-(-a)}\sqrt{-(-b)}=\sqrt{-a}i\times\sqrt{-b}i$$
$$=\sqrt{(-a)(-b)}i^2=-\sqrt{ab}$$

(2) $a>0$, $b<0$일 때, Ⓑ

$$\frac{\sqrt{a}}{\sqrt{b}}=\frac{\sqrt{a}}{\sqrt{-(-b)}}=\frac{\sqrt{a}}{\sqrt{-b}i}=\sqrt{\frac{a}{(-b)}}\times\frac{1\times i}{i\times i}$$
$$=-\sqrt{-\frac{a}{b}}i=-\sqrt{\left(-\frac{a}{b}\right)\times(-1)}=-\sqrt{\frac{a}{b}}$$

참고 0이 아닌 두 실수 a, b에 대하여 다음이 성립한다. Ⓒ

(1) $\sqrt{a}\sqrt{b}=-\sqrt{ab}$이면 $a<0$, $b<0$

(2) $\dfrac{\sqrt{a}}{\sqrt{b}}=-\sqrt{\dfrac{a}{b}}$이면 $a>0$, $b<0$

예 (1) $\sqrt{-2}\sqrt{-3}=\sqrt{2}i\times\sqrt{3}i=-\sqrt{6}$

(2) $\dfrac{\sqrt{2}}{\sqrt{-3}}=\dfrac{\sqrt{2}}{\sqrt{3}i}=\sqrt{\dfrac{2}{3}}\times\dfrac{1}{i}=-\sqrt{\dfrac{2}{3}}i=-\sqrt{-\dfrac{2}{3}}$

주의 $\sqrt{-2}\sqrt{-3}\neq\sqrt{6}$, $\dfrac{\sqrt{2}}{\sqrt{-3}}\neq\sqrt{-\dfrac{2}{3}}$임에 주의한다.

근호 안의 값이 음수일 때는 먼저 $\sqrt{-1}$을 i로 바꾼 후 계산해야 한다.

Ⓐ **$a<0$, $b<0$ 이외의 경우**
$a<0$, $b<0$일 때를 제외하면 a, b의 부호에 관계없이 $\sqrt{a}\sqrt{b}=\sqrt{ab}$ 가 항상 성립한다.

Ⓑ **$a>0$, $b<0$ 이외의 경우**
$a>0$, $b<0$일 때를 제외하면 a, b의 부호에 관계없이 $\dfrac{\sqrt{a}}{\sqrt{b}}=\sqrt{\dfrac{a}{b}}$ (단, $b\neq0$) 가 항상 성립한다.

Ⓒ **$a=0$ 또는 $b=0$인 경우**
$a=0$ 또는 $b=0$일 때, $\sqrt{a}\sqrt{b}=-\sqrt{ab}$, $\sqrt{a}\sqrt{b}=\sqrt{ab}$ 가 모두 성립한다.

기본유형 06 허수단위 i의 거듭제곱

개념 05

다음을 계산하시오.

(1) i^{19}　(2) $1+i+i^2+i^3$　(3) $(1+i)^4$　(4) $\left(\frac{1+i}{\sqrt{2}}\right)^6$

solution

(1) $i^{19}=(i^4)^4\times i^3=1\times(-i)=-i$

(2) $1+i+i^2+i^3=1+i-1-i=0$

(3) $(1+i)^2=1+2i-1=2i$이므로 $(1+i)^4=\{(1+i)^2\}^2=(2i)^2=-4$

(4) $\left(\frac{1+i}{\sqrt{2}}\right)^2=\frac{1+2i-1}{2}=i$이므로 $\left(\frac{1+i}{\sqrt{2}}\right)^6=\left\{\left(\frac{1+i}{\sqrt{2}}\right)^2\right\}^3=i^3=-i$

기본유형 07 복소수와 그 켤레복소수의 사칙연산

개념 06

$z=1+i$일 때, 다음을 계산하시오. (단, $\overline{z}$는 z의 켤레복소수이다.)

(1) $\overline{(\overline{z})}$　(2) $z+\overline{z}$　(3) $z\times\overline{z}$　(4) $\frac{z}{\overline{z}}$

solution

(1) $\overline{(\overline{z})}=\overline{(\overline{1+i})}=\overline{1-i}=1+i$ ← $\overline{(\overline{z})}=z$

(2) $z+\overline{z}=1+i+\overline{1+i}=1+i+1-i=2$ ← $z+\overline{z}$는 실수

(3) $z\times\overline{z}=(1+i)(\overline{1+i})=(1+i)(1-i)=1+1=2$ ← $z\times\overline{z}$는 0 이상의 실수

(4) $\frac{z}{\overline{z}}=\frac{1+i}{\overline{1+i}}=\frac{1+i}{1-i}=\frac{(1+i)^2}{(1-i)(1+i)}=\frac{1+2i-1}{1+1}=i$

기본연습

답 p.045

07 다음을 계산하시오.

(1) $(-i)^{29}$　(2) $i-i^3+i^5-i^7$

(3) $(1-i)^6$　(4) $\left(\frac{1-i}{\sqrt{2}}\right)^8$

08 $z=2-3i$일 때, 다음을 계산하시오. (단, $\overline{z}$는 z의 켤레복소수이다.)

(1) $\overline{(\overline{z})}$　(2) $z-\overline{z}$

(3) $z\times\overline{z}$　(4) $\frac{z}{\overline{z}}$

기본유형 08 z^2이 실수 또는 순허수일 때 복소수 z 구하기 — 한 걸음 더

$z^2=1$이 되도록 하는 복소수 z를 모두 구하시오.

solution

$z=a+bi$ (a, b는 실수)라 하면

$z^2=(a+bi)^2=a^2-b^2+2abi$

이때 $z^2=1$이므로

$a^2-b^2=1$, $2ab=0$

$\therefore b=0, a=\pm1$

따라서 구하는 복소수 z는 1 또는 -1이다.

기본유형 09 음수의 제곱근 — 개념 07

다음을 계산하여 $a+bi$ (a, b는 실수) 꼴로 나타내시오.

(1) $\sqrt{-2}\sqrt{-18}+\dfrac{\sqrt{12}}{\sqrt{-3}}$

(2) $\sqrt{2}\sqrt{-2}+\dfrac{\sqrt{2}}{\sqrt{-2}}$

solution

(1) $\sqrt{-2}\sqrt{-18}+\dfrac{\sqrt{12}}{\sqrt{-3}}=\sqrt{2}i\times\sqrt{18}i+\dfrac{\sqrt{12}}{\sqrt{3}i}$

$=-\sqrt{36}+\sqrt{4}\times\dfrac{1}{i}=-6-2i$

(2) $\sqrt{2}\sqrt{-2}+\dfrac{\sqrt{2}}{\sqrt{-2}}=\sqrt{2}\times\sqrt{2}i+\dfrac{\sqrt{2}}{\sqrt{2}i}$

$=\sqrt{4}i+\dfrac{1}{i}=2i-i=i$

기본 연습

09 $z^2=2i$가 되도록 하는 복소수 z를 모두 구하시오.

해 pp.045~046

10 다음을 계산하여 $a+bi$ (a, b는 실수) 꼴로 나타내시오.

(1) $\dfrac{\sqrt{27}}{\sqrt{-3}}+\sqrt{-4}\sqrt{-9}$

(2) $\sqrt{-5}\sqrt{-2}\sqrt{2}\sqrt{5}+\dfrac{\sqrt{6}}{\sqrt{-2}}$

필수유형 10 허수단위 i의 거듭제곱

개념 05

다음을 계산하시오.

(1) $i+i^2+i^3+\cdots+i^{999}$ (2) $\left(\frac{1-i}{\sqrt{2}}\right)^{10}$ (3) $\left(\frac{1+i}{1-i}\right)^{99}$

guide

❶ 허수단위 i의 거듭제곱의 규칙성을 이용하여 거듭제곱을 간단히 한다.

(1) $i^{4n+1}=i$, $i^{4n+2}=-1$, $i^{4n+3}=-i$, $i^{4n+4}=1$ (단, $n=0, 1, 2, \cdots$)

(2) $i^{4n+m}=i^m$ (단, m, n은 자연수)

(3) $i+i^2+i^3+i^4=\frac{1}{i}+\frac{1}{i^2}+\frac{1}{i^3}+\frac{1}{i^4}=0$

❷ 복소수의 사칙연산을 이용하여 주어진 식의 값을 구한다.

solution

(1) $i+i^2+i^3+i^4=i-1-i+1=0$이므로

$$\begin{aligned}i+i^2+i^3+\cdots+i^{999}&=(i+i^2+i^3+i^4)+i^4(i+i^2+i^3+i^4)+i^8(i+i^2+i^3+i^4)\\&\quad+\cdots+i^{992}(i+i^2+i^3+i^4)+i^{996}(i+i^2+i^3)\\&=i^{996}(i+i^2+i^3)=(i^4)^{249}(i-1-i)=-1\end{aligned}$$

(2) $\left(\frac{1-i}{\sqrt{2}}\right)^2=\frac{-2i}{2}=-i$이므로 $\left(\frac{1-i}{\sqrt{2}}\right)^{10}=\left\{\left(\frac{1-i}{\sqrt{2}}\right)^2\right\}^5=(-i)^5=(-1)^5\times i^4\times i=-i$

(3) $\frac{1+i}{1-i}=\frac{(1+i)^2}{(1-i)(1+i)}=\frac{2i}{2}=i$이므로 $\left(\frac{1+i}{1-i}\right)^{99}=i^{99}=(i^4)^{24}\times i^3=i^3=-i$

다른 풀이

(1) $z=i+i^2+i^3+\cdots+i^{999}$라 하면 $iz=i^2+i^3+i^4+\cdots+i^{999}+i^{1000}$

즉, $z-iz=i-\underbrace{i^{1000}}_{=(i^4)^{250}}$이므로 $(1-i)z=i-1$ $\quad\therefore z=\frac{i-1}{1-i}=-1$

필수 연습

11 다음을 계산하시오.

(1) $1-i+i^2-i^3+\cdots+i^{50}$ (2) $\left(\frac{1+i}{\sqrt{2}}\right)^{100}$ (3) $\left(\frac{1-i}{1+i}\right)^{101}$

답 p.046

12 다음을 계산하시오.

(1) $\frac{1}{i}+\frac{1}{i^2}+\frac{1}{i^3}+\cdots+\frac{1}{i^{2002}}$

(2) $1-2i+3i^2-4i^3+\cdots-100i^{99}$

필수유형 11 복소수가 주어질 때 식의 값 구하기

개념 05+06

다음을 구하시오.

(1) $z=2+\sqrt{2}i$일 때, z^2-4z의 값

(2) $x=2+\sqrt{3}i$, $y=2-\sqrt{3}i$일 때, x^3+y^3의 값

guide

❶ $z=a+bi$ (a, b는 실수)인 경우

(i) $z=a+bi$를 $z-a=bi$ 꼴로 변형한다.

(ii) (i)의 식의 양변을 제곱한다.

(iii) 주어진 식을 (ii)의 식을 포함한 식으로 변형한다.

(iv) (ii)의 식의 값을 (iii)의 식에 대입하여 z의 차수를 낮추어 계산한다.

❷ x, y가 켤레복소수인 경우, 주어진 식을 $x+y$, xy를 포함한 식으로 변형한다.

solution

(1) $z=2+\sqrt{2}i$에서 $z-2=\sqrt{2}i$

양변을 제곱하면 $z^2-4z+4=-2$

$\therefore z^2-4z=-6$

(2) $x+y=(2+\sqrt{3}i)+(2-\sqrt{3}i)=4$, $xy=(2+\sqrt{3}i)(2-\sqrt{3}i)=7$이므로

$x^3+y^3=(x+y)^3-3xy(x+y)$

$=4^3-3\times7\times4=-20$

필수 연습

pp.046~047

13 다음을 구하시오.

(1) $z=\dfrac{1-\sqrt{5}i}{3}$일 때, $3z^2-2z+7$의 값

(2) $x=\dfrac{-1-\sqrt{5}i}{2}$, $y=\dfrac{-1+\sqrt{5}i}{2}$일 때, $\dfrac{y}{x}+\dfrac{x}{y}$의 값

14 $z=\dfrac{3-i}{1+i}$일 때, z^3-3z^2+2z+2의 값을 구하시오.

15 $z=\dfrac{-1+\sqrt{3}i}{2}$일 때, $z^4+2z^3+3z^2+4z+5$의 값을 구하시오.

필수유형 12 켤레복소수의 성질

개념 06

다음 물음에 답하시오. (단, $\bar{z}$는 z의 켤레복소수이다.)

(1) 0이 아닌 복소수 $z=(1+i)x^2+(2-3i)x-3+2i$가 $z+\bar{z}=0$을 만족시킬 때, 실수 x의 값을 구하시오.

(2) $\alpha=-2+i$, $\beta=1-2i$일 때, $\alpha\bar{\alpha}+\bar{\alpha}\beta+\alpha\bar{\beta}+\beta\bar{\beta}$의 값을 구하시오.

guide

① 켤레복소수의 성질이나 켤레복소수의 사칙연산에 대한 성질을 이용한다.
② 미지수 또는 주어진 식의 값을 구한다.

solution

(1) $z=(1+i)x^2+(2-3i)x-3+2i=(x^2+2x-3)+(x^2-3x+2)i$

0이 아닌 복소수 z에 대하여 $z+\bar{z}=0$, 즉 $\bar{z}=-z$이므로 z는 순허수이다.

$\therefore x^2+2x-3=0,\ x^2-3x+2\neq0$

(i) $x^2+2x-3=0$에서 $(x-1)(x+3)=0$ $\quad\therefore x=1$ 또는 $x=-3$

(ii) $x^2-3x+2\neq0$에서 $(x-1)(x-2)\neq0$ $\quad\therefore x\neq1$이고 $x\neq2$

(i), (ii)에서 $x=-3$

(2) $\alpha\bar{\alpha}+\bar{\alpha}\beta+\alpha\bar{\beta}+\beta\bar{\beta}=\alpha(\bar{\alpha}+\bar{\beta})+\beta(\bar{\alpha}+\bar{\beta})=(\alpha+\beta)(\bar{\alpha}+\bar{\beta})=(\alpha+\beta)(\overline{\alpha+\beta})$ ……㉠

$\alpha+\beta=(-2+i)+(1-2i)=-1-i$, $\overline{\alpha+\beta}=\overline{-1-i}=-1+i$이므로

$\alpha\bar{\alpha}+\bar{\alpha}\beta+\alpha\bar{\beta}+\beta\bar{\beta}=(-1-i)(-1+i)$ ($\because$ ㉠)

$=1+1=2$

필수 연습

16 다음 물음에 답하시오. (단, $\bar{z}$는 z의 켤레복소수이다.)

(1) 0이 아닌 복소수 $z=(1+i)x^2+(1-i)x-6-12i$가 $z-\bar{z}=0$을 만족시킬 때, 실수 x의 값을 구하시오.

(2) 두 복소수 α, β에 대하여 $\alpha-\beta=-1+2i$일 때, $\alpha\bar{\alpha}-\bar{\alpha}\beta-\alpha\bar{\beta}+\beta\bar{\beta}$의 값을 구하시오.

풀 p.047

17 복소수 $z=(3+i)x^2-5x-2-4i$에 대하여 $\overline{(z)}=\bar{z}$가 성립하도록 하는 실수 x의 값을 모두 구하시오. (단, $\bar{z}$는 z의 켤레복소수이다.)

18 두 복소수 α, β에 대하여 $\bar{\alpha}+\bar{\beta}=3-i$, $\bar{\alpha}\bar{\beta}=2+i$일 때, 복소수 $(\alpha-\beta)^2$의 허수부분을 구하시오. (단, $\bar{\alpha}$, $\bar{\beta}$는 각각 α, β의 켤레복소수이다.)

필수유형 13 복소수가 실수 또는 순허수가 될 조건

한 걸음 더

다음 물음에 답하시오.

(1) 복소수 $z=(1-2i)x^2-(2-i)x-8+10i$가 순허수일 때, 실수 x의 값을 구하시오.

(2) 복소수 $z=x(1+i)-1$에 대하여 z^2이 실수가 되도록 하는 실수 x의 값을 모두 구하시오.

guide

❶ 복소수 $z=a+bi$ (a, b는 실수)에 대하여 다음 성질을 이용한다.

(1) z가 실수 $\Longleftrightarrow b=0$

(2) z가 순허수 $\Longleftrightarrow a=0,\ b\neq0$

(3) z^2이 실수 $\Longleftrightarrow z$는 실수 또는 순허수 $\Longleftrightarrow a=0$ 또는 $b=0$

(4) z^2이 양의 실수 $\Longleftrightarrow z$는 0이 아닌 실수 $\Longleftrightarrow a\neq0,\ b=0$

(5) z^2이 음의 실수 $\Longleftrightarrow z$는 순허수 $\Longleftrightarrow a=0,\ b\neq0$ ← (2)와 동일

❷ 조건을 만족시키는 미지수의 값을 구한다.

solution

(1) $z=(1-2i)x^2-(2-i)x-8+10i=(x^2-2x-8)+(-2x^2+x+10)i$

z가 순허수이므로 $x^2-2x-8=0,\ -2x^2+x+10\neq0$

(i) $x^2-2x-8=0$에서 $(x+2)(x-4)=0$ $\quad\therefore x=-2$ 또는 $x=4$

(ii) $-2x^2+x+10\neq0$에서 $2x^2-x-10\neq0,\ (x+2)(2x-5)\neq0$ $\quad\therefore x\neq-2$이고 $x\neq\frac{5}{2}$

(i), (ii)에서 $x=4$

(2) $z=x(1+i)-1=(x-1)+xi$

z^2이 실수이려면 z는 실수 또는 순허수이어야 하므로

$x=0$ 또는 $x-1=0$ $\quad\therefore x=0$ 또는 $x=1$

다른 풀이

(2) $z^2=\{(x-1)+xi\}^2=(1-2x)+2x(x-1)i$가 실수가 되려면

$2x(x-1)=0$이어야 하므로 $x=0$ 또는 $x=1$

필수 연습

해 pp.047~048

19 다음 물음에 답하시오.

(1) 복소수 $z=(1-2i)x^2+(5-3i)x+6+2i$가 순허수일 때, 실수 x의 값을 구하시오.

(2) 복소수 $z=x(2-i)+3(-4+i)$에 대하여 z^2이 음의 실수가 되도록 하는 실수 x의 값을 구하시오.

20 0이 아닌 복소수 $z=(1+i)x^2+(i-3)x+2-2i$에 대하여 z^2이 실수가 되도록 하는 모든 실수 x의 값의 합을 구하시오.

필수유형 14 등식을 만족시키는 복소수 구하기

개념 06

다음 등식을 만족시키는 복소수 z를 구하시오. (단, $\bar{z}$는 z의 켤레복소수이다.)

(1) $4z+i\bar{z}=9+6i$

(2) $(1+2i)z+3i\bar{z}=4+16i$

guide

❶ $z=a+bi$ (a, b는 실수)라 하고 주어진 식에 대입한다.

❷ 복소수가 서로 같을 조건을 이용하여 a, b의 값을 각각 구한다.

solution

(1) $z=a+bi$ (a, b는 실수)라 하면 $\bar{z}=a-bi$이므로

$4z+i\bar{z}=4(a+bi)+i(a-bi)=(4a+b)+(a+4b)i$

즉, $(4a+b)+(a+4b)i=9+6i$이므로 복소수가 서로 같을 조건에 의하여

$4a+b=9$, $a+4b=6$

두 식을 연립하여 풀면 $a=2$, $b=1$ $\quad \therefore z=2+i$

(2) $z=a+bi$ (a, b는 실수)라 하면 $\bar{z}=a-bi$이므로

$(1+2i)z+3i\bar{z}=(1+2i)(a+bi)+3i(a-bi)=a-2b+(2a+b)i+3b+3ai$

$=(a+b)+(5a+b)i$

즉, $(a+b)+(5a+b)i=4+16i$이므로 복소수가 서로 같을 조건에 의하여

$a+b=4$, $5a+b=16$

두 식을 연립하여 풀면 $a=3$, $b=1$ $\quad \therefore z=3+i$

필수 연습

해 pp.048~049

21 다음 등식을 만족시키는 복소수 z를 구하시오. (단, $\bar{z}$는 z의 켤레복소수이다.)

(1) $2iz-\bar{z}=5+2i$

(2) $(1+i)\bar{z}+(1+2i)z=3i$

22 복소수 z에 대하여 $z+\bar{z}=4$, $z\bar{z}=5$일 때, z를 모두 구하시오. (단, $\bar{z}$는 z의 켤레복소수이다.)

23 다음 조건을 만족시키는 복소수 z를 구하시오. (단, $\bar{z}$는 z의 켤레복소수이다.)

(가) $(z+\bar{z})i+z\bar{z}=3-2i$

(나) $z-\bar{z}$의 허수부분은 음의 실수이다.

필수유형 15 음수의 제곱근의 성질

개념 07

$ab\neq0$인 두 실수 a, b에 대하여 $\dfrac{\sqrt{a}}{\sqrt{b}}=-\sqrt{\dfrac{a}{b}}$일 때, 〈보기〉에서 옳은 것만을 있는 대로 고르시오.

보기

ㄱ. $(\sqrt{ab})^2=ab$

ㄴ. $\sqrt{-a}\sqrt{-b}=-\sqrt{ab}$

ㄷ. $\sqrt{(a-b)^2}=-a+b$

guide

① 음수의 제곱근의 성질을 이용하여 실수 a, b의 부호를 판단한다.

(1) $\sqrt{a}\sqrt{b}=-\sqrt{ab}$ ⇨ $a<0$, $b<0$ 또는 $a=0$ 또는 $b=0$

(2) $\dfrac{\sqrt{a}}{\sqrt{b}}=-\sqrt{\dfrac{a}{b}}$ ⇨ $a>0$, $b<0$ 또는 $a=0$ (단, $b\neq0$)

② ①에서 구한 조건을 이용하여 주어진 식을 정리한다.

solution

$ab\neq0$에서 $a\neq0$이고 $b\neq0$

이때 $\dfrac{\sqrt{a}}{\sqrt{b}}=-\sqrt{\dfrac{a}{b}}$에서 $a>0$, $b<0$

ㄱ. $ab<0$이므로

$(\sqrt{ab})^2=\sqrt{ab}\sqrt{ab}=-\sqrt{(ab)^2}=-|ab|=-(-ab)=ab$ (참)

ㄴ. $-a<0$, $-b>0$이므로

$\sqrt{-a}\sqrt{-b}=\sqrt{(-a)\times(-b)}=\sqrt{ab}$ (거짓)

ㄷ. $a-b>0$이므로 $\sqrt{(a-b)^2}=a-b$ (거짓)

필수 연습

24 0이 아닌 두 실수 a, b에 대하여 $\sqrt{a}\sqrt{b}=-\sqrt{ab}$일 때, 〈보기〉에서 옳은 것만을 있는 대로 고르시오.

해 p.049

보기

ㄱ. $(\sqrt{a+b})^2=a+b$

ㄴ. $\sqrt{a}\sqrt{-b}=-\sqrt{-ab}$

ㄷ. $\sqrt{a}-\dfrac{\sqrt{b}}{\sqrt{a}}$의 켤레복소수는 $\sqrt{a}+\dfrac{\sqrt{b}}{\sqrt{a}}$이다. (단, $a\neq0$)

25 $\dfrac{\sqrt{a}}{\sqrt{b}}=-\sqrt{\dfrac{a}{b}}$를 만족시키는 0이 아닌 두 실수 a, b에 대하여 $\sqrt{ab}-\sqrt{a}\sqrt{b}+\sqrt{b}\sqrt{b}-\sqrt{b^2}$을 간단히 하시오.

07 두 실수 a, b에 대하여 등식

$$(i+i^2)+(i^2+i^3)+(i^3+i^4)+\cdots+(i^{18}+i^{19})=a+bi$$

가 성립할 때, $4(a+b)^2$의 값을 구하시오.

08 등식 $\frac{1}{i}+\frac{1}{i^2}+\frac{1}{i^3}+\cdots+\frac{1}{i^n}=-i$가 성립하도록 하는 두 자리 자연수 n의 개수를 구하시오.

09 $a=\frac{1-\sqrt{3}i}{2}$일 때,

$$1-a+a^2-a^3+\cdots-a^{15}$$

의 값을 구하시오.

신유형

10 복소수 z와 켤레복소수 $\overline{z}$에 대하여 $d(z)$를

$$d(z)=\sqrt{z\overline{z}}$$

라 할 때, $d\left(\left(\frac{1-i}{1+i}\right)^{1001}\right)$의 값을 구하시오.

11 두 복소수 z_1, z_2에 대하여

$$\overline{z_1}-\overline{z_2}=3+2i,\ \overline{z_1}\times\overline{z_2}=5+5i$$

일 때, $(z_1-3)(z_2+3)$의 값을 구하시오.

(단, $\overline{z_1}$, $\overline{z_2}$는 각각 z_1, z_2의 켤레복소수이다.)

12 $\overline{z}^2=-2i$를 만족시키는 복소수 z에 대하여 $z^4+z^3\overline{z}+z\overline{z}^3+\overline{z}^4$의 값을 구하시오.

(단, $\overline{z}$는 z의 켤레복소수이다.)

13
복소수 $z=(1+i)a^2-(1+3i)a+2(i-1)$에 대하여 z^2이 음의 실수가 되도록 하는 실수 a의 값을 구하시오.

14
절댓값이 10 이하인 두 정수 a, b에 대하여 복소수 z를 $z=a+4bi$라 할 때, $\frac{\bar{z}}{z}$가 순허수가 되도록 하는 모든 복소수 z의 개수를 구하시오.

(단, $z\neq0$이고, $\bar{z}$는 z의 켤레복소수이다.)

15
복소수 $z=a+bi$ (a, b는 0이 아닌 실수)에 대하여 $iz=\bar{z}$일 때, 〈보기〉에서 옳은 것만을 있는 대로 고른 것은? (단, $i=\sqrt{-1}$이고, $\bar{z}$는 z의 켤레복소수이다.) [교육청]

보기

ㄱ. $z+\bar{z}=-2b$

ㄴ. $i\bar{z}=-z$

ㄷ. $\frac{\bar{z}}{z}+\frac{z}{\bar{z}}=0$

① ㄱ ② ㄷ ③ ㄱ, ㄴ
④ ㄴ, ㄷ ⑤ ㄱ, ㄴ, ㄷ

16
복소수 z가 다음 조건을 만족시킬 때, $z+\bar{z}$의 값을 구하시오. (단, $\bar{z}$는 z의 켤레복소수이다.)

(가) $z-(1-3i)$는 양의 실수이다.

(나) $z\bar{z}=13$

17
실수 x에 대하여

$$\frac{\sqrt{x+1}}{\sqrt{x-2}}=-\sqrt{\frac{x+1}{x-2}}$$

일 때, $\sqrt{(x+1)^2}+\sqrt{(x-2)^2}$의 값을 구하시오.

서술형

18
0이 아닌 네 실수 a, b, c, d에 대하여

$$\sqrt{a}\sqrt{b}=-\sqrt{ab},\ \frac{\sqrt{d}}{\sqrt{c}}=-\sqrt{\frac{d}{c}}$$

일 때, $|a|+\sqrt{(b-d)^2}-|c-d|$를 간단히 하시오.

1등급

1 복소수 $a_1, a_2, a_3, \cdots, a_8$은 각각 $1, -1, i, -i$ 중에서 하나의 수이다.

$a_1+a_2+a_3+\cdots+a_8=2+2i$

일 때, $a_1^2+a_2^2+a_3^2+\cdots+a_8^2$의 최솟값을 구하시오.

2 $\left(\dfrac{\sqrt{2}}{1+i}\right)^n+\left(\dfrac{\sqrt{3}+i}{2}\right)^n=2$를 만족시키는 자연수 n의 최솟값을 구하시오. (단, $i=\sqrt{-1}$) [교육청]

서술형

3 허수 z에 대하여 $\dfrac{z}{1+z^2}$가 실수일 때, $z\bar{z}$의 값을 구하시오. (단, $\bar{z}$는 z의 켤레복소수이다.)

4 실수가 아닌 두 복소수 z, w에 대하여 $z-w, zw$가 모두 실수일 때, 〈보기〉에서 옳은 것만을 있는 대로 고르시오. (단, $\bar{z}, \bar{w}$는 각각 z, w의 켤레복소수이다.)

보기

ㄱ. $\bar{z}+w=z+\bar{w}$

ㄴ. $z\bar{w}=\bar{z}w$

ㄷ. $\overline{z+w}=-z-w$

5 복소수 $z=a+bi\,(a>0, b>0)$에 대하여 $z^2+\bar{z}=0$일 때, z^n이 자연수가 되도록 하는 자연수 n의 최솟값을 구하시오. (단, $\bar{z}$는 z의 켤레복소수이다.)

6 서로 다른 세 실수 a, b, c에 대하여

$a+b+c=0,\ abc<0,\ ab<bc<ca$

일 때, 〈보기〉에서 옳은 것만을 있는 대로 고르시오.

보기

ㄱ. $|a-c|=a-c$

ㄴ. $\sqrt{b}\sqrt{c}=\sqrt{bc}$

ㄷ. $\dfrac{\sqrt{c-b}}{\sqrt{b-a}}=\sqrt{\dfrac{c-b}{b-a}}$

II

방정식과 부등식

04 복소수

05 **이차방정식**

06 이차방정식과 이차함수

07 여러 가지 방정식

08 여러 가지 부등식

1. 이차방정식의 풀이

개념 01 방정식 $ax=b$의 풀이

개념 02 이차방정식의 풀이

2. 이차방정식의 근

개념 03 이차방정식의 근의 판별

개념 04 이차방정식의 근과 계수의 관계

개념 05 두 수를 근으로 하는 이차방정식

개념 06 이차식의 인수분해

개념 07 이차방정식의 켤레근

1 이차방정식의 풀이

개념 01 방정식 $ax=b$의 풀이

x에 대한 방정식 $ax=b$에서

(1) $a\neq0$일 때, $x=\dfrac{b}{a}$ (오직 하나의 해)

(2) $a=0$일 때, $\begin{cases} b\neq0\text{이면 해가 없다. (불능)} \leftarrow \text{해가 없어서 해를 구할 수 없다.} \\ b=0\text{이면 해가 무수히 많다. (부정)} \leftarrow \text{해가 많아서 해를 정할 수 없다.} \end{cases}$

예 x에 대한 방정식 $a(a-1)x=a$에서

(1) $a(a-1)\neq0$일 때, $a(a-1)x=a$의 양변을 $a(a-1)$로 나누면 $x=\dfrac{1}{a-1}$이다.

(2) $a=0$일 때, $\underset{0=0}{\underline{0\times x=0}}$이므로 해는 무수히 많다.

(3) $a=1$일 때, $\underset{0=1}{\underline{0\times x=1}}$이므로 해가 없다.

개념 02 이차방정식의 풀이

1. 이차방정식 ← 특별한 언급이 없으면 방정식의 계수는 실수이고, 근은 복소수의 범위에서 생각한다.

$ax^2+bx+c=0$ (a, b, c는 상수, $a\neq0$)과 같이 좌변이 x에 대한 이차식 꼴인 방정식을 x에 대한 이차방정식이라 한다.

2. 이차방정식의 풀이

(1) 인수분해를 이용한 풀이

x에 대한 이차방정식이 $(ax-b)(cx-d)=0$ 꼴로 변형되면 이 이차방정식의 근은 $x=\dfrac{b}{a}$ 또는 $x=\dfrac{d}{c}$

(2) 근의 공식을 이용한 풀이

계수가 실수인 이차방정식 $ax^2+bx+c=0$의 근은 근의 공식에 의하여 $x=\dfrac{-b\pm\sqrt{b^2-4ac}}{2a}$

참고 x의 계수가 짝수인 이차방정식 $ax^2+2b'x+c=0$의 근은 $x=\dfrac{-b'\pm\sqrt{b'^2-ac}}{a}$

3. 이차방정식의 실근과 허근

이차방정식의 근을 복소수의 범위까지 확장할 때 실수인 근을 실근, 허수인 근을 허근이라 한다.

1. 이차방정식의 풀이

예1 이차방정식 $x^2-6x+5=0$에서 $(x-1)(x-5)=0$이므로 근은 $x=1$ 또는 $x=5$이다. Ⓐ

예2 이차방정식 $x^2+5x+3=0$에서 근의 공식에 의하여

$$x=\frac{-5\pm\sqrt{5^2-4\times1\times3}}{2\times1}=\frac{-5\pm\sqrt{13}}{2}$$

Ⓐ 근의 공식을 이용한 풀이

x의 계수가 짝수인 이차방정식 $x^2-6x+5=0$에서 근의 공식에 의하여

$x=-(-3)\pm\sqrt{(-3)^2-1\times5}$

$=3\pm2$

$\therefore x=1$ 또는 $x=5$

2. 이차방정식 $ax^2+bx+c=0$에서 근의 공식

증명 $ax^2+bx+c=0$의 양변을 a로 나누면 $x^2+\frac{b}{a}x+\frac{c}{a}=0$

$$x^2+\frac{b}{a}x+\left(\frac{b}{2a}\right)^2-\left(\frac{b}{2a}\right)^2+\frac{c}{a}=0$$

$$\left(x+\frac{b}{2a}\right)^2-\frac{b^2}{4a^2}+\frac{c}{a}=0$$

$$\left(x+\frac{b}{2a}\right)^2=\frac{b^2-4ac}{4a^2}$$

$$x+\frac{b}{2a}=\pm\sqrt{\frac{b^2-4ac}{4a^2}} \qquad \therefore x=\frac{-b\pm\sqrt{b^2-4ac}}{2a}$$ Ⓑ

Ⓑ 일차항의 계수가 짝수인 경우

$b=2b'$이면

$$x=\frac{-b\pm\sqrt{b^2-4ac}}{2a}=\frac{-2b'\pm\sqrt{(2b')^2-4ac}}{2a}=\frac{-b'\pm\sqrt{b'^2-ac}}{a}$$

3. 이차방정식의 실근과 허근

계수가 실수인 이차방정식 $ax^2+bx+c=0$의 근 $x=\frac{-b\pm\sqrt{b^2-4ac}}{2a}$에서

$b^2-4ac\geq0$이면 $\sqrt{b^2-4ac}$는 실수,

$b^2-4ac<0$이면 $\sqrt{b^2-4ac}$는 허수

이다. 따라서 이차방정식은 복소수의 범위에서 반드시 근을 갖는다.

이때 실수인 근을 실근, 허수인 근을 허근이라 한다.

예 이차방정식 $x^2+3x+5=0$을 근의 공식을 이용하여 풀면

$$x=\frac{-3\pm\sqrt{3^2-4\times1\times5}}{2\times1}=\frac{-3\pm\sqrt{11}i}{2}$$

이므로 이 이차방정식은 허근을 갖는다.

한걸음 더

절댓값 기호를 포함한 방정식

필수유형 05

절댓값 기호를 포함한 방정식은 다음과 같은 순서로 푼다.

(i) 절댓값 기호 안의 식의 값이 0이 되도록 하는 x의 값을 기준으로 x의 값의 범위를 나눈다.

(ii) 각 범위에서 절댓값 기호를 없앤 후, 식을 정리하여 x의 값을 구한다.

(iii) (ii)에서 구한 x의 값 중 해당 범위에 포함되는 것만을 해로 한다.

$$|A|=\begin{cases}-A & (A<0)\\ A & (A\geq0)\end{cases}$$

예 x에 대한 이차방정식 $x^2-2|x|-24=0$의 해를 구해 보자.

(i) $x<0$일 때, $x^2+2x-24=0$에서 $(x+6)(x-4)=0$이므로 $x=-6$ 또는 $x=4$

이때 $x<0$이므로 $x=-6$

(ii) $x\geq0$일 때, $x^2-2x-24=0$에서 $(x+4)(x-6)=0$이므로 $x=-4$ 또는 $x=6$

이때 $x\geq0$이므로 $x=6$

(i), (ii)에서 주어진 방정식의 해는 $x=-6$ 또는 $x=6$이다.

기본유형 01 인수분해를 이용한 이차방정식의 풀이

개념 02

다음 방정식을 푸시오.

(1) $x^2-10x+16=0$

(2) $\sqrt{2}x^2+(\sqrt{2}+1)x+1=0$

solution

(1) $x^2-10x+16=0$에서 $(x-2)(x-8)=0$이므로

$x=2$ 또는 $x=8$

(2) $\sqrt{2}x^2+(\sqrt{2}+1)x+1=0$에서 x^2의 계수가 무리수이므로

양변에 $\sqrt{2}$를 곱하여 유리화하면 ← 양변에 적당한 무리수를 곱하여 x^2의 계수를 유리화한 후 방정식을 푼다.

$2x^2+(2+\sqrt{2})x+\sqrt{2}=0$, $(x+1)(2x+\sqrt{2})=0$

$\therefore$ $x=-1$ 또는 $x=-\frac{\sqrt{2}}{2}$

기본유형 02 이차방정식의 실근과 허근

개념 02

다음 방정식을 풀고, 그 근이 실근인지 허근인지 나타내시오.

(1) $x^2-2x-2=0$

(2) $x^2-x+1=0$

solution

(1) $x^2-2x-2=0$에서 근의 공식에 의하여

$x=-(-1)\pm\sqrt{(-1)^2-1\times(-2)}=1\pm\sqrt{3}$ ← 일차항의 계수가 짝수이므로 $x=\frac{-b'\pm\sqrt{b'^2-ac}}{a}$ 사용

즉, 주어진 방정식의 근은 실근이다.

(2) $x^2-x+1=0$에서 근의 공식에 의하여

$x=\frac{-(-1)\pm\sqrt{(-1)^2-4\times1\times1}}{2\times1}=\frac{1\pm\sqrt{3}i}{2}$

즉, 주어진 방정식의 근은 허근이다.

기본 연습

01 다음 방정식을 푸시오.

(1) $6x^2-5x-4=0$

(2) $(1-\sqrt{3})x^2-(3-\sqrt{3})x+2=0$

p.055

02 다음 방정식을 풀고, 그 근이 실근인지 허근인지 나타내시오.

(1) $2x^2+x-8=0$

(2) $3x^2-4x+2=0$

필수유형 03 방정식 $ax=b$의 풀이

개념 01

x에 대한 방정식 $a^2x+3=a+9x$의 해가 무수히 많도록 하는 상수 a의 값을 p, 해가 없도록 하는 상수 a의 값을 q라 할 때, $p-q$의 값을 구하시오.

guide

❶ 등식을 정리하여 $ax=b$ (a, b는 상수) 꼴로 나타낸다.
❷ 다음을 이용하여 해의 조건에 따른 미지수의 값을 구한다.
방정식 $ax=b$ (a, b는 상수)에 대하여
(1) 해가 1개이다. ⇨ $a\neq0$
(2) 해가 무수히 많다. ⇨ $a=b=0$
(3) 해가 없다. ⇨ $a=0$, $b\neq0$

solution

$a^2x+3=a+9x$에서 $(a^2-9)x=a-3$
$\therefore (a+3)(a-3)x=a-3$ ……㉠
(i) ㉠의 해가 무수히 많으려면
$(a+3)(a-3)=0$, $a-3=0$
$\therefore a=3$
(ii) ㉠의 해가 없으려면
$(a+3)(a-3)=0$, $a-3\neq0$
$\therefore a=-3$
(i), (ii)에서 $p=3$, $q=-3$이므로
$p-q=3-(-3)=6$

필수 연습

03 x에 대한 방정식 $(a^2-6)x-2=a(x+1)$의 해가 무수히 많도록 하는 상수 a의 값을 p, 해가 없도록 하는 상수 a의 값을 q라 할 때, p^2-q^2의 값을 구하시오.

해 p.055

04 x에 대한 방정식 $2ax-a=-2x-1$의 해가 없도록 하는 상수 a에 대하여 x에 대한 방정식 $a^2x-1=a(3+x)$의 근을 구하시오.

필수유형 04 한 근이 주어진 이차방정식

개념 02

x에 대한 이차방정식 $(a-2)x^2-24x+a^2+44=0$의 한 근이 2일 때, 다른 한 근을 구하시오.

guide

❶ 주어진 근을 방정식에 대입하여 미정계수를 구한다.
❷ ❶에서 구한 미정계수를 이용하여 방정식을 완성하고 다른 한 근을 구한다.

solution

$(a-2)x^2-24x+a^2+44=0$ ······㉠
은 이차방정식이므로 $a\neq2$
이 이차방정식이 $x=2$를 근으로 가지므로
$(a-2)\times2^2-24\times2+a^2+44=0$
$a^2+4a-12=0$, $(a+6)(a-2)=0$
$\therefore a=-6$ ($\because a\neq2$)
$a=-6$을 ㉠에 대입하면
$-8x^2-24x+80=0$
$x^2+3x-10=0$, $(x+5)(x-2)=0$
$\therefore x=-5$ 또는 $x=2$
따라서 다른 한 근은 -5이다.

필수 연습

해설 p.056

05 x에 대한 이차방정식 $2(a+7)x^2-48x+a^2-97=0$의 한 근이 -1일 때, 다른 한 근을 구하시오.

06 x에 대한 방정식 $(2x+1)^2+a(2x+1)-3=0$의 한 근이 -2일 때, 다른 한 근을 구하시오.

07 x에 대한 이차방정식

$$x^2+k(2p-1)x-(3p^2-2)k+q-4=0$$

이 실수 k의 값에 관계없이 항상 1을 근으로 가질 때, 두 양수 p, q에 대하여 pq의 값을 구하시오.

필수유형 05 절댓값 기호를 포함한 방정식

한 걸음 더

다음 방정식을 푸시오.

(1) $x^2-3|x|=0$ (2) $|x-1|+|x-2|=x+3$

guide

❶ 절댓값 기호 안의 식의 값이 0이 되도록 하는 x의 값을 기준으로 x의 값의 범위를 나눈다.

❷ $|A|=\begin{cases}-A & (A<0) \\ A & (A\geq 0)\end{cases}$ 를 이용하여 각 범위에서 절댓값 기호를 없앤 후, 방정식을 푼다.

❸ ❷에서 구한 x의 값 중 해당 범위에 포함되는 것만을 해로 한다.

solution

(1) (i) $x<0$일 때,

$x^2+3x=0$에서 $x(x+3)=0$이므로 $x=-3$ 또는 $x=0$ 그런데 $x<0$이므로 $x=-3$ ($x<0$을 만족시킨다.)

(ii) $x\geq 0$일 때,

$x^2-3x=0$에서 $x(x-3)=0$이므로 $x=0$ 또는 $x=3$ ($x\geq 0$을 만족시킨다.)

(i), (ii)에서 주어진 방정식의 해는 $x=-3$ 또는 $x=0$ 또는 $x=3$

(2) (i) $x<1$일 때,

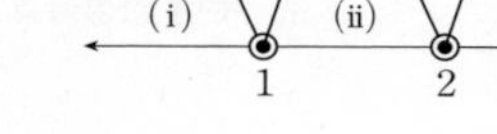

$-(x-1)-(x-2)=x+3$에서 $3x=0$ $\therefore x=0$ ($x<1$을 만족시킨다.)

(ii) $1\leq x<2$일 때,

$(x-1)-(x-2)=x+3$에서 $x=-2$ 그런데 $1\leq x<2$이므로 해는 없다.

(iii) $x\geq 2$일 때,

$(x-1)+(x-2)=x+3$에서 $x=6$ ($x\geq 2$를 만족시킨다.)

(i), (ii), (iii)에서 주어진 방정식의 해는 $x=0$ 또는 $x=6$

다른 풀이

(1) 방정식에 $|x|$와 x의 짝수차항만 포함된 경우, $x^2=|x|^2$임을 이용하여 풀 수 있다.

$x^2-3|x|=0$에서 $|x|^2-3|x|=0$, $|x|(|x|-3)=0$ $\therefore |x|=0$ 또는 $|x|=3$

따라서 주어진 방정식의 해는 $x=-3$ 또는 $x=0$ 또는 $x=3$

plus

$|f(x)|=a\ (a>0)$, $|f(x)|=|g(x)|$와 같은 경우에는 다음을 이용하여 범위를 나누지 않고 구할 수 있다.

(1) $|f(x)|=a\ (a>0) \Rightarrow f(x)=\pm a$ (2) $|f(x)|=|g(x)| \Rightarrow f(x)=\pm g(x)$

필수 연습

plus 08 다음 방정식을 푸시오.

(1) $x^2+4|x|-5=0$ (2) $|x+1|+|x+3|=-x+4$

plus 09 방정식 $|x^2+4x+7|=2$를 푸시오.

유형 pp.056~057

필수유형 06 가우스 기호를 포함한 방정식

교육과정 外

방정식 $[x]^2-4[x]-12=0$을 만족시키는 x의 값의 범위를 구하시오.

(단, $[x]$는 x보다 크지 않은 최대의 정수이다.)

guide

❶ $[x]$에 대한 이차방정식을 푼다.

❷ $[x]=n$ (n은 정수) $\Longleftrightarrow n \le x < n+1$임을 이용하여 x의 값의 범위를 구한다.

solution

$[x]^2-4[x]-12=0$에서 $([x]+2)([x]-6)=0$

$\therefore [x]=-2$ 또는 $[x]=6$

$[x]=-2$에서 $-2 \le x < -1$

$[x]=6$에서 $6 \le x < 7$

따라서 주어진 방정식의 해는 $-2 \le x < -1$ 또는 $6 \le x < 7$이다.

plus

방정식의 해의 범위가 주어졌다면 가우스 기호 안의 식의 값이 정수가 되도록 하는 x의 값을 기준으로 x의 범위를 나누어 방정식을 푼다. 이때 구한 x의 값 중 해당 범위에 포함되는 것을 해로 정한다.

필수 연습

10 방정식 $[x]^2-4[x]-5=0$을 만족시키는 x의 최솟값을 구하시오.

(단, $[x]$는 x보다 크지 않은 최대의 정수이다.)

해 p.057

plus

11 $-1 < x < 2$일 때, 방정식 $x^2+[x]-3=0$의 해를 구하시오.

(단, $[x]$는 x보다 크지 않은 최대의 정수이다.)

필수유형 **07** 이차방정식의 활용 개념 02

어느 가족이 작년까지 한 변의 길이가 15 m인 정사각형 모양의 밭을 가꾸었다. 올해는 그림과 같이 가로의 길이를 x m만큼, 세로의 길이를 $(x-20)$ m만큼 늘여서 새로운 직사각형 모양의 밭을 가꾸었다. 올해 늘어난 ┛ 모양의 밭의 넓이가 $1275\,\text{m}^2$일 때, x의 값을 구하시오. (단, $x>20$)

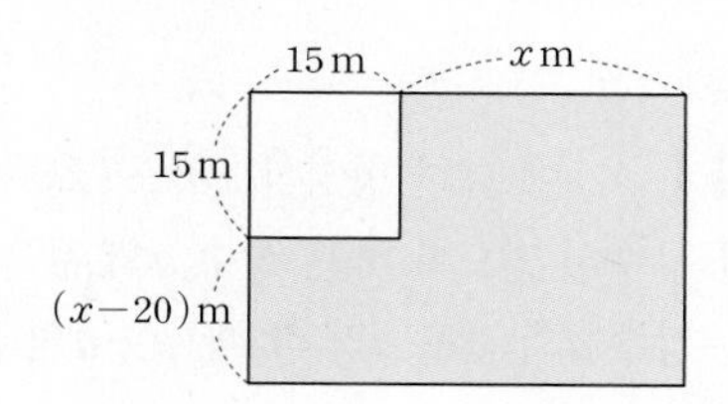

guide

① '구하는 값' 또는 '구하는 값을 결정짓는 값'을 미지수 x로 놓는다.
② 주어진 조건을 이용하여 x에 대한 방정식을 세운다.
③ 방정식을 푼 다음, 문제의 조건을 만족시키는 x의 값을 구한다.
④ '구하는 값을 결정짓는 값'을 x라 한 경우, x의 값을 이용하여 구하는 값을 계산한다. ← 구하는 값이 길이 또는 넓이인 경우, 양수임에 유의한다.

solution

올해 늘어난 ┛ 모양의 밭의 넓이가 $1275\,\text{m}^2$이므로 올해 가꾼 새로운 직사각형 모양의 밭의 넓이는

$15\times15+1275=1500\,(\text{m}^2)$

가로의 길이를 x m만큼, 세로의 길이를 $(x-20)$ m만큼 늘여서 새로운 직사각형 모양의 밭을 만들었으므로

$(15+x)(15+x-20)=1500$, $(x+15)(x-5)=1500$

$x^2+10x-1575=0$, $(x+45)(x-35)=0$

$\therefore\ x=-45$ 또는 $x=35$

이때 $x>20$이므로 $x=35$

필수 연습

pp.057~058

12 어느 공장에서 가로, 세로의 길이 및 높이가 각각 20 cm, 10 cm, 4 cm인 직육면체 모양의 상자를 생산하고 있다. 상자의 가로, 세로의 길이를 각각 x cm씩 줄이고 높이는 유지한 새로운 상자를 만들었더니 기존 상자의 부피보다 28%만큼 줄었을 때, x의 값을 구하시오.

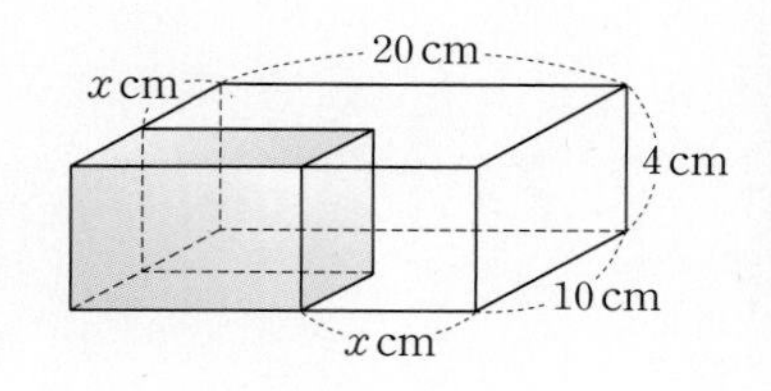

13 그림과 같이 $\angle A=90^\circ$이고, $\overline{AB}=\overline{AC}=6$인 삼각형 ABC가 있다. 변 AB 위의 한 점 P에서 변 BC에 내린 수선의 발을 Q, 점 P를 지나고 변 BC에 평행한 직선이 변 AC와 만나는 점을 R이라 하면 □PQCR의 넓이가 12일 때, 선분 BQ의 길이를 구하시오. (단, 점 P는 꼭짓점 A와 꼭짓점 B가 아니다.)

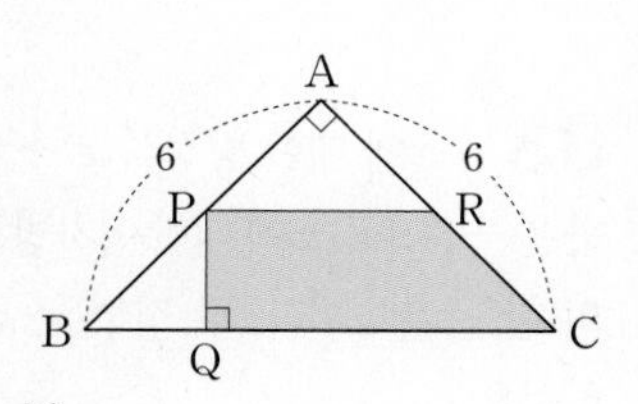

01 x에 대한 방정식 $xa^3-(2x+1)a^2+4=0$의 해가 무수히 많도록 하는 상수 a의 값을 p, 해가 없도록 하는 상수 a의 값을 q라 할 때, $p+q$의 값을 구하시오.

02 이차방정식

$$(\sqrt{3}-2)x^2+(4-2\sqrt{3})x+\sqrt{3}=0$$

을 푸시오.

03 x에 대한 방정식 $x^2+(a+2)x+8a-8=0$의 한 근은 -3이고, x에 대한 이차방정식 $kx^2-7x+2k^2+4=0$의 한 근은 a이다. 두 정수 a, k에 대하여 $a+k$의 값을 구하시오.

04 방정식 $(x-1)^2+|x-1|-6=0$의 두 근의 합을 구하시오.

05 $-1\le x<2$일 때, 방정식

$$3x^2-x-2[x]^2+[x]-1=0$$

의 모든 실근의 합을 구하시오.

(단, $[x]$는 x보다 크지 않은 최대의 정수이다.)

06 자연수 n에 대하여 세 변의 길이가 각각 $\sqrt{n^2+2}$, $\sqrt{n^2+3n}$, $n+2$인 직각삼각형의 넓이를 S라 할 때, S^2의 값을 구하시오.

BLACKLABEL

2 이차방정식의 근

개념 03 이차방정식의 근의 판별

1. 판별식

계수가 실수인 이차방정식 $ax^2+bx+c=0$의 근 $x=\frac{-b\pm\sqrt{b^2-4ac}}{2a}$가 실근인지 허근인지는 근호 안에 있는 식 b^2-4ac의 값의 부호에 따라 결정된다. 이때 b^2-4ac를 판별식이라 하고 기호 D로 나타낸다. Ⓐ

$D=b^2-4ac$

2. 이차방정식의 근의 판별 Ⓑ

계수가 실수인 이차방정식 $ax^2+bx+c=0$에서 $D=b^2-4ac$라 할 때,

(1) $D>0$이면 서로 다른 두 실근을 갖는다.

(2) $D=0$이면 중근(실근)을 갖는다. ← 서로 같은 두 실근

(3) $D<0$이면 서로 다른 두 허근을 갖는다.

참고 이차방정식 $ax^2+2b'x+c=0$에서는 $\frac{D}{4}=b'^2-ac$를 이용하여 근을 판별한다.

예1 $x^2-5x+3=0$에서 판별식을 D라 하면

$D=(-5)^2-4\times1\times3=13>0$이므로 서로 다른 두 실근을 갖는다.

예2 $x^2-6x+9=0$에서 판별식을 D라 하면

$\frac{D}{4}=(-3)^2-1\times9=0$이므로 중근을 갖는다.

예3 $x^2-x+2=0$에서 판별식을 D라 하면

$D=(-1)^2-4\times1\times2=-7<0$이므로 서로 다른 두 허근을 갖는다.

Ⓐ **기호 D**

D는 판별식을 뜻하는 영어 단어 discriminant의 첫 글자이다.

Ⓑ **이차방정식이 실근을 가질 조건**

이차방정식이 실근을 가질 조건은 $D\ge0$이다.

한걸음 더 이차식이 완전제곱식이 되기 위한 조건

기본유형 09 + 필수연습 22

이차식 ax^2+bx+c는 완전제곱식이다. $\Leftrightarrow$ 이차방정식 $ax^2+bx+c=0$에서 $D=b^2-4ac=0$

$\Leftrightarrow$ 이차방정식 $ax^2+bx+c=0$이 중근을 갖는다.

증명 (i) 이차식 ax^2+bx+c가 완전제곱식이면

$ax^2+bx+c=a\left(x+\frac{b}{2a}\right)^2-\frac{b^2-4ac}{4a}$에서 $-\frac{b^2-4ac}{4a}=0$ $\quad\therefore b^2-4ac=0$

(ii) $b^2-4ac=0$이면 $ax^2+bx+c=a\left(x+\frac{b}{2a}\right)^2$이므로 이차식 ax^2+bx+c는 완전제곱식이다.

예 x에 대한 이차식 $x^2-2ax-a+2$가 완전제곱식이면 이차방정식 $x^2-2ax-a+2=0$의 판별식을 D라 할 때

$\frac{D}{4}=(-a)^2-1\times(-a+2)=0,\ a^2+a-2=0,\ (a+2)(a-1)=0$ $\quad\therefore \underset{x^2+4x+4}{\underline{a=-2}}$ 또는 $\underset{x^2-2x+1}{\underline{a=1}}$

개념 04 이차방정식의 근과 계수의 관계

이차방정식 $ax^2+bx+c=0$의 두 근을 α, β라 하면

(1) 두 근의 합 : $\alpha+\beta=-\dfrac{b}{a}$

(2) 두 근의 곱 : $\alpha\beta=\dfrac{c}{a}$

(3) 두 근의 차 : $|\alpha-\beta|=\dfrac{\sqrt{b^2-4ac}}{|a|}$ (단, a, α, β는 실수)

참고 두 근의 합과 곱은 두 근이 실근인지, 허근인지에 관계없이 구할 수 있지만 두 근의 차는 두 근이 실근일 때만 구할 수 있다.

이차방정식 $ax^2+bx+c=0$의 두 근을

$$\alpha=\frac{-b+\sqrt{b^2-4ac}}{2a},\ \beta=\frac{-b-\sqrt{b^2-4ac}}{2a}$$

라 하면 두 근의 합 $\alpha+\beta$와 곱 $\alpha\beta$, 차 $|\alpha-\beta|$는 다음과 같이 구할 수 있다.

(1) $\alpha+\beta=\dfrac{-b+\sqrt{b^2-4ac}}{2a}+\dfrac{-b-\sqrt{b^2-4ac}}{2a}=-\dfrac{b}{a}$

(2) $\alpha\beta=\dfrac{-b+\sqrt{b^2-4ac}}{2a}\times\dfrac{-b-\sqrt{b^2-4ac}}{2a}=\dfrac{b^2-(b^2-4ac)}{4a^2}=\dfrac{c}{a}$

(3) $|\alpha-\beta|=\left|\dfrac{-b+\sqrt{b^2-4ac}}{2a}-\dfrac{-b-\sqrt{b^2-4ac}}{2a}\right|$

$\quad=\left|\dfrac{\sqrt{b^2-4ac}}{a}\right|=\dfrac{\sqrt{b^2-4ac}}{|a|}$ (단, $b^2-4ac\geq0$) Ⓐ

예 이차방정식 $x^2-5x+6=0$의 두 근을 α, β라 하면 ← $x^2-5x+6=0$의 두 근은 $x=2$, $x=3$이다.

$$\alpha+\beta=-\frac{-5}{1}=5,\ \alpha\beta=\frac{6}{1}=6,\ |\alpha-\beta|=\frac{\sqrt{(-5)^2-4\times1\times6}}{|1|}=1$$

Ⓐ 곱셈 공식의 변형을 이용

$$(\alpha-\beta)^2=(\alpha+\beta)^2-4\alpha\beta$$
$$=\left(-\frac{b}{a}\right)^2-4\times\frac{c}{a}$$
$$=\frac{b^2-4ac}{a^2}$$
$$\therefore |\alpha-\beta|=\frac{\sqrt{b^2-4ac}}{|a|}$$
(단, $b^2-4ac\geq0$)

개념 05 두 수를 근으로 하는 이차방정식

(1) 두 수 α, β를 근으로 하고, x^2의 계수가 1인 이차방정식은
$(x-\alpha)(x-\beta)=0$, 즉 $x^2-(\alpha+\beta)x+\alpha\beta=0$

(2) 두 수 α, β를 근으로 하고, x^2의 계수가 a인 이차방정식은
$a(x-\alpha)(x-\beta)=0$, 즉 $a\{x^2-(\alpha+\beta)x+\alpha\beta\}=0$

예 두 근이 $1-\sqrt{2}$, $1+\sqrt{2}$이고, x^2의 계수가 1인 이차방정식을 구해 보자.

두 근의 합은 $(1-\sqrt{2})+(1+\sqrt{2})=2$,

두 근의 곱은 $(1-\sqrt{2})(1+\sqrt{2})=1-2=-1$

따라서 구하는 이차방정식은 $x^2-2x-1=0$이다.

개념 06 이차식의 인수분해

이차방정식 $ax^2+bx+c=0$의 두 근을 α, β라 하면
$$ax^2+bx+c=a(x-\alpha)(x-\beta)$$

이차방정식 $ax^2+bx+c=0$의 두 근을 α, β라 하면 근과 계수의 관계에 의하여 $\alpha+\beta=-\frac{b}{a}$, $\alpha\beta=\frac{c}{a}$이므로

$$\begin{aligned}ax^2+bx+c&=a\left(x^2+\frac{b}{a}x+\frac{c}{a}\right)\\&=a\{x^2-(\alpha+\beta)x+\alpha\beta\}\\&=a(x-\alpha)(x-\beta)\end{aligned}$$ Ⓑ

예 이차방정식 $x^2-2x-2=0$에서 근의 공식에 의하여
$x=-(-1)\pm\sqrt{(-1)^2-1\times(-2)}=1\pm\sqrt{3}$이므로
$x^2-2x-2=(x-1-\sqrt{3})(x-1+\sqrt{3})$
과 같이 두 일차식의 곱으로 나타낼 수 있다.

Ⓑ 이차식의 인수분해
이차식은 복소수의 범위에서 두 일차식의 곱 꼴로 인수분해할 수 있다.

개념 07 이차방정식의 켤레근

이차방정식 $ax^2+bx+c=0$에 대하여 다음이 성립한다.

(1) a, b, c가 유리수일 때, $p+q\sqrt{m}$이 근이면 $p-q\sqrt{m}$도 근이다. (단, p, q는 유리수, $q\neq0$, $\sqrt{m}$은 무리수)
└ m은 양의 유리수이다.

(2) a, b, c가 실수일 때, $p+qi$가 근이면 $p-qi$도 근이다. (단, p, q는 실수, $q\neq0$, $i=\sqrt{-1}$)

이차방정식 $ax^2+bx+c=0$의 두 근 α, β $(\alpha>\beta)$를 다음과 같이 정할 수 있다.

$$\alpha=\frac{-b+\sqrt{b^2-4ac}}{2a}=-\frac{b}{2a}+\frac{\sqrt{b^2-4ac}}{2a},\ \beta=\frac{-b-\sqrt{b^2-4ac}}{2a}=-\frac{b}{2a}-\frac{\sqrt{b^2-4ac}}{2a}$$

이때 $A=-\frac{b}{2a}$, $B=\frac{\sqrt{b^2-4ac}}{2a}$라 하면 두 근은 $A+B$, $A-B$ 꼴이 되고, 이와 같은 두 근을 켤레근이라 한다.
(B는 $q\sqrt{m}$ 또는 qi이다.)

예 두 실수 a, b에 대하여 이차방정식 $x^2+ax+b=0$의 한 근이 $1+i$일 때, 다른 한 근은 $1-i$이므로
(두 근의 합)$=(1+i)+(1-i)=2$, (두 근의 곱)$=(1+i)(1-i)=1+1=2$
따라서 $a=-2$, $b=2$이므로 주어진 이차방정식은 $x^2-2x+2=0$이다.

주의 이차방정식에서 한 근이 주어졌을 때, 켤레근의 성질을 사용하기 위해서는 계수가 모두 유리수인지 또는 모두 실수인지 반드시 확인해야 한다.
예를 들어 유리수가 아닌 계수가 포함된 이차방정식 $x^2-2\sqrt{3}x-1=0$에서 근의 공식에 의하여
$x=-(-\sqrt{3})\pm\sqrt{(-\sqrt{3})^2-1\times(-1)}=\sqrt{3}\pm2$
그런데 두 근 $\sqrt{3}+2$, $\sqrt{3}-2$는 서로 켤레근이 아니다.

기본유형 08 이차방정식의 근의 판별

개념 03

이차방정식 $x^2-2x+a-6=0$이 다음과 같은 근을 갖도록 하는 실수 a의 값 또는 a의 값의 범위를 구하시오.

(1) 서로 다른 두 실근　　(2) 중근　　(3) 서로 다른 두 허근

solution

이차방정식 $x^2-2x+a-6=0$의 판별식을 D라 하면

$\frac{D}{4}=(-1)^2-1\times(a-6)=-a+7$

(1) $\frac{D}{4}=-a+7>0$이어야 하므로 $a<7$

(2) $\frac{D}{4}=-a+7=0$이어야 하므로 $a=7$

(3) $\frac{D}{4}=-a+7<0$이어야 하므로 $a>7$

기본유형 09 이차식이 완전제곱식이 되기 위한 조건

한 걸음 더

이차식 $x^2+2kx+3k-2$가 완전제곱식이 되기 위한 모든 실수 k의 값의 합을 구하시오.

solution

이차방정식 $x^2+2kx+3k-2=0$의 판별식을 D라 하면

$\frac{D}{4}=k^2-1\times(3k-2)=\underline{k^2-3k+2}=0$이어야 하므로

$k^2-3k+2=0$에서 모든 실수 k의 값의 합은 이차방정식의 근과 계수의 관계에 의하여 3임을 바로 알 수 있다.

$(k-1)(k-2)=0$　　$\therefore k=1$ 또는 $k=2$

따라서 모든 실수 k의 값의 합은 3이다.

기본 연습

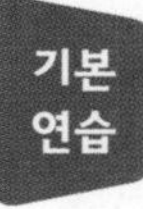
pp.059~060

14 x에 대한 이차방정식 $x^2+2(k-2)x+k^2+16=0$이 다음과 같은 근을 갖도록 하는 실수 k의 값 또는 k의 값의 범위를 구하시오.

(1) 서로 다른 두 실근　　(2) 중근　　(3) 서로 다른 두 허근

15 이차식 $x^2-4-a(x-2)$가 완전제곱식이 되기 위한 실수 a의 값을 구하시오.

기본유형 10 이차방정식의 근과 계수의 관계

개념 04

이차방정식 $x^2+6x+7=0$의 두 근을 α, β라 할 때, 다음 식의 값을 구하시오.

(1) $\alpha+\beta$ (2) $\alpha\beta$ (3) $\dfrac{1}{\alpha}+\dfrac{1}{\beta}$ (4) $(\alpha+1)(\beta+1)$

solution

이차방정식 $x^2+6x+7=0$의 두 근이 α, β이므로 근과 계수의 관계에 의하여

(1) $\alpha+\beta=-6$ (2) $\alpha\beta=7$

(3) $\dfrac{1}{\alpha}+\dfrac{1}{\beta}=\dfrac{\alpha+\beta}{\alpha\beta}=\dfrac{-6}{7}=-\dfrac{6}{7}$ ($\because$ (1), (2))

(4) $(\alpha+1)(\beta+1)=\alpha\beta+\alpha+\beta+1=7+(-6)+1=2$ ($\because$ (1), (2))

기본유형 11 두 수를 근으로 하는 이차방정식

개념 05

다음 두 수를 근으로 하고 x^2의 계수가 1인 이차방정식을 구하시오.

(1) 3, -4 (2) $4-2\sqrt{2}$, $4+2\sqrt{2}$ (3) $1-2i$, $1+2i$

solution

(1) (두 근의 합)$=3+(-4)=-1$, (두 근의 곱)$=3\times(-4)=-12$이므로 구하는 이차방정식은 $x^2+x-12=0$이다.

(2) (두 근의 합)$=(4-2\sqrt{2})+(4+2\sqrt{2})=8$, (두 근의 곱)$=(4-2\sqrt{2})(4+2\sqrt{2})=16-8=8$이므로 구하는 이차방정식은 $x^2-8x+8=0$이다.

(3) (두 근의 합)$=(1-2i)+(1+2i)=2$, (두 근의 곱)$=(1-2i)(1+2i)=1+4=5$이므로 구하는 이차방정식은 $x^2-2x+5=0$이다.

기본 연습

16 이차방정식 $x^2+2x+4=0$의 두 근을 α, β라 할 때, 다음 식의 값을 구하시오.

(1) $\dfrac{\alpha+\beta}{\alpha\beta}$ (2) $\alpha^2+\beta^2$ (3) $\dfrac{1}{\alpha+1}+\dfrac{1}{\beta+1}$ (4) $(3\alpha-4)(3\beta-4)$

풀이 p.060

17 다음 두 수를 근으로 하고 x^2의 계수가 1인 이차방정식을 구하시오.

(1) 7, -1 (2) $-1-\sqrt{5}$, $-1+\sqrt{5}$ (3) $\dfrac{1}{2}-3i$, $\dfrac{1}{2}+3i$

기본유형 12 이차식의 인수분해

개념 06

다음 이차식을 복소수의 범위에서 인수분해하시오.

(1) $x^2+8x+10$

(2) $x^2-6x+10$

solution

(1) 이차방정식 $x^2+8x+10=0$을 풀면

$x=-4\pm\sqrt{4^2-1\times10}=-4\pm\sqrt{6}$

$\therefore x^2+8x+10=\{x-(-4+\sqrt{6})\}\{x-(-4-\sqrt{6})\}$

$=(x+4-\sqrt{6})(x+4+\sqrt{6})$

(2) 이차방정식 $x^2-6x+10=0$을 풀면

$x=-(-3)\pm\sqrt{(-3)^2-1\times10}=3\pm i$

$\therefore x^2-6x+10=\{x-(3+i)\}\{x-(3-i)\}$

$=(x-3-i)(x-3+i)$

기본유형 13 이차방정식의 켤레근

개념 07

이차방정식 $x^2+ax+b=0$의 한 근이 $3+i$일 때, 두 실수 a, b에 대하여 $a+b$의 값을 구하시오.

solution

계수가 모두 실수이므로 한 근이 $3+i$이면 다른 한 근은 $3-i$이다.

따라서 이차방정식의 근과 계수의 관계에 의하여

$(3+i)+(3-i)=-a$, $(3+i)(3-i)=b$

즉, $a=-6$, $b=10$이므로

$a+b=-6+10=4$

기본 연습

18 다음 이차식을 복소수의 범위에서 인수분해하시오.

(1) $2x^2-3x-4$

(2) $3x^2-4x+5$

p.060

19 이차방정식 $x^2-ax+b=0$의 한 근이 $4+3i$일 때, 두 실수 a, b에 대하여 ab의 값을 구하시오.

필수유형 14 이차방정식의 근의 판별

개념 03

이차방정식 $ax^2-2(a+1)x+a+3=0$은 실근을 갖고, 이차방정식 $(a-1)x^2+2(a-2)x+a-5=0$은 허근을 갖도록 하는 정수 a의 최댓값을 구하시오.

guide

❶ 계수가 실수인 이차방정식의 근의 종류는 다음 판별식의 조건을 이용하여 판별한다.

(1) (판별식) >0이면 서로 다른 두 실근
(2) (판별식) $=0$이면 중근(실근)
(3) (판별식) <0이면 서로 다른 두 허근

을 갖는다. ← (판별식) ≥ 0이면 실근을 갖는다.

❷ '이차방정식 $f(x)=0$'과 같이 주어진 경우, $f(x)$의 이차항의 계수는 반드시 0이 아니어야 함에 주의한다.

solution

(i) $ax^2-2(a+1)x+a+3=0$이 이차방정식이므로 $a\neq 0$ ······㉠

이 이차방정식이 실근을 가지므로 판별식을 D_1이라 하면

$\frac{D_1}{4}=\{-(a+1)\}^2-a(a+3)\geq 0,\ -a+1\geq 0 \quad \therefore a\leq 1$ ······㉡

㉠, ㉡을 모두 만족시키는 정수 a의 값은 $1, -1, -2, -3, \cdots$이다.

(ii) $(a-1)x^2+2(a-2)x+a-5=0$이 이차방정식이므로 $a\neq 1$ ······㉢

이 이차방정식이 허근을 가지므로 판별식을 D_2라 하면

$\frac{D_2}{4}=(a-2)^2-(a-1)(a-5)<0,\ 2a-1<0 \quad \therefore a<\frac{1}{2}$ ······㉣

㉢, ㉣을 모두 만족시키는 정수 a의 값은 $0, -1, -2, -3, \cdots$이다.

(i), (ii)에서 조건을 만족시키는 정수 a의 값은 $-1, -2, -3, \cdots$이므로 최댓값은 -1이다.

plus

이차식 ax^2+bx+c는 완전제곱식이다. $\Longleftrightarrow$ 이차방정식 $ax^2+bx+c=0$에서 (판별식) $=b^2-4ac=0$

$\Longleftrightarrow$ 이차방정식 $ax^2+bx+c=0$이 중근을 갖는다. ▶ p.113 한 걸음 더

필수 연습

20 이차방정식 $kx^2-4(k+1)x+4(k+3)=0$은 서로 다른 두 실근을 갖고, 이차방정식 $(k+2)x^2-2kx+k+5=0$은 허근을 갖도록 하는 정수 k의 값을 구하시오.

p.061

21 이차방정식 $(3-a)x^2-(a-b)x+(b-3)=0$이 중근을 갖도록 하는 두 상수 a, b에 대하여 $a+b$의 값을 구하시오.

plus

22 x에 대한 이차식 $x^2-2(k+a)x+(k+1)^2+a^2-b-3$이 실수 k의 값에 관계없이 완전제곱식으로 인수분해될 때, 두 실수 a, b에 대하여 ab의 값을 구하시오.

필수유형 15 이차방정식의 근과 계수의 관계(1) 개념 04

다음 물음에 답하시오.

(1) 이차방정식 $x^2-ax+a-3=0$의 두 근의 합이 10일 때, 두 근의 곱을 구하시오. (단, a는 상수이다.)

(2) 이차방정식 $x^2-kx+4=0$의 두 근을 α, β라 할 때, $\frac{1}{\alpha}+\frac{1}{\beta}=5$이다. 상수 k의 값을 구하시오.

guide

❶ 이차방정식의 근과 계수의 관계를 이용하여 두 근의 합과 곱을 나타낸다.

⇨ 이차방정식 $ax^2+bx+c=0$의 두 근을 α, β라 하면 $\alpha+\beta=-\frac{b}{a}$, $\alpha\beta=\frac{c}{a}$

❷ 주어진 조건을 이용하여 식 또는 미지수의 값을 구한다.

solution

(1) 이차방정식 $x^2-ax+a-3=0$의 두 근을 α, β라 하면
근과 계수의 관계에 의하여 $\alpha+\beta=a$, $\alpha\beta=a-3$
이때 두 근의 합이 10이므로 $a=10$
따라서 두 근의 곱은
$\alpha\beta=a-3=10-3=7$

(2) 근과 계수의 관계에 의하여 $\alpha+\beta=k$, $\alpha\beta=4$이므로
$\frac{1}{\alpha}+\frac{1}{\beta}=\frac{\alpha+\beta}{\alpha\beta}=\frac{k}{4}=5$
$\therefore k=20$

필수 연습

정답 pp.061~062

23 다음 물음에 답하시오.

(1) 이차방정식 $x^2-ax-3a=0$의 두 근의 합이 6일 때, 두 근의 곱을 구하시오.
(단, a는 상수이다.)

(2) 이차방정식 $x^2+kx+2=0$의 두 근을 α, β라 할 때, $\frac{1}{\alpha}+\frac{1}{\beta}=-3$이다. 상수 k의 값을 구하시오.

24 이차방정식 $2x^2-6x+k=0$의 두 근을 α, β라 할 때, $|\alpha|+|\beta|=4$이다. 상수 k의 값을 구하시오.

필수유형 16 이차방정식의 근과 계수의 관계 (2)

개념 04

두 실수 a, b에 대하여 이차방정식 $x^2+ax+b=0$의 두 근이 α, β이고, 이차방정식 $x^2+(2b-1)x+8a=0$의 두 근은 2α, 2β일 때, $a+b$의 값을 구하시오.

guide

❶ 이차방정식의 근과 계수의 관계를 이용하여 두 근의 합과 곱을 나타낸다.

⇨ 이차방정식 $ax^2+bx+c=0$의 두 근을 α, β라 하면 $\alpha+\beta=-\frac{b}{a}$, $\alpha\beta=\frac{c}{a}$

❷ ❶에서 나타낸 식을 이용하여 미정계수의 값을 구한다.

solution

이차방정식 $x^2+ax+b=0$의 두 근이 α, β이므로 근과 계수의 관계에 의하여

$\alpha+\beta=-a$, $\alpha\beta=b$

이차방정식 $x^2+(2b-1)x+8a=0$의 두 근은 2α, 2β이므로 근과 계수의 관계에 의하여

$2\alpha+2\beta=-(2b-1)$, $2\alpha\times2\beta=8a$

$\alpha+\beta=-a$이므로 $2(\alpha+\beta)=-2b+1$에서 $-2a=-2b+1$

$\therefore a-b=-\frac{1}{2}$ ······㉠

$\alpha\beta=b$이므로 $4\alpha\beta=8a$에서 $4b=8a$ $\therefore 2a-b=0$ ······㉡

㉠, ㉡을 연립하여 풀면 $a=\frac{1}{2}$, $b=1$이므로

$a+b=\frac{1}{2}+1=\frac{3}{2}$

필수 연습

25 두 실수 a, b에 대하여 이차방정식 $x^2+ax+b=0$의 두 근이 α, β이고, 이차방정식 $x^2+3ax+3b=0$의 두 근은 $\alpha+2$, $\beta+2$일 때, $a+b$의 값을 구하시오.

해 p.062

26 두 실수 a, b에 대하여 이차방정식 $x^2-ax+b=0$의 두 근이 α, β이고, 이차방정식 $x^2-bx+a=0$의 두 근은 $\frac{1}{\alpha}$, $\frac{1}{\beta}$일 때, $a+b$의 값을 구하시오.

필수유형 17 두 근 사이의 관계가 주어진 이차방정식

개념 04

다음 물음에 답하시오.

(1) 이차방정식 $x^2-2kx+k+5=0$의 두 근의 비가 $1:2$일 때, 상수 k의 값을 구하시오.

(2) x에 대한 이차방정식 $x^2-(2k+1)x+k^2=0$의 두 근의 차가 3일 때, 상수 k의 값을 구하시오.

guide

❶ 주어진 두 근 사이의 관계를 이용하여 두 근을 나타낸다.
(1) 두 근의 비가 $m:n$이면 두 근을 $m\alpha$, $n\alpha$로 놓는다.
(2) 두 근의 차가 p이면 두 근을 α, $\alpha+p$로 놓는다.

❷ 근과 계수의 관계를 이용하여 미지수의 값을 구한다.

solution

(1) 두 근의 비가 $1:2$이므로 두 근을 α, 2α $(\alpha\neq0)$라 하면 근과 계수의 관계에 의하여

$\alpha+2\alpha=2k$ ······㉠, $\alpha\times2\alpha=k+5$ ······㉡

㉠에서 $3\alpha=2k$ $\quad\therefore \alpha=\frac{2}{3}k$

이것을 ㉡에 대입하면 $\frac{2}{3}k\times2\times\frac{2}{3}k=k+5$, $8k^2-9k-45=0$

$(8k+15)(k-3)=0$ $\quad\therefore k=-\frac{15}{8}$ 또는 $k=3$

(2) 두 근의 차가 3이므로 두 근을 α, $\alpha+3$이라 하면 근과 계수의 관계에 의하여

$\alpha+(\alpha+3)=2k+1$ ······㉠, $\alpha(\alpha+3)=k^2$ ······㉡

㉠에서 $2\alpha=2k-2$ $\quad\therefore \alpha=k-1$

이것을 ㉡에 대입하면 $(k-1)(k+2)=k^2$, $k^2+k-2=k^2$ $\quad\therefore k=2$

plus

한 근이 다른 근의 k배이면 두 근을 α, $k\alpha$로 놓은 후, 근과 계수의 관계를 이용한다.

필수 연습

27 다음 물음에 답하시오.

(1) 이차방정식 $x^2-(m-5)x+m+2=0$의 두 근의 비가 $3:5$일 때, 정수 m의 값을 구하시오.

(2) x에 대한 이차방정식 $x^2+(p-2)x+p^2-3p-5=0$의 두 근의 차가 2가 되도록 하는 모든 실수 p의 값의 합을 구하시오.

pp.062~063

plus

28 이차방정식 $x^2-mx+2m-4=0$의 두 근이 모두 정수이고 한 근은 다른 근의 2배보다 1만큼 클 때, 상수 m의 값을 구하시오.

필수유형 18 두 수를 근으로 하는 이차방정식

개념 05

이차방정식 $x^2-3x-2=0$의 두 근을 α, β라 할 때, 다음을 구하시오.

(1) 두 수 $\alpha-1$, $\beta-1$을 두 근으로 하고 x^2의 계수가 1인 이차방정식

(2) 두 수 $\alpha+\frac{1}{\beta}$, $\beta+\frac{1}{\alpha}$을 두 근으로 하고 x^2의 계수가 2인 이차방정식

guide

❶ 근과 계수의 관계를 이용하여 구하는 이차방정식의 두 근의 합과 곱을 구한다.

❷ 두 수를 근으로 하는 이차방정식을 이용하여 식을 구한다.

(1) 두 수 α, β를 근으로 하고, x^2의 계수가 1인 이차방정식 ⇨ $x^2-(\alpha+\beta)x+\alpha\beta=0$

(2) 두 수 α, β를 근으로 하고, x^2의 계수가 a인 이차방정식 ⇨ $a\{x^2-(\alpha+\beta)x+\alpha\beta\}=0$

solution

이차방정식 $x^2-3x-2=0$의 두 근이 α, β이므로 근과 계수의 관계에 의하여

$\alpha+\beta=3$, $\alpha\beta=-2$

(1) 두 근 $\alpha-1$, $\beta-1$의 합과 곱은 각각

$(\alpha-1)+(\beta-1)=(\alpha+\beta)-2=3-2=1$

$(\alpha-1)(\beta-1)=\alpha\beta-(\alpha+\beta)+1=-2-3+1=-4$

따라서 구하는 이차방정식은 $x^2-x-4=0$

(2) 두 근 $\alpha+\frac{1}{\beta}$, $\beta+\frac{1}{\alpha}$의 합과 곱은 각각

$\left(\alpha+\frac{1}{\beta}\right)+\left(\beta+\frac{1}{\alpha}\right)=\alpha+\beta+\frac{1}{\alpha}+\frac{1}{\beta}=\alpha+\beta+\frac{\alpha+\beta}{\alpha\beta}=3+\frac{3}{-2}=\frac{3}{2}$

$\left(\alpha+\frac{1}{\beta}\right)\left(\beta+\frac{1}{\alpha}\right)=\alpha\beta+1+1+\frac{1}{\alpha\beta}=\alpha\beta+\frac{1}{\alpha\beta}+2=-2+\frac{1}{-2}+2=-\frac{1}{2}$

따라서 구하는 이차방정식은

$2\left(x^2-\frac{3}{2}x-\frac{1}{2}\right)=0 \qquad \therefore 2x^2-3x-1=0$

필수 연습

답 p.063

29 이차방정식 $x^2+2x-1=0$의 두 근을 α, β라 할 때, 다음 두 수를 근으로 하고 x^2의 계수가 1인 이차방정식을 구하시오.

(1) $\alpha+3\beta$, $3\alpha+\beta$　　　(2) α^2+1, β^2+1

30 어떤 실수 a에 대하여 두 수 $[a]$와 $a-[a]$를 근으로 하는 이차방정식이 $3x^2-7x+k-1=0$일 때, 상수 k의 값을 구하시오. (단, $[a]$는 a보다 크지 않은 최대의 정수이다.)

31 이차식 $f(x)$에 대하여 방정식 $f(x)+x-1=0$의 두 근을 α, β라 하면 $\alpha+\beta=1$, $\alpha\beta=-3$이고 $f(1)=-6$일 때, $f(3)$의 값을 구하시오.

필수유형 19 이차방정식의 켤레근

개념 07

다음 물음에 답하시오.

(1) 이차방정식 $x^2-2ax+b-1=0$의 한 근이 $\frac{\sqrt{2}-1}{\sqrt{2}+1}$일 때, 두 유리수 a, b에 대하여 $a-b$의 값을 구하시오.

(2) 이차방정식 $x^2-(a+b)x+2ab+1=0$의 한 근이 $2-\sqrt{3}i$일 때, 두 실수 a, b에 대하여 a^2+b^2의 값을 구하시오.

guide

❶ 다음을 이용하여 주어진 근의 켤레근을 구한다.

(1) 계수가 모두 유리수인 이차방정식의 한 근이 $p+q\sqrt{m}$ (p, q는 유리수, $q\neq0$, $\sqrt{m}$은 무리수)
⇨ 다른 한 근은 $p-q\sqrt{m}$

(2) 계수가 모두 실수인 이차방정식의 한 근이 $p+qi$ (p, q는 실수, $q\neq0$, $i=\sqrt{-1}$)
⇨ 다른 한 근은 $p-qi$

계수가 조건을 만족시키지 않으면 주어진 근을 대입해서 풀어야 한다.

❷ ❶에서 구한 두 수를 근으로 하는 이차방정식을 구한다.

solution

(1) 이차방정식 $x^2-2ax+b-1=0$에서 a, b가 유리수이고 한 근이

$\frac{\sqrt{2}-1}{\sqrt{2}+1}=\frac{(\sqrt{2}-1)^2}{(\sqrt{2}+1)(\sqrt{2}-1)}=\frac{2-2\sqrt{2}+1}{2-1}=3-2\sqrt{2}$

이므로 다른 한 근은 $3+2\sqrt{2}$이다. 따라서 근과 계수의 관계에 의하여

$(3-2\sqrt{2})+(3+2\sqrt{2})=2a$, $(3-2\sqrt{2})(3+2\sqrt{2})=b-1$

즉, $a=3$, $b=2$이므로 $a-b=3-2=1$

(2) 이차방정식 $x^2-(a+b)x+2ab+1=0$에서 a, b가 실수이고 한 근이 $2-\sqrt{3}i$이므로

다른 한 근은 $2+\sqrt{3}i$이다. 따라서 근과 계수의 관계에 의하여

$(2-\sqrt{3}i)+(2+\sqrt{3}i)=a+b$, $(2-\sqrt{3}i)(2+\sqrt{3}i)=2ab+1$

즉, $a+b=4$, $ab=3$이므로 $a^2+b^2=(a+b)^2-2ab=4^2-2\times3=10$

필수 연습

32 다음 물음에 답하시오.

(1) 이차방정식 $x^2-(m-3)x+n+4=0$의 한 근이 $\frac{1}{\sqrt{3}+1}$일 때, 두 유리수 m, n에 대하여 mn의 값을 구하시오.

(2) 이차방정식 $x^2-pqx+p-q=0$의 한 근이 $\frac{1-2i}{1+i}$일 때, 두 실수 p, q에 대하여 p^3-q^3의 값을 구하시오.

답 p.064

33 이차방정식 $kx^2+(k-12)x+1=0$의 근은 실수부분이 0인 허수이다. 실수 k의 값을 구하시오.

07 이차방정식

$$x^2-7x-2k=0,\ x^2+4x-k=0$$

중에서 어느 하나만 실근을 갖도록 하는 모든 정수 k의 값의 곱을 구하시오.

08 방정식 $x^2+4y^2-4xy+3y-6=0$을 만족시키는 두 실수 x, y에 대하여 y의 최댓값을 M, y가 최대일 때의 x의 값을 k라 할 때, $M+k$의 값을 구하시오.

09 x에 대한 이차식

$$x^2-2(k-a)x+k^2+a^2-b+1$$

이 실수 k의 값에 관계없이 완전제곱식으로 인수분해될 때, 두 실수 a, b에 대하여 $a+b$의 값을 구하시오.

10 이차방정식 $x^2-4x+k+2=0$의 두 근을 α, β라 할 때, $(\alpha^2-2\alpha+k)(\beta^2-2\beta+k)=-4$를 만족시키는 실수 k의 값을 구하시오.

신유형

11 이차방정식 $x^2-6x+2=0$의 두 근을 α, β라 하면 다항식 $f(x)$는 $f(\alpha)=\beta$, $f(\beta)=\alpha$를 만족시킨다. $f(x)$를 x^2-6x+2로 나눈 나머지를 $R(x)$라 할 때, $R(2)$의 값을 구하시오.

12 x에 대한 이차방정식

$$x^2+(a^2-5a-6)x-a+3=0$$

의 두 실근의 절댓값이 서로 같고 부호가 다를 때, 상수 a의 값을 구하시오.

13 이차방정식 $x^2+ax+b=0$의 두 실근이 α, β일 때, 이차방정식 $x^2-2ax+3b=0$의 두 실근이 $\alpha^2+\beta^2$, $\alpha\beta$가 되도록 하는 두 실수 a, b의 순서쌍 (a, b)의 개수를 구하시오.

14 이차방정식 $x^2+nx+132=0$이 연속하는 두 정수를 근으로 가질 때, 자연수 n의 값을 구하시오.

15 이차방정식 $x^2+x-4=0$의 두 근을 α, β라 할 때, x^2의 계수가 2이고 $f(\alpha)=\alpha+1$, $f(\beta)=\beta+1$을 만족시키는 이차식 $f(x)$를 구하시오.

16 오른쪽 그림과 같이 한 변의 길이가 10인 정사각형 ABCD의 내부에 한 점 P를 잡고, 점 P를 지나고 정사각형의 각 변에 평행한 두 직선이 정사각형의 네 변과 만나는 점을 각각 E, F, G, H라 하자.

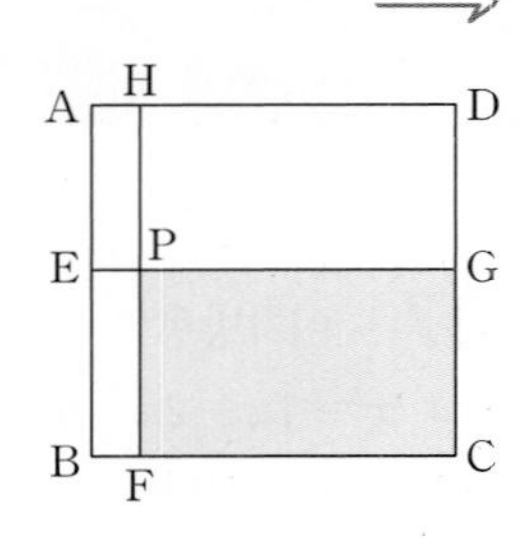

직사각형 PFCG의 둘레의 길이가 28이고 넓이가 46일 때, 선분 AE와 AH의 길이를 두 근으로 하는 이차방정식을 구하시오. (단, 이차방정식의 이차항의 계수는 1이다.)

17 이차방정식 $x^2+x+1=0$의 두 근이 α, β일 때, 이차함수 $f(x)=x^2+px+q$에 대하여 $f(\alpha^2)=-4\alpha$, $f(\beta^2)=-4\beta$이다. 두 상수 p, q에 대하여 $p+q$의 값을 구하시오.

18 이차방정식 $x^2-(2p+6)x+3p+9=0$이 허근 α를 가질 때, $\alpha^2=qi$가 되도록 하는 실수 p의 값을 구하시오. (단, q는 실수이다.)

1 세 유리수 a, b, c에 대하여 x에 대한 이차방정식 $ax^2+\sqrt{3}bx+c=0$의 한 근이 $\alpha=2+\sqrt{3}$이다. 다른 한 근을 β라 할 때, $\alpha+\frac{1}{\beta}$의 값을 구하시오.

2 x에 대한 방정식 $|2x-1|=x+a$의 해가 존재하지 않을 때, 정수 a의 최댓값을 구하시오.

1등급

3 방정식 $||x-1|-2|=x-1$의 근을 구하시오.

4 x, y에 대한 식 $2x^2+xy-y^2-x+2y+m$이 계수가 정수인 두 일차식의 곱으로 인수분해될 때, 정수 m의 값을 구하시오.

5 이차항의 계수가 1인 이차식 $f(x)$에 대하여 $f(x)=0$의 두 근 α, β는 $\alpha+\beta=2\alpha\beta$를 만족시키고, 이차방정식 $f(x+1)=x+1$의 두 근 γ, δ는 $\gamma^2+\delta^2=7$을 만족시킬 때, $\alpha+\beta+\gamma+\delta$의 최댓값을 구하시오.

6 이차방정식 $x^2-4x+2=0$의 두 실근을 α, β $(\alpha<\beta)$라 하자. 다음 그림과 같이 $\overline{AB}=\alpha$, $\overline{BC}=\beta$인 직각삼각형 ABC에 내접하는 정사각형의 넓이와 둘레의 길이를 두 근으로 하는 x에 대한 이차방정식이 $4x^2+mx+n=0$이다. 두 상수 m, n에 대하여 $m+n$의 값을 구하시오.
(단, 정사각형의 두 변은 선분 AB와 선분 BC 위에 있다.)

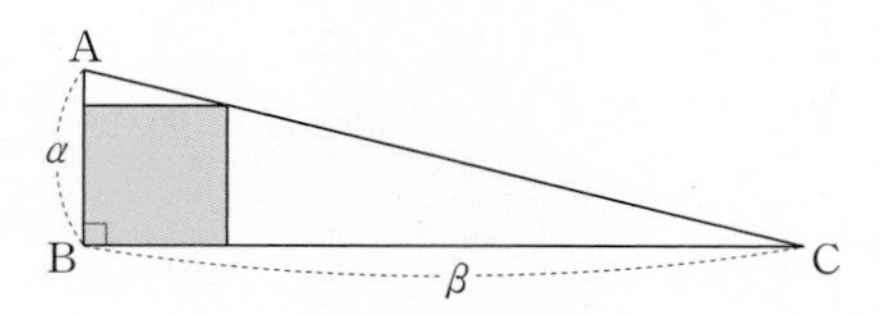

It does not matter
how slowly you go so long as
you do not stop.

멈추지 않으면
얼마나 천천히 가는지는 문제가 되지 않느니라.

... 공자(Confucius)

II

방정식과 부등식

04 복소수

05 이차방정식

06 이차방정식과 이차함수

07 여러 가지 방정식

08 여러 가지 부등식

1. 이차방정식과 이차함수

개념 01 이차함수의 그래프

개념 02 이차함수의 그래프와 x축의 교점

개념 03 이차함수의 그래프와 x축의 위치 관계

개념 04 이차함수의 그래프와 직선의 교점

개념 05 이차함수의 그래프와 직선의 위치 관계

2. 이차함수의 최대, 최소

개념 06 이차함수의 최댓값과 최솟값

개념 07 제한된 범위에서의 이차함수의 최댓값과 최솟값

1 이차방정식과 이차함수

개념 01 이차함수의 그래프

1. 이차함수 $y=ax^2$ $(a\neq0)$의 그래프 ← 기본형

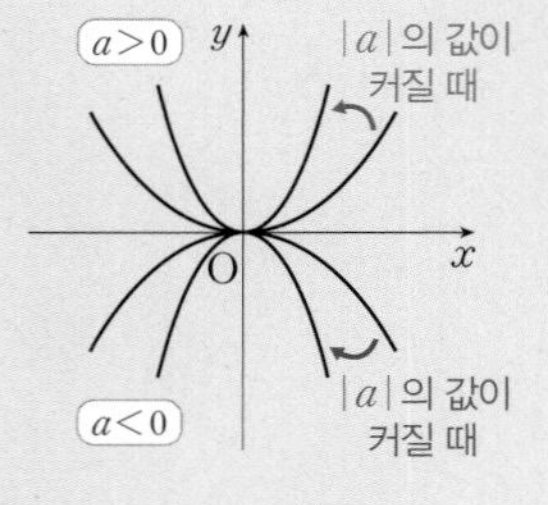

(1) 꼭짓점의 좌표 : $(0, 0)$　　(2) 축의 방정식 : $x=0$ (y축)

(3) $a>0$ ⇨ 아래로 볼록(∪)한 그래프
$a<0$ ⇨ 위로 볼록(∩)한 그래프

(4) $|a|$의 값이 클수록 y축에 가까워진다. (폭이 좁아진다.)

2. 이차함수 $y=a(x-p)^2+q$ $(a\neq0)$의 그래프 ← 표준형

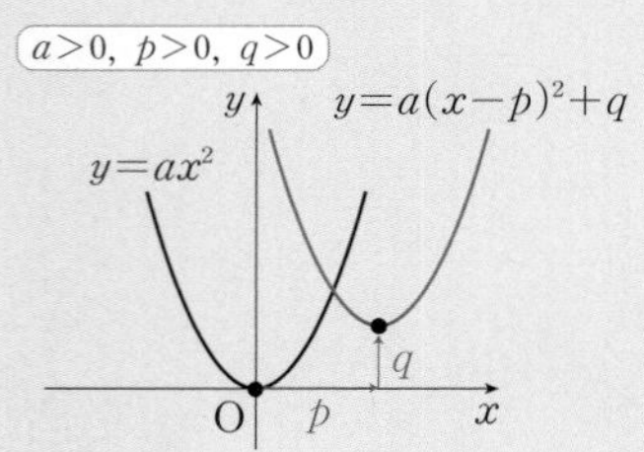

이차함수 $y=ax^2$의 그래프를 x축의 방향으로 p만큼, y축의 방향으로 q만큼 평행이동한 그래프

(1) 꼭짓점의 좌표 : (p, q)　　(2) 축의 방정식 : $x=p$

3. 이차함수 $y=ax^2+bx+c$ $(a\neq0)$의 그래프 ← 일반형

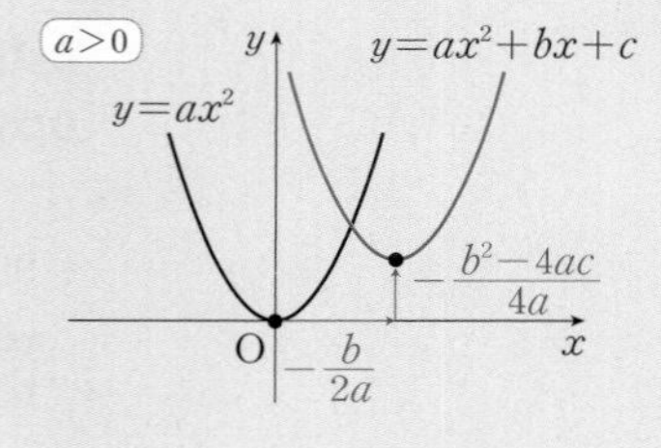

$y=ax^2+bx+c=a\left(x+\dfrac{b}{2a}\right)^2-\dfrac{b^2-4ac}{4a}$에서 이차함수 $y=ax^2$의 그래프를

x축의 방향으로 $-\dfrac{b}{2a}$만큼, y축의 방향으로 $-\dfrac{b^2-4ac}{4a}$만큼 평행이동한 그래프

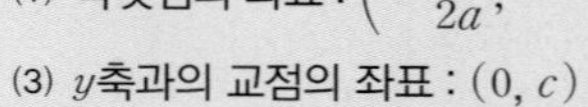

(1) 꼭짓점의 좌표 : $\left(-\dfrac{b}{2a}, -\dfrac{b^2-4ac}{4a}\right)$　　(2) 축의 방정식 : $x=-\dfrac{b}{2a}$

(3) y축과의 교점의 좌표 : $(0, c)$

1. 이차함수 $y=ax^2+bx+c$의 그래프

이차함수 $y=ax^2+bx+c$의 그래프는 함수식을 $y=a(x-p)^2+q$ 꼴로 바꾸어 $y=ax^2$의 그래프를 x축의 방향으로 p만큼, y축의 방향으로 q만큼 평행이동한 그래프로 나타낸다.

예1 이차함수 $y=x^2-2x-3$에 대하여 $x^2-2x-3=(x-1)^2-4$이므로 $y=x^2$의 그래프를 x축의 방향으로 1만큼, y축의 방향으로 -4만큼 평행이동한 그래프이다.

(1) 꼭짓점의 좌표 : $(1, -4)$　　(2) 축의 방정식 : $x=1$

(3) y축과의 교점의 좌표 : $(0, -3)$

예2 이차함수 $y=-\dfrac{1}{2}x^2-2x+1$에 대하여 $-\dfrac{1}{2}x^2-2x+1=-\dfrac{1}{2}(x+2)^2+3$이므로

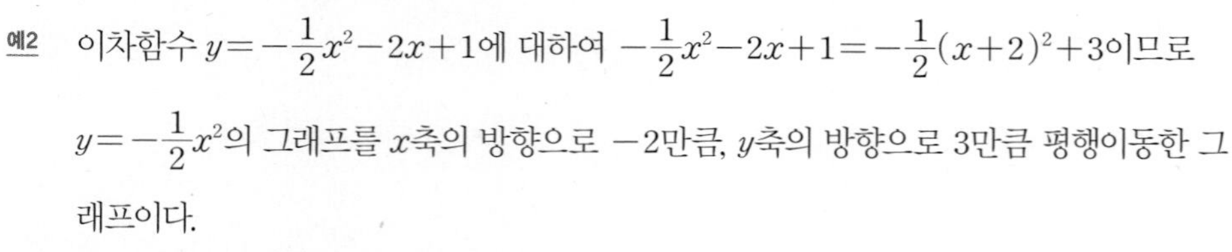

$y=-\dfrac{1}{2}x^2$의 그래프를 x축의 방향으로 -2만큼, y축의 방향으로 3만큼 평행이동한 그래프이다.

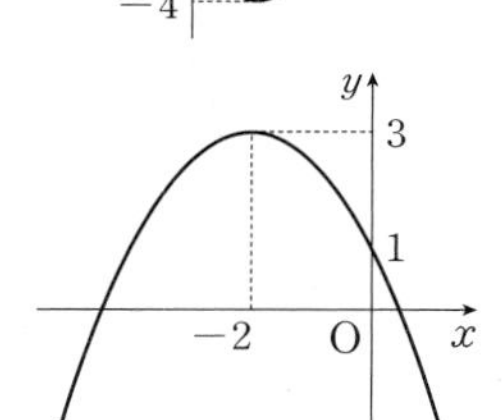

(1) 꼭짓점의 좌표 : $(-2, 3)$　　(2) 축의 방정식 : $x=-2$

(3) y축과의 교점의 좌표 : $(0, 1)$

2. 이차함수 $y=ax^2+bx+c$의 그래프의 개형과 계수의 부호 결정

이차함수 $y=ax^2+bx+c$의 그래프의 모양, 축의 위치 및 y축 (직선 $x=0$)과의 교점의 위치로부터 계수 a, b, c의 부호를 결정할 수 있다.

(1) 아래로 볼록(∪)한 곡선 ⇨ $a>0$
위로 볼록(∩)한 곡선 ⇨ $a<0$
→ $a=0$이면 곡선이 아니다.

(2) 축이 y축의 왼쪽에 위치 ⇨ $-\frac{b}{2a}<0$ ⇨ $ab>0$ ← a, b는 서로 같은 부호이다.
축이 y축의 오른쪽에 위치 ⇨ $-\frac{b}{2a}>0$ ⇨ $ab<0$ ← a, b는 서로 다른 부호이다.
→ $b=0$이면 그래프의 축과 y축이 일치한다.

(3) y축과의 교점이 원점보다 위쪽에 위치 ⇨ $c>0$
y축과의 교점이 원점보다 아래쪽에 위치 ⇨ $c<0$
→ $c=0$이면 y축과의 교점은 원점이다.

예 이차함수 $y=ax^2+bx+c$의 그래프가 오른쪽 그림과 같으면

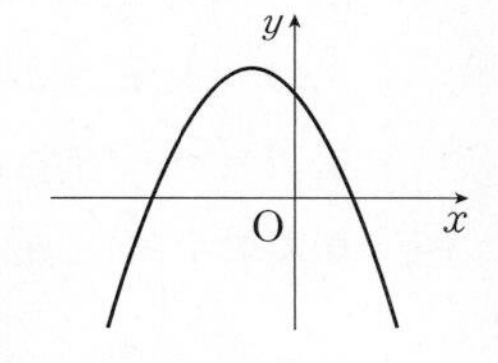

(1) 위로 볼록하므로 $a<0$
(2) 축이 y축의 왼쪽에 있으므로 $ab>0$에서 $b<0$ ($\because a<0$)
(3) y축과의 교점이 원점보다 위쪽에 있으므로 $c>0$

한걸음 더

절댓값 기호를 포함한 식의 그래프

개념마무리 02

절댓값 기호를 포함한 함수의 그래프는 다음과 같은 순서로 그린다.

(1) $y=|f(x)|$의 그래프
⇨ $y=f(x)$의 그래프에서 $y\geq 0$인 부분은 남긴 다음, $y<0$인 부분을 x축에 대하여 대칭이동한다.

(2) $y=f(|x|)$의 그래프
⇨ $y=f(x)$의 그래프에서 $x\geq 0$인 부분만 남긴 다음, $x\geq 0$인 부분을 y축에 대하여 대칭이동한다.

(3) $|y|=f(x)$의 그래프
⇨ $y=f(x)$의 그래프에서 $y\geq 0$인 부분만 남긴 다음, $y\geq 0$인 부분을 x축에 대하여 대칭이동한다.

(4) $|y|=f(|x|)$의 그래프
⇨ $y=f(x)$의 그래프에서 $x\geq 0$, $y\geq 0$인 부분만 남긴 다음, $x\geq 0$, $y\geq 0$인 부분을 x축, y축 및 원점에 대하여 각각 대칭이동한다.

예 $f(x)=x^2-2x$이라 하면 각 절댓값 기호를 포함한 함수의 그래프는 다음과 같다.

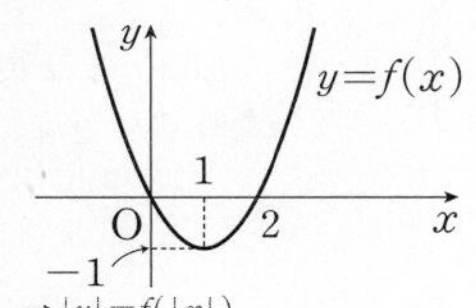

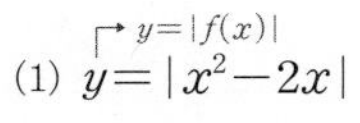

(1) $y=|x^2-2x|$

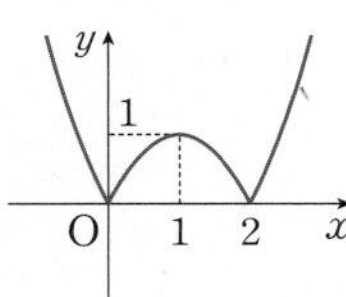

(2) $y=|x|^2-2|x|$ ← $y=f(|x|)$

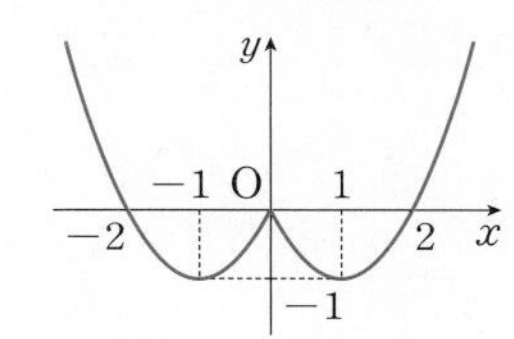

(3) $|y|=x^2-2x$ ← $|y|=f(x)$

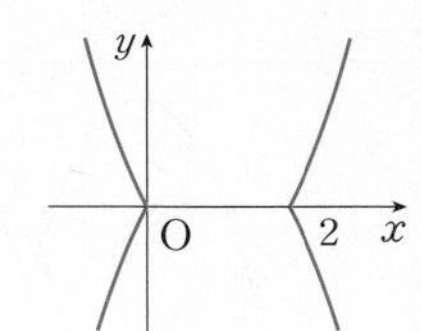

(4) $|y|=|x|^2-2|x|$ ← $|y|=f(|x|)$

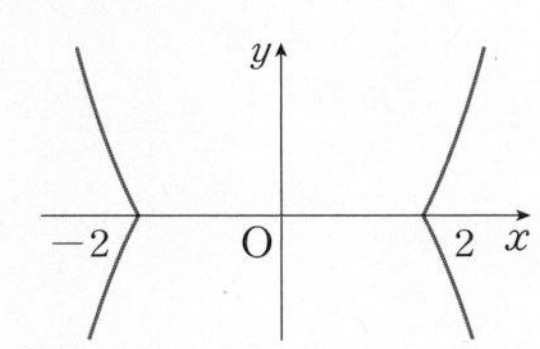

개념 02 이차함수의 그래프와 x축의 교점

이차함수 $y=ax^2+bx+c$의 그래프와 x축의 교점의 x좌표는 이차방정식

$$ax^2+bx+c=0$$

의 실근과 같다.

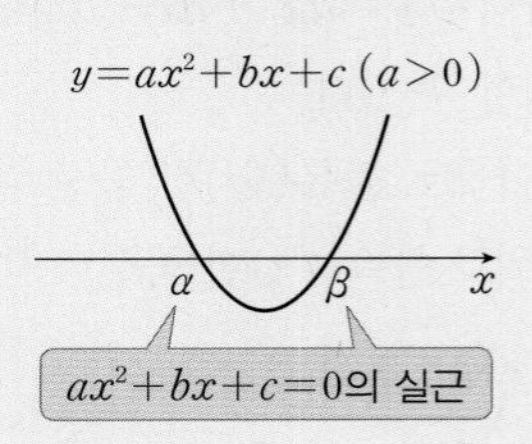

예 이차함수 $y=x^2-3x+2$의 그래프와 x축의 교점의 x좌표는 이차방정식 $x^2-3x+2=0$의 실근과 같다.

$x^2-3x+2=0$, $(x-1)(x-2)=0$

$\therefore x=1$ 또는 $x=2$

따라서 이차함수 $y=x^2-3x+2$의 그래프와 x축의 교점의 x좌표는 1, 2이다.

참고 이차함수의 그래프는 축에 대하여 대칭이므로 이차함수 $y=f(x)$에 대하여

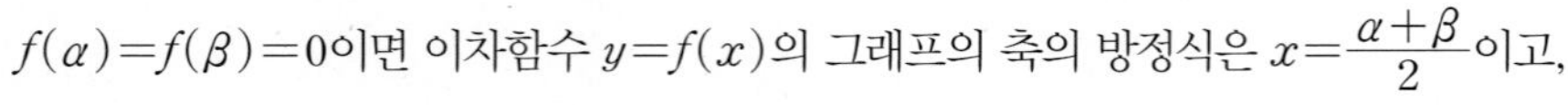

$f(\alpha)=f(\beta)=0$이면 이차함수 $y=f(x)$의 그래프의 축의 방정식은 $x=\dfrac{\alpha+\beta}{2}$이고,

이 그래프는 직선 $x=\dfrac{\alpha+\beta}{2}$에 대하여 대칭이다.

이차방정식 $ax^2+bx+c=0$에서 근과 계수의 관계에 의하여 두 근의 합은 $-\dfrac{b}{a}$이므로

이차함수 $y=ax^2+bx+c$의 그래프의 축의 방정식은 $x=-\dfrac{b}{2a}$이다.

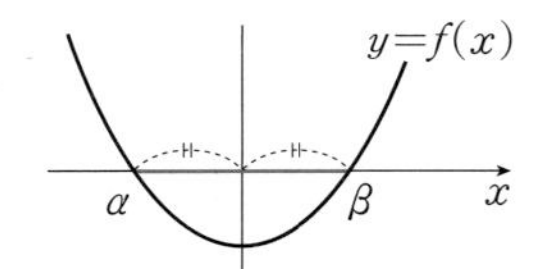

개념 03 이차함수의 그래프와 x축의 위치 관계

이차함수 $y=ax^2+bx+c$의 그래프와 x축의 교점의 개수는 이차방정식

$$ax^2+bx+c=0$$

의 실근의 개수와 같다. 따라서 이차함수 $y=ax^2+bx+c$의 그래프와 x축의 위치 관계는 이차방정식 $ax^2+bx+c=0$의 판별식 D의 값의 부호에 따라 다음과 같이 정해진다. ← $D=b^2-4ac$

$ax^2+bx+c=0$의 판별식 D		$D>0$	$D=0$	$D<0$
이차방정식 $ax^2+bx+c=0$의 근		서로 다른 두 실근	중근	서로 다른 두 허근
$y=ax^2+bx+c$의 그래프와 x축의 위치 관계		서로 다른 두 점에서 만난다.	한 점에서 만난다. (접한다.)	만나지 않는다.
$y=ax^2+bx+c$의 그래프	$a>0$	x	x	x
	$a<0$	x	x	x

예1 이차함수 $y=x^2+3x-6$의 그래프와 x축의 교점의 개수를 구해 보자.

이차방정식 $x^2+3x-6=0$의 판별식을 D라 하면

$D=3^2-4\times1\times(-6)=33>0$

따라서 이차함수 $y=x^2+3x-6$의 그래프는 x축과 서로 다른 두 점에서 만난다.

예2 이차함수 $y=x^2+6x+9$의 그래프와 x축의 교점의 개수를 구해 보자.

이차방정식 $x^2+6x+9=0$의 판별식을 D라 하면

$\frac{D}{4}=3^2-1\times9=0$

따라서 이차함수 $y=x^2+6x+9$의 그래프는 x축과 한 점에서 만난다. 즉, 접한다.

예3 이차함수 $y=-3x^2+x-2$의 그래프와 x축의 교점의 개수를 구해 보자.

이차방정식 $-3x^2+x-2=0$의 판별식을 D라 하면

$D=1^2-4\times(-3)\times(-2)=-23<0$

따라서 이차함수 $y=-3x^2+x-2$의 그래프는 x축과 만나지 않는다.

참고 이차함수 $y=ax^2+bx+c$의 그래프가 x축과 만나는 경우는 서로 다른 두 점에서 만나는 경우와 접하는 경우를 모두 포함해야 하므로 판별식 $D=b^2-4ac$라 하면 $D\geq0$이어야 한다. Ⓐ

Ⓐ **이차함수 $y=ax^2+bx+c$의 그래프가 x축과 만날 조건**

이차방정식 $ax^2+bx+c=0$에서 $D=b^2-4ac$라 할 때,

$D\geq0$

$\Longleftrightarrow$ 이차방정식 $ax^2+bx+c=0$이 실근을 갖는다.

$\Longleftrightarrow$ 이차함수 $y=ax^2+bx+c$의 그래프가 x축과 만난다.

개념 04 이차함수의 그래프와 직선의 교점

이차함수 $y=ax^2+bx+c$의 그래프와 직선 $y=mx+n$의 교점의 x좌표는 이차방정식 $ax^2+bx+c=mx+n$, 즉

$$ax^2+(b-m)x+c-n=0$$

의 실근과 같다.

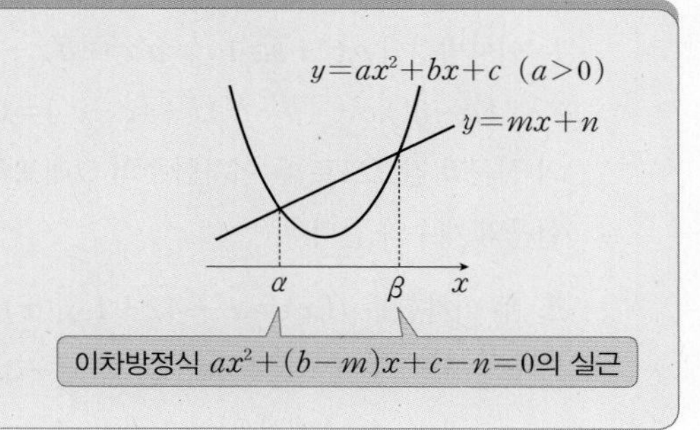

예 이차함수 $y=x^2-x+1$의 그래프와 직선 $y=3x-3$의 교점의 x좌표는 이차방정식 $x^2-x+1=3x-3$, 즉 $x^2-4x+4=0$의 실근과 같다.

$x^2-4x+4=0$, $(x-2)^2=0$

$\therefore x=2$ (중근)

따라서 이차함수 $y=x^2-x+1$의 그래프와 직선 $y=3x-3$의 교점의 x좌표는 2이다.

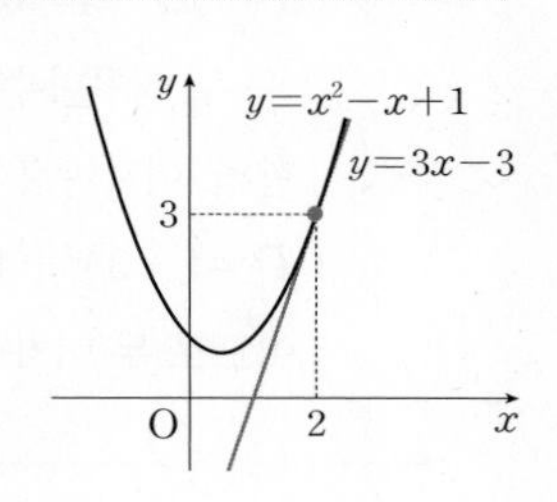

개념 05 이차함수의 그래프와 직선의 위치 관계

이차함수 $y=ax^2+bx+c$의 그래프와 직선 $y=mx+n$의 교점의 개수는 이차방정식 $ax^2+bx+c=mx+n$, 즉

$$ax^2+(b-m)x+c-n=0 \quad \cdots\cdots ㉠$$

의 실근의 개수와 같다. 따라서 이차함수 $y=ax^2+bx+c$의 그래프와 직선 $y=mx+n$의 위치 관계는 ㉠의 판별식 D의 값의 부호에 따라 다음과 같이 정해진다. ← $D=(b-m)^2-4a(c-n)$

$ax^2+(b-m)x+c-n=0$의 판별식 D	$D>0$	$D=0$	$D<0$
$y=ax^2+bx+c$의 그래프와 직선 $y=mx+n$의 위치 관계	서로 다른 두 점에서 만난다.	한 점에서 만난다. (접한다.)	만나지 않는다.
$y=ax^2+bx+c\ (a>0)$와 $y=mx+n$의 그래프			

예 이차함수 $y=x^2-x-2$의 그래프와 직선 $y=x-1$의 교점의 개수를 구해 보자.
$x^2-x-2=x-1$, 즉 이차방정식 $x^2-2x-1=0$의 판별식을 D라 하면
$\frac{D}{4}=(-1)^2-1\times(-1)=2>0$
따라서 이차함수 $y=x^2-x-2$의 그래프와 직선 $y=x-1$은 서로 다른 두 점에서 만난다.

참고 이차함수 $y=ax^2+bx+c$의 그래프와 직선 $y=mx+n$의 위치 관계는 이차함수 $y=ax^2+(b-m)x+c-n$의 그래프와 x축의 위치 관계로 생각할 수 있다.

한걸음 더 두 이차함수의 그래프의 위치 관계

필수유형 09

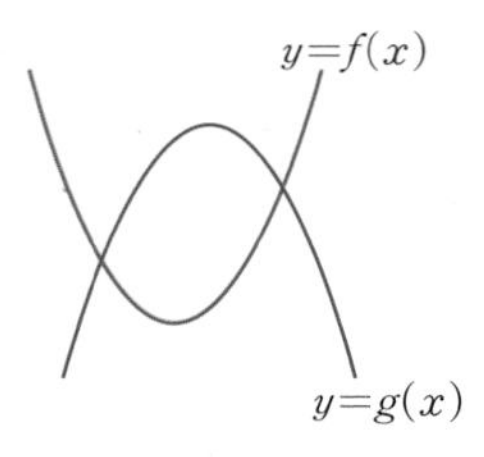

두 이차함수 $f(x)=ax^2+bx+c$와 $g(x)=a'x^2+b'x+c'$의 그래프의 교점의 x좌표는 이차방정식 $ax^2+bx+c=a'x^2+b'x+c'$, 즉

$$(a-a')x^2+(b-b')x+(c-c')=0 \quad \cdots\cdots ㉠$$

의 실근과 같으므로 두 이차함수의 그래프의 교점의 개수는 이차방정식 ㉠의 서로 다른 실근의 개수와 같다.

예 두 이차함수 $f(x)=x^2-4x+1$, $g(x)=-x^2+2x+9$의 교점의 x좌표는 $f(x)=g(x)$에서 이차방정식 $x^2-4x+1=-x^2+2x+9$, 즉 $x^2-3x-4=0$의 실근과 같다.
$x^2-3x-4=0$에서 $(x+1)(x-4)=0 \qquad \therefore x=-1$ 또는 $x=4$
즉, 두 이차함수 $y=f(x)$, $y=g(x)$의 그래프의 교점의 x좌표는 -1, 4이다.
한편, 이차방정식 $x^2-3x-4=0$의 판별식을 D라 하면
$D=(-3)^2-4\times1\times(-4)=25>0$
이므로 두 이차함수 $y=f(x)$, $y=g(x)$의 그래프가 서로 다른 두 점에서 만남을 확인할 수 있다.

기본유형 01 이차함수의 그래프와 x축의 교점

개념 02

그림과 같이 이차함수 $y=ax^2+bx+c$의 그래프가 직선 $x=3$에 대하여 대칭이다. 이차방정식 $ax^2+bx+c=0$의 서로 다른 두 실근을 α, β라 할 때, $\alpha+\beta$의 값을 구하시오. (단, a, b, c는 상수이다.)

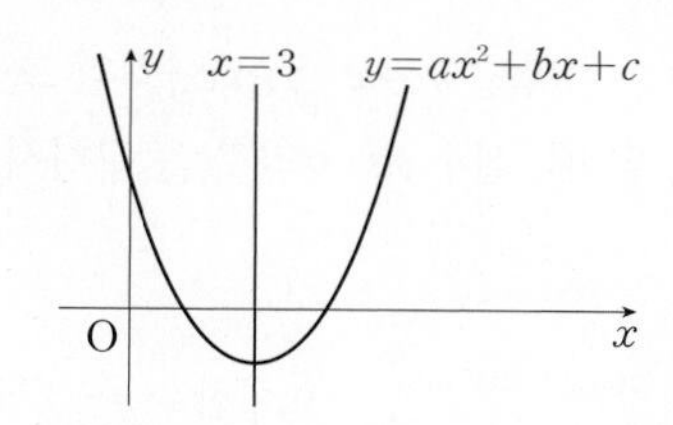

solution

이차방정식 $ax^2+bx+c=0$의 두 실근이 α, β이므로 이차함수 $y=ax^2+bx+c$의 그래프와 x축의 교점의 x좌표는 α, β이다. 이때 이 이차함수의 그래프가 직선 $x=3$에 대하여 대칭이므로

$\frac{\alpha+\beta}{2}=3 \qquad \therefore\ \alpha+\beta=6$

다른 풀이 이차방정식 $ax^2+bx+c=0$의 두 실근이 α, β이므로

$ax^2+bx+c=a(x-\alpha)(x-\beta)=a\{x^2-(\alpha+\beta)x+\alpha\beta\}=ax^2-a(\alpha+\beta)x+a\alpha\beta$

이때 이차함수 $y=ax^2-a(\alpha+\beta)x+a\alpha\beta$의 그래프의 축의 방정식은

$x=-\frac{-a(\alpha+\beta)}{2a}=\frac{\alpha+\beta}{2}=3$이므로 $\alpha+\beta=6$

기본유형 02 이차함수의 그래프와 x축의 위치 관계

개념 03

이차함수 $y=x^2-5x+k$의 그래프와 x축이 다음과 같은 위치 관계에 있을 때, 실수 k의 값 또는 k의 값의 범위를 구하시오.

(1) 서로 다른 두 점에서 만난다.　(2) 한 점에서 만난다.　(3) 만나지 않는다.

solution

이차방정식 $x^2-5x+k=0$의 판별식을 D라 하면

$D=(-5)^2-4\times1\times k=-4k+25$

(1) $D>0$에서 $k<\frac{25}{4}$　(2) $D=0$에서 $k=\frac{25}{4}$　(3) $D<0$에서 $k>\frac{25}{4}$

기본 연습

p.070

01 그림과 같이 이차함수 $y=-x^2+ax+3$의 그래프와 x축이 만나는 점의 x좌표가 -1, b일 때, 두 상수 a, b에 대하여 $a+b$의 값을 구하시오.

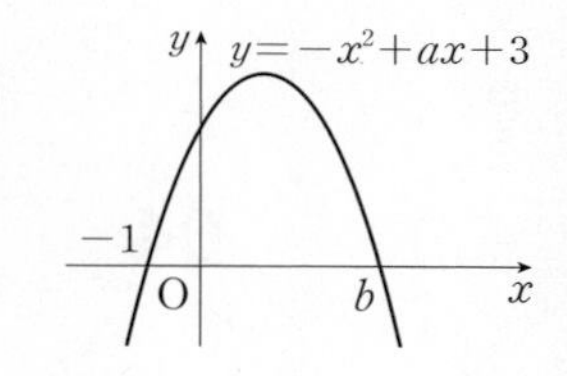

02 이차함수 $y=2x^2+6x+a$의 그래프와 x축이 다음과 같은 위치 관계에 있을 때, 실수 a의 값 또는 a의 값의 범위를 구하시오.

(1) 서로 다른 두 점에서 만난다.　(2) 한 점에서 만난다.　(3) 만나지 않는다.

기본유형 03 이차함수의 그래프와 직선의 교점

개념 04

이차함수 $y=x^2+mx+3$의 그래프와 직선 $y=2x+n$이 서로 다른 두 점에서 만나고 두 교점의 x좌표가 각각 1, 4일 때, 실수 m, n의 값을 구하시오.

solution

이차함수 $y=x^2+mx+3$의 그래프와 직선 $y=2x+n$의 교점의 x좌표는
이차방정식 $x^2+mx+3=2x+n$, 즉 $x^2+(m-2)x+3-n=0$의 실근과 같다.
이차방정식의 근과 계수의 관계에 의하여
$1+4=-(m-2)$, $1\times4=3-n$
$\therefore m=-3$, $n=-1$

기본유형 04 이차함수의 그래프와 직선의 위치 관계

개념 05

이차함수 $y=-x^2+4x$의 그래프와 직선 $y=2x+k$가 다음과 같은 위치 관계에 있을 때, 실수 k의 값 또는 k의 값의 범위를 구하시오.

(1) 서로 다른 두 점에서 만난다. (2) 한 점에서 만난다. (3) 만나지 않는다.

solution

이차방정식 $-x^2+4x=2x+k$, 즉 $x^2-2x+k=0$의 판별식을 D라 하면
$\frac{D}{4}=(-1)^2-1\times k=1-k$

(1) $\frac{D}{4}>0$에서 $k<1$ (2) $\frac{D}{4}=0$에서 $k=1$ (3) $\frac{D}{4}<0$에서 $k>1$

기본 연습

03 이차함수 $y=x^2+ax+4$의 그래프와 직선 $y=-3x+b$가 서로 다른 두 점에서 만나고 두 교점의 x좌표가 각각 -1, 2일 때, a^2+b^2의 값을 구하시오. (단, a, b는 실수이다.)

정답 p.071

04 이차함수 $y=x^2+5x+2$의 그래프와 직선 $y=-x+k$가 다음과 같은 위치 관계에 있을 때, 실수 k의 값 또는 k의 값의 범위를 구하시오.

(1) 서로 다른 두 점에서 만난다. (2) 한 점에서 만난다. (3) 만나지 않는다.

필수유형 05 이차함수의 그래프와 x축의 교점

개념 02

두 상수 a, b에 대하여 이차함수 $y=x^2+ax+b$의 그래프가 점 $(-1, 0)$에서 x축과 접할 때, 이차함수 $y=x^2+bx-a$의 그래프와 x축의 두 교점 사이의 거리를 구하시오.

guide

❶ 주어진 조건에 따라 다음을 이용하여 이차함수의 식을 구한다.

(1) 이차함수 $y=ax^2+bx+c$의 그래프의 꼭짓점의 좌표 (p, q) 또는 축의 방정식 $x=p$가 주어진 경우

⇨ $y=a(x-p)^2+q$

(2) 이차함수 $y=ax^2+bx+c$의 그래프와 x축의 두 교점의 x좌표 α, β가 주어진 경우 ⇨ $y=a(x-\alpha)(x-\beta)$

❷ 다음을 이용하여 이차함수의 그래프와 x축의 교점의 좌표를 구한다.

이차함수 $y=ax^2+bx+c$의 그래프와 x축의 두 교점의 x좌표 $\Longleftrightarrow$ 이차방정식 $ax^2+bx+c=0$의 실근

solution

이차함수 $y=x^2+ax+b$의 그래프가 점 $(-1, 0)$에서 x축과 접하므로

꼭짓점의 좌표는 $(-1, 0)$이다. 즉, 이 이차함수의 함수식은

$y=(x+1)^2=x^2+2x+1$ $\quad\therefore a=2,\ b=1$

이차함수 $y=x^2+bx-a$, 즉 $y=x^2+x-2$의 그래프와 x축의 교점의 x좌표는

이차방정식 $x^2+x-2=0$의 실근과 같으므로

$x^2+x-2=0$에서 $(x+2)(x-1)=0$ $\quad\therefore x=-2$ 또는 $x=1$

따라서 이차함수 $y=x^2+x-2$의 그래프와 x축의 두 교점의 좌표는 $(-2, 0)$, $(1, 0)$이므로

이 두 점 사이의 거리는 $1-(-2)=3$

plus

이차함수 $y=f(x)$에 대하여 $f(\alpha)=f(\beta)$

⇨ 이차함수 $y=f(x)$의 그래프의 축의 방정식은 $x=\frac{\alpha+\beta}{2}$이고, 이 그래프는 직선 $x=\frac{\alpha+\beta}{2}$에 대하여 대칭이다.

필수 연습

원 pp.071~072

05 두 상수 a, b에 대하여 이차함수 $f(x)=x^2+ax+b$의 그래프가 x축과 두 점 $(-3, 0)$, $(5, 0)$에서 만날 때, 이차함수 $y=f(x)+7$의 그래프가 x축과 만나는 두 점 사이의 거리를 구하시오.

06 이차함수 $y=x^2-2kx+k+8$의 그래프가 x축과 두 점 P, Q에서 만나고 $\overline{\mathrm{PQ}}=4$일 때, 모든 실수 k의 값의 곱을 구하시오.

plus
07 최고차항의 계수가 2인 이차함수 $y=f(x)$의 그래프가 x축과 서로 다른 두 점 A, B에서 만난다. 점 A의 x좌표가 -2이고 $f(-3)=f(5)$일 때, $f(5)$의 값을 구하시오.

필수유형 06 이차함수의 그래프와 x축의 위치 관계

개념 03

이차함수 $y=x^2-2x-k$의 그래프는 x축과 서로 다른 두 점에서 만나고, 이차함수 $y=x^2+2kx+k+12$의 그래프는 x축과 한 점에서 만나도록 하는 실수 k의 값을 구하시오.

guide

❶ 이차함수 $y=ax^2+bx+c$의 그래프와 x축의 교점의 개수는 이차방정식 $ax^2+bx+c=0$의 서로 다른 실근의 개수와 같으므로 다음 이차방정식 $ax^2+bx+c=0$의 판별식을 이용하여 위치 관계를 판별한다.

(1) (판별식)$>0 \Longleftrightarrow$ 서로 다른 두 점에서 만난다.

(2) (판별식)$=0 \Longleftrightarrow$ 한 점에서 만난다. (접한다.)

(3) (판별식)$<0 \Longleftrightarrow$ 만나지 않는다.

❷ 이차함수가 $y=ax^2+bx+c$와 같이 주어진 경우, $a\neq0$임에 주의한다.

solution

(i) 이차함수 $y=x^2-2x-k$의 그래프가 x축과 서로 다른 두 점에서 만날 때,

이차방정식 $x^2-2x-k=0$의 판별식을 D_1이라 하면

$\frac{D_1}{4}=(-1)^2-1\times(-k)>0,\ 1+k>0$

$\therefore\ k>-1$

(ii) 이차함수 $y=x^2+2kx+k+12$의 그래프가 x축과 한 점에서 만날 때,

이차방정식 $x^2+2kx+k+12=0$의 판별식을 D_2라 하면

$\frac{D_2}{4}=k^2-1\times(k+12)=0$

$k^2-k-12=0,\ (k+3)(k-4)=0$

$\therefore\ k=-3$ 또는 $k=4$

(i), (ii)에서 $k=4$

필수 연습

08 이차함수 $y=x^2-2(a-1)x+a^2+2$의 그래프는 x축과 만나고, 이차함수 $y=ax^2-2(a+2)x+a-3$의 그래프는 x축과 만나지 않도록 하는 정수 a의 최댓값을 구하시오.

p.072

09 이차함수 $y=x^2-(a+2k)x+k^2+4k+2b$의 그래프가 실수 k의 값에 관계없이 x축에 접할 때, 두 상수 a, b에 대하여 ab의 값을 구하시오.

필수유형 07 이차함수의 그래프와 직선의 교점

개념 04

이차함수 $y=x^2+x-1$의 그래프와 직선 $y=2x+k$가 서로 다른 두 점 P, Q에서 만나고 점 P의 x좌표가 -1일 때, 점 Q의 좌표를 구하시오. (단, k는 상수이다.)

guide

❶ 다음을 이용하여 이차방정식을 세운다.
이차함수 $y=ax^2+bx+c$의 그래프와 직선 $y=mx+n$의 교점의 x좌표
$\Longleftrightarrow$ 이차방정식 $ax^2+bx+c=mx+n$, 즉 $ax^2+(b-m)x+c-n=0$의 실근

❷ 주어진 근을 방정식에 대입하여 미정계수를 구한다.

❸ ❷에서 구한 미정계수를 대입하여 방정식의 다른 한 근을 구한다.

solution

이차함수 $y=x^2+x-1$의 그래프와 직선 $y=2x+k$의 교점의 x좌표는 이차방정식
$x^2+x-1=2x+k$, 즉 $x^2-x-1-k=0$ ……㉠
의 실근과 같으므로 $x=-1$은 이차방정식 ㉠의 근이다.
$x=-1$을 ㉠에 대입하면
$(-1)^2-(-1)-1-k=0$ $\therefore k=1$
$k=1$을 ㉠에 대입하면 $x^2-x-2=0$
$(x+1)(x-2)=0$ $\therefore x=-1$ 또는 $x=2$
따라서 점 Q의 x좌표는 2이고, $x=2$를 $y=x^2+x-1$에 대입하면
$y=2^2+2-1=5$ $\therefore$ Q$(2, 5)$

필수 연습

pp.072~074

10 이차함수 $y=x^2+mx+1$의 그래프와 직선 $y=x-11$이 서로 다른 두 점 P, Q에서 만나고 점 P의 x좌표가 2일 때, 점 Q의 좌표를 구하시오. (단, m은 상수이다.)

11 이차함수 $y=\frac{1}{2}(x-k)^2$의 그래프와 직선 $y=x$가 만나는 서로 다른 두 점을 A, B라 하고, 두 점 A, B에서 x축에 내린 수선의 발을 각각 C, D라 하자. 선분 CD의 길이가 6일 때, 상수 k의 값을 구하시오. [교육청]

12 두 상수 a, b에 대하여 이차함수 $y=-x^2+ax+2$의 그래프와 직선 $y=-x+b$가 x좌표가 각각 -1, 3인 두 점 A, B에서 만날 때, 삼각형 AOB의 넓이를 구하시오. (단, O는 원점이다.)

필수유형 08 이차함수의 그래프와 직선의 위치 관계

개념 05

직선 $y=x+k$가 이차함수 $y=x^2-2x+4$의 그래프와 만나고, 이차함수 $y=x^2-5x+15$의 그래프와 만나지 않도록 하는 모든 정수 k의 개수를 구하시오.

guide

❶ 이차함수 $y=ax^2+bx+c$의 그래프와 직선 $y=mx+n$의 교점의 개수는
이차방정식 $ax^2+bx+c=mx+n$, 즉 $ax^2+(b-m)x+c-n=0$의 서로 다른 실근의 개수와 같으므로
이차방정식 $ax^2+(b-m)x+c-n=0$의 판별식을 이용하여 위치 관계를 판별한다.
(1) (판별식)$>0 \Longleftrightarrow$ 서로 다른 두 점에서 만난다.
(2) (판별식)$=0 \Longleftrightarrow$ 한 점에서 만난다. (접한다.)
(3) (판별식)$<0 \Longleftrightarrow$ 만나지 않는다.
❷ ❶을 이용하여 조건을 만족시키는 미지수의 값을 구한다.

solution

(i) 직선 $y=x+k$가 이차함수 $y=x^2-2x+4$의 그래프와 만날 때,
이차방정식 $x^2-2x+4=x+k$, 즉 $x^2-3x+4-k=0$의 판별식을 D_1이라 하면
$D_1=(-3)^2-4\times1\times(4-k)\geq0$
$4k-7\geq0 \qquad \therefore k\geq\frac{7}{4}$
즉, $k\geq\frac{7}{4}$을 만족시키는 정수 k의 값은 2, 3, 4, ⋯이다.
(ii) 직선 $y=x+k$가 이차함수 $y=x^2-5x+15$의 그래프와 만나지 않을 때,
이차방정식 $x^2-5x+15=x+k$, 즉 $x^2-6x+15-k=0$의 판별식을 D_2라 하면
$\frac{D_2}{4}=(-3)^2-1\times(15-k)<0$
$k-6<0 \qquad \therefore k<6$
즉, $k<6$을 만족시키는 정수 k의 값은 5, 4, 3, ⋯이다.
(i), (ii)에서 구하는 정수 k의 값은 2, 3, 4, 5이고, 그 개수는 4이다.

필수 연습

13 직선 $y=-x+a$가 두 이차함수 $y=x^2+3x+6$, $y=x^2+bx+3$의 그래프에 각각 접하도록 하는 상수 a, b의 값을 구하시오. (단, $b>0$)

p.074

14 이차함수 $f(x)=x^2+2kx+k^2+k+4$의 그래프가 실수 k의 값에 관계없이 한 직선에 접할 때, 이 직선의 방정식을 구하시오.

필수유형 09 두 이차함수의 그래프의 위치 관계

한 걸음 더

두 이차함수 $y=x^2+x+2$, $y=2x^2-3x+k$의 그래프가 서로 다른 두 점에서 만나도록 하는 정수 k의 최댓값을 구하시오.

guide

❶ 다음을 이용하여 이차방정식을 세운다.
두 함수 $y=f(x)$, $y=g(x)$의 그래프의 교점의 x좌표
$\Longleftrightarrow$ 방정식 $f(x)=g(x)$, 즉 $f(x)-g(x)=0$의 실근

❷ 이차방정식의 근의 판별을 이용하여 조건을 만족시키는 미지수의 값을 구한다.

solution

두 이차함수 $y=x^2+x+2$와 $y=2x^2-3x+k$의 그래프의 교점의 x좌표는 이차방정식
$x^2+x+2=2x^2-3x+k$, 즉 $x^2-4x+k-2=0$ ······㉠
의 실근과 같다.
두 그래프가 서로 다른 두 점에서 만나므로 이차방정식 ㉠의 판별식을 D라 하면
$\frac{D}{4}=(-2)^2-1\times(k-2)>0$
$6-k>0$ $\therefore k<6$
따라서 조건을 만족시키는 정수 k의 최댓값은 5이다.

plus

두 함수 $y=f(x)$, $y=g(x)$의 그래프의 교점의 x좌표 $\Longleftrightarrow$ 함수 $y=f(x)-g(x)$의 그래프와 x축의 교점의 좌표
$\Longleftrightarrow$ 방정식 $f(x)-g(x)=0$의 실근

필수 연습

해 pp.074~075

15 x에 대한 두 이차함수 $y=a^2x^2+2ax+2$, $y=x^2+x+1$의 그래프가 오직 한 점에서 만나도록 하는 실수 a의 값을 모두 구하시오.

16 두 이차함수 $y=-2x^2+2ax+b$, $y=2x^2+4$의 그래프가 만나지 않을 때, 두 자연수 a, b의 순서쌍 (a, b)의 개수를 구하시오.

plus
17 두 이차함수 $y=-(x-2)^2+a$, $y=2(x-2)^2-3$의 그래프가 서로 다른 두 점에서 만난다. 이 두 점 사이의 거리가 6일 때, 상수 a의 값을 구하시오.

01 좌표평면 위의 두 점 A(2, 2), B(8, 2)에 대하여 이차함수 $y=ax^2+bx+c\ (a<0)$의 그래프가 다음 조건을 만족시킬 때, $a+b+c$의 값을 구하시오.

(단, a, b, c는 상수이다.)

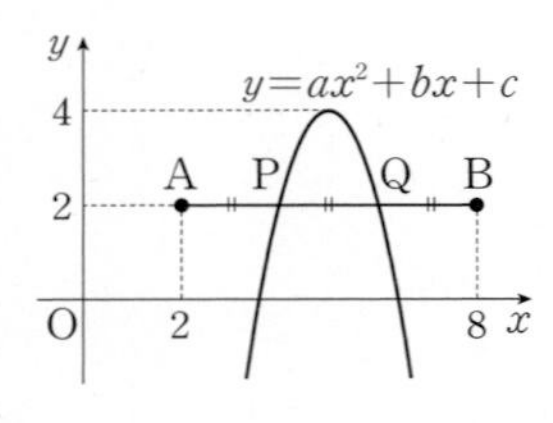

(가) 꼭짓점의 y좌표는 4이다.
(나) 선분 AB와 두 점 P, Q에서 만나고 $\overline{AP}=\overline{PQ}=\overline{QB}=2$이다.

02 이차함수 $f(x)=x^2-4x+3$에 대하여 방정식 $|f(x)|=k$의 서로 다른 실근의 개수를 m, 방정식 $f(|x|)=k$의 서로 다른 실근의 개수를 n이라 할 때, $m+n=6$을 만족시키는 정수 k의 개수를 구하시오.

03 이차함수 $y=2x^2-2x+k$의 그래프가 x축과 두 점 A, B에서 만나고 $\overline{AB}=3$일 때, 실수 k의 값을 구하시오.

04 이차함수 $y=f(x)$의 그래프는 직선 $x=-3$에 대하여 대칭이고, x축과 서로 다른 두 점에서 만난다. 이차방정식 $f(2x-5)=0$의 두 근의 합을 구하시오.

05 다음 그림과 같이 최고차항의 계수의 절댓값이 같은 세 이차함수 $y=f(x)$, $y=g(x)$, $y=h(x)$의 그래프가 있다. 방정식 $f(x)+g(x)+h(x)=0$의 모든 근의 합은?

[교육청]

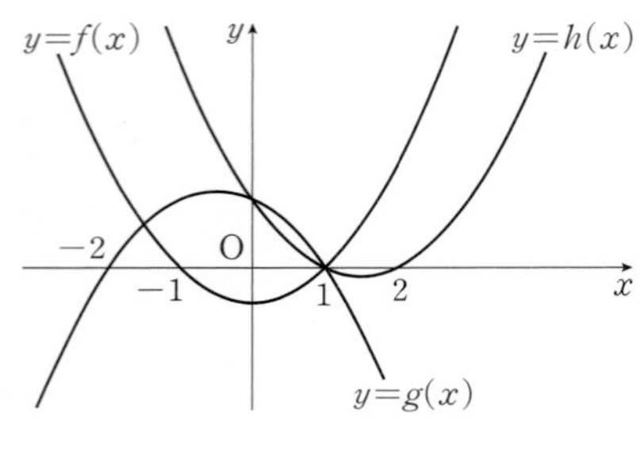

① 1　② 2　③ 3　④ 4　⑤ 5

서술형

06 이차함수 $y=x^2+2(a-1)x+a^2+a-3$의 그래프는 x축과 만나고, 이차함수 $y=-x^2-3x+2a$의 그래프는 x축과 만나지 않도록 하는 정수 a의 최댓값을 구하시오.

07 이차함수 $y=-x^2+2x+3$의 그래프와 직선 $y=ax+b$가 두 점에서 만난다. 한 교점의 x좌표가 $2-\sqrt{3}$일 때, 두 유리수 a, b에 대하여 $a+b$의 값을 구하시오.

08 이차함수 $y=x^2-ax+3a$의 그래프가 직선 $y=ax-a^2+5$와 적어도 한 점에서 만나도록 하는 정수 a의 최댓값을 구하시오.

09 이차함수 $y=x^2+ax+k^2-k+b$의 그래프와 직선 $y=2kx+a$가 실수 k의 값에 관계없이 항상 접할 때, 두 상수 a, b에 대하여 $a+b$의 값을 구하시오.

10 이차항의 계수가 1인 이차함수 $y=f(x)$의 그래프가 두 점 $(0, 0)$, $(4, 0)$을 지나고 직선 $y=g(x)$가 곡선 $y=f(x)$와 $x=3$에서 접할 때, 방정식 $f(x)+3g(x)=0$의 두 근의 합을 구하시오.

11 두 이차함수 $y=x^2-3x+a$, $y=-2x^2+bx+3$의 그래프가 서로 접하고 접점의 x좌표가 2일 때, $a+b$의 값을 구하시오. (단, a, b는 상수이다.)

12 이차항의 계수가 모두 1인 두 이차함수 $f(x)$, $g(x)$가 다음 조건을 만족시킨다.

(가) 모든 실수 x에 대하여
$f(-1-x)=f(-1+x)$, $g(2-x)=g(2+x)$
(나) 방정식 $f(x)=0$은 중근을 갖고, 방정식 $g(x)=0$은 서로 다른 두 실근을 갖는다.

두 이차함수 $y=f(x)$, $y=g(x)$의 그래프의 교점의 x좌표를 α라 할 때, α의 값의 범위를 구하시오.

2 이차함수의 최대, 최소

개념 06 이차함수의 최댓값과 최솟값

1. 함수의 최댓값과 최솟값

함수 $y=f(x)$의 함숫값 중에서 가장 큰 값을 함수 $f(x)$의 최댓값, 가장 작은 값을 함수 $f(x)$의 최솟값이라 한다.

2. 이차함수의 최댓값과 최솟값

이차함수 $y=ax^2+bx+c$의 최댓값과 최솟값은 이 함수를 $y=a(x-p)^2+q$ 꼴로 변형하여 구한다.

(1) $a>0$이면 $x=p$에서 최솟값 q를 갖고, 최댓값은 없다.

(2) $a<0$이면 $x=p$에서 최댓값 q를 갖고, 최솟값은 없다.

이차함수 $y=ax^2+bx+c$를 $y=a(x-p)^2+q$ 꼴로 변형하여 그래프를 그리면 실수 전체의 범위에서 $a>0$일 때 최솟값만을 가지고, $a<0$일 때 최댓값만을 가짐을 알 수 있다.

또한, 이 이차함수의 그래프의 꼭짓점의 좌표는 (p, q)이므로 최댓값 또는 최솟값은 꼭짓점의 y좌표인 q이다.

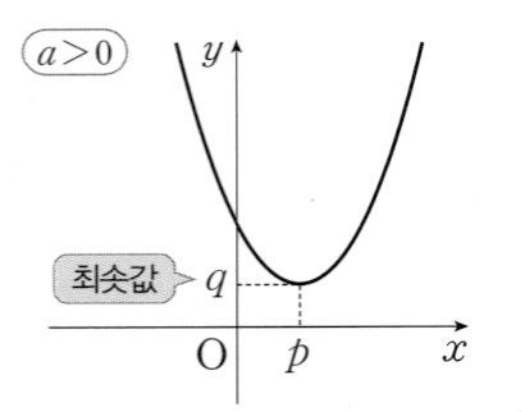

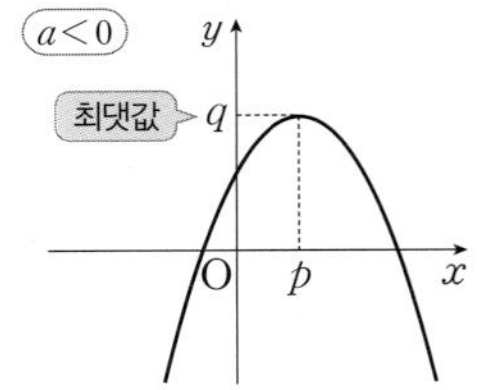

예1 $y=x^2-6x+1=(x-3)^2-8$이므로 이차함수 $y=x^2-6x+1$의 그래프는 꼭짓점의 좌표가 $(3, -8)$이고, 아래로 볼록한 포물선이다.
따라서 이차함수 $y=x^2-6x+1$은 $x=3$에서 최솟값 -8을 갖고 최댓값은 없다.

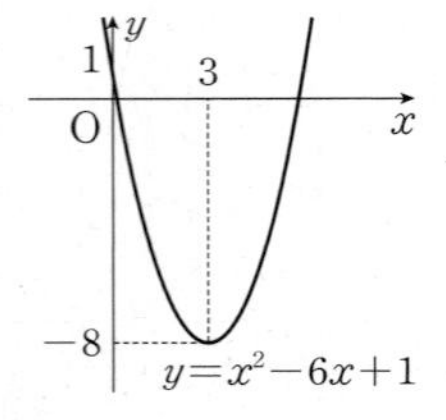

예2 $y=-x^2+4x+2=-(x-2)^2+6$이므로 이차함수 $y=-x^2+4x+2$의 그래프는 꼭짓점의 좌표가 $(2, 6)$이고, 위로 볼록한 포물선이다.
따라서 이차함수 $y=-x^2+4x+2$는 $x=2$에서 최댓값 6을 갖고 최솟값은 없다.

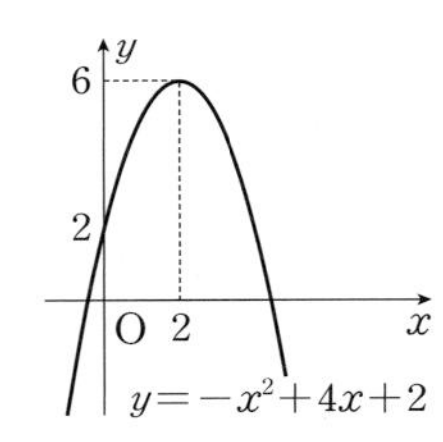

한걸음 더 판별식을 이용하여 이차함수의 최댓값과 최솟값 구하기

기본연습 18

예1의 이차함수의 식 $y=x^2-6x+1$은

$x^2-6x+1-y=0$ ······㉠ ← x에 대하여 내림차순으로 정리하고 우변이 0이 되도록 변형한다.

과 같은 x에 대한 이차방정식으로 나타낼 수 있다.

이때 x, y는 모두 실수이므로 x에 대한 이차방정식 ㉠은 실근을 가져야 한다.
(이차함수의 정의역과 공역은 모두 실수 전체의 집합이다.)

㉠의 판별식을 D라 하면

$$\frac{D}{4}=(-3)^2-1\times(1-y)\geq 0,\ y+8\geq 0 \qquad \therefore y\geq -8$$

따라서 이차함수 $y=x^2-6x+1$의 최솟값은 -8이다.

개념 07 제한된 범위에서의 이차함수의 최댓값과 최솟값

x의 값의 범위가 $\alpha \le x \le \beta$일 때, 이차함수 $f(x)=a(x-p)^2+q$의 최댓값과 최솟값은 다음과 같다.

(1) $\alpha \le p \le \beta$이면 $f(\alpha)$, $f(p)$, $f(\beta)$ 중에서 가장 큰 값이 최댓값이고 가장 작은 값이 최솟값이다.

꼭짓점의 x좌표가 제한된 범위에 속할 때

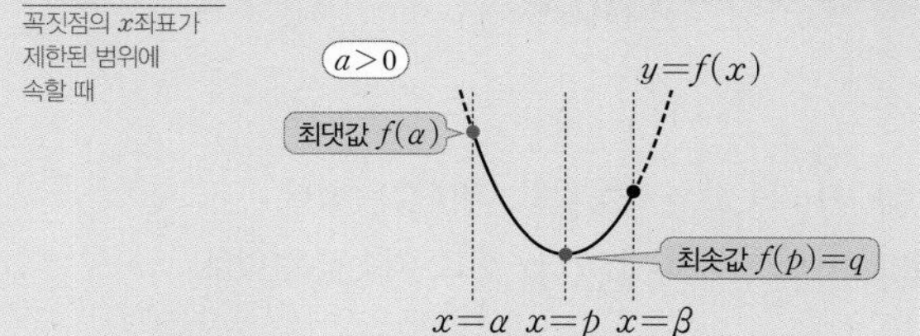

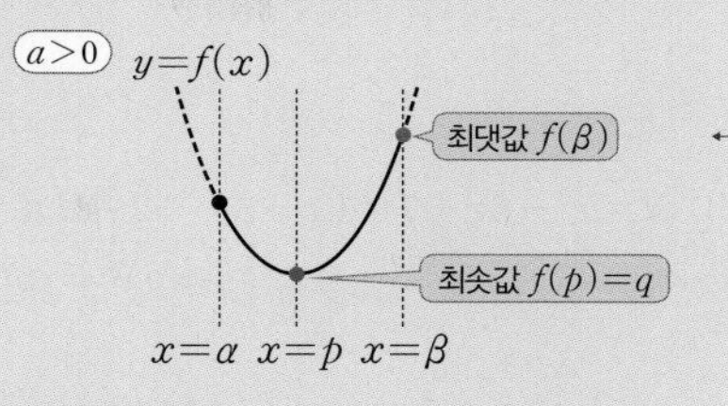

(2) $p<\alpha$ 또는 $p>\beta$이면 $f(\alpha)$, $f(\beta)$ 중에서 큰 값이 최댓값이고, 작은 값이 최솟값이다.

꼭짓점의 x좌표가 제한된 범위에 속하지 않을 때

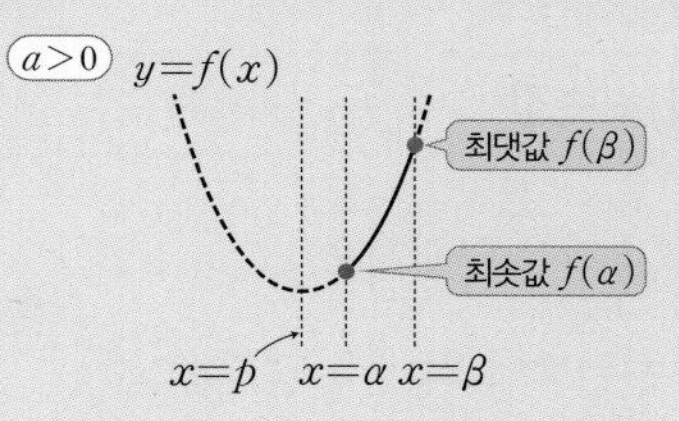

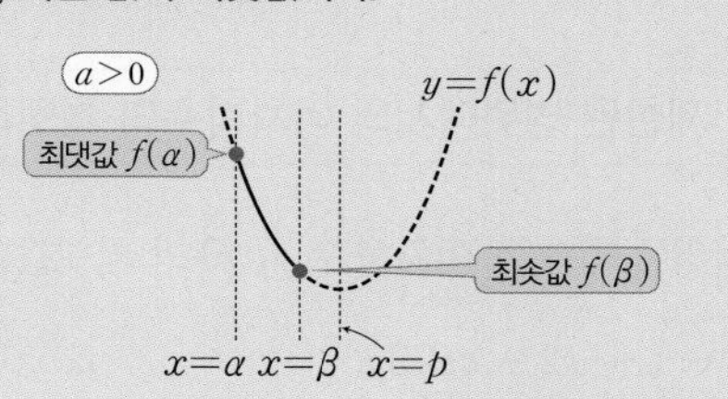

$a<0$일 때의 이차함수의 그래프도 그려서 확인해볼 수 있다.

제한된 범위에서 이차함수의 최댓값과 최솟값을 구할 때는 이차함수의 그래프를 그려 확인하면 편리하다.

예1 $-1 \le x \le 3$에서 이차함수 $f(x)=x^2-4x+2$의 최댓값과 최솟값을 구해 보자.

$f(x)=x^2-4x+2=(x-2)^2-2$이므로

$-1 \le x \le 3$에서 이차함수 $y=f(x)$의 그래프는 오른쪽 그림의 실선 부분이다.

꼭짓점의 x좌표 2는 $-1 \le x \le 3$에 속하고 $f(-1)=7$, $f(2)=-2$, $f(3)=-1$이므로 $f(x)$의 최댓값은 7이고, 최솟값은 -2이다.

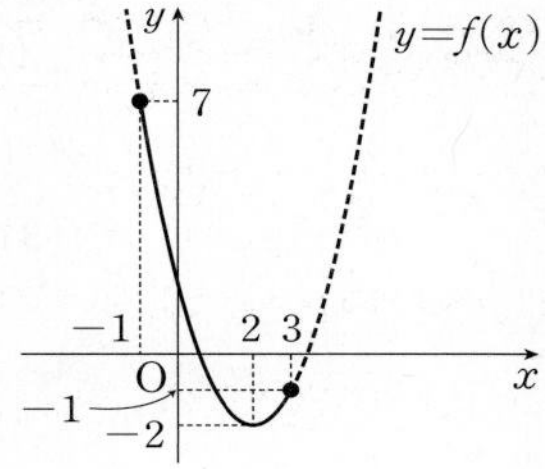

예2 $0 \le x \le 2$에서 이차함수 $f(x)=-3x^2-3x-1$의 최댓값과 최솟값을 구해 보자.

$f(x)=-3x^2-3x-1=-3\left(x+\dfrac{1}{2}\right)^2-\dfrac{1}{4}$이므로

$0 \le x \le 2$에서 이차함수 $y=f(x)$의 그래프는 오른쪽 그림의 실선 부분이다.

꼭짓점의 x좌표 $-\dfrac{1}{2}$은 $0 \le x \le 2$에 속하지 않고 $f(0)=-1$, $f(2)=-19$이므로

$f(x)$의 최댓값은 -1, 최솟값은 -19이다.

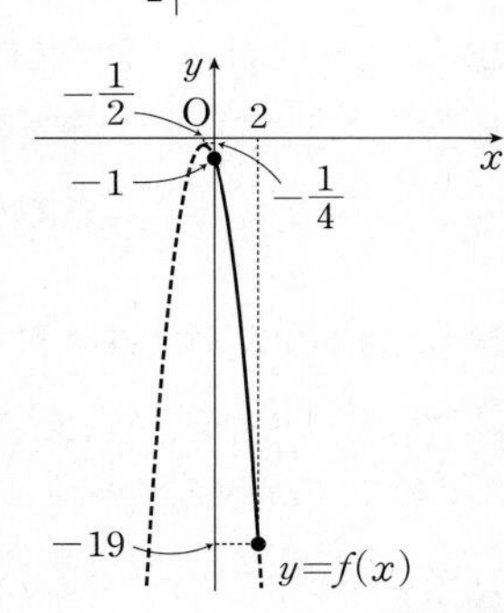

주의 $\alpha<x<\beta$와 같이 x의 값의 범위에 등호가 포함되지 않을 때는 [그림 1]과 같이 최솟값은 $f(p)$로 존재하지만 최댓값이 없거나 [그림 2]와 같이 최댓값, 최솟값이 모두 없는 경우가 있다.

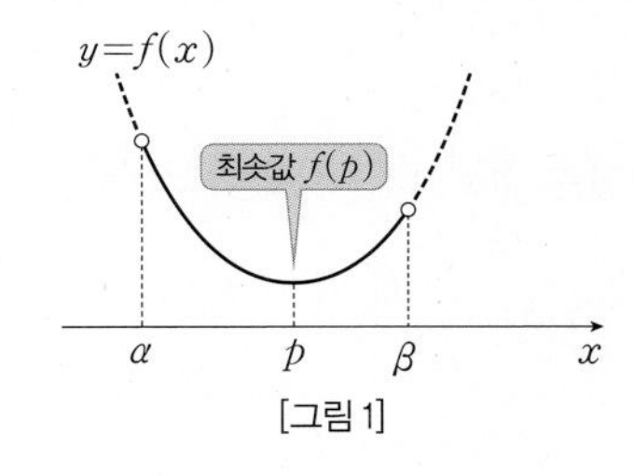

[그림 1]

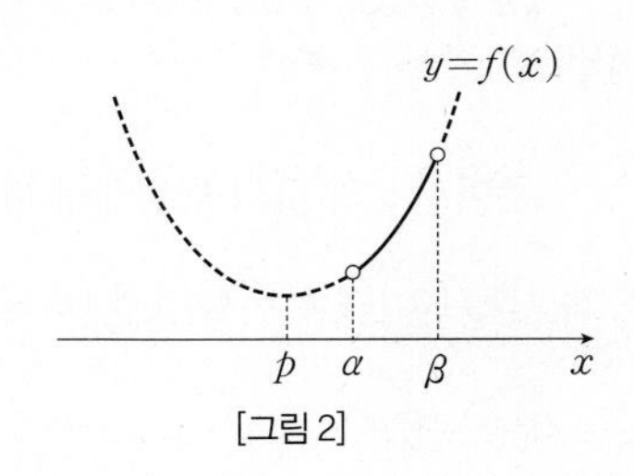

[그림 2]

기본유형 10 이차함수의 최댓값과 최솟값 개념 06

다음 이차함수의 최댓값과 최솟값을 구하시오.

(1) $y=x^2-6x+7$

(2) $y=-x^2-4x-3$

solution

(1) $y=x^2-6x+7=(x-3)^2-2$이므로 $x=3$에서 최솟값 -2를 갖고, 최댓값은 없다.

(2) $y=-x^2-4x-3=-(x+2)^2+1$이므로 $x=-2$에서 최댓값 1을 갖고, 최솟값은 없다.

기본유형 11 제한된 범위에서의 이차함수의 최댓값과 최솟값 개념 07

주어진 x의 값의 범위에서 다음 이차함수 $f(x)$의 최댓값과 최솟값을 구하시오.

(1) $f(x)=x^2+2x-1\ (-2\leq x\leq 3)$

(2) $f(x)=-x^2+2x+5\ (2\leq x\leq 5)$

solution

(1) $f(x)=x^2+2x-1=(x+1)^2-2$이므로

$-2\leq x\leq 3$에서 이차함수 $y=f(x)$의 그래프는 오른쪽 그림의 실선 부분이다.

꼭짓점의 x좌표 -1은 $-2\leq x\leq 3$에 속하고 $f(-2)=-1$, $f(-1)=-2$, $f(3)=14$이므로 $f(x)$의 최댓값은 14, 최솟값은 -2이다.

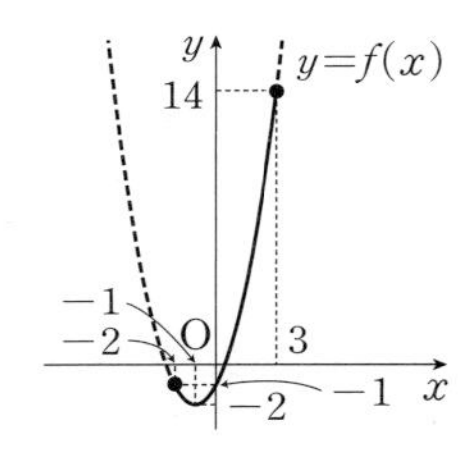

(2) $f(x)=-x^2+2x+5=-(x-1)^2+6$이므로

$2\leq x\leq 5$에서 이차함수 $y=f(x)$의 그래프는 오른쪽 그림의 실선 부분이다.

꼭짓점의 x좌표 1은 $2\leq x\leq 5$에 속하지 않고 $f(2)=5$, $f(5)=-10$이므로 $f(x)$의 최댓값은 5, 최솟값은 -10이다.

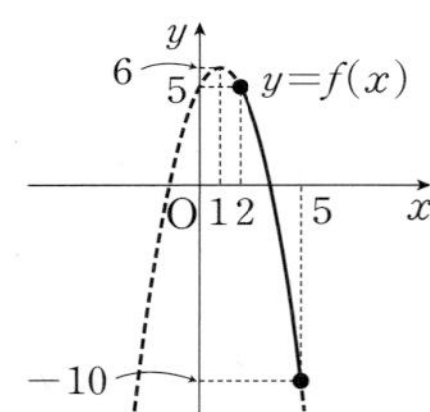

기본 연습

18 다음 이차함수의 최댓값과 최솟값을 구하시오.

(1) $y=3x^2+6x+1$

(2) $y=-\frac{1}{2}x^2+x+1$

p.080

19 주어진 x의 값의 범위에서 다음 이차함수 $f(x)$의 최댓값과 최솟값을 구하시오.

(1) $f(x)=x^2-4x+8\ (0\leq x\leq 5)$

(2) $f(x)=-2x^2+4x-1\ (-3\leq x\leq -1)$

필수유형 12 이차함수의 최댓값과 최솟값

개념 06

다음 물음에 답하시오.

(1) 이차함수 $f(x)=x^2+2x+a$의 최솟값이 4일 때, 상수 a의 값을 구하시오.

(2) 이차함수 $f(x)=-x^2-4x+k$의 최댓값이 20일 때, 상수 k의 값을 구하시오.

guide

❶ 이차함수 $f(x)=ax^2+bx+c$의 함수식을 $f(x)=a(x-p)^2+q$ 꼴로 고친다.

❷ 다음을 이용하여 미지수의 값을 구한다.

이차함수 $f(x)=a(x-p)^2+q$에서

(1) $a>0$이면 $x=p$에서 최솟값 q를 갖고, 최댓값은 없다.

(2) $a<0$이면 $x=p$에서 최댓값 q를 갖고, 최솟값은 없다.

solution

(1) $f(x)=x^2+2x+a=(x+1)^2-1+a$

즉, $f(x)$는 $x=-1$일 때 최솟값 $-1+a$를 가지므로

$-1+a=4$ $\therefore a=5$

(2) $f(x)=-x^2-4x+k=-(x+2)^2+k+4$

즉, $f(x)$는 $x=-2$일 때 최댓값 $k+4$를 가지므로

$k+4=20$ $\therefore k=16$

plus

이차함수 $y=f(x)$의 그래프가 x축과 두 점 $(\alpha, 0)$, $(\beta, 0)$에서 만난다.

⇨ $f(x)=k(x-\alpha)(x-\beta)$ ($k\neq0$인 상수)

⇨ $f(x)$는 $x=\frac{\alpha+\beta}{2}$에서 최댓값 또는 최솟값을 갖는다.

필수 연습

pp.080~081

20 다음 물음에 답하시오.

(1) 이차함수 $f(x)=2x^2-4x+a$의 최솟값이 3일 때, 상수 a의 값을 구하시오.

(2) 이차함수 $f(x)=-3x^2+3x+k$의 최댓값이 -1일 때, 상수 k의 값을 구하시오.

21 이차함수 $f(x)=x^2+ax+b$가 $x=-2$에서 최솟값을 갖고, $f(1)=3$일 때, 이차함수 $f(x)$의 최솟값을 구하시오. (단, a, b는 상수이다.)

plus

22 이차함수 $y=f(x)$의 그래프가 두 점 $(-4, 0)$, $(2, 0)$을 지난다. 이차함수 $f(x)$의 최댓값이 18일 때, $f(1)$의 값을 구하시오.

필수유형 13 제한된 범위에서의 이차함수의 최댓값과 최솟값 개념 07

다음 물음에 답하시오.

(1) $-1\le x\le 3$에서 이차함수 $y=x^2-4x+k$의 최댓값이 8일 때, 최솟값을 구하시오. (단, k는 상수이다.)

(2) $0\le x\le a$에서 이차함수 $y=-x^2-4x+1$의 최솟값이 -4일 때, 양수 a의 값을 구하시오.

guide

❶ 주어진 이차함수의 식을 이용하여 이차함수의 그래프를 그린다.

❷ ❶에서 그린 그래프와 다음을 이용하여 미지수의 값을 구한다.

$\alpha\le x\le\beta$일 때, 이차함수 $f(x)=a(x-p)^2+q\ (a>0)$의 최대와 최소

(1) $\alpha\le p\le\beta$ ⇨ $f(\alpha)$, $f(\beta)$ 중 가장 큰 값이 최댓값이고, $f(p)$가 최솟값이다. ($a<0$일 때, 최댓값)

(2) $p<\alpha$ 또는 $p>\beta$ ⇨ 양 끝값 $f(\alpha)$, $f(\beta)$ 중 큰 값이 최댓값이고, 작은 값이 최솟값이다. ($a<0$일 때, 최솟값)

solution

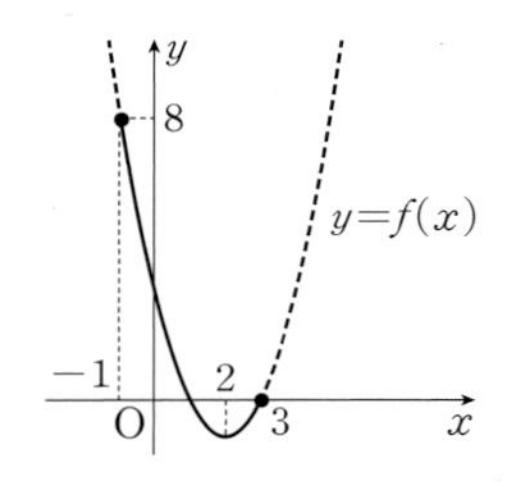

(1) $f(x)=x^2-4x+k$라 하면 $f(x)=(x-2)^2+k-4$

$-1\le x\le 3$에서 이차함수 $y=f(x)$의 그래프는 오른쪽 그림과 같으므로

$x=-1$일 때 최대이고 $x=2$일 때 최소이다. (이차함수의 그래프는 축에 대하여 대칭이므로 $|-1-2|>|3-2|$에서 $x=-1$일 때 최댓값, $x=2$일 때 최솟값을 갖는다.)

즉, 최댓값은 $f(-1)=8$이므로 $(-1-2)^2+k-4=8$ $\therefore k=3$

$\therefore f(x)=(x-2)^2+3-4=(x-2)^2-1$

따라서 주어진 이차함수는 $x=2$일 때 최솟값 -1을 갖는다.

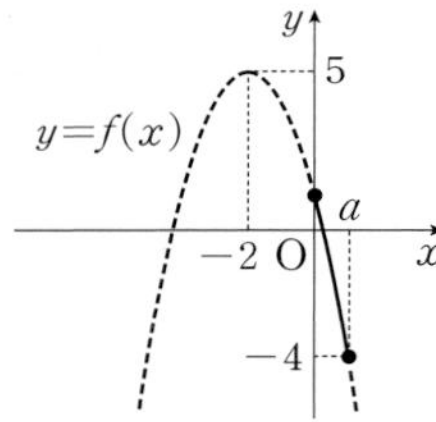

(2) $f(x)=-x^2-4x+1$이라 하면 $f(x)=-(x+2)^2+5$

$0\le x\le a$에서 이차함수 $y=f(x)$의 그래프는 오른쪽 그림과 같으므로

$x=0$일 때 최대이고 $x=a$일 때 최소이다.

즉, 최솟값은 $f(a)=-4$이므로 $-a^2-4a+1=-4$

$a^2+4a-5=0$, $(a+5)(a-1)=0$ $\therefore a=1\ (\because a>0)$

필수 연습

23

pp.081~082

다음 물음에 답하시오.

(1) $-4\le x\le 2$에서 이차함수 $y=-\frac{1}{2}x^2-2x+k$의 최솟값이 -4일 때, 최댓값을 구하시오. (단, k는 상수이다.)

(2) $a\le x\le 5$에서 이차함수 $y=2x^2-4x+5$의 최솟값이 11일 때, 상수 a의 값을 구하시오. (단, $1<a<5$)

24

$-1\le x<2$에서 이차함수 $y=-x^2+2ax+a^2$의 최댓값이 6이 되도록 하는 상수 a의 값을 모두 구하시오.

필수유형 14 공통부분이 있는 함수의 최댓값과 최솟값

개념 07

$-3\le x\le 2$에서 함수 $f(x)=(x^2+2x)^2-8(x^2+2x)+12$의 최댓값을 M, 최솟값을 m이라 할 때, $M+m$의 값을 구하시오.

guide

❶ 함수 $y=a\{F(x)\}^2+bF(x)+c$에서 공통부분 $F(x)$를 t로 놓고 t의 값의 범위를 구한다.
❷ $y=at^2+bt+c$를 $y=a(t-p)^2+q$ 꼴로 변형한다.
❸ ❶에서 구한 t의 범위에서 ❷의 최댓값과 최솟값을 구한다.

solution

$x^2+2x=t$로 놓으면

$t=x^2+2x=(x+1)^2-1$

$-3\le x\le 2$에서 $t=(x+1)^2-1$의 그래프는 오른쪽 그림과 같으므로

$-1\le t\le 8$

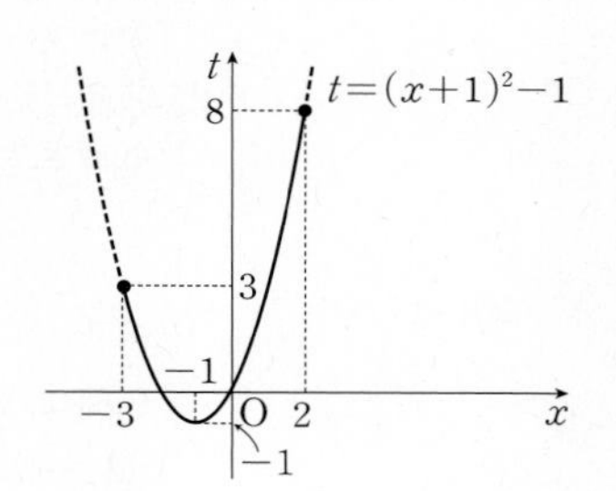

이때 주어진 함수는

$y=t^2-8t+12$

$\quad=(t-4)^2-4\ (-1\le t\le 8)$

즉, $-1\le t\le 8$에서 이차함수 $y=(t-4)^2-4$의 그래프는 오른쪽 그림과 같으므로 $t=-1$일 때 최대이고 $t=4$일 때 최소이다.

$t=-1$일 때, 최댓값 M은

$M=(-1-4)^2-4=21$

$t=4$일 때, 최솟값 m은

$m=-4$

$\therefore\ M+m=21+(-4)=17$

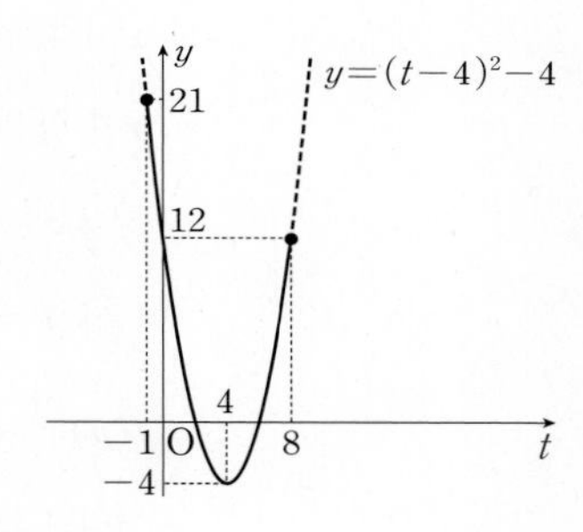

필수 연습

pp.082~083

25 $1\le x\le 4$에서 이차함수 $y=(2x-1)^2-4(2x-1)+3$의 최댓값을 M, 최솟값을 m이라 할 때, $M-m$의 값을 구하시오.

26 $-1\le x\le 2$에서 함수 $y=-(x^2-2x+3)^2+4x^2-8x+14$의 최댓값과 최솟값의 합을 구하시오.

필수유형 15 두 문자에 대한 이차식의 최댓값과 최솟값

개념 07

다음 물음에 답하시오.

(1) 두 실수 x, y에 대하여 $x^2+2y^2-6x+8y+10$의 최솟값을 구하시오.

(2) $x^2+3y=2$를 만족시키는 두 실수 x, y에 대하여 x^2-2y^2-y+1의 최댓값을 구하시오.

guide

❶ 두 문자에 대한 이차식 $f(x, y)$가 완전제곱식을 이용할 수 있는 경우인지, 조건식이 주어진 경우인지 확인한다.

❷ 완전제곱식을 이용할 수 있는 경우에는
$f(x, y)=a(x-m)^2+b(y-n)^2+k$ (a, m, b, n, k는 상수) 꼴로 변형하여 $(\text{실수})^2\geq 0$임을 이용한다.

❸ 조건식이 주어지면 이를 변형하여 이차식에 대입하여 한 문자로 나타내고 최댓값과 최솟값을 구한다.
이때 두 문자의 범위에 주의한다.

solution

(1) $x^2+2y^2-6x+8y+10=(x-3)^2+2(y+2)^2-7$

이때 x, y는 실수이므로 $(x-3)^2\geq 0$, $(y+2)^2\geq 0$

따라서 주어진 식은 $x=3$, $y=-2$일 때 최솟값 -7을 갖는다.

(2) $x^2+3y=2$에서 $x^2=-3y+2$ ······㉠

x가 실수이므로 $x^2\geq 0$, 즉 $-3y+2\geq 0$ $\quad\therefore y\leq\frac{2}{3}$

㉠을 x^2-2y^2-y+1에 대입하면

$(-3y+2)-2y^2-y+1=-2y^2-4y+3=-2(y+1)^2+5$ $\left(y\leq\frac{2}{3}\right)$

$f(y)=-2(y+1)^2+5$라 하면 $y\leq\frac{2}{3}$에서 이차함수 $t=f(y)$의 그래프는 오른쪽 그림과 같으므로 $f(y)$는 $y=-1$에서 최댓값 5를 갖는다.

따라서 x^2-2y^2-y+1의 최댓값은 5이다.
($x=\pm\sqrt{5}$, $y=-1$일 때)

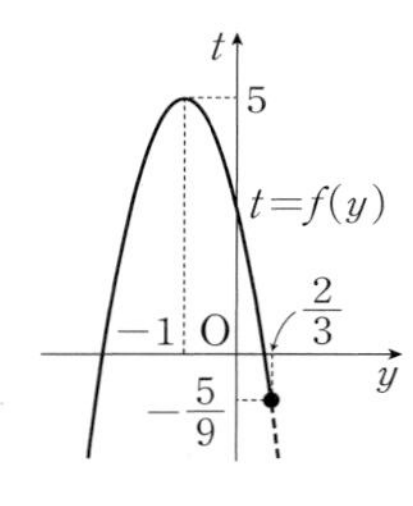

plus

$f(x, y)=a(x-m)^2+b(y-n)^2+k$ (a, m, b, n, k는 상수)에서
$a>0$, $b>0$이면 $f(x, y)$는 최솟값 k를 갖고, $a<0$, $b<0$이면 $f(x, y)$는 최댓값 k를 갖는다.

필수 연습

p.083

27 (plus) 다음 물음에 답하시오.

(1) 두 실수 x, y에 대하여 $4x^2+3y^2+4x-12y-2$의 최솟값을 구하시오.

(2) $-2x+y^2=4$를 만족시키는 두 실수 x, y에 대하여 $2x^2-y^2+6x$의 최솟값을 구하시오.

28 (plus) 두 실수 x, y에 대하여 $-2x^2-y^2+16x-4y-37$이 $x=p$, $y=q$에서 최댓값 r을 가질 때, pqr의 값을 구하시오.

29 두 실수 x, y가 $-1\leq x\leq 3$, $2x-y=5$를 만족시킬 때, xy의 최댓값과 최솟값을 구하시오.

필수유형 16 이차함수의 최대, 최소의 활용

개념 07

그림과 같이 $\overline{OP}=12$, $\overline{OQ}=36$인 직각삼각형 PQO에 내접하는 직사각형 OABC의 넓이가 최대일 때, □OABC의 둘레의 길이를 구하시오.

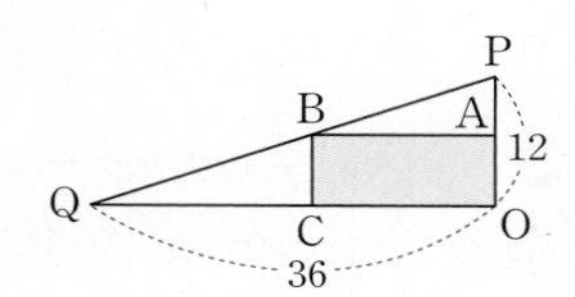

guide

1. 주어진 문제 상황에서 변수 x를 정한다.
2. 구하는 값을 y로 놓고 y를 x에 대한 식으로 나타낸다.
3. 변수 x의 범위에 주의하여 y의 최댓값과 최솟값을 구한다.

solution

□OABC는 직사각형이므로 $\overline{AB} /\!/ \overline{OQ}$

$\therefore$ △PBA ∽ △PQO (AA 닮음)

변 AB의 길이를 x라 하면 $0<x<36$이고

$\overline{AB}:\overline{OQ}=\overline{PA}:\overline{PO}$, $x:36=\overline{PA}:12$ $\quad\therefore \overline{PA}=\frac{1}{3}x$

즉, 직사각형 OABC의 넓이를 y라 하면

$y=\overline{AB}\times\overline{AO}=x\times\left(12-\frac{1}{3}x\right)=-\frac{1}{3}x^2+12x=-\frac{1}{3}(x-18)^2+108\ (0<x<36)$

즉, $\overline{AB}=18$일 때, 직사각형 OABC의 넓이는 최대이다.

이때 직사각형 OABC의 둘레의 길이는

$2\times\overline{AB}+2\times\overline{AO}=2\times18+2\times\left(12-\frac{1}{3}\times18\right)=48$

필수 연습

pp.083~084

30 그림과 같이 $\overline{AB}=\overline{AC}$인 이등변삼각형 ABC에서 $\overline{BC}=90$이고 꼭짓점 A에서 변 BC에 내린 수선의 발을 H라 하면 $\overline{AH}=30$이다. 삼각형 ABC에 내접하는 직사각형 PQRS의 넓이가 최대가 되도록 하는 변 QR의 길이가 p이고, 그때의 직사각형 PQRS의 넓이가 q일 때, $p+q$의 값을 구하시오.

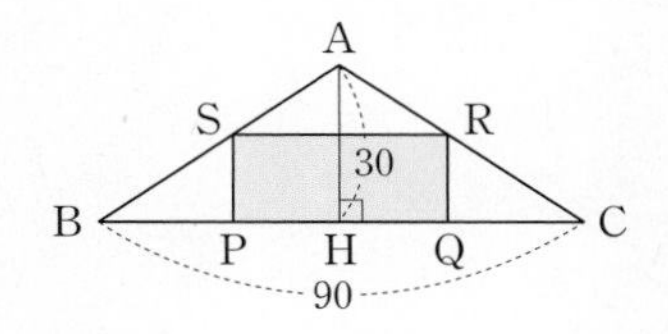

31 어느 공장에서 생산하는 전구는 개당 생산 비용이 500원이고, 개당 1000원에 판매하면 하루에 60개를 팔 수 있다고 한다. 전구 한 개의 판매 가격을 50원 내릴 때마다 하루에 10개씩 더 팔린다고 할 때, 하루 판매 이익이 최대가 되도록 하는 전구 한 개의 판매 가격을 구하시오.

32 그림과 같이 이차함수 $y=-x^2+8x$의 그래프 위의 서로 다른 두 점 A, B에서 x축에 내린 수선의 발을 각각 C, D라 하면 사각형 ACDB가 직사각형이 될 때, 직사각형 ACDB의 둘레의 길이의 최댓값을 구하시오. (단, 두 점 A, B는 제1사분면 위의 점이다.)

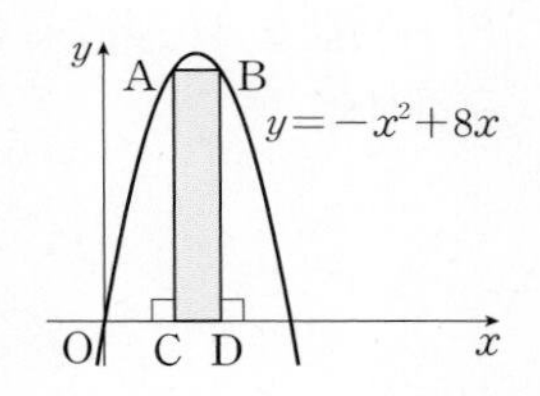

13 이차함수 $y=ax^2-4x+b$가 $x=-1$에서 최댓값 M을 갖는다. 이 이차함수의 그래프가 점 $(1,\ 3)$을 지날 때, M의 값을 구하시오. (단, a, b는 상수이다.)

14 이차함수 $f(x)$가 다음 조건을 만족시킨다.

(가) x에 대한 방정식 $f(x)=0$의 두 근은 -2와 4이다.
(나) $5\le x\le 8$에서 이차함수 $f(x)$의 최댓값은 80이다.

$f(-5)$의 값을 구하시오. [교육청]

15 $1\le x\le 4$에서 함수

$$f(x)=-(x^2-4x+3)^2-2x^2+8x+2$$

의 최댓값을 M, 최솟값을 m이라 할 때, $M+m$의 값을 구하시오.

16 세 실수 x, y, z에 대하여
$2x^2+3y^2+z^2+6x-12y+4z-5$의 최솟값을 구하시오.

17 다음 그림과 같이 이차함수 $y=x^2-5x+4$의 그래프가 y축과 만나는 점을 A라 하고, x축과 만나는 두 점을 각각 B, C라 하자. 점 $\mathrm{P}(a,\ b)$가 곡선 위를 따라 점 A에서 점 C까지 움직일 때, $9a+b$의 최솟값을 구하시오.
(단, 점 C의 x좌표가 점 B의 x좌표보다 크다.)

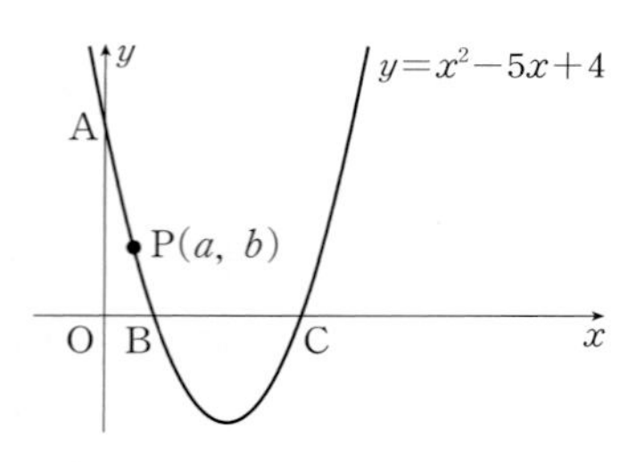

18 둘레의 길이가 340 m인 직사각형 모양의 공원을 만들 때, 공원의 넓이가 $A\,\mathrm{m}^2$이면 1인당 공원 입장료를 $\dfrac{A}{10}$원으로 정하기로 하였다. 1인당 공원 입장료가 1000원이면 하루 방문객의 수는 100명이 될 것으로 예상된다. 공원의 입장료를 2원 내릴 때마다 하루 방문객의 수는 1명 증가하는 것으로 예상될 때, 공원의 하루 입장료 수익을 최대로 하기 위해서는 공원의 가로의 길이가 $a\,\mathrm{m}$, 세로의 길이가 $b\,\mathrm{m}$이어야 한다. $|a-b|$의 값을 구하시오.

1 양수 a에 대하여 이차함수 $y=2x^2-2ax$의 그래프의 꼭짓점을 A, x축과 만나는 두 점을 각각 O, B라 하자. 점 A를 지나고 최고차항의 계수가 -1인 이차함수 $y=f(x)$의 그래프가 x축과 만나는 두 점을 각각 B, C라 할 때, 선분 BC의 길이는 3이다. 삼각형 ABC의 넓이를 구하시오. (단, O는 원점이다.) [교육청]

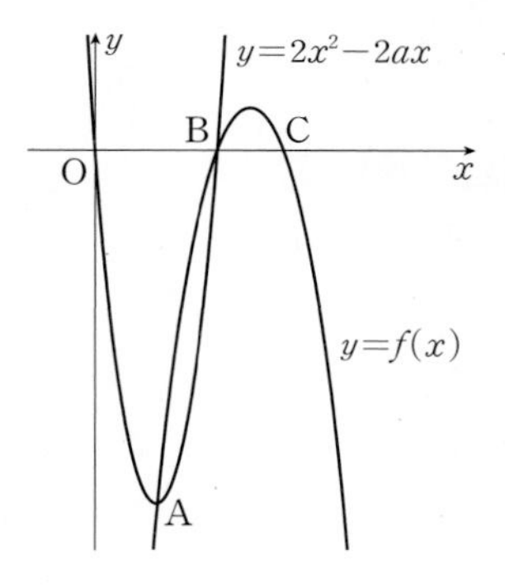

2 다음 그림과 같이 이차함수 $y=x^2-5x$의 그래프 위의 세 점 O, A(a, b), B$(4, -4)$를 꼭짓점으로 하는 삼각형 OAB의 넓이가 최대일 때, $a-b$의 값을 구하시오.

(단, $0<a<4$이고, O는 원점이다.)

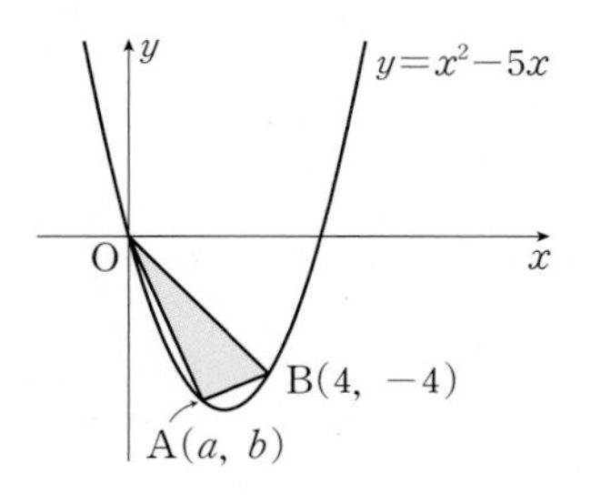

3 x에 대한 방정식 $|x^2-2|+x-k=0$이 서로 다른 세 실근을 가질 때, 모든 실수 k의 값의 곱을 구하시오.

4 함수 $f(x)$가

$$f(x)=\begin{cases}(x-1)(x-3) & (x\geq 1)\\ -(x+2)(x-1) & (x<1)\end{cases}$$

일 때, x에 대한 방정식 $f(x)=k$가 서로 다른 세 실근을 갖도록 하는 실수 k의 값의 범위를 구하시오.

5 최고차항의 계수가 $a\,(a>0)$인 이차함수 $f(x)$가 다음 조건을 만족시킨다.

(가) 직선 $y=4ax-10$과 함수 $y=f(x)$의 그래프가 만나는 두 점의 x좌표는 1, 5이다.
(나) $1\leq x\leq 5$에서 함수 $f(x)$의 최솟값은 -8이다.

$100a$의 값을 구하시오.

6 $a-1\leq x\leq a$에서 이차함수 $y=x^2-3x+a+5$의 최솟값이 4일 때, 실수 a의 값을 구하시오.

틀을
깨는
생각

I know of no more encouraging fact
than the unquestioned ability of a man
to elevate his life by conscious endeavor.

인간에게는 의식적인 노력으로 자신의 삶을 높일 능력이 분명히 있다는 것보다
더 용기를 주는 사실은 없다.

... 헨리 데이비드 소로우(Henry David Thoreau)

II

방정식과 부등식

04 복소수

05 이차방정식

06 이차방정식과 이차함수

07 여러 가지 방정식

08 여러 가지 부등식

BLACKLABEL

1 삼차방정식과 사차방정식

개념 01 삼차방정식과 사차방정식

x에 대한 다항식 $f(x)$가 삼차식이면 방정식 $f(x)=0$을 삼차방정식, 사차식이면 방정식 $f(x)=0$을 사차방정식이라 한다.

예 $x^3+2x^2-x-2=0$은 삼차방정식이고, $x^4-5x^3+4x^2-2x+2=0$은 사차방정식이다.

개념 02 삼차방정식과 사차방정식의 풀이

일반적으로 방정식 $f(x)=0$은 다항식 $f(x)$를 인수분해하여 해를 구한다.

(1) 인수정리를 이용하는 경우 ← p.067 개념06

방정식 $f(x)=0$에서 $f(\alpha)=0$이면 $f(x)=(x-\alpha)Q(x)$임을 이용하여 다항식 $f(x)$를 인수분해한다.

(2) 공통부분이 있는 경우 : 공통부분을 하나의 문자로 치환하여 인수분해한다. ← p.065 개념03

(3) $ax^4+bx^2+c=0$ $(a\neq0)$ 꼴의 방정식인 경우 ← $f(x)$가 복이차식인 경우, p.065 개념04

① $x^2=t$로 치환하여 인수분해한다.

② ①과 같이 치환해도 인수분해되지 않으면 $A^2-B^2=0$ 꼴로 변형한 후 인수분해한다.

(4) $ax^4+bx^3+cx^2+bx+a=0$ $(a\neq0)$ 꼴의 방정식인 경우 ← $f(x)$가 계수가 대칭인 사차식인 경우, p.067 한 걸음 더

양변을 x^2으로 나눈 후 $x+\dfrac{1}{x}$을 한 문자로 치환하여 인수분해한다.

방정식 $f(x)=0$을 풀 때는 다항식 $f(x)$를 더 이상 인수분해가 되지 않을 때까지 인수분해한 후, 다음을 이용하여 해를 구한다. x에 대한 세 다항식 A, B, C에 대하여

(1) $f(x)=AB$일 때, 방정식 $f(x)=0 \iff A=0$ 또는 $B=0$

(2) $f(x)=ABC$일 때, 방정식 $f(x)=0 \iff A=0$ 또는 $B=0$ 또는 $C=0$

예1 방정식 $x^3+2x^2-x-2=0$에서 조립제법을 이용하여 좌변을 인수분해하면

$x^3+2x^2-x-2=(x-1)(x^2+3x+2)=(x-1)(x+2)(x+1)$

즉, 주어진 방정식은 $(x-1)(x+2)(x+1)=0$이므로 방정식의 해는

$x=1$ 또는 $x=-2$ 또는 $x=-1$

1	1	2	-1	-2
		1	3	2
	1	3	2	0

예2 방정식 $x^4-2x^2-3x-2=0$에서 조립제법을 이용하여 좌변을 인수분해하면

$x^4-2x^2-3x-2=(x+1)(x-2)(x^2+x+1)$

즉, 주어진 방정식은 $(x+1)(x-2)(x^2+x+1)=0$이므로 방정식의 해는

$x=-1$ 또는 $x=2$ 또는 $x=\dfrac{-1\pm\sqrt{3}i}{2}$

-1	1	0	-2	-3	-2
		-1	1	1	2
2	1	-1	-1	-2	0
		2	2	2	
	1	1	1	0	

개념 03 삼차방정식의 근과 계수의 관계

삼차방정식 $ax^3+bx^2+cx+d=0$의 세 근을 α, β, γ라 하면

(1) $\underbrace{\alpha+\beta+\gamma}_{\text{세 근의 합}}=-\dfrac{b}{a}$ (2) $\underbrace{\alpha\beta+\beta\gamma+\gamma\alpha}_{\text{두 근끼리의 곱의 합}}=\dfrac{c}{a}$ (3) $\underbrace{\alpha\beta\gamma}_{\text{세 근의 곱}}=-\dfrac{d}{a}$

증명 삼차식 $f(x)=ax^3+bx^2+cx+d$에 대하여 삼차방정식 $f(x)=0$의 세 근을 α, β, γ라 하면 인수정리에 의하여 삼차식 $f(x)$가 $x-\alpha$, $x-\beta$, $x-\gamma$를 인수로 가지므로 Ⓐ

$$ax^3+bx^2+cx+d=a(x-\alpha)(x-\beta)(x-\gamma)$$
$$=a\{x^3-(\alpha+\beta+\gamma)x^2+(\alpha\beta+\beta\gamma+\gamma\alpha)x-\alpha\beta\gamma\}$$

이 등식은 x에 대한 항등식이므로

$b=-a(\alpha+\beta+\gamma)$, $c=a(\alpha\beta+\beta\gamma+\gamma\alpha)$, $d=-a\alpha\beta\gamma$

$\therefore\ \alpha+\beta+\gamma=-\dfrac{b}{a}$, $\alpha\beta+\beta\gamma+\gamma\alpha=\dfrac{c}{a}$, $\alpha\beta\gamma=-\dfrac{d}{a}$ Ⓑ

예 삼차방정식 $2x^3-3x^2+5x+1=0$의 세 근을 α, β, γ라 하면

$\alpha+\beta+\gamma=-\dfrac{-3}{2}=\dfrac{3}{2}$, $\alpha\beta+\beta\gamma+\gamma\alpha=\dfrac{5}{2}$, $\alpha\beta\gamma=-\dfrac{1}{2}$

Ⓐ $f(\alpha)=f(\beta)=f(\gamma)=0$

Ⓑ **사차방정식의 근과 계수의 관계**
사차방정식
$ax^4+bx^3+cx^2+dx+e=0$의 네 근을 $\alpha, \beta, \gamma, \delta$라 하면
$\alpha+\beta+\gamma+\delta=-\dfrac{b}{a}$, $\alpha\beta\gamma\delta=\dfrac{e}{a}$

개념 04 세 수를 근으로 하는 삼차방정식

세 근이 α, β, γ이고, x^3의 계수가 1인 삼차방정식은

$(x-\alpha)(x-\beta)(x-\gamma)=0$, 즉 $x^3-(\alpha+\beta+\gamma)x^2+(\alpha\beta+\beta\gamma+\gamma\alpha)x-\alpha\beta\gamma=0$

예 세 근이 1, $1+\sqrt{2}$, $1-\sqrt{2}$이고, x^3의 계수가 1인 삼차방정식을 구해 보자.

(세 근의 합)$=1+(1+\sqrt{2})+(1-\sqrt{2})=3$,

(두 근끼리의 곱의 합)$=1\times(1+\sqrt{2})+(1+\sqrt{2})(1-\sqrt{2})+(1-\sqrt{2})\times1=1$,

(세 근의 곱)$=1\times(1+\sqrt{2})\times(1-\sqrt{2})=-1$

따라서 구하는 삼차방정식은 $x^3-3x^2+x+1=0$이다.

참고 삼차방정식 $ax^3+bx^2+cx+d=0$ (a, b, c, d는 상수, $ad\neq0$)의 세 근을 p, q, r이라 하면

(1) 삼차방정식 $ax^3-bx^2+cx-d=0$의 세 근 ⇨ $-p, -q, -r$

(2) 삼차방정식 $dx^3+cx^2+bx+a=0$의 세 근 ⇨ $\dfrac{1}{p}, \dfrac{1}{q}, \dfrac{1}{r}$

(3) 삼차방정식 $dx^3-cx^2+bx-a=0$의 세 근 ⇨ $-\dfrac{1}{p}, -\dfrac{1}{q}, -\dfrac{1}{r}$

개념 05 삼차방정식의 켤레근

삼차방정식 $ax^3+bx^2+cx+d=0$에 대하여 다음이 성립한다.

(1) a, b, c, d가 유리수일 때, $p+q\sqrt{m}$이 근이면 $p-q\sqrt{m}$도 근이다. (단, p, q는 유리수, $q\neq0$, $\sqrt{m}$은 무리수)

(2) a, b, c, d가 실수일 때, $p+qi$가 근이면 $p-qi$도 근이다. (단, p, q는 실수, $q\neq0$, $i=\sqrt{-1}$)

삼차방정식은

(일차식)$\times$(이차식)$=0$

으로 변형할 수 있으므로 (이차식)$=0$을 만족시키는 켤레근은 주어진 삼차방정식의 근과 같다. 즉, 이차방정식에서와 마찬가지로 삼차방정식도 계수가 모두 유리수이거나 모두 실수일 때, 켤레근의 성질이 성립한다. Ⓐ

예 두 유리수 a, b에 대하여 삼차방정식 $x^3+ax^2+bx-6=0$의 한 근이 $\sqrt{2}$일 때, 다른 한 근은 $-\sqrt{2}$이므로 나머지 한 근을 α라 하면

(세 근의 곱)$=\sqrt{2}\times(-\sqrt{2})\times\alpha=-2\alpha$

즉, $-2\alpha=6$에서 $\alpha=-3$이다.

이때 (세 근의 합)$=\sqrt{2}+(-\sqrt{2})+(-3)=-3$이고

(두 근끼리의 곱의 합)$=\sqrt{2}\times(-\sqrt{2})+(-\sqrt{2})\times(-3)+(-3)\times\sqrt{2}$
$=-2$

이므로 $a=3$, $b=-2$ Ⓑ

따라서 주어진 삼차방정식은 $x^3+3x^2-2x-6=0$이다.

참고 켤레근의 성질에 의하여 삼차방정식이 한 쌍의 켤레근을 가지면 세 근 중 켤레근을 제외한 나머지 한 근은 다음과 같다.

(1) 유리수 계수의 삼차방정식에서 두 근이 서로 켤레인 무리수이면 나머지 한 근은 반드시 유리수이다.

(2) 실수 계수의 삼차방정식에서 두 근이 서로 켤레복소수이면 나머지 한 근은 반드시 실수이다. ← 개념마무리 발전 4

Ⓐ **사차방정식의 켤레근**

사차방정식은

(이차식①)$\times$(이차식②)$=0$

으로 변형할 수 있으므로

(이차식①)$=0$ 또는 (이차식②)$=0$을 만족시키는 근과 그 켤레근은 주어진 사차방정식의 근과 같다.

Ⓑ **다른 풀이**

주어진 근 $x=\sqrt{2}$를 삼차방정식에 대입하면

$(\sqrt{2})^3+a\times(\sqrt{2})^2+b\times\sqrt{2}-6=0$에서

$(2a-6)+(2+b)\sqrt{2}=0$

이때 a, b가 유리수이므로 무리수가 서로 같을 조건에 의하여

$a=3$, $b=-2$

개념 06 방정식 $x^3=1$의 허근

방정식 $x^3=1$의 한 허근을 ω라 하면 다음 성질이 성립한다. (단, $\overline{\omega}$는 ω의 켤레복소수) ← ω는 그리스 문자로 '오메가(omega)'라고 읽는다.

(1) $\omega^3=1$, $\overline{\omega}^3=1$

(2) $\omega^2+\omega+1=0$, $\overline{\omega}^2+\overline{\omega}+1=0$

(3) $\omega+\overline{\omega}=-1$, $\omega\overline{\omega}=1$

(4) $\omega^2=\overline{\omega}=\frac{1}{\omega}$, $\overline{\omega}^2=\omega=\frac{1}{\overline{\omega}}$

방정식 $x^3=1$에서 $(x-1)(x^2+x+1)=0$이므로

$x=1$ 또는 $x^2+x+1=0$

이때 ω는 허근이므로 $x^2+x+1=0$의 두 근이 ω와 $\overline{\omega}$이다. Ⓒ

Ⓒ $x^2+x+1=0$의 근은 $x=\frac{-1\pm\sqrt{3}i}{2}$

따라서 $\omega=\frac{-1+\sqrt{3}i}{2}$이면

$\overline{\omega}=\frac{-1-\sqrt{3}i}{2}$이다.

(1) ω와 $\overline{\omega}$는 $x^3=1$의 두 근이므로 $\omega^3=1$, $\overline{\omega}^3=1$

(2) ω와 $\overline{\omega}$는 방정식 $x^2+x+1=0$의 두 근이므로 $\omega^2+\omega+1=0$, $\overline{\omega}^2+\overline{\omega}+1=0$

(3) ω와 $\overline{\omega}$는 방정식 $x^2+x+1=0$의 두 근이므로 근과 계수의 관계에 의하여 $\omega+\overline{\omega}=-1$, $\omega\overline{\omega}=1$

(4) $\omega^3=1$, $\omega\overline{\omega}=1$의 양변을 ω로 각각 나누면 $\omega^2=\frac{1}{\omega}$, $\overline{\omega}=\frac{1}{\omega}$이므로 $\omega^2=\overline{\omega}=\frac{1}{\omega}$

또한, $\overline{\omega}^3=1$, $\omega\overline{\omega}=1$의 양변을 $\overline{\omega}$로 각각 나누면 $\overline{\omega}^2=\frac{1}{\overline{\omega}}$, $\omega=\frac{1}{\overline{\omega}}$이므로 $\overline{\omega}^2=\omega=\frac{1}{\overline{\omega}}$

참고 방정식 $x^3=-1$의 한 허근을 ω라 하면 다음이 성립한다.

(1) $\omega^3=-1$, $\overline{\omega}^3=-1$

(2) $\omega^2-\omega+1=0$, $\overline{\omega}^2-\overline{\omega}+1=0$

(3) $\omega+\overline{\omega}=1$, $\omega\overline{\omega}=1$

(4) $\omega^2=-\overline{\omega}=-\frac{1}{\omega}$, $\overline{\omega}^2=-\omega=-\frac{1}{\overline{\omega}}$

한 걸음 더

사차방정식 $ax^4+bx^2+c=0$ (a, b, c는 실수)의 근의 성질

기본유형 03
+필수연습 09

1. 방정식 $ax^4+bx^2+c=0$ (a, b, c는 실수, $a\neq0$)의 네 근은 $\pm\alpha$, $\pm\beta$ 꼴이다.

설명1 방정식 $ax^4+bx^2+c=0$ ($a\neq0$)의 한 근을 α라 하면

$a\alpha^4+b\alpha^2+c=0$ ……㉠

이때 $(-\alpha)^2=\alpha^2$이므로 ㉠은 다음과 같이 변형하여 나타낼 수 있다.

$a\times(-\alpha)^4+b\times(-\alpha)^2+c=0$

즉, $x=\alpha$가 근이면 $x=-\alpha$도 방정식 $ax^4+bx^2+c=0$의 근이다.

같은 방법으로 나머지 두 근을 β, $-\beta$로 나타낼 수 있다.

예 방정식 $x^4-x^2-30=0$의 근을 구해 보자.

$x^2=t$로 놓으면 $t^2-t-30=0$, $(t-6)(t+5)=0$ $\quad\therefore t=6$ 또는 $t=-5$

즉, $x^2=6$ 또는 $x^2=-5$이므로 주어진 사차방정식의 근은

$x=-\sqrt{6}$ 또는 $x=\sqrt{6}$ 또는 $x=-\sqrt{5}i$ 또는 $x=\sqrt{5}i$

2. 방정식 $ax^4+bx^2+c=0$ (a, b, c는 실수, $a\neq0$)의 한 근이 $p+qi$ ($p\neq0$, $q\neq0$)이면 나머지 세 근은 $p-qi$, $-p-qi$, $-p+qi$이다.
   (실수도 순허수도 아닌 복소수)

설명2 방정식 $ax^4+bx^2+c=0$ ($a\neq0$)의 한 근이 $p+qi$이므로

사차방정식의 켤레근의 성질에 의하여 $p-qi$도 근이다.

이때 **설명1**에 의하여 $-(p+qi)=-p-qi$, $-(p-qi)=-p+qi$도 주어진 사차방정식의 근이다.

예 방정식 $x^4+2x^2+9=0$의 근을 구해 보자.

$x^4+2x^2+9=x^4+6x^2+9-4x^2=(x^2+3)^2-(2x)^2=(x^2+2x+3)(x^2-2x+3)$

이때 두 이차방정식 $x^2+2x+3=0$, $x^2-2x+3=0$의 근을 각각 구하면

$x=-1\pm\sqrt{2}i$, $x=1\pm\sqrt{2}i$

따라서 주어진 사차방정식의 근은

$x=-1-\sqrt{2}i$ 또는 $x=-1+\sqrt{2}i$ 또는 $x=1-\sqrt{2}i$ 또는 $x=1+\sqrt{2}i$

기본유형 01 인수정리를 이용한 삼·사차방정식의 풀이

개념 02

다음 방정식의 근을 구하시오.

(1) $x^3+2x^2+x-4=0$

(2) $x^4+x^3-x^2-7x-6=0$

solution

(1) $f(x)=x^3+2x^2+x-4$라 하면 $f(1)=0$이므로 조립제법을 이용하여 $f(x)$를 인수분해하면 $f(x)=(x-1)(x^2+3x+4)$

따라서 주어진 방정식은 $(x-1)(x^2+3x+4)=0$

$\therefore\ x=1$ 또는 $x=\dfrac{-3\pm\sqrt{7}i}{2}$

1	1	2	1	−4
		1	3	4
	1	3	4	0

(2) $f(x)=x^4+x^3-x^2-7x-6$이라 하면 $f(-1)=0$, $f(2)=0$이므로 조립제법을 이용하여 $f(x)$를 인수분해하면

$f(x)=(x+1)(x-2)(x^2+2x+3)$

따라서 주어진 방정식은 $(x+1)(x-2)(x^2+2x+3)=0$

$\therefore\ x=-1$ 또는 $x=2$ 또는 $x=-1\pm\sqrt{2}i$

−1	1	1	−1	−7	−6
		−1	0	1	6
2	1	0	−1	−6	0
		2	4	6	
	1	2	3	0	

기본유형 02 공통부분이 있는 사차방정식의 풀이

개념 02

다음 방정식의 근을 구하시오.

(1) $(x^2-3x)^2+5(x^2-3x)+6=0$

(2) $(x+1)(x+2)(x+3)(x+4)-8=0$

solution

(1) $x^2-3x=t$로 놓으면 주어진 방정식은 $t^2+5t+6=0$, $(t+2)(t+3)=0$

즉, $(x^2-3x+2)(x^2-3x+3)=0$이므로 $(x-1)(x-2)(x^2-3x+3)=0$

$\therefore\ x=1$ 또는 $x=2$ 또는 $x=\dfrac{3\pm\sqrt{3}i}{2}$

(2) $(x+1)(x+2)(x+3)(x+4)-8=0$에서

$\{(x+1)(x+4)\}\{(x+2)(x+3)\}-8=0$, $(x^2+5x+4)(x^2+5x+6)-8=0$

상수항의 합이 같은 두 쌍의 일차식으로 묶는다.

$x^2+5x=t$로 놓으면 $(t+4)(t+6)-8=0$, $t^2+10t+16=0$, $(t+2)(t+8)=0$

$(x^2+5x+2)(x^2+5x+8)=0$ $\quad\therefore\ x=\dfrac{-5\pm\sqrt{17}}{2}$ 또는 $x=\dfrac{-5\pm\sqrt{7}i}{2}$

기본 연습

01 다음 방정식의 근을 구하시오.

(1) $x^3+4x^2+9x+10=0$

(2) $x^4-3x^3-8x+24=0$

02 다음 방정식의 근을 구하시오.

(1) $(x^2-5x)(x^2-5x+13)+42=0$

(2) $(x+1)(x-1)(x-2)(x-4)-72=0$

pp.088~089

기본유형 03 $ax^4+bx^2+c=0$ (a, b, c는 상수, $a\neq0$) 꼴의 방정식의 풀이 개념 02

다음 방정식의 근을 구하시오.

(1) $x^4+3x^2-4=0$ (2) $x^4+5x^2+9=0$

solution

(1) $x^2=t$로 놓으면 주어진 방정식은 $t^2+3t-4=0$

$(t+4)(t-1)=0$ $\therefore t=-4$ 또는 $t=1$

따라서 $x^2=-4$ 또는 $x^2=1$이므로 $x=\pm2i$ 또는 $x=\pm1$ ← p.159 한 걸음 더 1이 성립함을 확인할 수 있다.

(2) $x^4+5x^2+9=(x^4+6x^2+9)-x^2=(x^2+3)^2-x^2=(x^2+x+3)(x^2-x+3)$

즉, 주어진 방정식은 $(x^2+x+3)(x^2-x+3)=0$

이때 $x^2+x+3=0$, $x^2-x+3=0$의 근을 각각 구하면

$x=\frac{-1\pm\sqrt{11}i}{2}$, $x=\frac{1\pm\sqrt{11}i}{2}$

$\therefore x=\frac{-1\pm\sqrt{11}i}{2}$ 또는 $x=\frac{1\pm\sqrt{11}i}{2}$ ← p.159 한 걸음 더 2가 성립함을 확인할 수 있다.

기본유형 04 $ax^4+bx^3+cx^2+bx+a=0$ (a, b, c는 상수, $a\neq0$) 꼴의 방정식의 풀이 개념 02

방정식 $x^4+3x^3-16x^2+3x+1=0$의 근을 구하시오.

solution

$x\neq0$이므로 주어진 방정식의 양변을 x^2으로 나누면
방정식에 $x=0$을 대입하면 등식이 성립하지 않는다.

$x^2+3x-16+\frac{3}{x}+\frac{1}{x^2}=0$, $\left(x^2+\frac{1}{x^2}\right)+3\left(x+\frac{1}{x}\right)-16=0$, $\left(x+\frac{1}{x}\right)^2+3\left(x+\frac{1}{x}\right)-18=0$

이때 $x+\frac{1}{x}=t$로 놓으면 $t^2+3t-18=0$, $(t+6)(t-3)=0$ $\therefore t=-6$ 또는 $t=3$

(i) $t=-6$, 즉 $x+\frac{1}{x}=-6$일 때, $x^2+6x+1=0$ $\therefore x=-3\pm2\sqrt{2}$

(ii) $t=3$, 즉 $x+\frac{1}{x}=3$일 때, $x^2-3x+1=0$ $\therefore x=\frac{3\pm\sqrt{5}}{2}$

(i), (ii)에서 $x=-3\pm2\sqrt{2}$ 또는 $x=\frac{3\pm\sqrt{5}}{2}$

기본 연습

03 다음 방정식의 근을 구하시오.

(1) $x^4-7x^2+12=0$ (2) $x^4+4=0$

얇은 p.089

04 방정식 $x^4+4x^3+2x^2+4x+1=0$의 근을 구하시오.

기본유형 05 삼차방정식의 근과 계수의 관계

개념 03

삼차방정식 $x^3-7x^2+5x+1=0$의 세 근을 α, β, γ라 할 때, 다음 식의 값을 구하시오.

(1) $\alpha+\beta+\gamma$

(2) $\alpha\beta+\beta\gamma+\gamma\alpha$

(3) $\alpha\beta\gamma$

(4) $\alpha^2+\beta^2+\gamma^2$

solution

삼차방정식 $x^3-7x^2+5x+1=0$의 세 근이 α, β, γ이므로 근과 계수의 관계에 의하여

(1) $\alpha+\beta+\gamma=7$　(2) $\alpha\beta+\beta\gamma+\gamma\alpha=5$　(3) $\alpha\beta\gamma=-1$

(4) $\alpha^2+\beta^2+\gamma^2=(\alpha+\beta+\gamma)^2-2(\alpha\beta+\beta\gamma+\gamma\alpha)=7^2-2\times5=39$

기본유형 06 삼차방정식의 켤레근

개념 05

삼차방정식 $x^3+ax^2+bx-8=0$의 한 근이 $1-\sqrt{3}i$일 때, 두 실수 a, b에 대하여 $a+b$의 값을 구하시오. (단, $i=\sqrt{-1}$)

solution

a, b가 실수이므로 주어진 삼차방정식의 한 근이 $1-\sqrt{3}i$이면 $1+\sqrt{3}i$도 근이다.

나머지 한 근을 α라 하면 삼차방정식의 근과 계수의 관계에 의하여

$(1-\sqrt{3}i)+(1+\sqrt{3}i)+\alpha=-a$ ······㉠

$(1-\sqrt{3}i)(1+\sqrt{3}i)+(1+\sqrt{3}i)\alpha+\alpha(1-\sqrt{3}i)=b$ ······㉡

$(1-\sqrt{3}i)(1+\sqrt{3}i)\alpha=8$ ······㉢

㉢에서 $4\alpha=8$　$\therefore \alpha=2$

$\alpha=2$를 ㉠, ㉡에 각각 대입하여 정리하면 $a=-4$, $b=8$　$\therefore a+b=4$

다른 풀이 주어진 근 $x=1-\sqrt{3}i$를 삼차방정식 $x^3+ax^2+bx-8=0$에 대입하면

$(1-\sqrt{3}i)^3+a(1-\sqrt{3}i)^2+b(1-\sqrt{3}i)-8=0$　$\therefore (-2a+b-16)-(2a+b)\sqrt{3}i=0$

a, b가 실수이므로 복소수가 서로 같을 조건에 의하여 $-2a+b-16=0$, $2a+b=0$

두 식을 연립하여 풀면 $a=-4$, $b=8$　$\therefore a+b=4$

기본 연습

pp.089~090

05 삼차방정식 $x^3-7x+6=0$의 세 근을 α, β, γ라 할 때, 다음 식의 값을 구하시오.

(1) $\alpha+\beta+\gamma$

(2) $\alpha\beta+\beta\gamma+\gamma\alpha$

(3) $\alpha\beta\gamma$

(4) $\frac{1}{\alpha}+\frac{1}{\beta}+\frac{1}{\gamma}$

06 삼차방정식 $x^3+ax^2+7x+b=0$의 한 근이 $1+2i$일 때, 두 실수 a, b에 대하여 ab의 값을 구하시오. (단, $i=\sqrt{-1}$)

필수유형 07 근이 주어진 삼·사차방정식

개념 02

삼차방정식

$$ax^3+x^2+x-3=0$$

의 한 근이 1일 때, 나머지 두 근의 곱을 구하시오. (단, a는 상수이다.)

guide

❶ 주어진 근을 방정식에 대입하여 미정계수를 구한다.

❷ 방정식을 풀거나 이차방정식의 근과 계수의 관계를 이용하여 필요한 값을 구한다.

solution

방정식 $ax^3+x^2+x-3=0$의 한 근이 1이므로 $x=1$을 대입하면

$a+1+1-3=0 \qquad \therefore a=1$

따라서 주어진 방정식은 $x^3+x^2+x-3=0$이다.

삼차식 x^3+x^2+x-3은 $x-1$을 인수로 가지므로 조립제법을 이용하여 인수분해하면

1	1	1	1	−3
		1	2	3
	1	2	3	0

$x^3+x^2+x-3=(x-1)(x^2+2x+3)$

즉, 삼차방정식 $(x-1)(x^2+2x+3)=0$의 1이 아닌 나머지 두 근은 이차방정식 $x^2+2x+3=0$의 두 근이므로 이차방정식의 근과 계수의 관계에 의하여 나머지 두 근의 곱은 3이다.

plus

사차방정식 $ax^4+bx^2+c=0$ (a, b, c는 실수)의 네 근은 $\pm\alpha$, $\pm\beta$ 꼴이다.

⇨ 사차방정식 $ax^4+bx^2+c=0$ (a, b, c는 실수)의 한 근이 α이면 $-\alpha$도 근이다. ▶ p.159 한 걸음 더

필수 연습

07 삼차방정식 $x^3+(k+1)x^2+(4k-3)x+k+7=0$이 서로 다른 세 실근 -1, α, β를 가질 때, $\alpha^2+\beta^2$의 값을 구하시오. (단, k는 상수이다.)

일품 pp.090~091

08 사차방정식 $x^4-x^3+ax+b=0$의 서로 다른 네 근이 1, -2, α, β일 때, $\alpha^4+\beta^4$의 값을 구하시오. (단, a, b는 상수이다.)

✦plus
09 사차방정식 $x^4-(a-9)x^2+2b+6=0$이 서로 다른 네 실근 -2, α, β, γ를 갖는다. $\alpha^2+\beta^2=5$일 때, $a+b$의 최댓값을 구하시오. (단, a, b는 상수이다.)

필수유형 08 삼차방정식의 근의 판별

개념 02

삼차방정식 $x^3-7x^2+(a+10)x-2a=0$이 서로 다른 세 실근을 갖도록 하는 자연수 a의 개수를 구하시오.

guide

❶ 주어진 삼차방정식을 $(x-\alpha)(ax^2+bx+c)=0$으로 변형한다.

❷ α가 실수일 때, $x=\alpha$를 제외한 나머지 두 근은 이차방정식 $ax^2+bx+c=0$의 근과 같으므로 이차방정식의 근의 판별을 이용한다.

(1) 서로 다른 세 실근을 갖는 경우 ⇨ $ax^2+bx+c=0$은 $x\neq\alpha$인 서로 다른 두 실근을 갖는다.

(2) 중근과 다른 한 실근을 갖는 경우 ⇨ $ax^2+bx+c=0$은 $x\neq\alpha$인 중근을 갖거나 서로 다른 두 실근을 갖고 그 중 하나가 α이다.

(3) 한 실근과 두 허근을 갖는 경우 ⇨ $ax^2+bx+c=0$은 두 허근을 갖는다.

(4) 삼중근을 갖는 경우 ⇨ $ax^2+bx+c=0$은 $x=\alpha$를 중근으로 갖는다.
3개의 근이 같을 때

solution

$f(x)=x^3-7x^2+(a+10)x-2a$라 하면 $f(2)=8-28+2(a+10)-2a=0$이므로

조립제법을 이용하여 $f(x)$를 인수분해하면

2	1	-7	$a+10$	$-2a$
		2	-10	$2a$
	1	-5	a	0

$f(x)=(x-2)(x^2-5x+a)$

즉, 주어진 삼차방정식은 $(x-2)(x^2-5x+a)=0$이므로 이 삼차방정식이 서로 다른 세 실근을 가지려면 이차방정식 $x^2-5x+a=0$이 $x\neq2$인 서로 다른 두 실근을 가져야 한다.

$2^2-5\times2+a\neq0$에서 $a\neq6$ ……㉠

이차방정식 $x^2-5x+a=0$의 판별식을 D라 하면

$D=(-5)^2-4a>0,\ 25-4a>0 \quad \therefore a<\frac{25}{4}$ ……㉡

㉠, ㉡에서 구하는 자연수 a는 1, 2, 3, 4, 5의 5개이다.

필수 연습

pp.091~092

10 삼차방정식 $x^3+(2a-1)x-2a=0$이 허근을 갖도록 하는 실수 a의 값의 범위를 구하시오.

11 삼차방정식 $x^3-(4a+1)x^2+7ax-3a=0$이 중근을 갖도록 하는 모든 실수 a의 값의 합을 구하시오.

12 삼차방정식 $x^3+x^2+(k^2-5)x-k^2+3=0$이 삼중근을 갖거나 한 개의 실근과 두 개의 허근을 갖도록 하는 자연수 k의 최솟값을 구하시오.

삼차방정식의 근과 계수의 관계

개념 03

삼차방정식 $x^3+3x^2-4x-12=0$의 세 근을 α, β, γ라 할 때,

$$(\alpha^3+3\alpha^2-8)(\beta^3+3\beta^2-8)(\gamma^3+3\gamma^2-8)$$

의 값을 구하시오.

guide

❶ 방정식의 해의 정의를 이용하여 구하는 식을 간단히 한다.

⇨ 삼차방정식 $ax^3+bx^2+cx+d=0$의 세 근을 α, β, γ라 하면

$a\alpha^3+b\alpha^2+c\alpha+d=0$, $a\beta^3+b\beta^2+c\beta+d=0$, $a\gamma^3+b\gamma^2+c\gamma+d=0$

❷ 삼차방정식의 근과 계수의 관계를 이용하여 주어진 식의 값을 구한다.

⇨ 삼차방정식 $ax^3+bx^2+cx+d=0$의 세 근을 α, β, γ라 하면

$\alpha+\beta+\gamma=-\frac{b}{a}$, $\alpha\beta+\beta\gamma+\gamma\alpha=\frac{c}{a}$, $\alpha\beta\gamma=-\frac{d}{a}$

solution

삼차방정식 $x^3+3x^2-4x-12=0$에서 근과 계수의 관계에 의하여

$\alpha+\beta+\gamma=-3$, $\alpha\beta+\beta\gamma+\gamma\alpha=-4$, $\alpha\beta\gamma=12$ ……㉠

또한, 삼차방정식의 세 근이 α, β, γ이므로

$\alpha^3+3\alpha^2-4\alpha-12=0$, $\beta^3+3\beta^2-4\beta-12=0$, $\gamma^3+3\gamma^2-4\gamma-12=0$

즉, $\alpha^3+3\alpha^2-8=4\alpha+4$, $\beta^3+3\beta^2-8=4\beta+4$, $\gamma^3+3\gamma^2-8=4\gamma+4$이므로

$$\begin{aligned}(\alpha^3+3\alpha^2-8)(\beta^3+3\beta^2-8)(\gamma^3+3\gamma^2-8)&=(4\alpha+4)(4\beta+4)(4\gamma+4)\\&=4^3(\alpha+1)(\beta+1)(\gamma+1)\\&=64\{\alpha\beta\gamma+(\alpha\beta+\beta\gamma+\gamma\alpha)+(\alpha+\beta+\gamma)+1\}\\&=64\times(12-4-3+1)\ (\because ㉠)\\&=384\end{aligned}$$

필수 연습

pp.092~093

13 삼차방정식 $x^3+3x^2+6x+2=0$의 세 근을 α, β, γ라 할 때, $(\alpha^3+\alpha^2+2)(\beta^3+\beta^2+2)(\gamma^3+\gamma^2+2)$의 값을 구하시오.

14 삼차방정식 $x^3+ax^2+4x-5=0$의 세 근을 α, β, γ라 하면 $\frac{1}{\alpha\beta}+\frac{1}{\beta\gamma}+\frac{1}{\gamma\alpha}=-\frac{2}{5}$가 성립할 때, 상수 a의 값을 구하시오.

15 삼차방정식 $x^3-27x^2+ax+b=0$의 세 근의 비가 $1:3:5$일 때, $a+b$의 값을 구하시오.

(단, a, b는 상수이다.)

필수유형 10 세 수를 근으로 하는 삼차방정식

개념 04

삼차방정식 $x^3+2x^2-3x-10=0$의 세 근을 α, β, γ라 할 때, $\alpha-1, \beta-1, \gamma-1$을 세 근으로 하고 x^3의 계수가 1인 삼차방정식을 구하시오.

guide

❶ 삼차방정식의 근과 계수의 관계를 이용하여 $\alpha+\beta+\gamma$, $\alpha\beta+\beta\gamma+\gamma\alpha$, $\alpha\beta\gamma$의 값을 구한다.
❷ ❶을 이용하여 새롭게 주어진 삼차방정식의 세 근의 합, 두 근끼리의 곱의 합, 세 근의 곱의 값을 구한다.
❸ 세 수를 근으로 하는 삼차방정식을 이용한다.
⇨ 세 수 a, b, c를 근으로 하고 x^3의 계수가 1인 삼차방정식은
$x^3-(a+b+c)x^2+(ab+bc+ca)x-abc=0$

solution

삼차방정식 $x^3+2x^2-3x-10=0$의 세 근이 α, β, γ이므로 근과 계수의 관계에 의하여
$\alpha+\beta+\gamma=-2$, $\alpha\beta+\beta\gamma+\gamma\alpha=-3$, $\alpha\beta\gamma=10$
이때 구하는 삼차방정식의 세 근이 $\alpha-1, \beta-1, \gamma-1$이므로
(세 근의 합)$=(\alpha-1)+(\beta-1)+(\gamma-1)=(\alpha+\beta+\gamma)-3=-2-3=-5$
(두 근끼리의 곱의 합)$=(\alpha-1)(\beta-1)+(\beta-1)(\gamma-1)+(\gamma-1)(\alpha-1)$
$=(\alpha\beta+\beta\gamma+\gamma\alpha)-2(\alpha+\beta+\gamma)+3=-3-2\times(-2)+3=4$
(세 근의 곱)$=(\alpha-1)(\beta-1)(\gamma-1)=\alpha\beta\gamma-(\alpha\beta+\beta\gamma+\gamma\alpha)+(\alpha+\beta+\gamma)-1$
$=\underline{10-(-3)+(-2)-1=10}_{(*)}$
따라서 구하는 삼차방정식은
$x^3+5x^2+4x-10=0$

다른 풀이 (*)에서 $\alpha-1, \beta-1, \gamma-1$의 곱은 다음과 같이 구할 수도 있다.
삼차방정식 $x^3+2x^2-3x-10=0$의 세 근이 α, β, γ이므로
$x^3+2x^2-3x-10=(x-\alpha)(x-\beta)(x-\gamma)$
위의 식에 $x=1$을 대입하면
$1+2-3-10=(1-\alpha)(1-\beta)(1-\gamma)$
$\therefore (\alpha-1)(\beta-1)(\gamma-1)=10$

필수 연습

pp.093~094

16 삼차방정식 $x^3+2x^2-3x+4=0$의 세 근을 α, β, γ라 할 때, $\frac{1}{\alpha}, \frac{1}{\beta}, \frac{1}{\gamma}$을 세 근으로 하고 x^3의 계수가 4인 삼차방정식을 구하시오.

17 삼차방정식 $x^3+ax^2+bx+c=0$의 세 근을 α, β, γ라 하자. $\frac{1}{\alpha\beta}, \frac{1}{\beta\gamma}, \frac{1}{\gamma\alpha}$을 세 근으로 하는 삼차방정식이 $x^3-3x^2+x-2=0$일 때, $a^2+b^2+c^2$의 값을 구하시오.
(단, a, b, c는 상수이다.)

방정식 $x^3\pm1=0$의 허근의 성질

개념 06

삼차방정식 $x^3=1$의 한 허근을 ω라 할 때, 다음 식의 값을 구하시오. (단, $\overline{\omega}$는 ω의 켤레복소수이다.)

(1) $1-\omega^2+\omega^4-\omega^6+\omega^8-\omega^{10}$

(2) $\frac{1}{\omega-1}+\frac{1}{\overline{\omega}-1}$

guide

❶ 방정식 $x^3=1$의 한 허근이 ω이면 ω는 두 방정식 $x^3=1$, $x^2+x+1=0$의 허근임을 이용하여 주어진 식의 차수를 낮추고 간단히 한다.

❷ 허근 ω와 그 켤레복소수 $\overline{\omega}$로 이루어진 식의 값은 다음 성질을 이용하여 구한다.

(1) $\omega^3=1$, $\overline{\omega}^3=1$

(2) $\omega^2+\omega+1=0$, $\overline{\omega}^2+\overline{\omega}+1=0$

(3) $\omega+\overline{\omega}=-1$, $\omega\overline{\omega}=1$

(4) $\omega^2=\overline{\omega}=\frac{1}{\omega}$, $\overline{\omega}^2=\omega=\frac{1}{\overline{\omega}}$

solution

$x^3=1$에서 $x^3-1=0$, $(x-1)(x^2+x+1)=0$ $\quad\therefore x=1$ 또는 $x^2+x+1=0$

(1) ω는 방정식 $x^3=1$의 한 허근이므로 $\omega^3=1$

$\therefore$ (주어진 식)$=1-\omega^2+\omega\times\omega^3-(\omega^3)^2+\omega^2\times(\omega^3)^2-\omega\times(\omega^3)^3$

$=1-\omega^2+\omega-1+\omega^2-\omega=0$

(2) ω는 허근이므로 방정식 $x^2+x+1=0$의 근이고 다른 한 근은 $\overline{\omega}$이다. ← 방정식 $x^2+x+1=0$의 계수는 실수이므로 한 허근이 ω이면 $\overline{\omega}$도 근이다.

이차방정식의 근과 계수의 관계에 의하여

$\omega+\overline{\omega}=-1$, $\omega\overline{\omega}=1$

$\therefore \frac{1}{\omega-1}+\frac{1}{\overline{\omega}-1}=\frac{\overline{\omega}-1+\omega-1}{(\omega-1)(\overline{\omega}-1)}=\frac{\omega+\overline{\omega}-2}{\omega\overline{\omega}-(\omega+\overline{\omega})+1}=\frac{-1-2}{1+1+1}=-1$

필수 연습

18 삼차방정식 $x^3=-1$의 한 허근을 ω라 할 때, 다음 식의 값을 구하시오. (단, $\overline{\omega}$는 ω의 켤레복소수이다.)

(1) $1-\omega+\omega^2-\cdots-\omega^{999}$

(2) $\frac{\omega^{10}}{\omega-1}+\frac{\overline{\omega}^{10}}{\overline{\omega}-1}$

해 p.094

19 삼차방정식 $x^3=8$의 한 허근을 ω라 할 때, $\frac{\overline{\omega}^2}{\omega^2+4}$의 값을 구하시오. (단, $\overline{\omega}$는 ω의 켤레복소수이다.)

20 삼차방정식 $x^3=1$의 한 허근 ω와 자연수 n에 대하여 $f(n)=\omega^{2n}-\omega^n+1$이라 하자.

$f(1)+f(2)+f(3)+\cdots+f(10)=a\omega+b$

일 때, 두 실수 a, b에 대하여 ab의 값을 구하시오.

01 삼차방정식 $x^3+x^2+2x-4=0$의 두 허근을 각각 α, β라 할 때, $(\alpha+2)(\beta+2)$의 값을 구하시오.

02 삼차방정식 $x^3-4x^2+4x-3=0$의 한 허근을 α라 할 때, $\frac{\overline{\alpha}}{\alpha}+\frac{\alpha}{\overline{\alpha}}$의 값을 구하시오.

(단, $\overline{\alpha}$는 α의 켤레복소수이다.)

03 사차방정식 $(x^2-4x+3)(x^2-6x+8)=120$의 한 허근을 ω라 할 때, $\omega^2-5\omega$의 값을 구하시오.

04 사차방정식 $x^4+x^2+25=0$의 네 근을 α, β, γ, δ라 할 때, $\frac{1}{\alpha}+\frac{1}{\beta}+\frac{1}{\gamma}+\frac{1}{\delta}$의 값을 구하시오.

05 사차방정식 $x^4+2x^3+3x^2+2x+1=0$의 한 허근을 α라 할 때, $\alpha+\overline{\alpha}$의 값을 구하시오.

(단, $\overline{\alpha}$는 α의 켤레복소수이다.)

06 삼차방정식

$$x^3+(3-k)x^2+(2-3k)x-2k=0$$

이 중근을 가질 때, 모든 실수 k의 값의 합을 구하시오.

서술형

07 x에 대한 삼차방정식

$$(x-a)\{x^2-(2-3a)x+7\}=0$$

이 서로 다른 세 실근 1, α, β를 가질 때, $\alpha\beta$의 값을 구하시오. (단, a는 상수이다.)

08 이차방정식 $x^2-2x+p=0$의 두 근이 모두 삼차방정식 $x^3-3x^2+qx+2=0$의 근일 때, 두 상수 p, q에 대하여 $p+q$의 값을 구하시오.

09 삼차식 $f(x)=x^3+4x^2+x+4$에 대하여 서로 다른 세 수 α, β, γ가

$$f(\alpha)=f(\beta)=f(\gamma)=10$$

을 만족시킬 때, $\alpha^2+\beta^2+\gamma^2$의 값을 구하시오.

10 사차방정식 $x^4-x^3+ax^2+bx-12=0$의 한 근이 $1-i$이다. 이 사차방정식의 나머지 세 근을 α, β, γ라 할 때, $\alpha^2+\beta^2+\gamma^2$의 값을 구하시오.

(단, a, b는 실수이고, $i=\sqrt{-1}$이다.)

11 방정식 $x^3+8=0$의 서로 다른 두 허근을 α, β라 할 때, 〈보기〉에서 옳은 것만을 있는 대로 고르시오.

(단, $\overline{\alpha}$, $\overline{\beta}$는 각각 α, β의 켤레복소수이다.)

보기

ㄱ. $\overline{\alpha}=\beta$, $\overline{\beta}=\alpha$

ㄴ. $\alpha^2+\beta^2=-4$

ㄷ. $\alpha^2=-\beta$, $\beta^2=-\alpha$

ㄹ. 모든 자연수 n에 대하여 $(2-\alpha)^{3n}=(-8)^n$

① ㄱ, ㄴ ② ㄱ, ㄹ ③ ㄴ, ㄷ
④ ㄱ, ㄴ, ㄹ ⑤ ㄴ, ㄷ, ㄹ

12 방정식 $x^3-1=0$의 한 허근을 ω라 할 때,

$$\omega^{8n}+(\omega+1)^{8n}+1=0$$

을 만족시키는 30 이하의 자연수 n의 개수를 구하시오.

BLACKLABEL

2 연립방정식

개념 07 연립일차방정식

1. 연립방정식

$\begin{cases} 2x+y=1 \\ x-y=5 \end{cases}$ 와 같이 두 개 이상의 미지수를 포함하고 있는 방정식을 한 쌍으로 묶어서 나타낸 것을 연립방정식이라 한다.

이때 두 일차방정식을 동시에 만족시키는 x, y의 값 또는 순서쌍 (x, y)를 연립방정식의 해 또는 근이라 한다.

참고 일차방정식으로 이루어진 연립방정식을 연립일차방정식이라 한다.

2. 미지수가 2개인 연립일차방정식의 풀이

미지수가 2개인 연립일차방정식은 다음과 같은 순서로 푼다.

(i) 미지수 중 하나를 소거하여 미지수가 1개인 일차방정식을 푼다.

(ii) (i)의 일차방정식에서 구한 값을 이용하여 나머지 미지수의 값을 구한다.

1. 연립일차방정식의 풀이

예 연립방정식 $\begin{cases} 2x+y=1 & \cdots\cdots ㉠ \\ x-y=5 & \cdots\cdots ㉡ \end{cases}$ 에서

㉠+㉡을 하면 $3x=6$ $\quad\therefore x=2$

$x=2$를 ㉡에 대입하면 $2-y=5$ $\quad\therefore y=-3$

따라서 주어진 연립방정식의 해는 $x=2$, $y=-3$이고, 이것을 순서쌍으로 나타내면 $(2, -3)$이다.

2. 특수한 해를 갖는 연립일차방정식

x, y에 대한 연립방정식 $\begin{cases} ax+by+c=0 \\ a'x+b'y+c'=0 \end{cases}$ 에 대하여

(1) 한 쌍의 해를 갖는다. $\Longleftrightarrow \dfrac{a'}{a} \neq \dfrac{b'}{b}$

(2) 해가 없다. $\Longleftrightarrow \dfrac{a'}{a} = \dfrac{b'}{b} \neq \dfrac{c'}{c}$

(3) 해가 무수히 많다. $\Longleftrightarrow \dfrac{a'}{a} = \dfrac{b'}{b} = \dfrac{c'}{c}$

예1 연립방정식 $\begin{cases} x-y=5 & \cdots\cdots ㉠ \\ 2x-2y=3 & \cdots\cdots ㉡ \end{cases}$ 에서 ㉠×2−㉡을 하면

$0\times x+0\times y=7$이므로 해는 없다.

예2 연립방정식 $\begin{cases} 2x+y=1 & \cdots\cdots ㉠ \\ 4x+2y=2 & \cdots\cdots ㉡ \end{cases}$ 에서 ㉠×2−㉡을 하면

$0\times x+0\times y=0$이므로 해는 무수히 많다.

개념 08 연립이차방정식

1. 연립이차방정식

$\begin{cases} x-y=1 \\ x^2+y^2=25 \end{cases}$, $\begin{cases} x^2-xy-2y^2=0 \\ x+xy-y=1 \end{cases}$ 과 같이 미지수가 2개인 연립방정식에서 차수가 가장 높은 방정식이 이차방정식일 때, 이것을 연립이차방정식이라 한다.

2. 미지수가 2개인 연립이차방정식의 풀이

(1) $\begin{cases} (\text{일차식})=0 \\ (\text{이차식})=0 \end{cases}$ 꼴

(i) (일차식)$=0$을 한 문자에 대하여 정리한다.

(ii) (i)에서 얻은 식을 (이차식)$=0$에 대입하여 푼다.

(2) $\begin{cases} (\text{이차식})=0 \\ (\text{이차식})=0 \end{cases}$ 꼴

(i) 한 (이차식)$=0$을 $AB=0$ 꼴로 인수분해한다.

(ii) $A=0$, $B=0$을 다른 (이차식)$=0$에 대입하여 푼다.

1. 일차방정식과 이차방정식으로 이루어진 연립이차방정식

일차방정식을 한 문자에 대하여 정리한 것을 이차방정식에 대입하여 미지수가 1개인 이차방정식으로 변형한 후 푼다.

참고 일차방정식이 포함된 연립이차방정식은 한 문자에 대하여 정리하기 쉽기 때문에 대입법을 사용한다.

예 연립방정식 $\begin{cases} x-y=1 & \cdots\cdots ㉠ \\ x^2+y^2=25 & \cdots\cdots ㉡ \end{cases}$ 를 풀어 보자.

㉠에서 $y=x-1$

이것을 ㉡에 대입하면 $x^2+(x-1)^2=25$

$2x^2-2x-24=0$, $x^2-x-12=0$

$(x+3)(x-4)=0$ $\quad\therefore x=-3$ 또는 $x=4$

$x=-3$을 ㉠에 대입하면 $y=-4$,

$x=4$를 ㉠에 대입하면 $y=3$

따라서 주어진 연립방정식의 해는 $\begin{cases} x=-3 \\ y=-4 \end{cases}$ 또는 $\begin{cases} x=4 \\ y=3 \end{cases}$

2. 두 개의 이차방정식으로 이루어진 연립이차방정식

한 이차방정식을 인수분해하여 두 일차식의 곱으로 만든 후, 일차방정식과 이차방정식으로 이루어진 연립이차방정식으로 변형하여 푼다.

참고 두 개의 이차방정식으로 이루어진 연립이차방정식은 한 문자로 다른 문자를 정리하기 복잡하기 때문에 인수분해가 가능한 이차방정식을 일차방정식의 곱으로 나타낸다.

이때 인수분해가 되지 않는 $\begin{cases} (\text{이차식})=0 \\ (\text{이차식})=0 \end{cases}$ 꼴의 경우, 상수항 또는 이차항을 소거하여 인수분해가 가능한 형태로 변형한다.

예 연립방정식 $\begin{cases} x^2-xy-2y^2=0 & \cdots\cdots ㉠ \\ x+xy-y=1 & \cdots\cdots ㉡ \end{cases}$ 을 풀어 보자.

㉠의 좌변을 인수분해하면 $(x-2y)(x+y)=0$이므로 $\underset{\text{(i)}}{\underline{x=2y}}$ 또는 $\underset{\text{(ii)}}{\underline{x=-y}}$

(i) $\begin{cases} x=2y \\ x+xy-y=1 & \cdots\cdots ㉡ \end{cases}$ 을 연립하여 풀면 $\begin{cases} x=-2 \\ y=-1 \end{cases}$ 또는 $\begin{cases} x=1 \\ y=\frac{1}{2} \end{cases}$ ← $x=2y$를 ㉡에 대입하면 $2y^2+y-1=0$ $(y+1)(2y-1)=0$ $\therefore y=-1$ 또는 $y=\frac{1}{2}$

(ii) $\begin{cases} x=-y \\ x+xy-y=1 & \cdots\cdots ㉡ \end{cases}$ 을 연립하여 풀면 $\begin{cases} x=1 \\ y=-1 \end{cases}$ ← $x=-y$를 ㉡에 대입하면 $y^2+2y+1=0$ $(y+1)^2=0$ $\therefore y=-1$

따라서 구하는 연립방정식의 해는 $\begin{cases} x=-2 \\ y=-1 \end{cases}$ 또는 $\begin{cases} x=1 \\ y=\frac{1}{2} \end{cases}$ 또는 $\begin{cases} x=1 \\ y=-1 \end{cases}$

한걸음 더

x, y에 대한 대칭식으로 주어진 연립방정식

필수유형 15

연립이차방정식이 x, y에 대한 대칭식(┌ x, y를 바꾸어도 처음과 같게 되는 식)으로 이루어진 경우, 다음과 같은 순서로 푼다.

(i) $x+y=u$, $xy=v$로 놓고 주어진 방정식을 u, v에 대한 연립방정식으로 변형한다.

(ii) u, v에 대한 연립방정식을 풀어 u, v의 값을 각각 구한다.

(iii) x, y는 t에 대한 이차방정식 $t^2-ut+v=0$의 두 근임을 이용하여 x, y의 값을 각각 구한다.

예 연립방정식 $\begin{cases} x+y=14 \\ x^2+y^2=100 \end{cases}$ 을 풀어보자.

(i) $x+y=u$, $xy=v$로 놓으면

$x^2+y^2=(x+y)^2-2xy$이므로 주어진 연립방정식은

u, v에 대한 연립방정식 $\begin{cases} u=14 \\ u^2-2v=100 \end{cases}$ 으로 변형할 수 있다.

(ii) 이 연립방정식을 풀면 $u=14$, $v=48$

$\therefore x+y=14$, $xy=48$

(iii) 따라서 x, y는 t에 대한 이차방정식 $t^2-14t+48=0$의 두 근이므로

$(t-6)(t-8)=0$에서 $t=6$ 또는 $t=8$

$\therefore x=6$, $y=8$ 또는 $x=8$, $y=6$

개념 09 공통근을 갖는 방정식

1. 공통근

두 개 이상의 방정식을 동시에 만족시키는 근을 공통근이라 한다.

2. 공통근을 구하는 방법

(1) 주어진 방정식을 각각 풀어 공통근을 구한다.

(2) 연립방정식으로 생각하여 최고차항 또는 상수항을 소거한 후, 공통근을 구한다.

주의 (2)의 방법으로 얻은 해 중에는 공통근이 아닌 경우도 있으므로 얻은 해 중에서 두 방정식을 모두 만족시키는 것만을 공통근으로 한다.

1. 공통근

두 방정식 $(x-1)(x-2)=0$, $(x-2)(x-3)=0$을 동시에 만족시키는 x의 값은 2이다.
이때 2를 이 두 방정식의 공통근이라 한다.

2. 공통근을 구하는 방법

두 방정식 $f(x)=0$, $g(x)=0$의 공통근을 구할 때는 다음과 같은 방법을 이용한다.

(1) 두 방정식 $f(x)=0$, $g(x)=0$의 근을 각각 구한 후, 두 방정식의 공통근을 찾는다.

(2) (i) 연립방정식 $\begin{cases} f(x)=0 \\ g(x)=0 \end{cases}$ 의 공통근을 α라 한다.

(ii) $f(\alpha)=0$, $g(\alpha)=0$에서 최고차항 또는 상수항을 소거한다.

(iii) 최고차항 또는 상수항을 소거하여 얻은 하나의 식을 인수분해한다.

(iv) α의 값을 구한다.

(v) $f(\alpha)=0$, $g(\alpha)=0$을 모두 만족시키는지 확인한다.

참고 α가 두 방정식 $f(x)=0$, $g(x)=0$의 공통근이면 $f(\alpha)=0$, $g(\alpha)=0$이므로 적당한 두 상수 a, b를 이용하여 최고차항 또는 상수항을 소거한 방정식 $af(x)+bg(x)=0$도 α를 근으로 갖는다. 이것을 이용하여 공통근을 구할 수 있다.

예 x에 대한 두 이차방정식 $x^2-3x-4=0$, $x^2-5x+4=0$에서 공통근은 다음과 같이 구할 수 있다.

(1) 이차방정식 $x^2-3x-4=0$에서 $(x+1)(x-4)=0$

$\therefore x=-1$ 또는 $x=4$

이차방정식 $x^2-5x+4=0$에서 $(x-1)(x-4)=0$

$\therefore x=1$ 또는 $x=4$

따라서 구하는 공통근은 $x=4$이다.

(2) 공통근을 α라 하면 $\begin{cases} \alpha^2-3\alpha-4=0 & \cdots\cdots ㉠ \leftarrow f(\alpha)=0 \\ \alpha^2-5\alpha+4=0 & \cdots\cdots ㉡ \leftarrow g(\alpha)=0 \end{cases}$

① 최고차항 소거하기

㉠－㉡을 하면 ← $af(\alpha)+bg(\alpha)=0$에서 $a=1$, $b=-1$

$2\alpha-8=0$ $\therefore \alpha=4$

이때 $\alpha=4$일 때, 즉 $x=4$는 두 방정식을 모두 만족시키므로 공통근이다.

② 상수항 소거하기

㉠＋㉡을 하면 ← $af(\alpha)+bg(\alpha)=0$에서 $a=1$, $b=1$

$2\alpha^2-8\alpha=0$, 즉 $2\alpha(\alpha-4)=0$

$\therefore \alpha=0$ 또는 $\alpha=4$

이때 $\alpha=0$일 때, 즉 $x=0$은 두 방정식을 모두 만족시키지 않으므로 공통근이 아니다.

$\alpha=4$일 때, 즉 $x=4$는 두 방정식을 모두 만족시키므로 공통근이다.

→ 구한 해를 두 방정식에 대입하여 문제의 조건을 만족시키는지 반드시 확인한다.

개념 10 부정방정식

1. 부정방정식 Ⓐ

$x+y=1$과 같이 방정식의 개수가 미지수의 개수보다 적을 때, 해가 무수히 많아서 해를 정할 수 없는 방정식을 부정방정식이라 한다.

2. 부정방정식의 풀이

(1) 정수 조건이 주어진 경우 : (일차식)×(일차식)=(정수) 꼴로 변형한 후, 약수와 배수의 성질을 이용하여 푼다.

(2) 실수 조건이 주어진 경우

① 실수 A, B에 대하여 $A^2+B^2=0$ 꼴로 변형한 후, $A=0$, $B=0$임을 이용하여 푼다. Ⓑ

② 한 문자에 대한 내림차순으로 정리한 후 (판별식)≥ 0임을 이용하여 푼다.

일반적으로 연립방정식에서 주어진 방정식의 개수가 미지수의 개수보다 적으면 해가 무수히 많아서 정할 수 없는 경우가 생긴다. 이때 근에 대한 조건(정수 조건 또는 실수 조건)이 주어지면 방정식의 해가 유한개로 정해질 수 있다.

예1 방정식 $xy-x-y-1=0$을 만족시키는 자연수 x, y의 값을 구해 보자.

$xy-x-y-1=0$에서 $x(y-1)-(y-1)-2=0$

$\therefore (x-1)(y-1)=2$

이때 x, y가 자연수이므로 $x-1\geq 0$, $y-1\geq 0$

(i) $x-1=1$, $y-1=2$에서 $x=2$, $y=3$

(ii) $x-1=2$, $y-1=1$에서 $x=3$, $y=2$

$x-1$	1	2
$y-1$	2	1

따라서 구하는 자연수 x, y의 값은 $\begin{cases} x=2 \\ y=3 \end{cases}$ 또는 $\begin{cases} x=3 \\ y=2 \end{cases}$

예2 $x^2+y^2-4x+8y+20=0$을 만족시키는 실수 x, y의 값을 구해 보자.

① $A^2+B^2=0$이면 $A=0$, $B=0$임을 이용하기

$x^2+y^2-4x+8y+20=0$에서 $(x-2)^2+(y+4)^2=0$

따라서 $x-2=0$, $y+4=0$이므로 구하는 실수 x, y의 값은

$x=2$, $y=-4$

② (판별식)≥ 0임을 이용하기

좌변을 x에 대한 내림차순으로 정리하면

$x^2-4x+y^2+8y+20=0$ ······㉠

x가 실수이므로 x에 대한 이차방정식 ㉠이 실근을 가져야 한다.

이차방정식 ㉠의 판별식을 D라 하면

$\frac{D}{4}=(-2)^2-(y^2+8y+20)\geq 0$, $y^2+8y+16\leq 0$

$\therefore (y+4)^2\leq 0$

이때 y도 실수이므로 $y+4=0$ $\quad\therefore y=-4$

$y=-4$를 ㉠에 대입하면

$x^2-4x+4=0$, $(x-2)^2=0$ $\quad\therefore x=2$

따라서 구하는 실수 x, y의 값은 $x=2$, $y=-4$

Ⓐ 항등식과 부정방정식의 구분

(1) 항등식 : 임의의 x, y에 대하여 항상 등식이 성립한다.

예 $0\times x+0\times y=0$

(2) 부정방정식 : 등식을 만족시키는 x, y가 무수히 많지만, 모든 x, y에 대하여 성립하는 것은 아니다.

예 $2x+y=4$

Ⓑ 실수의 성질

두 실수 x, y에 대하여

(1) $x^2+y^2=0 \Longleftrightarrow x=0,\ y=0$

(2) $|x|+|y|=0 \Longleftrightarrow x=0,\ y=0$

(3) $\sqrt{x^2}+\sqrt{y^2}=0 \Longleftrightarrow x=0,\ y=0$

(4) $x+yi=0 \Longleftrightarrow x=0,\ y=0$

(단, $i=\sqrt{-1}$)

기본유형 12 연립이차방정식의 풀이

개념 08

다음 연립방정식의 해를 구하시오.

(1) $\begin{cases} x-2y=-3 & \cdots\cdots ㉠ \\ x^2-3y^2=-11 & \cdots\cdots ㉡ \end{cases}$

(2) $\begin{cases} 3x^2-4xy+y^2=0 & \cdots\cdots ㉠ \\ x^2+y^2=10 & \cdots\cdots ㉡ \end{cases}$

solution

(1) ㉠에서 $x=2y-3$이므로 이것을 ㉡에 대입하면 $(2y-3)^2-3y^2=-11$

$y^2-12y+20=0$, $(y-2)(y-10)=0$ $\quad\therefore y=2$ 또는 $y=10$

$y=2$를 ㉠에 대입하면 $x=1$, $y=10$을 ㉠에 대입하면 $x=17$

따라서 구하는 해는 $\begin{cases} x=1 \\ y=2 \end{cases}$ 또는 $\begin{cases} x=17 \\ y=10 \end{cases}$

(2) ㉠에서 $(3x-y)(x-y)=0$ $\quad\therefore y=3x$ 또는 $y=x$

(i) $y=3x$를 ㉡에 대입하여 정리하면 $10x^2=10$, $x^2=1$ $\quad\therefore x=-1$ 또는 $x=1$

즉, $x=-1$일 때 $y=-3$, $x=1$일 때 $y=3$

(ii) $y=x$를 ㉡에 대입하여 정리하면 $2x^2=10$, $x^2=5$ $\quad\therefore x=-\sqrt{5}$ 또는 $x=\sqrt{5}$

즉, $x=-\sqrt{5}$일 때 $y=-\sqrt{5}$, $x=\sqrt{5}$일 때 $y=\sqrt{5}$

(i), (ii)에서 구하는 해는 $\begin{cases} x=-1 \\ y=-3 \end{cases}$ 또는 $\begin{cases} x=1 \\ y=3 \end{cases}$ 또는 $\begin{cases} x=-\sqrt{5} \\ y=-\sqrt{5} \end{cases}$ 또는 $\begin{cases} x=\sqrt{5} \\ y=\sqrt{5} \end{cases}$

기본유형 13 정수 조건의 부정방정식

개념 10

방정식 $xy+4x-2y-10=0$을 만족시키는 두 정수 x, y의 순서쌍 (x, y)를 모두 구하시오.

solution

$xy+4x-2y-10=0$에서 $x(y+4)-2(y+4)-2=0$ $\quad\therefore (x-2)(y+4)=2$

이때 x, y가 정수이므로 $x-2$, $y+4$의 값도 정수이고, 각 값은 오른쪽 표와 같다.

$x-2$	-2	-1	1	2
$y+4$	-1	-2	2	1

따라서 두 정수 x, y의 순서쌍 (x, y)는

$(0, -5)$, $(1, -6)$, $(3, -2)$, $(4, -3)$

기본 연습

pp.099~100

21 다음 연립방정식의 해를 구하시오.

(1) $\begin{cases} 2x+y=20 \\ 2x^2+(y-4)^2=166 \end{cases}$

(2) $\begin{cases} 2x^2-5xy+2y^2=0 \\ x^2-2xy+4y^2=13 \end{cases}$

22 방정식 $3xy-2x-3y-3=0$을 만족시키는 두 정수 x, y의 순서쌍 (x, y)를 모두 구하시오.

필수유형 14 연립이차방정식의 해의 조건

개념 08

x, y에 대한 연립방정식 $\begin{cases} x+y=a \\ 2x^2+y^2=6 \end{cases}$ 이 오직 한 쌍의 해를 가질 때, 실수 a의 값을 모두 구하시오.

guide

❶ 두 방정식 중 일차방정식을 한 문자에 대하여 정리한다.

❷ ❶의 식을 나머지 식에 대입한 후, 이차방정식의 근을 판별하여 조건을 만족시키는 상수의 값을 구한다.

(1) 연립방정식이 실근을 갖는다. $\Longleftrightarrow$ ❷에서 구한 이차방정식의 판별식 $D \geq 0$

(2) 연립방정식이 한 쌍의 해를 갖는다. $\Longleftrightarrow$ ❷에서 구한 이차방정식의 판별식 $D=0$

(3) 연립방정식의 실근이 존재하지 않는다. $\Longleftrightarrow$ ❷에서 구한 이차방정식의 판별식 $D<0$

solution

$\begin{cases} x+y=a & \cdots\cdots ㉠ \\ 2x^2+y^2=6 & \cdots\cdots ㉡ \end{cases}$

㉠에서 $y=-x+a$를 ㉡에 대입하면 $2x^2+(-x+a)^2=6$

$\therefore 3x^2-2ax+a^2-6=0 \quad \cdots\cdots ㉢$

이차방정식 ㉢의 판별식을 D라 하면 주어진 연립방정식이 오직 한 쌍의 해를 가지므로 $D=0$이어야 한다. 즉,

$\frac{D}{4}=(-a)^2-3(a^2-6)=0$, $-2a^2+18=0$, $a^2=9 \quad \therefore a=\pm 3$

따라서 조건을 만족시키는 a의 값은 -3, 3이다.

필수 연습

23 x, y에 대한 연립방정식 $\begin{cases} 2x-y=5 \\ x^2-2y=k \end{cases}$ 가 오직 한 쌍의 해를 가질 때, 상수 k의 값을 구하시오.

p.100

24 x, y에 대한 연립방정식 $\begin{cases} x+y=2 \\ x^2+2xy-k=0 \end{cases}$ 이 실근을 갖도록 하는 실수 k의 최댓값을 구하시오.

25 x, y에 대한 연립방정식 $\begin{cases} y-2x-a=0 \\ x^2+y^2=b-2 \end{cases}$ 가 오직 한 쌍의 해를 가질 때, 두 실수 a, b에 대하여 $a+5b$의 최솟값을 구하시오.

필수유형 15 대칭식으로 주어진 연립방정식

한 걸음 더

연립방정식 $\begin{cases} x^2+y^2=10 & \cdots\cdots ㉠ \\ x^2+y^2-3xy=1 & \cdots\cdots ㉡ \end{cases}$ 의 해를 구하시오.

guide

❶ $x+y=u$, $xy=v$로 놓고 주어진 방정식을 u, v에 대한 연립방정식으로 변형한다.
❷ u, v에 대한 연립방정식을 풀어 u, v의 값을 각각 구한다.
❸ x, y는 t에 대한 이차방정식 $t^2-ut+v=0$의 두 근임을 이용하여 x, y의 값을 각각 구한다.

solution

$x+y=u$, $xy=v$로 놓으면

㉠에서 $(x+y)^2-2xy=10$이므로 $u^2-2v=10$ ······㉢

㉡에서 $(x+y)^2-5xy=1$이므로 $u^2-5v=1$ ······㉣

㉢−㉣을 하면 $3v=9$ $\quad\therefore v=3$

$v=3$을 ㉢ 또는 ㉣에 대입하면 $u^2=16$ $\quad\therefore u=\pm4$

(i) $u=-4$, $v=3$일 때, x, y는 t에 대한 이차방정식 $t^2+4t+3=0$의 두 근이다.

$(t+3)(t+1)=0$에서 $t=-3$ 또는 $t=-1$ $\quad\therefore \begin{cases} x=-3 \\ y=-1 \end{cases}$ 또는 $\begin{cases} x=-1 \\ y=-3 \end{cases}$

(ii) $u=4$, $v=3$일 때, x, y는 t에 대한 이차방정식 $t^2-4t+3=0$의 두 근이다.

$(t-1)(t-3)=0$에서 $t=1$ 또는 $t=3$ $\quad\therefore \begin{cases} x=1 \\ y=3 \end{cases}$ 또는 $\begin{cases} x=3 \\ y=1 \end{cases}$

(i), (ii)에서 구하는 해는

$\begin{cases} x=-3 \\ y=-1 \end{cases}$ 또는 $\begin{cases} x=-1 \\ y=-3 \end{cases}$ 또는 $\begin{cases} x=1 \\ y=3 \end{cases}$ 또는 $\begin{cases} x=3 \\ y=1 \end{cases}$

필수 연습

pp.101~102

26 다음 연립방정식의 해를 구하시오.

(1) $\begin{cases} x+y=6 \\ (x-1)(y-1)=3 \end{cases}$

(2) $\begin{cases} x^2+y^2+2x+2y=2 \\ x^2+xy+y^2=1 \end{cases}$

27 x, y에 대한 연립방정식 $\begin{cases} x+y=2a+6 \\ xy=a^2+4a+13 \end{cases}$ 을 만족시키는 실수 x, y가 존재하도록 하는 실수 a의 최솟값을 구하시오.

필수유형 16 연립이차방정식의 활용

개념 08

대각선의 길이가 10 m인 직사각형 모양의 땅이 있다. 그림과 같이 땅의 가장자리를 따라 길을 만드는데 가로 방향의 길은 폭이 1 m, 세로 방향의 길은 폭이 2 m가 되도록 만들고 가운데에 남은 땅에 밭을 만든다. 밭의 둘레의 길이가 16 m일 때, 처음 땅의 가로의 길이를 구하시오. (단, 처음 땅의 가로의 길이는 세로의 길이보다 길다.)

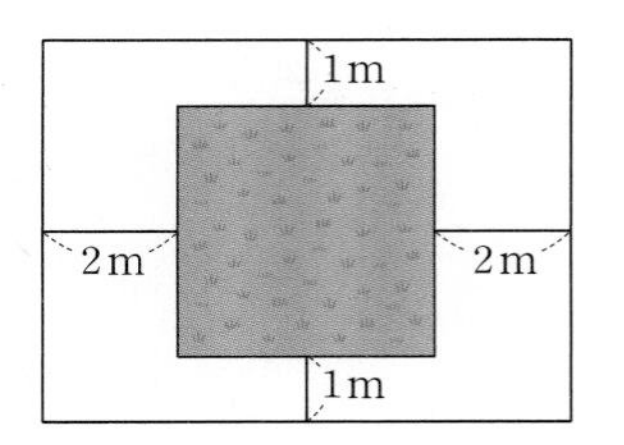

guide

1. 구하는 것을 미지수로 놓는다.
2. 주어진 조건을 이용하여 연립방정식을 세운다.
3. 연립방정식을 푼다. 이때 구한 해가 문제의 조건을 만족시키는지 확인한다.

solution

처음 직사각형 모양의 땅의 가로, 세로의 길이를 각각 x m, y m $(x>y)$라 하자.

대각선의 길이가 10 m이므로 $x^2+y^2=100$ ……㉠

가로, 세로의 길이를 각각 4 m, 2 m 줄인 밭의 둘레의 길이가 16 m이므로

$2(x-4+y-2)=16$, $x+y-6=8$ $\therefore y=14-x$ ……㉡

(길이는 양수이므로 $x>4$, $y>2$)

㉡을 ㉠에 대입하면 $x^2+(14-x)^2=100$

$2x^2-28x+96=0$, $x^2-14x+48=0$

$(x-6)(x-8)=0$ $\therefore x=6$ 또는 $x=8$

㉡에서 $x=6$일 때 $y=8$, $x=8$일 때 $y=6$이다.

그런데 $x>y$이므로 $x=8$, $y=6$

따라서 처음 땅의 가로의 길이는 8 m이다.

필수 연습

답 p.102

28 대각선의 길이가 13인 직사각형이 있다. 이 직사각형의 가로의 길이를 2만큼 늘이고, 세로의 길이를 2만큼 줄여서 만든 직사각형의 넓이는 처음 직사각형의 넓이보다 10만큼 클 때, 처음 직사각형의 둘레의 길이를 구하시오.

29 두 자리 자연수 N의 각 자리의 숫자의 제곱의 합은 74이고, 일의 자리의 숫자와 십의 자리의 숫자를 바꾼 수는 처음 수보다 18만큼 작다고 할 때, 자연수 N의 값을 구하시오.

30 그림과 같이 길이가 $2\sqrt{10}$인 선분 AB를 지름으로 하는 반원 위의 점 P에 대하여 $\overline{PA}+2\overline{PB}=10$을 만족시킬 때, 삼각형 PAB의 넓이를 구하시오.

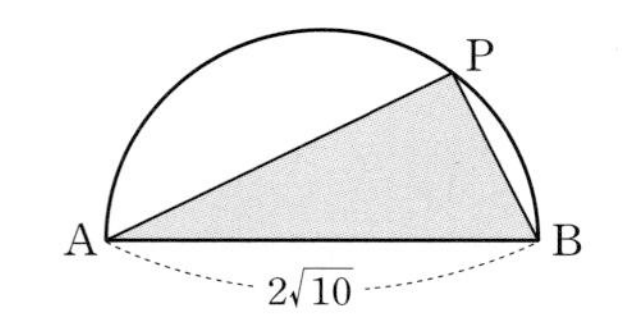

필수유형 17 공통근을 갖는 방정식

개념 09

두 이차방정식

$x^2-4x+k=0,\ x^2+kx-4=0$

이 오직 하나의 공통근을 가질 때, 상수 k의 값을 구하시오.

guide

❶ 방정식 $f(x)=0,\ g(x)=0$의 공통근을 α라 한다.
❷ $f(\alpha)=0,\ g(\alpha)=0$에서 최고차항 또는 상수항을 소거한다.
❸ 소거하여 얻은 하나의 식을 인수분해하여 α의 값을 구한다. 이때 α가 $f(\alpha)=0,\ g(\alpha)=0$을 만족시키는지 확인한다.

solution

주어진 이차방정식의 공통근을 α라 하자.

$x=\alpha$를 각 방정식에 대입하면

$$\begin{cases}\alpha^2-4\alpha+k=0 & \cdots\cdots ㉠\\ \alpha^2+k\alpha-4=0 & \cdots\cdots ㉡\end{cases}$$

㉡$-$㉠을 하면 $(k+4)\alpha-4-k=0$

$(k+4)(\alpha-1)=0 \qquad \therefore\ k=-4$ 또는 $\alpha=1$

(i) $k=-4$일 때,

두 이차방정식이 모두 $x^2-4x-4=0$으로 일치하므로 공통근이 2개가 되어 조건에 맞지 않는다.
(근의 공식에 의하여 $x=2\pm2\sqrt{2}$)

(ii) $\alpha=1$일 때,

$\alpha=1$을 ㉠에 대입하면 $1-4+k=0 \qquad \therefore\ k=3$

이때 $k=3$이면 두 이차방정식 $x^2-4x+3=0,\ x^2+3x-4=0$의 공통근은 $x=1$이다.

(i), (ii)에서 $k=3$

필수 연습

31 두 이차방정식

$x^2+(3k-1)x-k+2=0,\ x^2+(2k-1)x+2k+2=0$

이 오직 하나의 공통근을 갖도록 하는 상수 k의 값과 이때의 공통근 α에 대하여 $k+\alpha$의 값을 구하시오.

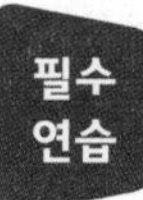

pp.102~103

32 이차방정식 $x^2-px+q=0$의 두 근이 $\alpha,\ \beta$이고, 이차방정식 $x^2-qx+p=0$의 두 근이 $\alpha,\ \gamma$일 때, $\alpha+\beta+\gamma$의 값을 구하시오. (단, $p\neq q$)

필수유형 18 실수 조건의 부정방정식

개념 10

방정식 $x^2-4xy+5y^2+2x-8y+5=0$을 만족시키는 두 실수 x, y에 대하여 $x+y$의 값을 구하시오.

guide

❶ 주어진 방정식을 한 문자에 대한 내림차순으로 정리한다.

❷ 다음 두 가지 방법 중 하나를 선택하여 푼다.

(1) 실수 A, B에 대하여 $A^2+B^2=0$ 꼴로 변형한 후, $A=0$, $B=0$임을 이용하여 푼다.

(2) ❶이 그 문자에 대한 이차방정식일 때, (판별식)≥ 0임을 이용하여 푼다.

solution

주어진 방정식의 좌변을 x에 대한 내림차순으로 정리하면

$x^2-2(2y-1)x+5y^2-8y+5=0$

$x^2-2(2y-1)x+(4y^2-4y+1)+(y^2-4y+4)=0$, $\{x^2-2(2y-1)x+(2y-1)^2\}+(y-2)^2=0$

$\therefore (x-2y+1)^2+(y-2)^2=0$

이때 x, y가 실수이므로 $x-2y+1$, $y-2$도 실수이다.

따라서 $x-2y+1=0$, $y-2=0$이므로 두 식을 연립하여 풀면 $x=3$, $y=2$ $\qquad \therefore x+y=5$

다른 풀이 주어진 방정식의 좌변을 x에 대한 내림차순으로 정리하면

$x^2-2(2y-1)x+5y^2-8y+5=0$ $\qquad$ ……㉠

x가 실수이므로 x에 대한 이차방정식 ㉠이 실근을 가져야 한다. 이차방정식 ㉠의 판별식을 D라 하면

$\frac{D}{4}=\{-(2y-1)\}^2-(5y^2-8y+5)\geq 0$

$-y^2+4y-4\geq 0$, $y^2-4y+4\leq 0$, $(y-2)^2\leq 0$

이때 y도 실수이므로 $y-2=0$ $\qquad \therefore y=2$

이것을 ㉠에 대입하면 $x^2-6x+9=0$, $(x-3)^2=0$ $\qquad \therefore x=3$

$\therefore x+y=5$

필수 연습

쌍 pp.103~104

33 방정식 $2x^2+4y^2+4xy-2x+1=0$을 만족시키는 두 실수 x, y에 대하여 $x-10y$의 값을 구하시오.

34 방정식 $x^2+4y^2+x^2y^2-10xy+9=0$을 만족시키는 두 실수 x, y에 대하여 x^2+2y^2의 값을 구하시오.

13 x, y에 대한 두 연립방정식

$$\begin{cases} 3x+y=a \\ 2x+2y=1 \end{cases}, \begin{cases} x^2-y^2=-1 \\ x-y=b \end{cases}$$

의 해가 일치할 때, 두 상수 a, b에 대하여 $a+b$의 값을 구하시오.

14 연립방정식 $\begin{cases} x^2-3xy+2y^2=0 \\ x^2-y^2=9 \end{cases}$를 만족시키는 두 실수 x, y에 대하여 xy의 값을 구하시오.

15 연립방정식 $\begin{cases} x^2-4y^2=3 \\ 2(x-y)^2-x+y=15 \end{cases}$를 만족시키는 두 양수 x, y에 대하여 $x-4y$의 값은?

① $-3\sqrt{3}$　② $-\sqrt{3}$　③ 0　④ $\sqrt{3}$　⑤ $3\sqrt{3}$

16 x, y에 대한 연립방정식 $\begin{cases} x+y=2a+1 \\ xy=a^2+2 \end{cases}$를 만족시키는 실수 x, y가 존재하지 않도록 하는 정수 a의 최댓값을 구하시오.

17 x, y에 대한 연립방정식 $\begin{cases} (x+2)(y+2)=4 \\ (x-2)(y-2)=k \end{cases}$가 오직 한 쌍의 해를 갖도록 하는 실수 k의 값을 모두 구하시오.

18 다음 그림에서 가로, 세로, 대각선으로 배열된 세 칸에 적힌 수나 식의 합이 모두 같을 때, 두 양수 x, y에 대하여 $x+y$의 값은?

x^2		
	$3y^2$	xy
$-xy$	30	

① $2\sqrt{10}$　② 6　③ $4\sqrt{2}$　④ $2\sqrt{7}$　⑤ $2\sqrt{6}$

19 두 양수 a, b에 대하여 한 변의 길이가 각각 $2a$, $3b$인 두 개의 정사각형과 가로와 세로의 길이가 각각 $3a$, $2b$이고 넓이가 108인 직사각형이 있다. 두 정사각형의 넓이의 합이 직사각형의 넓이의 2배와 같을 때, 한 변의 길이가 $a+b$인 정사각형의 넓이를 구하시오.

20 x에 대한 방정식 $x^2+ax+b=0$의 두 근이 α, β이고 x에 대한 방정식 $x^2+bx+a=0$의 두 근이 α, γ일 때, $\frac{\gamma}{\beta}=\frac{2}{3}$이다. 두 상수 a, b에 대하여 ab의 값은?

① $-\frac{3}{25}$ ② $-\frac{1}{25}$ ③ $\frac{1}{25}$
④ $\frac{2}{25}$ ⑤ $\frac{6}{25}$

서술형

21 x에 대한 두 이차방정식

$$x^2+ax+b=0,\ x^2+bx+a=0$$

이 1개의 공통근을 갖고, $a^2+b^2=5$를 만족시킬 때, 두 상수 a, b에 대하여 $a-b$의 최댓값을 구하시오.

신유형

22 x^2-6x-6이 어떤 자연수의 제곱이 되도록 하는 모든 자연수 x의 값의 합을 구하시오.

23 방정식 $(x^2+16)(y^2+1)-16xy=0$을 만족시키는 두 실수 x, y에 대하여 $|x|+|y|$의 값을 구하시오.

24 이차방정식 $x^2-(m+3)x+2m+4=0$의 두 근이 모두 정수가 되도록 하는 모든 정수 m의 값의 합을 구하시오.

1 x에 대한 방정식

$$(x^2+a)(2x+a^2+1)=(x^2+2a+1)(x+a^2)$$

이 중근을 갖도록 하는 모든 실수 a의 값의 합을 구하시오.

1등급

2 사차방정식 $x^4+ax^3+bx^2+cx-1=0$이 실근 α와 허근 β를 갖는다. 이 사차방정식의 나머지 두 근이 α^2, β^2일 때, $a+2b-c$의 값을 구하시오.

(단, a, b, c는 실수이다.)

3 연립방정식 $\begin{cases} x^2+y^2-x-y=6 \\ x^2+y^2-xy=7 \end{cases}$의 해를 $x=a$, $y=b$라 할 때, 좌표평면 위의 점 (a, b)를 꼭짓점으로 하는 다각형의 넓이를 구하시오. (단, a, b는 실수이다.)

4 세 실수 a, b, c에 대하여 한 근이 $1+\sqrt{3}i$인 삼차방정식 $x^3+ax^2+bx+c=0$이 있다. 이 삼차방정식과 이차방정식 $x^2+ax+2=0$이 공통근 m을 가질 때, m의 값을 구하시오. (단, $i=\sqrt{-1}$)

5 방정식 $xy-2x+2-y^2=0$을 만족시키는 두 자연수 x, y에 대하여 xy의 최댓값을 구하시오.

6 방정식 $x^2+5y^2+4xy-8y+k=0$을 만족시키는 두 실수 x, y의 값이 $x=a$, $y=b$뿐일 때, a^2+b^2의 값을 구하시오. (단, k는 실수이다.)

The foolish man seeks
happiness in the distance,
the wise grows it under his feet.

어리석은 자는 멀리서 행복을 찾고,
현명한 자는 자신의 발치에서 행복을 키워간다.

... 제임스 오펜하임(James Oppenheim)

II

방정식과 부등식

여러 가지 부등식

BLACKLABEL

1 연립일차부등식

개념 01 부등식의 기본 성질

세 실수 a, b, c에 대하여 다음과 같은 부등식의 기본 성질이 성립한다. A B

(1) $a>b$, $b>c$이면 $a>c$

(2) $a>b$이면 $a+c>b+c$, $a-c>b-c$ ← 양변에 같은 수를 더하거나 빼도 부등호 방향은 그대로

(3) $a>b$, $c>0$이면 $ac>bc$, $\frac{a}{c}>\frac{b}{c}$ ← 양변에 같은 양수를 곱하거나 같은 양수로 나누어도 부등호 방향은 그대로

(4) $a>b$, $c<0$이면 $ac<bc$, $\frac{a}{c}<\frac{b}{c}$ ← 양변에 같은 음수를 곱하거나 같은 음수로 나누면 부등호 방향은 반대로

$2x-3>0$, $-3x+4\le0$과 같이 부등호($>$, $\ge$, $<$, $\le$)를 사용하여 대소 관계를 나타낸 식을 부등식이라 한다. 또한, 부등식을 참이 되도록 하는 미지수의 값 또는 범위를 **부등식의 해**라 하고, 부등식의 해를 구하는 것을 '**부등식을 푼다**'고 한다. 부등식의 기본 성질은 부등식을 풀 때 사용한다.

예1 $1\le x\le2$일 때, $2x-3$의 값의 범위를 구해 보자.

$1\le x\le2$의 각 변에 2를 곱하면 $2\le2x\le4$

$2\le2x\le4$의 각 변에 3을 빼면 $-1\le2x-3\le1$

예2 $1\le x\le2$일 때, $-3x+4$의 값의 범위를 구해 보자.

$1\le x\le2$의 각 변에 -3을 곱하면 $-6\le-3x\le-3$

$-6\le-3x\le-3$의 각 변에 4를 더하면 $-2\le-3x+4\le1$

A 두 수의 대소 비교

두 실수 a, b에 대하여

(1) $a-b>0 \Longleftrightarrow a>b$

(2) $a>0$, $b>0$일 때, $a^2-b^2>0 \Longleftrightarrow a>b$

(3) $a>0$, $b>0$일 때, $\frac{a}{b}>1 \Longleftrightarrow a>b$

B 허수는 대소 관계를 정할 수 없으므로 부등식에서는 실수만을 다룬다.

개념 02 일차부등식

1. 일차부등식

부등식에서 우변에 있는 모든 항을 좌변으로 이항하여 정리하였을 때,

$$ax+b>0,\ ax+b\ge0,\ ax+b<0,\ ax+b\le0\ (a\ne0)$$

과 같이 좌변이 미지수 x에 대한 일차식이 되는 부등식을 x에 대한 일차부등식이라 한다.

2. 부등식 $ax>b$의 풀이

x에 대한 부등식 $ax>b$의 해는 다음과 같다.

(1) $a>0$일 때, $x>\frac{b}{a}$ ← 부등호 방향은 그대로

(2) $a=0$일 때, $b\ge0$이면 해가 없다. / $b<0$이면 해는 모든 실수이다.

(3) $a<0$일 때, $x<\frac{b}{a}$ ← 부등호 방향은 반대로

참고 일반적으로 '일차부등식 $ax>b$'에서는 $a\ne0$인 조건을 포함한다.

예1 (1) 부등식 $2x-3>x+3$을 풀어 보자.

$2x-x>3+3$에서 $x>6$

(2) 부등식 $2x+3>2(1+x)$를 풀어 보자.

$2x+3>2+2x$에서 $2x-2x>2-3$, 즉 $0\times x>-1$

따라서 부등식 $2x+3>2(1+x)$의 해는 모든 실수이다.

(3) 부등식 $3(x+1)<2+3x$를 풀어 보자.

$3x+3<2+3x$에서 $3x-3x<2-3$, 즉 $0\times x<-1$

따라서 부등식 $3(x+1)<2+3x$의 해는 없다.

예2 x에 대한 부등식 $1-x<a^2-ax$를 풀면 (일차부등식이 아닐 수도 있다.)

$ax-x<a^2-1$에서 $(a-1)x<(a-1)(a+1)$

(i) $a>1$이면 $x<a+1$ (ii) $a=1$이면 $0\times x<0$이므로 해는 없다. (iii) $a<1$이면 $x>a+1$

개념 03 연립일차부등식

1. 연립부등식

$\begin{cases} 2x-1<x+3 \\ 3x-2\geq 5 \end{cases}$ 와 같이 두 개 이상의 부등식을 한 쌍으로 묶어서 나타낸 것을 연립부등식이라 한다.

이때 연립부등식에서 각 부등식의 공통인 해를 그 연립부등식의 해라 하고, 연립부등식의 해를 구하는 것을 '연립부등식을 푼다'고 한다.

참고 일차부등식만으로 이루어진 연립부등식을 연립일차부등식이라 한다.

2. 연립일차부등식의 풀이

연립일차부등식은 다음과 같은 순서로 푼다.

(i) 연립부등식을 이루는 각 일차부등식의 해를 구한다.

(ii) (i)에서 구한 각 일차부등식의 해를 하나의 수직선 위에 나타내어 공통부분을 찾는다.

1. 연립일차부등식의 풀이

일반적으로 두 실수 a, b $(a<b)$에 대하여 연립일차부등식의 해는 다음과 같다.

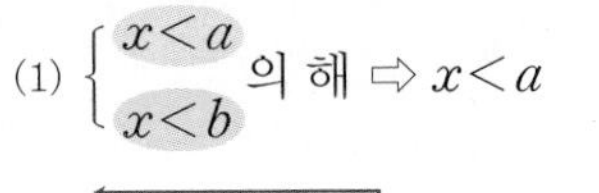

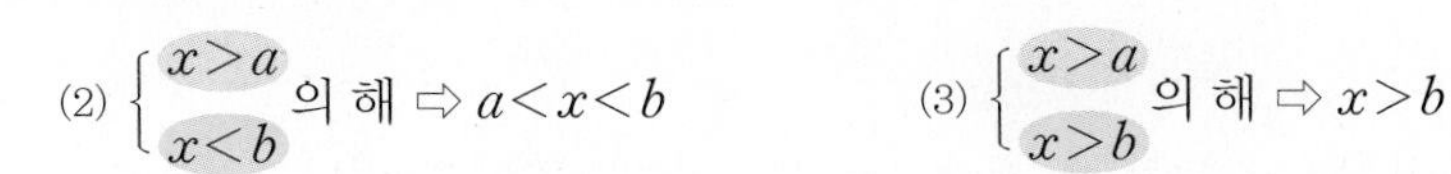

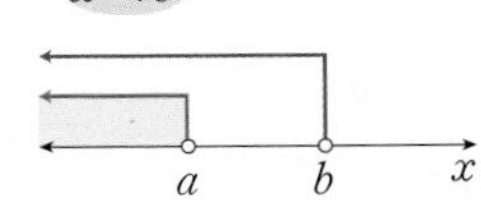

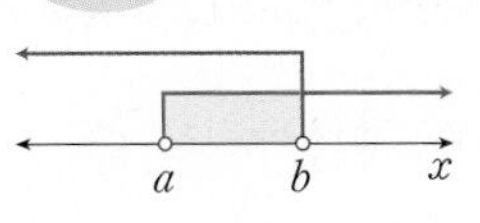

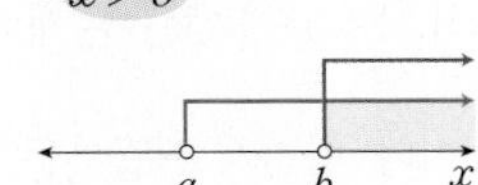

예 연립일차부등식 $\begin{cases} x+3<3x & \cdots\cdots ㉠ \\ 3x+4\leq 2x+8 & \cdots\cdots ㉡ \end{cases}$ 에서

㉠을 풀면 $-2x<-3$에서 $x>\frac{3}{2}$, ㉡을 풀면 $x\leq 4$

㉠, ㉡의 해를 수직선 위에 나타내면 오른쪽 그림과 같으므로 구하는 해는

$\frac{3}{2}<x\leq 4$

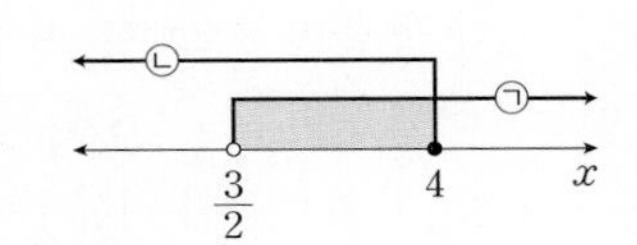

주의 각 부등식에 등호가 있는지 없는지를 구분하여 양 끝 점의 포함 여부를 확인한다.

2. 특수한 해를 갖는 연립일차부등식

(1) 연립일차부등식의 해가 하나뿐인 경우

수직선 위에 각 부등식의 해를 나타냈을 때 다음과 같이 공통부분이 실수 1개인 경우가 있다.

$\begin{cases} x \geq a \\ x \leq a \end{cases}$의 해 ⇨ $x=a$

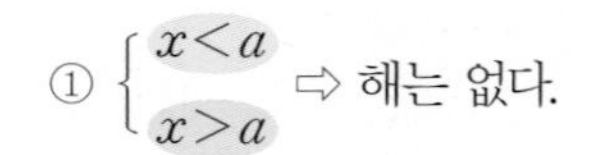

(2) 연립일차부등식의 해가 존재하지 않는 경우

수직선 위에 각 부등식의 해를 나타냈을 때 다음과 같이 공통부분이 없는 경우가 있다. 이때 이 '**연립일차부등식의 해는 없다**'고 한다.

① $\begin{cases} x<a \\ x>a \end{cases}$ ⇨ 해는 없다.

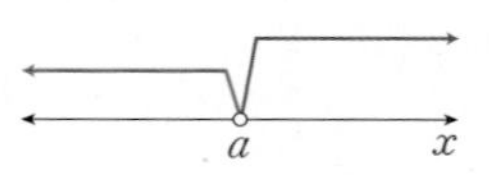

② $\begin{cases} x<a \\ x \geq a \end{cases}$ ⇨ 해는 없다.

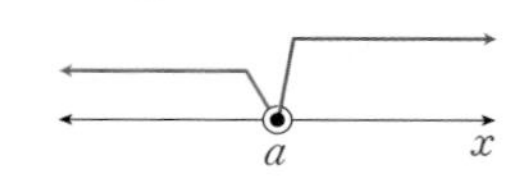

③ $\begin{cases} x<a \\ x \geq b \end{cases}$ (단, $a<b$) ⇨ 해는 없다.

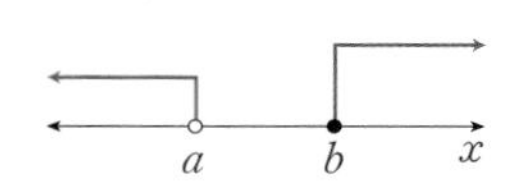

예 (1) 연립일차부등식 $\begin{cases} x+6 \leq 4x & \cdots\cdots ㉠ \\ 3x+4 \leq x+8 & \cdots\cdots ㉡ \end{cases}$에서

㉠을 풀면 $-3x \leq -6$에서 $x \geq 2$, ㉡을 풀면 $2x \leq 4$에서 $x \leq 2$

㉠, ㉡의 해를 수직선 위에 나타내면 오른쪽 그림과 같으므로 구하는 해는 $x=2$

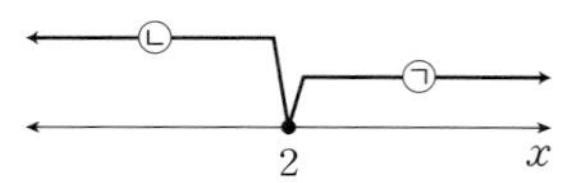

(2) 연립일차부등식 $\begin{cases} 3(x+4)<6x & \cdots\cdots ㉠ \\ x-1 \leq 0 & \cdots\cdots ㉡ \end{cases}$에서

㉠을 풀면 $3x+12<6x$에서 $x>4$, ㉡을 풀면 $x \leq 1$

㉠, ㉡의 해를 수직선 위에 나타내면 오른쪽 그림과 같으므로 이 연립일차부등식의 해는 없다.

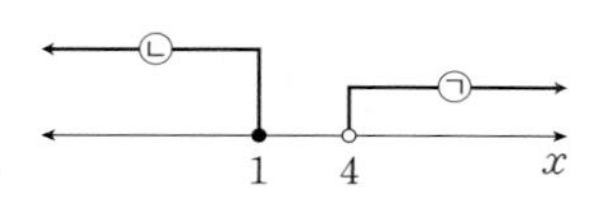

개념 04 $A<B<C$ 꼴의 연립부등식

$A<B<C$ 꼴의 연립부등식은 $\begin{cases} A<B \\ B<C \end{cases}$ 꼴로 고쳐서 푼다.

연립부등식 $A<B<C$는 두 개의 부등식 $A<B$와 $B<C$를 하나의 식으로 나타낸 것이다. 따라서 연립부등식 $\begin{cases} A<B \\ B<C \end{cases}$로 고쳐서 해를 구한다. Ⓐ

예 연립부등식 $1 \leq 2x-1<3x+5$의 해는

연립부등식 $\begin{cases} 1 \leq 2x-1 & \cdots\cdots ㉠ \\ 2x-1<3x+5 & \cdots\cdots ㉡ \end{cases}$의 해와 같다.

㉠을 풀면 $-2x \leq -2$에서 $x \geq 1$

㉡을 풀면 $-x<6$에서 $x>-6$

㉠, ㉡의 해를 수직선 위에 나타내면 오른쪽 그림과 같으므로 구하는 해는 $x \geq 1$

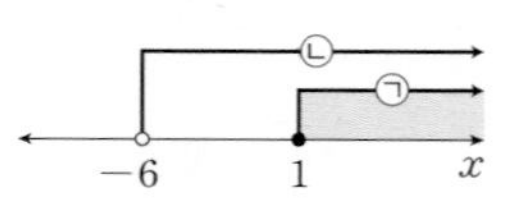

Ⓐ $A<B<C$ 꼴의 변형

연립부등식 $A<B<C$를 $\begin{cases} A<B \\ A<C \end{cases}$ 또는 $\begin{cases} A<C \\ B<C \end{cases}$로 고쳐서 풀지 않도록 주의한다.

개념 05 절댓값 기호를 포함한 일차부등식

1. 절댓값의 성질을 이용한 부등식의 풀이

$0<a<b$인 두 실수 a, b에 대하여 절댓값의 정의에 따라 다음이 성립한다.

(1) $|x|<a$이면 $-a<x<a$ (2) $|x|>a$이면 $x<-a$ 또는 $x>a$ (3) $a<|x|<b$이면 $-b<x<-a$ 또는 $a<x<b$

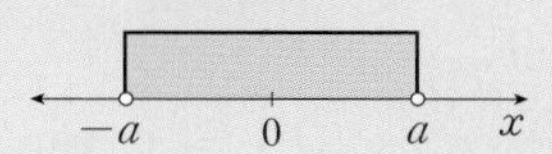

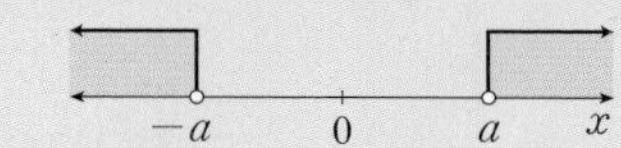

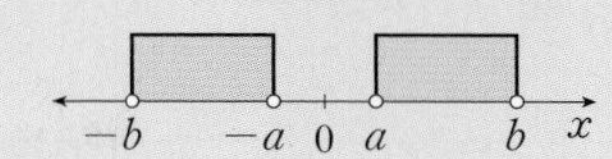

2. 절댓값 기호를 포함한 부등식의 풀이

절댓값 기호를 포함한 부등식은 다음과 같은 순서로 푼다.

(i) 절댓값 기호 안의 식의 값이 0이 되도록 하는 x의 값을 기준으로 x의 범위를 나눈다.

(ii) 각 범위에서 절댓값 기호를 없앤 후, 부등식의 해를 구한다.

(iii) (ii)에서 구한 해를 합쳐 해로 정한다.

1. 절댓값의 성질을 이용한 부등식의 풀이

예1 부등식 $|x-3|\le 4$의 해는 $-4\le x-3\le 4$에서 $-1\le x\le 7$

예2 부등식 $|2x-7|>1$의 해는 $2x-7<-1$ 또는 $2x-7>1$에서

$2x-7<-1$ $\therefore x<3$

$2x-7>1$ $\therefore x>4$

따라서 $x<3$ 또는 $x>4$이다.

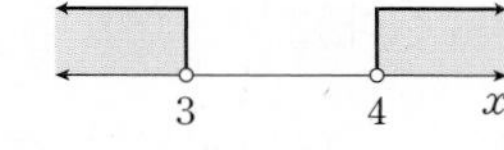

예3 부등식 $3<|x-2|\le 4$의 해는 $-4\le x-2<-3$ 또는 $3<x-2\le 4$

에서 $-4\le x-2<-3$ $\therefore -2\le x<-1$

$3<x-2\le 4$ $\therefore 5<x\le 6$

따라서 $-2\le x<-1$ 또는 $5<x\le 6$이다.

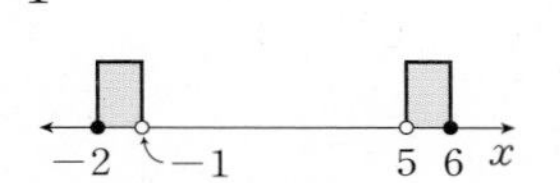

2. 절댓값 기호를 포함한 부등식의 풀이 B

절댓값 기호를 포함한 부등식은 미지수의 값의 범위에 따라 절댓값 기호를 포함하지 않는 식으로 고쳐서 풀 수 있다.

예 부등식 $|x-3|<2x$의 해를 구하면

(i) $x\ge 3$일 때, $x-3<2x$에서 $x>-3$

이때 $x\ge 3$이므로 $x\ge 3$

(ii) $x<3$일 때, $-x+3<2x$에서 $x>1$

이때 $x<3$이므로 $1<x<3$

(i), (ii)에서 $x>1$

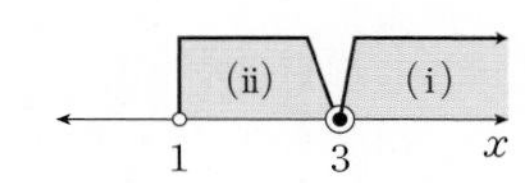

참고 절댓값 기호를 2개 포함한 부등식 $|x-a|+|x-b|<c$ $(a<b)$는 $x=a$, $x=b$를 기준으로 x의 값의 범위를 다음과 같이 나누어 푼다. C

(i) $x<a$ (ii) $a\le x<b$ (iii) $x\ge b$

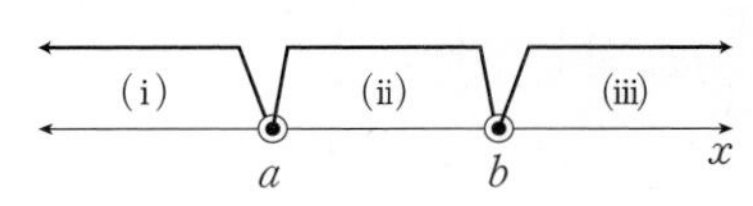

B 실수 a에 대하여 $|a|$는 수직선에서 a를 나타내는 점과 원점 사이의 거리를 의미한다.

(1) $|a|=\begin{cases} a & (a\ge 0) \\ -a & (a<0) \end{cases}$

(2) $|x-a|=\begin{cases} x-a & (x\ge a) \\ -x+a & (x<a) \end{cases}$

C **부등식 $|x-a|+|x-b|<c$ $(a<b)$의 풀이**

(i) $x<a$일 때, $|x-a|=-x+a$, $|x-b|=-x+b$임을 이용한다.

(ii) $a\le x<b$일 때, $|x-a|=x-a$, $|x-b|=-x+b$임을 이용한다.

(iii) $x\ge b$일 때, $|x-a|=x-a$, $|x-b|=x-b$임을 이용한다.

기본유형 01 부등식의 기본 성질

개념 01

$0<a<b$를 만족시키는 두 실수 a, b에 대하여 〈보기〉에서 옳은 것만을 있는 대로 고르시오.

보기

ㄱ. $a+b>0$　　ㄴ. $\frac{b}{a}>1$　　ㄷ. $\frac{1}{a}>\frac{1}{b}$

solution

ㄱ. $a>0$, $b>0$이므로 $a+b>0$ (참)

ㄴ. $b>a$의 양변을 양수 a로 나누면 $\frac{b}{a}>1$ (참)

ㄷ. $a>0$, $b>0$이므로 $ab>0$이다. 이때 $b>a$의 양변을 양수 ab로 나누면 $\frac{1}{a}>\frac{1}{b}$ (참)

기본유형 02 부등식 $ax>b$의 풀이

개념 02

x에 대한 다음 부등식을 푸시오. (단, a는 실수이다.)

(1) $ax>a+1$　　(2) $ax+4\le a^2-2x$

solution

(1) $ax>a+1$에서

(i) $a>0$이면 $x>1+\frac{1}{a}$　　(ii) $a=0$이면 $0\times x>1$이므로 해는 없다.　　(iii) $a<0$이면 $x<1+\frac{1}{a}$

(2) $ax+4\le a^2-2x$에서 $ax+2x\le a^2-4$　　$\therefore (a+2)x\le(a+2)(a-2)$

(i) $a>-2$이면 $x\le a-2$　　(ii) $a=-2$이면 $0\times x\le 0$이므로 해는 모든 실수이다.

(iii) $a<-2$이면 $x\ge a-2$

기본연습

pp.110~111

01 $a<0<b$를 만족시키는 두 실수 a, b에 대하여 〈보기〉에서 항상 옳은 것만을 있는 대로 고르시오.

보기

ㄱ. $a+b<0$　　ㄴ. $\frac{b}{a}<0$　　ㄷ. $|a-b|>|a+b|$

02 x에 대한 다음 부등식을 푸시오. (단, a는 실수이다.)

(1) $ax+3<-a$　　(2) $a^2x+1\ge a+x$

기본유형 03 연립일차부등식의 풀이

개념 03

다음 연립부등식을 푸시오.

(1) $\begin{cases} 4x > x-9 \\ x+2 \geq 2x-3 \end{cases}$

(2) $\begin{cases} 0.2x+\frac{1}{10} \geq -0.3x+\frac{1}{2} \\ \frac{2}{3}x+\frac{1}{3} < \frac{x}{6}+\frac{5}{6} \end{cases}$

solution

(1) $4x > x-9$에서 $3x > -9$ $\quad \therefore x > -3$ ······㉠

$x+2 \geq 2x-3$에서 $x \leq 5$ ······㉡

따라서 주어진 연립부등식의 해는 $-3 < x \leq 5$

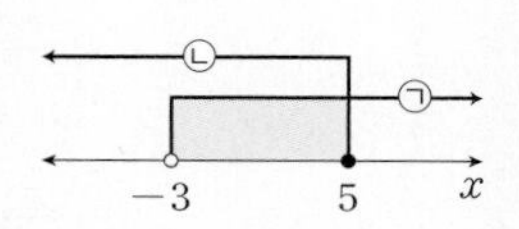

(2) $0.2x+\frac{1}{10} \geq -0.3x+\frac{1}{2}$에서 $2x+1 \geq -3x+5$ $\quad \therefore x \geq \frac{4}{5}$ ······㉠

양변에 10을 곱한다.

$\frac{2}{3}x+\frac{1}{3} < \frac{x}{6}+\frac{5}{6}$에서 $4x+2 < x+5$ $\quad \therefore x < 1$ ······㉡

양변에 6을 곱한다.

따라서 주어진 연립부등식의 해는 $\frac{4}{5} \leq x < 1$

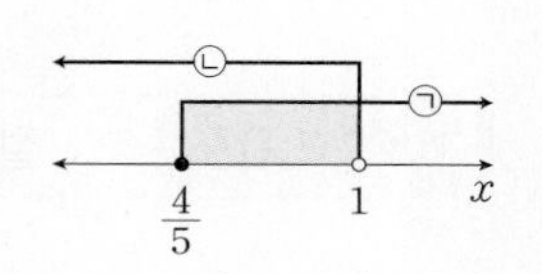

기본유형 04 특수한 해를 갖는 연립일차부등식의 풀이

개념 03

다음 연립부등식을 푸시오.

(1) $\begin{cases} 3x+7 \leq -5 \\ 2x-4 \geq -8+x \end{cases}$

(2) $\begin{cases} 4x+3 > 7 \\ x+1 \geq 3x+5 \end{cases}$

solution

(1) $3x+7 \leq -5$에서 $3x \leq -12$ $\quad \therefore x \leq -4$ ······㉠

$2x-4 \geq -8+x$에서 $x \geq -4$ ······㉡

따라서 주어진 연립부등식의 해는 $x=-4$

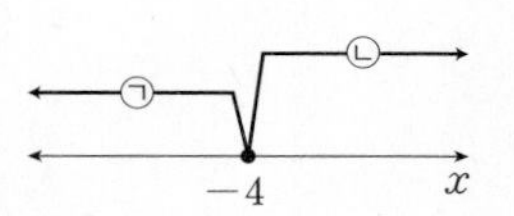

(2) $4x+3 > 7$에서 $4x > 4$ $\quad \therefore x > 1$ ······㉠

$x+1 \geq 3x+5$에서 $-2x \geq 4$ $\quad \therefore x \leq -2$ ······㉡

따라서 주어진 연립부등식의 해는 없다.

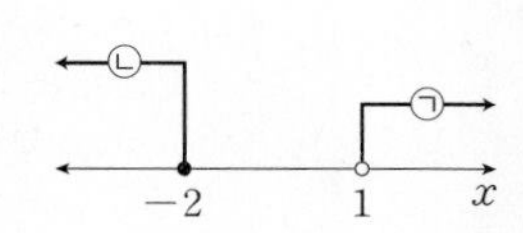

기본 연습

03 연립부등식 $\begin{cases} 0.5(x-3)-2 \leq \frac{7}{4}-\frac{5}{4}x \\ -\frac{3}{8}x-\frac{9}{4} < x+0.5 \end{cases}$ 를 푸시오.

p.111

04 다음 연립부등식을 푸시오.

(1) $\begin{cases} 3x-2 \geq x+8 \\ 2x+4 \geq 5x-11 \end{cases}$

(2) $\begin{cases} x-2 \leq -3 \\ 3x-8 > -2 \end{cases}$

기본유형 05 $A<B<C$ 꼴의 연립부등식

개념 04

부등식 $5x-4<2x+5<4x+3$을 만족시키는 정수 x의 개수를 구하시오.

solution

부등식 $5x-4<2x+5<4x+3$의 해는 연립부등식 $\begin{cases} 5x-4<2x+5 \\ 2x+5<4x+3 \end{cases}$의 해와 같다.

$5x-4<2x+5$에서 $3x<9$ $\quad \therefore x<3$ ......㉠

$2x+5<4x+3$에서 $-2x<-2$ $\quad \therefore x>1$ ......㉡

㉠, ㉡을 수직선 위에 나타내면 오른쪽 그림과 같으므로 주어진 부등식의 해는 $1<x<3$이고, 이를 만족시키는 정수 x는 2의 1개이다.

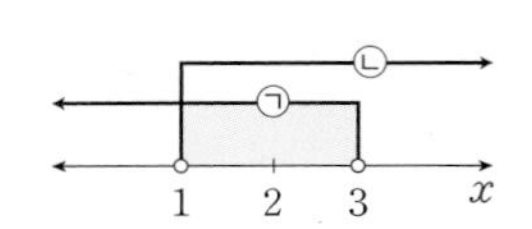

기본유형 06 절댓값 기호를 포함한 일차부등식

개념 05

다음 부등식을 푸시오.

(1) $|4-x|\le 2$ (2) $1\le|3-2x|<5$ (3) $|x-1|+4\ge 2x$

solution

(1) $|4-x|\le 2$에서 $-2\le 4-x\le 2$이므로 $-6\le -x\le -2$ $\quad \therefore 2\le x\le 6$

(2) $1\le|3-2x|<5$에서 $-5<3-2x\le -1$ 또는 $1\le 3-2x<5$

$-5<3-2x\le -1$에서 $2\le x<4$, $1\le 3-2x<5$에서 $-1<x\le 1$

$\therefore -1<x\le 1$ 또는 $2\le x<4$

(3) (i) $x<1$일 때, $|x-1|+4\ge 2x$에서 $-(x-1)+4\ge 2x$, $-3x\ge -5$ $\quad \therefore x\le \frac{5}{3}$

이때 $x<1$이므로 $x<1$

(ii) $x\ge 1$일 때, $|x-1|+4\ge 2x$에서 $x-1+4\ge 2x$ $\quad \therefore x\le 3$

이때 $x\ge 1$이므로 $1\le x\le 3$

(i), (ii)에서 $x\le 3$

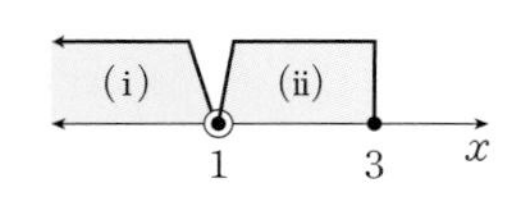

기본 연습

05 부등식 $2x-1<3x+6\le \frac{3}{2}x+9$를 만족시키는 정수 x의 개수를 구하시오.

06 다음 부등식을 푸시오.

(1) $|2-3x|\ge 2$ (2) $5<|3x-1|\le 8$ (3) $3x+2\le|2x-1|$

해 pp.111~112

필수유형 07 해가 주어진 연립일차부등식

개념 03+04

연립부등식 $\begin{cases} 2x-3\geq x+2 \\ x-a>2(x-3) \end{cases}$ 의 해가 $b\leq x<8$일 때, 두 상수 a, b에 대하여 ab의 값을 구하시오.

guide

❶ 연립부등식의 각 부등식을 푼다.

❷ 연립부등식의 해는 각 부등식의 해의 공통부분임을 이용하여 미지수를 구한다.

solution

$2x-3\geq x+2$에서 $x\geq 5$ ······㉠

$x-a>2(x-3)$에서 $x-a>2x-6$

$\therefore x<6-a$ ······㉡

주어진 연립부등식의 해가 $b\leq x<8$이므로 ㉠, ㉡에서

$b=5$, $6-a=8$

따라서 $a=-2$, $b=5$이므로

$ab=-10$

plus

x에 대한 부등식 $ax>b$에서

(1) $a>0 \Longleftrightarrow$ 부등식의 해는 $x>\frac{b}{a}$

(2) $a<0 \Longleftrightarrow$ 부등식의 해는 $x<\frac{b}{a}$

필수 연습

p.112

07 그림은 연립부등식 $\begin{cases} 5(x+1)>4x+a \\ x-1\geq 3(x-1) \end{cases}$ 의 해를 수직선 위에 나타낸 것이다. 두 상수 a, b에 대하여 $a+b$의 값을 구하시오.

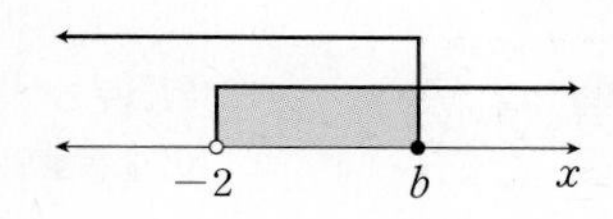

08 plus

부등식 $3x-a\leq 4-x\leq bx-1$의 해가 $2\leq x\leq 3$일 때, 두 실수 a, b에 대하여 ab의 값을 구하시오.

09 plus

서로 다른 두 양수 a, b에 대하여 x에 대한 연립부등식 $\begin{cases} (a-b)x+2a-b>0 \\ (a+2b)x+7a-2b\geq 0 \end{cases}$ 의 해가 $k\leq x<1$일 때, 상수 k의 값을 구하시오. (단, $k<1$)

필수유형 08 연립일차부등식이 해를 갖거나 갖지 않을 조건

개념 03

연립부등식 $\begin{cases} 5x-1\geq 3x+5 \\ a-x\leq 4-2x \end{cases}$ 의 해가 존재하도록 하는 실수 a의 최댓값을 구하시오.

guide

❶ 연립부등식의 각 부등식을 푼다.

❷ 다음을 이용하여 연립부등식의 해를 주어진 조건에 맞게 수직선 위에 나타낸 후, 미지수의 값의 범위를 정한다.

(1) 연립부등식 $\begin{cases} x>a \\ x\leq b \end{cases}$ 의 해가

① 존재하는 경우 ⇨ $a<b$

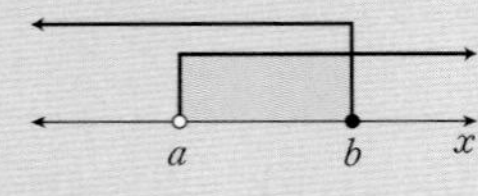

② 존재하지 않는 경우 ⇨ $b\leq a$

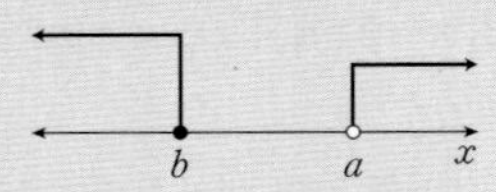

(2) 연립부등식 $\begin{cases} x\geq a \\ x\leq b \end{cases}$ 의 해가

① 존재하는 경우 ⇨ $a\leq b$

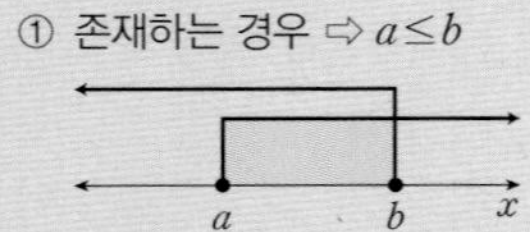

② 존재하지 않는 경우 ⇨ $b<a$

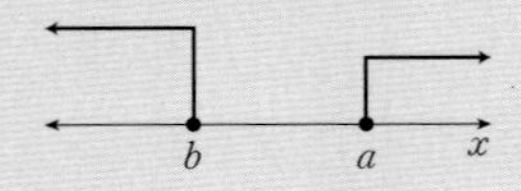

solution

$5x-1\geq 3x+5$에서 $2x\geq 6$ $\quad\therefore x\geq 3$ ⋯⋯㉠

$a-x\leq 4-2x$에서 $x\leq 4-a$ ⋯⋯㉡

주어진 연립부등식의 해가 존재하려면 오른쪽 그림과 같아야 하므로

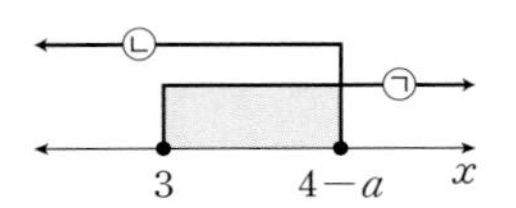

$3\leq 4-a \quad \therefore a\leq 1$

따라서 실수 a의 최댓값은 1이다.

plus

연립부등식을 만족시키는 정수 x에 대한 조건이 있는 경우, 정수인 점을 표시한 수직선 위에 각 부등식을 나타낸다.
이때 등호의 포함 여부에 주의한다.

필수 연습

10 연립부등식 $\begin{cases} x-1>8 \\ 2x-16\leq x+k \end{cases}$ 의 해가 존재하지 않도록 하는 정수 k의 최댓값을 구하시오.

답 pp.112~113

plus **11** 연립부등식 $\begin{cases} 2(x+12)<36-3(x-1) \\ 6-5x<a+2x \end{cases}$ 의 해가 존재하지만 정수인 해는 존재하지 않을 때, 실수 a의 값의 범위를 구하시오.

필수유형 09 연립일차부등식의 활용

개념 03+04

농도가 10 %인 소금물 200 g에 물을 더 넣어서 농도가 4 % 이상 8 % 이하인 소금물이 되게 하려고 한다. 이때 더 넣어야 하는 물의 양의 범위를 구하시오.

guide

① 구하는 것을 미지수 x로 놓는다.
② 주어진 조건을 이용하여 연립부등식을 세운다.
③ 연립부등식을 풀어 해를 구하고 문제의 상황에 적합한 범위만 선택한다.

solution

농도가 10 %인 소금물 200 g에 들어 있는 소금의 양은 $\frac{10}{100}\times200=20(\text{g})$

물을 xg 더 넣을 때, 농도가 4 % 이상 8 % 이하인 소금물이 된다고 하면

소금물의 양은 $(200+x)$g, 소금의 양은 20g이다.

$4\le\frac{20}{200+x}\times100\le8$ $\quad\therefore 4(200+x)\le2000\le8(200+x)$

$200+x>0$이므로 부등식의 각 변에 $200+x$를 곱해도 부등호의 방향은 바뀌지 않는다.

$4(200+x)\le2000$에서 $200+x\le500$ $\quad\therefore x\le300$ ……㉠

$2000\le8(200+x)$에서 $250\le200+x$ $\quad\therefore x\ge50$ ……㉡

㉠, ㉡에서 $50\le x\le300$

따라서 더 넣어야 하는 물의 양은 50 g 이상 300 g 이하이다.

plus

(1) 농도에 관한 문제 : $(\text{소금물의 농도})=\frac{(\text{소금의 양})}{(\text{소금물의 양})}\times100(\%)$, $(\text{소금의 양})=\frac{(\text{소금물의 농도})}{100}\times(\text{소금물의 양})$

(2) 시간, 거리, 속력에 관한 문제 : $(\text{거리})=(\text{속력})\times(\text{시간})$, $(\text{속력})=\frac{(\text{거리})}{(\text{시간})}$, $(\text{시간})=\frac{(\text{거리})}{(\text{속력})}$

필수 연습

답 pp.113~114

plus **12** 농도가 4 %인 소금물과 농도가 9 %인 소금물을 섞어서 농도가 5 % 이상 8 % 이하인 소금물 400 g을 만들려고 한다. 이때 농도가 4 %인 소금물의 양의 범위를 구하시오.

plus **13** 예준이는 집에서 도서관까지 걸어 다니거나 자전거를 타고 다닌다. 갈 때는 시속 5 km의 속력으로, 올 때는 시속 3 km의 속력으로 걸으면 갈 때와 올 때의 걸린 시간의 차는 20분 이상이고, 갈 때는 시속 12 km의 속력으로, 올 때는 시속 8 km의 속력으로 자전거를 타면 갈 때와 올 때의 걸린 시간의 합은 40분 미만이다. 예준이네 집과 도서관 사이의 거리의 범위를 구하시오.

(단, 예준이네 집에서 도서관까지 갈 수 있는 길은 하나뿐이다.)

14 어느 학교에서 체육대회 참가자들에게 나눠 줄 음료수를 아이스박스에 넣으려고 한다. 모든 아이스박스에 음료수를 10개씩 담으면 음료수가 42개 남고, 13개씩 담으면 덜 채워진 아이스박스가 1개 생기고 빈 아이스박스가 3개 남는다고 한다. 아이스박스의 개수의 최댓값을 M, 최솟값을 m이라 할 때, $M+m$의 값을 구하시오.

필수유형 10 절댓값 기호를 2개 포함한 부등식

개념 05

다음 부등식을 푸시오.

(1) $|x|+|x-3|\le 7$ (2) $|3x-2|>|2x-5|$

guide

❶ 각 절댓값 기호 안의 식의 값이 0이 되도록 하는 x의 값을 기준으로 x의 값의 범위를 나눈다.
❷ 각 범위에서 절댓값 기호를 없앤 후, 부등식의 해를 구한다.
❸ ❷에서 구한 해를 합쳐 해로 정한다.

solution

(1) (i) $x<0$일 때, $-x-(x-3)\le 7$, $-2x\le 4$ $\therefore x\ge -2$

그런데 $x<0$이므로 $-2\le x<0$

(ii) $0\le x<3$일 때, $x-(x-3)\le 7$, 즉 $0\times x\le 4$이므로 해는 모든 실수이다.

$\therefore 0\le x<3$

(iii) $x\ge 3$일 때, $x+(x-3)\le 7$, $2x\le 10$ $\therefore x\le 5$

그런데 $x\ge 3$이므로 $3\le x\le 5$

(i), (ii), (iii)에서 주어진 부등식의 해는 $-2\le x\le 5$

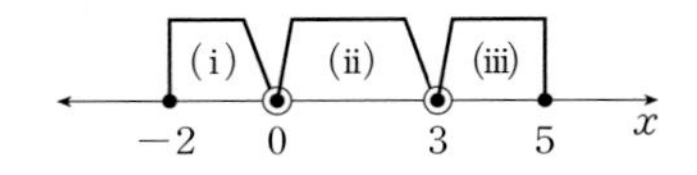

(2) (i) $x<\frac{2}{3}$일 때, $-(3x-2)>-(2x-5)$, $-x>3$ $\therefore x<-3$

그런데 $x<\frac{2}{3}$이므로 $x<-3$

(ii) $\frac{2}{3}\le x<\frac{5}{2}$일 때, $3x-2>-(2x-5)$, $5x>7$ $\therefore x>\frac{7}{5}$

그런데 $\frac{2}{3}\le x<\frac{5}{2}$이므로 $\frac{7}{5}<x<\frac{5}{2}$

(iii) $x\ge\frac{5}{2}$일 때, $3x-2>2x-5$ $\therefore x>-3$

그런데 $x\ge\frac{5}{2}$이므로 $x\ge\frac{5}{2}$

(i), (ii), (iii)에서 주어진 부등식의 해는 $x<-3$ 또는 $x>\frac{7}{5}$

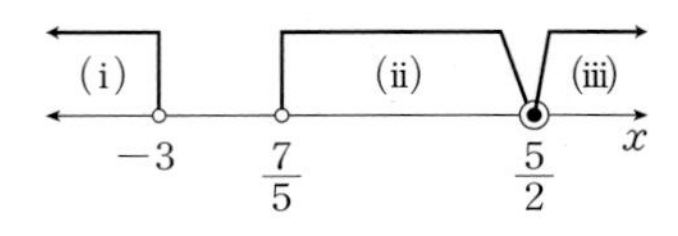

필수 연습

15 다음 부등식을 푸시오.

(1) $|x|+|x-5|\ge 9$ (2) $|2-x|>|4x-6|$

정답 pp.114~115

16 부등식 $|x-3|-|1-2x|\ge 2$를 만족시키는 실수 x의 최댓값을 M, 최솟값을 m이라 할 때, $M+m$의 값을 구하시오.

01 $a<-2$, $0<b<1<c$를 만족시키는 세 실수 a, b, c에 대하여 〈보기〉에서 옳은 것만을 있는 대로 고른 것은?

보기

ㄱ. $c-a>3$

ㄴ. $\frac{b}{a}-\frac{c}{b}<0$

ㄷ. $a^2-b^2>3$

① ㄱ ② ㄴ ③ ㄱ, ㄴ
④ ㄱ, ㄷ ⑤ ㄱ, ㄴ, ㄷ

02 연립부등식 $\begin{cases} 2-2x\le 3 \\ 4x<a+1 \end{cases}$을 만족시키는 정수 x가 5개가 되도록 하는 모든 자연수 a의 값의 합을 구하시오.

03 x에 대한 연립부등식
$a-3b+1\le(2a-b)x\le 3a+b$의 해가 $-1\le x\le 0$일 때, 두 상수 a, b에 대하여 $a+b$의 값을 구하시오. (단, $2a\ne b$)

04 오른쪽 표는 두 식품 A, B에 대하여 각각 100 g에 들어 있는 탄수화물과 단백질의 양을 나타낸 것이다. 두 식품 A, B를 합하여 300 g을 섭취하여 탄수화물은 100 g 이상, 단백질은 35 g 이상 얻으려고 한다. 섭취해야 하는 식품 A의 양의 최댓값과 최솟값의 합을 구하시오.

(단위 : g)

	탄수화물	단백질
식품 A	35	15
식품 B	40	10

05 x에 대한 부등식 $|ax-1|<b$의 해가 $-1<x<2$일 때, ab의 값을 구하시오.
(단, a, b는 양수이다.)

06 부등식 $||2-x|-3|\le 6$을 만족시키는 모든 정수 x의 값의 합을 구하시오.

2 이차부등식

개념 06 이차부등식

부등식에서 우변에 있는 모든 항을 좌변으로 이항하여 정리했을 때,

$ax^2+bx+c>0$, $ax^2+bx+c\geq 0$, $ax^2+bx+c<0$, $ax^2+bx+c\leq 0$ (a, b, c는 상수, $a\neq 0$)

과 같이 좌변이 x에 대한 이차식 꼴인 부등식을 x에 대한 이차부등식이라 한다.

예1 부등식 $2x^2-3x<5x-1$의 모든 항을 좌변으로 이항하여 정리하면 $\underline{2x^2-8x+1}<0$ (좌변이 이차식이다.)
따라서 $2x^2-3x<5x-1$은 이차부등식이다.

예2 부등식 $3(4-x^2)\geq -3x^2+5x$의 모든 항을 좌변으로 이항하여 정리하면 $\underline{-5x+12}\geq 0$ (좌변이 일차식이다.)
따라서 $3(4-x^2)\geq -3x^2+5x$는 이차부등식이 아니다. (일차부등식이다.)

개념 07 이차부등식과 이차함수의 관계

(1) 이차부등식 $ax^2+bx+c>0$의 해
⟺ 이차함수 $y=ax^2+bx+c$에서 $y>0$인 x의 값의 범위
⟺ 이차함수 $y=ax^2+bx+c$의 그래프가 x축보다 위쪽에 있는 부분의 x의 값의 범위

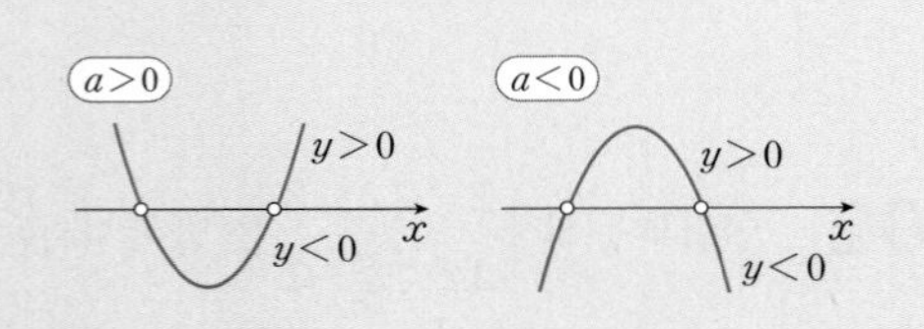

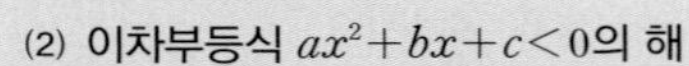

(2) 이차부등식 $ax^2+bx+c<0$의 해
⟺ 이차함수 $y=ax^2+bx+c$에서 $y<0$인 x의 값의 범위
⟺ 이차함수 $y=ax^2+bx+c$의 그래프가 x축보다 아래쪽에 있는 부분의 x의 값의 범위

1. 이차부등식의 해와 이차함수의 그래프 사이의 관계

이차함수 $y=ax^2+bx+c$의 그래프와 x축의 교점의 x좌표가 이차방정식 $ax^2+bx+c=0$의 실근임을 이용하여 이차부등식의 해를 구할 수 있다.

예 (1) 이차부등식 $x^2-3x-4>0$의 해는 이차함수 $y=x^2-3x-4$의 그래프가 x축보다 위쪽에 있는 부분의 x의 값의 범위이므로 $x<-1$ 또는 $x>4$이다.

(2) 이차부등식 $x^2-3x-4<0$의 해는 이차함수 $y=x^2-3x-4$의 그래프가 x축보다 아래쪽에 있는 부분의 x의 값의 범위이므로 $-1<x<4$이다.

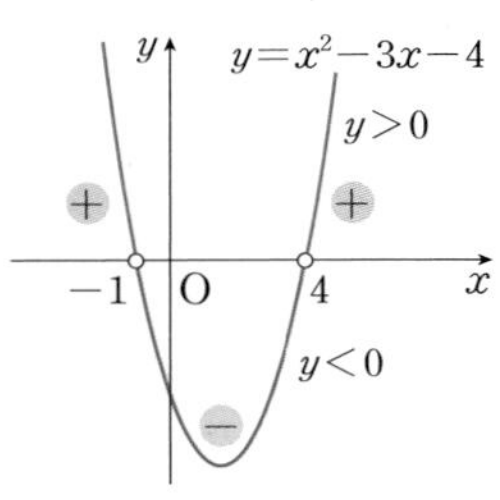

2. 부등식 $f(x)>g(x)$의 해와 함수의 그래프 사이의 관계

(1) 부등식 $f(x)>g(x)$의 해
⟺ 함수 $y=f(x)$의 그래프가 함수 $y=g(x)$의 그래프보다 위쪽에 있는 부분의 x의 값의 범위
⟺ 함수 $y=f(x)-g(x)$의 그래프가 x축보다 위쪽에 있는 부분의 x의 값의 범위

(2) 부등식 $f(x)<g(x)$의 해

$\Longleftrightarrow$ 함수 $y=f(x)$의 그래프가 함수 $y=g(x)$의 그래프보다 아래쪽에 있는 부분의 x의 값의 범위

$\Longleftrightarrow$ 함수 $y=f(x)-g(x)$의 그래프가 x축보다 아래쪽에 있는 부분의 x의 값의 범위

예 (1) 이차부등식 $x^2-3x>-x^2+3x-4$의 해는 $2x^2-6x+4>0$의 해와 같다.

즉, 이차함수 $y=2x^2-6x+4$의 그래프가 x축보다 위쪽에 있는 부분의 x의 값의 범위이므로 $x<1$ 또는 $x>2$이다.

(2) 이차부등식 $x^2-3x<-x^2+3x-4$의 해는 $2x^2-6x+4<0$의 해와 같다.

즉, 이차함수 $y=2x^2-6x+4$의 그래프가 x축보다 아래쪽에 있는 부분의 x의 값의 범위이므로 $1<x<2$이다.

$\Longleftrightarrow$ 함수 $y=x^2-3x$의 그래프가 함수 $y=-x^2+3x-4$의 그래프보다 아래쪽에 있는 부분의 x의 값의 범위

$\Longleftrightarrow$ 함수 $y=x^2-3x$의 그래프가 함수 $y=-x^2+3x-4$의 그래프보다 위쪽에 있는 부분의 x의 값의 범위

$y=2x^2-6x+4$, $y=x^2-3x$, $y=-x^2+3x-4$, O, 1, 2, x, y

개념 08 이차부등식의 해

이차방정식 $ax^2+bx+c=0$ $(a>0)$의 판별식을 D라 하면 D의 값의 부호에 따른 이차부등식의 해는 다음과 같다. ← $D=b^2-4ac$

$ax^2+bx+c=0$의 판별식 D	(1) $D>0$	(2) $D=0$	(3) $D<0$
$y=ax^2+bx+c$의 그래프	x축과 서로 다른 두 점에서 만난다.	x축과 한 점에서 만난다. (접한다.)	x축과 만나지 않는다.
$ax^2+bx+c>0$의 해	$x<\alpha$ 또는 $x>\beta$	$x\neq\alpha$인 모든 실수	모든 실수
$ax^2+bx+c\geq0$의 해	$x\leq\alpha$ 또는 $x\geq\beta$	모든 실수	모든 실수
$ax^2+bx+c<0$의 해	$\alpha<x<\beta$	없다.	없다.
$ax^2+bx+c\leq0$의 해	$\alpha\leq x\leq\beta$	$x=\alpha$	없다.

참고 $a<0$일 때는 이차부등식의 양변에 -1을 곱하여 x^2의 계수를 양수로 고쳐서 해를 구한다.

이차부등식의 해는 이차함수의 그래프와 x축의 위치 관계를 이용하여 구할 수 있다.

이차방정식 $ax^2+bx+c=0$ $(a>0)$의 판별식을 D라 할 때, 이차부등식의 해는 다음과 같다.

(1) $D>0$인 경우

이차방정식 $ax^2+bx+c=0$ $(a>0)$은 서로 다른 두 실근을 갖는다.

이때 두 실근을 α, β $(\alpha<\beta)$라 하면

$$ax^2+bx+c=a(x-\alpha)(x-\beta)$$

와 같이 인수분해되므로 이차함수 $y=ax^2+bx+c$의 그래프는 오른쪽 그림과 같고 이차부등식의 해는 다음과 같다.

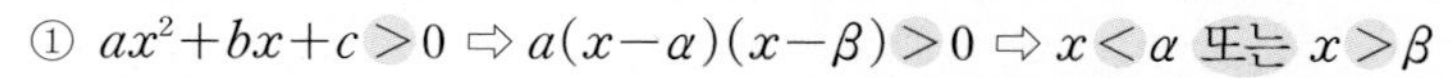
이차함수 $y=ax^2+bx+c$의 그래프와 x축이 서로 다른 두 점에서 만난다.

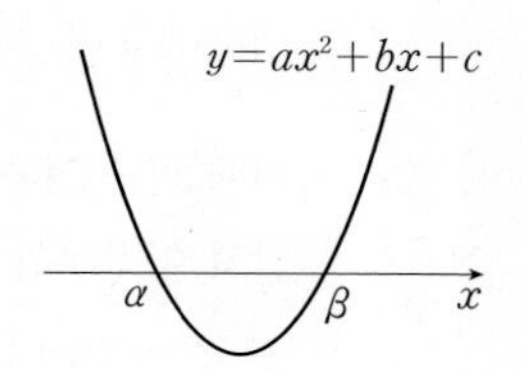
$y=ax^2+bx+c$
α
β
x

① $ax^2+bx+c>0 \Rightarrow a(x-\alpha)(x-\beta)>0 \Rightarrow x<\alpha$ 또는 $x>\beta$

② $ax^2+bx+c\geq0 \Rightarrow a(x-\alpha)(x-\beta)\geq0 \Rightarrow x\leq\alpha$ 또는 $x\geq\beta$

③ $ax^2+bx+c<0 \Rightarrow a(x-\alpha)(x-\beta)<0 \Rightarrow \alpha<x<\beta$

④ $ax^2+bx+c\leq0 \Rightarrow a(x-\alpha)(x-\beta)\leq0 \Rightarrow \alpha\leq x\leq\beta$

(2) $D=0$인 경우

이차방정식 $ax^2+bx+c=0$ $(a>0)$은 중근을 갖는다.

이때 중근을 α라 하면

$$ax^2+bx+c=a(x-\alpha)^2$$ ← $a>0$일 때, 두 실수 x, α에 대하여 $a(x-\alpha)^2\geq 0$이 항상 성립한다.

과 같이 인수분해되므로 이차함수 $y=ax^2+bx+c$의 그래프는 오른쪽 그림과 같고 이차부등식의 해는 다음과 같다.
(이차함수 $y=ax^2+bx+c$의 그래프와 x축이 한 점에서 만난다. (접한다.))

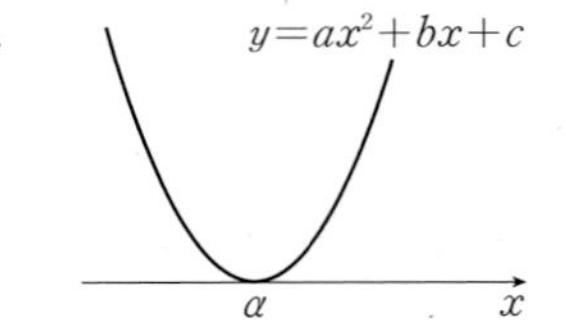

① $ax^2+bx+c>0$ ⇨ $a(x-\alpha)^2>0$ ⇨ 해는 $x\neq\alpha$인 모든 실수이다.

② $ax^2+bx+c\geq 0$ ⇨ $a(x-\alpha)^2\geq 0$ ⇨ 해는 모든 실수이다.

③ $ax^2+bx+c<0$ ⇨ $a(x-\alpha)^2<0$ ⇨ 해가 없다.

④ $ax^2+bx+c\leq 0$ ⇨ $a(x-\alpha)^2\leq 0$ ⇨ $x=\alpha$

(3) $D<0$인 경우

이차방정식 $ax^2+bx+c=0$ $(a>0)$은 실근을 갖지 않는다.

이때 이차함수 $y=ax^2+bx+c$의 그래프의 꼭짓점의 좌표를 (p, q)라 하면

$$ax^2+bx+c=a(x-p)^2+q\ (q>0)$$ ← $a>0$일 때, 두 실수 x, p에 대하여 $a(x-p)^2\geq 0$이므로 $a(x-p)^2+q\geq q$

이므로 이차함수 $y=ax^2+bx+c$의 그래프는 오른쪽 그림과 같고 이차부등식의 해는 다음과 같다.
(이차함수 $y=ax^2+bx+c$의 그래프와 x축이 만나지 않는다.)

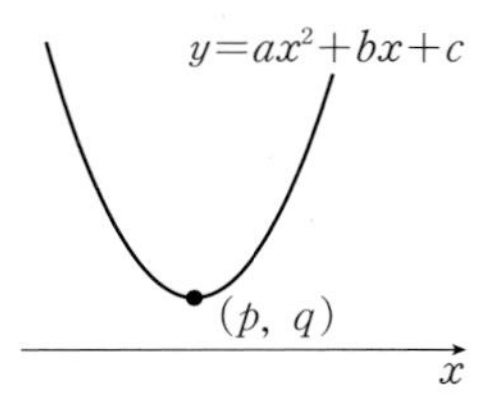

① $ax^2+bx+c>0$ ⇨ $a(x-p)^2+q>0$ ⇨ 해는 모든 실수이다.

② $ax^2+bx+c\geq 0$ ⇨ $a(x-p)^2+q\geq 0$ ⇨ 해는 모든 실수이다.

③ $ax^2+bx+c<0$ ⇨ $a(x-p)^2+q<0$ ⇨ 해는 없다.

④ $ax^2+bx+c\leq 0$ ⇨ $a(x-p)^2+q\leq 0$ ⇨ 해는 없다.

예 (1) 이차방정식 $x^2-2x-3=0$의 판별식을 D라 하면 $\frac{D}{4}=(-1)^2-(-3)=4>0$

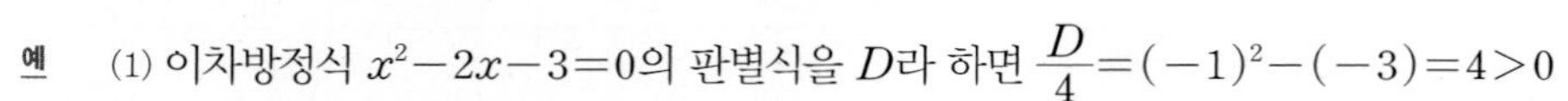

이때 $x^2-2x-3=(x+1)(x-3)$이므로 이차함수 $y=x^2-2x-3$의 그래프는 오른쪽 그림과 같고 이차부등식의 해는 다음과 같다.

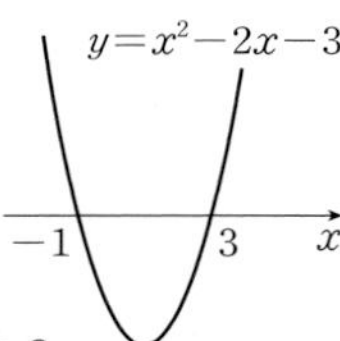

① $x^2-2x-3>0$ ⇨ $x<-1$ 또는 $x>3$　　② $x^2-2x-3\geq 0$ ⇨ $x\leq -1$ 또는 $x\geq 3$

③ $x^2-2x-3<0$ ⇨ $-1<x<3$　　④ $x^2-2x-3\leq 0$ ⇨ $-1\leq x\leq 3$

(2) 이차방정식 $x^2-4x+4=0$의 판별식을 D라 하면 $\frac{D}{4}=(-2)^2-4=0$

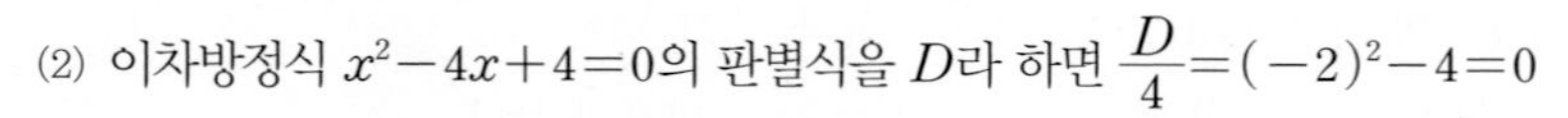

이때 $x^2-4x+4=(x-2)^2$이므로 이차함수 $y=x^2-4x+4$의 그래프는 오른쪽 그림과 같고 이차부등식의 해는 다음과 같다.

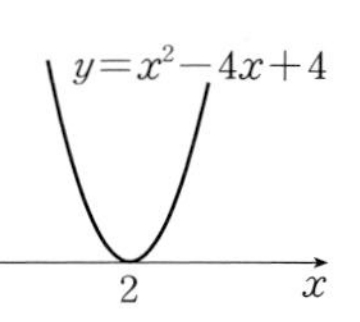

① $x^2-4x+4>0$ ⇨ 해는 $x\neq 2$인 모든 실수이다.　　② $x^2-4x+4\geq 0$ ⇨ 해는 모든 실수이다.

③ $x^2-4x+4<0$ ⇨ 해는 없다.　　④ $x^2-4x+4\leq 0$ ⇨ $x=2$

(3) 이차방정식 $x^2-2x+3=0$의 판별식을 D라 하면 $\frac{D}{4}=(-1)^2-3=-2<0$

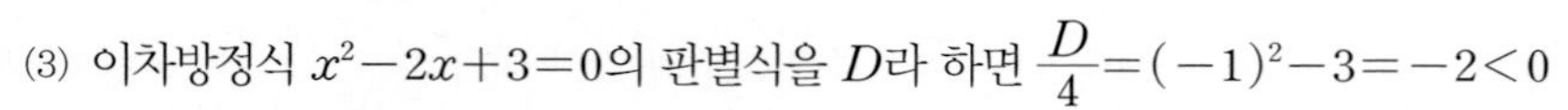

이때 $x^2-2x+3=(x-1)^2+2$이므로 이차함수 $y=x^2-2x+3$의 그래프는 오른쪽 그림과 같고 이차부등식의 해는 다음과 같다.

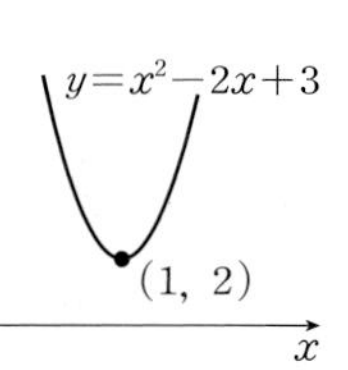

① $x^2-2x+3>0$ ⇨ 해는 모든 실수이다.　　② $x^2-2x+3\geq 0$ ⇨ 해는 모든 실수이다.

③ $x^2-2x+3<0$ ⇨ 해는 없다.　　④ $x^2-2x+3\leq 0$ ⇨ 해는 없다.

개념 09 해가 주어진 이차부등식

(1) 해가 $\alpha<x<\beta$이고 x^2의 계수가 1인 이차부등식은

$(x-\alpha)(x-\beta)<0$, 즉 $x^2-(\alpha+\beta)x+\alpha\beta<0$

(2) 해가 $x<\alpha$ 또는 $x>\beta$ $(\alpha<\beta)$이고 x^2의 계수가 1인 이차부등식은

$(x-\alpha)(x-\beta)>0$, 즉 $x^2-(\alpha+\beta)x+\alpha\beta>0$

참고 x^2의 계수가 a일 때, 부등식의 양변에 a를 곱한다. 이때 $a<0$이면 부등호의 방향이 바뀐다.

두 수 α, β를 근으로 하고 x^2의 계수가 a $(a>0)$인 이차방정식은

$$a(x-\alpha)(x-\beta)=0 \Rightarrow a\{x^2-(\alpha+\beta)x+\alpha\beta\}=0$$

이다. 같은 방법으로 x^2의 계수가 a $(a>0)$인 이차부등식을 주어진 해에 따라 구하면 다음과 같다. Ⓐ

(1) 해가 $\alpha<x<\beta$인 경우

$$a(x-\alpha)(x-\beta)<0 \Rightarrow a\{x^2-(\alpha+\beta)x+\alpha\beta\}<0$$

(2) 해가 $x<\alpha$ 또는 $x>\beta$ $(\alpha<\beta)$인 경우

$$a(x-\alpha)(x-\beta)>0 \Rightarrow a\{x^2-(\alpha+\beta)x+\alpha\beta\}>0$$

예 (1) 해가 $1<x<3$이고 x^2의 계수가 1인 이차부등식은

$(x-1)(x-3)<0$ $\quad\therefore x^2-4x+3<0$

(2) 해가 $x<0$ 또는 $x>2$이고 x^2의 계수가 3인 이차부등식은

$3x(x-2)>0$ $\quad\therefore 3x^2-6x>0$

Ⓐ 해가 특수한 경우의 이차부등식

(1) 해가 $x=\alpha$이고, x^2의 계수가 1인 이차부등식

$\Rightarrow (x-\alpha)^2\le 0$

(2) 해가 $x\ne\alpha$인 모든 실수이고, x^2의 계수가 1인 이차부등식

$\Rightarrow (x-\alpha)^2>0$

개념 10 이차부등식이 항상 성립할 조건

이차방정식 $ax^2+bx+c=0$의 판별식을 D라 할 때, 모든 실수 x에 대하여 각 부등식이 항상 성립할 조건은 ← $D=b^2-4ac$

(1) $ax^2+bx+c>0 \iff a>0,\ D<0$

(2) $ax^2+bx+c\ge 0 \iff a>0,\ D\le 0$

(3) $ax^2+bx+c<0 \iff a<0,\ D<0$

(4) $ax^2+bx+c\le 0 \iff a<0,\ D\le 0$

모든 실수 x에 대하여 이차부등식이 항상 성립하는 경우는 이차함수의 그래프와 x축의 위치 관계에 따라 다음과 같이 네 가지로 분류할 수 있다.

(1) $ax^2+bx+c>0$	(2) $ax^2+bx+c\ge 0$	(3) $ax^2+bx+c<0$	(4) $ax^2+bx+c\le 0$
x	x	x	x
$a>0,\ D<0$	$a>0,\ D\le 0$	$a<0,\ D<0$	$a<0,\ D\le 0$

참고 이차부등식의 해가 없을 조건도 이차부등식이 항상 성립할 조건으로 구할 수 있다.

(1) 이차부등식 $ax^2+bx+c>0$의 해가 없을 조건은 $ax^2+bx+c\le 0$이 항상 성립할 조건과 같으므로 $a<0,\ D\le 0$

(2) 이차부등식 $ax^2+bx+c\ge 0$의 해가 없을 조건은 $ax^2+bx+c<0$이 항상 성립할 조건과 같으므로 $a<0,\ D<0$

기본유형 11 이차부등식과 이차함수의 관계 개념 07

두 이차함수 $y=f(x)$, $y=g(x)$의 그래프가 오른쪽 그림과 같을 때, 부등식 $f(x)g(x)>0$의 해를 구하시오. (단, $a<p<b<0<c<q<d$)

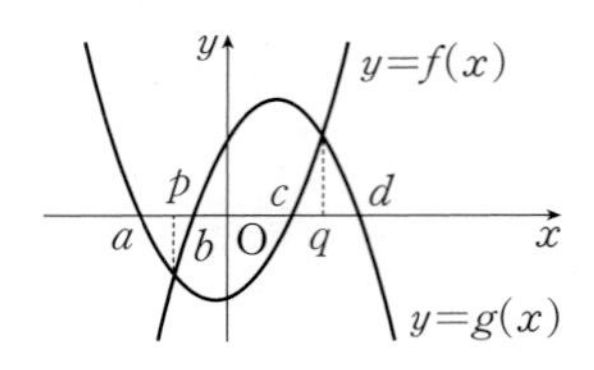

solution

$f(x)g(x)>0 \Longleftrightarrow f(x)>0,\ g(x)>0$ 또는 $f(x)<0,\ g(x)<0$

(i) $f(x)>0$, $g(x)>0$일 때,

$f(x)>0$의 해는 $x<a$ 또는 $x>c$ ……㉠, $g(x)>0$의 해는 $b<x<d$ ……㉡

㉠, ㉡에서 $c<x<d$

(ii) $f(x)<0$, $g(x)<0$일 때,

$f(x)<0$의 해는 $a<x<c$ ……㉢, $g(x)<0$의 해는 $x<b$ 또는 $x>d$ ……㉣

㉢, ㉣에서 $a<x<b$

(i), (ii)에서 부등식 $f(x)g(x)>0$의 해는 $a<x<b$ 또는 $c<x<d$

기본유형 12 이차부등식의 풀이 개념 08

다음 이차부등식을 푸시오.

(1) $x^2-7x+12\le 0$ (2) $3x^2-6x+3>0$ (3) $-x^2+6x-11\ge 0$

solution

(1) $x^2-7x+12\le 0$에서 $(x-3)(x-4)\le 0$ $\therefore 3\le x\le 4$

(2) $3x^2-6x+3>0$에서 $3(x-1)^2>0$

이때 모든 실수 x에 대하여 $(x-1)^2\ge 0$이므로 주어진 부등식의 해는 $x\ne 1$인 모든 실수이다.

(3) $-x^2+6x-11\ge 0$에서 $x^2-6x+11\le 0$ $\therefore (x-3)^2+2\le 0$

이때 모든 실수 x에 대하여 $(x-3)^2+2\ge 2$이므로 주어진 부등식의 해는 없다.

기본 연습

답 p.117

17 두 함수 $y=f(x)$, $y=g(x)$의 그래프가 오른쪽 그림과 같을 때, 다음 부등식의 해를 구하시오.

(1) $f(x)>g(x)$ (2) $f(x)g(x)\le 0$

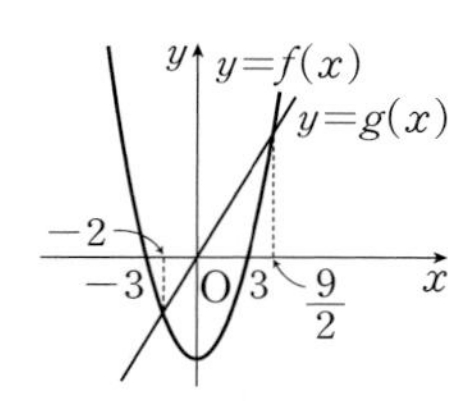

18 다음 이차부등식을 푸시오.

(1) $x^2\le 5x+24$ (2) $-4x^2+4x-1\ge 0$ (3) $x+2\le -x^2$

기본유형 13 해가 주어진 이차부등식 개념 09

x에 대한 이차부등식 $x^2+ax+b<0$의 해가 $-1<x<3$일 때, 두 상수 a, b에 대하여 a^2+b^2의 값을 구하시오.

solution

x^2의 계수가 1이고 해가 $-1<x<3$인 이차부등식은

$(x+1)(x-3)<0$ $\therefore x^2-2x-3<0$

이 부등식이 $x^2+ax+b<0$과 일치하므로

$a=-2$, $b=-3$

$\therefore a^2+b^2=(-2)^2+(-3)^2=13$

기본유형 14 이차부등식이 항상 성립할 조건 개념 10

모든 실수 x에 대하여 부등식 $x^2+6x+a\geq0$이 항상 성립하도록 하는 실수 a의 최솟값을 구하시오.

solution

모든 실수 x에 대하여 부등식 $x^2+6x+a\geq0$이 항상 성립해야 하므로

이차방정식 $x^2+6x+a=0$의 판별식을 D라 하면

$\frac{D}{4}=3^2-a\leq0$ $\therefore a\geq9$

따라서 실수 a의 최솟값은 9이다.

기본 연습

해 pp.117~118

19 x에 대한 부등식 $2x^2+ax+b\leq0$의 해가 $-2\leq x\leq4$일 때, 두 상수 a, b에 대하여 ab의 값을 구하시오.

20 모든 실수 x에 대하여 부등식 $-x^2+2x-2k-15<0$이 항상 성립하도록 하는 정수 k의 최솟값을 구하시오.

필수유형 15 절댓값 기호를 포함한 이차부등식

개념 08

다음 부등식을 푸시오.

(1) $x^2+|x|-2<0$

(2) $|x^2-4|>2$

guide

❶ 각 절댓값 기호 안의 식의 값이 0이 되도록 하는 x의 값을 기준으로 x의 값의 범위를 나눈다.
❷ 각 범위에서 절댓값 기호를 없앤 후, 부등식의 해를 구한다.
❸ ❷에서 구한 해를 합쳐 해로 정한다.

solution

(1) (i) $x<0$일 때, $x^2-x-2<0$에서 $(x+1)(x-2)<0$ $\quad\therefore -1<x<2$

그런데 $x<0$이므로 $-1<x<0$

(ii) $x\ge0$일 때, $x^2+x-2<0$에서 $(x+2)(x-1)<0$ $\quad\therefore -2<x<1$

그런데 $x\ge0$이므로 $0\le x<1$

(i), (ii)에서 주어진 부등식의 해는 $-1<x<1$

(2) (i) $x^2-4<0$에서 $(x+2)(x-2)<0$, 즉 $-2<x<2$일 때,

$-(x^2-4)>2$, $x^2-2<0$, $(x+\sqrt{2})(x-\sqrt{2})<0$ $\quad\therefore -\sqrt{2}<x<\sqrt{2}$

그런데 $-2<x<2$이므로 $-\sqrt{2}<x<\sqrt{2}$

(ii) $x^2-4\ge0$에서 $(x+2)(x-2)\ge0$, 즉 $x\le-2$ 또는 $x\ge2$일 때,

$x^2-4>2$, $x^2-6>0$, $(x+\sqrt{6})(x-\sqrt{6})>0$ $\quad\therefore x<-\sqrt{6}$ 또는 $x>\sqrt{6}$

그런데 $x\le-2$ 또는 $x\ge2$이므로 $x<-\sqrt{6}$ 또는 $x>\sqrt{6}$

(i), (ii)에서 주어진 부등식의 해는 $x<-\sqrt{6}$ 또는 $-\sqrt{2}<x<\sqrt{2}$ 또는 $x>\sqrt{6}$

다른 풀이

(1) $x^2=|x|^2$이므로 $x^2+|x|-2<0$에서

$|x|^2+|x|-2<0$, $(|x|+2)(|x|-1)<0$ $\quad\therefore -2<|x|<1$

$|x|\ge0$이므로 $0\le|x|<1$과 같다.

즉, $|x|<1$이므로 $-1<x<1$

(2) $x^2-4<-2$ 또는 $x^2-4>2$이므로 $x^2-2<0$ ……㉠ 또는 $x^2-6>0$ ……㉡

㉠에서 $(x+\sqrt{2})(x-\sqrt{2})<0$ $\quad\therefore -\sqrt{2}<x<\sqrt{2}$

㉡에서 $(x+\sqrt{6})(x-\sqrt{6})>0$ $\quad\therefore x<-\sqrt{6}$ 또는 $x>\sqrt{6}$

따라서 구하는 해는 $x<-\sqrt{6}$ 또는 $-\sqrt{2}<x<\sqrt{2}$ 또는 $x>\sqrt{6}$

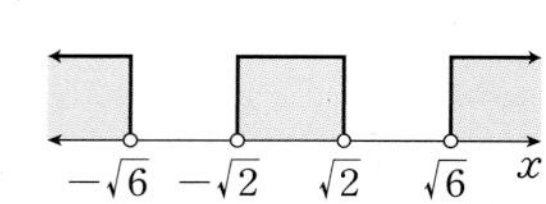

필수 연습

21 다음 부등식을 푸시오.

(1) $x^2-2x-5<|x-1|$

(2) $|x^2-2x|\ge15$

답 p.118

필수유형 16 해가 주어진 이차부등식 개념 09

이차부등식 $ax^2+bx+c<0$의 해가 $\frac{1}{5}<x<1$일 때, 이차부등식 $cx^2+bx+a\leq 0$의 해를 구하시오.

(단, a, b, c는 실수이다.)

guide

① 주어진 해와 이차부등식의 부등호를 확인하여 x^2의 계수가 양수인지 음수인지 판단한다.

② ①에서 확인한 계수의 부호와 주어진 해를 이용하여 이차부등식을 세운다.

(1) x^2의 계수 a가 양수이고, 해가 $\alpha<x<\beta$인 이차부등식

⇨ $a\{x^2-(\alpha+\beta)x+\alpha\beta\}<0$ ← 해가 $\alpha\leq x\leq\beta$ ⇨ $a\{x^2-(\alpha+\beta)x+\alpha\beta\}\leq 0$

(2) x^2의 계수 a가 양수이고, 해가 $x<\alpha$ 또는 $x>\beta$인 이차부등식

⇨ $a\{x^2-(\alpha+\beta)x+\alpha\beta\}>0$ ← 해가 $x\leq\alpha$ 또는 $x\geq\beta$ ⇨ $a\{x^2-(\alpha+\beta)x+\alpha\beta\}\geq 0$

③ ②에서 세운 이차부등식을 이용하여 계수 사이의 관계식을 구한 후, 새 이차부등식을 푼다.

solution

이차부등식 $ax^2+bx+c<0$의 해가 $\frac{1}{5}<x<1$이므로 $a>0$

해가 $\frac{1}{5}<x<1$이고, x^2의 계수가 1인 이차부등식은

$\left(x-\frac{1}{5}\right)(x-1)<0 \qquad \therefore x^2-\frac{6}{5}x+\frac{1}{5}<0$

양변에 양수 a를 곱하면 $ax^2-\frac{6}{5}ax+\frac{1}{5}a<0$ ← 양변에 같은 양수를 곱하면 부등호 방향은 그대로

이 부등식이 $ax^2+bx+c<0$과 일치하므로 $b=-\frac{6}{5}a$, $c=\frac{1}{5}a$

이것을 이차부등식 $cx^2+bx+a\leq 0$에 대입하면 $\frac{1}{5}ax^2-\frac{6}{5}ax+a\leq 0$

양변에 $\frac{5}{a}$를 곱하면 $x^2-6x+5\leq 0$ $\left(\because \frac{5}{a}>0\right)$ ← 양변에 같은 양수를 곱하면 부등호 방향은 그대로

$(x-1)(x-5)\leq 0 \qquad \therefore 1\leq x\leq 5$

필수 연습

22 이차부등식 $ax^2+bx+c\geq 0$의 해가 $-1\leq x\leq 4$일 때, 이차부등식 $cx^2+bx+a>0$의 해를 구하시오. (단, a, b, c는 실수이다.)

해 pp.118~119

23 이차식 $f(x)$에 대하여 부등식 $f(x)<0$의 해가 $x<-2$ 또는 $x>5$일 때, 부등식 $f(-x)\geq 0$을 만족시키는 모든 정수 x의 값의 합을 구하시오.

24 x에 대한 이차부등식 $ax^2+bx+c\geq 0$의 해가 오직 $x=2$뿐일 때, 이차부등식 $bx^2+2cx+12a<0$을 만족시키는 정수 x의 개수를 구하시오.

필수유형 17 이차부등식이 항상 성립할 조건

개념 10

모든 실수 x에 대하여 부등식 $kx^2-2kx+6>0$이 항상 성립하도록 하는 실수 k의 값의 범위를 구하시오.

guide

❶ 부등식에서 이차항의 계수가 0인 경우, 조건을 만족시키는 미지수의 범위를 구한다.

❷ 부등식에서 이차항의 계수가 0이 아닌 경우, 다음이 성립함을 이용하여 미지수의 범위를 구한다.

이차방정식 $ax^2+bx+c=0$의 판별식을 D라 할 때, 모든 실수 x에 대하여 각 부등식이 항상 성립할 조건은

(1) $ax^2+bx+c>0 \Longleftrightarrow a>0,\ D<0$ (2) $ax^2+bx+c\geq 0 \Longleftrightarrow a>0,\ D\leq 0$

(3) $ax^2+bx+c<0 \Longleftrightarrow a<0,\ D<0$ (4) $ax^2+bx+c\leq 0 \Longleftrightarrow a<0,\ D\leq 0$

solution

(i) $k=0$일 때, $6>0$이므로 주어진 부등식은 항상 성립한다.

(ii) $k\neq 0$일 때,

이차함수 $y=kx^2-2kx+6$의 그래프는 오른쪽 그림과 같이 아래로 볼록해야 하므로

$k>0$ ……㉠

또한, 이차방정식 $kx^2-2kx+6=0$의 판별식을 D라 하면 $D<0$이어야 하므로

$\dfrac{D}{4}=(-k)^2-6k<0,\ k(k-6)<0 \quad \therefore\ 0<k<6$ ……㉡

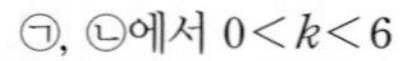

㉠, ㉡에서 $0<k<6$

(i), (ii)에서 실수 k의 값의 범위는 $0\leq k<6$

plus

(1) 함수 $y=f(x)$의 그래프가 함수 $y=g(x)$의 그래프보다 항상 위쪽에 있다.

⇨ 모든 실수 x에 대하여 부등식 $f(x)>g(x)$, 즉 $f(x)-g(x)>0$이 항상 성립한다.

(2) 함수 $y=f(x)$의 그래프가 함수 $y=g(x)$의 그래프보다 항상 아래쪽에 있다.

⇨ 모든 실수 x에 대하여 부등식 $f(x)<g(x)$, 즉 $f(x)-g(x)<0$이 항상 성립한다.

필수 연습

25 모든 실수 x에 대하여 부등식 $(k-2)x^2-(k-2)x-2\leq 0$이 항상 성립하도록 하는 실수 k의 값의 범위를 구하시오.

plus

26 이차함수 $y=x^2+2x-2$의 그래프가 직선 $y=kx-3$보다 항상 위쪽에 있도록 하는 실수 k의 값의 범위를 구하시오.

27 모든 실수 x에 대하여 $\sqrt{kx^2-3kx+4}$의 값이 실수가 되도록 하는 정수 k의 개수를 구하시오.

해 pp.119~120

필수유형 18 이차부등식이 해를 갖거나 갖지 않을 조건 개념 10

다음 물음에 답하시오.

(1) x에 대한 이차부등식 $x^2+(m+2)x+2m+1<0$이 해를 갖도록 하는 실수 m의 값의 범위를 구하시오.

(2) x에 대한 이차부등식 $ax^2-4x+a\le 0$이 해를 갖지 않도록 하는 실수 a의 값의 범위를 구하시오.

guide

❶ 이차방정식 $ax^2+bx+c=0$의 판별식을 D라 할 때, 다음을 이용하여 필요한 조건을 찾는다.

(1) 이차부등식 $ax^2+bx+c>0$이 해를 갖는다. ⇨ $a>0$ 또는 $a<0$, $D>0$

(2) 이차부등식 $ax^2+bx+c\ge 0$이 해를 갖지 않는다. ⇨ $a<0$, $D<0$

(3) 이차부등식 $ax^2+bx+c<0$이 해를 갖는다. ⇨ $a<0$ 또는 $a>0$, $D>0$

(4) 이차부등식 $ax^2+bx+c\le 0$이 해를 갖지 않는다. ⇨ $a>0$, $D<0$

❷ ❶의 조건을 만족시키는 미지수의 값을 구한다.

solution

(1) 이차함수 $y=x^2+(m+2)x+2m+1$의 그래프는 아래로 볼록하므로
이차부등식 $x^2+(m+2)x+2m+1<0$이 해를 가지려면
이차방정식 $x^2+(m+2)x+2m+1=0$의 판별식을 D라 할 때, $D>0$이어야 한다.
$D=(m+2)^2-4(2m+1)>0$, $m^2-4m>0$, $m(m-4)>0$
$\therefore$ $m<0$ 또는 $m>4$

(2) 이차부등식 $ax^2-4x+a\le 0$이 해를 갖지 않으려면 이차함수 $y=ax^2-4x+a$의 그래프가 아래로 볼록해야 하므로 $a>0$ ……㉠
또한, 이차방정식 $ax^2-4x+a=0$의 판별식을 D라 하면 $D<0$이어야 하므로
$\frac{D}{4}=(-2)^2-a^2<0$, $a^2-4>0$, $(a+2)(a-2)>0$ $\therefore$ $a<-2$ 또는 $a>2$ ……㉡
㉠, ㉡에서 실수 a의 값의 범위는 $a>2$

필수 연습

28

다음 물음에 답하시오.

(1) x에 대한 이차부등식 $-x^2-(k-5)x-k+2\ge 0$이 해를 갖도록 하는 실수 k의 값의 범위를 구하시오.

(2) x에 대한 이차부등식 $(a-1)x^2+2(a-1)x-4>0$이 해를 갖지 않도록 하는 실수 a의 값의 범위를 구하시오.

풀 p.120

29

이차부등식 $(a+1)x^2-5x+a+1\le 0$의 해가 오직 한 개 존재할 때, 실수 a의 값을 구하시오.

필수유형 19 제한된 범위에서 항상 성립하는 이차부등식

개념 10

$-1\le x\le 2$에서 이차부등식 $x^2-10x-3k+25\ge 0$이 항상 성립할 때, 실수 k의 값의 범위를 구하시오.

guide

❶ 이차함수 $y=f(x)$의 그래프의 개형을 그린다.
❷ $a\le x\le b$에서 이차함수 $y=f(x)$의 최댓값과 최솟값을 구한다.
❸ 다음을 이용하여 미정계수를 구한다.
(1) $a\le x\le b$에서 이차부등식 $f(x)>0$이 항상 성립한다.
⇨ $a\le x\le b$에서 ($f(x)$의 최솟값)>0
(2) $a\le x\le b$에서 이차부등식 $f(x)<0$이 항상 성립한다.
⇨ $a\le x\le b$에서 ($f(x)$의 최댓값)<0

solution

$f(x)=x^2-10x-3k+25$라 하면 $f(x)=(x-5)^2-3k$
$-1\le x\le 2$에서 이차함수 $y=f(x)$의 그래프는 오른쪽 그림과 같으므로
함수 $f(x)$는 $x=2$일 때 최솟값을 갖는다.
즉, $-1\le x\le 2$에서 이차부등식 $x^2-10x-3k+25\ge 0$이 항상 성립하려면
$f(2)=9-3k\ge 0$, $3k\le 9$
$\therefore k\le 3$

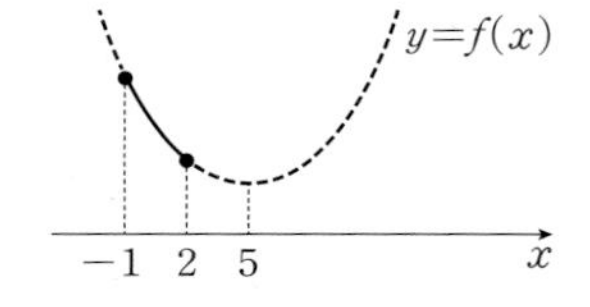

필수 연습

pp.120~121

30 $-3\le x\le 3$에서 이차부등식 $2x^2-a-3>0$이 항상 성립할 때, 정수 a의 최댓값을 구하시오.

31 이차부등식 $2x^2-3x-2\le 0$을 만족시키는 모든 실수 x에 대하여 이차부등식 $x^2-2x+a^2-3a<0$이 항상 성립할 때, 실수 a의 값의 범위를 구하시오.

32 두 함수 $f(x)=x^2+3ax-a^2$, $g(x)=4ax+a^2$이 있다. $1\le x\le 2$에서 부등식 $f(x)>g(x)$가 항상 성립할 때, 실수 a의 값의 범위를 구하시오.

필수유형 20 이차부등식의 활용

개념 08

정사각형 모양의 땅에 폭이 각각 6 m, 10 m인 통행로를 수직으로 교차하도록 만들었다. 통행로를 제외하고 남은 땅의 넓이가 처음 땅의 넓이의 $\frac{3}{4}$ 이하일 때, 처음 땅의 넓이의 최댓값을 구하시오. (단, 통행로는 각각 정사각형의 각 변과 평행하다.)

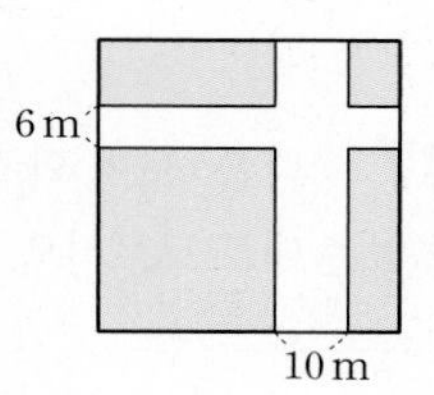

guide

1. 구하는 값 또는 구하는 값을 결정짓는 값을 미지수 x로 놓는다.
2. 주어진 조건을 이용하여 x에 대한 부등식을 세운다.
3. 부등식을 푼다.
4. 문제의 조건을 만족시키는 x의 값의 범위에 맞는지 확인한다.

solution

처음 땅의 한 변의 길이를 x m라 하면 $\underset{x-10>0}{x>10}$ ……㉠

남은 땅의 넓이는 가로의 길이와 세로의 길이가 각각 $(x-10)$ m, $(x-6)$ m인 직사각형의 넓이와 같다.

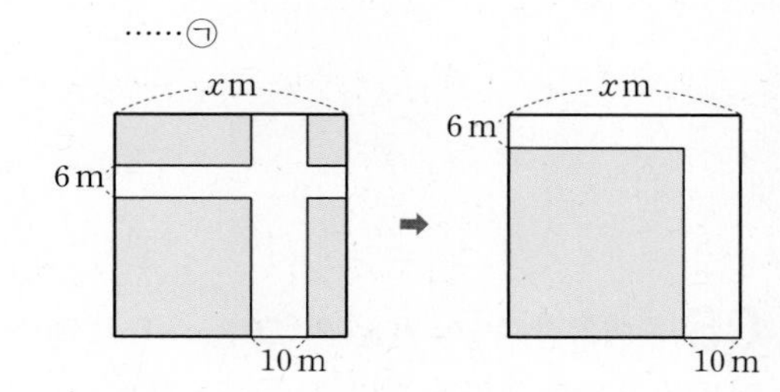

이 직사각형의 넓이가 처음 땅의 넓이의 $\frac{3}{4}$ 이하이므로

$(x-10)(x-6) \leq \frac{3}{4}x^2$

$x^2-64x+240 \leq 0$, $(x-4)(x-60) \leq 0$ $\quad \therefore 4 \leq x \leq 60$ ……㉡

㉠, ㉡에서 $10 < x \leq 60$

따라서 정사각형 모양의 처음 땅의 넓이가 최대가 되는 한 변의 길이는 60 m이므로 처음 땅의 넓이의 최댓값은 3600 m²이다.

필수 연습

pp.121~122

33 한 변의 길이가 20 m인 정사각형 모양의 화단에 각 꼭짓점에서 각각 x m 떨어진 지점을 잡아 오른쪽 그림과 같이 대각선으로 길을 만들려고 한다. 길을 제외한 화단의 넓이가 처음 화단의 넓이의 49 % 이하가 되도록 할 때, x의 최솟값을 구하시오.

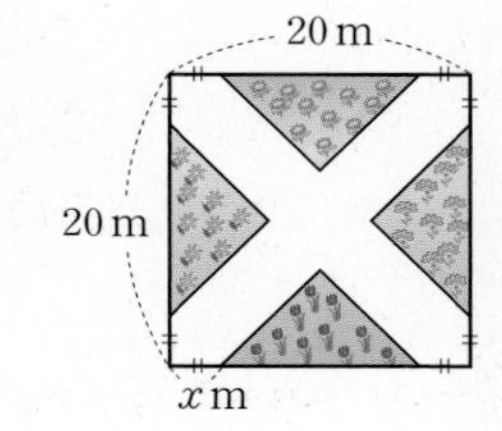

34 지면으로부터 12 m의 높이에서 공을 초속 35 m의 속력으로 똑바로 위로 쏘아올렸을 때, t초 후 이 공의 높이 h m는 $h=12+35t-5t^2$을 만족시킨다. 지면으로부터 이 공의 높이가 62 m 이상이 되는 시간이 a초 동안일 때, a의 값을 구하시오.

35 어느 수박 농장에서 올해 수박 1통당 판매 가격을 작년보다 x %만큼 내리면 올해 수박의 판매량은 작년보다 $2x$ %만큼 늘어날 것으로 예상하고 있다. 이 농장에서 올해 판매 목표를 작년 총 판매 금액의 12 % 이상 증가로 잡았을 때, 올해 목표를 달성하기 위한 x의 값의 범위를 구하시오.

07 다음 〈보기〉의 이차부등식 중에서 해가 없는 것만을 있는 대로 고르시오.

보기

ㄱ. $x^2-5x+7<0$　　ㄴ. $\frac{2}{3}x^2\le 6x-2$

ㄷ. $(2x-1)(x+1)<5$　　ㄹ. $4x^2-6x<-x^2-2$

08 이차함수 $y=f(x)$의 그래프가 오른쪽 그림과 같다. 부등식 $f\left(\frac{x-1}{2}\right)\le 0$의 해는?

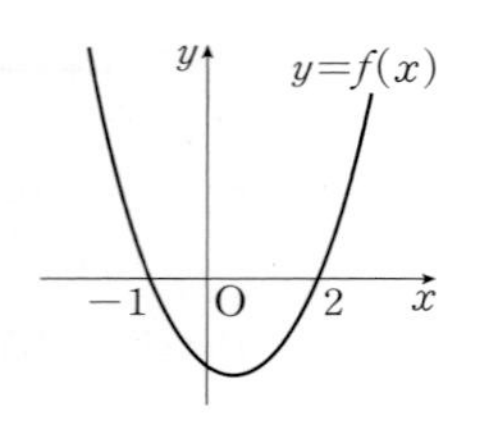

① $-2\le x\le 4$
② $-1\le x\le 5$
③ $1\le x\le 6$
④ $3\le x\le 7$
⑤ $5\le x\le 8$

09 이차함수 $f(x)$에 대하여 $f(1)=8$이고 이차부등식 $f(x)\le 0$의 해가 $-3\le x\le 0$일 때, $f(4)$의 값을 구하시오.

10 x에 대한 두 부등식

$$\left|\frac{3}{2}x+a\right|\le 3,\ 2x^2+4x+b\le 0$$

의 해가 같도록 두 상수 a, b의 값을 정할 때, ab의 값을 구하시오.

11 모든 실수 x에 대하여 부등식

$$(m-3)x^2+2(m-3)x+3\le 0$$

이 항상 성립하도록 하는 실수 m의 값의 범위는?

① $3<m<6$　　② $3\le m\le 6$
③ $m<3$ 또는 $m>6$　　④ $m\le 3$ 또는 $m\ge 6$
⑤ 존재하지 않는다.

12 모든 실수 x에 대하여 $\sqrt{(k+1)x^2-(k+1)x+1}$의 값이 실수가 되도록 하는 모든 정수 k의 값의 합을 구하시오.

서술형

13 세 다항식 $f(x)=x^2-2x+4$, $g(x)=-x+k$, $h(x)=-x^2-4x-7$이 모든 실수 x에 대하여 부등식

$$f(x) \geq g(x) \geq h(x)$$

를 만족시킬 때, 정수 k의 개수를 구하시오.

14 x에 대한 이차부등식 $ax^2-4x+a-3<0$이 해를 갖도록 하는 실수 a의 값의 범위를 구하시오.

15 x에 대한 이차부등식 $x^2-9<2k(x-5)$의 해가 존재하지 않도록 하는 정수 k의 개수를 구하시오.

16 x에 대한 이차부등식 $x^2+7k<0$을 만족시키는 정수 x가 15개가 되도록 하는 모든 정수 k의 합을 구하시오.

17 이차부등식 $2x^2-33x-17<0$을 만족시키는 모든 실수 x에 대하여 이차부등식 $x^2+8x+2+k^2 \geq 0$이 항상 성립할 때, 실수 k의 값의 범위를 구하시오.

18 어느 음원 판매 업체에서 음원의 한 달 이용권 가격을 x % 인상하면 이 이용권을 구매하는 회원 수는 $0.8x$ % 줄어든다고 한다. 이 음원 판매 업체에서 한 달 수입은 줄어들지 않도록 하면서 이용권 가격을 인상하려고 할 때, x의 최댓값을 구하시오.

BLACKLABEL

3 연립이차부등식

개념 11 연립이차부등식

1. 연립이차부등식

$\begin{cases} 2x-7>0 \\ x^2-3x+4\le 0 \end{cases}$ 과 같이 연립부등식에서 차수가 가장 높은 부등식이 이차부등식일 때, 이것을 연립이차부등식이라 한다.

2. 연립이차부등식의 풀이

연립이차부등식은 다음과 같은 순서로 푼다.

(i) 연립부등식을 이루는 각 부등식의 해를 구한다.

(ii) (i)에서 구한 각 부등식의 해를 하나의 수직선 위에 나타내어 공통부분을 찾는다.

연립이차부등식을 풀 때는 연립일차부등식과 마찬가지로 연립부등식을 이루고 있는 각 부등식의 해를 구한 후, 이들의 공통부분을 구하면 된다.

예1 연립이차부등식 $\begin{cases} 3x-6>0 & \cdots\cdots ㉠ \\ x^2-6x+5\le 0 & \cdots\cdots ㉡ \end{cases}$ 에서

㉠을 풀면 $3x-6>0$에서 $x>2$

㉡를 풀면 $x^2-6x+5\le 0$에서 $(x-1)(x-5)\le 0$ $\quad\therefore 1\le x\le 5$

㉠, ㉡의 해를 수직선 위에 나타내면 오른쪽 그림과 같으므로 구하는 해는

$2<x\le 5$

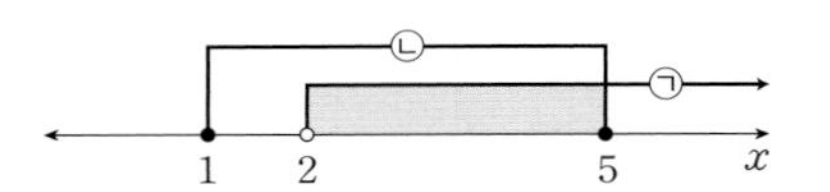

예2 연립이차부등식 $x^2-2x\le 2x^2-x-6<x^2-4x-2$의 해는

연립이차부등식 $\begin{cases} x^2-2x\le 2x^2-x-6 & \cdots\cdots ㉠ \\ 2x^2-x-6<x^2-4x-2 & \cdots\cdots ㉡ \end{cases}$ 의 해와 같다.

㉠을 풀면 $x^2+x-6\ge 0$에서 $(x+3)(x-2)\ge 0$ $\quad\therefore x\le -3$ 또는 $x\ge 2$

㉡을 풀면 $x^2+3x-4<0$에서 $(x+4)(x-1)<0$ $\quad\therefore -4<x<1$

㉠, ㉡의 해를 수직선 위에 나타내면 오른쪽 그림과 같으므로 구하는 해는

$-4<x\le -3$

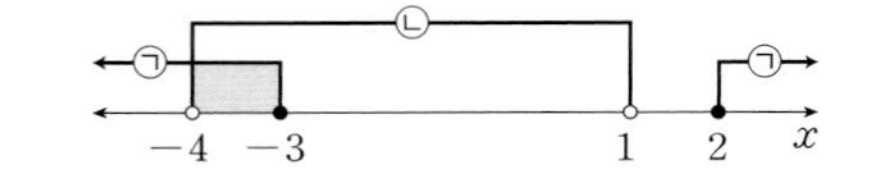

개념 12 이차방정식의 실근의 부호

이차방정식 $ax^2+bx+c=0$ (a, b, c는 실수)의 두 실근을 α, β라 하고, 판별식을 D라 하면

(1) 두 실근이 모두 양수인 경우 $\iff D\ge 0,\ \alpha+\beta>0,\ \alpha\beta>0$

(2) 두 실근이 모두 음수인 경우 $\iff D\ge 0,\ \alpha+\beta<0,\ \alpha\beta>0$

(3) 두 실근의 부호가 서로 다른 경우 $\iff \alpha\beta<0$

참고 두 실근의 절댓값이 같고 부호가 서로 다른 경우 $\iff \alpha+\beta=0,\ \alpha\beta<0$

이차방정식이 두 실근을 가질 때, 이차방정식의 두 근을 직접 구하지 않고도 판별식과 근과 계수의 관계를 이용하여 두 실근의 부호를 알 수 있다.

이차방정식 $ax^2+bx+c=0$ (a, b, c는 실수)의 두 실근을 α, β라 하고, 판별식을 D라 하면

(1) 두 실근이 모두 양수인 경우

　(i) 두 근이 모두 실근이므로 $D\ge 0$ ← 두 실근이 서로 다르면 $D>0$, 중근이면 $D=0$

　(ii) 두 근의 합과 곱이 모두 양수이므로 $\alpha+\beta>0$, $\alpha\beta>0$

(2) 두 실근이 모두 음수인 경우

　(i) 두 근이 모두 실근이므로 $D\ge 0$ ← 두 실근이 서로 다르면 $D>0$, 중근이면 $D=0$

　(ii) 두 근의 합은 음수, 곱은 양수이므로 $\alpha+\beta<0$, $\alpha\beta>0$

(3) 두 실근의 부호가 서로 다른 경우

　두 근의 곱이 음수이므로 $\alpha\beta<0$ ← $\alpha\beta=\frac{c}{a}$이므로 $\frac{c}{a}<0$, 즉 $ac<0$이므로 $D=b^2-4ac>0$

참고 두 실근의 부호가 서로 다를 때, 판별식 $D=b^2-4ac$의 값은 항상 양수이므로 $D>0$을 따로 고려하지 않아도 된다. 또한, 두 근의 합이 양수인지 음수인지 알 수 없으므로 확인하지 않아도 된다.

예 이차방정식 $x^2-2x+k-4=0$의 두 근이 모두 양수일 때, 실수 k의 값의 범위를 구해 보자.

　(i) 두 실근이 존재하므로 $\frac{D}{4}=(-1)^2-1\times(k-4)\ge 0$에서 $k\le 5$ ……㉠

　(ii) 두 근의 합은 $2>0$, 두 근의 곱은 $k-4>0$에서 $k>4$ ……㉡

　(i), (ii)를 수직선 위에 나타내면 오른쪽 그림과 같으므로 구하는 실수 k의 값의 범위는

　$4<k\le 5$

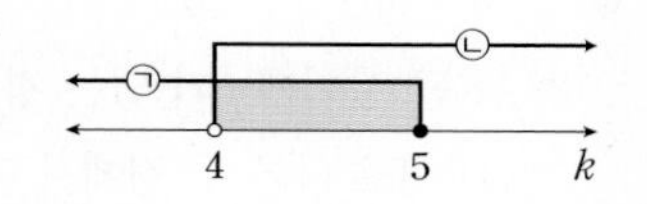

개념 13 이차방정식의 실근의 위치

이차방정식 $ax^2+bx+c=0$ $(a>0)$의 판별식을 D라 하고, $f(x)=ax^2+bx+c$라 하면 두 상수 p, q $(p<q)$에 대하여 다음이 성립한다.

$y=f(x)$의 그래프의 축의 방정식 ⇨ $x=-\frac{b}{2a}$

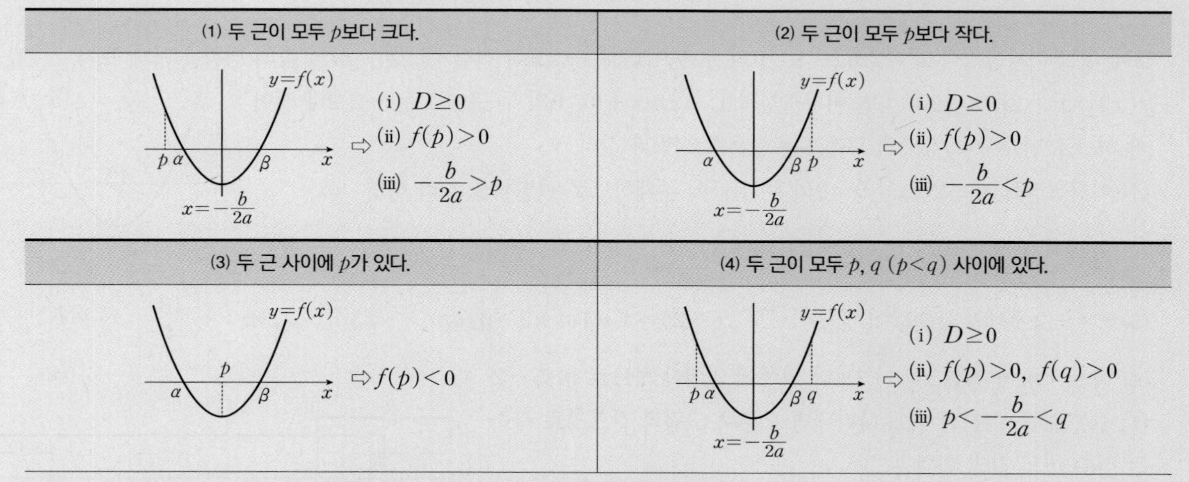

(1) 두 근이 모두 p보다 크다.
(2) 두 근이 모두 p보다 작다.
y=f(x)
p α β x
x=−b/2a
⇨ (i) D≥0
(ii) f(p)>0
(iii) −b/2a>p
α β p x
⇨ (i) D≥0
(ii) f(p)>0
(iii) −b/2a<p
(3) 두 근 사이에 p가 있다.
(4) 두 근이 모두 p, q (p<q) 사이에 있다.
α p β x
⇨ f(p)<0
p α β q x
⇨ (i) D≥0
(ii) f(p)>0, f(q)>0
(iii) p<−b/2a<q

참고 $a<0$일 때는 이차부등식의 양변에 -1을 곱하여 x^2의 계수를 양수로 고친 후 판단한다.

개념 12의 이차방정식의 실근의 부호에서는 두 실근과 0 사이의 대소 관계에 따라 두 근이 모두 양수, 두 근이 모두 음수, 두 근의 부호가 서로 다른 경우에 대하여 학습하였다.

이를 이용하여 특정한 실수 p 또는 q를 기준으로 실근의 위치를 판별할 수 있다.

이차방정식 $ax^2+bx+c=0\ (a>0)$의 판별식을 D라 하고 $f(x)=ax^2+bx+c$라 할 때, 이차함수 $y=f(x)$의 그래프를 이용하여 다음 세 가지 조건을 조사하면 이차방정식의 실근의 위치를 판별할 수 있다.

(i) D의 부호	(ii) 경계에서의 함숫값의 부호	(iii) 축의 위치

(1) 두 근이 모두 p보다 큰 경우

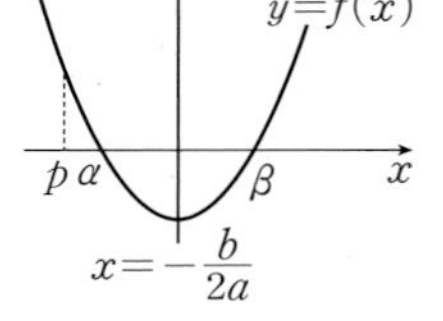

(i) 두 실근이 존재하므로 $D\geq 0$

(ii) $x=p$에서의 함숫값이 양수이므로 $f(p)>0$

(iii) 축 $x=-\dfrac{b}{2a}$가 직선 $x=p$보다 오른쪽에 있어야 하므로 $-\dfrac{b}{2a}>p$

(2) 두 근이 모두 p보다 작은 경우

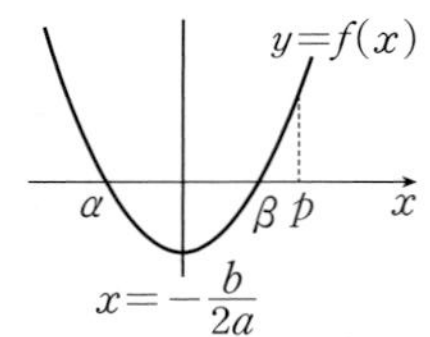

(i) 두 실근이 존재하므로 $D\geq 0$

(ii) $x=p$에서의 함숫값이 양수이므로 $f(p)>0$

(iii) 축 $x=-\dfrac{b}{2a}$가 직선 $x=p$보다 왼쪽에 있어야 하므로 $-\dfrac{b}{2a}<p$

(3) 두 근 사이에 p가 있는 경우

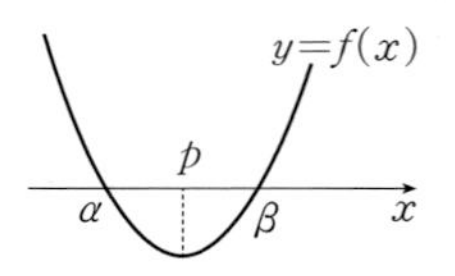

(i) 서로 다른 두 점에서 만나게 되므로 $D>0$임은 확인하지 않는다.

(ii) $x=p$에서의 함숫값이 음수이므로 $f(p)<0$

(iii) 축의 위치가 직선 $x=p$보다 오른쪽인지 왼쪽인지는 상관이 없으므로 확인하지 않는다.

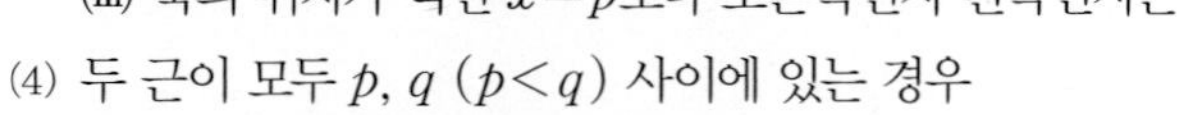

(4) 두 근이 모두 $p,\ q\ (p<q)$ 사이에 있는 경우

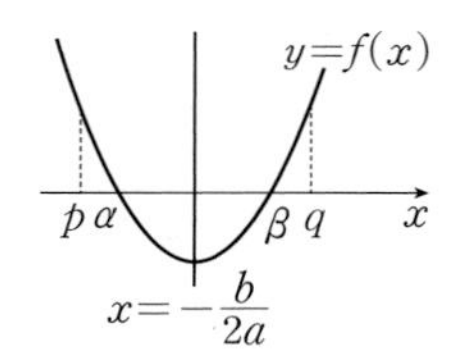

(i) 두 실근이 존재하므로 $D\geq 0$

(ii) $x=p$와 $x=q$에서의 함숫값이 모두 양수이므로 $f(p)>0,\ f(q)>0$

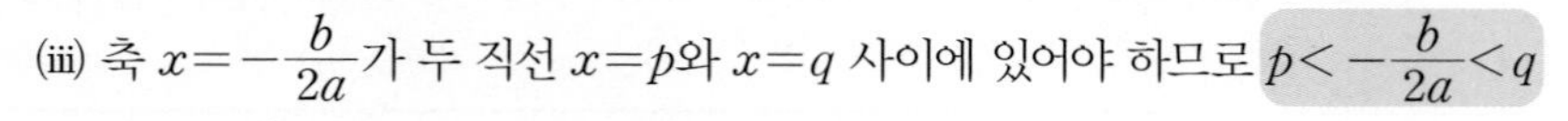

(iii) 축 $x=-\dfrac{b}{2a}$가 두 직선 $x=p$와 $x=q$ 사이에 있어야 하므로 $p<-\dfrac{b}{2a}<q$

예 x에 대한 이차방정식 $x^2-2mx+9=0$의 두 근이 모두 -2보다 작을 때, 실수 m의 값의 범위를 구해 보자.

$f(x)=x^2-2mx+9$라 하면 이차방정식 $x^2-2mx+9=0$의 두 근이 모두 -2보다 작아야 하므로 함수 $y=f(x)$의 그래프는 오른쪽 그림과 같다.

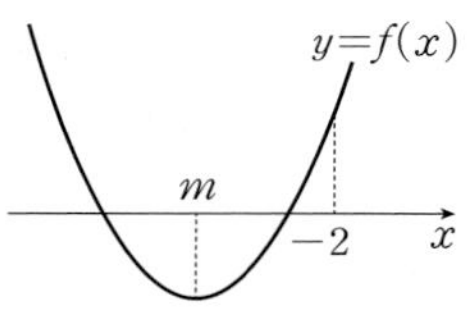

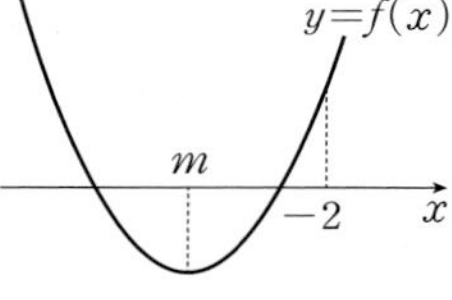

(i) 이차방정식 $x^2-2mx+9=0$의 두 실근이 존재하므로 판별식을 D라 하면

$$\frac{D}{4}=(-m)^2-9\geq 0,\ (m-3)(m+3)\geq 0 \qquad \therefore m\leq -3 \text{ 또는 } m\geq 3 \qquad \cdots\cdots ㉠$$

(ii) $x=-2$에서의 함숫값이 양수이므로 $f(-2)=4+4m+9>0,\ 4m>-13 \qquad \therefore m>-\dfrac{13}{4} \qquad \cdots\cdots ㉡$

(iii) 축 $x=m$이 직선 $x=-2$보다 왼쪽에 있어야 하므로 $m<-2 \qquad \cdots\cdots ㉢$

(i), (ii), (iii)을 수직선 위에 나타내면 오른쪽 그림과 같으므로 구하는 실수 m의 값의 범위는

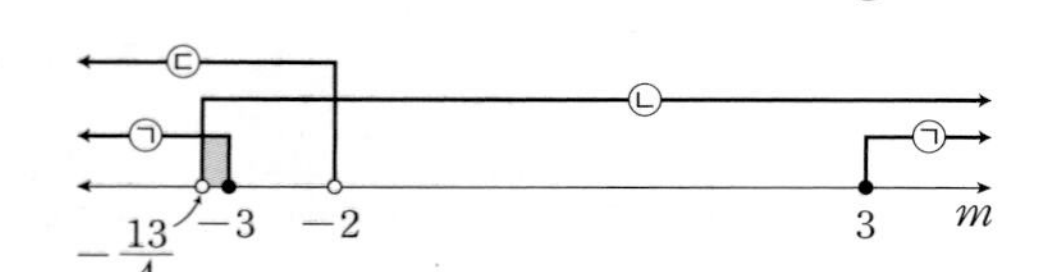

$$-\frac{13}{4}<m\leq -3$$

기본유형 21 연립이차부등식의 풀이 개념 11

다음 연립부등식을 푸시오.

(1) $\begin{cases} 2x-1\ge 7 \\ (x-3)(x-7)\le 0 \end{cases}$ (2) $\begin{cases} x^2-4x-12<0 \\ x^2-2x-3\ge 0 \end{cases}$

solution

(1) $2x-1\ge 7$에서 $2x\ge 8$ $\quad\therefore x\ge 4$ ……㉠

$(x-3)(x-7)\le 0$에서 $3\le x\le 7$ ……㉡

따라서 주어진 연립부등식의 해는 $4\le x\le 7$

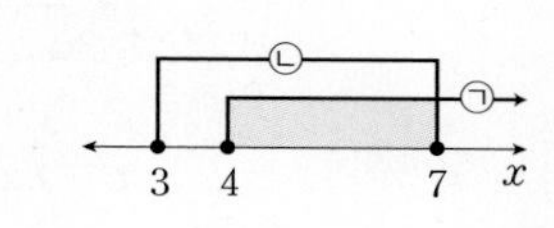

(2) $x^2-4x-12<0$에서 $(x+2)(x-6)<0$ $\quad\therefore -2<x<6$ ……㉠

$x^2-2x-3\ge 0$에서 $(x+1)(x-3)\ge 0$ $\quad\therefore x\le -1$ 또는 $x\ge 3$ ……㉡

따라서 주어진 연립부등식의 해는

$-2<x\le -1$ 또는 $3\le x<6$

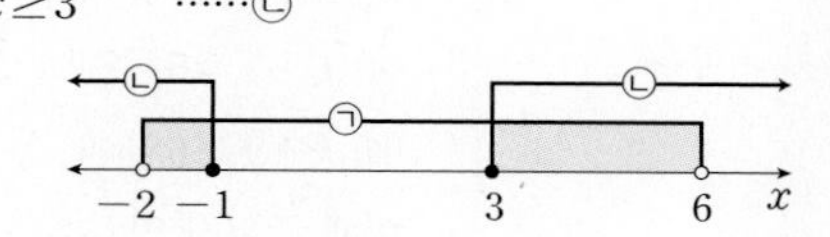

기본유형 22 이차방정식의 실근의 부호 개념 12

이차방정식 $x^2+2ax+4=0$의 두 근이 모두 양수일 때, 실수 a의 값의 범위를 구하시오.

solution

(i) 주어진 이차방정식의 판별식을 D라 하면 $D\ge 0$이어야 하므로

$\frac{D}{4}=a^2-4\ge 0$, $(a+2)(a-2)\ge 0$ $\quad\therefore a\le -2$ 또는 $a\ge 2$ ……㉠

(ii) 주어진 이차방정식의 두 근을 α, β라 하면 근과 계수의 관계에 의하여

$\alpha+\beta=-2a>0$, $\alpha\beta=4>0$ $\quad\therefore a<0$ ……㉡

(i), (ii)에서 구하는 실수 a의 값의 범위는 $a\le -2$

기본 연습

해 p.126

36 다음 연립부등식을 푸시오.

(1) $\begin{cases} x-1\ge 2 \\ x(x-5)\le 0 \end{cases}$ (2) $\begin{cases} x^2-x-56\le 0 \\ 2x^2-3x-2>0 \end{cases}$

37 이차방정식 $x^2+2x+8k-12=0$의 두 근이 모두 음수일 때, 실수 k의 값의 범위를 구하시오.

필수유형 23 해가 주어진 연립이차부등식

개념 11

연립부등식 $\begin{cases} x^2-8x+15>0 \\ x^2-(k+7)x+6k+6\le 0 \end{cases}$ 의 해가 $5<x\le 6$일 때, 실수 k의 값의 범위를 구하시오.

guide

❶ 연립부등식을 이루는 각 부등식을 풀어 해를 수직선 위에 나타낸다.
❷ 주어진 해와 비교하여 미지수의 값의 범위를 구한다.

solution

$x^2-8x+15>0$에서 $(x-3)(x-5)>0$ $\quad\therefore x<3$ 또는 $x>5$ ……㉠

$x^2-(k+7)x+6k+6\le 0$에서 $(x-6)\{x-(k+1)\}\le 0$ ……㉡

(i) $k+1<6$일 때, 부등식 ㉡의 해는 $k+1\le x\le 6$

(ii) $k+1=6$, 즉 $k=5$일 때, 부등식 ㉡의 해는 $x=6$

(iii) $k+1>6$일 때, 부등식 ㉡의 해는 $6\le x\le k+1$

이때 주어진 연립부등식의 해가 $5<x\le 6$이 되는 경우는 (i)이다.

이를 수직선 위에 나타내면 오른쪽 그림과 같아야 하므로

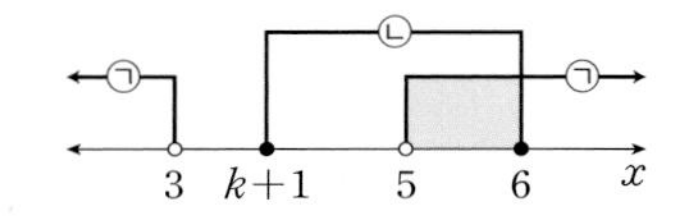

$3\le k+1\le 5$

$\therefore 2\le k\le 4$

필수 연습

pp.126~127

38 연립부등식 $\begin{cases} x^2-8x+12\le 0 \\ x^2+(a-5)x+6-3a>0 \end{cases}$ 의 해가 $3<x\le 6$일 때, 실수 a의 값의 범위를 구하시오.

39 연립부등식 $\begin{cases} x^2-x-12<0 \\ x^2+(a-2)x-2a\ge 0 \end{cases}$ 을 만족시키는 정수 x가 4개일 때, 실수 a의 값의 범위를 구하시오.

40 x에 대한 연립부등식 $\begin{cases} |x-2|\le a \\ x^2+4x-9a^2+4>0 \end{cases}$ 의 해가 없을 때, 양수 a의 최솟값을 구하시오.

필수유형 24 이차방정식의 실근의 부호

개념 12

x에 대한 이차방정식 $x^2+(a^2-5a-6)x-a+3=0$의 두 근의 절댓값이 같고 부호가 서로 다를 때, 실수 a의 값을 구하시오.

guide

❶ 이차방정식 $ax^2+bx+c=0$의 두 실근을 α, β라 하고, 판별식을 D라 할 때, 다음을 이용하여 부등식을 세운다.

(1) 두 근이 모두 양수 $\iff D\geq 0,\ \alpha+\beta>0,\ \alpha\beta>0$

(2) 두 근이 모두 음수 $\iff D\geq 0,\ \alpha+\beta<0,\ \alpha\beta>0$

(3) 두 근이 서로 다른 부호 $\iff \alpha\beta<0$

❷ ❶에서 세운 부등식을 풀어 미지수의 값의 범위를 구한다.

solution

주어진 이차방정식의 두 근을 α, β라 하면 두 근의 절댓값이 같고 부호가 서로 다르므로 ← $\alpha+\beta=0,\ \alpha\beta<0$

이차방정식의 근과 계수의 관계에 의하여

$\alpha+\beta=-(a^2-5a-6)=0$ ……㉠

$\alpha\beta=-a+3<0$ ……㉡

㉠에서 $a^2-5a-6=0$이므로 $(a+1)(a-6)=0$ $\therefore a=-1$ 또는 $a=6$

㉡에서 $a>3$

따라서 구하는 a의 값은 6이다.

plus

두 근 중 적어도 하나가 양의 실수이다.

$\iff$ 모든 실수에서 두 근이 모두 음수, 모두 0, 두 근 중 하나는 음수이고 하나는 0인 경우를 제외한다. ← $D\geq 0,\ \alpha+\beta\leq 0,\ \alpha\beta\geq 0$

$\iff$ (i) 두 근이 모두 양수이다. ← $\alpha+\beta>0,\ \alpha\beta>0$

(ii) 두 근 중 하나는 양수이고 하나는 0이다. ← $\alpha+\beta>0,\ \alpha\beta=0$

(iii) 두 근 중 하나는 양수이고 하나는 음수이다. ← $\alpha\beta<0$

필수 연습

해 pp.127~128

41 x에 대한 이차방정식 $x^2+(a^2-4a+3)x-a+2=0$의 두 근의 부호가 서로 다르고, 음수인 근의 절댓값이 양수인 근의 절댓값보다 클 때, 실수 a의 값의 범위를 구하시오.

42 이차방정식 $x^2-2(k-1)x-2k+10=0$의 두 근이 모두 음수일 때, 실수 k의 최댓값을 구하시오.

plus

43 이차방정식 $x^2-2mx-5-m=0$의 두 근 중 적어도 하나는 양수가 되도록 하는 정수 m의 최솟값을 구하시오.

필수유형 25 이차방정식의 실근의 위치

개념 13

이차방정식 $x^2-2mx+4=0$에 대하여 다음 조건을 만족시키는 실수 m의 값의 범위를 구하시오.

(1) 두 근이 모두 -1보다 작다.

(2) 두 근 사이에 1이 있다.

guide

❶ 이차방정식 $ax^2+bx+c=0\ (a>0)$의 판별식을 D라 하고, $f(x)=ax^2+bx+c$라 할 때, 다음을 이용하여 부등식을 세운다.

(i) D의 부호 (ii) 경계에서의 함숫값의 부호 (iii) 축의 위치

❷ ❶에서 세운 부등식을 풀어 미지수의 값의 범위를 구한다.

solution

$f(x)=x^2-2mx+4$라 하고, 이차방정식 $f(x)=0$의 판별식을 D라 하자.

(1) 이차방정식 $f(x)=0$의 두 근이 모두 -1보다 작으므로 이차함수 $y=f(x)$의 그래프가 오른쪽 그림과 같아야 한다.

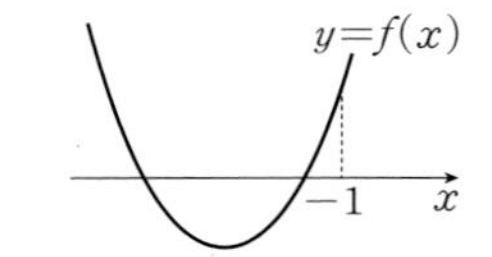

(i) $\frac{D}{4}=(-m)^2-4\geq 0,\ m^2-4\geq 0,\ (m+2)(m-2)\geq 0$

$\therefore m\leq -2$ 또는 $m\geq 2$ ……㉠

(ii) $f(-1)=1+2m+4>0,\ 2m>-5 \quad \therefore m>-\frac{5}{2}$ ……㉡

(iii) 이차함수 $y=f(x)$의 그래프의 축의 방정식은 $x=m$이므로 $m<-1$ ……㉢

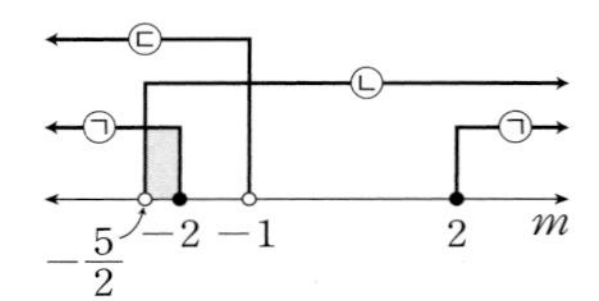

(i), (ii), (iii)에서 구하는 실수 m의 값의 범위는 $-\frac{5}{2}<m\leq -2$

(2) 이차방정식 $f(x)=0$의 두 근 사이에 1이 있으므로 이차함수 $y=f(x)$의 그래프가 오른쪽 그림과 같아야 한다.

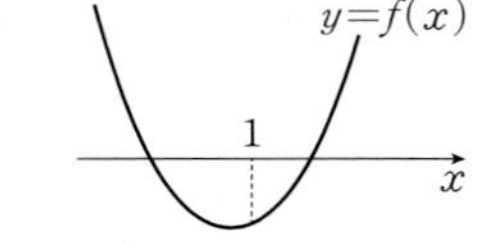

즉, $f(1)=1-2m+4<0$에서 $-2m<-5 \quad \therefore m>\frac{5}{2}$

필수 연습

pp.128~129

44 이차방정식 $x^2-(k-1)x+1=0$에 대하여 다음 조건을 만족시키는 실수 k의 값의 범위를 구하시오.

(1) 두 근이 모두 -2보다 크다.

(2) 두 근 사이에 2가 있다.

(3) 두 근이 모두 0과 5 사이에 있다.

45 이차방정식 $x^2+2kx+9=0$의 한 근은 1과 2 사이에, 다른 한 근은 4와 5 사이에 존재할 때, 실수 k의 값의 범위를 구하시오.

19 $a<0$일 때, x에 대한 연립부등식

$$\begin{cases}(x-2a)^2<4a^2\\x^2+4a<2(a+1)x\end{cases}$$

의 해가 $b-2<x<b+2$이다. $a+b$의 값을 구하시오.
(단, a, b는 상수이다.)

20 연립부등식 $\begin{cases}x^2-4x-21\le 0\\|x-3|>a\end{cases}$의 해가 존재하도록 하는 자연수 a의 개수를 구하시오.

21 연립부등식 $\begin{cases}x^2-2x-8>0\\x^2-(k+1)x+k\le 0\end{cases}$을 만족시키는 정수 x가 3개만 존재할 때, 모든 정수 k의 값의 합을 구하시오.

22 x에 대한 이차방정식 $x^2+2kx-k+6=0$의 두 실근의 부호가 서로 다를 때, 자연수 k의 최솟값을 구하시오.

23 이차방정식 $x^2-2mx-3m-8=0$의 두 근 중 적어도 하나는 양수일 때, 정수 m의 최솟값을 구하시오.

24 이차방정식 $ax^2-4x+a=0$의 두 실근을 α, β라 할 때, $0<\alpha<\beta<2$를 만족시키는 실수 a의 값의 범위는?

① $-2<a<1$
② $-2<a<2$
③ $1<a<\frac{8}{5}$
④ $1<a<2$
⑤ $\frac{8}{5}<a<2$

1 $x-2y-4=0$일 때, 부등식

$$2x-3<y+5\le 4x+11$$

을 만족시키는 두 정수 x, y에 대하여 모든 y의 값의 합을 구하시오.

신유형 1등급

2 삼각형의 세 변의 길이가 각각 $|x-5|$, $2x+6$, $3x+12$일 때, 실수 x의 값의 범위는 $a<x<b$이다. $12ab$의 값을 구하시오.

3 $-\frac{1}{2}\le x\le 2$인 x에 대하여 부등식

$$3x-2+a\le x^2\le -2x+3+b$$

가 항상 성립할 때, 두 실수 a, b에 대하여 $a-b$의 최댓값을 구하시오.

4 사차방정식 $(x^2+kx+2)(x^2+kx+6)-5=0$이 실근과 허근을 모두 갖도록 하는 모든 자연수 k의 값의 합을 구하시오.

5 삼차방정식

$$x^3+(1-2k)x^2-(k+3)x+k-3=0$$

이 음수인 근 하나와 양수인 서로 다른 두 근을 갖도록 하는 실수 k의 값의 범위를 구하시오.

6 삼차방정식

$$x^3+7x^2+(k+9)x+k+3=0$$

이 1보다 작은 서로 다른 세 실근을 갖도록 하는 모든 정수 k의 값의 합을 구하시오.

III

경우의 수

09 경우의 수

10 순열과 조합

1 경우의 수

개념 01 사건과 경우의 수

1. 사건 : 동일한 조건에서 반복할 수 있는 실험이나 관찰에 의하여 나타나는 결과

2. 경우의 수 : 사건이 일어나는 모든 가짓수

주의 경우의 수를 구할 때는 모든 경우를 빠짐없이, 중복되지 않게 구해야 한다.

예 주사위를 한 번 던질 때, '소수의 눈이 나온다.'는 사건은 주사위의 눈 중에서 2 또는 3 또는 5의 눈이 나오는 것이므로 그 경우의 수는 3이다.

참고 경우의 수는 표, 순서쌍, 수형도, 사전식 배열법 등을 이용하여 구한다.

(1) 수형도 : 사건이 일어나는 모든 경우를 나뭇가지 모양의 그림으로 나타낸 것

(2) 사전식 배열법 : 문자인 경우에는 알파벳 순서로 배열하고, 수인 경우에는 가장 작은 수 또는 가장 큰 수부터 시작하여 크기 순서대로 배열하는 방법

개념 02 합의 법칙

1. 합의 법칙

두 사건 A, B가 동시에 일어나지 않을 때, 사건 A, B가 일어나는 경우의 수가 각각 m, n이면 사건 A 또는 사건 B가 일어나는 경우의 수는

$m+n$

이고, 이것을 합의 법칙이라 한다.

참고 합의 법칙은 어느 두 사건도 동시에 일어나지 않는 셋 이상의 사건에 대해서도 성립한다.

2. 합의 법칙을 이용한 경우의 수

(1) 사건 A, B가 일어나는 경우의 수가 각각 m, n, 두 사건 A, B가 동시에 일어나는 경우의 수가 l이면 사건 A 또는 사건 B가 일어나는 경우의 수는

$m+n-l$ ← l만큼의 경우를 중복하여 세었으므로 빼 준다.

(2) 일어날 수 있는 모든 사건의 경우의 수가 s, 사건 A가 일어나는 경우의 수가 m이면 사건 A가 일어나지 않는 경우의 수는

$s-m$

일반적으로 두 사건이 '또는', '이거나'로 연결되어 있으면 합의 법칙을 사용한다.

예 주사위를 한 번 던질 때, 다음 경우의 수를 구해 보자.

(1) 3의 배수의 눈이 나오거나 5의 배수의 눈이 나오는 경우의 수

3의 배수의 눈이 나오는 경우는 3, 6의 2가지, 5의 배수의 눈이 나오는 경우는 5의 1가지이다.

이때 3의 배수의 눈과 5의 배수의 눈은 동시에 나올 수 없으므로 구하는 경우의 수는

$2+1=3$ ← 3의 배수의 눈이 나오거나 5의 배수의 눈이 나오는 경우는 3, 5, 6의 3가지이다.

(2) 3의 배수의 눈이 나오거나 짝수의 눈이 나오는 경우의 수

3의 배수의 눈이 나오는 경우는 3, 6의 2가지, 짝수의 눈이 나오는 경우는 2, 4, 6의 3가지이다.

이때 3의 배수이면서 짝수의 눈이 나오는 경우는 6의 1가지이므로 구하는 경우의 수는

$2+3-1=4$ ← 3의 배수의 눈이 나오거나 짝수의 눈이 나오는 경우는 2, 3, 4, 6의 4가지이다.

(3) 소수의 눈이 나오지 않는 경우의 수

주사위를 던져 나올 수 있는 모든 경우의 수는 6이고, 소수의 눈이 나오는 경우는 2, 3, 5의 3가지이므로 구하는 경우의 수는

$6-3=3$ ← 소수의 눈이 나오지 않는 경우는 1, 4, 6의 3가지이다.

개념 03 곱의 법칙

두 사건 A, B에 대하여 사건 A가 일어나는 경우의 수가 m이고, 그 각각에 대하여 사건 B가 일어나는 경우의 수가 n일 때, 두 사건 A, B가 동시에(잇달아) 일어나는 경우의 수는

$m\times n$

이고, 이것을 곱의 법칙이라 한다.

참고 곱의 법칙은 동시에(잇달아) 일어나는 셋 이상의 사건에 대해서도 성립한다.

일반적으로 두 사건이 '동시에', '잇달아', '연이어' 일어나면 곱의 법칙을 사용한다.

예1 모두 다른 종류의 티셔츠와 바지가 각각 4개, 3개 있을 때, 티셔츠와 바지를 각각 하나씩 택하여 입는 경우의 수를 구해 보자.

4개의 티셔츠 중에서 하나를 택하는 경우의 수는 4이고 그 각각에 대하여 3개의 바지 중에서 하나를 택하는 경우의 수는 3이다.

따라서 구하는 경우의 수는 $4\times3=12$

예2 80의 양의 약수의 개수를 구해 보자.

$80=2^4\times5$ ⇨ (i) 2^4의 양의 약수는 $1, 2, 2^2, 2^3, 2^4$의 5개
(ii) 5의 양의 약수는 1, 5의 2개

(i), (ii)에서 각각 하나씩 택하여 곱한 수는 모두 80의 약수가 되므로 80의 양의 약수의 개수는 $5\times2=10$ Ⓐ

참고 사건 A가 일어나는 m가지의 경우를 $a_1, a_2, a_3, \cdots, a_m$이라 하고, 그 각각에 대하여 사건 B가 일어나는 n가지의 경우를 $b_1, b_2, b_3, \cdots, b_n$이라 할 때, 두 사건 A, B가 잇달아 일어나는 모든 경우를 순서쌍으로 나타내면 다음과 같다.

$$\left.\begin{matrix}(a_1, b_1), (a_1, b_2), \cdots, (a_1, b_n)\\(a_2, b_1), (a_2, b_2), \cdots, (a_2, b_n)\\\vdots \quad \vdots \quad \vdots\\(a_m, b_1), (a_m, b_2), \cdots, (a_m, b_n)\end{matrix}\right\} m\text{가지} \Rightarrow m\times n\text{(가지)}$$ Ⓑ

n가지

Ⓐ 표를 이용하여 나타내기

×	1	5
1	1	5
2	2	2×5
2^2	2^2	$2^2\times5$
2^3	2^3	$2^3\times5$
2^4	2^4	$2^4\times5$

Ⓑ 수형도를 이용하여 나타내기

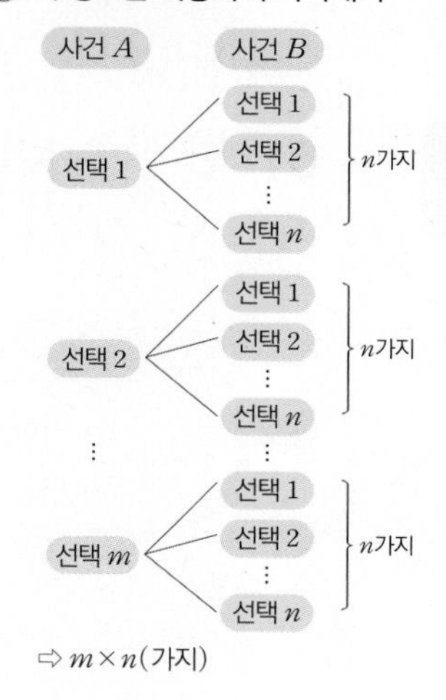

기본유형 01 합의 법칙

개념 02

주사위를 한 번 던질 때, 나온 눈의 수가 6의 약수이거나 홀수인 경우의 수를 구하시오.

solution

6의 약수는 1, 2, 3, 6으로 4가지, 홀수는 1, 3, 5로 3가지
이때 6의 약수이면서 홀수인 것은 1, 3으로 2가지
따라서 구하는 경우의 수는
$4+3-2=5$(가지)

기본유형 02 부등식의 해의 개수

개념 02

두 자연수 x, y에 대하여 부등식 $x+y\le4$를 만족시키는 순서쌍 (x, y)의 개수를 구하시오.

solution

(i) $x=1$일 때, $1+y\le4$이므로 $y\le3$
즉, 순서쌍 (x, y)는 $(1, 1)$, $(1, 2)$, $(1, 3)$의 3개
(ii) $x=2$일 때, $2+y\le4$이므로 $y\le2$
즉, 순서쌍 (x, y)는 $(2, 1)$, $(2, 2)$의 2개
(iii) $x=3$일 때, $3+y\le4$이므로 $y\le1$
즉, 순서쌍 (x, y)는 $(3, 1)$의 1개
(iv) $x\ge4$일 때,
$x+y\le4$를 만족시키는 자연수 y는 없다.
(i)~(iv)에서 구하는 순서쌍 (x, y)의 개수는
$3+2+1=6$

기본연습

01 모두 다른 종류의 모자와 가방이 각각 5개, 4개 있을 때, 모자 또는 가방 중에서 하나를 선택하는 경우의 수를 구하시오.

답 pp.134~135

02 10 이하의 두 자연수 x, y에 대하여 부등식 $x+y\ge4$를 만족시키는 순서쌍 (x, y)의 개수를 구하시오.

기본유형 03 곱의 법칙

개념 03

동전 한 개와 주사위 한 개를 동시에 던질 때, 나오는 모든 경우의 수를 구하시오.

solution

동전 한 개를 던질 때 나올 수 있는 경우는 앞과 뒤의 2가지
그 각각에 대하여 주사위 한 개를 던질 때 나올 수 있는 경우는 1, 2, 3, 4, 5, 6의 6가지
따라서 구하는 경우의 수는
$2\times6=12$(가지)

기본유형 04 도로망에서의 경우의 수

개념 02+03

세 지점 A, B, C가 그림과 같이 길로 연결되어 있다. A지점에서 C지점으로 가는 경우의 수를 구하시오. (단, 같은 지점은 두 번 지나지 않는다.)

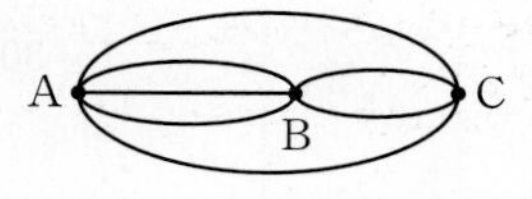

solution

(i) A → C로 가는 경우의 수는 2가지
(ii) A → B → C로 가는 경우의 수는 $3\times2=6$(가지) ← A지점에서 B지점으로, B지점에서 C지점으로 이동하는 사건은 잇달아 일어난다.
(i), (ii)에서 구하는 경우의 수는
$2+6=8$(가지)

기본 연습

답 p.135

03 서로 다른 두 개의 주사위를 동시에 던질 때, 두 눈의 수의 곱이 홀수인 경우의 수를 구하시오.

04 두 지점 A, B 사이에 2개의 버스 노선과 3개의 지하철 노선이 있다. 버스 또는 지하철을 이용하여 A지점에서 출발하여 B지점까지 갔다가 다시 A지점으로 돌아오는 경우의 수를 구하시오.

필수유형 05 합의 법칙

개념 02

1에서 100까지의 자연수가 각각 하나씩 적힌 100장의 카드 중에서 1장을 뽑을 때, 다음을 구하시오.

(1) 7 또는 15로 나누어떨어지는 수가 적힌 카드가 나오는 경우의 수

(2) 3 또는 4로 나누어떨어지는 수가 적힌 카드가 나오는 경우의 수

guide

❶ 사건 A 또는 사건 B가 일어나는 경우에는 합의 법칙을 사용한다.
❷ 동시에 만족시키는 경우의 유무를 확인하여 경우의 수를 구한다.

solution

(1) 7로 나누어떨어지는 수는 7의 배수이고 100장의 카드 중에서 7의 배수가 적힌 카드는
7, 14, 21, $\cdots$, 98이 적힌 14장이다.
15로 나누어떨어지는 수는 15의 배수이고 100장의 카드 중에서 15의 배수가 적힌 카드는
15, 30, 45, $\cdots$, 90이 적힌 6장이다.
이때 7과 15로 동시에 나누어떨어지는 100 이하의 자연수는 없으므로 구하는 경우의 수는
$14+6=20$

(2) 3으로 나누어떨어지는 수는 3의 배수이고 100장의 카드 중에서 3의 배수가 적힌 카드는
3, 6, 9, $\cdots$, 99가 적힌 33장이다.
4로 나누어떨어지는 수는 4의 배수이고 100장의 카드 중에서 4의 배수가 적힌 카드는
4, 8, 12, $\cdots$, 100이 적힌 25장이다.
이때 3과 4로 동시에 나누어떨어지는 수는 12의 배수이고 100장의 카드 중에서 12의 배수가 적힌 카드는
12, 24, 36, $\cdots$, 96이 적힌 8장이다.
따라서 구하는 경우의 수는
$33+25-8=50$

필수 연습

답 pp.135~136

05 서로 다른 두 개의 주사위를 동시에 던질 때, 다음을 구하시오.

(1) 눈의 수의 합이 3의 배수 또는 5의 배수가 되는 경우의 수

(2) 눈의 수의 합이 4의 배수 또는 6의 배수가 되는 경우의 수

06 1부터 50까지의 자연수가 각각 하나씩 적힌 50장의 카드 중에서 하나를 선택할 때, 50과 서로소인 수가 적힌 카드가 나오는 경우의 수를 구하시오.

07 주사위 한 개를 두 번 던져서 처음 나온 눈의 수와 두 번째 나온 눈의 수의 차가 3 이하가 되는 경우의 수를 구하시오.

필수유형 06 방정식과 부등식의 해의 개수

개념 02

세 자연수 x, y, z에 대하여 다음을 구하시오.

(1) 방정식 $x+2y+3z=10$을 만족시키는 순서쌍 (x, y, z)의 개수

(2) 부등식 $4x+y+2z<10$을 만족시키는 순서쌍 (x, y, z)의 개수

guide

❶ 방정식 $ax+by+cz=d$에서 계수 a, b, c 중 절댓값이 가장 큰 값이 c일 때, z의 값을 기준으로 경우를 나눈다.

❷ 방정식 또는 부등식이 성립하도록 $ax+by=e$ 꼴의 방정식을 찾고, 합의 법칙을 이용하여 조건을 만족시키는 자연수 x, y, z의 순서쌍 (x, y, z)의 개수를 찾는다.

solution

(1) $x+2y+3z=10$에서 x, y, z는 자연수이므로 $x\geq1$, $y\geq1$, $z\geq1$ — x, y, z가 음이 아닌 정수라면 $x\geq0$, $y\geq0$, $z\geq0$

즉, $1+2+3z\leq x+2y+3z=10$에서 $3z\leq7$ $\quad\therefore z=1$ 또는 2

(i) $z=1$일 때, $x+2y=7$이므로 순서쌍 (x, y)는 $(5, 1)$, $(3, 2)$, $(1, 3)$의 3개 ← $(5, 1, 1)$, $(3, 2, 1)$, $(1, 3, 1)$

(ii) $z=2$일 때, $x+2y=4$이므로 순서쌍 (x, y)는 $(2, 1)$의 1개 ← $(2, 1, 2)$

(i), (ii)에서 구하는 순서쌍 (x, y, z)의 개수는 $3+1=4$

(2) $4x+y+2z<10$에서 x, y, z는 자연수이므로 $x\geq1$, $y\geq1$, $z\geq1$

즉, $4x+1+2\leq4x+y+2z<10$에서 $4x<7$ $\quad\therefore x=1$

$x=1$일 때, $y+2z<6$이므로

(i) $y+2z=5$를 만족시키는 순서쌍 (y, z)는 $(3, 1)$, $(1, 2)$의 2개 ← $(1, 3, 1)$, $(1, 1, 2)$

(ii) $y+2z=4$를 만족시키는 순서쌍 (y, z)는 $(2, 1)$의 1개 ← $(1, 2, 1)$

(iii) $y+2z=3$을 만족시키는 순서쌍 (y, z)는 $(1, 1)$의 1개 ← $(1, 1, 1)$

(i), (ii), (iii)에서 구하는 순서쌍 (x, y, z)의 개수는 $2+1+1=4$

필수 연습

08 음이 아닌 세 정수 x, y, z에 대하여 다음을 구하시오.

(1) 방정식 $2x+4y+z=10$을 만족시키는 순서쌍 (x, y, z)의 개수

(2) 부등식 $3x+2y<6-z$를 만족시키는 순서쌍 (x, y, z)의 개수

pp.136~137

09 서로 다른 두 개의 주사위를 동시에 던져서 나오는 눈의 수를 각각 a, b라 할 때, 이차함수 $y=ax^2+bx+2$의 그래프가 x축과 적어도 한 점에서 만나는 경우의 수를 구하시오.

필수유형 07 곱의 법칙

개념 02+03

다음 물음에 답하시오.

(1) 세 주사위 A, B, C를 동시에 던질 때, 나오는 세 눈의 수의 곱이 짝수인 경우의 수를 구하시오.

(2) 다항식 $(a+b+c)(x+y)+(p+q)^2$을 전개하였을 때, 서로 다른 항의 개수를 구하시오.

guide

❶ 두 사건 A, B가 동시에 또는 잇달아 일어나는 경우에는 곱의 법칙을 사용한다.
❷ 동시에 일어나지 않는 경우의 유무를 확인하여 경우의 수를 구한다.

solution

(1) 구하는 경우의 수는 전체 경우의 수에서 세 눈의 수의 곱이 홀수인 경우의 수를 뺀 것과 같다.
이때 세 주사위 A, B, C를 동시에 던져 나올 수 있는 전체 경우의 수는 $6\times6\times6=216$
세 눈의 수의 곱이 홀수이려면 세 주사위 A, B, C를 던져 나온 눈의 수가 모두 홀수이어야 하므로 그 경우의 수는 $3\times3\times3=27$
따라서 구하는 경우의 수는
$216-27=189$

(2) 두 다항식 $a+b+c$, $x+y$는 모든 항이 서로 다른 문자로 되어 있으므로 두 다항식을 곱하면 동류항이 생기지 않는다.
$(a+b+c)(x+y)$를 전개하였을 때, 서로 다른 항의 개수는 $3\times2=6$
또한, $(p+q)^2=p^2+2pq+q^2$이므로 $(p+q)^2$을 전개하였을 때, 서로 다른 항의 개수는 3
이때 $(p+q)^2$과 $(a+b+c)(x+y)$의 전개식의 모든 항이 서로 다른 문자로 되어 있으므로 두 다항식을 더하여도 서로 다른 항의 개수는 변하지 않는다.
따라서 주어진 식을 전개하였을 때, 서로 다른 항의 개수는
$6+3=9$

필수 연습

10 다음 물음에 답하시오.

(1) 서로 다른 3개의 상자에 1부터 9까지의 자연수가 하나씩 적혀 있는 9장의 카드가 각각 들어 있다. 각 상자에서 카드를 한 장씩 꺼낼 때, 카드에 적혀 있는 수의 합이 짝수인 경우의 수를 구하시오.

(2) 다항식 $(x-y)^2(p+q+r)-(a-b)^3$을 전개하였을 때, 서로 다른 항의 개수를 구하시오.

pp.137~138

11 서로 다른 3개의 주사위를 동시에 던져 나오는 눈의 수를 각각 a, b, c라 할 때, $a+b+c+abc$가 홀수가 되는 경우의 수를 구하시오.

필수유형 08 지불 방법의 수와 지불 금액의 수

개념 03

1000원짜리 지폐 4장과 500원짜리 동전 2개, 100원짜리 동전 3개의 일부 또는 전부를 사용하여 거스름돈 없이 지불할 때, 다음을 구하시오. (단, 0원을 지불하는 경우는 제외한다.)

(1) 지불할 수 있는 방법의 수 (2) 지불할 수 있는 금액의 수

guide

❶ 서로 다른 금액의 화폐의 개수가 각각 a, b, c이면 지불할 수 있는 방법의 수는
$(a+1)(b+1)(c+1)-1$ ← 0원을 지불하는 것은 제외하므로 1가지 경우를 빼 주어야 한다.

❷ 작은 단위의 화폐로 큰 단위의 화폐를 만들 수 있다면 지불하는 금액은 중복되는 경우가 생긴다.
이때는 큰 단위의 화폐를 작은 단위의 화폐로 바꾼 다음, ❶과 같은 방법으로 계산한다.

solution

(1) 1000원짜리 지폐 4장으로 지불하는 방법은 0장, 1장, 2장, 3장, 4장의 5가지
500원짜리 동전 2개로 지불하는 방법은 0개, 1개, 2개의 3가지
100원짜리 동전 3개로 지불하는 방법은 0개, 1개, 2개, 3개의 4가지
이때 0원을 지불하는 경우는 제외해야 하므로 구하는 지불 방법의 수는
$5\times3\times4-1=59$

(2) 500원짜리 동전 2개로 지불하는 금액은 1000원짜리 지폐 1장으로 지불하는 금액과 같다. ← 100원짜리 동전은 3개뿐이므로 500원짜리로 만들 수 없다.
따라서 1000원짜리 지폐 4장을 500원짜리 동전 8개로 바꾸면 지불할 수 있는 금액의 수는
500원짜리 동전 $\underset{=8+2}{\underline{10개}}$, 100원짜리 동전 3개로 지불할 수 있는 금액의 수와 같다.
500원짜리 동전 10개로 지불할 수 있는 금액은 0원, 500원, 1000원, $\cdots$, 5000원의 11가지
100원짜리 동전 3개로 지불할 수 있는 금액은 0원, 100원, 200원, 300원의 4가지
이때 0원을 지불하는 경우는 제외해야 하므로 구하는 지불 금액의 수는
$11\times4-1=43$

필수 연습

해 p.138

12 오만 원짜리 지폐 3장과 만 원짜리 지폐 1장, 오천 원짜리 지폐 3장, 천 원짜리 지폐 6장의 일부 또는 전부를 사용하여 거스름돈 없이 지불할 때, 다음을 구하시오.
(단, 0원을 지불하는 경우는 제외한다.)

(1) 지불할 수 있는 방법의 수 (2) 지불할 수 있는 금액의 수

13 100원짜리 동전 6개, 500원짜리 동전 a개, 1000원짜리 지폐 2장의 일부 또는 전부를 사용하여 거스름돈 없이 지불할 수 있는 방법의 수가 104일 때, 지불할 수 있는 금액의 수를 구하시오. (단, 0원을 지불하는 경우는 제외한다.)

필수유형 09 약수의 개수

개념 03

다음을 구하시오.

(1) 504의 양의 약수의 개수

(2) 720의 양의 약수 중 5의 배수의 개수

(3) 168과 280의 양의 공약수의 개수

guide

❶ 주어진 수를 소인수분해한다.

❷ 자연수 N이 $N=a^p b^q c^r$ (a, b, c는 서로 다른 소수, p, q, r은 자연수)일 때, N의 양의 약수의 개수는 $(p+1)(q+1)(r+1)$임을 이용하여 약수의 개수를 구한다.

solution

(1) 504를 소인수분해하면 $504=2^3\times3^2\times7$

따라서 504의 양의 약수의 개수는

$(3+1)\times(2+1)\times(1+1)=4\times3\times2=24$

(2) 720을 소인수분해하면 $720=2^4\times3^2\times5$

이때 720의 양의 약수 중 5의 배수는 $2^4\times3^2$의 양의 약수에 5를 곱한 것과 같다.

따라서 720의 양의 약수 중 5의 배수의 개수는 $2^4\times3^2$의 양의 약수의 개수와 같으므로

$(4+1)\times(2+1)=5\times3=15$

(3) 168과 280을 각각 소인수분해하면 $168=2^3\times3\times7$, $280=2^3\times5\times7$

이때 두 수의 양의 공약수의 개수는 두 수의 최대공약수의 양의 약수의 개수와 같다.

따라서 168과 280의 최대공약수는 $2^3\times7$이므로 구하는 양의 공약수의 개수는

$(3+1)\times(1+1)=4\times2=8$

필수 연습

pp.138~139

14 다음을 구하시오.

(1) 2025의 양의 약수의 개수

(2) 336의 양의 약수 중 4의 배수의 개수

(3) 360과 840의 양의 공약수의 개수

15 양의 약수의 개수가 10인 자연수 중에서 가장 작은 자연수를 구하시오.

16 소수 p에 대하여 자연수 $18p$의 양의 약수의 개수를 $f(p)$라 할 때, 서로 다른 $f(p)$의 값의 합을 구하시오.

필수유형 10 도로망에서의 경우의 수

개념 02+03

그림은 네 도시 A, B, C, D를 연결하는 길을 나타낸 것이다. 다음을 구하시오.

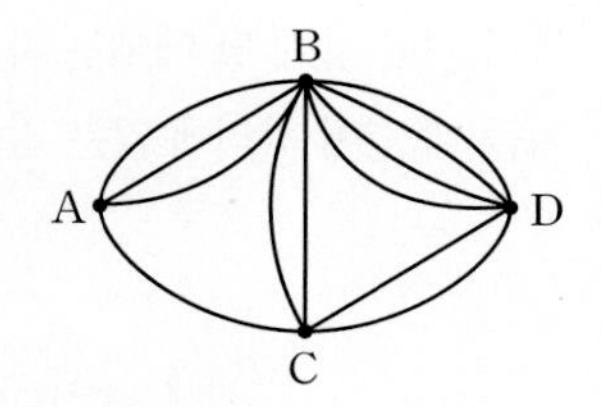

(1) A도시에서 출발하여 D도시로 가는 모든 경우의 수

(단, 같은 도시는 두 번 이상 지나지 않는다.)

(2) A도시에서 출발하여 D도시를 거쳐 다시 A도시로 돌아오는 모든 경우의 수

(단, 같은 도시는 두 번 이상 지나지 않는다.)

guide

다음을 이용하여 한 지점에서 다른 지점으로 이동하는 경우의 수를 구한다.

(1) 동시에 지나갈 수 없는 길 ⇨ 합의 법칙 사용

(2) 잇달아 이어지는 길 ⇨ 곱의 법칙 사용

solution

(1) (i) $A \to B \to D$로 가는 경우의 수는 $3\times4=12$

(ii) $A \to C \to D$로 가는 경우의 수는 $1\times2=2$

(iii) $A \to B \to C \to D$로 가는 경우의 수는 $3\times2\times2=12$

(iv) $A \to C \to B \to D$로 가는 경우의 수는 $1\times2\times4=8$

(i)~(iv)에서 구하는 경우의 수는 $12+2+12+8=34$

(2) (i) $A \to B \to D \to C \to A$로 가는 경우의 수는 $3\times4\times2\times1=24$

(ii) $A \to C \to D \to B \to A$로 가는 경우의 수는 $1\times2\times4\times3=24$

(i), (ii)에서 구하는 경우의 수는 $24+24=48$

필수 연습

해 p.139

17 그림은 네 도시 A, B, C, D를 연결하는 길을 나타낸 것이다. 다음을 구하시오.

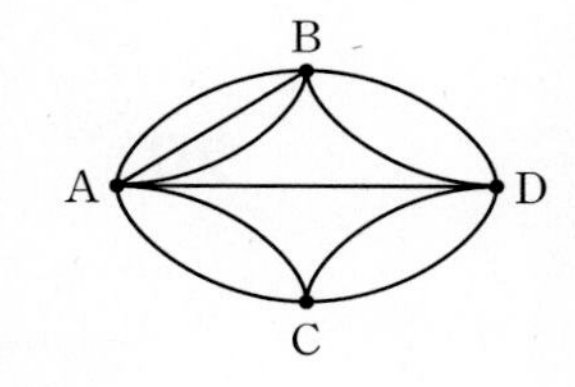

(1) A도시에서 출발하여 D도시로 가는 모든 경우의 수

(단, 같은 도시는 두 번 이상 지나지 않는다.)

(2) A도시에서 출발하여 D도시를 거쳐 다시 A도시로 돌아오는 모든 경우의 수

(단, 같은 도시는 두 번 이상 지나지 않는다.)

18 그림과 같이 네 지점 A, B, C, D를 연결하는 도로가 있다. B지점과 C지점을 직접 연결하는 도로를 추가하여 A지점에서 출발하여 D지점으로 가는 경우의 수가 80이 되도록 하려고 할 때, 추가해야 하는 도로의 개수를 구하시오. (단, 같은 지점은 두 번 이상 지나지 않고, 도로끼리는 서로 만나지 않는다.)

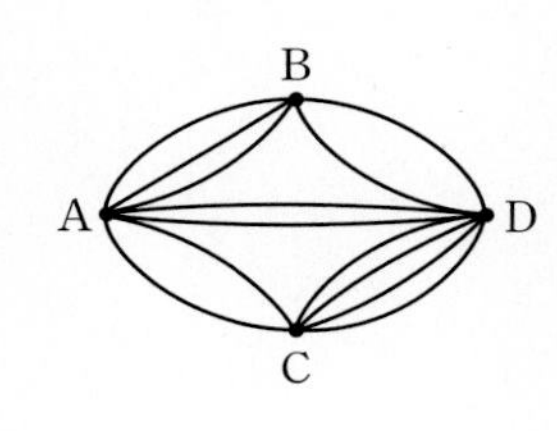

필수유형 11 수형도를 이용한 경우의 수

개념 01+02

네 명의 학생 A, B, C, D가 버스로 여행하면서 그림과 같이 앉아서 출발하였다. 도중에 휴게소에 들러 쉬다 차에 탈 때에는 자신이 앉았던 자리에는 다시 앉지 않기로 하였다. 휴게소에서 출발할 때 이들 네 명이 자리에 앉는 경우의 수를 구하시오.

A	B
C	D

guide

❶ 규칙성을 찾기 어려운 경우의 수를 구할 때는 수형도를 이용한다.
❷ 중복되지 않고, 빠짐없이 모든 경우의 수를 구한다.

solution

네 명의 학생 A, B, C, D가 처음 앉은 자리를 각각 a, b, c, d라 하자.
휴게소에서 출발할 때, 네 명 모두 자신이 앉았던 자리에는 다시 앉지 않는 경우를 수형도로 그려 보면 오른쪽 그림과 같다.
A가 b에 앉았을 때, 나머지 3명이 조건에 맞게 자리에 앉는 경우의 수는 3이고 A가 c에 앉았을 때에도 3, d에 앉았을 때에도 3이다.
따라서 구하는 경우의 수는
$3+3+3=9$

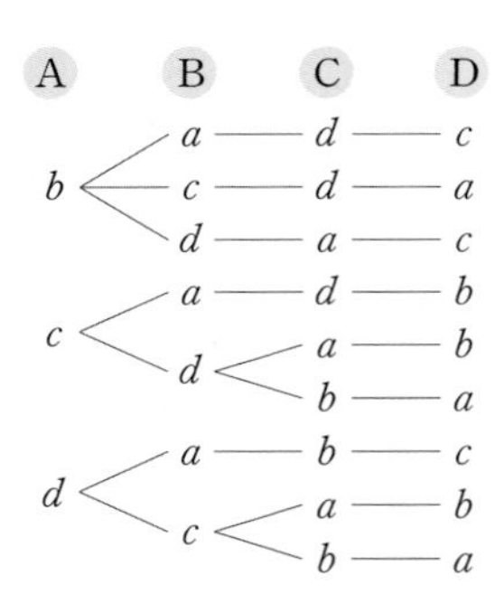

필수연습

19 1, 2, 3, 4를 한 번씩 사용하여 만든 네 자리 자연수의 천, 백, 십, 일의 자리의 숫자를 순서대로 a_1, a_2, a_3, a_4라 할 때, $a_2 \neq 3$을 만족시키는 네 자리 자연수의 개수를 구하시오.

알 p.140

20 어느 독서 동아리에서 5명의 회원이 각자 모두 다른 책을 한 권씩 가져와 서로 바꾸어 읽기로 했다. 이들 5명이 자신이 가져오지 않은 책으로 각각 한 권씩 나누어 갖는 경우의 수를 구하시오.

21 두 문자 A, B가 하나씩 적혀 있는 카드가 각각 5장씩 있다. 이 10장의 카드 중에서 5장을 뽑아 일렬로 나열할 때, 같은 문자가 연속해서 3번 이상 나오지 않는 경우의 수를 구하시오.

필수유형 12 색칠하는 경우의 수

개념 02+03

그림과 같은 5개의 영역 A, B, C, D, E를 서로 다른 5가지 색으로 칠하려고 한다. 같은 색을 중복하여 사용해도 좋으나 인접한 영역은 서로 다른 색으로 칠할 때, 칠하는 경우의 수를 구하시오.

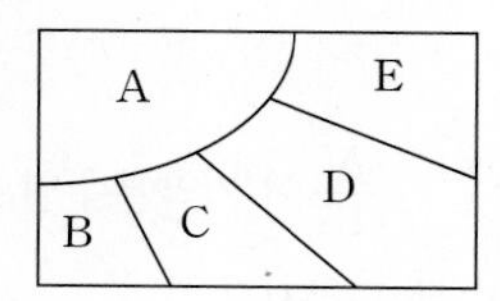

guide

❶ 영역이 나누어진 도형에서 인접한 영역이 가장 많은 영역 하나를 정하여 칠하는 경우의 수를 구한다.
❷ 인접한 영역에 칠한 색을 제외하고 나머지 영역에 각각 칠할 수 있는 경우의 수를 구한다.
❸ 이때 인접하지 않은 두 영역이 존재할 때는 이 두 영역에 같은 색을 칠하는 경우와 다른 색을 칠하는 경우도 계산되었는지 확인한다.

solution

A에 칠할 수 있는 색은 5가지 ← 가장 많은 영역과 인접하고 있는 영역이 A이므로 A부터 칠하는 경우를 생각한다.
B에 칠할 수 있는 색은 A에 칠한 색을 제외한 4가지
C에 칠할 수 있는 색은 A, B에 칠한 색을 제외한 3가지
D에 칠할 수 있는 색은 A, C에 칠한 색을 제외한 3가지
E에 칠할 수 있는 색은 A, D에 칠한 색을 제외한 3가지
따라서 구하는 경우의 수는 $5\times4\times3\times3\times3=540$

다른 풀이

(i) 모두 다른 색을 칠하는 경우의 수는 $5\times4\times3\times2\times1=120$
(ii) B와 D에만 같은 색을 칠하는 경우의 수는 $5\times4\times3\times2=120$
(iii) C와 E에만 같은 색을 칠하는 경우의 수는 $5\times4\times3\times2=120$
(iv) B와 E에만 같은 색을 칠하는 경우의 수는 $5\times4\times3\times2=120$
(v) B와 D, C와 E에 각각 같은 색을 칠하는 경우의 수는 $5\times4\times3=60$
(i)~(v)에서 구하는 경우의 수는 $120+120+120+120+60=540$

필수 연습

pp.140~141

22 그림과 같은 5개의 영역 A, B, C, D, E를 서로 다른 5가지 색으로 칠하려고 한다. 같은 색을 중복하여 사용해도 좋으나 인접한 영역은 서로 다른 색으로 칠할 때, 칠하는 경우의 수를 구하시오.

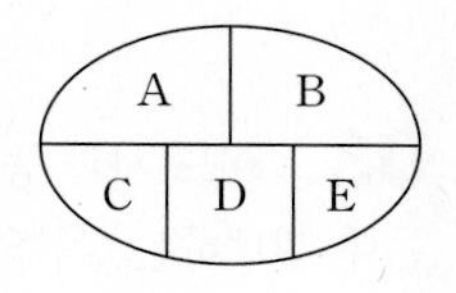

23 그림과 같은 5개의 영역 A, B, C, D, E를 서로 다른 5가지 색으로 칠하려고 한다. 같은 색을 중복하여 사용해도 좋으나 인접한 영역은 서로 다른 색으로 칠할 때, 칠하는 경우의 수를 구하시오.
(단, 한 점만을 공유하는 두 영역은 인접하지 않은 것으로 본다.)

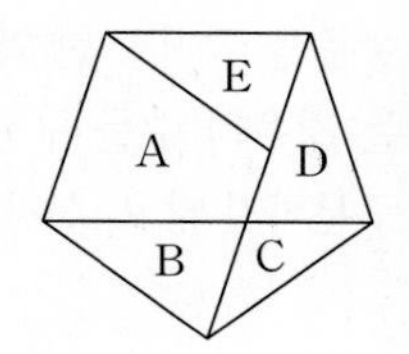

01 $\frac{N}{15}$이 기약분수일 때, 100 이하의 자연수 N의 개수를 구하시오.

02 1221은 앞, 뒤 어느 쪽부터 읽어도 서로 같은 좌우 대칭인 수이다. 1000 이상 9999 이하의 자연수 중에서 1221과 같이 좌우 대칭인 수의 개수를 구하시오.

03 어느 사과 농장에서 사과를 상자에 담아 판매하는데, 판매하는 상품의 종류는 1 kg, 3 kg, 5 kg의 세 가지이다. 각 종류의 상품이 충분히 준비되어 있다고 할 때, 각 상품을 적어도 한 개씩 구매하여 정확히 20 kg을 구매하는 경우의 수를 구하시오. (단, 같은 무게의 상품은 서로 구분하지 않고, 상자의 무게는 생각하지 않는다.)

04 500보다 큰 세 자리 자연수 중에서 567, 778과 같이 숫자 7이 적어도 하나 있는 세 자리의 자연수의 개수를 구하시오.

05 각 자리의 숫자가 모두 다른 네 자리 자연수 중에서 25의 배수의 개수를 구하시오.

06 다음 그림과 같이 서로 평행하고 거리가 3인 두 직선 l, m 위에 간격이 2인 점이 각각 4개, 6개 있다. 두 직선에서 각각 2개의 점을 택하여 사다리꼴을 만들 때, 사다리꼴의 넓이가 9가 되는 모든 경우의 수를 구하시오.

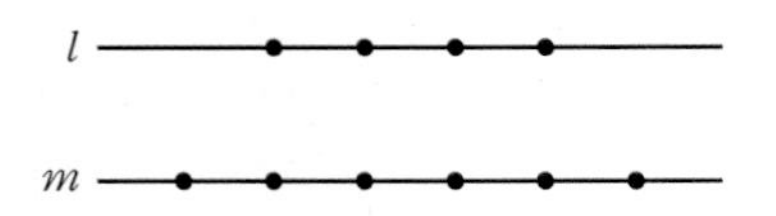

07 500원짜리 동전 a개, 1000원짜리 지폐 3장, 5000원짜리 지폐 1장의 일부 또는 전부를 사용하여 지불할 수 있는 금액의 수가 23가지일 때, 이들 화폐를 일부 또는 전부를 사용하여 지불할 수 있는 방법의 수를 구하시오.
(단, 0원을 지불하는 경우는 제외하고, 거스름돈은 없다.)

08 $8x$의 양의 약수의 개수가 8이 되도록 하는 20 이하의 자연수 x의 개수를 구하시오.

09 다음 그림과 같이 세 지점 A, B, C 사이를 연결한 도로가 있다. 한 번 지나간 도로는 다시 지나지 않는다고 할 때, A지점에서 출발하여 C지점까지 갔다가 다시 A지점으로 돌아오는 방법의 수를 구하시오.

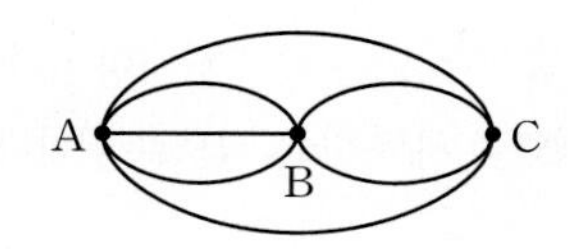

10 어느 고등학교에서 방학 중 개설된 방과후 학교 강좌에 다음과 같이 ✔표시하였다. 어떤 학생이 국어, 수학, 영어를 각각 한 번씩만 수강하려고 할 때, 이 학생이 시간표를 구성하는 경우의 수를 구하시오.

	1교시	2교시	3교시	4교시	5교시
국어	✔		✔		✔
수학	✔	✔	✔	✔	
영어		✔		✔	✔

11 다음 그림과 같은 도형의 5개의 영역 A, B, C, D, E를 서로 다른 3가지 색으로 칠하려고 한다. 인접한 영역은 서로 다른 색을 칠하고, A와 E 영역도 서로 다른 색으로 칠할 때, 칠하는 경우의 수를 구하시오.

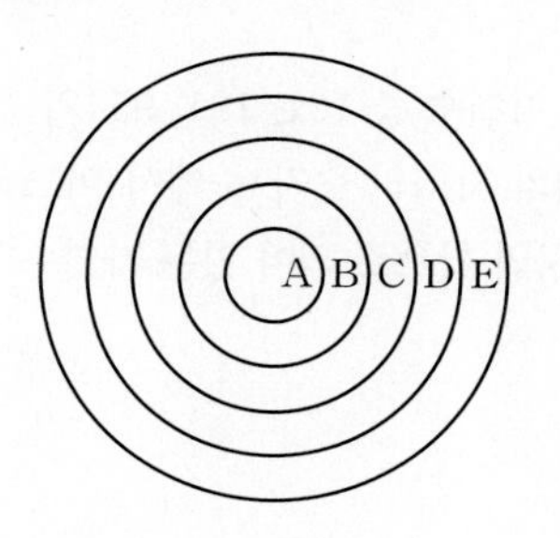

12 다음 그림과 같은 지도의 5개의 영역 A, B, C, D, E를 서로 다른 5개의 색으로 칠하려고 한다. 같은 색을 중복하여 사용해도 좋으나 인접한 영역은 서로 다른 색으로 칠할 때, 칠하는 경우의 수를 구하시오. (단, 한 점만을 공유하는 두 영역은 인접하지 않은 것으로 본다.)

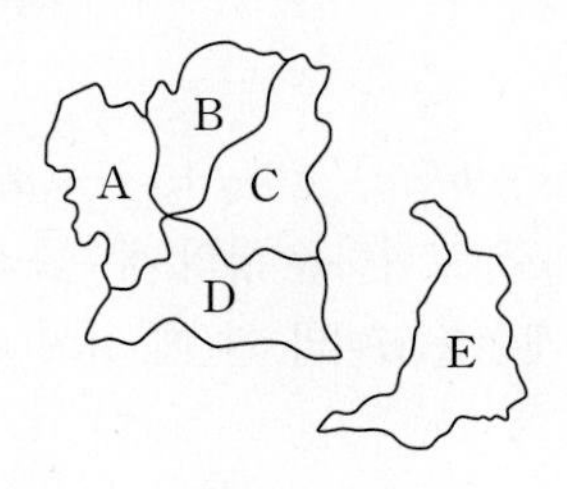

서술형

1 둘레의 길이가 21인 삼각형의 세 변의 길이를 각각 a, b, c $(a \le b \le c)$라 할 때, 세 자연수 a, b, c의 순서쌍 (a, b, c)의 개수를 구하시오.

신유형 1등급

2 세 자리 자연수 중 101, 121, 954와 같이 일의 자리, 십의 자리, 백의 자리의 숫자 중에서 어느 하나의 숫자가 나머지 두 숫자의 합으로 되어 있는 자연수의 개수를 구하시오.

3 다항식 $(a+b+c)(p+q+r)-(a+b)(s+t)$를 전개하였을 때, a를 포함하는 항의 개수를 m, p를 포함하지 않는 항의 개수를 n이라 할 때, $m+n$의 값을 구하시오.

4 10 이하의 서로 다른 세 자연수 a, b, c에 대하여 $a(b+c)$의 값이 짝수인 경우의 수를 구하시오.

5 1, 2, 3, 4, 5의 번호가 각각 하나씩 붙어 있는 5개의 상자와 1, 2, 3, 4, 5의 번호가 각각 하나씩 적혀 있는 5개의 공이 있다. 각 상자마다 공을 하나씩 넣을 때, 상자와 공의 번호가 일치하는 것이 1개뿐인 경우의 수를 구하시오.

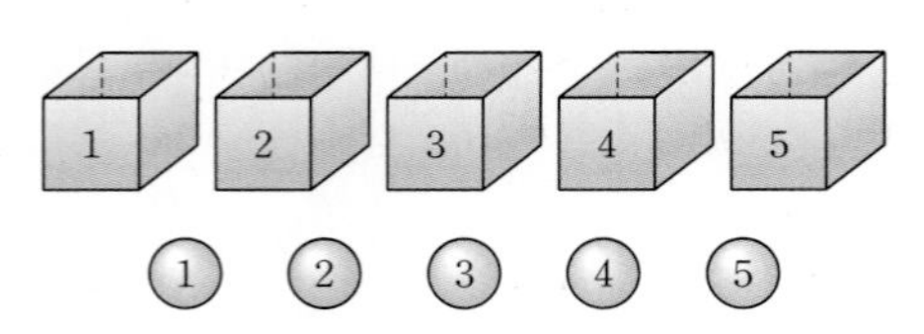

6 오른쪽 그림과 같이 5개의 영역으로 나누어진 도형을 서로 다른 4가지 색을 사용하여 칠하려고 한다. 다음 조건을 만족시키도록 각 영역에 한 가지 색만 칠할 때, 그 결과로 나타날 수 있는 모든 경우의 수를 구하시오.

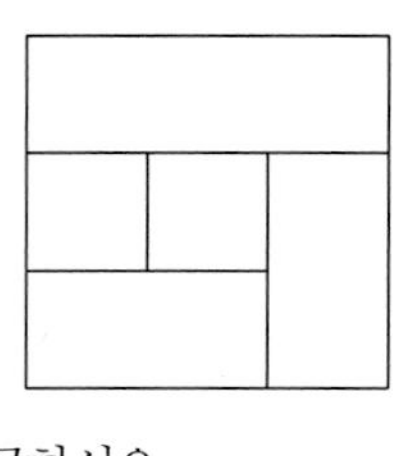

(가) 4가지 색의 전부 또는 일부를 사용한다.
(나) 인접한 영역은 서로 다른 색으로 칠한다.

III

경우의 수

1 순열

개념 01 순열

서로 다른 n개에서 r $(0<r\le n)$개를 택하여 일렬로 나열하는 것을 n개에서 r개를 택하는 순열이라 하며, 이 순열의 수를 기호로 ${}_{n}\mathrm{P}_{r}$과 같이 나타낸다.

참고 ${}_{n}\mathrm{P}_{r}$에서 P는 순열을 뜻하는 permutation의 첫 글자이다.

${}_{n}\mathrm{P}_{r}$ (서로 다른 것의 개수 n, 택하는 것의 개수 r)

예 세 개의 문자 a, b, c 중에서 서로 다른 두 개를 택하여 일렬로 나열할 때, 첫 번째 자리에 올 수 있는 문자는 a, b, c의 3가지이고, 그 각각에 대하여 두 번째 자리에 올 수 있는 문자는 첫 번째 자리에 놓인 문자를 제외한 2가지이다.
따라서 세 개의 문자 a, b, c 중에서 서로 다른 두 개를 택하여 일렬로 나열하는 경우의 수는 곱의 법칙에 의하여

$3\times2=6$

이고, 이것을 기호로 ${}_{3}\mathrm{P}_{2}$와 같이 나타낸다.

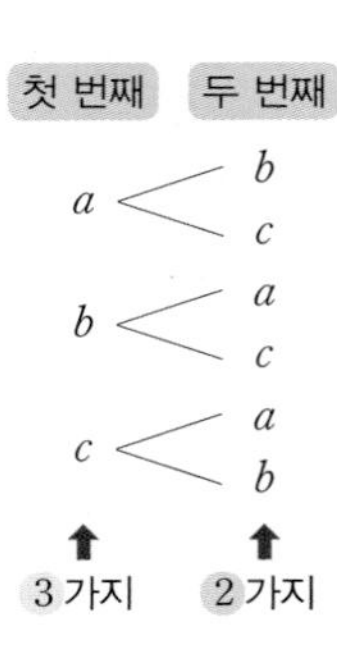

개념 02 순열의 수

서로 다른 n개에서 r개를 택하는 순열의 수는

$${}_{n}\mathrm{P}_{r}=\underbrace{n(n-1)(n-2)\times\cdots\times(n-r+1)}_{r\text{개}}\ (\text{단, } 0<r\le n)$$

서로 다른 n개에서 r $(0<r\le n)$개를 택하여 일렬로 나열할 때, 첫 번째 자리에 올 수 있는 것은 n가지이고, 그 각각에 대하여 두 번째 자리에 올 수 있는 것은 첫 번째 자리에 놓인 것을 제외한 $(n-1)$가지, 세 번째 자리에 올 수 있는 것은 앞의 두 자리에 놓인 것을 제외한 $(n-2)$가지이다. 이와 같이 계속하면 r 번째 자리에 올 수 있는 것은 앞의 $(r-1)$ 자리에 놓인 것을 제외한 $n-(r-1)$, 즉 $(n-r+1)$가지이다.

첫 번째	두 번째	세 번째	⋯	r 번째
n가지	$(n-1)$가지	$(n-2)$가지		$(n-r+1)$가지

따라서 곱의 법칙에 의하여 ${}_{n}\mathrm{P}_{r}$은 다음과 같이 계산한다.

$${}_{n}\mathrm{P}_{r}=\underbrace{n(n-1)(n-2)\times\cdots\times(n-r+1)}_{r\text{개}}\ (\text{단, } 0<r\le n)$$

예1 (1) ${}_{5}\mathrm{P}_{2}=5\times4=20$ (2) ${}_{6}\mathrm{P}_{4}=6\times5\times4\times3=360$

예2 (1) 서로 다른 7개에서 3개를 택하는 순열의 수는 ${}_{7}\mathrm{P}_{3}=7\times6\times5=210$

(2) 4명의 학생을 일렬로 세우는 경우의 수는 ${}_{4}\mathrm{P}_{4}=4\times3\times2\times1=24$

개념 03 n의 계승

1. n의 계승

1부터 n까지의 자연수를 차례대로 곱한 것을 n의 계승이라 하며, 이것을 기호로 $n!$과 같이 나타낸다. 즉,

$$n!=n(n-1)(n-2)\times\cdots\times3\times2\times1$$

참고 $n!$은 'n의 계승' 또는 'n factorial(팩토리얼)'이라 읽는다.

2. $n!$을 이용한 ${}_n\mathrm{P}_r$의 계산

(1) ${}_n\mathrm{P}_n=n!$, $0!=1$, ${}_n\mathrm{P}_0=1$

(2) ${}_n\mathrm{P}_r=\dfrac{n!}{(n-r)!}$ (단, $0\le r\le n$)

서로 다른 n개에서 n개를 모두 택하는 순열의 수 ${}_n\mathrm{P}_n$은 다음과 같다.

$${}_n\mathrm{P}_n=n(n-1)(n-2)\times\cdots\times3\times2\times1=n!$$

이것을 이용하여 $0<r<n$일 때 순열의 수 ${}_n\mathrm{P}_r$을 다음과 같이 나타낼 수 있다.

$$\begin{aligned}{}_n\mathrm{P}_r&=n(n-1)(n-2)\times\cdots\times(n-r+1)\\&=\frac{n(n-1)(n-2)\times\cdots\times(n-r+1)(n-r)\times\cdots\times3\times2\times1}{(n-r)\times\cdots\times3\times2\times1}\\&=\frac{n!}{(n-r)!}\end{aligned}$$

이때 $0!=1$, ${}_n\mathrm{P}_0=1$로 정의하면 $\underbrace{{}_n\mathrm{P}_n}_{r=n\text{일 때}}=\dfrac{n!}{0!}=n!$, $\underbrace{{}_n\mathrm{P}_0}_{r=0\text{일 때}}=\dfrac{n!}{n!}=1$이므로 $r=n$, $r=0$일 때도 성립한다.

예 (1) $6!=6\times5\times4\times3\times2\times1=720$

(2) ${}_6\mathrm{P}_0=1$

(3) ${}_5\mathrm{P}_5=5!=5\times4\times3\times2\times1=120$

(4) ${}_7\mathrm{P}_3=\dfrac{7!}{(7-3)!}=\dfrac{7!}{4!}=\dfrac{7\times6\times5\times4\times3\times2\times1}{4\times3\times2\times1}=210$

개념 04 순열의 수의 성질

(1) ${}_n\mathrm{P}_r=n\times{}_{n-1}\mathrm{P}_{r-1}$ (단, $1\le r\le n$)

(2) ${}_n\mathrm{P}_r={}_{n-1}\mathrm{P}_r+r\times{}_{n-1}\mathrm{P}_{r-1}$ (단, $1\le r<n$)

증명 (1) $$\begin{aligned}n\times{}_{n-1}\mathrm{P}_{r-1}&=n\times\frac{(n-1)!}{\{(n-1)-(r-1)\}!}\\&=\frac{n!}{(n-r)!}={}_n\mathrm{P}_r\end{aligned}$$

(2) $$\begin{aligned}{}_{n-1}\mathrm{P}_r+r\times{}_{n-1}\mathrm{P}_{r-1}&=\frac{(n-1)!}{\{(n-1)-r\}!}+r\times\frac{(n-1)!}{\{(n-1)-(r-1)\}!}\\&=\underbrace{\frac{(n-r)\times(n-1)!}{(n-r)!}}_{\text{분모, 분자에 }(n-r)\text{을 곱한다.}}+\frac{r\times(n-1)!}{(n-r)!}=\frac{(n-1)!\{(n-r)+r\}}{(n-r)!}\\&=\frac{n!}{(n-r)!}={}_n\mathrm{P}_r\end{aligned}$$

예 (1) ${}_5P_3=\frac{5!}{2!}=\frac{5\times4!}{2!}=5\times\frac{4!}{2!}=5\times{}_4P_2$

(2) ${}_5P_3=\frac{5!}{2!}=4!\times\frac{5}{2!}=4!\times\left(\frac{2}{2!}+\frac{3}{2!}\right)$

$=\frac{4!}{1!}+3\times\frac{4!}{2!}={}_4P_3+3\times{}_4P_2$

참고 서로 다른 n개에서 r개를 택하는 순열의 수 ${}_nP_r$의 값은 다음 경우의 수와 같다.

(1) 먼저 n개에서 한 개를 택한 후, 그 각각의 경우에 대하여 하나를 택하고 남은 $(n-1)$개에서 $(r-1)$개를 택하여 일렬로 나열한다.
(한 개를 택하는 경우: n, 나머지: ${}_{n-1}P_{r-1}$)

⇨ ${}_nP_r=n\times{}_{n-1}P_{r-1}$

(2) n개 중 하나를 A라고 임의로 정한 후, n개에서 r개를 택할 때 다음과 같은 경우로 나누어 생각할 수 있다.

(i) 뽑는 r개에 A가 포함되지 않을 때,
A를 제외한 $(n-1)$개에서 r개를 택하여 일렬로 나열한다. (${}_{n-1}P_r$)

(ii) 뽑는 r개에 A가 포함될 때,
A를 제외한 $(n-1)$개에서 $(r-1)$개를 택하여 일렬로 나열한 후, A를 $(r-1)$개의 양 끝 또는 사이사이에 배치한다. (${}_{n-1}P_{r-1}$, r)

⇨ ${}_nP_r={}_{n-1}P_r+r\times{}_{n-1}P_{r-1}$ Ⓐ
(i), (ii)는 동시에 일어나지 않으므로 합의 법칙을 사용한다.

Ⓐ ${}_nP_r={}_{n-1}P_r+r\times{}_{n-1}P_{r-1}$

(i) 뽑는 r개에 A가 포함되지 않을 때,

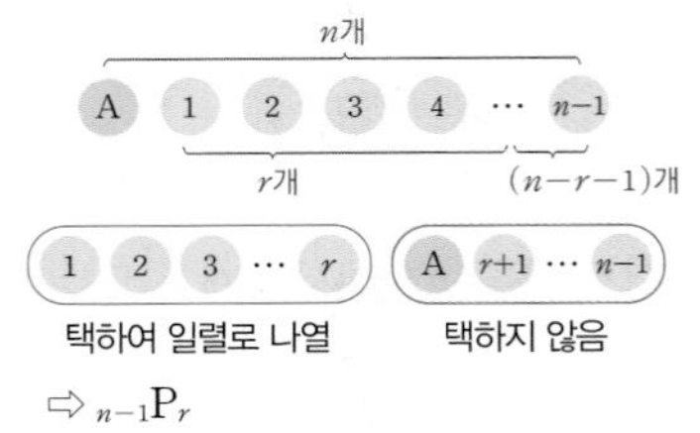

⇨ ${}_{n-1}P_r$

(ii) 뽑는 r개에 A가 포함될 때,

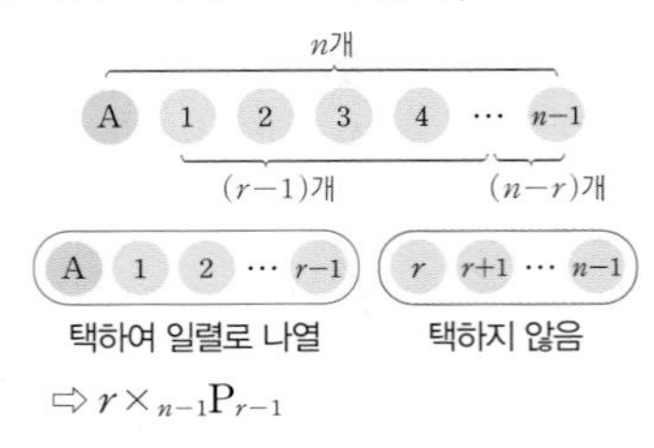

⇨ $r\times{}_{n-1}P_{r-1}$

개념 05 특정한 조건을 만족시키는 순열의 수

1. 이웃하는 순열의 수
(i) 이웃하는 것을 한 묶음으로 생각하여 전체를 일렬로 나열하는 경우의 수를 구한다.
(ii) (i)의 결과와 이웃하는 것끼리 자리를 바꾸는 경우의 수를 곱한다.

2. 이웃하지 않는 순열의 수
(i) 이웃해도 되는 것을 일렬로 나열하는 경우의 수를 구한다.
(ii) (i)의 결과와 (i)에서 나열한 것의 양 끝과 사이사이에 이웃하지 않아야 하는 것을 나열하는 경우의 수를 곱한다.

3. 교대로 나열하는 순열의 수
(i) 어느 한 집단을 일렬로 나열하는 경우의 수를 구한다.
(ii) (i)의 결과와 (i)에서 나열한 것의 양 끝 또는 한쪽 끝과 사이사이에 나머지 집단을 나열하는 경우의 수를 곱한다.

4. '적어도 ~'의 조건이 있는 순열의 수
전체 경우의 수에서 '모두 ~가 아닌' 경우의 수를 뺀다.

예1 남학생 3명과 여학생 3명을 일렬로 세울 때, 여학생끼리 이웃하는 경우의 수

(ⅰ) 여학생 3명을 한 명(묶음)으로 생각하여 남학생 3명과 일렬로 세우는 경우의 수는 $4!$

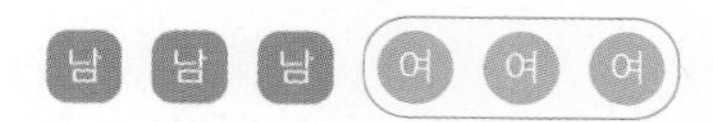

(ⅱ) 여학생 3명이 서로 자리를 바꾸는 경우의 수는 $3!$

(ⅰ), (ⅱ)에서 구하는 경우의 수는

$4! \times 3! = 24 \times 6 = 144$

예2 남학생 3명과 여학생 2명을 일렬로 세울 때, 여학생끼리 이웃하지 않는 경우의 수

(ⅰ) 남학생 3명을 일렬로 세우는 경우의 수는 $3!$

(ⅱ) 여학생 2명을 남학생 양 끝과 사이사이에 한 명씩 세우는 경우의 수는 ${}_4P_2$

여학생이 설 수 있는 자리 4개 중에서 2개를 택하는 순열의 수이다.

(ⅰ), (ⅱ)에서 구하는 경우의 수는

$3! \times {}_4P_2 = 6 \times 12 = 72$

예3 남학생 3명과 여학생 3명을 일렬로 세울 때, 교대로 세우는 경우의 수

(ⅰ) 남학생 3명을 일렬로 세우는 경우의 수는 $3!$

(ⅱ) 남학생 3명의 양 끝과 사이사이에 다음 그림과 같이 ❶, ❷, ❸, ❹의 자리가 있다고 하자.

여학생 3명을 ❶, ❷, ❸에 세우는 경우의 수는 $3!$

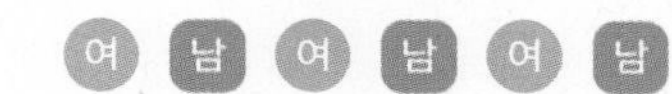

여학생 3명을 ❷, ❸, ❹에 세우는 경우의 수는 $3!$

(ⅰ), (ⅱ)에서 구하는 경우의 수는

$3! \times (3! + 3!) = 6 \times (6+6) = 72$

두 경우는 동시에 일어나지 않으므로 합의 법칙을 사용한다.

예4 남학생 3명과 여학생 3명 중에서 3명을 뽑아 일렬로 세울 때, 적어도 한 명은 여학생인 경우의 수는

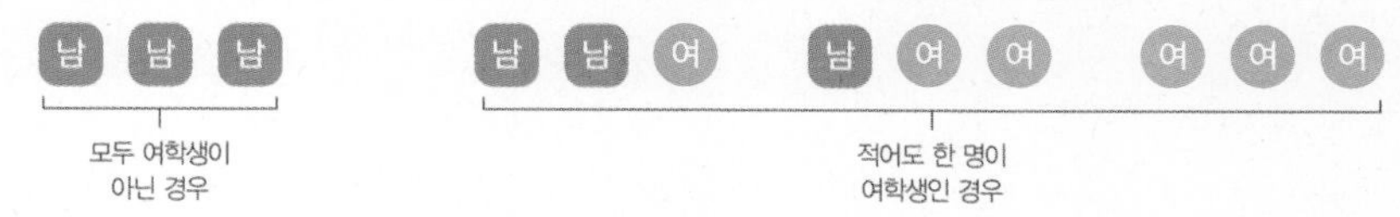

(ⅰ) 전체 6명 중에서 3명을 뽑아 일렬로 세우는 경우의 수는 ${}_6P_3$

(ⅱ) 남학생 3명 중에서 3명을 뽑아 일렬로 세우는 경우의 수는 ${}_3P_3$ ← 모두 여학생이 아닌 경우의 수

(ⅰ), (ⅱ)에서 구하는 경우의 수는

${}_6P_3 - {}_3P_3 = 120 - 6 = 114$

기본유형 01 ${}_{n}\mathrm{P}_{r}$의 계산 (1)

개념 02+03

다음 값을 구하시오.

(1) ${}_{6}\mathrm{P}_{2}$　　(2) ${}_{10}\mathrm{P}_{0}$　　(3) $2!\times{}_{4}\mathrm{P}_{4}$

solution

(1) ${}_{6}\mathrm{P}_{2}=6\times5=30$

(2) ${}_{10}\mathrm{P}_{0}=1$

(3) $2!\times{}_{4}\mathrm{P}_{4}=(2\times1)\times(4\times3\times2\times1)=48$

기본유형 02 ${}_{n}\mathrm{P}_{r}$의 계산 (2)

개념 02+03

다음 등식을 만족시키는 자연수 n의 값을 구하시오.

(1) ${}_{n}\mathrm{P}_{3}=120$　　(2) ${}_{8}\mathrm{P}_{n}=336$　　(3) ${}_{9}\mathrm{P}_{4}=\dfrac{9!}{n!}$

solution

(1) ${}_{n}\mathrm{P}_{3}=n(n-1)(n-2)$, $120=6\times5\times4$이므로 $n=6$

(2) ${}_{8}\mathrm{P}_{n}=336$에서 $336=8\times7\times6$이므로 $n=3$

(3) ${}_{9}\mathrm{P}_{4}=\dfrac{9!}{(9-4)!}$이므로 $\dfrac{9!}{5!}=\dfrac{9!}{n!}$　　$\therefore n=5$

기본 연습

p.148

01 다음 값을 구하시오.

(1) ${}_{9}\mathrm{P}_{3}$　　(2) ${}_{7}\mathrm{P}_{7}$　　(3) $\dfrac{{}_{7}\mathrm{P}_{5}}{3!}$

02 다음 등식을 만족시키는 자연수 n의 값을 구하시오.

(1) ${}_{n-1}\mathrm{P}_{2}=30$　　(2) ${}_{10}\mathrm{P}_{n+1}=720$　　(3) ${}_{11}\mathrm{P}_{3}=\dfrac{11!}{(n+1)!}$

기본유형 03 순열의 수(1)

개념 02

다음을 구하시오.

(1) 책꽂이에 서로 다른 책 5권을 일렬로 나열하는 경우의 수

(2) 6명의 학생 중에서 4명을 뽑아 일렬로 세우는 경우의 수

solution

(1) 서로 다른 5개에서 5개를 택하는 순열의 수이므로
$_5P_5=5!=5\times4\times3\times2\times1=120$

(2) 서로 다른 6개에서 4개를 택하는 순열의 수이므로
$_6P_4=6\times5\times4\times3=360$

기본유형 04 순열의 수(2)

개념 02

1, 2, 3, 4, 5의 숫자가 각각 하나씩 적힌 5장의 카드 중에서 서로 다른 4장을 뽑아 네 자리 자연수를 만들 때, 다음을 구하시오.

(1) 만들 수 있는 자연수의 개수

(2) 만들 수 있는 짝수의 개수

solution

(1) 서로 다른 5개에서 4개를 택하는 순열의 수이므로
$_5P_4=5\times4\times3\times2=120$

(2) 네 자리 자연수가 짝수이려면 일의 자리에 올 수 있는 숫자는 2 또는 4의 2가지이다.
그 각각에 대하여 일의 자리 숫자로 택한 카드를 제외한 서로 다른 숫자 카드 4장에서 3장 택하여 일렬로 나열하면 되므로 만들 수 있는 짝수의 개수는
$2\times{}_4P_3=2\times(4\times3\times2)=48$

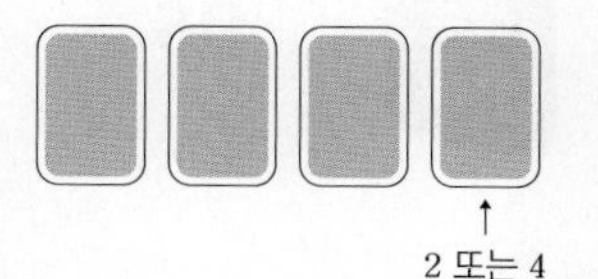

기본 연습

해 pp.148~149

03 다음을 구하시오.

(1) 6장의 카드 A, B, C, D, E, F를 일렬로 나열하는 경우의 수

(2) 10명의 학생 중에서 회장, 부회장, 총무를 각각 1명씩 뽑는 경우의 수

04 A, B, C, D의 문자가 각각 하나씩 적힌 4장의 카드 중에서 서로 다른 3장을 뽑아 일렬로 나열할 때, 다음을 구하시오.

(1) 모든 경우의 수

(2) A가 맨 뒤에 오는 경우의 수

필수유형 05 ${}_{n}\mathrm{P}_{r}$의 계산

개념 02+03

다음 등식을 만족시키는 자연수 n의 값을 구하시오.

(1) ${}_{n}\mathrm{P}_{2}+2\times{}_{n-1}\mathrm{P}_{1}=70$

(2) $2\times{}_{n}\mathrm{P}_{2}:{}_{n}\mathrm{P}_{3}=1:2$

guide

❶ 다음 순열의 수를 이용하여 n에 대한 방정식을 만든다.

(1) ${}_{n}\mathrm{P}_{r}=\dfrac{n!}{(n-r)!}$ (단, $0\le r\le n$)

(2) ${}_{n}\mathrm{P}_{n}=n!$, $0!=1$, ${}_{n}\mathrm{P}_{0}=1$

❷ ❶의 방정식을 풀어 자연수 n의 값을 구한다.

solution

(1) ${}_{n}\mathrm{P}_{2}+2\times{}_{n-1}\mathrm{P}_{1}=70$에서 $n(n-1)+2(n-1)=70$

$n^2+n-72=0$, $(n+9)(n-8)=0$

$\therefore n=8$ ($\because n\ge2$) ← $n\ge2$이고 $n-1\ge1$이므로 $n\ge2$

(2) $2\times{}_{n}\mathrm{P}_{2}:{}_{n}\mathrm{P}_{3}=1:2$에서 ${}_{n}\mathrm{P}_{3}=4\times{}_{n}\mathrm{P}_{2}$이므로

$n(n-1)(n-2)=4n(n-1)$

$n\ge3$이므로 양변을 $n(n-1)$로 나누면
($n\ge2$이고 $n\ge3$이므로 $n\ge3$)

$n-2=4$ $\quad\therefore n=6$

p.149

05

다음 등식을 만족시키는 자연수 n의 값을 구하시오.

(1) $4\times{}_{n}\mathrm{P}_{1}+2\times{}_{n}\mathrm{P}_{2}={}_{n}\mathrm{P}_{3}$

(2) $6\times{}_{n}\mathrm{P}_{2}:{}_{n}\mathrm{P}_{4}=1:5$

06

등식 ${}_{n+2}\mathrm{P}_{3}={}_{n+1}\mathrm{P}_{3}+330$을 만족시키는 자연수 n의 값을 구하시오.

07

등식 ${}_{n}\mathrm{P}_{2}\times{}_{n}\mathrm{P}_{2}-{}_{n+1}\mathrm{P}_{3}=4\times{}_{n}\mathrm{P}_{2}-2(n+3)$을 만족시키는 모든 자연수 n의 값의 합을 구하시오.

필수유형 06 이웃하거나 이웃하지 않는 순열의 수

개념 05

남학생 4명과 여학생 3명을 일렬로 세울 때, 다음을 구하시오.

(1) 여학생이 서로 이웃하도록 세우는 경우의 수

(2) 여학생끼리는 이웃하지 않도록 세우는 경우의 수

(3) 남학생 2명이 양 끝에 오도록 세우는 경우의 수

guide

❶ 이웃하거나 이웃하지 않은 조건이 있는지 확인한다.

❷ ❶의 조건에 적합하도록 이웃하는 것끼리 묶어서 경우의 수를 구하거나 이웃해도 되는 것의 양 끝과 사이사이에 이웃하지 않아야 하는 것을 나열하는 경우의 수를 구한다.

solution

(1) 여학생 3명을 한 명으로 생각하여 5명을 일렬로 세우는 경우의 수는 $5!=120$
그 각각에 대하여 여학생 3명이 서로 자리를 바꾸는 경우의 수는 $3!=6$
따라서 구하는 경우의 수는 $120\times6=720$

(2) 남학생 4명을 일렬로 세우는 경우의 수는 $4!=24$
그 각각에 대하여 오른쪽 그림과 같이 남학생의 양 끝과 사이사이의 5곳 중 3곳에 여학생을 세우는 경우의 수는 ${}_5P_3=60$
따라서 구하는 경우의 수는 $24\times60=1440$

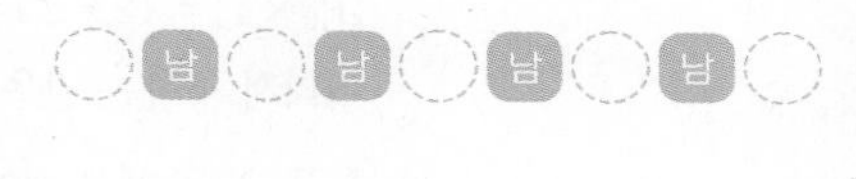

(3) 남학생 4명 중 2명을 양 끝에 세우는 경우의 수는 ${}_4P_2=12$
그 각각에 대하여 양 끝에 선 2명을 제외한 5명을 일렬로 세우는 경우의 수는 $5!=120$
따라서 구하는 경우의 수는 $12\times120=1440$

필수 연습

해 pp.149~150

08 빨간색 화분 4개와 파란색 화분 4개를 일렬로 나열할 때, 다음을 구하시오.
(단, 8개의 화분에는 서로 다른 꽃이 심어져 있다.)

(1) 빨간색 화분 4개가 서로 이웃하도록 나열하는 경우의 수

(2) 빨간색 화분과 파란색 화분을 교대로 나열하는 경우의 수

(3) 파란색 화분 2개가 양 끝에 오도록 나열하는 경우의 수

09 6개의 문자 A, B, C, D, E, F를 일렬로 배열할 때, A와 B는 서로 이웃하고 E와 F는 서로 이웃하지 않게 배열하는 경우의 수를 구하시오.

10 남학생 5명과 여학생 n명을 일렬로 세울 때, 맨 앞의 두 자리에는 남학생을 세우고 여학생끼리는 서로 이웃하지 않게 세우는 경우의 수는 1440이다. 이때 n의 값을 구하시오.

필수유형 07 '적어도'의 조건이 있는 순열의 수

개념 05

6개의 문자 F, R, I, E, N, D를 일렬로 나열할 때, 다음을 구하시오.

(1) 적어도 한쪽 끝에 모음이 오는 경우의 수

(2) I, E, N 중에서 적어도 2개가 이웃하는 경우의 수

guide

❶ 모든 경우의 수를 구한다.
❷ 사건 A가 일어나지 않는 경우의 수를 구한다.
❸ ❶, ❷의 값을 이용하여 사건 A가 적어도 한 번 일어나는 경우의 수를 구한다.

solution

(1) 적어도 한쪽 끝에 모음이 오는 경우의 수는 모든 경우의 수에서 양 끝에 모두 자음이 오는 경우의 수를 빼서 구할 수 있다.
6개의 문자를 일렬로 나열하는 모든 경우의 수는 $6!=720$
양 끝에 모두 자음이 오는 경우의 수는 자음 F, R, N, D 중 2개를 양 끝에 나열한 다음 양 끝에 나열한 자음 2개를 제외한 4개의 문자를 일렬로 나열하는 경우의 수와 같으므로
${}_4P_2\times 4!=12\times 24=288$
따라서 구하는 경우의 수는 $720-288=432$

(2) I, E, N 중에서 적어도 2개가 이웃하는 경우의 수는 모든 경우의 수에서 I, E, N 중 어느 것도 이웃하지 않는 경우의 수를 빼서 구할 수 있다.
6개의 문자를 일렬로 나열하는 모든 경우의 수는 $6!=720$
I, E, N 중 어느 것도 이웃하지 않는 경우의 수는 F, R, D의 3개의 문자를 일렬로 나열한 다음 양 끝과 그 사이사이의 4개의 자리에 I, E, N의 3개를 나열하는 경우의 수와 같으므로
$3!\times {}_4P_3=6\times 24=144$
따라서 구하는 경우의 수는 $720-144=576$

pp.150~151

11 7개의 문자 J, U, S, T, I, C, E를 일렬로 나열할 때, 다음을 구하시오.

(1) 적어도 한쪽 끝에 자음이 오는 경우의 수

(2) I, C, E 중에서 적어도 2개가 이웃하는 경우의 수

12 1, 2, 3, 4, 5, 6의 숫자가 각각 하나씩 적힌 6장의 카드 중에서 서로 다른 4장을 뽑아 일렬로 나열할 때, 적어도 한쪽 끝에 홀수가 적힌 카드가 놓이는 경우의 수를 구하시오.

13 남학생 n명과 여학생 $(7-n)$명을 일렬로 세울 때, 적어도 한쪽 끝에 여학생이 오는 경우의 수는 3600이다. 이때 n의 값을 구하시오.

필수유형 08 자연수의 개수

개념 02+05

5개의 숫자 0, 1, 2, 3, 4 중에서 서로 다른 3개의 숫자를 택하여 세 자리 자연수를 만들 때, 다음을 구하시오.

(1) 만들 수 있는 자연수의 개수 (2) 만들 수 있는 짝수의 개수

guide

❶ 기준이 되는 자리부터 먼저 배열한다. 이때 맨 앞자리에는 0이 올 수 없음에 주의한다.
❷ 나머지 자리에 남은 숫자를 배열하는 경우의 수를 구한다.

solution

(1) 백의 자리에는 0이 올 수 없으므로 백의 자리에 올 수 있는 숫자는 1, 2, 3, 4의 4가지이다.
그 각각에 대하여 십의 자리와 일의 자리에는 백의 자리에 온 숫자를 제외한 4개의 숫자 중에서 2개를 택하여 일렬로 나열하면 되므로 구하는 자연수의 개수는
$4\times{}_4P_2=48$

(2) 세 자리 자연수가 짝수일 때, 일의 자리에 올 수 있는 숫자는 0, 2, 4이므로 다음과 같이 나누어 생각할 수 있다.
(i) □□0 꼴인 짝수의 개수
백의 자리와 십의 자리에는 0을 제외한 4개의 숫자 중에서 2개를 택하여 일렬로 나열하면 되므로
${}_4P_2=12$
(ii) □□2, □□4 꼴인 짝수의 개수
각 경우에 대하여 백의 자리에는 0이 올 수 없으므로 백의 자리에 올 수 있는 숫자는 0과 일의 자리에 온 숫자를 제외한 3가지이다. 그 각각에 대하여 십의 자리에는 백의 자리에 온 숫자와 일의 자리에 온 숫자를 제외한 3개의 숫자가 올 수 있으므로
$\underset{\text{□□2 또는 □□4의 2가지}}{\underline{2}}\times(3\times3)=18$
(i), (ii)에서 구하는 짝수의 개수는
$12+18=30$

필수 연습

해 pp.151~152

14 6개의 숫자 0, 1, 2, 3, 4, 5 중에서 서로 다른 4개의 숫자를 택하여 네 자리 자연수를 만들 때, 다음을 구하시오.

(1) 만들 수 있는 자연수의 개수 (2) 만들 수 있는 홀수의 개수

15 0, 1, 2, 3, 4, 5의 숫자가 각각 하나씩 적힌 6장의 카드 중에서 서로 다른 3장의 카드를 뽑아 일렬로 나열하여 세 자리 자연수를 만들 때, 만들 수 있는 3의 배수의 개수를 구하시오.

16 1부터 9까지의 자연수 중에서 서로 다른 4개의 수를 뽑아 네 자리 자연수를 만들려고 한다. 천의 자리의 숫자와 십의 자리의 숫자의 합이 짝수인 자연수의 개수를 구하시오.

필수유형 09 사전식 배열법

개념 02

5개의 문자 A, B, C, D, E를 모두 한 번씩만 사용하여 만든 문자열을 사전식으로 배열할 때, 다음 물음에 답하시오.

(1) BCAED는 몇 번째 문자열인지 구하시오.

(2) 60번째 오는 문자열을 구하시오.

guide

❶ 처음에 배열되는 문자(또는 수)를 기준으로 개수를 파악해 본다.
❷ ❶에서 구한 개수를 이용하여 주어진 문자열(또는 수)이 몇 번째 문자열(또는 수)인지 구하거나 해당 순서의 문자열(또는 수)을 구한다.

solution

(1) A□□□□ 꼴인 문자열의 개수는 $4!=24$
BA□□□ 꼴인 문자열의 개수는 $3!=6$
BCA□□ 꼴인 문자열은 순서대로 BCADE, BCAED의 2개
따라서 BCAED는 $24+6+2=32$(번째) 문자열이다.

(2) A□□□□ 꼴인 문자열의 개수는 $4!=24$
B□□□□ 꼴인 문자열의 개수는 $4!=24$
CA□□□ 꼴인 문자열의 개수는 $3!=6$
CB□□□ 꼴인 문자열의 개수는 $3!=6$
이때 $24+24+6+6=60$이므로 60번째 오는 문자열은 CB□□□ 꼴인 문자열 중에서 마지막에 오는 문자열이다.
따라서 구하는 문자열은 CBEDA이다.

필수 연습

유 pp.152~153

17 5개의 숫자 1, 2, 3, 4, 5 중에서 서로 다른 4개를 사용하여 네 자리 자연수를 만들 때, 다음을 구하시오.

(1) 3200보다 큰 자연수의 개수

(2) 가장 작은 수부터 순서대로 나열할 때, 41번째에 오는 자연수

18 6개의 문자 a, b, c, d, e, f 중에서 서로 다른 4개를 사용하여 만든 문자열을 사전식으로 배열할 때, $beda$보다 뒤에 나오는 문자열의 개수를 구하시오.

19 5개의 숫자 0, 1, 2, 3, 4를 한 번씩 사용하여 만든 다섯 자리 자연수를 가장 작은 수부터 순서대로 나열할 때, 75번째에 오는 자연수를 구하시오.

01 자연수 a에 대하여 등식 $100!=a\times10^n$을 만족시키는 자연수 n의 최댓값을 구하시오.

02 6개의 자연수 1, 2, 3, 4, 5, 6 중에서 서로 다른 3개의 수를 택하여 순서대로 a, b, c라 할 때, 서로 다른 직선 $ax+by+c=0$의 개수를 구하시오.

03 어느 전시회에서 서로 다른 풍경화 4점, 정물화 2점, 인물화 3점을 일렬로 전시할 때, 풍경화는 풍경화끼리, 정물화는 정물화끼리, 인물화는 인물화끼리 이웃하게 전시하는 경우의 수를 구하시오.

04 8개의 자연수 1, 2, 3, 4, 5, 6, 7, 8을 모두 일렬로 나열할 때, 연속하여 나열된 두 수의 곱이 항상 짝수가 되는 경우의 수를 구하시오.

05 어느 놀이공원에 어른 5명과 어린이 3명이 한 줄로 서서 입장하려고 한다. 맨 앞과 맨 뒤에는 어른이 서고, 어린이 중에서 적어도 2명이 이웃하도록 줄을 서는 경우의 수를 구하시오.

06 자음과 모음으로 이루어진 5개의 문자를 일렬로 나열할 때, 적어도 한쪽 끝에 모음이 오는 경우의 수는 48이다. 처음 5개의 문자 중에서 모음의 개수를 구하시오.

서술형

07 7개의 숫자 0, 1, 2, 3, 4, 5, 6 중에서 서로 다른 5개의 숫자를 뽑아 다섯 자리 자연수를 만들려고 한다. 각 자리의 숫자에서 홀수와 홀수가 아닌 수가 교대로 나타나는 자연수의 개수를 구하시오.

08 9개의 숫자 0, 1, 2, 3, 4, 5, 6, 7, 8 중에서 서로 다른 3개의 숫자를 택하여 세 자리 자연수를 만들 때, 각 자리의 숫자 중 어떤 두 수의 합이 8이 되는 자연수의 개수를 구하시오.

09 5개의 숫자 1, 2, 3, 4, 5를 모두 사용하여 만든 다섯 자리 자연수 중에서 다음 조건을 만족시키는 수의 개수를 구하시오.

(가) 1의 바로 다음 자리에 2가 올 수 없다.
(나) 2의 바로 다음 자리에 3이 올 수 없다.
(다) 3의 바로 다음 자리에 1이 올 수 없다.

---

10 ENGLISH의 7개의 문자를 사전식으로 배열할 때, ENGLISH는 몇 번째에 오는지 구하시오.

11 9개의 문자 A, B, C, D, E, F, G, H, I 중에서 서로 다른 5개의 문자를 뽑아 만든 문자열을 사전식으로 배열할 때, 2025번째 문자열의 세 번째 문자를 구하시오.

12 어떤 금고는 1부터 9까지 자연수 중에서 서로 다른 네 개의 수를 뽑아 만든 네 자리 자연수로 된 번호를 입력하게 되어 있다. 네 자리 자연수의 각 자리 숫자 중에서 8의 약수가 적어도 1개 포함되도록 하여 가장 큰 수부터 순서대로 나열했을 때, 1000번째 수를 이 금고의 비밀번호로 설정하였다면 이 비밀번호를 구하시오.

BLACKLABEL

2 조합

개념 06 조합

서로 다른 n개에서 순서를 생각하지 않고 r $(0<r\le n)$개를 택하는 것을 n개에서 r개를 택하는 조합이라 하며, 이 조합의 수를 기호로 ${}_{n}C_{r}$과 같이 나타낸다.

${}_{n}C_{r}$ (서로 다른 것의 개수: n, 택하는 것의 개수: r)

참고 ${}_{n}C_{r}$에서 C는 조합을 뜻하는 combination의 첫 글자이다.

예 네 개의 문자 a, b, c, d 중에서 순서를 생각하지 않고 두 개를 택하는 경우는

a와 b, a와 c, a와 d, b와 c, b와 d, c와 d

의 6가지이고, 이것을 기호로 ${}_{4}C_{2}$와 같이 나타낸다.

참고 조합은 학급의 대표 2명을 뽑는 경우처럼 순서를 생각하지 않고 택하는 것이고, 순열은 학급의 회장, 부회장을 각각 1명씩 뽑는 경우처럼 순서를 생각하여 택하는 것이다.

개념 07 조합의 수

서로 다른 n개에서 r개를 택하는 조합의 수는

$${}_{n}C_{r}=\frac{{}_{n}P_{r}}{r!}=\frac{n!}{r!(n-r)!}\ (\text{단, } 0\le r\le n)$$

서로 다른 n개에서 r $(0<r\le n)$개를 택하는 순열의 수가 ${}_{n}P_{r}$이고, 서로 다른 n개에서 r개를 택하는 조합의 수는 ${}_{n}C_{r}$, 그 각각에 대하여 r개를 일렬로 나열하는 경우의 수가 $r!$이므로 곱의 법칙에 의하여

$${}_{n}P_{r}={}_{n}C_{r}\times r!$$

따라서 서로 다른 n개에서 r개를 택하는 조합의 수 ${}_{n}C_{r}$은 다음과 같이 나타낼 수 있다.

$${}_{n}C_{r}=\frac{{}_{n}P_{r}}{r!}=\frac{n!}{r!(n-r)!}$$

이때 ${}_{n}C_{0}=1$로 정의하면 $0!=1$, ${}_{n}P_{0}=1$이므로 ${}_{n}C_{0}=\frac{{}_{n}P_{0}}{0!}=\frac{n!}{0!\times n!}=1$, 즉 $r=0$일 때도 성립한다.

예1 네 개의 문자 a, b, c, d 중에서 두 개를 택하는 조합과 순열은 오른쪽과 같이 비교할 수 있다.

조합		순열
a와 b		ab, ba
a와 c		ac, ca
a와 d	일렬로 나열 →	ad, da
b와 c		bc, cb
b와 d		bd, db
c와 d		cd, dc
⇨ ${}_{4}C_{2}=6$		⇨ ${}_{4}P_{2}=12$

예2 (1) ${}_{7}C_{3}=\frac{7!}{3!(7-3)!}=\frac{7\times6\times5\times4\times3\times2\times1}{(3\times2\times1)\times(4\times3\times2\times1)}=35$

(2) ${}_{6}C_{0}=1$, ${}_{6}C_{6}=1$

개념 08 조합의 수의 성질

(1) ${}_nC_r={}_nC_{n-r}$ (단, $0\le r\le n$)　　(2) ${}_nC_r={}_{n-1}C_r+{}_{n-1}C_{r-1}$ (단, $1\le r<n$)

증명 (1) $${}_nC_{n-r}=\frac{n!}{(n-r)!\{n-(n-r)\}!}=\frac{n!}{r!(n-r)!}={}_nC_r$$

(2) ${}_{n-1}C_r+{}_{n-1}C_{r-1}$
$$=\frac{(n-1)!}{r!(n-1-r)!}+\frac{(n-1)!}{(r-1)!\{(n-1)-(r-1)\}!}$$
$$=\frac{(n-r)\times(n-1)!}{r!(n-r)!}+\frac{r\times(n-1)!}{r!(n-r)!}=\frac{n!}{r!(n-r)!}={}_nC_r$$

예 (1) $${}_7C_5=\frac{7!}{5!\times2!}=\frac{7!}{2!\times5!}={}_7C_2$$

(2) $${}_5C_3=\frac{5!}{3!\times2!}=4!\times\left(\frac{2+3}{3!\times2!}\right)=4!\times\left(\frac{1}{3!\times1!}+\frac{1}{2!\times2!}\right)$$
$$=\frac{4!}{3!\times1!}+\frac{4!}{2!\times2!}={}_4C_3+{}_4C_2$$

참고 서로 다른 n개에서 r개를 택하는 조합의 수 ${}_nC_r$의 값은 다음 경우의 수와 같다.

(1) n개에서 r개를 택한 후 남아 있을 $(n-r)$개를 택한다. (${}_nC_{n-r}$)

⇨ ${}_nC_r={}_nC_{n-r}$

(2) n개 중 하나를 A라고 임의로 정한 후, n개에서 r개를 택할 때 다음과 같은 경우로 나누어 생각할 수 있다.

(i) 뽑는 r개에 A가 포함되지 않을 때,
A를 제외한 $(n-1)$개에서 r개를 택한다. (${}_{n-1}C_r$)

(ii) 뽑는 r개에 A가 포함될 때,
A를 제외한 $(n-1)$개에서 $(r-1)$개를 택한다. (${}_{n-1}C_{r-1}$)

⇨ ${}_nC_r={}_{n-1}C_r+{}_{n-1}C_{r-1}$ Ⓐ

(i), (ii)는 동시에 일어나지 않으므로 합의 법칙을 사용한다.

Ⓐ ${}_nC_r={}_{n-1}C_r+{}_{n-1}C_{r-1}$

(i) 뽑는 r개에 A가 포함되지 않을 때,

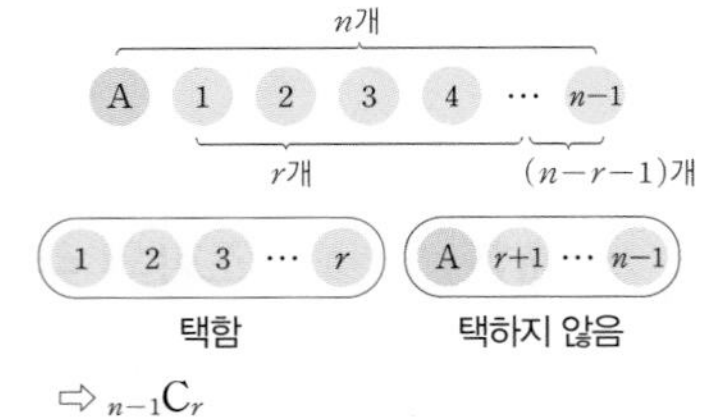

⇨ ${}_{n-1}C_r$

(ii) 뽑는 r개에 A가 포함될 때,

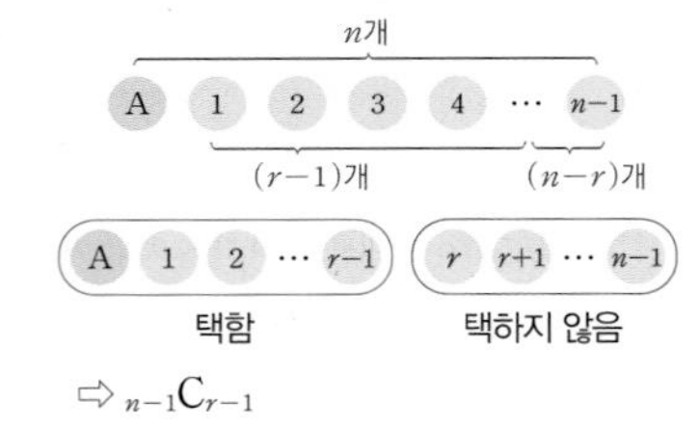

⇨ ${}_{n-1}C_{r-1}$

개념 09 특정한 조건을 만족시키는 조합의 수

1. 특정한 것을 포함하는 조합의 수

서로 다른 n개에서 특정한 k개를 포함하여 r개를 택하는 조합의 수는 ${}_{n-k}C_{r-k}$로 구한다.

2. 특정한 것을 포함하지 않는 조합의 수

서로 다른 n개에서 특정한 k개를 포함하지 않고 r개를 택하는 조합의 수는 ${}_{n-k}C_r$로 구한다.

3. '적어도 ~'의 조건이 있는 조합의 수

전체 경우의 수에서 '모두 ~가 아닌' 경우의 수를 뺀다.

예1 5명의 학생 A, B, C, D, E 중에서 A, B를 포함하여 3명의 학생을 뽑는 경우의 수는
A, B를 제외한 나머지 3명 중에서 1명을 뽑는 경우의 수와 같으므로
$_{5-2}C_{3-2}={}_3C_1=3$

예2 5명의 학생 A, B, C, D, E 중에서 A를 포함하지 않고 2명의 학생을 뽑는 경우의 수는
A를 제외한 나머지 4명 중에서 2명을 뽑는 경우의 수와 같으므로
$_{5-1}C_2={}_4C_2=6$

예3 5명의 학생 A, B, C, D, E 중에서 A, B 중 적어도 1명을 포함하여 2명의 학생을 뽑는 경우의 수는
(i) 전체 5명 중에서 2명을 뽑는 경우의 수는 $_5C_2$
(ii) A, B를 제외한 3명 중에서 2명을 뽑는 경우의 수는 $_3C_2$ ← A, B 중 누구도 포함되지 않는 경우의 수
(i), (ii)에서 구하는 경우의 수는
$_5C_2-{}_3C_2=10-3=7$

한걸음 더

분할과 분배

필수유형 19 + 필수유형 20

서로 다른 여러 개의 물건을 몇 개의 묶음으로 나누는 것을 '분할', 분할된 묶음을 일렬로 나열하는 것을 '분배'라 한다.

(1) 분할의 수 : 서로 다른 n개의 물건을 p개, q개, r개 $(p+q+r=n)$의 세 묶음으로 나누는 경우의 수

(i) p, q, r이 모두 다른 수일 때 ⇨ $_nC_p\times{}_{n-p}C_q\times{}_rC_r$ ($n-p-q=r$)

(ii) p, q, r 중 어느 두 수가 같을 때 ⇨ $_nC_p\times{}_{n-p}C_q\times{}_rC_r\times\frac{1}{2!}$

(iii) p, q, r이 모두 같은 수일 때 ⇨ $_nC_p\times{}_{n-p}C_q\times{}_rC_r\times\frac{1}{3!}$

(2) 분배의 수 : m묶음으로 분할한 후, m명에게 분배하는 경우의 수
$(m\text{묶음으로 분할하는 경우의 수})\times m!$

예 서로 다른 네 물건 A, B, C, D를 2묶음으로 분할하여 2명에게 분배하는 경우의 수를 구해 보자.
위의 내용 정리에서 $n=4$, $r=0$, $m=2$인 경우이다.

(i) 1개, 3개로 묶을 때,
4개 중에서 1개를 뽑고, 나머지 3개에서 3개를 뽑는 경우의 수는
$_4C_1\times{}_3C_3$ ← 분할
이 두 묶음을 2명에게 나누어 주는 경우의 수는 $2!$ ← 분배
$\therefore {}_4C_1\times{}_3C_3\times2!=4\times1\times2=8$

A — BCD　B — ACD
C — ABD　D — ABC

(ii) 2개, 2개로 묶을 때,
4개 중에서 2개를 뽑고, 나머지 2개에서 2개를 뽑는 경우의 수는
$_4C_2\times{}_2C_2\times\frac{1}{2!}$ ← 분할
이 두 묶음을 2명에게 나누어 주는 경우의 수는 $2!$ ← 분배
$\therefore {}_4C_2\times{}_2C_2\times\frac{1}{2!}\times2!=6\times1\times\frac{1}{2}\times2=6$

AB — CD　CD — AB (같다.)
AC — BD　BD — AC (같다.)
AD — BC　BC — AD (같다.)

(i), (ii)에서 구하는 경우의 수는 $8+6=14$이다.

기본유형 10 ${}_{n}\mathrm{C}_{r}$의 계산(1)

개념 07

다음 값을 구하시오.

(1) ${}_{12}\mathrm{C}_{12}$

(2) ${}_{11}\mathrm{C}_{0}$

(3) ${}_{5}\mathrm{P}_{2}+{}_{5}\mathrm{C}_{2}$

(4) ${}_{4}\mathrm{C}_{2}\times 3!$

solution

(1) ${}_{12}\mathrm{C}_{12}=\dfrac{12!}{12!}=1$

(2) ${}_{11}\mathrm{C}_{0}=1$

(3) ${}_{5}\mathrm{P}_{2}+{}_{5}\mathrm{C}_{2}=\dfrac{5!}{3!}+\dfrac{5!}{2!\times 3!}=(5\times 4)+\dfrac{5\times 4}{2\times 1}=30$

(4) ${}_{4}\mathrm{C}_{2}\times 3!=\dfrac{4!}{2!\times 2!}\times 3!=\dfrac{4\times 3}{2\times 1}\times(3\times 2\times 1)=36$

기본유형 11 ${}_{n}\mathrm{C}_{r}$의 계산(2)

개념 07+08

다음 등식을 만족시키는 자연수 n의 값을 구하시오.

(1) ${}_{n+3}\mathrm{C}_{n}=84$

(2) ${}_{n-1}\mathrm{P}_{2}+4={}_{n+1}\mathrm{C}_{n-1}$

solution

(1) ${}_{n+3}\mathrm{C}_{n}=\dfrac{(n+3)!}{n!3!}=\dfrac{(n+3)(n+2)(n+1)}{3\times 2\times 1}=\dfrac{(n+3)(n+2)(n+1)}{6}=84$에서

$(n+3)(n+2)(n+1)=504$

이때 $504=9\times 8\times 7$이므로 $n=6$

(2) ${}_{n-1}\mathrm{P}_{2}+4={}_{n+1}\mathrm{C}_{n-1}={}_{n+1}\mathrm{C}_{2}$에서 $(n-1)(n-2)+4=\dfrac{(n+1)n}{2}$

$2n^2-6n+12=n^2+n$, $n^2-7n+12=0$, $(n-3)(n-4)=0$

이때 $n-1\geq 2$에서 $n\geq 3$이므로 $n=3$ 또는 $n=4$

기본 연습

p.158

20 다음 값을 구하시오.

(1) ${}_{10}\mathrm{C}_{9}$

(2) ${}_{4}\mathrm{C}_{0}\times{}_{4}\mathrm{C}_{4}$

(3) ${}_{7}\mathrm{P}_{2}+{}_{7}\mathrm{C}_{2}$

(4) ${}_{5}\mathrm{C}_{3}\times 4!$

21 다음 등식을 만족시키는 자연수 n의 값을 구하시오.

(1) $2\times{}_{n+2}\mathrm{C}_{4}=7\times{}_{n}\mathrm{C}_{2}$

(2) ${}_{n}\mathrm{C}_{2}+{}_{n+1}\mathrm{C}_{3}=2\times{}_{n}\mathrm{P}_{2}$

기본유형 12 조합의 수(1)

개념 07

다음을 구하시오.

(1) 서로 다른 6개의 과목 중에서 서로 다른 3개를 택하는 경우의 수

(2) 5명의 학생 A, B, C, D, E 중에서 학급 대표 2명을 뽑는 경우의 수

solution

(1) 서로 다른 6개에서 3개를 택하는 조합의 수이므로 ${}_6C_3=\frac{6\times5\times4}{3\times2\times1}=20$

(2) 서로 다른 5개에서 2개를 택하는 조합의 수이므로 ${}_5C_2=\frac{5\times4}{2\times1}=10$

기본유형 13 조합의 수(2)

개념 07+09

남학생 5명, 여학생 6명 중에서 대표 3명을 뽑을 때, 다음을 구하시오.

(1) 남학생 2명, 여학생 1명을 뽑는 경우의 수

(2) 남학생을 적어도 한 명 이상 뽑는 경우의 수

solution

(1) 남학생 5명 중에서 2명을 뽑는 경우의 수는 ${}_5C_2$, 여학생 6명 중에서 1명을 뽑는 경우의 수는 ${}_6C_1$이므로

${}_5C_2\times{}_6C_1=\frac{5\times4}{2\times1}\times6=60$

(2) 전체 학생 11명 중에서 3명을 뽑는 경우의 수는 ${}_{11}C_3$, 여학생 6명 중에서 3명을 뽑는 경우의 수는 ${}_6C_3$이므로

${}_{11}C_3-{}_6C_3=\frac{11\times10\times9}{3\times2\times1}-\frac{6\times5\times4}{3\times2\times1}=165-20=145$ ← (모든 경우의 수)−(여학생만 뽑는 경우의 수)

기본 연습

22 다음을 구하시오.

(1) 서로 다른 7송이의 꽃 중에서 서로 다른 4송이를 택하는 경우의 수

(2) 6개의 축구팀이 서로 다른 팀과 한 번씩만 경기를 할 때 전체 경기의 횟수

p.158

23 A지역에는 네 곳, B지역에는 다섯 곳의 관광지가 있다. 두 지역 A, B의 관광지 중에서 네 곳을 택할 때, 다음을 구하시오

(1) A지역에서 한 곳, B지역에서 세 곳을 택하는 경우의 수

(2) A지역에서 적어도 한 곳 이상 택하는 경우의 수

필수유형 14 ${}_{n}C_{r}$의 계산

개념 07+08

다음 등식을 만족시키는 자연수 n의 값을 구하시오.

(1) ${}_{10}C_{n-1}={}_{10}C_{2n+2}$

(2) ${}_{n+1}C_{3}+{}_{n+1}C_{2}=35$

guide

❶ 다음 조합의 수를 이용하여 n에 대한 방정식을 만든다.

(1) ${}_{n}C_{r}=\dfrac{{}_{n}P_{r}}{r!}=\dfrac{n!}{r!(n-r)!}$ (단, $0\le r\le n$), ${}_{n}C_{n}=1$, ${}_{n}C_{0}=1$, ${}_{n}C_{1}=n$

(2) ${}_{n}C_{r}={}_{n}C_{n-r}$ (단, $0\le r\le n$), ${}_{n}C_{r}={}_{n-1}C_{r}+{}_{n-1}C_{r-1}$ (단, $1\le r<n$)

❷ ❶의 방정식을 풀어 자연수 n의 값을 구한다.

solution

(1) ${}_{n}C_{r}={}_{n}C_{n-r}$ $(0\le r\le n)$이므로 ${}_{10}C_{n-1}={}_{10}C_{2n+2}$에서

$n-1=2n+2$ 또는 $n-1=10-(2n+2)$

(i) $n-1=2n+2$일 때, $n=-3$

이때 $n\ge1$이어야 하므로 조건을 만족시키지 않는다.

(ii) $n-1=10-(2n+2)$일 때, $n-1=-2n+8$, $3n=9$ $\quad\therefore n=3$

(i), (ii)에서 $n=3$

(2) ${}_{n+1}C_{3}+{}_{n+1}C_{2}=35$에서

$\dfrac{(n+1)!}{3!(n-2)!}+\dfrac{(n+1)!}{2!(n-1)!}=35$, $\dfrac{(n+1)n(n-1)}{6}+\dfrac{(n+1)n}{2}=35$

정리하면 $n(n+1)(n+2)=210$에서 $210=5\times6\times7$이므로 $n=5$

다른 풀이

(2) ${}_{n}C_{r}={}_{n-1}C_{r}+{}_{n-1}C_{r-1}$ $(1\le r<n)$이므로 ${}_{n+1}C_{3}+{}_{n+1}C_{2}=35$에서

${}_{n+2}C_{3}=35$, $\dfrac{(n+2)(n+1)n}{3\times2\times1}=35$, $n(n+1)(n+2)=210$ $\quad\therefore n=5$

필수 연습

24 다음 등식을 만족시키는 자연수 n의 값을 구하시오.

(1) ${}_{n+2}C_{n}+{}_{n+1}C_{n-1}=100$

(2) ${}_{n}C_{n-3}-{}_{n-1}C_{n-4}=15$

해 pp.158~159

25 x에 대한 이차방정식 ${}_{n}C_{3}x^{2}-{}_{n+1}C_{3}x-3\times{}_{n+2}C_{3}=0$의 두 근이 α, β이다. $\alpha+\beta=4$일 때, $\alpha\beta$의 값을 구하시오. (단, n은 3 이상의 자연수이다.)

필수유형 15 특정한 조건을 만족시키는 조합의 수

개념 09

A, B를 포함한 8명의 학생 중에서 5명을 뽑을 때, 다음을 구하시오.

(1) A, B를 모두 포함하여 뽑는 경우의 수

(2) A, B를 모두 포함하지 않고 뽑는 경우의 수

(3) A는 포함하고, B는 포함하지 않는 경우의 수

guide

❶ 특정한 것을 포함하거나 포함하지 않는 조건을 확인한다.

❷ ❶의 조건에 적합하도록 포함하는 것을 먼저 뽑고 나머지를 뽑는 경우의 수를 구하거나 포함하지 않는 것을 제외하고 뽑는 경우의 수를 구한다.

solution

(1) A, B를 먼저 뽑은 다음, A, B를 제외한 6명 중에서 3명을 뽑는 경우의 수와 같으므로

$_6C_3=\frac{6\times5\times4}{3\times2\times1}=20$

(2) A, B를 제외한 6명 중에서 5명을 뽑는 경우의 수와 같으므로

$_6C_5={}_6C_1=6$

(3) A를 먼저 뽑은 다음, A, B를 제외한 6명 중에서 4명을 뽑는 경우의 수와 같으므로
(이 4명과 A의 총 5명 뽑는 상황이다.)

$_6C_4={}_6C_2=\frac{6\times5}{2\times1}=15$

plus

'적어도 ~'의 조건이 있는 조합의 수는 전체 경우의 수에서 '모두 ~가 아닌' 경우의 수를 뺀다.

필수 연습

해 pp.159~160

26 주머니 속에 1부터 10까지의 자연수가 각각 하나씩 적힌 10개의 공이 있다. 이 주머니에서 5개의 공을 동시에 뽑을 때, 다음을 구하시오.

(1) 2와 5가 적힌 공을 모두 포함하여 뽑는 경우의 수

(2) 2와 5가 적힌 공을 모두 포함하지 않고 뽑는 경우의 수

(3) 2가 적힌 공은 포함하고, 5가 적힌 공은 포함하지 않고 뽑는 경우의 수

27 A, B, C를 포함한 서로 다른 9개의 과자 중에서 4개를 뽑을 때, A, B, C 중에서 한 개만 포함하여 뽑는 경우의 수를 구하시오.

plus

28 10 이하의 자연수 중에서 5개의 자연수를 택할 때, 6의 약수 중에서 적어도 2개 이상을 포함하여 택하는 경우의 수를 구하시오.

필수유형 16 뽑아서 나열하는 경우의 수

개념 07+09

다음을 구하시오.

(1) 남자 5명, 여자 4명 중에서 남자 3명, 여자 2명을 뽑아서 일렬로 세우는 경우의 수

(2) A와 B를 포함한 9명 중에서 3명을 뽑아 일렬로 세울 때, A는 포함하고 B는 포함하지 않는 경우의 수

guide

❶ 조합을 이용하여 각 집단에서 조건에 맞는 수만큼 뽑는 경우의 수를 구한다.
❷ 순열을 이용하여 ❶에서 뽑은 수만큼을 일렬로 세우는 경우의 수를 구한다.
❸ ❶, ❷를 곱한다.

solution

(1) 남자 5명 중 3명과 여자 4명 중 2명을 뽑는 경우의 수는

$_5C_3 \times {}_4C_2 = 10 \times 6 = 60$

그 각각에 대하여 뽑은 5명을 일렬로 나열하는 경우의 수는 $5! = 120$

따라서 구하는 경우의 수는

$60 \times 120 = 7200$

(2) 9명 중에서 3명을 뽑을 때, A는 포함하고 B는 포함하지 않도록 뽑는 경우의 수는

A를 먼저 뽑은 다음 A, B를 모두 제외한 7명 중에서 2명을 뽑는 경우의 수와 같으므로

$_7C_2 = 21$

그 각각에 대하여 뽑은 2명과 A의 총 3명을 일렬로 세우는 경우의 수는 $3! = 6$

따라서 구하는 경우의 수는

$21 \times 6 = 126$

필수 연습

pp.160~161

29 다음을 구하시오.

(1) 남자 4명, 여자 3명 중에서 남자 2명, 여자 2명을 뽑아서 일렬로 세우는 경우의 수

(2) 1부터 9까지의 자연수 중에서 서로 다른 4개를 뽑아 네 자리 자연수를 만들 때, 각 자리의 숫자로 2는 포함하고, 7은 포함하지 않는 자연수의 개수

30 1부터 9까지의 자연수 중에서 서로 다른 4개의 수를 뽑아 네 자리 비밀번호를 만들 때, 홀수 2개와 짝수 2개로 만들 수 있는 비밀번호의 개수를 구하시오.

31 1, 2, 3, 4, 5 중에서 서로 다른 두 수 a, b를 택하고, 6, 7, 8, 9 중에서 서로 다른 두 수 c, d를 택할 때, 네 수의 곱 $abcd$가 짝수가 되는 순서쌍 (a, b, c, d)의 개수를 구하시오.

필수유형 17 직선 또는 삼각형의 개수

개념 07

그림과 같은 정육각형의 대각선의 개수를 a라 하고, 정육각형의 꼭짓점 중에서 3개의 점을 꼭짓점으로 하는 삼각형의 개수를 b라 할 때, $a+b$의 값을 구하시오.

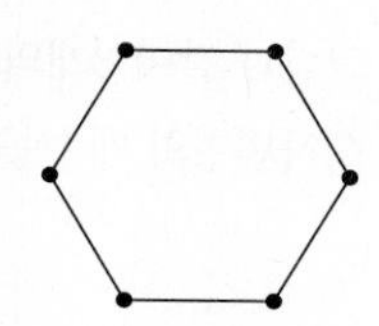

guide

❶ 서로 다른 n개의 점 중에서 어느 세 점도 한 직선 위에 있지 않을 때, 만들 수 있는 직선의 개수와 삼각형의 개수는 다음과 같다.

(1) 직선의 개수 : ${}_nC_2$ (2) 삼각형의 개수 : ${}_nC_3$

❷ 대각선의 개수를 구할 때는 ❶에서 구한 직선의 개수에서 변의 개수를 빼 준다.

solution

대각선의 개수는 6개의 꼭짓점 중에서 2개를 택하는 경우의 수에서 정육각형의 변의 개수인 6을 뺀 값과 같으므로

$a={}_6C_2-6=15-6=9$

정육각형의 6개의 꼭짓점 중에서 어느 세 점도 일직선 위에 있지 않으므로 구하는 삼각형의 개수는

$b={}_6C_3=20$

$\therefore\ a+b=9+20=29$

필수 연습

p.161

32 그림과 같은 정팔각형의 대각선의 개수를 a라 하고, 정팔각형의 꼭짓점 중에서 3개의 점을 꼭짓점으로 하는 삼각형의 개수를 b라 할 때, $b-a$의 값을 구하시오.

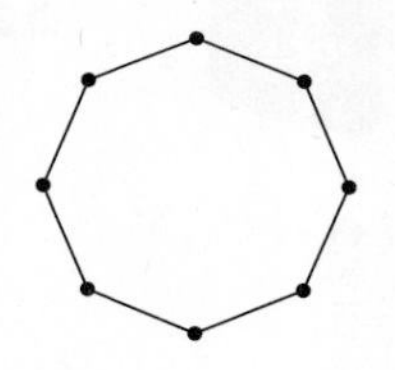

33 그림과 같이 정삼각형의 변 위에 같은 간격으로 놓인 9개의 점이 있다. 서로 다른 9개의 점 중에서 2개의 점으로 만들 수 있는 서로 다른 직선의 개수를 구하시오.

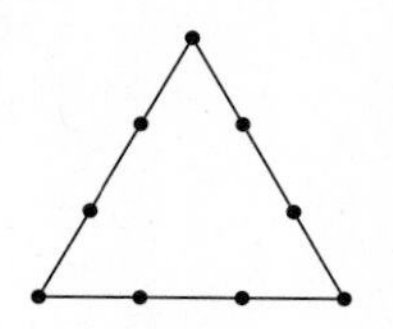

34 그림과 같이 별 모양의 도형 위에 10개의 점이 있다. 이 10개의 점 중에서 3개의 점을 꼭짓점으로 하는 삼각형의 개수를 구하시오.

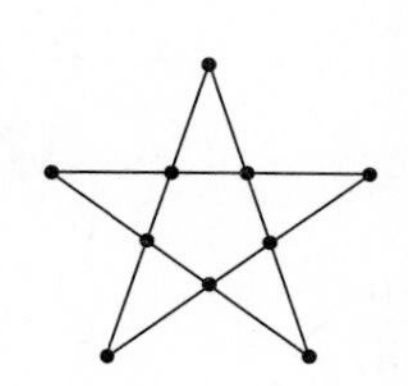

필수유형 18 사각형의 개수

개념 07

그림과 같이 3개의 평행선과 5개의 평행선이 서로 만날 때, 이 평행선으로 만들 수 있는 평행사변형의 개수를 구하시오.

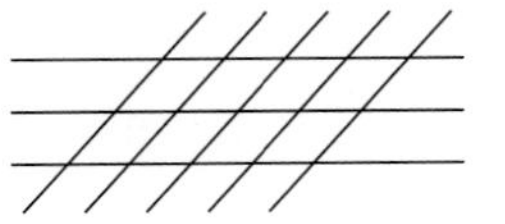

guide

❶ 가로 방향의 평행선 중에서 2개를 택하는 경우의 수를 구한다.
❷ 세로 방향의 평행선 중에서 2개를 택하는 경우의 수를 구한다.
❸ ❶, ❷를 곱한다.

solution

가로 방향의 평행선 2개와 세로 방향의 평행선 2개를 택하면 한 개의 평행사변형이 만들어진다.
가로 방향의 평행선 3개 중에서 2개를 택하는 경우의 수는
${}_3C_2={}_3C_1=3$
세로 방향의 평행선 5개 중에서 2개를 택하는 경우의 수는
${}_5C_2=10$
따라서 구하는 평행사변형의 개수는
$3\times10=30$

필수 연습

pp.161~162

35 그림과 같이 모두 똑같은 직사각형 20개를 변끼리 이어 붙여 만든 도형이 있다. 그림에서 찾을 수 있는 직사각형의 개수를 구하시오.

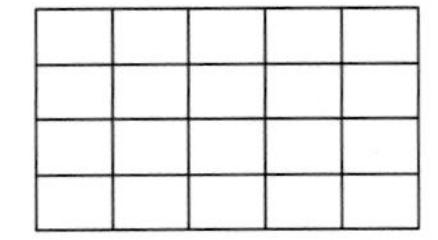

36 그림과 같이 3개, 2개, 3개의 직선이 각각 평행할 때, 이 평행선으로 만들 수 있는 평행사변형의 개수를 구하시오.

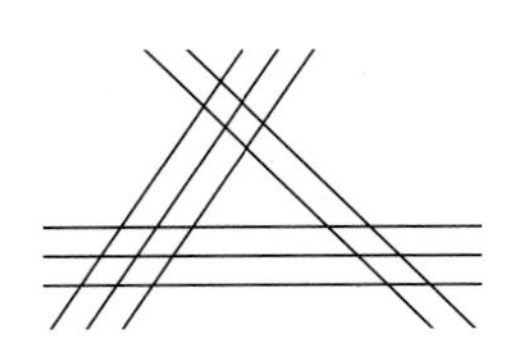

37 평면 위에 n개의 평행선과 만나는 $(n+3)$개의 평행선이 있다. 이 $(2n+3)$개의 직선으로 만들 수 있는 평행사변형의 개수가 280일 때, 자연수 n의 값을 구하시오.

필수유형 19 분할과 분배의 수

한 걸음 더

서로 다른 종류의 꽃 6송이가 있을 때, 다음을 구하시오.

(1) 1송이, 2송이, 3송이씩 세 묶음으로 나누는 경우의 수

(2) 2송이, 2송이, 2송이씩 세 묶음으로 나누는 경우의 수

(3) 1송이, 1송이, 4송이씩 세 묶음으로 나누어 서로 다른 3명에게 나누어 주는 경우의 수

guide

1. 주어진 조건에 따라 분할하는 경우의 수를 구한다.
2. 1에서 묶인 물건의 개수가 서로 같은 묶음이 몇 개인지 확인하여 중복된 경우의 수를 제외한다.
3. 분할된 묶음을 일렬로 나열하여 분배하는 경우의 수를 구한다.

solution

(1) 서로 다른 종류의 꽃 6송이를 1송이, 2송이, 3송이씩 세 묶음으로 나누는 경우의 수는

$_6C_1 \times {}_5C_2 \times {}_3C_3 = 6 \times 10 \times 1 = 60$

(2) 서로 다른 종류의 꽃 6송이를 2송이, 2송이, 2송이씩 세 묶음으로 나누는 경우의 수는

$_6C_2 \times {}_4C_2 \times {}_2C_2 \times \frac{1}{3!} = 15 \times 6 \times 1 \times \frac{1}{6} = 15$

(3) 서로 다른 종류의 꽃 6송이를 1송이, 1송이, 4송이씩 세 묶음으로 나누는 경우의 수는

$_6C_1 \times {}_5C_1 \times {}_4C_4 \times \frac{1}{2!} = 6 \times 5 \times 1 \times \frac{1}{2} = 15$

세 묶음을 서로 다른 3명에게 나누어 주는 경우의 수는 $3! = 6$

따라서 구하는 경우의 수는

$15 \times 6 = 90$

필수 연습

p.162

38 서로 다른 종류의 책 9권이 있을 때, 다음을 구하시오.

(1) 2권, 3권, 4권씩 세 묶음으로 나누는 경우의 수

(2) 3권, 3권, 3권씩 세 묶음으로 나누는 경우의 수

(3) 4권, 4권, 1권씩 세 묶음으로 나누어 서로 다른 3명에게 나누어 주는 경우의 수

39 여학생 4명과 남학생 4명이 있다. 8명의 학생을 2명씩 짝지어 4개의 그룹으로 나누려고 한다. 적어도 한 개의 그룹은 여학생만으로 이루어지도록 그룹을 나누는 경우의 수를 구하시오.

40 3명의 학생에게 5일 동안의 도서관 봉사 당번을 배정하려고 한다. 당번은 하루에 한 명이고, 어떤 학생도 5일 중 3일 이상 당번을 하지 않는다고 할 때, 당번을 배정하는 경우의 수를 구하시오.

필수유형 20 대진표를 정하는 방법의 수

한 걸음 더

6팀이 그림과 같은 대진표에 따라 토너먼트 시합을 가질 때, 대진표를 정하는 경우의 수를 구하시오.

(1)

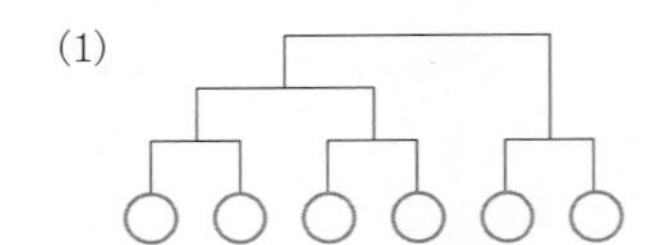

(2)

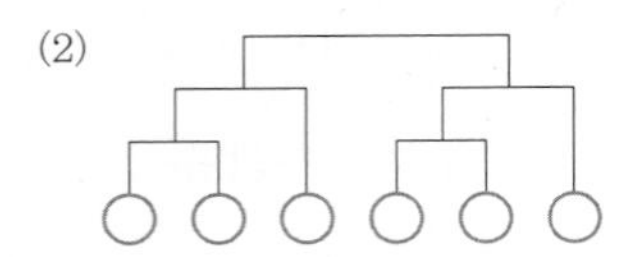

guide

❶ 대진표를 크게 두 개의 조로 분할하는 경우의 수를 구한다.

❷ 나누어진 각 조에 대하여 다시 나눌 수 있는 만큼 분할하는 경우의 수를 구한다.

❸ ❶, ❷를 곱한다.

solution

(1) 6팀을 먼저 4팀, 2팀으로 나눈 후, 4팀을 다시 2팀, 2팀으로 나누면 된다.

6팀을 4팀, 2팀으로 나누는 경우의 수는

${}_6C_4 \times {}_2C_2 = 15 \times 1 = 15$

4팀을 다시 2팀씩 2개의 팀으로 나누는 경우의 수는

${}_4C_2 \times {}_2C_2 \times \frac{1}{2!} = 6 \times 1 \times \frac{1}{2} = 3$

따라서 구하는 경우의 수는 $15 \times 3 = 45$

(2) 6팀을 먼저 3팀, 3팀으로 나눈 후, 각 팀에서 부전승으로 올라가는 1팀을 택하면 된다.

6팀을 3팀, 3팀으로 나누는 경우의 수는

${}_6C_3 \times {}_3C_3 \times \frac{1}{2!} = 20 \times 1 \times \frac{1}{2} = 10$

결승전을 기준으로 대칭이므로 중복되는 경우가 2!

각 팀에서 부전승으로 올라가는 1팀씩을 택하는 경우의 수는

${}_3C_1 \times {}_3C_1 = 3 \times 3 = 9$

따라서 구하는 경우의 수는 $10 \times 9 = 90$

필수 연습

해 pp.162~163

41 8명의 선수가 그림과 같은 대진표에 따라 토너먼트 시합을 가질 때, 대진표를 정하는 경우의 수를 구하시오.

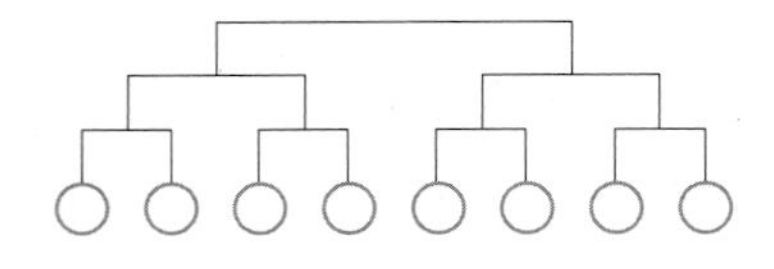

42 지난 시즌 우승자 A와 준우승자 B를 포함한 7명의 선수가 그림과 같은 대진표에 따라 토너먼트 시합을 하려고 한다. 선수 A, B는 결승전 이전에 서로 대결하는 일이 없도록 대진표를 정하는 경우의 수를 구하시오.

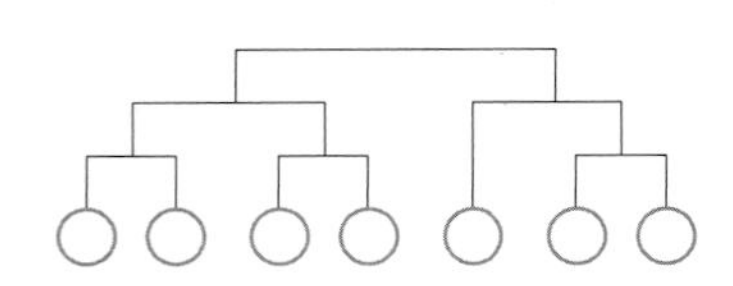

13 $0<r<n$일 때, 〈보기〉에서 옳은 것의 개수는?

보기

ㄱ. ${}_{n}\mathrm{P}_{r}={}_{n}\mathrm{C}_{r}\times r!$

ㄴ. ${}_{n}\mathrm{P}_{r}-r\times{}_{n-1}\mathrm{P}_{r-1}={}_{n}\mathrm{P}_{r-1}$

ㄷ. ${}_{n+1}\mathrm{C}_{r}={}_{n+1}\mathrm{C}_{n-r+1}$

ㄹ. $n\times{}_{n-1}\mathrm{C}_{r-1}=r\times{}_{n}\mathrm{C}_{r-1}$

ㅁ. ${}_{n-1}\mathrm{C}_{r-1}+{}_{n-1}\mathrm{C}_{r}={}_{n}\mathrm{C}_{r}$

① 1 ② 2 ③ 3
④ 4 ⑤ 5

14 x에 대한 이차방정식

$${}_{n}\mathrm{C}_{2}x^{2}-({}_{n-1}\mathrm{C}_{4}+{}_{n-1}\mathrm{C}_{3})x+{}_{n}\mathrm{C}_{3}=0$$

의 두 근의 합이 $\frac{7}{2}$일 때, 두 근의 곱을 구하시오.

15 $c<b<a<10$인 세 자연수 a, b, c에 대하여 백의 자리의 숫자, 십의 자리의 숫자, 일의 자리의 숫자가 각각 a, b, c인 세 자리 자연수 중에서 500보다 크고 800보다 작은 모든 자연수의 개수를 구하시오.

16 서로 다른 10장의 카드 중에서 4장은 흰색, 6장은 주황색이다. 이 10장의 카드 중에서 4장을 택할 때, 흰색 카드가 2장 이상 포함되는 경우의 수를 구하시오.

17 남자 회원, 여자 회원을 모두 합하여 9명인 어느 모임에서 3명의 대표를 뽑을 때, 남자 회원을 적어도 한 명 포함하여 뽑는 경우의 수가 80이라 한다. 이때 여자 회원의 수를 구하시오.

18 크기가 서로 다른 6개의 사탕 중에서 4개를 뽑아 일렬로 나열할 때, 뽑은 사탕 중 가장 작은 사탕을 맨 앞에 나열하는 경우의 수를 구하시오.

19 크기와 모양이 모두 다른 10개의 의자 중에서 흰색 의자가 5개, 검은색 의자가 5개 있다. 이 10개의 의자 중에서 흰색 의자 4개, 검은색 의자 3개를 뽑아 일렬로 나열할 때, 한가운데 의자인 4번째 의자를 중심으로 색상이 대칭이 되도록 나열하는 경우의 수를 구하시오.

20 오른쪽 그림과 같이 원 위에 일정한 간격으로 놓인 10개의 점이 있다. 이 10개의 점 중에서 3개의 점을 이어서 삼각형을 만들 때, 10개의 점을 꼭짓점으로 하는 정십각형과 공통인 변을 갖지 않는 삼각형의 개수를 구하시오.

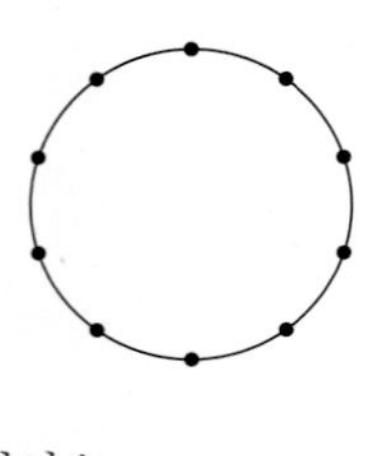

신유형

21 다음 그림과 같이 두 삼각형 ABC와 ADE에서 선분 BC 위의 네 점과 선분 DE 위의 네 점을 연결하는 4개의 선분이 모두 꼭짓점 A를 지난다. 선분 AB 위의 세 점과 선분 AC 위의 세 점을 연결하는 3개의 선분은 변 BC와 평행하고, 선분 AD 위의 두 점과 선분 AE 위의 두 점을 연결하는 2개의 선분은 변 DE와 평행할 때, 이 도형의 선들로 만들 수 있는 삼각형의 개수를 구하시오.

(단, 두 직선 BD와 CE는 점 A에서 만난다.)

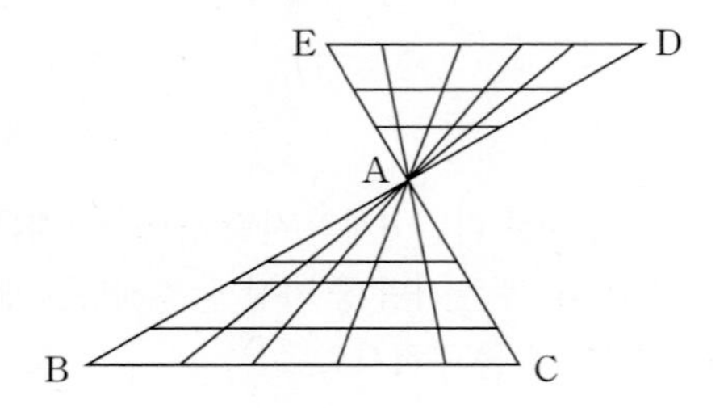

22 다음 그림과 같이 한 변의 길이가 1인 정사각형 20개를 변끼리 이어 붙여 만든 도형이 있다. 이 도형의 선들로 만들 수 있는 사각형 중에서 정사각형이 아닌 직사각형의 개수를 구하시오.

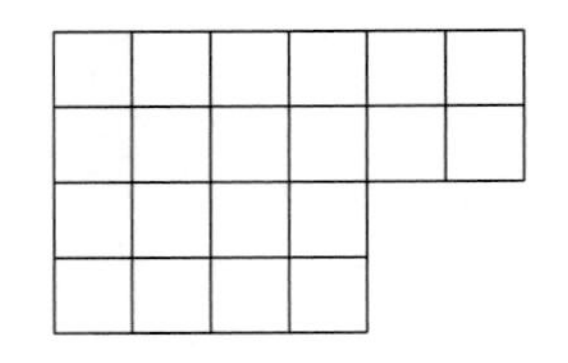

23 서로 다른 7개의 인형을 서로 다른 3개의 가방에 남김없이 넣는 경우의 수를 구하시오.

(단, 인형을 모두 넣었을 때, 빈 가방은 없다.)

24 어느 학교에서 8개 반의 탁구 경기의 대진표를 작성하려고 할 때, 다음 조건을 만족시키도록 대진표를 정하는 경우의 수를 구하시오.

(가) 1반과 2반은 준결승에서만 만날 수 있도록 배치한다.
(나) 2반과 5반은 결승에서만 만날 수 있도록 배치한다.

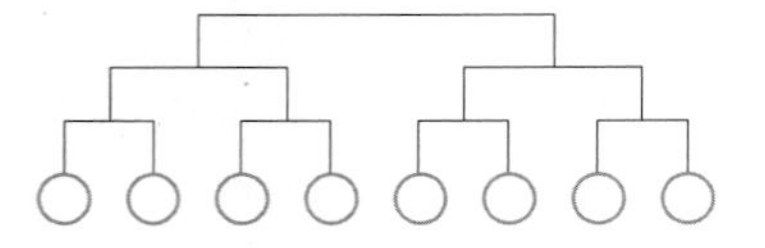

1 A, B, C, D, E, F의 6명이 자동차를 타려고 한다. 이 자동차의 좌석은 오른쪽 그림과 같이 운전석을 제외하고 앞줄에 1개, 가운데 줄에 3개, 뒷줄에 2개가 있다. 이들 6명이 다음 조건을 만족시키도록 비어 있는 6개의 좌석에 앉는 경우의 수를 구하시오.

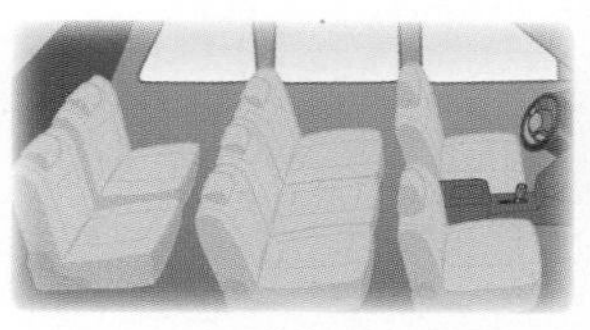

(가) A와 B는 이웃하여 앉는다
(나) C와 D는 이웃하여 앉지 않는다.

2 서로 다른 종류의 볼펜 3자루와 모두 같은 종류의 지우개 3개를 5명의 학생에게 남김없이 나누어 주려고 한다. 아무것도 받지 못하는 학생이 없도록 볼펜과 지우개를 나누어 주는 경우의 수를 구하시오.

3 n개의 자연수 1, 2, 3, $\cdots$, n을 각각 등번호로 하는 농구부 학생 n명, 축구부 학생 n명이 다음과 같은 규칙으로 팔씨름을 하였더니 그 횟수가 총 135이었다. 자연수 n의 값을 구하시오.

[규칙 1] 농구부 학생은 자신과 동일한 등번호를 제외한 모든 학생들과 팔씨름을 한다.
[규칙 2] 축구부 학생끼리는 팔씨름을 하지 않는다.

4 12의 양의 약수가 각각 하나씩 적힌 카드 6장 중에서 4장을 뽑아 일렬로 나열할 때, 오른쪽 그림과 같이 양 끝 카드에 적힌 두 수의 곱과 두 번째, 세 번째 카드에 적힌 두 수의 곱이 서로 같은 경우의 수를 구하시오.

1	2	6	12

1등급

5 1반 학생 3명, 2반 학생 8명으로 최대 인원이 5명인 3개의 조를 만들려고 한다. 한 조에 1반 학생과 2반 학생이 각각 적어도 1명씩은 들어간다고 할 때, 이들 11명으로 조를 만드는 경우의 수를 구하시오.

6 작년에 1위부터 7위까지 기록한 7개의 축구팀이 다음 그림과 같은 토너먼트 방식으로 올해 시합을 치르려고 한다. 작년 3위 팀이 결승전에 진출할 수 있도록 대진표를 작성하는 경우의 수를 구하시오. (단, 모든 팀의 작년과 올해의 실력은 같고, 시합은 실력이 뛰어난 팀이 이긴다.)

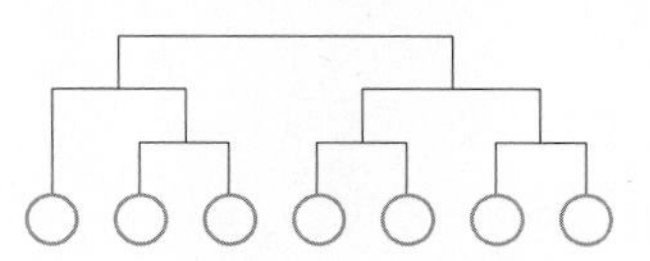

Success is not final
and failure is not fatal.
It is the courage to continue that counts.

성공은 최종적인 게 아니며, 실패는 치명적인 게 아니다.
중요한 것은 지속하고자 하는 용기다.

... 윈스턴 처칠(Winston Churchill)

IV

행렬

11

행렬

BLACKLABEL

1 행렬

개념 01 행렬의 뜻

1. 행렬 : 여러 개의 수 또는 문자를 직사각형 모양으로 배열하여 괄호로 묶어 나타낸 것

2. 성분 : 행렬을 구성하고 있는 각각의 수 또는 문자

3. 행과 열

(1) 행렬에서 성분을 가로로 배열한 줄을 **행**이라 하고, 위에서부터 차례대로 제1행, 제2행, 제3행, …이라 한다.

(2) 행렬에서 성분을 세로로 배열한 줄을 **열**이라 하고, 왼쪽에서부터 차례대로 제1열, 제2열, 제3열, …이라 한다.

제1열 제2열 제3열

제1행 → $\begin{pmatrix} 11 & 45 & 37 \\ 6 & 3 & 9 \end{pmatrix}$

제2행 →

예 어느 날 두 지역 A, B의 시간대별 강수 확률이 오른쪽 표와 같을 때, 이 표에서 수만 뽑아 괄호로 묶어 나타내면 다음과 같이 나타낼 수 있다.

(단위 : %)

	08시	12시	16시
A	40	50	20
B	30	60	90

$$\begin{pmatrix} 40 & 50 & 20 \\ 30 & 60 & 90 \end{pmatrix}$$

(1) 이 행렬에서 40, 50, 20, 30, 60, 90은 각각 이 행렬의 성분이다.

(2) 이 행렬의 제1행은 $(40 \quad 50 \quad 20)$, 제2행은 $(30 \quad 60 \quad 90)$이다.
이때 제1행, 제2행은 각각 A지역의 시간대별 강수 확률, B지역의 시간대별 강수 확률을 나타낸다.

(3) 이 행렬의 제1열은 $\begin{pmatrix} 40 \\ 30 \end{pmatrix}$, 제2열은 $\begin{pmatrix} 50 \\ 60 \end{pmatrix}$, 제3열은 $\begin{pmatrix} 20 \\ 90 \end{pmatrix}$이다.
이때 제1열, 제2열, 제3열은 각각 두 지역의 08시 강수 확률, 12시 강수 확률, 16시 강수 확률을 나타낸다.

개념 02 $m \times n$ 행렬

(1) $m \times n$ **행렬 :** m개의 행과 n개의 열로 이루어진 행렬

참고 $m \times n$ 행렬을 'm by n 행렬'이라 읽는다.

(2) 행의 개수와 열의 개수가 서로 같은 $n \times n$ 행렬을 n차 정사각행렬이라 한다.

행의 개수 열의 개수
↓ ↓
$m \times n$ 행렬

예1 행렬 $\begin{pmatrix} 40 & 50 & 20 \\ 30 & 60 & 90 \end{pmatrix}$은 행이 2개, 열이 3개이므로 2×3 행렬이다.

예2 행렬 $\begin{pmatrix} 1 & 2 \\ 3 & 4 \end{pmatrix}$는 행이 2개, 열이 2개이므로 2×2 행렬, 즉 이차 정사각행렬이다.

예3 행렬 $\begin{pmatrix} 9 & 8 & 7 \\ 6 & 5 & 4 \\ 3 & 2 & 0 \end{pmatrix}$은 행이 3개, 열이 3개이므로 3×3 행렬, 즉 삼차 정사각행렬이다.

개념 03 행렬의 (i, j) 성분

행렬 A에서 제i행과 제j열이 만나는 위치에 있는 성분을 행렬 A의 (i, j) 성분이라 하며, 이것을 기호로

a_{ij}

와 같이 나타낸다. 이때 행렬 A를 $A=(a_{ij})$로 나타내기도 한다.

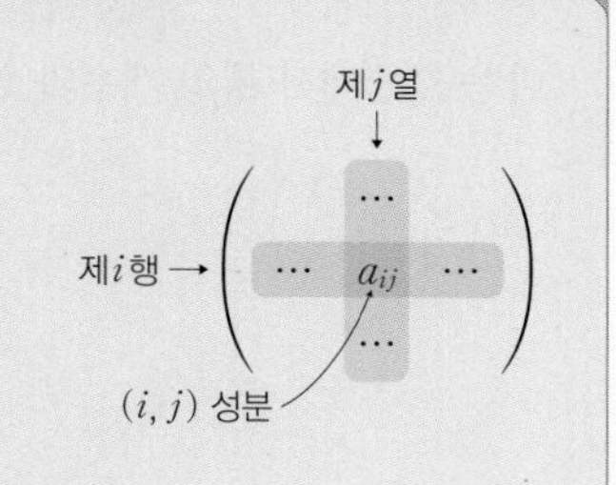

참고 일반적으로 행렬은 보통 알파벳 대문자 $A, B, C, \cdots$로 나타내고, 행렬의 성분은 알파벳 소문자 $a, b, c, \cdots$로 나타낸다.

2×3 행렬 A는 기호 a_{ij}를 사용하여

$$A=\begin{pmatrix} a_{11} & a_{12} & a_{13} \\ a_{21} & a_{22} & a_{23} \end{pmatrix} \text{ 또는 } A=(a_{ij})\ (i=1, 2, j=1, 2, 3)$$

과 같이 나타낸다.

예 행렬 $A=\begin{pmatrix} 40 & 50 & 20 \\ 30 & 60 & 90 \end{pmatrix}$에 대하여 ← $A=(a_{ij})\ (i=1, 2, j=1, 2, 3)$

(1) 제1행과 제3열이 만나는 위치에 있는 성분은 20이다. (a_{13})

(2) $(1, 2)$ 성분은 50이고, 60은 $(2, 2)$ 성분이다. (a_{12}, a_{22})

(3) 행렬 A는 2×3 행렬이므로 $(3, 3)$ 성분은 없다. (a_{33})

개념 04 두 행렬이 서로 같을 조건

두 행렬 $A=\begin{pmatrix} a_{11} & a_{12} \\ a_{21} & a_{22} \end{pmatrix}$, $B=\begin{pmatrix} b_{11} & b_{12} \\ b_{21} & b_{22} \end{pmatrix}$에 대하여

$A=B$이면 $a_{11}=b_{11}$, $a_{12}=b_{12}$, $a_{21}=b_{21}$, $a_{22}=b_{22}$

참고 두 행렬 A와 B가 서로 같지 않을 때, 이것을 기호로 $A\neq B$와 같이 나타낸다.

두 행렬 A, B의 행의 개수와 열의 개수가 각각 같을 때, 두 행렬 A, B는 서로 같은 꼴이라 한다.
또한, 같은 꼴인 두 행렬 A, B의 대응하는 성분이 각각 같을 때, 두 행렬 A와 B는 서로 같다고 하고 이것을 기호로 $A=B$와 같이 나타낸다.

예1 두 행렬 $\begin{pmatrix} 1 & 2 \\ 3 & 4 \\ 5 & 6 \end{pmatrix}$과 $\begin{pmatrix} a & b \\ c & d \\ e & f \end{pmatrix}$는 서로 같은 꼴 행렬이지만 ($3\times2$ 행렬)

두 행렬 $\begin{pmatrix} 1 \\ 3 \end{pmatrix}$과 $\begin{pmatrix} 1 & 2 \\ 3 & 4 \end{pmatrix}$는 서로 같은 꼴이 아니다. ($2\times1$ 행렬, 2×2 행렬)

예2 두 행렬 $A=\begin{pmatrix} a+2 & 3 \\ -1 & 2 \end{pmatrix}$와 $B=\begin{pmatrix} 0 & 3 \\ -1 & 5-b \end{pmatrix}$에 대하여 $A=B$이면

두 행렬 A, B의 대응하는 성분이 각각 같으므로

$a+2=0,\ 2=5-b \qquad \therefore a=-2,\ b=3$

기본유형 01 행의 개수와 열의 개수

개념 01+02

다음 행렬에서 행의 개수와 열의 개수를 각각 구하시오.

(1) $\begin{pmatrix} 3 & -1 \\ 4 & 5 \end{pmatrix}$ (2) $\begin{pmatrix} 2 & 3 \\ -3 & 7 \\ 5 & -1 \end{pmatrix}$

solution

(1) 행의 개수가 2, 열의 개수가 2이다.

(2) 행의 개수가 3, 열의 개수가 2이다.

기본유형 02 행렬의 뜻

개념 01~03

행렬 $A=\begin{pmatrix} -2 & 2 & 3 \\ 3 & -1 & 5 \end{pmatrix}$에 대하여 〈보기〉에서 옳은 것만을 있는 대로 고르시오.

보기

ㄱ. 제2행은 $\begin{pmatrix} 3 & -1 & 5 \end{pmatrix}$이다.
ㄴ. 3×2 행렬이다.
ㄷ. $(2, 1)$ 성분은 2이다.
ㄹ. 제3열의 모든 성분의 합은 8이다.

solution

ㄱ. 행렬 A의 제2행은 $\begin{pmatrix} 3 & -1 & 5 \end{pmatrix}$이다. (참)
ㄴ. 행렬 A는 행의 개수가 2, 열의 개수가 3이므로 2×3 행렬이다. (거짓)
ㄷ. 행렬 A의 $(2, 1)$ 성분은 제2행과 제1열이 만나는 곳에 위치한 성분이므로 3이다. (거짓)
ㄹ. 행렬 A의 제3열의 성분은 3, 5이므로 구하는 합은 $3+5=8$ (참)

기본연습

정답 p.169

01 다음 행렬에서 행의 개수와 열의 개수를 각각 구하시오.

(1) $\begin{pmatrix} 2 & 3 & -1 \end{pmatrix}$ (2) $\begin{pmatrix} 1 & 1 & 3 \\ 4 & 0 & 2 \end{pmatrix}$

02 행렬 $A=\begin{pmatrix} 2 & 4 \\ 5 & 7 \end{pmatrix}$에 대하여 〈보기〉에서 옳은 것만을 있는 대로 고르시오.

보기

ㄱ. 이차 정사각행렬이다.
ㄴ. $(3, 2)$ 성분은 없다.
ㄷ. 4는 $(1, 2)$ 성분이다.
ㄹ. 제2행의 모든 성분의 합은 11이다.

기본유형 03 행렬의 성분을 이용하여 행렬 구하기

개념 03

2×2 행렬 A의 (i, j) 성분 a_{ij}가

$$a_{ij}=2i-j+3$$

일 때, 행렬 A를 구하시오.

solution

$i=1,\ j=1$이면 $a_{11}=2\times1-1+3=4$

$i=1,\ j=2$이면 $a_{12}=2\times1-2+3=3$

$i=2,\ j=1$이면 $a_{21}=2\times2-1+3=6$

$i=2,\ j=2$이면 $a_{22}=2\times2-2+3=5$

$\therefore A=\begin{pmatrix} 4 & 3 \\ 6 & 5 \end{pmatrix}$

기본유형 04 두 행렬이 서로 같을 조건

개념 04

등식 $\begin{pmatrix} a+1 & 3 \\ 2 & -3 \end{pmatrix}=\begin{pmatrix} -4 & 3 \\ b-1 & c-5 \end{pmatrix}$가 성립하도록 하는 a, b, c의 값을 구하시오.

solution

두 행렬의 대응하는 성분이 각각 같아야 하므로

$a+1=-4,\ 2=b-1,\ -3=c-5$

$\therefore a=-5,\ b=3,\ c=2$

기본 연습

p.170

03 2×3 행렬 A의 (i, j) 성분 a_{ij}가

$$a_{ij}=i^2+j^2-1$$

일 때, 행렬 A를 구하시오.

04 다음 등식이 성립하도록 하는 a, b, c, d의 값을 구하시오.

$$\begin{pmatrix} a-2b & -3 \\ 5 & 2d+1 \end{pmatrix}=\begin{pmatrix} 4 & a+1 \\ c+d & 7 \end{pmatrix}$$

필수유형 05 행렬의 성분을 이용하여 행렬 구하기

개념 03

2×2 행렬 A의 (i, j) 성분 a_{ij}가

$$a_{ij}=\begin{cases} ij-k & (i\geq j) \\ 3i^2-2j & (i<j) \end{cases}$$

일 때, 행렬 A의 모든 성분의 합이 24이다. 상수 k의 값을 구하시오.

guide

① 성분을 나타내는 식에 $i=1, 2, 3, \cdots, j=1, 2, 3, \cdots$을 각각 대입하여 a_{ij}의 값을 구한다.

② ①에서 구한 값을 이용하여 행렬 A를 나타내고 주어진 조건을 만족시키는 상수 k의 값을 구한다.

solution

(i) $i\geq j$이면 $a_{ij}=ij-k$이므로

$a_{11}=1\times1-k=1-k$, $a_{21}=2\times1-k=2-k$, $a_{22}=2\times2-k=4-k$

(ii) $i<j$이면 $a_{ij}=3i^2-2j$이므로

$a_{12}=3\times1^2-2\times2=-1$

(i), (ii)에서 $A=\begin{pmatrix} 1-k & -1 \\ 2-k & 4-k \end{pmatrix}$

이때 행렬 A의 모든 성분의 합이 24이므로

$(1-k)+(-1)+(2-k)+(4-k)=24$, $6-3k=24$

$3k=-18$ $\quad\therefore k=-6$

필수 연습

해 pp.170~171

05 3×3 행렬 A의 (i, j) 성분 a_{ij}가

$$a_{ij}=\begin{cases} 2i+j & (i>j) \\ i-2j & (i=j) \\ -a_{ji}+k & (i<j) \end{cases}$$

일 때, 행렬 A의 모든 성분의 합이 12이다. 상수 k의 값을 구하시오.

06 2×3 행렬 A의 (i, j) 성분 a_{ij}가 $a_{ij}=(-1)^{i+j}+kj$일 때, $b_{ij}=-a_{ji}$를 만족시키는 b_{ij}를 성분으로 하는 3×2 행렬 B의 모든 성분의 합이 60이다. 상수 k의 값을 구하시오.

07 오른쪽 그림은 세 지점 1, 2, 3 사이의 일방통행로를 화살표로 나타낸 것이다. 행렬 A의 (i, j) 성분 a_{ij}가 i지점에서 j지점으로 가는 일방통행로의 개수일 때, 행렬 A를 구하시오.

(단, $i=1, 2, 3$, $j=1, 2, 3$)

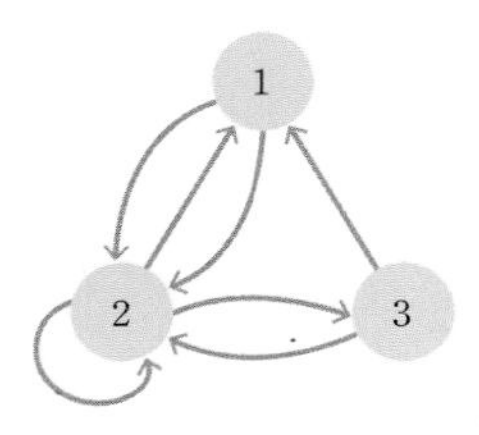

필수유형 06 두 행렬이 서로 같을 조건

개념 04

두 행렬 $A=\begin{pmatrix} x^2+xy & 4 \\ 0 & xz \end{pmatrix}$, $B=\begin{pmatrix} 3 & 2y \\ z+1 & x^2-3y \end{pmatrix}$에 대하여 $A=B$가 성립하도록 하는 x, y, z에 대하여 $x+y+z$의 값을 구하시오.

guide

❶ 두 행렬이 서로 같을 때, 두 행렬의 대응하는 성분이 각각 같음을 이용하여 식을 세운다.
❷ ❶에서 세운 식을 연립하여 미지수의 값을 구한다.

solution

두 행렬 A, B의 대응하는 성분이 각각 같아야 하므로

$x^2+xy=3$ ······㉠

$4=2y$ ······㉡

$0=z+1$ ······㉢

$xz=x^2-3y$ ······㉣

㉡에서 $y=2$, ㉢에서 $z=-1$

$y=2$를 ㉠에 대입하면

$x^2+2x-3=0$, $(x+3)(x-1)=0$ $\quad\therefore x=-3$ 또는 $x=1$

$y=2$, $z=-1$을 ㉣에 대입하면

$x^2+x-6=0$, $(x+3)(x-2)=0$ $\quad\therefore x=-3$ 또는 $x=2$

따라서 $x=-3$, $y=2$, $z=-1$이므로

$x+y+z=-3+2+(-1)=-2$

필수 연습

답 p.171

08 두 행렬 $A=\begin{pmatrix} x^2-y & 2xz \\ x+1 & 4 \end{pmatrix}$, $B=\begin{pmatrix} -3x-1 & 16 \\ z-1 & 2y-6 \end{pmatrix}$에 대하여 $A=B$가 성립하도록 하는 x, y, z에 대하여 $x^2+y^2+z^2$의 값을 구하시오.

09 두 행렬 $A=\begin{pmatrix} x-y & \frac{5}{y} \\ 2 & 10 \end{pmatrix}$, $B=\begin{pmatrix} 3 & x \\ 2 & 2xy \end{pmatrix}$에 대하여 $A=B$가 성립하도록 하는 x, y에 대하여 x^2+y^2의 값을 구하시오. (단, $y\neq0$)

10 2×2 행렬 A와 B에 대하여 A의 (i, j) 성분 a_{ij}가 $a_{ij}=-i+2j$이고, $B=\begin{pmatrix} z & x+y \\ xy & 2 \end{pmatrix}$일 때, $A=B$가 성립한다. x, y, z에 대하여 $x^2+y^2+z^2$의 값을 구하시오.

01 다음 중 행렬 $A=\begin{pmatrix} -6 & -3 & 2 \\ 4 & 0 & -2 \end{pmatrix}$에 대한 설명으로 옳은 것은?

① 행렬 A는 3×2 행렬이다.
② 제2행의 성분은 -3, 0이다.
③ 제3열의 성분의 합은 0이다.
④ $(1, 3)$ 성분은 -2이다.
⑤ $a_{12}=4$이다.

02 행렬 $A=\begin{pmatrix} a-2b & 2a+b \\ a+b & b-3a \end{pmatrix}$에서 제1열의 모든 성분의 합이 7이고, 제2행의 모든 성분의 합이 -8일 때, 행렬 A의 $(1, 2)$ 성분을 구하시오.

03 3×3 행렬 A의 (i, j) 성분 a_{ij}가

$$a_{ij}=\begin{cases} j-i & (i\le j) \\ -ka_{ji} & (i>j) \end{cases}$$

일 때, 행렬 A의 모든 성분의 합은 12이다. 상수 k의 값을 구하시오.

04 다음 그림과 같은 전기회로도에서 행렬 A의 (i, j) 성분 a_{ij}를 스위치 i와 스위치 j가 동시에 닫혀 있을 때,

$$a_{ij}=\begin{cases} 1 & (\text{전구가 켜지는 경우}) \\ 0 & (\text{전구가 켜지지 않는 경우}) \end{cases}$$

과 같이 정의한다. 이때 행렬 A의 모든 성분의 합을 구하시오. (단, $i=j$이면 스위치 i만 닫혀 있을 때를 의미하고 전구가 켜지기 위해서는 건전지의 양 끝을 끊기지 않게 연결하는 선이 존재해야 한다.)

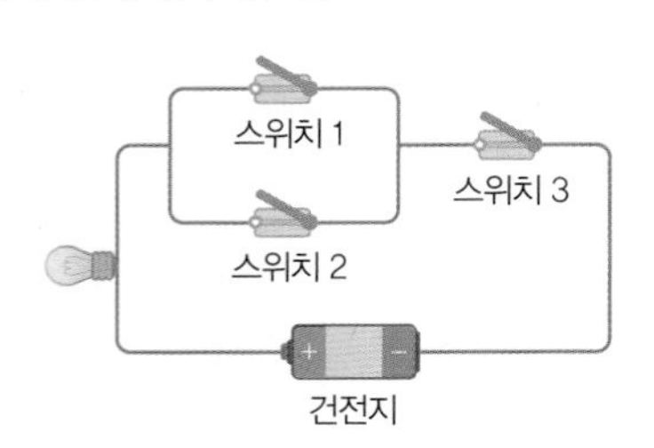

05 두 행렬 $A=\begin{pmatrix} x^2-2ax & 4 \\ 8y & 0 \end{pmatrix}$, $B=\begin{pmatrix} 5 & 2a \\ y^2+2by & b-3 \end{pmatrix}$에 대하여 $A=B$가 성립할 때, 두 양수 x, y에 대하여 xy의 값을 구하시오.

06 등식 $\begin{pmatrix} \frac{b}{a} & ca \\ |a-b| & \frac{1}{2} \end{pmatrix}=\begin{pmatrix} 9 & \frac{1}{2} \\ a-b & \frac{c}{b} \end{pmatrix}$가 성립하도록 하는 a, b, c에 대하여 $a+b+c$의 값을 구하시오.

(단, $ab\neq0$)

2 행렬의 덧셈, 뺄셈과 실수배

개념 05 행렬의 덧셈

두 행렬 $A=\begin{pmatrix} a_{11} & a_{12} \\ a_{21} & a_{22} \end{pmatrix}$, $B=\begin{pmatrix} b_{11} & b_{12} \\ b_{21} & b_{22} \end{pmatrix}$에 대하여

$$A+B=\begin{pmatrix} a_{11}+b_{11} & a_{12}+b_{12} \\ a_{21}+b_{21} & a_{22}+b_{22} \end{pmatrix}$$

같은 꼴의 두 행렬 A, B에 대하여 A와 B의 대응하는 각 성분의 합을 성분으로 하는 행렬을 A와 B의 합이라 하며, 이것을 기호로 $A+B$와 같이 나타낸다.

예 두 행렬 $A=\begin{pmatrix} 3 & 2 \\ -2 & 0 \end{pmatrix}$, $B=\begin{pmatrix} 4 & -3 \\ -1 & 2 \end{pmatrix}$에 대하여

$$A+B=\begin{pmatrix} 3 & 2 \\ -2 & 0 \end{pmatrix}+\begin{pmatrix} 4 & -3 \\ -1 & 2 \end{pmatrix}=\begin{pmatrix} 3+4 & 2+(-3) \\ -2+(-1) & 0+2 \end{pmatrix}=\begin{pmatrix} 7 & -1 \\ -3 & 2 \end{pmatrix}$$

개념 06 행렬의 덧셈에 대한 성질

같은 꼴의 세 행렬 A, B, C에 대하여

(1) 교환법칙 : $A+B=B+A$

(2) 결합법칙 : $(A+B)+C=A+(B+C)$

참고 $(A+B)+C$, $A+(B+C)$는 괄호를 사용하지 않고 $A+B+C$로 나타내기도 한다.

실수의 덧셈에서 교환법칙과 결합법칙이 성립하는 것과 마찬가지로, 행렬의 덧셈에서도 교환법칙과 결합법칙이 성립한다.

예 세 행렬 $A=\begin{pmatrix} 3 & 2 \\ -2 & 0 \end{pmatrix}$, $B=\begin{pmatrix} 4 & -3 \\ -1 & 2 \end{pmatrix}$, $C=\begin{pmatrix} 1 & 4 \\ -3 & 0 \end{pmatrix}$에 대하여

(1) $A+B=\begin{pmatrix} 3+4 & 2+(-3) \\ -2+(-1) & 0+2 \end{pmatrix}=\begin{pmatrix} 7 & -1 \\ -3 & 2 \end{pmatrix}$

$B+A=\begin{pmatrix} 4+3 & -3+2 \\ -1+(-2) & 2+0 \end{pmatrix}=\begin{pmatrix} 7 & -1 \\ -3 & 2 \end{pmatrix}$

$\therefore A+B=B+A$

(2) $(A+B)+C=\left\{\begin{pmatrix} 3 & 2 \\ -2 & 0 \end{pmatrix}+\begin{pmatrix} 4 & -3 \\ -1 & 2 \end{pmatrix}\right\}+\begin{pmatrix} 1 & 4 \\ -3 & 0 \end{pmatrix}=\begin{pmatrix} 7 & -1 \\ -3 & 2 \end{pmatrix}+\begin{pmatrix} 1 & 4 \\ -3 & 0 \end{pmatrix}=\begin{pmatrix} 8 & 3 \\ -6 & 2 \end{pmatrix}$

$A+(B+C)=\begin{pmatrix} 3 & 2 \\ -2 & 0 \end{pmatrix}+\left\{\begin{pmatrix} 4 & -3 \\ -1 & 2 \end{pmatrix}+\begin{pmatrix} 1 & 4 \\ -3 & 0 \end{pmatrix}\right\}=\begin{pmatrix} 3 & 2 \\ -2 & 0 \end{pmatrix}+\begin{pmatrix} 5 & 1 \\ -4 & 2 \end{pmatrix}=\begin{pmatrix} 8 & 3 \\ -6 & 2 \end{pmatrix}$

$\therefore (A+B)+C=A+(B+C)$

개념 07 영행렬과 $-A$

1. 영행렬 : $\begin{pmatrix} 0 & 0 \end{pmatrix}$, $\begin{pmatrix} 0 \\ 0 \end{pmatrix}$, $\begin{pmatrix} 0 & 0 \\ 0 & 0 \end{pmatrix}$, $\begin{pmatrix} 0 & 0 & 0 \\ 0 & 0 & 0 \end{pmatrix}$, …과 같이 모든 성분이 0인 행렬을 영행렬이라 하며, 이것을 기호로 O와 같이 나타낸다.

2. $-A$: 행렬 A의 모든 성분의 부호를 바꾼 행렬을 기호로 $-A$와 같이 나타낸다.

   즉, $A=\begin{pmatrix} a_{11} & a_{12} \\ a_{21} & a_{22} \end{pmatrix}$에 대하여 $-A=\begin{pmatrix} -a_{11} & -a_{12} \\ -a_{21} & -a_{22} \end{pmatrix}$

3. 행렬 A와 같은 꼴의 영행렬 O에 대하여 ← 영행렬 O는 실수의 덧셈에서 숫자 0과 같은 역할을 한다.

   (1) $A+O=O+A=A$

   (2) $A+(-A)=(-A)+A=O$

예 행렬 $A=\begin{pmatrix} 2 & -1 \\ 0 & 3 \end{pmatrix}$에 대하여

(1) $A+O=\begin{pmatrix} 2 & -1 \\ 0 & 3 \end{pmatrix}+\begin{pmatrix} 0 & 0 \\ 0 & 0 \end{pmatrix}=\begin{pmatrix} 2 & -1 \\ 0 & 3 \end{pmatrix}$, $O+A=\begin{pmatrix} 0 & 0 \\ 0 & 0 \end{pmatrix}+\begin{pmatrix} 2 & -1 \\ 0 & 3 \end{pmatrix}=\begin{pmatrix} 2 & -1 \\ 0 & 3 \end{pmatrix}$

A가 2차 정사각행렬이므로 덧셈을 하기 위해서는 영행렬로 2×2 행렬을 써야 한다.

$\therefore A+O=A,\ O+A=A$

(2) $-A=\begin{pmatrix} -2 & 1 \\ 0 & -3 \end{pmatrix}$이므로

$A+(-A)=\begin{pmatrix} 2 & -1 \\ 0 & 3 \end{pmatrix}+\begin{pmatrix} -2 & 1 \\ 0 & -3 \end{pmatrix}=\begin{pmatrix} 0 & 0 \\ 0 & 0 \end{pmatrix}$, $(-A)+A=\begin{pmatrix} -2 & 1 \\ 0 & -3 \end{pmatrix}+\begin{pmatrix} 2 & -1 \\ 0 & 3 \end{pmatrix}=\begin{pmatrix} 0 & 0 \\ 0 & 0 \end{pmatrix}$

$\therefore A+(-A)=O,\ (-A)+A=O$

개념 08 행렬의 뺄셈

두 행렬 $A=\begin{pmatrix} a_{11} & a_{12} \\ a_{21} & a_{22} \end{pmatrix}$, $B=\begin{pmatrix} b_{11} & b_{12} \\ b_{21} & b_{22} \end{pmatrix}$에 대하여

$$A-B=\begin{pmatrix} a_{11}-b_{11} & a_{12}-b_{12} \\ a_{21}-b_{21} & a_{22}-b_{22} \end{pmatrix}$$

1. 행렬의 뺄셈

같은 꼴의 두 행렬 A, B에 대하여 A의 각 성분에서 그에 대응하는 B의 성분을 뺀 것을 성분으로 하는 행렬을 A에서 B를 뺀 차라 하며, 이것을 기호로 $A-B$와 같이 나타낸다.

예 두 행렬 $A=\begin{pmatrix} 3 & 2 \\ -2 & 0 \end{pmatrix}$, $B=\begin{pmatrix} 4 & -3 \\ -1 & 2 \end{pmatrix}$에 대하여

$$A-B=\begin{pmatrix} 3 & 2 \\ -2 & 0 \end{pmatrix}-\begin{pmatrix} 4 & -3 \\ -1 & 2 \end{pmatrix}=\begin{pmatrix} 3-4 & 2-(-3) \\ -2-(-1) & 0-2 \end{pmatrix}=\begin{pmatrix} -1 & 5 \\ -1 & -2 \end{pmatrix}$$

$$B-A=\begin{pmatrix} 4 & -3 \\ -1 & 2 \end{pmatrix}-\begin{pmatrix} 3 & 2 \\ -2 & 0 \end{pmatrix}=\begin{pmatrix} 4-3 & -3-2 \\ -1-(-2) & 2-0 \end{pmatrix}=\begin{pmatrix} 1 & -5 \\ 1 & 2 \end{pmatrix}$$

2. 행렬에서 등식의 성질

같은 꼴의 세 행렬 A, B, X에 대하여 $X+A=B$가 성립할 때, 이 등식의 양변에서 행렬 A를 빼서 간단히 하면

$$X+A=B \iff X+A-A=B-A \iff X=B-A$$

따라서 행렬의 등식에서도 이항을 이용하여 계산할 수 있다.

예 두 행렬 $A=\begin{pmatrix} 2 & -1 \\ 0 & 3 \end{pmatrix}$, $B=\begin{pmatrix} 0 & 1 \\ 7 & -3 \end{pmatrix}$에 대하여 $X+A=B$를 만족시키는 행렬 X는

$$X=B-A=\begin{pmatrix} 0 & 1 \\ 7 & -3 \end{pmatrix}-\begin{pmatrix} 2 & -1 \\ 0 & 3 \end{pmatrix}=\begin{pmatrix} -2 & 2 \\ 7 & -6 \end{pmatrix}$$

개념 09 행렬의 실수배

실수 k와 행렬 $A=\begin{pmatrix} a_{11} & a_{12} \\ a_{21} & a_{22} \end{pmatrix}$에 대하여

$$kA=\begin{pmatrix} ka_{11} & ka_{12} \\ ka_{21} & ka_{22} \end{pmatrix}$$

실수 k에 대하여 행렬 A의 각 성분을 k배 한 것을 성분으로 하는 행렬을 행렬 A의 k배라 하며, 이것을 기호로 kA와 같이 나타낸다.

예 행렬 $A=\begin{pmatrix} 3 & 2 \\ -2 & 0 \end{pmatrix}$에 대하여 $4A=4\begin{pmatrix} 3 & 2 \\ -2 & 0 \end{pmatrix}=\begin{pmatrix} 12 & 8 \\ -8 & 0 \end{pmatrix}$, $-3A=-3\begin{pmatrix} 3 & 2 \\ -2 & 0 \end{pmatrix}=\begin{pmatrix} -9 & -6 \\ 6 & 0 \end{pmatrix}$

개념 10 행렬의 실수배의 성질

같은 꼴의 두 행렬 A, B 및 영행렬 O와 두 실수 k, l에 대하여

(1) $1\times A=A$, $(-1)\times A=-A$

(2) $0\times A=O$, $kO=O$

(3) $(kl)A=k(lA)$

(4) $(k+l)A=kA+lA$, $k(A+B)=kA+kB$

예 두 행렬 $A=\begin{pmatrix} 3 & 2 \\ -2 & 0 \end{pmatrix}$, $B=\begin{pmatrix} 4 & -3 \\ -1 & 2 \end{pmatrix}$에 대하여

(3) $(2\times 3)A=6A=6\begin{pmatrix} 3 & 2 \\ -2 & 0 \end{pmatrix}=\begin{pmatrix} 18 & 12 \\ -12 & 0 \end{pmatrix}$

$2\times(3A)=2\times\left\{3\begin{pmatrix} 3 & 2 \\ -2 & 0 \end{pmatrix}\right\}=2\begin{pmatrix} 9 & 6 \\ -6 & 0 \end{pmatrix}=\begin{pmatrix} 18 & 12 \\ -12 & 0 \end{pmatrix}$

$\therefore (2\times 3)A=2\times(3A)$ ← 결합법칙이 성립한다.

(4) $2(A+B)=2\left\{\begin{pmatrix} 3 & 2 \\ -2 & 0 \end{pmatrix}+\begin{pmatrix} 4 & -3 \\ -1 & 2 \end{pmatrix}\right\}=2\begin{pmatrix} 7 & -1 \\ -3 & 2 \end{pmatrix}=\begin{pmatrix} 14 & -2 \\ -6 & 4 \end{pmatrix}$

$2A+2B=2\begin{pmatrix} 3 & 2 \\ -2 & 0 \end{pmatrix}+2\begin{pmatrix} 4 & -3 \\ -1 & 2 \end{pmatrix}=\begin{pmatrix} 6 & 4 \\ -4 & 0 \end{pmatrix}+\begin{pmatrix} 8 & -6 \\ -2 & 4 \end{pmatrix}=\begin{pmatrix} 14 & -2 \\ -6 & 4 \end{pmatrix}$

$\therefore 2(A+B)=2A+2B$ ← 분배법칙이 성립한다.

기본유형 07 행렬의 덧셈과 뺄셈

개념 05+08

세 행렬 $A=\begin{pmatrix} 2 & 3 \\ -1 & 5 \end{pmatrix}$, $B=\begin{pmatrix} -3 & 1 \\ 2 & -2 \end{pmatrix}$, $C=\begin{pmatrix} 5 & -1 \\ 3 & 2 \end{pmatrix}$에 대하여 다음을 계산하시오.

(1) $A+B$ (2) $A-B$ (3) $A-(B-C)$

solution

(1) $A+B=\begin{pmatrix} 2 & 3 \\ -1 & 5 \end{pmatrix}+\begin{pmatrix} -3 & 1 \\ 2 & -2 \end{pmatrix}=\begin{pmatrix} -1 & 4 \\ 1 & 3 \end{pmatrix}$

(2) $A-B=\begin{pmatrix} 2 & 3 \\ -1 & 5 \end{pmatrix}-\begin{pmatrix} -3 & 1 \\ 2 & -2 \end{pmatrix}=\begin{pmatrix} 5 & 2 \\ -3 & 7 \end{pmatrix}$

(3) $A-(B-C)=\begin{pmatrix} 2 & 3 \\ -1 & 5 \end{pmatrix}-\left\{\begin{pmatrix} -3 & 1 \\ 2 & -2 \end{pmatrix}-\begin{pmatrix} 5 & -1 \\ 3 & 2 \end{pmatrix}\right\}=\begin{pmatrix} 2 & 3 \\ -1 & 5 \end{pmatrix}-\begin{pmatrix} -8 & 2 \\ -1 & -4 \end{pmatrix}=\begin{pmatrix} 10 & 1 \\ 0 & 9 \end{pmatrix}$

기본유형 08 행렬의 실수배

개념 09

두 행렬 $A=\begin{pmatrix} 1 & -3 \\ 2 & 5 \end{pmatrix}$, $B=\begin{pmatrix} -1 & 6 \\ 2 & 3 \end{pmatrix}$에 대하여 다음을 계산하시오.

(1) $-2A$ (2) $A+2B$ (3) $3A-2B$

solution

(1) $-2A=-2\begin{pmatrix} 1 & -3 \\ 2 & 5 \end{pmatrix}=\begin{pmatrix} -2 & 6 \\ -4 & -10 \end{pmatrix}$

(2) $A+2B=\begin{pmatrix} 1 & -3 \\ 2 & 5 \end{pmatrix}+2\begin{pmatrix} -1 & 6 \\ 2 & 3 \end{pmatrix}=\begin{pmatrix} 1 & -3 \\ 2 & 5 \end{pmatrix}+\begin{pmatrix} -2 & 12 \\ 4 & 6 \end{pmatrix}=\begin{pmatrix} -1 & 9 \\ 6 & 11 \end{pmatrix}$

(3) $3A-2B=3\begin{pmatrix} 1 & -3 \\ 2 & 5 \end{pmatrix}-2\begin{pmatrix} -1 & 6 \\ 2 & 3 \end{pmatrix}=\begin{pmatrix} 3 & -9 \\ 6 & 15 \end{pmatrix}-\begin{pmatrix} -2 & 12 \\ 4 & 6 \end{pmatrix}=\begin{pmatrix} 5 & -21 \\ 2 & 9 \end{pmatrix}$

기본 연습

해 p.173

11 세 행렬 $A=\begin{pmatrix} 1 & 2 \\ -2 & 3 \end{pmatrix}$, $B=\begin{pmatrix} 2 & 1 \\ -1 & 4 \end{pmatrix}$, $C=\begin{pmatrix} -7 & 0 \\ 3 & 5 \end{pmatrix}$에 대하여 다음을 계산하시오.

(1) $A+C$ (2) $B-C$ (3) $C-(B-A)$

12 두 행렬 $A=\begin{pmatrix} 3 & 4 \\ 0 & 2 \end{pmatrix}$, $B=\begin{pmatrix} 2 & -4 \\ -1 & 1 \end{pmatrix}$에 대하여 다음을 계산하시오.

(1) $\frac{1}{3}A$ (2) $-3B$ (3) $2A-B$ (4) $2A+3B$

기본유형 09 행렬의 덧셈, 뺄셈과 실수배

개념 10

두 행렬 $A=\begin{pmatrix} 0 & 1 \\ 1 & 0 \end{pmatrix}$, $B=\begin{pmatrix} 1 & 1 \\ 1 & 2 \end{pmatrix}$에 대하여 $2(6A+2B-3A)$를 계산하시오.

solution

$$2(6A+2B-3A)=2(6A-3A+2B)=2(3A+2B)$$
$$=6A+4B$$
$$=6\begin{pmatrix} 0 & 1 \\ 1 & 0 \end{pmatrix}+4\begin{pmatrix} 1 & 1 \\ 1 & 2 \end{pmatrix}=\begin{pmatrix} 0 & 6 \\ 6 & 0 \end{pmatrix}+\begin{pmatrix} 4 & 4 \\ 4 & 8 \end{pmatrix}=\begin{pmatrix} 4 & 10 \\ 10 & 8 \end{pmatrix}$$

기본유형 10 등식을 만족시키는 행렬

개념 08

두 행렬 $A=\begin{pmatrix} 1 & -3 \\ 2 & 4 \end{pmatrix}$, $B=\begin{pmatrix} -1 & -2 \\ 3 & 5 \end{pmatrix}$에 대하여 다음 등식을 만족시키는 행렬 X를 구하시오.

(1) $X+A=O$

(2) $X-A=B$

solution

(1) $X+A=O$에서 $X=-A=\begin{pmatrix} -1 & 3 \\ -2 & -4 \end{pmatrix}$

(2) $X-A=B$에서 $X=B+A=\begin{pmatrix} -1 & -2 \\ 3 & 5 \end{pmatrix}+\begin{pmatrix} 1 & -3 \\ 2 & 4 \end{pmatrix}=\begin{pmatrix} 0 & -5 \\ 5 & 9 \end{pmatrix}$

기본 연습

해 pp.173~174

13 두 행렬 $A=\begin{pmatrix} 1 & 0 & -1 \\ 1 & 3 & 2 \end{pmatrix}$, $B=\begin{pmatrix} -1 & 3 & 0 \\ 0 & -1 & 2 \end{pmatrix}$에 대하여 다음을 계산하시오.

(1) $3(A-B)-2B$

(2) $2(2A-B)+3(A-2B)$

14 다음 등식을 만족시키는 행렬 X를 구하시오.

$$\begin{pmatrix} 2 & -1 & 1 \\ 3 & -4 & -2 \end{pmatrix}-X=\begin{pmatrix} -3 & 1 & 5 \\ 2 & -2 & 0 \end{pmatrix}$$

필수유형 11 행렬의 덧셈, 뺄셈과 실수배

개념 10

두 행렬 $A=\begin{pmatrix} 3 & 2 \\ -1 & 1 \end{pmatrix}$, $B=\begin{pmatrix} 0 & 2 \\ 4 & -2 \end{pmatrix}$에 대하여 $2(A+3B)-2B+5A$를 계산하시오.

guide

❶ 행렬의 덧셈, 뺄셈, 실수배의 성질을 이용하여 주어진 식을 간단히 한다.
❷ 두 행렬 A, B를 ❶의 식에 대입하여 계산한다.

solution

$$\begin{aligned} 2(A+3B)-2B+5A &= 2A+6B-2B+5A \\ &= 7A+4B \\ &= 7\begin{pmatrix} 3 & 2 \\ -1 & 1 \end{pmatrix}+4\begin{pmatrix} 0 & 2 \\ 4 & -2 \end{pmatrix} \\ &= \begin{pmatrix} 21 & 14 \\ -7 & 7 \end{pmatrix}+\begin{pmatrix} 0 & 8 \\ 16 & -8 \end{pmatrix}=\begin{pmatrix} 21 & 22 \\ 9 & -1 \end{pmatrix} \end{aligned}$$

필수 연습

해 pp.174~175

15 두 행렬 $A=\begin{pmatrix} 1 & -2 \\ 3 & 0 \end{pmatrix}$, $B=\begin{pmatrix} -3 & 2 \\ 1 & 4 \end{pmatrix}$에 대하여 $5A-2(3B+A)+7B$를 계산하시오.

16 세 행렬 $A=\begin{pmatrix} -1 & 7 \\ 3a & 5 \end{pmatrix}$, $B=\begin{pmatrix} 0 & 3 \\ -2 & 4 \end{pmatrix}$, $C=\begin{pmatrix} -2 & 7-5ab \\ -2b & 14 \end{pmatrix}$에 대하여 $C=2A+B$일 때, $a+b$의 값을 모두 구하시오.

17 세 행렬 $A=\begin{pmatrix} 2 & -1 \\ 3 & -4 \end{pmatrix}$, $B=\begin{pmatrix} 0 & -3 \\ 1 & 1 \end{pmatrix}$, $C=\begin{pmatrix} 4 & -11 \\ 9 & -5 \end{pmatrix}$에 대하여 $C=xA-yB$가 성립할 때, 두 상수 x, y에 대하여 x^2+y^2의 값을 구하시오.

필수유형 12 등식을 만족시키는 행렬

개념 08

두 행렬 $A=\begin{pmatrix} 0 & 1 \\ 2 & 0 \end{pmatrix}$, $B=\begin{pmatrix} 1 & 1 \\ 1 & 0 \end{pmatrix}$에 대하여 다음 등식을 만족시키는 행렬 X를 구하시오.

(1) $X-2B=A$

(2) $2(X-2A)=A+3B$

guide

❶ 행렬의 덧셈, 뺄셈, 실수배의 성질을 이용하여 행렬 X를 A, B에 대한 식으로 나타낸다.
❷ 두 행렬 A, B를 ❶의 식에 대입하여 행렬 X를 구한다.

solution

(1) $X-2B=A$에서

$$X=A+2B=\begin{pmatrix} 0 & 1 \\ 2 & 0 \end{pmatrix}+2\begin{pmatrix} 1 & 1 \\ 1 & 0 \end{pmatrix}=\begin{pmatrix} 0 & 1 \\ 2 & 0 \end{pmatrix}+\begin{pmatrix} 2 & 2 \\ 2 & 0 \end{pmatrix}=\begin{pmatrix} 2 & 3 \\ 4 & 0 \end{pmatrix}$$

(2) $2(X-2A)=A+3B$에서

$2X-4A=A+3B$, $2X=5A+3B$

$$\therefore X=\frac{5}{2}A+\frac{3}{2}B=\frac{5}{2}\begin{pmatrix} 0 & 1 \\ 2 & 0 \end{pmatrix}+\frac{3}{2}\begin{pmatrix} 1 & 1 \\ 1 & 0 \end{pmatrix}$$

$$=\begin{pmatrix} 0 & \frac{5}{2} \\ 5 & 0 \end{pmatrix}+\begin{pmatrix} \frac{3}{2} & \frac{3}{2} \\ \frac{3}{2} & 0 \end{pmatrix}=\begin{pmatrix} \frac{3}{2} & 4 \\ \frac{13}{2} & 0 \end{pmatrix}$$

필수 연습

해 pp.175~176

18 두 행렬 $A=\begin{pmatrix} 3 & -5 \\ 0 & 1 \end{pmatrix}$, $B=\begin{pmatrix} 3 & 0 \\ 1 & 2 \end{pmatrix}$에 대하여 다음 등식을 만족시키는 행렬 X를 구하시오.

(1) $2A+3X=B$

(2) $3X+2B=-2(A+B)+X$

19 두 행렬 $A=\begin{pmatrix} 1 & -4 \\ -2 & 1 \end{pmatrix}$, $B=\begin{pmatrix} -1 & 10 \\ -7 & 5 \end{pmatrix}$에 대하여 두 행렬 X, Y가

$$2X+Y=A,\ X-Y=B$$

를 만족시킬 때, $X+Y$를 구하시오.

20 2×3 행렬 A와 B에 대하여 행렬 A의 (i, j) 성분 a_{ij}는 $a_{ij}=i^2-j$이고, 행렬 $B-2A$의 (i, j) 성분 b_{ij}는 $b_{ij}=ij-i+j$일 때, 행렬 B를 구하시오.

해 pp.176~178

07 두 행렬 $A=\begin{pmatrix} 3 & 2 \\ 1 & 4 \end{pmatrix}$, $B=\begin{pmatrix} 3 & 1 \\ -3 & -4 \end{pmatrix}$에 대하여 행렬 $2(A+B)-3(A-B)$의 모든 성분의 절댓값의 합을 구하시오.

08 세 행렬

$$A=\begin{pmatrix} 2 & -1 \\ 1 & 6 \end{pmatrix},\ B=\begin{pmatrix} 3 & 1 \\ -1 & -4 \end{pmatrix},\ C=\begin{pmatrix} 12 & x \\ y & 10 \end{pmatrix}$$

에 대하여 $C=mA+nB$가 성립할 때, $3x+y$의 값을 구하시오. (단, m, n은 상수이다.)

09 이차함수 $y=x^2+ax+b$의 그래프를 x축의 방향으로 2만큼, y축의 방향으로 -5만큼 평행이동한 그래프의 식을 $y=x^2+cx+d$라 할 때, 이것을 행렬 $\begin{pmatrix} a & b \\ c & d \end{pmatrix}$로 나타내기로 하자. 두 이차함수 $y=x^2+4x-7$, $y=x^2-x+3$의 그래프를 x축의 방향으로 2만큼 y축의 방향으로 -5만큼 평행이동한 그래프를 구하여 각각 행렬 A와 행렬 B로 나타낼 때, 행렬 $A-(2A-3B)$의 모든 성분의 합을 구하시오.

10 두 행렬 $A=\begin{pmatrix} 5 & 1 \\ -2 & 3 \end{pmatrix}$, $B=\begin{pmatrix} 2 & -1 \\ -6 & 3 \end{pmatrix}$에 대하여 $3A+B+X=A-4B+3X$를 만족시키는 행렬 X의 $(2, 1)$ 성분을 구하시오.

11 두 행렬 A, B에 대하여

$$A+B=\begin{pmatrix} -1 & 4 \\ 2 & 3 \end{pmatrix},\ A-2B=\begin{pmatrix} 2 & -1 \\ 1 & -2 \end{pmatrix}$$

일 때, 행렬 $6A-3B$를 구하시오.

12 2×3 행렬 A와 B에 대하여 행렬 $A+B$의 (i, j) 성분이 $3i-j+1$이고, 행렬 $2A-B$의 (i, j) 성분이 $i-2j^2$일 때, $X-B=A+3B$를 만족시키는 행렬 X의 모든 성분의 합을 구하시오.

BLACKLABEL

3 행렬의 곱셈

개념 11 행렬의 곱셈

(1) 행렬 A의 열의 개수와 행렬 B의 행의 개수가 같을 때, 행렬 A의 제i행의 성분과 행렬 B의 제j열의 성분을 각각 차례대로 곱하여 더한 값을 (i, j) 성분으로 하는 행렬을 두 행렬 A와 B의 곱이라 하며, 이것을 기호로

$$AB$$

와 같이 나타낸다. Ⓐ

(2) 두 행렬 $A=\begin{pmatrix} a_{11} & a_{12} \\ a_{21} & a_{22} \end{pmatrix}$, $B=\begin{pmatrix} b_{11} & b_{12} \\ b_{21} & b_{22} \end{pmatrix}$에 대하여

$$AB=\begin{pmatrix} a_{11}b_{11}+a_{12}b_{21} & a_{11}b_{12}+a_{12}b_{22} \\ a_{21}b_{11}+a_{22}b_{21} & a_{21}b_{12}+a_{22}b_{22} \end{pmatrix}$$

1. 행렬의 곱셈의 계산

두 행렬 A, B의 곱 AB는 행렬 A의 열의 개수와 행렬 B의 행의 개수가 같을 때에만 정의된다. 이때 행렬 A가 $m\times l$ 행렬, 행렬 B가 $l\times n$ 행렬이면 행렬 AB는 $m\times n$ 행렬이다.

$(m\times l$ 행렬$)\times(l\times n$ 행렬$)$ ⇨ $(m\times n$ 행렬$)$ Ⓑ

(1) $\begin{pmatrix} a & b \end{pmatrix}\begin{pmatrix} x \\ y \end{pmatrix}=\begin{pmatrix} ax+by \end{pmatrix}$ ← (1×2 행렬)×(2×1 행렬) ⇨ (1×1 행렬)

(2) $\begin{pmatrix} a \\ b \end{pmatrix}\begin{pmatrix} x & y \end{pmatrix}=\begin{pmatrix} ax & ay \\ bx & by \end{pmatrix}$ ← (2×1 행렬)×(1×2 행렬) ⇨ (2×2 행렬)

(3) $\begin{pmatrix} a & b \\ c & d \end{pmatrix}\begin{pmatrix} x \\ y \end{pmatrix}=\begin{pmatrix} ax+by \\ cx+dy \end{pmatrix}$ ← (2×2 행렬)×(2×1 행렬) ⇨ (2×1 행렬)

(4) $\begin{pmatrix} a & b \end{pmatrix}\begin{pmatrix} x & y \\ z & w \end{pmatrix}=\begin{pmatrix} ax+bz & ay+bw \end{pmatrix}$ ← (1×2 행렬)×(2×2 행렬) ⇨ (1×2 행렬)

(5) $\begin{pmatrix} a & b \\ c & d \end{pmatrix}\begin{pmatrix} x & y \\ z & w \end{pmatrix}=\begin{pmatrix} ax+bz & ay+bw \\ cx+dz & cy+dw \end{pmatrix}$ ← (2×2 행렬)×(2×2 행렬) ⇨ (2×2 행렬)

예 (1) $\begin{pmatrix} 3 & -1 \end{pmatrix}\begin{pmatrix} 2 \\ 3 \end{pmatrix}=\begin{pmatrix} 3\times2+(-1)\times3 \end{pmatrix}=\begin{pmatrix} 3 \end{pmatrix}$

(2) $\begin{pmatrix} 1 \\ 4 \end{pmatrix}\begin{pmatrix} 2 & 3 \end{pmatrix}=\begin{pmatrix} 1\times2 & 1\times3 \\ 4\times2 & 4\times3 \end{pmatrix}=\begin{pmatrix} 2 & 3 \\ 8 & 12 \end{pmatrix}$

(3) $\begin{pmatrix} 4 & 2 \\ 2 & -3 \end{pmatrix}\begin{pmatrix} 2 \\ 3 \end{pmatrix}=\begin{pmatrix} 4\times2+2\times3 \\ 2\times2+(-3)\times3 \end{pmatrix}=\begin{pmatrix} 14 \\ -5 \end{pmatrix}$

(4) $\begin{pmatrix} 1 & 2 \end{pmatrix}\begin{pmatrix} 2 & 1 \\ 1 & 0 \end{pmatrix}=\begin{pmatrix} 1\times2+2\times1 & 1\times1+2\times0 \end{pmatrix}=\begin{pmatrix} 4 & 1 \end{pmatrix}$

(5) $\begin{pmatrix} 1 & 2 \\ 1 & 3 \end{pmatrix}\begin{pmatrix} 5 & 4 \\ 1 & 0 \end{pmatrix}=\begin{pmatrix} 1\times5+2\times1 & 1\times4+2\times0 \\ 1\times5+3\times1 & 1\times4+3\times0 \end{pmatrix}=\begin{pmatrix} 7 & 4 \\ 8 & 4 \end{pmatrix}$

Ⓐ 행렬의 곱셈

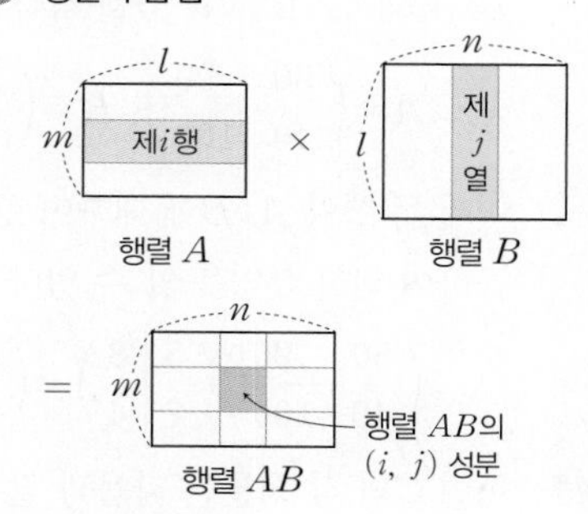

Ⓑ 행렬의 곱셈의 계산

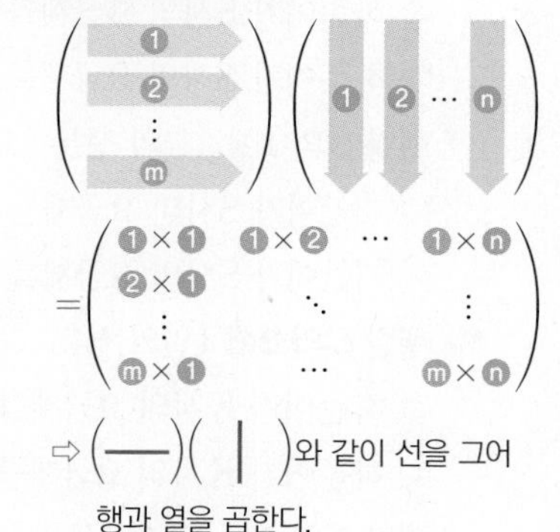

⇨ (—)(|)와 같이 선을 그어 행과 열을 곱한다.

2. 행렬의 곱셈의 의미

예 〈표 1〉은 두 통신회사 S사와 K사의 월별 데이터 기본 요금제와 무제한 요금제의 금액이고, 〈표 2〉는 하준이와 지안이가 1년 동안 두 가지 데이터 요금제를 각각 이용할 기간을 나타낸 것이다.

〈표 1〉 (단위 : 천 원)

	기본	무제한
S	50	90
K	40	100

〈표 2〉 (단위 : 개월)

	하준	지안
기본	5	8
무제한	7	4

하준이와 지안이가 두 회사 S, K 중에서 하나를 선택하여 데이터를 사용할 때, 1년 동안 지불할 금액을 〈표 3〉과 같이 나타낼 수 있다.

〈표 3〉 (단위 : 천 원)

	하준	지안
S	$50\times5+90\times7$	$50\times8+90\times4$
K	$40\times5+100\times7$	$40\times8+100\times4$

〈표 1〉과 〈표 2〉, 〈표 3〉을 각각 다음과 같이 세 행렬 A, B, C로 나타낼 수 있다.

$$A=\begin{pmatrix}50 & 90\\ 40 & 100\end{pmatrix},\ B=\begin{pmatrix}5 & 8\\ 7 & 4\end{pmatrix},\ C=\begin{pmatrix}50\times5+90\times7 & 50\times8+90\times4\\ 40\times5+100\times7 & 40\times8+100\times4\end{pmatrix}$$

이때 두 행렬 A, B에 대하여 행렬 C의 (i, j) 성분은 행렬 A의 제i행의 성분과 행렬 B의 제j열의 성분을 차례대로 곱하여 더한 것임을 알 수 있다. 이를 행렬의 곱셈으로 표현하면 다음과 같다.

$$\begin{pmatrix}50 & 90\\ 40 & 100\end{pmatrix}\begin{pmatrix}5 & 8\\ 7 & 4\end{pmatrix}=\begin{pmatrix}50\times5+90\times7 & 50\times8+90\times4\\ 40\times5+100\times7 & 40\times8+100\times4\end{pmatrix}=\begin{pmatrix}880 & 760\\ 900 & 720\end{pmatrix}$$

설명 행렬 C의 각 성분은 다음과 같은 의미를 가진다.

(1) 행렬 C의 1행 1열의 성분 ─ 880이고 단위가 천 원이므로 880,000원이다.

⇨ 하준이가 S사의 요금제를 선택할 때, 1년 동안 지불할 금액을 나타낸다.

⇨ 하준이가 S사의 요금제를 선택한다면 1년에 88만 원을 지불해야 한다.

(2) 행렬 C의 1행 2열의 성분

⇨ 지안이가 S사의 요금제를 선택할 때, 1년 동안 지불할 금액을 나타낸다.

⇨ 지안이가 S사의 요금제를 선택한다면 1년에 76만 원을 지불해야 한다.

(3) 행렬 C의 2행 1열의 성분

⇨ 하준이가 K사의 요금제를 선택할 때, 1년 동안 지불할 금액을 나타낸다.

⇨ 하준이가 K사의 요금제를 선택한다면 1년에 90만 원을 지불해야 한다.

(4) 행렬 C의 2행 2열의 성분

⇨ 지안이가 K사의 요금제를 선택할 때, 1년 동안 지불할 금액을 나타낸다.

⇨ 지안이가 K사의 요금제를 선택한다면 1년에 72만 원을 지불해야 한다.

따라서 하준이는 S사의 요금제를, 지안이는 K사의 요금제를 선택하는 것이 경제적임을 한눈에 파악할 수 있다.

개념 12 행렬의 거듭제곱

정사각행렬 A와 두 자연수 m, n에 대하여

(1) $A^2=AA,\ A^3=A^2A,\ A^4=A^3A,\ \cdots,\ A^{n+1}=A^nA$

(2) $A^mA^n=A^{m+n},\ (A^m)^n=A^{mn}$

예 $A=\begin{pmatrix} 1 & -1 \\ 1 & 0 \end{pmatrix}$에 대하여

$$A^2=AA=\begin{pmatrix} 1 & -1 \\ 1 & 0 \end{pmatrix}\begin{pmatrix} 1 & -1 \\ 1 & 0 \end{pmatrix}=\begin{pmatrix} 0 & -1 \\ 1 & -1 \end{pmatrix},\ A^3=A^2A=\begin{pmatrix} 0 & -1 \\ 1 & -1 \end{pmatrix}\begin{pmatrix} 1 & -1 \\ 1 & 0 \end{pmatrix}=\begin{pmatrix} -1 & 0 \\ 0 & -1 \end{pmatrix}$$

주의 행렬의 거듭제곱은 정사각행렬인 경우에만 생각한다.

개념 13 행렬의 곱셈에 대한 성질

합과 곱이 정의되는 세 행렬 A, B, C에 대하여

(1) $AB\neq BA$

주의 일반적으로 곱셈에 대한 교환법칙이 성립하지 않으므로 행렬의 곱셈에서는 계산 순서에 주의해야 한다.

(2) **결합법칙** : $(AB)C=A(BC)$

참고 $(AB)C$, $A(BC)$는 괄호를 사용하지 않고 ABC로 나타내기도 한다.

(3) **분배법칙** : $A(B+C)=AB+AC,\ (A+B)C=AC+BC$

(4) $k(AB)=(kA)B=A(kB)$ (단, k는 실수)

예 세 행렬 $A=\begin{pmatrix} 2 & -1 \\ -3 & 4 \end{pmatrix}$, $B=\begin{pmatrix} 1 & 0 \\ -1 & 2 \end{pmatrix}$, $C=\begin{pmatrix} 0 & -2 \\ -1 & 3 \end{pmatrix}$에 대하여

(1) $AB=\begin{pmatrix} 2 & -1 \\ -3 & 4 \end{pmatrix}\begin{pmatrix} 1 & 0 \\ -1 & 2 \end{pmatrix}=\begin{pmatrix} 3 & -2 \\ -7 & 8 \end{pmatrix}$, $BA=\begin{pmatrix} 1 & 0 \\ -1 & 2 \end{pmatrix}\begin{pmatrix} 2 & -1 \\ -3 & 4 \end{pmatrix}=\begin{pmatrix} 2 & -1 \\ -8 & 9 \end{pmatrix}$

$\therefore AB\neq BA$ ← 교환법칙이 성립하지 않는다.

(2) $AB=\begin{pmatrix} 2 & -1 \\ -3 & 4 \end{pmatrix}\begin{pmatrix} 1 & 0 \\ -1 & 2 \end{pmatrix}=\begin{pmatrix} 3 & -2 \\ -7 & 8 \end{pmatrix}$이므로 $(AB)C=\begin{pmatrix} 3 & -2 \\ -7 & 8 \end{pmatrix}\begin{pmatrix} 0 & -2 \\ -1 & 3 \end{pmatrix}=\begin{pmatrix} 2 & -12 \\ -8 & 38 \end{pmatrix}$

$BC=\begin{pmatrix} 1 & 0 \\ -1 & 2 \end{pmatrix}\begin{pmatrix} 0 & -2 \\ -1 & 3 \end{pmatrix}=\begin{pmatrix} 0 & -2 \\ -2 & 8 \end{pmatrix}$이므로 $A(BC)=\begin{pmatrix} 2 & -1 \\ -3 & 4 \end{pmatrix}\begin{pmatrix} 0 & -2 \\ -2 & 8 \end{pmatrix}=\begin{pmatrix} 2 & -12 \\ -8 & 38 \end{pmatrix}$

$\therefore (AB)C=A(BC)$ ← 결합법칙이 성립한다.

(3) (i) $B+C=\begin{pmatrix} 1 & 0 \\ -1 & 2 \end{pmatrix}+\begin{pmatrix} 0 & -2 \\ -1 & 3 \end{pmatrix}=\begin{pmatrix} 1 & -2 \\ -2 & 5 \end{pmatrix}$이므로

$A(B+C)=\begin{pmatrix} 2 & -1 \\ -3 & 4 \end{pmatrix}\begin{pmatrix} 1 & -2 \\ -2 & 5 \end{pmatrix}=\begin{pmatrix} 4 & -9 \\ -11 & 26 \end{pmatrix}$

(ii) $AB=\begin{pmatrix} 2 & -1 \\ -3 & 4 \end{pmatrix}\begin{pmatrix} 1 & 0 \\ -1 & 2 \end{pmatrix}=\begin{pmatrix} 3 & -2 \\ -7 & 8 \end{pmatrix}$, $AC=\begin{pmatrix} 2 & -1 \\ -3 & 4 \end{pmatrix}\begin{pmatrix} 0 & -2 \\ -1 & 3 \end{pmatrix}=\begin{pmatrix} 1 & -7 \\ -4 & 18 \end{pmatrix}$이므로

$$AB+AC=\begin{pmatrix} 3 & -2 \\ -7 & 8 \end{pmatrix}+\begin{pmatrix} 1 & -7 \\ -4 & 18 \end{pmatrix}=\begin{pmatrix} 4 & -9 \\ -11 & 26 \end{pmatrix}$$

(i), (ii)에서 $A(B+C)=AB+AC$ ← 분배법칙이 성립한다.

(iii) $A+B=\begin{pmatrix} 2 & -1 \\ -3 & 4 \end{pmatrix}+\begin{pmatrix} 1 & 0 \\ -1 & 2 \end{pmatrix}=\begin{pmatrix} 3 & -1 \\ -4 & 6 \end{pmatrix}$이므로

$$(A+B)C=\begin{pmatrix} 3 & -1 \\ -4 & 6 \end{pmatrix}\begin{pmatrix} 0 & -2 \\ -1 & 3 \end{pmatrix}=\begin{pmatrix} 1 & -9 \\ -6 & 26 \end{pmatrix}$$

(iv) $AC=\begin{pmatrix} 2 & -1 \\ -3 & 4 \end{pmatrix}\begin{pmatrix} 0 & -2 \\ -1 & 3 \end{pmatrix}=\begin{pmatrix} 1 & -7 \\ -4 & 18 \end{pmatrix}$, $BC=\begin{pmatrix} 1 & 0 \\ -1 & 2 \end{pmatrix}\begin{pmatrix} 0 & -2 \\ -1 & 3 \end{pmatrix}=\begin{pmatrix} 0 & -2 \\ -2 & 8 \end{pmatrix}$이므로

$$AC+BC=\begin{pmatrix} 1 & -7 \\ -4 & 18 \end{pmatrix}+\begin{pmatrix} 0 & -2 \\ -2 & 8 \end{pmatrix}=\begin{pmatrix} 1 & -9 \\ -6 & 26 \end{pmatrix}$$

(iii), (iv)에서 $(A+B)C=AC+BC$ ← 분배법칙이 성립한다.

(4) $k(AB)=k\left\{\begin{pmatrix} 2 & -1 \\ -3 & 4 \end{pmatrix}\begin{pmatrix} 1 & 0 \\ -1 & 2 \end{pmatrix}\right\}=k\begin{pmatrix} 3 & -2 \\ -7 & 8 \end{pmatrix}=\begin{pmatrix} 3k & -2k \\ -7k & 8k \end{pmatrix}$

$$(kA)B=\left\{k\begin{pmatrix} 2 & -1 \\ -3 & 4 \end{pmatrix}\right\}\begin{pmatrix} 1 & 0 \\ -1 & 2 \end{pmatrix}=\begin{pmatrix} 2k & -k \\ -3k & 4k \end{pmatrix}\begin{pmatrix} 1 & 0 \\ -1 & 2 \end{pmatrix}=\begin{pmatrix} 3k & -2k \\ -7k & 8k \end{pmatrix}$$

$$A(kB)=\begin{pmatrix} 2 & -1 \\ -3 & 4 \end{pmatrix}\left\{k\begin{pmatrix} 1 & 0 \\ -1 & 2 \end{pmatrix}\right\}=\begin{pmatrix} 2 & -1 \\ -3 & 4 \end{pmatrix}\begin{pmatrix} k & 0 \\ -k & 2k \end{pmatrix}=\begin{pmatrix} 3k & -2k \\ -7k & 8k \end{pmatrix}$$

$\therefore k(AB)=(kA)B=A(kB)$

주의 두 행렬 A, B가 같은 꼴의 정사각행렬일 때, 일반적으로는 $AB\neq BA$이지만 $AB=BA$인 경우도 있다.

예를 들어, $A=\begin{pmatrix} 0 & 1 \\ 2 & 1 \end{pmatrix}$, $B=\begin{pmatrix} 1 & 1 \\ 2 & 2 \end{pmatrix}$일 때,

$AB=\begin{pmatrix} 0 & 1 \\ 2 & 1 \end{pmatrix}\begin{pmatrix} 1 & 1 \\ 2 & 2 \end{pmatrix}=\begin{pmatrix} 2 & 2 \\ 4 & 4 \end{pmatrix}$, $BA=\begin{pmatrix} 1 & 1 \\ 2 & 2 \end{pmatrix}\begin{pmatrix} 0 & 1 \\ 2 & 1 \end{pmatrix}=\begin{pmatrix} 2 & 2 \\ 4 & 4 \end{pmatrix}$이므로 $AB=BA$

한걸음 더

행렬의 연산과 실수의 연산의 차이 (1)

행렬의 곱셈에서는 일반적으로 교환법칙이 성립하지 않아 지수법칙 또는 곱셈 공식이 성립하지 않는다.
즉, 두 행렬 A, B에 대하여 다음에 주의해야 한다.

(1) $(AB)^2\neq A^2B^2$

(2) $(A+B)^2\neq A^2+2AB+B^2$

(3) $(A-B)^2\neq A^2-2AB+B^2$

(4) $(A+B)(A-B)\neq A^2-B^2$

설명 (1) $(AB)^2=(AB)(AB)=ABAB$이므로 $(AB)^2\neq A^2B^2$ ← $A^2B^2=AABB$

(2) $(A+B)^2=A^2+AB+BA+B^2$이므로 $(A+B)^2\neq A^2+2AB+B^2$

(3) $(A-B)^2=A^2-AB-BA+B^2$이므로 $(A-B)^2\neq A^2-2AB+B^2$

(4) $(A+B)(A-B)=A^2-AB+BA-B^2$이므로 $(A+B)(A-B)\neq A^2-B^2$

참고 두 행렬 A, B에 대하여 $AB=BA$이면 (1), (2), (3), (4)에서 등식이 모두 성립한다.
(곱셈에 대한 교환법칙이 성립하면)

한걸음 더

행렬의 연산과 실수의 연산의 차이(2)

1. 두 실수 a, b에 대하여 $ab=0$이면 $a=0$ 또는 $b=0$이다.
   그러나 두 행렬 A, B에 대하여 $AB=O$이지만 $A\neq O$, $B\neq O$인 경우가 있다. ← 숫자 0과 영행렬 O의 차이

   예1 $A=\begin{pmatrix} 1 & 2 \\ 3 & 6 \end{pmatrix}$, $B=\begin{pmatrix} -2 & 2 \\ 1 & -1 \end{pmatrix}$일 때, $AB=\begin{pmatrix} 1 & 2 \\ 3 & 6 \end{pmatrix}\begin{pmatrix} -2 & 2 \\ 1 & -1 \end{pmatrix}=\begin{pmatrix} 0 & 0 \\ 0 & 0 \end{pmatrix}=O$

   즉, $AB=O$이지만 $A\neq O$, $B\neq O$이다.

2. 세 실수 a, b, c에 대하여 $a\neq 0$일 때, $ab=ac$이면 $b=c$이다.
   그러나 세 행렬 A, B, C에 대하여 $A\neq O$일 때, $AB=AC$이지만 $B\neq C$인 경우가 있다.

   예2 $A=\begin{pmatrix} -2 & -4 \\ 1 & 2 \end{pmatrix}$, $B=\begin{pmatrix} 3 & 4 \\ 7 & -1 \end{pmatrix}$, $C=\begin{pmatrix} 5 & -2 \\ 6 & 2 \end{pmatrix}$일 때,

   $AB=\begin{pmatrix} -2 & -4 \\ 1 & 2 \end{pmatrix}\begin{pmatrix} 3 & 4 \\ 7 & -1 \end{pmatrix}=\begin{pmatrix} -34 & -4 \\ 17 & 2 \end{pmatrix}$, $AC=\begin{pmatrix} -2 & -4 \\ 1 & 2 \end{pmatrix}\begin{pmatrix} 5 & -2 \\ 6 & 2 \end{pmatrix}=\begin{pmatrix} -34 & -4 \\ 17 & 2 \end{pmatrix}$

   즉, $A\neq O$이고 $AB=AC$이지만 $B\neq C$이다.

개념 14 단위행렬

(1) 정사각행렬 중에서 왼쪽 위에서 오른쪽 아래로 내려가는 대각선 위의 성분은 모두 1이고, 그 외의 성분은 모두 0인 행렬을 단위행렬이라 하며, 기호 E와 같이 나타낸다.

$\begin{pmatrix} 1 & 0 \\ 0 & 1 \end{pmatrix}$, $\begin{pmatrix} 1 & 0 & 0 \\ 0 & 1 & 0 \\ 0 & 0 & 1 \end{pmatrix}$

(2) n차 정사각행렬 A와 n차 단위행렬 E에 대하여

$AE=EA=A$ ← 곱셈에 대한 교환법칙이 성립한다.

(3) 단위행렬의 성질

① $E^2=E$, $E^3=E$, $E^4=E$, $\cdots$, $E^n=E$ (단, n은 자연수이다.) ← 단위행렬의 거듭제곱은 단위행렬이다.

② $(A+E)^2=A^2+2A+E$, $(A+E)(A-E)=A^2-E$ ← 곱셈 공식이 성립한다.

두 행렬 $A=\begin{pmatrix} a & b \\ c & d \end{pmatrix}$, $E=\begin{pmatrix} 1 & 0 \\ 0 & 1 \end{pmatrix}$에 대하여

$$AE=\begin{pmatrix} a & b \\ c & d \end{pmatrix}\begin{pmatrix} 1 & 0 \\ 0 & 1 \end{pmatrix}=\begin{pmatrix} a & b \\ c & d \end{pmatrix}=A,\ EA=\begin{pmatrix} 1 & 0 \\ 0 & 1 \end{pmatrix}\begin{pmatrix} a & b \\ c & d \end{pmatrix}=\begin{pmatrix} a & b \\ c & d \end{pmatrix}=A$$

이므로 $AE=EA=A$가 성립한다.

또한, $E^2=EE=\begin{pmatrix} 1 & 0 \\ 0 & 1 \end{pmatrix}\begin{pmatrix} 1 & 0 \\ 0 & 1 \end{pmatrix}=\begin{pmatrix} 1 & 0 \\ 0 & 1 \end{pmatrix}=E$이므로 $E^3=E^2E=EE=E$, $\cdots$가 성립한다.

즉, 자연수 n에 대하여 $E^n=E$이므로 다음이 성립한다.

$$(A+E)^2=A^2+AE+EA+E^2=A^2+2A+E$$
$$(A+E)(A-E)=A^2-AE+EA-E^2=A^2-E$$

예 두 행렬 $A=\begin{pmatrix} -1 & 3 \\ 0 & -2 \end{pmatrix}$, $E=\begin{pmatrix} 1 & 0 \\ 0 & 1 \end{pmatrix}$에 대하여

$A+E=\begin{pmatrix} -1 & 3 \\ 0 & -2 \end{pmatrix}+\begin{pmatrix} 1 & 0 \\ 0 & 1 \end{pmatrix}=\begin{pmatrix} 0 & 3 \\ 0 & -1 \end{pmatrix}$이므로 $(A+E)^2=\begin{pmatrix} 0 & 3 \\ 0 & -1 \end{pmatrix}\begin{pmatrix} 0 & 3 \\ 0 & -1 \end{pmatrix}=\begin{pmatrix} 0 & -3 \\ 0 & 1 \end{pmatrix}$

$$A^2+2A+E=\begin{pmatrix} -1 & 3 \\ 0 & -2 \end{pmatrix}\begin{pmatrix} -1 & 3 \\ 0 & -2 \end{pmatrix}+2\begin{pmatrix} -1 & 3 \\ 0 & -2 \end{pmatrix}+\begin{pmatrix} 1 & 0 \\ 0 & 1 \end{pmatrix}$$

$$=\begin{pmatrix} 1 & -9 \\ 0 & 4 \end{pmatrix}+\begin{pmatrix} -2 & 6 \\ 0 & -4 \end{pmatrix}+\begin{pmatrix} 1 & 0 \\ 0 & 1 \end{pmatrix}=\begin{pmatrix} 0 & -3 \\ 0 & 1 \end{pmatrix}$$

$\therefore (A+E)^2=A^2+2A+E$

한걸음 더

케일리-해밀턴 정리

필수유형 23

이차 정사각행렬 $A=\begin{pmatrix} a & b \\ c & d \end{pmatrix}$에 대하여

$$A^2-(a+d)A+(ad-bc)E=O$$

가 성립한다. 이것을 케일리-해밀턴 정리라 한다.

증명 $A^2-(a+d)A+(ad-bc)E=\begin{pmatrix} a & b \\ c & d \end{pmatrix}\begin{pmatrix} a & b \\ c & d \end{pmatrix}-(a+d)\begin{pmatrix} a & b \\ c & d \end{pmatrix}+(ad-bc)\begin{pmatrix} 1 & 0 \\ 0 & 1 \end{pmatrix}$

$$=\begin{pmatrix} a^2+bc & ab+bd \\ ac+cd & bc+d^2 \end{pmatrix}-\begin{pmatrix} a^2+ad & ab+bd \\ ac+cd & ad+d^2 \end{pmatrix}+\begin{pmatrix} ad-bc & 0 \\ 0 & ad-bc \end{pmatrix}$$

$$=\begin{pmatrix} 0 & 0 \\ 0 & 0 \end{pmatrix}=O$$

주의 $A^2-(a+d)A+(ad-bc)E=O$를 만족시키는 행렬 $A=\begin{pmatrix} a & b \\ c & d \end{pmatrix}$에서 a, b, c, d의 값은 유일하게 결정되는 것이 아니다.

예를 들어, $A=\begin{pmatrix} 1 & 0 \\ -2 & -3 \end{pmatrix}$일 때 케일리-해밀턴 정리에 의하여 $A^2+2A-3E=O$이다.

그런데 $A^2+2A-3E=O$는 $A=-3E$ 또는 $A=E$일 때도 성립하고, $A=\begin{pmatrix} 1 & 0 \\ -2 & -3 \end{pmatrix}$ 이외에도

$A^2-(a+d)A+(ad-bc)E=O$를 만족시키는 행렬 A를 구할 때는 $A=kE$인 경우와 $A\neq kE$인 경우로 나누어 생각한다. (단, k는 실수)

$a+d=-2$, $ad-bc=-3$을 만족시키는 무수히 많은 행렬 $A=\begin{pmatrix} a & b \\ c & d \end{pmatrix}$에 대해서도 성립한다.

$\begin{pmatrix} -1 & 2 \\ 2 & -1 \end{pmatrix}$, $\begin{pmatrix} -2 & -1 \\ -3 & 0 \end{pmatrix}$, …

예 행렬 $A=\begin{pmatrix} 1 & -2 \\ 2 & -3 \end{pmatrix}$에 대하여 A^2-4A를 구해 보자.

케일리-해밀턴 정리에 의하여 $A^2-\{1+(-3)\}A+\{-3-(-4)\}E=O$

즉, $A^2+2A+E=O$에서 $A^2+2A=-E$이므로

$$A^2-4A=(A^2+2A)-6A=-E-6A=-\begin{pmatrix} 1 & 0 \\ 0 & 1 \end{pmatrix}-6\begin{pmatrix} 1 & -2 \\ 2 & -3 \end{pmatrix}=\begin{pmatrix} -7 & 12 \\ -12 & 17 \end{pmatrix}$$

기본유형 13 행렬의 곱셈 개념 11

다음을 계산하시오.

(1) $\begin{pmatrix} 2 & -3 \end{pmatrix}\begin{pmatrix} 4 \\ -1 \end{pmatrix}$ (2) $\begin{pmatrix} 1 & 2 \\ 3 & 4 \end{pmatrix}\begin{pmatrix} 5 & 7 \\ 6 & 0 \end{pmatrix}$ (3) $\begin{pmatrix} 1 \\ 4 \end{pmatrix}\begin{pmatrix} 3 & 1 & 4 \end{pmatrix}$

solution

(1) $\begin{pmatrix} 2 & -3 \end{pmatrix}\begin{pmatrix} 4 \\ -1 \end{pmatrix}=\begin{pmatrix} 2\times4+(-3)\times(-1) \end{pmatrix}=\begin{pmatrix} 11 \end{pmatrix}$

(2) $\begin{pmatrix} 1 & 2 \\ 3 & 4 \end{pmatrix}\begin{pmatrix} 5 & 7 \\ 6 & 0 \end{pmatrix}=\begin{pmatrix} 1\times5+2\times6 & 1\times7+2\times0 \\ 3\times5+4\times6 & 3\times7+4\times0 \end{pmatrix}=\begin{pmatrix} 17 & 7 \\ 39 & 21 \end{pmatrix}$

(3) $\begin{pmatrix} 1 \\ 4 \end{pmatrix}\begin{pmatrix} 3 & 1 & 4 \end{pmatrix}=\begin{pmatrix} 1\times3 & 1\times1 & 1\times4 \\ 4\times3 & 4\times1 & 4\times4 \end{pmatrix}=\begin{pmatrix} 3 & 1 & 4 \\ 12 & 4 & 16 \end{pmatrix}$

기본유형 14 등식이 성립하도록 하는 미지수 구하기 개념 11

등식 $\begin{pmatrix} a & 1 \\ 2 & b \end{pmatrix}\begin{pmatrix} 2 & c \\ -1 & 1 \end{pmatrix}=\begin{pmatrix} -1 & 1 \\ 5 & 1 \end{pmatrix}$이 성립하도록 하는 a, b, c의 값을 구하시오.

solution

$\begin{pmatrix} a & 1 \\ 2 & b \end{pmatrix}\begin{pmatrix} 2 & c \\ -1 & 1 \end{pmatrix}=\begin{pmatrix} 2a-1 & ac+1 \\ 4-b & 2c+b \end{pmatrix}=\begin{pmatrix} -1 & 1 \\ 5 & 1 \end{pmatrix}$이므로

$2a-1=-1$ ……㉠, $ac+1=1$ ……㉡, $4-b=5$ ……㉢, $2c+b=1$ ……㉣

㉠에서 $a=0$, ㉢에서 $b=-1$

이것을 ㉣에 대입하면 $2c-1=1$, $2c=2$ $\therefore c=1$

(㉡에 대입하면 $0\times c+1=1$이므로 c의 값을 구할 수 없다.)

따라서 $a=0$, $b=-1$, $c=1$이다.

기본 연습

해 pp.178~179

21 다음을 계산하시오.

(1) $\begin{pmatrix} 1 \\ -2 \end{pmatrix}\begin{pmatrix} 3 & 5 \end{pmatrix}$ (2) $\begin{pmatrix} 0 & 1 & 2 \\ 3 & 2 & 1 \end{pmatrix}\begin{pmatrix} 0 & 3 \\ 1 & 2 \\ 2 & 1 \end{pmatrix}$ (3) $\begin{pmatrix} 5 \\ 3 \\ 1 \end{pmatrix}\begin{pmatrix} 6 & 4 \end{pmatrix}$

22 다음 등식이 성립하도록 하는 x, y의 값을 구하시오.

$$\begin{pmatrix} 1 & -2 \\ -2 & 4 \end{pmatrix}\begin{pmatrix} x & 1 \\ -2 & y \end{pmatrix}=\begin{pmatrix} 0 & 0 \\ 0 & 0 \end{pmatrix}$$

기본유형 15 행렬의 거듭제곱

개념 12

행렬 $A=\begin{pmatrix} -2 & 3 \\ 1 & 2 \end{pmatrix}$에 대하여 다음을 구하시오.

(1) A^2 (2) A^3 (3) A^4

solution

(1) $A^2=AA=\begin{pmatrix} -2 & 3 \\ 1 & 2 \end{pmatrix}\begin{pmatrix} -2 & 3 \\ 1 & 2 \end{pmatrix}=\begin{pmatrix} 7 & 0 \\ 0 & 7 \end{pmatrix}$

(2) $A^3=A^2A=\begin{pmatrix} 7 & 0 \\ 0 & 7 \end{pmatrix}\begin{pmatrix} -2 & 3 \\ 1 & 2 \end{pmatrix}=\begin{pmatrix} -14 & 21 \\ 7 & 14 \end{pmatrix}$

(3) $A^4=A^3A=\begin{pmatrix} -14 & 21 \\ 7 & 14 \end{pmatrix}\begin{pmatrix} -2 & 3 \\ 1 & 2 \end{pmatrix}=\begin{pmatrix} 49 & 0 \\ 0 & 49 \end{pmatrix}$

기본유형 16 행렬의 곱셈에 대한 성질

개념 13

두 행렬 $A=\begin{pmatrix} 3 & 1 \\ 2 & a \end{pmatrix}$, $B=\begin{pmatrix} 1 & -1 \\ -2 & 3 \end{pmatrix}$에 대하여 $AB=BA$가 성립하도록 하는 a의 값을 구하시오.

solution

$AB=\begin{pmatrix} 3 & 1 \\ 2 & a \end{pmatrix}\begin{pmatrix} 1 & -1 \\ -2 & 3 \end{pmatrix}=\begin{pmatrix} 1 & 0 \\ 2-2a & -2+3a \end{pmatrix}$

$BA=\begin{pmatrix} 1 & -1 \\ -2 & 3 \end{pmatrix}\begin{pmatrix} 3 & 1 \\ 2 & a \end{pmatrix}=\begin{pmatrix} 1 & 1-a \\ 0 & -2+3a \end{pmatrix}$

$AB=BA$에서 $\begin{pmatrix} 1 & 0 \\ 2-2a & -2+3a \end{pmatrix}=\begin{pmatrix} 1 & 1-a \\ 0 & -2+3a \end{pmatrix}$이므로 두 행렬이 서로 같을 조건에 의하여

$0=1-a$, $2-2a=0$ $\quad\therefore a=1$

기본 연습

23 행렬 $A=\begin{pmatrix} 2 & 1 \\ 0 & -3 \end{pmatrix}$에 대하여 다음을 구하시오.

(1) A^2 (2) A^3 (3) A^5

p.179

24 두 행렬 $A=\begin{pmatrix} 1 & 2 \\ 2 & 3 \end{pmatrix}$, $B=\begin{pmatrix} 1 & 4 \\ 4 & a \end{pmatrix}$에 대하여 $AB=BA$가 성립하도록 하는 a의 값을 구하시오.

필수유형 17 행렬의 곱셈

개념 11

두 행렬 $A=\begin{pmatrix} 1 & 2 \\ 0 & -1 \end{pmatrix}$, $B=\begin{pmatrix} 2 & -1 \\ 3 & 0 \end{pmatrix}$에 대하여

$$AB+2X=B$$

를 만족시키는 행렬 X의 모든 성분의 합을 구하시오.

guide

❶ 행렬의 덧셈에 대한 성질과 실수배를 이용하여 주어진 등식을 X에 대하여 정리한다.

❷ ❶의 식에 주어진 행렬을 대입하여 답을 구한다.

solution

$AB+2X=B$에서 $2X=B-AB$ $\quad \therefore X=\frac{1}{2}(B-AB)$

이때 $AB=\begin{pmatrix} 1 & 2 \\ 0 & -1 \end{pmatrix}\begin{pmatrix} 2 & -1 \\ 3 & 0 \end{pmatrix}=\begin{pmatrix} 8 & -1 \\ -3 & 0 \end{pmatrix}$이므로

$X=\frac{1}{2}(B-AB)=\frac{1}{2}\left\{\begin{pmatrix} 2 & -1 \\ 3 & 0 \end{pmatrix}-\begin{pmatrix} 8 & -1 \\ -3 & 0 \end{pmatrix}\right\}=\frac{1}{2}\begin{pmatrix} -6 & 0 \\ 6 & 0 \end{pmatrix}=\begin{pmatrix} -3 & 0 \\ 3 & 0 \end{pmatrix}$

따라서 행렬 X의 모든 성분의 합은

$-3+0+3+0=0$

필수 연습

해 pp.179~180

25 두 행렬 $A=\begin{pmatrix} 2 & 4 \\ 3 & 6 \end{pmatrix}$, $B=\begin{pmatrix} 3 & 5 \\ 1 & 2 \end{pmatrix}$에 대하여

$$AB+5X=4A$$

를 만족시키는 행렬 X의 모든 성분의 합을 구하시오.

26 두 수 a, b에 대하여

$$\begin{pmatrix} a & b \\ 3 & 2 \end{pmatrix}\begin{pmatrix} -b & 1 \\ -a & 3 \end{pmatrix}=\begin{pmatrix} 4 & -5 \\ c & 9 \end{pmatrix}$$

를 만족시키는 c의 값을 모두 구하시오.

27 두 행렬 $A=\begin{pmatrix} a & -2 \\ 4 & b \end{pmatrix}$, $B=\begin{pmatrix} 1 & -2 \\ 3 & -6 \end{pmatrix}$에 대하여 $AB=O$가 성립할 때, $a+b$의 값을 구하시오.

필수유형 18 행렬의 곱셈의 활용

개념 11

두 과수원 A, B에서 ㄱ비료 또는 ㄴ비료를 사용하여 사과와 복숭아를 재배하려고 한다. 〈표 1〉은 두 과수원에서 재배하는 작물의 그루 수를 나타낸 것이고, 〈표 2〉는 각 비료를 사용한 작물 한 그루당 열매의 개수를 나타낸 것이다.

〈표 1〉 (단위 : 그루)

	사과	복숭아
A	60	40
B	50	70

〈표 2〉 (단위 : 개)

	ㄱ	ㄴ
사과	200	300
복숭아	220	280

〈표 1〉과 〈표 2〉를 각각 행렬 $P=\begin{pmatrix} 6 & 4 \\ 5 & 7 \end{pmatrix}$, $Q=\begin{pmatrix} 20 & 30 \\ 22 & 28 \end{pmatrix}$로 나타낼 때, $PQ=\begin{pmatrix} a & b \\ c & d \end{pmatrix}$이다. A과수원에서 ㄱ비료를 사용하여 생산된 사과와 복숭아의 개수의 합을 행렬 PQ의 성분 a, b, c, d로 나타내시오.

guide

① 두 행렬 P, Q의 곱을 구한다.
② 행렬 PQ의 각 성분이 의미하는 것이 무엇인지 파악한다.

solution

$$PQ=\begin{pmatrix} 6 & 4 \\ 5 & 7 \end{pmatrix}\begin{pmatrix} 20 & 30 \\ 22 & 28 \end{pmatrix}=\begin{pmatrix} 6\times20+4\times22 & 6\times30+4\times28 \\ 5\times20+7\times22 & 5\times30+7\times28 \end{pmatrix}$$

$\therefore\ a=6\times20+4\times22$, $b=6\times30+4\times28$, $c=5\times20+7\times22$, $d=5\times30+7\times28$

A과수원에서 ㄱ비료를 사용하여 생산된 사과의 개수는 60×200이고, A과수원에서 ㄱ비료를 사용하여 생산된 복숭아의 개수는 40×220이므로 구하는 합은

$60\times200+40\times220=100\times(6\times20+4\times22)$

이때 $6\times20+4\times22$를 나타내는 행렬의 성분은 행렬 PQ의 $(1,\ 1)$ 성분, 즉 a이므로 A과수원에서 ㄱ비료를 사용하여 생산된 사과와 복숭아의 개수의 합은 $100a$개이다. ← 활용에 대한 문제는 단위나 자릿수에 주의하여 답을 구한다.

필수 연습

pp.180~181

28 지원이와 상훈이가 A약국 또는 B약국에서 연고와 붕대를 구입하려고 한다. 〈표 1〉은 지원이와 상훈이가 약국에서 구입할 연고와 붕대의 개수를 나타낸 것이고, 〈표 2〉는 두 약국 A, B의 연고와 붕대의 한 개당 가격을 나타낸 것이다.

〈표 1〉 (단위 : 개)

	연고	붕대
지원	1	2
상훈	1	3

〈표 2〉 (단위 : 원)

	A	B
연고	5000	4000
붕대	8000	10000

〈표 1〉과 〈표 2〉를 각각 행렬 $P=\begin{pmatrix} 1 & 2 \\ 1 & 3 \end{pmatrix}$, $Q=\begin{pmatrix} 5 & 4 \\ 8 & 10 \end{pmatrix}$으로 나타낼 때, $PQ=\begin{pmatrix} a & b \\ c & d \end{pmatrix}$이다. 지원이와 상훈이가 둘 다 B약국에서 연고와 붕대를 구입할 때, 연고와 붕대를 구입하고 지불해야 하는 금액의 합을 행렬 PQ의 성분 a, b, c, d로 나타내시오.

필수유형 19 행렬의 거듭제곱

개념 12

행렬 $A=\begin{pmatrix}1&0\\2&1\end{pmatrix}$에 대하여 다음을 구하시오.

(1) A^3-A^2+2A의 모든 성분의 합

(2) $A^n=\begin{pmatrix}1&0\\130&1\end{pmatrix}$일 때, 자연수 n의 값

guide

❶ $A^2=AA$, $A^3=A^2A$, …를 차례대로 구해 본다.

❷ ❶에서 구한 행렬로 규칙을 찾아 A^n을 추정한다.

solution

(1) $A^2=AA=\begin{pmatrix}1&0\\2&1\end{pmatrix}\begin{pmatrix}1&0\\2&1\end{pmatrix}=\begin{pmatrix}1&0\\4&1\end{pmatrix}$, $A^3=A^2A=\begin{pmatrix}1&0\\4&1\end{pmatrix}\begin{pmatrix}1&0\\2&1\end{pmatrix}=\begin{pmatrix}1&0\\6&1\end{pmatrix}$

$\therefore A^3-A^2+2A=\begin{pmatrix}1&0\\6&1\end{pmatrix}-\begin{pmatrix}1&0\\4&1\end{pmatrix}+2\begin{pmatrix}1&0\\2&1\end{pmatrix}=\begin{pmatrix}1&0\\6&1\end{pmatrix}-\begin{pmatrix}1&0\\4&1\end{pmatrix}+\begin{pmatrix}2&0\\4&2\end{pmatrix}=\begin{pmatrix}2&0\\6&2\end{pmatrix}$

따라서 구하는 모든 성분의 합은 $2+0+6+2=10$

(2) (1)에서 $A^2=\begin{pmatrix}1&0\\4&1\end{pmatrix}=\begin{pmatrix}1&0\\2\times2&1\end{pmatrix}$, $A^3=\begin{pmatrix}1&0\\6&1\end{pmatrix}=\begin{pmatrix}1&0\\2\times3&1\end{pmatrix}$이고

$A^4=A^3A=\begin{pmatrix}1&0\\6&1\end{pmatrix}\begin{pmatrix}1&0\\2&1\end{pmatrix}=\begin{pmatrix}1&0\\8&1\end{pmatrix}=\begin{pmatrix}1&0\\2\times4&1\end{pmatrix}$, … $\therefore A^n=\begin{pmatrix}1&0\\2n&1\end{pmatrix}$

따라서 $A^n=\begin{pmatrix}1&0\\130&1\end{pmatrix}$에서 $2n=130$ $\therefore n=65$

plus

(1) $\begin{pmatrix}1&0\\a&1\end{pmatrix}^n=\begin{pmatrix}1&0\\an&1\end{pmatrix}$ (2) $\begin{pmatrix}1&a\\0&1\end{pmatrix}^n=\begin{pmatrix}1&an\\0&1\end{pmatrix}$ (3) $\begin{pmatrix}a&0\\0&b\end{pmatrix}^n=\begin{pmatrix}a^n&0\\0&b^n\end{pmatrix}$

필수 연습

p.181

plus **29** 다음 물음에 답하시오.

(1) 행렬 $A=\begin{pmatrix}2&1\\-3&-1\end{pmatrix}$에 대하여 A^5-2A^3-3A의 모든 성분의 합을 구하시오.

(2) 행렬 $A=\begin{pmatrix}1&-1\\0&1\end{pmatrix}$에 대하여 $A^{120}=\begin{pmatrix}1&k\\0&1\end{pmatrix}$일 때, k의 값을 구하시오.

plus **30** 행렬 $A=\begin{pmatrix}4&0\\0&2\end{pmatrix}$와 자연수 n에 대하여 행렬 A^n의 $(1,\ 1)$ 성분과 $(2,\ 2)$ 성분의 곱을 $f(n)$이라 하자. $f(k)=2^{30}$일 때, 자연수 k의 값을 구하시오.

필수유형 20 행렬의 곱셈의 변형

개념 11

다음 물음에 답하시오.

(1) 이차 정사각행렬 A가 $A\begin{pmatrix} 1 \\ 0 \end{pmatrix}=\begin{pmatrix} -1 \\ 4 \end{pmatrix}$, $A\begin{pmatrix} 0 \\ 2 \end{pmatrix}=\begin{pmatrix} 6 \\ -4 \end{pmatrix}$를 만족시킬 때, 행렬 A의 모든 성분의 합을 구하시오.

(2) 이차 정사각행렬 A에 대하여 $A\begin{pmatrix} 1 \\ 2 \end{pmatrix}=\begin{pmatrix} 4 \\ 3 \end{pmatrix}$, $A\begin{pmatrix} 1 \\ 1 \end{pmatrix}=\begin{pmatrix} 3 \\ 2 \end{pmatrix}$일 때, $A\begin{pmatrix} 2 \\ 3 \end{pmatrix}=\begin{pmatrix} p \\ q \end{pmatrix}$를 만족시키는 p, q의 값을 구하시오.

guide

❶ 주어진 행렬에 대한 식의 합 또는 차를 이용하여 조건에 맞는 식을 세운다.
❷ 조건을 만족시키는 성분 또는 미지수의 값을 구한다.

solution

(1) 행렬 A가 이차 정사각행렬이므로 $A=\begin{pmatrix} a & b \\ c & d \end{pmatrix}$라 하면

$A\begin{pmatrix} 1 \\ 0 \end{pmatrix}=\begin{pmatrix} a & b \\ c & d \end{pmatrix}\begin{pmatrix} 1 \\ 0 \end{pmatrix}=\begin{pmatrix} a \\ c \end{pmatrix}=\begin{pmatrix} -1 \\ 4 \end{pmatrix}$ $\quad\therefore a=-1, c=4$

$A\begin{pmatrix} 0 \\ 2 \end{pmatrix}=\begin{pmatrix} a & b \\ c & d \end{pmatrix}\begin{pmatrix} 0 \\ 2 \end{pmatrix}=\begin{pmatrix} 2b \\ 2d \end{pmatrix}=\begin{pmatrix} 6 \\ -4 \end{pmatrix}$ $\quad\therefore b=3, d=-2$

따라서 행렬 A의 모든 성분의 합은 $-1+3+4+(-2)=4$

(2) 두 실수 a, b에 대하여 $\begin{pmatrix} 2 \\ 3 \end{pmatrix}=a\begin{pmatrix} 1 \\ 2 \end{pmatrix}+b\begin{pmatrix} 1 \\ 1 \end{pmatrix}$이 성립한다고 하면 $\begin{pmatrix} 2 \\ 3 \end{pmatrix}=\begin{pmatrix} a+b \\ 2a+b \end{pmatrix}$에서

$a+b=2$, $2a+b=3$을 연립하여 풀면 $a=1$, $b=1$

즉, $\begin{pmatrix} 2 \\ 3 \end{pmatrix}=\begin{pmatrix} 1 \\ 2 \end{pmatrix}+\begin{pmatrix} 1 \\ 1 \end{pmatrix}$이므로 $A\begin{pmatrix} 2 \\ 3 \end{pmatrix}=A\begin{pmatrix} 1 \\ 2 \end{pmatrix}+A\begin{pmatrix} 1 \\ 1 \end{pmatrix}=\begin{pmatrix} 4 \\ 3 \end{pmatrix}+\begin{pmatrix} 3 \\ 2 \end{pmatrix}=\begin{pmatrix} 7 \\ 5 \end{pmatrix}$ $\quad\therefore p=7, q=5$

필수 연습

해 pp.181~182

31 이차 정사각행렬 A가 $A\begin{pmatrix} 0 \\ 1 \end{pmatrix}=\begin{pmatrix} 3 \\ -1 \end{pmatrix}$, $A\begin{pmatrix} 3 \\ 0 \end{pmatrix}=\begin{pmatrix} -12 \\ 6 \end{pmatrix}$을 만족시킬 때, 행렬 A의 모든 성분의 곱을 구하시오.

32 이차 정사각행렬 A에 대하여 $A\begin{pmatrix} 3 \\ -1 \end{pmatrix}=\begin{pmatrix} 5 \\ -8 \end{pmatrix}$, $A\begin{pmatrix} 2 \\ 3 \end{pmatrix}=\begin{pmatrix} 4 \\ 4 \end{pmatrix}$일 때, $A\begin{pmatrix} -1 \\ 4 \end{pmatrix}=\begin{pmatrix} p \\ q \end{pmatrix}$를 만족시키는 p, q에 대하여 $p+q$의 값을 구하시오.

필수유형 21 행렬의 곱셈에 대한 성질

개념 13

두 이차 정사각행렬 A, B에 대하여 $(A+B)^2=\begin{pmatrix} 3 & -1 \\ 0 & 2 \end{pmatrix}$, $A^2+B^2=\begin{pmatrix} 2 & 1 \\ 1 & 0 \end{pmatrix}$일 때, 행렬 $(A-B)^2$의 모든 성분의 합을 구하시오.

guide

❶ 다음 행렬의 곱셈에 대한 성질을 이용하여 식을 간단히 한다.

(1) $AB\neq BA$ (2) $(AB)C=A(BC)$

(3) $A(B+C)=AB+AC$, $(A+B)C=AC+BC$ (4) $k(AB)=(kA)B=A(kB)$ (단, k는 실수)

❷ ❶의 식에 주어진 행렬을 대입하여 계산한다.

solution

$(A-B)^2=A^2-AB-BA+B^2$

$=-(A^2+AB+BA+B^2)+2(A^2+B^2)$ ← $(A+B)^2$, A^2+B^2을 이용할 수 있도록 식을 변형한다.

$=-(A+B)^2+2(A^2+B^2)$

$=-\begin{pmatrix} 3 & -1 \\ 0 & 2 \end{pmatrix}+2\begin{pmatrix} 2 & 1 \\ 1 & 0 \end{pmatrix}=\begin{pmatrix} -3 & 1 \\ 0 & -2 \end{pmatrix}+\begin{pmatrix} 4 & 2 \\ 2 & 0 \end{pmatrix}=\begin{pmatrix} 1 & 3 \\ 2 & -2 \end{pmatrix}$

따라서 구하는 행렬의 모든 성분의 합은

$1+3+2+(-2)=4$

필수 연습

p.182

33 두 이차 정사각행렬 A, B에 대하여

$$(A+B)^2=\begin{pmatrix} 2 & 0 \\ 0 & 2 \end{pmatrix},\ (A-B)^2=\begin{pmatrix} 4 & -6 \\ -2 & 4 \end{pmatrix}$$

일 때, 행렬 A^2+B^2의 모든 성분의 합을 구하시오.

34 두 행렬 $A=\begin{pmatrix} 1 & a \\ -3 & 4 \end{pmatrix}$, $B=\begin{pmatrix} 2 & -2 \\ b & -1 \end{pmatrix}$에 대하여 등식 $(A+B)(A-B)=A^2-B^2$이 성립할 때, $a+b$의 값을 구하시오.

35 두 이차 정사각행렬 A, B에 대하여

$$A^2+B^2=\begin{pmatrix} 5 & 0 \\ \frac{3}{2} & 1 \end{pmatrix},\ AB+BA=\begin{pmatrix} -4 & 0 \\ -\frac{1}{2} & 0 \end{pmatrix}$$

일 때, 행렬 $(A+B)^{100}$의 모든 성분의 합을 구하시오.

필수유형 22 행렬의 곱셈에 대한 성질과 단위행렬

개념 13+14

두 이차 정사각행렬 A, B가 $A+B=2E$, $AB=-E$를 만족시킬 때, 행렬 A^2+B^2의 모든 성분의 합을 구하시오.

guide

1. 이차 정사각행렬 A, B에 대하여 행렬 B를 행렬 A에 대하여 나타낸다.
2. ❶을 주어진 식에 대입한다.
3. 단위행렬 E에 대하여 $AE=EA=A$가 성립함을 이용하여 식을 간단히 한 후, 계산한다.

solution

$A+B=2E$에서 $B=2E-A$이므로 $B^2=(2E-A)^2=A^2-4A+4E$

$\therefore A^2+B^2=2A^2-4A+4E$ ……㉠

또한, $AB=-E$에서 $A(2E-A)=-E$, 즉 $2A-A^2=-E$이므로 $A^2=2A+E$

이것을 ㉠에 대입하면

$$A^2+B^2=2(2A+E)-4A+4E=6E=\begin{pmatrix} 6 & 0 \\ 0 & 6 \end{pmatrix}$$

따라서 구하는 행렬의 모든 성분의 합은 $6+0+0+6=12$이다.

다른 풀이

$A+B=2E$이므로 $BA=AB=-E$

이때 $(A+B)^2=A^2+AB+BA+B^2$에서

$(2E)^2=A^2+(-E)+(-E)+B^2$이므로 $4E=A^2+B^2-2E$ $\therefore A^2+B^2=6E$

plus

두 이차 정사각행렬 A, B와 단위행렬 E에 대하여 다음이 성립한다.

(1) $A+B=kE$이면 $AB=BA$이다. (단, k는 실수이다.)

(2) $AB=E$이면 $BA=E$이다.

필수 연습

pp.182~184

36 (plus) 두 이차 정사각행렬 A, B가 $A+B=E$, $AB=O$를 만족시킬 때, A^3+B^3의 모든 성분의 합을 구하시오.

37 두 이차 정사각행렬 A, B가 $A+B=E$, $AB=E$를 만족시킬 때, $A^{100}+B^{100}=kE$이다. 상수 k의 값을 구하시오.

38 영행렬이 아닌 두 이차 정사각행렬 A, B가

$$A^2+B^2=O,\ (A+B)^2=O$$

를 만족시킬 때, 〈보기〉에서 옳은 것만을 있는 대로 고르시오.

보기

ㄱ. $AB=-BA$　　ㄴ. $A^3B^3=B^3A^3$　　ㄷ. $(A+B+E)(A+B-E)=E$

필수유형 23 행렬의 거듭제곱과 단위행렬

개념 12+14

행렬 $A=\begin{pmatrix} 1 & -2 \\ 1 & -1 \end{pmatrix}$에 대하여 행렬 A^{2030}의 모든 성분의 합을 구하시오.

guide

❶ $A^2=AA$, $A^3=A^2A$, …를 차례대로 구해 단위행렬 E를 포함하는 꼴이 나타나는지 확인한다.
❷ $AE=EA=A$, $E^n=E$가 성립함을 이용하여 A^n을 간단히 한다.

solution

$A^2=AA=\begin{pmatrix} 1 & -2 \\ 1 & -1 \end{pmatrix}\begin{pmatrix} 1 & -2 \\ 1 & -1 \end{pmatrix}=\begin{pmatrix} -1 & 0 \\ 0 & -1 \end{pmatrix}=-E$

$A^3=A^2A=-EA=-A$

$A^4=A^3A=-AA=-A^2=-(-E)=E$

$A^5=A^4A=EA=A$

⋮

따라서 자연수 n에 대하여 A^n은 A, $-E$, $-A$, E가 이 순서대로 계속 반복된다.
(자연수 k에 대하여 $A^{4k-3}=A$, $A^{4k-2}=-E$, $A^{4k-1}=-A$, $A^{4k}=E$)

이때 $2030=4\times507+2$에서 $A^{2030}=A^2=-E=\begin{pmatrix} -1 & 0 \\ 0 & -1 \end{pmatrix}$

따라서 구하는 행렬의 모든 성분의 합은 $-1+0+0+(-1)=-2$

다른 풀이 케일리-해밀턴 정리에 의하여

$A^2-\{1+(-1)\}A+\{1\times(-1)-(-2)\times1\}E=O$

즉, $A^2+E=O$에서 $A^2=-E$이므로 $A^{2030}=(A^2)^{1015}=(-E)^{1015}=-E$

plus

케일리-해밀턴 정리

이차 정사각행렬 $A=\begin{pmatrix} a & b \\ c & d \end{pmatrix}$에 대하여 $A^2-(a+d)A+(ad-bc)E=O$ ▶ p.288 한 걸음 더

필수 연습

해 pp.184~185

39 (plus) 행렬 $A=\begin{pmatrix} 1 & -1 \\ 3 & -2 \end{pmatrix}$에 대하여 행렬 A^{2035}의 모든 성분의 합을 구하시오.

40 이차 정사각행렬 A에 대하여 $A^2=\begin{pmatrix} 1 & -5 \\ 0 & 1 \end{pmatrix}$일 때, 행렬

$(A^2-A+2E)(A^2+A+2E)$

의 모든 성분의 합을 구하시오.

41 (plus) 행렬 $A=\begin{pmatrix} 2 & -3 \\ 1 & -1 \end{pmatrix}$에 대하여 행렬 $A+A^2+A^3+\cdots+A^{100}$의 모든 성분의 합을 구하시오.

13 좌표평면에서 두 점 (a, b)와 (c, d)를 지나는 직선을 행렬 $\begin{pmatrix} a & b \\ c & d \end{pmatrix}$에 대응시킨다. 〈보기〉의 행렬의 연산 결과에 대응하는 직선 중 행렬 $\begin{pmatrix} 1 & 3 \\ 5 & 7 \end{pmatrix}$에 대응하는 직선과 서로 평행하거나 일치하는 것을 있는 대로 고른 것은?

보기

ㄱ. $2\begin{pmatrix} 1 & 3 \\ 5 & 7 \end{pmatrix}$

ㄴ. $\begin{pmatrix} 1 & 3 \\ 5 & 7 \end{pmatrix}-\begin{pmatrix} 2 & 5 \\ 8 & 11 \end{pmatrix}$

ㄷ. $\begin{pmatrix} 1 & 3 \\ 5 & 7 \end{pmatrix}\begin{pmatrix} 0 & 1 \\ 1 & 0 \end{pmatrix}$

① ㄱ ② ㄱ, ㄴ ③ ㄱ, ㄷ
④ ㄴ, ㄷ ⑤ ㄱ, ㄴ, ㄷ

14 이차방정식 $x^2-5x-2=0$의 두 근을 α, β라 할 때, 행렬 $\begin{pmatrix} \alpha & \beta \\ 0 & \alpha \end{pmatrix}\begin{pmatrix} \beta & \alpha \\ 0 & \beta \end{pmatrix}$의 모든 성분의 합을 구하시오.

15 세 행렬

$$A=\begin{pmatrix} 2x & -1 \end{pmatrix},\ B=\begin{pmatrix} 1 & -4 \\ 0 & 3 \end{pmatrix},\ C=\begin{pmatrix} 2x \\ -1 \end{pmatrix}$$

에 대하여 행렬 ABC의 성분은 $x=a$일 때, 최솟값 b를 갖는다. $a+b$의 값을 구하시오.

16 정우와 수아는 편의점 A 또는 편의점 B에서 김밥과 우유를 구매하려고 한다. 〈표 1〉은 두 편의점의 김밥과 우유의 가격을 나타낸 것이고, 〈표 2〉는 정우와 수아가 구매해야 하는 김밥과 우유의 개수를 나타낸 것이다.

〈표 1〉 (단위 : 천 원)

	김밥	우유
A	3	1.5
B	5	1.2

〈표 2〉 (단위 : 개)

	정우	수아
김밥	x	$x-1$
우유	2	y

〈표 1〉과 〈표 2〉를 각각 행렬 $P=\begin{pmatrix} 3 & 1.5 \\ 5 & 1.2 \end{pmatrix}$, $Q=\begin{pmatrix} x & x-1 \\ 2 & y \end{pmatrix}$로 나타낼 때, $PQ=\begin{pmatrix} a & b \\ c & d \end{pmatrix}$이다. 정우와 수아가 둘 다 편의점 A에서 김밥과 우유를 구매할 때, 정우가 지불해야 하는 금액은 15000원이고, 이것은 수아가 지불해야 하는 금액보다 1500원이 많다. 수아가 편의점 B에서 김밥과 우유를 구매할 때 지불해야 하는 금액을 구하고, 그 금액을 행렬 PQ의 성분 a, b, c, d로 나타내시오.

서술형

17 행렬 $X=\begin{pmatrix} a & b \\ c & d \end{pmatrix}$에 대하여 $D(X)=ad-bc$라 하자. 행렬 $A=\begin{pmatrix} 2 & 2 \\ 0 & p \end{pmatrix}$에 대하여

$$D(A^3)=3\times D(6A)$$

를 만족시키는 실수 p의 값을 구하시오. (단, $p\neq 0$)

18 이차 정사각행렬 A는 다음 두 조건을 만족시킨다.

(가) $A^3-3A=O$

(나) $A\begin{pmatrix} 2 \\ -1 \end{pmatrix}=\begin{pmatrix} 5 \\ -2 \end{pmatrix}$

$A^2\begin{pmatrix} 5 \\ -2 \end{pmatrix}=\begin{pmatrix} a \\ b \end{pmatrix}$일 때, $a+b$의 값을 구하시오.

19 두 행렬 $A=\begin{pmatrix} -1 & 2 \\ 0 & 3 \end{pmatrix}$, $B=\begin{pmatrix} 0 & -1 \\ 1 & 2 \end{pmatrix}$에 대하여 행렬 $A^2-AB+BA-B^2$의 제2열의 모든 성분의 합을 구하시오.

20 두 이차 정사각행렬 X, Y에 대하여 $*$를

$$X*Y=(X-Y)(X+Y)$$

라 정의하자. 두 이차 정사각행렬 A, B에 대하여 〈보기〉에서 옳은 것만을 있는 대로 고른 것은?

보기

ㄱ. $A*O=O$이면 $A=O$이다.

ㄴ. $A*B=A*(-B)$이면 $(AB)^2=A^2B^2$이다.

ㄷ. $A*E=A$이면 $A^3=2A+E$이다.

① ㄱ ② ㄴ ③ ㄷ

④ ㄱ, ㄴ ⑤ ㄴ, ㄷ

21 두 이차 정사각행렬 A, B에 대하여

$$2A+B=E,\ BA=3E$$

가 성립할 때, $4A^2+B^2=kE$이다. 상수 k의 값을 구하시오.

22 행렬 $A=\begin{pmatrix} 3 & 5 \\ -2 & -3 \end{pmatrix}$에 대하여

A^4-2A^3+A+3E를 $pA+qE$ 꼴로 나타낼 때, 두 상수 p, q에 대하여 $p+q$의 값을 구하시오.

23 두 행렬 A, B를 $A=\begin{pmatrix} 1 & a \\ 0 & 1 \end{pmatrix}$, $B=\begin{pmatrix} 1 & 0 \\ b & 1 \end{pmatrix}$이라 할 때, 〈보기〉에서 옳은 것만을 있는 대로 고른 것은?

보기

ㄱ. $AB=E$이면 $ab=1$이다.

ㄴ. $(A-B)^2=abE$

ㄷ. 자연수 n에 대하여 $A^n=B^n$이면 $a+b=0$이다.

① ㄱ ② ㄴ ③ ㄷ

④ ㄱ, ㄴ ⑤ ㄴ, ㄷ

개념 마무리 발전

해 pp.188~191

신유형

1 이차 정사각행렬 A의 (i, j) 성분을 직선 $y=x+i$와 이차함수 $y=(x+2j)^2-j$의 그래프의 교점의 개수로 정의할 때, 행렬 A의 모든 성분의 합을 구하시오.

2 두 이차 정사각행렬 $A=\begin{pmatrix} a & b \\ c & d \end{pmatrix}$, $B=\begin{pmatrix} d & b \\ c & a \end{pmatrix}$가 다음 조건을 만족시킬 때, $6(ab+cd)$의 값을 구하시오. (단, $bc\neq0$)

(가) $AB=A$

(나) 행렬 $A+B$의 모든 성분의 합이 $\frac{16}{3}$이다.

3 행렬 $A=\begin{pmatrix} m & 0 \\ m-5 & 5 \end{pmatrix}$에 대하여 행렬 A^n의 모든 성분의 합이 2^{49}이 되도록 하는 두 자연수 m, n의 순서쌍 (m, n)의 개수를 구하시오.

1등급

4 두 이차 정사각행렬 A, B에 대하여

$AB=BA=E$, $A^2+B^2=O$

가 성립할 때, $(A-B)C=E$를 만족시키는 행렬 C는 $C=pA^3+qA$이다. 두 상수 p, q에 대하여 $100pq$의 값을 구하시오.

5 행렬 $A=\begin{pmatrix} a & b \\ b & a \end{pmatrix}$에 대하여

$A^2-6A+8E=O$

가 성립할 때, $2a+b$의 최댓값을 구하시오.

6 이차 정사각행렬 A가 다음 조건을 만족시킨다.

(가) $A^2+2A-E=O$

(나) $A\begin{pmatrix} 1 \\ -1 \end{pmatrix}=\begin{pmatrix} 3 \\ 4 \end{pmatrix}$

$(A+2E)\begin{pmatrix} x \\ y \end{pmatrix}=\begin{pmatrix} 3 \\ -3 \end{pmatrix}$을 만족시키는 x, y에 대하여 $x+y$의 값을 구하시오.

blacklabel
· 더 개념 ·
빠른 정답

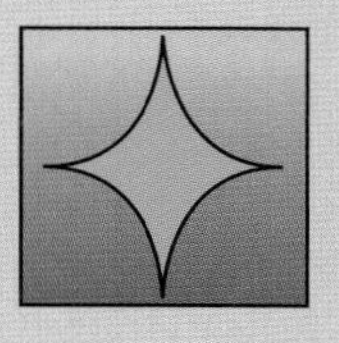

Ⅰ. 다항식

01. 다항식의 연산

① 다항식의 사칙연산

기본연습
본문 pp.014~016

01 (1) 차수 : 4, 상수항 : y^3+4
(2) 차수 : 3, 상수항 : $3x^4+4$
02 (1) $4y^2x^3+(3y^2+1)x-y^2-2y+1$
(2) $x+1-2y+(4x^3+3x-1)y^2$
03 (1) $A+B=3x^3-6x^2-4x-3$,
$A-B=-x^3+4x+7$
(2) $A+B=4x^2+xy+3y^2$,
$A-B=-2x^2-3xy+5y^2$
04 (1) $-15x^3+11x^2-2x$
(2) $6x^3-5x^2y+6xy^2+8y^3$
05 (1) 몫 : x^2-x+2, 나머지 : -2
(2) 몫 : $4x+1$, 나머지 : $4x+1$
06 x^3-2x^2+3

필수연습
본문 pp.017~019

07 (1) $-5x^2-7x+10$ (2) $3x^2-21x+8$
08 (1) x^2-2xy (2) x^2+4y^2
09 x^2+3x-2
10 (1) 12 (2) 5
11 -42
12 6
13 $2x-1$
14 11
15 4

STEP 1 개념 마무리
본문 p.020

01 ④
02 13
03 -15
04 14
05 -8
06 $2x-3$

② 곱셈 공식

기본연습
본문 pp.024~025

16 (1) $4a^2-9b^2$
(2) $6x^2+7x-20$
(3) $a^2+b^2-2ab+2a-2b+1$
(4) $8a^3-36a^2+54a-27$
(5) a^3-8b^3
(6) $a^3-4a^2-20a+48$
(7) $a^3+8b^3-8c^3+12abc$
(8) $a^4+9a^2b^2+81b^4$
17 (1) 60 (2) 84 (3) -432
18 (1) 4 (2) 52

필수연습
본문 pp.026~029

19 (1) $4x^4-37x^2+9$
(2) $x^4-4x^3-34x^2+76x+105$
20 $4a^2-b^2-c^2+2bc$
21 56
22 (1) a^8-16
(2) $3a^2+3b^2-2ab-2a-2b+3$
(3) $a^6-12a^4b^2+48a^2b^4-64b^6$
(4) a^6+7a^3-8
23 $1-x^{18}$
24 16
25 (1) 7 (2) 343
26 $30\sqrt{2}-4$
27 $6\sqrt{3}$
28 (1) 14 (2) 38 (3) 20
29 19
30 673

STEP 1 개념 마무리
본문 pp.030~031

07 -80
08 997
09 ①
10 ②
11 61
12 123
13 240
14 3
15 15
16 5
17 32
18 48

STEP 2 개념 마무리
본문 p.032

1 8
2 7
3 64
4 3
5 $\frac{1}{2}$
6 30

02. 항등식과 나머지정리

① 항등식

기본연습
본문 pp.036~037

01 (1) 방정식 (2) 항등식 (3) 항등식 (4) 항등식
02 $a=1$, $b=2$, $c=2$
03 6
04 $a=3$, $b=3$

필수연습
본문 pp.038~041

05 -4
06 7
07 2
08 (1) $a=5$, $b=7$, $c=5$ (2) -3
09 1
10 4
11 -1
12 24
13 2
14 (1) 1024 (2) 1 (3) 0 (4) 512
15 1024

STEP 1 개념 마무리
본문 p.042

01 20
02 -12
03 -54
04 1
05 5
06 ④

② 나머지정리

기본연습
본문 pp.046~047

16 (1) -15 (2) 7
17 -1
18 2
19 (1) 몫 : $2x^2-7x+7$, 나머지 : -1
(2) 몫 : x^2-2x+1, 나머지 : 2

필수연습
본문 pp.048~054

20 -14
21 -2
22 -60
23 $-x+3$
24 2
25 $-x^2+x+3$
26 -25
27 -8
28 21
29 120
30 3
31 몫 : x^2-x+5, 나머지 : $-3x+2$
32 40
33 51
34 13

STEP 1 개념 마무리
본문 pp.055~056

07 48
08 17
09 $2x+5$
10 -102
11 -11
12 $-\frac{1}{2}x^2+1$
13 6
14 6
15 x
16 97
17 $-6x-4$
18 9

STEP 2 개념 마무리
본문 p.057

1 2
2 3
3 -2
4 -2
5 -6
6 $-\frac{1}{24}$

03. 인수분해

① 인수분해

기본연습
본문 p.062

01 (1) $ax^2(x+2y)$
(2) $(a-2)(b-2)$
02 (1) $(a+2b+c)(a+2b-c)$
(2) $(a-2b+3c)^2$
(3) $-(3a-2b)^3$
(4) $(a+5b)(a^2-5ab+25b^2)$

(5) $(a+2b-c)(a^2+4b^2+c^2-2ab+2bc+ca)$ 또는
$\frac{1}{2}(a+2b-c)\{(a-2b)^2+(2b+c)^2+(c+a)^2\}$
(6) $(a^2+3ab+9b^2)(a^2-3ab+9b^2)$

필수연습
본문 p.063

03 (1) $-(a-2)(a-b)$
(2) $(a-b)(a-b+c)$
(3) $3x^2(2a-3b)^2$
(4) $(a+b)(a-b)(a+c)$
(5) $(a+4b)(a^2-ab+7b^2)$
(6) $(a^2+b^2-2c^2)^2$
04 $4\sqrt{3}$
05 2

STEP 1 개념 마무리
본문 p.064

01 -51
02 ②
03 ⑤
04 ③
05 16
06 $-3(x-y+3)(x+2)(y-1)$

2 복잡한 식의 인수분해

기본연습
본문 pp.068~069

06 (1) $(x-2y-1)(x-2y-4)$
(2) $(x^2+4x-3)(x^2+4x-6)$
07 (1) $(x+4)(x+1)(x-1)(x-4)$
(2) $(x^2+x+5)(x^2-x+5)$
08 (1) $(a-c)(a+b-c)$
(2) $(x+y+2)(x-2y-1)$
09 (1) $(x+3)(x-1)^2$
(2) $(x+2)(x+1)(x-1)(x-3)$
10 $(x^2-x+1)(x^2-4x+1)$

필수연습
본문 pp.070~076

11 (1) 0 (2) 45
12 16
13 (1) -10 (2) 12
14 4
15 1
16 $(x+2y-5)(x-3y+1)$
17 $3(x+y)(y+z)(z+x)$
18 $(a^2+b^2)(b^2+c^2)(c^2+a^2)$
19 10
20 10
21 (1) $\frac{2026}{2023}$ (2) 10505
22 39
23 $b=c$인 이등변삼각형
24 정삼각형

STEP 1 개념 마무리
본문 pp.077~078

07 1
08 ④
09 -19
10 4
11 8
12 26
13 $(x+y+2)(x+y-2)(x-y+1)(x-y-1)$
14 10
15 -2
16 ①
17 ⑤
18 13

STEP 2 개념 마무리
본문 p.079

1 8
2 $(a+b+c)^3$
3 27
4 9
5 8
6 15

Ⅱ. 방정식과 부등식

04. 복소수

1 복소수와 그 연산

기본연습
본문 pp.085~086

01 ㄱ, ㄹ
02 (1) $x=4$, $y=4$ (2) $x=3$, $y=1$
03 (1) $2\sqrt{3}+6i$ (2) $\sqrt{7}$ (3) $9i$
04 (1) $2+2i$ (2) $3-3i$ (3) $2i$ (4) $-i$

필수연습
본문 p.087

05 (1) $a=-\sqrt{2}$, $b=2\sqrt{2}$ 또는 $a=\sqrt{2}$, $b=-2\sqrt{2}$
(2) $a=3$, $b=21$
06 0

STEP 1 개념 마무리 본문 p.088

01 2
02 3
03 -1
04 1
05 5
06 2

② 복소수의 성질

기본연습 본문 pp.092~093

07 (1) $-i$ (2) $4i$ (3) $8i$ (4) 1
08 (1) $2-3i$ (2) $-6i$ (3) 13 (4) $-\frac{5}{13}-\frac{12}{13}i$
09 $1+i$ 또는 $-1-i$
10 (1) $-6-3i$ (2) $-10-\sqrt{3}i$

필수연습 본문 pp.094~099

11 (1) $-i$ (2) -1 (3) $-i$
12 (1) $-1-i$ (2) $-50+50i$
13 (1) 5 (2) $-\frac{4}{3}$
14 $2+10i$
15 $3+\sqrt{3}i$
16 (1) 4 (2) 5
17 -2, 2
18 10
19 (1) -3 (2) 6
20 0
21 (1) $3-4i$ (2) $1+2i$
22 $2+i$, $2-i$
23 $-1-\sqrt{2}i$
24 ㄱ
25 $2b$

STEP 1 개념 마무리 본문 pp.100~101

07 16
08 22
09 1
10 1
11 $5-11i$
12 -8
13 -1
14 8
15 ⑤
16 4
17 3
18 $-a-b+c$

STEP 2 개념 마무리 본문 p.102

1 -4
2 24
3 1
4 ㄱ, ㄷ
5 6
6 ㄱ, ㄴ

05. 이차방정식

① 이차방정식의 풀이

기본연습 본문 p.106

01 (1) $x=-\frac{1}{2}$ 또는 $x=\frac{4}{3}$
(2) $x=-1-\sqrt{3}$ 또는 $x=1$
02 (1) $x=\frac{-1\pm\sqrt{65}}{4}$ (실근) (2) $x=\frac{2\pm\sqrt{2}i}{3}$ (허근)

필수연습 본문 pp.107~111

03 -5
04 -1
05 3
06 0
07 3
08 (1) $x=-1$ 또는 $x=1$ (2) $x=-8$ 또는 $x=0$
09 $x=-2\pm i$ 또는 $x=-2\pm\sqrt{5}i$
10 -1
11 $\sqrt{2}$
12 2
13 $2\sqrt{2}$

STEP 1 개념 마무리 본문 p.112

01 2
02 $x=-\sqrt{3}$ 또는 $x=2+\sqrt{3}$
03 2
04 2
05 $\frac{1+\sqrt{13}}{6}$
06 15

2 이차방정식의 근

기본연습

본문 pp.116~118

14 (1) $k<-3$ (2) $k=-3$ (3) $k>-3$

15 4

16 (1) $-\frac{1}{2}$ (2) -4 (3) 0 (4) 76

17 (1) $x^2-6x-7=0$ (2) $x^2+2x-4=0$ (3) $x^2-x+\frac{37}{4}=0$

18 (1) $2\left(x-\frac{3-\sqrt{41}}{4}\right)\left(x-\frac{3+\sqrt{41}}{4}\right)$

(2) $3\left(x-\frac{2-\sqrt{11}i}{3}\right)\left(x-\frac{2+\sqrt{11}i}{3}\right)$

19 200

필수연습

본문 pp.119~124

20 -1

21 6

22 -2

23 (1) -18 (2) 6

24 $-\frac{7}{2}$

25 2

26 2

27 (1) 13 (2) $\frac{8}{3}$

28 7

29 (1) $x^2+8x+8=0$ (2) $x^2-8x+8=0$

30 3

31 4

32 (1) -9 (2) $\frac{65}{8}$

33 12

STEP 1 개념 마무리

본문 pp.125~126

07 30

08 6

09 1

10 0

11 4

12 6

13 3

14 23

15 $2x^2+3x-7$

16 $x^2-6x+6=0$

17 10

18 $-\frac{3}{2}$

STEP 2 개념 마무리

본문 p.127

1 0

2 -1

3 2

4 -1

5 5

6 -7

06. 이차방정식과 이차함수

1 이차방정식과 이차함수

기본연습

본문 pp.135~136

01 5

02 (1) $a<\frac{9}{2}$ (2) $a=\frac{9}{2}$ (3) $a>\frac{9}{2}$

03 52

04 (1) $k>-7$ (2) $k=-7$ (3) $k<-7$

필수연습

본문 pp.137~141

05 6

06 -12

07 14

08 -1

09 8

10 $\mathrm{Q}(6, -5)$

11 4

12 2

13 $a=2$, $b=1$

14 $y=-x+\frac{15}{4}$

15 -1, 1, $\frac{5}{4}$

16 6

17 24

STEP 1 개념 마무리

본문 pp.142~143

01 -28

02 2

03 -4

04 2

05 ④

06 -2

07 2

08 1

09 $\frac{9}{4}$

10 -2

11 24

12 $a<\frac{1}{2}$

② 이차함수의 최대, 최소

기본연습

본문 p.146

18 (1) 최솟값 : -2, 최댓값은 없다.
(2) 최댓값 : $\frac{3}{2}$, 최솟값은 없다.

19 (1) 최댓값 : 13, 최솟값 : 4
(2) 최댓값 : -7, 최솟값 : -31

필수연습

본문 pp.147~151

20 (1) 5 (2) $-\frac{7}{4}$

21 -6

22 10

23 (1) 4 (2) 3

24 $1-2\sqrt{2}$, $\sqrt{3}$

25 25

26 -4

27 (1) -15 (2) -6

28 8

29 최댓값 : 7, 최솟값 : $-\frac{25}{8}$

30 690

31 900원

32 34

STEP 1 개념 마무리

본문 p.152

13 11

14 54

15 2

16 $-\frac{51}{2}$

17 4

18 70

STEP 2 개념 마무리

본문 p.153

1 27

2 8

3 $\frac{9\sqrt{2}}{4}$

4 $-1<k<\frac{9}{4}$

5 50

6 1

07. 여러 가지 방정식

① 삼차방정식과 사차방정식

기본연습

본문 pp.160~162

01 (1) $x=-2$ 또는 $x=-1\pm2i$
(2) $x=2$ 또는 $x=3$ 또는 $x=-1\pm\sqrt{3}i$

02 (1) $x=2$ 또는 $x=3$ 또는 $x=\frac{5\pm\sqrt{3}i}{2}$
(2) $x=-2$ 또는 $x=5$ 또는 $x=\frac{3\pm\sqrt{23}i}{2}$

03 (1) $x=\pm\sqrt{3}$ 또는 $x=\pm2$
(2) $x=1\pm i$ 또는 $x=-1\pm i$

04 $x=\pm i$ 또는 $x=-2\pm\sqrt{3}$

05 (1) 0 (2) -7 (3) -6 (4) $\frac{7}{6}$

06 15

필수연습

본문 pp.163~167

07 1

08 -16

09 $\frac{35}{2}$

10 $a>\frac{1}{8}$

11 $\frac{7}{4}$

12 3

13 256

14 2

15 -198

16 $4x^3-3x^2+2x+1=0$

17 $\frac{21}{4}$

18 (1) 1 (2) -1

19 -1

20 -18

STEP 1 개념 마무리

본문 pp.168~169

01 4

02 -1

03 -16

04 0

05 -1

06 -3
07 -14
08 -2
09 14
10 $13+2i$
11 ④
12 20

2 연립방정식

기본연습

본문 p.175

21 (1) $\begin{cases} x=\frac{5}{3} \\ y=\frac{50}{3} \end{cases}$ 또는 $\begin{cases} x=9 \\ y=2 \end{cases}$

(2) $\begin{cases} x=-1 \\ y=-2 \end{cases}$ 또는 $\begin{cases} x=1 \\ y=2 \end{cases}$ 또는 $\begin{cases} x=-\sqrt{13} \\ y=-\frac{\sqrt{13}}{2} \end{cases}$

또는 $\begin{cases} x=\sqrt{13} \\ y=\frac{\sqrt{13}}{2} \end{cases}$

22 $(0, -1)$, $(6, 1)$

필수연습

본문 pp.176~180

23 6
24 4
25 $\frac{39}{4}$
26 (1) $\begin{cases} x=2 \\ y=4 \end{cases}$ 또는 $\begin{cases} x=4 \\ y=2 \end{cases}$

(2) $\begin{cases} x=-1 \\ y=1 \end{cases}$ 또는 $\begin{cases} x=1 \\ y=-1 \end{cases}$ 또는 $\begin{cases} x=1+\sqrt{2}i \\ y=1-\sqrt{2}i \end{cases}$

또는 $\begin{cases} x=1-\sqrt{2}i \\ y=1+\sqrt{2}i \end{cases}$

27 2
28 34
29 75
30 6
31 2
32 0
33 6
34 9

STEP 1 개념 마무리

본문 pp.181~182

13 -3
14 6
15 ①
16 1
17 4, 36
18 ③
19 75
20 ⑤
21 3
22 18
23 5
24 2

STEP 2 개념 마무리

본문 p.183

1 $-\frac{4}{3}$
2 2
3 $\frac{25}{2}$
4 1
5 28
6 80

08. 여러 가지 부등식

1 연립일차부등식

기본연습

본문 pp.190~192

01 ㄴ, ㄷ
02 풀이 참조
03 $-2<x\le 3$
04 (1) $x=5$ (2) 해는 없다.
05 9
06 (1) $x\le 0$ 또는 $x\ge \frac{4}{3}$

(2) $-\frac{7}{3}\le x<-\frac{4}{3}$ 또는 $2<x\le 3$

(3) $x\le -\frac{1}{5}$

필수연습

본문 pp.193~196

07 4
08 12
09 -1
10 -7
11 $-15<a\le -8$
12 80g 이상 320g 이하
13 $\frac{5}{2}$km 이상 $\frac{16}{5}$km 미만
14 59
15 (1) $x\le -2$ 또는 $x\ge 7$ (2) $\frac{4}{3}<x<\frac{8}{5}$
16 $\frac{2}{3}$

STEP 1 개념 마무리
본문 p.197

01 ⑤
02 70
03 $\frac{1}{3}$
04 400g
05 6
06 38

2 이차부등식

기본연습
본문 pp.202~203

17 (1) $x<-2$ 또는 $x>\frac{9}{2}$ (2) $x\le-3$ 또는 $0\le x\le3$
18 (1) $-3\le x\le8$ (2) $x=\frac{1}{2}$ (3) 해는 없다.
19 64
20 -6

필수연습
본문 pp.204~209

21 (1) $-2<x<4$ (2) $x\le-3$ 또는 $x\ge5$
22 $x<-1$ 또는 $x>\frac{1}{4}$
23 -12
24 3
25 $-6\le k\le2$
26 $0<k<4$
27 2
28 (1) $k\le3$ 또는 $k\ge11$ (2) $-3\le a<1$
29 $\frac{3}{2}$
30 -4
31 $\frac{1}{2}<a<\frac{5}{2}$
32 $-1<a<\frac{1}{2}$
33 3
34 3
35 $20\le x\le30$

STEP 1 개념 마무리
본문 pp.210~211

07 ㄱ, ㄹ
08 ②
09 56
10 -9
11 ⑤
12 5
13 8
14 $a<0$ 또는 $0<a<4$
15 9
16 -17
17 $k\le-\frac{\sqrt{7}}{2}$ 또는 $k\ge\frac{\sqrt{7}}{2}$
18 25

3 연립이차부등식

기본연습
본문 p.215

36 (1) $3\le x\le5$
(2) $-7\le x<-\frac{1}{2}$ 또는 $2<x\le8$
37 $\frac{3}{2}<k\le\frac{13}{8}$

필수연습
본문 pp.216~218

38 $a\ge0$
39 $0<a\le1$
40 2
41 $a>3$
42 -3
43 -4
44 (1) $-\frac{3}{2}<k\le-1$ 또는 $k\ge3$
(2) $k>\frac{7}{2}$
(3) $3\le k<\frac{31}{5}$
45 $-\frac{17}{5}<k<-\frac{13}{4}$

STEP 1 개념 마무리
본문 p.219

19 -4
20 5
21 2
22 7
23 -2
24 ⑤

STEP 2 개념 마무리
본문 p.220

1 -6
2 13
3 $-\frac{21}{4}$
4 14
5 $k>3$
6 -32

Ⅲ. 경우의 수

09. 경우의 수

① 경우의 수

기본연습 본문 pp.224~225

01 9
02 97
03 9
04 25

필수연습 본문 pp.226~233

05 (1) 19 (2) 14
06 20
07 30
08 (1) 12 (2) 16
09 10
10 (1) 364 (2) 13
11 81
12 (1) 223 (2) 127
13 46
14 (1) 15 (2) 12 (3) 16
15 48
16 29
17 (1) 11 (2) 69
18 4
19 18
20 44
21 16
22 540
23 780

STEP 1 개념 마무리 본문 pp.234~235

01 53
02 90
03 8
04 176
05 154
06 22
07 63
08 8
09 38
10 20
11 30
12 1300

STEP 2 개념 마무리 본문 p.236

1 12
2 126
3 15
4 520
5 45
6 72

10. 순열과 조합

① 순열

기본연습 본문 pp.242~243

01 (1) 504 (2) 5040 (3) 420
02 (1) 7 (2) 2 (3) 7
03 (1) 720 (2) 720
04 (1) 24 (2) 6

필수연습 본문 pp.244~248

05 (1) 5 (2) 8
06 10
07 5
08 (1) 2880 (2) 1152 (3) 8640
09 144
10 2
11 (1) 4320 (2) 3600
12 288
13 4
14 (1) 300 (2) 144
15 40
16 1344
17 (1) 66 (2) 2451
18 257
19 40213

STEP 1 개념 마무리 본문 pp.249~250

01 24
02 114
03 1728
04 2880
05 11520
06 1
07 180
08 148
09 66

10 496
11 G
12 6893

2 조합

기본연습 본문 pp.254~255

20 (1) 10 (2) 1 (3) 63 (4) 240
21 (1) 5 (2) 8
22 (1) 35 (2) 15
23 (1) 40 (2) 121

필수연습 본문 pp.256~262

24 (1) 9 (2) 7
25 -30
26 (1) 56 (2) 56 (3) 70
27 60
28 186
29 (1) 432 (2) 840
30 1440
31 228
32 36
33 21
34 100
35 150
36 15
37 5
38 (1) 1260 (2) 280 (3) 1890
39 81
40 90
41 315
42 180

STEP 1 개념 마무리 본문 pp.263~264

13 ③
14 $\frac{7}{3}$
15 31
16 115
17 4
18 90
19 21600
20 50
21 105
22 97
23 1806
24 60

STEP 2 개념 마무리 본문 p.265

1 112
2 360
3 10
4 40
5 4620
6 90

IV. 행렬

11. 행렬

1 행렬

기본연습 본문 pp.270~271

01 (1) 행의 개수 : 1, 열의 개수 : 3
(2) 행의 개수 : 2, 열의 개수 : 3
02 ㄱ, ㄴ, ㄷ
03 $\begin{pmatrix} 1 & 4 & 9 \\ 4 & 7 & 12 \end{pmatrix}$
04 $a=-4$, $b=-4$, $c=2$, $d=3$

필수연습 본문 pp.272~273

05 6
06 -5
07 $\begin{pmatrix} 0 & 2 & 0 \\ 1 & 1 & 1 \\ 1 & 1 & 0 \end{pmatrix}$
08 45
09 19
10 10

STEP 1 개념 마무리 본문 p.274

01 ③
02 5
03 -2
04 4
05 10
06 $-\frac{29}{6}$

2 행렬의 덧셈, 뺄셈과 실수배

기본연습

본문 pp.278~279

11 (1) $\begin{pmatrix} -6 & 2 \\ 1 & 8 \end{pmatrix}$ (2) $\begin{pmatrix} 9 & 1 \\ -4 & -1 \end{pmatrix}$ (3) $\begin{pmatrix} -8 & 1 \\ 2 & 4 \end{pmatrix}$

12 (1) $\begin{pmatrix} 1 & \frac{4}{3} \\ 0 & \frac{2}{3} \end{pmatrix}$ (2) $\begin{pmatrix} -6 & 12 \\ 3 & -3 \end{pmatrix}$ (3) $\begin{pmatrix} 4 & 12 \\ 1 & 3 \end{pmatrix}$

(4) $\begin{pmatrix} 12 & -4 \\ -3 & 7 \end{pmatrix}$

13 (1) $\begin{pmatrix} 8 & -15 & -3 \\ 3 & 14 & -4 \end{pmatrix}$ (2) $\begin{pmatrix} 15 & -24 & -7 \\ 7 & 29 & -2 \end{pmatrix}$

14 $\begin{pmatrix} 5 & -2 & -4 \\ 1 & -2 & -2 \end{pmatrix}$

필수연습

본문 pp.280~281

15 $\begin{pmatrix} 0 & -4 \\ 10 & 4 \end{pmatrix}$

16 -1, $\frac{7}{3}$

17 13

18 (1) $\begin{pmatrix} -1 & \frac{10}{3} \\ \frac{1}{3} & 0 \end{pmatrix}$ (2) $\begin{pmatrix} -9 & 5 \\ -2 & -5 \end{pmatrix}$

19 $\begin{pmatrix} 1 & -6 \\ 1 & -1 \end{pmatrix}$

20 $\begin{pmatrix} 1 & 1 & 1 \\ 7 & 8 & 9 \end{pmatrix}$

STEP 1 개념 마무리

본문 p.282

07 55

08 -2

09 22

10 -17

11 $\begin{pmatrix} 3 & 9 \\ 9 & 3 \end{pmatrix}$

12 110

3 행렬의 곱셈

기본연습

본문 pp.289~290

21 (1) $\begin{pmatrix} 3 & 5 \\ -6 & -10 \end{pmatrix}$ (2) $\begin{pmatrix} 5 & 4 \\ 4 & 14 \end{pmatrix}$ (3) $\begin{pmatrix} 30 & 20 \\ 18 & 12 \\ 6 & 4 \end{pmatrix}$

22 $x=-4$, $y=\frac{1}{2}$

23 (1) $\begin{pmatrix} 4 & -1 \\ 0 & 9 \end{pmatrix}$ (2) $\begin{pmatrix} 8 & 7 \\ 0 & -27 \end{pmatrix}$ (3) $\begin{pmatrix} 32 & 55 \\ 0 & -243 \end{pmatrix}$

24 5

필수연습

본문 pp.291~297

25 -2

26 4, 11

27 $\frac{14}{3}$

28 $1000(b+d)$원

29 (1) 10 (2) -120

30 10

31 24

32 11

33 2

34 5

35 52

36 2

37 -1

38 ㄱ

39 1

40 -9

41 -5

STEP 1 개념 마무리

본문 pp.298~299

13 ⑤

14 25

15 -2

16 18600원, $1000d$원

17 $\pm 3\sqrt{3}$

18 9

19 6

20 ⑤

21 -11

22 7

23 ③

STEP 2 개념 마무리

본문 p.300

1 6

2 5

3 10

4 25

5 8

6 21

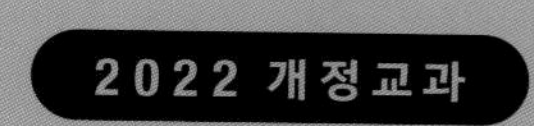

THE 개념 블랙라벨

정답과 해설

공통수학 1

체계적 개념 학습을 위한
Plus⁺ 기본서

JINHAK

THE 개념 블랙라벨

정답과 해설

BLACKLABEL

I. 다항식

01. 다항식의 연산

1 다항식의 사칙연산

기본 + 필수연습 본문 pp.014~019

01 (1) 차수 : 4, 상수항 : y^3+4
(2) 차수 : 3, 상수항 : $3x^4+4$
02 (1) $4y^2x^3+(3y^2+1)x-y^2-2y+1$
(2) $x+1-2y+(4x^3+3x-1)y^2$
03 (1) $A+B=3x^3-6x^2-4x-3$,
$A-B=-x^3+4x+7$
(2) $A+B=4x^2+xy+3y^2$,
$A-B=-2x^2-3xy+5y^2$
04 (1) $-15x^3+11x^2-2x$
(2) $6x^3-5x^2y+6xy^2+8y^3$
05 (1) 몫 : x^2-x+2, 나머지 : -2
(2) 몫 : $4x+1$, 나머지 : $4x+1$
06 x^3-2x^2+3
07 (1) $-5x^2-7x+10$ (2) $3x^2-21x+8$
08 (1) x^2-2xy (2) x^2+4y^2
09 x^2+3x-2 **10** (1) 12 (2) 5
11 -42 **12** 6 **13** $2x-1$ **14** 11
15 4

01

(1) x에 대한 최고차항은 $3x^4$이므로 차수는 4이고, 상수항은 y^3+4이다.

(2) y에 대한 최고차항은 y^3이므로 차수는 3이고, 상수항은 $3x^4+4$이다.

답 (1) 차수 : 4, 상수항 : y^3+4
(2) 차수 : 3, 상수항 : $3x^4+4$

02

(1) 다항식 $4x^3y^2+3xy^2-y^2+x-2y+1$을 x에 대한 내림차순으로 정리하면
$4y^2x^3+(3y^2+1)x-y^2-2y+1$

(2) 다항식 $4x^3y^2+3xy^2-y^2+x-2y+1$을 y에 대한 오름차순으로 정리하면
$x+1-2y+(4x^3+3x-1)y^2$

답 (1) $4y^2x^3+(3y^2+1)x-y^2-2y+1$
(2) $x+1-2y+(4x^3+3x-1)y^2$

03

(1) $A+B=(x^3-3x^2+2)+(2x^3-3x^2-4x-5)$
$=(1+2)x^3+(-3-3)x^2-4x+(2-5)$
$=3x^3-6x^2-4x-3$
$A-B=(x^3-3x^2+2)-(2x^3-3x^2-4x-5)$
$=(1-2)x^3+(-3+3)x^2+4x+(2+5)$
$=-x^3+4x+7$

(2) $A+B=(x^2-xy+4y^2)+(3x^2+2xy-y^2)$
$=(1+3)x^2+(-1+2)xy+(4-1)y^2$
$=4x^2+xy+3y^2$
$A-B=(x^2-xy+4y^2)-(3x^2+2xy-y^2)$
$=(1-3)x^2+(-1-2)xy+(4+1)y^2$
$=-2x^2-3xy+5y^2$

답 (1) $A+B=3x^3-6x^2-4x-3$, $A-B=-x^3+4x+7$
(2) $A+B=4x^2+xy+3y^2$, $A-B=-2x^2-3xy+5y^2$

04

(1) $(5x^2-2x)(-3x+1)$
$=5x^2(-3x+1)-2x(-3x+1)$
$=-15x^3+5x^2+6x^2-2x$
$=-15x^3+11x^2-2x$

(2) $(2x^2-3xy+4y^2)(3x+2y)$
$=2x^2(3x+2y)-3xy(3x+2y)+4y^2(3x+2y)$
$=6x^3+4x^2y-9x^2y-6xy^2+12xy^2+8y^3$
$=6x^3-5x^2y+6xy^2+8y^3$

답 (1) $-15x^3+11x^2-2x$ (2) $6x^3-5x^2y+6xy^2+8y^3$

05

(1)

$$\begin{array}{r|l} & x^2-\ x+2 \\ 3x+1 & 3x^3-2x^2+5x \\ & 3x^3+\ x^2 \\ \hline & -3x^2+5x \\ & -3x^2-\ x \\ \hline & 6x \\ & 6x+2 \\ \hline & -2 \end{array}$$

← 나누어지는 식의 상수항은 0으로 생각한다.

따라서 $3x^3-2x^2+5x$를 $3x+1$로 나눈 몫은 x^2-x+2이고 나머지는 -2이다.

(2)

$$\begin{array}{r|l} & 4x+1 \\ x^2+x-2 & 4x^3+5x^2-3x-1 \\ & 4x^3+4x^2-8x \\ \hline & x^2+5x-1 \\ & x^2+\ x-2 \\ \hline & 4x+1 \end{array}$$

따라서 $4x^3+5x^2-3x-1$을 x^2+x-2로 나눈 몫은 $4x+1$이고 나머지는 $4x+1$이다.

답 (1) 몫 : x^2-x+2, 나머지 : -2

(2) 몫 : $4x+1$, 나머지 : $4x+1$

06

다항식 $f(x)$를 x^2-x+1로 나눈 몫이 $x-1$, 나머지가 $-2x+4$이므로

$f(x)=(x^2-x+1)(x-1)-2x+4$

$=(x^3-x^2-x^2+x+x-1)-2x+4$

$=x^3-2x^2+3$

답 x^3-2x^2+3

07

(1) $A-3B=(x^2-4x+1)-3(2x^2+x-3)$

$=x^2-4x+1-6x^2-3x+9$

$=-5x^2-7x+10$

(2) $2A-(B-3A)=2A-B+3A$

$=5A-B$

$=5(x^2-4x+1)-(2x^2+x-3)$

$=5x^2-20x+5-2x^2-x+3$

$=3x^2-21x+8$

답 (1) $-5x^2-7x+10$ (2) $3x^2-21x+8$

08

(1) $A-(B-C)$

$=A-B+C$

$=(x^2-xy+2y^2)-(x^2+xy+y^2)+(x^2-y^2)$

$=x^2-2xy$

(2) $(A+2B)-(B+C)$

$=A+B-C$

$=(x^2-xy+2y^2)+(x^2+xy+y^2)-(x^2-y^2)$

$=x^2+4y^2$

답 (1) x^2-2xy (2) x^2+4y^2

09

$A-B=5x^2-3x+8$ ……㉠

$A+2B=-x^2+6x-7$ ……㉡

㉡$-$㉠을 하면 $3B=-6x^2+9x-15$

$\therefore B=-2x^2+3x-5$

이것을 ㉠에 대입하면

$A-(-2x^2+3x-5)=5x^2-3x+8$

$\therefore A=5x^2-3x+8+(-2x^2+3x-5)$

$=3x^2+3$

$\therefore A+B=(3x^2+3)+(-2x^2+3x-5)$

$=x^2+3x-2$

답 x^2+3x-2

다른 풀이

A, B를 각각 구하지 않고 $A+B$를 다음과 같이 구할 수 있다.

$A+B=m(A-B)+n(A+2B)$라 하면

$A+B=(m+n)A+(-m+2n)B$이므로

$m+n=1$, $-m+2n=1$

위의 두 식을 연립하여 풀면

$m=\frac{1}{3}$, $n=\frac{2}{3}$

$\therefore A+B=\frac{1}{3}(A-B)+\frac{2}{3}(A+2B)$

$=\frac{1}{3}(5x^2-3x+8)+\frac{2}{3}(-x^2+6x-7)$

$=\frac{5}{3}x^2-x+\frac{8}{3}-\frac{2}{3}x^2+4x-\frac{14}{3}$

$=x^2+3x-2$

10

(1) $(x^4+2x^3+3x^2+4x+5)(4x^3-3x^2+2x-1)$의 전개식에서 x^3항이 나오는 경우는

$2x^3\times(-1)$, $3x^2\times 2x$, $4x\times(-3x^2)$, $5\times 4x^3$의 네 가지이다. 즉, x^3항은

$-2x^3+6x^3-12x^3+20x^3=12x^3$

따라서 x^3의 계수는 12이다.

(2) $(x^4+2x^3+3x^2+4x+5)(4x^3-3x^2+2x-1)$의 전개식에서 x^6항이 나오는 경우는

$x^4\times(-3x^2)$, $2x^3\times 4x^3$의 두 가지이다. 즉, x^6항은

$-3x^6+8x^6=5x^6$

따라서 x^6의 계수는 5이다.

답 (1) 12 (2) 5

11

$(x-3y-2)(x+ay+b)$에서 xy항이 나오는 경우는

$x\times ay$, $(-3y)\times x$의 두 가지이다. 즉, xy항은

$axy-3xy=(a-3)xy$이고, xy의 계수는 4이므로

$a-3=4 \qquad \therefore a=7$

또한, y항이 나오는 경우는

$(-3y)\times b$, $(-2)\times ay$의 두 가지이다. 즉, y항은

$-3by-2ay=(-2a-3b)y$이고, y의 계수는 4이므로

$-2a-3b=4$

$\therefore b=-6\ (\because a=7)$

$\therefore ab=7\times(-6)=-42$

답 -42

다른 풀이

주어진 식을 전개하면 다음과 같다.

$(x-3y-2)(x+ay+b)$

$=x(x+ay+b)-3y(x+ay+b)-2(x+ay+b)$

$=x^2+axy+bx-3xy-3ay^2-3by-2x-2ay-2b$

$=x^2+(a-3)xy+(b-2)x-3ay^2+(-2a-3b)y-2b$

이때 xy의 계수와 y의 계수가 모두 4이므로

$a-3=4,\ -2a-3b=4$

$\therefore a=7,\ b=-6$

$\therefore ab=-42$

12

$(1+x+x^2+\cdots+x^{100})^2$

$=(1+x+x^2+\cdots+x^{100})(1+x+x^2+\cdots+x^{100})$

위의 식을 전개했을 때, x^5항이 나오는 경우는

$1\times x^5$, $x\times x^4$, $x^2\times x^3$, $x^3\times x^2$, $x^4\times x$, $x^5\times 1$

의 6가지이다. 즉, x^5항은

$x^5+x^5+x^5+x^5+x^5+x^5=6x^5$

따라서 x^5의 계수는 6이다.

답 6

13

$4x^3-3x-5=f(x)(2x^2+x-1)-6$이므로

$(2x^2+x-1)f(x)=4x^3-3x+1$

즉, $f(x)$는 $4x^3-3x+1$을 $2x^2+x-1$로 나눈 몫이므로 나눗셈을 하면 다음과 같다.

$$
\begin{array}{r|l}
 & 2x\ -1 \\
2x^2+x-1 & 4x^3 \qquad\quad -3x+1 \\
 & 4x^3+2x^2-2x \\
 & \quad -2x^2-\ x+1 \\
 & \quad -2x^2-\ x+1 \\
 & \qquad\qquad\quad 0
\end{array}
$$

$\therefore f(x)=2x-1$

답 $2x-1$

14

다항식 $3x^3+5x+a$를 x^2+x+1로 나누면 다음과 같다.

$$
\begin{array}{r|l}
 & 3x\ -3 \\
x^2+x+1 & 3x^3 \qquad\quad +5x+a \\
 & 3x^3+3x^2+3x \\
 & \quad -3x^2+2x+a \\
 & \quad -3x^2-3x-3 \\
 & \qquad\quad 5x+a+3
\end{array}
$$

이때 나머지가 $5x+14$이므로

$a+3=14 \qquad \therefore a=11$

답 11

15

$x^3-x^2+2x=x(x^2-x+2)$

다항식 $f(x)$를 x^3-x^2+2x로 나눈 몫을 $Q_1(x)$라 하면 나머지가 x^2+ax+3이므로

$f(x)=(x^3-x^2+2x)Q_1(x)+x^2+ax+3$
$=x(x^2-x+2)Q_1(x)+(x^2-x+2)+(a+1)x+1$
$=(x^2-x+2)\{xQ_1(x)+1\}+(a+1)x+1$

다항식 $f(x)$를 x^2-x+2로 나눈 몫을 $Q_2(x)$라 하면 나머지가 $4x+b$이므로

$Q_2(x)=xQ_1(x)+1$이고 $(a+1)x+1=4x+b$

따라서 $a+1=4$, $1=b$이므로 $a=3$, $b=1$

$\therefore a+b=4$

답 4

STEP 1 개념 마무리 본문 p.020

01 ④ 02 13 03 -15 04 14
05 -8 06 $2x-3$

01

$2X-B=A-5B$에서 $2X=A-4B$

$\therefore X=\frac{1}{2}A-2B$
$=\frac{1}{2}(2x^2+6xy+2y^2)-2\left(-\frac{1}{2}x^2+2xy+y^2\right)$
$=x^2+3xy+y^2+x^2-4xy-2y^2$
$=2x^2-xy-y^2$

답 ④

02

$(2x^2+ax+1)(-2x^2+bx+3)$의 전개식에서

(i) x^3항

$2x^2\times bx+ax\times(-2x^2)=2bx^3-2ax^3$
$=(2b-2a)x^3$

(ii) x^2항

$2x^2\times 3+ax\times bx+1\times(-2x^2)=6x^2+abx^2-2x^2$
$=(ab+4)x^2$

(i), (ii)에서 x^3의 계수와 x^2의 계수가 모두 6이므로

$2b-2a=6$ $\therefore a-b=-3$ ······㉠

$ab+4=6$ $\therefore ab=2$ ······㉡

$\therefore a^2+b^2=(a-b)^2+2ab$
$=(-3)^2+2\times 2$ ($\because$ ㉠, ㉡)
$=13$

답 13

03

$(x+3)(x+2)(x-1)(x-2)$
$=\{(x+2)(x-2)\}\{(x+3)(x-1)\}$ ← $\{(x+3)(x-2)\}\{(x+2)(x-1)\}$ 또는 $\{(x+3)(x+2)\}\{(x-1)(x-2)\}$로 전개해도 그 결과는 같다.
$=(x^2-4)(x^2+2x-3)$ ······㉠

㉠에서 x^2항은 $x^2\times(-3)+(-4)\times x^2=-7x^2$

x^2의 계수는 -7

㉠에서 x항은 $(-4)\times 2x=-8x$

x의 계수는 -8

따라서 구하는 계수의 합은 -15이다.

답 -15

04

(i) $(1+2x)^2=(1+2x)(1+2x)$

의 전개식에서 x^2항이 나오는 경우는

$2x\times 2x$의 한 가지이므로 x^2항은

$4x^2$

(ii) $(1+2x+3x^2)^2=(1+2x+3x^2)(1+2x+3x^2)$

의 전개식에서 x^2항이 나오는 경우는

$1\times 3x^2$, $2x\times 2x$, $3x^2\times 1$의 세 가지이므로 x^2항은

$3x^2+4x^2+3x^2=10x^2$

(i), (ii)에서 x^2항은 $4x^2+10x^2=14x^2$

따라서 x^2의 계수는 14이다.

답 14

05

$A=(x+2)(x^2-2)+3$

$=x^3+2x^2-2x-1$

다항식 A를 x^2+1로 나누면 다음과 같다.

$$\begin{array}{r|l} & x+2 \\ x^2+1 & x^3+2x^2-2x-1 \\ & x^3 \quad\quad +x \\ \hline & 2x^2-3x-1 \\ & 2x^2 \quad\quad +2 \\ \hline & -3x-3 \end{array}$$

따라서 다항식 A를 x^2+1로 나눈 몫은 $x+2$이고 나머지는 $-3x-3$이므로

$Q(x)=x+2,\ R(x)=-3x-3$

$\therefore\ Q(2)+R(3)=(2+2)+(-3\times3-3)$

$=-8$

답 -8

06

다항식 $f(x)$를 $3x^2-x+1$로 나눈 몫을 $Q(x)$라 하면

$f(x)=(3x^2-x+1)Q(x)+3x+8$

$\therefore\ x^2f(x)=x^2(3x^2-x+1)Q(x)+x^2(3x+8)$

이때 $x^2(3x^2-x+1)Q(x)$를 $3x^2-x+1$로 나누면 나누어 떨어지므로 $x^2f(x)$를 $3x^2-x+1$로 나눈 나머지는 $x^2(3x+8)=3x^3+8x^2$을 $3x^2-x+1$로 나눈 나머지와 같다.

$$\begin{array}{r|l} & x+3 \\ 3x^2-x+1 & 3x^3+8x^2 \\ & 3x^3-x^2+x \\ \hline & 9x^2-x \\ & 9x^2-3x+3 \\ \hline & 2x-3 \end{array}$$

따라서 구하는 나머지는 $2x-3$이다.

답 $2x-3$

2 곱셈 공식

기본 + 필수연습 본문 pp.024~029

16 (1) $4a^2-9b^2$
(2) $6x^2+7x-20$
(3) $a^2+b^2-2ab+2a-2b+1$
(4) $8a^3-36a^2+54a-27$
(5) a^3-8b^3
(6) $a^3-4a^2-20a+48$
(7) $a^3+8b^3-8c^3+12abc$
(8) $a^4+9a^2b^2+81b^4$

17 (1) 60 (2) 84 (3) -432 **18** (1) 4 (2) 52

19 (1) $4x^4-37x^2+9$ (2) $x^4-4x^3-34x^2+76x+105$

20 $4a^2-b^2-c^2+2bc$ **21** 56

22 (1) a^8-16 (2) $3a^2+3b^2-2ab-2a-2b+3$
(3) $a^6-12a^4b^2+48a^2b^4-64b^6$ (4) a^6+7a^3-8

23 $1-x^{18}$ **24** 16 **25** (1) 7 (2) 343

26 $30\sqrt{2}-4$ **27** $6\sqrt{3}$ **28** (1) 14 (2) 38 (3) 20

29 19 **30** 673

16

(1) $(2a-3b)(2a+3b)=(2a)^2-(3b)^2$

$=4a^2-9b^2$

(2) $(2x+5)(3x-4)$

$=(2\times3)x^2+\{2\times(-4)+5\times3\}x+5\times(-4)$

$=6x^2+7x-20$

(3) $(a-b+1)^2$

$=a^2+(-b)^2+1^2+2\times a\times(-b)$

$+2\times(-b)\times1+2\times1\times a$

$=a^2+b^2-2ab+2a-2b+1$

(4) $(2a-3)^3$

$=(2a)^3-3\times(2a)^2\times3+3\times2a\times3^2-3^3$

$=8a^3-36a^2+54a-27$

(5) $(a-2b)(a^2+2ab+4b^2)=a^3-(2b)^3$

$=a^3-8b^3$

(6) $(a-2)(a+4)(a-6)$

$=a^3+(-2+4-6)a^2$

$+\{(-2)\times4+4\times(-6)+(-6)\times(-2)\}a$

$+(-2)\times4\times(-6)$

$=a^3-4a^2-20a+48$

(7) $(a+2b-2c)(a^2+4b^2+4c^2-2ab+4bc+2ca)$

$=a^3+(2b)^3+(-2c)^3-3\times a\times 2b\times(-2c)$

$=a^3+8b^3-8c^3+12abc$

(8) $(a^2+3ab+9b^2)(a^2-3ab+9b^2)$

$=a^4+a^2\times(3b)^2+(3b)^4$

$=a^4+9a^2b^2+81b^4$

답 (1) $4a^2-9b^2$
(2) $6x^2+7x-20$
(3) $a^2+b^2-2ab+2a-2b+1$
(4) $8a^3-36a^2+54a-27$
(5) a^3-8b^3
(6) $a^3-4a^2-20a+48$
(7) $a^3+8b^3-8c^3+12abc$
(8) $a^4+9a^2b^2+81b^4$

17

(1) $a^2+b^2=(a-b)^2+2ab$

$=(-6)^2+2\times 12$

$=60$

(2) $(a+b)^2=(a-b)^2+4ab$

$=(-6)^2+4\times 12$

$=84$

(3) $a^3-b^3=(a-b)^3+3ab(a-b)$

$=(-6)^3+3\times 12\times(-6)$

$=-432$

답 (1) 60 (2) 84 (3) -432

18

(1) $\left(a+\frac{1}{a}\right)^2=a^2+\frac{1}{a^2}+2=14+2=16$

$\therefore a+\frac{1}{a}=4$ ($\because a>0$)

(2) $a^3+\frac{1}{a^3}=\left(a+\frac{1}{a}\right)^3-3\left(a+\frac{1}{a}\right)$

$=4^3-3\times 4$ ($\because$ (1))

$=52$

답 (1) 4 (2) 52

19

(1) $2x^2-3=X$로 놓으면

$(2x^2+5x-3)(2x^2-5x-3)$

$=(X+5x)(X-5x)=X^2-(5x)^2$

$=(2x^2-3)^2-25x^2$

$=4x^4-12x^2+9-25x^2$

$=4x^4-37x^2+9$

(2) $(x-7)(x-3)(x+1)(x+5)$

$=\{(x-3)(x+1)\}\{(x-7)(x+5)\}$

$=(x^2-2x-3)(x^2-2x-35)$

$x^2-2x=X$로 놓으면

(주어진 식)$=(X-3)(X-35)$

$=X^2-38X+105$

$=(x^2-2x)^2-38(x^2-2x)+105$

$=x^4-4x^3+4x^2-38x^2+76x+105$

$=x^4-4x^3-34x^2+76x+105$

답 (1) $4x^4-37x^2+9$
(2) $x^4-4x^3-34x^2+76x+105$

20

$b-c=X$로 놓으면

$(2a+b-c)(2a-b+c)=\{2a+(b-c)\}\{2a-(b-c)\}$

$=(2a+X)(2a-X)$

$=(2a)^2-X^2$

$=4a^2-(b-c)^2$

$=4a^2-(b^2-2bc+c^2)$

$=4a^2-b^2-c^2+2bc$

답 $4a^2-b^2-c^2+2bc$

21

$(2x-1)(2x+1)(2x+3)(2x+5)$

$=\{(2x+1)(2x+3)\}\{(2x-1)(2x+5)\}$

$=(4x^2+8x+3)(4x^2+8x-5)$

$4x^2+8x=X$로 놓으면

(주어진 식)$=(X+3)(X-5)$

$=X^2-2X-15$

$=(4x^2+8x)^2-2(4x^2+8x)-15$

$=16x^4+64x^3+64x^2-8x^2-16x-15$

$=16x^4+64x^3+56x^2-16x-15$

따라서 x^2의 계수는 56이다.

답 56

다른 풀이

$(2x-1)(2x+1)(2x+3)(2x+5)$

$=\{(2x-1)(2x+1)\}\{(2x+3)(2x+5)\}$

$=(4x^2-1)(4x^2+16x+15)$

위의 전개식에서 x^2항이 나오는 경우는

$4x^2\times15$, $(-1)\times4x^2$의 두 가지이므로 x^2항은

$60x^2-4x^2=56x^2$

따라서 x^2의 계수는 56이다.

22

(1) $(a-\sqrt{2})(a+\sqrt{2})(a^2+2)(a^4+4)$

$=(a^2-2)(a^2+2)(a^4+4)$

$=(a^4-4)(a^4+4)$

$=a^8-16$

(2) $(a-b+1)^2+(a+b-1)^2+(a-b-1)^2$

$=a^2+b^2+1-2ab-2b+2a$

$+a^2+b^2+1+2ab-2b-2a$

$+a^2+b^2+1-2ab+2b-2a$

$=3a^2+3b^2-2ab-2a-2b+3$

(3) $(a-2b)^3(a+2b)^3=\{(a-2b)(a+2b)\}^3$

$=(a^2-4b^2)^3$

$=(a^2)^3-3\times(a^2)^2\times(4b^2)$

$+3\times a^2\times(4b^2)^2-(4b^2)^3$

$=a^6-12a^4b^2+48a^2b^4-64b^6$

(4) $(a-1)(a+2)(a^2+a+1)(a^2-2a+4)$

$=\{(a-1)(a^2+a+1)\}\{(a+2)(a^2-2a+4)\}$

$=(a^3-1)(a^3+8)$

$=a^6+7a^3-8$

답 (1) a^8-16

(2) $3a^2+3b^2-2ab-2a-2b+3$

(3) $a^6-12a^4b^2+48a^2b^4-64b^6$

(4) a^6+7a^3-8

23

$(1-x)(1+x+x^2)(1+x^3+x^6)(1+x^9)$

$=(1-x^3)(1+x^3+x^6)(1+x^9)$ ← 순서대로 곱셈 공식 $(a-b)(a^2+ab+b^2)=a^3-b^3$을 적용한다.

$=(1-x^9)(1+x^9)$

$=1-x^{18}$

답 $1-x^{18}$

24

$(x-\sqrt{2}y)(x+\sqrt{2}y)(x^2+2y^2)(x^4+4y^4)$

$=(x^2-2y^2)(x^2+2y^2)(x^4+4y^4)$

$=(x^4-4y^4)(x^4+4y^4)$ ← 순서대로 곱셈 공식 $(a-b)(a+b)=(a^2-b^2)$을 적용한다.

$=x^8-16y^8$

이때 $x^4=8$, $y^4=\sqrt{3}$에서 $x^8=64$, $y^8=3$이므로

(주어진 식)$=64-16\times3=16$

답 16

25

(1) $x^3+y^3=(x+y)^3-3xy(x+y)$에서

$x+y=1$, $x^3+y^3=4$이므로

$4=1-3xy$ $\quad\therefore xy=-1$

즉, $x^2+y^2=(x+y)^2-2xy=1^2-2\times(-1)=3$이므로

$x^4+y^4=(x^2+y^2)^2-2x^2y^2$

$=3^2-2\times(-1)^2=7$

(2) $x^2-7x+1=0$에서

$x=0$이면 $0-7\times0+1\neq0$

$x-7+\dfrac{1}{x}=0\ (\because x\neq0)$ $\quad\therefore x+\dfrac{1}{x}=7$

$\therefore x^3+\dfrac{1}{x^3}+3x+\dfrac{3}{x}$

$=\left(x+\dfrac{1}{x}\right)^3-3\left(x+\dfrac{1}{x}\right)+3\left(x+\dfrac{1}{x}\right)$

$=\left(x+\dfrac{1}{x}\right)^3=7^3=343$

답 (1) 7 (2) 343

26

$x-\frac{1}{x}=2$이므로

$\left(x+\frac{1}{x}\right)^2=\left(x-\frac{1}{x}\right)^2+4=2^2+4=8$

$\therefore x+\frac{1}{x}=2\sqrt{2}$ ($\because x>0$)

$\therefore \frac{3x^6-2x^4+2x^2+3}{x^3}$

$=3x^3-2x+\frac{2}{x}+\frac{3}{x^3}$

$=3\left(x^3+\frac{1}{x^3}\right)-2\left(x-\frac{1}{x}\right)$

$=3\left\{\left(x+\frac{1}{x}\right)^3-3\left(x+\frac{1}{x}\right)\right\}-2\left(x-\frac{1}{x}\right)$

$=3\times\{(2\sqrt{2})^3-3\times2\sqrt{2}\}-2\times2$

$=30\sqrt{2}-4$

답 $30\sqrt{2}-4$

27

$a^2=4-2\sqrt{3}$, $b^2=4+2\sqrt{3}$이므로

$a^2b^2=(4-2\sqrt{3})(4+2\sqrt{3})=4^2-(2\sqrt{3})^2=4$

$\therefore ab=2$ ($\because a>0, b>0$)

이때 $a^2+b^2=(4-2\sqrt{3})+(4+2\sqrt{3})=8$이므로

$(a+b)^2=a^2+b^2+2ab=8+2\times2=12$

$\therefore a+b=2\sqrt{3}$ ($\because a>0, b>0$)

따라서 주어진 식의 값은

$\frac{b^2}{a}+\frac{a^2}{b}=\frac{a^3+b^3}{ab}$

$=\frac{(a+b)^3-3ab(a+b)}{ab}$

$=\frac{(2\sqrt{3})^3-3\times2\times2\sqrt{3}}{2}$

$=\frac{24\sqrt{3}-12\sqrt{3}}{2}=6\sqrt{3}$

답 $6\sqrt{3}$

28

(1) $a^2+b^2+c^2=(a+b+c)^2-2(ab+bc+ca)$

$=2^2-2\times(-5)=14$

(2) $(a-b)^2+(b-c)^2+(c-a)^2$

$=2(a^2+b^2+c^2-ab-bc-ca)$

$=2\{(a^2+b^2+c^2)-(ab+bc+ca)\}$

$=2\times\{14-(-5)\}$ ($\because$ (1))

$=38$

(3) $a^3+b^3+c^3$

$=(a+b+c)(a^2+b^2+c^2-ab-bc-ca)+3abc$

$=2\times(14+5)+3\times(-6)$ ($\because$ (1))

$=20$

답 (1) 14 (2) 38 (3) 20

29

$a-b=5$, $a-c=3$에서 두 식을 변끼리 빼면

$c-b=2$ $\quad\therefore b-c=-2$

$\therefore a^2+b^2+c^2-ab-bc-ca$

$=\frac{1}{2}\{(a-b)^2+(b-c)^2+(c-a)^2\}$

$=\frac{1}{2}\times\{5^2+(-2)^2+(-3)^2\}=19$

답 19

30

직육면체의 모든 모서리의 길이의 합이 48이므로

$4(x+y+z)=48$ $\quad\therefore x+y+z=12$

직육면체의 대각선의 길이가 $\sqrt{62}$이므로

$\sqrt{x^2+y^2+z^2}=\sqrt{62}$

$\therefore x^2+y^2+z^2=62$

직육면체의 부피가 42이므로 $xyz=42$

$x^2+y^2+z^2=(x+y+z)^2-2(xy+yz+zx)$에서

$62=12^2-2(xy+yz+zx)$

$\therefore xy+yz+zx=41$

따라서 주어진 식의 값은

$x^2y^2+y^2z^2+z^2x^2$

$=(xy+yz+zx)^2-2(xy^2z+xyz^2+x^2yz)$

$=(xy+yz+zx)^2-2xyz(x+y+z)$

$=41^2-2\times42\times12=673$

답 673

STEP 1 **개념 마무리** 본문 pp.030~031

07 -80	**08** 997	**09** ①	**10** ②
11 61	**12** 123	**13** 240	**14** 3
15 15	**16** 5	**17** 32	**18** 48

07

$x+2y=X$, $x-2y=Y$로 놓으면

$(x+2y+3z)(x+2y-3z)(x-2y+3z)(x-2y-3z)$

$=(X+3z)(X-3z)(Y+3z)(Y-3z)$

$=(X^2-9z^2)(Y^2-9z^2)$

$=\{(x+2y)^2-9z^2\}\{(x-2y)^2-9z^2\}$

$=(x^2+4xy+4y^2-9z^2)(x^2-4xy+4y^2-9z^2)$

위의 전개식에서 x^2y^2항이 나오는 경우는

$x^2\times4y^2$, $4xy\times(-4xy)$, $4y^2\times x^2$

의 세 가지이다. 즉, x^2y^2항은

$4x^2y^2-16x^2y^2+4x^2y^2=-8x^2y^2$

이므로 x^2y^2의 계수는 -8이다.

또한, 전개식에서 y^2z^2항이 나오는 경우는

$4y^2\times(-9z^2)$, $(-9z^2)\times4y^2$

의 두 가지이다. 즉, y^2z^2항은

$-36y^2z^2-36y^2z^2=-72y^2z^2$

이므로 y^2z^2의 계수는 -72이다.

따라서 x^2y^2의 계수와 y^2z^2의 계수의 합은

$-8+(-72)=-80$

답 -80

08

$1000=x$라 하면

$2001=2x+1$, $3998=4x-2$, $4002=4x+2$이므로

$2001^3+3998\times4002$

$=(2x+1)^3+(4x-2)(4x+2)$

$=8x^3+12x^2+6x+1+16x^2-4$

$=8x^3+28x^2+6x-3$ ← 수의 나눗셈에서 음수는 나머지가 될 수 없으므로 -3은 나머지가 아니다.

$=(8x^3+28x^2+5x)+x-3$

이때 $8x^3$, $28x^2$, $5x$는 모두 x, 즉 1000으로 나누어떨어지므로 $2001^3+3998\times4002$를 1000으로 나눈 나머지는 $x-3$을 1000으로 나눈 나머지와 같다.

따라서 $x-3=1000-3=997$이므로 구하는 나머지는 997이다.

답 997

09

ㄱ. $(2x-5y)^3$

$=(2x)^3-3\times(2x)^2\times5y+3\times2x\times(5y)^2-(5y)^3$

$=8x^3-60x^2y+150xy^2-125y^3$ (참)

ㄴ. $(ab+bc-2ca)^2$

$=(ab)^2+(bc)^2+(-2ca)^2+2(ab^2c-2abc^2-2a^2bc)$

$=a^2b^2+b^2c^2+4c^2a^2+2abc(b-2c-2a)$

$=a^2b^2+b^2c^2+4c^2a^2-2abc(2a-b+2c)$

$\neq a^2b^2+b^2c^2+4c^2a^2+abc(2a-b+2c)$ (거짓)

ㄷ. $(a-2b)(a+2b)(a^2+4b^2)(a^8+16a^4b^4+256b^8)$

$=(a^2-4b^2)(a^2+4b^2)(a^8+16a^4b^4+256b^8)$

$=(a^4-16b^4)(a^8+16a^4b^4+256b^8)$

$=a^{12}-4096b^{12}\neq a^{12}-4096b^8$ (거짓)

따라서 옳은 것은 ㄱ뿐이다.

답 ①

10

$$\left|\frac{x-2y}{x+2y}\right|^2=\left(\frac{x-2y}{x+2y}\right)^2=\frac{x^2-4xy+4y^2}{x^2+4xy+4y^2}$$

이때 $x^2+4y^2=12xy$이므로

$$\left|\frac{x-2y}{x+2y}\right|^2=\frac{12xy-4xy}{12xy+4xy}=\frac{8xy}{16xy}=\frac{1}{2}$$

$$\therefore \left|\frac{x-2y}{x+2y}\right|=\frac{1}{\sqrt{2}}=\frac{\sqrt{2}}{2}$$

답 ②

11

$x^2-4x+1=0$에서

$x=0$이면 $0-4\times0+1\neq0$

$x-4+\frac{1}{x}=0$ ($\because x\neq0$) $\qquad \therefore x+\frac{1}{x}=4$

$x^2+\frac{1}{x^2}=\left(x+\frac{1}{x}\right)^2-2=4^2-2=14$

$x^3+\frac{1}{x^3}=\left(x+\frac{1}{x}\right)^3-3\left(x+\frac{1}{x}\right)=4^3-3\times4=52$

$\therefore x^3+2x^2-4x-3-\frac{4}{x}+\frac{2}{x^2}+\frac{1}{x^3}$

$=x^3+\frac{1}{x^3}+2\left(x^2+\frac{1}{x^2}\right)-4\left(x+\frac{1}{x}\right)-3$

$=52+2\times14-4\times4-3=61$

답 61

12

$x^2+y^2=(x+y)^2-2xy$이므로

$7=3^2-2xy \qquad \therefore xy=1$

(가)

$\therefore x^3+y^3=(x+y)^3-3xy(x+y)$

$=3^3-3\times1\times3=18$

(나)

이때 $(x^3+y^3)(x^2+y^2)=x^5+y^5+x^2y^2(x+y)$이므로

$x^5+y^5=(x^3+y^3)(x^2+y^2)-x^2y^2(x+y)$

$=18\times7-1^2\times3=123$

(다)

답 123

단계	채점 기준	배점
(가)	xy의 값을 구한 경우	30%
(나)	x^3+y^3의 값을 구한 경우	30%
(다)	x^5+y^5의 값을 구한 경우	40%

보충 설명

두 문자 x, y에 대하여 x^n+y^n ($n\geq4$인 자연수)의 값은 $x+y$, xy, x^2+y^2, x^3+y^3의 값을 이용하여 다음과 같이 구할 수 있다.

(1) $x^4+y^4=(x^2+y^2)^2-2(xy)^2$

(2) $x^5+y^5=(x^2+y^2)(x^3+y^3)-(xy)^2(x+y)$

(3) $x^6+y^6=(x^3+y^3)^2-2(xy)^3$

$=(x^2+y^2)^3-3(xy)^2(x^2+y^2)$

(4) $x^7+y^7=(x^3+y^3)(x^4+y^4)-(xy)^3(x+y)$

13

$\overline{AC}=a$, $\overline{BC}=b$라 하면 $\overline{AB}=8$이므로

$a+b=8$

두 정육면체의 부피의 합이 224이므로

$a^3+b^3=224$

이때 $a^3+b^3=(a+b)^3-3ab(a+b)$에서

$224=8^3-3ab\times8$, $224=512-24ab$

$24ab=288 \qquad \therefore ab=12$

$\therefore a^2+b^2=(a+b)^2-2ab$

$=8^2-2\times12=40$

따라서 두 정육면체의 겉넓이의 합은

$6(a^2+b^2)=6\times40=240$

답 240

14

$a^2+b^2+c^2-ab-bc-ca$

$=\frac{1}{2}\{(a-b)^2+(b-c)^2+(c-a)^2\}$

에서 $a^2+b^2+c^2-ab-bc-ca=0$이므로

$\frac{1}{2}\{(a-b)^2+(b-c)^2+(c-a)^2\}=0$

즉, $a=b$, $b=c$, $c=a$이므로

$a=b=c$

$\therefore \frac{b}{2a}+\frac{2c}{b}+\frac{a}{2c}=\frac{a}{2a}+\frac{2b}{b}+\frac{c}{2c}$

$=\frac{1}{2}+2+\frac{1}{2}=3$

답 3

15

$(a+b+c)^2=a^2+b^2+c^2+2(ab+bc+ca)$에서

$a+b+c=3$, $a^2+b^2+c^2=15$이므로

$3^2=15+2(ab+bc+ca) \qquad \therefore ab+bc+ca=-3$

이때 $\frac{1}{a}+\frac{1}{b}+\frac{1}{c}=3$에서

$\frac{ab+bc+ca}{abc}=3$

$\frac{-3}{abc}=3 \qquad \therefore abc=-1$

$$\begin{aligned}\therefore \frac{1}{a^2}+\frac{1}{b^2}+\frac{1}{c^2}&=\left(\frac{1}{a}\right)^2+\left(\frac{1}{b}\right)^2+\left(\frac{1}{c}\right)^2\\&=\left(\frac{1}{a}+\frac{1}{b}+\frac{1}{c}\right)^2-2\left(\frac{1}{ab}+\frac{1}{bc}+\frac{1}{ca}\right)\\&=\left(\frac{1}{a}+\frac{1}{b}+\frac{1}{c}\right)^2-2\times\frac{a+b+c}{abc}\\&=3^2-2\times\frac{3}{-1}=15\end{aligned}$$

답 15

다른 풀이

$a+b+c=3$, $a^2+b^2+c^2=15$, $\frac{1}{a}+\frac{1}{b}+\frac{1}{c}=3$에서

$ab+bc+ca=-3$, $abc=-1$

이때

$$\begin{aligned}a^2b^2+b^2c^2+c^2a^2&=(ab+bc+ca)^2-2abc(a+b+c)\\&=(-3)^2-2\times(-1)\times3=15\end{aligned}$$

이므로

$\frac{1}{a^2}+\frac{1}{b^2}+\frac{1}{c^2}=\frac{a^2b^2+b^2c^2+c^2a^2}{a^2b^2c^2}=\frac{15}{(-1)^2}=15$

16

$x+2y-4z=12$, $x^2+4y^2+16z^2=48$에서

$x=a$, $2y=b$, $-4z=c$로 놓으면

$a+b+c=12$, $a^2+b^2+c^2=48$

이때 $(a+b+c)^2=a^2+b^2+c^2+2(ab+bc+ca)$이므로

$12^2=48+2(ab+bc+ca)$

$\therefore ab+bc+ca=48$

즉, $a^2+b^2+c^2=ab+bc+ca=48$이므로

$a^2+b^2+c^2-ab-bc-ca=0$

$a^2+b^2+c^2-ab-bc-ca=\frac{1}{2}\{(a-b)^2+(b-c)^2+(c-a)^2\}$

$\therefore \frac{1}{2}\{(a-b)^2+(b-c)^2+(c-a)^2\}=0$

즉, $a=b$, $b=c$, $c=a$이므로

$a=b=c$

따라서 $x=2y=-4z$이고 $x+2y-4z=12$이므로

$x=2y=-4z=4$

$\therefore x=4,\ y=2,\ z=-1$

$\therefore x+y+z=5$

답 5

17

조건 (가)에서 $(4-a)(4-2b)(4-3c)=0$이므로

$a=4$ 또는 $2b=4$ 또는 $3c=4$이므로 $4-a=0$ 또는 $4-2b=0$ 또는 $4-3c=0$

$(4-a)(4-2b)(4-3c)$

$=4^3-(a+2b+3c)\times4^2+(2ab+6bc+3ca)\times4-6abc$

에서

$64-16(a+2b+3c)+4(2ab+6bc+3ca)-6abc=0$

이때 조건 (나)에서

$16(a+2b+3c)=4(2ab+6bc+3ca)$이므로

$64-6abc=0 \qquad \therefore 6abc=64$

$\therefore 3abc=\frac{1}{2}\times6abc=\frac{1}{2}\times64=32$

답 32

18

$\overline{FG}=a$, $\overline{GH}=b$, $\overline{DH}=c$라 하면 주어진 직육면체의 겉넓이가 94이므로

$2(ab+bc+ca)=94 \qquad \therefore ab+bc+ca=47 \quad \cdots\cdots ㉠$

한편, $\triangle BFG$, $\triangle DGH$, $\triangle DBC$는 모두 직각삼각형이므로 피타고라스 정리에 의하여

$\overline{BG}^2=\overline{BF}^2+\overline{FG}^2=c^2+a^2$

$\overline{GD}^2=\overline{GH}^2+\overline{DH}^2=b^2+c^2$

$\overline{DB}^2=\overline{BC}^2+\overline{CD}^2=a^2+b^2$

$\triangle BGD$의 세 변의 길이의 제곱의 합이 100이므로

$(c^2+a^2)+(b^2+c^2)+(a^2+b^2)=100$

$\therefore a^2+b^2+c^2=50 \quad \cdots\cdots ㉡$

이때 $(a+b+c)^2=a^2+b^2+c^2+2(ab+bc+ca)$이므로

$$\begin{aligned}(a+b+c)^2&=50+2\times47\ (\because ㉠, ㉡)\\&=144\end{aligned}$$

$\therefore a+b+c=12\ (\because a>0,\ b>0,\ c>0)$

따라서 직육면체의 모든 모서리의 길이의 합은

$4(a+b+c)=4\times12=48$

답 48

STEP 2 개념 마무리

본문 p.032

1 8 **2** 7 **3** 64 **4** 3
5 $\frac{1}{2}$ **6** 30

1

$(3-2x)^2(x^2+ax-3)^2$
$=\{(3-2x)(x^2+ax-3)\}^2$
$=\{-2x^3-(2a-3)x^2+3(a+2)x-9\}^2$
$=\{-2x^3-(2a-3)x^2+3(a+2)x-9\}$
$\times\{-2x^3-(2a-3)x^2+3(a+2)x-9\}$
의 전개식에서 x^4항이 나오는 경우는
$-2x^3\times3(a+2)x$, $-(2a-3)x^2\times\{-(2a-3)x^2\}$,
$3(a+2)x\times(-2x^3)$
의 세 가지이다. 즉, x^4항은
$-2x^3\times3(a+2)x-(2a-3)x^2\times\{-(2a-3)x^2\}$
$+3(a+2)x\times(-2x^3)$
$=(-6a-12)x^4+(4a^2-12a+9)x^4+(-6a-12)x^4$
$=(4a^2-24a-15)x^4$
이때 x^4의 계수가 49이므로
$4a^2-24a-15=49$
$4a^2-24a-64=0$, $a^2-6a-16=0$
$(a+2)(a-8)=0$
$\therefore a=8$ ($\because a>0$)

답 8

보충 설명
곱셈 공식을 이용하면
$(3-2x)^2=4x^2-12x+9$
$(x^2+ax-3)^2$
$=x^4+a^2x^2+9+2\times x^2\times ax+2\times ax\times(-3)$
$+2\times(-3)\times x^2$
$=x^4+2ax^3+(a^2-6)x^2-6ax+9$
따라서 $(3-2x)^2(x^2+ax-3)^2$을 전개한 것은
$(4x^2-12x+9)\{x^4+2ax^3+(a^2-6)x^2-6ax+9\}$를 전개한 것과 같음을 이용할 수도 있다.

2

$\triangle ABC=\frac{1}{2}\times\overline{AB}\times\overline{CH}=\frac{9}{2}$에서 $\overline{CH}=2$이므로
$\overline{AB}=\frac{9}{2}$, $\overline{AH}=\overline{AB}-\overline{BH}=\frac{9}{2}-x$
이때 $\triangle AHC\backsim\triangle CHB$ (AA 닮음)이므로
$\overline{AH}:\overline{CH}=\overline{CH}:\overline{BH}$
즉, $\left(\frac{9}{2}-x\right):2=2:x$에서
$4=\frac{9}{2}x-x^2 \quad \therefore 2x^2-9x+8=0 \quad \cdots\cdots ㉠$
$2x^3-7x^2-x+15$를 $2x^2-9x+8$로 나누면 다음과 같다.

$$\begin{array}{r|l} & x+1 \\ 2x^2-9x+8 & 2x^3-7x^2-x+15 \\ & 2x^3-9x^2+8x \\ \hline & 2x^2-9x+15 \\ & 2x^2-9x+8 \\ \hline & 7 \end{array}$$

따라서 다항식 $2x^3-7x^2-x+15$를 $2x^2-9x+8$로 나눈 몫은 $x+1$이고 나머지는 7이므로
$2x^3-7x^2-x+15=(2x^2-9x+8)(x+1)+7$
$=7$ ($\because$ ㉠)

답 7

3

$(x+y)^8=X$, $(x-y)^8=Y$로 놓으면
$\{(x+y)^8+(x-y)^8\}^2-\{(x+y)^8-(x-y)^8\}^2$
$=(X+Y)^2-(X-Y)^2$
$=4XY$
$=4(x+y)^8(x-y)^8$
$=4\{(x+y)(x-y)\}^8$
$=4(x^2-y^2)^8=4\times(\sqrt{2})^8$ ($\because x^2-y^2=\sqrt{2}$)
$=64$

답 64

4

$x^2+2x+4=(x^2+x+3)+(x+1)$이므로
$A=x^2+x+3$, $B=x+1$로 놓으면
$(x^2+2x+4)^3=(A+B)^3$
$=A^3+3A^2B+3AB^2+B^3$
이때 A^3, $3A^2B$, $3AB^2$은 모두 A, 즉 x^2+x+3으로 나누어떨어지므로 $(x^2+2x+4)^3$을 x^2+x+3으로 나눈 나머지는

B^3, 즉 $(x+1)^3=x^3+3x^2+3x+1$을 x^2+x+3으로 나눈 나머지와 같다.

$$\begin{array}{r|l} & x+2 \\ x^2+x+3 & x^3+3x^2+3x+1 \\ & x^3+x^2+3x \\ \hline & 2x^2 \quad\quad +1 \\ & 2x^2+2x+6 \\ \hline & -2x-5 \end{array}$$

따라서 $R(x)=-2x-5$이므로

$R(-4)=-2\times(-4)-5=3$

답 3

5

$\overline{PQ}=x$, $\overline{PR}=y$라 하면 직사각형 PQBR의 둘레의 길이가 10이므로

$2(x+y)=10 \qquad \therefore x+y=5$

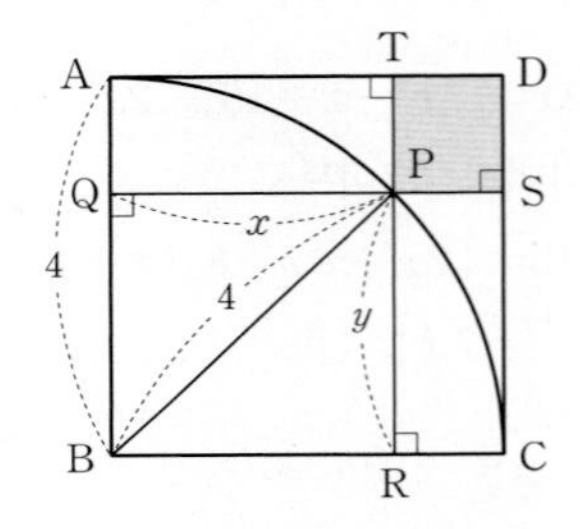

또한, $\overline{PB}=\overline{AB}=4$, $\overline{BR}=\overline{PQ}=x$이고 △PBR은 직각삼각형이므로 피타고라스 정리에 의하여

$x^2+y^2=4^2=16$

$x^2+y^2=(x+y)^2-2xy$에서

$16=5^2-2xy$, $2xy=9$

$\therefore xy=\frac{9}{2}$

이때 $\overline{PS}=4-x$, $\overline{PT}=4-y$이므로

$$\begin{aligned}\square\mathrm{PSDT}&=(4-x)(4-y)\\&=16-4(x+y)+xy\\&=16-4\times5+\frac{9}{2}=\frac{1}{2}\end{aligned}$$

답 $\frac{1}{2}$

6

두 점 M, N이 각각 두 변 AB, AC의 중점이므로

△AMN∽△ABC (AA 닮음)이고 닮음비는 1:2이다.

△AMN은 한 변의 길이가 x인 정삼각형이므로

$\overline{AM}=\overline{AN}=\overline{NC}=x$

오른쪽 그림과 같이 반직선 NM이 삼각형 ABC의 외접원과 만나는 점을 Q라 하면

$\overline{QM}=\overline{NP}=1$

두 삼각형 AQN과 PCN에서

$\angle$QAN$=\angle$CPN (호 QC에 대한 원주각)

$\angle$ANQ$=\angle$PNC (맞꼭지각)

$\therefore$ △AQN∽△PCN (AA 닮음)

즉, $\overline{QN}:\overline{CN}=\overline{AN}:\overline{PN}$이므로

$(1+x):x=x:1$

$x^2=x+1 \qquad \therefore x^2-x-1=0$

$x>0$이므로 위의 식의 양변을 x로 나누면

$x-1-\frac{1}{x}=0$, 즉 $x-\frac{1}{x}=1$

$\therefore x^2+\frac{1}{x^2}=\left(x-\frac{1}{x}\right)^2+2=1^2+2=3$

$\therefore 10\left(x^2+\frac{1}{x^2}\right)=10\times3=30$

답 30

다른 풀이

원에서의 비례 관계에 의하여

$\overline{NA}\times\overline{NC}=\overline{NP}\times\overline{NQ}$

$x\times x=1\times(x+1)$, $x^2=x+1$

$\therefore x^2-x-1=0$

$x>0$이므로 위의 식의 양변을 x로 나누면

$x-1-\frac{1}{x}=0$, 즉 $x-\frac{1}{x}=1$

$\therefore x^2+\frac{1}{x^2}=\left(x-\frac{1}{x}\right)^2+2=1^2+2=3$

$\therefore 10\left(x^2+\frac{1}{x^2}\right)=10\times3=30$

보충 설명

원에서의 비례 관계 | 원에서 두 현 AB, CD 또는 그 연장선의 교점을 P라 하면 $\overline{PA}\times\overline{PB}=\overline{PC}\times\overline{PD}$가 성립한다.

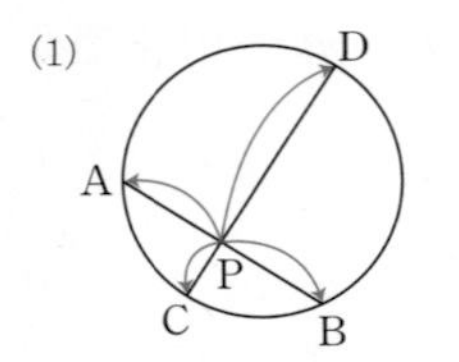

점 P가 원의 내부에 있는 경우

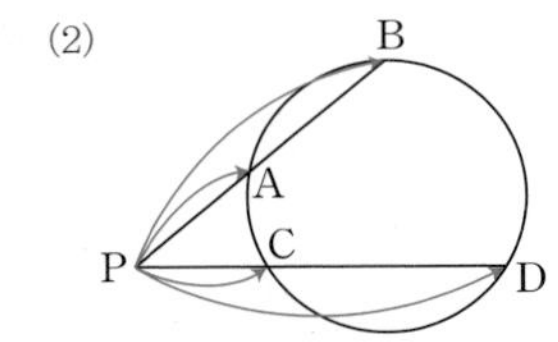

점 P가 원의 외부에 있는 경우

02. 항등식과 나머지정리

① 항등식

기본+필수연습

본문 pp.036~041

01 (1) 방정식 (2) 항등식 (3) 항등식 (4) 항등식
02 $a=1$, $b=2$, $c=2$ **03** 6
04 $a=3$, $b=3$ **05** -4 **06** 7
07 2 **08** (1) $a=5$, $b=7$, $c=5$ (2) -3
09 1 **10** 4 **11** -1 **12** 24
13 2 **14** (1) 1024 (2) 1 (3) 0 (4) 512
15 1024

01

(1) $3x+1=0$은 $x=-\frac{1}{3}$을 대입하면 등식이 성립하고,

$x\neq-\frac{1}{3}$인 x의 값을 대입하면 등식이 성립하지 않으므로 방정식이다.

(2) $x+2x=3x$는 x에 어떤 값을 대입해도 등식이 항상 성립하므로 항등식이다.

(3) $(x+2)^2=x^2+4x+4$는 x에 어떤 값을 대입해도 등식이 항상 성립하므로 항등식이다.

(4) $x^2-3x+2=(x-1)(x-2)$는 x에 어떤 값을 대입해도 등식이 항상 성립하므로 항등식이다.

답 (1) 방정식 (2) 항등식
(3) 항등식 (4) 항등식

02

등식 $a(x+y)+b(x-y)+2=3x-y+c$에서

$ax+ay+bx-by+2=3x-y+c$

$\therefore (a+b)x+(a-b)y+2=3x-y+c$

위의 식이 x, y에 대한 항등식이므로

$a+b=3$ ……㉠

$a-b=-1$ ……㉡

$c=2$

㉠, ㉡을 연립하여 풀면

$a=1$, $b=2$

$\therefore a=1$, $b=2$, $c=2$

답 $a=1$, $b=2$, $c=2$

03

$x^2+ax+4=x(x+2)+b$에서

$x^2+ax+4=x^2+2x+b$

위의 식이 모든 실수 x에 대하여 항상 성립하므로 양변의 동류항의 계수를 비교하면 (계수비교법 사용)

$a=2$, $b=4$

$\therefore a+b=6$

답 6

다른 풀이

$x^2+ax+4=x(x+2)+b$는 x에 대한 항등식이므로 x에 어떤 값을 대입해도 항상 성립한다.

양변에 $x=0$을 대입하면 (수치대입법 사용) $4=b$

$b=4$를 주어진 등식에 대입하면

$x^2+ax+4=x(x+2)+4$

양변에 $x=1$을 대입하면 (수치대입법 사용)

$1+a+4=1\times3+4$

$\therefore a=2$

$\therefore a+b=6$

04

$2x^2-x+a=2(x-1)^2+b(x-1)+4$가 x에 대한 항등식이므로 x에 어떤 값을 대입해도 항상 성립한다.

양변에 $x=1$을 대입하면 (수치대입법 사용)

$2-1+a=4$ $\therefore a=3$

$a=3$을 주어진 등식에 대입하면

$2x^2-x+3=2(x-1)^2+b(x-1)+4$

양변에 $x=0$을 대입하면 (수치대입법 사용)

$3=2-b+4$

$\therefore b=3$

답 $a=3$, $b=3$

다른 풀이

$2x^2-x+a=2(x-1)^2+b(x-1)+4$에서

$2x^2-x+a=2(x^2-2x+1)+b(x-1)+4$

$\therefore\ 2x^2-x+a=2x^2+(-4+b)x-b+6$

이 등식이 x에 대한 항등식이므로 양변의 동류항의 계수를 비교하면 (계수비교법 사용)

$-1=-4+b,\ a=-b+6$

$\therefore\ a=3,\ b=3$

05

$(x-2y)a+(3y-x)b+2x-3y=0$에서

$ax-2ay+3by-bx+2x-3y=0$

$\therefore\ (a-b+2)x+(-2a+3b-3)y=0$

이 등식이 x, y에 대한 항등식이므로

$a-b+2=0,\ -2a+3b-3=0$

두 식을 연립하여 풀면

$a=-3,\ b=-1$

$\therefore\ a+b=-3+(-1)=-4$

답 -4

06

$x+2y=1$에서 $x=-2y+1$을 $ax^2-3bxy+cy=3$에 대입한 후 전개하고 정리하면

$(4a+6b)y^2-(4a+3b-c)y+a-3=0$

이 등식이 y에 대한 항등식이므로

$4a+6b=0,\ -(4a+3b-c)=0,\ a-3=0$

$\therefore\ a=3,\ b=-2,\ c=6$

$\therefore\ a+b+c=7$

답 7

07

$2x^2+axy-y^2+3x+b=(x+cy+1)(2x+y+d)$에서

우변을 전개한 후 정리하면

$2x^2+axy-y^2+3x+b$

$=2x^2+(1+2c)xy+cy^2+(d+2)x+(cd+1)y+d$

이 등식이 x, y에 대한 항등식이므로

$1+2c=a,\ c=-1,\ d+2=3,\ cd+1=0,\ d=b$

$\therefore\ a=-1,\ b=1,\ c=-1,\ d=1$

$\therefore\ a+2b+3c+4d=-1+2-3+4=2$

답 2

08

(1) 주어진 등식의 우변을 전개한 후 x에 대하여 내림차순으로 정리하면

$ax^3+bx^2-3x-2=cx^3+(c+2)x^2+(-c+2)x-2$

이 등식이 x에 대한 항등식이므로 양변의 동류항의 계수를 비교하면

$a=c,\ b=c+2,\ -3=-c+2$

$\therefore\ a=5,\ b=7,\ c=5$

(2) 주어진 등식은 x에 대한 항등식이므로 x에 어떤 값을 대입해도 등식이 항상 성립한다.

양변에 $x=0$을 대입하면 $-2=-2a$ $\quad\therefore\ a=1$

양변에 $x=1$을 대입하면 $-3=3b$ $\quad\therefore\ b=-1$

양변에 $x=-2$를 대입하면 $12=6c$ $\quad\therefore\ c=2$

$\therefore\ ab-c=1\times(-1)-2=-3$

답 (1) $a=5,\ b=7,\ c=5$ (2) -3

09

$(k+1)x-2(k-1)y-k-3=0$에서 좌변을 전개한 후 k에 대하여 정리하면

$(x-2y-1)k+(x+2y-3)=0$

이 등식이 k에 대한 항등식이므로

$x-2y-1=0,\ x+2y-3=0$

두 식을 연립하여 풀면

$x=2,\ y=\frac{1}{2}$

$\therefore\ xy=1$

답 1

다른 풀이

$(k+1)x-2(k-1)y-k-3=0$이 k에 대한 항등식이므로 k에 어떤 값을 대입해도 등식이 항상 성립한다.

양변에 $k=-1$을 대입하면

$4y-2=0 \qquad \therefore y=\frac{1}{2}$

양변에 $k=1$을 대입하면

$2x-4=0 \qquad \therefore x=2$

$\therefore xy=1$

10

$(x^2-1)f(x)=2x^6+ax^3+b$에서

$(x+1)(x-1)f(x)=2x^6+ax^3+b$

이 등식이 x에 대한 항등식이므로 x에 어떤 값을 대입해도 항상 성립한다.

양변에 $x=-1$을 대입하면

$0=2-a+b$

$\therefore a-b=2 \quad \cdots\cdots㉠$

양변에 $x=1$을 대입하면

$0=2+a+b$

$\therefore a+b=-2 \quad \cdots\cdots㉡$

← $f(x)$를 알 수 없으므로 좌변의 식의 값이 0이 되도록 x의 값을 대입해본다.

㉠, ㉡을 연립하여 풀면

$a=0,\ b=-2$

$\therefore a-2b=0-2\times(-2)=4$

답 4

11

x^4-ax^3+b를 x^2+x+1로 나눈 몫이 x^2+a, 나머지가 $cx+2$이므로

$x^4-ax^3+b=(x^2+x+1)(x^2+a)+cx+2$

$\qquad =x^4+x^3+(a+1)x^2+(a+c)x+a+2$

이 등식이 x에 대한 항등식이므로 양변의 동류항의 계수를 비교하면

$-a=1,\ 0=a+1,\ 0=a+c,\ b=a+2$

$\therefore a=-1,\ b=1,\ c=1$

$\therefore abc=-1$

답 -1

12

ax^3+11x^2+bx-4를 $(x+2)^2$으로 나눈 몫을 $Q(x)$라 하면 ax^3+11x^2+bx-4는 $(x+2)^2$으로 나누어떨어지므로

$ax^3+11x^2+bx-4=(x+2)^2Q(x)$

$\qquad =(x^2+4x+4)Q(x)$

$Q(x)=ax+c$ (c는 상수)라 하면 ← $Q(x)$는 최고차항의 계수가 a인 일차식이다.

ax^3+11x^2+bx-4

$=(x^2+4x+4)(ax+c)$

$=ax^3+(c+4a)x^2+(4c+4a)x+4c$

이 등식이 x에 대한 항등식이므로

$11=c+4a,\ b=4c+4a,\ -4=4c$

따라서 $c=-1$에서 $a=3,\ b=8$이므로

$ab=24$

답 24

다른 풀이

$ax^3+11x^2+bx-4=(x+2)^2Q(x)$는 x에 대한 항등식이므로 x에 어떤 값을 대입해도 항상 성립한다.

양변에 $x=-2$를 대입하면

$-8a+44-2b-4=0$

$\therefore 4a+b=20 \quad \cdots\cdots㉠$

한편, $Q(x)=ax+c$ (c는 상수)라 하면

$ax^3+11x^2+bx-4=(x^2+4x+4)(ax+c)$

이 등식의 양변에 $x=0$을 대입하면

$-4=4c$에서 $c=-1$

즉, $ax^3+11x^2+bx-4=(x^2+4x+4)(ax-1)$의 양변에 $x=1$을 대입하면

$a+11+b-4=9(a-1)$

$\therefore 8a-b=16 \quad \cdots\cdots㉡$

㉠, ㉡을 연립하여 풀면

$a=3,\ b=8$

$\therefore ab=24$

13

$x^4+ax^2-b=(x+1)(x^2+2)f(x)+x^2+1$

$\qquad =(x^3+x^2+2x+2)f(x)+x^2+1$

$f(x)=x+c$ (c는 상수)라 하면 ← $f(x)$는 최고차항의 계수가 1인 일차식이다.

x^4+ax^2-b

$=(x^3+x^2+2x+2)(x+c)+x^2+1$

$=x^4+(1+c)x^3+(3+c)x^2+(2+2c)x+2c+1$

이 등식이 x에 대한 항등식이므로

$1+c=0$, $3+c=a$, $2+2c=0$, $2c+1=-b$

즉, $c=-1$에서 $a=2$, $b=1$

따라서 $f(x)=x-1$이므로

$f(a)+b=f(2)+1=1+1=2$

답 2

다른 풀이

$x^4+ax^2-b=(x+1)(x^2+2)f(x)+x^2+1$

위의 등식은 x에 대한 항등식이므로 x에 어떤 값을 대입해도 항상 성립한다.

양변에 $x=-1$을 대입하면

$1+a-b=2$

$\therefore a-b=1$ ……㉠

양변에 $x^2=-2$를 대입하면

$4-2a-b=-1$

$\therefore 2a+b=5$ ……㉡

㉠, ㉡을 연립하여 풀면

$a=2$, $b=1$

즉, $x^4+2x^2-1=(x+1)(x^2+2)f(x)+x^2+1$에서

$$(x+1)(x^2+2)f(x)=x^4+2x^2-1-x^2-1$$
$$=x^4+x^2-2$$
$$=(x^2-1)(x^2+2)$$
$$=(x-1)(x+1)(x^2+2)$$

이므로 $f(x)=x-1$

$\therefore f(a)+b=f(2)+1=1+1=2$

14

$(1+x-2x^2)^{10}=a_{20}x^{20}+a_{19}x^{19}+a_{18}x^{18}+\cdots+a_1x+a_0$ ……㉠

(1) ㉠의 좌변의 최고차항의 계수는 $(-2)^{10}$, 우변의 최고차항의 계수는 a_{20}이므로

$a_{20}=(-2)^{10}=1024$

(2) ㉠의 양변에 $x=0$을 대입하면

$a_0=1$

(3) ㉠의 양변에 $x=1$을 대입하면

$(1+1-2)^{10}=a_{20}+a_{19}+a_{18}+\cdots+a_0$

$\therefore a_0+a_1+a_2+\cdots+a_{20}=0$ ……㉡

(4) ㉠의 양변에 $x=-1$을 대입하면

$(1-1-2)^{10}=a_{20}-a_{19}+a_{18}-\cdots-a_1+a_0$

$\therefore a_0-a_1+a_2-\cdots-a_{19}+a_{20}=1024$ ……㉢

㉡+㉢을 하면

$2(a_0+a_2+a_4+\cdots+a_{20})=1024$

$\therefore a_0+a_2+a_4+\cdots+a_{20}=512$

답 (1) 1024 (2) 1 (3) 0 (4) 512

15

$x^{11}+2=a_{11}(x-1)^{11}-a_{10}(x-1)^{10}+a_9(x-1)^9-\cdots+a_1(x-1)-a_0$ ……㉠

㉠의 양변에 $x=2$를 대입하면

$2^{11}+2=a_{11}-a_{10}+a_9-\cdots+a_1-a_0$ ……㉡

㉠의 양변에 $x=0$을 대입하면

$2=-a_{11}-a_{10}-a_9-\cdots-a_1-a_0$ ……㉢

㉡−㉢을 하면

$2^{11}=2(a_{11}+a_9+a_7+\cdots+a_1)$

$\therefore a_1+a_3+a_5+\cdots+a_{11}=2^{10}=1024$

답 1024

STEP 1 개념 마무리

본문 p.042

01 20 **02** −12 **03** −54 **04** 1
05 5 **06** ④

01

등식 $(a+b-4)x+ab+2=0$이 x에 대한 항등식이므로

$a+b-4=0$, $ab+2=0$

$\therefore a+b=4$, $ab=-2$

$$\therefore a^2+b^2=(a+b)^2-2ab$$
$$=4^2-2\times(-2)=20$$

답 20

02

$x^2+(2k+a+2)x+ak+3b-9=0$의 양변에 $x=2$를 대입하면

$4+2(2k+a+2)+ak+3b-9=0$

$\therefore (4+a)k+2a+3b-1=0$

이 등식이 k에 대한 항등식이므로

$4+a=0,\ 2a+3b-1=0$

$\therefore a=-4,\ b=3$

$\therefore ab=-12$

답 -12

03

$3x-y=2$에서 $y=3x-2$를 $ax^2+bxy+cy^2=4$에 대입하면

$ax^2+bx(3x-2)+c(3x-2)^2=4$

$\therefore (a+3b+9c)x^2+(-2b-12c)x+4c-4=0$

이 등식이 x에 대한 항등식이므로

$a+3b+9c=0,\ -2b-12c=0,\ 4c-4=0$

$\therefore a=9,\ b=-6,\ c=1$

$\therefore abc=-54$

답 -54

04

모든 실수 x에 대하여 $\dfrac{x^2-x+a}{2x^2+bx+3}=k$ (k는 상수)라 하면

$x^2-x+a=k(2x^2+bx+3)$

$\therefore (2k-1)x^2+(bk+1)x+(3k-a)=0$

(가)

이 등식이 x에 대한 항등식이므로

$2k-1=0,\ bk+1=0,\ 3k-a=0$

따라서 $k=\dfrac{1}{2}$에서 $a=\dfrac{3}{2},\ b=-2$이므로

(나)

$2a+b=2\times\dfrac{3}{2}+(-2)=1$

(다)

답 1

단계	채점 기준	배점
(가)	주어진 식의 값을 k로 놓고 x에 대한 항등식을 구한 경우	40%
(나)	$k,\ a,\ b$의 값을 각각 구한 경우	40%
(다)	$2a+b$의 값을 구한 경우	20%

05

$(x+2)(x-1)(x+a)+b(x-1)$을 x^2+5x+4로 나눈 몫을 $Q(x)$라 하면 $(x+2)(x-1)(x+a)+b(x-1)$은 x^2+5x+4로 나누어떨어지므로

$(x+2)(x-1)(x+a)+b(x-1)=(x^2+5x+4)Q(x)$

$\therefore (x-1)\{(x+2)(x+a)+b\}=(x+1)(x+4)Q(x)$ ……㉠

이 등식은 x에 대한 항등식이므로 x에 어떤 값을 대입해도 항상 성립한다.

㉠의 양변에 $x=-1$을 대입하면

$-2(a-1+b)=0$

$\therefore a+b=1$ ……㉡

㉠의 양변에 $x=-4$를 대입하면

$-5\{-2(a-4)+b\}=0,\ -2a+8+b=0$

$\therefore 2a-b=8$ ……㉢

㉡, ㉢을 연립하여 풀면

$a=3,\ b=-2$

$\therefore a-b=3-(-2)=5$

답 5

06

$(3x^2+x-1)^5=a_{10}x^{10}+a_9x^9+a_8x^8+\cdots+a_0$ ……㉠

㉠의 양변에 $x=\dfrac{1}{2}$을 대입하면

$\left(\dfrac{1}{4}\right)^5=\dfrac{a_{10}}{2^{10}}+\dfrac{a_9}{2^9}+\dfrac{a_8}{2^8}+\cdots+a_0$ ……㉡

㉠의 양변에 $x=-\dfrac{1}{2}$을 대입하면

$\left(-\dfrac{3}{4}\right)^5=\dfrac{a_{10}}{2^{10}}-\dfrac{a_9}{2^9}+\dfrac{a_8}{2^8}-\cdots-\dfrac{a_1}{2}+a_0$ ……㉢

㉡$-$㉢을 하면

$\left(\dfrac{1}{4}\right)^5-\left(-\dfrac{3}{4}\right)^5=2\left(\dfrac{a_9}{2^9}+\dfrac{a_7}{2^7}+\dfrac{a_5}{2^5}+\dfrac{a_3}{2^3}+\dfrac{a_1}{2}\right)$

$$\begin{aligned}\therefore \dfrac{a_1}{2}+\dfrac{a_3}{2^3}+\dfrac{a_5}{2^5}+\dfrac{a_7}{2^7}+\dfrac{a_9}{2^9}&=\dfrac{1}{2}\times\dfrac{1-(-3)^5}{4^5}\\&=\dfrac{1}{2}\times\dfrac{1-(-243)}{1024}=\dfrac{244}{2048}\\&=\dfrac{61}{512}\end{aligned}$$

답 ④

② 나머지정리

기본 + 필수연습 본문 pp.046~054

16 (1) -15 (2) 7 **17** -1 **18** 2
19 (1) 몫 : $2x^2-7x+7$, 나머지 : -1
(2) 몫 : x^2-2x+1, 나머지 : 2
20 -14 **21** -2 **22** -60
23 $-x+3$ **24** 2 **25** $-x^2+x+3$
26 -25 **27** -8 **28** 21 **29** 120
30 3 **31** 몫 : x^2-x+5, 나머지 : $-3x+2$
32 40 **33** 51 **34** 13

16

(1) $f(x)=x^3+27x^2-x+k$라 하면
다항식 $f(x)$를 $x+1$로 나눈 나머지가 12이므로
$f(-1)=12$
이때
$f(-1)=(-1)^3+27\times(-1)^2-(-1)+k$
$=27+k$
에서 $27+k=12$이므로
$k=-15$

(2) $f(x)=8x^3+12x^2+5$라 하면
다항식 $f(x)$를 $2x+1$로 나눈 나머지는 $f\left(-\frac{1}{2}\right)$이다.
$f\left(-\frac{1}{2}\right)=8\times\left(-\frac{1}{2}\right)^3+12\times\left(-\frac{1}{2}\right)^2+5$
$=7$

답 (1) -15 (2) 7

17

$f(x)=x^3-2x-a$라 하면
다항식 $f(x)$가 $x-1$로 나누어떨어지므로
$f(1)=0$
이때
$f(1)=1^3-2\times1-a=-1-a$
에서 $-1-a=0$이므로
$a=-1$

답 -1

18

다항식 $f(x)$를 $(x-3)(2x-a)$로 나눈 몫은 $x+1$이고 나머지는 6이므로
$f(x)=(x-3)(2x-a)(x+1)+6$ ······㉠
이때 $f(x)$가 $x-2$로 나누어떨어지므로
$f(2)=0$
㉠의 양변에 $x=2$를 대입하면
$f(2)=-1\times(4-a)\times3+6$
$=-12+3a+6$
$=3a-6$
에서 $3a-6=0$이므로
$a=2$

답 2

19

(1) $x+1=0$에서 $x=-1$이므로 조립제법을 이용하면 다음과 같다.

$$\begin{array}{r|rrrr} -1 & 2 & -5 & 0 & 6 \\ & & -2 & 7 & -7 \\ \hline & 2 & -7 & 7 & \boxed{-1} \end{array}$$

$\therefore 2x^3-5x^2+6=(x+1)(2x^2-7x+7)-1$
따라서 $2x^3-5x^2+6$을 $x+1$로 나눈 몫은 $2x^2-7x+7$이고 나머지는 -1이다.

(2) $3x+1=0$에서 $x=-\frac{1}{3}$이므로 조립제법을 이용하면 다음과 같다.

$$\begin{array}{r|rrrr} -\frac{1}{3} & 3 & -5 & 1 & 3 \\ & & -1 & 2 & -1 \\ \hline & 3 & -6 & 3 & \boxed{2} \end{array}$$

$\therefore 3x^3-5x^2+x+3=\left(x+\frac{1}{3}\right)(3x^2-6x+3)+2$
$=\left(x+\frac{1}{3}\right)\times3(x^2-2x+1)+2$
$=(3x+1)(x^2-2x+1)+2$
따라서 $3x^3-5x^2+x+3$을 $3x+1$로 나눈 몫은 x^2-2x+1이고 나머지는 2이다.

답 (1) 몫 : $2x^2-7x+7$, 나머지 : -1
(2) 몫 : x^2-2x+1, 나머지 : 2

20

$f(x)=2x^3+ax^2+bx+9$라 하면 나머지정리에 의하여

$f(-2)=3$, $f\left(\frac{1}{2}\right)=3$이므로

$-16+4a-2b+9=3$, $\frac{1}{4}+\frac{a}{4}+\frac{b}{2}+9=3$

$\therefore 2a-b=5$, $a+2b=-25$

두 식을 연립하여 풀면

$a=-3$, $b=-11$

$\therefore a+b=-14$

답 -14

21

$f(x)$를 x^2-x+1로 나눈 몫이 $3x^2-2x+1$이고 나머지가 -4이므로

$f(x)=(x^2-x+1)(3x^2-2x+1)-4$

나머지정리에 의하여 $f(x)$를 $x-1$로 나눈 나머지는

$f(1)=(1^2-1+1)\times(3\times1^2-2\times1+1)-4=-2$

답 -2

22

$f(x)$를 $x+4$로 나눈 나머지가 -12이므로 나머지정리에 의하여

$f(-4)=-12$ ……㉠

$g(x)=(x^2+2x-3)f(x)$라 하면 나머지정리에 의하여

$g(x)$를 $x+4$로 나눈 나머지는

$g(-4)=\{(-4)^2+2\times(-4)-3\}f(-4)$

$=5f(-4)=5\times(-12)$ ($\because$ ㉠)

$=-60$

답 -60

23

$P(x)$를 x^2-16으로 나눈 몫을 $Q(x)$, 나머지를 $ax+b$ (a, b는 상수)라 하면

$P(x)=(x^2-16)Q(x)+ax+b$

$=(x-4)(x+4)Q(x)+ax+b$ ……㉠

$P(x)$를 $x-4$로 나눈 나머지가 -1이고, $x+4$로 나눈 나머지가 7이므로 나머지정리에 의하여

$P(4)=-1$, $P(-4)=7$

$x=4$, $x=-4$를 ㉠에 각각 대입하면

$P(4)=4a+b=-1$, $P(-4)=-4a+b=7$

두 식을 연립하여 풀면

$a=-1$, $b=3$

따라서 구하는 나머지는 $-x+3$이다.

답 $-x+3$

다른 풀이

다항식 $f(x)$를 $x-4$, $x+4$로 나눈 나머지를 각각 R_1, R_2라 하면 $R_1=-1$, $R_2=7$

㉠에서 $ax+b=a(x-4)-1=a(x+4)+7$이므로

$ax-4a-1=ax+4a+7$

즉, $-4a-1=4a+7$에서 $8a=-8$ $\therefore a=-1$

또한, $-x+b=-(x-4)-1$이므로 $b=3$

따라서 구하는 나머지는 $-x+3$이다.

24

$f(x)$를 $(x-3)^2$으로 나눈 몫을 $Q(x)$라 하면 나머지가 $2x-1$이므로

$f(x)=(x-3)^2Q(x)+2x-1$

위의 식의 양변에 $x=3$을 대입하면 $f(3)=5$

또한, $f(x)$를 $x+4$로 나눈 나머지가 -2이므로 나머지정리에 의하여

$f(-4)=-2$

$(x^2-2x-1)f(x)$를 $(x-3)(x+4)$로 나눈 몫을 $Q'(x)$, 나머지를 $R(x)=ax+b$ (a, b는 상수)라 하면

$(x^2-2x-1)f(x)=(x-3)(x+4)Q'(x)+ax+b$ ……㉠

㉠의 양변에 $x=3$을 대입하면

$2f(3)=3a+b$

$\therefore 3a+b=10$ ($\because f(3)=5$) ……㉡

㉠의 양변에 $x=-4$를 대입하면

$23f(-4)=-4a+b$

$\therefore -4a+b=-46$ ($\because f(-4)=-2$) ……㉢

㉡, ㉢을 연립하여 풀면

$a=8$, $b=-14$

따라서 $R(x)=8x-14$이므로 $R(2)=2$

답 2

25

다항식 $f(x)$를 $(x^2+1)(x-2)$로 나눈 몫을 $Q(x)$, 나머지를 ax^2+bx+c (a, b, c는 상수)라 하면

$f(x)=(x^2+1)(x-2)Q(x)+ax^2+bx+c$

이때 $(x^2+1)(x-2)Q(x)$는 x^2+1로 나누어떨어지므로 $f(x)$를 x^2+1로 나눈 나머지는 ax^2+bx+c를 x^2+1로 나눈 나머지와 같다.

즉, ax^2+bx+c를 x^2+1로 나눈 나머지가 $x+4$이므로

$ax^2+bx+c=a(x^2+1)+x+4$

$\therefore f(x)=(x^2+1)(x-2)Q(x)+a(x^2+1)+x+4$ ……㉠

$f(x)$를 $x-2$로 나눈 나머지가 1이므로 ㉠에서

$f(2)=5a+6=1$ $\quad\therefore a=-1$

따라서 ㉠에서 구하는 나머지는

$-(x^2+1)+x+4=-x^2+x+3$

답 $-x^2+x+3$

다른 풀이

$f(x)=(x^2+1)(x-2)Q(x)+ax^2+bx+c$

$\quad=(x^2+1)(x-2)Q(x)+a(x^2+1)+bx+c-a$

$\quad=(x^2+1)\{(x-2)Q(x)+a\}+bx+c-a$ ……㉡

$f(x)$를 x^2+1로 나눈 나머지가 $x+4$이므로

㉡에서 $bx+c-a=x+4$ $\quad\therefore b=1$, $c-a=4$

$f(x)$를 $x-2$로 나눈 나머지가 1이므로 ㉡에서

$f(2)=4a+2b+c=1$ $\quad\therefore 4a+c=-1$

$c-a=4$, $4a+c=-1$을 연립하여 풀면

$a=-1$, $c=3$

따라서 구하는 나머지는 $-x^2+x+3$

26

다항식 $f(x)$를 $x-1$로 나눈 몫이 $Q(x)$, 나머지가 5이므로

$f(x)=(x-1)Q(x)+5$ ……㉠

다항식 $Q(x)$를 $x+2$로 나눈 몫을 $Q_1(x)$라 하면 나머지가 10이므로

$Q(x)=(x+2)Q_1(x)+10$ ……㉡

㉡을 ㉠에 대입하여 정리하면

$f(x)=(x-1)\{(x+2)Q_1(x)+10\}+5$

$\quad=(x-1)(x+2)Q_1(x)+10x-5$

따라서 $f(x)$를 $x+2$로 나누었을 때의 나머지는

$f(-2)=10\times(-2)-5=-25$

답 -25

다른 풀이

다항식 $Q(x)$를 $x+2$로 나눈 나머지가 10이므로 나머지정리에 의하여 $Q(-2)=10$

이때 구하는 나머지는 $f(-2)$이므로 ㉠의 양변에 $x=-2$를 대입하면

$f(-2)=-3Q(-2)+5=(-3)\times10+5=-25$

27

$f(x)$를 $x+1$로 나눈 몫은 $Q(x)$, 나머지는 4이므로

$f(x)=(x+1)Q(x)+4$ ……㉠

또한, $Q(x)$를 $x-3$으로 나누었을 때의 몫을 $Q_1(x)$라 하면 나머지는 12이므로

$Q(x)=(x-3)Q_1(x)+12$ ……㉡

㉡을 ㉠에 대입하면

$f(x)=(x+1)\{(x-3)Q_1(x)+12\}+4$

$\quad=(x+1)(x-3)Q_1(x)+12x+16$

따라서 $R(x)=12x+16$이므로

$R(-2)=12\times(-2)+16=-8$

답 -8

28

$x^2+x-6=(x+3)(x-2)$이므로

$f(x)=3x^3+ax^2+bx-36$이라 하면 인수정리에 의하여

$f(-3)=0$, $f(2)=0$

$f(-3)=0$에서 $-81+9a-3b-36=0$

$\therefore 3a-b=39$ ……㉠

$f(2)=0$에서 $24+4a+2b-36=0$

$\therefore\ 2a+b=6$ ……㉡

㉠, ㉡을 연립하여 풀면 $a=9$, $b=-12$

$\therefore\ a-b=21$

답 21

29

$f(x)=x^3+ax^2+7x+b$라 하면 인수정리에 의하여

$f(-2)=0$, $f(1)=0$

$f(-2)=0$에서 $-8+4a-14+b=0$

$\therefore\ 4a+b=22$ ……㉠

$f(1)=0$에서 $1+a+7+b=0$

$\therefore\ a+b=-8$ ……㉡

㉠, ㉡을 연립하여 풀면 $a=10$, $b=-18$

따라서 $f(x)=x^3+10x^2+7x-18$이므로 나머지정리에 의하여 $f(x)$를 $x-3$으로 나눈 나머지는

$f(3)=27+90+21-18=120$

답 120

30

$f(x)-3$을 x^2-9로 나눈 몫을 $Q(x)$라 하면 나머지가 0이므로

$f(x)-3=(x^2-9)Q(x)$

$\qquad\quad=(x+3)(x-3)Q(x)$

즉, $f(x)=(x+3)(x-3)Q(x)+3$이므로

$f(-3)=f(3)=3$

$f(x+1)$을 x^2+2x-8로 나눈 몫을 $Q'(x)$, 나머지를 $ax+b$ (a, b는 상수)라 하면

$f(x+1)=(x^2+2x-8)Q'(x)+ax+b$

$\qquad\qquad=(x+4)(x-2)Q'(x)+ax+b$

위의 식의 양변에 $x=-4$, $x=2$를 각각 대입하면

$f(-3)=-4a+b$, $f(3)=2a+b$

즉, $-4a+b=3$, $2a+b=3$이므로 두 식을 연립하여 풀면

$a=0$, $b=3$

따라서 구하는 나머지는 3이다.

답 3

31

$f(x)=x^4+2x^2+4x-8$이라 하고, $f(x)$를 $\underset{x=1}{\underline{x-1}}$로 나누는 조립제법과 그 몫을 $\underset{x=-2}{\underline{x+2}}$로 나누는 조립제법을 연속으로 이용하면 다음과 같다.

1	1	0	2	4	−8	
		1	1	3	7	
−2	1	1	3	7	−1	……(i)
		−2	2	−10		
	1	−1	5	−3		……(ii)

(i) $f(x)$를 $x-1$로 나눈 몫과 나머지는 각각

x^3+x^2+3x+7, -1이므로

$f(x)=(x-1)(x^3+x^2+3x+7)-1$ ……㉠

(ii) x^3+x^2+3x+7을 $x+2$로 나눈 몫과 나머지는 각각

x^2-x+5, -3이므로

$x^3+x^2+3x+7=(x+2)(x^2-x+5)-3$ ……㉡

㉡을 ㉠에 대입하면

$f(x)=(x-1)\{(x+2)(x^2-x+5)-3\}-1$

$\quad=(x-1)(x+2)(x^2-x+5)-3(x-1)-1$

$\quad=(x-1)(x+2)(x^2-x+5)-3x+2$

$\therefore$ 몫 : x^2-x+5, 나머지 : $-3x+2$

답 몫 : x^2-x+5, 나머지 : $-3x+2$

32

$f(x)=x^4+ax+b$라 하면

$f(x)=(x-2)^2Q(x)$

$\quad=(x-2)\{(x-2)Q(x)\}$

$f(x)$를 $x-2$로 나누는 조립제법과 그 몫을 $x-2$로 나누는 조립제법을 연속으로 이용하면 다음과 같다.

$\boxed{2}$	1	0	0	a	b	
		$\boxed{2}$	4	$\boxed{8}$	$\boxed{2a+16}$	
$\boxed{2}$	1	2	4	$\boxed{a+8}$	$2a+b+16$	……(i)
		2	$\boxed{8}$	24		
	1	4	$\boxed{12}$	$a+32$		……(ii)

(i) $f(x)$를 $x-2$로 나눈 몫과 나머지는 각각

$x^3+2x^2+4x+a+8$, $2a+b+16$이므로

$2a+b+16=0$

$\therefore\ 2a+b=-16$ ……㉠

(ii) $x^3+2x^2+4x+a+8$을 $x-2$로 나눈 몫과 나머지는 각각 $x^2+4x+12$, $a+32$이므로

$a+32=0$

$\therefore a=-32$ ……㉡

㉡을 ㉠에 대입하면

$b=48$

따라서 $a=-32$, $b=48$, $Q(x)=x^2+4x+12$이므로

$a+b+Q(2)=-32+48+(2^2+4\times2+12)$

$=40$

답 40

보충 설명

$f(x)=(x-2)(x^3+2x^2+4x-24)+0$

$=(x-2)\{(x-2)(x^2+4x+12)+0\}+0$

$=(x-2)^2(x^2+4x+12)$

$\therefore Q(x)=x^2+4x+12$

33

$f(x)=x^3-x^2+ax-b$라 하고, $f(x)$를 $\underset{x=1}{x-1}$로 나누는 조립제법과 그 몫을 $\underset{x=3}{x-3}$으로 나누는 조립제법을 연속으로 이용하면 다음과 같다.

1	1	-1	a	$-b$	
		1	0	a	
3	1	0	a	$a-b$	……(i)
		3	9		
	1	3	$a+9$		……(ii)

(i) $f(x)$를 $x-1$로 나눈 몫과 나머지는 각각 x^2+a, $a-b$이므로

$a-b=2$ ……㉠

(ii) x^2+a를 $x-3$으로 나눈 몫과 나머지는 각각 $x+3$, $a+9$이므로

$a+9=3$

$\therefore a=-6$ ……㉡

㉡을 ㉠에 대입하면 $b=-8$

따라서 $a=-6$, $b=-8$, $Q(x)=x+3$이므로

$Q(ab)=Q(48)=48+3=51$

답 51

34

$f(x)=2x^3-5x+3$이라 하고, $f(x)$를 $\underset{x=-1}{x+1}$로 나누는 조립제법을 연속으로 이용하면 다음과 같다.

-1	2	0	-5	3	
		-2	2	3	
-1	2	-2	-3	6	……(i)
		-2	4		
-1	2	-4	1		……(ii)
		-2			
	2	-6			……(iii)

(i) $f(x)$를 $x+1$로 나눈 몫과 나머지는 각각 $2x^2-2x-3$, 6이므로

$f(x)=(x+1)(2x^2-2x-3)+6$ ……㉠

(ii) $2x^2-2x-3$을 $x+1$로 나눈 몫과 나머지는 각각 $2x-4$, 1이므로

$2x^2-2x-3=(x+1)(2x-4)+1$

이것을 ㉠에 대입하면

$f(x)=(x+1)\{(x+1)(2x-4)+1\}+6$

$=(x+1)^2(2x-4)+(x+1)+6$ ……㉡

(iii) $2x-4$를 $x+1$로 나눈 몫과 나머지는 각각 2, -6이므로

$2x-4=2(x+1)-6$

이것을 ㉡에 대입하면

$f(x)=(x+1)^2\{2(x+1)-6\}+(x+1)+6$

$=2(x+1)^3-6(x+1)^2+(x+1)+6$

(i), (ii), (iii)에서 $a=2$, $b=-6$, $c=1$, $d=6$

$\therefore a-b-c+d=2+6-1+6=13$

답 13

STEP 1 개념 마무리

본문 pp.055~056

07 48	**08** 17	**09** $2x+5$	**10** -102
11 -11	**12** $-\frac{1}{2}x^2+1$		**13** 6
14 6	**15** x	**16** 97	**17** $-6x-4$
18 9			

07

$f(2x+4)$를 $x-2$로 나눈 나머지가 6이므로 나머지정리에 의하여

$f(8)=6$

따라서 $xf(x)$를 $x-8$로 나눈 나머지는 나머지정리에 의하여

$8f(8)=8\times6=48$

답 48

08

$f(x)=x^3+x^2+2x+1$을 $x-a$로 나눈 나머지가 R_1, $f(x)$를 $x+a$로 나눈 나머지가 R_2이므로 나머지정리에 의하여

$R_1=f(a)=a^3+a^2+2a+1$,

$R_2=f(-a)=-a^3+a^2-2a+1$

이때 $R_1+R_2=6$이므로

$(a^3+a^2+2a+1)+(-a^3+a^2-2a+1)=6$

$2a^2+2=6$

$\therefore\ a^2=2$

따라서 $f(x)$를 $x-a^2$, 즉 $x-2$로 나눈 나머지는 나머지정리에 의하여

$f(2)=2^3+2^2+2\times2+1=17$

답 17

09

$f(x)$를 x^2+6x+8로 나눈 몫을 $Q(x)$, 나머지를 $ax+b$ (a, b는 상수)라 하면

$f(x)=(x^2+6x+8)Q(x)+ax+b$

$\quad=(x+2)(x+4)Q(x)+ax+b$ ……㉠

이때 조건 (가), (나)에서

$f(-2)=f(0)=1$, $f(-4)=f(-2)-4=1-4=-3$

㉠의 양변에 $x=-2$를 대입하면

$f(-2)=-2a+b=1$ ……㉡

㉠의 양변에 $x=-4$를 대입하면

$f(-4)=-4a+b=-3$ ……㉢

㉡, ㉢을 연립하여 풀면

$a=2$, $b=5$

따라서 구하는 나머지는 $2x+5$이다.

답 $2x+5$

10

x^5을 $x+1$로 나눈 몫을 $Q(x)$라 하면

$x^5=(x+1)Q(x)+a$

이 식의 양변에 $x=-1$을 대입하면

$a=-1$

(가)

$\therefore\ x^5=(x+1)Q(x)-1$ ……㉠

㉠에 $x=102$를 대입하면

$102^5=103Q(102)-1$ ←(*)

$\quad=103\{Q(102)-1\}+103-1$

$\quad=103\{Q(102)-1\}+102$

따라서 102^5을 103으로 나눈 나머지가 102이므로

$b=102$

(나)

$\therefore\ ab=(-1)\times102=-102$

(다)

답 -102

단계	채점 기준	배점
(가)	a의 값을 구한 경우	40%
(나)	b의 값을 구한 경우	50%
(다)	ab의 값을 구한 경우	10%

보충 설명

다항식의 나눗셈에서

(나머지의 차수)<(나누는 식의 차수)

이므로 나누는 식이 일차식인 경우 나머지는 상수가 된다.

이때 이 상수는 음수가 될 수 있다.

그러나 수의 나눗셈에서는

$0\le$(나머지)<(나누는 수)

이므로 이 문제에서 $0\le b<103$이어야 한다.

따라서 (*)에서 음수인 나머지 -1을 변형하여 범위에 맞는 나머지를 구해야 한다.

11

$x^n(x^2+ax+b)$를 $(x-3)^2$으로 나눈 몫을 $Q(x)$라 하면

$x^n(x^2+ax+b)=(x-3)^2Q(x)+3^n(x-3)$ ······㉠

㉠의 양변에 $x=3$을 대입하면

$3^n(3^2+3a+b)=0$, $9+3a+b=0$ ($\because 3^n\neq0$)

$\therefore b=-3a-9$ ······㉡

㉡을 ㉠의 좌변에 대입하면

$x^n(x^2+ax+b)=x^n(x^2+ax-3a-9)$

$=x^n(x-3)(x+a+3)$

이것을 ㉠에 대입하면

$x^n(x-3)(x+a+3)=(x-3)^2Q(x)+3^n(x-3)$

$\therefore x^n(x+a+3)=(x-3)Q(x)+3^n$

이 식의 양변에 $x=3$을 대입하면

$3^n(a+6)=3^n$, $a+6=1$ $\quad\therefore a=-5$

$\therefore b=-3\times(-5)-9=6$ ($\because$ ㉡)

$\therefore a-b=-11$

답 -11

12

다항식 $f(x)$를 x^3-8로 나눈 몫을 $Q(x)$, 나머지를 ax^2+bx+c (a, b, c는 상수)라 하면

$f(x)=(x^3-8)Q(x)+ax^2+bx+c$

$=(x-2)(x^2+2x+4)Q(x)+ax^2+bx+c$

이때 다항식 $f(x)$를 x^2+2x+4로 나눈 나머지가 $x+3$이므로 ax^2+bx+c를 x^2+2x+4로 나눈 나머지도 $x+3$이다.

$\therefore f(x)=(x-2)(x^2+2x+4)Q(x)$

$+a(x^2+2x+4)+x+3$

$=(x^2+2x+4)\{(x-2)Q(x)+a\}+x+3$

······㉠

또한, 다항식 $f(x)$를 $(x-2)^2$으로 나눈 나머지가 $2x-5$이므로

$f(2)=2\times2-5=-1$

㉠의 양변에 $x=2$를 대입하면

$f(2)=a(2^2+2\times2+4)+2+3=12a+5$

즉, $12a+5=-1$에서 $12a=-6$

$\therefore a=-\frac{1}{2}$

이것을 ㉠에 대입하여 정리하면

$f(x)=(x^2+2x+4)\left\{(x-2)Q(x)-\frac{1}{2}\right\}+x+3$

$=(x-2)(x^2+2x+4)Q(x)$

$-\frac{1}{2}(x^2+2x+4)+x+3$

$=(x^3-8)Q(x)-\frac{1}{2}x^2+1$

따라서 다항식 $f(x)$를 x^3-8로 나누었을 때의 나머지는 $-\frac{1}{2}x^2+1$이다.

답 $-\frac{1}{2}x^2+1$

13

$4x^3+2ax^2+(3a-1)x+2$를 $2x-1$로 나눈 몫이 $Q(x)$, 나머지가 R이므로

$4x^3+2ax^2+(3a-1)x+2=(2x-1)Q(x)+R$ ······㉠

㉠의 양변에 $x=\frac{1}{2}$을 대입하면

$R=\frac{1}{2}+\frac{1}{2}a+\frac{1}{2}(3a-1)+2=2a+2$

㉠의 양변에 $x=1$을 대입하면

$4+2a+(3a-1)+2=Q(1)+R$

이때 $Q(1)=0$이므로 $R=5a+5$

즉, $2a+2=5a+5$이므로

$3a=-3$ $\quad\therefore a=-1$, $R=0$

이것을 ㉠에 대입하면

$4x^3-2x^2-4x+2=(2x-1)Q(x)$

위의 식에 $x=2$를 대입하면

$32-8-8+2=3Q(2)$

$3Q(2)=18$ $\quad\therefore Q(2)=6$

$\therefore Q(2)+R=6$

답 6

다른 풀이

직접 나눗셈을 하여 $Q(x)$, R을 구하면 다음과 같다.

$$
\begin{array}{r|l}
 & 2x^2+(a+1)x+2a \\
\hline
2x-1 & 4x^3+2ax^2+(3a-1)x+2 \\
 & 4x^3-2x^2 \\
\hline
 & 2(a+1)x^2+(3a-1)x+2 \\
 & 2(a+1)x^2-(a+1)x \\
\hline
 & 4ax+2 \\
 & 4ax-2a \\
\hline
 & 2a+2
\end{array}
$$

$\therefore Q(x)=2x^2+(a+1)x+2a$, $R=2a+2$

이때 $Q(1)=0$이므로

$2+(a+1)+2a=0 \qquad \therefore a=-1$

따라서 $Q(x)=2x^2-2$, $R=0$이므로

$Q(2)+R=Q(2)=2\times2^2-2=6$

14

$f(x)=x^3+ax^2-4x-3$에 대하여

$g(x)=f(x+2)$라 하면 $g(x)$가 $x+1$로 나누어떨어지므로

$g(-1)=0$

즉, $g(-1)=f(-1+2)=f(1)=0$이므로

$f(1)=1^3+a\times1^2-4\times1-3=0$

$\therefore a=6$

답 6

15

$f(x)-1$이 x^2-4, 즉 $(x+2)(x-2)$로 나누어떨어지므로 인수정리에 의하여

$f(-2)-1=0$, $f(2)-1=0$

$\therefore f(-2)=1, f(2)=1 \qquad \cdots\cdots ㉠$

$xf(x+1)$을 x^2+2x-3으로 나눈 몫을 $Q(x)$, 나머지를 $ax+b$ (a, b는 상수)라 하면

$xf(x+1)=(x^2+2x-3)Q(x)+ax+b$

$\qquad =(x+3)(x-1)Q(x)+ax+b \qquad \cdots\cdots ㉡$

㉡의 양변에 $x=-3$, $x=1$을 각각 대입하면

$-3f(-2)=-3a+b$, $f(2)=a+b$

$\therefore -3a+b=-3, a+b=1$ ($\because$ ㉠)

두 식을 연립하여 풀면 $a=1$, $b=0$

따라서 구하는 나머지는 x이다.

답 x

다른 풀이

$f(x)-1$이 x^2-4, 즉 $(x+2)(x-2)$로 나누어떨어지므로 몫을 $Q'(x)$라 하면

$f(x)-1=(x+2)(x-2)Q'(x)$

즉, $f(x)=(x+2)(x-2)Q'(x)+1$이므로

$f(x+1)=(x+1+2)(x+1-2)Q'(x+1)+1$

$\qquad =(x+3)(x-1)Q'(x+1)+1$

$\therefore xf(x+1)=x(x+3)(x-1)Q'(x+1)+x$

$\qquad =x(x^2+2x-3)Q'(x+1)+x$

$\qquad =(x^2+2x-3)\times xQ'(x+1)+x$

따라서 $xf(x+1)$을 x^2+2x-3으로 나눈 몫은 $xQ'(x+1)$이고 나머지는 x이다.

16

$P(x)$를 $\underset{x=-2}{\underline{x+2}}$로 나누는 조립제법은 다음과 같다.

-2	a	b	c	1
		-4	-2	6
	2	1	-3	7

즉, $a=2$, $b+(-4)=1$, $c+(-2)=-3$이므로

$a=2$, $b=5$, $c=-1$

$\therefore P(x)=2x^3+5x^2-x+1$

다항식 $P(x)$를 $x-3$으로 나눈 나머지는 $P(3)$이므로

$P(3)=2\times3^3+5\times3^2-3+1=97$

답 97

다른 풀이

주어진 조립제법에서

$P(x)=(x+2)(2x^2+x-3)+7$

따라서 $P(x)$를 $x-3$으로 나누었을 때의 나머지는 $P(3)$이므로

$P(3)=(3+2)\times(2\times3^2+3-3)+7=97$

17

$f(x)=x^6+1$이라 하고, $f(x)$를 $\underset{x=-1}{\underline{x+1}}$로 나누는 조립제법을 연속으로 이용하면 다음과 같다.

-1	1	0	0	0	0	0	1	
		-1	1	-1	1	-1	1	
-1	1	-1	1	-1	1	-1	2	$\cdots\cdots$(i)
		-1	2	-3	4	-5		
	1	-2	3	-4	5	-6		$\cdots\cdots$(ii)

(ⅰ) $f(x)$를 $x+1$로 나눈 몫과 나머지는 각각

$x^5-x^4+x^3-x^2+x-1$, 2이므로

$f(x)=(x+1)(x^5-x^4+x^3-x^2+x-1)+2$ ……㉠

(ⅱ) $x^5-x^4+x^3-x^2+x-1$을 $x+1$로 나눈 몫과 나머지는 각각 $x^4-2x^3+3x^2-4x+5$, -6이므로

$x^5-x^4+x^3-x^2+x-1$

$=(x+1)(x^4-2x^3+3x^2-4x+5)-6$ ……㉡

㉡을 ㉠에 대입하면

$f(x)=(x+1)\{(x+1)(x^4-2x^3+3x^2-4x+5)-6\}+2$

$=(x+1)^2(x^4-2x^3+3x^2-4x+5)-6(x+1)+2$

$=(x+1)^2(x^4-2x^3+3x^2-4x+5)-6x-4$

따라서 구하는 나머지는 $-6x-4$이다.

답 $-6x-4$

18

$f(x)=8x^3+8x^2-4x+3$이라 하고, $f(x)$를 $x+\frac{1}{2}$로 나누는 조립제법을 연속으로 사용하면 다음과 같다. ($x=-\frac{1}{2}$)

$-\frac{1}{2}$	8	8	-4	3	
		-4	-2	3	
$-\frac{1}{2}$	8	4	-6	6	……(ⅰ)
		-4	0		
$-\frac{1}{2}$	8	0	-6		……(ⅱ)
		-4			
	8	-4			……(ⅲ)

(ⅰ) $f(x)$를 $x+\frac{1}{2}$로 나눈 몫과 나머지는 각각

$8x^2+4x-6$, 6이므로

$f(x)=\left(x+\frac{1}{2}\right)(8x^2+4x-6)+6$ ……㉠

(ⅱ) $8x^2+4x-6$을 $x+\frac{1}{2}$로 나눈 몫과 나머지는 각각

$8x$, -6이므로

$8x^2+4x-6=8x\left(x+\frac{1}{2}\right)-6$

이것을 ㉠에 대입하면

$f(x)=\left(x+\frac{1}{2}\right)\left\{8x\left(x+\frac{1}{2}\right)-6\right\}+6$

$=8x\left(x+\frac{1}{2}\right)^2-6\left(x+\frac{1}{2}\right)+6$ ……㉡

(ⅲ) $8x$를 $x+\frac{1}{2}$로 나눈 몫과 나머지는 각각 8, -4이므로

$8x=8\left(x+\frac{1}{2}\right)-4$

이것을 ㉡에 대입하면

$f(x)=\left\{8\left(x+\frac{1}{2}\right)-4\right\}\left(x+\frac{1}{2}\right)^2-6\left(x+\frac{1}{2}\right)+6$

$=8\left(x+\frac{1}{2}\right)^3-4\left(x+\frac{1}{2}\right)^2-6\left(x+\frac{1}{2}\right)+6$

$=(2x+1)^3-(2x+1)^2-3(2x+1)+6$

(ⅰ), (ⅱ), (ⅲ)에서

$a=1$, $b=-1$, $c=-3$, $d=6$

$\therefore ad+bc=1\times6+(-1)\times(-3)=9$

답 9

STEP 2 개념 마무리 본문 p.057

1 2	**2** 3	**3** -2	**4** -2
5 -6	**6** $-\frac{1}{24}$		

1

$f(x)=2x^2-4x+k$이므로

$f(x^2)=2x^4-4x^2+k$

이때 다항식 $f(x^2)$을 다항식 $f(x)$로 나눈 몫을 $Q(x)$라 하면

$f(x^2)$이 $f(x)$로 나누어떨어지므로

$f(x^2)=f(x)Q(x)$에서

$2x^4-4x^2+k=(2x^2-4x+k)Q(x)$

$Q(x)=x^2+ax+b$ (a, b는 상수)라 하면

$2x^4-4x^2+k$

$=(2x^2-4x+k)(x^2+ax+b)$

$=2x^4+(2a-4)x^3+(2b-4a+k)x^2$

$+(-4b+ak)x+bk$

즉, $2a-4=0$, $2b-4a+k=-4$, $-4b+ak=0$, $bk=k$

이므로

$a=2$, $b=1$, $k=2$

답 2

2

x^4+x^3+ax+b를 x^2-x+1로 나눈 몫을 $Q(x)$라 하면
$Q(x)=x^2+mx+n$ (m, n은 상수)이다. ← $Q(x)$는 최고차항의 계수가 1인 이차식이다.

x^4+x^3+ax+b
$=(x^2-x+1)(x^2+mx+n)+x$
$=x^4+mx^3+nx^2-x^3-mx^2-nx+x^2+mx+n+x$
$=x^4+(m-1)x^3+(n-m+1)x^2+(-n+m+1)x+n$

이 등식이 x에 대한 항등식이므로 양변의 동류항의 계수를 비교하면

$1=m-1$, $0=n-m+1$, $a=-n+m+1$, $b=n$

즉, $m=2$, $n=1$이므로

$a=2$, $n=1$

$\therefore a+b=3$

답 3

다른 풀이

$$
\begin{array}{r|l}
 & x^2+2x+1 \\
\hline
x^2-x+1 & x^4+x^3+ax+b \\
 & x^4-x^3+x^2 \\
\hline
 & 2x^3-x^2+ax+b \\
 & 2x^3-2x^2+2x \\
\hline
 & x^2+(a-2)x+b \\
 & x^2-x+1 \\
\hline
 & (a-1)x+b-1
\end{array}
$$

$\therefore (a-1)x+b-1=x$

이 등식이 x에 대한 항등식이므로 양변의 동류항의 계수를 비교하면 $a-1=1$, $b-1=0$이므로

$a=2$, $b=1$ $\quad\therefore a+b=3$

3

2 이상의 자연수 n에 대하여 $P(x)$가 n차 다항식이라 하면 $P(x^2-1)$은 $2n$차 다항식이고 $2n\geq 4$이므로 $P(x^2-1)-x^2$도 $2n$차 다항식이다.

또한, $x^2P(x)$는 $(n+2)$차 다항식이므로 $x^2P(x)+a$도 $(n+2)$차 다항식이다.

이때 $P(x^2-1)-x^2=x^2P(x)+a$에서 좌변과 우변의 차수가 같아야 하므로

$2n=n+2$ $\quad\therefore n=2$ ……(가)

즉, $P(x)$는 최고차항의 계수가 1인 이차식이므로
$P(x)=x^2+px+q$ (p, q는 상수)라 하면
$P(x^2-1)-x^2=x^2P(x)+a$에서
$(x^2-1)^2+p(x^2-1)+q-x^2=x^2(x^2+px+q)+a$
$\therefore x^4+(p-3)x^2+1-p+q=x^4+px^3+qx^2+a$ ……(나)

이 등식이 x에 대한 항등식이므로
$0=p$, $p-3=q$, $1-p+q=a$
$\therefore a=-2$ ……(다)

답 -2

단계	채점 기준	배점
(가)	$P(x)$의 차수를 구한 경우	40%
(나)	x에 대한 항등식을 구한 경우	40%
(다)	a의 값을 구한 경우	20%

4

$f(x)$를 $x-2$로 나눈 나머지가 2이고, $x+2$로 나눈 나머지가 -2이므로 나머지정리에 의하여

$f(2)=2$, $f(-2)=-2$ ……㉠

$f(x)$를 x^4-16으로 나눈 몫을 $Q(x)$라 하면 나머지 $R(x)$는 삼차 이하의 다항식이고

$f(x)=(x^4-16)Q(x)+R(x)$
$=(x^2-4)(x^2+4)Q(x)+R(x)$
$=(x+2)(x-2)(x^2+4)Q(x)+R(x)$ ……㉡

이때 ㉡의 양변에 $x=2$, $x=-2$를 각각 대입하면

$R(2)=f(2)=2$, $R(-2)=f(-2)=-2$ ($\because$ ㉠)

한편, $f(x)$를 x^2+4로 나눈 나머지가 $9x-16$이므로 ㉡에서 삼차 이하의 다항식 $R(x)$를 x^2+4로 나눈 나머지도 $9x-16$이다.

$R(x)$를 x^2+4로 나눈 몫을 $ax+b$ (a, b는 상수)라 하면

$R(x)=(x^2+4)(ax+b)+9x-16$

$R(2)=2$에서
$8\times(2a+b)+9\times2-16=2$
$\therefore 2a+b=0$ ……㉢

$R(-2)=-2$에서
$8\times(-2a+b)+9\times(-2)-16=-2$
$\therefore -2a+b=4$ ……㉣

㉢, ㉣을 연립하여 풀면 $a=-1$, $b=2$

따라서 $R(x)=(x^2+4)(-x+2)+9x-16$이므로

$R(3)=(3^2+4)\times(-3+2)+9\times3-16=-2$

답 -2

5

조건 ㈎에서 $(x-1)P(x-2)=(x-7)P(x)$ ······㉠

㉠의 양변에 $x=1$을 대입하면 $0=-6P(1)$

$\therefore P(1)=0$

㉠의 양변에 $x=7$을 대입하면 $6P(5)=0$

$\therefore P(5)=0$

삼차 다항식 $P(x)$를 x^2-4x+2로 나눈 몫을

$ax+b$ (a, b는 상수, $a\neq0$)라 하면 조건 ㈏에서

$P(x)=(x^2-4x+2)(ax+b)+2x-10$ ······㉡

㉡의 양변에 $x=1$을 대입하면 $P(1)=0$이므로

$P(1)=-(a+b)-8=0 \qquad \therefore a+b=-8$ ······㉢

㉡의 양변에 $x=5$를 대입하면 $P(5)=0$이므로

$P(5)=7(5a+b)=0 \qquad \therefore 5a+b=0$ ······㉣

㉢, ㉣을 연립하여 풀면 $a=2$, $b=-10$

이것을 ㉡에 대입하면

$P(x)=(x^2-4x+2)(2x-10)+2x-10$

$\therefore P(4)=(4^2-4\times4+2)\times(2\times4-10)+2\times4-10$

$=-6$

답 -6

다른 풀이

조건 ㈎에서 $P(1)=0$, $P(5)=0$

즉, $P(x)$는 $x-1$, $x-5$를 인수로 갖는 삼차 다항식이므로

$P(x)=a(x-1)(x-5)(x-k)$ (a, k는 상수, $a\neq0$) ······㉤

라 할 수 있다.

이때 $P(x-2)=a(x-3)(x-7)(x-k-2)$이므로

$(x-1)P(x-2)=(x-7)P(x)$에서

$a(x-1)(x-3)(x-7)(x-k-2)$

$=a(x-7)(x-1)(x-5)(x-k)$

위의 등식은 x에 대한 항등식이므로

$(x-3)(x-k-2)=(x-5)(x-k)$ ($\because a\neq0$)

에서 $k=3$

이것을 ㉤에 대입하면

$P(x)=a(x-1)(x-3)(x-5)$ ······㉥

$P(x)$를 x^2-4x+2로 나눈 몫을 $Q(x)$라 하면 나머지가 $2x-10$이므로

$a(x-1)(x-3)(x-5)=(x^2-4x+2)Q(x)+2x-10$

$\therefore a(x^2-4x+3)(x-5)=(x^2-4x+2)Q(x)+2x-10$ ······㉦

이때 $x^2-4x+2=0$을 만족시키는 x의 값을 α라 하면

$\alpha^2-4\alpha+2=0$이므로 ㉦의 양변에 $x=\alpha$를 대입하면

$a(\alpha-5)=2\alpha-10=2(\alpha-5) \qquad \therefore a=2$

이것을 ㉥에 대입하면 $P(x)=2(x-1)(x-3)(x-5)$

$\therefore P(4)=2\times3\times1\times(-1)=-6$

6

$g(x)=xf(x)-1$의 양변에

$x=1$을 대입하면 $g(1)=f(1)-1=1-1=0$

$x=2$를 대입하면 $g(2)=2f(2)-1=2\times\frac{1}{2}-1=0$

$x=3$을 대입하면 $g(3)=3f(3)-1=3\times\frac{1}{3}-1=0$

$x=4$를 대입하면 $g(4)=4f(4)-1=4\times\frac{1}{4}-1=0$

따라서 $g(x)$는 $x-1$, $x-2$, $x-3$, $x-4$를 모두 인수로 가지므로 차수가 가장 낮은 다항식 $g(x)$는

$g(x)=a(x-1)(x-2)(x-3)(x-4)$ (a는 상수) ······㉠

라 할 수 있다.

이때 $g(x)=xf(x)-1$의 양변에 $x=0$을 대입하면

$g(0)=-1$

㉠의 양변에 $x=0$을 대입하면

$g(0)=a\times(-1)\times(-2)\times(-3)\times(-4)=24a$

이므로 $24a=-1$

$\therefore a=-\frac{1}{24}$

따라서 $g(x)$의 최고차항의 계수는 $-\frac{1}{24}$이다.

답 $-\frac{1}{24}$

03. 인수분해

① 인수분해

기본+필수연습

본문 pp.062~063

01 (1) $ax^2(x+2y)$ (2) $(a-2)(b-2)$

02 (1) $(a+2b+c)(a+2b-c)$ (2) $(a-2b+3c)^2$
(3) $-(3a-2b)^3$ (4) $(a+5b)(a^2-5ab+25b^2)$
(5) $(a+2b-c)(a^2+4b^2+c^2-2ab+2bc+ca)$ 또는
$\frac{1}{2}(a+2b-c)\{(a-2b)^2+(2b+c)^2+(c+a)^2\}$
(6) $(a^2+3ab+9b^2)(a^2-3ab+9b^2)$

03 (1) $-(a-2)(a-b)$ (2) $(a-b)(a-b+c)$
(3) $3x^2(2a-3b)^2$ (4) $(a+b)(a-b)(a+c)$
(5) $(a+4b)(a^2-ab+7b^2)$
(6) $(a^2+b^2-2c^2)^2$

04 $4\sqrt{3}$ **05** 2

01

(1) $ax^3+2ax^2y=ax^2(x+2y)$

(2) $a(b-2)-2(b-2)=(a-2)(b-2)$

답 (1) $ax^2(x+2y)$
(2) $(a-2)(b-2)$

02

(1) $a^2+4ab+4b^2-c^2=(a+2b)^2-c^2$
$=(a+2b+c)(a+2b-c)$

(2) $a^2+4b^2+9c^2-4ab-12bc+6ca$
$=(a-2b+3c)^2$

(3) $-27a^3+54a^2b-36ab^2+8b^3$
$=-(27a^3-54a^2b+36ab^2-8b^3)$
$=-(3a-2b)^3$

(4) $a^3+125b^3=(a+5b)(a^2-5ab+25b^2)$

(5) $a^3+8b^3-c^3+6abc$
$=(a+2b-c)(a^2+4b^2+c^2-2ab+2bc+ca)$
$=\frac{1}{2}(a+2b-c)\{(a-2b)^2+(2b+c)^2+(c+a)^2\}$

(6) $a^4+9a^2b^2+81b^4=a^4+18a^2b^2+81b^2-9a^2b^2$
$=(a^2+9b^2)^2-(3ab)^2$
$=(a^2+3ab+9b^2)(a^2-3ab+9b^2)$

답 풀이 참조

03

(1) $a(2-a)-2b+ab=-a(a-2)+b(a-2)$
$=-(a-2)(a-b)$

(2) $(a-b)^2+ac-bc=(a-b)^2+c(a-b)$
$=(a-b)(a-b+c)$

(3) $12a^2x^2-36abx^2+27b^2x^2=3x^2(4a^2-12ab+9b^2)$
$=3x^2(2a-3b)^2$

(4) $a^3-b^2c-ab^2+a^2c=a(a^2-b^2)+c(a^2-b^2)$
$=(a^2-b^2)(a+c)$
$=(a+b)(a-b)(a+c)$

(5) $(a+b)^3+27b^3$
$=\{(a+b)+3b\}\{(a+b)^2-3b(a+b)+9b^2\}$
$=(a+4b)(a^2+2ab+b^2-3ab-3b^2+9b^2)$
$=(a+4b)(a^2-ab+7b^2)$

(6) $a^4+b^4+4c^4+2a^2b^2-4b^2c^2-4c^2a^2$
$=(a^2)^2+(b^2)^2+(-2c^2)^2+2(a^2b^2-2b^2c^2-2c^2a^2)$
$=(a^2+b^2-2c^2)^2$

답 (1) $-(a-2)(a-b)$ (2) $(a-b)(a-b+c)$
(3) $3x^2(2a-3b)^2$ (4) $(a+b)(a-b)(a+c)$
(5) $(a+4b)(a^2-ab+7b^2)$
(6) $(a^2+b^2-2c^2)^2$

04

$x^2y+xy^2+x+y=xy(x+y)+(x+y)$
$=(xy+1)(x+y)$

이때

$x+y=(\sqrt{3}+\sqrt{2})+(\sqrt{3}-\sqrt{2})=2\sqrt{3}$,

$xy=(\sqrt{3}+\sqrt{2})(\sqrt{3}-\sqrt{2})=3-2=1$

따라서 주어진 식의 값은

$(1+1)\times2\sqrt{3}=4\sqrt{3}$

답 $4\sqrt{3}$

05

$AB=x^3-y^3-6xy-8$

$=x^3+(-y)^3+(-2)^3-3\times x\times(-y)\times(-2)$

$=(x-y-2)(x^2+y^2+4+xy-2y+2x)$

$=\frac{1}{2}(x-y-2)\{(x+y)^2+(x+2)^2+(y-2)^2\}$

이때 $AB=0$이 되려면

$x-y-2=0$ ······㉠

또는 $x+y=0$, $x+2=0$, $y-2=0$ ······㉡

㉠에서 $x-y=2$

㉡에서 $x=-2$, $y=2$이므로 $x-y=-4$

따라서 $x-y$의 최댓값은 2이다.

답 2

STEP 1 개념 마무리

본문 p.064

01 -51	**02** ②	**03** ⑤	**04** ③
05 16	**06** $-3(x-y+3)(x+2)(y-1)$		

01

$x^2(y-1)+y^2(x+1)=x^2y-x^2+xy^2+y^2$

$=xy(x+y)-(x^2-y^2)$

$=xy(x+y)-(x+y)(x-y)$

$=(x+y)\{xy-(x-y)\}$

$x+y=3$, $xy=-10$이므로

$(x-y)^2=(x+y)^2-4xy$

$=3^2-4\times(-10)=49$

이때 $x>y$이므로

$x-y=7$

따라서 주어진 식의 값은

$3\times(-10-7)=-51$

답 -51

02

$4x^6+6x^3-x^4-3x^2$

$=x^4(4x^2-1)+3x^2(2x-1)$

$=x^4(2x+1)(2x-1)+3x^2(2x-1)$

$=x^2(2x-1)\{x^2(2x+1)+3\}$

$=x^2(2x-1)(2x^3+x^2+3)$

이때

ㄷ. $2x^3-x^2=x^2(2x-1)$

따라서 주어진 다항식의 인수인 것은 ㄱ, ㄷ이다.

답 ②

03

① $9a^2-36b^2=9(a^2-4b^2)=9(a+2b)(a-2b)$

② $8a^3-b^3c^6=(2a-bc^2)(4a^2+2abc^2+b^2c^4)$

③ $8x^3-12x^2y+6xy^2-y^3=(2x-y)^3$

④ $a^2+4b^2+9c^2+4ab-12bc-6ca=(a+2b-3c)^2$

⑤ $a^6-1=(a^3+1)(a^3-1)$

$=(a+1)(a^2-a+1)(a-1)(a^2+a+1)$

$=(a+1)(a-1)(a^2+a+1)(a^2-a+1)$

따라서 옳지 않은 것은 ⑤이다.

답 ⑤

다른 풀이

⑤ $a^6-1=(a^2-1)(a^4+a^2+1)$

$=(a+1)(a-1)(a^2+a+1)(a^2-a+1)$

04

$(x+1)^6-64$

$=\{(x+1)^3+8\}\{(x+1)^3-8\}$

$=\{(x+1)+2\}\{(x+1)^2-2(x+1)+4\}$

$\times\{(x+1)-2\}\{(x+1)^2+2(x+1)+4\}$

$=(x+3)(x-1)(x^2+2x+1-2x-2+4)$

$\times(x^2+2x+1+2x+2+4)$

$=(x+3)(x-1)(x^2+3)(x^2+4x+7)$

따라서 주어진 다항식의 인수가 아닌 것은 ③이다.

답 ③

05

$a+b+c=ab+bc+ca=4$이므로

$a^2+b^2+c^2=(a+b+c)^2-2(ab+bc+ca)$

$=4^2-2\times4=16-8=8$

$\therefore a^3+b^3+c^3-3abc$

$=(a+b+c)(a^2+b^2+c^2-ab-bc-ca)$

$=4\times(8-4)=16$

답 16

06

$x-y+3=A$, $-x-2=B$, $y-1=C$라 하면

$A+B+C=(x-y+3)+(-x-2)+(y-1)=0$

즉, $A^3+B^3+C^3-3ABC=0$에서

$A^3+B^3+C^3=3ABC$이므로

$(x-y+3)^3-(x+2)^3+(y-1)^3$

$=(x-y+3)^3+(-x-2)^3+(y-1)^3$

$=3(x-y+3)(-x-2)(y-1)$

$=-3(x-y+3)(x+2)(y-1)$

답 $-3(x-y+3)(x+2)(y-1)$

2 복잡한 식의 인수분해

기본 + 필수연습

본문 pp.068~076

06 (1) $(x-2y-1)(x-2y-4)$
(2) $(x^2+4x-3)(x^2+4x-6)$

07 (1) $(x+4)(x+1)(x-1)(x-4)$
(2) $(x^2+x+5)(x^2-x+5)$

08 (1) $(a-c)(a+b-c)$
(2) $(x+y+2)(x-2y-1)$

09 (1) $(x+3)(x-1)^2$
(2) $(x+2)(x+1)(x-1)(x-3)$

10 $(x^2-x+1)(x^2-4x+1)$

11 (1) 0 (2) 45 **12** 16

13 (1) -10 (2) 12 **14** 4

15 1 **16** $(x+2y-5)(x-3y+1)$

17 $3(x+y)(y+z)(z+x)$

18 $(a^2+b^2)(b^2+c^2)(c^2+a^2)$

19 10 **20** 10 **21** (1) $\frac{2026}{2023}$ (2) 10505

22 39 **23** $b=c$인 이등변삼각형

24 정삼각형

06

(1) $x-2y=X$로 놓으면

$(x-2y)(x-2y-5)+4$

$=X(X-5)+4=X^2-5X+4$

$=(X-1)(X-4)$

$=(x-2y-1)(x-2y-4)$

(2) $(x+1)(x-2)(x+3)(x+6)+54$

$=\{(x+1)(x+3)\}\{(x-2)(x+6)\}+54$

$=(x^2+4x+3)(x^2+4x-12)+54$

이때 $x^2+4x=X$로 놓으면

(주어진 식)$=(X+3)(X-12)+54$

$=X^2-9X+18$

$=(X-3)(X-6)$

$=(x^2+4x-3)(x^2+4x-6)$

답 (1) $(x-2y-1)(x-2y-4)$
(2) $(x^2+4x-3)(x^2+4x-6)$

07

(1) $x^2=X$로 놓으면

$x^4-17x^2+16=X^2-17X+16$

$=(X-1)(X-16)$

$=(x^2-1)(x^2-16)$

$=(x+4)(x+1)(x-1)(x-4)$

(2) $x^4+9x^2+25=(x^4+10x^2+25)-x^2$

$=(x^2+5)^2-x^2$

$=(x^2+x+5)(x^2-x+5)$

답 (1) $(x+4)(x+1)(x-1)(x-4)$
(2) $(x^2+x+5)(x^2-x+5)$

08

(1) 주어진 식을 b에 대한 내림차순으로 정리하면

$(a-c)b+a^2-2ac+c^2$

$=b(a-c)+(a-c)^2$

$=(a-c)(a+b-c)$

(2) 주어진 식을 x에 대한 내림차순으로 정리하면

$x^2+(1-y)x-2y^2-5y-2$

$=x^2+(1-y)x-(y+2)(2y+1)$

$=(x+y+2)(x-2y-1)$

답 (1) $(a-c)(a+b-c)$

(2) $(x+y+2)(x-2y-1)$

09

(1) $f(x)=x^3+x^2-5x+3$이라 하면

$f(1)=1+1-5+3=0$

이므로 $f(x)$는 $x-1$을 인수로 갖는다.

따라서 조립제법을 이용하여 인수분해하면

1	1	1	−5	3
		1	2	−3
	1	2	−3	0

$f(x)=(x-1)(x^2+2x-3)$

$=(x-1)(x+3)(x-1)$

$=(x+3)(x-1)^2$

(2) $f(x)=x^4-x^3-7x^2+x+6$이라 하면

$f(1)=1-1-7+1+6=0$,

$f(-1)=1+1-7-1+6=0$

이므로 $f(x)$는 $x-1$, $x+1$을 인수로 갖는다.

따라서 조립제법을 이용하여 인수분해하면

1	1	−1	−7	1	6
		1	0	−7	−6
−1	1	0	−7	−6	0
		−1	1	6	
	1	−1	−6	0	

$f(x)=(x-1)(x+1)(x^2-x-6)$

$=(x-1)(x+1)(x-3)(x+2)$

$=(x+2)(x+1)(x-1)(x-3)$

답 (1) $(x+3)(x-1)^2$

(2) $(x+2)(x+1)(x-1)(x-3)$

10 본문 p.067 한 걸음 더 참고

$x^4-5x^3+6x^2-5x+1$

$=x^2\left(x^2-5x+6-\frac{5}{x}+\frac{1}{x^2}\right)$

$=x^2\left\{\left(x^2+\frac{1}{x^2}\right)-5\left(x+\frac{1}{x}\right)+6\right\}$

$=x^2\left\{\left(x+\frac{1}{x}\right)^2-5\left(x+\frac{1}{x}\right)+4\right\}$

$=x^2\left(x+\frac{1}{x}-1\right)\left(x+\frac{1}{x}-4\right)$

$=(x^2-x+1)(x^2-4x+1)$

답 $(x^2-x+1)(x^2-4x+1)$

11

(1) $2x+y=X$로 놓으면

$(2x+y)^2-2(2x+y)-3$

$=X^2-2X-3$

$=(X+1)(X-3)$

$=(2x+y+1)(2x+y-3)$

따라서 $a=2$, $b=1$, $c=-3$이므로

$a+b+c=2+1+(-3)=0$

(2) $(x^2+x)(x^2+5x+6)-15$

$=x(x+1)(x+2)(x+3)-15$

$=\{x(x+3)\}\{(x+1)(x+2)\}-15$

$=(x^2+3x)(x^2+3x+2)-15$

$x^2+3x=X$로 놓으면

(주어진 식)$=X(X+2)-15$

$=X^2+2X-15$

$=(X-3)(X+5)$

$=(x^2+3x-3)(x^2+3x+5)$

따라서 $a=3$, $b=3$, $c=5$이므로

$abc=45$

답 (1) 0 (2) 45

12

$(x+2)(x+4)(x+6)(x+8)+k$

$=\{(x+2)(x+8)\}\{(x+4)(x+6)\}+k$

$=(x^2+10x+16)(x^2+10x+24)+k$

$x^2+10x=X$로 놓으면

(주어진 식)$=(X+16)(X+24)+k$

$=\underline{X^2+40X+384+k}_{(*)}$

이때 위의 식이 이차식 $f(x)$에 대하여 $\{f(x)\}^2$으로 인수분해되므로 위의 식은 X에 대한 완전제곱식이어야 한다.

즉, $(X+20)^2=X^2+40X+400$에서

$384+k=400$이므로 $k=16$

답 16

다른 풀이

$f(x)=x^2+ax+b$ (a, b는 상수)라 하면

$\{f(x)\}^2=(x^2+ax+b)^2$

$=x^4+a^2x^2+b^2+2ax^3+2abx+2bx^2$

$=x^4+2ax^3+(a^2+2b)x^2+2abx+b^2$ ……㉠

또한,

$(x+2)(x+4)(x+6)(x+8)+k$

$=(x^2+10x)^2+40(x^2+10x)+384+k$ ←(*)

$=x^4+20x^3+140x^2+400x+384+k$ ……㉡

㉠=㉡이므로 항등식의 성질에 의하여

$2a=20$, $a^2+2b=140$, $2ab=400$, $b^2=384+k$

따라서 $a=10$, $b=20$이므로

$k=16$

13

(1) $x^2=X$, $y^2=Y$로 놓으면

$x^4-10x^2y^2+9y^4=X^2-10XY+9Y^2$

$=(X-Y)(X-9Y)$

$=(x^2-y^2)(x^2-9y^2)$

$=(x+3y)(x+y)(x-y)(x-3y)$

이때 $a>b>c>d$이므로

$a=3$, $b=1$, $c=-1$, $d=-3$

$\therefore a+2b+3c+4d=3+2\times1+3\times(-1)+4\times(-3)$

$=-10$

(2) $x^4+2x^2+9=(x^4+6x^2+9)-4x^2$

$=(x^2+3)^2-(2x)^2$

$=(x^2+2x+3)(x^2-2x+3)$

이때 $a>c$이므로

$a=2$, $b=3$, $c=-2$, $d=3$

$\therefore ad-bc=2\times3-3\times(-2)=12$

답 (1) -10 (2) 12

14

$x^4-7x^2+1=(x^4+2x^2+1)-9x^2$

$=(x^2+1)^2-(3x)^2$

$=(x^2+3x+1)(x^2-3x+1)$

즉, $f(x)g(x)=(x^2+3x+1)(x^2-3x+1)$이므로

$f(x)=x^2+3x+1$, $g(x)=x^2-3x+1$ 또는

$f(x)=x^2-3x+1$, $g(x)=x^2+3x+1$

$\therefore f(1)+g(1)=5+(-1)=4$

답 4

보충 설명

$x^4-7x^2+1=(x^4-2x^2+1)-5x^2$

$=(x^2-1)^2-5x^2$

$=(x^2+\sqrt{5}x-1)(x^2-\sqrt{5}x+1)$

로도 인수분해 가능하지만 각 항의 계수가 모두 정수인 조건을 만족시키지 않는다.

15

주어진 식을 x에 대한 내림차순으로 정리하면

$2x^2+2y^2-5xy-5y+kx-3$

$=2x^2+(-5y+k)x+2y^2-5y-3$

$=2x^2+(-5y+k)x+(y-3)(2y+1)$

이 다항식이 x, y에 대한 두 일차식의 곱으로 인수분해되려면

$-(y-3)-2(2y+1)=-5y+k$ ← y의 계수가 -5로 같아지는 경우를 찾는다.

$-5y+1=-5y+k$

$\therefore k=1$

답 1

16

$x+y-z=1$에서 $z=x+y-1$

이것을 주어진 식에 대입하여 인수분해하면

$x^2-xy-6y^2-9x+12y+5z$

$=x^2-xy-6y^2-9x+12y+5(x+y-1)$

$=x^2-(y+4)x-(6y^2-17y+5)$

$=x^2-(y+4)x-(2y-5)(3y-1)$

$=(x+2y-5)(x-3y+1)$

답 $(x+2y-5)(x-3y+1)$

17

주어진 식을 전개하면

$(x+y+z)^3-x^3-y^3-z^3$

$=(x+y+z)(x^2+y^2+z^2+2xy+2yz+2zx)$
$-x^3-y^3-z^3$

$=x^3+xy^2+z^2x+2x^2y+2xyz+2zx^2$
$+x^2y+y^3+yz^2+2xy^2+2y^2z+2xyz$
$+zx^2+y^2z+z^3+2xyz+2yz^2+2z^2x$
$-x^3-y^3-z^3$

$=3x^2y+3zx^2+3xy^2+3z^2x+6xyz+3y^2z+3yz^2$

위의 식을 x에 대한 내림차순으로 정리하여 인수분해하면

$3(y+z)x^2+3(y^2+2yz+z^2)x+3y^2z+3yz^2$

$=3(y+z)x^2+3(y+z)^2x+3yz(y+z)$

$=3(y+z)\{x^2+(y+z)x+yz\}$

$=3(x+y)(y+z)(z+x)$

답 $3(x+y)(y+z)(z+x)$

다른 풀이

$f(x, y, z)=(x+y+z)^3-x^3-y^3-z^3$이라 하면

$f(x, y, z)$는 대칭식이고 이 식의 y 대신 $-x$를 대입하면

$f(x, -x, z)=(x-x+z)^3-x^3-(-x)^3-z^3$
$=z^3-x^3+x^3-z^3=0$

따라서 $x+y$가 $f(x, y, z)$의 인수이므로 $y+z$, $z+x$도 인수이다.

이때 $f(x, y, z)$는 3차식이므로

$(x+y+z)^3-x^3-y^3-z^3$

$=A(x+y)(y+z)(z+x)$ (단, A는 상수)

위의 식은 항등식이므로 $x=y=z=1$을 대입하여 정리하면

$A=3$

$\therefore$ $(x+y+z)^3-x^3-y^3-z^3=3(x+y)(y+z)(z+x)$

18

$a^2=A$, $b^2=B$, $c^2=C$로 놓으면

$(a^2+b^2+c^2)(a^2b^2+b^2c^2+c^2a^2)-a^2b^2c^2$

$=(A+B+C)(AB+BC+CA)-ABC$

$=A^2B+ABC+CA^2+AB^2+B^2C+ABC$
$+ABC+BC^2+C^2A-ABC$

$=A^2B+CA^2+AB^2+B^2C+BC^2+C^2A+2ABC$

위의 식을 A에 대한 내림차순으로 정리하여 인수분해하면

$(B+C)A^2+(B^2+2BC+C^2)A+B^2C+BC^2$

$=(B+C)A^2+(B+C)^2A+BC(B+C)$

$=(B+C)\{A^2+(B+C)A+BC\}$

$=(A+B)(B+C)(C+A)$

$=(a^2+b^2)(b^2+c^2)(c^2+a^2)$

답 $(a^2+b^2)(b^2+c^2)(c^2+a^2)$

다른 풀이

$a^2=A$, $b^2=B$, $c^2=C$로 놓으면

$(a^2+b^2+c^2)(a^2b^2+b^2c^2+c^2a^2)-a^2b^2c^2$

$=(A+B+C)(AB+BC+CA)-ABC$

$f(A, B, C)=(A+B+C)(AB+BC+CA)-ABC$

라 하면 $f(A, B, C)$는 대칭식이고

이 식의 B 대신 $-A$를 대입하면

$f(A, -A, C)=(A-A+C)(-A^2-AC+CA)+A^2C$
$=-A^2C+A^2C=0$

따라서 $A+B$가 $f(A, B, C)$의 인수이므로 $B+C$, $C+A$도 인수이다.

이때 $f(A, B, C)$가 3차식이므로

$(A+B+C)(AB+BC+CA)-ABC$

$=k(A+B)(B+C)(C+A)$ (단, k는 상수)

위의 식은 항등식이므로 $A=B=C=1$을 대입하여 정리하면

$k=1$

$\therefore$ $(A+B+C)(AB+BC+CA)-ABC$

$=(A+B)(B+C)(C+A)$

$=(a^2+b^2)(b^2+c^2)(c^2+a^2)$

19

$f(x)=2x^3-3x^2-12x-7$이라 하면

$f(-1)=-2-3+12-7=0$

이므로 $f(x)$는 $x+1$을 인수로 갖는다.

따라서 조립제법을 이용하여 인수분해하면

-1	2	-3	-12	-7
		-2	5	7
	2	-5	-7	0

$f(x)=(x+1)(2x^2-5x-7)=(x+1)^2(2x-7)$

따라서 $a=1$, $b=2$, $c=-7$이므로

$a+b-c=10$

답 10

20

$f(x)=2x^3+4x^2+(a+6)x+a+4$라 하면
$f(-1)=-2+4-(a+6)+a+4=0$
이므로 $f(x)$는 $x+1$을 인수로 갖는다.
따라서 조립제법을 이용하여 인수분해하면

$$\begin{array}{r|rrrr} -1 & 2 & 4 & a+6 & a+4 \\ & & -2 & -2 & -a-4 \\ \hline & 2 & 2 & a+4 & \boxed{0} \end{array}$$

$f(x)=(x+1)(2x^2+2x+a+4)$
따라서 $a=-1$, $b=a+4=3$이므로
$a^2+b^2=(-1)^2+3^2=10$

답 10

21

(1) $2024=x$로 놓으면

$$\frac{2025^3+1}{2024^3-1}=\frac{(x+1)^3+1}{x^3-1}$$
$$=\frac{\{(x+1)+1\}\{(x+1)^2-(x+1)+1\}}{(x-1)(x^2+x+1)}$$
$$=\frac{(x+2)(x^2+x+1)}{(x-1)(x^2+x+1)}$$
$$=\frac{x+2}{x-1}=\frac{2026}{2023}$$

(2) $100=x$로 놓으면

$\sqrt{101\times102\times103\times104+1}$
$=\sqrt{(x+1)(x+2)(x+3)(x+4)+1}$
$=\sqrt{\{(x+1)(x+4)\}\{(x+2)(x+3)\}+1}$
$=\sqrt{(x^2+5x+4)(x^2+5x+6)+1}$
$x^2+5x=X$로 놓으면
(주어진 식)$=\sqrt{(X+4)(X+6)+1}$
$=\sqrt{X^2+10X+25}$
$=\sqrt{(X+5)^2}$
$=\sqrt{(x^2+5x+5)^2}=x^2+5x+5$ ← $x=100$이므로 $x^2+5x+5\geq0$
$=100^2+5\times100+5=10505$

답 (1) $\frac{2026}{2023}$ (2) 10505

22

$15=x$로 놓으면
$(15^2+2\times15)^2-11\times(15^2+2\times15)+24$
$=(x^2+2x)^2-11(x^2+2x)+24$
이때 $x^2+2x=X$로 놓으면
(주어진 식)$=X^2-11X+24$
$=(X-3)(X-8)$
$=(x^2+2x-3)(x^2+2x-8)$
$=(x+3)(x-1)(x+4)(x-2)$
$=18\times14\times19\times13$
$=(2\times3^2)\times(2\times7)\times19\times13$
$=2^2\times3^2\times7\times13\times19$
$\therefore a+b+c=7+13+19=39$

답 39

23

$a^2(b-c)-b^2(b+c)+c^2(b+c)=0$에서
$(b-c)a^2-(b^2-c^2)(b+c)=0$
$(b-c)a^2-(b-c)(b+c)^2=0$
$(b-c)\{a^2-(b+c)^2\}=0$
$(b-c)(a+b+c)(a-b-c)=0$
그런데 a, b, c는 삼각형의 세 변의 길이이므로
$a+b+c>0$이고, $b+c>a$에서 $a-b-c<0$
$\therefore b=c$
따라서 주어진 삼각형은 $b=c$인 이등변삼각형이다.

답 $b=c$인 이등변삼각형

24

$a+b=x$, $b+c=y$, $c+a=z$로 놓으면
$(a+b)^3+(b+c)^3+(c+a)^3=3(a+b)(b+c)(c+a)$
에서
$x^3+y^3+z^3=3xyz$
$x^3+y^3+z^3-3xyz=0$
$(x+y+z)(x^2+y^2+z^2-xy-yz-zx)=0$
$\frac{1}{2}(x+y+z)\{(x-y)^2+(y-z)^2+(z-x)^2\}=0$
그런데 $x>0$, $y>0$, $z>0$이므로 $x+y+z>0$
$\therefore x=y=z$
즉, $a+b=b+c=c+a$이므로
$a=b=c$
따라서 주어진 삼각형은 정삼각형이다.

답 정삼각형

STEP 1 개념 마무리 본문 pp.077~078

07 1 **08** ④ **09** -19 **10** 4
11 8 **12** 26
13 $(x+y+2)(x+y-2)(x-y+1)(x-y-1)$
14 10 **15** -2 **16** ① **17** ⑤
18 13

07

$(x^2-x)^2+2x^2-2x-15=(x^2-x)^2+2(x^2-x)-15$에서

$x^2-x=X$로 놓으면

$$\begin{aligned}(\text{주어진 식})&=X^2+2X-15\\&=(X+5)(X-3)\\&=(x^2-x+5)(x^2-x-3)\end{aligned}$$

따라서 $a=-1, b=5, c=-3$ 또는 $a=-1, b=-3, c=5$ 이므로

$a+b+c=1$

답 1

08

$x(x-1)(x^2-x-1)-2=(x^2-x)(x^2-x-1)-2$에서

$x^2-x=X$로 놓으면

$$\begin{aligned}(\text{주어진 식})&=X(X-1)-2\\&=X^2-X-2\\&=(X-2)(X+1)\\&=(x^2-x-2)(x^2-x+1)\\&=(x+1)(x-2)(x^2-x+1)\end{aligned}$$

이때

ㄷ. $x^2-x-2=(x+1)(x-2)$

ㄹ. $x^3+1=(x+1)(x^2-x+1)$

따라서 주어진 다항식의 인수인 것은 ㄱ, ㄷ, ㄹ이다.

답 ④

09

$(x^2+5x-3)(x^2+5x+5)+k=(x+2)(x+3)f(x)$이므로 양변에 $x=-2$를 대입하면

$(-9)\times(-1)+k=0,\ 9+k=0 \qquad \therefore k=-9$

즉, $(x^2+5x-3)(x^2+5x+5)-9$에서

$x^2+5x=X$로 놓으면

$$\begin{aligned}(\text{주어진 식})&=(X-3)(X+5)-9\\&=X^2+2X-24\\&=(X+6)(X-4)\\&=(x^2+5x+6)(x^2+5x-4)\\&=(x+2)(x+3)(x^2+5x-4)\end{aligned}$$

따라서 $f(x)=x^2+5x-4$이므로

$f(-3)=(-3)^2+5\times(-3)-4=-10$

$\therefore f(-3)+k=-10+(-9)=-19$

답 -19

10

x^4-14x^2+1을 인수분해하면

$$\begin{aligned}x^4-14x^2+1&=(x^4+2x^2+1)-16x^2\\&=(x^2+1)^2-(4x)^2\\&=(x^2+4x+1)(x^2-4x+1)\end{aligned}$$

(가)

이때 $f(x)$, $g(x)$는 x^2의 계수가 1인 이차식이므로

$f(x)=x^2-4x+1,\ g(x)=x^2+4x+1$ 또는

$f(x)=x^2+4x+1,\ g(x)=x^2-4x+1$

$\therefore f(x)+g(x)=2x^2+2$

(나)

나머지정리에 의하여 $f(x)+g(x)$를 $x+1$로 나눈 나머지는

$f(-1)+g(-1)=2\times(-1)^2+2=4$

(다)

답 4

단계	채점 기준	배점
(가)	$x^4-14x+1$을 인수분해한 경우	50%
(나)	$f(x)+g(x)$를 구한 경우	20%
(다)	$f(x)+g(x)$를 $x+1$로 나눈 나머지를 구한 경우	30%

11

x^4-ax^2+9는 최고차항의 계수가 1, 상수항이 9이고

x^2+bx-3을 인수로 가지므로

$x^4-ax^2+9=(x^2+bx-3)(x^2+cx-3)$

을 만족시키는 상수 c가 존재한다.

$\therefore\ x^4-ax^2+9$

$\quad =x^4+(b+c)x^3+(bc-6)x^2-(3b+3c)x+9$

위의 등식에서 양변의 계수를 비교하면

$b+c=0,\ bc-6=-a,\ 3b+3c=0$

$b+c=0$에서 $c=-b$

이것을 $bc-6=-a$에 대입하면

$a=b^2+6$

이때 a는 두 자리 자연수이고 b는 정수이므로

$b^2=2^2$일 때 $a=10$, $b^2=3^2$일 때 $a=15$,

$b^2=4^2$일 때 $a=22$, $\cdots$, $b^2=9^2$일 때 $a=87$

($b^2=1^2$일 때 $a=7$이므로 한 자리 자연수이고 $b^2=10^2$일 때 $a=106$이므로 세 자리 자연수이다.)

따라서 두 자리 자연수 a는 8개이다.

답 8

12

주어진 식을 z에 대한 내림차순으로 정리하여 인수분해하면

$y^3+xy^2+y^2z-x^3-x^2y-x^2z$

$=(y^2-x^2)z+y^3-x^3+xy^2-x^2y$

$=(y^2-x^2)z+(y^3-x^3)+xy(y-x)$

$=(y+x)(y-x)z+(y-x)(y^2+xy+x^2)+xy(y-x)$

$=(y-x)\{(y+x)z+y^2+2xy+x^2\}$

$=(y-x)\{(y+x)z+(y+x)^2\}$

$=(y-x)(x+y)(x+y+z)=55$

이때 $55=5\times11$이고, $x<y<z$인 세 자연수 $x,\ y,\ z$에 대하여 $y-x<x+y<x+y+z$이므로

$y-x=1,\ x+y=5,\ x+y+z=11$이어야 한다.

따라서 $x=2,\ y=3,\ z=6$이므로

$x+2y+3z=2+2\times3+3\times6=26$

답 26

13

$x+y=a,\ x-y=b$로 놓으면

$x^2+y^2=\dfrac{(x+y)^2+(x-y)^2}{2}=\dfrac{a^2+b^2}{2}$,

$xy=\dfrac{(x+y)^2-(x-y)^2}{4}=\dfrac{a^2-b^2}{4}$

$\therefore\ (x+y)^2(x-y)^2-5(x^2+y^2)+6xy+4$

$\quad =a^2b^2-5\times\dfrac{a^2+b^2}{2}+6\times\dfrac{a^2-b^2}{4}+4$

$\quad =a^2b^2-a^2-4b^2+4$

$\quad =a^2(b^2-1)-4(b^2-1)$

$\quad =(a^2-4)(b^2-1)$

$\quad =(a+2)(a-2)(b+1)(b-1)$

$\quad =(x+y+2)(x+y-2)(x-y+1)(x-y-1)$

답 $(x+y+2)(x+y-2)(x-y+1)(x-y-1)$

14

$h(x)=6x^4+x^3+5x^2+x-1$이라 하면 $h\left(-\dfrac{1}{2}\right)=0$이므로

$h(x)$는 $x+\dfrac{1}{2}$을 인수로 갖는다.

따라서 조립제법을 이용하여 인수분해하면

$-\frac{1}{2}$	6	1	5	1	−1
		−3	1	−3	1
	6	−2	6	−2	0

$h(x)=\left(x+\dfrac{1}{2}\right)(6x^3-2x^2+6x-2)$

$\quad =(2x+1)(3x^3-x^2+3x-1)$

$\quad =(2x+1)\{x^2(3x-1)+(3x-1)\}$

$\quad =(2x+1)(3x-1)(x^2+1)$

따라서 $a=2$이고,

$f(x)=3x-1,\ g(x)=x^2+1$ 또는

$f(x)=x^2+1,\ g(x)=3x-1$이므로

$f(a)+g(a)=f(2)+g(2)=5+5=10$

답 10

보충 설명

$h(x)=6x^4+x^3+5x^2+x-1$에서 $|\alpha|\geq1$이면 $f(\alpha)\neq0$이므로 $-\dfrac{1}{2},\ -\dfrac{1}{3},\ -\dfrac{1}{6},\ \dfrac{1}{2},\ \dfrac{1}{3},\ \dfrac{1}{6}$ 중에서 $f(\alpha)=0$이 되는 α의 값을 찾는다.

15

$f(x)=x^3+2x^2-x-2$,

$g(x)=2x^3+(a-2)x^2+ax-2a$라 하면

$f(x)=x^3+2x^2-x-2$

$\quad =x^2(x+2)-(x+2)=(x+2)(x^2-1)$

$\quad =(x+2)(x+1)(x-1)$

또한, $g(1)=2+(a-2)+a-2a=0$이므로 $g(x)$는 $x-1$을 인수로 갖는다.

따라서 조립제법을 이용하여 $g(x)$를 인수분해하면

1	2	$a-2$	a	$-2a$
		2	a	$2a$
	2	a	$2a$	0

$g(x)=(x-1)(2x^2+ax+2a)$

이때 $x-1$은 두 다항식 $f(x)$, $g(x)$의 공통인수이고 두 다항식의 차수가 가장 높은 공통인수 $p(x)$가 이차식이므로

$p(x)=(x-1)(x+1)$ 또는 $p(x)=(x-1)(x+2)$

(i) $p(x)=(x-1)(x+1)$일 때,

$x+1$은 $2x^2+ax+2a$의 인수이어야 하므로

$2-a+2a=0$, $2+a=0$ $\quad\therefore a=-2$

(ii) $p(x)=(x-1)(x+2)$일 때,

$x+2$는 $2x^2+ax+2a$의 인수이어야 하므로

$8-2a+2a=0$

그런데 $8\neq0$이므로 $p(x)\neq(x-1)(x+2)$

(i), (ii)에서 구하는 a의 값은 -2이다.

답 -2

16

$42=x$로 놓으면

$42\times(42-1)\times(42+6)+5\times42-5$

$=x(x-1)(x+6)+5x-5$

$=x(x-1)(x+6)+5(x-1)$

$=(x-1)\{x(x+6)+5\}$

$=(x-1)(x^2+6x+5)$

$=(x-1)(x+1)(x+5)$

$=(42-1)\times(42+1)\times(42+5)$

$=41\times43\times47$

$\therefore p+q+r=41+43+47=131$

답 ①

17

$f(x)=x^4-2(a^2+ab+b^2)x^2+(a+b)^2(a^2+b^2)$이라 하면

$f(x)$가 $x-c$로 나누어떨어지므로 $f(c)=0$이다. 즉,

$c^4-2(a^2+ab+b^2)c^2+(a+b)^2(a^2+b^2)=0$

$\{c^2-(a+b)^2\}\{c^2-(a^2+b^2)\}=0$

$\{(a+b)^2-c^2\}(a^2+b^2-c^2)=0$

$(a+b+c)(a+b-c)(a^2+b^2-c^2)=0$

그런데 a, b, c는 삼각형의 세 변의 길이이므로

$a+b+c>0$이고, $a+b>c$에서 $a+b-c>0$

$\therefore a^2+b^2=c^2$

따라서 구하는 삼각형은 빗변의 길이가 c인 직각삼각형이다.

답 ⑤

18

색종이의 한 변의 길이를 A라 하면

(작품의 가로의 길이)$=A\times$(가로 방향으로 놓인 개수),

(작품의 세로의 길이)$=A\times$(세로 방향으로 놓인 개수)

이므로 색종이의 한 변의 길이 A는 작품의 가로, 세로의 길이의 공통인수이다.

$f(n)=n^3+8n^2+17n+10$이라 하면

$f(-1)=-1+8-17+10=0$

이므로 $f(n)$은 $n+1$을 인수로 갖는다.

따라서 조립제법을 이용하여 인수분해하면

-1	1	8	17	10
		-1	-7	-10
	1	7	10	0

$f(n)=(n+1)(n^2+7n+10)=(n+1)(n+2)(n+5)$

또한, 세로의 길이 n^2+7n+6을 인수분해하면

$n^2+7n+6=(n+1)(n+6)$

따라서 작품의 가로, 세로의 길이의 공통인수는 $n+1$이므로 색종이의 한 변의 길이는 $n+1$이다.

$\therefore$ (가로 방향으로 놓인 개수)$=(n+2)(n+5)$,

(세로 방향으로 놓인 개수)$=n+6$

따라서 사용된 색종이의 개수는 $(n+2)(n+5)(n+6)$이므로

$(n+2)(n+5)(n+6)=(n+a)(n+b)(n+c)$에서

$a+b+c=2+5+6=13$

답 13

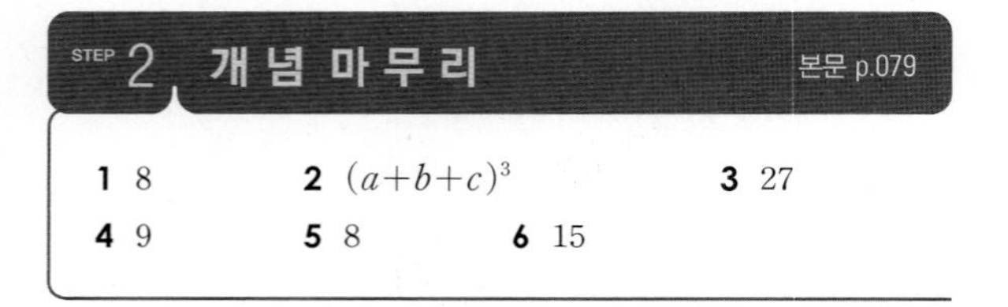

STEP 2 개념 마무리
본문 p.079
1 8
2 $(a+b+c)^3$
3 27
4 9
5 8
6 15

1

$x^2+4x-c=(x-a)(x+b)$

$\quad\quad=x^2+(b-a)x-ab$

이므로 $b-a=4$, $ab=c$를 만족시키는 세 자연수 a, b, c $(c\le100)$는

$a=1$, $b=5$일 때 $c=5$,

$a=2$, $b=6$일 때 $c=12$,

$a=3$, $b=7$일 때 $c=21$, $\cdots$,

$a=8$, $b=12$일 때 $c=96$ ← $a=9$, $b=13$일 때 $c=117$이므로 $c>100$

따라서 조건을 만족시키는 c는 5, 12, 21, $\cdots$, 96의 8개이다.

답 8

2

$a^3+b^3+c^3+3(a+b)(b+c)(c+a)$

$=(a+b)^3-3ab(a+b)+c^3+3(a+b)(b+c)(c+a)$

$=(a+b)^3-3ab(a+b)+c^3+3(a+b)\{c^2+(a+b)c+ab\}$

이때 $a+b=X$로 놓으면

(주어진 식) $=X^3-3abX+c^3+3X\{c^2+Xc+ab\}$

$=X^3-3abX+c^3+3c^2X+3cX^2+3abX$

$=X^3+3cX^2+3c^2X+c^3$

$=(X+c)^3=(a+b+c)^3$

답 $(a+b+c)^3$

다른 풀이

$a+b+c=Y$로 놓으면

$a^3+b^3+c^3+3(a+b)(b+c)(c+a)$

$=(a+b+c)(a^2+b^2+c^2-ab-bc-ca)$

$\quad+3abc+3(a+b)(b+c)(c+a)$

$=Y\{Y^2-3(ab+bc+ca)\}$

$\quad+3abc+3(Y-c)(Y-a)(Y-b)$

$=4Y^3-3(a+b+c)Y^2$

$=4Y^3-3Y^3=Y^3=(a+b+c)^3$

3

$x-1$이 $f(x)=x^4+ax^3+bx-1$의 인수이므로

$f(1)=1+a+b-1=0$

$a+b=0 \quad \therefore b=-a$

이것을 $f(x)$에 대입하면

$f(x)=x^4+ax^3-ax-1$

또한, $f(-1)=1-a+a-1=0$이므로 $f(x)$는 $x+1$을 인수로 갖는다.

따라서 조립제법을 이용하여 인수분해하면

1	1	a	0	$-a$	-1
		1	$a+1$	$a+1$	1
-1	1	$a+1$	$a+1$	1	0
		-1	$-a$	-1	
	1	a	1	0	

$f(x)=(x-1)(x+1)(x^2+ax+1) \quad \cdots\cdots ㉠$

이때 $f(x)$는 x의 계수와 상수항이 정수인 네 일차식의 곱으로 인수분해되므로 x^2+ax+1은

$(x+m)(x+n)$ (m, n은 정수)으로 인수분해된다.

$\therefore x^2+ax+1=(x+m)(x+n)$

$=x^2+(m+n)x+mn$

즉, $m+n=a$, $mn=1$이므로

$m=1$, $n=1$ 또는 $m=-1$, $n=-1$

(i) $m=1$, $n=1$일 때, $a=2$

(ii) $m=-1$, $n=-1$일 때, $a=-2$

그런데 $a>0$이므로 $a=2$

이것을 ㉠에 대입하면

$f(x)=(x-1)(x+1)(x^2+2x+1)$

$=(x-1)(x+1)^3$

$\therefore f(a)=f(2)=1\times3^3=27$

답 27

4

조건 (가)에서 $(x+3)f(x)=(x-4)g(x)$는 x에 대한 항등식이므로 $f(x)$는 $x-4$를 인수로 갖고, $g(x)$는 $x+3$을 인수로 갖는다.

따라서 조건 (나)의 $f(x)g(x)$는 $x-4$, $x+3$을 모두 인수로 가지므로 조립제법을 이용하여 인수분해하면

4	1	-11	23	95	-300
		4	-28	-20	300
-3	1	-7	-5	75	0
		-3	30	-75	
	1	-10	25	0	

$f(x)g(x)=(x-4)(x+3)(x^2-10x+25)$

$=(x-4)(x+3)(x-5)^2$

$\therefore f(x)=(x-4)(x-5)$, $g(x)=(x+3)(x-5)$

$\therefore f(3)-g(4)=2-(-7)=9$

답 9

5

(i) $a^3-ab^2-b^2c+a^2c=0$의 좌변을 c에 대한 내림차순으로 정리하여 인수분해하면

$(a^2-b^2)c+a^3-ab^2=0$

$(a^2-b^2)c+a(a^2-b^2)=0$, $(a^2-b^2)(c+a)=0$

$(a+b)(a-b)(c+a)=0$

이때 a, b, c는 삼각형의 세 변의 길이이므로

$a+b>0$, $c+a>0$

$\therefore a=b$

(ii) $a^3+a^2b-ac^2+ab^2+b^3-bc^2=0$의 좌변을 c에 대한 내림차순으로 정리하여 인수분해하면

$-(a+b)c^2+a^3+a^2b+ab^2+b^3=0$

$-(a+b)c^2+a^2(a+b)+b^2(a+b)=0$

$(a+b)(a^2+b^2-c^2)=0$

이때 a, b, c는 삼각형의 세 변의 길이이므로 $a+b>0$

$\therefore a^2+b^2=c^2$

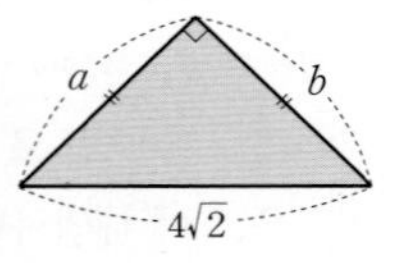

(i), (ii)에서 △ABC는 빗변의 길이가 $c=4\sqrt{2}$인 직각이등변삼각형이다.

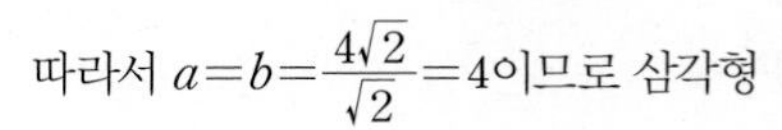

따라서 $a=b=\dfrac{4\sqrt{2}}{\sqrt{2}}=4$이므로 삼각형 ABC의 넓이는 $\dfrac{1}{2}\times4\times4=8$

답 8

6

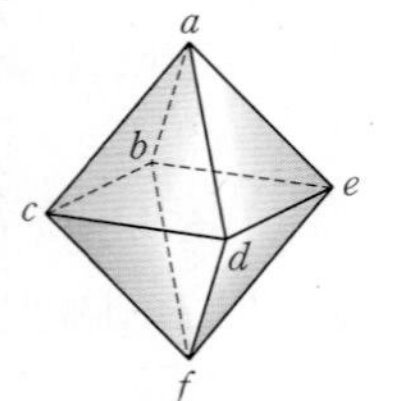

오른쪽 그림과 같이 여섯 개의 꼭짓점에 적힌 자연수를 a, b, c, d, e, f라 하면 여덟 개의 정삼각형의 면에 적힌 수의 합은

$abc+acd+ade+abe$
$\quad+fbc+fcd+fde+fbe$

$=a(bc+cd+de+be)+f(bc+cd+de+be)$

$=(a+f)(bc+cd+de+be)$

$=(a+f)\{c(b+d)+e(b+d)\}$

$=(a+f)(b+d)(c+e)=105$

이때 a, b, c, d, e, f는 모두 자연수이고, $105=3\times5\times7$이므로

$(a+f)+(b+d)+(c+e)=3+5+7=15$

답 15

Ⅱ. 방정식과 부등식

04. 복소수

1 복소수와 그 연산

기본 + 필수연습 본문 pp.085~087

01 ㄱ, ㄹ

02 (1) $x=4$, $y=4$ (2) $x=3$, $y=1$

03 (1) $2\sqrt{3}+6i$ (2) $\sqrt{7}$ (3) $9i$

04 (1) $2+2i$ (2) $3-3i$ (3) $2i$ (4) $-i$

05 (1) $a=-\sqrt{2}$, $b=2\sqrt{2}$ 또는 $a=\sqrt{2}$, $b=-2\sqrt{2}$
(2) $a=3$, $b=21$

06 0

01

ㄱ. 허수는 허수부분이 0이 아닌 복소수이다. (참)

ㄴ. 0은 실수이므로 복소수이다. (거짓)

ㄷ. $3-i$의 실수부분은 3이고 허수부분은 -1이다. (거짓)

ㄹ. 복소수 z가 실수이면 허수부분은 0이다. (참)

따라서 옳은 것은 ㄱ, ㄹ이다.

답 ㄱ, ㄹ

02

(1) $x+(x-y)i=4$에서 복소수가 서로 같을 조건에 의하여

$x=4$, $x-y=0$

$\therefore x=4$, $y=4$

(2) $(x+2y)-(-2x+y)i=5+5i$에서 복소수가 서로 같을 조건에 의하여

$x+2y=5$, $-(-2x+y)=5$

두 식을 연립하여 풀면

$x=3$, $y=1$

답 (1) $x=4$, $y=4$ (2) $x=3$, $y=1$

03

(1) $\overline{2\sqrt{3}-6i}=2\sqrt{3}+6i$

(2) $\sqrt{7}$은 실수이므로 $\overline{\sqrt{7}}=\sqrt{7}$

(3) $-9i$는 순허수이므로 $\overline{-9i}=9i$

답 (1) $2\sqrt{3}+6i$ (2) $\sqrt{7}$ (3) $9i$

04

(1) $3(1+i)+i(i-1)=3+3i+i^2-i$

$=3+3i-1-i$

$=2+2i$

(2) $(1-i)-2i(i+1)=1-i-2i^2-2i$

$=1-i+2-2i$

$=3-3i$

(3) $(1+i)^2=1+2i+i^2$

$=1+2i-1=2i$

(4) $\dfrac{1-i}{1+i}=\dfrac{(1-i)^2}{(1+i)(1-i)}$

$=\dfrac{1-2i+i^2}{1-i^2}=\dfrac{1-2i-1}{1+1}=\dfrac{-2i}{2}=-i$

답 (1) $2+2i$ (2) $3-3i$ (3) $2i$ (4) $-i$

05

(1) $(a-bi)^2=-6+8i$에서

$a^2-b^2-2abi=-6+8i$

복소수가 서로 같을 조건에 의하여

$a^2-b^2=-6$ ······㉠, $-2ab=8$ ······㉡

㉡에서 $a=-\dfrac{4}{b}$ $(b\neq0)$

이 식을 ㉠에 대입하면

$\left(-\dfrac{4}{b}\right)^2-b^2=-6$, $\dfrac{16}{b^2}-b^2=-6$

$b^4-6b^2-16=0$, $(b^2+2)(b^2-8)=0$

이때 b는 실수이므로 $b^2+2\neq0$

$b^2=8$ $\therefore b=\pm2\sqrt{2}$

$b=2\sqrt{2}$를 $a=-\dfrac{4}{b}$에 대입하면 $a=-\sqrt{2}$

$b=-2\sqrt{2}$를 $a=-\dfrac{4}{b}$에 대입하면 $a=\sqrt{2}$

따라서 구하는 실수 a, b의 값은

$a=-\sqrt{2}$, $b=2\sqrt{2}$ 또는 $a=\sqrt{2}$, $b=-2\sqrt{2}$

(2) $\dfrac{a}{1-i}+\dfrac{b}{1+i}=12-9i$에서

$\dfrac{a(1+i)}{(1-i)(1+i)}+\dfrac{b(1-i)}{(1+i)(1-i)}=\dfrac{a+ai}{2}+\dfrac{b-bi}{2}$

$=\dfrac{a+b}{2}+\dfrac{a-b}{2}i$

이므로 복소수가 서로 같을 조건에 의하여

$\dfrac{a+b}{2}=12$, $\dfrac{a-b}{2}=-9$

즉, $a+b=24$, $a-b=-18$

따라서 두 식을 연립하여 풀면

$a=3$, $b=21$

답 (1) $a=-\sqrt{2}$, $b=2\sqrt{2}$ 또는 $a=\sqrt{2}$, $b=-2\sqrt{2}$

(2) $a=3$, $b=21$

06

$z\neq4$에서 $z-4\neq0$

(i) $b=0$일 때,

$z=a$이므로 $\dfrac{iz}{z-4}=\dfrac{a}{a-4}i$

이 복소수의 허수부분이 0이므로

$\dfrac{a}{a-4}=0$ $\therefore a=0$

따라서 $a^2+b^2-4a=0$

(ii) $b\neq0$일 때, $z=a+bi$이므로

$\dfrac{iz}{z-4}=\dfrac{i(a+bi)}{a+bi-4}$

$=\dfrac{ai-b}{(a-4)+bi}$

$=\dfrac{(ai-b)\{(a-4)-bi\}}{\{(a-4)+bi\}\{(a-4)-bi\}}$

$=\dfrac{a(a-4)i+ab-b(a-4)+b^2i}{(a-4)^2+b^2}$

$=\dfrac{4b+\{a(a-4)+b^2\}i}{(a-4)^2+b^2}$

$=\dfrac{4b}{(a-4)^2+b^2}+\dfrac{a(a-4)+b^2}{(a-4)^2+b^2}i$

이 복소수의 허수부분이 0이므로

$\dfrac{a(a-4)+b^2}{(a-4)^2+b^2}=0$, $a(a-4)+b^2=0$

$\therefore a^2+b^2-4a=0$

(i), (ii)에서 $a^2+b^2-4a=0$

답 0

STEP 1 개념 마무리

본문 p.088

01 2　**02** 3　**03** -1　**04** 1
05 5　**06** 2

01

$\sqrt{2}-i^2=\sqrt{2}+1$, $\sqrt{121}i=11i$, $\sqrt{(-5)^2}=5$이므로

주어진 복소수 중에서 실수인 것은

$\sqrt{2}-i^2$, $2\pi+3$, $3-\sqrt{10}$, $\sqrt{(-5)^2}$

이고, 허수인 것은

$\sqrt{121}i$, $-3i+\frac{1}{\sqrt{2}}$이다.

따라서 허수의 개수는 2이다.

답 2

02

$(a-4)+(b-1)i$가 순허수이므로

$a-4=0$, $b-1\neq0$

$\therefore a=4$, $b\neq1$

$a=4$를 $a+b^2=5$에 대입하면

$4+b^2=5$, $b^2=1$

$\therefore b=-1$ ($\because b\neq1$)

$\therefore a+b=4+(-1)=3$

답 3

03

$z=(x^2-4)+(x-2)(x+1)i$　$\cdots\cdots$㉠

에서 $z<0$이려면 z는 실수이어야 하므로

$(x-2)(x+1)=0$

$\therefore x=-1$ 또는 $x=2$

(i) $x=-1$을 ㉠에 대입하면

　$z=-3<0$

(ii) $x=2$를 ㉠에 대입하면

　$z=0$

(i), (ii)에서 구하는 실수 x의 값은 -1이다.

답 -1

04

$|x-y|+(x-2)i=5-4i$에서 복소수가 서로 같을 조건에 의하여

$|x-y|=5$, $x-2=-4$　$\cdots\cdots$㉠

㉠에서 $x=-2$

이것을 $|x-y|=5$에 대입하면

$|-2-y|=5$에서

$-2-y=-5$ 또는 $-2-y=5$

$\therefore y=-7$ 또는 $y=3$

이때 $xy<0$이므로 $y=3$

$\therefore x+y=-2+3=1$

답 1

05

$(3+2i)x^2-5x(2y+i)=\overline{8-12i}$에서

$3x^2+2x^2i-10xy-5xi=8+12i$

$\therefore (3x^2-10xy)+(2x^2-5x)i=8+12i$

복소수가 서로 같을 조건에 의하여

$3x^2-10xy=8$　$\cdots\cdots$㉠, $2x^2-5x=12$　$\cdots\cdots$㉡

㉡에서 $2x^2-5x-12=0$

$(2x+3)(x-4)=0$

$\therefore x=4$ ($\because x$는 정수)

이것을 ㉠에 대입하면

$3\times4^2-10\times4y=8$

$40y=40$　$\therefore y=1$

$\therefore x+y=4+1=5$

답 5

06

$\frac{1}{1-ai}=\frac{1}{2}+bi$의 좌변에서

$\frac{1}{1-ai}=\frac{1+ai}{(1-ai)(1+ai)}=\frac{1+ai}{1+a^2}$

즉, $\frac{1}{1+a^2}+\frac{a}{1+a^2}i=\frac{1}{2}+bi$에서 복소수가 서로 같을 조건에 의하여

$\frac{1}{1+a^2}=\frac{1}{2}$　$\cdots\cdots$㉠, $\frac{a}{1+a^2}=b$　$\cdots\cdots$㉡

㉠에서 $1+a^2=2$, $a^2=1$

$\therefore a=1$ ($\because a>0$)

이것을 ㉡에 대입하면 $b=\frac{1}{2}$

$\therefore a+2b=1+2\times\frac{1}{2}=2$

답 2

2 복소수의 성질

기본 + 필수연습

본문 pp.092~099

07 (1) $-i$ (2) $4i$ (3) $8i$ (4) 1

08 (1) $2-3i$ (2) $-6i$ (3) 13 (4) $-\frac{5}{13}-\frac{12}{13}i$

09 $1+i$ 또는 $-1-i$

10 (1) $-6-3i$ (2) $-10-\sqrt{3}i$

11 (1) $-i$ (2) -1 (3) $-i$

12 (1) $-1-i$ (2) $-50+50i$

13 (1) 5 (2) $-\frac{4}{3}$

14 $2+10i$

15 $3+\sqrt{3}i$

16 (1) 4 (2) 5

17 -2, 2

18 10

19 (1) -3 (2) 6

20 0

21 (1) $3-4i$ (2) $1+2i$

22 $2+i$, $2-i$

23 $-1-\sqrt{2}i$

24 ㄱ

25 $2b$

07

(1) $(-i)^{29}=(-1)^{29}\times i^{29}$

$=(-1)\times(i^4)^7\times i=-i$

(2) $i-i^3+i^5-i^7=i-(-i)+i^4\times i-i^4\times i^3$

$=i+i+i-(-i)$

$=4i$

(3) $(1-i)^2=1-2i-1=-2i$이므로

$(1-i)^6=\{(1-i)^2\}^3=(-2i)^3=(-2)^3\times i^3$

$=(-8)\times(-i)=8i$

(4) $\left(\frac{1-i}{\sqrt{2}}\right)^2=\frac{1-2i-1}{2}=-i$이므로

$\left(\frac{1-i}{\sqrt{2}}\right)^8=\left\{\left(\frac{1-i}{\sqrt{2}}\right)^2\right\}^4=(-i)^4=(-1)^4\times i^4=1$

답 (1) $-i$ (2) $4i$ (3) $8i$ (4) 1

08

(1) $\overline{(\bar{z})}=\overline{(\overline{2-3i})}=\overline{2+3i}=2-3i$

(2) $z-\bar{z}=2-3i-\overline{2-3i}$

$=2-3i-(2+3i)$

$=2-3i-2-3i=-6i$

(3) $z\times\bar{z}=(2-3i)(\overline{2-3i})$

$=(2-3i)(2+3i)$

$=4+9=13$

(4) $\frac{z}{\bar{z}}=\frac{2-3i}{\overline{2-3i}}=\frac{2-3i}{2+3i}$

$=\frac{(2-3i)^2}{(2+3i)(2-3i)}=\frac{4-12i-9}{4+9}$

$=\frac{-5-12i}{13}=-\frac{5}{13}-\frac{12}{13}i$

답 (1) $2-3i$ (2) $-6i$ (3) 13 (4) $-\frac{5}{13}-\frac{12}{13}i$

09

$z=a+bi$ (a, b는 실수)라 하면

$z^2=(a+bi)^2=a^2-b^2+2abi$

이때 $z^2=2i$이므로

$a^2-b^2=0$ ……㉠, $2ab=2$ ……㉡

㉠에서 $a^2=b^2$ $\therefore a=\pm b$

(i) $a=b$를 ㉡에 대입하면

$2b^2=2$, $b^2=1$

즉, $b=\pm1$이므로

$a=1$, $b=1$ 또는 $a=-1$, $b=-1$

(ii) $a=-b$를 ㉡에 대입하면

$-2b^2=2$ $\therefore b^2=-1$

이를 만족시키는 실수 a, b는 존재하지 않는다.

(i), (ii)에서 조건을 만족시키는 복소수 z는 $1+i$ 또는 $-1-i$이다.

답 $1+i$ 또는 $-1-i$

10

(1) $\frac{\sqrt{27}}{\sqrt{-3}}+\sqrt{-4}\sqrt{-9}=\frac{\sqrt{27}}{\sqrt{3}i}+\sqrt{4}i\times\sqrt{9}i$

$=\sqrt{9}\times\frac{1}{i}-6$

$=-6-3i$

(2) $\sqrt{-5}\sqrt{-2}\sqrt{2}\sqrt{5}+\frac{\sqrt{6}}{\sqrt{-2}}$

$=\sqrt{5}i\times\sqrt{2}i\times\sqrt{2}\times\sqrt{5}+\frac{\sqrt{6}}{\sqrt{2}i}$

$=-10+\sqrt{3}\times\frac{1}{i}=-10-\sqrt{3}i$

답 (1) $-6-3i$ (2) $-10-\sqrt{3}i$

11

(1) $1-i+i^2-i^3=1-i-1+i=0$이므로

$1-i+i^2-i^3+\cdots+i^{50}$

$=(1-i+i^2-i^3)+i^4(1-i+i^2-i^3)$

$\quad+i^8(1-i+i^2-i^3)+\cdots+i^{44}(1-i+i^2-i^3)$

$\quad+i^{48}(1-i+i^2)$

$=i^{48}(1-i+i^2)$

$=(i^4)^{12}\times(1-i-1)$

$=-i$

(2) $\left(\frac{1+i}{\sqrt{2}}\right)^2=\frac{2i}{2}=i$이므로

$\left(\frac{1+i}{\sqrt{2}}\right)^{100}=\left\{\left(\frac{1+i}{\sqrt{2}}\right)^2\right\}^{50}=i^{50}=(i^4)^{12}\times i^2=-1$

(3) $\frac{1-i}{1+i}=\frac{(1-i)^2}{(1+i)(1-i)}=\frac{-2i}{2}=-i$이므로

$\left(\frac{1-i}{1+i}\right)^{101}=(-i)^{101}=(-1)^{101}\times(i^4)^{25}\times i=-i$

답 (1) $-i$ (2) -1 (3) $-i$

다른 풀이

(1) $z=1-i+i^2-i^3+\cdots+i^{50}$이라 하면

$iz=i-i^2+i^3-\cdots-i^{50}+i^{51}$

즉, $z+iz=1+i^{51}$이므로 ($i^{51}=(i^4)^{12}\times i^3$)

$(1+i)z=1-i \qquad \therefore z=\frac{1-i}{1+i}=-i$

12

(1) $\frac{1}{i}+\frac{1}{i^2}+\frac{1}{i^3}+\frac{1}{i^4}=\frac{1}{i}-1-\frac{1}{i}+1=0$이므로

$\frac{1}{i}+\frac{1}{i^2}+\frac{1}{i^3}+\cdots+\frac{1}{i^{2002}}$

$=\left(\frac{1}{i}+\frac{1}{i^2}+\frac{1}{i^3}+\frac{1}{i^4}\right)+\frac{1}{i^4}\left(\frac{1}{i}+\frac{1}{i^2}+\frac{1}{i^3}+\frac{1}{i^4}\right)$

$\quad+\frac{1}{i^8}\left(\frac{1}{i}+\frac{1}{i^2}+\frac{1}{i^3}+\frac{1}{i^4}\right)+\cdots+\frac{1}{i^{2000}}\left(\frac{1}{i}+\frac{1}{i^2}\right)$

$=\frac{1}{i^{2000}}\left(\frac{1}{i}+\frac{1}{i^2}\right)=\frac{1}{(i^4)^{500}}\left(\frac{1}{i}-1\right)$

$=-1-i$

(2) $1-2i+3i^2-4i^3+\cdots-100i^{99}$

$=(1-2i+3i^2-4i^3)+i^4(5-6i+7i^2-8i^3)$

$\quad+i^8(9-10i+11i^2-12i^3)+\cdots$

$\quad+i^{96}(97-98i+99i^2-100i^3)$

$=(1-2i-3+4i)+i^4(5-6i-7+8i)$

$\quad+i^8(9-10i-11+12i)+\cdots$

$\quad+i^{96}(97-98i-99+100i)$

$=(-2+2i)+i^4(-2+2i)+i^8(-2+2i)+\cdots$

$\quad+i^{96}(-2+2i)$

$=25(-2+2i)=-50+50i$

답 (1) $-1-i$ (2) $-50+50i$

13

(1) $z=\frac{1-\sqrt{5}i}{3}$에서 $3z-1=-\sqrt{5}i$

양변을 제곱하면

$9z^2-6z+1=-5$, $9z^2-6z+6=0$

즉, $3z^2-2z+2=0$이므로

$3z^2-2z+7=(3z^2-2z+2)+5$

$=0+5=5$

(2) $x+y=\frac{-1-\sqrt{5}i}{2}+\frac{-1+\sqrt{5}i}{2}=-1$,

$xy=\frac{-1-\sqrt{5}i}{2}\times\frac{-1+\sqrt{5}i}{2}=\frac{6}{4}=\frac{3}{2}$

이므로

$\frac{y}{x}+\frac{x}{y}=\frac{x^2+y^2}{xy}=\frac{(x+y)^2-2xy}{xy}$

$=\frac{(-1)^2-2\times\frac{3}{2}}{\frac{3}{2}}=-\frac{4}{3}$

답 (1) 5 (2) $-\frac{4}{3}$

14

$z=\frac{3-i}{1+i}=\frac{(3-i)(1-i)}{(1+i)(1-i)}=\frac{2-4i}{2}=1-2i$ ……㉠

즉, $z-1=-2i$의 양변을 제곱하면

$z^2-2z+1=-4 \quad \therefore z^2-2z+5=0$ ……㉡

이때 z^3-3z^2+2z+2를 z^2-2z+5로 나누면 다음과 같다.

$$\begin{array}{r|l} & z-1 \\ z^2-2z+5 & z^3-3z^2+2z+2 \\ & z^3-2z^2+5z \\ \hline & -z^2-3z+2 \\ & -z^2+2z-5 \\ \hline & -5z+7 \end{array}$$

$\therefore z^3-3z^2+2z+2$

$=(z^2-2z+5)(z-1)-5z+7$

$=-5z+7$ ($\because$ ㉡)

$=-5(1-2i)+7$ ($\because$ ㉠)

$=2+10i$

답 $2+10i$

15

$z=\frac{-1+\sqrt{3}i}{2}$에서 $2z+1=\sqrt{3}i$

양변을 제곱하면

$4z^2+4z+1=-3,\ 4z^2+4z+4=0$

$\therefore z^2+z+1=0$ ……㉠

㉠의 양변에 $z-1$을 곱하면

$(z-1)(z^2+z+1)=0$

$z^3-1=0 \quad \therefore z^3=1$ ……㉡

$\therefore z^4+2z^3+3z^2+4z+5=z^3(z+2)+3z^2+4z+5$

$=3z^2+5z+7$ ($\because$ ㉡)

$=3(z^2+z+1)+2z+4$

$=2z+4$ ($\because$ ㉠)

$=2\times\frac{-1+\sqrt{3}i}{2}+4$

$=3+\sqrt{3}i$

답 $3+\sqrt{3}i$

16

(1) $z=(1+i)x^2+(1-i)x-6-12i$

$=(x^2+x-6)+(x^2-x-12)i$

0이 아닌 복소수 z에 대하여 $z-\overline{z}=0$, 즉 $z=\overline{z}$이므로 z는 0이 아닌 실수이다.

$\therefore x^2+x-6\neq0,\ x^2-x-12=0$

(i) $x^2+x-6\neq0$에서 $(x+3)(x-2)\neq0$

$\therefore x\neq-3$이고 $x\neq2$

(ii) $x^2-x-12=0$에서 $(x+3)(x-4)=0$

$\therefore x=-3$ 또는 $x=4$

(i), (ii)에서 $x=4$

(2) $\alpha\overline{\alpha}-\overline{\alpha}\beta-\alpha\overline{\beta}+\beta\overline{\beta}$

$=\overline{\alpha}(\alpha-\beta)-\overline{\beta}(\alpha-\beta)$

$=(\alpha-\beta)(\overline{\alpha}-\overline{\beta})=(\alpha-\beta)\overline{(\alpha-\beta)}$

$=(-1+2i)\overline{(-1+2i)}=(-1+2i)(-1-2i)$

$=1+4=5$

답 (1) 4 (2) 5

17

$z=(3+i)x^2-5x-2-4i$

$=(3x^2-5x-2)+(x^2-4)i$

복소수 z에 대하여 $\overline{(\overline{z})}=\overline{z}$, 즉 $z=\overline{z}$이므로 z는 실수이다.

$\therefore x^2-4=0$

즉, $(x+2)(x-2)=0$이므로

$x=-2$ 또는 $x=2$

답 -2, 2

18

$\overline{\alpha}+\overline{\beta}=\overline{\alpha+\beta}=3-i,\ \overline{\alpha}\,\overline{\beta}=\overline{\alpha\beta}=2+i$이므로

$\alpha+\beta=3+i,\ \alpha\beta=2-i$

$\therefore (\alpha-\beta)^2=(\alpha+\beta)^2-4\alpha\beta$

$=(3+i)^2-4(2-i)$

$=(9+6i+i^2)-8+4i=10i$

따라서 복소수 $(\alpha-\beta)^2$의 허수부분은 10이다.

답 10

19

(1) $z=(1-2i)x^2+(5-3i)x+6+2i$

$=(x^2+5x+6)+(-2x^2-3x+2)i$

z가 순허수이므로

$x^2+5x+6=0,\ -2x^2-3x+2\neq0$

(i) $x^2+5x+6=0$에서 $(x+3)(x+2)=0$

$\therefore x=-3$ 또는 $x=-2$

(ii) $-2x^2-3x+2\neq0$에서 $2x^2+3x-2\neq0$

$(x+2)(2x-1)\neq0$

$\therefore x\neq-2$이고 $x\neq\frac{1}{2}$

(i), (ii)에서 $x=-3$

(2) $z=x(2-i)+3(-4+i)=(2x-12)+(-x+3)i$

z^2이 음의 실수이려면 z는 순허수이어야 하므로

$2x-12=0,\ -x+3\neq0$

$\therefore x=6$

답 (1) -3 (2) 6

20

$z=(1+i)x^2+(i-3)x+2-2i$

$=(x^2-3x+2)+(x^2+x-2)i$

z^2이 실수가 되려면 z는 실수 또는 순허수이어야 하므로

$x^2+x-2=0$ 또는 $x^2-3x+2=0$

(i) $x^2+x-2=0$에서 $(x+2)(x-1)=0$

$\therefore x=-2$ 또는 $x=1$

(ii) $x^2-3x+2=0$에서 $(x-1)(x-2)=0$

$\therefore x=1$ 또는 $x=2$

(i), (ii)에서 $x=-2$ 또는 $x=1$ 또는 $x=2$

그런데 $x=1$이면 $z=0$이므로

$x=-2$ 또는 $x=2$

따라서 구하는 모든 실수 x의 값의 합은

$(-2)+2=0$

답 0

21

(1) $z=a+bi$ (a, b는 실수)라 하면 $\overline{z}=a-bi$이므로

$2iz-\overline{z}=2i(a+bi)-(a-bi)$

$=(-a-2b)+(2a+b)i$

즉, $(-a-2b)+(2a+b)i=5+2i$이므로 복소수가 서로 같을 조건에 의하여

$-a-2b=5,\ 2a+b=2$

두 식을 연립하여 풀면

$a=3,\ b=-4$

$\therefore z=3-4i$

(2) $z=a+bi$ (a, b는 실수)라 하면 $\overline{z}=a-bi$이므로

$(1+i)\overline{z}+(1+2i)z$

$=(1+i)(a-bi)+(1+2i)(a+bi)$

$=(a+b)+(a-b)i+(a-2b)+(2a+b)i$

$=(2a-b)+3ai$

즉, $(2a-b)+3ai=3i$이므로 복소수가 서로 같을 조건에 의하여

$2a-b=0,\ 3a=3$

두 식을 연립하여 풀면

$a=1,\ b=2$

$\therefore z=1+2i$

답 (1) $3-4i$ (2) $1+2i$

22

$z=a+bi$ (a, b는 실수)라 하면 $\overline{z}=a-bi$이므로

$z+\overline{z}=4,\ z\overline{z}=5$에서

$(a+bi)+(a-bi)=4,\ (a+bi)(a-bi)=5$

$\therefore 2a=4,\ a^2+b^2=5$

두 식을 연립하여 풀면 $a=2,\ b=\pm1$

$\therefore z=2+i$ 또는 $z=2-i$

답 $2+i,\ 2-i$

23

$z=a+bi$ (a, b는 실수)라 하면 $\overline{z}=a-bi$이므로

조건 (가)의 좌변에서

$(z+\overline{z})i+z\overline{z}$

$=\{(a+bi)+(a-bi)\}i+(a+bi)(a-bi)$

$=2ai+a^2+b^2$

즉, $(a^2+b^2)+2ai=3-2i$이므로 복소수가 서로 같을 조건에 의하여

$a^2+b^2=3,\ 2a=-2$

두 식을 연립하여 풀면

$a=-1,\ b=\pm\sqrt{2}$ ······㉠

조건 (나)에서 $z-\overline{z}=(a+bi)-(a-bi)=2bi$

이때 $2b<0$이므로 $b<0$ ······㉡

㉠, ㉡에서 $a=-1,\ b=-\sqrt{2}$

$\therefore z=-1-\sqrt{2}i$

답 $-1-\sqrt{2}i$

다른 풀이

복소수 z에 대하여 $z+\bar{z}$, $z\bar{z}$는 실수이므로 조건 (가)에서 복소수가 서로 같을 조건에 의하여

$z+\bar{z}=-2$ ……ⓒ, $z\bar{z}=3$

$\therefore (z-\bar{z})^2=(z+\bar{z})^2-4z\bar{z}$

$=(-2)^2-4\times3$

$=-8$

$\therefore z-\bar{z}=-2\sqrt{2}i$ ……ⓓ ($\because$ 조건 (나))

ⓒ+ⓓ을 하면 $2z=-2-2\sqrt{2}i$

$\therefore z=-1-\sqrt{2}i$

24

$\sqrt{a}\sqrt{b}=-\sqrt{ab}$이므로

$a<0$, $b<0$

ㄱ. $a+b<0$이므로

$(\sqrt{a+b})^2=\sqrt{a+b}\sqrt{a+b}$

$=-\sqrt{(a+b)^2}$

$=-|a+b|$

$=-\{-(a+b)\}$

$=a+b$ (참)

ㄴ. $a<0$, $-b>0$이므로

$\sqrt{a}\sqrt{-b}=\sqrt{-ab}$ (거짓)

ㄷ. $\sqrt{a}-\dfrac{\sqrt{b}}{\sqrt{a}}=-\sqrt{\dfrac{b}{a}}+\sqrt{-a}i$의 켤레복소수는

$-\sqrt{\dfrac{b}{a}}-\sqrt{-a}i$, 즉 $-\sqrt{a}-\dfrac{\sqrt{b}}{\sqrt{a}}$이다. (거짓)

따라서 옳은 것은 ㄱ뿐이다.

답 ㄱ

25

$\dfrac{\sqrt{a}}{\sqrt{b}}=-\sqrt{\dfrac{a}{b}}$, $a\neq0$, $b\neq0$이므로 $a>0$, $b<0$

$\therefore \sqrt{ab}-\sqrt{a}\sqrt{b}+\sqrt{b}\sqrt{b}-\sqrt{b^2}$

$=\sqrt{ab}-\sqrt{ab}-\sqrt{b^2}-\sqrt{b^2}$

$=-2|b|=(-2)\times(-b)=2b$

답 $2b$

STEP 1 개념 마무리

본문 pp.100~101

07 16	**08** 22	**09** 1	**10** 1
11 $5-11i$	**12** -8	**13** -1	**14** 8
15 ⑤	**16** 4	**17** 3	
18 $-a-b+c$			

07

음이 아닌 정수 n에 대하여

$i^{4n+1}=i$, $i^{4n+2}=-1$, $i^{4n+3}=-i$, $i^{4n+4}=1$이므로

$i+i^2+i^3+i^4=i^2+i^3+i^4+i^5=\cdots=0$

$\therefore (i+i^2)+(i^2+i^3)+(i^3+i^4)+\cdots+(i^{18}+i^{19})$

$=(i+i^2+i^3+\cdots+i^{18})+(i^2+i^3+i^4+\cdots+i^{19})$

$=\{(i+i^2+i^3+i^4)+(i^5+i^6+i^7+i^8)+\cdots$

$+(i^{13}+i^{14}+i^{15}+i^{16})+i^{17}+i^{18}\}$

$+\{(i^2+i^3+i^4+i^5)+(i^6+i^7+i^8+i^9)+\cdots$

$+(i^{14}+i^{15}+i^{16}+i^{17})+i^{18}+i^{19}\}$

$=(i^{17}+i^{18})+(i^{18}+i^{19})$

$=(i-1)+(-1-i)=-2$

따라서 $a=-2$, $b=0$이므로

$4(a+b)^2=16$

답 16

다른 풀이

$i+i^{19}=i-i=0$이므로

$(i+i^2)+(i^2+i^3)+(i^3+i^4)+\cdots+(i^{18}+i^{19})$

$=i+\{(i+i^2)+(i^2+i^3)+(i^3+i^4)+\cdots+(i^{18}+i^{19})\}$

$+i^{19}$

$=(i+i)+(i^2+i^2)+(i^3+i^3)+\cdots+(i^{19}+i^{19})$

$=2(i+i^2+i^3+\cdots+i^{19})$

$=2\{(i+i^2+i^3+i^4)+(i^5+i^6+i^7+i^8)+\cdots$

$+(i^{13}+i^{14}+i^{15}+i^{16})+i^{17}+i^{18}+i^{19}\}$

$=2(i-1-i)=-2$

08

$\dfrac{1}{i}=-i$, $\dfrac{1}{i^2}=-1$, $\dfrac{1}{i^3}=i$, $\dfrac{1}{i^4}=1$이므로

$\dfrac{1}{i}=-i$

$\dfrac{1}{i}+\dfrac{1}{i^2}=-i-1$

$\frac{1}{i}+\frac{1}{i^2}+\frac{1}{i^3}=-i-1+i=-1$

$\frac{1}{i}+\frac{1}{i^2}+\frac{1}{i^3}+\frac{1}{i^4}=-i-1+i+1=0$

$\frac{1}{i}+\frac{1}{i^2}+\frac{1}{i^3}+\frac{1}{i^4}+\frac{1}{i^5}=0+\frac{1}{i}=-i$

$\vdots$

즉, 등식 $\frac{1}{i}+\frac{1}{i^2}+\frac{1}{i^3}+\cdots+\frac{1}{i^n}=-i$가 성립하도록 하는 자연수 n은 $n=4k+1$ ($k=0, 1, 2, \cdots$) 꼴이다.

이때 n은 두 자리 자연수이므로 $10\le n<100$, 즉

$10\le 4k+1<100$, $9\le 4k<99$

$\therefore 2.\times\times\times\le k<24.\times\times\times$ ← $k=3, 4, 5, \cdots, 24$

따라서 조건을 만족시키는 두 자리 자연수 n은

13, 17, 21, $\cdots$, 97의 22개이다.

답 22

09

$a=\frac{1-\sqrt{3}i}{2}$에서 $2a-1=-\sqrt{3}i$

양변을 제곱하여 정리하면

$4a^2-4a+4=0$

$\therefore a^2-a+1=0$ ······㉠

㉠의 양변에 $a+1$을 곱하면

$(a+1)(a^2-a+1)=0$, $a^3+1=0$

$\therefore a^3=-1$ ······㉡

$\therefore 1-a+a^2-a^3+\cdots-a^{15}$

$=(1-a+a^2)-a^3(1-a+a^2)+\cdots+a^{12}(1-a+a^2)-a^{15}$

$=0-(a^3)^5$ ($\because$ ㉠)

$=-(-1)^5$ ($\because$ ㉡)

$=1$

답 1

10

$\frac{1-i}{1+i}=\frac{(1-i)^2}{(1+i)(1-i)}=\frac{-2i}{2}=-i$이므로

$\left(\frac{1-i}{1+i}\right)^{1001}=(-i)^{1001}$

$=(-1)^{1001}\times(i^4)^{250}\times i=-i$

$\therefore d\left(\left(\frac{1-i}{1+i}\right)^{1001}\right)=d(-i)=\sqrt{(-i)\times i}$

$=\sqrt{1}=1$

답 1

11

$\overline{z_1}-\overline{z_2}=\overline{z_1-z_2}=3+2i$이므로

$z_1-z_2=3-2i$

$\overline{z_1}\times\overline{z_2}=\overline{z_1z_2}=5+5i$이므로

$z_1z_2=5-5i$

$\therefore (z_1-3)(z_2+3)=z_1z_2+3(z_1-z_2)-9$

$=5-5i+3(3-2i)-9$

$=5-11i$

답 $5-11i$

12

$z=a+bi$ (a, b는 실수)라 하면 $\bar{z}=a-bi$이므로

$\bar{z}^2=(a-bi)^2=a^2-b^2-2abi$

즉, $a^2-b^2-2abi=-2i$이므로 복소수가 서로 같을 조건에 의하여

$a^2-b^2=0$ ······㉠, $-2ab=-2$ ······㉡

㉠에서 $a^2=b^2$ $\therefore a=\pm b$

(i) $a=b$를 ㉡에 대입하면

$-2b^2=-2$, $b^2=1$

즉, $b=\pm 1$이므로

$a=1$, $b=1$ 또는 $a=-1$, $b=-1$

(ii) $a=-b$를 ㉡에 대입하면

$2b^2=-2$ $\therefore b^2=-1$

이를 만족시키는 실수 a, b는 존재하지 않는다.

(i), (ii)에서 $z=1+i$ 또는 $z=-1-i$

이때 $z\bar{z}=(a+bi)(a-bi)=a^2+b^2=2$,

$z^2=(a+bi)(a+bi)=a^2-b^2+2abi=2i$이므로

$z^4+z^3\bar{z}+z\bar{z}^3+\bar{z}^4$

$=(z^2)^2+z\bar{z}(z^2+\bar{z}^2)+(\bar{z}^2)^2$

$=(2i)^2+2(2i-2i)+(-2i)^2$

$=-4+0-4$

$=-8$

답 -8

다른 풀이

$\overline{z}^2=-2i$이므로 $\overline{(\overline{z})^2}=\overline{-2i}=2i$

이때

$\overline{(\overline{z})^2}=\overline{\overline{z}\times\overline{z}}=\overline{(\overline{z})}\times\overline{(\overline{z})}=z\times z=z^2$

이므로 $z^2=2i$

$\therefore z^4+z^3\overline{z}+z\overline{z}^3+\overline{z}^4$

$=(z^2)^2+z\overline{z}(z^2+\overline{z}^2)+(\overline{z}^2)^2$

$=(2i)^2+z\overline{z}\times(2i-2i)+(-2i)^2$

$=-4+0-4=-8$

13

$z=(1+i)a^2-(1+3i)a+2(i-1)$

$=(a^2-a-2)+(a^2-3a+2)i$

z^2이 음의 실수가 되려면 z는 순허수이어야 하므로

$a^2-a-2=0,\ a^2-3a+2\neq0$

(i) $a^2-a-2=0$에서

$(a+1)(a-2)=0$

$\therefore a=-1$ 또는 $a=2$

(ii) $a^2-3a+2\neq0$에서

$(a-1)(a-2)\neq0$

$\therefore a\neq1$이고 $a\neq2$

(i), (ii)에서 $a=-1$

답 -1

14

$\dfrac{\overline{z}}{z}=\dfrac{a-4bi}{a+4bi}=\dfrac{(a-4bi)^2}{(a+4bi)(a-4bi)}$

$=\dfrac{a^2-16b^2-8abi}{a^2+16b^2}$

에서 $\dfrac{\overline{z}}{z}$가 순허수이므로

$a^2-16b^2=0,\ -8ab\neq0$

$a^2-16b^2=0$에서 $a^2=16b^2$

$\therefore a=\pm4b$

즉, 조건을 만족시키는 두 정수 a, b는

$b=-2$일 때 $a=\pm8$, $b=-1$일 때 $a=\pm4$

$b=1$일 때 $a=\pm4$, $b=2$일 때 $a=\pm8$

($-8ab\neq0$이므로 $a\neq0$이고 $b\neq0$)

따라서 복소수 z는 $z=\pm8-8i$ 또는 $z=\pm4-4i$ 또는 $z=\pm4+4i$ 또는 $z=\pm8+8i$의 8개이다.

답 8

15

복소수 $z=a+bi$ (a, b는 0이 아닌 실수)에 대하여

$iz=i(a+bi)=-b+ai,\ \overline{z}=a-bi$

$iz=\overline{z}$에서 $-b+ai=a-bi$

이때 $a\neq0,\ b\neq0$이므로 복소수가 서로 같을 조건에 의하여

$a=-b$

$\therefore z=a-ai,\ \overline{z}=a+ai$

ㄱ. $z+\overline{z}=(a-ai)+(a+ai)=2a=-2b$ (참)

ㄴ. $iz=\overline{z}$의 양변에 i를 곱하면 $i\overline{z}=-z$ (참)

ㄷ. $iz=\overline{z}$의 양변을 z로 나누면 $\dfrac{\overline{z}}{z}=i$이므로

$\dfrac{z}{\overline{z}}=\dfrac{1}{i}=-i$

$\therefore \dfrac{\overline{z}}{z}+\dfrac{z}{\overline{z}}=i+(-i)=0$ (참)

따라서 ㄱ, ㄴ, ㄷ 모두 옳다.

답 ⑤

다른 풀이 1

ㄴ. $\overline{z}=a+ai$이므로

$i\overline{z}=i(a+ai)=ai-a=-(a-ai)=-z$ (참)

ㄷ. $z=a-ai,\ \overline{z}=a+ai$이므로

$\dfrac{\overline{z}}{z}+\dfrac{z}{\overline{z}}=\dfrac{a+ai}{a-ai}+\dfrac{a-ai}{a+ai}$

$=\dfrac{(a+ai)^2+(a-ai)^2}{(a-ai)(a+ai)}=0$ (참)

다른 풀이 2

ㄷ. $iz=\overline{z}$의 양변을 제곱하면

$-z^2=\overline{z}^2\qquad\therefore z^2+\overline{z}^2=0\qquad\cdots\cdots$ ㉠

이때 $z\overline{z}=2a^2\neq0$이므로 ㉠의 양변을 $z\overline{z}$로 나누면

$\dfrac{\overline{z}}{z}+\dfrac{z}{\overline{z}}=0$ (참)

16

$z=a+bi$ (a, b는 실수)라 하면

$z-(1-3i)=(a+bi)-(1-3i)$

$=(a-1)+(b+3)i$

조건 ㈎에서 $z-(1-3i)$가 양의 실수이므로

$a-1>0,\ b+3=0$

$\therefore\ a>1,\ b=-3$

조건 ㈏에서 $z\bar{z}=13$이므로

$(a+bi)(a-bi)=13$

즉, $a^2+b^2=13$이므로 $b=-3$을 대입하면

$a^2+9=13,\ a^2=4$

$\therefore\ a=2\ (\because\ a>1)$

따라서 $z=2-3i,\ \bar{z}=2+3i$이므로

$z+\bar{z}=(2-3i)+(2+3i)=4$

답 4

17

$\dfrac{\sqrt{x+1}}{\sqrt{x-2}}=-\sqrt{\dfrac{x+1}{x-2}}$이므로

$x+1>0,\ x-2<0$ 또는 $x+1=0$

(i) $x+1>0,\ x-2<0$일 때,

$\sqrt{(x+1)^2}+\sqrt{(x-2)^2}=|x+1|+|x-2|$
$=x+1-(x-2)=3$

(ii) $x+1=0$일 때,

$x=-1$이므로

$\sqrt{(x+1)^2}+\sqrt{(x-2)^2}=0+\sqrt{(-3)^2}=3$

(i), (ii)에서 구하는 식의 값은 3이다.

답 3

18

$a\neq0,\ b\neq0$이므로 $\sqrt{a}\sqrt{b}=-\sqrt{ab}$에서

$a<0,\ b<0$ ㈎

$c\neq0,\ d\neq0$이므로 $\dfrac{\sqrt{d}}{\sqrt{c}}=-\sqrt{\dfrac{d}{c}}$에서

$c<0,\ d>0$ ㈏

즉, $a<0,\ b-d<0,\ c-d<0$이므로

$|a|+\sqrt{(b-d)^2}-|c-d|=-a-(b-d)+(c-d)$
$=-a-b+c$ ㈐

답 $-a-b+c$

단계	채점 기준	배점
㈎	$a,\ b$의 부호를 구한 경우	30%
㈏	$c,\ d$의 부호를 구한 경우	30%
㈐	주어진 식을 간단히 정리한 경우	40%

STEP 2 개념 마무리

본문 p.102

1 -4 **2** 24 **3** 1 **4** ㄱ, ㄷ
5 6 **6** ㄱ, ㄴ

1

$a_1+a_2+a_3+\cdots+a_8=2+2i$이므로 $1,\ -1,\ i,\ -i$ 중에서 하나의 값을 갖는 8개의 수의 합이 $2+2i$가 되는 경우는 다음과 같이 경우를 나누어 생각할 수 있다.

(i) 1이 4개, -1이 2개, i가 2개인 경우

$a_1^2+a_2^2+a_3^2+\cdots+a_8^2$
$=1+1+1+1+1+1+(-1)+(-1)=4$

(ii) 1이 3개, -1이 1개, i가 3개, $-i$가 1개인 경우

$a_1^2+a_2^2+a_3^2+\cdots+a_8^2$
$=1+1+1+1+(-1)+(-1)+(-1)+(-1)$
$=0$

(iii) 1이 2개, i가 4개, $-i$가 2개인 경우

$a_1^2+a_2^2+a_3^2+\cdots+a_8^2$
$=1+1+(-1)+(-1)+(-1)+(-1)$
$+(-1)+(-1)$
$=-4$

(i), (ii), (iii)에서 구하는 최솟값은 -4이다.

답 -4

보충 설명 1

$1,\ -1,\ i,\ -i$의 개수를 각각 $a,\ b,\ c,\ d$ ($a,\ b,\ c,\ d$는 음이 아닌 정수)라 하면

$a\times1+b\times(-1)+c\times i+d\times(-i)=2+2i$

즉, $(a-b)+(c-d)i=2+2i$에서 복소수가 서로 같을 조건에 의하여

$a-b=2,\ c-d=2$

이때 $a+b+c+d=8$이고, $a=b+2,\ c=d+2$를 이 식에 대입하여 정리하면 $b+d=2$

$b,\ d$는 음이 아닌 정수이므로 순서쌍 $(b,\ d)$는

$(2,\ 0)$ 또는 $(1,\ 1)$ 또는 $(0,\ 2)$이다.

즉, 순서쌍 $(a,\ b,\ c,\ d)$는 $(4,\ 2,\ 2,\ 0)$ 또는

$(3,\ 1,\ 3,\ 1)$ 또는 $(2,\ 0,\ 4,\ 2)$이다.

보충 설명 2

$1,\ -1,\ i,\ -i$에 대하여 각 값을 제곱한 값은 순서대로 $1,\ 1,\ -1,\ -1$이다. 즉, $a_1^2+a_2^2+a_3^2+\cdots+a_8^2$의 값이 최소가 되려면 $a_1,\ a_2,\ a_3,\ \cdots,\ a_8$이 갖는 값 중에서 i 또는 $-i$가 최대한 많아야 한다.

따라서 (i), (ii), (iii) 중에서 (iii)의 경우에 최솟값을 갖는다는 것을 쉽게 알 수 있다.

2

$z_1=\dfrac{\sqrt{2}}{1+i}$라 하면

$z_1^2=\left(\dfrac{\sqrt{2}}{1+i}\right)^2=\dfrac{2}{1+2i-1}=\dfrac{1}{i}=-i$

즉, $z_1^4=(z_1^2)^2=(-i)^2=-1,$

$z_1^8=(z_1^4)^2=(-1)^2=1$이므로

$z_1^8=z_1^{16}=z_1^{24}=\cdots=1$

$z_2=\dfrac{\sqrt{3}+i}{2}$라 하면

$z_2^2=\left(\dfrac{\sqrt{3}+i}{2}\right)^2=\dfrac{3+2\sqrt{3}i-1}{4}$

$=\dfrac{2+2\sqrt{3}i}{4}=\dfrac{1+\sqrt{3}i}{2}$

이므로

$z_2^3=z_2^2\times z_2=\dfrac{1+\sqrt{3}i}{2}\times\dfrac{\sqrt{3}+i}{2}$

$=\dfrac{\sqrt{3}+i+3i-\sqrt{3}}{4}=\dfrac{4i}{4}=i$

즉, $z_2^6=(z_2^3)^2=i^2=-1,$

$z_2^{12}=(z_2^6)^2=(-1)^2=1$이므로

$z_2^{12}=z_2^{24}=z_2^{36}=\cdots=1$

따라서 $\left(\dfrac{\sqrt{2}}{1+i}\right)^n+\left(\dfrac{\sqrt{3}+i}{2}\right)^n=2$를 만족시키려면 자연수 n이 $\left(\dfrac{\sqrt{2}}{1+i}\right)^n=1,\ \left(\dfrac{\sqrt{3}+i}{2}\right)^n=1$을 동시에 만족시켜야 하므로 자연수 n의 최솟값은 8과 12의 최소공배수인 24이다.

답 24

보충 설명

z_1^n이 $\sqrt{2}$를 포함하거나 z_2^n이 $\sqrt{3}$을 포함하면

$z_1^n+z_2^n=2$를 만족시킬 수 없으므로 이 경우는 생각하지 않아도 된다. 또한,

$z_1^2=-i,\ z_1^4=-1,\ z_1^6=i,\ z_1^8=1,\ \cdots$

$z_2^3=i,\ z_2^6=-1,\ z_2^9=-i,\ z_2^{12}=1,\ \cdots$

이 중에서 $z_1^n+z_2^n=2$를 만족시키는 자연수 n은

$z_1^n=1,\ z_2^n=1$을 동시에 만족시킨다.

3

$\dfrac{z}{1+z^2}$가 실수이므로 $\dfrac{z}{1+z^2}=\overline{\left(\dfrac{z}{1+z^2}\right)}$ ······ (가)

이때 $\overline{\left(\dfrac{z}{1+z^2}\right)}=\dfrac{\bar{z}}{\overline{1+z^2}}=\dfrac{\bar{z}}{1+\overline{z^2}}=\dfrac{\bar{z}}{1+\bar{z}^2}$이므로

$\dfrac{z}{1+z^2}=\dfrac{\bar{z}}{1+\bar{z}^2}$

$z(1+\bar{z}^2)=\bar{z}(1+z^2)$ ······ (나)

즉, $z+z\bar{z}^2=\bar{z}+z^2\bar{z}$에서

$z-\bar{z}+z\bar{z}^2-z^2\bar{z}=0,\ (z-\bar{z})-z\bar{z}(z-\bar{z})=0$

$\therefore\ (z-\bar{z})(1-z\bar{z})=0$

이때 z는 허수이므로 $z\neq\bar{z}$

$\therefore\ z\bar{z}=1$ ······ (다)

답 1

단계	채점 기준	배점
(가)	$\dfrac{z}{1+z^2}=\overline{\left(\dfrac{z}{1+z^2}\right)}$임을 이용한 경우	40%
(나)	$z,\ \bar{z}$에 대한 관계식을 구한 경우	40%
(다)	$z\bar{z}$의 값을 구한 경우	20%

4

$z=a+bi$ ($a,\ b$는 실수, $b\neq0$),

$w=c+di$ ($c,\ d$는 실수, $d\neq0$)라 하면

$z-w=(a-c)+(b-d)i$,

$zw=(ac-bd)+(ad+bc)i$

가 모두 실수이므로 $b-d=0$, $ad+bc=0$

$b-d=0$에서 $d=b$를 $ad+bc=0$에 대입하면

$(a+c)b=0 \qquad \therefore c=-a \ (\because b\neq 0)$

$\therefore z=a+bi$, $w=-a+bi$ (a, b는 실수, $b\neq 0$)

ㄱ. $\overline{z}+w=(a-bi)+(-a+bi)=0$

$z+\overline{w}=(a+bi)+(-a-bi)=0$

$\therefore \overline{z}+w=z+\overline{w}$ (참)

ㄴ. $z\overline{w}=(a+bi)(-a-bi)=-(a+bi)^2$

$\overline{z}w=(a-bi)(-a+bi)=-(a-bi)^2$

$\therefore z\overline{w}\neq\overline{z}w$ (거짓)

ㄷ. $z+w=(a+bi)+(-a+bi)=2bi$이므로

$\overline{z+w}=-2bi$

$-z-w=-(z+w)=-2bi$

$\therefore \overline{z+w}=-z-w$ (참)

따라서 옳은 것은 ㄱ, ㄷ이다.

답 ㄱ, ㄷ

다른 풀이

ㄱ. $z-w$가 실수이므로

$z-w=\overline{z-w}$

즉, $z-w=\overline{z}-\overline{w}$에서

$z+\overline{w}=\overline{z}+w$ (참)

5

$z=a+bi$ ($a>0$, $b>0$)에서 $\overline{z}=a-bi$

이때

$$z^2+\overline{z}=(a+bi)^2+(a-bi)$$
$$=(a^2-b^2+a)+(2ab-b)i$$

즉, $(a^2-b^2+a)+(2ab-b)i=0$이므로

복소수가 서로 같을 조건에 의하여

$a^2-b^2+a=0$, $2ab-b=0$

$2ab-b=0$에서 $(2a-1)b=0$

$\therefore a=\frac{1}{2} \ (\because b>0)$

이것을 $a^2-b^2+a=0$에 대입하면

$\frac{1}{4}-b^2+\frac{1}{2}=0$, $b^2=\frac{3}{4} \qquad \therefore b=\frac{\sqrt{3}}{2} \ (\because b>0)$

즉, $z=\frac{1}{2}+\frac{\sqrt{3}}{2}i=\frac{1+\sqrt{3}i}{2}$이므로

$z^2=\left(\frac{1+\sqrt{3}i}{2}\right)^2=\frac{-2+2\sqrt{3}i}{4}=\frac{-1+\sqrt{3}i}{2}$

$z^3=z^2z=\frac{-1+\sqrt{3}i}{2}\times\frac{1+\sqrt{3}i}{2}=\frac{-1-3}{4}=-1$

$\therefore z^6=(z^3)^2=(-1)^2=1$ ← $z^4=-z\neq 1$, $z^5=-z^2\neq 1$

따라서 구하는 자연수 n의 최솟값은 6이다.

답 6

다른 풀이

$z=\frac{1+\sqrt{3}i}{2}$에서 $2z-1=\sqrt{3}i$

양변을 제곱하면 $4z^2-4z+1=-3$

$\therefore z^2-z+1=0$

양변에 $z+1$을 곱하면

$(z+1)(z^2-z+1)=0$, $z^3+1=0$

$\therefore z^3=-1$

$\therefore z^6=(z^3)^2=(-1)^2=1$

6

서로 다른 세 실수 a, b, c에 대하여 $abc<0$이므로

세 수 중에서 음수는 1개 또는 3개이다.

그런데 $a+b+c=0$이므로 세 수 모두 음수가 될 수는 없다.

즉, 서로 다른 세 수 a, b, c 중에서 한 개는 음수, 두 개는 양수이다.

이때 ab, bc, ca는 두 수끼리의 곱이므로 ab, bc, ca 중에서 한 개는 양수, 두 개는 음수이다.

그런데 $ab<bc<ca$이므로

$ab<bc<0<ca$

이때 ca는 두 양수의 곱이므로

$a>0$, $c>0 \qquad \therefore b<0$

ㄱ. $ab<bc$, $b<0$이므로 $c<a$

즉, $a-c>0$이므로

$|a-c|=a-c$ (참)

ㄴ. $b<0$, $c>0$이므로 $\sqrt{b}\sqrt{c}=\sqrt{bc}$ (참)

ㄷ. $b<0<c<a$이므로 $c-b>0$, $b-a<0$

$\therefore \frac{\sqrt{c-b}}{\sqrt{b-a}}=-\sqrt{\frac{c-b}{b-a}}\neq\sqrt{\frac{c-b}{b-a}}$ (거짓)

따라서 옳은 것은 ㄱ, ㄴ이다.

답 ㄱ, ㄴ

05. 이차방정식

1 이차방정식의 풀이

기본 + 필수연습 본문 pp.106~111

01 (1) $x=-\frac{1}{2}$ 또는 $x=\frac{4}{3}$

(2) $x=-1-\sqrt{3}$ 또는 $x=1$

02 (1) $x=\frac{-1\pm\sqrt{65}}{4}$ (실근) (2) $x=\frac{2\pm\sqrt{2}i}{3}$ (허근)

03 -5 **04** -1 **05** 3 **06** 0

07 3

08 (1) $x=-1$ 또는 $x=1$ (2) $x=-8$ 또는 $x=0$

09 $x=-2\pm i$ 또는 $x=-2\pm\sqrt{5}i$ **10** -1

11 $\sqrt{2}$ **12** 2 **13** $2\sqrt{2}$

01

(1) $6x^2-5x-4=0$에서

$(2x+1)(3x-4)=0$이므로

$x=-\frac{1}{2}$ 또는 $x=\frac{4}{3}$

(2) $(1-\sqrt{3})x^2-(3-\sqrt{3})x+2=0$에서

x^2의 계수가 무리수이므로

양변에 $1+\sqrt{3}$을 곱하여 유리화하면

$(1+\sqrt{3})(1-\sqrt{3})x^2-(1+\sqrt{3})(3-\sqrt{3})x+2(1+\sqrt{3})=0$

$-2x^2-2\sqrt{3}x+2+2\sqrt{3}=0$

$x^2+\sqrt{3}x-1-\sqrt{3}=0$

$(x+1+\sqrt{3})(x-1)=0$

$\therefore x=-1-\sqrt{3}$ 또는 $x=1$

답 (1) $x=-\frac{1}{2}$ 또는 $x=\frac{4}{3}$

(2) $x=-1-\sqrt{3}$ 또는 $x=1$

02

(1) $2x^2+x-8=0$에서 근의 공식에 의하여

$x=\frac{-1\pm\sqrt{1^2-4\times2\times(-8)}}{2\times2}$

$=\frac{-1\pm\sqrt{65}}{4}$

즉, 주어진 방정식의 근은 실근이다.

(2) $3x^2-4x+2=0$에서 근의 공식에 의하여

$x=\frac{-(-2)\pm\sqrt{(-2)^2-3\times2}}{3}$

$=\frac{2\pm\sqrt{2}i}{3}$

즉, 주어진 방정식의 근은 허근이다.

답 (1) $x=\frac{-1\pm\sqrt{65}}{4}$ (실근) (2) $x=\frac{2\pm\sqrt{2}i}{3}$ (허근)

03

$(a^2-6)x-2=a(x+1)$에서

$(a^2-a-6)x=a+2$

$\therefore (a+2)(a-3)x=a+2$ ······㉠

(i) ㉠의 해가 무수히 많으려면

$(a+2)(a-3)=0,\ a+2=0$

$\therefore a=-2$

(ii) ㉠의 해가 없으려면

$(a+2)(a-3)=0,\ a+2\neq0$

$\therefore a=3$

(i), (ii)에서 $p=-2,\ q=3$이므로

$p^2-q^2=(-2)^2-3^2=-5$

답 -5

04

$2ax-a=-2x-1$에서

$(2a+2)x=a-1$

이 방정식의 해가 없으려면

$2a+2=0,\ a-1\neq0$

$\therefore a=-1$

$a=-1$을 방정식 $a^2x-1=a(3+x)$에 대입하면

$x-1=-3-x,\ 2x=-2$ $\therefore x=-1$

따라서 주어진 방정식의 근은 -1이다.

답 -1

05

$2(a+7)x^2-48x+a^2-97=0$ ······㉠

은 이차방정식이므로 $a\neq-7$

이 이차방정식이 $x=-1$을 근으로 가지므로

$2(a+7)\times(-1)^2-48\times(-1)+a^2-97=0$

$a^2+2a-35=0$, $(a+7)(a-5)=0$

$\therefore a=5$ ($\because a\neq-7$)

$a=5$를 ㉠에 대입하면

$24x^2-48x-72=0$

$x^2-2x-3=0$, $(x+1)(x-3)=0$

$\therefore x=-1$ 또는 $x=3$

따라서 다른 한 근은 3이다.

답 3

06

$x=-2$가 방정식

$(2x+1)^2+a(2x+1)-3=0$ ······㉠

의 근이므로

$\{2\times(-2)+1\}^2+a\{2\times(-2)+1\}-3=0$

$9-3a-3=0$ $\therefore a=2$

$a=2$를 ㉠에 대입하면

$(2x+1)^2+2(2x+1)-3=0$

$4x^2+8x=0$, $x(x+2)=0$

$\therefore x=-2$ 또는 $x=0$

따라서 다른 한 근은 0이다.

답 0

07

$x=1$이 방정식

$x^2+k(2p-1)x-(3p^2-2)k+q-4=0$

의 근이므로

$1+k(2p-1)-(3p^2-2)k+q-4=0$

위의 식을 k에 대하여 정리하면

$-(3p^2-2p-1)k+q-3=0$

위의 등식은 실수 k의 값에 관계없이 항상 성립해야 하므로

항등식의 성질에 의하여

$3p^2-2p-1=0$ ······㉠, $q-3=0$ ······㉡

㉠에서 $(3p+1)(p-1)=0$

$\therefore p=1$ ($\because p>0$)

㉡에서 $q=3$

$\therefore pq=1\times3=3$

답 3

08

(1) (i) $x<0$일 때,

$x^2-4x-5=0$에서

$(x+1)(x-5)=0$이므로

$x=-1$ 또는 $x=5$

그런데 $x<0$이므로 $x=-1$

(ii) $x\geq0$일 때,

$x^2+4x-5=0$에서

$(x+5)(x-1)=0$이므로

$x=-5$ 또는 $x=1$

그런데 $x\geq0$이므로 $x=1$

(i), (ii)에서 주어진 방정식의 해는

$x=-1$ 또는 $x=1$

(2) (i) $x<-3$일 때,

$-(x+1)-(x+3)=-x+4$에서

$-x=8$ $\therefore x=-8$

이때 $x=-8$은 $x<-3$을 만족시킨다.

(ii) $-3\leq x<-1$일 때,

$-(x+1)+(x+3)=-x+4$에서

$x=2$

그런데 $-3\leq x<-1$이므로 해는 없다.

(iii) $x\geq-1$일 때,

$(x+1)+(x+3)=-x+4$에서

$3x=0$ $\therefore x=0$

이때 $x=0$은 $x\geq-1$을 만족시킨다.

(i), (ii), (iii)에서 주어진 방정식의 해는

$x=-8$ 또는 $x=0$

답 (1) $x=-1$ 또는 $x=1$ (2) $x=-8$ 또는 $x=0$

다른 풀이

(1) $x^2=|x|^2$이므로 $x^2+4|x|-5=0$에서

$|x|^2+4|x|-5=0$, $(|x|+5)(|x|-1)=0$

$\therefore |x|=-5$ 또는 $|x|=1$

이때 $|x|\ge 0$이므로 $|x|=1$

따라서 주어진 방정식의 해는 $x=-1$ 또는 $x=1$

09

$|x^2+4x+7|=2$에서

$x^2+4x+7=\pm 2$

(i) $x^2+4x+7=2$일 때,

$x^2+4x+5=0$에서 근의 공식에 의하여

$x=-2\pm\sqrt{2^2-1\times 5}$

$=-2\pm i$

(ii) $x^2+4x+7=-2$일 때,

$x^2+4x+9=0$에서 근의 공식에 의하여

$x=-2\pm\sqrt{2^2-1\times 9}$

$=-2\pm\sqrt{5}i$

(i), (ii)에서 주어진 방정식의 해는

$x=-2\pm i$ 또는 $x=-2\pm\sqrt{5}i$

답 $x=-2\pm i$ 또는 $x=-2\pm\sqrt{5}i$

보충 설명

고등학교 교육과정 내에서는 절댓값 안의 수가 허수인 경우는 다루지 않지만 주어진 문제의 경우는 방정식의 해는 모두 허수이지만 절댓값 안의 식의 값은 실수이기 때문에 해당되지 않는다.

10

$[x]^2-4[x]-5=0$에서

$([x]+1)([x]-5)=0$

$\therefore [x]=-1$ 또는 $[x]=5$

$\therefore -1\le x<0$ 또는 $5\le x<6$

따라서 구하는 최솟값은 -1이다.

답 -1

11

$x^2+[x]-3=0$에서

(i) $-1<x<0$일 때, $[x]=-1$이므로

$x^2-1-3=0$, $x^2=4$

$\therefore x=-2$ 또는 $x=2$

그런데 $-1<x<0$이므로 해는 없다.

(ii) $0\le x<1$일 때, $[x]=0$이므로

$x^2-3=0$, $x^2=3$

$\therefore x=-\sqrt{3}$ 또는 $x=\sqrt{3}$

그런데 $0\le x<1$이므로 해는 없다. ← $\sqrt{3}>1$

(iii) $1\le x<2$일 때, $[x]=1$이므로

$x^2+1-3=0$, $x^2=2$

$\therefore x=-\sqrt{2}$ 또는 $x=\sqrt{2}$

그런데 $1\le x<2$이므로 $x=\sqrt{2}$ ← $1<\sqrt{2}<2$

(i), (ii), (iii)에서 주어진 방정식의 해는 $x=\sqrt{2}$

답 $\sqrt{2}$

12

처음 공장에서 생산하고 있던 직육면체 모양의 상자의 부피는

$20\times 10\times 4=800(\text{cm}^3)$

이때 가로와 세로의 길이를 각각 x cm씩 줄이고 높이는 유지한 새로운 상자를 만들었더니 기존 상자의 부피보다 28%만큼 줄었으므로

$(20-x)\times(10-x)\times 4=800\times\left(1-\frac{28}{100}\right)$

$x^2-30x+200=144$

$x^2-30x+56=0$, $(x-2)(x-28)=0$

$\therefore x=2$ 또는 $x=28$

이때 $0<x<10$이므로 $x=2$

답 2

13

$\triangle$ABC는 직각이등변삼각형이고 $\overline{AB}=6$이므로

$\overline{BC}=6\sqrt{2}$

이때 $\overline{BQ}=x$ ($0<x<3\sqrt{2}$)라 하면 $\overline{QC}=6\sqrt{2}-x$

또한, $\triangle$PBQ는 이등변삼각형이므로

$\overline{PQ}=\overline{BQ}=x$

한편, 변 BC의 중점을 M이라 하면

$\overline{BM}=\frac{1}{2}\overline{BC}=3\sqrt{2}$이므로

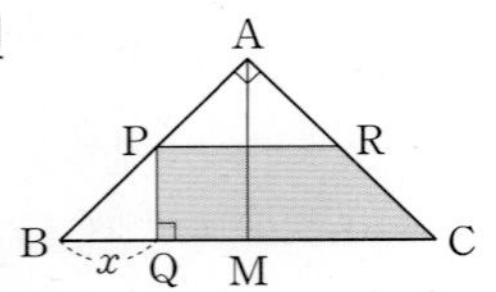

$\overline{QM}=3\sqrt{2}-x$

$\therefore\ \overline{PR}=2\overline{QM}=6\sqrt{2}-2x$

□PQCR의 넓이가 12이므로

$\frac{1}{2}\times x\times\{(6\sqrt{2}-x)+(6\sqrt{2}-2x)\}=12$

$x(12\sqrt{2}-3x)=24$

$x^2-4\sqrt{2}x+8=0,\ (x-2\sqrt{2})^2=0$

$\therefore\ x=2\sqrt{2}$

답 $2\sqrt{2}$

STEP 1 **개념 마무리** 본문 p.112

01 2	**02** $x=-\sqrt{3}$ 또는 $x=2+\sqrt{3}$	
03 2	**04** 2	**05** $\frac{1+\sqrt{13}}{6}$
06 15		

01

$xa^3-(2x+1)a^2+4=0$에서

$(a^3-2a^2)x-a^2+4=0$

$\therefore\ a^2(a-2)x=(a+2)(a-2)$ ······㉠

(i) ㉠의 해가 무수히 많으려면

$a^2(a-2)=0,\ (a+2)(a-2)=0$

$\therefore\ a=2$

(ii) ㉠의 해가 없으려면

$a^2(a-2)=0,\ (a+2)(a-2)\neq 0$

$\therefore\ a=0$

(i), (ii)에서 $p=2,\ q=0$이므로

$p+q=2$

답 2

02

$(\sqrt{3}-2)x^2+(4-2\sqrt{3})x+\sqrt{3}=0$에서

x^2의 계수가 무리수이므로

양변에 $\sqrt{3}+2$를 곱하여 유리화하면

$(\sqrt{3}+2)(\sqrt{3}-2)x^2+(\sqrt{3}+2)(4-2\sqrt{3})x+\sqrt{3}(\sqrt{3}+2)=0$

$x^2-2x-\sqrt{3}(\sqrt{3}+2)=0$

$(x+\sqrt{3})(x-\sqrt{3}-2)=0$

$\therefore\ x=-\sqrt{3}$ 또는 $x=2+\sqrt{3}$

답 $x=-\sqrt{3}$ 또는 $x=2+\sqrt{3}$

03

$x=-3$이 방정식 $x^2+(a+2)x+8a-8=0$의 근이므로

$(-3)^2+(a+2)\times(-3)+8a-8=0$

$5a=5\qquad\therefore\ a=1$

즉, $x=1$이 방정식 $kx^2-7x+2k^2+4=0$의 근이므로

$k-7+2k^2+4=0$

$2k^2+k-3=0,\ (2k+3)(k-1)=0$

$\therefore\ k=1\ (\because\ k$는 정수)

$\therefore\ a+k=1+1=2$

답 2

04

$\underbrace{(x-1)^2}_{=|x-1|^2}+|x-1|-6=0$에서

$|x-1|=t\ (t\geq 0)$로 놓으면

$t^2+t-6=0,\ (t+3)(t-2)=0$

$\therefore\ t=2\ (\because\ t\geq 0)$

즉, $|x-1|=2$이므로

$x-1=-2$ 또는 $x-1=2$

$\therefore\ x=-1$ 또는 $x=3$

따라서 두 근의 합은 $(-1)+3=2$

답 2

05

$3x^2-x-2[x]^2+[x]-1=0$에서

(i) $-1\leq x<0$일 때, $[x]=-1$이므로

$3x^2-x-4=0$

$(x+1)(3x-4)=0\qquad\therefore\ x=-1$ 또는 $x=\frac{4}{3}$

이때 $-1 \le x < 0$이므로 $x=-1$

(ii) $0 \le x < 1$일 때, $[x]=0$이므로

$3x^2-x-1=0$

근의 공식에 의하여

$$x=\frac{-(-1)\pm\sqrt{(-1)^2-4\times3\times(-1)}}{2\times3}$$
$$=\frac{1\pm\sqrt{13}}{6}$$

이때 $0 \le x < 1$이므로 $x=\frac{1+\sqrt{13}}{6}$

(iii) $1 \le x < 2$일 때, $[x]=1$이므로

$3x^2-x-2=0$

$(3x+2)(x-1)=0$

$\therefore x=-\frac{2}{3}$ 또는 $x=1$

이때 $1 \le x < 2$이므로 $x=1$

(i), (ii), (iii)에서 주어진 방정식의 모든 실근의 합은

$$-1+\frac{1+\sqrt{13}}{6}+1=\frac{1+\sqrt{13}}{6}$$

답 $\frac{1+\sqrt{13}}{6}$

06

$n+2=\sqrt{n^2+4n+4}$이므로 자연수 n에 대하여

$\sqrt{n^2+4n+4}>\sqrt{n^2+3n}>\sqrt{n^2+2}$

따라서 직각삼각형의 빗변의 길이는 $n+2$이다.

피타고라스 정리에 의하여

$(n+2)^2=(\sqrt{n^2+3n})^2+(\sqrt{n^2+2})^2$

$n^2+4n+4=n^2+3n+n^2+2$

$n^2-n-2=0$, $(n+1)(n-2)=0$

$\therefore n=2$ ($\because$ n은 자연수)

따라서 직각삼각형의 세 변의 길이는 4, $\sqrt{10}$, $\sqrt{6}$이므로 직각삼각형의 넓이 S는

$$S=\frac{1}{2}\times\sqrt{10}\times\sqrt{6}=\sqrt{15}$$

$\therefore S^2=15$

답 15

2 이차방정식의 근

기본 + 필수연습

본문 pp.116~124

14 (1) $k<-3$ (2) $k=-3$ (3) $k>-3$

15 4

16 (1) $-\frac{1}{2}$ (2) -4 (3) 0 (4) 76

17 (1) $x^2-6x-7=0$
(2) $x^2+2x-4=0$
(3) $x^2-x+\frac{37}{4}=0$

18 (1) $2\left(x-\frac{3-\sqrt{41}}{4}\right)\left(x-\frac{3+\sqrt{41}}{4}\right)$
(2) $3\left(x-\frac{2-\sqrt{11}i}{3}\right)\left(x-\frac{2+\sqrt{11}i}{3}\right)$

19 200

20 -1

21 6

22 -2

23 (1) -18 (2) 6

24 $-\frac{7}{2}$

25 2

26 2

27 (1) 13 (2) $\frac{8}{3}$

28 7

29 (1) $x^2+8x+8=0$ (2) $x^2-8x+8=0$

30 3

31 4

32 (1) -9 (2) $\frac{65}{8}$

33 12

14

이차방정식 $x^2+2(k-2)x+k^2+16=0$의 판별식을 D라 하면

$$\frac{D}{4}=(k-2)^2-(k^2+16)$$
$$=k^2-4k+4-k^2-16$$
$$=-4k-12$$

(1) $\frac{D}{4}=-4k-12>0$이어야 하므로

$4k<-12$ $\quad\therefore k<-3$

(2) $\frac{D}{4}=-4k-12=0$이어야 하므로

$4k=-12$ $\quad\therefore k=-3$

(3) $\frac{D}{4}=-4k-12<0$이어야 하므로

$4k>-12$ $\quad\therefore k>-3$

답 (1) $k<-3$ (2) $k=-3$ (3) $k>-3$

15

$x^2-4-a(x-2)=x^2-ax+2a-4$

이차방정식 $x^2-ax+2a-4=0$의 판별식을 D라 하면

$D=(-a)^2-4(2a-4)=0$이어야 하므로

$a^2-8a+16=0$, $(a-4)^2=0$

$\therefore a=4$

답 4

16

이차방정식 $x^2+2x+4=0$의 두 근이 α, β이므로 근과 계수의 관계에 의하여

$\alpha+\beta=-2$, $\alpha\beta=4$

(1) $\dfrac{\alpha+\beta}{\alpha\beta}=\dfrac{-2}{4}=-\dfrac{1}{2}$

(2) $\alpha^2+\beta^2=(\alpha+\beta)^2-2\alpha\beta$
$=(-2)^2-2\times4=-4$

(3) $\dfrac{1}{\alpha+1}+\dfrac{1}{\beta+1}$
$=\dfrac{\beta+1}{(\alpha+1)(\beta+1)}+\dfrac{\alpha+1}{(\alpha+1)(\beta+1)}$
$=\dfrac{\alpha+\beta+2}{\alpha\beta+\alpha+\beta+1}$
$=\dfrac{-2+2}{4-2+1}=\dfrac{0}{3}=0$

(4) $(3\alpha-4)(3\beta-4)=9\alpha\beta-12(\alpha+\beta)+16$
$=9\times4-12\times(-2)+16=76$

답 (1) $-\dfrac{1}{2}$ (2) -4 (3) 0 (4) 76

17

(1) (두 근의 합)$=7+(-1)=6$,
(두 근의 곱)$=7\times(-1)=-7$
이므로 구하는 이차방정식은
$x^2-6x-7=0$

(2) (두 근의 합)$=(-1-\sqrt{5})+(-1+\sqrt{5})=-2$,
(두 근의 곱)$=(-1-\sqrt{5})(-1+\sqrt{5})$
$=(1+\sqrt{5})(1-\sqrt{5})$
$=1-5=-4$
이므로 구하는 이차방정식은
$x^2+2x-4=0$

(3) (두 근의 합)$=\left(\dfrac{1}{2}-3i\right)+\left(\dfrac{1}{2}+3i\right)=1$,
(두 근의 곱)$=\left(\dfrac{1}{2}-3i\right)\left(\dfrac{1}{2}+3i\right)=\dfrac{1}{4}+9=\dfrac{37}{4}$
이므로 구하는 이차방정식은
$x^2-x+\dfrac{37}{4}=0$

답 (1) $x^2-6x-7=0$ (2) $x^2+2x-4=0$
(3) $x^2-x+\dfrac{37}{4}=0$

18

(1) 이차방정식 $2x^2-3x-4=0$을 풀면
$x=\dfrac{-(-3)\pm\sqrt{(-3)^2-4\times2\times(-4)}}{2\times2}=\dfrac{3\pm\sqrt{41}}{4}$
$\therefore 2x^2-3x-4$
$=2\left(x-\dfrac{3-\sqrt{41}}{4}\right)\left(x-\dfrac{3+\sqrt{41}}{4}\right)$

(2) 이차방정식 $3x^2-4x+5=0$을 풀면
$x=\dfrac{-(-2)\pm\sqrt{(-2)^2-3\times5}}{3}=\dfrac{2\pm\sqrt{11}i}{3}$
$\therefore 3x^2-4x+5$
$=3\left(x-\dfrac{2-\sqrt{11}i}{3}\right)\left(x-\dfrac{2+\sqrt{11}i}{3}\right)$

답 (1) $2\left(x-\dfrac{3-\sqrt{41}}{4}\right)\left(x-\dfrac{3+\sqrt{41}}{4}\right)$
(2) $3\left(x-\dfrac{2-\sqrt{11}i}{3}\right)\left(x-\dfrac{2+\sqrt{11}i}{3}\right)$

19

계수가 모두 실수이므로 한 근이 $4+3i$이면 다른 한 근은 $4-3i$이다.

따라서 이차방정식의 근과 계수의 관계에 의하여

$(4+3i)+(4-3i)=a$, $(4+3i)(4-3i)=b$

즉, $a=8$, $b=25$이므로

$ab=8\times25=200$

답 200

20

(ⅰ) $kx^2-4(k+1)x+4(k+3)=0$이 이차방정식이므로

$k\neq0$ ……㉠

이 이차방정식이 서로 다른 두 실근을 가지므로 판별식을 D_1이라 하면

$\frac{D_1}{4}=\{-2(k+1)\}^2-4k(k+3)>0$

$-4k+4>0$ $\quad\therefore k<1$ ……㉡

㉠, ㉡을 모두 만족시키는 정수 k의 값은

$-1, -2, -3, \cdots$이다.

(ⅱ) $(k+2)x^2-2kx+k+5=0$이 이차방정식이므로

$k\neq-2$ ……㉢

이 이차방정식이 허근을 가지므로 판별식을 D_2라 하면

$\frac{D_2}{4}=(-k)^2-(k+2)(k+5)<0$

$-7k-10<0$ $\quad\therefore k>-\frac{10}{7}$ ……㉣

㉢, ㉣을 모두 만족시키는 정수 k의 값은

$-1, 0, 1, 2, \cdots$이다.

(ⅰ), (ⅱ)에서 조건을 만족시키는 정수 k의 값은 -1이다.

답 -1

21

이차방정식 $(3-a)x^2-(a-b)x+(b-3)=0$이 중근을 가지므로 판별식을 D라 하면

$D=\{-(a-b)\}^2-4(3-a)(b-3)=0$

$a^2-2ab+b^2-4(3b-9-ab+3a)=0$

$a^2+2ab+b^2-12(a+b)+36=0$

$(a+b)^2-12(a+b)+36=0$

$\{(a+b)-6\}^2=0$

$\therefore a+b=6$

답 6

보충 설명

$(3-a)x^2-(a-b)x+(b-3)=0$이 이차방정식이므로 $a\neq3$이다.

22 본문 p.113 한 걸음 더 참고

x에 대한 이차식 $x^2-2(k+a)x+(k+1)^2+a^2-b-3$이 완전제곱식으로 인수분해되려면 x에 대한 이차방정식 $x^2-2(k+a)x+(k+1)^2+a^2-b-3=0$이 중근을 가져야 한다.

이 이차방정식의 판별식을 D라 하면

$\frac{D}{4}=\{-(k+a)\}^2-\{(k+1)^2+a^2-b-3\}=0$

$(2a-2)k+b+2=0$

이 등식이 k에 대한 항등식이므로

$2a-2=0,\ b+2=0$

$\therefore a=1,\ b=-2$

$\therefore ab=-2$

답 -2

23

(1) 이차방정식 $x^2-ax-3a=0$의 두 근을 α, β라 하면

근과 계수의 관계에 의하여

$\alpha+\beta=a,\ \alpha\beta=-3a,$

이때 두 근의 합이 6이므로 $a=6$

따라서 두 근의 곱은

$\alpha\beta=-3a=-3\times6=-18$

(2) 근과 계수의 관계에 의하여

$\alpha+\beta=-k,\ \alpha\beta=2$이므로

$\frac{1}{\alpha}+\frac{1}{\beta}=\frac{\alpha+\beta}{\alpha\beta}=\frac{-k}{2}=-3$

$\therefore k=6$

답 (1) -18 (2) 6

24

이차방정식의 근과 계수의 관계에 의하여

$\alpha+\beta=\frac{6}{2}=3,\ \alpha\beta=\frac{k}{2}$

$$\begin{aligned}(|\alpha|+|\beta|)^2&=|\alpha|^2+2|\alpha||\beta|+|\beta|^2\\&=\alpha^2+2|\alpha\beta|+\beta^2\\&=(\alpha+\beta)^2-2\alpha\beta+2|\alpha\beta|\\&=3^2-2\times\frac{k}{2}+2\times\left|\frac{k}{2}\right|\\&=9-k+|k|\end{aligned}$$

이때 $(|\alpha|+|\beta|)^2=16$이고,

$k\geq0$이면 $9-k+k=9\neq16$이므로 $k<0$

따라서 $9-k-k=16$에서

$-2k=7 \qquad \therefore k=-\frac{7}{2}$

답 $-\frac{7}{2}$

25

이차방정식 $x^2+ax+b=0$의 두 근이 α, β이므로 근과 계수의 관계에 의하여

$\alpha+\beta=-a$, $\alpha\beta=b$ ......㉠

이차방정식 $x^2+3ax+3b=0$의 두 근은 $\alpha+2$, $\beta+2$이므로 근과 계수의 관계에 의하여

$(\alpha+2)+(\beta+2)=-3a$, $(\alpha+2)(\beta+2)=3b$

$(\alpha+2)+(\beta+2)=-3a$, 즉 $\alpha+\beta+4=-3a$에서

$-a+4=-3a$ ($\because$ ㉠)

$2a=-4 \qquad \therefore a=-2$

$(\alpha+2)(\beta+2)=3b$, 즉 $\alpha\beta+2(\alpha+\beta)+4=3b$에서

$b-2a+4=3b$ ($\because$ ㉠)

$2b=-2a+4=8$ ($\because a=-2$)

$\therefore b=4$

$\therefore a+b=-2+4=2$

답 2

26

이차방정식 $x^2-ax+b=0$의 두 근이 α, β이므로 근과 계수의 관계에 의하여

$\alpha+\beta=a$, $\alpha\beta=b$ ......㉠

이차방정식 $x^2-bx+a=0$의 두 근은 $\frac{1}{\alpha}$, $\frac{1}{\beta}$이므로 근과 계수의 관계에 의하여

$\frac{1}{\alpha}+\frac{1}{\beta}=b$, $\frac{1}{\alpha\beta}=a$

$\frac{1}{\alpha}+\frac{1}{\beta}=b$, 즉 $\frac{\alpha+\beta}{\alpha\beta}=b$에서

$\frac{a}{b}=b$ ($\because$ ㉠) $\qquad \therefore a=b^2$

$\frac{1}{\alpha\beta}=a$에서 $\frac{1}{b}=a$ ($\because$ ㉠), 즉 $b=\frac{1}{a}$이므로

이것을 $a=b^2$에 대입하면 $a=\frac{1}{a^2}$

$a^3-1=0$, $(a-1)(a^2+a+1)=0$

이차방정식 $a^2+a+1=0$의 판별식을 D라 하면 $D=1^2-4\times1\times1=-3<0$이므로 허근을 갖는다.

이때 a, b는 실수이므로 $a=1$, $b=\frac{1}{a}=1$

$\therefore a+b=2$

답 2

27

(1) 두 근의 비가 $3:5$이므로 두 근을 3α, 5α ($\alpha\neq0$)라 하면 근과 계수의 관계에 의하여

$3\alpha+5\alpha=m-5$ ......㉠

$3\alpha\times5\alpha=m+2$ ......㉡

㉠에서 $8\alpha=m-5 \qquad \therefore \alpha=\frac{m-5}{8}$

이것을 ㉡에 대입하면

$3\times\frac{m-5}{8}\times5\times\frac{m-5}{8}=m+2$

$15(m-5)^2=64(m+2)$

$15m^2-150m+375=64m+128$

$15m^2-214m+247=0$

$(m-13)(15m-19)=0$

$\therefore m=13$ ($\because m$은 정수)

(2) 두 근의 차가 2이므로 두 근을 α, $\alpha+2$라 하면 근과 계수의 관계에 의하여

$\alpha+(\alpha+2)=-(p-2)$ ......㉠

$\alpha(\alpha+2)=p^2-3p-5$ ......㉡

㉠에서 $2\alpha+2=-p+2$이므로

$2\alpha=-p \qquad \therefore \alpha=-\frac{p}{2}$

이것을 ㉡에 대입하면

$-\frac{p}{2}\left(-\frac{p}{2}+2\right)=p^2-3p-5$

$\therefore 3p^2-8p-20=0$

이 이차방정식의 판별식을 D라 하면

$\frac{D}{4}=(-4)^2-3\times(-20)=76>0$

이므로 두 근은 실근이고 근과 계수의 관계에 의하여 구하는 모든 실수 p의 값의 합은 $\frac{8}{3}$이다.

답 (1) 13 (2) $\frac{8}{3}$

보충 설명

(1) ㉠에서 $m=8\alpha+5$를 ㉡을 정리한 식 $15\alpha^2=m+2$에 대입하여 α의 값을 먼저 구해도 된다.

28

이차방정식 $x^2-mx+2m-4=0$의 두 근을 α, $2\alpha+1$ (α는 정수)이라 하면 근과 계수의 관계에 의하여

$\alpha+(2\alpha+1)=m$ ……㉠

$\alpha(2\alpha+1)=2m-4$ ……㉡

㉠에서 $m=3\alpha+1$을 ㉡에 대입하여 정리하면

$2\alpha^2-5\alpha+2=0$

$(2\alpha-1)(\alpha-2)=0$ $\quad\therefore \alpha=2$ ($\because$ α는 정수)

$\therefore m=3\times2+1=7$

답 7

29

이차방정식 $x^2+2x-1=0$의 두 근이 α, β이므로 근과 계수의 관계에 의하여

$\alpha+\beta=-2$, $\alpha\beta=-1$

(1) 두 근 $\alpha+3\beta$, $3\alpha+\beta$의 합과 곱은 각각

$$(\alpha+3\beta)+(3\alpha+\beta)=4(\alpha+\beta)=-8$$

$$(\alpha+3\beta)(3\alpha+\beta)=3\alpha^2+3\beta^2+10\alpha\beta=3\{(\alpha+\beta)^2-2\alpha\beta\}+10\alpha\beta=8$$

따라서 구하는 이차방정식은

$x^2+8x+8=0$

(2) 두 근 α^2+1, β^2+1의 합과 곱은 각각

$$(\alpha^2+1)+(\beta^2+1)=\alpha^2+\beta^2+2=(\alpha+\beta)^2-2\alpha\beta+2=8$$

$$(\alpha^2+1)(\beta^2+1)=\alpha^2\beta^2+\alpha^2+\beta^2+1=(\alpha\beta)^2+(\alpha+\beta)^2-2\alpha\beta+1=8$$

따라서 구하는 이차방정식은

$x^2-8x+8=0$

답 (1) $x^2+8x+8=0$ (2) $x^2-8x+8=0$

30

이차방정식 $3x^2-7x+k-1=0$의 두 근이 $[a]$, $a-[a]$이므로 근과 계수의 관계에 의하여

$[a]+(a-[a])=\dfrac{7}{3}$ ……㉠

$[a](a-[a])=\dfrac{k-1}{3}$ ……㉡

㉠에서 $a=\dfrac{7}{3}$이므로 $[a]=\left[\dfrac{7}{3}\right]=2$

이것을 ㉡에 대입하면

$2\times\left(\dfrac{7}{3}-2\right)=\dfrac{k-1}{3}$

즉, $\dfrac{2}{3}=\dfrac{k-1}{3}$에서

$k-1=2$ $\quad\therefore k=3$

답 3

31

방정식 $f(x)+x-1=0$의 두 근 α, β에 대하여

$\alpha+\beta=1$, $\alpha\beta=-3$이므로

$f(x)+x-1=a(x^2-x-3)$ ($a\neq0$인 상수) ……㉠

이라 할 수 있다.

$f(1)=-6$이므로 $x=1$을 ㉠에 대입하면

$-6+1-1=a(1^2-1-3)$

$-6=-3a$ $\quad\therefore a=2$

이것을 ㉠에 대입하면

$f(x)+x-1=2(x^2-x-3)$

$$\therefore f(x)=2x^2-2x-6-x+1=2x^2-3x-5$$

$\therefore f(3)=2\times3^2-3\times3-5=4$

답 4

32

(1) 이차방정식 $x^2-(m-3)x+n+4=0$에서 m, n이 유리수이고 한 근이

$$\frac{1}{\sqrt{3}+1}=\frac{\sqrt{3}-1}{(\sqrt{3}+1)(\sqrt{3}-1)}$$
$$=\frac{\sqrt{3}-1}{3-1}=\frac{-1+\sqrt{3}}{2}$$

이므로 다른 한 근은 $\frac{-1-\sqrt{3}}{2}$이다.

따라서 근과 계수의 관계에 의하여

$$\frac{-1+\sqrt{3}}{2}+\frac{-1-\sqrt{3}}{2}=m-3,$$
$$\frac{-1+\sqrt{3}}{2}\times\frac{-1-\sqrt{3}}{2}=n+4$$

즉, $m-3=-1$, $n+4=-\frac{1}{2}$에서

$m=2$, $n=-\frac{9}{2}$이므로

$$mn=2\times\left(-\frac{9}{2}\right)=-9$$

(2) 이차방정식 $x^2-pqx+p-q=0$에서 p, q는 실수이고 한 근이

$$\frac{1-2i}{1+i}=\frac{(1-2i)(1-i)}{(1+i)(1-i)}$$
$$=\frac{-1-3i}{1+1}=\frac{-1-3i}{2}$$

이므로 다른 한 근은 $\frac{-1+3i}{2}$이다.

따라서 근과 계수의 관계에 의하여

$$\frac{-1-3i}{2}+\frac{-1+3i}{2}=pq,$$
$$\frac{-1-3i}{2}\times\frac{-1+3i}{2}=p-q$$

즉, $pq=-1$, $p-q=\frac{5}{2}$이므로

$$p^3-q^3=(p-q)^3+3pq(p-q)$$
$$=\left(\frac{5}{2}\right)^3+3\times(-1)\times\frac{5}{2}=\frac{65}{8}$$

답 (1) -9 (2) $\frac{65}{8}$

33

이차방정식 $kx^2+(k-12)x+1=0$에서 k는 0이 아닌 실수이고, 한 근이 실수부분이 0인 허수(순허수)이므로 그 근을 ai라 하면 다른 한 근은 $-ai$이다.

근과 계수의 관계에 의하여 두 근의 합은

$$ai+(-ai)=-\frac{k-12}{k}$$

즉, $-\frac{k-12}{k}=0$이므로

$k-12=0$ $\therefore k=12$

답 12

STEP 1 개념 마무리 본문 pp.125~126

07 30	**08** 6	**09** 1	**10** 0
11 4	**12** 6	**13** 3	
14 23	**15** $2x^2+3x-7$		
16 $x^2-6x+6=0$		**17** 10	**18** $-\frac{3}{2}$

07

(i) 이차방정식 $x^2-7x-2k=0$이 실근을 가지려면 이 이차방정식의 판별식을 D_1이라 할 때,

$$D_1=(-7)^2-4\times1\times(-2k)=49+8k\geq0$$

$\therefore k\geq-\frac{49}{8}$ ← -6.125

즉, $k\geq-\frac{49}{8}$를 만족시키는 정수 k의 값은

$-6, -5, -4, \cdots$이다.

(ii) 이차방정식 $x^2+4x-k=0$이 실근을 가지려면 이 이차방정식의 판별식을 D_2라 할 때,

$$\frac{D_2}{4}=2^2-1\times(-k)=4+k\geq0$$

$\therefore k\geq-4$

즉, $k\geq-4$를 만족시키는 정수 k의 값은

$-4, -3, -2, \cdots$이다.

(i), (ii)에서 두 이차방정식 중 어느 하나만 실근을 갖도록 하는 정수 k의 값은 -6, -5이므로 그 곱은

$(-6)\times(-5)=30$

답 30

08

주어진 방정식의 좌변을 x에 대하여 내림차순으로 정리하면

$x^2-4yx+4y^2+3y-6=0$ ……㉠

이때 x, y는 실수이므로 x에 대한 이차방정식 ㉠은 실근을 가진다.

㉠의 판별식을 D라 하면

$\frac{D}{4}=(-2y)^2-(4y^2+3y-6)\geq 0$ ← 판별식은 y에 대한 식이 된다.

$-3y+6\geq 0$ $\quad\therefore y\leq 2$

따라서 y의 최댓값은 $M=2$

$y=2$를 ㉠에 대입하면

$x^2-4\times 2\times x+4\times 2^2+3\times 2-6=0$

$x^2-8x+16=0$, $(x-4)^2=0$

$\therefore x=4$ $\quad\therefore k=4$

$\therefore M+k=2+4=6$

답 6

09

x에 대한 이차식 $x^2-2(k-a)x+k^2+a^2-b+1$이 완전제곱식으로 인수분해되므로 x에 대한 이차방정식

$x^2-2(k-a)x+k^2+a^2-b+1=0$의 판별식을 D라 하면

$\frac{D}{4}=\{-(k-a)\}^2-(k^2+a^2-b+1)=0$이어야 한다.

$\therefore -2ak+b-1=0$

이 등식이 k의 값에 관계없이 항상 성립하므로

$-2a=0$, $b-1=0$ $\quad\therefore a=0$, $b=1$

$\therefore a+b=1$

답 1

10

이차방정식 $x^2-4x+k+2=0$의 두 근이 α, β이므로

$\alpha^2-4\alpha+k+2=0$, $\beta^2-4\beta+k+2=0$에서

$\alpha^2-2\alpha+k=2\alpha-2$, $\beta^2-2\beta+k=2\beta-2$

즉, $(\alpha^2-2\alpha+k)(\beta^2-2\beta+k)=-4$에서

$(2\alpha-2)(2\beta-2)=-4$

$(\alpha-1)(\beta-1)=-1$

$\therefore \alpha\beta-(\alpha+\beta)=-2$ $\quad$ ……㉠

한편, 근과 계수의 관계에 의하여

$\alpha+\beta=4$, $\alpha\beta=k+2$

이므로 이것을 ㉠에 대입하면

$k+2-4=-2$ $\quad\therefore k=0$

답 0

11

이차방정식 $x^2-6x+2=0$의 두 근이 α, β이므로 근과 계수의 관계에 의하여

$\alpha+\beta=6$, $\alpha\beta=2$ $\quad$ ……㉠

$f(x)$를 x^2-6x+2로 나눈 몫을 $Q(x)$, 나머지를 $R(x)=ax+b$ (a, b는 상수)라 하면

$f(x)=(x^2-6x+2)Q(x)+R(x)$

$\quad=(x-\alpha)(x-\beta)Q(x)+ax+b$

위의 식의 양변에 $x=\alpha$, $x=\beta$를 각각 대입하면

$f(\alpha)=\beta$에서 $a\alpha+b=\beta$ $\quad$ ……㉡

$f(\beta)=\alpha$에서 $a\beta+b=\alpha$ $\quad$ ……㉢

㉡, ㉢을 변끼리 더하면

$a(\alpha+\beta)+2b=\alpha+\beta$

$6a+2b=6$ ($\because$ ㉠) $\quad\therefore b=-3a+3$ $\quad$ ……㉣

㉡, ㉢을 변끼리 빼면

$a(\alpha-\beta)=\beta-\alpha$

이때 $\alpha\neq\beta$이므로 $a=-1$ ← 이차방정식 $x^2-6x+2=0$은 중근을 갖지 않으므로 $\alpha\neq\beta$이다.

이것을 ㉣에 대입하면 $b=6$

따라서 $R(x)=-x+6$이므로

$R(2)=4$

답 4

12

이차방정식 $x^2+(a^2-5a-6)x-a+3=0$의 두 실근의 절댓값이 서로 같고 부호가 다르므로 한 근을 α라 하면 다른 근은 $-\alpha$이다.

근과 계수의 관계에 의하여

$\alpha+(-\alpha)=-(a^2-5a-6)$ $\quad$ ……㉠

$\alpha\times(-\alpha)=\underline{-a+3}$ $\quad$ ……㉡

두 실근의 부호가 다르므로 $-a+3<0$ $\quad\therefore a>3$

㉠에서 $a^2-5a-6=0$

$(a+1)(a-6)=0$ $\quad\therefore a=-1$ 또는 $a=6$

(i) $a=-1$일 때,

$a=-1$을 ㉡에 대입하면

$-\alpha^2=4$, $\alpha^2=-4$

이를 만족시키는 실수 α는 존재하지 않으므로 주어진 이차방정식은 서로 다른 두 실근을 갖지 않는다.

(ii) $a=6$일 때,

$a=6$을 ㉡에 대입하면

$-\alpha^2=-3$, $\alpha^2=3$

$\therefore \alpha=-\sqrt{3}$ 또는 $\alpha=\sqrt{3}$

(i), (ii)에서 조건을 만족시키는 상수 a의 값은 6이다.

답 6

13

이차방정식 $x^2+ax+b=0$의 두 실근은 α, β이므로 근과 계수의 관계에 의하여

$\alpha+\beta=-a$, $\alpha\beta=b$ ……㉠

$\therefore \alpha^2+\beta^2=(\alpha+\beta)^2-2\alpha\beta=a^2-2b$ ……㉡

이차방정식 $x^2-2ax+3b=0$의 두 실근이 $\alpha^2+\beta^2$, $\alpha\beta$가 되려면 근과 계수의 관계에 의하여

$\alpha^2+\beta^2+\alpha\beta=2a$, $\alpha\beta(\alpha^2+\beta^2)=3b$

이어야 한다.

위의 식에 ㉠, ㉡을 각각 대입하면

$a^2-b=2a$, $b(a^2-2b)=3b$

$\therefore b=a^2-2a$, ……㉢

$b(a^2-2b-3)=0$ ……㉣

(i) ㉣에서 $b=0$일 때,

㉢에서 $a^2-2a=0$, $a(a-2)=0$

$\therefore a=0$ 또는 $a=2$

즉, 순서쌍 (a, b)는 $(0, 0)$, $(2, 0)$

(ii) ㉣에서 $b\neq 0$일 때,

$a^2-2b-3=0$이므로 ㉢을 대입하면

$a^2-2(a^2-2a)-3=0$

$a^2-4a+3=0$, $(a-1)(a-3)=0$

$\therefore a=1$ 또는 $a=3$

㉢에 의하여 순서쌍 (a, b)는 $(1, -1)$, $(3, 3)$

그런데 $a=3$, $b=3$이면 이차방정식 $x^2+ax+b=0$,

즉 $x^2+3x+3=0$이 실근을 갖지 않는다. (판별식)<0

(i), (ii)에서 조건을 만족시키는 두 실수 a, b의 순서쌍 (a, b)는 $(0, 0)$, $(2, 0)$, $(1, -1)$의 3개이다.

답 3

보충 설명

순서쌍 (a, b)가 $(0, 0)$일 때, 두 이차방정식은 모두 $x^2=0$

순서쌍 (a, b)가 $(1, -1)$일 때, 두 이차방정식은

$x^2+x-1=0$, $x^2-2x-3=0$

순서쌍 (a, b)가 $(2, 0)$일 때, 두 이차방정식은

$x^2+2x=0$, $x^2-4x=0$

순서쌍 (a, b)가 $(3, 3)$일 때, 두 이차방정식은

$x^2+3x+3=0$, $x^2-6x+9=0$

14

이차방정식 $x^2+nx+132=0$의 두 근을 α, $\alpha+1$ (α는 정수)이라 하면 근과 계수의 관계에 의하여

$\alpha+(\alpha+1)=-n$ ……㉠

$\alpha(\alpha+1)=132$ ……㉡

㉡에서 $\alpha^2+\alpha-132=0$

$(\alpha+12)(\alpha-11)=0$

$\therefore \alpha=-12$ 또는 $\alpha=11$

이때 ㉠에서 $n=-2\alpha-1$이므로

(i) $\alpha=-12$일 때,

$n=-2\times(-12)-1=23$

(ii) $\alpha=11$일 때,

$n=-2\times 11-1=-23$

(i), (ii)에서 자연수 n의 값은 23이다.

답 23

15

이차방정식의 근과 계수의 관계에 의하여

$\alpha+\beta=-1$, $\alpha\beta=-4$

또한, $f(\alpha)=\alpha+1$, $f(\beta)=\beta+1$이므로

$f(\alpha)-\alpha-1=0$, $f(\beta)-\beta-1=0$

즉, α, β는 이차방정식 $f(x)-x-1=0$의 두 근이고 $f(x)$의 x^2의 계수가 2이므로

$$\begin{aligned} f(x)-x-1&=2(x-\alpha)(x-\beta)\\ &=2(x^2+x-4)\\ &=2x^2+2x-8 \end{aligned}$$

$\therefore f(x)=2x^2+3x-7$

답 $2x^2+3x-7$

16

$\overline{AE}=\alpha$, $\overline{AH}=\beta$라 하면

$\overline{PF}=10-\alpha$, $\overline{PG}=10-\beta$

직사각형 PFCG의 둘레의 길이가 28이므로

$2(10-\alpha)+2(10-\beta)=28$

$\therefore \alpha+\beta=6$

(가)

또한, 직사각형 PFCG의 넓이가 46이므로

$(10-\alpha)(10-\beta)=46$

$100-10(\alpha+\beta)+\alpha\beta=46$

$100-60+\alpha\beta=46$ ($\because \alpha+\beta=6$)

$\therefore \alpha\beta=6$

(나)

따라서 α, β를 두 근으로 하는 이차방정식은

$x^2-6x+6=0$

(다)

답 $x^2-6x+6=0$

단계	채점 기준	배점
(가)	$\alpha+\beta$의 값을 구한 경우	40%
(나)	$\alpha\beta$의 값을 구한 경우	40%
(다)	이차방정식을 구한 경우	20%

17

이차방정식 $x^2+x+1=0$의 두 근이 α, β이므로 근과 계수의 관계에 의하여

$\alpha+\beta=-1$

$\therefore \alpha=-\beta-1$ ……㉠, $\beta=-\alpha-1$ ……㉡

또한, $x=\alpha$는 이차방정식 $x^2+x+1=0$의 근이므로

$\alpha^2+\alpha+1=0$

이때 ㉠에서 $\alpha+1=-\beta$를 위의 식에 대입하면

$\alpha^2-\beta=0$ $\therefore \alpha^2=\beta$

$\therefore f(\beta)=f(\alpha^2)$

$=-4\alpha$

$=-4(-\beta-1)$ ($\because$ ㉠)

$=4\beta+4$ ……㉢

또한, $x=\beta$도 이차방정식 $x^2+x+1=0$의 근이므로

$\beta^2+\beta+1=0$

이때 ㉡에서 $\beta+1=-\alpha$를 위의 식에 대입하면

$\beta^2-\alpha=0$ $\therefore \beta^2=\alpha$

$\therefore f(\alpha)=f(\beta^2)$

$=-4\beta$

$=-4(-\alpha-1)$ ($\because$ ㉡)

$=4\alpha+4$ ……㉣

㉢, ㉣에서

$f(\beta)-4\beta-4=0$, $f(\alpha)-4\alpha-4=0$

이므로 α, β는 이차방정식 $f(x)-4x-4=0$의 두 근이다.

즉, $f(x)-4x-4=x^2+x+1$이므로

$f(x)=x^2+5x+5$

$\therefore p=5$, $q=5$

$\therefore p+q=10$

답 10

18

허근 α에 대하여 $\alpha=a+bi$ (a, b는 실수, $b\neq0$)라 하면

$\alpha^2=(a+bi)^2=a^2-b^2+2abi$

이때 $\alpha^2=qi$이므로

$a^2-b^2=0$ $\therefore a^2=b^2$ ……㉠

한편, 주어진 이차방정식에서 p는 실수이고, 한 근이 $\alpha=a+bi$이면 다른 근은 $a-bi$이므로 근과 계수의 관계에 의하여

$(a+bi)+(a-bi)=2p+6$에서

$2a=2p+6$ $\therefore a=p+3$ ……㉡

$(a+bi)(a-bi)=3p+9$에서

$a^2+b^2=3p+9$

$\therefore 2a^2=3p+9$ ($\because$ ㉠) ……㉢

㉡을 ㉢에 대입하면

$2(p+3)^2=3p+9$

$2p^2+9p+9=0$, $(p+3)(2p+3)=0$

$\therefore p=-3$ 또는 $p=-\frac{3}{2}$

이때 $p=-3$이면 처음 주어진 이차방정식이 $x^2=0$이므로 허근을 갖지 않는다.

따라서 조건을 만족시키는 실수 p의 값은 $-\frac{3}{2}$이다.

답 $-\frac{3}{2}$

보충 설명

이차방정식 $x^2-(2p+6)x+3p+9=0$이 허근을 가지므로 판별식을 D라 하면

$\frac{D}{4}=(p+3)^2-(3p+9)<0$

$p^2+3p<0$, $p(p+3)<0$

$\therefore -3<p<0$

따라서 $p=-3$은 조건을 만족시키지 않는다.

STEP 2 개념 마무리

본문 p.127

1 0	**2** -1	**3** 2	**4** -1
5 5	**6** -7		

1

$2+\sqrt{3}$이 이차방정식 $ax^2+\sqrt{3}bx+c=0$의 한 근이므로

$a(2+\sqrt{3})^2+\sqrt{3}b(2+\sqrt{3})+c=0$

$\therefore (7a+3b+c)+(4a+2b)\sqrt{3}=0$

이때 a, b, c가 유리수이므로

$7a+3b+c=0$, $4a+2b=0$

$\therefore b=-2a$, $c=-a$

따라서 주어진 방정식은

$ax^2-2\sqrt{3}ax-a=0$

$\therefore x^2-2\sqrt{3}x-1=0$ ($\because a\neq 0$)

이 이차방정식의 근은 근의 공식에 의하여

$x=-(-\sqrt{3})\pm\sqrt{(-\sqrt{3})^2-1\times(-1)}=\sqrt{3}\pm 2$이므로

$2+\sqrt{3}$이 아닌 다른 한 근은 $\beta=-2+\sqrt{3}$

$$\therefore \alpha+\frac{1}{\beta}=(2+\sqrt{3})+\frac{1}{-2+\sqrt{3}}$$
$$=(2+\sqrt{3})+(-2-\sqrt{3})=0$$

답 0

다른 풀이

$\alpha=2+\sqrt{3}$에서 $\alpha-\sqrt{3}=2$의 양변을 제곱하면

$\alpha^2-2\sqrt{3}\alpha+3=4$

$\therefore \alpha^2-2\sqrt{3}\alpha-1=0$

따라서 $\alpha=2+\sqrt{3}$은 이차방정식 $a(x^2-2\sqrt{3}x-1)=0$의 근이다.

이때 근과 계수의 관계에 의하여

$(2+\sqrt{3})+\beta=2\sqrt{3}$ $\quad\therefore \beta=-2+\sqrt{3}$

$$\therefore \alpha+\frac{1}{\beta}=(2+\sqrt{3})+\frac{1}{-2+\sqrt{3}}=0$$

└ $-2-\sqrt{3}$

2

(i) $x\geq\frac{1}{2}$일 때,

$|2x-1|=x+a$에서 $2x-1=x+a$이므로

$x=a+1$ ……㉠

이때 $x\geq\frac{1}{2}$에서 ㉠의 해가 존재하지 않으려면

$a+1<\frac{1}{2}$ $\quad\therefore a<-\frac{1}{2}$

(ii) $x<\frac{1}{2}$일 때,

$|2x-1|=x+a$에서 $-2x+1=x+a$이므로

$3x=1-a$ $\quad\therefore x=\frac{1-a}{3}$ ……㉡

이때 $x<\frac{1}{2}$에서 ㉡의 해가 존재하지 않으려면

$\frac{1-a}{3}\geq\frac{1}{2}$, $2(1-a)\geq 3$

$2-2a\geq 3$ $\quad\therefore a\leq-\frac{1}{2}$

(i), (ii)에서 조건을 만족시키는 a의 값의 범위는

$a<-\frac{1}{2}$

따라서 구하는 정수 a의 최댓값은 -1이다.

답 -1

3

(i) $|x-1|<2$, 즉 $-1<x<3$일 때,

└ $-2<x-1<2$이므로 $-1<x<3$

$||x-1|-2|=x-1$에서

$-|x-1|+2=x-1$

$\therefore |x-1|=-x+3$ ……㉠

① $-1<x<1$일 때,

└ $-1<x<3$이면서 $x<1$인 경우를 의미한다.

㉠에서 $-(x-1)=-x+3$에서 $0\times x=2$

이를 만족시키는 x는 없다.

② $1\le x<3$일 때, ($-1<x<3$이면서 $x\ge1$인 경우를 의미한다.)

㉠에서 $x-1=-x+3$이므로 $2x=4$

$\therefore x=2$

①, ②에서 방정식의 해는

$x=2$

(ii) $|x-1|\ge2$, 즉 $x\le-1$ 또는 $x\ge3$일 때, ($x-1\le2$ 또는 $x-1\ge2$이므로 $x\le-1$ 또는 $x\ge3$)

$||x-1|-2|=x-1$에서

$|x-1|-2=x-1$

$\therefore |x-1|=x+1$ ……㉡

③ $x\le-1$일 때, ($x\le-1$ 또는 $x\ge3$이면서 $x<1$인 범위를 의미한다.)

㉡에서 $-(x-1)=x+1$이므로 $x=0$

그런데 $x\le-1$이므로 해는 없다.

④ $x\ge3$일 때, ($x\le-1$ 또는 $x\ge3$이면서 $x\ge1$인 범위를 의미한다.)

㉡에서 $x-1=x+1$이므로 $0\times x=2$

이를 만족시키는 x는 없다.

③, ④에서 방정식의 해는 없다.

(i), (ii)에서 주어진 방정식의 해는

$x=2$

답 2

4

$2x^2+xy-y^2-x+2y+m$을 x에 대한 내림차순으로 정리하면

$2x^2+(y-1)x-y^2+2y+m$

이때 주어진 식이 x, y에 대한 두 일차식의 곱으로 인수분해되려면 x에 대한 이차방정식

$2x^2+(y-1)x-y^2+2y+m=0$ ……㉠

의 판별식이 y에 대한 완전제곱식 또는 0이어야 한다.

㉠의 판별식을 D라 하면

$D=(y-1)^2-4\times2\times(-y^2+2y+m)$

$=y^2-2y+1+8y^2-16y-8m$

$=9y^2-18y-8m+1$ ……㉡

이차식 ㉡이 y에 대한 완전제곱식 또는 0이어야 하므로 y에 대한 이차방정식 $9y^2-18y-8m+1=0$의 판별식을 D'이라 하면

$\frac{D'}{4}=(-9)^2-9(-8m+1)=0$

$72m+72=0$ $\therefore m=-1$

답 -1

보충 설명 1

$m=-1$을 이차식 ㉠에 대입하여 인수분해하면

$2x^2+(y-1)x-y^2+2y-1$

$=2x^2+(y-1)x-(y-1)^2$

$=\{x+(y-1)\}\{2x-(y-1)\}$

$=(x+y-1)(2x-y+1)$

따라서 주어진 이차식이 계수가 정수인 두 일차식으로 인수분해됨을 확인할 수 있다.

보충 설명 2

x, y에 대한 이차식 A가 x, y에 대한 두 일차식의 곱으로 인수분해될 조건 | x, y에 대한 이차식 A를 x에 대한 내림차순으로 정리한 것을 간단히 ax^2+bx+c라 하고 이것을 실수 범위에서 인수분해하면

ax^2+bx+c

$=a\left(x-\frac{-b+\sqrt{b^2-4ac}}{2a}\right)\left(x-\frac{-b-\sqrt{b^2-4ac}}{2a}\right)$

여기서 괄호 안의 두 식이 x, y에 대한 일차식이 되려면 근호 안의 식 b^2-4ac가 y에 대한 완전제곱식 또는 0이 되어야 한다.

따라서 x, y에 대한 이차식 A가 x, y에 대한 두 일차식의 곱으로 인수분해되려면 A를 x(또는 y)에 대하여 내림차순으로 정리했을 때, x(또는 y)에 대한 이차식 A의 판별식이 y(또는 x)에 대한 완전제곱식 또는 0이어야 한다.

5

이차방정식 $f(x)=0$의 이차항의 계수가 1이고, 두 근이 α, β이므로

$f(x)=x^2-(\alpha+\beta)x+\alpha\beta$

이때 $\alpha+\beta=2\alpha\beta=k$라 하면

$f(x)=x^2-kx+\frac{k}{2}$

방정식 $f(x+1)=x+1$에서

$(x+1)^2-k(x+1)+\frac{k}{2}=x+1$

$\therefore x^2+(1-k)x-\frac{k}{2}=0$

이 이차방정식의 두 근이 γ, δ이므로 근과 계수의 관계에 의하여

$\gamma+\delta=k-1$, $\gamma\delta=-\frac{k}{2}$

$\therefore \gamma^2+\delta^2=(\gamma+\delta)^2-2\gamma\delta$
$=(k-1)^2+k$
$=k^2-k+1$

즉, $\gamma^2+\delta^2=7$에서 $k^2-k+1=7$

$k^2-k-6=0$, $(k+2)(k-3)=0$

$\therefore k=-2$ 또는 $k=3$

이때 $\alpha+\beta=k$, $\gamma+\delta=k-1$이므로

$\alpha+\beta+\gamma+\delta=k+(k-1)=2k-1$

$k=-2$일 때,

$\alpha+\beta+\gamma+\delta=2\times(-2)-1=-5$

$k=3$일 때,

$\alpha+\beta+\gamma+\delta=2\times3-1=5$

따라서 $\alpha+\beta+\gamma+\delta$의 최댓값은 5이다.

답 5

6

이차방정식 $x^2-4x+2=0$에서 근과 계수의 관계에 의하여

$\alpha+\beta=4$, $\alpha\beta=2$ $\cdots\cdots$ ㉠

직각삼각형에 내접하는 정사각형의 한 변의 길이를 k라 하면 다음 그림에서 두 삼각형 ABC, AB′C′은 닮음이다.

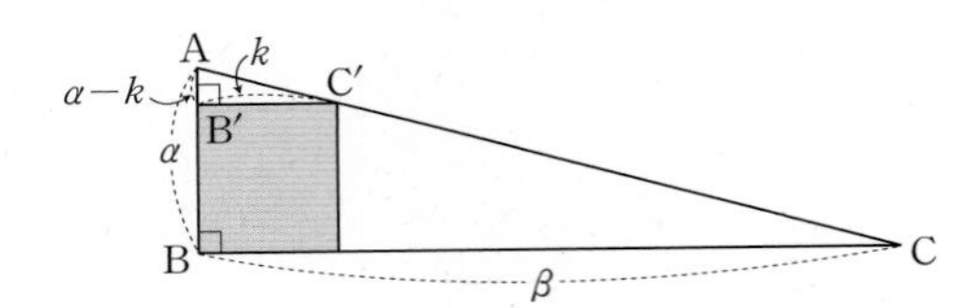

즉, $\alpha:\beta=(\alpha-k):k$에서 $\alpha k=\beta(\alpha-k)$이므로

$\alpha k=\alpha\beta-\beta k$, $(\alpha+\beta)k=\alpha\beta$

$\therefore k=\dfrac{\alpha\beta}{\alpha+\beta}$

$=\dfrac{1}{2}$ ($\because$ ㉠)

즉, 정사각형의 넓이 $k^2=\dfrac{1}{4}$과 둘레의 길이 $4k=2$를 두 근으로 하고 이차항의 계수가 4인 이차방정식은

$4\left(x-\dfrac{1}{4}\right)(x-2)=0$

$\therefore 4x^2-9x+2=0$

따라서 $m=-9$, $n=2$이므로

$m+n=-7$

답 -7

06. 이차방정식과 이차함수

① 이차방정식과 이차함수

기본 + 필수연습 본문 pp.135~141

01 5 **02** (1) $a<\dfrac{9}{2}$ (2) $a=\dfrac{9}{2}$ (3) $a>\dfrac{9}{2}$
03 52 **04** (1) $k>-7$ (2) $k=-7$ (3) $k<-7$
05 6 **06** -12 **07** 14 **08** -1
09 8 **10** Q$(6, -5)$ **11** 4
12 2 **13** $a=2$, $b=1$
14 $y=-x+\dfrac{15}{4}$ **15** -1, 1, $\dfrac{5}{4}$
16 6 **17** 24

01

이차방정식 $-x^2+ax+3=0$의 두 실근이 -1, b이므로 근과 계수의 관계에 의하여

$-1+b=a$ $\cdots\cdots$ ㉠

$(-1)\times b=-3$

즉, $b=3$이므로 이것을 ㉠에 대입하면

$a=2$

$\therefore a+b=2+3=5$

답 5

02

이차방정식 $2x^2+6x+a=0$의 판별식을 D라 하면

$\dfrac{D}{4}=3^2-2\times a=9-2a$

(1) $\dfrac{D}{4}=9-2a>0$ $\quad\therefore a<\dfrac{9}{2}$

(2) $\dfrac{D}{4}=9-2a=0$ $\quad\therefore a=\dfrac{9}{2}$

(3) $\dfrac{D}{4}=9-2a<0$ $\quad\therefore a>\dfrac{9}{2}$

답 (1) $a<\dfrac{9}{2}$ (2) $a=\dfrac{9}{2}$ (3) $a>\dfrac{9}{2}$

03

이차함수 $y=x^2+ax+4$의 그래프와 직선 $y=-3x+b$의 교점의 x좌표는 이차방정식

$x^2+ax+4=-3x+b$, 즉 $x^2+(a+3)x+4-b=0$의 실근과 같다.

이차방정식의 근과 계수의 관계에 의하여

$-1+2=-(a+3)$, $(-1)\times2=4-b$

따라서 $a=-4$, $b=6$이므로

$a^2+b^2=(-4)^2+6^2=52$

답 52

04

이차방정식 $x^2+5x+2=-x+k$, 즉 $x^2+6x+2-k=0$의 판별식을 D라 하면

$\frac{D}{4}=3^2-(2-k)=7+k$

(1) $\frac{D}{4}=7+k>0$ $\quad\therefore k>-7$

(2) $\frac{D}{4}=7+k=0$ $\quad\therefore k=-7$

(3) $\frac{D}{4}=7+k<0$ $\quad\therefore k<-7$

답 (1) $k>-7$ (2) $k=-7$ (3) $k<-7$

05

이차함수 $f(x)=x^2+ax+b$의 그래프와 x축의 교점의 x좌표는 이차방정식 $x^2+ax+b=0$의 실근과 같다.

이차방정식의 근과 계수의 관계에 의하여

$-3+5=-a$, $(-3)\times5=b$

$\therefore a=-2$, $b=-15$

즉, $f(x)=x^2-2x-15$이므로

$y=f(x)+7=x^2-2x-8$

이차함수 $y=f(x)+7$의 그래프와 x축의 교점의 x좌표는 이차방정식 $x^2-2x-8=0$의 실근과 같으므로

$x^2-2x-8=0$에서 $(x+2)(x-4)=0$

$\therefore x=-2$ 또는 $x=4$

따라서 이차함수 $y=f(x)+7$의 그래프가 x축과 만나는 두 점의 좌표는 $(-2, 0)$, $(4, 0)$이므로 이 두 점 사이의 거리는

$4-(-2)=6$

답 6

06

두 점 P, Q의 좌표를 각각 $(\alpha, 0)$, $(\beta, 0)$이라 하면 이차방정식 $x^2-2kx+k+8=0$의 두 근은 α, β이다.

이차방정식의 근과 계수의 관계에 의하여

$\alpha+\beta=2k$, $\alpha\beta=k+8$

이때 $\overline{PQ}=|\alpha-\beta|=4$이므로 양변을 제곱하면

$(\alpha-\beta)^2=16$

$(\alpha+\beta)^2=(\alpha-\beta)^2+4\alpha\beta$이므로

$4k^2=16+4(k+8)$

$\therefore k^2-k-12=0$

따라서 k에 대한 이 이차방정식에서 모든 실수 k의 값의 곱은 이차방정식의 근과 계수의 관계에 의하여 -12이다.

답 -12

다른 풀이 1

$\overline{PQ}=4$이므로 점 P의 좌표를 $(\alpha, 0)$, 점 Q의 좌표를 $(\alpha+4, 0)$이라 할 수 있다.

두 점 P, Q는 이차함수 $y=x^2-2kx+k+8$의 그래프와 x축의 교점이므로 α, $\alpha+4$는 이차방정식 $x^2-2kx+k+8=0$의 실근과 같다.

이차방정식의 근과 계수의 관계에 의하여

$\alpha+(\alpha+4)=2k$ ……㉠

$\alpha\times(\alpha+4)=k+8$ ……㉡

㉠에서 $2\alpha+4=2k$, 즉 $\alpha=k-2$이므로 이것을 ㉡에 대입하면

$(k-2)(k-2+4)=k+8$

$(k-2)(k+2)=k+8$, $k^2-4=k+8$

$\therefore k^2-k-12=0$

따라서 k에 대한 이 이차방정식에서 모든 실수 k의 값의 곱은 이차방정식의 근과 계수의 관계에 의하여 -12이다.

다른 풀이 2

이차함수 $y=x^2-2kx+k+8$의 그래프의 축의 방정식이 $x=k$이고, $\overline{PQ}=4$이므로 오른쪽 그림과 같이 두 점 P, Q의 x좌표는 $k-2$, $k+2$이다.

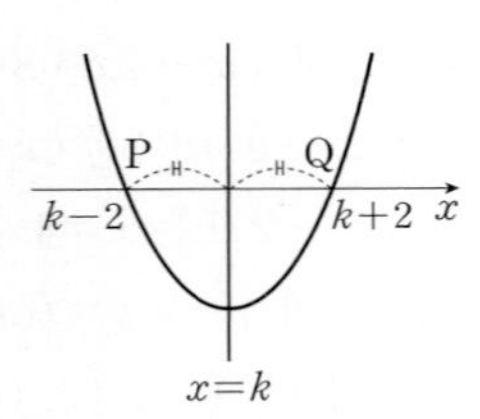

이것은 이차방정식 $x^2-2kx+k+8=0$의 두 근이므로 근과 계수의 관계에 의하여

$(k-2)(k+2)=k+8 \qquad \therefore k^2-k-12=0$

따라서 k에 대한 이 이차방정식에서 모든 실수 k의 값의 곱은 이차방정식의 근과 계수의 관계에 의하여 -12이다.

07

$f(-3)=f(5)$이므로 이차함수 $y=f(x)$의 그래프의 축의 방정식은

$x=\frac{-3+5}{2} \qquad \therefore x=1$

이때 $\mathrm{A}(-2, 0)$이므로 함수 $y=f(x)$의 그래프는 오른쪽 그림과 같다.

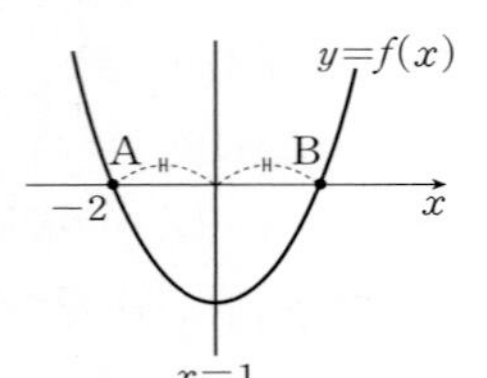

$\therefore \mathrm{B}(4, 0)$

즉, 이차함수 $y=f(x)$의 그래프는 x축과 두 점 $\mathrm{A}(-2, 0)$, $\mathrm{B}(4, 0)$에서 만나고 $f(x)$의 최고차항의 계수가 2이므로

$f(x)=2(x+2)(x-4)$

$\therefore f(5)=2\times(5+2)\times(5-4)=14$

답 14

다른 풀이

$f(-3)=f(5)$이므로 이차함수 $y=f(x)$의 그래프의 축의 방정식은 $x=1$

즉, $f(x)=2(x-1)^2+k$ (k는 상수)라 할 수 있다.

이때 이차함수 $y=f(x)$의 그래프와 x축의 한 교점 A의 x좌표가 -2이므로 $x=-2$는 이차방정식 $f(x)=0$의 한 근이다.

즉, $f(-2)=0$에서

$2\times(-2-1)^2+k=0 \qquad \therefore k=-18$

따라서 $f(x)=2(x-1)^2-18$이므로

$f(5)=2\times(5-1)^2-18=14$

08

(i) 이차함수 $y=x^2-2(a-1)x+a^2+2$의 그래프가 x축과 만날 때,

이차방정식 $x^2-2(a-1)x+a^2+2=0$의 판별식을 D_1이라 하면

$\frac{D_1}{4}=\{-(a-1)\}^2-(a^2+2)\geq 0$

$-2a-1\geq 0 \qquad \therefore a\leq -\frac{1}{2}$

즉, $a\leq -\frac{1}{2}$을 만족시키는 정수 a의 값은

$-1, -2, -3, \cdots$이다.

(ii) 이차함수 $y=ax^2-2(a+2)x+a-3$의 그래프가 x축과 만나지 않을 때,

이차방정식 $ax^2-2(a+2)x+a-3=0$의 판별식을 D_2라 하면

$\frac{D_2}{4}=\{-(a+2)\}^2-a(a-3)<0$

$7a+4<0 \qquad \therefore a<-\frac{4}{7}$

즉, $a<-\frac{4}{7}$를 만족시키는 정수 a의 값은

$-1, -2, -3, \cdots$이다.

(i), (ii)에서 구하는 정수 a의 최댓값은 -1이다.

답 -1

09

이차함수 $y=x^2-(a+2k)x+k^2+4k+2b$의 그래프가 x축에 접하려면 x에 대한 이차방정식

$x^2-(a+2k)x+k^2+4k+2b=0$의 판별식을 D라 할 때,

$D=\{-(a+2k)\}^2-4(k^2+4k+2b)=0$

$\therefore 4(a-4)k+a^2-8b=0$

이 등식이 k에 대한 항등식이므로

$a-4=0, a^2-8b=0 \qquad \therefore a=4, b=2$

$\therefore ab=8$

답 8

10

이차함수 $y=x^2+mx+1$의 그래프와 직선 $y=x-11$의 교점의 x좌표는 이차방정식 $x^2+mx+1=x-11$, 즉

$x^2+(m-1)x+12=0$ ······㉠

의 실근과 같으므로 $x=2$는 이차방정식 ㉠의 근이다.

$x=2$를 ㉠에 대입하면

$2^2+2(m-1)+12=0$, $2m+14=0$

$\therefore m=-7$

이것을 ㉠에 대입하면 $x^2-8x+12=0$

$(x-2)(x-6)=0$ $\therefore x=2$ 또는 $x=6$

따라서 점 Q의 x좌표는 6이고, $x=6$을 $y=x-11$에 대입하면

$y=6-11=-5$ $\therefore$ Q$(6, -5)$

답 Q$(6, -5)$

다른 풀이

이차함수 $y=x^2+mx+1$의 그래프와 직선 $y=x-11$의 교점의 x좌표는 이차방정식 $x^2+mx+1=x-11$, 즉

$x^2+(m-1)x+12=0$

의 실근과 같다.

점 Q의 x좌표를 a (a는 실수)라 하면 점 P의 x좌표는 2이므로 이차방정식의 근과 계수의 관계에 의하여

$2a=12$ $\therefore a=6$

이때 점 Q는 직선 $y=x-11$ 위의 점이므로 $x=6$을 $y=x-11$에 대입하면

$y=6-11=-5$

$\therefore$ Q$(6, -5)$

11

두 점 A, B의 x좌표를 각각 α, β라 하면 두 점 C, D는 각각 두 점 A, B에서 x축에 내린 수선의 발이므로

C$(\alpha, 0)$, D$(\beta, 0)$

또한, 두 점 A, B는 이차함수 $y=\frac{1}{2}(x-k)^2$의 그래프와 직선 $y=x$의 교점이므로 α, β는 이차방정식 $\frac{1}{2}(x-k)^2=x$, 즉 $x^2-2(k+1)x+k^2=0$의 실근과 같다.

이차방정식의 근과 계수의 관계에 의하여

$\alpha+\beta=2(k+1)$, $\alpha\beta=k^2$ ······㉠

이때 선분 CD의 길이가 6이므로

$|\alpha-\beta|=6$

위의 식의 양변을 제곱하면

$|\alpha-\beta|^2=6^2$, $(\alpha-\beta)^2=36$

$(\alpha-\beta)^2=(\alpha+\beta)^2-4\alpha\beta$이므로

$(\alpha+\beta)^2-4\alpha\beta=36$

위의 식에 ㉠을 대입하면

$\{2(k+1)\}^2-4k^2=36$

$4k^2+8k+4-4k^2-36=0$, $8k-32=0$

$\therefore k=4$

답 4

다른 풀이

이차함수 $y=\frac{1}{2}(x-k)^2$의 그래프는 꼭짓점의 좌표가 $(k, 0)$이고, 아래로 볼록하므로 다음 그림과 같다.

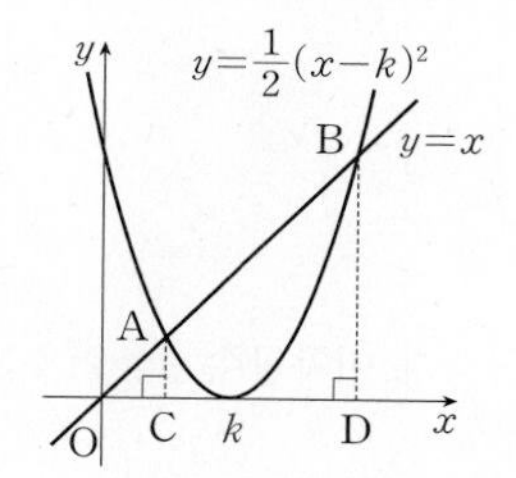

이때 $\overline{\mathrm{CD}}=6$이므로 점 C의 좌표를 $(\alpha, 0)$이라 하면

D$(\alpha+6, 0)$, A(α, α), B$(\alpha+6, \alpha+6)$

또한, 두 점 A, B는 이차함수 $y=\frac{1}{2}(x-k)^2$의 그래프와 직선 $y=x$의 교점이므로 두 점 A, B의 x좌표는 이차방정식 $\frac{1}{2}(x-k)^2=x$, 즉 $x^2-2(k+1)x+k^2=0$의 실근과 같다.

즉, 이차방정식 $x^2-2(k+1)x+k^2=0$의 두 실근이 α, $\alpha+6$이므로 근과 계수의 관계에 의하여

$\alpha+(\alpha+6)=2(k+1)$ ······㉡

$\alpha\times(\alpha+6)=k^2$ ······㉢

㉡에서 $2k+2=2\alpha+6$, 즉 $\alpha=k-2$이므로

이것을 ㉢에 대입하면

$(k-2)(k-2+6)=k^2$

$(k-2)(k+4)=k^2$, $k^2+2k-8=k^2$

$2k-8=0$ $\therefore k=4$

12

이차함수 $y=-x^2+ax+2$의 그래프와 직선 $y=-x+b$의 교점의 x좌표는 이차방정식 $-x^2+ax+2=-x+b$, 즉

$x^2-(a+1)x+b-2=0$ ······㉠

의 실근과 같으므로 두 점 A, B의 x좌표인 -1, 3은 이차방정식 ㉠의 근이다.

이차방정식의 근과 계수의 관계에 의하여

$-1+3=a+1$, $(-1)\times 3=b-2$

$\therefore a=1, b=-1$

두 점 A, B는 직선 $y=-x-1$ 위의 점이므로

A$(-1, 0)$, B$(3, -4)$

따라서 삼각형 AOB의 넓이는

$\frac{1}{2}\times 1\times 4=2$

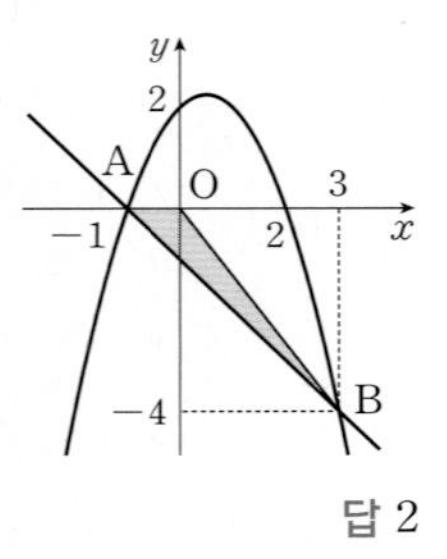

답 2

13

(i) 직선 $y=-x+a$가 이차함수 $y=x^2+3x+6$의 그래프와 접할 때,

이차방정식 $x^2+3x+6=-x+a$, 즉

$x^2+4x+6-a=0$의 판별식을 D_1이라 하면

$\frac{D_1}{4}=2^2-(6-a)=0$

$a-2=0 \qquad \therefore a=2$

(ii) 직선 $y=-x+a$가 이차함수 $y=x^2+bx+3$의 그래프와 접할 때,

이차방정식 $x^2+bx+3=-x+a$, 즉

$x^2+(b+1)x+3-a=0$의 판별식을 D_2라 하면

$D_2=(b+1)^2-4(3-a)=0$

$b^2+2b+4a-11=0 \qquad$ ……㉠

$a=2$를 ㉠에 대입하면

$b^2+2b-3=0$, $(b+3)(b-1)=0$

$\therefore b=1$ ($\because b>0$)

답 $a=2$, $b=1$

14

구하는 직선의 방정식을 $y=mx+n$ (m, n은 상수)이라 하자.

이차함수 $y=x^2+2kx+k^2+k+4$의 그래프가

직선 $y=mx+n$과 접하므로

x에 대한 이차방정식 $x^2+2kx+k^2+k+4=mx+n$, 즉

$x^2+(2k-m)x+k^2+k-n+4=0$의 판별식을 D라 하면

$D=(2k-m)^2-4(k^2+k-n+4)=0$

$-4(m+1)k+m^2+4n-16=0$

이 등식이 k에 대한 항등식이므로

$m+1=0$, $m^2-16+4n=0$

따라서 $m=-1$, $n=\frac{15}{4}$이므로 구하는 직선의 방정식은

$y=-x+\frac{15}{4}$

답 $y=-x+\frac{15}{4}$

15

x에 대한 두 이차함수 $y=a^2x^2+2ax+2$, $y=x^2+x+1$의 그래프가 오직 한 점에서 만나기 위해서는 x에 대한 방정식

(이차함수이므로 $a^2\neq 0 \quad \therefore a\neq 0$)

$a^2x^2+2ax+2=x^2+x+1$, 즉

$(a^2-1)x^2+(2a-1)x+1=0 \qquad$ ……㉠

의 서로 다른 실근의 개수가 1이어야 한다.

(i) $a^2\neq 1$일 때,

이차방정식 ㉠은 중근을 가져야 하므로

㉠의 판별식을 D라 하면

$D=(2a-1)^2-4(a^2-1)=0$

$-4a+5=0 \qquad \therefore a=\frac{5}{4}$

(ii) $a=1$일 때,

㉠에서 $x+1=0 \qquad \therefore x=-1$

즉, $a=1$일 때 방정식 ㉠은 하나의 실근을 갖는다.

(iii) $a=-1$일 때,

㉠에서 $-3x+1=0 \qquad \therefore x=\frac{1}{3}$

즉, $a=-1$일 때 방정식 ㉠은 하나의 실근을 갖는다.

(i), (ii), (iii)에서 구하는 모든 a의 값은 -1, 1, $\frac{5}{4}$이다.

답 -1, 1, $\frac{5}{4}$

16

두 이차함수 $y=-2x^2+2ax+b$, $y=2x^2+4$의 그래프의 교점의 x좌표는 이차방정식 $-2x^2+2ax+b=2x^2+4$, 즉

$4x^2-2ax+4-b=0 \qquad$ ……㉠

의 실근과 같다.

두 그래프가 만나지 않으므로 이차방정식 ㉠의 판별식을 D라 하면

$\frac{D}{4}=(-a)^2-4(4-b)<0$

$\therefore a^2+4b-16<0$ ……㉡

부등식 ㉡을 만족시키는 두 자연수 a, b의 순서쌍 (a, b)를 구하면 다음과 같다.

(i) $a=1$일 때,

㉡에서 $1^2+4b-16<0$

$\therefore b<\frac{15}{4}$

즉, 조건을 만족시키는 순서쌍 (a, b)는 $(1, 1)$, $(1, 2)$, $(1, 3)$의 3개이다.

(ii) $a=2$일 때,

㉡에서 $2^2+4b-16<0$

$\therefore b<3$

즉, 조건을 만족시키는 순서쌍 (a, b)는 $(2, 1)$, $(2, 2)$의 2개이다.

(iii) $a=3$일 때,

㉡에서 $3^2+4b-16<0$

$\therefore b<\frac{7}{4}$

즉, 조건을 만족시키는 순서쌍 (a, b)는 $(3, 1)$의 1개이다.

(iv) $a\geq 4$일 때,

조건을 만족시키는 자연수 b가 존재하지 않으므로 순서쌍 (a, b)는 없다.

(i)~(iv)에서 조건을 만족시키는 순서쌍 (a, b)의 개수는

$3+2+1=6$

답 6

17

✦두 이차함수 $y=-(x-2)^2+a$, $y=2(x-2)^2-3$의 그래프의 두 교점의 x좌표를 각각 α, β라 하면 α, β는 방정식 $-(x-2)^2+a=2(x-2)^2-3$, 즉 $3x^2-12x-a+9=0$의 두 근이다.

이차방정식의 근과 계수의 관계에 의하여

$\alpha+\beta=-\frac{-12}{3}=4$, $\alpha\beta=\frac{-a+9}{3}$ ……㉠

한편, 두 이차함수 $y=-(x-2)^2+a$, $y=2(x-2)^2-3$의 그래프는 모두 직선 $x=2$에 대하여 대칭이므로 교점의 y좌표는 서로 같다.(*)

이때 두 교점 사이의 거리가 6이므로

$|\alpha-\beta|=6$

위의 식의 양변을 제곱하면

$(\alpha-\beta)^2=36$

이때 $(\alpha-\beta)^2=(\alpha+\beta)^2-4\alpha\beta$이므로

$(\alpha+\beta)^2-4\alpha\beta=36$

위의 식에 ㉠을 대입하면

$4^2-4\times\frac{-a+9}{3}=36$ $\therefore a=24$

답 24

보충 설명

(*)에서 두 이차함수 $y=-(x-2)^2+a$, $y=2(x-2)^2-3$의 그래프의 축의 방정식이 $x=2$로 서로 같으므로 두 이차함수의 그래프는 모두 직선 $x=2$에 대하여 대칭이다.

즉, 두 이차함수의 그래프의 두 교점도 직선 $x=2$에 대하여 대칭이므로 그 y좌표의 값은 서로 같다.

다른 풀이

두 이차함수 $y=-(x-2)^2+a$, $y=2(x-2)^2-3$의 그래프의 축이 직선 $x=2$로 서로 같다.

다음 그림과 같이 두 이차함수의 그래프의 교점을 각각 A, B라 하면 두 점 A, B 사이의 거리가 6이므로 두 점 A, B의 x좌표는 각각 -1, 5이다.

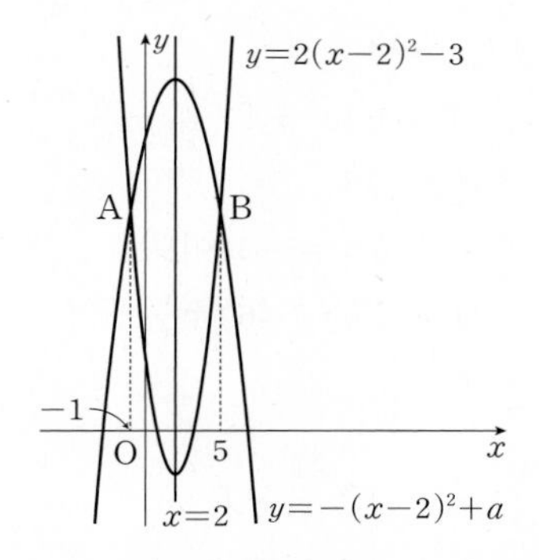

$x=5$일 때, 두 이차함수의 함숫값이 서로 같으므로

$-(5-2)^2+a=2\times(5-2)^2-3$

$-9+a=2\times 9-3$

$\therefore a=24$

STEP 1 개념 마무리

본문 pp.142~143

01 -28	**02** 2	**03** -4	**04** 2
05 ④	**06** -2	**07** 2	**08** 1
09 $\frac{9}{4}$	**10** -2	**11** 24	**12** $a<\frac{1}{2}$

01

선분 AB는 x축과 평행하고 조건 (나)에서

$\overline{AP}=\overline{PQ}=\overline{QB}=2$이므로 두 점 P, Q의 좌표는 각각

P$(4, 2)$, Q$(6, 2)$

이차함수의 그래프는 축에 대하여 대칭이므로

이차함수 $y=ax^2+bx+c$의 그래프의 꼭짓점의 x좌표는

$\frac{4+6}{2}=5$이다.

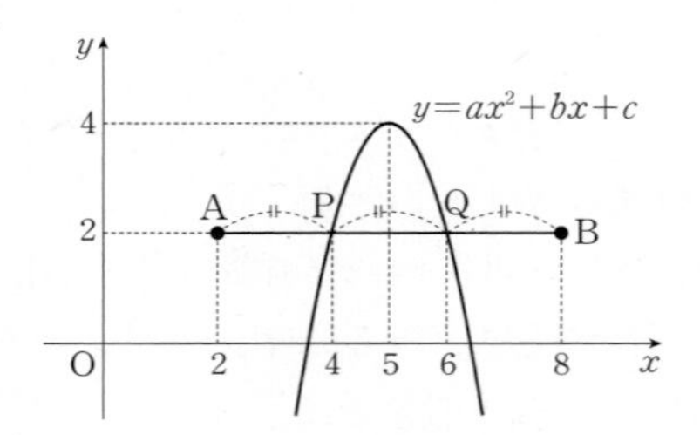

조건 (가)에서 꼭짓점의 y좌표는 4이므로

주어진 이차함수의 식을

$y=a(x-5)^2+4\ (a<0)$

라 하면 이 이차함수의 그래프가 점 P$(4, 2)$를 지나므로

$2=a(4-5)^2+4$

$2=a+4 \qquad \therefore a=-2$

$\therefore y=-2(x-5)^2+4$

$=-2(x^2-10x+25)+4$

$=-2x^2+20x-46$

따라서 $a=-2$, $b=20$, $c=-46$이므로

$a+b+c=(-2)+20+(-46)=-28$

답 -28

02

본문 p.131 한 걸음 더 참고

$f(x)=x^2-4x+3=(x-2)^2-1$이므로

이차함수 $y=f(x)$의 그래프는 다음 그림과 같다.

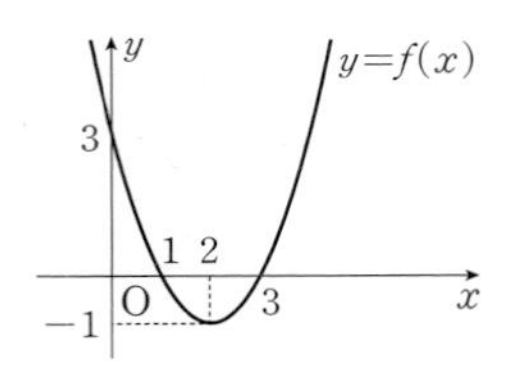

한편, 두 방정식 $|f(x)|=k$, $f(|x|)=k$의 서로 다른 실근의 개수가 각각 m, n이므로 두 함수 $y=|f(x)|$, $y=f(|x|)$의 그래프와 직선 $y=k$의 교점의 개수가 각각 m, n이다.

이차함수 $y=f(x)$의 그래프를 이용하여 $y=|f(x)|$, $y=f(|x|)$의 그래프를 각각 그린 후, 정수 k의 값에 따른 m, n의 값을 구하면 다음과 같다.

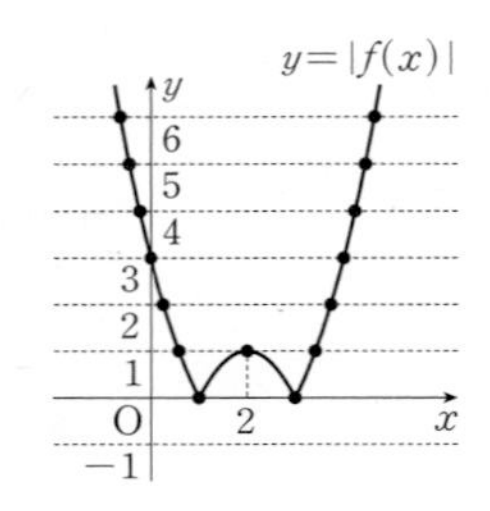

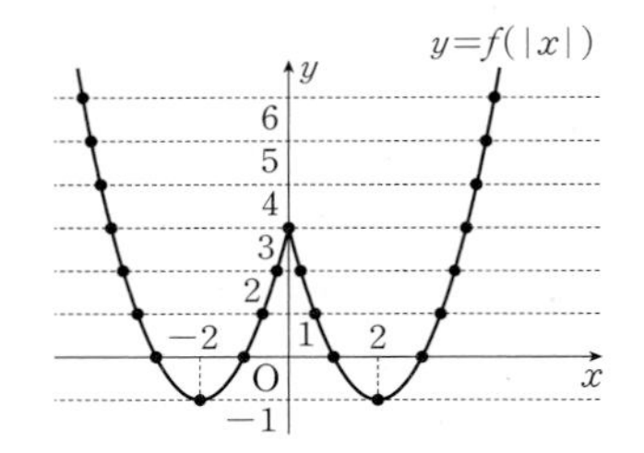

(i) $k<-1$일 때,

$m=0$, $n=0$이므로 $m+n=0$

(ii) $k=-1$일 때,

$m=0$, $n=2$이므로 $m+n=2$

(iii) $k=0$일 때,

$m=2$, $n=4$이므로 $m+n=6$

(iv) $k=1$일 때,

$m=3$, $n=4$이므로 $m+n=7$

(v) $k=2$일 때,

$m=2$, $n=4$이므로 $m+n=6$

(vi) $k=3$일 때,

$m=2$, $n=3$이므로 $m+n=5$

(vii) $k\geq4$일 때,

$m=2$, $n=2$이므로 $m+n=4$

(i)~(vii)에서 조건을 만족시키는 정수 k의 값은 0, 2의 2개이다.

답 2

03

A$(\alpha, 0)$, B$(\beta, 0)$이라 하면 α, β는 이차방정식 $2x^2-2x+k=0$의 두 실근이다.

이차방정식의 근과 계수의 관계에 의하여

$\alpha+\beta=1,\ \alpha\beta=\dfrac{k}{2}$ ……㉠

$\overline{\mathrm{AB}}=3$이므로 $|\alpha-\beta|=3$

위의 식의 양변을 제곱하면

$(\alpha-\beta)^2=9$

이때 $(\alpha-\beta)^2=(\alpha+\beta)^2-4\alpha\beta$이므로 위의 식에 ㉠을 대입하면

$9=1-2k,\ 2k=-8 \qquad \therefore k=-4$

답 -4

다른 풀이

$y=2x^2-2x+k=2\left(x-\dfrac{1}{2}\right)^2+k-\dfrac{1}{2}$

즉, 주어진 이차함수의 그래프의 축의 방정식은

$x=\dfrac{1}{2}$

이때 $\overline{\mathrm{AB}}=3$이므로 두 점 A, B의 x좌표는 각각

$\dfrac{1}{2}-\dfrac{3}{2}$과 $\dfrac{1}{2}+\dfrac{3}{2}$, 즉 -1과 2이다.

따라서 -1, 2는 이차방정식 $2x^2-2x+k=0$의 두 근이므로 근과 계수의 관계에 의하여

$(-1)\times 2=\dfrac{k}{2} \qquad \therefore k=-4$

04

이차함수 $y=f(x)$의 그래프가 x축과 만나는 서로 다른 두 점의 좌표를 $(\alpha, 0)$, $(\beta, 0)$이라 하면

$f(\alpha)=0,\ f(\beta)=0$

두 점 $(\alpha, 0)$, $(\beta, 0)$은 직선 $x=-3$에 대하여 대칭이므로

$\dfrac{\alpha+\beta}{2}=-3 \qquad \therefore \alpha+\beta=-6$ ……㉠

이차방정식 $f(2x-5)=0$의 해는

$2x-5=\alpha$ 또는 $2x-5=\beta$

$\therefore x=\dfrac{\alpha+5}{2}$ 또는 $x=\dfrac{\beta+5}{2}$

따라서 이차방정식 $f(2x-5)=0$의 두 근의 합은

$$\begin{aligned}\frac{\alpha+5}{2}+\frac{\beta+5}{2}&=\frac{\alpha+\beta+10}{2}\\&=\frac{-6+10}{2}\ (\because ㉠)\\&=2\end{aligned}$$

답 2

05

세 이차함수의 최고차항의 계수의 절댓값이 같으므로 $f(x)$의 최고차항의 계수를 $a\ (a>0)$라 하면

$f(x)=a(x+1)(x-1)$,

$g(x)=-a(x+2)(x-1)$,

$h(x)=a(x-1)(x-2)$라 할 수 있다.

$f(x)+g(x)+h(x)$

$=a(x+1)(x-1)-a(x+2)(x-1)+a(x-1)(x-2)$

$=a(x-1)\{(x+1)-(x+2)+(x-2)\}$

$=a(x-1)(x-3)$

이므로 방정식 $f(x)+g(x)+h(x)=0$에서

$a(x-1)(x-3)=0$

$\therefore x=1$ 또는 $x=3$

따라서 방정식 $f(x)+g(x)+h(x)=0$의 모든 근의 합은

$1+3=4$

답 ④

06

(i) 이차함수 $y=x^2+2(a-1)x+a^2+a-3$의 그래프가 x축과 만날 때,

이차방정식 $x^2+2(a-1)x+a^2+a-3=0$의 판별식을 D_1이라 하면

$\dfrac{D_1}{4}=(a-1)^2-(a^2+a-3)\geq 0$

$-3a+4\geq 0 \qquad \therefore a\leq\dfrac{4}{3}$

즉, $a\leq\dfrac{4}{3}$를 만족시키는 정수 a의 값은 $1, 0, -1, \cdots$이다.

…… (가)

(ii) 이차함수 $y=-x^2-3x+2a$의 그래프가 x축과 만나지 않을 때,

이차방정식 $-x^2-3x+2a=0$, 즉

$x^2+3x-2a=0$의 판별식을 D_2라 하면

$D_2=3^2-4\times 1\times(-2a)<0$

$8a+9<0 \qquad \therefore a<-\dfrac{9}{8}$

즉, $a<-\dfrac{9}{8}$를 만족시키는 정수 a의 값은

$-2, -3, -4, \cdots$이다.

…… (나)

(i), (ii)에서 구하는 정수 a의 최댓값은 -2이다. (다)

답 -2

단계	채점 기준	배점
(가)	이차함수 $y=x^2+2(a-1)x+a^2+a-3$의 그래프가 x축과 만나도록 하는 정수 a의 값을 구한 경우	40%
(나)	이차함수 $y=-x^2-3x+2a$의 그래프가 x축과 만나지 않도록 하는 정수 a의 값을 구한 경우	40%
(다)	(가), (나)를 이용하여 정수 a의 최댓값을 구한 경우	20%

07

이차함수 $y=-x^2+2x+3$의 그래프와 직선 $y=ax+b$의 교점의 x좌표는 이차방정식 $-x^2+2x+3=ax+b$, 즉

$x^2+(a-2)x+b-3=0$ ……㉠

의 실근과 같다.

이차방정식 ㉠의 한 근이 $2-\sqrt{3}$이고 a, b가 모두 유리수이므로 ㉠의 다른 한 근은 $2+\sqrt{3}$이다.

이차방정식의 근과 계수의 관계에 의하여

$(2-\sqrt{3})+(2+\sqrt{3})=-(a-2)$ $\therefore a=-2$

$(2-\sqrt{3})(2+\sqrt{3})=b-3$ $\therefore b=4$

$\therefore a+b=(-2)+4=2$

답 2

08

이차함수 $y=x^2-ax+3a$의 그래프가 직선 $y=ax-a^2+5$와 적어도 한 점에서 만나려면 이차방정식

$x^2-ax+3a=ax-a^2+5$, 즉

$x^2-2ax+a^2+3a-5=0$의 판별식을 D라 할 때,

$\frac{D}{4}=(-a)^2-(a^2+3a-5)\geq 0$

$-3a+5\geq 0$ $\therefore a\leq\frac{5}{3}$

따라서 정수 a의 최댓값은 1이다.

답 1

09

이차함수 $y=x^2+ax+k^2-k+b$의 그래프가 직선 $y=2kx+a$에 접하므로 이차방정식

$x^2+ax+k^2-k+b=2kx+a$, 즉

$x^2+(a-2k)x+k^2-k-a+b=0$의 판별식을 D라 하면

$D=(a-2k)^2-4(k^2-k-a+b)=0$

$a^2-4ak+4k^2-4k^2+4k+4a-4b=0$

$\therefore -4(a-1)k+a^2+4a-4b=0$

이 등식이 k에 대한 항등식이므로

$-4(a-1)=0$, $a^2+4a-4b=0$

따라서 $a=1$, $b=\frac{5}{4}$이므로

$a+b=1+\frac{5}{4}=\frac{9}{4}$

답 $\frac{9}{4}$

10

이차항의 계수가 1인 이차함수 $y=f(x)$의 그래프가 두 점 $(0, 0)$, $(4, 0)$을 지나므로

$f(x)=x(x-4)$

이때 $f(3)=3\times(-1)=-3$이므로 직선 $y=g(x)$는 점 $(3, -3)$을 지난다.

$g(x)=ax+b$ (a, b는 실수)라 하면 $g(3)=-3$이므로

$3a+b=-3$ $\therefore b=-3a-3$

$\therefore g(x)=ax-3a-3$

또한, 직선 $y=g(x)$가 곡선 $y=f(x)$와 접하므로 이차방정식 $ax-3a-3=x(x-4)$, 즉

$x^2-(a+4)x+3a+3=0$의 판별식을 D라 하면

$D=\{-(a+4)\}^2-4(3a+3)=0$

$a^2+8a+16-12a-12=0$, $a^2-4a+4=0$

$(a-2)^2=0$ $\therefore a=2$

$\therefore g(x)=2x-9$

방정식 $f(x)+3g(x)=0$에서

$x(x-4)+3(2x-9)=0$

$\therefore x^2+2x-27=0$

따라서 방정식 $f(x)+3g(x)=0$의 두 근의 합은 이차방정식의 근과 계수의 관계에 의하여 -2이다.

근의 공식을 이용하여 구하면 $x=-1\pm2\sqrt{7}$이다.

답 -2

다른 풀이

이차항의 계수가 1인 이차함수 $y=f(x)$의 그래프가 두 점 $(0, 0)$, $(4, 0)$을 지나므로

$f(x)=x(x-4)$

$g(x)=ax+b$ (a, b는 실수)라 하면 직선 $y=g(x)$가 곡선 $y=f(x)$와 $x=3$에서 접하므로 방정식

$x(x-4)=ax+b$, 즉 $x^2-(a+4)x-b=0$ ……㉠

이 중근 $x=3$을 갖는다.

이때 $x=3$을 중근으로 갖고 이차항의 계수가 1인 이차방정식은

$(x-3)^2=0$ $\therefore x^2-6x+9=0$ ……㉡

㉠, ㉡이 일치하므로

$a+4=6$, $-b=9$ $\therefore a=2$, $b=-9$

$\therefore g(x)=2x-9$

$\therefore f(x)+3g(x)=x(x-4)+3(2x-9)$

$=x^2+2x-27$

따라서 방정식 $f(x)+3g(x)=0$의 두 근의 합은 이차방정식의 근과 계수의 관계에 의하여 -2이다.

11

두 이차함수 $y=x^2-3x+a$, $y=-2x^2+bx+3$의 그래프가 접하므로 이차방정식 $x^2-3x+a=-2x^2+bx+3$, 즉

$3x^2-(b+3)x+a-3=0$ ……㉠

의 판별식을 D라 하면

$D=\{-(b+3)\}^2-4\times3\times(a-3)=0$

$\therefore (b+3)^2-12a+36=0$ ……㉡

이때 접점의 x좌표가 2이므로 $x=2$는 이차방정식 ㉠의 근이다.

$x=2$를 ㉠에 대입하면

$3\times2^2-(b+3)\times2+a-3=0$

$\therefore a=2b-3$ ……㉢

㉢을 ㉡에 대입하면

$(b+3)^2-12(2b-3)+36=0$

$b^2-18b+81=0$, $(b-9)^2=0$

$\therefore b=9$, $a=2\times9-3=15$ ($\because$ ㉢)

$\therefore a+b=15+9=24$

답 24

다른 풀이

두 이차함수 $y=x^2-3x+a$, $y=-2x^2+bx+3$의 그래프가 접하고 접점의 x좌표가 2이므로 이차방정식

$x^2-3x+a=-2x^2+bx+3$, 즉

$3x^2-(3+b)x+a-3=0$ ……㉣

은 중근 $x=2$를 갖는다.

이때 $x=2$를 중근으로 갖고 이차항의 계수가 3인 이차방정식은

$3(x-2)^2=0$ $\therefore 3x^2-12x+12=0$ ……㉤

㉣, ㉤이 일치하므로

$-(3+b)=-12$, $a-3=12$

$\therefore a=15$, $b=9$ $\therefore a+b=24$

12

함수 $y=f(x)$의 그래프는 직선 $x=-1$에 대하여 대칭이다.

조건 ㈎에서 $f(-1-x)=f(-1+x)$이므로 이차함수 $y=f(x)$의 그래프의 축의 방정식은 $x=-1$이다.

이때 $f(x)$의 이차항의 계수가 1이므로

$f(x)=(x+1)^2+a$ (a는 상수)

라 할 수 있다.

또한, 조건 ㈏에서 이차방정식 $f(x)=0$이 중근을 가지므로

$a=0$ $\therefore f(x)=(x+1)^2$

같은 방법으로 조건 ㈎의 $g(2-x)=g(2+x)$에서 이차함수 $y=g(x)$의 그래프의 축의 방정식은 $x=2$이고, $g(x)$의 이차항의 계수가 1이므로

$g(x)=(x-2)^2+b$ (b는 상수)

라 할 수 있다.

또한, 조건 ㈏에서 이차방정식 $g(x)=0$, 즉

$x^2-4x+4+b=0$이 서로 다른 두 실근을 가지므로 판별식을 D라 하면

$\frac{D}{4}=(-2)^2-(4+b)>0$ $\therefore b<0$ ……㉠

두 이차함수 $y=f(x)$, $y=g(x)$의 그래프의 교점의 x좌표는 방정식 $f(x)=g(x)$의 실근과 같으므로

$(x+1)^2=(x-2)^2+b$에서

$x^2+2x+1=x^2-4x+4+b$

$6x=b+3$ $\therefore x=\frac{b+3}{6}$

이 방정식의 해가 $x=\alpha$이므로 $\alpha=\frac{b+3}{6}$

그런데 ㉠에서 $b+3<3$이므로 $\frac{b+3}{6}<\frac{1}{2}$

$\therefore \alpha<\frac{1}{2}$

답 $\alpha<\frac{1}{2}$

② 이차함수의 최대, 최소

기본 + 필수연습

본문 pp.146~151

18 (1) 최솟값 : -2, 최댓값은 없다.

(2) 최댓값 : $\frac{3}{2}$, 최솟값은 없다.

19 (1) 최댓값 : 13, 최솟값 : 4

(2) 최댓값 : -7, 최솟값 : -31

20 (1) 5 (2) $-\frac{7}{4}$ **21** -6 **22** 10

23 (1) 4 (2) 3 **24** $1-2\sqrt{2}$, $\sqrt{3}$

25 25 **26** -4 **27** (1) -15 (2) -6

28 8 **29** 최댓값 : 7, 최솟값 : $-\frac{25}{8}$

30 690 **31** 900원 **32** 34

18

(1) $y=3x^2+6x+1$

$=3(x^2+2x+1)-2$

$=3(x+1)^2-2$

이므로 $x=-1$에서 최솟값 -2를 갖고, 최댓값은 없다.

(2) $y=-\frac{1}{2}x^2+x+1$

$=-\frac{1}{2}(x^2-2x+1)+\frac{3}{2}$

$=-\frac{1}{2}(x-1)^2+\frac{3}{2}$

이므로 $x=1$에서 최댓값 $\frac{3}{2}$을 갖고, 최솟값은 없다.

답 (1) 최솟값 : -2, 최댓값은 없다.

(2) 최댓값 : $\frac{3}{2}$, 최솟값은 없다.

다른 풀이 본문 p.144 한 걸음 더 참고

(1) $y=3x^2+6x+1$에서 $3x^2+6x-y+1=0$

이차방정식 $3x^2+6x-y+1=0$의 판별식을 D라 하면

$\frac{D}{4}=3^2-3(-y+1)\geq0$

$3y+6\geq0$ $\quad\therefore y\geq-2$

따라서 주어진 이차함수의 최솟값은 -2이고 최댓값은 없다.

(2) $y=-\frac{1}{2}x^2+x+1$에서 $x^2-2x+2y-2=0$

이차방정식 $x^2-2x+2y-2=0$의 판별식을 D라 하면

$\frac{D}{4}=(-1)^2-(2y-2)\geq0$

$-2y+3\geq0$ $\quad\therefore y\leq\frac{3}{2}$

따라서 주어진 이차함수의 최댓값은 $\frac{3}{2}$이고, 최솟값은 없다.

19

(1) $f(x)=x^2-4x+8=(x-2)^2+4$

이므로 $0\leq x\leq5$에서 이차함수 $y=f(x)$의 그래프는 오른쪽 그림의 실선 부분이다.

따라서 꼭짓점의 x좌표 2는 $0\leq x\leq5$에 속하고, $f(0)=8$, $f(2)=4$, $f(5)=13$이므로 $f(x)$의 최댓값은 13, 최솟값은 4이다.

(2) 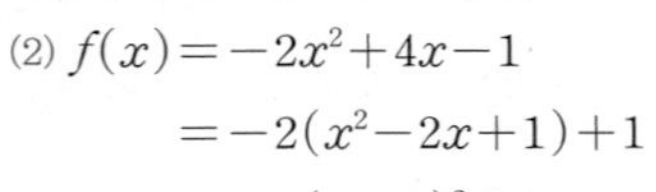

$f(x)=-2x^2+4x-1$

$=-2(x^2-2x+1)+1$

$=-2(x-1)^2+1$

이므로 $-3\leq x\leq-1$에서 이차함수 $y=f(x)$의 그래프는 오른쪽 그림의 실선 부분이다.

꼭짓점의 x좌표 1은 $-3\leq x\leq-1$에 속하지 않고 $f(-3)=-31$, $f(-1)=-7$이므로 $f(x)$의 최댓값은 -7, 최솟값은 -31이다.

답 (1) 최댓값 : 13, 최솟값 : 4

(2) 최댓값 : -7, 최솟값 : -31

20

(1) $f(x)=2x^2-4x+a$

$=2(x^2-2x+1)+a-2$

$=2(x-1)^2+a-2$

즉, $f(x)$는 $x=1$일 때 최솟값 $a-2$를 가지므로

$a-2=3$ $\quad\therefore a=5$

(2) $f(x)=-3x^2+3x+k$

$$=-3\left(x^2-x+\frac{1}{4}\right)+k+\frac{3}{4}$$

$$=-3\left(x-\frac{1}{2}\right)^2+k+\frac{3}{4}$$

즉, $f(x)$는 $x=\frac{1}{2}$일 때 최댓값 $k+\frac{3}{4}$을 가지므로

$k+\frac{3}{4}=-1 \qquad \therefore k=-\frac{7}{4}$

답 (1) 5 (2) $-\frac{7}{4}$

21

$f(x)=x^2+ax+b=\left(x+\frac{a}{2}\right)^2-\frac{a^2}{4}+b$

즉, $f(x)$는 $x=-\frac{a}{2}$에서 최솟값 $-\frac{a^2}{4}+b$를 가지므로

$-\frac{a}{2}=-2 \qquad \therefore a=4 \qquad \cdots\cdots ㉠$

$f(1)=3$에서 $1+a+b=3 \qquad \therefore a+b=2$

위의 식에 ㉠을 대입하여 정리하면 $b=-2$

따라서 구하는 최솟값은 $-\frac{4^2}{4}-2=-6$

답 -6

다른 풀이

이차함수 $f(x)$는 x^2의 계수가 1이고 $x=-2$에서 최솟값을 가지므로

$f(x)=(x+2)^2+q$ (q는 상수)

라 하면 $f(1)=3$에서

$(1+2)^2+q=3 \qquad \therefore q=-6$

따라서 이차함수 $f(x)=(x+2)^2-6$의 최솟값은 -6이다.

22

이차함수 $y=f(x)$의 그래프가 두 점 $(-4, 0)$, $(2, 0)$을 지나므로 축의 방정식은

$x=\frac{(-4)+2}{2}=-1$

즉, 이차함수 $y=f(x)$는 $x=-1$에서 최댓값 18을 가지므로

$f(x)=a(x+1)^2+18$ $(a<0)$

이라 할 수 있다.

이차함수 $y=f(x)$의 그래프가 점 $(2, 0)$을 지나므로

$f(2)=0$에서

$a\times(2+1)^2+18=0 \qquad \therefore a=-2$

따라서 $f(x)=-2(x+1)^2+18$이므로

$f(1)=-2\times(1+1)^2+18=10$

답 10

다른 풀이

이차함수 $y=f(x)$의 그래프가 x축과 두 점 $(-4, 0)$, $(2, 0)$에서 만나므로

$f(x)=k(x+4)(x-2)$ ($k\neq0$인 상수)

라 할 수 있다.

이때 $f(x)$는 최댓값을 가지므로 $k<0$이고

$f(x)=k(x+4)(x-2)$

$\quad=k(x^2+2x-8)$

$\quad=k\{(x+1)^2-9\}$

$\quad=k(x+1)^2-9k$

즉, 이차함수 $f(x)$는 $x=-1$에서 최댓값 $-9k$를 가지므로

$-9k=18 \qquad \therefore k=-2$

따라서 $f(x)=-2(x+4)(x-2)$이므로

$f(1)=-2\times(1+4)\times(1-2)=10$

23

(1) $f(x)=-\frac{1}{2}x^2-2x+k$라 하면

$f(x)=-\frac{1}{2}(x+2)^2+k+2$

$-4\le x\le 2$에서 이차함수 $y=f(x)$의 그래프는 오른쪽 그림과 같으므로 $x=-2$일 때 최대이고 $x=2$일 때 최소이다.

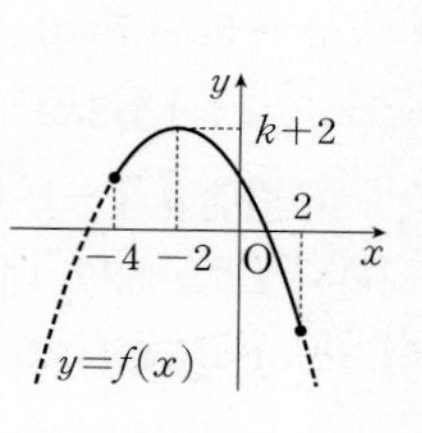

즉, 최솟값은 $f(2)=-4$이므로

$-\frac{1}{2}\times(2+2)^2+k+2=-4$

$k-6=-4 \qquad \therefore k=2$

$\therefore f(x)=-\frac{1}{2}(x+2)^2+4$

따라서 주어진 이차함수는 $x=-2$일 때 최댓값 4를 갖는다.

(2) $f(x)=2x^2-4x+5$라 하면

$f(x)=2(x-1)^2+3$

$1<a<5$일 때, $a\le x\le 5$에서 이차함수 $y=f(x)$의 그래프는 오른쪽 그림과 같으므로 $x=5$일 때 최대이고 $x=a$일 때 최소이다.

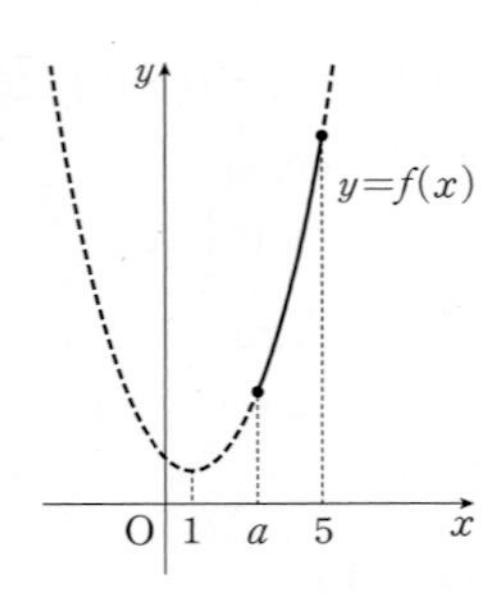

즉, 최솟값은 $f(a)=11$이므로 $2a^2-4a+5=11$

$a^2-2a-3=0$, $(a+1)(a-3)=0$

$\therefore a=3$ ($\because 1<a<5$)

답 (1) 4 (2) 3

24

$f(x)=-x^2+2ax+a^2$이라 하면

$f(x)=-(x-a)^2+2a^2$

즉, 이차함수 $y=f(x)$의 그래프의 꼭짓점의 좌표는 $(a, 2a^2)$이고 위로 볼록한 포물선이다.

(i) $a\le -1$일 때,

$-1\le x<2$에서 이차함수 $y=f(x)$의 그래프는 오른쪽 그림과 같으므로 최댓값은 $f(-1)$이다.

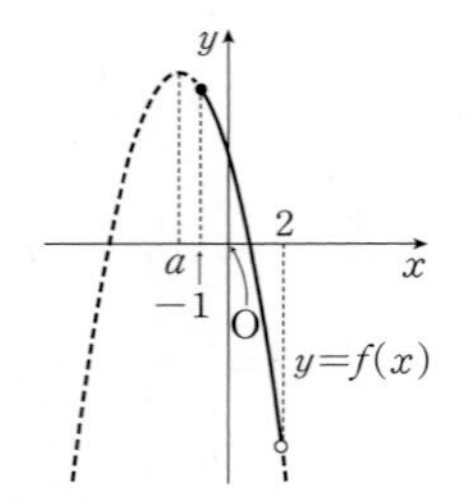

즉, $f(-1)=6$에서

$-1-2a+a^2=6$

$a^2-2a-7=0$

$\therefore a=1\pm 2\sqrt{2}$ ← $1-2\sqrt{2}=-1.\times\times\times$, $1+2\sqrt{2}=3.\times\times\times$

그런데 $a\le -1$이므로 $a=1-2\sqrt{2}$

(ii) $-1<a<2$일 때,

$-1\le x<2$에서 이차함수 $y=f(x)$의 그래프는 오른쪽 그림과 같으므로 최댓값은 $f(a)$이다.

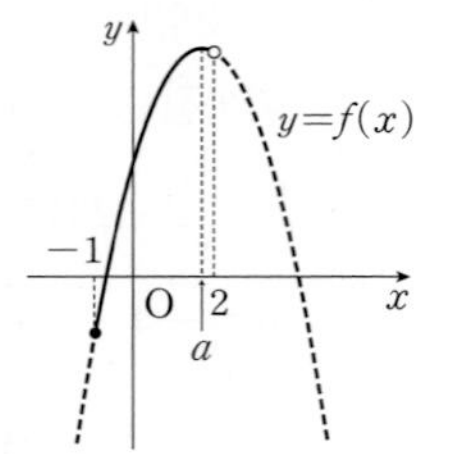

즉, $f(a)=6$에서

$2a^2=6$, $a^2=3$

$\therefore a=\pm\sqrt{3}$ ← $-\sqrt{3}=-1.\times\times\times$, $\sqrt{3}=1.\times\times\times$

그런데 $-1<a<2$이므로 $a=\sqrt{3}$

(iii) $a\ge 2$일 때,

$-1\le x<2$에서 이차함수 $y=f(x)$의 그래프는 오른쪽 그림과 같으므로 최댓값은 없다.

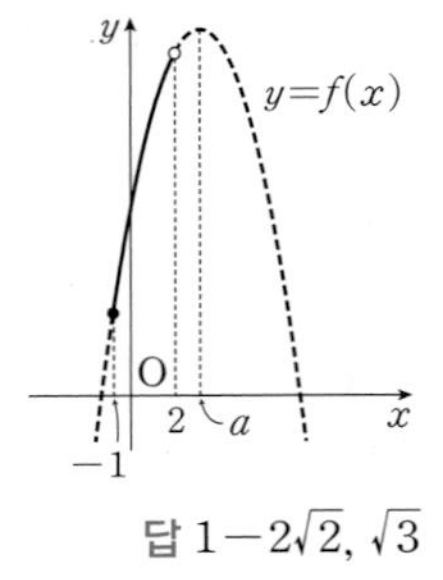

(i), (ii), (iii)에서

$a=1-2\sqrt{2}$ 또는 $a=\sqrt{3}$

답 $1-2\sqrt{2}$, $\sqrt{3}$

25

$y=(2x-1)^2-4(2x-1)+3$에서 $2x-1=t$로 놓으면

$1\le x\le 4$이므로 $1\le t\le 7$

이때 주어진 함수는

$y=t^2-4t+3$

$=(t-2)^2-1$ $(1\le t\le 7)$

즉, $1\le t\le 7$에서 이차함수 $y=(t-2)^2-1$의 그래프는 오른쪽 그림과 같으므로 $t=7$일 때 최대이고 $t=2$일 때 최소이다.

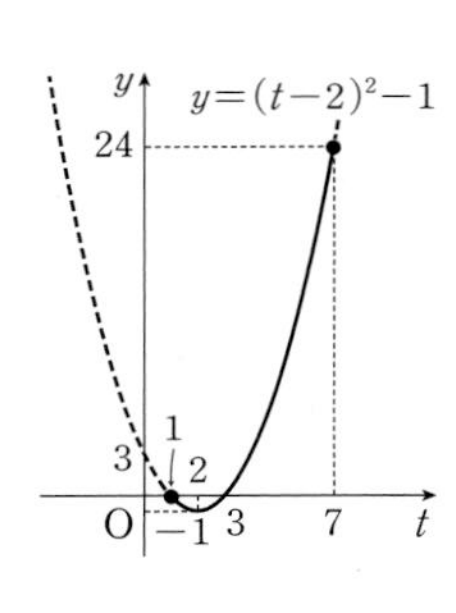

$t=7$일 때, 최댓값 M은

$M=(7-2)^2-1=24$

$t=2$일 때, 최솟값 m은

$m=-1$

$\therefore M-m=24-(-1)=25$

답 25

26

$y=-(x^2-2x+3)^2+4x^2-8x+14$

$=-(x^2-2x+3)^2+4(x^2-2x+3)+2$

에서 $x^2-2x+3=t$로 놓으면

$t=(x-1)^2+2$

$-1\le x\le 2$에서 $t=(x-1)^2+2$의 그래프는 오른쪽 그림과 같으므로

$2\le t\le 6$

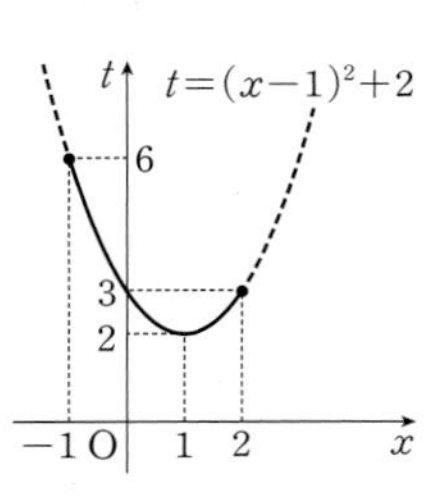

이때 주어진 함수는

$y=-t^2+4t+2$

$=-(t-2)^2+6$ $(2\le t\le 6)$

즉, $2\le t\le 6$에서 이차함수 $y=-(t-2)^2+6$의 그래프는 오른쪽 그림과 같으므로 $t=2$일 때 최댓값 6을 갖고, $t=6$일 때 최솟값 -10을 갖는다.
따라서 최댓값과 최솟값의 합은
$6+(-10)=-4$

답 -4

27

(1) $4x^2+3y^2+4x-12y-2$
$=4\left(x^2+x+\frac{1}{4}\right)+3(y^2-4y+4)-15$
$=4\left(x+\frac{1}{2}\right)^2+3(y-2)^2-15$
이때 x, y는 실수이므로
$\left(x+\frac{1}{2}\right)^2\ge 0$, $(y-2)^2\ge 0$
따라서 주어진 식은 $x=-\frac{1}{2}$, $y=2$일 때 최솟값 -15를 갖는다.

(2) $-2x+y^2=4$에서 $y^2=2x+4$ ……㉠
이때 x, y가 실수이므로 $y^2\ge 0$
즉, $2x+4\ge 0$이므로 $x\ge -2$
㉠을 $2x^2-y^2+6x$에 대입하면
$2x^2-(2x+4)+6x=2x^2+4x-4$
$=2(x+1)^2-6$
$f(x)=2(x+1)^2-6$이라 하면 $x\ge -2$에서 이차함수 $t=f(x)$의 그래프는 오른쪽 그림과 같으므로 $x=-1$일 때 최솟값 -6을 갖는다.

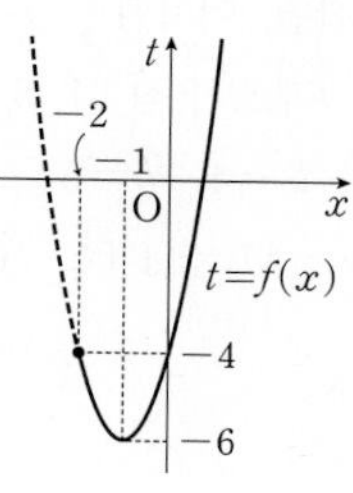

따라서 $2x^2-y^2+6x$의 최솟값은 ($x=-1$, $y=\pm\sqrt{2}$일 때) -6이다.

답 (1) -15 (2) -6

보충 설명

여러 문자가 포함된 식에서 한 문자로 통일할 때에는 제한 범위에 주의한다.

28

$-2x^2-y^2+16x-4y-37$
$=-2(x^2-8x+16)-(y^2+4y+4)-1$
$=-2(x-4)^2-(y+2)^2-1$
이때 x, y는 실수이므로
$(x-4)^2\ge 0$, $(y+2)^2\ge 0$
따라서 주어진 식은 $x=4$, $y=-2$일 때 최댓값 -1을 갖는다.
즉, $p=4$, $q=-2$, $r=-1$이므로
$pqr=4\times(-2)\times(-1)=8$

답 8

29

$2x-y=5$에서 $y=2x-5$이므로
$xy=x(2x-5)$
$=2x^2-5x$
$=2\left(x-\frac{5}{4}\right)^2-\frac{25}{8}$
$f(x)=2\left(x-\frac{5}{4}\right)^2-\frac{25}{8}$라 하면 $-1\le x\le 3$에서 이차함수 $t=f(x)$의 그래프는 오른쪽 그림과 같다.
따라서 $f(x)$는
$x=-1$에서 최댓값 7,
$x=\frac{5}{4}$에서 최솟값 $-\frac{25}{8}$를 갖는다.

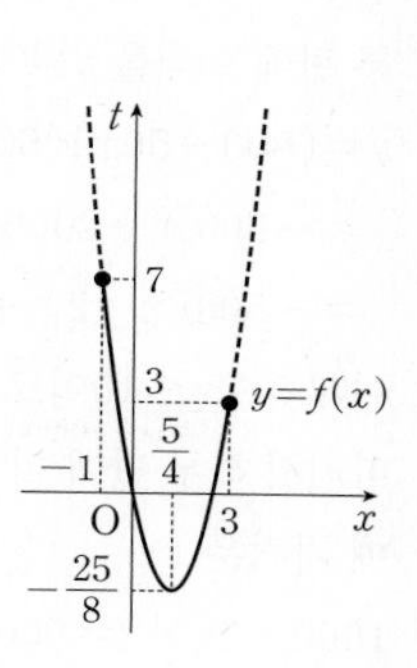

답 최댓값 : 7, 최솟값 : $-\frac{25}{8}$

30

다음 그림과 같이 $\overline{AH}$와 $\overline{SR}$의 교점을 T라 하자.

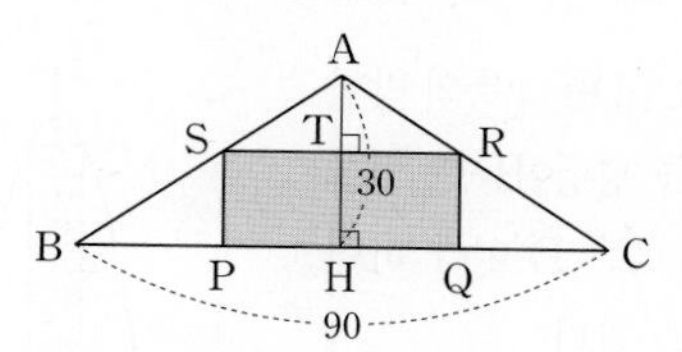

□PQRS는 직사각형이므로 $\overline{BC}/\!/\overline{SR}$
$\therefore$ $\triangle$ABC $\backsim$ ASR (AA 닮음)
$\overline{AH}:\overline{AT}=\overline{BC}:\overline{SR}$이므로
$30:\overline{AT}=90:\overline{SR}$ $\therefore$ $\overline{SR}=3\overline{AT}$

이때 $\overline{AT}=x$라 하면 $0<x<30$이고

$\overline{SR}=3x$, $\overline{TH}=30-\overline{AT}=30-x$

직사각형 PQRS의 넓이를 y라 하면

$y=\overline{SR}\times\overline{TH}=3x\times(30-x)$

$=-3x^2+90x$

$=-3(x-15)^2+675$

즉, $\overline{AT}=15$일 때, 직사각형의 넓이는 최대이고 그때의 넓이는 675이다.

$\overline{AT}=15$이면 $\overline{QR}=\overline{TH}=30-15=15$

따라서 $p=15$, $q=675$이므로

$p+q=15+675=690$

답 690

31

가격을 내리기 전, 전구 한 개의 판매 이익은

$1000-500=500$(원)

전구 한 개의 가격을 $50x$원 내릴 때, $10x$개가 더 팔리므로 하루 판매 이익을 y원이라 하면

$y=(500-50x)(60+10x)$

$=-500x^2+2000x+30000$

$=-500(x-2)^2+32000$

이때 $0\le x\le 10$이므로 $x=2$일 때 y는 최대이다.
전구 한 개의 판매 이익이 500원이므로 $500-50x\ge 0$에서 $x\le 10$

따라서 하루 판매 이익이 최대가 되도록 하는 전구 한 개의 판매 가격은

$1000-50\times 2=900$(원)

답 900원

32

주어진 이차함수 $y=-x^2+8x=-(x-4)^2+16$의 그래프를 x축의 방향으로 -4만큼 평행이동하면 $y=-x^2+16$의 그래프이다.

네 점 A, B, C, D를 x축의 방향으로 -4만큼 평행이동한 점을 각각 A′, B′, C′, D′이라 하면 오른쪽 그림과 같다.

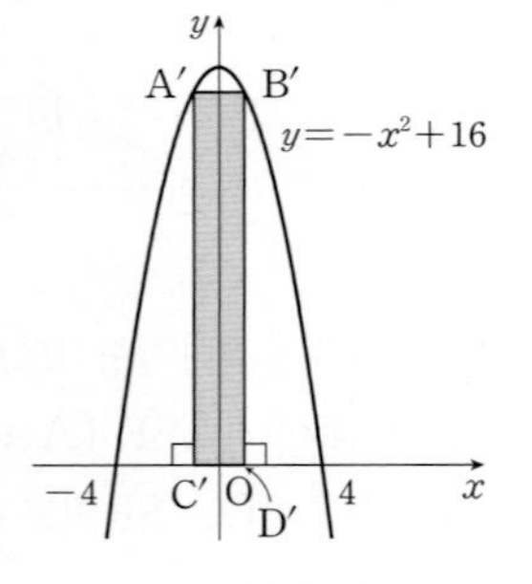

이때 □ACDB가 직사각형이므로 □A′C′D′B′도 직사각형이고, 두 사각형의 둘레의 길이는 같다.

점 D′의 좌표를 $(a, 0)$ $(0<a<4)$이라 하면

$B'(a, -a^2+16)$ ← □A′C′D′B′은 직사각형이므로 $A'(-a, -a^2+16)$, $C'(-a, 0)$

$\therefore \overline{A'B'}=2a$, $\overline{B'D'}=-a^2+16$

따라서 직사각형 A′C′D′B′의 둘레의 길이는

$2(2a-a^2+16)=-2a^2+4a+32$

$=-2(a-1)^2+34$

이때 $0<a<4$이므로 $a=1$일 때 직사각형 A′C′D′B′의 둘레의 길이의 최대이고 그때의 둘레의 길이는 34이므로 직사각형 ABCD의 둘레의 길이의 최댓값은 34이다.

답 34

STEP 1 개념 마무리 본문 p.152

13 11　**14** 54　**15** 2　**16** $-\frac{51}{2}$

17 4　**18** 70

13

이차함수 $y=ax^2-4x+b$가 $x=-1$에서 최댓값 M을 가지므로
$a\ne 0$

$y=ax^2-4x+b$

$=a(x+1)^2+M$

$=a(x^2+2x+1)+M$

$=ax^2+2ax+a+M$

즉, $-4=2a$, $b=a+M$에서

$a=-2$, $M=b-a=b+2$ ······㉠

한편, 이차함수 $y=ax^2-4x+b$, 즉 $y=-2x^2-4x+b$의 그래프가 점 $(1, 3)$을 지나므로

$-2-4+b=3$　　$\therefore b=9$

$\therefore M=11$ ($\because$ ㉠)

답 11

14

조건 (가)에서 이차방정식 $f(x)=0$의 두 근이 -2, 4이므로 0이 아닌 상수 a에 대하여

$f(x)=a(x+2)(x-4)$

$\quad =a(x^2-2x-8)$

$\quad =a(x-1)^2-9a$

라 할 수 있다.

(i) $a<0$일 때,

이차함수 $y=f(x)$의 그래프는 오른쪽 그림과 같이 위로 볼록하고 축은 직선 $x=1$이다.

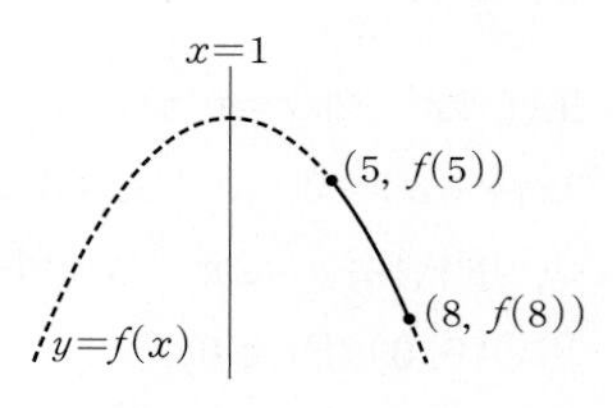

$5\le x\le 8$에서

함수 $f(x)$의 최댓값은 $f(5)$이고 조건 (나)에 의하여

$f(5)=80,\ 7a=80 \qquad \therefore a=\dfrac{80}{7}$

이것은 $a<0$을 만족시키지 않는다.

(ii) $a>0$일 때,

이차함수 $y=f(x)$의 그래프는 오른쪽 그림과 같이 아래로 볼록하고 축은 직선 $x=1$이다.

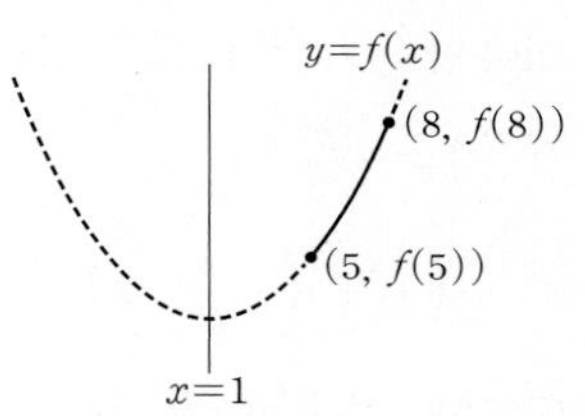

$5\le x\le 8$에서

함수 $f(x)$의 최댓값은 $f(8)$이고 조건 (나)에 의하여

$f(8)=80,\ 40a=80 \qquad \therefore a=2$

(i), (ii)에서 $a=2$

따라서 $f(x)=2(x+2)(x-4)$이므로

$f(-5)=2\times(-3)\times(-9)=54$

답 54

15

$f(x)=-(x^2-4x+3)^2-2x^2+8x+2$

$\quad =-(x^2-4x+3)^2-2(x^2-4x+3)+8$

이때 $x^2-4x+3=t$로 놓으면

$t=(x-2)^2-1$

$1\le x\le 4$에서 이차함수 $t=(x-2)^2-1$의 그래프는 오른쪽 그림과 같으므로

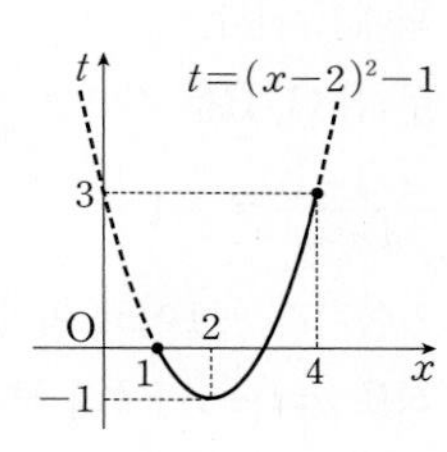

$-1\le t\le 3$

이때 주어진 함수는

$y=-t^2-2t+8$

$\quad =-(t+1)^2+9\ (-1\le t\le 3)$

$-1\le t\le 3$에서 함수 $y=-(t+1)^2+9$의 그래프는 오른쪽 그림과 같으므로

$t=-1$일 때, 최댓값 M은

$M=9$

$t=3$일 때, 최솟값 m은

$m=-(3+1)^2+9=-7$

$\therefore M+m=9+(-7)=2$

답 2

16

$2x^2+3y^2+z^2+6x-12y+4z-5$

$=2\left(x+\dfrac{3}{2}\right)^2+3(y-2)^2+(z+2)^2-\dfrac{51}{2}$

이때 $x,\ y,\ z$는 실수이므로

$\left(x+\dfrac{3}{2}\right)^2\ge 0,\ (y-2)^2\ge 0,\ (z+2)^2\ge 0$

따라서 주어진 식은 $x=-\dfrac{3}{2},\ y=2,\ z=-2$일 때 최솟값 $-\dfrac{51}{2}$을 갖는다.

답 $-\dfrac{51}{2}$

17

이차함수 $y=x^2-5x+4$의 그래프와 x축의 교점의 x좌표는 방정식 $x^2-5x+4=0$의 실근과 같다.

즉, $x^2-5x+4=0$에서 $(x-1)(x-4)=0$

$\therefore x=1$ 또는 $x=4$

$\therefore$ B$(1,\ 0)$, C$(4,\ 0)$

이때 점 P는 이차함수 $y=x^2-5x+4$의 그래프 위를 따라 점 A에서 점 C까지 움직이므로

$0\le a\le 4$

또한, 점 P는 이차함수 $y=x^2-5x+4$의 그래프 위의 점이므로

$b=a^2-5a+4$

$\therefore 9a+b=a^2+4a+4=(a+2)^2$

$f(a)=(a+2)^2$이라 하면

$0\le a\le 4$일 때 $y=f(a)$의 그래프는 오른쪽 그림과 같고, 꼭짓점의 a좌표 -2는 $0\le a\le 4$에 속하지 않는다.

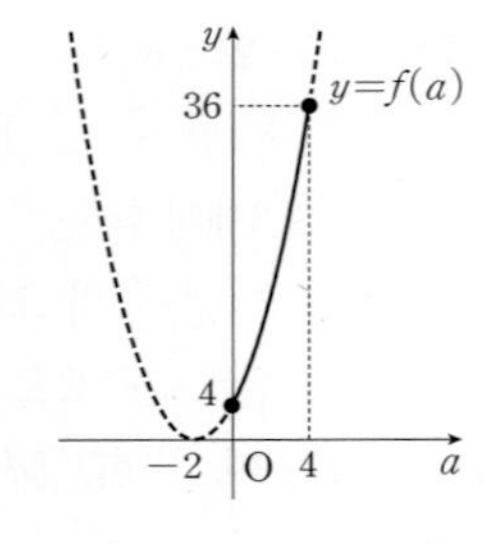

즉, $f(a)$의 최솟값은 $a=0$일 때이므로 4이다.

따라서 $9a+b$의 최솟값은 4이다.

답 4

18

입장료 수익이 최대일 때의 직사각형 모양의 공원의 가로의 길이가 a m, 세로의 길이가 b m이고 공원의 둘레의 길이는 340 m가 되어야 하므로

$2(a+b)=340 \qquad \therefore a+b=170 \qquad \cdots\cdots ㉠$

이때 공원의 넓이는 $ab\text{ m}^2$이므로 1인당 공원 입장료는

$\frac{1}{10}ab$원이다.

한편, 입장료를 1000원에서 $2x$원 내리면 방문객의 수는 100명에서 x명 증가하므로 공원의 입장료 수익을 y원이라 하면

$y=(1000-2x)(100+x)$

$\quad =-2x^2+800x+100000$

$\quad =-2(x-200)^2+180000$

1인당 입장료에서 $1000-2x>0$ $\therefore x<500$

$x<500$에서 $x=200$일 때 y는 최댓값 180000을 가지므로 공원의 입장료 수익이 최대일 때의 1인당 입장료는

$1000-2\times200=600$(원)

즉, $\frac{1}{10}ab=600$이므로 $ab=6000 \qquad \cdots\cdots ㉡$

$\therefore |a-b|=\sqrt{(a-b)^2}=\sqrt{(a+b)^2-4ab}$

$\qquad =\sqrt{170^2-4\times6000}$ ($\because$ ㉠, ㉡)

$\qquad =\sqrt{4900}=70$

답 70

STEP 2 개념 마무리 본문 p.153

1 27	**2** 8	**3** $\frac{9\sqrt{2}}{4}$
4 $-1<k<\frac{9}{4}$	**5** 50	**6** 1

1

$y=2x^2-2ax=2\left(x-\frac{a}{2}\right)^2-\frac{a^2}{2}$

즉, 이차함수 $y=2x^2-2ax$의 그래프의 꼭짓점은

$A\left(\frac{a}{2}, -\frac{a^2}{2}\right)$

또한, $2x^2-2ax=0$에서

$2x(x-a)=0 \qquad \therefore x=0$ 또는 $x=a$

즉, 이차함수 $y=2x^2-2ax$의 그래프가 x축과 만나는 두 점은 $O(0, 0)$, $B(a, 0)$

이때 x축 위의 두 점 B, C에 대하여 선분 BC의 길이가 3이므로 $C(a+3, 0)$

최고차항의 계수가 -1인 함수 $y=f(x)$의 그래프가 x축과 만나는 두 점의 x좌표가 a, $a+3$이므로

$f(x)=-(x-a)(x-a-3)$

이때 함수 $y=f(x)$의 그래프가 점 A를 지나므로

$f\left(\frac{a}{2}\right)=-\frac{a^2}{2}$

즉, $-\left(-\frac{a}{2}\right)\left(-\frac{a}{2}-3\right)=-\frac{a^2}{2}$에서

$a^2-6a=0$, $a(a-6)=0$

$\therefore a=6$ ($\because a>0$)

$\therefore A(3, -18)$

따라서 $A(3, -18)$, $B(6, 0)$, $C(9, 0)$이므로 삼각형 ABC의 넓이는

$\frac{1}{2}\times3\times18=27$

답 27

2

두 점 O, B를 지나는 직선과 평행한 직선이 점 A에서 이차함수 $y=x^2-5x$의 그래프에 접할 때 삼각형 OAB의 넓이는 최대가 된다.

두 점 O, B를 지나는 직선의 기울기는

$\frac{-4-0}{4-0}=-1$

기울기가 -1이고 이차함수의 그래프에 접하는 직선의 방정식을 $y=-x+k$라 하자.

방정식 $x^2-5x=-x+k$, 즉 $x^2-4x-k=0$의 판별식을 D라 하면

$\frac{D}{4}=(-2)^2-(-k)=0,\ 4+k=0$

$\therefore\ k=-4$

즉, 직선의 방정식은 $y=-x-4$이다.

이때 이차함수 $y=x^2-5x$의 그래프와 직선 $y=-x-4$의 교점의 x좌표는 $x^2-5x=-x-4$, 즉 $x^2-4x+4=0$의 실근과 같으므로

$x^2-4x+4=0$에서

$(x-2)^2=0 \qquad \therefore\ x=2$

즉, $a=2$이므로

$b=-2-4=-6$

$\therefore\ a-b=2-(-6)=8$

답 8

3

방정식 $|x^2-2|+x-k=0$, 즉 $|x^2-2|=-x+k$가 서로 다른 세 실근을 가지면 두 함수 $y=|x^2-2|$와 $y=-x+k$의 그래프는 다음 그림과 같이 서로 다른 세 점에서 만난다.

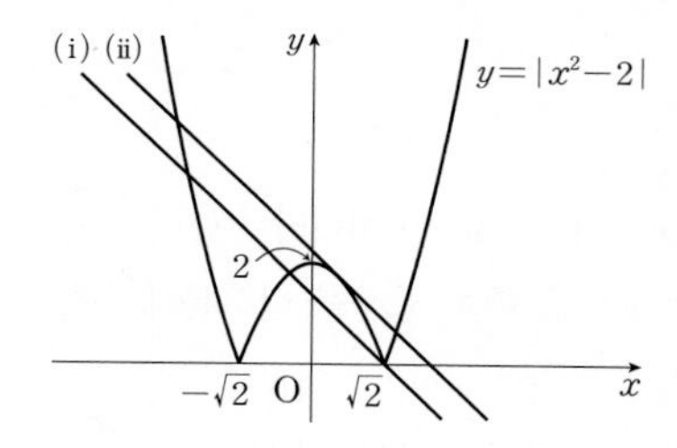

(i) 직선 $y=-x+k$가 점 $(\sqrt{2},\ 0)$을 지날 때,

$0=-\sqrt{2}+k \qquad \therefore\ k=\sqrt{2}$

(ii) 두 함수 $y=-x^2+2$, $y=-x+k$의 그래프가 접할 때,

이차방정식 $-x^2+2=-x+k$, 즉

$x^2-x+k-2=0$의 판별식을 D라 하면

$D=(-1)^2-4(k-2)=0$

$-4k+9=0 \qquad \therefore\ k=\frac{9}{4}$

(i), (ii)에서 조건을 만족시키는 실수 k의 값은 $\sqrt{2}$, $\frac{9}{4}$이므로 그 곱은

$\sqrt{2}\times\frac{9}{4}=\frac{9\sqrt{2}}{4}$

답 $\frac{9\sqrt{2}}{4}$

4

$$f(x)=\begin{cases}(x-1)(x-3) & (x\geq 1)\\ -(x+2)(x-1) & (x<1)\end{cases}$$

← x축과의 교점의 x좌표가 1, 3이다.

← x축과의 교점의 x좌표가 −2, 1이다.

$$=\begin{cases}x^2-4x+3 & (x\geq 1)\\ -x^2-x+2 & (x<1)\end{cases}$$

$$=\begin{cases}(x-2)^2-1 & (x\geq 1)\\ -\left(x+\frac{1}{2}\right)^2+\frac{9}{4} & (x<1)\end{cases}$$

이므로 함수 $y=f(x)$의 그래프는 다음 그림과 같다.

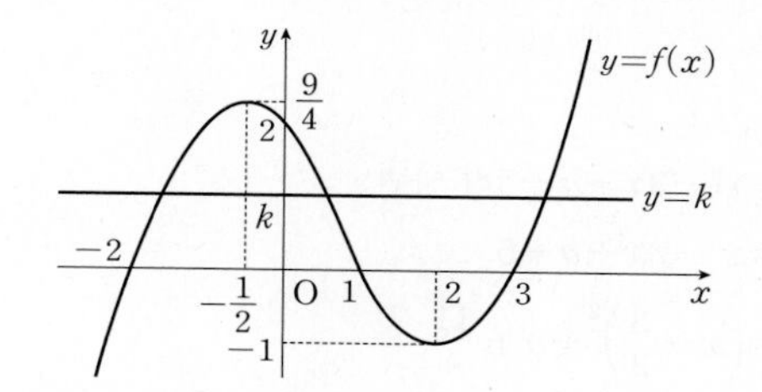

방정식 $f(x)=k$가 서로 다른 세 실근을 가지려면 함수 $y=f(x)$의 그래프와 직선 $y=k$가 서로 다른 세 점에서 만나야 하므로

$-1<k<\frac{9}{4}$

답 $-1<k<\frac{9}{4}$

5

조건 (가)에서 이차함수 $y=f(x)$의 그래프와 직선 $y=4ax-10$의 교점의 x좌표가 1, 5이므로 이차방정식 $f(x)=4ax-10$, 즉 $f(x)-4ax+10=0$의 두 실근은 1, 5이다.

이때 $f(x)$의 이차항의 계수가 a이므로

$f(x)-4ax+10=a(x-1)(x-5)$

$=a(x^2-6x+5)$

라 할 수 있다.

$\therefore\ f(x)=ax^2-6ax+5a+4ax-10$

$=ax^2-2ax+5a-10$

$=a(x-1)^2+4a-10$

한편, $a>0$이므로 $1\le x\le 5$에서 $f(x)$의 최솟값은 $f(1)$이다.
즉, 조건 ㈏에서

$f(1)=-8$, $4a-10=-8$ $\qquad\therefore a=\frac{1}{2}$

$\therefore 100a=50$

답 50

6

$f(x)=x^2-3x+a+5$라 하면

$$f(x)=x^2-3x+a+5=\left(x-\frac{3}{2}\right)^2+a+\frac{11}{4}$$

(i) $a-1>\frac{3}{2}$, 즉 $a>\frac{5}{2}$일 때,

$f(x)$의 최솟값은 $f(a-1)$이므로

$(a-1)^2-3(a-1)+a+5=4$

$\underline{a^2-4a+5=0}$ ← (판별식)$=(-2)^2-5<0$

$\therefore (a-2)^2=-1$

이를 만족시키는 실수 a는 존재하지 않는다.

(ii) $a-1\le\frac{3}{2}\le a$, 즉 $\frac{3}{2}\le a\le\frac{5}{2}$일 때,

$f(x)$의 최솟값은 $f\left(\frac{3}{2}\right)$이므로

$a+\frac{11}{4}=4$ $\qquad\therefore a=\frac{5}{4}$

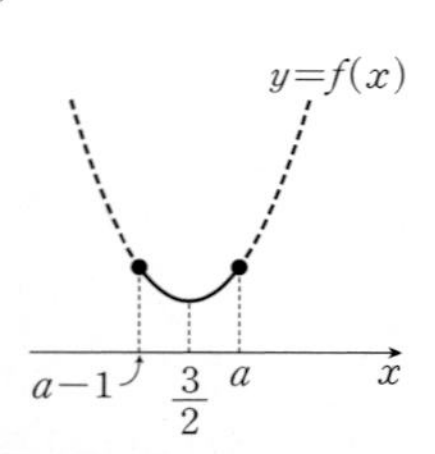

그런데 $\frac{3}{2}\le a\le\frac{5}{2}$이므로 조건을 만족시키는 실수 a는 존재하지 않는다.

(iii) $a<\frac{3}{2}$일 때,

$f(x)$의 최솟값은 $f(a)$이므로

$a^2-3a+a+5=4$

$a^2-2a+1=0$

$(a-1)^2=0$

$\therefore a=1$

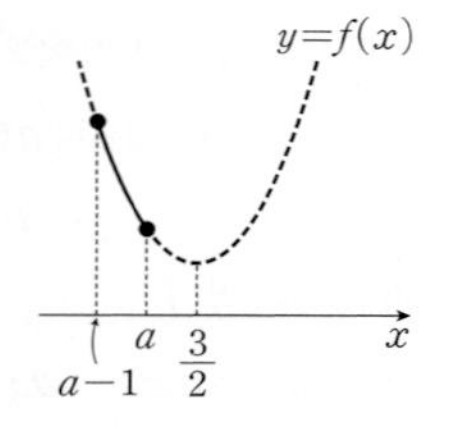

(i), (ii), (iii)에서 $a=1$

답 1

07. 여러 가지 방정식

① 삼차방정식과 사차방정식

기본 + 필수연습

본문 pp.160~167

01 (1) $x=-2$ 또는 $x=-1\pm 2i$
(2) $x=2$ 또는 $x=3$ 또는 $x=-1\pm\sqrt{3}i$

02 (1) $x=2$ 또는 $x=3$ 또는 $x=\frac{5\pm\sqrt{3}i}{2}$
(2) $x=-2$ 또는 $x=5$ 또는 $x=\frac{3\pm\sqrt{23}i}{2}$

03 (1) $x=\pm\sqrt{3}$ 또는 $x=\pm 2$
(2) $x=1\pm i$ 또는 $x=-1\pm i$

04 $x=\pm i$ 또는 $x=-2\pm\sqrt{3}$

05 (1) 0 (2) -7 (3) -6 (4) $\frac{7}{6}$ **06** 15

07 1 **08** -16 **09** $\frac{35}{2}$ **10** $a>\frac{1}{8}$

11 $\frac{7}{4}$ **12** 3 **13** 256 **14** 2

15 -198 **16** $4x^3-3x^2+2x+1=0$ **17** $\frac{21}{4}$

18 (1) 1 (2) -1 **19** -1 **20** -18

01

(1) $f(x)=x^3+4x^2+9x+10$이라 하면 $f(-2)=0$이므로 조립제법을 이용하여 $f(x)$를 인수분해하면

-2	1	4	9	10
		-2	-4	-10
	1	2	5	0

$\therefore f(x)=(x+2)(x^2+2x+5)$

따라서 주어진 방정식은

$(x+2)(x^2+2x+5)=0$

$\therefore x=-2$ 또는 $x=-1\pm 2i$

(2) $f(x)=x^4-3x^3-8x+24$라 하면 $f(2)=0$, $f(3)=0$이므로 조립제법을 이용하여 $f(x)$를 인수분해하면

2	1	-3	0	-8	24
		2	-2	-4	-24
3	1	-1	-2	-12	0
		3	6	12	
	1	2	4	0	

$\therefore f(x)=(x-2)(x-3)(x^2+2x+4)$

따라서 주어진 방정식은

$(x-2)(x-3)(x^2+2x+4)=0$

$\therefore$ $x=2$ 또는 $x=3$ 또는 $x=-1\pm\sqrt{3}i$

답 (1) $x=-2$ 또는 $x=-1\pm2i$

(2) $x=2$ 또는 $x=3$ 또는 $x=-1\pm\sqrt{3}i$

02

(1) $(x^2-5x)(x^2-5x+13)+42=0$에서

$x^2-5x=t$로 놓으면 주어진 방정식은

$t(t+13)+42=0$

$t^2+13t+42=0$, $(t+6)(t+7)=0$

즉, $(x^2-5x+6)(x^2-5x+7)=0$이므로

$(x-2)(x-3)(x^2-5x+7)=0$

$\therefore$ $x=2$ 또는 $x=3$ 또는 $x=\dfrac{5\pm\sqrt{3}i}{2}$

(2) $(x+1)(x-1)(x-2)(x-4)-72=0$에서

$\{(x+1)(x-4)\}\{(x-1)(x-2)\}-72=0$ ← 상수항의 합이 같은 두 쌍의 일차식으로 묶는다.

$(x^2-3x-4)(x^2-3x+2)-72=0$

$x^2-3x=t$로 놓으면

$(t-4)(t+2)-72=0$

$t^2-2t-80=0$, $(t-10)(t+8)=0$

즉, $(x^2-3x-10)(x^2-3x+8)=0$이므로

$(x+2)(x-5)(x^2-3x+8)=0$

$\therefore$ $x=-2$ 또는 $x=5$ 또는 $x=\dfrac{3\pm\sqrt{23}i}{2}$

답 (1) $x=2$ 또는 $x=3$ 또는 $x=\dfrac{5\pm\sqrt{3}i}{2}$

(2) $x=-2$ 또는 $x=5$ 또는 $x=\dfrac{3\pm\sqrt{23}i}{2}$

03

(1) $x^4-7x^2+12=0$에서 $x^2=t$로 놓으면

$t^2-7t+12=0$, $(t-3)(t-4)=0$

$\therefore$ $t=3$ 또는 $t=4$

따라서 $x^2=3$ 또는 $x^2=4$이므로

$x=\pm\sqrt{3}$ 또는 $x=\pm2$

(2) $x^4+4=(x^4+4x^2+4)-4x^2$

$=(x^2+2)^2-(2x)^2$

$=(x^2-2x+2)(x^2+2x+2)$

즉, 주어진 방정식은

$(x^2-2x+2)(x^2+2x+2)=0$

이때 $x^2-2x+2=0$, $x^2+2x+2=0$의 근을 각각 구하면

$x=1\pm i$, $x=-1\pm i$

$\therefore$ $x=1\pm i$ 또는 $x=-1\pm i$

답 (1) $x=\pm\sqrt{3}$ 또는 $x=\pm2$

(2) $x=1\pm i$ 또는 $x=-1\pm i$

04

$x^4+4x^3+2x^2+4x+1=0$에서 $x\neq0$이므로 주어진 방정식의 양변을 x^2으로 나누면

← 방정식에 $x=0$을 대입하면 등식이 성립하지 않는다.

$x^2+4x+2+\dfrac{4}{x}+\dfrac{1}{x^2}=0$

$\left(x^2+\dfrac{1}{x^2}\right)+4\left(x+\dfrac{1}{x}\right)+2=0$

$\left(x+\dfrac{1}{x}\right)^2+4\left(x+\dfrac{1}{x}\right)=0$

이때 $x+\dfrac{1}{x}=t$로 놓으면

$t^2+4t=0$, $t(t+4)=0$

$\therefore$ $t=0$ 또는 $t=-4$

(i) $t=0$, 즉 $x+\dfrac{1}{x}=0$일 때,

$x^2+1=0$ $\quad\therefore$ $x=\pm i$

(ii) $t=-4$, 즉 $x+\dfrac{1}{x}=-4$일 때,

$x^2+4x+1=0$ $\quad\therefore$ $x=-2\pm\sqrt{3}$

(i), (ii)에서 $x=\pm i$ 또는 $x=-2\pm\sqrt{3}$

답 $x=\pm i$ 또는 $x=-2\pm\sqrt{3}$

05

삼차방정식 $x^3-7x+6=0$의 세 근이 α, β, γ이므로 근과 계수의 관계에 의하여

← $\dfrac{1}{\alpha}, \dfrac{1}{\beta}, \dfrac{1}{\gamma}$을 근으로 하는 삼차방정식은 $6x^3-7x^2+1=0$ $\therefore$ $\dfrac{1}{\alpha}+\dfrac{1}{\beta}+\dfrac{1}{\gamma}=\dfrac{7}{6}$

(1) $\alpha+\beta+\gamma=0$

(2) $\alpha\beta+\beta\gamma+\gamma\alpha=-7$

(3) $\alpha\beta\gamma=-6$

(4) $\dfrac{1}{\alpha}+\dfrac{1}{\beta}+\dfrac{1}{\gamma}=\dfrac{\alpha\beta+\beta\gamma+\gamma\alpha}{\alpha\beta\gamma}=\dfrac{-7}{-6}=\dfrac{7}{6}$

답 (1) 0 (2) -7 (3) -6 (4) $\dfrac{7}{6}$

06

a, b가 실수이므로 주어진 삼차방정식의 한 근이 $1+2i$이면 $1-2i$도 근이다.

나머지 한 근을 α라 하면 삼차방정식의 근과 계수의 관계에 의하여

$(1+2i)(1-2i)+(1-2i)\alpha+\alpha(1+2i)=7$

$5+2\alpha=7 \qquad \therefore\ \alpha=1$

즉, 세 근이 1, $1+2i$, $1-2i$이므로

$1+(1+2i)+(1-2i)=-a \qquad \therefore\ a=-3$

$1\times(1+2i)(1-2i)=-b \qquad \therefore\ b=-5$

$\therefore\ ab=15$

답 15

다른 풀이

주어진 근 $x=1+2i$를 삼차방정식에 대입하면

$(1+2i)^3+a(1+2i)^2+7(1+2i)+b=0$

$\therefore\ (-3a+b-4)+(4a+12)i=0$

a, b는 실수이므로 복소수가 서로 같을 조건에 의하여

$-3a+b-4=0,\ 4a+12=0 \qquad \therefore\ a=-3,\ b=-5$

$\therefore\ ab=15$

07

방정식 $x^3+(k+1)x^2+(4k-3)x+k+7=0$의 한 근이 -1이므로 $x=-1$을 대입하면

$-1+(k+1)-(4k-3)+k+7=0$

$-2k+10=0 \qquad \therefore\ k=5$

따라서 주어진 방정식은

$x^3+6x^2+17x+12=0$이다.

삼차식 $x^3+6x^2+17x+12$는 $x+1$을 인수로 가지므로 조립제법을 이용하여 인수분해하면

-1	1	6	17	12
		-1	-5	-12
	1	5	12	0

$\therefore\ x^3+6x^2+17x+12=(x+1)(x^2+5x+12)$

즉, 삼차방정식 $(x+1)(x^2+5x+12)=0$의 -1이 아닌 나머지 두 근 α, β는 이차방정식 $x^2+5x+12=0$의 두 근이므로 이차방정식의 근과 계수의 관계에 의하여

$\alpha+\beta=-5,\ \alpha\beta=12$

$\therefore\ \alpha^2+\beta^2=(\alpha+\beta)^2-2\alpha\beta$

$\qquad\qquad=(-5)^2-2\times12=1$

답 1

08

방정식 $x^4-x^3+ax+b=0$의 두 근이 1, -2이므로

$1-1+a+b=0 \qquad \therefore\ a+b=0 \qquad \cdots\cdots㉠$

$16+8-2a+b=0 \qquad \therefore\ 2a-b=24 \qquad \cdots\cdots㉡$

㉠, ㉡을 연립하여 풀면

$a=8,\ b=-8$

따라서 주어진 방정식은 $x^4-x^3+8x-8=0$이다.

사차식 x^4-x^3+8x-8은 $x-1$, $x+2$를 인수로 가지므로 조립제법을 이용하여 인수분해하면

1	1	-1	0	8	-8
		1	0	0	8
-2	1	0	0	8	0
		-2	4	-8	
	1	-2	4	0	

$\therefore\ x^4-x^3+8x-8=(x-1)(x+2)(x^2-2x+4)$

즉, 사차방정식 $(x-1)(x+2)(x^2-2x+4)=0$의 1, -2가 아닌 나머지 두 근은 이차방정식 $x^2-2x+4=0$의 두 근이므로 이차방정식의 근과 계수의 관계에 의하여

$\alpha+\beta=2,\ \alpha\beta=4$

$\therefore\ \alpha^4+\beta^4=(\alpha^2+\beta^2)^2-2\alpha^2\beta^2$

$\qquad=\{(\alpha+\beta)^2-2\alpha\beta\}^2-2(\alpha\beta)^2$

$\qquad=(2^2-2\times4)^2-2\times4^2$

$\qquad=-16$

답 -16

09 본문 p.159 한 걸음 더 참고

방정식 $x^4-(a-9)x^2+2b+6=0$은 짝수 차수의 항과 상수항으로만 이루어져 있으므로 한 근이 -2이면 2도 근이다.

또한, 방정식 $x^4-(a-9)x^2+2b+6=0$에서

$x^2=X$로 놓으면 X에 대한 이차방정식

$X^2-(a-9)X+2b+6=0$ ……㉠

의 한 근은 $2^2=(-2)^2=4$이다.

(i) $\alpha=2$ 또는 $\beta=2$일 때,

$\alpha^2+\beta^2=5$에서

$\alpha=2,\ \beta^2=1$ 또는 $\alpha^2=1,\ \beta=2$

즉, 방정식 ㉠의 다른 한 근이 1이므로 이차방정식 ㉠은 서로 다른 두 근 4, 1을 갖는다.

이차방정식의 근과 계수의 관계에 의하여

$a-9=5,\ 2b+6=4$이므로

$a=14,\ b=-1$ $\quad\therefore a+b=13$

(ii) $\gamma=2$일 때,

$\alpha=-\beta$이므로 $\alpha^2+\beta^2=5$에서

$\alpha^2=\beta^2=\dfrac{5}{2}$

즉, 방정식 ㉠의 다른 한 근이 $\dfrac{5}{2}$이므로 이차방정식 ㉠은 서로 다른 두 근 4, $\dfrac{5}{2}$를 갖는다.

이차방정식의 근과 계수의 관계에 의하여

$a-9=\dfrac{13}{2},\ 2b+6=10$이므로

$a=\dfrac{31}{2},\ b=2$ $\quad\therefore a+b=\dfrac{35}{2}$

(i), (ii)에서 $a+b$의 최댓값은 $\dfrac{35}{2}$이다.

답 $\dfrac{35}{2}$

다른 풀이

사차방정식 $x^4-(a-9)x^2+2b+6=0$의 한 근이 -2이므로 $x=-2$를 대입하면

$(-2)^4-(a-9)\times(-2)^2+2b+6=0$

$-4a+2b+58=0$ $\quad\therefore b=2a-29$ ……㉡

㉡을 주어진 사차방정식에 대입하면

$x^4-(a-9)x^2+4a-52=0$

이때 $f(x)=x^4-(a-9)x^2+4a-52$라 하면

$f(-2)=0,\ f(2)=0$이므로 $f(x)$는 $x+2,\ x-2$를 인수로 갖는다.

조립제법을 이용하여 $f(x)$를 인수분해하면

-2	1	0	$-(a-9)$	0	$4a-52$
		-2	4	$2a-26$	$-4a+52$
2	1	-2	$-a+13$	$2a-26$	0
		2	0	$-2a+26$	
	1	0	$-a+13$	0	

$\therefore f(x)=(x+2)(x-2)(x^2-a+13)$

즉, 주어진 사차방정식은

$(x+2)(x-2)(x^2-a+13)=0$

$\therefore x=-2$ 또는 $x=2$ 또는 $x=\pm\sqrt{a-13}$

(i) $\gamma\neq2$일 때,

$\alpha=2$이고 $|\beta|=\sqrt{a-13}$ 또는 $|\alpha|=\sqrt{a-13}$이고 $\beta=2$이므로

$\alpha^2+\beta^2=5$에서 $a-13=1$ $\quad\therefore a=14$

$a=14$를 ㉡에 대입하면 $b=-1$

$\therefore a+b=13$

(ii) $\gamma=2$일 때,

$|\alpha|=|\beta|=\sqrt{a-13}$이므로

$\alpha^2+\beta^2=5$에서 $2(a-13)=5$ $\quad\therefore a=\dfrac{31}{2}$

$a=\dfrac{31}{2}$을 ㉡에 대입하면 $b=2$

$\therefore a+b=\dfrac{35}{2}$

(i), (ii)에서 $a+b$의 최댓값은 $\dfrac{35}{2}$이다.

10

$f(x)=x^3+(2a-1)x-2a$라 하면

$f(1)=1+(2a-1)-2a=0$이므로

조립제법을 이용하여 $f(x)$를 인수분해하면

1	1	0	$2a-1$	$-2a$
		1	1	$2a$
	1	1	$2a$	0

$\therefore f(x)=(x-1)(x^2+x+2a)$

즉, 주어진 삼차방정식은 $(x-1)(x^2+x+2a)=0$이므로

$x=1$ 또는 $x^2+x+2a=0$

이때 $x=1$은 실근이므로 주어진 방정식이 허근을 가지려면 이차방정식 $x^2+x+2a=0$이 허근을 가져야 한다.

따라서 이차방정식 $x^2+x+2a=0$의 판별식을 D라 하면

$D=1^2-8a<0 \qquad \therefore a>\frac{1}{8}$

답 $a>\frac{1}{8}$

11

$f(x)=x^3-(4a+1)x^2+7ax-3a$라 하면

$f(1)=1-(4a+1)+7a-3a=0$이므로

조립제법을 이용하여 $f(x)$를 인수분해하면

$$\begin{array}{c|cccc} 1 & 1 & -(4a+1) & 7a & -3a \\ & & 1 & -4a & 3a \\ \hline & 1 & -4a & 3a & 0 \end{array}$$

$\therefore f(x)=(x-1)(x^2-4ax+3a)$

즉, 주어진 삼차방정식은 $(x-1)(x^2-4ax+3a)=0$이므로

$x=1$ 또는 $x^2-4ax+3a=0$

(i) 삼차방정식이 중근 $x=1$을 가질 때,

이차방정식 $x^2-4ax+3a=0$이 $x=1$을 근으로 가져야 하므로

$1-4a+3a=0 \qquad \therefore a=1$

(ii) 삼차방정식이 $x\neq1$인 중근을 가질 때,

이차방정식 $x^2-4ax+3a=0$이 1이 아닌 중근을 가져야 하므로 $a\neq1$

이 이차방정식의 판별식을 D라 하면

$\frac{D}{4}=(-2a)^2-3a=0$

$4a^2-3a=0$, $a(4a-3)=0$

$\therefore a=0$ 또는 $a=\frac{3}{4}$

(i), (ii)에서 조건을 만족시키는 모든 실수 a의 값은 1, 0, $\frac{3}{4}$이므로 그 합은

$1+0+\frac{3}{4}=\frac{7}{4}$

답 $\frac{7}{4}$

보충 설명

(i) $a=0$이면 $x^3-x^2=0$에서

$x^2(x-1)=0$

$\therefore x=0$ (중근) 또는 $x=1$

(ii) $a=1$이면 $x^3-5x^2+7x-3=0$에서

$(x-1)^2(x-3)=0$

$\therefore x=1$ (중근) 또는 $x=3$

(iii) $a=\frac{3}{4}$이면 $x^3-4x^2+\frac{21}{4}x-\frac{9}{4}=0$에서

$4x^3-16x^2+21x-9=0$, $(x-1)(2x-3)^2=0$

$\therefore x=1$ 또는 $x=\frac{3}{2}$ (중근)

12

$f(x)=x^3+x^2+(k^2-5)x-k^2+3$이라 하면

$f(1)=1+1+(k^2-5)-k^2+3=0$이므로

조립제법을 이용하여 $f(x)$를 인수분해하면

$$\begin{array}{c|cccc} 1 & 1 & 1 & k^2-5 & -k^2+3 \\ & & 1 & 2 & k^2-3 \\ \hline & 1 & 2 & k^2-3 & 0 \end{array}$$

$\therefore f(x)=(x-1)(x^2+2x+k^2-3)$

즉, 주어진 삼차방정식은

$(x-1)(x^2+2x+k^2-3)=0$이므로

$x=1$ 또는 $x^2+2x+k^2-3=0$

주어진 삼차방정식이 삼중근을 갖거나 한 개의 실근과 두 개의 허근을 가지려면 이차방정식

$x^2+2x+k^2-3=0 \qquad \cdots\cdots ㉠$

이 $x=1$을 중근으로 갖거나 허근을 가져야 한다.
삼중근을 갖는 경우

(i) ㉠이 $x=1$을 중근으로 가질 때,

$x=1$을 $x^2+2x+k^2-3=0$에 대입하면

$1+2+k^2-3=0$, $k^2=0 \qquad \therefore k=0$

이때 이차방정식 ㉠은 $x^2+2x-3=0$이므로 중근을 갖지 않는다.
$(x+3)(x-1)=0$ $\therefore x=-3$ 또는 $x=1$

(ii) ㉠이 허근을 가질 때,

이차방정식 ㉠의 판별식을 D라 하면

$\frac{D}{4}=1-(k^2-3)<0 \qquad \therefore k^2>4$

이를 만족시키는 자연수 k의 값은 3, 4, 5, $\cdots$이다.

(i), (ii)에서 자연수 k의 최솟값은 3이다.

답 3

13

삼차방정식 $x^3+3x^2+6x+2=0$에서 근과 계수의 관계에 의하여

$\alpha+\beta+\gamma=-3$, $\alpha\beta+\beta\gamma+\gamma\alpha=6$, $\alpha\beta\gamma=-2 \qquad \cdots\cdots ㉠$

또한, 삼차방정식의 세 근이 α, β, γ이므로

$\alpha^3+3\alpha^2+6\alpha+2=0$, $\beta^3+3\beta^2+6\beta+2=0$,

$\gamma^3+3\gamma^2+6\gamma+2=0$

즉, $\alpha^3+\alpha^2+2=-2\alpha^2-6\alpha$, $\beta^3+\beta^2+2=-2\beta^2-6\beta$,
$\gamma^3+\gamma^2+2=-2\gamma^2-6\gamma$이므로
$(\alpha^3+\alpha^2+2)(\beta^3+\beta^2+2)(\gamma^3+\gamma^2+2)$
$=(-2\alpha^2-6\alpha)(-2\beta^2-6\beta)(-2\gamma^2-6\gamma)$
$=-8\alpha\beta\gamma(\alpha+3)(\beta+3)(\gamma+3)$
$=-8\alpha\beta\gamma\{\alpha\beta\gamma+3(\alpha\beta+\beta\gamma+\gamma\alpha)+9(\alpha+\beta+\gamma)+27\}$
$=-8\times(-2)\times\{-2+3\times6+9\times(-3)+27\}$ ($\because$ ㉠)
$=256$

답 256

14

삼차방정식 $x^3+ax^2+4x-5=0$에서 근과 계수의 관계에 의하여
$\alpha+\beta+\gamma=-a$, $\alpha\beta+\beta\gamma+\gamma\alpha=4$, $\alpha\beta\gamma=5$
이때 $\frac{1}{\alpha\beta}+\frac{1}{\beta\gamma}+\frac{1}{\gamma\alpha}=-\frac{2}{5}$에서
$\frac{\alpha+\beta+\gamma}{\alpha\beta\gamma}=-\frac{2}{5}$, $\frac{-a}{5}=-\frac{2}{5}$
$\therefore a=2$

답 2

15

주어진 삼차방정식의 세 근을 α, 3α, 5α $(\alpha\neq0)$라 하자.
삼차방정식의 근과 계수의 관계에 의하여
$\alpha+3\alpha+5\alpha=27$
$9\alpha=27$　　$\therefore \alpha=3$
즉, 삼차방정식의 세 근이 3, 9, 15이므로 근과 계수의 관계에 의하여
$3\times9+9\times15+15\times3=a$, $3\times9\times15=-b$
따라서 $a=207$, $b=-405$이므로
$a+b=-198$

답 -198

16

삼차방정식 $x^3+2x^2-3x+4=0$의 세 근이 α, β, γ이므로 근과 계수의 관계에 의하여
$\alpha+\beta+\gamma=-2$, $\alpha\beta+\beta\gamma+\gamma\alpha=-3$, $\alpha\beta\gamma=-4$

이때 구하는 삼차방정식의 세 근이 $\frac{1}{\alpha}$, $\frac{1}{\beta}$, $\frac{1}{\gamma}$이므로
$$(\text{세 근의 합})=\frac{1}{\alpha}+\frac{1}{\beta}+\frac{1}{\gamma}=\frac{\alpha\beta+\beta\gamma+\gamma\alpha}{\alpha\beta\gamma}=\frac{-3}{-4}=\frac{3}{4}$$
$$(\text{두 근끼리의 곱의 합})=\frac{1}{\alpha\beta}+\frac{1}{\beta\gamma}+\frac{1}{\gamma\alpha}=\frac{\alpha+\beta+\gamma}{\alpha\beta\gamma}=\frac{-2}{-4}=\frac{1}{2}$$
$$(\text{세 근의 곱})=\frac{1}{\alpha\beta\gamma}=\frac{1}{-4}=-\frac{1}{4}$$
따라서 구하는 삼차방정식은
└ x^3의 계수가 4이다.
$4\left(x^3-\frac{3}{4}x^2+\frac{1}{2}x+\frac{1}{4}\right)=0$
$\therefore 4x^3-3x^2+2x+1=0$

답 $4x^3-3x^2+2x+1=0$

17

삼차방정식 $x^3+ax^2+bx+c=0$의 세 근이 α, β, γ이므로 근과 계수의 관계에 의하여
$\alpha+\beta+\gamma=-a$, $\alpha\beta+\beta\gamma+\gamma\alpha=b$, $\alpha\beta\gamma=-c$
또한, 삼차방정식 $x^3-3x^2+x-2=0$의 세 근이
$\frac{1}{\alpha\beta}$, $\frac{1}{\beta\gamma}$, $\frac{1}{\gamma\alpha}$이므로 근과 계수의 관계에 의하여
$\frac{1}{\alpha\beta}+\frac{1}{\beta\gamma}+\frac{1}{\gamma\alpha}=3$　　……㉠
$\frac{1}{\alpha\beta^2\gamma}+\frac{1}{\alpha\beta\gamma^2}+\frac{1}{\alpha^2\beta\gamma}=1$　　……㉡
$\frac{1}{\alpha^2\beta^2\gamma^2}=2$　　……㉢
㉢에서 $\frac{1}{\alpha^2\beta^2\gamma^2}=\frac{1}{(-c)^2}=\frac{1}{c^2}$이므로
$\frac{1}{c^2}=2$　　$\therefore c^2=\frac{1}{2}$
㉠에서
$\frac{1}{\alpha\beta}+\frac{1}{\beta\gamma}+\frac{1}{\gamma\alpha}=\frac{\alpha+\beta+\gamma}{\alpha\beta\gamma}=\frac{-a}{-c}=\frac{a}{c}$
이므로

$\frac{a}{c}=3,\ a=3c \qquad \therefore\ a^2=9c^2=\frac{9}{2}$

㉡에서

$$\frac{1}{\alpha\beta^2\gamma}+\frac{1}{\alpha\beta\gamma^2}+\frac{1}{\alpha^2\beta\gamma}=\frac{\alpha\beta+\beta\gamma+\gamma\alpha}{\alpha^2\beta^2\gamma^2}$$
$$=\frac{b}{(-c)^2}=\frac{b}{c^2}$$

이므로

$\frac{b}{c^2}=1,\ b=c^2 \qquad \therefore\ b^2=c^4=\frac{1}{4}$

$\therefore\ a^2+b^2+c^2=\frac{9}{2}+\frac{1}{4}+\frac{1}{2}=\frac{21}{4}$

답 $\frac{21}{4}$

18

$x^3=-1$에서

$x^3+1=0,\ (x+1)(x^2-x+1)=0$

$\therefore\ x=-1$ 또는 $x^2-x+1=0$

이때 ω는 허근이므로 이차방정식 $x^2-x+1=0$의 근이다.

$\therefore\ \omega^3=-1,\ \omega^2-\omega+1=0$

(1) $1-\omega+\omega^2-\cdots-\omega^{999}$
$=(1-\omega+\omega^2)-\omega^3(1-\omega+\omega^2)$
$\quad+\omega^6(1-\omega+\omega^2)-\cdots+\omega^{996}(1-\omega+\omega^2)-\omega^{999}$
$=-\omega^{999}=-(\omega^3)^{333}=-(-1)^{333}=1$

(2) 방정식 $x^2-x+1=0$의 계수가 실수이고 한 허근이 ω이므로 $\overline{\omega}$도 근이다.
이때 이차방정식의 근과 계수의 관계에 의하여
$\omega+\overline{\omega}=1,\ \omega\overline{\omega}=1$
또한, $\overline{\omega}$가 방정식 $x^2-x+1=0$의 근이므로
방정식 $x^3=-1$의 근이기도 하다. 즉,
$\overline{\omega}^3=-1$

$$\therefore\ \frac{\omega^{10}}{\omega-1}+\frac{\overline{\omega}^{10}}{\overline{\omega}-1}=\frac{\omega^{10}(\overline{\omega}-1)+\overline{\omega}^{10}(\omega-1)}{(\omega-1)(\overline{\omega}-1)}$$
$$=\frac{-\omega(\overline{\omega}-1)-\overline{\omega}(\omega-1)}{\omega\overline{\omega}-(\omega+\overline{\omega})+1}$$
$$=\frac{-2\omega\overline{\omega}+\omega+\overline{\omega}}{\omega\overline{\omega}-(\omega+\overline{\omega})+1}$$
$$=\frac{-2+1}{1-1+1}=-1$$

답 (1) 1 (2) -1

19

$x^3=8$에서

$x^3-8=0,\ (x-2)(x^2+2x+4)=0$

$\therefore\ x=2$ 또는 $x^2+2x+4=0$

이때 ω는 허근이므로 이차방정식 $x^2+2x+4=0$의 근이다.

$\therefore\ \omega^3=8,\ \omega^2+2\omega+4=0$

또한, 방정식 $x^2+2x+4=0$의 계수가 실수이고 한 허근이 ω이므로 $\overline{\omega}$도 근이다.

이때 이차방정식의 근과 계수의 관계에 의하여

$\omega+\overline{\omega}=-2,\ \omega\overline{\omega}=4$

$$\therefore\ \frac{\overline{\omega}^2}{\omega^2+4}=\frac{\overline{\omega}^2}{-2\omega}=\frac{\omega^2\overline{\omega}^2}{-2\omega^3}=\frac{(\omega\overline{\omega})^2}{-2\omega^3}$$
$$=\frac{16}{-16}=-1$$

답 -1

20

$x^3=1$에서

$x^3-1=0,\ (x-1)(x^2+x+1)=0$

$\therefore\ x=1$ 또는 $x^2+x+1=0$

이때 ω는 허근이므로 이차방정식 $x^2+x+1=0$의 근이다.

$\therefore\ \omega^3=1,\ \omega^2+\omega+1=0$

한편, $f(n)=\omega^{2n}-\omega^n+1,\ f(n+1)=\omega^{2n+2}-\omega^{n+1}+1,$
$f(n+2)=\omega^{2n+4}-\omega^{n+2}+1$이므로

$f(n)+f(n+1)+f(n+2)$
$=\omega^{2n}-\omega^n+1+\omega^{2n+2}-\omega^{n+1}+1+\omega^{2n+4}-\omega^{n+2}+1$
$=\omega^{2n}(1+\omega^2+\omega^4)-\omega^n(1+\omega+\omega^2)+3$
$=\omega^{2n}(1+\omega+\omega^2)-\omega^n(1+\omega+\omega^2)+3\ (\because\ \omega^3=1)$
$=3\ (\because\ \omega^2+\omega+1=0)$

$\therefore\ f(1)+f(2)+f(3)+\cdots+f(10)$
$=f(1)+\{f(2)+f(2+1)+f(2+2)\}+\cdots$
$\quad+\{f(8)+f(8+1)+f(8+2)\}$
$=f(1)+3\times3$
$=\omega^2-\omega+1+9$
$=(-\omega-1)-\omega+10\ (\because\ \omega^2+\omega+1=0)$
$=-2\omega+9$

따라서 $a=-2,\ b=9$이므로

$ab=-18$

답 -18

STEP 1 개념 마무리

본문 pp.168~169

01 4	**02** -1	**03** -16	**04** 0
05 -1	**06** -3	**07** -14	**08** -2
09 14	**10** $13+2i$	**11** ④	**12** 20

01

$f(x)=x^3+x^2+2x-4$라 하면

$f(1)=1+1+2-4=0$

이므로 조립제법을 이용하여 $f(x)$를 인수분해하면

1	1	1	2	-4
		1	2	4
	1	2	4	0

$\therefore f(x)=(x-1)(x^2+2x+4)$

이때 주어진 방정식은 $(x-1)(x^2+2x+4)=0$이고, 이 방정식의 두 허근 α, β는 이차방정식 $x^2+2x+4=0$의 두 근이므로 이차방정식의 근과 계수의 관계에 의하여

$\alpha+\beta=-2$, $\alpha\beta=4$

$\therefore (\alpha+2)(\beta+2)=\alpha\beta+2(\alpha+\beta)+4$

$=4+2\times(-2)+4=4$

답 4

02

$f(x)=x^3-4x^2+4x-3$이라 하면

$f(3)=27-4\times9+4\times3-3=0$

이므로 조립제법을 이용하여 $f(x)$를 인수분해하면

3	1	-4	4	-3
		3	-3	3
	1	-1	1	0

$\therefore f(x)=(x-3)(x^2-x+1)$

즉, 주어진 방정식은

$(x-3)(x^2-x+1)=0$

$\therefore x=3$ 또는 $x^2-x+1=0$

이때 삼차방정식의 한 허근 α는 이차방정식 $x^2-x+1=0$의 한 허근이고 켤레복소수 $\overline{\alpha}$도 이 이차방정식의 근이다.

이차방정식 $x^2-x+1=0$에서 근과 계수의 관계에 의하여

$\alpha+\overline{\alpha}=1$, $\alpha\overline{\alpha}=1$

$$\therefore \frac{\overline{\alpha}}{\alpha}+\frac{\alpha}{\overline{\alpha}}=\frac{\alpha^2+\overline{\alpha}^2}{\alpha\overline{\alpha}}=\frac{(\alpha+\overline{\alpha})^2-2\alpha\overline{\alpha}}{\alpha\overline{\alpha}}=\frac{1^2-2\times1}{1}=-1$$

답 -1

03

사차방정식 $(x^2-4x+3)(x^2-6x+8)=120$에서

$(x-1)(x-3)(x-2)(x-4)-120=0$

$\{(x-1)(x-4)\}\{(x-2)(x-3)\}-120=0$

$(x^2-5x+4)(x^2-5x+6)-120=0$

이때 $x^2-5x=t$로 놓으면

$(t+4)(t+6)-120=0$

$t^2+10t-96=0$

$(t-6)(t+16)=0$

즉, 주어진 사차방정식은

$(x^2-5x-6)(x^2-5x+16)=0$이므로

$(x+1)(x-6)(x^2-5x+16)=0$

$\therefore x=-1$ 또는 $x=6$ 또는 $x^2-5x+16=0$ (판별식)$=(-5)^2-4\times1\times16=-39<0$

따라서 주어진 사차방정식의 한 허근 ω는 이차방정식 $x^2-5x+16=0$의 근이므로

$\omega^2-5\omega+16=0$

$\therefore \omega^2-5\omega=-16$

답 -16

04

$x^4+x^2+25=0$에서

$(x^4+10x^2+25)-9x^2=0$

$(x^2+5)^2-(3x)^2=0$

$(x^2-3x+5)(x^2+3x+5)=0$

$\therefore x^2-3x+5=0$ 또는 $x^2+3x+5=0$

이때 이차방정식 $x^2-3x+5=0$의 두 근을 α, β라 하고 이차방정식 $x^2+3x+5=0$의 두 근을 γ, δ라 하여도 일반성을 잃지 않는다.
각 방정식에서 이차방정식의 근과 계수의 관계에 의하여
$\alpha+\beta=3$, $\alpha\beta=5$, $\gamma+\delta=-3$, $\gamma\delta=5$

$$\therefore \frac{1}{\alpha}+\frac{1}{\beta}+\frac{1}{\gamma}+\frac{1}{\delta}=\frac{\alpha+\beta}{\alpha\beta}+\frac{\gamma+\delta}{\gamma\delta}$$

$$=\frac{3}{5}+\frac{-3}{5}=0$$

답 0

다른 풀이

$x\neq0$이므로 주어진 방정식의 양변을 x^4으로 나누면

$$1+\frac{1}{x^2}+\frac{25}{x^4}=0$$

$\frac{1}{x}=t$로 놓으면 $25t^4+t^2+1=0$

따라서 $\frac{1}{\alpha}$, $\frac{1}{\beta}$, $\frac{1}{\gamma}$, $\frac{1}{\delta}$은 t에 대한 사차방정식
$25t^4+t^2+1=0$의 네 근이다.
이때 사차방정식의 근과 계수의 관계에 의하여 네 근의 합은
$-\frac{(x^3\text{의 계수})}{(x^4\text{의 계수})}$와 같으므로

$$\frac{1}{\alpha}+\frac{1}{\beta}+\frac{1}{\gamma}+\frac{1}{\delta}=-\frac{0}{25}=0$$

05

사차방정식 $x^4+2x^3+3x^2+2x+1=0$의 한 허근이 α이므로
$\alpha^4+2\alpha^3+3\alpha^2+2\alpha+1=0$
$\alpha\neq0$이므로 양변을 α^2으로 나누면

$$\alpha^2+2\alpha+3+\frac{2}{\alpha}+\frac{1}{\alpha^2}=0$$

$$\left(\alpha^2+\frac{1}{\alpha^2}\right)+2\left(\alpha+\frac{1}{\alpha}\right)+3=0$$

$$\left(\alpha+\frac{1}{\alpha}\right)^2-2+2\left(\alpha+\frac{1}{\alpha}\right)+3=0$$

$$\therefore \left(\alpha+\frac{1}{\alpha}\right)^2+2\left(\alpha+\frac{1}{\alpha}\right)+1=0$$

이때 $\alpha+\frac{1}{\alpha}=t$로 놓으면
$t^2+2t+1=0$
$(t+1)^2=0$ $\quad\therefore t=-1$

즉, $\alpha+\frac{1}{\alpha}=-1$에서 $\alpha^2+\alpha+1=0$
따라서 α는 이차방정식 $x^2+x+1=0$의 한 허근이고, 켤레복소수 $\overline{\alpha}$도 이 방정식의 근이므로 이차방정식의 근과 계수의 관계에 의하여
$\alpha+\overline{\alpha}=-1$

답 -1

06

$f(x)=x^3+(3-k)x^2+(2-3k)x-2k$라 하면
$f(-1)=-1+3-k-(2-3k)-2k=0$,
$f(-2)=-8+4(3-k)-2(2-3k)-2k=0$
이므로 조립제법을 이용하여 $f(x)$를 인수분해하면

-1	1	$3-k$	$2-3k$	$-2k$
		-1	$k-2$	$2k$
-2	1	$2-k$	$-2k$	0
		-2	$2k$	
	1	$-k$	0	

$\therefore f(x)=(x+1)(x+2)(x-k)$
즉, 주어진 방정식은
$(x+1)(x+2)(x-k)=0$
이 방정식이 중근을 가지므로
$k=-1$ 또는 $k=-2$
따라서 모든 실수 k의 값의 합은
$-1+(-2)=-3$

답 -3

다른 풀이

$f(x)=x^3+(3-k)x^2+(2-3k)x-2k$라 하면
$f(-1)=-1+3-k-(2-3k)-2k=0$
이므로 조립제법을 이용하여 $f(x)$를 인수분해하면

-1	1	$3-k$	$2-3k$	$-2k$
		-1	$k-2$	$2k$
	1	$2-k$	$-2k$	0

$\therefore f(x)=(x+1)\{x^2+(2-k)x-2k\}$
이때 방정식 $f(x)=0$이 중근을 가지려면 이차방정식
$x^2+(2-k)x-2k=0$ $\quad\cdots\cdots$㉠
이 $x=-1$을 근으로 갖거나 중근을 가져야 한다.

(i) 이차방정식 ㉠의 한 근이 $x=-1$일 때,

$1-(2-k)-2k=0,\ -k-1=0$

$\therefore\ k=-1$

(ii) 이차방정식 ㉠이 중근을 가질 때,

이 이차방정식의 판별식을 D라 하면

$D=(2-k)^2-4\times1\times(-2k)=0$

$k^2+4k+4=0,\ (k+2)^2=0$

$\therefore\ k=-2$

(i), (ii)에서 $k=-1$ 또는 $k=-2$

따라서 모든 실수 k의 값의 합은

$-1+(-2)=-3$

07

(i) $a=1$일 때,

주어진 삼차방정식은

$(x-1)(x^2+x+7)=0$

$\therefore\ x=1$ 또는 $x^2+x+7=0$

즉, 두 실근 α, β는 이차방정식 $x^2+x+7=0$의 근이다.

이때 이차방정식 $x^2+x+7=0$의 판별식을 D라 하면

$D=1^2-4\times1\times7=-27<0$

이므로 α, β가 실근이라는 조건을 만족시키지 않는다.

(가)

(ii) $a\neq1$일 때,

$x=1$은 이차방정식 $x^2-(2-3a)x+7=0$의 근이므로

$1-(2-3a)+7=0,\ 3a+6=0\qquad\therefore\ a=-2$

즉, 주어진 방정식은

$(x+2)(x^2-8x+7)=0$

$(x+2)(x-1)(x-7)=0$

$\therefore\ x=-2$ 또는 $x=1$ 또는 $x=7$

$\therefore\ \alpha=-2,\ \beta=7$ 또는 $\alpha=7,\ \beta=-2$

(나)

(i), (ii)에서 $\alpha\beta=-14$

(다)

답 -14

단계	채점 기준	배점
(가)	$a=1$일 때, α, β가 실근이 아님을 확인한 경우	40%
(나)	$a\neq1$일 때, α, β의 값을 각각 구한 경우	40%
(다)	조건을 만족시키는 $\alpha\beta$의 값을 구한 경우	20%

08

$x^2-2x+p=0$의 두 근을 α, β라 하면 이차방정식의 근과 계수의 관계에 의하여

$\alpha+\beta=2,\ \alpha\beta=p$

α, β는 삼차방정식 $x^3-3x^2+qx+2=0$의 근이기도 하므로 나머지 한 근을 γ라 하면 삼차방정식의 근과 계수의 관계에 의하여

$\alpha+\beta+\gamma=3,\ \alpha\beta\gamma=-2$

$\alpha+\beta+\gamma=3$에서 $\alpha+\beta=2$이므로 $\gamma=1$

$\alpha\beta\gamma=-2$에서 $\alpha\beta=p,\ \gamma=1$이므로 $p=-2$

또한, $x^3-3x^2+qx+2=0$의 한 근이 $\gamma=1$이므로

$1-3+q+2=0\qquad\therefore\ q=0$

$\therefore\ p+q=-2$

답 -2

다른 풀이

이차방정식 $x^2-2x+p=0$의 두 근을 α, β라 하면

$x^2-2x+p=(x-\alpha)(x-\beta)$

이때 이차방정식 $x^2-2x+p=0$의 두 근이 모두 삼차방정식 $x^3-3x^2+qx+2=0$의 근이므로 삼차방정식의 세 근을 α, β, γ라 하면

$$\begin{aligned}x^3-3x^2+qx+2&=(x-\alpha)(x-\beta)(x-\gamma)\\&=(x-\gamma)(x^2-2x+p)\\&=x^3-(\gamma+2)x^2+(p+2\gamma)x-p\gamma\end{aligned}$$

양변의 동류항의 계수를 비교하면

$-3=-(\gamma+2),\ q=p+2\gamma,\ 2=-p\gamma$

$-3=-(\gamma+2)$에서 $\gamma=1$

$\gamma=1$을 $2=-p\gamma$에 대입하여 풀면 $p=-2$

$p=-2,\ \gamma=1$을 $q=p+2\gamma$에 대입하면 $q=0$

$\therefore\ p+q=-2$

09

$f(\alpha)=f(\beta)=f(\gamma)=10$에서

$f(\alpha)-10=0,\ f(\beta)-10=0,\ f(\gamma)-10=0$

즉, α, β, γ는 방정식 $f(x)-10=0$의 근이다.

이때 $f(x)=x^3+4x^2+x+4$이므로

$f(x)-10=x^3+4x^2+x-6$

따라서 α, β, γ는 삼차방정식 $x^3+4x^2+x-6=0$의 세 근이므로 근과 계수의 관계에 의하여

$\alpha+\beta+\gamma=-4$, $\alpha\beta+\beta\gamma+\gamma\alpha=1$

$\therefore\ \alpha^2+\beta^2+\gamma^2=(\alpha+\beta+\gamma)^2-2(\alpha\beta+\beta\gamma+\gamma\alpha)$

$=(-4)^2-2\times1=14$

답 14

다른 풀이

삼차방정식 $x^3+4x^2+x-6=0$에서

$(x-1)(x+2)(x+3)=0$

$\therefore\ x=1$ 또는 $x=-2$ 또는 $x=-3$

이 삼차방정식의 세 근이 α, β, γ이므로

$\alpha^2+\beta^2+\gamma^2=1^2+(-2)^2+(-3)^2=14$

1	1	4	1	−6
		1	5	6
−2	1	5	6	0
		−2	−6	
	1	3	0	

10

a, b가 실수이므로 주어진 사차방정식

$x^4-x^3+ax^2+bx-12=0$의 한 근이 $1-i$이면 $1+i$도 근이다.

$1-i$와 $1+i$를 두 근으로 하고 x^2의 계수가 1인 이차방정식은

$\{x-(1-i)\}\{x-(1+i)\}=0$

$\therefore\ x^2-2x+2=0$

이때 $\alpha=1+i$라 하면 이차방정식의 근과 계수의 관계를 이용하여 다음과 같이 나타낼 수 있다.

$x^4-x^3+ax^2+bx-12$

$=(x^2-2x+2)\{x^2-(\beta+\gamma)x+\beta\gamma\}$

에서 양변의 x^3의 계수를 비교하면

$-1=-(\beta+\gamma)-2 \qquad \therefore\ \beta+\gamma=-1$

또한, 양변의 상수항을 비교하면

$-12=2\beta\gamma \qquad \therefore\ \beta\gamma=-6$

$\therefore\ \beta^2+\gamma^2=(\beta+\gamma)^2-2\beta\gamma$

$=(-1)^2-2\times(-6)=13$

따라서 $\alpha^2+\beta^2+\gamma^2=(1+i)^2+13=13+2i$

답 $13+2i$

11

$x^3+8=0$에서 $(x+2)(x^2-2x+4)=0$

$\therefore\ x=-2$ 또는 $x^2-2x+4=0$

즉, 허근 α, β는 이차방정식 $x^2-2x+4=0$의 두 근이다.

ㄱ. α, β는 이차방정식 $x^2-2x+4=0$의 두 허근이고 방정식의 계수가 모두 실수이므로 α, β는 서로 켤레복소수이다.

$\therefore\ \overline{\alpha}=\beta, \overline{\beta}=\alpha$ (참)

ㄴ. 이차방정식의 근과 계수의 관계에 의하여

$\alpha+\beta=2$, $\alpha\beta=4$이므로

$\alpha^2+\beta^2=(\alpha+\beta)^2-2\alpha\beta$

$=2^2-2\times4=-4$ (참)

ㄷ. α, β는 이차방정식 $x^2-2x+4=0$의 두 허근이므로

$\alpha^2-2\alpha+4=0$, $\beta^2-2\beta+4=0$

$\therefore\ \alpha^2+4=2\alpha$, $\beta^2+4=2\beta$

ㄴ에서

$\alpha^2=-\beta^2-4=-(\beta^2+4)=-2\beta\neq-\beta$

같은 방법으로 $\beta^2=-2\alpha\neq-\alpha$ (거짓)

ㄹ. β는 방정식 $x^3+8=0$의 근이므로

$\beta^3+8=0 \qquad \therefore\ \beta^3=-8$

또한, 이차방정식의 근과 계수의 관계에 의하여

$\alpha+\beta=2 \qquad \therefore\ 2-\alpha=\beta$

즉, $(2-\alpha)^3=\beta^3=-8$이므로

$(2-\alpha)^{3n}=(-8)^n$ (참)

따라서 옳은 것은 ㄱ, ㄴ, ㄹ이다.

답 ④

12

$x^3-1=0$에서 $(x-1)(x^2+x+1)=0$

$\therefore\ x=1$ 또는 $x^2+x+1=0$

이때 ω는 허근이므로 이차방정식 $x^2+x+1=0$의 한 근이다.

$\therefore\ \omega^3=1$, $\omega^2+\omega+1=0$

$\therefore\ \omega^{8n}+(\omega+1)^{8n}+1$

$=\omega^{8n}+(-\omega^2)^{8n}+1$ ($\because\ \omega+1=-\omega^2$)

$=\omega^{8n}+\omega^{16n}+1$

$=\{(\omega^3)^2\times\omega^2\}^n+\{(\omega^3)^5\times\omega\}^n+1$

$=\omega^{2n}+\omega^n+1$ ($\because\ \omega^3=1$)

(i) $n=3k$ (k는 자연수)일 때,

$\omega^{2n}+\omega^n+1=\omega^{2\times3k}+\omega^{3k}+1$

$=\omega^{6k}+\omega^{3k}+1$

$=1+1+1=3$

(ii) $n=3k+1$ (k는 음이 아닌 정수)일 때,

$$\begin{aligned}\omega^{2n}+\omega^{n}+1&=\omega^{2(3k+1)}+\omega^{3k+1}+1\\&=\omega^{6k+2}+\omega^{3k+1}+1\\&=\omega^{2}+\omega+1=0\end{aligned}$$

(iii) $n=3k+2$ (k는 음이 아닌 정수)일 때,

$$\begin{aligned}\omega^{2n}+\omega^{n}+1&=\omega^{2(3k+2)}+\omega^{3k+2}+1\\&=\omega^{6k+4}+\omega^{3k+2}+1\\&=\omega+\omega^{2}+1=0\end{aligned}$$

(i), (ii), (iii)에서 $\omega^{8n}+(\omega+1)^{8n}+1=0$을 만족시키는 자연수 n에 대하여

$n\neq 3k$ (k는 자연수)

이므로 그 개수는

$30-10=20$

답 20

2 연립방정식

기본 + 필수연습

본문 pp.175~180

21 (1) $\begin{cases}x=\frac{5}{3}\\y=\frac{50}{3}\end{cases}$ 또는 $\begin{cases}x=9\\y=2\end{cases}$

(2) $\begin{cases}x=-1\\y=-2\end{cases}$ 또는 $\begin{cases}x=1\\y=2\end{cases}$ 또는 $\begin{cases}x=-\sqrt{13}\\y=-\frac{\sqrt{13}}{2}\end{cases}$

또는 $\begin{cases}x=\sqrt{13}\\y=\frac{\sqrt{13}}{2}\end{cases}$

22 $(0,\ -1)$, $(6,\ 1)$

23 6 **24** 4 **25** $\frac{39}{4}$

26 (1) $\begin{cases}x=2\\y=4\end{cases}$ 또는 $\begin{cases}x=4\\y=2\end{cases}$

(2) $\begin{cases}x=-1\\y=1\end{cases}$ 또는 $\begin{cases}x=1\\y=-1\end{cases}$ 또는 $\begin{cases}x=1+\sqrt{2}i\\y=1-\sqrt{2}i\end{cases}$

또는 $\begin{cases}x=1-\sqrt{2}i\\y=1+\sqrt{2}i\end{cases}$

27 2 **28** 34 **29** 75 **30** 6

31 2 **32** 0 **33** 6 **34** 9

21

(1) $\begin{cases}2x+y=20 & \cdots\cdots ㉠\\2x^2+(y-4)^2=166 & \cdots\cdots ㉡\end{cases}$

㉠에서 $y=20-2x$

이것을 ㉡에 대입하면

$2x^2+(16-2x)^2=166$

$3x^2-32x+45=0$, $(3x-5)(x-9)=0$

$\therefore x=\frac{5}{3}$ 또는 $x=9$

$x=\frac{5}{3}$를 ㉠에 대입하면 $y=\frac{50}{3}$,

$x=9$를 ㉠에 대입하면 $y=2$

따라서 구하는 해는

$\begin{cases}x=\frac{5}{3}\\y=\frac{50}{3}\end{cases}$ 또는 $\begin{cases}x=9\\y=2\end{cases}$

(2) $\begin{cases}2x^2-5xy+2y^2=0 & \cdots\cdots ㉠\\x^2-2xy+4y^2=13 & \cdots\cdots ㉡\end{cases}$

㉠에서 $(2x-y)(x-2y)=0$

$\therefore y=2x$ 또는 $y=\frac{1}{2}x$

(i) $y=2x$를 ㉡에 대입하면

$x^2-4x^2+16x^2=13$, $13x^2=13$, $x^2=1$

$\therefore x=-1$ 또는 $x=1$

즉, $x=-1$일 때 $y=-2$, $x=1$일 때 $y=2$

(ii) $y=\frac{1}{2}x$를 ㉡에 대입하면

$x^2-x^2+x^2=13$, $x^2=13$

$\therefore x=-\sqrt{13}$ 또는 $x=\sqrt{13}$

즉, $x=-\sqrt{13}$일 때 $y=-\frac{\sqrt{13}}{2}$,

$x=\sqrt{13}$일 때 $y=\frac{\sqrt{13}}{2}$

(i), (ii)에서 구하는 해는

$\begin{cases}x=-1\\y=-2\end{cases}$ 또는 $\begin{cases}x=1\\y=2\end{cases}$ 또는 $\begin{cases}x=-\sqrt{13}\\y=-\frac{\sqrt{13}}{2}\end{cases}$ 또는

$\begin{cases}x=\sqrt{13}\\y=\frac{\sqrt{13}}{2}\end{cases}$

답 풀이 참조

22

$3xy-2x-3y-3=0$에서

$x(3y-2)-(3y-2)-5=0$

$\therefore\ (x-1)(3y-2)=5$

이때 x, y가 정수이므로 $x-1$, $3y-2$의 값도 정수이고, 각 값은 다음 표와 같다.

$x-1$	-5 (i)	-1 (ii)	1 (iii)	5 (iv)
$3y-2$	-1	-5	5	1

따라서 정수 x, y의 순서쌍 (x, y)는

$(0, -1)$, $(6, 1)$

답 $(0, -1)$, $(6, 1)$

보충 설명

$(x-1)(3y-2)=5$를 만족시키는 정수 $x-1$, $3y-2$의 값에 대하여 x, y의 값은 각각 다음과 같다.

(i) $x-1=-5$, $3y-2=-1$일 때,

$x=-4$, $y=\frac{1}{3}$이므로 y가 정수가 아니다.

(ii) $x-1=-1$, $3y-2=-5$일 때,

$x=0$, $y=-1$이므로 x, y는 정수이다.

(iii) $x-1=1$, $3y-2=5$일 때,

$x=2$, $y=\frac{7}{3}$이므로 y가 정수가 아니다.

(iv) $x-1=5$, $3y-2=1$일 때,

$x=6$, $y=1$이므로 x, y는 정수이다.

따라서 (i), (iii)은 정수 조건이 있는 주어진 방정식의 해가 아닌 경우이다.

23

$$\begin{cases} 2x-y=5 & \cdots\cdots ㉠ \\ x^2-2y=k & \cdots\cdots ㉡ \end{cases}$$

㉠에서 $y=2x-5$를 ㉡에 대입하면

$x^2-2(2x-5)=k$

$\therefore\ x^2-4x+10-k=0$

이 이차방정식의 판별식을 D라 하면 주어진 연립방정식이 오직 한 쌍의 해를 가지므로 $D=0$이어야 한다. 즉,

$\frac{D}{4}=(-2)^2-(10-k)=0$

$\therefore\ k=6$

답 6

24

$$\begin{cases} x+y=2 & \cdots\cdots ㉠ \\ x^2+2xy-k=0 & \cdots\cdots ㉡ \end{cases}$$

㉠에서 $y=-x+2$를 ㉡에 대입하면

$x^2+2x(-x+2)-k=0$

$\therefore\ x^2-4x+k=0$

이 이차방정식의 판별식을 D라 하면 주어진 연립방정식이 실근을 가져야 하므로 $D\ge0$이어야 한다. 즉,

$\frac{D}{4}=(-2)^2-k\ge0$

$4-k\ge0$ $\quad\therefore\ k\le4$

따라서 조건을 만족시키는 실수 k의 최댓값은 4이다.

답 4

25

$$\begin{cases} y-2x-a=0 & \cdots\cdots ㉠ \\ x^2+y^2=b-2 & \cdots\cdots ㉡ \end{cases}$$

㉠에서 $y=2x+a$를 ㉡에 대입하면

$x^2+(2x+a)^2=b-2$

$\therefore\ 5x^2+4ax+a^2-b+2=0$

이 이차방정식의 판별식을 D라 하면 주어진 연립방정식이 오직 한 쌍의 해를 가지므로 $D=0$이어야 한다. 즉,

$\frac{D}{4}=(2a)^2-5(a^2-b+2)=0$

$-a^2+5b-10=0$

$\therefore\ 5b=a^2+10$

이 식을 $a+5b$에 대입하여 정리하면

$$\begin{aligned} a+5b &= a+(a^2+10) \\ &= a^2+a+10 \\ &= \left(a+\frac{1}{2}\right)^2+\frac{39}{4} \end{aligned}$$

따라서 $a+5b$의 최솟값은 $a=-\frac{1}{2}$일 때, $\frac{39}{4}$이다.

$a=-\frac{1}{2}$, $b=\frac{41}{20}$일 때이다.

답 $\frac{39}{4}$

26

(1) $\begin{cases} x+y=6 & \cdots\cdots ㉠ \\ (x-1)(y-1)=3 & \cdots\cdots ㉡ \end{cases}$

$x+y=u$, $xy=v$로 놓으면

㉠에서 $u=6$

㉡에서 $xy-(x+y)=2$이므로 $v-u=2$ $\quad \therefore v=8$

따라서 x, y는 t에 대한 이차방정식 $t^2-6t+8=0$의 두 근이다.

$(t-2)(t-4)=0$에서 $t=2$ 또는 $t=4$

$\therefore \begin{cases} x=2 \\ y=4 \end{cases}$ 또는 $\begin{cases} x=4 \\ y=2 \end{cases}$

(2) $\begin{cases} x^2+y^2+2x+2y=2 & \cdots\cdots ㉠ \\ x^2+xy+y^2=1 & \cdots\cdots ㉡ \end{cases}$

$x+y=u$, $xy=v$로 놓으면

㉠에서 $(x+y)^2-2xy+2(x+y)=2$이므로

$u^2-2v+2u=2$ $\quad\cdots\cdots ㉢$

㉡에서 $(x+y)^2-xy=1$이므로

$u^2-v=1$ $\quad\cdots\cdots ㉣$

㉣에서 $v=u^2-1$을 ㉢에 대입하면

$u^2-2(u^2-1)+2u=2$, $u^2-2u=0$

$u(u-2)=0$ $\quad \therefore u=0$ 또는 $u=2$

$u=0$을 ㉣에 대입하면 $v=-1$,

$u=2$를 ㉣에 대입하면 $v=3$

(i) $u=0$, $v=-1$일 때,

x, y는 t에 대한 이차방정식 $t^2-1=0$의 두 근이다.

$(t+1)(t-1)=0$에서 $t=-1$ 또는 $t=1$

$\therefore \begin{cases} x=-1 \\ y=1 \end{cases}$ 또는 $\begin{cases} x=1 \\ y=-1 \end{cases}$

(ii) $u=2$, $v=3$일 때,

x, y는 t에 대한 이차방정식 $t^2-2t+3=0$의 두 근이다.

근의 공식에 의하여 $t=1\pm\sqrt{2}i$

$\therefore \begin{cases} x=1+\sqrt{2}i \\ y=1-\sqrt{2}i \end{cases}$ 또는 $\begin{cases} x=1-\sqrt{2}i \\ y=1+\sqrt{2}i \end{cases}$

(i), (ii)에서 구하는 해는

$\begin{cases} x=-1 \\ y=1 \end{cases}$ 또는 $\begin{cases} x=1 \\ y=-1 \end{cases}$ 또는 $\begin{cases} x=1+\sqrt{2}i \\ y=1-\sqrt{2}i \end{cases}$ 또는 $\begin{cases} x=1-\sqrt{2}i \\ y=1+\sqrt{2}i \end{cases}$

답 풀이 참조

다른 풀이

(1) $\begin{cases} x+y=6 & \cdots\cdots ㉠ \\ (x-1)(y-1)=3 & \cdots\cdots ㉡ \end{cases}$

㉠에서 $y=-x+6$ $\quad\cdots\cdots ㉢$

㉢을 ㉡에 대입하면

$(x-1)(-x+5)=3$, $x^2-6x+8=0$

$(x-2)(x-4)=0$

$\therefore x=2$ 또는 $x=4$

$x=2$를 ㉢에 대입하면 $y=4$,

$x=4$를 ㉢에 대입하면 $y=2$

따라서 구하는 해는

$\begin{cases} x=2 \\ y=4 \end{cases}$ 또는 $\begin{cases} x=4 \\ y=2 \end{cases}$

(2) $\begin{cases} x^2+y^2+2x+2y=2 & \cdots\cdots ㉠ \\ x^2+xy+y^2=1 & \cdots\cdots ㉡ \end{cases}$

㉡$\times 2-$㉠을 하여 상수항을 소거하면

$x^2+2xy+y^2-2x-2y=0$

$(x+y)^2-2(x+y)=0$

$(x+y)(x+y-2)=0$

$\therefore y=-x$ 또는 $y=-x+2$

(i) $y=-x$를 ㉡에 대입하면

$x^2-x^2+x^2=1$, $x^2=1$ $\quad \therefore x=\pm 1$

즉, $x=-1$일 때 $y=1$, $x=1$일 때 $y=-1$

(ii) $y=-x+2$를 ㉡에 대입하면

$x^2+x(-x+2)+(-x+2)^2=1$

$x^2-2x+3=0$ $\quad \therefore x=1\pm\sqrt{2}i$

즉, $x=1+\sqrt{2}i$일 때 $y=1-\sqrt{2}i$,

$x=1-\sqrt{2}i$일 때 $y=1+\sqrt{2}i$

(i), (ii)에서 구하는 해는

$\begin{cases} x=-1 \\ y=1 \end{cases}$ 또는 $\begin{cases} x=1 \\ y=-1 \end{cases}$ 또는 $\begin{cases} x=1+\sqrt{2}i \\ y=1-\sqrt{2}i \end{cases}$ 또는 $\begin{cases} x=1-\sqrt{2}i \\ y=1+\sqrt{2}i \end{cases}$

27

$x+y=2a+6$, $xy=a^2+4a+13$이므로 실수 x, y를 두 근으로 하는 t에 대한 이차방정식은

$t^2-(2a+6)t+(a^2+4a+13)=0$

이때 이 이차방정식이 실근을 가져야 하므로 판별식을 D라 하면

$\frac{D}{4}=\{-(a+3)\}^2-(a^2+4a+13)\geq 0$

$2a-4\geq 0 \qquad \therefore a\geq 2$

따라서 실수 a의 최솟값은 2이다.

답 2

28

처음 직사각형의 가로, 세로의 길이를 각각

x, y $(x>0, y>0)$라 하면 대각선의 길이가 13이므로

$x^2+y^2=169 \qquad \cdots\cdots ㉠$

가로의 길이를 2만큼 늘이고, 세로의 길이를 2만큼 줄여서 만든 직사각형의 넓이는 처음 직사각형의 넓이보다 10만큼 크므로

$(x+2)(y-2)=xy+10$, $-2x+2y=14$

길이는 양수이므로 $y>2$

$\therefore y=x+7 \qquad \cdots\cdots ㉡$

㉡을 ㉠에 대입하면

$x^2+(x+7)^2=169$, $2x^2+14x+49=169$

$x^2+7x-60=0$, $(x+12)(x-5)=0$

$\therefore x=5$ ($\because x>0$)

$x=5$를 ㉡에 대입하면 $y=12$

따라서 처음 직사각형의 가로, 세로의 길이는 각각 5, 12이므로 둘레의 길이는

$2\times(5+12)=34$

답 34

29

두 자리 자연수 N의 십의 자리의 숫자를 a, 일의 자리의 숫자를 b라 하면

$a=1, 2, 3, \cdots, 9$이고 $b=0, 1, 2, \cdots, 9$

$N=10a+b$

이때 자연수 N의 각 자리의 숫자의 제곱의 합이 74이므로

$a^2+b^2=74 \qquad \cdots\cdots ㉠$

또한, 일의 자리의 숫자와 십의 자리의 숫자를 바꾼 수는 처음 수보다 18만큼 작으므로

$10b+a=10a+b-18$

$9a-9b=18$, $a-b=2$

$\therefore a=b+2 \qquad \cdots\cdots ㉡$

㉡을 ㉠에 대입하면

$(b+2)^2+b^2=74$, $2b^2+4b+4=74$

$b^2+2b-35=0$, $(b+7)(b-5)=0$

$\therefore b=5$ ($\because 0\leq b<10$)

$b=5$를 ㉡에 대입하면 $a=7$

$\therefore N=7\times 10+5=75$

답 75

30

$\overline{PA}=x$, $\overline{PB}=y$ $(x>0, y>0)$라 하자.

$\overline{PA}+2\overline{PB}=10$, 즉 $x+2y=10$에서

$x=10-2y \qquad \cdots\cdots ㉠$

또한, $\triangle PAB$는 $\angle APB=90°$인 직각삼각형이므로 피타고라스 정리에 의하여

$\overline{PA}^2+\overline{PB}^2=\overline{AB}^2$

이때 $\overline{AB}=2\sqrt{10}$이므로

$x^2+y^2=40 \qquad \cdots\cdots ㉡$

㉠을 ㉡에 대입하면

$(10-2y)^2+y^2=40$

$5y^2-40y+100=40$, $y^2-8y+12=0$

$(y-2)(y-6)=0 \qquad \therefore y=2$ 또는 $y=6$

㉠에서 $y=2$일 때 $x=6$, $y=6$일 때 $x=-2$

이때 $x>0$, $y>0$이므로

$x=6$, $y=2 \qquad \therefore \overline{PA}=6$, $\overline{PB}=2$

따라서 삼각형 PAB의 넓이는

$\frac{1}{2}\times\overline{PA}\times\overline{PB}=\frac{1}{2}\times 6\times 2=6$

답 6

31

두 이차방정식 $x^2+(3k-1)x-k+2=0$,

$x^2+(2k-1)x+2k+2=0$의 공통근이 $x=\alpha$이므로

$$\begin{cases} \alpha^2+(3k-1)\alpha-k+2=0 & \cdots\cdots ㉠ \\ \alpha^2+(2k-1)\alpha+2k+2=0 & \cdots\cdots ㉡ \end{cases}$$

㉠$-$㉡을 하면 $k\alpha-3k=0$

$k(\alpha-3)=0 \qquad \therefore k=0$ 또는 $\alpha=3$

(i) $k=0$일 때,

두 이차방정식이 $x^2-x+2=0$으로 일치하므로 공통근이 2개가 되어 조건에 맞지 않는다.

근의 공식에 의하여 $x=\frac{1\pm\sqrt{7}i}{2}$

(ii) $\alpha=3$일 때,

$\alpha=3$을 ㉠에 대입하여 정리하면

$8+8k=0 \qquad \therefore k=-1$

이때 $k=-1$이면 두 이차방정식

$x^2-4x+3=0$, $x^2-3x=0$의 공통근은 $x=3$이다.

(i), (ii)에서 $k=-1$, $\alpha=3$이므로

$k+\alpha=2$

답 2

32

이차방정식 $x^2-px+q=0$의 두 근이 α, β이고, 이차방정식 $x^2-qx+p=0$의 두 근이 α, γ이므로 두 이차방정식의 공통근이 α이다.

$$\therefore \begin{cases} \alpha^2-p\alpha+q=0 & \cdots\cdots ㉠ \\ \alpha^2-q\alpha+p=0 & \cdots\cdots ㉡ \end{cases}$$

㉠−㉡을 하면

$(q-p)\alpha+(q-p)=0$, $(\alpha+1)(q-p)=0$

$\therefore \alpha=-1$ ($\because p\neq q$)

$\alpha=-1$을 ㉠에 대입하여 정리하면

$p+q=-1 \qquad \cdots\cdots ㉢$

한편, 각 이차방정식에서 이차방정식의 근과 계수의 관계에 의하여

$\alpha+\beta=p$, $\alpha+\gamma=q$

$$\begin{aligned}\therefore \alpha+\beta+\gamma &=(\alpha+\beta)+(\alpha+\gamma)-\alpha \\ &=p+q-(-1) \\ &=-1+1 \ (\because ㉢) \\ &=0\end{aligned}$$

답 0

33

$2x^2+4y^2+4xy-2x+1=0$에서

$(x^2+4xy+4y^2)+(x^2-2x+1)=0$

$\therefore (x+2y)^2+(x-1)^2=0$

이때 x, y가 실수이므로 $x+2y$, $x-1$도 실수이다.

따라서 $x+2y=0$, $x-1=0$이므로 두 식을 연립하여 풀면

$x=1$, $y=-\frac{1}{2}$

$\therefore x-10y=1-10\times\left(-\frac{1}{2}\right)=6$

답 6

다른 풀이

주어진 방정식의 좌변을 y에 대한 내림차순으로 정리하면

$4y^2+4xy+2x^2-2x+1=0 \qquad \cdots\cdots ㉠$

y가 실수이므로 y에 대한 이차방정식 ㉠이 실근을 가져야 한다.

이차방정식 ㉠의 판별식을 D라 하면

$\frac{D}{4}=(2x)^2-4(2x^2-2x+1)\geq 0$

$-4x^2+8x-4\geq 0$, $x^2-2x+1\leq 0$

$\therefore (x-1)^2\leq 0$

이때 x도 실수이므로 $x-1=0 \qquad \therefore x=1$

이것을 ㉠에 대입하면

$4y^2+4y+1=0$, $(2y+1)^2=0 \qquad \therefore y=-\frac{1}{2}$

$\therefore x-10y=1-10\times\left(-\frac{1}{2}\right)=6$

34

$x^2+4y^2+x^2y^2-10xy+9=0$에서

$(x^2-4xy+4y^2)+(x^2y^2-6xy+9)=0$

$\therefore (x-2y)^2+(xy-3)^2=0$

이때 x, y가 실수이므로 $x-2y$, $xy-3$도 실수이다.

$\therefore x-2y=0$, $xy-3=0$

$x-2y=0$에서 $x=2y$

이것을 $xy-3=0$에 대입하면

$2y^2-3=0 \qquad \therefore y^2=\frac{3}{2}$

또한, $x-2y=0$에서 $x^2=4y^2$이므로 $x^2=4\times\frac{3}{2}=6$

$\therefore x^2+2y^2=6+2\times\frac{3}{2}=9$

답 9

다른 풀이

주어진 방정식을 x에 대한 내림차순으로 정리하면

$(y^2+1)x^2-10yx+4y^2+9=0 \qquad \cdots\cdots ㉠$

x가 실수이므로 x에 대한 이차방정식 ㉠이 실근을 가져야 한다.

이차방정식 ㉠의 판별식을 D라 하면

$\frac{D}{4}=(-5y)^2-(y^2+1)(4y^2+9)\geq 0$

$-4y^4+12y^2-9\geq0$

$4y^4-12y^2+9\leq0$, $(2y^2-3)^2\leq0$

이때 y도 실수이므로

$2y^2-3=0$, $y^2=\frac{3}{2}$ $\quad\therefore y=\pm\frac{\sqrt{6}}{2}$

(i) $y=\frac{\sqrt{6}}{2}$을 ㉠에 대입하면

$\frac{5}{2}x^2-5\sqrt{6}x+15=0$

$x^2-2\sqrt{6}x+6=0$, $(x-\sqrt{6})^2=0$ $\quad\therefore x=\sqrt{6}$

(ii) $y=-\frac{\sqrt{6}}{2}$을 ㉠에 대입하면

$\frac{5}{2}x^2+5\sqrt{6}x+15=0$

$x^2+2\sqrt{6}x+6=0$, $(x+\sqrt{6})^2=0$ $\quad\therefore x=-\sqrt{6}$

(i), (ii)에서 $x^2=6$

$\therefore x^2+2y^2=6+2\times\frac{3}{2}=9$

STEP 1 **개념 마무리** 본문 pp.181~182

13 -3	**14** 6	**15** ①	**16** 1
17 4, 36	**18** ③	**19** 75	**20** ⑤
21 3	**22** 18	**23** 5	**24** 2

13

주어진 두 연립방정식의 해가 일치하므로 그 해는 연립방정식

$\begin{cases} 2x+2y=1 & \cdots\cdots ㉠ \\ x^2-y^2=-1 & \cdots\cdots ㉡ \end{cases}$

의 해와 같다.

㉠에서 $2x=1-2y$ $\quad\therefore x=\frac{1}{2}-y$ $\quad\cdots\cdots$ ㉢

㉢을 ㉡에 대입하면

$\left(\frac{1}{2}-y\right)^2-y^2=-1$

$-y+\frac{1}{4}=-1$ $\quad\therefore y=\frac{5}{4}$

$y=\frac{5}{4}$를 ㉢에 대입하면 $x=-\frac{3}{4}$

즉, 주어진 두 연립방정식의 해는 $\begin{cases} x=-\frac{3}{4} \\ y=\frac{5}{4} \end{cases}$ 이므로

$3x+y=a$에서

$a=3\times\left(-\frac{3}{4}\right)+\frac{5}{4}=-1$

$x-y=b$에서

$b=-\frac{3}{4}-\frac{5}{4}=-2$

$\therefore a+b=-1+(-2)=-3$

답 -3

14

$\begin{cases} x^2-3xy+2y^2=0 & \cdots\cdots ㉠ \\ x^2-y^2=9 & \cdots\cdots ㉡ \end{cases}$

㉠에서 $(x-y)(x-2y)=0$

$\therefore x=y$ 또는 $x=2y$

(i) $x=y$일 때,

$x=y$를 ㉡에 대입하면

$y^2-y^2=9$

즉, $0\times y^2=9$이므로 이를 만족시키는 실수 y의 값은 존재하지 않는다.

(ii) $x=2y$일 때,

$x=2y$를 ㉡에 대입하면

$(2y)^2-y^2=9$, $3y^2=9$

$y^2=3$ $\quad\therefore y=\pm\sqrt{3}$

즉, $y=-\sqrt{3}$일 때 $x=-2\sqrt{3}$, $y=\sqrt{3}$일 때 $x=2\sqrt{3}$

(i), (ii)에서 구하는 실수 x, y의 값은

$\begin{cases} x=-2\sqrt{3} \\ y=-\sqrt{3} \end{cases}$ 또는 $\begin{cases} x=2\sqrt{3} \\ y=\sqrt{3} \end{cases}$

$\therefore xy=6$

답 6

15

$\begin{cases} x^2-4y^2=3 & \cdots\cdots ㉠ \\ 2(x-y)^2-x+y=15 & \cdots\cdots ㉡ \end{cases}$

㉡에서 $2(x-y)^2-(x-y)-15=0$

이때 $x-y=t$로 놓으면 $2t^2-t-15=0$

$(2t+5)(t-3)=0$ $\quad\therefore t=-\frac{5}{2}$ 또는 $t=3$

즉, $x-y=-\frac{5}{2}$ 또는 $x-y=3$이므로

$x=y-\frac{5}{2}$ 또는 $x=y+3$

(i) $x=y-\frac{5}{2}$일 때,

$x=y-\frac{5}{2}$를 ㉠에 대입하면

$\left(y-\frac{5}{2}\right)^2-4y^2=3$, $12y^2+20y-13=0$

$(2y-1)(6y+13)=0$

$\therefore y=\frac{1}{2}$ 또는 $y=-\frac{13}{6}$

즉, $y=\frac{1}{2}$일 때 $x=-2$, $y=-\frac{13}{6}$일 때 $x=-\frac{14}{3}$

그런데 x, y는 양수이어야 하므로 조건을 만족시키지 않는다.

(ii) $x=y+3$일 때,

$x=y+3$을 ㉠에 대입하면

$(y+3)^2-4y^2=3$, $y^2-2y-2=0$

$\therefore y=1\pm\sqrt{3}$

즉, $y=1+\sqrt{3}$일 때 $x=4+\sqrt{3}$,

$y=1-\sqrt{3}$일 때 $x=4-\sqrt{3}$

그런데 x, y는 양수이어야 하므로

$x=4+\sqrt{3}$, $y=1+\sqrt{3}$

(i), (ii)에서 구하는 해는 $\begin{cases} x=4+\sqrt{3} \\ y=1+\sqrt{3} \end{cases}$이므로

$x-4y=4+\sqrt{3}-4(1+\sqrt{3})=-3\sqrt{3}$

답 ①

16

연립방정식 $\begin{cases} x+y=2a+1 \\ xy=a^2+2 \end{cases}$를 만족시키는 두 실수 x, y는

t에 대한 이차방정식

$t^2-(2a+1)t+(a^2+2)=0$

의 두 근이다.

이때 실수 x, y가 존재하지 않으려면 이 이차방정식이 실근을 갖지 않아야 하므로 판별식을 D라 하면

$D=\{-(2a+1)\}^2-4(a^2+2)<0$

$4a^2+4a+1-4a^2-8<0$

$4a-7<0$, $4a<7$ $\quad\therefore a<\frac{7}{4}$

따라서 조건을 만족시키는 정수 a의 최댓값은 1이다.

답 1

17

$\begin{cases} (x+2)(y+2)=4 & \cdots\cdots ㉠ \\ (x-2)(y-2)=k & \cdots\cdots ㉡ \end{cases}$

$x+y=u$, $xy=v$로 놓으면

㉠에서 $xy+2(x+y)+4=4$이므로

$2u+v=0$ $\cdots\cdots$ ㉢

㉡에서 $xy-2(x+y)+4=k$이므로

$-2u+v=k-4$ $\cdots\cdots$ ㉣

㉢+㉣을 하면

$2v=k-4$ $\quad\therefore v=\frac{k-4}{2}$

$v=\frac{k-4}{2}$를 ㉢에 대입하면

$2u+\frac{k-4}{2}=0$ $\quad\therefore u=-\frac{k-4}{4}$

따라서 x, y는 t에 대한 이차방정식

$t^2+\frac{k-4}{4}t+\frac{k-4}{2}=0$, 즉

$4t^2+(k-4)t+2(k-4)=0$

의 두 근이다.

주어진 연립방정식이 오직 한 쌍의 해를 가지려면 이 이차방정식이 오직 하나의 해를 가져야 하므로 판별식을 D라 하면

$D=(k-4)^2-4\times4\times2(k-4)=0$

$k^2-40k+144=0$, $(k-4)(k-36)=0$

$\therefore k=4$ 또는 $k=36$

답 4, 36

18

다음 그림과 같이 사이에 비어있는 칸을 A, B로 정하자.

x^2		
A	$3y^2$	xy
$-xy$	30	B

A를 공유하는 경우, 즉 $x^2+A-xy=A+3y^2+xy$에서

$x^2-2xy-3y^2=0$ ……㉠

B를 공유하는 경우, 즉 $x^2+3y^2+B=-xy+30+B$에서

$x^2+3y^2+xy-30=0$ ……㉡

㉠에서 $(x+y)(x-3y)=0$

$\therefore x=-y$ 또는 $x=3y$

x, y의 부호가 서로 다르거나 $x=y=0$이다.

이때 x, y는 모두 양수이므로 $x=3y$

$x=3y$를 ㉡에 대입하면

$9y^2+3y^2+3y^2-30=0$, $y^2=2$

$\therefore y=\sqrt{2}$ ($\because y>0$)

즉, $y=\sqrt{2}$일 때 $x=3\sqrt{2}$

$\therefore x+y=4\sqrt{2}$

답 ③

19

가로와 세로의 길이가 각각 $3a$, $2b$ ($a>0$, $b>0$)인 직사각형의 넓이가 108이므로

$3a\times 2b=108$, $ab=18$ $\quad\therefore b=\frac{18}{a}$ ……㉠

한 변의 길이가 각각 $2a$, $3b$인 두 정사각형의 넓이의 합이 직사각형의 넓이의 2배와 같으므로

$(2a)^2+(3b)^2=2\times 108$

$\therefore 4a^2+9b^2=216$ ……㉡

㉠을 ㉡에 대입하면

$4a^2+9\times\left(\frac{18}{a}\right)^2=216$

$a^2+\frac{729}{a^2}=54$, $a^4-54a^2+729=0$

$(a^2-27)^2=0$, $a^2=27$

$\therefore a=3\sqrt{3}$ ($\because a>0$)

$a=3\sqrt{3}$을 ㉠에 대입하면 $b=\frac{18}{3\sqrt{3}}=2\sqrt{3}$이므로

$a+b=3\sqrt{3}+2\sqrt{3}=5\sqrt{3}$

따라서 한 변의 길이가 $a+b$인 정사각형의 넓이는

$(5\sqrt{3})^2=75$

답 75

20

두 이차방정식의 공통근이 α이므로

$\begin{cases}\alpha^2+a\alpha+b=0 & \cdots\cdots ㉠\\ \alpha^2+b\alpha+a=0 & \cdots\cdots ㉡\end{cases}$

㉠−㉡을 하면

$(a-b)\alpha-(a-b)=0$

$(a-b)(\alpha-1)=0$ $\quad\therefore a=b$ 또는 $\alpha=1$

이때 $\frac{\gamma}{\beta}=\frac{2}{3}$에서 $\beta\neq\gamma$이므로 주어진 두 이차방정식의 공통근은 $x=\alpha$뿐이다.

그런데 $a=b$이면 주어진 두 이차방정식은 일치하여 2개의 공통근을 가지므로 $a\neq b$

$\therefore \alpha=1$

이차방정식 $x^2+ax+b=0$의 두 근이 1, β이므로 근과 계수의 관계에 의하여

$a=-(1+\beta)$, $b=\beta$ ……㉢

$\frac{\gamma}{\beta}=\frac{2}{3}$에서 $\gamma=\frac{2}{3}\beta$이고 이차방정식 $x^2+bx+a=0$의 두 근이 1, γ, 즉 1, $\frac{2}{3}\beta$이므로 근과 계수의 관계에 의하여

$b=-\left(1+\frac{2}{3}\beta\right)$, $a=\frac{2}{3}\beta$ ……㉣

㉢, ㉣에서

$a=-(1+\beta)=\frac{2}{3}\beta$, $b=\beta=-\left(1+\frac{2}{3}\beta\right)$

따라서 $\beta=-\frac{3}{5}$, $a=-\frac{2}{5}$, $b=-\frac{3}{5}$이므로

$ab=\left(-\frac{2}{5}\right)\times\left(-\frac{3}{5}\right)=\frac{6}{25}$

답 ⑤

21

공통근을 α라 하면

$\begin{cases}\alpha^2+a\alpha+b=0 & \cdots\cdots ㉠\\ \alpha^2+b\alpha+a=0 & \cdots\cdots ㉡\end{cases}$

㉠−㉡을 하면 $(a-b)\alpha-(a-b)=0$

$(a-b)(\alpha-1)=0$ $\quad\therefore a=b$ 또는 $\alpha=1$

그런데 $a=b$이면 주어진 두 이차방정식은 일치하여 2개의 공통근을 가지므로 $a\neq b$

$\therefore \alpha=1$

(가)

㉠에 $\alpha=1$을 대입하면

$1+a+b=0$에서 $b=-a-1$ ……㉢

이것을 $a^2+b^2=5$에 대입하면

$a^2+(-a-1)^2=5$, $a^2+a-2=0$

$(a-1)(a+2)=0 \quad \therefore a=1$ 또는 $a=-2$

$a=1$을 ㉢에 대입하면 $b=-2$

$a=-2$를 ㉢에 대입하면 $b=1$

(나)

따라서 $a-b$의 최댓값은 $a=1, b=-2$일 때

$1-(-2)=3$

(다)

답 3

단계	채점 기준	배점
(가)	두 이차방정식을 연립하여 공통근을 구한 경우	40%
(나)	a, b의 값을 각각 구한 경우	40%
(다)	$a-b$의 최댓값을 구한 경우	20%

22

x^2-6x-6이 어떤 자연수의 제곱이므로

$x^2-6x-6=n^2$ (n은 자연수)이라 하면

$x^2-6x+9-n^2-15=0$

$(x-3)^2-n^2=15$

$\therefore \{(x-3)+n\}\{(x-3)-n\}=15$

자연수 x, n에 대하여 $x-3+n>x-3-n$이므로

$x-3+n$, $x-3-n$의 값은 다음 표와 같다.

$x-3+n$	-1	-3	5	15
$x-3-n$	-15	-5	3	1

(i) $\begin{cases} x-3+n=-1 \\ x-3-n=-15 \end{cases}$, 즉 $\begin{cases} x+n=2 \\ x-n=-12 \end{cases}$ 일 때,

두 식을 연립하여 풀면 $x=-5, n=7$

그런데 x, n은 자연수이므로 조건을 만족시키지 않는다.

(ii) $\begin{cases} x-3+n=-3 \\ x-3-n=-5 \end{cases}$, 즉 $\begin{cases} x+n=0 \\ x-n=-2 \end{cases}$ 일 때,

두 식을 연립하여 풀면 $x=-1, n=1$

그런데 x, n은 자연수이므로 조건을 만족시키지 않는다.

(iii) $\begin{cases} x-3+n=5 \\ x-3-n=3 \end{cases}$, 즉 $\begin{cases} x+n=8 \\ x-n=6 \end{cases}$ 일 때,

두 식을 연립하여 풀면 $x=7, n=1$

(iv) $\begin{cases} x-3+n=15 \\ x-3-n=1 \end{cases}$, 즉 $\begin{cases} x+n=18 \\ x-n=4 \end{cases}$ 일 때,

두 식을 연립하여 풀면 $x=11, n=7$

(i)~(iv)에서 조건을 만족시키는 자연수 x의 값은 7 또는 11이므로 그 합은 18이다.

답 18

23

$(x^2+16)(y^2+1)-16xy=0$에서

$x^2y^2+x^2+16y^2+16-16xy=0$

$(x^2y^2-8xy+16)+(x^2-8xy+16y^2)=0$

$\therefore (xy-4)^2+(x-4y)^2=0$

이때 x, y가 실수이므로

$xy-4=0, x-4y=0$

$\therefore xy=4, x=4y$

$x=4y$를 $xy=4$에 대입하면

$4y^2=4, y^2=1 \quad \therefore y=\pm1$

즉, $y=1$일 때 $x=4$, $y=-1$일 때 $x=-4$

$\therefore |x|+|y|=5$

답 5

24

이차방정식 $x^2-(m+3)x+2m+4=0$의 두 근을

α, β ($\alpha\le\beta$, α, β는 정수)라 하면 근과 계수의 관계에 의하여

$\begin{cases} \alpha+\beta=m+3 & \cdots\cdots ㉠ \\ \alpha\beta=2m+4 & \cdots\cdots ㉡ \end{cases}$

㉡$-2\times$㉠을 하면

$\alpha\beta-2\alpha-2\beta=-2$

$\alpha(\beta-2)-2(\beta-2)-4=-2$

$\therefore (\alpha-2)(\beta-2)=2$

이때 $\alpha-2, \beta-2$는 정수이고 $\alpha\le\beta$에서 $\alpha-2\le\beta-2$이므로 $\alpha-2, \beta-2$의 값은 다음 표와 같다.

$\alpha-2$	-2	1
$\beta-2$	-1	2

(i) $\alpha-2=-2, \beta-2=-1$에서 $\alpha=0, \beta=1$

즉, ㉠에서

$0+1=m+3 \quad \therefore m=-2$

(ii) $\alpha-2=1, \beta-2=2$에서 $\alpha=3, \beta=4$

즉, ㉠에서

$3+4=m+3 \quad \therefore m=4$

(i), (ii)에서 $m=-2$ 또는 $m=4$

따라서 모든 정수 m의 값의 합은

$-2+4=2$

답 2

STEP 2 **개념 마무리** 본문 p.183

1 $-\frac{4}{3}$	**2** 2	**3** $\frac{25}{2}$	**4** 1
5 28	**6** 80		

1

$(x^2+a)(2x+a^2+1)=(x^2+2a+1)(x+a^2)$에서 양변을 각각 전개하여 정리하면

$x^3+x^2-x-a^3-a^2+a=0$

$f(x)=x^3+x^2-x-a^3-a^2+a$라 하면 $f(a)=0$이므로 조립제법을 이용하여 $f(x)$를 인수분해하면

a	1	1	-1	$-a^3-a^2+a$
		a	a^2+a	a^3+a^2-a
	1	$a+1$	a^2+a-1	0

$\therefore f(x)=(x-a)\{x^2+(a+1)x+a^2+a-1\}$

따라서 주어진 방정식은

$(x-a)\{x^2+(a+1)x+a^2+a-1\}=0$이므로

$x=a$ 또는 $x^2+(a+1)x+a^2+a-1=0$

(i) $x=a$를 중근으로 가질 때,

$x=a$는 이차방정식 $x^2+(a+1)x+a^2+a-1=0$의 근이어야 하므로

$a^2+(a+1)a+a^2+a-1=0$

$3a^2+2a-1=0$, $(a+1)(3a-1)=0$

$\therefore a=-1$ 또는 $a=\frac{1}{3}$

(ii) $x^2+(a+1)x+a^2+a-1=0$이 중근을 가질 때,

이 이차방정식의 판별식을 D라 하면

$D=(a+1)^2-4(a^2+a-1)=0$

$3a^2+2a-5=0$, $(3a+5)(a-1)=0$

$\therefore a=-\frac{5}{3}$ 또는 $a=1$

(i), (ii)에서 모든 실수 a의 값의 합은

$\left(-\frac{5}{3}\right)+(-1)+\frac{1}{3}+1=-\frac{4}{3}$

답 $-\frac{4}{3}$

2

사차방정식 $x^4+ax^3+bx^2+cx-1=0$의 계수가 모두 실수이므로 한 근이 허근 β이면 $\overline{\beta}$도 근이다.

그런데 사차방정식 $x^4+ax^3+bx^2+cx-1=0$의 네 근이 α, β, α^2, β^2이고 α는 실수이므로

$\overline{\beta}=\beta^2$

$\beta=s+ti$ (s, t는 실수, $t\neq0$)라 하면 $\overline{\beta}=\beta^2$에서

$s-ti=(s^2-t^2)+2sti$

복소수가 서로 같을 조건에 의하여

$s=s^2-t^2$, $-t=2st$

$-t=2st$에서 $t(2s+1)=0$

이때 $t\neq0$이므로 $2s+1=0$ $\quad\therefore s=-\frac{1}{2}$

$s=-\frac{1}{2}$을 $s=s^2-t^2$에 대입하면

$t^2=\frac{1}{4}+\frac{1}{2}=\frac{3}{4}$ $\quad\therefore t=\pm\frac{\sqrt{3}}{2}$

즉, 주어진 사차방정식의 두 허근은

$-\frac{1}{2}+\frac{\sqrt{3}}{2}i$, $-\frac{1}{2}-\frac{\sqrt{3}}{2}i$

또한, $\underbrace{-\frac{1}{2}+\frac{\sqrt{3}}{2}i,\ -\frac{1}{2}-\frac{\sqrt{3}}{2}i}_{(\text{두 근의 합})=-1,\ (\text{두 근의 곱})=1}$를 두 근으로 하고 최고차항의 계수가 1인 이차방정식은 $x^2+x+1=0$이므로

$x^4+ax^3+bx^2+cx-1=(x^2+x+1)(x-\alpha)(x-\alpha^2)$

이 등식은 x에 대한 항등식이므로 양변의 상수항을 비교하면

$-1=\alpha^3$ $\quad\therefore \alpha=-1$ ($\because \alpha$는 실수)

따라서

$$\begin{aligned}x^4+ax^3+bx^2+cx-1&=(x^2+x+1)(x+1)(x-1)\\&=x^4+x^3-x-1\end{aligned}$$

이므로

$a=1$, $b=0$, $c=-1$

$\therefore a+2b-c=1+2\times0-(-1)=2$

답 2

3

$\begin{cases}x^2+y^2-x-y=6\\x^2+y^2-xy=7\end{cases}$에서 $\begin{cases}(x+y)^2-2xy-(x+y)=6\\(x+y)^2-3xy=7\end{cases}$

$x+y=u$, $xy=v$로 놓으면

$\begin{cases}u^2-2v-u=6 & \cdots\cdots㉠\\u^2-3v=7 & \cdots\cdots㉡\end{cases}$

㉠−㉡을 하면

$-u+v=-1 \qquad \therefore v=u-1$

$v=u-1$을 ㉡에 대입하면

$u^2-3(u-1)=7,\ u^2-3u-4=0$

$(u+1)(u-4)=0 \qquad \therefore u=-1$ 또는 $u=4$

즉, $u=-1$일 때 $v=-2$, $u=4$일 때 $v=3$

(i) $u=-1,\ v=-2$일 때,

$x+y=-1,\ xy=-2$이므로 $x,\ y$는 t에 대한 이차방정식 $t^2+t-2=0$의 두 근이다.

$(t+2)(t-1)=0 \qquad \therefore t=-2$ 또는 $t=1$

$\therefore \begin{cases} x=-2 \\ y=1 \end{cases}$ 또는 $\begin{cases} x=1 \\ y=-2 \end{cases}$

(ii) $u=4,\ v=3$일 때,

$x+y=4,\ xy=3$이므로 $x,\ y$는 t에 대한 이차방정식 $t^2-4t+3=0$의 두 근이다.

$(t-1)(t-3)=0 \qquad \therefore t=1$ 또는 $t=3$

$\therefore \begin{cases} x=1 \\ y=3 \end{cases}$ 또는 $\begin{cases} x=3 \\ y=1 \end{cases}$

(i), (ii)에서 다각형의 네 꼭짓점을 각각 A(1, 3), B(−2, 1), C(1, −2), D(3, 1)이라 하면 사각형 ABCD는 오른쪽 그림과 같으므로 그 넓이는

$\frac{1}{2}\times\overline{AC}\times\overline{BD}=\frac{1}{2}\times(3+2)\times(3+2)=\frac{25}{2}$

답 $\frac{25}{2}$

보충 설명

두 대각선이 수직으로 만나는 사각형의 넓이 |

두 대각선이 수직으로 만나는 사각형에서 두 대각선의 길이가 각각 $l,\ m$일 때, 이 사각형의 넓이 S는

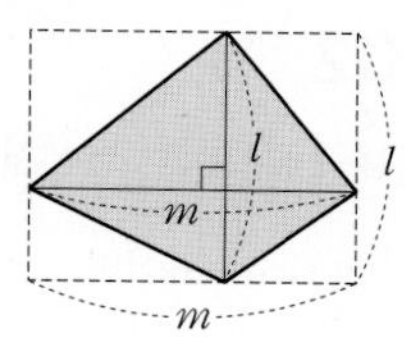

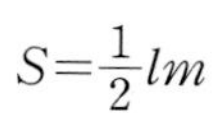

$S=\frac{1}{2}lm$

4

$\begin{cases} x^3+ax^2+bx+c=0 & \cdots\cdots㉠ \\ x^2+ax+2=0 & \cdots\cdots㉡ \end{cases}$ 이라 하자.

삼차방정식 ㉠의 계수가 실수이고 한 근이 $1+\sqrt{3}i$이므로 $1-\sqrt{3}i$도 ㉠의 근이다.

(i) ㉠, ㉡의 공통근이 $1+\sqrt{3}i$ 또는 $1-\sqrt{3}i$일 때, ← $m=1+\sqrt{3}i$ 또는 $m=1-\sqrt{3}i$일 때

이차방정식 ㉡의 계수가 실수이므로 한 근이 $1+\sqrt{3}i$이면 $1-\sqrt{3}i$도 근이고, 한 근이 $1-\sqrt{3}i$이면 $1+\sqrt{3}i$도 근이다.

즉, 공통근이 $1+\sqrt{3}i$ 또는 $1-\sqrt{3}i$이면 두 근 모두 ㉡의 근이고, 두 근의 곱은

$(1+\sqrt{3}i)(1-\sqrt{3}i)=4$

그런데 이차방정식 ㉡에서 근과 계수의 관계에 의하여 두 근의 곱은 2이다.

즉, $1+\sqrt{3}i,\ 1-\sqrt{3}i$는 두 방정식 ㉠, ㉡의 공통근이 될 수 없다.

(ii) ㉠, ㉡의 공통근 m이 실수일 때, ← 실수 계수의 삼차방정식에서 두 근이 서로 켤레복소수이면 나머지 한 근은 반드시 실수이다.

삼차방정식 ㉠의 세 근이 $1+\sqrt{3}i,\ 1-\sqrt{3}i,\ m$이므로 근과 계수의 관계에 의하여

$(1+\sqrt{3}i)+(1-\sqrt{3}i)+m=-a$

$\therefore a=-m-2 \qquad \cdots\cdots㉢$

$x=m$은 이차방정식 ㉡의 근이기도 하므로

$m^2+am+2=0 \qquad \cdots\cdots㉣$

㉢을 ㉣에 대입하면

$m^2+(-m-2)m+2=0,\ -2m+2=0$

$\therefore m=1$

(i), (ii)에서 구하는 m의 값은 1이다.

답 1

보충 설명

삼차방정식 ㉠의 세 근이 $1+\sqrt{3}i,\ 1-\sqrt{3}i,\ 1$이므로 근과 계수의 관계에 의하여

$a=-(1+\sqrt{3}i+1-\sqrt{3}i+1)=-3$

$b=(1+\sqrt{3}i)(1-\sqrt{3}i)+(1-\sqrt{3}i)+(1+\sqrt{3}i)=6$

$c=-(1+\sqrt{3}i)(1-\sqrt{3}i)=-4$

따라서 주어진 삼차방정식은 $x^3-3x^2+6x-4=0$, 이차방정식은 $x^2-3x+2=0$이다.

5

$xy-2x+2-y^2=0$에서

$x(y-2)-(y^2-4)=2$

$x(y-2)-(y-2)(y+2)=2$

$\therefore (y-2)(x-y-2)=2$

이때 $x,\ y$가 자연수이므로 $y-2\geq-1$이다.

따라서 $y-2$, $x-y-2$의 값은 다음 표와 같다.

$y-2$	-1	1	2
$x-y-2$	-2	2	1

(ⅰ) $y-2=-1$, $x-y-2=-2$일 때,
$x=1$, $y=1$이므로 $xy=1$

(ⅱ) $y-2=1$, $x-y-2=2$일 때,
$x=7$, $y=3$이므로 $xy=21$

(ⅲ) $y-2=2$, $x-y-2=1$일 때,
$x=7$, $y=4$이므로 $xy=28$

(ⅰ), (ⅱ), (ⅲ)에서 xy의 최댓값은 28이다.

답 28

6

방정식 $x^2+5y^2+4xy-8y+k=0$을 x에 대한 내림차순으로 정리하면

$x^2+4yx+5y^2-8y+k=0$ ……㉠

주어진 방정식의 실근이 한 쌍만 존재하므로 x에 대한 이차방정식 ㉠이 중근을 가져야 한다.

㉠의 판별식을 D라 하면

$\frac{D}{4}=(2y)^2-(5y^2-8y+k)=0$

$\therefore y^2-8y+k=0$ ……㉡

이때 y의 값 역시 하나만 존재해야 하므로 이차방정식 ㉡도 중근을 가져야 한다. ㉡의 판별식을 D'이라 하면

$\frac{D'}{4}=(-4)^2-k=0$

$16-k=0 \quad \therefore k=16$

$k=16$을 ㉡에 대입하면

$y^2-8y+16=0$

$(y-4)^2=0 \quad \therefore y=4$

$y=4$, $k=16$을 ㉠에 대입하면

$x^2+4\times4\times x+5\times4^2-8\times4+16=0$

$x^2+16x+64=0$

$(x+8)^2=0 \quad \therefore x=-8$

따라서 $a=-8$, $b=4$이므로

$a^2+b^2=(-8)^2+4^2=80$

답 80

08. 여러 가지 부등식

① 연립일차부등식

기본 + 필수연습 본문 pp.190~196

01 ㄴ, ㄷ **02** 풀이 참조 **03** $-2<x\le3$

04 (1) $x=5$ (2) 해는 없다. **05** 9

06 (1) $x\le0$ 또는 $x\ge\frac{4}{3}$

(2) $-\frac{7}{3}\le x<-\frac{4}{3}$ 또는 $2<x\le3$

(3) $x\le-\frac{1}{5}$

07 4 **08** 12 **09** -1 **10** -7

11 $-15<a\le-8$ **12** 80 g 이상 320 g 이하

13 $\frac{5}{2}$km 이상 $\frac{16}{5}$km 미만 **14** 59

15 (1) $x\le-2$ 또는 $x\ge7$ (2) $\frac{4}{3}<x<\frac{8}{5}$ **16** $\frac{2}{3}$

01

ㄱ. $a<0$, $b>0$이므로 $a+b$의 부호는 알 수 없다. (거짓)

ㄴ. $a<0$, $b>0$이므로 $\frac{b}{a}<0$ (참)

ㄷ. $a<0$, $b>0$에서
$|a-b|=|a|+|b|$이고,
$|a+b|=\underbrace{|a|-|b|}_{|a|\ge|b|일 때}$ 또는 $|a+b|=\underbrace{|b|-|a|}_{|a|<|b|일 때}$이므로
$|a-b|>|a+b|$ (참)

따라서 옳은 것은 ㄴ, ㄷ이다.

답 ㄴ, ㄷ

02

(1) $ax+3<-a$에서 $ax<-a-3$

(ⅰ) $a>0$이면 $x<-1-\frac{3}{a}$

(ⅱ) $a=0$이면 $0\times x<-3$이므로 해는 없다.

(ⅲ) $a<0$이면 $x>-1-\frac{3}{a}$

(2) $a^2x+1\ge a+x$에서 $(a^2-1)x\ge a-1$

$\therefore (a+1)(a-1)x\ge a-1$

(ⅰ) $a<-1$이면 $a+1<0$, $a-1<0$에서
$(a+1)(a-1)>0$이므로 $x\ge\frac{1}{a+1}$

(ii) $a=-1$이면 $0\times x\geq-2$이므로 해는 모든 실수이다.

(iii) $-1<a<1$이면 $a+1>0$, $a-1<0$에서

$(a+1)(a-1)<0$이므로 $x\leq\frac{1}{a+1}$

(iv) $a=1$이면 $0\times x\geq0$이므로 해는 모든 실수이다.

(v) $a>1$이면 $a+1>0$, $a-1>0$에서

$(a+1)(a-1)>0$이므로 $x\geq\frac{1}{a+1}$

답 풀이 참조

03

$0.5(x-3)-2\leq\frac{7}{4}-\frac{5}{4}x$의 양변에 4를 곱하면

$2(x-3)-8\leq7-5x$

$7x\leq21$ $\quad\therefore x\leq3$ $\quad\cdots\cdots$㉠

$-\frac{3}{8}x-\frac{9}{4}<x+0.5$의 양변에 8을 곱하면

$-3x-18<8x+4$

$-11x<22$ $\quad\therefore x>-2$ $\quad\cdots\cdots$㉡

㉠, ㉡을 수직선 위에 나타내면 오른쪽 그림과 같으므로 주어진 연립부등식의 해는

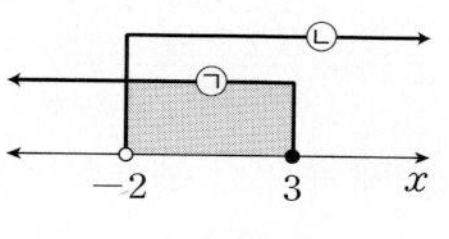

$-2<x\leq3$

답 $-2<x\leq3$

04

(1) $3x-2\geq x+8$에서 $2x\geq10$

$\therefore x\geq5$ $\quad\cdots\cdots$㉠

$2x+4\geq5x-11$에서 $-3x\geq-15$

$\therefore x\leq5$ $\quad\cdots\cdots$㉡

㉠, ㉡을 수직선 위에 나타내면 오른쪽 그림과 같으므로 주어진 연립부등식의 해는

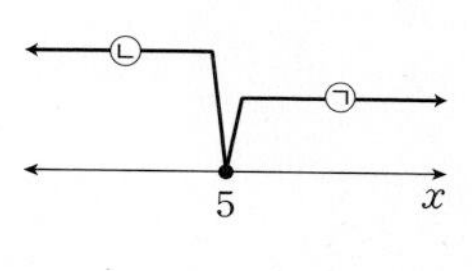

$x=5$

(2) $x-2\leq-3$에서 $x\leq-1$ $\quad\cdots\cdots$㉠

$3x-8>-2$에서 $3x>6$

$\therefore x>2$ $\quad\cdots\cdots$㉡

㉠, ㉡을 수직선 위에 나타내면 오른쪽 그림과 같으므로 주어진 연립부등식의 해는 없다.

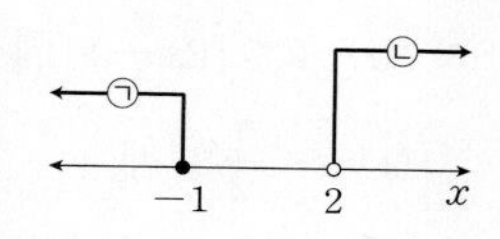

답 (1) $x=5$ (2) 해는 없다.

05

부등식 $2x-1<3x+6\leq\frac{3}{2}x+9$의 해는 연립부등식

$\begin{cases}2x-1<3x+6\\3x+6\leq\frac{3}{2}x+9\end{cases}$ 의 해와 같다.

$2x-1<3x+6$에서 $x>-7$ $\quad\cdots\cdots$㉠

$3x+6\leq\frac{3}{2}x+9$에서 $\frac{3}{2}x\leq3$

$\therefore x\leq2$ $\quad\cdots\cdots$㉡

㉠, ㉡을 수직선 위에 나타내면 다음 그림과 같다.

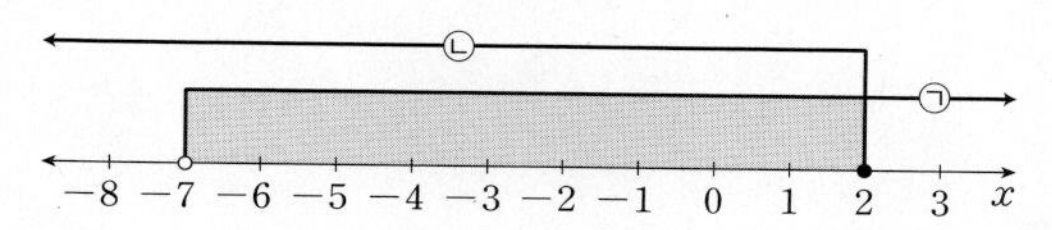

따라서 주어진 부등식의 해는 $-7<x\leq2$이고, 이를 만족시키는 정수 x는 -6, -5, -4, $\cdots$, 2의 9개이다.

답 9

06

(1) $|2-3x|\geq2$에서

$2-3x\leq-2$ 또는 $2-3x\geq2$

$2-3x\leq-2$에서 $x\geq\frac{4}{3}$, $2-3x\geq2$에서 $x\leq0$

$\therefore x\leq0$ 또는 $x\geq\frac{4}{3}$

(2) $5<|3x-1|\leq8$에서

$-8\leq3x-1<-5$ 또는 $5<3x-1\leq8$

$-8\leq3x-1<-5$에서 $-\frac{7}{3}\leq x<-\frac{4}{3}$

$5<3x-1\leq8$에서 $2<x\leq3$

$\therefore -\frac{7}{3}\leq x<-\frac{4}{3}$ 또는 $2<x\leq3$

(3) $3x+2\le|2x-1|$에서

(ⅰ) $x<\frac{1}{2}$일 때,

$3x+2\le-(2x-1)$, $5x\le-1$

$\therefore x\le-\frac{1}{5}$

이때 $x<\frac{1}{2}$이므로 $x\le-\frac{1}{5}$

(ⅱ) $x\ge\frac{1}{2}$일 때,

$3x+2\le 2x-1$ $\quad\therefore x\le-3$

이때 $x\ge\frac{1}{2}$이므로 해는 없다.

(ⅰ), (ⅱ)에서 $x\le-\frac{1}{5}$

답 (1) $x\le 0$ 또는 $x\ge\frac{4}{3}$

(2) $-\frac{7}{3}\le x<-\frac{4}{3}$ 또는 $2<x\le 3$

(3) $x\le-\frac{1}{5}$

07

$5(x+1)>4x+a$에서 $5x+5>4x+a$

$\therefore x>a-5$ ······㉠

$x-1\ge 3(x-1)$에서 $x-1\ge 3x-3$

$\therefore x\le 1$ ······㉡

주어진 연립부등식의 해가 $-2<x\le b$이므로 ㉠, ㉡에서

$a-5=-2$, $b=1$

따라서 $a=3$, $b=1$이므로 $a+b=4$

답 4

08

부등식 $3x-a\le 4-x\le bx-1$의 해는 연립부등식

$\begin{cases} 3x-a\le 4-x \\ 4-x\le bx-1 \end{cases}$의 해와 같다.

$3x-a\le 4-x$에서 $4x\le 4+a$

$\therefore x\le 1+\frac{a}{4}$ ······㉠

$4-x\le bx-1$에서 $(b+1)x\ge 5$ ······㉡

이때 주어진 연립부등식의 해가 $2\le x\le 3$이려면 ㉠의 해는 $x\le 3$이고, ㉡의 해는 $x\ge 2$이어야 한다.

㉠에서 $1+\frac{a}{4}=3$

또한, ㉡에서 $b+1>0$이고 ㉡의 해는

$x\ge\frac{5}{b+1}$ $\quad\therefore \frac{5}{b+1}=2$

따라서 $a=8$, $b=\frac{3}{2}$이므로 $ab=12$

$b+1=\frac{5}{2}$이므로 $b+1>0$이 성립한다.

답 12

09

$(a-b)x+2a-b>0$에서

$(a-b)x>-2a+b$ ······㉠

$(a+2b)x+7a-2b\ge 0$에서

$(a+2b)x\ge-7a+2b$

이때 $a+2b>0$이므로 이 부등식의 해는

$a>0$, $b>0$이므로 $a+2b>0$

$x\ge\frac{-7a+2b}{a+2b}$ ······㉡

이때 주어진 부등식의 해가 $k\le x<1$이려면 ㉠의 해는 $x<1$이고, ㉡의 해는 $x\ge k$이어야 한다.

㉡에서 $k=\frac{-7a+2b}{a+2b}$ ······㉢

또한, ㉠에서 $a-b<0$이고 ㉠의 해는

$a<b$

$x<\frac{-2a+b}{a-b}$ $\quad\therefore \frac{-2a+b}{a-b}=1$ ······㉣

㉣에서 $-2a+b=a-b$ $\quad\therefore 2b=3a$

$a>0$, $b>0$이고, $b=\frac{3}{2}a$이므로 $a<b$가 성립한다.

이것을 ㉢에 대입하면

$k=\frac{-7a+3a}{a+3a}=\frac{-4a}{4a}=-1$

답 -1

10

$x-1>8$에서 $x>9$ ······㉠

$2x-16\le x+k$에서 $x\le k+16$ ······㉡

주어진 연립부등식의 해가 존재하지 않으려면 오른쪽 그림과 같아야 하므로

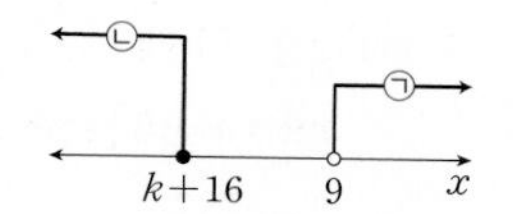

$k+16\le 9$ $\quad\therefore k\le -7$

따라서 정수 k의 최댓값은 -7이다.

답 -7

11

$2(x+12)<36-3(x-1)$에서

$2x+24<36-3x+3$, $5x<15$

$\therefore x<3$ $\quad\cdots\cdots$ ㉠

$6-5x<a+2x$에서 $7x>6-a$

$\therefore x>\dfrac{6-a}{7}$ $\quad\cdots\cdots$ ㉡

주어진 연립부등식의 해가 존재하지만 정수인 해는 존재하지 않으려면 오른쪽 그림과 같아야 하므로

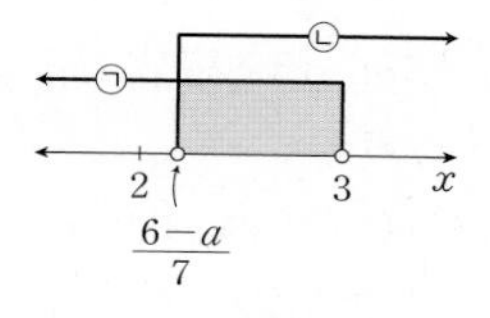

$2\le\dfrac{6-a}{7}<3$, $14\le 6-a<21$

$\therefore -15<a\le -8$

답 $-15<a\le -8$

보충 설명

연립부등식의 해 중에서 정수인 해의 존재에 대한 조건이 주어질 때에는 등호가 성립하는지를 잘 따져서 a의 값의 범위를 구해야 한다.

(i) $\dfrac{6-a}{7}=3$인 경우

$2(x+12)<36-3(x-1)$의 해는 $x<3$

$6-5x<a+2x$의 해는 $x>3$

이므로 연립부등식의 해는 존재하지 않는다.

따라서 연립부등식의 해가 존재한다는 조건을 만족시키지 않는다.

(ii) $\dfrac{6-a}{7}=2$인 경우

$2(x+12)<36-3(x-1)$의 해는 $x<3$

$6-5x<a+2x$의 해는 $x>2$

이므로 연립부등식의 해는 $2<x<3$이다.

따라서 연립부등식의 해가 존재하지만 정수인 해는 존재하지 않으므로 조건을 만족시킨다.

(i), (ii)에서 $2\le\dfrac{6-a}{7}<3$을 얻을 수 있다.

12

농도가 4 %인 소금물의 양을 x g이라 하면 농도가 9 %인 소금물의 양은 $(400-x)$ g이므로 농도가 5 % 이상 8 % 이하인 소금물 400 g의 소금의 양은

$\dfrac{5}{100}\times 400\le\dfrac{4}{100}x+\dfrac{9}{100}(400-x)\le\dfrac{8}{100}\times 400$

$2000\le 4x+9(400-x)\le 3200$

$2000\le -5x+3600\le 3200$

$-1600\le -5x\le -400$

$\therefore 80\le x\le 320$

따라서 농도가 4 %의 소금물의 양은 80 g 이상 320 g 이하이다.

답 80 g 이상 320 g 이하

13

예준이네 집과 도서관 사이의 거리를 x km $(x>0)$라 하면

$(\text{시간})=\dfrac{(\text{거리})}{(\text{속력})}$이므로

$$\begin{cases}\left|\dfrac{x}{5}-\dfrac{x}{3}\right|\ge\dfrac{20}{60} & \leftarrow 20\text{분}=\frac{20}{60}\text{시간}\\ \dfrac{x}{12}+\dfrac{x}{8}<\dfrac{40}{60} & \leftarrow 40\text{분}=\frac{40}{60}\text{시간}\end{cases}$$

$$\therefore\begin{cases}\dfrac{x}{3}-\dfrac{x}{5}\ge\dfrac{1}{3} & \cdots\cdots ㉠ \quad \left(\frac{x}{3}>\frac{x}{5}\right)\\ \dfrac{x}{12}+\dfrac{x}{8}<\dfrac{2}{3} & \cdots\cdots ㉡\end{cases}$$

㉠$\times 15$를 하면 $5x-3x\ge 5$

$2x\ge 5$ $\quad\therefore x\ge\dfrac{5}{2}$

㉡$\times 24$를 하면 $2x+3x<16$

$5x<16$ $\quad\therefore x<\dfrac{16}{5}$

$\therefore \dfrac{5}{2}\le x<\dfrac{16}{5}$

따라서 예준이네 집과 도서관 사이의 거리는 $\dfrac{5}{2}$ km 이상 $\dfrac{16}{5}$ km 미만이다.

답 $\dfrac{5}{2}$ km 이상 $\dfrac{16}{5}$ km 미만

보충 설명

실생활에 관련된 활용 문제를 풀 때, 단위가 다른 양이 사용된 경우 단위를 통일시킨다.

(1) $x\,\text{km}=1000x\,\text{m}$, $x\,\text{m}=100x\,\text{cm}=\frac{x}{1000}\,\text{km}$

(2) x시간$=60x$분, x분$=60x$초$=\frac{x}{60}$시간

14

아이스박스의 개수를 x (x는 자연수)라 하자.

모든 아이스박스에 음료수를 10개씩 담으면 음료수가 42개 남으므로 음료수의 개수는

$10x+42$(개)

또한, 아이스박스에 음료수를 13개씩 담으면 가득 채워지지 않는 아이스박스가 1개 있고, 빈 아이스박스가 3개 남으므로

$13(x-4)<10x+42<13(x-3)$ ($(x-4)$개에 넣으면 음료수가 남고, $(x-3)$개에는 가득 차지 않는다.)

$\therefore \begin{cases} 13(x-4)<10x+42 & \cdots\cdots ㉠ \\ 10x+42<13(x-3) & \cdots\cdots ㉡ \end{cases}$

㉠에서 $13x-52<10x+42$

$3x<94 \qquad \therefore x<\frac{94}{3}$

㉡에서 $10x+42<13x-39$

$3x>81 \qquad \therefore x>27$

$\therefore 27<x<\frac{94}{3}$ ($31.\times\times\times$)

따라서 자연수 x의 최댓값 M은 31, 최솟값 m은 28이므로

$M+m=59$

답 59

15

(1) (i) $x<0$일 때,

$-x-(x-5)\ge 9,\ -2x\ge 4$

$\therefore x\le -2$

그런데 $x<0$이므로 $x\le -2$

(ii) $0\le x<5$일 때,

$x-(x-5)\ge 9$

즉, $0\times x\ge 4$이므로 해는 없다.

(iii) $x\ge 5$일 때,

$x+(x-5)\ge 9,\ 2x\ge 14$

$\therefore x\ge 7$

그런데 $x\ge 5$이므로 $x\ge 7$

(i), (ii), (iii)에서 주어진 부등식의 해는

$x\le -2$ 또는 $x\ge 7$

(2) (i) $x<\frac{3}{2}$일 때,

$2-x>-(4x-6),\ 3x>4$

$\therefore x>\frac{4}{3}$

그런데 $x<\frac{3}{2}$이므로 $\frac{4}{3}<x<\frac{3}{2}$

(ii) $\frac{3}{2}\le x<2$일 때,

$2-x>4x-6,\ 5x<8$

$\therefore x<\frac{8}{5}$

그런데 $\frac{3}{2}\le x<2$이므로 $\frac{3}{2}\le x<\frac{8}{5}$

(iii) $x\ge 2$일 때,

$-(2-x)>4x-6,\ 3x<4$

$\therefore x<\frac{4}{3}$

그런데 $x\ge 2$이므로 해는 없다.

(i), (ii), (iii)에서 주어진 부등식의 해는

$\frac{4}{3}<x<\frac{8}{5}$

답 (1) $x\le -2$ 또는 $x\ge 7$ (2) $\frac{4}{3}<x<\frac{8}{5}$

16

(i) $x<\frac{1}{2}$일 때,

$-(x-3)-(1-2x)\ge 2$에서 $x\ge 0$

그런데 $x<\frac{1}{2}$이므로 $0\le x<\frac{1}{2}$

(ii) $\frac{1}{2}\le x<3$일 때,

$-(x-3)+(1-2x)\ge 2$에서 $3x\le 2$

$\therefore x\le\frac{2}{3}$

그런데 $\frac{1}{2}\le x<3$이므로 $\frac{1}{2}\le x\le \frac{2}{3}$

(iii) $x\ge 3$일 때,

$(x-3)+(1-2x)\ge 2$에서 $x\le -4$

그런데 $x\ge 3$이므로 해는 없다.

(i), (ii), (iii)에서 주어진 부등식의 해는

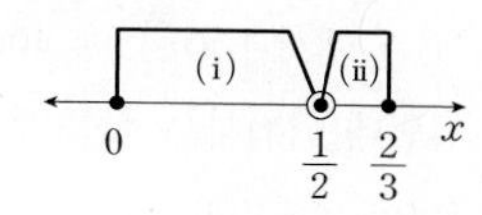

$0\le x\le \frac{2}{3}$

따라서 실수 x의 최댓값 M은 $\frac{2}{3}$, 최솟값 m은 0이므로

$M+m=\frac{2}{3}$

답 $\frac{2}{3}$

STEP 1 개념 마무리

본문 p.197

01 ⑤　**02** 70　**03** $\frac{1}{3}$　**04** 400 g

05 6　**06** 38

01

ㄱ. $a<-2$에서 $-a>2$

이때 $c>1$이므로 $c+(-a)>1+2$

$\therefore c-a>3$ (참)

ㄴ. $a<-2$, $b>0$에서 $\frac{b}{a}<0$

또한, $b>0$, $c>0$에서 $\frac{c}{b}>0$

즉, $\frac{b}{a}<\frac{c}{b}$이므로 $\frac{b}{a}-\frac{c}{b}<0$ (참)

ㄷ. $a<-2$에서 $a^2>4$

또한, $0<b<1$에서 $b^2<1$이므로 $-b^2>-1$

즉, $a^2+(-b^2)>4+(-1)$이므로

$a^2-b^2>3$ (참)

따라서 ㄱ, ㄴ, ㄷ 모두 옳다.

답 ⑤

보충 설명

부등식의 사칙연산 | 두 실수 x, y에 대하여 $a<x<b$, $c<y<d$일 때, 각 연산에 대한 값의 범위는 다음과 같다. 단, 곱셈과 나눗셈은 a, b, c, d가 모두 양수일 때만 성립한다.

(1) 덧셈

$$\begin{array}{rccccc} & a & < & x & < & b \\ +) & c & < & y & < & d \\ \hline & a+c & < & x+y & < & b+d \end{array}$$

(2) 뺄셈

$$\begin{array}{rccccc} & a & < & x & < & b \\ -) & c & < & y & < & d \\ \hline & a-d & < & x-y & < & b-c \end{array}$$

(3) 곱셈

$$\begin{array}{rccccc} & a & < & x & < & b \\ \times) & c & < & y & < & d \\ \hline & ac & < & xy & < & bd \end{array}$$

(4) 나눗셈

$$\begin{array}{rccccc} & a & < & x & < & b \\ \div) & c & < & y & < & d \\ \hline & \frac{a}{d} & < & \frac{x}{y} & < & \frac{b}{c} \end{array}$$

02

$2-2x\le 3$에서 $-2x\le 1$

$\therefore x\ge -\frac{1}{2}$　……㉠

$4x<a+1$에서 $x<\frac{a+1}{4}$　……㉡

주어진 연립부등식을 만족시키는 정수 x가 5개가 되려면 다음 그림과 같아야 한다.

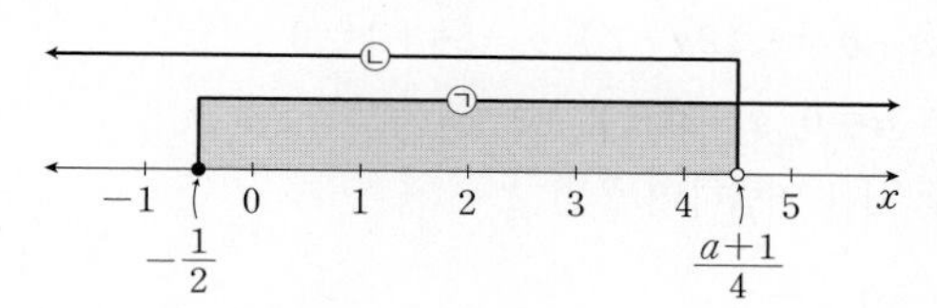

즉, $4<\frac{a+1}{4}\le 5$이므로

└ $\frac{a+1}{4}=4$이면 정수 x는 4개뿐이다.

$16<a+1\le 20$　$\therefore 15<a\le 19$

따라서 조건을 만족시키는 자연수 a는 16, 17, 18, 19이므로 그 합은

$16+17+18+19=70$

답 70

03

$a-3b+1\le (2a-b)x\le 3a+b$　……㉠

$2a\ne b$이므로 다음 두 가지 경우로 나누어 ㉠의 해를 구할 수 있다.

(ⅰ) $2a-b>0$일 때,

㉠의 각 변을 $2a-b$로 나누면

$\frac{a-3b+1}{2a-b} \le x \le \frac{3a+b}{2a-b}$

이때 ㉠을 만족시키는 x의 값의 범위가 $-1 \le x \le 0$이므로

$\frac{a-3b+1}{2a-b}=-1$, $\frac{3a+b}{2a-b}=0$

두 등식의 양변에 $2a-b$를 곱하면

$a-3b+1=-(2a-b)$, $3a+b=0$

$\therefore 3a-4b+1=0$, $3a+b=0$

두 식을 연립하여 풀면

$a=-\frac{1}{15}$, $b=\frac{1}{5}$

그런데 $2a-b=-\frac{2}{15}-\frac{1}{5}=-\frac{1}{3}<0$이므로

$2a-b>0$을 만족시키지 않는다.

(ⅱ) $2a-b<0$일 때,

㉠의 각 변을 $2a-b$로 나누면

$\frac{3a+b}{2a-b} \le x \le \frac{a-3b+1}{2a-b}$

이때 ㉠을 만족시키는 x의 값의 범위가 $-1 \le x \le 0$이므로

$\frac{3a+b}{2a-b}=-1$, $\frac{a-3b+1}{2a-b}=0$

두 등식의 양변에 $2a-b$를 곱하면

$3a+b=-(2a-b)$, $a-3b+1=0$

$\therefore a=0$, $a-3b+1=0$

두 식을 연립하여 풀면

$a=0$, $b=\frac{1}{3}$

이때 $2a-b=-\frac{1}{3}<0$이므로 조건을 만족시킨다.

(ⅰ), (ⅱ)에서 $a=0$, $b=\frac{1}{3}$이므로

$a+b=\frac{1}{3}$

답 $\frac{1}{3}$

04

섭취해야 하는 식품 A의 양을 xg이라 하면 섭취해야 하는 식품 B의 양은 $(300-x)$g이다.
($0 \le x \le 300$)

탄수화물을 100 g 이상 얻어야 하므로

$35 \times \frac{x}{100}+40 \times \frac{300-x}{100} \ge 100$

$-5x \ge -2000$ $\therefore x \le 400$ ……㉠

단백질을 35 g 이상 얻어야 하므로

$15 \times \frac{x}{100}+10 \times \frac{300-x}{100} \ge 35$

$5x \ge 500$ $\therefore x \ge 100$ ……㉡

㉠, ㉡에서 $100 \le x \le 400$

그런데 섭취하는 식품의 양은 최대 300 g이므로

$100 \le x \le 300$

따라서 섭취해야 하는 식품 A의 양의 최댓값은 300 g, 최솟값은 100 g이므로 구하는 합은 400 g이다.

답 400 g

05

$a>0$, $b>0$이므로 $|ax-1|<b$에서

$-b<ax-1<b$, $-b+1<ax<b+1$

$\therefore \frac{-b+1}{a}<x<\frac{b+1}{a}$

이 해가 $-1<x<2$와 일치하므로

$\frac{-b+1}{a}=-1$, $\frac{b+1}{a}=2$

두 등식의 양변에 a를 곱하면

$-b+1=-a$, $b+1=2a$

$\therefore a-b+1=0$, $2a-b-1=0$

두 식을 연립하여 풀면 $a=2$, $b=3$

$\therefore ab=6$

답 6

06

$||2-x|-3| \le 6$에서

$-6 \le |2-x|-3 \le 6$, $-3 \le |2-x| \le 9$

즉, $|2-x| \le 9$이므로
(모든 x에 대하여 $|2-x| \ge 0$)

$-9 \le 2-x \le 9$, $-11 \le -x \le 7$

$\therefore -7 \le x \le 11$

따라서 부등식을 만족시키는 정수 x는

$-7, -6, -5, \cdots, 11$이므로 그 합은

$-7+(-6)+(-5)+ \cdots +11=8+9+10+11=38$

답 38

2 이차부등식

기본 + 필수연습 본문 pp.202~209

17 (1) $x<-2$ 또는 $x>\frac{9}{2}$ (2) $x\le-3$ 또는 $0\le x\le3$

18 (1) $-3\le x\le8$ (2) $x=\frac{1}{2}$ (3) 해는 없다.

19 64 **20** -6

21 (1) $-2<x<4$ (2) $x\le-3$ 또는 $x\ge5$

22 $x<-1$ 또는 $x>\frac{1}{4}$ **23** -12 **24** 3

25 $-6\le k\le2$ **26** $0<k<4$ **27** 2

28 (1) $k\le3$ 또는 $k\ge11$ (2) $-3\le a<1$ **29** $\frac{3}{2}$

30 -4 **31** $\frac{1}{2}<a<\frac{5}{2}$

32 $-1<a<\frac{1}{2}$ **33** 3 **34** 3

35 $20\le x\le30$

17

(1) 부등식 $f(x)>g(x)$의 해는 함수 $y=f(x)$의 그래프가 함수 $y=g(x)$의 그래프보다 위쪽에 있는 부분의 x의 값의 범위이므로

$x<-2$ 또는 $x>\frac{9}{2}$

(2) $f(x)g(x)\le0$

$\Longleftrightarrow f(x)\ge0,\ g(x)\le0$ 또는 $f(x)\le0,\ g(x)\ge0$

(i) $f(x)\ge0,\ g(x)\le0$일 때,

$f(x)\ge0$의 해는 함수 $y=f(x)$의 그래프가 x축과 만나거나 x축보다 위쪽에 있는 부분의 x의 값의 범위이므로

$x\le-3$ 또는 $x\ge3$ ……㉠

$g(x)\le0$의 해는 함수 $y=g(x)$의 그래프가 x축과 만나거나 x축보다 아래쪽에 있는 부분의 x의 값의 범위이므로

$x\le0$ ……㉡

㉠, ㉡에서 $x\le-3$

(ii) $f(x)\le0,\ g(x)\ge0$일 때,

$f(x)\le0$의 해는 함수 $y=f(x)$의 그래프가 x축과 만나거나 x축보다 아래쪽에 있는 부분의 x의 값의 범위이므로

$-3\le x\le3$ ……㉢

$g(x)\ge0$의 해는 함수 $y=g(x)$의 그래프가 x축과 만나거나 x축보다 위쪽에 있는 부분의 x의 값의 범위이므로

$x\ge0$ ……㉣

㉢, ㉣에서 $0\le x\le3$

(i), (ii)에서 부등식 $f(x)g(x)\le0$의 해는

$x\le-3$ 또는 $0\le x\le3$

답 (1) $x<-2$ 또는 $x>\frac{9}{2}$
(2) $x\le-3$ 또는 $0\le x\le3$

18

(1) $x^2\le5x+24$에서 $x^2-5x-24\le0$

$(x+3)(x-8)\le0$

$\therefore -3\le x\le8$

(2) $-4x^2+4x-1\ge0$에서

$4x^2-4x+1\le0,\ (2x-1)^2\le0$

이때 모든 실수 x에 대하여 $(2x-1)^2\ge0$이므로 주어진 부등식의 해는 $x=\frac{1}{2}$

(3) $x+2\le-x^2$에서 $x^2+x+2\le0$, 즉

$\left(x+\frac{1}{2}\right)^2+\frac{7}{4}\le0$

이때 모든 실수 x에 대하여

$\left(x+\frac{1}{2}\right)^2+\frac{7}{4}\ge\frac{7}{4}$

이므로 주어진 부등식의 해는 없다.

답 (1) $-3\le x\le8$ (2) $x=\frac{1}{2}$ (3) 해는 없다.

19

x^2의 계수가 2이고 해가 $-2\le x\le4$인 이차부등식은

$2(x+2)(x-4)\le0$

$\therefore 2x^2-4x-16\le0$

이 부등식이 $2x^2+ax+b\le0$과 일치하므로

$a=-4,\ b=-16$

$\therefore ab=(-4)\times(-16)=64$

답 64

20

모든 실수 x에 대하여 부등식 $-x^2+2x-2k-15<0$, 즉 $x^2-2x+2k+15>0$이 항상 성립해야 하므로 이차방정식 $x^2-2x+2k+15=0$의 판별식을 D라 하면

$\frac{D}{4}=(-1)^2-(2k+15)<0$

$-2k-14<0 \qquad \therefore k>-7$

따라서 조건을 만족시키는 정수 k의 최솟값은 -6이다.

답 -6

21

(1) 부등식 $x^2-2x-5<|x-1|$에서

(i) $x<1$일 때,

$x^2-2x-5<-(x-1)$

$x^2-x-6<0$, $(x+2)(x-3)<0$

$\therefore -2<x<3$

그런데 $x<1$이므로 $-2<x<1$

(ii) $x\ge 1$일 때,

$x^2-2x-5<x-1$

$x^2-3x-4<0$, $(x+1)(x-4)<0$

$\therefore -1<x<4$

그런데 $x\ge 1$이므로 $1\le x<4$

(i), (ii)에서 주어진 부등식의 해는

$-2<x<4$

(2) 부등식 $|x^2-2x|\ge 15$에서

(i) $x^2-2x<0$에서 $x(x-2)<0$, 즉 $0<x<2$일 때,

$-(x^2-2x)\ge 15$, $x^2-2x+15\le 0$

$\therefore (x-1)^2+14\le 0$

이때 모든 실수 x에 대하여 $(x-1)^2+14\ge 14$이므로 이 부등식의 해는 없다.

(ii) $x^2-2x\ge 0$에서 $x(x-2)\ge 0$, 즉 $x\le 0$ 또는 $x\ge 2$일 때,

$x^2-2x\ge 15$, $x^2-2x-15\ge 0$

$(x+3)(x-5)\ge 0$

$\therefore x\le -3$ 또는 $x\ge 5$

그런데 $x\le 0$ 또는 $x\ge 2$이므로

$x\le -3$ 또는 $x\ge 5$

(i), (ii)에서 주어진 부등식의 해는

$x\le -3$ 또는 $x\ge 5$

답 (1) $-2<x<4$ (2) $x\le -3$ 또는 $x\ge 5$

다른 풀이

(2) $|x^2-2x|\ge 15$에서

$x^2-2x\le -15$ 또는 $x^2-2x\ge 15$

(i) $x^2-2x\le -15$에서 $x^2-2x+15\le 0$

$\therefore (x-1)^2+14\le 0$

이 부등식의 해는 없다.

(ii) $x^2-2x\ge 15$에서 $x^2-2x-15\ge 0$

$(x+3)(x-5)\ge 0$

$\therefore x\le -3$ 또는 $x\ge 5$

(i), (ii)에서 주어진 부등식의 해는 $x\le -3$ 또는 $x\ge 5$

22

이차부등식 $ax^2+bx+c\ge 0$의 해가 $-1\le x\le 4$이므로

$a<0$

해가 $-1\le x\le 4$이고, x^2의 계수가 1인 이차부등식은

$(x+1)(x-4)\le 0 \qquad \therefore x^2-3x-4\le 0$

양변에 음수 a를 곱하면

$ax^2-3ax-4a\ge 0$ ← 양변에 같은 음수를 곱하면 부등호 방향은 반대로

이 부등식이 $ax^2+bx+c\ge 0$과 일치하므로

$b=-3a$, $c=-4a$

이것을 이차부등식 $cx^2+bx+a>0$에 대입하면

$-4ax^2-3ax+a>0$

양변을 $-a$로 나누면

$4x^2+3x-1>0$ ($\because -a>0$) ← 양변을 같은 양수로 나누면 부등호 방향은 그대로

$(x+1)(4x-1)>0$

$\therefore x<-1$ 또는 $x>\frac{1}{4}$

답 $x<-1$ 또는 $x>\frac{1}{4}$

23

이차식 $f(x)$의 최고차항의 계수를 a라 하면 부등식 $f(x)<0$의 해가 $x<-2$ 또는 $x>5$이므로

$a<0$

해가 $x<-2$ 또는 $x>5$이고, x^2의 계수가 1인 이차부등식은

$(x+2)(x-5)>0 \qquad \therefore\ x^2-3x-10>0$

양변에 음수 a를 곱하면

$ax^2-3ax-10a<0$ ← 양변에 같은 음수를 곱하면 부등호 방향은 반대로

이 부등식이 $f(x)<0$과 일치하므로

$f(x)=ax^2-3ax-10a$

즉, 부등식 $f(-x)\geq 0$에서

$ax^2+3ax-10a\geq 0$

양변을 a로 나누면

$x^2+3x-10\leq 0\ (\because\ a<0)$ ← 양변을 같은 음수로 나누면 부등호 방향은 반대로

$(x+5)(x-2)\leq 0 \qquad \therefore\ -5\leq x\leq 2$

따라서 부등식 $f(-x)\geq 0$을 만족시키는 정수 x는

$-5,\ -4,\ -3,\ \cdots,\ 2$이므로 그 합은

$(-5)+(-4)+(-3)+\ \cdots\ +2$

$=(-5)+(-4)+(-3)=-12$

답 -12

24

이차부등식 $ax^2+bx+c\geq 0$의 해가 $x=2$이므로

$a<0$

해가 $x=2$이고, x^2의 계수가 1인 이차부등식은

$(x-2)^2\leq 0 \qquad \therefore\ x^2-4x+4\leq 0$

양변에 음수 a를 곱하면

$ax^2-4ax+4a\geq 0$ ← 양변에 같은 음수를 곱하면 부등호 방향은 반대로

이 부등식이 $ax^2+bx+c\geq 0$과 일치하므로

$b=-4a,\ c=4a$

이것을 이차부등식 $bx^2+2cx+12a<0$에 대입하면

$-4ax^2+8ax+12a<0$

양변을 $-4a$로 나누면

$x^2-2x-3<0\ (\because\ -4a>0)$ ← 양변을 같은 양수로 나누면 부등호 방향은 그대로

$(x+1)(x-3)<0$

$\therefore\ -1<x<3$

따라서 부등식을 만족시키는 정수는 0, 1, 2의 3개이다.

답 3

25

부등식 $(k-2)x^2-(k-2)x-2\leq 0$에서

(i) $k=2$일 때,

$-2\leq 0$이므로 주어진 부등식은 항상 성립한다.

(ii) $k\neq 2$일 때,

이차함수 $y=(k-2)x^2-(k-2)x-2$의 그래프는 오른쪽 그림과 같이 위로 볼록해야 하므로

$k-2<0$

$\therefore\ k<2 \qquad \cdots\cdots ㉠$

또한, 이차방정식 $(k-2)x^2-(k-2)x-2=0$의 판별식을 D라 하면 $D\leq 0$이어야 하므로

$D=\{-(k-2)\}^2+8(k-2)\leq 0$

$k^2+4k-12\leq 0,\ (k+6)(k-2)\leq 0$

$\therefore\ -6\leq k\leq 2 \qquad \cdots\cdots ㉡$

㉠, ㉡에서 $-6\leq k<2$

(i), (ii)에서 실수 k의 값의 범위는

$-6\leq k\leq 2$

답 $-6\leq k\leq 2$

26

이차함수 $y=x^2+2x-2$의 그래프가 직선 $y=kx-3$보다 항상 위쪽에 있으려면 모든 실수 x에 대하여 부등식 $x^2+2x-2>kx-3$이 항상 성립해야 한다.

즉, $x^2+(2-k)x+1>0$에서 이차함수 $y=x^2+(2-k)x+1$의 그래프는 오른쪽 그림과 같아야 한다.

이차방정식 $x^2+(2-k)x+1=0$의

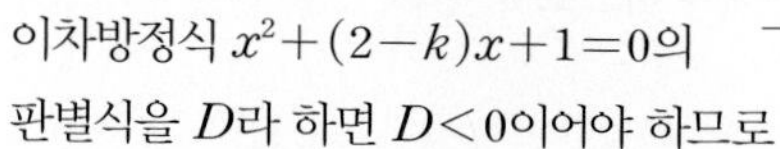

판별식을 D라 하면 $D<0$이어야 하므로

$D=(2-k)^2-4<0$

$k^2-4k<0,\ k(k-4)<0$

$\therefore\ 0<k<4$

답 $0<k<4$

27

모든 실수 x에 대하여 $\sqrt{kx^2-3kx+4}$의 값이 실수가 되려면 모든 실수 x에 대하여 부등식 $kx^2-3kx+4\geq 0$이 항상 성립해야 한다.

(i) $k=0$일 때,

$4\geq 0$이므로 주어진 부등식은 항상 성립한다.

(ii) $k\neq 0$일 때,

이차함수 $y=kx^2-3kx+4$의 그래프는 오른쪽 그림과 같이 아래로 볼록해야 하므로

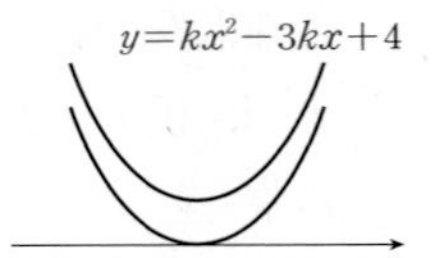

$k>0$ ……㉠

또한, 이차방정식 $kx^2-3kx+4=0$의 판별식을 D라 하면 $D\leq 0$이어야 하므로

$D=(-3k)^2-16k\leq 0$

$9k^2-16k\leq 0$, $k(9k-16)\leq 0$

$\therefore\ 0\leq k\leq \frac{16}{9}$ ……㉡

㉠, ㉡에서 $0<k\leq \frac{16}{9}$

(i), (ii)에서 $0\leq k\leq \frac{16}{9}$

따라서 조건을 만족시키는 정수 k는 0, 1의 2개이다.

답 2

28

(1) 이차함수 $y=-x^2-(k-5)x-k+2$의 그래프는 위로 볼록하므로 이차부등식 $-x^2-(k-5)x-k+2\geq 0$이 해를 가지려면 이차방정식 $-x^2-(k-5)x-k+2=0$의 판별식을 D라 할 때, $D\geq 0$이어야 한다.

$D=\{-(k-5)\}^2+4(-k+2)\geq 0$

$k^2-14k+33\geq 0$, $(k-3)(k-11)\geq 0$

$\therefore\ k\leq 3$ 또는 $k\geq 11$

(2) 이차부등식 $(a-1)x^2+2(a-1)x-4>0$이 해를 갖지 않으려면 이차함수 $y=(a-1)x^2+2(a-1)x-4$의 그래프는 위로 볼록해야 하므로

$a-1<0$

$\therefore\ a<1$ ……㉠

또한, 이차방정식 $(a-1)x^2+2(a-1)x-4=0$의 판별식을 D라 하면 $D\leq 0$이어야 하므로

$\frac{D}{4}=(a-1)^2+4(a-1)\leq 0$

$a^2+2a-3\leq 0$, $(a+3)(a-1)\leq 0$

$\therefore\ -3\leq a\leq 1$ ……㉡

㉠, ㉡에서 실수 a의 값의 범위는

$-3\leq a<1$

답 (1) $k\leq 3$ 또는 $k\geq 11$ (2) $-3\leq a<1$

29

이차부등식 $(a+1)x^2-5x+a+1\leq 0$의 해가 오직 한 개 존재하려면 이차함수 $y=(a+1)x^2-5x+a+1$의 그래프는 아래로 볼록해야 하므로

$a+1>0$

$\therefore\ a>-1$ ……㉠

또한, 이차방정식 $(a+1)x^2-5x+a+1=0$의 판별식을 D라 하면 $D=0$이어야 하므로

$D=(-5)^2-4(a+1)^2=0$

$(a+1)^2=\frac{25}{4}$, $a+1=\pm\frac{5}{2}$

$\therefore\ a=-\frac{7}{2}$ 또는 $a=\frac{3}{2}$ ……㉡

㉠, ㉡에서 $a=\frac{3}{2}$

답 $\frac{3}{2}$

30

$f(x)=2x^2-a-3$이라 하면 $-3\leq x\leq 3$에서

함수 $f(x)$는 $x=0$일 때 최솟값을 갖는다.

$-3\leq x\leq 3$에서 이차부등식 $f(x)>0$이 항상 성립하려면

$f(0)=-a-3>0$ $\therefore\ a<-3$

따라서 정수 a의 최댓값은 -4이다.

답 -4

31

$2x^2-3x-2\leq 0$에서

$(2x+1)(x-2)\leq 0$ $\therefore\ -\frac{1}{2}\leq x\leq 2$

한편, $f(x)=x^2-2x+a^2-3a$라 하면

$f(x)=(x-1)^2+a^2-3a-1$

즉, $-\frac{1}{2}\le x\le 2$에서 이차함수 $y=f(x)$의 그래프는 오른쪽 그림과 같다.

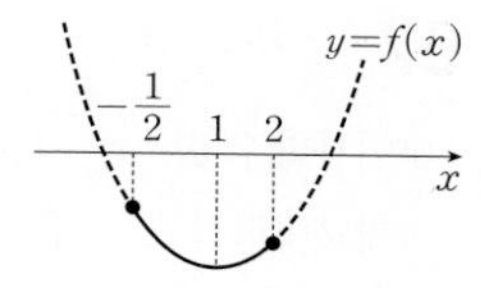

이때 $-\frac{1}{2}\le x\le 2$에서 이차부등식 $x^2-2x+a^2-3a<0$이 항상 성립하려면

$f\left(-\frac{1}{2}\right)=a^2-3a+\frac{5}{4}<0$

$4a^2-12a+5<0$, $(2a-1)(2a-5)<0$

$\therefore\ \frac{1}{2}<a<\frac{5}{2}$

답 $\frac{1}{2}<a<\frac{5}{2}$

32

$f(x)>g(x)$에서

$x^2+3ax-a^2>4ax+a^2$

$\therefore\ x^2-ax-2a^2>0$

$h(x)=x^2-ax-2a^2$이라 하면

$h(x)=\left(x-\frac{a}{2}\right)^2-\frac{9}{4}a^2$

$1\le x\le 2$에서 이차부등식 $h(x)>0$이 항상 성립하므로 $1\le x\le 2$에서 ($h(x)$의 최솟값)>0이다.

(i) $\frac{a}{2}<1$, 즉 $a<2$일 때,

이차함수 $y=h(x)$의 그래프는 오른쪽 그림과 같으므로 $1\le x\le 2$에서 최솟값은

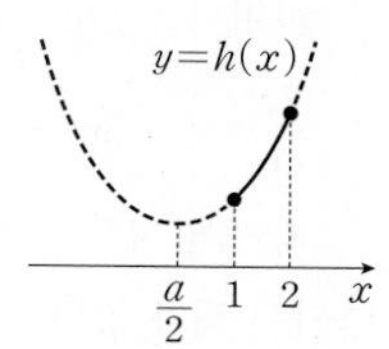

$h(1)=1-a-2a^2>0$

$2a^2+a-1<0$, $(2a-1)(a+1)<0$

$\therefore\ -1<a<\frac{1}{2}$

이때 $a<2$이므로 $-1<a<\frac{1}{2}$

(ii) $1\le\frac{a}{2}<2$, 즉 $2\le a<4$일 때,

이차함수 $y=h(x)$의 그래프는 오른쪽 그림과 같으므로 $1\le x\le 2$에서 함수 $h(x)$의 최솟값은

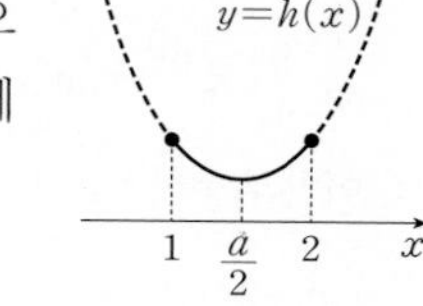

$h\left(\frac{a}{2}\right)=-\frac{9}{4}a^2$

그런데 $-\frac{9}{4}a^2>0$을 만족시키는 실수 a의 값은 존재하지 않는다.

(iii) $\frac{a}{2}\ge 2$, 즉 $a\ge 4$일 때,

이차함수 $y=h(x)$의 그래프는 오른쪽 그림과 같으므로 $1\le x\le 2$에서 함수 $h(x)$의 최솟값은

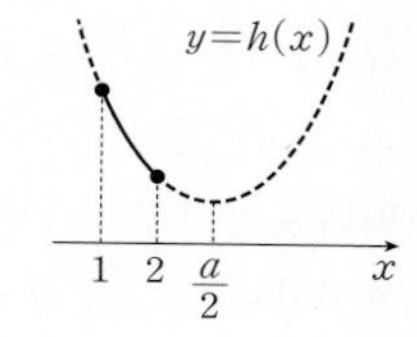

$f(2)=4-2a-2a^2>0$

$a^2+a-2<0$, $(a+2)(a-1)<0$

$\therefore\ -2<a<1$

이때 $a\ge 4$이므로 조건을 만족시키는 실수 a의 값은 존재하지 않는다.

(i), (ii), (iii)에서 실수 a의 값의 범위는

$-1<a<\frac{1}{2}$

답 $-1<a<\frac{1}{2}$

33

처음 화단의 넓이는

$20^2=400(\mathrm{m}^2)$

다음 그림과 같이 길을 제외한 화단의 넓이는 한 변의 길이가 $(20-2x)$m인 정사각형의 넓이와 같고, 각 변의 길이는 모두 양수이므로

$x>0$, $20-2x>0$에서 $0<x<10$ ……㉠

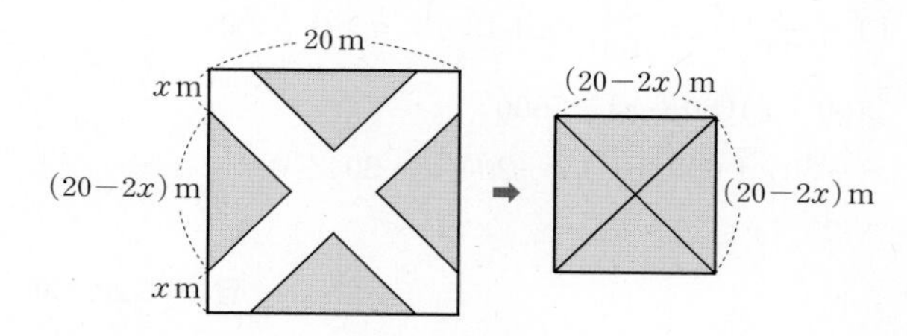

길을 제외한 화단의 넓이가 처음 화단의 넓이의 49 % 이하가 되려면

$(20-2x)^2\le 400\times\frac{49}{100}$

$4x^2-80x+400\le 196$

$x^2-20x+51\le 0$, $(x-3)(x-17)\le 0$

$\therefore\ 3\le x\le 17$ ……㉡

㉠, ㉡에서 x의 값의 범위는 $3\le x<10$

따라서 x의 최솟값은 3이다.

답 3

34

지면으로부터 공의 높이가 62 m 이상이 되려면

$12+35t-5t^2 \geq 62$

$5t^2-35t+50 \leq 0$, $t^2-7t+10 \leq 0$

$(t-2)(t-5) \leq 0$

$\therefore 2 \leq t \leq 5$

따라서 공의 높이가 62 m 이상이 되는 시각은 2초 후부터 5초 후까지이므로 3초 동안이다.

즉, $a=3$이다.

답 3

35

작년 수박 1통당 판매 가격을 a, 그때의 판매량을 b라 하면

(총 판매 금액)=(수박 1통당 판매 가격)×(판매량)

이므로 작년 총 판매 금액은

ab

올해 수박 1통당 판매 가격을 작년보다 $x\%$만큼 내렸을 때, 총 판매 금액은

$a\left(1-\frac{x}{100}\right) \times b\left(1+\frac{2x}{100}\right)$

올해 판매 목표가 작년 총 판매 금액의 12% 이상 증가이므로

$a\left(1-\frac{x}{100}\right) \times b\left(1+\frac{2x}{100}\right) \geq ab\left(1+\frac{12}{100}\right)$

$\left(1-\frac{x}{100}\right)\left(1+\frac{2x}{100}\right) \geq 1.12$ ($\because a>0, b>0$)

$(100-x)(50+x) \geq 5600$

$x^2-50x+600 \leq 0$, $(x-20)(x-30) \leq 0$

$\therefore 20 \leq x \leq 30$

답 $20 \leq x \leq 30$

STEP 1 개념 마무리

본문 pp.210~211

07 ㄱ, ㄹ	**08** ②	**09** 56	**10** -9
11 ⑤	**12** 5	**13** 8	
14 $a<0$ 또는 $0<a<4$		**15** 9	**16** -17
17 $k \leq -\frac{\sqrt{7}}{2}$ 또는 $k \geq \frac{\sqrt{7}}{2}$		**18** 25	

07

ㄱ. 이차함수 $y=x^2-5x+7$의 그래프는 아래로 볼록하다.

이차방정식 $x^2-5x+7=0$의 판별식을 D라 하면

$D=(-5)^2-4\times7=-3<0$

따라서 이차부등식 $x^2-5x+7<0$의 해는 없다.

ㄴ. $\frac{2}{3}x^2 \leq 6x-2$에서 $x^2-9x+3 \leq 0$

이차함수 $y=x^2-9x+3$의 그래프는 아래로 볼록하다.

이차방정식 $x^2-9x+3=0$의 판별식을 D라 하면

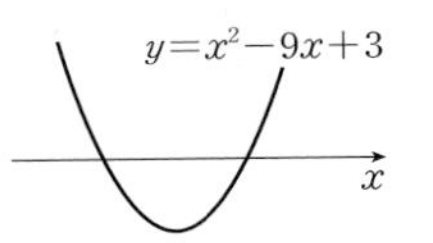

$D=(-9)^2-4\times3=69>0$

따라서 이차부등식 $\frac{2}{3}x^2 \leq 6x-2$의 해는 존재한다.

ㄷ. $(2x-1)(x+1)<5$에서

$2x^2+x-1<5$ $\quad\therefore 2x^2+x-6<0$

이차함수 $y=2x^2+x-6$의 그래프는 아래로 볼록하다.

이차방정식 $2x^2+x-6=0$의 판별식을 D라 하면

$D=1^2-4\times2\times(-6)=49>0$

따라서 이차부등식 $(2x-1)(x+1)<5$의 해는 존재한다.

ㄹ. $4x^2-6x<-x^2-2$에서

$5x^2-6x+2<0$

이차함수 $y=5x^2-6x+2$의 그래프는 아래로 볼록하다.

이차방정식 $5x^2-6x+2=0$의 판별식을 D라 하면

$\frac{D}{4}=(-3)^2-5\times2=-1<0$

따라서 이차부등식 $4x^2-6x<-x^2-2$의 해는 없다.

따라서 해가 없는 이차부등식은 ㄱ, ㄹ이다.

답 ㄱ, ㄹ

다른 풀이

ㄴ. 이차방정식 $x^2-9x+3=0$의 해는 $x=\frac{9\pm\sqrt{69}}{2}$

즉, 이차부등식 $x^2-9x+3 \leq 0$에서

$\left(x-\frac{9-\sqrt{69}}{2}\right)\left(x-\frac{9+\sqrt{69}}{2}\right) \leq 0$

$\therefore \frac{9-\sqrt{69}}{2} \leq x \leq \frac{9+\sqrt{69}}{2}$

ㄷ. 이차부등식 $2x^2+x-6<0$에서

$(x+2)(2x-3)<0$ $\quad\therefore -2<x<\frac{3}{2}$

08

이차함수 $y=f(x)$의 그래프는 아래로 볼록하고, 이 그래프와 x축의 두 교점의 x좌표가 -1, 2이므로 양수 k에 대하여

$f(x)=k(x+1)(x-2)$

라 할 수 있다.

부등식 $f\left(\frac{x-1}{2}\right)\le 0$에서

$k\left(\frac{x-1}{2}+1\right)\left(\frac{x-1}{2}-2\right)\le 0$

$k\times\frac{x+1}{2}\times\frac{x-5}{2}\le 0$

$(x+1)(x-5)\le 0$ ($\because k>0$)

$\therefore -1\le x\le 5$

답 ②

다른 풀이

부등식 $f\left(\frac{x-1}{2}\right)\le 0$에서 $\frac{x-1}{2}=t$로 놓으면 주어진 그래프에서 $f(t)\le 0$을 만족시키는 t의 값의 범위는 $-1\le t\le 2$이므로

$-1\le\frac{x-1}{2}\le 2$, $-2\le x-1\le 4$

$\therefore -1\le x\le 5$

09

이차함수 $f(x)$의 최고차항의 계수를 a라 하면 이차부등식 $f(x)\le 0$의 해가 $-3\le x\le 0$이므로

$a>0$

해가 $-3\le x\le 0$이고, x^2의 계수가 a $(a>0)$인 이차부등식은

$ax(x+3)\le 0 \qquad \therefore ax^2+3ax\le 0$

즉, $f(x)=ax^2+3ax$에서 $f(1)=8$이므로

$f(1)=a+3a=8$, $4a=8$

$\therefore a=2$

따라서 $f(x)=2x^2+6x$이므로

$f(4)=56$

답 56

10

$\left|\frac{3}{2}x+a\right|\le 3$에서 $-3\le\frac{3}{2}x+a\le 3$

$\therefore \frac{-6-2a}{3}\le x\le\frac{6-2a}{3}$ ……㉠

해가 ㉠과 같고, x^2의 계수가 2인 이차부등식은

$2\left(x-\frac{-6-2a}{3}\right)\left(x-\frac{6-2a}{3}\right)\le 0$

이 부등식이 $2x^2+4x+b\le 0$과 일치하므로

$2\left(x-\frac{-6-2a}{3}\right)\left(x-\frac{6-2a}{3}\right)=2x^2+4x+b$에서

$2\times\left\{\left(-\frac{-6-2a}{3}\right)+\left(-\frac{6-2a}{3}\right)\right\}=4 \qquad \therefore a=\frac{3}{2}$

└ x의 계수를 비교하면

$2\times\left(-\frac{-6-2a}{3}\right)\times\left(-\frac{6-2a}{3}\right)=b \qquad \therefore b=-6$

└ 상수항을 비교하면

$\therefore ab=-9$

답 -9

11

부등식 $(m-3)x^2+2(m-3)+3\le 0$에서

(i) $m=3$일 때,

$3\le 0$이므로 주어진 부등식은 성립하지 않는다.

(ii) $m\ne 3$일 때,

이차함수 $y=(m-3)x^2+2(m-3)x+3$의 그래프는 오른쪽 그림과 같이 위로 볼록해야 하므로

$m-3<0$

$\therefore m<3$ ……㉠

또한, 이차방정식 $(m-3)x^2+2(m-3)x+3=0$의 판별식을 D라 하면 $D\le 0$이어야 하므로

$\frac{D}{4}=(m-3)^2-3(m-3)\le 0$

$m^2-9m+18\le 0$, $(m-3)(m-6)\le 0$

$\therefore 3\le m\le 6$ ……㉡

㉠, ㉡에서 조건을 만족시키는 m의 값은 존재하지 않는다.

(i), (ii)에서 실수 m의 값은 존재하지 않는다.

답 ⑤

12

모든 실수 x에 대하여 $\sqrt{(k+1)x^2-(k+1)x+1}$의 값이 실수가 되려면 모든 실수 x에 대하여 부등식

$(k+1)x^2-(k+1)x+1\ge 0$이 항상 성립해야 한다.

(i) $k=-1$일 때,

$1\ge 0$이므로 주어진 부등식은 항상 성립한다.

(ii) $k\neq-1$일 때,

이차함수 $y=(k+1)x^2-(k+1)x+1$의 그래프는 오른쪽 그림과 같이 아래로 볼록해야 하므로

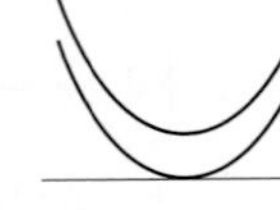

$k+1>0$

$\therefore\ k>-1$ ……㉠

또한, 이차방정식 $(k+1)x^2-(k+1)x+1=0$의 판별식을 D라 하면 $D\leq0$이어야 하므로

$D=\{-(k+1)\}^2-4(k+1)\leq0$

$k^2-2k-3\leq0,\ (k+1)(k-3)\leq0$

$\therefore\ -1\leq k\leq3$ ……㉡

㉠, ㉡에서 $-1<k\leq3$

(i), (ii)에서 $-1\leq k\leq3$

따라서 조건을 만족시키는 정수 k는 $-1, 0, 1, 2, 3$이므로 구하는 합은

$-1+0+1+2+3=5$

답 5

13

부등식 $f(x)\geq g(x)\geq h(x)$의 해는 연립부등식

$\begin{cases} f(x)\geq g(x) \\ g(x)\geq h(x) \end{cases}$의 해와 같으므로 연립부등식 $\begin{cases} f(x)\geq g(x) \\ g(x)\geq h(x) \end{cases}$의 해가 모든 실수이어야 한다.

즉, 두 부등식 $f(x)\geq g(x)$, $g(x)\geq h(x)$의 해는 모든 실수이다.

(가)

부등식 $f(x)\geq g(x)$에서

$x^2-2x+4\geq-x+k$ $\quad\therefore\ x^2-x+4-k\geq0$

모든 실수 x에 대하여 부등식 $x^2-x+4-k\geq0$을 만족시키려면 이차방정식 $x^2-x+4-k=0$의 판별식을 D_1이라 할 때,

$D_1=(-1)^2-4(4-k)\leq0$ $\quad\therefore\ k\leq\frac{15}{4}$ ……㉠

(나)

부등식 $g(x)\geq h(x)$에서

$-x+k\geq-x^2-4x-7$ $\quad\therefore\ x^2+3x+k+7\geq0$

모든 실수 x에 대하여 부등식 $x^2+3x+k+7\geq0$을 만족시키려면 이차방정식 $x^2+3x+k+7=0$의 판별식을 D_2라 할 때,

$D_2=3^2-4(k+7)\leq0$ $\quad\therefore\ k\geq-\frac{19}{4}$ ……㉡

(다)

㉠, ㉡에서 $-\frac{19}{4}\leq k\leq\frac{15}{4}$

따라서 정수 k는 $-4,\ -3,\ -2,\ \cdots,\ 3$의 8개이다.

(라)

답 8

단계	채점 기준	배점
(가)	두 부등식 $f(x)\geq g(x)$, $g(x)\geq h(x)$의 해를 확인한 경우	10%
(나)	모든 실수 x에 대하여 부등식 $f(x)\geq g(x)$를 만족시키는 k의 값의 범위를 구한 경우	40%
(다)	모든 실수 x에 대하여 부등식 $g(x)\geq h(x)$를 만족시키는 k의 값의 범위를 구한 경우	40%
(라)	(나), (다)를 이용하여 정수 k의 개수를 구한 경우	10%

14

이차부등식 $ax^2-4x+a-3<0$에서

(i) $a<0$일 때, $a=0$일 때는 이차부등식이 아니므로 고려하지 않는다.

이차함수 $y=ax^2-4x+a-3$의 그래프는 위로 볼록하므로 이차부등식 $ax^2-4x+a-3<0$은 항상 해를 갖는다.

(ii) $a>0$일 때,

이차함수 $y=ax^2-4x+a-3$의 그래프는 아래로 볼록하므로 이차부등식 $ax^2-4x+a-3<0$이 해를 가지려면 이차방정식 $ax^2-4x+a-3=0$의 판별식을 D라 할 때, $D>0$이어야 한다.

즉, $\frac{D}{4}=(-2)^2-a(a-3)>0$에서

$a^2-3a-4<0,\ (a+1)(a-4)<0$

$\therefore\ -1<a<4$

그런데 $a>0$이므로 $0<a<4$

(i), (ii)에서 조건을 만족시키는 실수 a의 값의 범위는

$a<0$ 또는 $0<a<4$

답 $a<0$ 또는 $0<a<4$

15

이차부등식 $x^2-9<2k(x-5)$에서

$x^2-2kx+10k-9<0$

이차함수 $y=x^2-2kx+10k-9$의 그래프는 아래로 볼록하므로 이차부등식 $x^2-2kx+10k-9<0$의 해가 존재하지 않으려면 이차방정식 $x^2-2kx+10k-9=0$의 판별식을 D라 할 때, $D\leq0$이어야 한다.

즉, $\frac{D}{4}=(-k)^2-(10k-9)\leq0$에서

$k^2-10k+9\leq0,\ (k-1)(k-9)\leq0$

$\therefore\ 1\leq k\leq9$

따라서 조건을 만족시키는 정수 k는 1, 2, 3, $\cdots$, 9의 9개이다.

답 9

16

$k\geq 0$이면 이차부등식 $x^2+7k<0$의 해는 없다.
즉, $k<0$이므로 $k=-t\ (t>0)$로 놓으면
$x^2-7t<0$에서 $(x+\sqrt{7t})(x-\sqrt{7t})<0$
$\therefore\ -\sqrt{7t}<x<\sqrt{7t}$
이때 $-\sqrt{7t}<x<\sqrt{7t}$를 만족시키는 정수 x가 15개이려면 x의 값의 범위는 다음 그림과 같아야 한다.

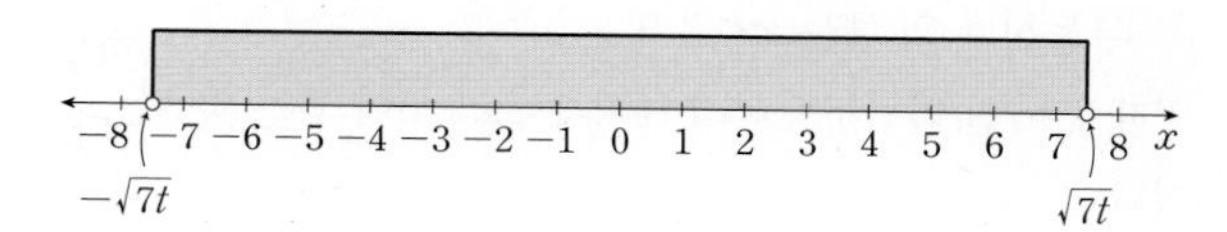

즉, $7<\sqrt{7t}\leq 8$이어야 하므로

$49<7t\leq 64\qquad \therefore\ 7<t\leq \frac{64}{7}$

이때 $t=-k$이므로 $7<-k\leq \frac{64}{7}$에서

$-\frac{64}{7}\leq k<-7$

따라서 조건을 만족시키는 정수 k는 -9, -8이므로 그 합은
$-9+(-8)=-17$

답 -17

17

$2x^2-33x-17<0$에서

$(2x+1)(x-17)<0\qquad \therefore\ -\frac{1}{2}<x<17$

한편, $f(x)=x^2+8x+2+k^2$이라 하면
$f(x)=(x+4)^2+k^2-14$

즉, $-\frac{1}{2}<x<17$에서 이차함수 $y=f(x)$의 그래프는 오른쪽 그림과 같다.

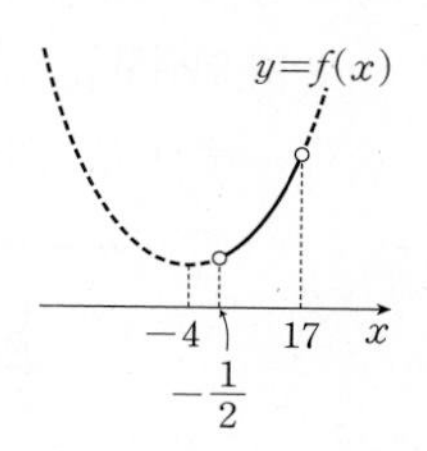

이때 $-\frac{1}{2}<x<17$에서 이차부등식

$x^2+8x+2+k^2\geq 0$이 항상 성립하므로 $f\left(-\frac{1}{2}\right)\geq 0$이어야 한다.

$$f\left(-\frac{1}{2}\right)=\left(-\frac{1}{2}\right)^2+8\times\left(-\frac{1}{2}\right)+2+k^2$$
$$=k^2-\frac{7}{4}$$

즉, $k^2-\frac{7}{4}\geq 0$에서 $\left(k+\frac{\sqrt{7}}{2}\right)\left(k-\frac{\sqrt{7}}{2}\right)\geq 0$

$\therefore\ k\leq -\frac{\sqrt{7}}{2}$ 또는 $k\geq \frac{\sqrt{7}}{2}$

답 $k\leq -\frac{\sqrt{7}}{2}$ 또는 $k\geq \frac{\sqrt{7}}{2}$

18

현재 음원의 한 달 이용권 가격을 a, 현재 이 이용권을 구매하는 회원 수를 b라 하면 한 달 수입은 ab이다.
이용권 가격을 $x\%$ 인상하여도 한 달 수입은 줄어들지 않아야 하므로

$a\left(1+\frac{x}{100}\right)\times b\left(1-\frac{0.8x}{100}\right)\geq ab$

$\left(1+\frac{x}{100}\right)\left(1-\frac{0.8x}{100}\right)\geq 1\ (\because\ a>0,\ b>0)$

$(100+x)(125-x)\geq 12500$

$x^2-25x\leq 0,\ x(x-25)\leq 0$

$\therefore\ 0\leq x\leq 25$

따라서 x의 최댓값은 25이다.

답 25

3 연립이차부등식

기본+필수연습

본문 pp.215~218

36 (1) $3\leq x\leq 5$ (2) $-7\leq x<-\frac{1}{2}$ 또는 $2<x\leq 8$

37 $\frac{3}{2}<k\leq \frac{13}{8}$ **38** $a\geq 0$

39 $0<a\leq 1$ **40** 2

41 $a>3$ **42** -3 **43** -4

44 (1) $-\frac{3}{2}<k\leq -1$ 또는 $k\geq 3$ (2) $k>\frac{7}{2}$
(3) $3\leq k<\frac{31}{5}$

45 $-\frac{17}{5}<k<-\frac{13}{4}$

36

(1) $x-1\geq 2$에서 $x\geq 3$ ······㉠

$x(x-5)\leq 0$에서 $0\leq x\leq 5$ ······㉡

따라서 주어진 연립부등식의 해는

$3\leq x\leq 5$

(2) $x^2-x-56\leq 0$에서 $(x+7)(x-8)\leq 0$

$\therefore\ -7\leq x\leq 8$ ······㉠

$2x^2-3x-2>0$에서 $(2x+1)(x-2)>0$

$\therefore\ x<-\frac{1}{2}$ 또는 $x>2$ ······㉡

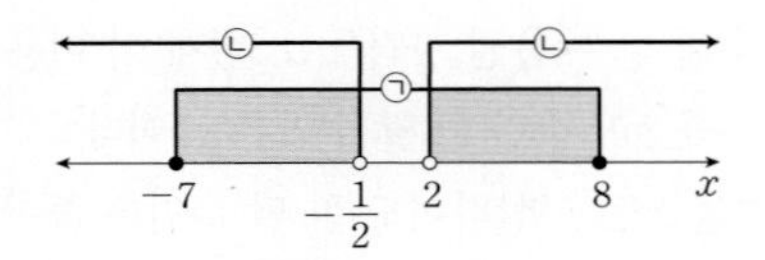

따라서 주어진 연립부등식의 해는

$-7\leq x<-\frac{1}{2}$ 또는 $2<x\leq 8$

답 (1) $3\leq x\leq 5$

(2) $-7\leq x<-\frac{1}{2}$ 또는 $2<x\leq 8$

37

(i) 이차방정식 $x^2+2x+8k-12=0$의 판별식을 D라 하면 $D\geq 0$이어야 하므로

$\frac{D}{4}=1^2-(8k-12)\geq 0$

$-8k+13\geq 0$, $8k\leq 13$

$\therefore\ k\leq\frac{13}{8}$ ······㉠

(ii) 주어진 이차방정식의 두 근을 α, β라 하면 근과 계수의 관계에 의하여

$\alpha+\beta=-2<0$, $\alpha\beta=8k-12>0$

$8k>12$ $\quad\therefore\ k>\frac{3}{2}$ ······㉡

(i), (ii)에서 구하는 실수 k의 값의 범위는

$\frac{3}{2}<k\leq\frac{13}{8}$

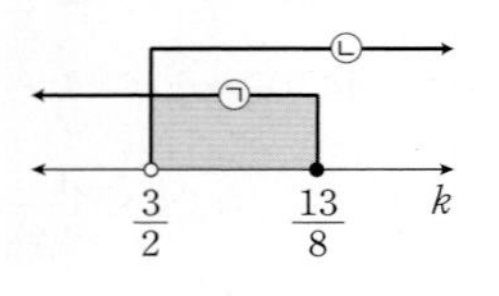

답 $\frac{3}{2}<k\leq\frac{13}{8}$

38

$x^2-8x+12\leq 0$에서 $(x-2)(x-6)\leq 0$

$\therefore\ 2\leq x\leq 6$ ······㉠

$x^2+(a-5)x+6-3a>0$에서

$(x-3)\{x-(2-a)\}>0$ ······㉡

(i) $2-a<3$일 때,

부등식 ㉡의 해는 $x<2-a$ 또는 $x>3$

(ii) $2-a=3$, 즉 $a=-1$일 때,

부등식 ㉡에서 $(x-3)^2>0$

즉, 부등식 ㉡의 해는 $x\neq 3$인 모든 실수이다.

(iii) $2-a>3$일 때,

부등식 ㉡의 해는 $x<3$ 또는 $x>2-a$

이때 주어진 연립부등식의 해가 $3<x\leq 6$이 되는 경우는 (i)이다.

이를 수직선 위에 나타내면 다음 그림과 같아야 한다.

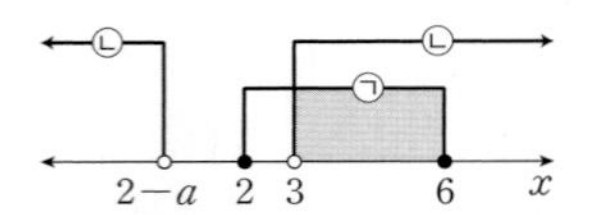

따라서 $2-a\leq 2$이어야 하므로

$a\geq 0$

답 $a\geq 0$

39

$x^2-x-12<0$에서 $(x+3)(x-4)<0$

$\therefore\ -3<x<4$ ······㉠

$x^2+(a-2)x-2a\geq 0$에서

$(x-2)\{x-(-a)\}\geq 0$ ······㉡

(i) $-a<2$, 즉 $a>-2$일 때,

부등식 ㉡의 해는 $x\leq -a$ 또는 $x\geq 2$

이때 연립부등식을 만족시키는 정수 x가 4개가 되려면 다음 그림과 같아야 한다.

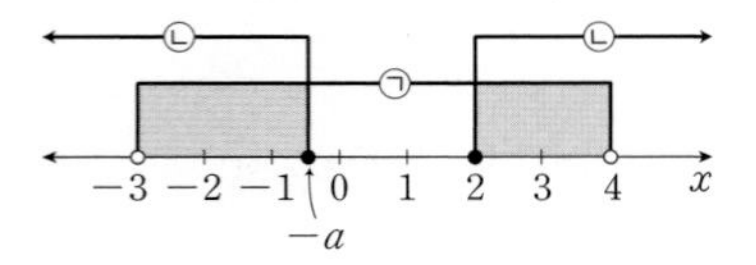

즉, $-1\leq -a<0$이어야 하므로

$0<a\leq 1$

(ii) $-a=2$, 즉 $a=-2$일 때,

부등식 ㉡의 해는 모든 실수이므로 연립부등식의 해는

$-3<x<4$

이때 연립부등식을 만족시키는 정수 x는 -2, -1, 0, 1, 2, 3의 6개이므로 조건을 만족시키지 않는다.

(iii) $-a>2$, 즉 $a<-2$일 때,

부등식 ㉡의 해는 $x\le2$ 또는 $x\ge-a$

이때 ㉠, ㉡을 수직선 위에 나타내면 다음과 같다.

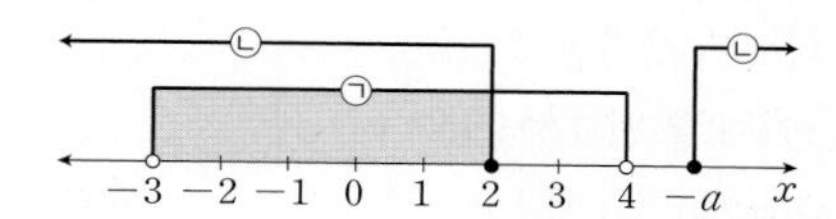

따라서 $a<-2$인 a의 값에 관계없이 연립부등식을 만족시키는 정수 x는 적어도 -2, -1, 0, 1, 2의 5개를 포함하므로 조건을 만족시키지 않는다.

(i), (ii), (iii)에서 구하는 실수 a의 값의 범위는

$0<a\le1$

답 $0<a\le1$

40

$|x-2|\le a$에서 $-a\le x-2\le a$

$\therefore 2-a\le x\le 2+a$ ······㉠

$x^2+4x-9a^2+4>0$에서

$x^2+4x-(3a+2)(3a-2)>0$

$\{x+(3a+2)\}\{x-(3a-2)\}>0$

$\therefore x<-3a-2$ 또는 $x>3a-2$ ($\because a>0$) $(*)$ ······㉡

이때 주어진 연립부등식의 해가 없으려면 ㉠, ㉡의 공통부분이 존재하지 않아야 하므로 수직선 위에 나타내면 다음 그림과 같아야 한다.

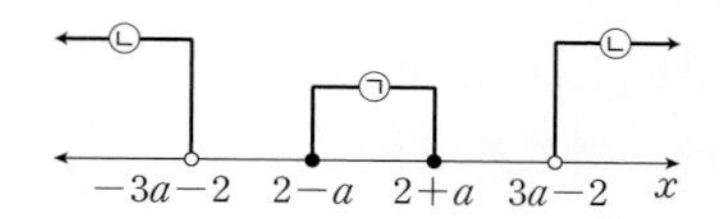

$-3a-2\le2-a$에서 $a\ge-2$ ······㉢

$3a-2\ge2+a$에서 $a\ge2$ ······㉣

㉢, ㉣에서

$a\ge2$

따라서 양수 a의 최솟값은 2이다.

답 2

보충 설명

$(*)$에서 $a>0$이면 $-3a<3a$

이 부등식의 양변에 -2를 더하면

$-3a-2<3a-2$

따라서 부등식 ㉡의 해는

$x<-3a-2$ 또는 $x>3a-2$

41

이차방정식 $x^2+(a^2-4a+3)x-a+2=0$의 두 근을 α, β라 하면 두 근의 부호가 서로 다르므로 두 근의 곱은 음수이다.

즉, 이차방정식의 근과 계수의 관계에 의하여

$\alpha\beta=-a+2<0$ $\quad\therefore a>2$ ······㉠

또한, 음수인 근의 절댓값이 양수인 근의 절댓값보다 크므로 두 근의 합은 음수이다.

즉, 이차방정식의 근과 계수의 관계에 의하여

$\alpha+\beta=-(a^2-4a+3)<0$

$a^2-4a+3>0$, $(a-1)(a-3)>0$

$\therefore a<1$ 또는 $a>3$ ······㉡

㉠, ㉡에서 실수 a의 값의 범위는

$a>3$

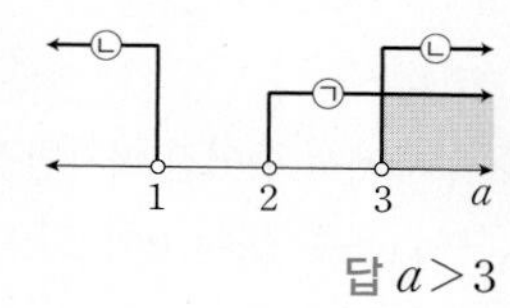

답 $a>3$

42

이차방정식 $x^2-2(k-1)x-2k+10=0$의 두 근을 α, β라 하고, 판별식을 D라 하면

(i) $\dfrac{D}{4}=\{-(k-1)\}^2-(-2k+10)\ge0$

$k^2-9\ge0$, $(k+3)(k-3)\ge0$

$\therefore k\le-3$ 또는 $k\ge3$ ······㉠

(ii) $\alpha+\beta=2(k-1)<0$

$\therefore k<1$ ······㉡

(iii) $\alpha\beta=-2k+10>0$

$\therefore k<5$ ......㉢

(i), (ii), (iii)에서 $k\le -3$

따라서 실수 k의 최댓값은 -3이다.

답 -3

43

이차방정식 $x^2-2mx-5-m=0$의 두 근을 α, β라 하고, 판별식을 D라 하면

$$\frac{D}{4}=(-m)^2-(-5-m)=m^2+m+5$$

$$=\left(m+\frac{1}{2}\right)^2+\frac{19}{4}>0 \quad \text{(i)}$$

이므로 주어진 이차방정식은 서로 다른 두 실근을 갖는다.

즉, 두 근 중 적어도 하나가 양수가 되는 경우는 모든 실수에서 두 근이 음수 또는 0이 되는 경우를 제외하면 된다.

이때 두 근이 음수 또는 0이 되는 경우는 근과 계수의 관계에 의하여

$\alpha+\beta=2m\le 0$ (ii)

$\therefore m\le 0$ ......㉠

$\alpha\beta=-5-m\ge 0$ (iii)

$\therefore m\le -5$ ......㉡

㉠, ㉡에서 주어진 이차방정식의 두 근이 음수 또는 0이 되도록 하는 m의 값의 범위는

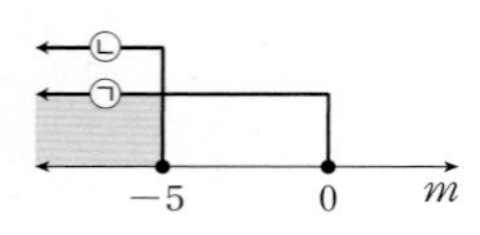

$m\le -5$

따라서 주어진 이차방정식의 두 근 중 적어도 하나는 양수가 되도록 하는 m의 값의 범위는 $m>-5$이므로 조건을 만족시키는 정수 m의 최솟값은 -4이다.

답 -4

보충 설명

다음 경우를 고려하여 전체 범위에서 제외하면 된다.

두 근	판별식	두 근의 합	두 근의 곱
서로 다른 두 음근	$D>0$	$\alpha+\beta<0$	$\alpha\beta>0$
음근 (중근)	$D=0$	$\alpha+\beta<0$	$\alpha\beta>0$
0 (중근)	$D=0$	$\alpha+\beta=0$	$\alpha\beta=0$
음근과 0	$D>0$	$\alpha+\beta<0$	$\alpha\beta=0$

$\therefore$ (i) $D\ge 0$ (ii) $\alpha+\beta\le 0$ (iii) $\alpha\beta\ge 0$

다른 풀이

이차방정식 $x^2-2mx-5-m=0$의 두 근을 α, β라 하고, 판별식을 D라 하면

$$\frac{D}{4}=(-m)^2-(-5-m)=m^2+m+5$$

$$=\left(m+\frac{1}{2}\right)^2+\frac{19}{4}>0$$

이므로 주어진 이차방정식은 서로 다른 두 실근을 갖는다.

즉, 두 근 중 적어도 하나는 양수가 되는 경우는 다음과 같이 경우를 나누어 생각할 수 있다.

(i) 두 근이 모두 양수인 경우

$\alpha+\beta=2m>0$에서 $m>0$ ......㉢

$\alpha\beta=-5-m>0$에서 $m<-5$ ......㉣

㉢, ㉣을 동시에 만족시키는 m의 값은 존재하지 않는다.

(ii) 두 근 중 하나는 양수이고, 하나는 0인 경우

$\alpha+\beta=2m>0$에서 $m>0$ ......㉤

$\alpha\beta=-5-m=0$에서 $m=-5$ ......㉥

㉤, ㉥을 동시에 만족시키는 m의 값은 존재하지 않는다.

(iii) 두 근 중 하나는 양수이고, 하나는 음수인 경우

$\alpha\beta=-5-m<0$에서 $m>-5$

(i), (ii), (iii)에서 조건을 만족시키는 m의 값의 범위는 $m>-5$이므로 구하는 정수 m의 최솟값은 -4이다.

44

이차방정식 $x^2-(k-1)x+1=0$에서 $f(x)=x^2-(k-1)x+1$이라 하고, 이차방정식 $f(x)=0$의 판별식을 D라 하자.

(1) 이차방정식 $f(x)=0$의 두 근이 모두 -2보다 크므로 이차함수 $y=f(x)$의 그래프가 오른쪽 그림과 같아야 한다.

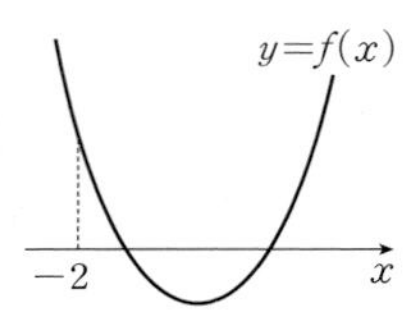

(i) $D=\{-(k-1)\}^2-4\ge 0$에서

$k^2-2k-3\ge 0$, $(k+1)(k-3)\ge 0$

$\therefore k\le -1$ 또는 $k\ge 3$ ......㉠

(ii) $f(-2)=4+2(k-1)+1>0$에서

$2k+3>0$ $\quad\therefore k>-\frac{3}{2}$ ......㉡

(iii) 이차함수 $y=f(x)$의 그래프의 축의 방정식은

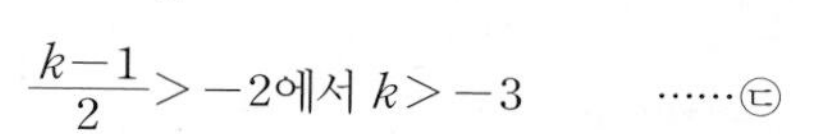

$x=\frac{k-1}{2}$이므로

$\frac{k-1}{2}>-2$에서 $k>-3$ ……㉢

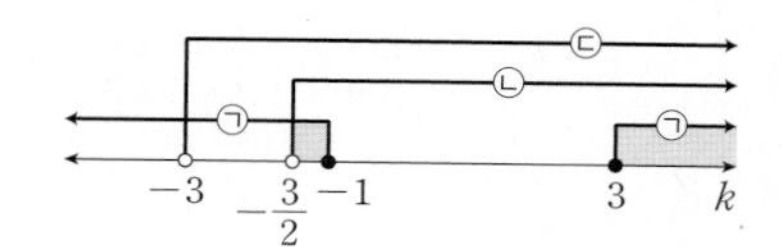

(i), (ii), (iii)에서 $-\frac{3}{2}<k\leq-1$ 또는 $k\geq3$

(2) 이차방정식 $f(x)=0$의 두 근 사이에 2가 있으므로 이차함수 $y=f(x)$의 그래프가 오른쪽 그림과 같아야 한다.

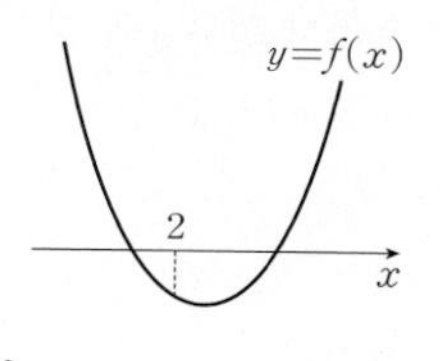

즉, $f(2)=4-2(k-1)+1<0$에서

$-2k+7<0\qquad\therefore k>\frac{7}{2}$

(3) 이차방정식 $f(x)=0$의 두 근이 모두 0과 5 사이에 있으므로 이차함수 $y=f(x)$의 그래프가 오른쪽 그림과 같아야 한다.

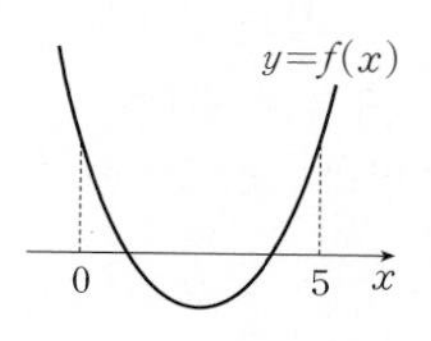

(i) $D=\{-(k-1)\}^2-4\geq0$에서

$k\leq-1$ 또는 $k\geq3$ ……㉠

(ii) $f(0)=1>0$이므로 모든 실수 k에 대하여 성립한다.

$f(5)=25-5(k-1)+1>0$에서

$31-5k>0\qquad\therefore k<\frac{31}{5}$ ……㉡

(iii) 이차함수 $y=f(x)$의 그래프의 축의 방정식은

$x=\frac{k-1}{2}$이므로

$0<\frac{k-1}{2}<5$에서 $1<k<11$ ……㉢

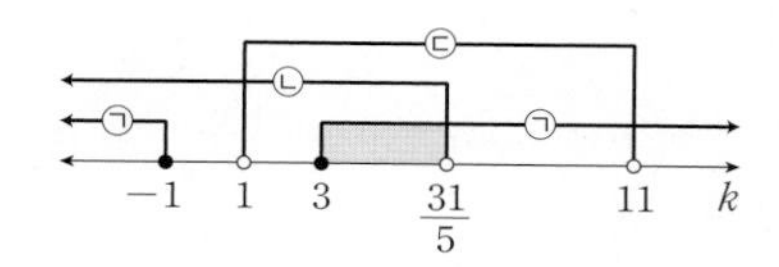

(i), (ii), (iii)에서 $3\leq k<\frac{31}{5}$

답 (1) $-\frac{3}{2}<k\leq-1$ 또는 $k\geq3$

(2) $k>\frac{7}{2}$ (3) $3\leq k<\frac{31}{5}$

45

이차방정식 $x^2+2kx+9=0$에서 $f(x)=x^2+2kx+9$라 하면 방정식 $f(x)=0$의 한 근은 1과 2 사이에, 다른 한 근은 4와 5 사이에 존재하므로 이차함수 $y=f(x)$의 그래프가 오른쪽 그림과 같아야 한다.

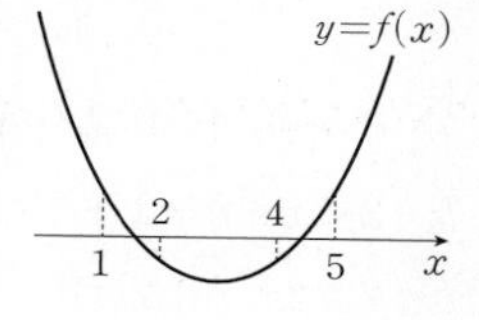

즉, $f(1)>0$, $f(2)<0$, $f(4)<0$, $f(5)>0$이어야 하므로

$f(1)=10+2k>0\qquad\therefore k>-5$ ……㉠

$f(2)=13+4k<0\qquad\therefore k<-\frac{13}{4}$ ……㉡

$f(4)=25+8k<0\qquad\therefore k<-\frac{25}{8}$ ……㉢

$f(5)=34+10k>0\qquad\therefore k>-\frac{17}{5}$ ……㉣

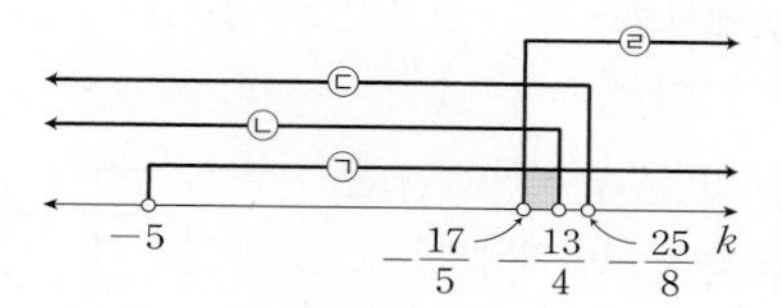

㉠~㉣에서 실수 k의 값의 범위는

$-\frac{17}{5}<k<-\frac{13}{4}$

답 $-\frac{17}{5}<k<-\frac{13}{4}$

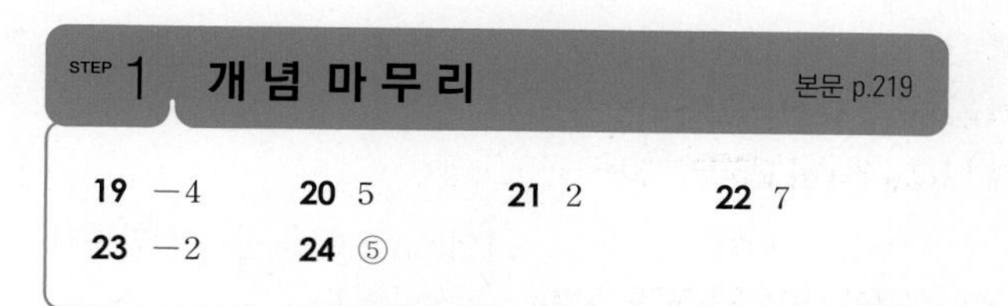

STEP 1 **개념 마무리** 본문 p.219

19 -4 **20** 5 **21** 2 **22** 7
23 -2 **24** ⑤

19

$(x-2a)^2<4a^2$에서 $x^2-4ax+4a^2<4a^2$

$x^2-4ax<0$, $x(x-4a)<0$

$\therefore 4a<x<0$ ($\because a<0$) ……㉠

$x^2+4a<2(a+1)x$에서

$x^2-2(a+1)x+4a<0$, $(x-2)(x-2a)<0$

$\therefore 2a<x<2$ ($\because a<0$) ……㉡

㉠, ㉡을 동시에 만족시키는 x의 값의 범위는 다음 그림과 같이 나타낼 수 있다.

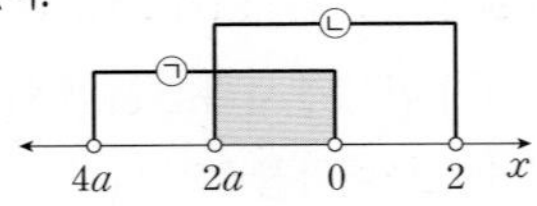

즉, 주어진 연립부등식의 해는 $2a<x<0$이고, 이것은
$b-2<x<b+2$와 일치하므로
$b-2=2a$, $b+2=0$
$\therefore a=-2$, $b=-2$
$\therefore a+b=-4$

답 -4

20

$x^2-4x-21\le0$에서 $(x+3)(x-7)\le0$
$\therefore -3\le x\le7$ ······㉠
$|x-3|>a$에서 $x-3<-a$ 또는 $x-3>a$ ($\because$ a는 자연수)
$\therefore x<3-a$ 또는 $x>3+a$ ······㉡
이때 주어진 연립부등식의 해가 존재하려면 오른쪽 그림과 같이 ㉠, ㉡의 공통부분이 존재해야 한다.

$-3<\underline{3-a<3}$ 또는 $\underline{3<3+a}<7$
(└ a는 자연수이므로 $a>0$ $\therefore 3-a<3$)
(└ a는 자연수이므로 $a>0$ $\therefore 3+a>3$)
$0<a<6$ 또는 $0<a<4$ $\therefore 0<a<6$
따라서 자연수 a는 1, 2, 3, 4, 5의 5개이다.

답 5

21

$x^2-2x-8>0$에서 $(x+2)(x-4)>0$
$\therefore x<-2$ 또는 $x>4$ ······㉠
$x^2-(k+1)x+k\le0$에서
$(x-1)(x-k)\le0$ ······㉡
(i) $k<1$일 때,
부등식 ㉡의 해는 $k\le x\le1$이고 ㉠, ㉡을 동시에 만족시키는 정수 x는 -3, -4, -5이어야 한다.

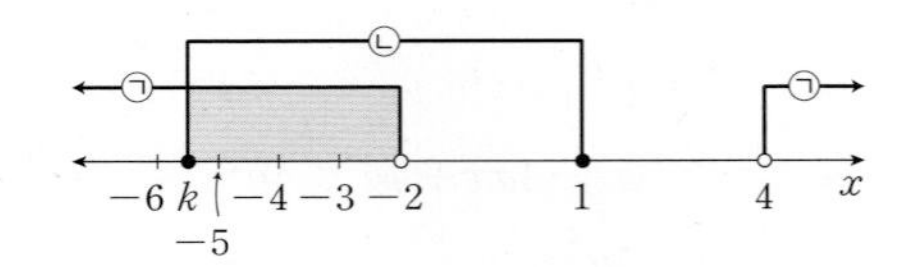

$\therefore -6<k\le-5$
(ii) $k=1$일 때,
부등식 ㉡의 해는 $x=1$이므로 ㉠, ㉡을 동시에 만족시키는 x는 없다.
(iii) $k>1$일 때,
부등식 ㉡의 해는 $1\le x\le k$이고 ㉠, ㉡을 동시에 만족시키는 정수 x는 5, 6, 7이어야 한다.

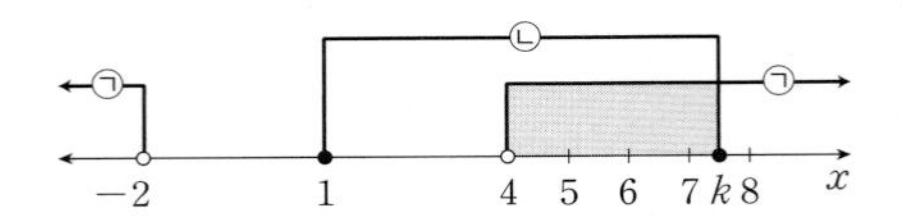

$\therefore 7\le k<8$
(i), (ii), (iii)에서 조건을 만족시키는 k의 값의 범위는
$-6<k\le-5$ 또는 $7\le k<8$이다.
따라서 정수 k의 값은 -5, 7이므로 구하는 합은
$-5+7=2$

답 2

22

이차방정식 $x^2+2kx-k+6=0$의 두 실근의 부호가 서로 다르므로 근과 계수의 관계에 의하여
(두 근의 곱)$=-k+6<0$
따라서 $k>6$이므로 자연수 k의 최솟값은 7이다.

답 7

보충 설명
이차방정식 $x^2+2kx-k+6=0$의 판별식을 D라 하면
$$\frac{D}{4}=k^2-(-k+6)=k^2+k-6=\left(k+\frac{1}{2}\right)^2-\frac{25}{4}$$
즉, $k>6$일 때 $\frac{D}{4}>36>0$
따라서 주어진 이차방정식의 두 근의 부호가 서로 다를 때, 이차방정식의 판별식 D에 대하여 $D>0$임을 확인할 수 있다.
이와 같이 두 실근의 부호가 서로 다른 문제에서는 판별식이 양수임을 따로 확인하지 않는다.

23

이차방정식 $x^2-2mx-3m-8=0$의 두 근을 α, β라 하고, 판별식을 D라 하면
$$\frac{D}{4}=(-m)^2-(-3m-8)=m^2+3m+8$$
$$=\left(m+\frac{3}{2}\right)^2+\frac{23}{4}>0$$
이므로 주어진 이차방정식은 서로 다른 두 실근을 갖는다.
즉, 두 근 중 적어도 하나가 양수가 되는 경우는 모든 실수에서 두 근이 음수 또는 0인 경우를 제외하면 된다.

이때 두 근이 음수 또는 0이 되는 경우는 근과 계수의 관계에 의하여

$\alpha+\beta=2m\le 0$

$\therefore m\le 0$ ……㉠

$\alpha\beta=-3m-8\ge 0$

$\therefore m\le -\frac{8}{3}$ ……㉡

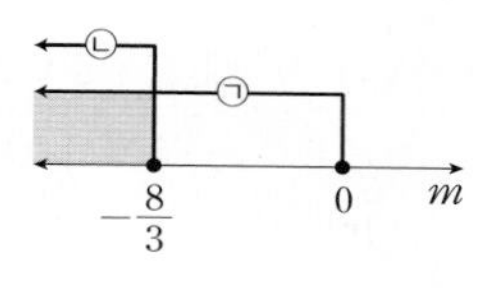

㉠, ㉡에서 주어진 이차방정식의 두 근이 음수 또는 0이 되도록 하는 m의 값의 범위는 $m\le -\frac{8}{3}$

따라서 주어진 이차방정식의 두 실근 중 적어도 하나는 양수가 되도록 하는 m의 값의 범위는 $m>-\frac{8}{3}$이므로 정수 m의 최솟값은 -2이다.

답 -2

다른 풀이

이차방정식 $x^2-2mx-3m-8=0$의 두 근을 α, β라 하고, 판별식을 D라 하면

$$\frac{D}{4}=(-m)^2-(-3m-8)$$
$$=m^2+3m+8$$
$$=\left(m+\frac{3}{2}\right)^2+\frac{23}{4}>0$$

이므로 주어진 이차방정식은 서로 다른 두 실근을 갖는다.
즉, 두 근 중 적어도 하나는 양수가 되는 경우는 다음과 같이 경우를 나누어 생각할 수 있다.

(i) 두 근이 모두 양수인 경우

$\alpha+\beta=2m>0$에서 $m>0$ ……㉢

$\alpha\beta=-3m-8>0$에서 $m<-\frac{8}{3}$ ……㉣

㉢, ㉣을 동시에 만족시키는 m의 값은 존재하지 않는다.

(ii) 두 근 중 하나는 양수이고, 하나는 0인 경우

$\alpha+\beta=2m>0$에서 $m>0$ ……㉤

$\alpha\beta=-3m-8=0$에서 $m=-\frac{8}{3}$ ……㉥

㉤, ㉥을 동시에 만족시키는 m의 값은 존재하지 않는다.

(iii) 두 근 중 하나는 양수이고, 하나는 음수인 경우

$\alpha\beta=-3m-8<0$에서 $m>-\frac{8}{3}$

(i), (ii), (iii)에서 조건을 만족시키는 m의 값의 범위는 $m>-\frac{8}{3}$이므로 구하는 정수 m의 최솟값은 -2이다.

24

이차방정식 $ax^2-4x+a=0$에서 $f(x)=ax^2-4x+a$라 하면 $0<\alpha<\beta<2$이므로 이차방정식 $f(x)=0$의 서로 다른 두 실근 α, β가 모두 0과 2 사이에 있어야 한다.

(i) 이차방정식 $f(x)=0$은 서로 다른 두 실근을 가지므로 판별식을 D라 하면

$\frac{D}{4}=(-2)^2-a^2>0$, $a^2-4<0$

$(a+2)(a-2)<0$ $\therefore -2<a<2$ ……㉠

(ii) $f(0)=a$, $f(2)=4a-8+a=5a-8$이고,

$f(0)f(2)>0$이므로

$f(0)f(2)=a(5a-8)>0$

$\therefore a<0$ 또는 $a>\frac{8}{5}$ ……㉡

(iii) 이차함수 $y=f(x)$의 그래프의 축의 방정식은 $x=\frac{2}{a}$이므로

$0<\frac{2}{a}<2$

이때 $0<\frac{2}{a}$에서 $a>0$이므로

$\frac{2}{a}<2$에서 $2<2a$ $\therefore a>1$ ……㉢

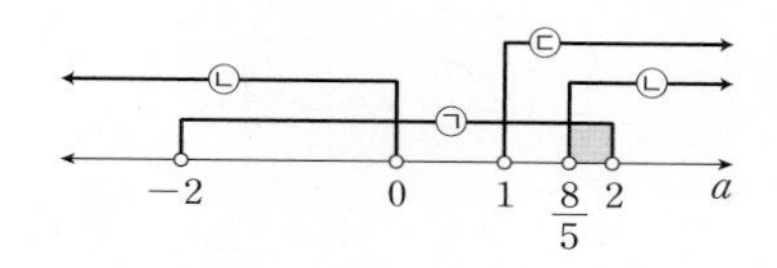

(i), (ii), (iii)에서 실수 a의 값의 범위는 $\frac{8}{5}<a<2$

답 ⑤

보충 설명

이차방정식 $f(x)=0$의 실근의 위치를 생각할 때, 경계에서의 함숫값의 부호는 이차함수 $y=f(x)$의 그래프가 아래로 볼록한지, 위로 볼록한지를 생각해서 따져야 한다.
그런데 풀이의 (ii)에서 $f(x)=ax^2-4x+a$의 x^2의 계수 a의 부호가 결정된 것이 아니므로

(1) $a>0$인 경우에는 $f(0)>0$, $f(2)>0$

(2) $a<0$인 경우에는 $f(0)<0$, $f(2)<0$

를 모두 고려해야 한다.
따라서 풀이의 (ii)에서는 (1), (2)를 한꺼번에 묶어서 동시에 만족시키도록 $f(0)f(2)>0$을 적용한 것이다.
만약 풀이 과정에서 $a>0$임을 미리 알아냈다면 (1)인 경우만 적용해도 된다.

STEP 2 개념 마무리

본문 p.220

1 -6 **2** 13 **3** $-\frac{21}{4}$ **4** 14

5 $k>3$ **6** -32

1

$x-2y-4=0$에서 $x=2y+4$

이것을 부등식 $2x-3<y+5\le 4x+11$에 대입하면

$2(2y+4)-3<y+5\le 4(2y+4)+11$

$\therefore \begin{cases} 2(2y+4)-3<y+5 \\ y+5\le 4(2y+4)+11 \end{cases}$

$2(2y+4)-3<y+5$에서 $4y+5<y+5$

$\therefore y<0$ ……㉠

$y+5\le 4(2y+4)+11$에서 $y+5\le 8y+27$

$\therefore y\ge -\frac{22}{7}$ ……㉡

㉠, ㉡에서 $-\frac{22}{7}\le y<0$

따라서 부등식을 만족시키는 정수 y의 값은 -3, -2, -1이므로 구하는 합은

$-3+(-2)+(-1)=-6$

답 -6

2

$|x-5|$, $2x+6$, $3x+12$가 각각 삼각형의 세 변의 길이이므로

$|x-5|>0$, $2x+6>0$, $3x+12>0$

$|x-5|>0$에서 $x\ne 5$

$2x+6>0$에서 $x>-3$

$3x+12>0$에서 $x>-4$

즉, $-3<x<5$ 또는 $x>5$

또한, 삼각형의 결정 조건에 의하여

$3x+12-(2x+6)<|x-5|<3x+12+2x+6$이므로

($-3<x<5$ 또는 $x>5$에서 $3x+12>2x+6$이다.)

$x+6<|x-5|<5x+18$

(i) $-3<x<5$일 때, $x+6<-x+5<5x+18$

$x+6<-x+5$에서 $2x<-1$

$\therefore x<-\frac{1}{2}$ ……㉠

$-x+5<5x+18$에서

$6x>-13$ $\therefore x>-\frac{13}{6}$ ……㉡

㉠, ㉡을 동시에 만족시키는 실수 x의 값의 범위는

$-\frac{13}{6}<x<-\frac{1}{2}$

이때 $-3<x<5$이므로 $-\frac{13}{6}<x<-\frac{1}{2}$

(ii) $x>5$일 때, $x+6<x-5<5x+18$

$x+6<x-5$에서 $0\times x<-11$이므로 이 부등식의 해는 없다.

(i), (ii)에서 조건을 만족시키는 x의 값의 범위는

$-\frac{13}{6}<x<-\frac{1}{2}$이므로

$a=-\frac{13}{6}$, $b=-\frac{1}{2}$

$\therefore 12ab=12\times\left(-\frac{13}{6}\right)\times\left(-\frac{1}{2}\right)=13$

답 13

보충 설명

a, b, c가 삼각형의 세 변의 길이가 되려면

(1) $a>0$, $b>0$, $c>0$

(2) $a<b+c$, $b<a+c$, $c<a+b$

를 만족시켜야 한다.

이때 $a>b$임이 분명한 경우에는 (2)에서 $b<a+c$는 따지지 않아도 된다. 또한, $a<b+c$에서 $a-b<c$이므로 (2)의 세 부등식 대신 $a-b<c<a+b$를 이용할 수 있다.

3

$3x-2+a\le x^2\le -2x+3+b$에서

(i) $3x-2+a\le x^2$, 즉 $x^2-3x+2-a\ge 0$일 때,

$f(x)=x^2-3x+2-a$라 하면

$f(x)=\left(x-\frac{3}{2}\right)^2-\frac{1}{4}-a$

$-\frac{1}{2}\le x\le 2$에서 이차함수 $y=f(x)$의 그래프는 오른쪽 그림과 같으므로 함수 $f(x)$는 $x=\frac{3}{2}$에서 최솟값을 갖는다.

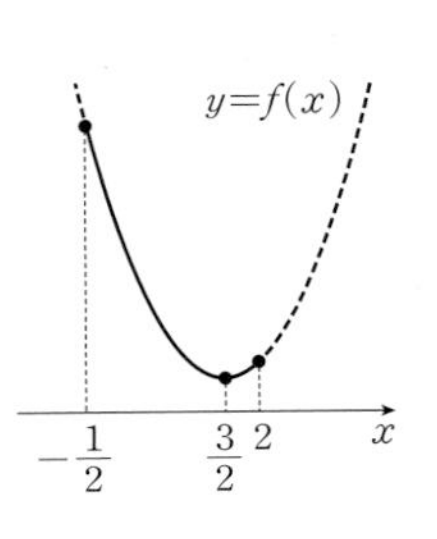

즉, $-\frac{1}{2} \le x \le 2$에서 이차부등식 $x^2-3x-2-a \ge 0$이 항상 성립하려면 $f\left(\frac{3}{2}\right)=-\frac{1}{4}-a \ge 0$이어야 하므로

$a \le -\frac{1}{4}$

(ii) $x^2 \le -2x+3+b$, 즉 $x^2+2x-3-b \le 0$일 때,

$g(x)=x^2+2x-3-b$라 하면

$g(x)=(x+1)^2-4-b$

$-\frac{1}{2} \le x \le 2$에서 이차함수 $y=g(x)$의 그래프는 오른쪽 그림과 같으므로 함수 $g(x)$는 $x=2$에서 최댓값을 갖는다.

즉, $-\frac{1}{2} \le x \le 2$에서 이차부등식 $x^2+2x-3-b \le 0$이 항상 성립하려면 $g(2)=5-b \le 0$이어야 하므로

$b \ge 5$

(i), (ii)에서 a의 최댓값은 $-\frac{1}{4}$, b의 최솟값은 5이므로

$a-b$의 최댓값은

$-\frac{1}{4}-5=-\frac{21}{4}$

답 $-\frac{21}{4}$

4

$(x^2+kx+2)(x^2+kx+6)-5=0$에서

$x^2+kx=X$로 놓으면

$(X+2)(X+6)-5=0$, $X^2+8X+7=0$

$(X+1)(X+7)=0$

$\therefore (x^2+kx+1)(x^2+kx+7)=0$

두 이차방정식 $x^2+kx+1=0$, $x^2+kx+7=0$의 판별식을 각각 D_1, D_2라 할 때, 사차방정식 $(x^2+kx+1)(x^2+kx+7)=0$이 실근과 허근을 모두 가지려면 $D_1<0$, $D_2 \ge 0$ 또는 $D_1 \ge 0$, $D_2<0$이어야 한다.

(i) $D_1<0$, $D_2 \ge 0$일 때,

$D_1=k^2-4<0$에서 $(k+2)(k-2)<0$

$\therefore -2<k<2$ ……㉠

또한, $D_2=k^2-28 \ge 0$에서 $(k+2\sqrt{7})(k-2\sqrt{7}) \ge 0$

$\therefore k \le -2\sqrt{7}$ 또는 $k \ge 2\sqrt{7}$ ……㉡

이때 ㉠, ㉡을 동시에 만족시키는 실수 k의 값은 존재하지 않는다.

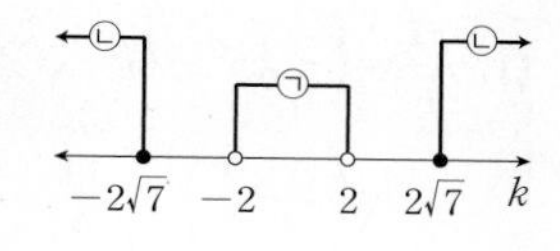

(ii) $D_1 \ge 0$, $D_2<0$일 때,

$D_1=k^2-4 \ge 0$에서 $(k+2)(k-2) \ge 0$

$\therefore k \le -2$ 또는 $k \ge 2$ ……㉢

또한, $D_2=k^2-28<0$에서 $(k+2\sqrt{7})(k-2\sqrt{7})<0$

$\therefore -2\sqrt{7}<k<2\sqrt{7}$ ……㉣

㉢, ㉣을 동시에 만족시키는 실수 k의 값의 범위는

$-2\sqrt{7}<k \le -2$ 또는 $2 \le k<2\sqrt{7}$

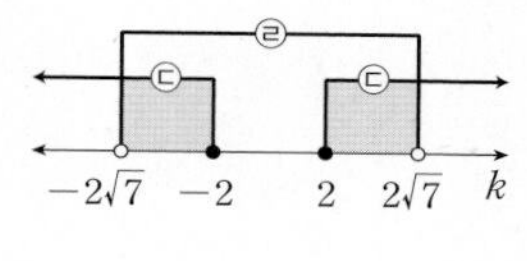

(i), (ii)에서 조건을 만족시키는 실수 k의 값의 범위는

$-2\sqrt{7}<k \le -2$ 또는 $2 \le k<2\sqrt{7}$

따라서 조건을 만족시키는 모든 자연수 k의 값은 2, 3, 4, 5이므로 구하는 합은

$2+3+4+5=14$

답 14

보충 설명

조건을 만족시키는 k의 값의 범위를 수직선 위에 나타내면 다음 그림과 같다.

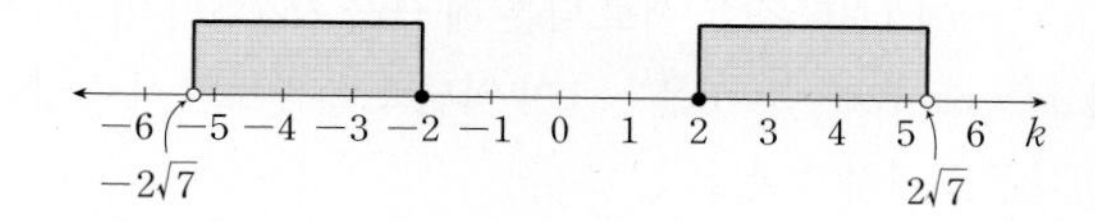

5

$f(x)=x^3+(1-2k)x^2-(k+3)x+k-3$이라 하면

$f(-1)=-1+(1-2k)+(k+3)+k-3=0$이므로 조립제법을 이용하여 $f(x)$를 인수분해하면

-1	1	$1-2k$	$-(k+3)$	$k-3$
		-1	$2k$	$-k+3$
	1	$-2k$	$k-3$	0

$\therefore f(x)=(x+1)(x^2-2kx+k-3)$

삼차방정식 $f(x)=0$이 음수인 근 하나와 양수인 서로 다른 두 근을 가지려면 이차방정식 $x^2-2kx+k-3=0$이 서로 다른 두 양의 실근을 가져야 한다.

이차방정식 $x^2-2kx+k-3=0$의 두 근을 α, β라 하고, 판별식을 D라 하면

$\alpha>0$, $\beta>0$이고, $\alpha \ne \beta$이므로
$D>0$, $\alpha+\beta>0$, $\alpha\beta>0$

(i) $\frac{D}{4}=(-k)^2-(k-3)=k^2-k+3$

$=\left(k-\frac{1}{2}\right)^2+\frac{11}{4}>0$

이므로 모든 실수 k에 대하여 이차방정식

$x^2-2kx+k-3=0$은 서로 다른 두 실근을 갖는다.

(ii) $\alpha+\beta=2k>0$에서 $k>0$

(iii) $\alpha\beta=k-3>0$에서 $k>3$

(i), (ii), (iii)에서 실수 k의 값의 범위는 $k>3$

답 $k>3$

6

$f(x)=x^3+7x^2+(k+9)x+k+3$이라 하면

$f(-1)=-1+7-(k+9)+k+3=0$이므로 조립제법을 이용하여 $f(x)$를 인수분해하면

$$\begin{array}{r|rrrr} -1 & 1 & 7 & k+9 & k+3 \\ & & -1 & -6 & -k-3 \\ \hline & 1 & 6 & k+3 & 0 \end{array}$$

$\therefore f(x)=(x+1)(x^2+6x+k+3)$

$x=-1$은 삼차방정식 $f(x)=0$의 근이므로 방정식 $f(x)=0$이 1보다 작은 서로 다른 세 근을 가지려면 이차방정식 $x^2+6x+k+3=0$은 -1이 아닌 1보다 작은 서로 다른 두 실근을 가져야 한다.

$g(x)=x^2+6x+k+3$이라 하고, 이차방정식 $g(x)=0$의 판별식을 D라 하면 이차함수 $y=g(x)$의 그래프는 오른쪽 그림과 같아야 한다.

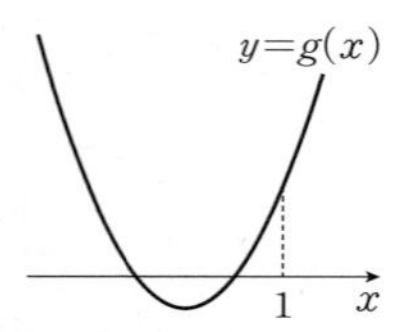

(i) $\frac{D}{4}=3^2-(k+3)>0$ $\therefore k<6$

(ii) $g(1)=1+6+k+3>0$ $\therefore k>-10$

(iii) $g(-1)=1-6+k+3\neq0$ $\therefore k\neq2$

(iv) 이차함수 $y=g(x)$의 그래프의 축의 방정식은 $x=-3$이므로 $-3<1$에서 모든 실수 k에 대하여 성립한다.

(i)~(iv)에서 k의 값의 범위는 $-10<k<2$ 또는 $2<k<6$

따라서 정수 k의 값은 $-9, -8, -7, \cdots, 1, 3, 4, 5$이므로 구하는 합은

$-9+(-8)+(-7)+\cdots+1+3+4+5$

$=-9+(-8)+(-7)+(-6)+(-2)=-32$

답 -32

Ⅲ. 경우의 수

09. 경우의 수

1 경우의 수

기본+필수연습 본문 pp.224~233

01 9	**02** 97	**03** 9	**04** 25
05 (1) 19 (2) 14		**06** 20	**07** 30
08 (1) 12 (2) 16		**09** 10	
10 (1) 364 (2) 13		**11** 81	
12 (1) 223 (2) 127		**13** 46	
14 (1) 15 (2) 12 (3) 16		**15** 48	**16** 29
17 (1) 11 (2) 69		**18** 4	**19** 18
20 44	**21** 16	**22** 540	**23** 780

01

모자 중에서 하나를 선택하는 경우의 수는 5

가방 중에서 하나를 선택하는 경우의 수는 4

따라서 모자 또는 가방 중에서 하나를 선택하는 경우의 수는

$5+4=9$

답 9

02

10 이하의 두 자연수 x, y에 대하여 순서쌍 (x, y)의 개수는

$10\times10=100$

이때 $x+y<4$를 만족시키는 순서쌍 (x, y)의 개수를 구하면 다음과 같다.

(i) $x=1$일 때,

$1+y<4$ $\therefore y<3$

즉, 순서쌍 (x, y)는 $(1, 1)$, $(1, 2)$의 2개

(ii) $x=2$일 때,

$2+y<4$ $\therefore y<2$

즉, 순서쌍 (x, y)는 $(2, 1)$의 1개

(iii) $x\geq3$일 때,

$x+y<4$를 만족시키는 자연수 y는 없다.

(i), (ii), (iii)에서 $x+y<4$를 만족시키는 순서쌍 (x, y)의 개수는 $2+1=3$

따라서 구하는 순서쌍 (x, y)의 개수는

$100-3=97$

=(전체 경우의 수)−($x+y<4$인 경우의 수)

답 97

03

하나의 주사위를 던질 때, 홀수의 눈이 나오는 경우는 1, 3, 5의 3가지

이때 서로 다른 주사위 두 개를 동시에 던져 나온 눈의 수의 곱이 홀수가 되려면 두 주사위 모두 홀수의 눈이 나와야 하므로 구하는 경우의 수는

$3\times3=9$(가지)

답 9

04

두 지점 A, B 사이를 버스 또는 지하철을 이용하여 이동하는 경우의 수는

$2+3=5$(가지)

즉, A지점에서 출발하여 B지점까지 가는 경우의 수와 B지점에서 출발하여 A지점으로 다시 돌아오는 경우의 수가 각각 5가지이다.

따라서 구하는 경우의 수는

$5\times5=25$(가지)

답 25

05

(1) (i) 눈의 수의 합이 3의 배수인 경우는 합이 3, 6, 9, 12인 경우이다.

눈의 수의 합이 3인 경우는 (1, 2), (2, 1)의 2가지

눈의 수의 합이 6인 경우는

(1, 5), (2, 4), (3, 3), (4, 2), (5, 1)의 5가지

눈의 수의 합이 9인 경우는

(3, 6), (4, 5), (5, 4), (6, 3)의 4가지

눈의 수의 합이 12인 경우는 (6, 6)의 1가지

따라서 눈의 수의 합이 3의 배수인 경우의 수는

$2+5+4+1=12$

(ii) 눈의 수의 합이 5의 배수인 경우는 합이 5, 10인 경우이다.

눈의 수의 합이 5인 경우는

(1, 4), (2, 3), (3, 2), (4, 1)의 4가지

눈의 수의 합이 10인 경우는

(4, 6), (5, 5), (6, 4)의 3가지

따라서 눈의 수의 합이 5의 배수인 경우의 수는

$4+3=7$

(i), (ii)는 동시에 일어날 수 없으므로 구하는 경우의 수는

$12+7=19$

(2) (i) 눈의 수의 합이 4의 배수인 경우는 합이 4, 8, 12인 경우이다.

눈의 수의 합이 4인 경우는

(1, 3), (2, 2), (3, 1)의 3가지

눈의 수의 합이 8인 경우는

(2, 6), (3, 5), (4, 4), (5, 3), (6, 2)의 5가지

눈의 수의 합이 12인 경우는 (6, 6)의 1가지

따라서 눈의 수의 합이 4의 배수인 경우의 수는

$3+5+1=9$

(ii) 눈의 수의 합이 6의 배수인 경우는 합이 6, 12인 경우이다.

눈의 수의 합이 6인 경우는

(1, 5), (2, 4), (3, 3), (4, 2), (5, 1)의 5가지

눈의 수의 합이 12인 경우는 (6, 6)의 1가지

따라서 눈의 수의 합이 6의 배수인 경우의 수는

$5+1=6$

(iii) 4와 6의 최소공배수는 12이므로 나오는 눈의 수의 합이 4의 배수이면서 6의 배수, 즉 12의 배수인 경우는 (6, 6)의 1가지

(i), (ii), (iii)에서 구하는 경우의 수는

$9+6-1=14$

답 (1) 19 (2) 14

06

50을 소인수분해하면 $50=2\times5^2$이므로 50과 서로소인 수는 2의 배수도 아니고 5의 배수도 아닌 수이다.

1부터 50까지의 자연수 중에서 2의 배수의 개수는 25, 5의 배수의 개수는 10, 2와 5의 최소공배수인 10의 배수의 개수는 5이므로 2의 배수 또는 5의 배수인 수의 개수는

$25+10-5=30$

따라서 구하는 경우의 수는

$\underline{50-30}=20$
=(전체 경우의 수)−(2의 배수 또는 5의 배수)

답 20

07

주사위를 두 번 던져 나온 눈의 수의 차가 3 이하가 되는 경우의 수는

(전체 경우의 수)−(눈의 수의 차가 4 또는 5인 경우의 수)

로 구할 수 있다.

이때 모든 경우의 수는 $6\times6=36$

처음 나온 눈의 수와 두 번째 나온 눈의 수를 각각 a, b라 하고 순서쌍 (a, b)로 나타내면

(i) $|a-b|=4$인 경우

$(1, 5)$, $(5, 1)$, $(2, 6)$, $(6, 2)$의 4가지

(ii) $|a-b|=5$인 경우

$(1, 6)$, $(6, 1)$의 2가지

(i), (ii)는 동시에 일어날 수 없으므로 눈의 수의 차가 4 또는 5인 경우의 수는 $4+2=6$

따라서 구하는 경우의 수는

$36-6=30$

답 30

08

(1) $2x+4y+z=10$에서

x, y, z는 음이 아닌 정수이므로

$x\geq0$, $y\geq0$, $z\geq0$

즉, $4y\leq2x+4y+z=10$에서

$4y\leq10$　　$\therefore y=0, 1, 2$

(i) $y=0$일 때,

$2x+z=10$이므로 순서쌍 (x, y)는

$(0, 10)$, $(1, 8)$, $(2, 6)$, $(3, 4)$, $(4, 2)$, $(5, 0)$의 6개

(ii) $y=1$일 때,

$2x+z=6$이므로 순서쌍 (x, y)는

$(0, 6)$, $(1, 4)$, $(2, 2)$, $(3, 0)$의 4개

(iii) $y=2$일 때,

$2x+z=2$이므로 순서쌍 (x, y)는

$(0, 2)$, $(1, 0)$의 2개

(i), (ii), (iii)에서 구하는 순서쌍 (x, y, z)의 개수는

$6+4+2=12$

(2) $3x+2y<6-z$에서 $3x+2y+z<6$

이때 x, y, z는 음이 아닌 정수이므로

$x\geq0$, $y\geq0$, $z\geq0$

즉, $3x\leq3x+2y+z<6$에서

$3x<6$　　$\therefore x=0, 1$

(i) $x=0$일 때, $2y+z<6$이므로

$2y+z=5$를 만족시키는 순서쌍 (y, z)는

$(0, 5)$, $(1, 3)$, $(2, 1)$의 3개

$2y+z=4$를 만족시키는 순서쌍 (y, z)는

$(0, 4)$, $(1, 2)$, $(2, 0)$의 3개

$2y+z=3$을 만족시키는 순서쌍 (y, z)는

$(0, 3)$, $(1, 1)$의 2개

$2y+z=2$를 만족시키는 순서쌍 (y, z)는

$(0, 2)$, $(1, 0)$의 2개

$2y+z=1$을 만족시키는 순서쌍 (y, z)는

$(0, 1)$의 1개

$2y+z=0$을 만족시키는 순서쌍 (y, z)는

$(0, 0)$의 1개

따라서 순서쌍 $(0, y, z)$의 개수는

$3+3+2+2+1+1=12$

(ii) $x=1$일 때, $2y+z<3$이므로

$2y+z=2$를 만족시키는 순서쌍 (y, z)는

$(0, 2)$, $(1, 0)$의 2개

$2y+z=1$을 만족시키는 순서쌍 (y, z)는

$(0, 1)$의 1개

$2y+z=0$을 만족시키는 순서쌍 (y, z)는

$(0, 0)$의 1개

따라서 순서쌍 $(1, y, z)$의 개수는

$2+1+1=4$

(i), (ii)에서 구하는 순서쌍 (x, y, z)의 개수는

$12+4=16$

답 (1) 12 (2) 16

09

이차함수 $y=ax^2+bx+2$의 그래프가 x축과 만나는 점의 개수는 이차방정식 $ax^2+bx+2=0$의 서로 다른 실근의 개수와 같으므로 이차방정식 $ax^2+bx+2=0$의 판별식을 D라 하면

$D=b^2-8a\geq0$　　$\therefore b^2\geq8a$

(i) $a=1$일 때, $b^2\geq8$이므로 이것을 만족시키는 b의 값은

3, 4, 5, 6의 4개

(ii) $a=2$일 때, $b^2 \geq 16$이므로 이것을 만족시키는 b의 값은 4, 5, 6의 3개

(iii) $a=3$일 때, $b^2 \geq 24$이므로 이것을 만족시키는 b의 값은 5, 6의 2개

(iv) $a=4$일 때, $b^2 \geq 32$이므로 이것을 만족시키는 b의 값은 6의 1개

(v) $a \geq 5$일 때, $b^2 \geq 40$이므로 이것을 만족시키는 b의 값은 없다.

(i)~(v)에서 구하는 경우의 수는

$4+3+2+1=10$

답 10

보충 설명

이차함수 $y=ax^2+bx+2$의 그래프가 x축과 적어도 한 점에서 만나려면 접하거나 두 점에서 만나야 하므로 이차방정식 $ax^2+bx+2=0$의 판별식을 D라 하면 $D \geq 0$이어야 한다.

10

(1) 각 상자에는 홀수 1, 3, 5, 7, 9가 적힌 카드가 5장, 짝수 2, 4, 6, 8이 적힌 카드가 4장 들어 있다.

서로 다른 3개의 상자를 각각 A, B, C라 하면 각 상자에서 꺼낸 카드에 적혀 있는 수의 합이 짝수인 경우는 다음과 같다.

(i) 세 상자 A, B, C에서 꺼낸 카드에 적힌 수가 각각 홀수, 홀수, 짝수인 경우의 수는

$5 \times 5 \times 4=100$

(ii) 세 상자 A, B, C에서 꺼낸 카드에 적힌 수가 각각 홀수, 짝수, 홀수인 경우의 수는

$5 \times 4 \times 5=100$

(iii) 세 상자 A, B, C에서 꺼낸 카드에 적힌 수가 각각 짝수, 홀수, 홀수인 경우의 수는

$4 \times 5 \times 5=100$

(iv) 세 상자 A, B, C에서 꺼낸 카드에 적힌 수가 각각 짝수, 짝수, 짝수인 경우의 수는

$4 \times 4 \times 4=64$

(i)~(iv)에서 구하는 경우의 수는

$100+100+100+64=364$

(2) 주어진 다항식에서 $(x-y)^2=x^2-2xy+y^2$이고, $p+q+r$과 $x^2-2xy+y^2$은 모든 항이 서로 다른 문자로 되어 있으므로 두 다항식을 곱하면 동류항이 생기지 않는다.

따라서 $(x-y)^2(p+q+r)$을 전개하였을 때, 서로 다른 항의 개수는 $3 \times 3=9$

또한, $(a-b)^3=a^3-3a^2b+3ab^2-b^3$이므로 $(a-b)^3$을 전개하였을 때, 서로 다른 항의 개수는 4

이때 $(x-y)^2(p+q+r)$과 $(a-b)^3$의 전개식의 모든 항이 서로 다른 문자로 되어 있으므로 두 다항식의 뺄셈에서도 서로 다른 항의 개수는 변하지 않는다.

따라서 주어진 식을 전개하였을 때, 서로 다른 항의 개수는

$9+4=13$

답 (1) 364 (2) 13

보충 설명

(1) 세 상자 A, B, C에서 꺼낸 카드에 적힌 수가 홀수 또는 짝수인지에 따라 카드에 적혀 있는 세 수의 합이 홀수인지 짝수인지를 다음 표에서 확인할 수 있다.

	A	B	C	합
	홀	홀	홀	홀
(i) →	홀	홀	짝	짝
(ii) →	홀	짝	홀	짝
	홀	짝	짝	홀
(iii) →	짝	홀	홀	짝
	짝	홀	짝	홀
	짝	짝	홀	홀
(iv) →	짝	짝	짝	짝

11

주사위를 던져 나올 수 있는 수 중에서 홀수는 1, 3, 5의 3개, 짝수는 2, 4, 6의 3개이다.

a, b, c의 값이 각각 홀수 또는 짝수인지 따라 $a+b+c+abc$의 값이 홀수인지 짝수인지를 다음 표에서 확인할 수 있다.

	a	b	c	abc	$a+b+c+abc$
	홀	홀	홀	홀	짝
	홀	홀	짝	짝	짝
	홀	짝	홀	짝	짝
(i) →	홀	짝	짝	짝	홀
	짝	홀	홀	짝	짝
(ii) →	짝	홀	짝	짝	홀
(iii) →	짝	짝	홀	짝	홀
	짝	짝	짝	짝	짝

(i) a, b, c가 각각 홀수, 짝수, 짝수인 경우의 수는

$3\times3\times3=27$

(ii) a, b, c가 각각 짝수, 홀수, 짝수인 경우의 수는

$3\times3\times3=27$

(iii) a, b, c가 각각 짝수, 짝수, 홀수인 경우의 수는

$3\times3\times3=27$

(i), (ii), (iii)에서 구하는 경우의 수는

$27+27+27=81$

답 81

12

(1) 오만 원짜리 지폐 3장으로 지불하는 방법은

0장, 1장, 2장, 3장의 4가지

만 원짜리 지폐 1장으로 지불하는 방법은

0장, 1장의 2가지

오천 원짜리 지폐 3장으로 지불하는 방법은

0장, 1장, 2장, 3장의 4가지

천 원짜리 지폐 6장으로 지불하는 방법은

0장, 1장, 2장, ⋯, 6장의 7가지

이때 0원을 지불하는 경우는 제외해야 하므로 구하는 지불 방법의 수는

$4\times2\times4\times7-1=223$

(2) 오천 원짜리 지폐 2장으로 지불하는 금액은 만 원짜리 지폐 1장으로 지불하는 금액과 같고, 천 원짜리 지폐 5장으로 지불하는 금액은 오천 원짜리 지폐 1장으로 지불하는 금액과 같다.

즉, 만 원짜리 지폐 1장을 오천 원짜리 지폐 2장으로 바꾼 후, 오천 원짜리 지폐 5장을 천 원짜리 지폐 25장으로 바꾸면 지불할 수 있는 금액의 수는 오만 원짜리 지폐 3장과 천 원짜리 지폐 $\underline{31}$장으로 지불할 수 있는 금액의 수와 같다. ($=25+6$)

오만 원짜리 지폐 3장으로 지불할 수 있는 금액은

0원, 50000원, 100000원, 150000원의 4가지

천 원짜리 지폐 31장으로 지불할 수 있는 금액은

0원, 1000원, 2000원, ⋯, 31000원의 32가지

이때 0원을 지불하는 경우는 제외해야 하므로 구하는 지불 금액의 수는

$4\times32-1=127$

답 (1) 223 (2) 127

13

100원짜리 동전 6개로 지불하는 방법은

0개, 1개, 2개, ⋯, 6개의 7가지

500원짜리 동전 a개로 지불하는 방법은 $(a+1)$가지

1000원짜리 지폐 2장으로 지불하는 방법은

0장, 1장, 2장의 3가지

0원을 지불하는 경우는 제외해야 하므로 지불할 수 있는 방법의 수는

$7\times(a+1)\times3-1=104$

$21(a+1)=105$, $a+1=5$

$\therefore a=4$

따라서 500원짜리 동전은 4개 있다.

이때 500원짜리 동전 2개로 지불하는 금액은 1000원짜리 지폐 1장으로 지불하는 금액과 같고, 100원짜리 동전 5개로 지불하는 금액은 500원짜리 동전 1개로 지불하는 금액과 같다.

그러므로 1000원짜리 지폐 2장을 500원짜리 동전 4개로 바꾼 후, 500원짜리 동전 8개를 100원짜리 동전 40개로 바꾸면 지불할 수 있는 금액의 수는 100원짜리 동전 $\underline{46}$개로 지불할 수 있는 금액의 수와 같다. ($=40+6$)

100원짜리 동전 46개로 지불할 수 있는 금액은

0원, 100원, 200원, ⋯, 4600원의 47가지

이때 0원을 지불하는 경우는 제외해야 하므로 구하는 지불 금액의 수는

$47-1=46$

답 46

14

(1) 2025를 소인수분해하면 $2025=3^4\times5^2$

따라서 2025의 양의 약수의 개수는

$(4+1)\times(2+1)=5\times3=15$

(2) 336을 소인수분해하면 $336=2^4\times3\times7$

336의 양의 약수 중 4의 배수의 개수는 $2^2\times3\times7$의 양의 약수의 개수와 같으므로

($2^2\times3\times7$의 양의 약수에 2^2을 곱하면 4의 배수이다.)

$(2+1)\times(1+1)\times(1+1)=3\times2\times2=12$

(3) 360과 840을 각각 소인수분해하면

$360=2^3\times3^2\times5$, $840=2^3\times3\times5\times7$

이때 두 수의 양의 공약수의 개수는 두 수의 최대공약수의 양의 약수의 개수와 같다.

따라서 360과 840의 최대공약수는 $2^3\times3\times5$이므로 구하는 양의 공약수의 개수는

$(3+1)\times(1+1)\times(1+1)=4\times2\times2=16$

답 (1) 15 (2) 12 (3) 16

15

$10=10\times1=(9+1)\times(0+1)$ 또는

$10=5\times2=(4+1)\times(1+1)$이므로

양의 약수의 개수가 10인 자연수를 N이라 하면

$N=a^9$ 또는 $N=b^4c$ (a, b, c는 소수, $b\neq c$) 꼴이다.

이를 만족시키는 자연수 중에서 가장 작은 자연수는 각각

$2^9=512$, $2^4\times3=48$

따라서 구하는 가장 작은 자연수는 48이다.

답 48

16

$18=2\times3^2$이므로 다음과 같이 경우를 나누어 생각할 수 있다.

(i) $p=2$일 때,

$18p=2^2\times3^2$이므로 $18p$의 양의 약수의 개수는

$f(2)=(2+1)\times(2+1)=3\times3=9$

(ii) $p=3$일 때,

$18p=2\times3^3$이므로 $18p$의 양의 약수의 개수는

$f(3)=(1+1)\times(3+1)=2\times4=8$

(iii) $p\neq2$, $p\neq3$일 때,

$18p=2\times3^2\times p$이므로 $18p$의 양의 약수의 개수는

$f(p)=(1+1)\times(2+1)\times(1+1)=2\times3\times2=12$

(i), (ii), (iii)에서 서로 다른 $f(p)$의 값은 9, 8, 12이므로 그 합은

$9+8+12=29$

답 29

17

(1) A도시에서 D도시로 가는 경우는 다음과 같다.

(i) A → D로 가는 경우의 수는 1

(ii) A → B → D로 가는 경우의 수는 $3\times2=6$

(iii) A → C → D로 가는 경우의 수는 $2\times2=4$

(i), (ii), (iii)에서 구하는 경우의 수는

$1+6+4=11$

(2) 같은 도시는 두 번 이상 지나지 않고 A도시에서 D도시를 거쳐 다시 A도시로 돌아오는 경우는 다음과 같다.

(i) A → B → D → A로 가는 경우의 수는

$3\times2\times1=6$

(ii) A → B → D → C → A로 가는 경우의 수는

$3\times2\times2\times2=24$

(iii) A → C → D → A로 가는 경우의 수는

$2\times2\times1=4$

(iv) A → C → D → B → A로 가는 경우의 수는

$2\times2\times2\times3=24$

(v) A → D → B → A로 가는 경우의 수는

$1\times2\times3=6$

(vi) A → D → C → A로 가는 경우의 수는

$1\times2\times2=4$

(vii) A → D → A로 가는 경우의 수는 1

(i)~(vii)에서 구하는 경우의 수는

$6+24+4+24+6+4+1=69$

답 (1) 11 (2) 69

18

B지점과 C지점을 직접 연결하는 x개의 도로를 추가한다고 하면 A지점에서 D지점으로 가는 경우는 다음과 같다.

(i) A → D로 가는 경우의 수는 2

(ii) A → B → D로 가는 경우의 수는 $3\times2=6$

(iii) A → C → D로 가는 경우의 수는 $2\times4=8$

(iv) A → B → C → D로 가는 경우의 수는

$3\times x\times4=12x$

(v) A → C → B → D로 가는 경우의 수는

$2\times x\times2=4x$

(i)~(v)에서 A지점에서 D지점으로 가는 경우의 수는

$2+6+8+12x+4x=16+16x$

즉, $16+16x=80$에서 $16x=64$

$\therefore x=4$

따라서 추가해야 하는 도로의 개수는 4이다.

답 4

19

$a_1=1$, $a_1=2$, $a_1=3$, $a_1=4$인 각 경우에 대하여 $a_2\neq3$을 만족시키는 경우를 수형도로 나타내면 다음 그림과 같다.

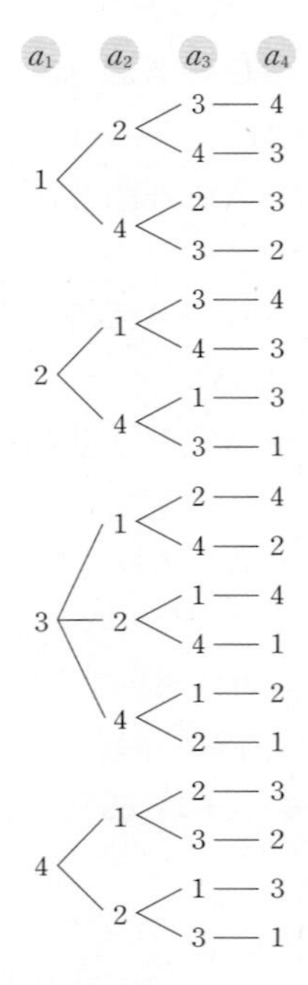

따라서 구하는 자연수의 개수는

$4+4+6+4=18$

답 18

20

5명의 회원을 A, B, C, D, E라 하고 각자 가져온 책을 순서대로 a, b, c, d, e라 하자.

A가 책 b를 가져가는 경우, 나머지 네 명도 자신이 가져오지 않은 책으로 나누어 갖는 경우를 수형도로 나타내면 오른쪽 그림과 같다. 즉, A가 책 b를 가져가는 경우의 수는 11이다.

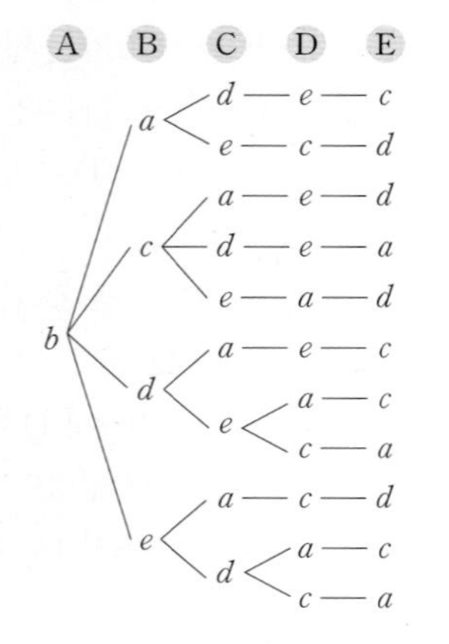

이때 A가 책 c, d, e를 가져가는 경우에 대하여도 각각 같은 경우의 수가 나오므로 구하는 경우의 수는

$11+11+11+11=44$

답 44

21

두 문자 A, B가 하나씩 적힌 카드를 뽑아 일렬로 나열할 때, 맨 앞에 A가 적힌 카드를 나열하면서 같은 문자가 연속해서 3번 이상 나오지 않도록 나열하는 경우를 수형도로 나타내면 다음과 같다.

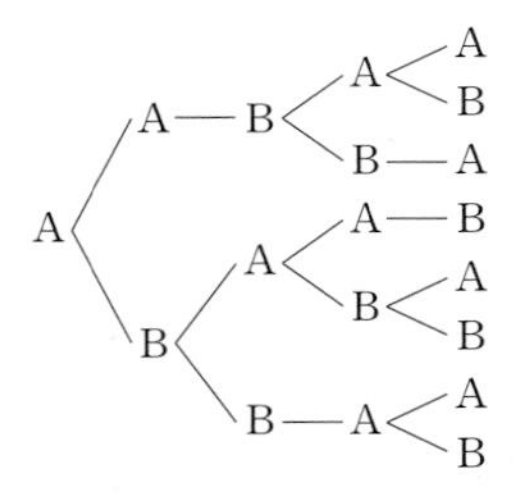

이 경우의 수는 8이고 맨 앞에 B가 적힌 카드를 나열하는 경우의 수도 8이다.

따라서 구하는 경우의 수는

$8+8=16$

답 16

22

가장 많은 영역과 인접하고 있는 영역이 D이므로 D부터 칠한다.

D에 칠할 수 있는 색은 5가지

A에 칠할 수 있는 색은 D에 칠한 색을 제외한 4가지

B에 칠할 수 있는 색은 A, D에 칠한 색을 제외한 3가지

C에 칠할 수 있는 색은 A, D에 칠한 색을 제외한 3가지

E에 칠할 수 있는 색은 B, D에 칠한 색을 제외한 3가지

따라서 구하는 경우의 수는

$5\times4\times3\times3\times3=540$

답 540

다른 풀이

(i) 모두 다른 색을 칠하는 경우의 수는

$5\times4\times3\times2\times1=120$

(ii) A와 E에만 같은 색을 칠하는 경우의 수는

$5\times4\times3\times2=120$

(iii) B와 C에만 같은 색을 칠하는 경우의 수는

$5\times4\times3\times2=120$

(iv) C와 E에만 같은 색을 칠하는 경우의 수는

$5\times4\times3\times2=120$

(v) A와 E, B와 C에 각각 같은 색을 칠하는 경우의 수는

$5\times4\times3=60$

(i)~(v)에서 구하는 경우의 수는

$120+120+120+120+60=540$

23

인접하지 않는 두 영역 A, C에 같은 색을 칠하는 경우와 다른 색을 칠하는 경우로 나누어 생각해야 한다.

(i) A와 C에 같은 색을 칠하는 경우

A(C)에 칠할 수 있는 색은 5가지

B에 칠할 수 있는 색은 A(C)에 칠한 색을 제외한 4가지

D에 칠할 수 있는 색은 A(C)에 칠한 색을 제외한 4가지

E에 칠할 수 있는 색은 A, D에 칠한 색을 제외한 3가지

$\therefore 5\times4\times4\times3=240$

(ii) A와 C에 다른 색을 칠하는 경우

A에 칠할 수 있는 색은 5가지

B에 칠할 수 있는 색은 A에 칠한 색을 제외한 4가지

C에 칠할 수 있는 색은 A, B에 칠한 색을 제외한 3가지

D에 칠할 수 있는 색은 A, C에 칠한 색을 제외한 3가지

E에 칠할 수 있는 색은 A, D에 칠한 색을 제외한 3가지

$\therefore 5\times4\times3\times3\times3=540$

(i), (ii)에서 구하는 경우의 수는

$240+540=780$

답 780

다른 풀이

사용하는 색의 개수에 따라 경우를 나누어 구할 수 있다.

(i) 5가지 색을 모두 사용하는 경우

모두 다른 색을 칠해야 하므로 이 경우의 수는

$5\times4\times3\times2\times1=120$

(ii) 4가지 색을 사용하는 경우

인접하지 않은 A와 C, B와 D, B와 E, C와 E 중 한 가지 경우만 같은 색을 칠하고 나머지는 모두 다른 색을 칠해야 한다.

① A와 C에만 같은 색을 칠하는 경우의 수는

$5\times4\times3\times2=120$

② B와 D에만 같은 색을 칠하는 경우의 수는

$5\times4\times3\times2=120$

③ B와 E에만 같은 색을 칠하는 경우의 수는

$5\times4\times3\times2=120$

④ C와 E에만 같은 색을 칠하는 경우의 수는

$5\times4\times3\times2=120$

따라서 4가지 색을 이용하여 칠하는 경우의 수는

$120+120+120+120=480$

(iii) 3가지 색을 사용하는 경우

인접하지 않은 두 영역 중 두 가지 경우에 같은 색을 칠해야 한다.

① A와 C, B와 D에 각각 같은 색을 칠하는 방법의 수는

$5\times4\times3=60$

② A와 C, B와 E에 각각 같은 색을 칠하는 방법의 수는

$5\times4\times3=60$

③ B와 D, C와 E에 각각 같은 색을 칠하는 방법의 수는

$5\times4\times3=60$

따라서 3가지 색을 이용하여 칠하는 방법의 수는

$60+60+60=180$

(i), (ii), (iii)에서 $120+480+180=780$

STEP 1 개념 마무리

본문 pp.234~235

01 53	**02** 90	**03** 8	**04** 176
05 154	**06** 22	**07** 63	**08** 8
09 38	**10** 20	**11** 30	**12** 1300

01

$\frac{N}{15}=\frac{N}{3\times5}$이므로 $\frac{N}{15}$이 기약분수이려면 N은 3의 배수도 아니고 5의 배수도 아닌 자연수이어야 한다.

100 이하의 자연수 중에서 3의 배수의 개수는 33, 5의 배수의 개수는 20, 3과 5의 최소공배수인 15의 배수의 개수는 6이므로 100 이하의 자연수 중에서 3의 배수 또는 5의 배수인 수의 개수는

$33+20-6=47$

따라서 구하는 자연수 N의 개수는

$100-47=53$

답 53

02

1000 이상 9999 이하의 자연수 중에서 좌우 대칭인 수의 개수는 10 이상 99 이하의 자연수의 개수와 같다.
따라서 구하는 수의 개수는
$99-9=90$

답 90

보충 설명
10 이상 99 이하의 자연수의 십의 자리의 숫자와 일의 자리의 숫자를 이용하여 십의 자리의 숫자와 백의 자리의 숫자가 같고, 일의 자리의 숫자와 천의 자리의 숫자가 같은 1000 이상 9999 이하의 좌우 대칭인 자연수를 만들 수 있다.

다른 풀이
0 또는 한 자리의 자연수 a, b에 대하여 좌우 대칭인 네 자리 수는 $abba$와 같이 나타낼 수 있다.
이때 $abba$가 1000 이상 9999 이하의 수이므로 $a\neq0$이다.
즉, a가 될 수 있는 수는 1, 2, 3, $\cdots$, 9의 9개이고, b가 될 수 있는 수는 0, 1, 2, $\cdots$, 9의 10개이므로 구하는 좌우 대칭인 수의 개수는
$9\times10=90$

03

1 kg, 3 kg, 5 kg 상품의 개수를 각각
x, y, z (x, y, z는 자연수)라 하면
$x+3y+5z=20$ ⋯⋯㉠
$x\geq1$, $y\geq1$, $z\geq1$에서
$1+3+5z\leq x+3y+5z=20$이므로
$5z\leq16$ $\therefore z=1, 2, 3$

(i) $z=1$일 때,
㉠에서 $x+3y+5=20$ $\therefore x+3y=15$
이 방정식을 만족시키는 x, y의 순서쌍 (x, y)는
$(3, 4)$, $(6, 3)$, $(9, 2)$, $(12, 1)$의 4개이다.

(ii) $z=2$일 때,
㉠에서 $x+3y+10=20$ $\therefore x+3y=10$
이 방정식을 만족시키는 x, y의 순서쌍 (x, y)는
$(1, 3)$, $(4, 2)$, $(7, 1)$의 3개이다.

(iii) $z=3$일 때,
㉠에서 $x+3y+15=20$ $\therefore x+3y=5$
이 방정식을 만족시키는 x, y의 순서쌍 (x, y)는
$(2, 1)$의 1개이다.

(i), (ii), (iii)에서 구하는 경우의 수는
$4+3+1=8$

답 8

04

500보다 큰 세 자리의 자연수의 개수는
$999-500=499$
500보다 큰 세 자리 자연수 중에서 숫자 7이 하나도 없는 세 자리 자연수의 백의 자리의 숫자로 가능한 것은 5, 6, 8, 9의 4가지이고 십의 자리, 일의 자리의 숫자로 가능한 것은 각각 0, 1, 2, $\cdots$, 9 중 7을 제외한 9가지이다.
이때 백의 자리가 5, 십의 자리와 일의 자리가 각각 0인 경우(500)를 제외하여야 하므로 500보다 큰 세 자리 자연수 중에서 숫자 7이 하나도 없는 세 자리 자연수의 개수는
$4\times9\times9-1=323$
따라서 숫자 7이 적어도 하나 있는 세 자리 자연수의 개수는
$499-323=176$

답 176

05

25의 배수는 십의 자리 이하가 00 또는 25 또는 50 또는 75인 수이다. 이때 각 자리의 숫자가 모두 다른 자연수만 생각하므로 십의 자리의 이하가 25, 50, 75인 경우만 구하면 된다.

(i) □□25 꼴인 자연수의 개수
천의 자리에는 0, 2, 5를 제외한 7가지, 백의 자리에는 천의 자리에서 사용한 수와 2, 5를 제외한 7가지의 숫자가 올 수 있으므로
$7\times7=49$

(ii) □□50 꼴인 자연수의 개수
천의 자리에는 0, 5를 제외한 8가지, 백의 자리에는 천의 자리에서 사용한 수와 0, 5를 제외한 7가지의 숫자가 올 수 있으므로
$8\times7=56$

(iii) □□75 꼴인 자연수의 개수

천의 자리에는 0, 5, 7을 제외한 7가지, 백의 자리에는 천의 자리에서 사용한 수와 5, 7을 제외한 7가지의 숫자가 올 수 있으므로

$7\times7=49$

(i), (ii), (iii)에서 구하는 수의 개수는

$49+56+49=154$

답 154

06

직선 l 위의 점 중에서 두 개의 점을 택하여 만든 사다리꼴의 변의 길이를 a, 직선 m 위의 점 중에서 두 개의 점을 택하여 만든 사다리꼴의 변의 길이를 b라 하자.

만들어진 사다리꼴의 넓이가 9이므로

$\frac{1}{2}\times3\times(a+b)=9 \qquad \therefore a+b=6$

각 직선 위의 두 점 사이의 거리가 2이므로 각 변의 길이 a, b는 다음과 같이 나누어 구할 수 있다.

(i) $a=2$, $b=4$인 경우

$a=2$가 되도록 두 점을 택하는 경우의 수는 3

$b=4$가 되도록 두 점을 택하는 경우의 수는 4

즉, $a=2$, $b=4$인 경우의 수는

$3\times4=12$

(ii) $a=4$, $b=2$인 경우

$a=4$가 되도록 두 점을 택하는 경우의 수는 2

$b=2$가 되도록 두 점을 택하는 경우의 수는 5

즉, $a=4$, $b=2$인 경우의 수는

$2\times5=10$

(i), (ii)에서 구하는 경우의 수는

$12+10=22$

답 22

07

500원짜리 동전의 개수에 따라 다음과 같이 경우를 나누어 생각할 수 있다.

(i) $a<2$일 때, ← 500원짜리로 1000원을 만들 수 없는 경우

지불할 수 있는 금액의 수는 500원짜리 동전 a개, 1000원짜리 지폐 3장, 5000원짜리 지폐 1장으로 지불할 수 있는 금액의 수와 같다.

이때 0원을 지불하는 경우는 제외해야 하므로 지불 금액의 수는

$(a+1)\times(3+1)\times(1+1)-1=8a+7$

즉, $8a+7=23$에서

$8a=16 \qquad \therefore a=2$

그런데 $a<2$이므로 조건을 만족시키지 않는다.

(ii) $2\le a<4$일 때, ← 500원짜리로 1000원을 만들 수 있으나 500원짜리, 1000원짜리로 5000원을 만들 수 없는 경우

500원짜리 동전 2개로 지불하는 금액은 1000원짜리 지폐 1장으로 지불하는 금액과 같다.

따라서 1000원짜리 지폐 3장을 500원짜리 동전 6개로 바꾸면 지불할 수 있는 금액의 수는 500원짜리 동전 $(a+6)$개, 5000원짜리 지폐 1장으로 지불할 수 있는 금액의 수와 같다.

이때 0원을 지불하는 경우는 제외해야 하므로 지불 금액의 수는

$\{(a+6)+1\}\times(1+1)-1=2a+13$

즉, $2a+13=23$에서

$2a=10 \qquad \therefore a=5$

그런데 $2\le a<4$이므로 조건을 만족시키지 않는다.

(iii) $a\ge4$일 때, ← 500원짜리, 1000원짜리로 5000원을 만들 수 있는 경우

500원짜리 동전 2개로 지불하는 금액은 1000원짜리 지폐 1장으로 지불하는 금액과 같고, 500원짜리 동전 4개, 1000원짜리 지폐 3장으로 지불하는 금액과 5000원짜리 지폐 1장으로 지불하는 금액이 같다.

따라서 1000원짜리 지폐 3장과 5000원짜리 지폐 1장을 500원짜리 동전 16개로 바꾸면 지불할 수 있는 금액의 수는 500원짜리 동전 $(a+16)$개로 지불할 수 있는 금액의 수와 같다.

이때 0원을 지불하는 경우는 제외해야 하므로 지불 금액의 수는

$\{(a+16)+1\}-1=a+16$

즉, $a+16=23$이므로 $a=7$

(i), (ii), (iii)에서

$a=7$

따라서 500원짜리 동전 7개, 1000원짜리 지폐 3장, 5000원짜리 지폐 1장의 일부 또는 전부를 사용하여 지불하는 방법의 수는

$(7+1)\times(3+1)\times(1+1)-1=8\times4\times2-1=63$

답 63

08

$8x=2^3\times x$의 양의 약수의 개수가 8인 경우는 다음과 같이 경우를 나누어 생각할 수 있다.

(i) $x=2^n$ (n은 자연수) 꼴일 때,

$8x=2^3\times 2^n=2^{n+3}$의 양의 약수의 개수가 8이므로

$(n+3)+1=8 \qquad \therefore n=4$

$\therefore x=2^4=16$

(ii) $x=p^n$ (p는 2가 아닌 소수, n은 자연수) 꼴일 때,

$8x=2^3\times p^n$의 양의 약수의 개수가 8이므로

$(3+1)\times(n+1)=8,\ 4n+4=8 \qquad \therefore n=1$

$\therefore x=p$

이때 x는 20 이하의 자연수이므로

$x=3, 5, 7, 11, 13, 17, 19$

(i), (ii)에서 조건을 만족시키는 자연수 x는 3, 5, 7, 11, 13, 16, 17, 19의 8개이다.

답 8

보충 설명

2가 아닌 두 소수 p, q에 대하여

$x=p^m\times q^n$ (m, n은 자연수, $p\neq q$) 꼴이면

$2^3\times x=2^3\times p^m\times q^n$의 양의 약수의 개수가 8이므로

$(3+1)\times(m+1)\times(n+1)=8$

$\therefore (m+1)\times(n+1)=2$

이때 위의 등식을 만족시키는 자연수 m, n은 존재하지 않는다.

09

한 번 지난 도로를 다시 지나지 않으므로 A지점에서 출발하여 C지점까지 갔다가 다시 A지점으로 돌아오는 경우는 다음 네 가지가 있다.

(i) A → C → A로 가는 경우

두 지점 A, C를 잇는 두 도로 중 하나로 갔다가 남은 도로로 돌아와야 하므로 이 경우의 수는

$2\times1=2$

(ii) A → C → B → A로 가는 경우

두 지점 A, C를 잇는 두 도로 중 하나로 갔다가 두 지점 B, C를 잇는 두 도로 중 하나, 두 지점 A, B를 잇는 세 도로 중 하나로 돌아와야 하므로 이 경우의 수는

$2\times2\times3=12$

(iii) A → B → C → A로 가는 경우

두 지점 A, B를 잇는 세 도로 중 하나, 두 지점 B, C를 잇는 두 도로 중 하나로 갔다가 두 지점 A, C를 잇는 두 도로 중 하나로 돌아와야 하므로 이 경우의 수는

$3\times2\times2=12$

(iv) A → B → C → B → A로 가는 경우

두 지점 A, B를 잇는 세 도로 중 하나, 두 지점 B, C를 잇는 두 도로 중 하나로 갔다가 두 지점 B, C를 잇는 도로 중 남은 하나, 두 지점 A, B를 잇는 도로 중 남은 두 도로 중 하나로 돌아와야 하므로 이 경우의 수는

$3\times2\times1\times2=12$

(i)~(iv)에서 구하는 경우의 수는

$2+12+12+12=38$

답 38

10

국어, 수학, 영어를 각각 한 번씩 수강하는 방법의 수를 수형도로 나타내면 다음과 같다.

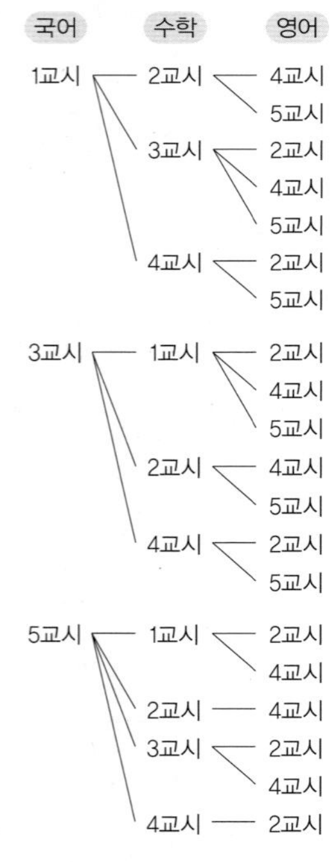

따라서 구하는 방법의 수는

$7+7+6=20$

답 20

11

서로 다른 3가지 색 중에서 A영역에 칠하는 색을 a, B영역에 칠하는 색을 b, 나머지 하나의 색을 c라 하면 3가지 색 중에서 a, b, c에 해당하는 색을 고르는 경우의 수는

$3\times2\times1=6$

그 각각에 대하여 A, B, C, D, E의 5개의 영역에 조건에 맞게 색칠하는 방법의 수를 수형도로 나타내면 다음과 같다.

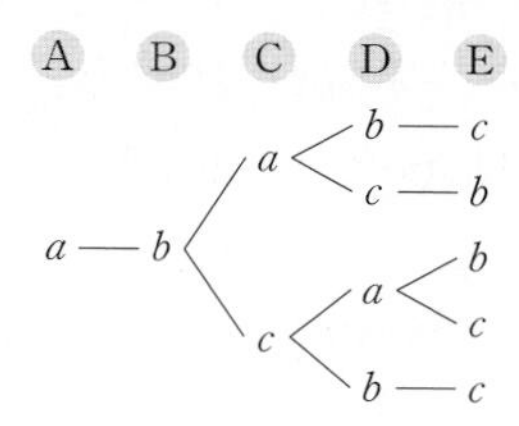

따라서 구하는 방법의 수는

$6\times5=30$

답 30

12

두 영역 A와 C, 두 영역 B와 D에는 같은 색을 칠해도 되고, 영역 E에는 나머지 영역에 칠한 색에 관계없이 칠해도 되므로 다음과 같이 경우를 나누어 생각한다.

(i) 두 영역 A와 C에는 같은 색, 두 영역 B와 D에는 다른 색을 칠하는 경우

A에 칠할 수 있는 색은 5가지

B에 칠할 수 있는 색은 A에 칠한 색을 제외한 4가지

C에 칠할 수 있는 색은 A에 칠한 색과 같으므로 1가지

D에 칠할 수 있는 색은 A와 C에 칠한 색, B에 칠한 색을 제외한 3가지

E에 칠할 수 있는 색은 5가지

즉, 이 경우에 색을 칠하는 경우의 수는

$5\times4\times1\times3\times5=300$

(ii) 두 영역 A와 C에는 다른 색, 두 영역 B와 D에는 같은 색을 칠하는 경우

(i)과 같은 방법으로 생각하면 경우의 수는

$5\times4\times3\times1\times5=300$

(iii) 두 영역 A와 C, 두 영역 B와 D에 각각 같은 색을 칠하는 경우

A에 칠할 수 있는 색은 5가지

B에 칠할 수 있는 색은 A에 칠한 색을 제외한 4가지

C에 칠할 수 있는 색은 A에 칠한 색과 같으므로 1가지

D에 칠할 수 있는 색은 B에 칠한 색과 같으므로 1가지

E에 칠할 수 있는 색은 5가지

즉, 이 경우에 색을 칠하는 경우의 수는

$5\times4\times1\times1\times5=100$

(iv) 네 영역 A, B, C, D에 모두 다른 색을 칠하는 경우

A에 칠할 수 있는 색은 5가지

B에 칠할 수 있는 색은 A에 칠한 색을 제외한 4가지

C에 칠할 수 있는 색은 A, B에 칠한 색을 제외한 3가지

D에 칠할 수 있는 색은 A, B, C에 칠한 색을 제외한 2가지

E에 칠할 수 있는 색은 5가지

즉, 이 경우에 색을 칠하는 경우의 수는

$5\times4\times3\times2\times5=600$

(i)~(iv)에서 구하는 경우의 수는

$300+300+100+600=1300$

답 1300

STEP 2 개념 마무리 본문 p.236

1 12	**2** 126	**3** 15	**4** 520
5 45	**6** 72		

1

$a\le b\le c$에서 $a+b+c\le c+c+c$

이때 $a+b+c=21$이므로

$21\le3c$ $\quad\therefore c\ge7$ ……㉠

삼각형의 두 변의 길이의 합은 가장 긴 변의 길이보다 크므로

$a+b>c$

즉, $a+b+c>2c$에서 $21>2c$

$\therefore c<\frac{21}{2}$ ······㉡

㉠, ㉡에서 $7\le c<\frac{21}{2}$이고, c는 자연수이므로

$c=7, 8, 9, 10$ ······(가)

(ⅰ) $c=7$일 때, ← $a\le b\le 7$

$a+b+7=21$, 즉 $a+b=14$이므로 순서쌍 (a, b)는 $(7, 7)$의 1개이다.

(ⅱ) $c=8$일 때, ← $a\le b\le 8$

$a+b+8=21$, 즉 $a+b=13$이므로 순서쌍 (a, b)는 $(5, 8)$, $(6, 7)$의 2개이다.

(ⅲ) $c=9$일 때, ← $a\le b\le 9$

$a+b+9=21$, 즉 $a+b=12$이므로 순서쌍 (a, b)는 $(3, 9)$, $(4, 8)$, $(5, 7)$, $(6, 6)$의 4개이다.

(ⅳ) $c=10$일 때, ← $a\le b\le 10$

$a+b+10=21$, 즉 $a+b=11$이므로 순서쌍 (a, b)는 $(1, 10)$, $(2, 9)$, $(3, 8)$, $(4, 7)$, $(5, 6)$의 5개이다. ······(나)

(ⅰ)~(ⅳ)에서 구하는 순서쌍 (a, b, c)의 개수는

$1+2+4+5=12$ ······(다)

답 12

단계	채점 기준	배점
(가)	조건을 만족시키는 c의 값의 범위를 구한 경우	40%
(나)	c의 값에 따라 순서쌍 (a, b)를 구한 경우	40%
(다)	순서쌍 (a, b, c)의 개수를 구한 경우	20%

2

음이 아닌 한 자리의 정수 a, b, c에 대하여 구하는 세 자리 자연수를 $100a+10b+c$ $(a\ne 0)$라 하자.

(ⅰ) b, c 중 하나가 0인 경우

나머지 두 수가 같아야 하므로 구하는 세 자리 자연수의 개수는

$9\times 2=18$

($100a+a$ 또는 $100a+10a$의 두 가지)

(ⅱ) a, b, c에 0이 포함되지 않는 경우

$a=b+c$이면

$a=1$일 때, b, c의 값을 정하는 경우의 수는 0

$a=2$일 때, b, c의 값을 정하는 경우의 수는 1

$a=3$일 때, b, c의 값을 정하는 경우의 수는 2

⋮

$a=9$일 때, b, c의 값을 정하는 경우의 수는 8

즉, $a=b+c$인 경우의 수는 $0+1+2+\cdots+8=36$

이때 $b=a+c$, $c=a+b$인 경우의 수는 $a=b+c$인 경우의 수와 같으므로 (ⅱ)의 경우의 수는

$36\times 3=108$

(ⅰ), (ⅱ)에서 구하는 자연수의 개수는

$18+108=126$

답 126

3

$\begin{cases} (a+b+c)(p+q+r) & \cdots\cdots ㉠ \\ (a+b)(s+t) & \cdots\cdots ㉡ \end{cases}$ 이라 하자.

㉠의 $p+q+r$과 ㉡의 $s+t$의 모든 항이 서로 다른 문자로 되어 있으므로 ㉠, ㉡의 전개식에서 동류항이 생기지 않는다.

즉, ㉠－㉡에서 서로 다른 항의 개수는 변하지 않는다.

(ⅰ) $(a+b+c)(p+q+r)$의 전개식에서

두 다항식 $a+b+c$, $p+q+r$는 모든 항이 서로 다른 문자로 되어 있으므로 두 다항식을 곱하여 전개하면 동류항이 생기지 않는다.

이때 a를 포함하는 항의 개수는 $a(p+q+r)$의 전개식의 서로 다른 항의 개수와 같으므로

$1\times 3=3$ ······㉢

또한, p를 포함하지 않는 항의 개수는 $(a+b+c)(q+r)$의 전개식에서 서로 다른 항의 개수와 같으므로

$3\times 2=6$ ······㉣

(ⅱ) $(a+b)(s+t)$의 전개식에서

두 다항식 $a+b$, $s+t$는 모든 항이 서로 다른 문자로 되어 있으므로 두 다항식을 곱하여 전개하면 동류항이 생기지 않는다.

이때 a를 포함하는 항의 개수는 $a(s+t)$의 전개식의 서로 다른 항의 개수와 같으므로

$1\times 2=2$ ······㉤

또한, $(a+b)(s+t)$의 전개식의 항은 모두 p를 포함하지 않으므로 p를 포함하지 않는 항의 개수는

$2\times2=4$ ……ⓑ

ⓒ, ⓓ에서 $m=3+2=5$

ⓔ, ⓑ에서 $n=6+4=10$

$\therefore m+n=5+10=15$

답 15

보충 설명

p를 포함하지 않는 항의 개수 n은 주어진 다항식의 모든 항의 개수에서 p를 포함하는 항의 개수를 빼서 구할 수 있다.
주어진 다항식의 모든 항의 개수는 $(a+b+c)(p+q+r)$의 전개식의 서로 다른 항의 개수와 $(a+b)(s+t)$의 전개식의 서로 다른 항의 개수의 합과 같으므로

$3\times3+2\times2=13$

또한, p를 포함하는 항의 개수는 $(a+b+c)\times p$의 전개식의 서로 다른 항의 개수와 같으므로

$3\times1=3$

$\therefore n=13-3=10$

4

$a(b+c)$의 값이 짝수인 경우는 a의 값에 따라 다음과 같이 나누어 구할 수 있다.

(i) a가 짝수일 때,
a는 2, 4, 6, 8, 10 중 하나이므로 b, c의 값에 관계없이 $a(b+c)$는 짝수이다.
즉, a로 가능한 값은 5가지, b로 가능한 값은 a를 제외한 9가지, c로 가능한 값은 a, b를 제외한 8가지이므로 이 경우의 수는
$5\times9\times8=360$

(ii) a가 홀수일 때,
a는 1, 3, 5, 7, 9 중 하나이므로 $a(b+c)$가 짝수이려면 $b+c$가 짝수이어야 한다.

① b, c가 모두 홀수일 때,
a로 가능한 값은 5가지, b로 가능한 값은 a를 제외한 4가지, c로 가능한 값은 a, b를 제외한 3가지이므로 이 경우의 수는
$5\times4\times3=60$

② b, c가 모두 짝수일 때,
a로 가능한 값은 5가지, b로 가능한 값은 2, 4, 6, 8, 10의 5가지, c로 가능한 값은 b를 제외한 4가지이므로 이 경우의 수는
$5\times5\times4=100$

①, ②에서 이 경우의 수는
$60+100=160$

(i), (ii)에서 구하는 경우의 수는
$360+160=520$

답 520

5

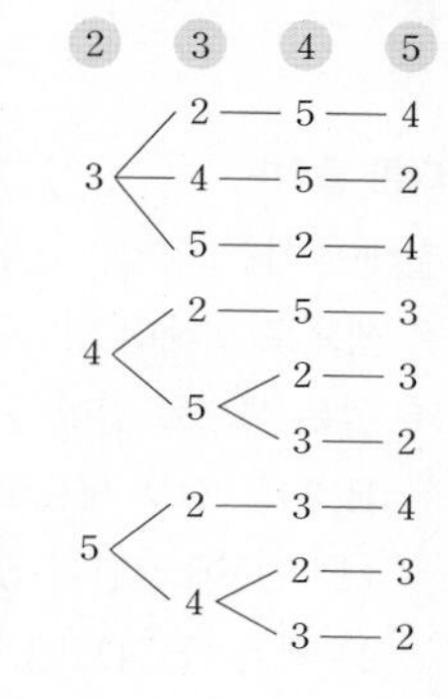

1이 적혀 있는 공을 1이 붙어 있는 상자에 넣을 때, 2, 3, 4, 5가 적혀 있는 공은 각각 다른 번호가 붙어 있는 상자에 넣어야 하므로 이 경우를 수형도로 나타내면 오른쪽 그림과 같다.
즉, 1이 적혀 있는 공을 1이 붙어 있는 상자에 넣은 경우, 조건을 만족시키는 경우의 수는 9이다.
2, 3, 4, 5가 적혀 있는 공을 각각 동일한 번호가 붙어 있는 상자에 넣은 경우에 대하여도 같은 경우의 수가 나오므로 구하는 경우의 수는

$9+9+9+9+9=45$

답 45

6

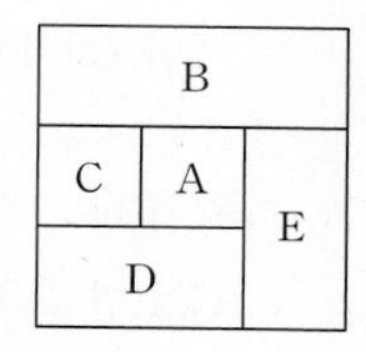

오른쪽 그림과 같이 각 영역을 A, B, C, D, E라 하자.

(i) C, E를 같은 색으로 칠할 때,
A에 칠할 수 있는 색은 4가지
B에 칠할 수 있는 색은 A에 칠한 색을 제외한 3가지
C에 칠할 수 있는 색은 A, B에 칠한 색을 제외한 2가지
E에 칠할 수 있는 색은 C에 칠한 색과 같은 색이므로 1가지

D에 칠할 수 있는 색은 A, C(E)에 칠한 색을 제외한 2가지

$\therefore\ 4\times3\times2\times1\times2=48$

(ii) C, E를 다른 색으로 칠할 때,

A에 칠할 수 있는 색은 4가지

B에 칠할 수 있는 색은 A에 칠한 색을 제외한 3가지

C에 칠할 수 있는 색은 A, B에 칠한 색을 제외한 2가지

E에 칠할 수 있는 색은 A, B, C에 칠한 색을 제외한 1가지

D에 칠할 수 있는 색은 A, C, E에 칠한 색을 제외한 1가지 ← B에 칠한 색과 같은 색

$\therefore\ 4\times3\times2\times1\times1=24$

(i), (ii)에서 구하는 경우의 수는

$48+24=72$

답 72

다른 풀이

칠해야 하는 영역은 5개, 사용할 수 있는 색은 4개이므로 같은 색으로 칠해진 영역이 적어도 한 쌍 존재한다.

(i) 같은 색으로 칠하는 영역이 두 쌍 있을 때,

B, D를 같은 색으로 칠하고, C, E를 같은 색으로 칠하면 (B, D)에 칠할 수 있는 색은 4가지, (C, E)에 칠할 수 있는 색은 (B, D)에 칠한 색을 제외한 3가지, A에 칠할 수 있는 색은 (B, D), (C, E)에 칠한 색을 제외한 2가지이므로 그 경우의 수는

$4\times3\times2=24$

(ii) 같은 색으로 칠하는 영역이 한 쌍만 있을 때,

① B, D만 같은 색으로 칠할 때,

(B, D)에 칠할 수 있는 색은 4가지, A에 칠할 수 있는 색은 (B, D)에 칠한 색을 제외한 3가지, C에 칠할 수 있는 색은 (B, D), A에 칠한 색을 제외한 2가지, E에 칠할 수 있는 색은 (B, D), A, C에 칠한 색을 제외한 1가지이므로 그 경우의 수는

$4\times3\times2\times1=24$

② C, E만 같은 색으로 칠할 때,

C, E만 같은 색으로 칠하는 경우의 수는 B, D만 같은 색으로 칠하는 경우의 수와 같으므로 24이다.

①, ②에서 이 경우의 수는

$24+24=48$

(i), (ii)에서 구하는 경우의 수는

$24+48=72$

10. 순열과 조합

① 순열

기본 + 필수연습 본문 pp.242~248

01 (1) 504 (2) 5040 (3) 420
02 (1) 7 (2) 2 (3) 7 **03** (1) 720 (2) 720
04 (1) 24 (2) 6 **05** (1) 5 (2) 8
06 10 **07** 5
08 (1) 2880 (2) 1152 (3) 8640 **09** 144
10 2 **11** (1) 4320 (2) 3600 **12** 288
13 4 **14** (1) 300 (2) 144 **15** 40
16 1344 **17** (1) 66 (2) 2451 **18** 257
19 40213

01

(1) ${}_9\mathrm{P}_3=9\times8\times7=504$

(2) ${}_7\mathrm{P}_7=7\times6\times5\times4\times3\times2\times1=5040$

(3) $\dfrac{{}_7\mathrm{P}_5}{3!}=\dfrac{7\times6\times5\times4\times3}{3\times2\times1}=420$

답 (1) 504 (2) 5040 (3) 420

02

(1) ${}_{n-1}\mathrm{P}_2=(n-1)(n-2)$, $30=6\times5$이므로

$n-1=6\qquad\therefore\ n=7$

(2) ${}_{10}\mathrm{P}_{n+1}=720$에서 $720=10\times9\times8$이므로

$n+1=3\qquad\therefore\ n=2$

(3) ${}_{11}\mathrm{P}_3=\dfrac{11!}{(11-3)!}=\dfrac{11!}{8!}$이므로

$\dfrac{11!}{8!}=\dfrac{11!}{(n+1)!}$

즉, $n+1=8$이므로 $n=7$

답 (1) 7 (2) 2 (3) 7

03

(1) 서로 다른 6개에서 6개를 택하는 순열의 수이므로

${}_6\mathrm{P}_6=6!=6\times5\times4\times3\times2\times1=720$

(2) 서로 다른 10개에서 3개를 택하는 순열의 수이므로

$_{10}P_3=10\times9\times8=720$

답 (1) 720 (2) 720

04

(1) 서로 다른 4개에서 3개를 택하는 순열의 수이므로

$_4P_3=4\times3\times2=24$

(2) A가 맨 뒤에 와야 하므로 A를 제외한 3장의 카드 중에서 첫 번째에 오는 카드와 두 번째에 오는 카드를 선택하면 된다.

즉, 서로 다른 3개에서 2개를 택하는 순열의 수와 같으므로

$_3P_2=3\times2=6$

답 (1) 24 (2) 6

05

(1) $4\times{}_nP_1+2\times{}_nP_2={}_nP_3$에서

$4n+2n(n-1)=n(n-1)(n-2)$

$n\geq1$, $n\geq2$, $n\geq3$에서 $n\geq3$이므로

양변을 n으로 나누면

$4+2(n-1)=(n-1)(n-2)$

$2n+2=n^2-3n+2$

$n^2-5n=0$, $n(n-5)=0$

$\therefore n=5\ (\because n\geq3)$

(2) $6\times{}_nP_2:{}_nP_4=1:5$에서

${}_nP_4=30\times{}_nP_2$

$n(n-1)(n-2)(n-3)=30n(n-1)$

$n\geq2$, $n\geq4$에서 $n\geq4$이므로

양변을 $n(n-1)$로 나누면

$(n-2)(n-3)=30$

$n^2-5n-24=0$, $(n+3)(n-8)=0$

$\therefore n=8\ (\because n\geq4)$

답 (1) 5 (2) 8

06

${}_{n+2}P_3={}_{n+1}P_3+330$에서

$(n+2)(n+1)n=(n+1)n(n-1)+330$

$n(n+1)\{(n+2)-(n-1)\}=330$

$n(n+1)=110$

$n^2+n-110=0$, $(n+11)(n-10)=0$

$\therefore n=10\ (\because \underline{n\geq2})$

$n+2\geq3$이고 $n+1\geq3$이므로 $n\geq2$

답 10

07

${}_nP_2\times{}_nP_2-{}_{n+1}P_3=4\times{}_nP_2-2(n+3)$에서

$n(n-1)\times n(n-1)-(n+1)n(n-1)$

$=4n(n-1)-2(n+3)$

$n^4-2n^3+n^2-n^3+n=4n^2-4n-2n-6$

$\therefore n^4-3n^3-3n^2+7n+6=0$

$f(n)=n^4-3n^3-3n^2+7n+6$이라 하면

$f(2)=16-24-12+14+6=0$,

$f(-1)=1+3-3-7+6=0$

이므로 조립제법을 이용하여 $f(n)$을 인수분해하면

2	1	−3	−3	7	6
		2	−2	−10	−6
−1	1	−1	−5	−3	0
		−1	2	3	
	1	−2	−3	0	

$\therefore f(n)=(n-2)(n+1)(n^2-2n-3)$

$=(n+1)^2(n-2)(n-3)$

즉, 주어진 등식은

$(n+1)^2(n-2)(n-3)=0$

$\therefore n=2$ 또는 $n=3\ (\because n\geq2)$ ← $n\geq2$이고 $n+1\geq3$이므로 $n\geq2$

따라서 등식을 만족시키는 모든 자연수 n의 값의 합은

$2+3=5$

답 5

08

(1) 빨간색 화분 4개를 화분 하나로 생각하여 화분 5개를 일렬로 나열하는 경우의 수는

$5!=120$

그 각각에 대하여 빨간색 화분 4개의 자리를 바꾸는 경우의 수는

$4!=24$

따라서 구하는 경우의 수는

$120\times 24=2880$

(2) 빨간색 화분과 파란색 화분을 교대로 나열하는 방법은 다음 그림과 같이 2가지 경우가 있다.

그 각각에 대하여 빨 자리에 빨간색 화분을 나열하는 경우의 수는 $4!=24$이고 파 자리에 파란색 화분을 나열하는 경우의 수는 $4!=24$이다.

따라서 구하는 경우의 수는

$2\times 24\times 24=1152$

(3) 파란색 화분 4개 중 2개를 양 끝에 나열하는 경우의 수는

${}_4P_2=12$

그 각각에 대하여 양 끝에 나열한 화분 2개를 제외한 6개의 화분을 일렬로 나열하는 경우의 수는

$6!=720$

따라서 구하는 경우의 수는

$12\times 720=8640$

답 (1) 2880 (2) 1152 (3) 8640

09

6개의 문자 A, B, C, D, E, F를 일렬로 배열할 때, A와 B는 서로 이웃하므로 A와 B를 한 묶음으로 생각한다.

또한, E와 F는 서로 이웃하지 않으므로 AB, C, D 또는 BA, C, D를 일렬로 배열한 후, 양 끝과 사이사이의 ● 자리에 E, F를 배열하면 된다.

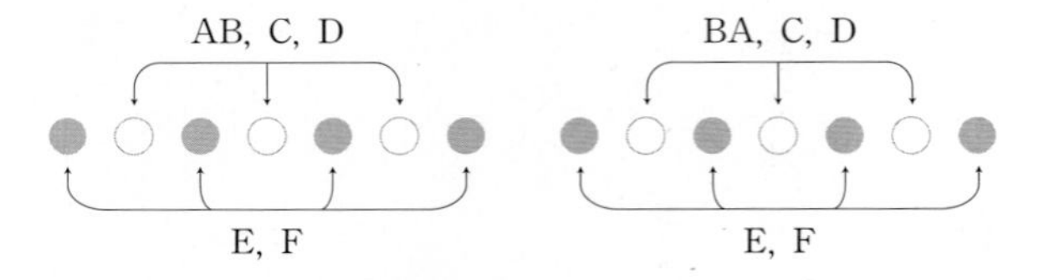

따라서 구하는 경우의 수는

$\underbrace{(3!\times 2)}_{\text{AB 또는 BA의 2가지}}\times {}_4P_2=144$

답 144

10

남학생 5명을 일렬로 세우는 경우의 수는

$5!=120$

남학생 두 명을 맨 앞의 두 자리에 세워야 하므로 여학생이 설 수 있는 곳은 다음 그림의 ◌ 자리이다.

여학생이 n명이므로 $1\le n\le 4$이고 4곳 중 n곳에 여학생을 세우는 경우의 수는 ${}_4P_n$이므로

$120\times {}_4P_n=1440$

$\frac{4!}{(4-n)!}=12,\ (4-n)!=2!$

$4-n=2 \qquad \therefore n=2$

답 2

11

(1) 적어도 한쪽 끝에 자음이 오는 경우의 수는 모든 경우의 수에서 양 끝에 모두 모음이 오는 경우의 수를 빼서 구할 수 있다.

7개의 문자를 일렬로 나열하는 모든 경우의 수는

$7!=5040$

양 끝에 모두 모음이 오는 경우의 수는 모음 U, I, E 중 2개를 양 끝에 나열한 다음 양 끝에 나열한 모음 2개를 제외한 5개의 문자를 일렬로 나열하는 경우의 수와 같으므로

${}_3P_2\times 5!=6\times 120=720$

따라서 구하는 경우의 수는

$5040-720=4320$

(2) I, C, E 중에서 적어도 2개가 이웃하는 경우의 수는 모든 경우의 수에서 I, C, E 중 어느 것도 이웃하지 않는 경우의 수를 빼서 구할 수 있다.

7개의 문자를 일렬로 나열하는 모든 경우의 수는

$7!=5040$

I, C, E 중에서 어느 것도 이웃하지 않는 경우의 수는 J, U, S, T의 4개의 문자를 일렬로 나열한 다음 양 끝과 그 사이사이의 5개의 자리에 I, C, E의 3개를 나열하는 경우의 수와 같으므로

$4!\times {}_5P_3=24\times 60=1440$

따라서 구하는 경우의 수는

$5040-1440=3600$

답 (1) 4320 (2) 3600

12

적어도 한쪽 끝에 홀수가 적힌 카드가 놓이는 경우의 수는 모든 경우의 수에서 양 끝에 모두 짝수가 적힌 카드가 놓이는 경우의 수를 빼서 구할 수 있다.

서로 다른 6장의 카드 중에서 4장을 뽑아 일렬로 나열하는 모든 경우의 수는

${}_6P_4=360$

양 끝에 모두 짝수가 적힌 카드가 놓이는 경우의 수는 짝수 2, 4, 6이 적힌 3장의 카드 중에서 2장을 양 끝에 나열한 다음 양 끝에 나열한 2장의 카드를 제외한 4장의 카드 중에서 2장을 일렬로 나열하는 경우의 수와 같으므로

${}_3P_2\times{}_4P_2=6\times12=72$

따라서 구하는 경우의 수는

$360-72=288$

답 288

13

적어도 한쪽 끝에 여학생이 오는 경우의 수는 모든 경우의 수에서 양 끝에 모두 남학생이 오는 경우의 수를 빼서 구할 수 있다.

$n+(7-n)=7$

이므로 7명의 학생들을 일렬로 세우는 모든 경우의 수는

$7!=5040$

7명의 학생 중에서 남학생이 n명이므로 양 끝에 남학생이 오는 경우의 수는

${}_nP_2\times5!=120n(n-1)$

이때 적어도 한쪽 끝에 여학생이 오는 경우의 수가 3600이므로

$5040-120n(n-1)=3600$

$120n(n-1)=1440$

$n^2-n-12=0,\ (n+3)(n-4)=0$

$\therefore n=4\ (\because n\geq2)$

답 4

14

(1) 천의 자리에는 0이 올 수 없으므로 천의 자리에 올 수 있는 숫자는 1, 2, 3, 4, 5의 5가지이다.

그 각각에 대하여 백의 자리와 십의 자리, 일의 자리에는 천의 자리에 온 숫자를 제외한 5개의 숫자 중에서 3개를 택하여 일렬로 나열하면 되므로 구하는 자연수의 개수는

$5\times{}_5P_3=5\times60=300$

(2) 홀수는 일의 자리의 숫자가 1, 3, 5이므로

□□□1, □□□3, □□□5 꼴이다.

각 경우에 대하여 천의 자리에는 0이 올 수 없으므로 천의 자리에 올 수 있는 숫자는 0과 일의 자리에 온 숫자를 제외한 4가지이다.

그 각각에 대하여 백의 자리, 십의 자리에는 천의 자리에 온 숫자와 일의 자리에 온 숫자를 제외한 4개의 숫자 중에서 2개를 택하여 일렬로 나열하면 되므로 구하는 홀수의 개수는

$\underline{3}\times(4\times{}_4P_2)=3\times48=144$

□□□1 또는 □□□3 또는 □□□5의 3가지

답 (1) 300 (2) 144

다른 풀이

(1) 6개의 숫자 중에서 4개를 택하여 일렬로 나열하는 모든 경우의 수에서 0□□□ 꼴의 개수를 빼서 구할 수 있다.

6개의 숫자 중에서 4개를 택하여 일렬로 나열하는 모든 경우의 수는

${}_6P_4=6\times5\times4\times3=360$

0□□□ 꼴인 경우의 수는 0을 제외한 5개의 숫자 중에서 3개를 택하여 일렬로 나열하는 경우의 수와 같으므로

${}_5P_3=5\times4\times3=60$

따라서 구하는 자연수의 개수는

$360-60=300$

15

세 자리의 자연수가 3의 배수가 되려면 각 자리의 숫자의 합이 3의 배수이어야 한다.

이때 각 자리의 숫자의 합이 3의 배수가 되는 경우를 순서쌍으로 나타내면 세 숫자의 합에 따라 다음과 같다.

세 숫자의 합이 3일 때, $(0,\ 1,\ 2)$

세 숫자의 합이 6일 때, $(0,\ 1,\ 5),\ (0,\ 2,\ 4),\ (1,\ 2,\ 3)$

세 숫자의 합이 9일 때, (0, 4, 5), (1, 3, 5), (2, 3, 4)
세 숫자의 합이 12일 때, (3, 4, 5)

(i) 뽑은 3장의 카드 중에서 0이 적힌 카드가 있을 때, 즉
(0, 1, 2), (0, 1, 5), (0, 2, 4), (0, 4, 5)일 때,
백의 자리에는 0이 올 수 없으므로 만들 수 있는 세 자리 자연수의 개수는
$4\times(2\times{}_2P_2)=4\times4=16$

(ii) 뽑은 3장의 카드 중에서 0이 적힌 카드가 없을 때, 즉
(1, 2, 3), (1, 3, 5), (2, 3, 4), (3, 4, 5)일 때,
만들 수 있는 세 자리 자연수의 개수는
$4\times{}_3P_3=4\times6=24$

(i), (ii)에서 구하는 3의 배수의 개수는
$16+24=40$

답 40

보충 설명

자연수의 판별법

(1) 홀수 : 일의 자리의 숫자가 홀수인 수
(2) 짝수 : 일의 자리의 숫자가 0 또는 짝수인 수
(3) 3의 배수 : 각 자리의 숫자의 합이 3의 배수인 수
(4) 4의 배수 : 끝의 두 자리의 숫자가 00 또는 4의 배수인 수

16

천의 자리의 숫자와 십의 자리의 숫자의 합이 짝수이려면 천의 자리의 숫자와 십의 자리의 숫자가 모두 홀수이거나 모두 짝수이어야 한다.

(i) 천의 자리의 숫자와 십의 자리의 숫자가 모두 홀수인 경우
천의 자리와 십의 자리에는 홀수 1, 3, 5, 7, 9 중에서 2개를 택하여 일렬로 나열하고, 백의 자리와 일의 자리에는 천의 자리와 십의 자리에 온 숫자를 제외한 7개의 숫자 중에서 2개를 택하여 일렬로 나열하면 되므로 구하는 자연수의 개수는
${}_5P_2\times{}_7P_2=20\times42=840$

(ii) 천의 자리의 숫자와 십의 자리의 숫자가 모두 짝수인 경우
천의 자리와 십의 자리에는 짝수 2, 4, 6, 8 중에서 2개를 택하여 일렬로 나열하고, 백의 자리와 일의 자리에는 천의 자리와 십의 자리에 온 숫자를 제외한 7개의 숫자 중에서 2개를 택하여 일렬로 나열하면 되므로 구하는 자연수의 개수는
${}_4P_2\times{}_7P_2=12\times42=504$

(i), (ii)에서 천의 자리의 숫자와 십의 자리의 숫자의 합이 짝수인 자연수의 개수는
$840+504=1344$

답 1344

17

(1) 32□□, 34□□, 35□□ 꼴인 자연수의 개수는
$3\times{}_3P_2=3\times6=18$
4□□□, 5□□□ 꼴인 자연수의 개수는
$2\times{}_4P_3=2\times24=48$
따라서 3200보다 큰 자연수의 개수는
$18+48=66$

(2) 1□□□ 꼴인 자연수의 개수는 ${}_4P_3=24$
21□□, 23□□ 꼴인 자연수의 개수는
$2\times{}_3P_2=2\times6=12$
즉, 1234부터 2354까지의 자연수의 개수는
$24+12=36$
즉, 41번째에 오는 자연수는 24□□ 꼴인 자연수 중 5번째에 온다.
이때 24□□ 꼴인 자연수는 순서대로
2413, 2415, 2431, 2435, 2451, 2453
따라서 41번째에 오는 자연수는 2451이다.

답 (1) 66 (2) 2451

18

6개의 문자 중에서 4개를 택하여 일렬로 배열하는 모든 경우의 수는
${}_6P_4=360$

(i) a□□□ 꼴인 문자열의 개수는
${}_5P_3=60$

(ii) ba□□, bc□□, bd□□ 꼴인 문자열의 개수는
$3\times{}_4P_2=3\times12=36$

(iii) bea□, bec□ 꼴인 문자열의 개수는
$2\times3=6$

(iv) bed□ 꼴인 문자열은 순서대로 $beda$, $bedc$, $bedf$
bed□ 꼴인 문자열 중 첫 번째

(i)~(iv)에서 $abcd$부터 $beda$까지의 문자열의 개수는

$60+36+6+1=103$

따라서 구하는 문자열의 개수는

$360-103=257$

답 257

다른 풀이

(i) bed□ 꼴인 문자열 중 $beda$보다 뒤에 나오는 문자열은 $bedc$, $bedf$의 2개

(ii) bef□ 꼴인 문자열의 개수는 3

(iii) bf□□ 꼴인 문자열의 개수는 ${}_4P_2=12$

(iv) c□□□, d□□□, e□□□, f□□□ 꼴인 문자열의 개수는 $4\times{}_5P_3=4\times60=240$

(i)~(iv)에서 구하는 문자열의 개수는

$2+3+12+240=257$

19

1□□□□, 2□□□□, 3□□□□ 꼴인 자연수의 개수는

$3\times4!=3\times24=72$

이므로 75번째에 오는 자연수는 4□□□□ 꼴인 자연수 중 3번째에 온다.

이때 4□□□□ 꼴인 자연수는 순서대로

40123, 40132, 40213, 40231, ⋯

따라서 75번째에 오는 자연수는 40213이다.

답 40213

다른 풀이

만의 자리에는 0이 올 수 없으므로 만들 수 있는 모든 자연수의 개수는

$4\times4!=4\times24=96$

따라서 작은 수부터 순서대로 나열할 때의 75번째에 오는 수는 큰 수부터 순서대로 나열할 때의 $96-74=22$(번째)에 오는 수와 같다.

43□□□, 42□□□, 41□□□ 꼴인 자연수의 개수는

$3\times3!=3\times6=18$

이므로 22번째에 오는 자연수는 40□□□ 꼴인 자연수 중 4번째에 온다.

이때 40□□□ 꼴인 자연수는 순서대로

40321, 40312, 40231, 40213, ⋯

따라서 75번째에 오는 자연수는 40213이다.

STEP 1 **개념 마무리** 본문 pp.249~250

01 24	**02** 114	**03** 1728	**04** 2880
05 11520	**06** 1	**07** 180	**08** 148
09 66	**10** 496	**11** G	**12** 6893

01

$100!=100\times99\times98\times\cdots\times3\times2\times1$

1부터 100까지의 자연수 중에서

2의 배수는 50개, $2^2(=4)$의 배수는 25개,

$2^3(=8)$의 배수는 12개, $2^4(=16)$의 배수는 6개,

$2^5(=32)$의 배수는 3개, $2^6(=64)$의 배수는 1개이고

5의 배수는 20개, $5^2(=25)$의 배수는 4개이므로

2, 5와 서로소인 자연수 p에 대하여

$$\begin{aligned}100!&=p\times2^{50+25+12+6+3+1}\times5^{20+4}\\&=p\times2^{97}\times5^{24}\\&=p\times2^{73}\times10^{24}\end{aligned}$$

따라서 $100!=a\times10^n$ (a는 자연수)에서 n의 최댓값은 24이다.

답 24

보충 설명

2^n의 배수 (n은 자연수)에 곱해진 2의 개수는 다음과 같다.

2의 배수에 곱해진 2의 개수는 1,

2^2의 배수에 곱해진 2의 개수는 2,

2^3의 배수에 곱해진 2의 개수는 3,

⋮

이때 $100!=100\times99\times98\times\cdots\times3\times2\times1$에서

2의 배수는 2^2, 2^3, 2^4, 2^5, 2^6의 배수를 포함하고,

2^2의 배수는 2^3, 2^4, 2^5, 2^6의 배수를 포함하고,

2^3의 배수는 2^4, 2^5, 2^6의 배수를 포함하고,

2^4의 배수는 2^5, 2^6의 배수를 포함하고,

2^5의 배수는 2^6의 배수를 포함하므로

$100!$에 곱해진 2의 개수의 합은

(2의 배수의 개수)+(2^2의 배수의 개수)+ ⋯ +(2^6의 배수의 개수)

로 구할 수 있다.

02

6개의 자연수 1, 2, 3, 4, 5, 6 중에서 서로 다른 3개의 수를 택하여 순서대로 a, b, c로 정하는 경우의 수는 서로 다른 6개에서 3개를 택하는 순열의 수와 같으므로

${}_6P_3=6\times5\times4=120$

이때 직선의 방정식 $ax+by+c=0$에서 x의 계수, y의 계수, 상수항을 순서쌍 (a, b, c)로 나타내면 $(1, 2, 3)$과 $(2, 4, 6)$은 각각 직선 $x+2y+3=0$, $2x+4y+6=0$을 나타내고, 이 두 직선은 일치한다. 마찬가지로

$(1, 3, 2)$와 $(2, 6, 4)$, $(2, 1, 3)$과 $(4, 2, 6)$,
$(2, 3, 1)$과 $(4, 6, 2)$, $(3, 1, 2)$와 $(6, 2, 4)$,
$(3, 2, 1)$과 $(6, 4, 2)$

는 각각 동일한 직선이 되므로 2번씩 중복하여 세어진 직선의 개수는 6이다.
(1, 2, 3을 일렬로 배열하는 순열의 수 ${}_3P_3$과 같다.)

따라서 구하는 서로 다른 직선의 개수는

$120-6=114$

답 114

보충 설명

두 직선의 위치 관계 | $abc\neq0$, $a'b'c'\neq0$일 때, 두 직선 $ax+by+c=0$, $a'x+b'y+c'=0$의 위치 관계는 다음과 같다.

두 직선의 위치 관계	조건
평행하다.	$\frac{a}{a'}=\frac{b}{b'}\neq\frac{c}{c'}$
일치한다.	$\frac{a}{a'}=\frac{b}{b'}=\frac{c}{c'}$
한 점에서 만난다.	$\frac{a}{a'}\neq\frac{b}{b'}$

03

풍경화 4점, 정물화 2점, 인물화 3점을 각각 한 점의 그림으로 생각하여 3점의 그림을 일렬로 전시하는 경우의 수는

$3!=6$

풍경화 4점끼리 자리를 바꾸는 경우의 수는

$4!=24$

정물화 2점끼리 자리를 바꾸는 경우의 수는

$2!=2$

인물화 3점끼리 자리를 바꾸는 경우의 수는

$3!=6$

따라서 구하는 경우의 수는

$6\times24\times2\times6=1728$

답 1728

04

연속하여 나열된 두 수의 곱이 짝수가 되기 위해서는 홀수끼리 이웃하지 않아야 한다.

짝수 2, 4, 6, 8을 일렬로 나열하는 경우의 수는

$4!=24$

◯ 짝 ◯ 짝 ◯ 짝 ◯ 짝 ◯

짝수들 양 끝과 사이사이의 5곳 중 4곳에 홀수 1, 3, 5, 7을 나열하는 경우의 수는

${}_5P_4=120$

따라서 구하는 경우의 수는

$24\times120=2880$

답 2880

보충 설명

연속하여 나열된 두 수의 곱이 항상 짝수가 되는 조건을 짝수와 홀수가 번갈아 나오는 것으로 착각하지 않도록 주의한다.
두 자연수의 곱에서
(짝수)×(짝수)=(짝수), (짝수)×(홀수)=(짝수),
(홀수)×(홀수)=(홀수)
이므로 연속하여 나열된 두 수의 곱이 항상 짝수가 되려면 홀수끼리 연속하지만 않으면 된다.

05

맨 앞과 맨 뒤에 어른 5명 중 2명을 세우는 경우의 수는

${}_5P_2=20$

맨 앞과 맨 뒤에 선 두 어른 사이에 어른 3명과 어린이 3명을 세울 때, 어린이 중에서 적어도 2명이 이웃하도록 줄을 서는 경우의 수는 이들 6명을 세우는 모든 경우의 수에서 어린이끼리 이웃하지 않는 경우의 수를 빼서 구할 수 있다.

맨 앞과 맨 뒤에 어른을 세운 후, 나머지 6명을 일렬로 세우는 모든 경우의 수는

${}_5P_2\times6!=20\times720=14400$

맨 앞과 맨 뒤에 어른을 세운 후, 나머지 어른 3명을 일렬로 세우고 어른들 사이사이의 4곳 중 3곳에 어린이 3명을 세우는 경우의 수는

${}_5P_2 \times 3! \times {}_4P_3 = 20 \times 6 \times 24 = 2880$
따라서 구하는 경우의 수는
$14400 - 2880 = 11520$

답 11520

06

적어도 한쪽 끝에 모음이 오는 경우의 수는 모든 경우의 수에서 양 끝에 모두 자음이 오는 경우의 수를 빼서 구할 수 있다.
5개의 문자를 일렬로 나열하는 모든 경우의 수는
$5! = 120$
처음 5개의 문자 중에서 자음의 개수를 n이라 하면 양 끝에 모두 자음이 오는 경우의 수는 자음 n개 중 2개를 양 끝에 놓은 후, 가운데 자리에 나머지 3개의 문자를 나열하는 경우의 수와 같으므로
${}_nP_2 \times 3! = 6n(n-1)$
이때 적어도 한쪽 끝에 모음이 오는 경우의 수가 48이므로
$120 - 6n(n-1) = 48$
$n^2 - n - 12 = 0$, $(n+3)(n-4) = 0$
$\therefore n = 4$ ($\because n \geq 2$)
따라서 처음 5개의 문자 중에서 자음은 4개이므로 모음의 개수는
$5 - 4 = 1$

답 1

07

각 자리의 숫자에서 홀수와 홀수가 아닌 수가 교대로 나타나려면 구하는 다섯 자리 자연수의 각 자리의 숫자는 다음과 같아야 한다.

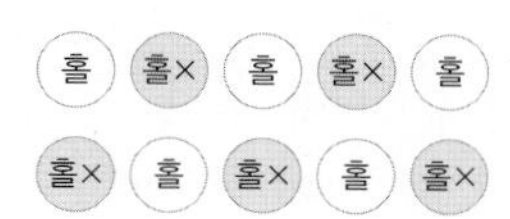

(i) 홀 홀× 홀 홀× 홀 인 경우
7개의 숫자 중 홀수는 1, 3, 5의 3개, 홀수가 아닌 수는 0, 2, 4, 6의 4개이므로 만의 자리, 백의 자리, 일의 자리에는 3개의 홀수 중에서 3개를 택하여 일렬로 나열하고, 천의 자리, 십의 자리에는 4개의 홀수가 아닌 수 중에서 2개를 택하여 일렬로 나열하면 되므로 구하는 자연수의 개수는
${}_3P_3 \times {}_4P_2 = 6 \times 12 = 72$
······ (가)

(ii) 홀× 홀 홀× 홀 홀× 인 경우
만의 자리에는 0이 올 수 없으므로 만의 자리에 올 수 있는 숫자는 2, 4, 6의 3가지이다.
백의 자리, 일의 자리에는 만의 자리에 온 숫자를 제외한 3개의 홀수가 아닌 수 중에서 2개를 택하여 일렬로 나열하고, 천의 자리, 십의 자리에는 3개의 홀수 중에서 2개를 택하여 일렬로 나열하면 되므로 구하는 자연수의 개수는
$3 \times {}_3P_2 \times {}_3P_2 = 3 \times 6 \times 6 = 108$
······ (나)

(i), (ii)에서 각 자리의 숫자에서 홀수와 홀수가 아닌 수가 교대로 나타나는 자연수의 개수는
$72 + 108 = 180$
······ (다)

답 180

단계	채점 기준	배점
(가)	홀수로 시작하여 홀수와 홀수가 아닌 수가 교대로 나타나는 다섯 자리 자연수의 개수를 구한 경우	40%
(나)	홀수가 아닌 수로 시작하여 홀수와 홀수가 아닌 수가 교대로 나타나는 다섯 자리 자연수의 개수를 구한 경우	40%
(다)	홀수와 홀수가 아닌 수가 교대로 나타나는 다섯 자리 자연수의 개수를 구한 경우	20%

08

9개의 숫자 0, 1, 2, 3, 4, 5, 6, 7, 8 중에서 합이 8이 되는 두 수는
0과 8, 1과 7, 2와 6, 3과 5
이므로 9개의 숫자 중에서 서로 다른 3개의 숫자를 택하여 세 자리 자연수를 만들 때, 각 자리의 숫자 중 어떤 두 수의 합이 8이 되는 자연수의 개수는 다음과 같이 경우를 나누어 구할 수 있다.
(i) 합이 8이 되는 두 수가 0과 8일 때,
나머지 숫자 하나로 가능한 것은 0과 8을 제외한 7가지이다.
그 각각에 대하여 이들 3개의 숫자로 세 자리 자연수를 만들 때, 백의 자리에는 0이 올 수 없으므로 만들 수 있는 세 자리 자연수의 개수는
$7 \times (2 \times {}_2P_2) = 28$

(ⅱ) 합이 8이 되는 두 수가 1과 7일 때,

나머지 숫자 하나로 0을 택하고, 3개의 숫자 0, 1, 7로 세 자리 자연수를 만들 때, 백의 자리에는 0이 올 수 없으므로 만들 수 있는 세 자리 자연수의 개수는

$1\times(2\times{}_{2}\mathrm{P}_{2})=4$ ……㉠

나머지 숫자 하나로 0이 아닌 숫자를 택할 때, 가능한 것은 0, 1, 7을 제외한 6가지이다.

그 각각에 대하여 이들 3개의 숫자로 만들 수 있는 세 자리 자연수의 개수는

$6\times{}_{3}\mathrm{P}_{3}=36$ ……㉡

㉠, ㉡에서 합이 8이 되는 두 수가 1과 7인 세 자리 자연수의 개수는

$4+36=40$

(ⅲ) 합이 8이 되는 두 수가 2와 6일 때,

(ⅱ)와 같은 방법으로 만들 수 있는 세 자리 자연수의 개수는

$4+36=40$

(ⅳ) 합이 8이 되는 두 수가 3과 5일 때,

(ⅱ)와 같은 방법으로 만들 수 있는 세 자리 자연수의 개수는

$4+36=40$

(ⅰ)~(ⅳ)에서 구하는 세 자리 자연수의 개수는

$28+40+40+40=148$

답 148

09

세 조건 (가), (나), (다)를 모두 만족시키는 다섯 자리 자연수의 개수는 만들 수 있는 모든 자연수의 개수(ⅰ)에서 1의 바로 다음 자리에 2가 오는 경우, 2의 바로 다음 자리에 3이 오는 경우, 3의 바로 다음 자리에 1이 오는 경우(ⅱ)의 수를 모두 뺀 뒤, 순서대로 1, 2, 3이 오는 경우, 2, 3, 1이 오는 경우, 3, 1, 2가 오는 경우(ⅲ)의 수를 모두 더하여 구할 수 있다.

(ⅰ) 1, 2, 3, 4, 5를 모두 사용하여 만든 다섯 자리 자연수의 개수는 서로 다른 5개의 숫자를 일렬로 나열하는 경우의 수와 같으므로

$5!=120$

(ⅱ) 1의 바로 다음 자리에 2 또는 2의 바로 다음 자리에 3 또는 3의 바로 다음 자리에 1이 오는 자연수의 개수는 순서가 정해진 연속한 두 수를 한 숫자로 생각하여 서로 다른 4개의 숫자를 일렬로 나열하는 경우의 수와 같으므로

$3\times4!=72$

(ⅲ) 다섯 자리 수의 각 자리에서 연속하여 순서대로 1, 2, 3 또는 2, 3, 1 또는 3, 1, 2가 오는 자연수의 개수는 순서가 정해진 세 수를 한 숫자로 생각하여 서로 다른 3개의 숫자를 일렬로 나열하는 경우의 수와 같으므로

$3\times3!=18$

(ⅰ), (ⅱ), (ⅲ)에서 구하는 경우의 수는

$120-72+18=66$

답 66

보충 설명

1의 바로 다음 자리에 2가 오는 경우와 2의 바로 다음 자리에 3이 오는 경우를 합하면 다섯 자리 수의 각 자리에 순서대로 1, 2, 3이 오는 경우를 중복하여 센 것이므로 이를 한 번 빼주어야 한다.

이처럼 경우의 수를 구할 때는 모든 경우를 빠짐없이, 중복되지 않게 구해야 하므로 합의 법칙에 의하여 중복해서 센 경우를 빼 주어야 하는 것에 주의하자.

10

ENGLISH를 알파벳 순서로 배열하면 EGHILNS이다.

EG□□□□□, EH□□□□□,

EI□□□□□, EL□□□□□ 꼴인 문자열의 개수는

$4\times5!=4\times120=480$

ENGH□□□, ENGI□□□ 꼴인 문자열의 개수는

$2\times3!=2\times6=12$

ENGLH□□ 꼴의 문자열의 개수는

$2!=2$

ENGLI□□ 꼴의 문자열은 순서대로

ENGLIHS, ENGLISH

따라서 사전식으로 배열할 때, ENGLISH는

$480+12+2+2=496$(번째)에 온다.

답 496

11

A□□□□ 꼴인 문자열의 개수는

${}_{8}\mathrm{P}_{4}=1680$ ← B□□□□ 꼴인 문자열의 개수도 1680이므로 $1680+1680=3360>2025$에서 첫 번째 문자는 B

BA□□□ 꼴인 문자열의 개수는

${}_{7}\mathrm{P}_{3}=210$ ← BC□□□ 꼴인 문자열의 개수도 210이므로 $1680+210+210=2100>2025$에서 두 번째 문자는 C

BCA□□, BCD□□, BCE□□, BCF□□ 꼴인 문자열의 개수는

$4\times{}_6P_2=4\times30=120$ ← BCG□□ 꼴인 문자열의 개수도 30이므로 $1680+210+120+30=2040>2025$에서 세 번째 문자는 G

BCGA□, BCGD□ 꼴인 문자열의 개수는

$2\times{}_5P_1=2\times5=10$

즉, ABCDE부터 BCGDI까지의 문자열의 개수는

$1680+210+120+10=2020$

이므로 2025번째 문자열은 BCGE□ 꼴인 문자열 중 5번째이다. BCGE□ 꼴인 문자열은 순서대로

BCGEA, BCGED, BCGEF, BCGEH, BCGEI

따라서 2025번째 문자열은 BCGEI이고, 이 문자열의 세 번째 문자는 G이다.

답 G

다른 풀이

A□□□□ 꼴인 문자열의 개수는

${}_8P_4=1680$

BA□□□ 꼴인 문자열의 개수는

${}_7P_3=210$

BCA□□, BCD□□, BCE□□, BCF□□, BCG□□, BCH□□, BCI□□ 꼴인 문자열의 개수는

$7\times{}_6P_2=7\times30=210$

즉, ABCDE부터 BCF□□ 꼴까지의 문자열의 개수는

$1680+210+4\times30=2010$

이고, ABCDE부터 BCG□□ 꼴까지의 문자열의 개수는

$1680+210+5\times30=2040$

이때 $2010<2025<2040$이므로 2025번째 문자열은 BCG□□ 꼴이다.

따라서 구하는 세 번째 문자는 G이다.

12

1부터 9까지의 자연수 중에서 8의 약수는 1, 2, 4, 8이다.

(i) 9□□□ 꼴인 번호의 개수

9를 제외한 8개의 숫자 중 서로 다른 3개의 숫자를 뽑아 □□□ 자리에 일렬로 배열하는 순열의 수에서 1, 2, 4, 8, 9를 제외한 4개의 숫자 중 서로 다른 3개의 숫자를 뽑아 □□□ 자리에 일렬로 배열하는 순열의 수를 뺀 것과 같으므로

${}_8P_3-{}_4P_3=336-24=312$

(ii) 8□□□ 꼴인 번호의 개수

8의 약수 중 8이 이미 사용되었으므로 □□□ 자리에 어떤 숫자가 와도 조건을 만족시킨다.

즉, 이 경우의 번호의 개수는 8을 제외한 8개의 숫자 중 서로 다른 3개의 숫자를 뽑아 □□□ 자리에 일렬로 배열하는 순열의 수와 같으므로

${}_8P_3=336$

(iii) 7□□□ 꼴인 번호의 개수

(i)과 같은 방법으로

${}_8P_3-{}_4P_3=336-24=312$ ← 6□□□ 꼴인 번호의 개수도 (i)과 같은 방법으로 312이므로 $312+336+312+312=1272>1000$ 즉, 비밀번호는 6□□□ 꼴이다.

(iv) 69□□ 꼴인 번호의 개수

6, 9를 제외한 7개의 숫자 중 서로 다른 2개의 숫자를 뽑아 □□ 자리에 일렬로 배열하는 순열의 수에서 1, 2, 4, 8, 6, 9를 제외한 3개의 숫자 중 서로 다른 2개의 숫자를 뽑아 □□ 자리에 일렬로 배열하는 순열의 수를 뺀 것과 같으므로

${}_7P_2-{}_3P_2=42-6=36$

(i)~(iv)에서 9876부터 6912까지의 번호의 개수는

$312+336+312+36=996$

즉, 비밀번호는 68□□ 꼴의 4번째이다.

따라서 68□□ 꼴의 번호를 순서대로 나열하면

6897, 6895, 6894, 6893, ⋯

이므로 설정할 비밀번호는 6893이다.

답 6893

2 조합

기본+필수연습 본문 pp.254~262

20 (1) 10 (2) 1 (3) 63 (4) 240
21 (1) 5 (2) 8　**22** (1) 35 (2) 15
23 (1) 40 (2) 121　**24** (1) 9 (2) 7
25 −30　**26** (1) 56 (2) 56 (3) 70　**27** 60
28 186　**29** (1) 432 (2) 840　**30** 1440
31 228　**32** 36　**33** 21　**34** 100
35 150　**36** 15　**37** 5
38 (1) 1260 (2) 280 (3) 1890　**39** 81
40 90　**41** 315　**42** 180

20

(1) ${}_{10}C_9=\dfrac{10!}{9!}=\dfrac{10\times9\times8\times7\times6\times5\times4\times3\times2}{9\times8\times7\times6\times5\times4\times3\times2\times1}$

$=10$

(2) ${}_4C_0\times{}_4C_4=1\times1=1$

(3) ${}_7P_2+{}_7C_2=7\times6+\dfrac{7\times6}{2\times1}=63$

(4) ${}_5C_3\times4!=\dfrac{5\times4\times3}{3\times2\times1}\times4\times3\times2\times1=240$

답 (1) 10 (2) 1 (3) 63 (4) 240

다른 풀이

(1) ${}_{10}C_9={}_{10}C_1=10$

(4) ${}_5C_3\times4!={}_5C_2\times4!=\dfrac{5\times4}{2\times1}\times24=240$

21

(1) $2\times{}_{n+2}C_4=7\times{}_nC_2$에서

$2\times\dfrac{(n+2)(n+1)n(n-1)}{4\times3\times2\times1}=7\times\dfrac{n(n-1)}{2\times1}$

$n+2\geq4$, $n\geq2$에서 $n\geq2$이므로

양변을 $n(n-1)$로 나누어 정리하면

$(n+1)(n+2)=42$, $n^2+3n-40=0$

$(n+8)(n-5)=0 \quad \therefore n=5\ (\because n\geq2)$

(2) ${}_nC_2+{}_{n+1}C_3=2\times{}_nP_2$에서

$\dfrac{n(n-1)}{2\times1}+\dfrac{(n+1)n(n-1)}{3\times2\times1}=2\times n(n-1)$

$n\geq2$, $n+1\geq3$에서 $n\geq2$이므로

양변을 $n(n-1)$로 나누어 정리하면

$3+(n+1)=12 \quad \therefore n=8$

답 (1) 5 (2) 8

22

(1) 서로 다른 7개에서 4개를 택하는 조합의 수이므로

${}_7C_4=\dfrac{7\times6\times5\times4}{4\times3\times2\times1}=35$

(2) 서로 다른 6개에서 2개를 택하는 조합의 수이므로

${}_6C_2=\dfrac{6\times5}{2\times1}=15$

답 (1) 35 (2) 15

23

(1) A지역에서 한 곳을 택하는 경우의 수는 ${}_4C_1$이고, B지역에서 세 곳을 택하는 경우의 수는 ${}_5C_3$이므로

${}_4C_1\times{}_5C_3=4\times\dfrac{5\times4\times3}{3\times2\times1}=40$

(2) 두 지역 A, B의 관광지 중에서 네 곳을 택하는 경우의 수는 ${}_9C_4$이고, B지역에서만 네 곳을 택하는 경우의 수는 ${}_5C_4$이므로

${}_9C_4-{}_5C_4=\dfrac{9\times8\times7\times6}{4\times3\times2\times1}-\dfrac{5\times4\times3\times2}{4\times3\times2\times1}$

$=126-5=121$

답 (1) 40 (2) 121

24

(1) ${}_{n+2}C_n+{}_{n+1}C_{n-1}=100$에서

$\dfrac{(n+2)!}{n!2!}+\dfrac{(n+1)!}{(n-1)!2!}=100$

$\dfrac{(n+2)(n+1)}{2}+\dfrac{(n+1)n}{2}=100$

$2n^2+4n+2=200$

$n^2+2n-99=0$, $(n+11)(n-9)=0$

$\therefore n=9\ (\because n\geq1)$

(2) ${}_nC_{n-3}-{}_{n-1}C_{n-4}=15$에서

$\dfrac{n!}{(n-3)!3!}-\dfrac{(n-1)!}{(n-4)!3!}=15$

$\dfrac{n(n-1)(n-2)}{6}-\dfrac{(n-1)(n-2)(n-3)}{6}=15$

$n(n-1)(n-2)-(n-1)(n-2)(n-3)=90$

$(n-1)(n-2)\{n-(n-3)\}=90$

$3(n-1)(n-2)=90$

즉, $(n-1)(n-2)=30$에서 $30=6\times5$이므로

$n=7\ (\because n\geq4)$

답 (1) 9 (2) 7

25

이차방정식 ${}_{n}C_{3}x^{2}-{}_{n+1}C_{3}x-3\times{}_{n+2}C_{3}=0$의 두 근이 α, β이므로 근과 계수의 관계에 의하여

$\alpha+\beta=\dfrac{{}_{n+1}C_{3}}{{}_{n}C_{3}}=4$ ……㉠

$\alpha\beta=\dfrac{-3\times{}_{n+2}C_{3}}{{}_{n}C_{3}}$ ……㉡

㉠에서 $4\times{}_{n}C_{3}={}_{n+1}C_{3}$이므로

$\dfrac{4n(n-1)(n-2)}{3!}=\dfrac{(n+1)n(n-1)}{3!}$

이때 $n\geq3$이므로

양변을 $\dfrac{n(n-1)}{3!}$로 나누어 정리하면

$4(n-2)=n+1$, $4n-8=n+1$

$3n=9$ $\therefore n=3$

이것을 ㉡에 대입하면

$\alpha\beta=\dfrac{-3\times{}_{5}C_{3}}{{}_{3}C_{3}}=-3\times{}_{5}C_{2}$

$=-3\times\dfrac{5\times4}{2\times1}=-30$

답 -30

26

(1) 2와 5가 적힌 공을 모두 포함하여 뽑는 경우의 수는 2와 5가 적힌 공을 제외한 8개의 공 중에서 3개의 공을 뽑는 경우의 수와 같으므로

${}_{8}C_{3}=\dfrac{8\times7\times6}{3\times2\times1}=56$

(2) 2와 5가 적힌 공을 모두 포함하지 않고 뽑는 경우의 수는 2와 5가 적힌 공을 제외한 8개의 공 중에서 5개의 공을 뽑는 경우의 수와 같으므로

${}_{8}C_{5}={}_{8}C_{3}=\dfrac{8\times7\times6}{3\times2\times1}=56$

(3) 2가 적힌 공은 포함하고 5가 적힌 공은 포함하지 않고 뽑는 경우의 수는 2와 5가 적힌 공을 제외한 8개의 공 중에서 4개의 공을 뽑는 경우의 수와 같으므로

${}_{8}C_{4}=\dfrac{8\times7\times6\times5}{4\times3\times2\times1}=70$

답 (1) 56 (2) 56 (3) 70

27

A, B, C 중 한 개만 포함하여 뽑는 경우의 수는 A는 포함하고 B, C는 포함하지 않고 뽑는 경우, B는 포함하고 A, C는 포함하지 않고 뽑는 경우, C는 포함하고 A, B는 포함하지 않고 뽑는 경우로 나누어 구한다.

(i) A는 포함하고 B, C는 포함하지 않고 뽑는 경우의 수
A, B, C를 제외한 6개의 과자 중에서 3개를 뽑는 경우의 수와 같으므로

${}_{6}C_{3}=\dfrac{6\times5\times4}{3\times2\times1}=20$

(ii) B는 포함하고 A, C는 포함하지 않고 뽑는 경우의 수
(i)과 같은 방법으로 ${}_{6}C_{3}=20$

(iii) C는 포함하고 A, B는 포함하지 않고 뽑는 경우의 수
(i)과 같은 방법으로 ${}_{6}C_{3}=20$

(i), (ii), (iii)에서 구하는 경우의 수는

$20+20+20=60$

답 60

다른 풀이

A, B, C 중에서 한 개를 뽑고, 그 각각에 대하여 A, B, C를 제외한 6개의 과자 중에서 3개를 뽑는 경우의 수와 같으므로 구하는 경우의 수는

${}_{3}C_{1}\times{}_{6}C_{3}=3\times20=60$

28

10 이하의 자연수 1, 2, 3, …, 10 중에서 5개의 자연수를 택하는 경우의 수는

${}_{10}C_{5}=\dfrac{10\times9\times8\times7\times6}{5\times4\times3\times2\times1}=252$

이때 6의 약수 중에서 적어도 2개 이상을 포함하여 택하는 경우의 수는 5개의 자연수를 택하는 모든 경우의 수에서 6의 약수 중에서 1개도 택하지 않거나 1개만 택하는 경우의 수를 빼면 된다.

6의 약수는 1, 2, 3, 6의 4개이므로 다음과 같이 나누어 생각할 수 있다.

(i) 6의 약수 중에서 1개도 택하지 않는 경우의 수
1, 2, 3, 6을 제외한 6개의 자연수 중에서 5개를 택하는 경우의 수와 같으므로

${}_{6}C_{5}={}_{6}C_{1}=6$

(ii) 6의 약수 중에서 1개만 택하는 경우의 수

1, 2, 3, 6 중에서 하나를 택하고, 그 각각에 대하여 1, 2, 3, 6을 제외한 6개의 자연수 중에서 4개를 택하는 경우의 수와 같으므로

$_4C_1 \times {}_6C_4 = 4 \times \frac{6 \times 5 \times 4 \times 3}{4 \times 3 \times 2 \times 1} = 60$

(i), (ii)에서 구하는 경우의 수는

$252 - (6 + 60) = 186$

답 186

다른 풀이

(i) 6의 약수 중에서 2개만 포함하여 5개를 택하는 경우의 수

1, 2, 3, 6 중에서 2개를 택하고, 그 각각에 대하여 1, 2, 3, 6을 제외한 6개의 자연수 중에서 3개를 택하는 경우의 수와 같으므로

$_4C_2 \times {}_6C_3 = 6 \times 20 = 120$

(ii) 6의 약수 중에서 3개만 포함하여 5개를 택하는 경우의 수

1, 2, 3, 6 중에서 3개를 택하고, 그 각각에 대하여 1, 2, 3, 6을 제외한 6개의 자연수 중에서 2개를 택하는 경우의 수와 같으므로

$_4C_3 \times {}_6C_2 = {}_4C_1 \times {}_6C_2 = 4 \times 15 = 60$

(iii) 6의 약수 4개를 모두 포함하여 5개를 택하는 경우의 수

1, 2, 3, 6 중에서 4개를 택하고, 그 각각에 대하여 1, 2, 3, 6을 제외한 6개의 자연수 중에서 1개를 택하는 경우의 수와 같으므로

$_4C_4 \times {}_6C_1 = 1 \times 6 = 6$

(i), (ii), (iii)에서 구하는 경우의 수는

$120 + 60 + 6 = 186$

29

(1) 남자 4명 중 2명과 여자 3명 중 2명을 뽑는 경우의 수는

$_4C_2 \times {}_3C_2 = 6 \times 3 = 18$

그 각각에 대하여 뽑은 4명을 일렬로 나열하는 경우의 수는

$4! = 24$

따라서 구하는 경우의 수는

$18 \times 24 = 432$

(2) 9개의 자연수 중 4개를 뽑을 때, 2는 포함하고 7은 포함하지 않도록 뽑는 경우의 수는 2를 먼저 뽑은 다음 2, 7을 제외한 7개의 자연수 중 3개를 뽑는 경우의 수와 같으므로

$_7C_3 = 35$

그 각각에 대하여 뽑은 3개의 수와 2의 총 4개의 수를 이용하여 만들 수 있는 네 자리 자연수의 개수는

$4! = 24$

따라서 구하는 자연수의 개수는

$35 \times 24 = 840$

답 (1) 432 (2) 840

30

1부터 9까지의 자연수 중에서 홀수는 1, 3, 5, 7, 9의 5개이고, 짝수는 2, 4, 6, 8의 4개이다.

5개의 홀수 중에서 2개를 택하고, 4개의 짝수 중에서 2개를 택하는 경우의 수는

$_5C_2 \times {}_4C_2 = 10 \times 6 = 60$

그 각각에 대하여 뽑은 홀수 2개와 짝수 2개의 총 4개의 수를 일렬로 나열하는 경우의 수는

$4! = 24$

따라서 구하는 비밀번호의 개수는

$60 \times 24 = 1440$

답 1440

31

네 수 a, b, c, d 중 한 개 이상이 짝수이면 네 수의 곱 $abcd$가 짝수가 된다. 즉, 구하는 경우의 수는 모든 순서쌍의 개수에서 네 수 a, b, c, d가 모두 홀수인 순서쌍의 개수를 빼서 구할 수 있다.

만들 수 있는 순서쌍 (a, b, c, d)의 총 개수는

$({}_5C_2 \times 2!) \times ({}_4C_2 \times 2!) = (10 \times 2) \times (6 \times 2) = 240$

네 수 a, b, c, d가 모두 홀수인 순서쌍의 개수는

$({}_3C_2 \times 2!) \times ({}_2C_2 \times 2!) = (3 \times 2) \times (1 \times 2) = 12$

따라서 구하는 순서쌍의 개수는

$240 - 12 = 228$

답 228

보충 설명

1, 2, 3, 4, 5 중에서 뽑은 두 수 a, b와 6, 7, 8, 9 중에서 뽑은 두 수 c, d의 총 4개의 수를 일렬로 나열하는 것으로 착각하지 않도록 주의한다.

예를 들어 1, 2, 6, 7을 뽑았을 때, 이들 네 수를 일렬로 나열하는 경우의 수는 $4!$이지만 1, 2를 a, b의 자리에, 6, 7을 c, d의 자리에 각각 나열하는 경우의 수는 $2!\times2!$이다.

32

정팔각형의 대각선의 개수는 8개의 꼭짓점 중에서 2개를 택하는 경우의 수에서 정팔각형의 변의 개수인 8을 뺀 값과 같으므로

$a={}_8C_2-8=28-8=20$

정팔각형의 8개의 꼭짓점 중에서 어느 세 점도 일직선 위에 있지 않으므로 구하는 삼각형의 개수는

$b={}_8C_3=56$

$\therefore\ b-a=56-20=36$

답 36

33

9개의 점 중에서 2개의 점을 택하는 경우의 수는

${}_9C_2=36$

주어진 그림에서 한 직선 위에 4개의 점이 있는 직선은 3개이고, 일직선 위의 점 중에서 2개의 점으로 만들 수 있는 직선은 1개이다. 이때 일직선 위에 있는 4개의 점 중에서 2개의 점을 택하는 경우의 수는

${}_4C_2=6$

따라서 9개의 점 중에서 2개의 점으로 만들 수 있는 서로 다른 직선의 개수는

$36-3\times6+3=21$

답 21

보충 설명

직선의 개수를 ${}_9C_2-3\times{}_4C_2$로 구하지 않도록 주의한다.

삼각형의 각 변 위의 네 점 중 두 점으로 만들 수 있는 직선을 모두 빼면 삼각형의 세 변을 포함한 세 직선도 제외되므로 반드시 이 세 직선을 포함하여 직선의 개수를 구해야 한다.

34

10개의 점 중에서 3개의 점을 택하는 경우의 수는

${}_{10}C_3=120$

주어진 그림에서 한 직선 위에 4개의 점이 있는 직선은 5개이고, 일직선 위에 있는 3개의 점으로는 삼각형을 만들 수 없다. 이때 일직선 위에 있는 4개의 점 중에서 3개의 점을 택하는 경우의 수는

${}_4C_3={}_4C_1=4$

따라서 구하는 삼각형의 개수는

$120-5\times4=120-20=100$

답 100

35

가로 방향의 선 2개와 세로 방향의 선 2개를 택하면 한 개의 직사각형이 만들어진다.

도형의 가로 방향의 선 5개 중에서 2개를 택하는 경우의 수는

${}_5C_2=10$

도형의 세로 방향의 선 6개 중에서 2개를 택하는 경우의 수는

${}_6C_2=15$

따라서 구하는 직사각형의 개수는

$10\times15=150$

답 150

36

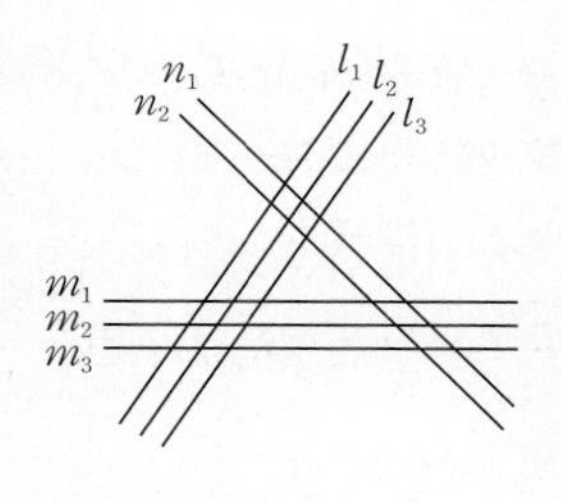

오른쪽 그림과 같이 평행한 직선을 각각 l_i, m_j, n_k $(i=1, 2, 3,\ j=1, 2, 3,\ k=1, 2)$라 하면 만들 수 있는 서로 다른 평행사변형의 개수는 다음과 같이 나누어 구할 수 있다.

(i) l_i에서 2개, m_j에서 2개의 평행선을 택하는 경우의 수

${}_3C_2\times{}_3C_2=3\times3=9$

(ii) m_j에서 2개, n_k에서 2개의 평행선을 택하는 경우의 수

${}_3C_2\times{}_2C_2=3\times1=3$

(iii) n_k에서 2개, l_i에서 2개의 평행선을 택하는 경우의 수

${}_2C_2\times{}_3C_2=1\times3=3$

(i), (ii), (iii)에서 구하는 평행사변형의 개수는

$9+3+3=15$

답 15

37

n개의 평행선 중에서 2개, $(n+3)$개의 평행선 중에서 2개를 택하면 한 개의 평행사변형이 만들어진다.

n개의 평행선 중에서 2개를 택하는 경우의 수는

${}_{n}C_{2}=\frac{n(n-1)}{2}$

$(n+3)$개의 평행선 중에서 2개를 택하는 경우의 수는

${}_{n+3}C_{2}=\frac{(n+3)(n+2)}{2}$

따라서 구하는 평행사변형의 개수는

$\frac{n(n-1)}{2}\times\frac{(n+3)(n+2)}{2}=280$

$(n-1)n(n+2)(n+3)=1120$

이때 $1120=4\times5\times7\times8$이므로

$n=5$

답 5

38

(1) 서로 다른 종류의 책 9권을 2권, 3권, 4권씩 세 묶음으로 나누는 경우의 수는

${}_{9}C_{2}\times{}_{7}C_{3}\times{}_{4}C_{4}=36\times35\times1=1260$

(2) 서로 다른 종류의 책 9권을 3권, 3권, 3권씩 세 묶음으로 나누는 경우의 수는

${}_{9}C_{3}\times{}_{6}C_{3}\times{}_{3}C_{3}\times\frac{1}{3!}=84\times20\times1\times\frac{1}{6}$
$=280$

(3) 서로 다른 종류의 책 9권을 4권, 4권, 1권씩 세 묶음으로 나누는 경우의 수는

${}_{9}C_{4}\times{}_{5}C_{4}\times{}_{1}C_{1}\times\frac{1}{2!}=126\times5\times1\times\frac{1}{2}$
$=315$

세 묶음을 서로 다른 3명에게 나누어 주는 경우의 수는

$3!=6$

따라서 구하는 경우의 수는

$315\times6=1890$

답 (1) 1260 (2) 280 (3) 1890

39

8명의 학생을 2명씩 짝지어 4개의 그룹으로 나눌 때, 적어도 한 개의 그룹은 여학생만으로 이루어지도록 하는 경우의 수는 모든 경우의 수에서 모든 그룹이 남녀 한 쌍으로 이루어지도록 하는 경우의 수를 빼서 구할 수 있다.

8명의 학생을 2명씩 짝지어 4개의 그룹으로 나누는 경우의 수는

${}_{8}C_{2}\times{}_{6}C_{2}\times{}_{4}C_{2}\times{}_{2}C_{2}\times\frac{1}{4!}=28\times15\times6\times1\times\frac{1}{24}$
$=105$

모든 그룹이 남녀 한 쌍으로 이루어지도록 하는 경우의 수는

$4!=24$

따라서 구하는 경우의 수는

$105-24=81$

답 81

보충 설명

모든 그룹이 남녀 한 쌍으로 이루어지는 경우는 남학생 4명에 대하여 각각 여학생 1명씩을 대응시키는 경우로 생각할 수 있다. 즉, 여학생 4명을 일렬로 나열하는 경우의 수와 같다.

40

3명의 학생에게 5일 동안의 봉사 당번을 배정할 때, 어떤 학생도 5일 중 3일 이상 당번을 하지 않도록 정하려면 한 학생이 1일, 두 학생이 2일씩 당번을 해야 한다.

5일을 1일, 2일, 2일의 세 묶음으로 나누는 경우의 수는

${}_{5}C_{1}\times{}_{4}C_{2}\times{}_{2}C_{2}\times\frac{1}{2!}=5\times6\times1\times\frac{1}{2}$
$=15$

세 묶음을 서로 다른 학생 3명에게 나누어 주는 경우의 수는

$3!=6$

따라서 구하는 경우의 수는

$15\times6=90$

답 90

41

8명을 4명씩 2개의 조로 나누는 경우의 수는

${}_{8}C_{4}\times{}_{4}C_{4}\times\frac{1}{2!}=70\times1\times\frac{1}{2}=35$

이때 각 조에서 다시 2명씩 2개의 조로 나누는 경우의 수는

$\left({}_4C_2\times{}_2C_2\times\frac{1}{2!}\right)\times\left({}_4C_2\times{}_2C_2\times\frac{1}{2!}\right)$

$=3\times3=9$

$=\left(6\times1\times\frac{1}{2}\right)\times\left(6\times1\times\frac{1}{2}\right)$

$=3\times3=9$

따라서 구하는 경우의 수는

$35\times9=315$

답 315

42

다음과 같이 주어진 대진표에서 배정받을 수 있는 7개의 자리를 왼쪽에서부터 각각 a, b, c, d, e, f, g라 하자.

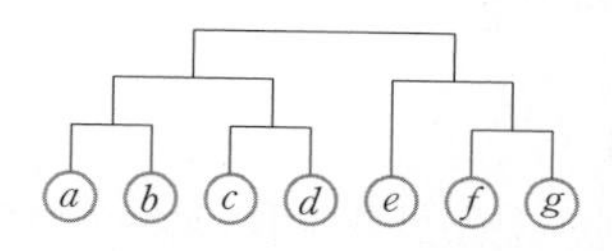

이때 선수 A, B가 결승전 이전에 서로 대결하는 일이 없도록 하려면 a, b, c, d와 e, f, g의 두 개 조에 한 선수씩 배정되어야 하므로 A, B를 배정할 조를 고르는 경우의 수는

$2!=2$

선수 A, B를 제외한 나머지 5명의 선수를 3명과 2명의 두 개 조로 나누는 경우의 수는

${}_5C_3\times{}_2C_2=10\times1=10$

이때 a, b, c, d에 배정된 4명의 선수를 2명씩 2개의 조로 나누는 경우의 수는

${}_4C_2\times{}_2C_2\times\frac{1}{2!}=6\times1\times\frac{1}{2}=3$

또한, e, f, g에 배정된 3명의 선수를 2명과 1명의 2개의 조로 나누는 경우의 수는

${}_3C_2\times{}_1C_1=3\times1=3$

따라서 구하는 경우의 수는

$2\times10\times3\times3=180$

답 180

보충 설명

e, f, g에 배정된 3명의 선수를 2명과 1명의 2개의 조로 나누는 경우의 수는 부전승으로 올라가는 1팀을 택하는 경우의 수와 같으므로 다음과 같이 구할 수도 있다.

${}_3C_1=3$

STEP 1 개념 마무리

본문 pp.263~264

13 ③	**14** $\frac{7}{3}$	**15** 31	**16** 115
17 4	**18** 90	**19** 21600	**20** 50
21 105	**22** 97	**23** 1806	**24** 60

13

${}_nP_r=\frac{n!}{(n-r)!}$, ${}_nC_r=\frac{n!}{r!(n-r)!}$이므로

ㄱ. ${}_nP_r={}_nC_r\times r!$ (참)

ㄴ. ${}_nP_r-r\times{}_{n-1}P_{r-1}$

$=\frac{n!}{(n-r)!}-\frac{r\times(n-1)!}{\{(n-1)-(r-1)\}!}$

$=\frac{n!}{(n-r)!}-\frac{r\times(n-1)!}{(n-r)!}$

$=\frac{(n-1)!}{(n-r)!}(n-r)$

$=\frac{(n-1)!}{(n-r-1)!}={}_{n-1}P_r$ (거짓)

ㄷ. ${}_{n+1}C_r=\frac{(n+1)!}{r!\{(n+1)-r\}!}$이고

${}_{n+1}C_{n-r+1}=\frac{(n+1)!}{(n-r+1)!r!}$이므로

${}_{n+1}C_r={}_{n+1}C_{n-r+1}$ (참)

ㄹ. $n\times{}_{n-1}C_{r-1}=\frac{n\times(n-1)!}{(r-1)!\{(n-1)-(r-1)\}!}$

$=\frac{n!}{(r-1)!(n-r)!}$

$=\frac{r\times n!}{r!(n-r)!}$

$=r\times{}_nC_r$ (거짓)

ㅁ. ${}_{n-1}C_{r-1}+{}_{n-1}C_r$

$=\frac{(n-1)!}{(r-1)!\{(n-1)-(r-1)\}!}+\frac{(n-1)!}{r!\{(n-1)-r\}!}$

$=\frac{(n-1)!}{(r-1)!(n-r)!}+\frac{(n-1)!}{r!(n-r-1)!}$

$=\frac{r\times(n-1)!}{r!(n-r)!}+\frac{(n-r)\times(n-1)!}{r!(n-r)!}$

$=\frac{\{r+(n-r)\}(n-1)!}{r!(n-r)!}$

$=\frac{n!}{r!(n-r)!}={}_nC_r$ (참)

따라서 옳은 것은 ㄱ, ㄷ, ㅁ의 3개이다.

답 ③

14

이차방정식 ${}_{n}\mathrm{C}_2x^2-({}_{n-1}\mathrm{C}_4+{}_{n-1}\mathrm{C}_3)x+{}_{n}\mathrm{C}_3=0$의 근과 계수의 관계에 의하여

(두 근의 합)$=\dfrac{{}_{n-1}\mathrm{C}_4+{}_{n-1}\mathrm{C}_3}{{}_{n}\mathrm{C}_2}=\dfrac{7}{2}$ ······㉠

(두 근의 곱)$=\dfrac{{}_{n}\mathrm{C}_3}{{}_{n}\mathrm{C}_2}$ ······㉡

㉠에서 ${}_{n-1}\mathrm{C}_4+{}_{n-1}\mathrm{C}_3=\dfrac{7}{2}\times{}_{n}\mathrm{C}_2$

$$\frac{(n-1)(n-2)(n-3)(n-4)}{4!}+\frac{(n-1)(n-2)(n-3)}{3!}$$

$$=\frac{7}{2}\times\frac{n(n-1)}{2!}$$

$n-1\geq 4$에서 $n\geq 5$이므로

양변을 $\dfrac{n-1}{4!}$로 나누어 정리하면

$(n-2)(n-3)(n-4)+4(n-2)(n-3)=42n$

$(n-2)(n-3)n=42n$

$(n-2)(n-3)=42$ $(\because n\geq 5)$, $n^2-5n-36=0$

$(n+4)(n-9)=0$ $\quad\therefore n=9$ $(\because n\geq 5)$

이것을 ㉡에 대입하면

(두 근의 곱)$=\dfrac{{}_{n}\mathrm{C}_3}{{}_{n}\mathrm{C}_2}=\dfrac{{}_{9}\mathrm{C}_3}{{}_{9}\mathrm{C}_2}=\dfrac{84}{36}=\dfrac{7}{3}$

답 $\dfrac{7}{3}$

다른 풀이

$\dfrac{{}_{n-1}\mathrm{C}_4+{}_{n-1}\mathrm{C}_3}{{}_{n}\mathrm{C}_2}=\dfrac{7}{2}$에서 $2({}_{n-1}\mathrm{C}_4+{}_{n-1}\mathrm{C}_3)=7\times{}_{n}\mathrm{C}_2$

$2\times{}_{n}\mathrm{C}_4=7\times{}_{n}\mathrm{C}_2$

$$2\times\frac{n(n-1)(n-2)(n-3)}{4\times3\times2\times1}=7\times\frac{n(n-1)}{2\times1}$$

이때 $n-1\geq 4$에서 $n\geq 5$이므로

양변을 $\dfrac{n(n-1)}{2}$로 나누어 정리하면

$\dfrac{(n-2)(n-3)}{6}=7$, $n^2-5n-36=0$

$(n+4)(n-9)=0$ $\quad\therefore n=9$ $(\because n\geq 5)$

15

500보다 크고 800보다 작은 세 자리 자연수의 백의 자리의 숫자는 5 또는 6 또는 7이므로 다음과 같이 경우를 나누어 생각한다.

(i) $a=5$일 때,

$c<b<5$이므로 1, 2, 3, 4 중 2개를 뽑아 큰 수를 b, 작은 수를 c라 하면 된다.

즉, 이 경우의 수는

${}_{4}\mathrm{C}_2=\dfrac{4\times3}{2\times1}=6$

(ii) $a=6$일 때,

$c<b<6$이므로 1, 2, 3, 4, 5 중 2개를 뽑아 큰 수를 b, 작은 수를 c라 하면 된다.

즉, 이 경우의 수는

${}_{5}\mathrm{C}_2=\dfrac{5\times4}{2\times1}=10$

(iii) $a=7$일 때,

$c<b<7$이므로 1, 2, 3, 4, 5, 6 중 2개를 뽑아 큰 수를 b, 작은 수를 c라 하면 된다.

즉, 이 경우의 수는

${}_{6}\mathrm{C}_2=\dfrac{6\times5}{2\times1}=15$

(i), (ii), (iii)에서 조건을 만족시키는 모든 자연수의 개수는

$6+10+15=31$

답 31

16

서로 다른 10장의 카드 중에서 4장을 택할 때, 흰색 카드가 2장 이상 포함되는 경우의 수는 10장의 카드 중 4장을 택하는 모든 경우의 수에서 흰색이 0장 또는 1장 포함되는 경우의 수를 빼서 구할 수 있다.

10장의 카드 중 4장을 택하는 모든 경우의 수는

${}_{10}\mathrm{C}_4=\dfrac{10\times9\times8\times7}{4\times3\times2\times1}=210$

(i) 택한 4장의 카드가 모두 주황색 카드인 경우의 수는

${}_{6}\mathrm{C}_4={}_{6}\mathrm{C}_2=\dfrac{6\times5}{2\times1}=15$

(ii) 택한 4장의 카드 중 3장은 주황색 카드, 1장은 흰색 카드인 경우의 수는

${}_{6}\mathrm{C}_3\times{}_{4}\mathrm{C}_1=\dfrac{6\times5\times4}{3\times2\times1}\times4=80$

(i), (ii)에서 구하는 경우의 수는

$210-(15+80)=115$

답 115

17

이 모임의 여자 회원이 x명이라 하자.

9명 중에서 3명의 대표를 뽑는 경우의 수는

$${}_9C_3=\frac{9\times8\times7}{3\times2\times1}=84$$

여자 회원만으로 3명의 대표를 뽑는 경우의 수는

$${}_xC_3=\frac{x(x-1)(x-2)}{3!}=\frac{1}{6}x(x-1)(x-2)$$

남자 회원을 적어도 한 명 포함하여 대표를 뽑는 경우의 수가 80이므로

$$84-\frac{1}{6}x(x-1)(x-2)=80$$

$\therefore x(x-1)(x-2)=24$

이때 $24=4\times3\times2$이므로

$x=4$

따라서 여자 회원의 수는 4이다.

답 4

18

크기가 서로 다른 6개의 사탕 중에서 4개를 뽑는 경우의 수는

$${}_6C_4={}_6C_2=\frac{6\times5}{2\times1}=15$$

그 각각에 대하여 뽑은 4개의 사탕 중에서 가장 작은 사탕의 자리는 맨 앞으로 고정되므로 가장 작은 사탕 1개를 제외한 3개의 사탕을 일렬로 나열하는 경우의 수는

$3!=6$

따라서 구하는 경우의 수는

$15\times6=90$

답 90

19

의자 10개 중에서 흰색 의자 4개, 검은색 의자 3개를 뽑는 경우의 수는

(흰색 의자 5개 중 4개)

${}_5C_4\times{}_5C_3={}_5C_1\times{}_5C_2=5\times10=50$

(검은색 의자 5개 중 3개)

한편, 한가운데 의자인 4번째 의자를 중심으로 색상이 대칭이 되도록 나열해야 하므로 4번째 의자의 색상은 검은색이고, 나머지 흰색 의자 4개, 검은색 의자 2개를 색상이 대칭이 되도록 나열하는 경우는 다음과 같이 3가지이다.

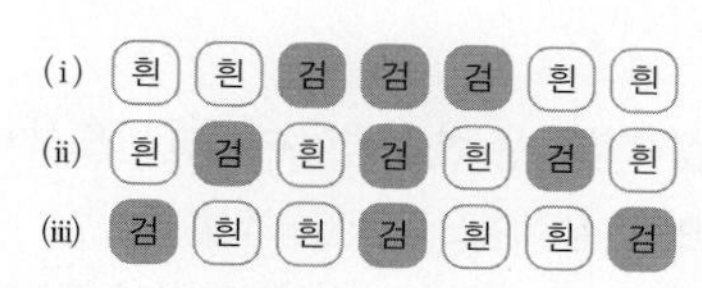

이때 각각의 경우에 대하여 4번째 자리에 올 검은색 의자를 택하는 경우의 수는 ${}_3C_1=3$이고, 나머지 검은색 의자 2개를 나열하는 경우의 수는 $2!=2$

흰색 의자 4개를 나열하는 경우의 수는

$4!=24$

따라서 구하는 경우의 수는

$50\times\{3\times(3\times2\times24)\}=21600$

답 21600

20

원 위의 10개의 점 중에서 어느 세 점도 일직선 위에 있지 않으므로 만들 수 있는 삼각형의 개수는

$${}_{10}C_3=\frac{10\times9\times8}{3\times2\times1}=120$$

이때 오른쪽 그림과 같이 각 점을 A, B, C, ⋯, J라 하면 정십각형과 변을 공유하는 삼각형은 다음과 같이 경우를 나누어 구할 수 있다.

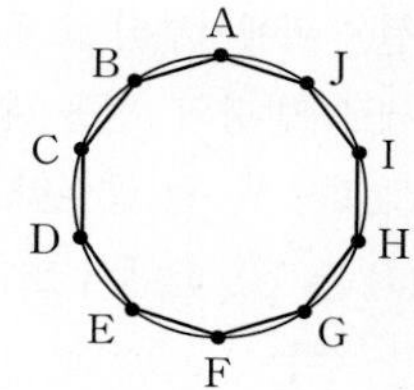

(i) 정십각형과 한 변만 공유하는 삼각형의 개수

삼각형과 정십각형이 변 AB만을 공유할 때, 나머지 꼭짓점은 D, E, F, G, H, I 중 하나이므로 이 경우의 삼각형의 개수는

${}_6C_1=6$

같은 방법으로 변 BC, CD, DE, ⋯, JA만을 공유하는 삼각형의 개수도 각각 6이므로 정십각형과 한 변만을 공유하는 삼각형의 개수는

$10\times6=60$

(ii) 정십각형과 두 변을 공유하는 삼각형의 개수

삼각형 ABC, BCD, CDE, ⋯, JAB의 10개이다.

(i), (ii)에서 구하는 삼각형의 개수는

$120-(60+10)=50$

답 50

보충 설명

삼각형이 정십각형과 두 변을 공유하려면 반드시 이웃하는 두 변을 공유해야만 삼각형으로 만들어진다.
따라서 이와 같은 삼각형은 이웃한 두 변의 꼭짓점에 대하여 나머지 두 꼭짓점이 결정되므로 정십각형과 두 변을 공유하는 삼각형의 개수는 정십각형의 꼭짓점의 개수와 일치한다.

21

주어진 도형의 선들로 만들 수 있는 삼각형은 모두 점 A를 한 꼭짓점으로 하는 삼각형이다.
따라서 점 A를 지나고 두 선분 BD, CE를 포함한 세로 방향의 6개의 선분 중 2개를 택하고, 두 선분 BC, DE를 포함한 가로 방향의 7개의 선분 중 1개를 택하면 삼각형이 만들어지므로 구하는 삼각형의 개수는

$_6C_2 \times {_7C_1} = 15 \times 7 = 105$

답 105

22

오른쪽 그림과 같이 가로 방향의 선을 위에서부터 ㉠, ㉡, ㉢, ⋯, ㉤, 세로 방향의 선을 왼쪽에서부터 ①, ②, ③, ⋯, ⑦이라 하자.

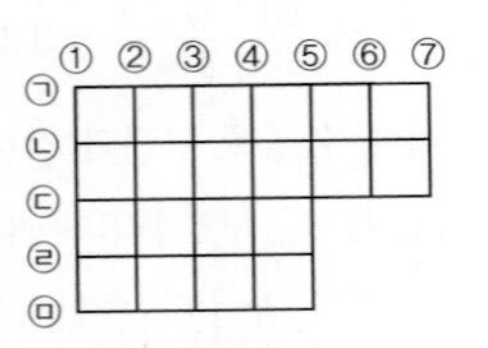

(i) ㉠, ㉡, ㉢에서 2개, ①~⑦에서 2개를 선택하는 경우의 수는

$_3C_2 \times {_7C_2} = 3 \times 21 = 63$

(ii) ㉠~㉤에서 2개, ①~⑤에서 2개를 선택하는 경우의 수는

$_5C_2 \times {_5C_2} = 10 \times 10 = 100$

(iii) ㉠, ㉡, ㉢에서 2개, ①~⑤에서 2개를 선택하는 경우의 수는

$_3C_2 \times {_5C_2} = 3 \times 10 = 30$ ← (i), (ii)에서 중복되는 사각형의 개수

(i), (ii), (iii)에서 직사각형의 총 개수는

$63 + 100 - 30 = 133$

한편, 한 변의 길이가 1, 2, 3, 4인 정사각형의 개수는 각각 20, 11, 4, 1이므로 정사각형의 총 개수는

$20 + 11 + 4 + 1 = 36$

따라서 정사각형이 아닌 직사각형의 개수는

$133 - 36 = 97$

답 97

23

$7 = 1+1+5 = 1+2+4 = 1+3+3 = 2+2+3$이므로

서로 다른 인형 7개를 1개 이상씩 포함하는 세 묶음으로 나누는 경우의 수는 다음과 같다.

(i) 인형을 1개, 1개, 5개의 세 묶음으로 나누는 경우의 수는

$$_7C_1 \times {_6C_1} \times {_5C_5} \times \frac{1}{2!} = 7 \times 6 \times 1 \times \frac{1}{2} = 21$$

(ii) 인형을 1개, 2개, 4개의 세 묶음으로 나누는 경우의 수는

$_7C_1 \times {_6C_2} \times {_4C_4} = 7 \times 15 \times 1 = 105$

(iii) 인형을 1개, 3개, 3개의 세 묶음으로 나누는 경우의 수는

$$_7C_1 \times {_6C_3} \times {_3C_3} \times \frac{1}{2!} = 7 \times 20 \times 1 \times \frac{1}{2} = 70$$

(iv) 인형을 2개, 2개, 3개의 세 묶음으로 나누는 경우의 수는

$$_7C_2 \times {_5C_2} \times {_3C_3} \times \frac{1}{2!} = 21 \times 10 \times 1 \times \frac{1}{2} = 105$$

(i)~(iv)에서 서로 다른 7개의 인형을 세 묶음으로 나누는 경우의 수는

$21 + 105 + 70 + 105 = 301$

그 각각에 대하여 세 묶음을 서로 다른 3개의 가방에 나누어 넣는 경우의 수는

$3! = 6$

따라서 구하는 경우의 수는

$301 \times 6 = 1806$

답 1806

24

다음과 같이 주어진 대진표의 8개의 자리를 왼쪽에서부터 각각 a, b, c, d, e, f, g, h라 하자.

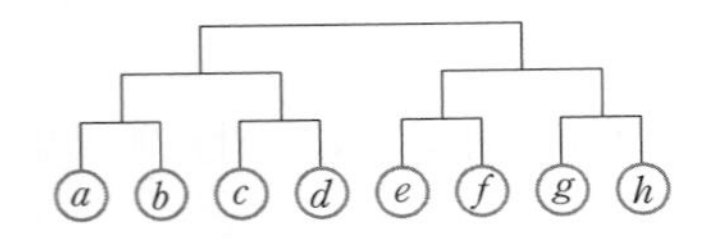

조건 (가)에서 1반과 2반이 준결승전 이전에 서로 대결하지 않도록 하려면 a, b와 c, d 또는 e, f와 g, h의 두 개 조에 한 반씩 배정되어야 하고, 조건 (나)에서 2반과 5반이 결승전 이전에 서로 대결하지 않도록 하려면 a, b, c, d와 e, f, g, h의 두 개 조에 한 반씩 배정되어야 한다.

즉, 1반, 2반, 5반을 제외한 5개의 반을 1반, 2반과 결승전 이전에 만날 2개 반과 5반과 결승전 이전에 만날 3개 반의 두 조로 나누는 경우의 수는

${}_5C_2 \times {}_3C_3 = 10 \times 1 = 10$

그 각각에 대하여 1반, 2반과 결승전 이전에 만나는 2개의 반을 1반 또는 2반과 맨 처음에 경기하도록 짝을 정하는 경우의 수는

$2! = 2$

또한, 5반과 결승전 이전에 만나는 3개의 반과 5반을 포함한 4개의 반을 2반씩 2개의 조로 나누는 경우의 수는

${}_4C_2 \times {}_2C_2 \times \frac{1}{2!} = 6 \times 1 \times \frac{1}{2} = 3$

따라서 구하는 경우의 수는

$10 \times 2 \times 3 = 60$

답 60

STEP 2 개념 마무리

본문 p.265

1 112 **2** 360 **3** 10 **4** 40
5 4620 **6** 90

1

조건 ㈎에서 A와 B는 이웃하여 앉으므로 다음과 같이 경우를 나누어 구할 수 있다.

(i) A와 B가 가운데 줄에 이웃하여 앉는 경우

가운데 줄 3개의 좌석 중 2개에 두 사람 A, B가 이웃하여 앉는 경우의 수는

${}_2P_2 \times 2! = 2 \times 2 = 4$

그 각각에 대하여

㉠ C, D, E, F의 4명이 앞줄 1개, 가운데 줄 1개, 뒷줄 2개의 좌석에 한 사람씩 앉는 경우의 수는

${}_4P_4 = 24$

㉡ C, D가 뒷줄 2개의 좌석에 이웃하여 앉고, 나머지 좌석에 E, F가 앉는 경우의 수는

${}_2P_2 \times {}_2P_2 = 2 \times 2 = 4$

㉠, ㉡에서 조건 ㈏를 만족시키는 경우의 수는

$24 - 4 = 20$

즉, 이 경우의 수는

$4 \times 20 = 80$

(ii) A와 B가 뒷줄에 이웃하여 앉는 경우

뒷줄 2개의 의자에 두 사람 A, B가 이웃하여 앉는 경우의 수는

$2! = 2$

그 각각에 대하여

㉢ C, D, E, F의 4명이 앞줄 1개, 가운데 줄 3개의 좌석에 한 사람씩 앉는 경우의 수는

${}_4P_4 = 24$

㉣ C, D가 가운데 줄 3개의 좌석 중 2개에 이웃하여 앉고, 나머지 좌석에 E, F가 앉는 경우의 수

${}_2P_2 \times 2! \times {}_2P_2 = 2 \times 2 \times 2 = 8$

㉢, ㉣에서 조건 ㈏를 만족시키는 경우의 수는

$24 - 8 = 16$

즉, 이 경우의 수는

$2 \times 16 = 32$

(i), (ii)에서 구하는 경우의 수는

$80 + 32 = 112$

답 112

2

서로 다른 종류의 볼펜 3자루와 같은 종류의 지우개 3개를 5명의 학생에게 남김없이 나누어 주고, 아무것도 받지 못한 학생이 없으려면 5명 중 한 학생은 볼펜과 지우개 중에서 2개를 받고 나머지 4명의 학생은 1개씩 받아야 한다.

(i) 지우개를 2개 받는 학생이 있는 경우

지우개 2개를 하나의 세트라고 생각하면 서로 다른 볼펜 3자루, 지우개 1개, 세트 1개를 5명의 학생에게 나누어 주는 경우의 수는 (서로 다른 5가지이다.)

$5! = 120$

(ii) 볼펜 1자루와 지우개 1개를 받는 학생이 있는 경우

5명의 학생 중에서 지우개를 하나씩 받고 볼펜은 받지 않는 학생 두 명을 고르는 경우의 수는

${}_5C_2 = 10$ ← 지우개끼리는 구분되지 않으므로 조합이다.

볼펜 1자루와 지우개 1개를 하나의 세트라고 생각하면 볼펜 3자루 중에서 세트에 들어갈 볼펜을 고르는 경우의 수는

${}_3C_1=3$

그 각각에 대하여 지우개 1개만 받는 2명의 학생을 제외한 나머지 3명의 학생에게 서로 다른 볼펜 2자루와 세트 1개를 나누어 주는 경우의 수는 (서로 다른 3가지이다.)

$3!=6$

따라서 이 경우의 수는

$10\times3\times6=180$

(iii) 볼펜 2자루를 받는 학생이 있는 경우

5명의 학생 중에서 지우개를 하나씩 받고, 볼펜을 받지 않는 학생 세 명을 고르는 경우의 수는

${}_5C_3={}_5C_2=10$

볼펜 2자루를 하나의 세트라고 생각하면 볼펜 3자루 중에서 세트에 들어갈 볼펜 2자루를 고르는 경우의 수는

${}_3C_2=3$

그 각각에 대하여 지우개 1개만 받는 3명의 학생을 제외한 나머지 2명의 학생에게 볼펜 세트 1개와 볼펜 1자루를 나누어 주는 경우의 수는 (서로 다른 2가지이다.)

$2!=2$

따라서 이 경우의 수는

$10\times3\times2=60$

(i), (ii), (iii)에서 구하는 경우의 수는

$120+180+60=360$

답 360

3

총 $2n$명의 학생이 다른 학생과 모두 한 번씩 팔씨름을 하는 횟수는

${}_{2n}C_2=\frac{2n(2n-1)}{2}=n(2n-1)$

축구부 학생끼리 팔씨름을 하는 횟수는

${}_nC_2=\frac{n(n-1)}{2}$

동일한 등번호의 학생끼리 팔씨름을 하는 횟수는 n

이때 주어진 규칙에 따라 팔씨름을 한 횟수가 총 135이므로

$n(2n-1)-\frac{n(n-1)}{2}-n=135$

$n^2-n-90=0$, $(n+9)(n-10)=0$

$\therefore n=10$ ($\because n\geq2$)

답 10

4

1, 2, 3, 4, 6, 12 중 서로 다른 두 수 a, b에 대하여 a, b의 곱에 따라 경우를 나누면 다음과 같다.

(i) $ab=6$일 때,

a, b의 순서쌍 (a, b)는 $(1, 6)$, $(2, 3)$의 2개이다.

이 중에서 1개를 택하여 양 끝에 놓고, 나머지 1개를 가운데에 놓으면 되므로 이 경우의 수는

${}_2C_1\times2!\times2!=8$ ($2!\times2!$: a, b끼리 자리를 바꾸는 경우의 수)

(ii) $ab=12$일 때,

a, b의 순서쌍 (a, b)는 $(1, 12)$, $(2, 6)$, $(3, 4)$의 3개이다.

이 중에서 1개를 택하여 양 끝에 놓고, 나머지 2개 중에서 1개를 택하여 가운데에 놓으면 되므로 이 경우의 수는

${}_3C_1\times{}_2C_1\times2!\times2!=24$ ($2!\times2!$: a, b끼리 자리를 바꾸는 경우의 수)

(iii) $ab=24$일 때,

a, b의 순서쌍 (a, b)는 $(2, 12)$, $(4, 6)$의 2개이다.

이 중에서 1개를 택하여 양 끝에 놓고, 나머지 1개를 가운데에 놓으면 되므로 이 경우의 수는

${}_2C_1\times2!\times2!=8$ ($2!\times2!$: a, b끼리 자리를 바꾸는 경우의 수)

(i), (ii), (iii)에서 구하는 경우의 수는

$8+24+8=40$

답 40

5

1반 학생 3명이 3개의 조에 적어도 1명씩 들어가는 경우의 수는 1

$8=1+3+4=2+2+4=2+3+3$이므로

2반 학생 8명을 3개의 조로 나누는 경우의 수는 다음과 같다.

(i) 1명, 3명, 4명으로 나누는 경우의 수는

${}_8C_1\times{}_7C_3\times{}_4C_4=8\times35\times1=280$

(ii) 2명, 2명, 4명으로 나누는 경우의 수는

${}_8C_2\times{}_6C_2\times{}_4C_4\times\frac{1}{2!}=28\times15\times1\times\frac{1}{2}=210$

(iii) 2명, 3명, 3명으로 나누는 경우의 수는

$${}_8C_2 \times {}_6C_3 \times {}_3C_3 \times \frac{1}{2!} = 28 \times 20 \times 1 \times \frac{1}{2} = 280$$

(i), (ii), (iii)에서 2반 학생 8명을 3개의 조로 나누는 경우의 수는

$280+210+280=770$

그 각각에 대하여 3개의 조를 1반 학생이 한 명씩 들어 있는 3개의 조에 배정하는 경우의 수는

$3!=6$

따라서 구하는 경우의 수는

$1 \times 770 \times 6 = 4620$

답 4620

6

다음과 같이 주어진 대진표의 7개의 자리를 왼쪽에서부터 각각 a, b, c, d, e, f, g라 하자.

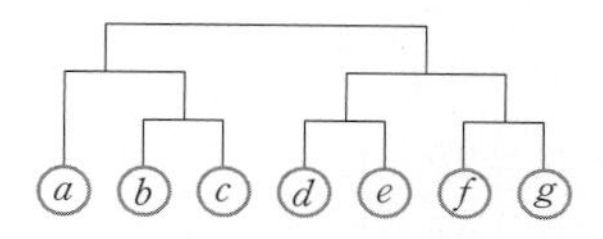

(i) 실력이 3위인 팀이 a에 배정되는 경우

b, c에는 실력이 4위에서 7위인 팀이 배정되어야 하므로 대진표를 정하는 경우의 수는

$${}_4C_2 \times \left({}_4C_2 \times {}_2C_2 \times \frac{1}{2!}\right) = 6 \times \left(6 \times 1 \times \frac{1}{2}\right) = 18$$

나머지 4팀을 d, e, f, g에 배정하는 경우의 수

(ii) 실력이 3위인 팀이 b 또는 c에 배정되는 경우

b 또는 c에서 남은 한 자리와 a에는 실력이 4위에서 7위인 팀이 배정되어야 하므로 대진표를 정하는 경우의 수는

$${}_4C_1 \times {}_3C_1 \times \left({}_4C_2 \times {}_2C_2 \times \frac{1}{2!}\right)$$

$$= 4 \times 3 \times \left(6 \times 1 \times \frac{1}{2}\right) = 36$$

(iii) 실력이 3위인 팀이 d 또는 e 또는 f 또는 g에 배정되는 경우

d 또는 e 또는 f 또는 g의 남은 자리에는 실력이 4위에서 7위인 팀이 배정되어야 하므로 대진표를 정하는 경우의 수는

3위인 팀과 짝이 되는 팀을 정하는 경우의 수

$${}_4C_1 \times {}_3C_2 \times {}_3C_1 \times {}_2C_2 = 4 \times 3 \times 3 \times 1 = 36$$

나머지 세 팀을 a, b, c에 배정하는 경우의 수

(i), (ii), (iii)에서 구하는 경우의 수는

$18+36+36=90$

답 90

IV. 행렬

11. 행렬

1 행렬

기본 + 필수연습 본문 pp.270~273

01 (1) 행의 개수 : 1, 열의 개수 : 3

(2) 행의 개수 : 2, 열의 개수 : 3

02 ㄱ, ㄴ, ㄷ

03 $\begin{pmatrix} 1 & 4 & 9 \\ 4 & 7 & 12 \end{pmatrix}$

04 $a=-4$, $b=-4$, $c=2$, $d=3$

05 6 **06** -5 **07** $\begin{pmatrix} 0 & 2 & 0 \\ 1 & 1 & 1 \\ 1 & 1 & 0 \end{pmatrix}$

08 45 **09** 19 **10** 10

01

(1) 행렬 $(2 \quad 3 \quad -1)$은 행의 개수가 1, 열의 개수가 3이다.

(2) 행렬 $\begin{pmatrix} 1 & 1 & 3 \\ 4 & 0 & 2 \end{pmatrix}$는 행의 개수가 2, 열의 개수가 3이다.

답 (1) 행의 개수 : 1, 열의 개수 : 3

(2) 행의 개수 : 2, 열의 개수 : 3

02

ㄱ. 행렬 A는 행의 개수가 2, 열의 개수가 2인 이차 정사각행렬이다. (참)

ㄴ. $(3, 2)$ 성분은 제3행과 제2열이 만나는 곳에 위치한 성분이므로 존재하지 않는다. (참)

ㄷ. 4는 제1행과 제2열이 만나는 곳에 위치한 성분이므로 $(1, 2)$ 성분이다. (참)

ㄹ. 행렬 A의 제2행의 성분은 5, 7이므로 구하는 합은

$5+7=12$ (거짓)

따라서 옳은 것은 ㄱ, ㄴ, ㄷ이다.

답 ㄱ, ㄴ, ㄷ

03

$i=1$, $j=1$이면 $a_{11}=1^2+1^2-1=1$

$i=1$, $j=2$이면 $a_{12}=1^2+2^2-1=4$

$i=1$, $j=3$이면 $a_{13}=1^2+3^2-1=9$

$i=2$, $j=1$이면 $a_{21}=2^2+1^2-1=4$

$i=2$, $j=2$이면 $a_{22}=2^2+2^2-1=7$

$i=2$, $j=3$이면 $a_{23}=2^2+3^2-1=12$

$\therefore A=\begin{pmatrix} 1 & 4 & 9 \\ 4 & 7 & 12 \end{pmatrix}$

답 $\begin{pmatrix} 1 & 4 & 9 \\ 4 & 7 & 12 \end{pmatrix}$

04

두 행렬의 대응하는 성분이 각각 같아야 하므로

$a-2b=4$, $-3=a+1$, $5=c+d$, $2d+1=7$

$\therefore a=-4$, $b=-4$, $c=2$, $d=3$

답 $a=-4$, $b=-4$, $c=2$, $d=3$

05

(i) $i>j$이면 $a_{ij}=2i+j$이므로

$a_{21}=2\times2+1=5$

$a_{31}=2\times3+1=7$

$a_{32}=2\times3+2=8$

(ii) $i=j$이면 $a_{ij}=i-2j$이므로

$a_{11}=1-2\times1=-1$

$a_{22}=2-2\times2=-2$

$a_{33}=3-2\times3=-3$

(iii) $i<j$이면 $a_{ij}=-a_{ji}+k$이므로

$a_{12}=-a_{21}+k=k-5$

$a_{13}=-a_{31}+k=k-7$

$a_{23}=-a_{32}+k=k-8$

(i), (ii), (iii)에서

$A=\begin{pmatrix} -1 & k-5 & k-7 \\ 5 & -2 & k-8 \\ 7 & 8 & -3 \end{pmatrix}$

이때 행렬 A의 모든 성분의 합이 12이므로

$-1+(k-5)+(k-7)+5+(-2)+(k-8)$
$+7+8+(-3)$

$=3k-6=12$

$3k=18 \qquad \therefore k=6$

답 6

다른 풀이

$i=j$일 때, $a_{ij}=i-2j$이므로 $a_{ii}=-i$

즉, 행렬 A의 모든 성분의 합은

$a_{11}+a_{12}+a_{13}+a_{21}+a_{22}+a_{23}+a_{31}+a_{32}+a_{33}$

$=(-1)+(-a_{21}+k)+(-a_{31}+k)+a_{21}$
$+(-2)+(-a_{32}+k)+a_{31}+a_{32}+(-3)$

$=3k-6=12$

$3k=18 \qquad \therefore k=6$

06

$a_{ij}=(-1)^{i+j}+kj$이므로

$a_{11}=(-1)^2+k=k+1$

$a_{12}=(-1)^3+2k=2k-1$

$a_{13}=(-1)^4+3k=3k+1$

$a_{21}=(-1)^3+k=k-1$

$a_{22}=(-1)^4+2k=2k+1$

$a_{23}=(-1)^5+3k=3k-1$

이때 $b_{ij}=-a_{ji}$이므로

$B=\begin{pmatrix} -k-1 & -k+1 \\ -2k+1 & -2k-1 \\ -3k-1 & -3k+1 \end{pmatrix}$

이때 행렬 B의 모든 성분의 합이 60이므로

$(-k-1)+(-k+1)+(-2k+1)+(-2k-1)$
$+(-3k-1)+(-3k+1)$

$=-12k=60$

$\therefore k=-5$

답 -5

07

지점 1에서 지점 1, 2, 3으로 가는 일방통행로의 수는 각각 0, 2, 0이므로

$a_{11}=0$, $a_{12}=2$, $a_{13}=0$

지점 2에서 지점 1, 2, 3으로 가는 일방통행로의 수는 각각 1, 1, 1이므로

$a_{21}=1,\ a_{22}=1,\ a_{23}=1$

지점 3에서 지점 1, 2, 3으로 가는 일방통행로의 수는 각각 1, 1, 0이므로

$a_{31}=1,\ a_{32}=1,\ a_{33}=0$

$\therefore A=\begin{pmatrix} 0 & 2 & 0 \\ 1 & 1 & 1 \\ 1 & 1 & 0 \end{pmatrix}$

답 $\begin{pmatrix} 0 & 2 & 0 \\ 1 & 1 & 1 \\ 1 & 1 & 0 \end{pmatrix}$

08

두 행렬 A, B의 대응하는 성분이 각각 같아야 하므로

$x^2-y=-3x-1$ ······㉠

$2xz=16$ ······㉡

$x+1=z-1$ ······㉢

$4=2y-6$ ······㉣

㉣에서 $2y=10$ $\therefore y=5$

이것을 ㉠에 대입하면

$x^2-5=-3x-1$

$x^2+3x-4=0,\ (x+4)(x-1)=0$

$\therefore x=-4$ 또는 $x=1$

(i) $x=-4$를 ㉢에 대입하면

$-3=z-1$ $\therefore z=-2$

이때 $x=-4,\ z=-2$는 ㉡을 만족시킨다.

(ii) $x=1$을 ㉢에 대입하면

$2=z-1$ $\therefore z=3$

이때 $x=1,\ z=3$은 ㉡을 만족시키지 않는다.

(i), (ii)에서 $x=-4,\ y=5,\ z=-2$이므로

$x^2+y^2+z^2=(-4)^2+5^2+(-2)^2=45$

답 45

09

두 행렬 A, B의 대응하는 성분이 각각 같아야 하므로

$x-y=3$ ······㉠

$\frac{5}{y}=x$ ······㉡

$10=2xy$ ······㉢

㉡, ㉢에서 $xy=5$이므로

$x^2+y^2=(x-y)^2+2xy$

$=3^2+2\times5$ ($\because$ ㉠)

$=19$

답 19

10

$a_{ij}=-i+2j$이므로

$a_{11}=-1+2\times1=1,\ a_{12}=-1+2\times2=3,$

$a_{21}=-2+2\times1=0,\ a_{22}=-2+2\times2=2$

$\therefore A=\begin{pmatrix} 1 & 3 \\ 0 & 2 \end{pmatrix}$

이때 $A=B$에서 두 행렬 A, B의 대응하는 성분이 각각 같아야 하므로

$z=1,\ x+y=3,\ xy=0$

$\therefore x^2+y^2+z^2=(x+y)^2-2xy+z^2$

$=3^2-2\times0+1^2$

$=10$

답 10

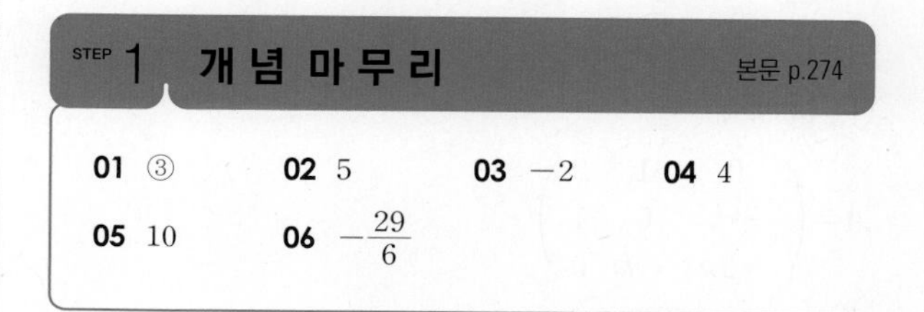

01

① 행렬 A는 행의 개수가 2개, 열의 개수가 3개이므로 2×3 행렬이다.

② 행렬 A의 제2행의 성분은 $4,\ 0,\ -2$이다.

③ 행렬 A의 제3열의 성분은 $2,\ -2$이므로 그 합은 $2+(-2)=0$

④ $(1,\ 3)$ 성분은 제1행과 제3열이 만나는 곳에 위치한 성분이므로 2이다.

⑤ a_{12}는 $(1, 2)$ 성분이고, $(1, 2)$ 성분은 제1행과 제2열이 만나는 곳에 위치한 성분이므로 -3이다.

따라서 옳은 것은 ③이다.

답 ③

02

행렬 A의 제1열의 성분은 $a-2b$, $a+b$이므로 그 합은

$(a-2b)+(a+b)=2a-b$

또한, 행렬 A의 제2행의 성분은 $a+b$, $b-3a$이므로 그 합은

$(a+b)+(b-3a)=-2a+2b$

제1열의 성분의 합이 7, 제2행의 성분의 합이 -8이므로

$2a-b=7$, $-2a+2b=-8$

이 두 식을 연립하여 풀면

$a=3$, $b=-1$

따라서 행렬 A의 $(1, 2)$ 성분은

$2a+b=2\times3-1=5$

답 5

03

(i) $i\le j$이면 $a_{ij}=j-i$이므로

$a_{11}=1-1=0$, $a_{12}=2-1=1$, $a_{13}=3-1=2$,

$a_{22}=2-2=0$, $a_{23}=3-2=1$, $a_{33}=3-3=0$

(ii) $i>j$이면 $a_{ij}=-ka_{ji}$이므로

$a_{21}=-ka_{12}=-k$, $a_{31}=-ka_{13}=-2k$,

$a_{32}=-ka_{23}=-k$

(i), (ii)에서

$$A=\begin{pmatrix} 0 & 1 & 2 \\ -k & 0 & 1 \\ -2k & -k & 0 \end{pmatrix}$$

행렬 A의 모든 성분의 합이 12이므로

$0+1+2+(-k)+0+1+(-2k)+(-k)+0$

$=-4k+4=12$

$4k=-8$ $\quad\therefore k=-2$

답 -2

04

스위치 1만 닫혀 있을 때, 전구는 켜지지 않으므로

$a_{11}=0$

두 스위치 1, 2가 동시에 닫혀 있을 때, 전구는 켜지지 않으므로 $a_{12}=a_{21}=0$

두 스위치 1, 3이 동시에 닫혀 있을 때, 전구는 켜지므로

$a_{13}=a_{31}=1$

스위치 2만 닫혀 있을 때, 전구는 켜지지 않으므로

$a_{22}=0$

두 스위치 2, 3이 동시에 닫혀 있을 때, 전구는 켜지므로

$a_{23}=a_{32}=1$

스위치 3만 닫혀 있을 때, 전구는 켜지지 않으므로

$a_{33}=0$

$$\therefore A=\begin{pmatrix} 0 & 0 & 1 \\ 0 & 0 & 1 \\ 1 & 1 & 0 \end{pmatrix}$$

따라서 행렬 A의 모든 성분의 합은 4이다.

답 4

05

두 행렬 A, B의 대응하는 성분이 각각 같아야 하므로

$x^2-2ax=5$ ……㉠

$4=2a$ ……㉡

$8y=y^2+2by$ ……㉢

$0=b-3$ ……㉣

㉡에서 $a=2$이므로 이것을 ㉠에 대입하면

$x^2-4x-5=0$, $(x+1)(x-5)=0$

$\therefore x=5$ $(\because x>0)$

㉣에서 $b=3$이므로 이것을 ㉢에 대입하면

$y^2-2y=0$, $y(y-2)=0$

$\therefore y=2$ $(\because y>0)$

따라서 xy의 값은 $5\times2=10$이다.

답 10

06

주어진 등식이 성립하려면 양변의 두 행렬의 대응하는 성분이 각각 같아야 하므로

$\dfrac{b}{a}=9$ ……㉠

$ca=\dfrac{1}{2}$ ……㉡

$|a-b|=a-b$ ……ⓒ

$\frac{1}{2}=\frac{c}{b}$ ……ⓔ

ⓐ에서 $a=\frac{b}{9}$, ⓔ에서 $c=\frac{b}{2}$

이것을 ⓑ에 대입하면

$\frac{b}{2}\times\frac{b}{9}=\frac{1}{2}$

$b^2=9 \quad \therefore b=\pm 3$

$\therefore a=\frac{1}{3}, b=3$ 또는 $a=-\frac{1}{3}, b=-3$ ($\because$ ⓐ)

ⓒ에서 $a-b\geq 0$, 즉 $a\geq b$이므로

$a=-\frac{1}{3}, b=-3, c=-\frac{3}{2}$ ($\because$ ⓔ)

$\therefore a+b+c=-\frac{1}{3}+(-3)+\left(-\frac{3}{2}\right)=-\frac{29}{6}$

답 $-\frac{29}{6}$

2 행렬의 덧셈, 뺄셈과 실수배

기본+필수연습 본문 pp.278~281

11 (1) $\begin{pmatrix}-6 & 2\\ 1 & 8\end{pmatrix}$ (2) $\begin{pmatrix}9 & 1\\ -4 & -1\end{pmatrix}$ (3) $\begin{pmatrix}-8 & 1\\ 2 & 4\end{pmatrix}$

12 (1) $\begin{pmatrix}1 & \frac{4}{3}\\ 0 & \frac{2}{3}\end{pmatrix}$ (2) $\begin{pmatrix}-6 & 12\\ 3 & -3\end{pmatrix}$ (3) $\begin{pmatrix}4 & 12\\ 1 & 3\end{pmatrix}$

(4) $\begin{pmatrix}12 & -4\\ -3 & 7\end{pmatrix}$

13 (1) $\begin{pmatrix}8 & -15 & -3\\ 3 & 14 & -4\end{pmatrix}$ (2) $\begin{pmatrix}15 & -24 & -7\\ 7 & 29 & -2\end{pmatrix}$

14 $\begin{pmatrix}5 & -2 & -4\\ 1 & -2 & -2\end{pmatrix}$

15 $\begin{pmatrix}0 & -4\\ 10 & 4\end{pmatrix}$ **16** $-1, \frac{7}{3}$ **17** 13

18 (1) $\begin{pmatrix}-1 & \frac{10}{3}\\ \frac{1}{3} & 0\end{pmatrix}$ (2) $\begin{pmatrix}-9 & 5\\ -2 & -5\end{pmatrix}$

19 $\begin{pmatrix}1 & -6\\ 1 & -1\end{pmatrix}$ **20** $\begin{pmatrix}1 & 1 & 1\\ 7 & 8 & 9\end{pmatrix}$

11

(1) $A+C=\begin{pmatrix}1 & 2\\ -2 & 3\end{pmatrix}+\begin{pmatrix}-7 & 0\\ 3 & 5\end{pmatrix}=\begin{pmatrix}-6 & 2\\ 1 & 8\end{pmatrix}$

(2) $B-C=\begin{pmatrix}2 & 1\\ -1 & 4\end{pmatrix}-\begin{pmatrix}-7 & 0\\ 3 & 5\end{pmatrix}=\begin{pmatrix}9 & 1\\ -4 & -1\end{pmatrix}$

(3) $C-(B-A)$

$=\begin{pmatrix}-7 & 0\\ 3 & 5\end{pmatrix}-\left\{\begin{pmatrix}2 & 1\\ -1 & 4\end{pmatrix}-\begin{pmatrix}1 & 2\\ -2 & 3\end{pmatrix}\right\}$

$=\begin{pmatrix}-7 & 0\\ 3 & 5\end{pmatrix}-\begin{pmatrix}1 & -1\\ 1 & 1\end{pmatrix}=\begin{pmatrix}-8 & 1\\ 2 & 4\end{pmatrix}$

답 (1) $\begin{pmatrix}-6 & 2\\ 1 & 8\end{pmatrix}$ (2) $\begin{pmatrix}9 & 1\\ -4 & -1\end{pmatrix}$ (3) $\begin{pmatrix}-8 & 1\\ 2 & 4\end{pmatrix}$

12

(1) $\frac{1}{3}A=\frac{1}{3}\begin{pmatrix}3 & 4\\ 0 & 2\end{pmatrix}=\begin{pmatrix}1 & \frac{4}{3}\\ 0 & \frac{2}{3}\end{pmatrix}$

(2) $-3B=-3\begin{pmatrix}2 & -4\\ -1 & 1\end{pmatrix}=\begin{pmatrix}-6 & 12\\ 3 & -3\end{pmatrix}$

(3) $2A-B=2\begin{pmatrix}3 & 4\\ 0 & 2\end{pmatrix}-\begin{pmatrix}2 & -4\\ -1 & 1\end{pmatrix}$

$=\begin{pmatrix}6 & 8\\ 0 & 4\end{pmatrix}-\begin{pmatrix}2 & -4\\ -1 & 1\end{pmatrix}=\begin{pmatrix}4 & 12\\ 1 & 3\end{pmatrix}$

(4) $2A+3B=2\begin{pmatrix}3 & 4\\ 0 & 2\end{pmatrix}+3\begin{pmatrix}2 & -4\\ -1 & 1\end{pmatrix}$

$=\begin{pmatrix}6 & 8\\ 0 & 4\end{pmatrix}+\begin{pmatrix}6 & -12\\ -3 & 3\end{pmatrix}$

$=\begin{pmatrix}12 & -4\\ -3 & 7\end{pmatrix}$

답 (1) $\begin{pmatrix}1 & \frac{4}{3}\\ 0 & \frac{2}{3}\end{pmatrix}$ (2) $\begin{pmatrix}-6 & 12\\ 3 & -3\end{pmatrix}$

(3) $\begin{pmatrix}4 & 12\\ 1 & 3\end{pmatrix}$ (4) $\begin{pmatrix}12 & -4\\ -3 & 7\end{pmatrix}$

13

(1) $3(A-B)-2B$

$=3A-3B-2B$

$=3A-5B$

$$=3\begin{pmatrix} 1 & 0 & -1 \\ 1 & 3 & 2 \end{pmatrix}-5\begin{pmatrix} -1 & 3 & 0 \\ 0 & -1 & 2 \end{pmatrix}$$

$$=\begin{pmatrix} 3 & 0 & -3 \\ 3 & 9 & 6 \end{pmatrix}-\begin{pmatrix} -5 & 15 & 0 \\ 0 & -5 & 10 \end{pmatrix}$$

$$=\begin{pmatrix} 8 & -15 & -3 \\ 3 & 14 & -4 \end{pmatrix}$$

(2) $2(2A-B)+3(A-2B)$

$=4A-2B+3A-6B$

$=7A-8B$

$$=7\begin{pmatrix} 1 & 0 & -1 \\ 1 & 3 & 2 \end{pmatrix}-8\begin{pmatrix} -1 & 3 & 0 \\ 0 & -1 & 2 \end{pmatrix}$$

$$=\begin{pmatrix} 7 & 0 & -7 \\ 7 & 21 & 14 \end{pmatrix}-\begin{pmatrix} -8 & 24 & 0 \\ 0 & -8 & 16 \end{pmatrix}$$

$$=\begin{pmatrix} 15 & -24 & -7 \\ 7 & 29 & -2 \end{pmatrix}$$

답 (1) $\begin{pmatrix} 8 & -15 & -3 \\ 3 & 14 & -4 \end{pmatrix}$ (2) $\begin{pmatrix} 15 & -24 & -7 \\ 7 & 29 & -2 \end{pmatrix}$

14

$\begin{pmatrix} 2 & -1 & 1 \\ 3 & -4 & -2 \end{pmatrix}-X=\begin{pmatrix} -3 & 1 & 5 \\ 2 & -2 & 0 \end{pmatrix}$에서

$$X=\begin{pmatrix} 2 & -1 & 1 \\ 3 & -4 & -2 \end{pmatrix}-\begin{pmatrix} -3 & 1 & 5 \\ 2 & -2 & 0 \end{pmatrix}$$

$$=\begin{pmatrix} 5 & -2 & -4 \\ 1 & -2 & -2 \end{pmatrix}$$

답 $\begin{pmatrix} 5 & -2 & -4 \\ 1 & -2 & -2 \end{pmatrix}$

15

$5A-2(3B+A)+7B$

$=5A-6B-2A+7B$

$=3A+B$

$$=3\begin{pmatrix} 1 & -2 \\ 3 & 0 \end{pmatrix}+\begin{pmatrix} -3 & 2 \\ 1 & 4 \end{pmatrix}$$

$$=\begin{pmatrix} 3 & -6 \\ 9 & 0 \end{pmatrix}+\begin{pmatrix} -3 & 2 \\ 1 & 4 \end{pmatrix}=\begin{pmatrix} 0 & -4 \\ 10 & 4 \end{pmatrix}$$

답 $\begin{pmatrix} 0 & -4 \\ 10 & 4 \end{pmatrix}$

16

$$2A+B=2\begin{pmatrix} -1 & 7 \\ 3a & 5 \end{pmatrix}+\begin{pmatrix} 0 & 3 \\ -2 & 4 \end{pmatrix}$$

$$=\begin{pmatrix} -2 & 14 \\ 6a & 10 \end{pmatrix}+\begin{pmatrix} 0 & 3 \\ -2 & 4 \end{pmatrix}$$

$$=\begin{pmatrix} -2 & 17 \\ 6a-2 & 14 \end{pmatrix}$$

$C=2A+B$에서

$\begin{pmatrix} -2 & 7-5ab \\ -2b & 14 \end{pmatrix}=\begin{pmatrix} -2 & 17 \\ 6a-2 & 14 \end{pmatrix}$이므로

$7-5ab=17,\ -2b=6a-2$

$\therefore\ ab=-2,\ 3a+b=1$

$3a+b=1$에서 $b=1-3a$

이것을 $ab=-2$에 대입하면

$a(1-3a)=-2$

$3a^2-a-2=0,\ (3a+2)(a-1)=0$

$\therefore\ a=-\frac{2}{3}$ 또는 $a=1$

$a=-\frac{2}{3}$이면 $b=1-3a=3$이므로 $a+b=\frac{7}{3}$

$a=1$이면 $b=1-3a=-2$이므로 $a+b=-1$

따라서 $a+b$의 값은 -1 또는 $\frac{7}{3}$이다.

답 $-1,\ \frac{7}{3}$

17

$$xA-yB=x\begin{pmatrix} 2 & -1 \\ 3 & -4 \end{pmatrix}-y\begin{pmatrix} 0 & -3 \\ 1 & 1 \end{pmatrix}$$

$$=\begin{pmatrix} 2x & -x \\ 3x & -4x \end{pmatrix}-\begin{pmatrix} 0 & -3y \\ y & y \end{pmatrix}$$

$$=\begin{pmatrix} 2x & -x+3y \\ 3x-y & -4x-y \end{pmatrix}$$

$C=xA-yB$에서

$\begin{pmatrix} 4 & -11 \\ 9 & -5 \end{pmatrix}=\begin{pmatrix} 2x & -x+3y \\ 3x-y & -4x-y \end{pmatrix}$이므로

$4=2x$ ……㉠

$-11=-x+3y$ ……㉡

$9=3x-y$ ……㉢

$-5=-4x-y$ ……㉣

㉠에서 $x=2$이므로 이것을 ㉡에 대입하면

$-11=-2+3y,\ 3y=-9 \qquad \therefore y=-3$

이때 $x=2,\ y=-3$은 ㉢, ㉣을 모두 만족시킨다.

$\therefore x^2+y^2=2^2+(-3)^2=13$

답 13

18

(1) $2A+3X=B$에서

$3X=B-2A$

$\therefore X=\frac{1}{3}B-\frac{2}{3}A$

$=\frac{1}{3}\begin{pmatrix} 3 & 0 \\ 1 & 2 \end{pmatrix}-\frac{2}{3}\begin{pmatrix} 3 & -5 \\ 0 & 1 \end{pmatrix}$

$=\begin{pmatrix} 1 & 0 \\ \frac{1}{3} & \frac{2}{3} \end{pmatrix}-\begin{pmatrix} 2 & -\frac{10}{3} \\ 0 & \frac{2}{3} \end{pmatrix}=\begin{pmatrix} -1 & \frac{10}{3} \\ \frac{1}{3} & 0 \end{pmatrix}$

(2) $3X+2B=-2(A+B)+X$에서

$3X+2B=-2A-2B+X$

$2X=-2A-4B$

$\therefore X=-A-2B$

$=-\begin{pmatrix} 3 & -5 \\ 0 & 1 \end{pmatrix}-2\begin{pmatrix} 3 & 0 \\ 1 & 2 \end{pmatrix}$

$=\begin{pmatrix} -3 & 5 \\ 0 & -1 \end{pmatrix}-\begin{pmatrix} 6 & 0 \\ 2 & 4 \end{pmatrix}$

$=\begin{pmatrix} -9 & 5 \\ -2 & -5 \end{pmatrix}$

답 (1) $\begin{pmatrix} -1 & \frac{10}{3} \\ \frac{1}{3} & 0 \end{pmatrix}$ (2) $\begin{pmatrix} -9 & 5 \\ -2 & -5 \end{pmatrix}$

19

두 행렬 $X,\ Y$에 대하여

$2X+Y=A \quad \cdots\cdots$㉠

$X-Y=B \quad \cdots\cdots$㉡

㉠+㉡을 하면 $3X=A+B$이므로

$X=\frac{1}{3}A+\frac{1}{3}B$

㉠$-2\times$㉡을 하면 $3Y=A-2B$이므로

$Y=\frac{1}{3}A-\frac{2}{3}B$

$\therefore X+Y=\left(\frac{1}{3}A+\frac{1}{3}B\right)+\left(\frac{1}{3}A-\frac{2}{3}B\right)$

$=\frac{2}{3}A-\frac{1}{3}B$

$=\frac{2}{3}\begin{pmatrix} 1 & -4 \\ -2 & 1 \end{pmatrix}-\frac{1}{3}\begin{pmatrix} -1 & 10 \\ -7 & 5 \end{pmatrix}$

$=\begin{pmatrix} \frac{2}{3} & -\frac{8}{3} \\ -\frac{4}{3} & \frac{2}{3} \end{pmatrix}-\begin{pmatrix} -\frac{1}{3} & \frac{10}{3} \\ -\frac{7}{3} & \frac{5}{3} \end{pmatrix}$

$=\begin{pmatrix} 1 & -6 \\ 1 & -1 \end{pmatrix}$

답 $\begin{pmatrix} 1 & -6 \\ 1 & -1 \end{pmatrix}$

보충 설명

행렬의 실수배를 먼저 계산하여 성분에 분수가 많이 등장하는 것이 불편할 때에는 다음과 같이 정수인 성분을 이용한 계산을 먼저 할 수 있다.

$X+Y=\left(\frac{1}{3}A+\frac{1}{3}B\right)+\left(\frac{1}{3}A-\frac{2}{3}B\right)$

$=\frac{2}{3}A-\frac{1}{3}B=\frac{1}{3}(2A-B)$

$=\frac{1}{3}\left\{2\begin{pmatrix} 1 & -4 \\ -2 & 1 \end{pmatrix}-\begin{pmatrix} -1 & 10 \\ -7 & 5 \end{pmatrix}\right\}$

$=\frac{1}{3}\left\{\begin{pmatrix} 2 & -8 \\ -4 & 2 \end{pmatrix}-\begin{pmatrix} -1 & 10 \\ -7 & 5 \end{pmatrix}\right\}$

$=\frac{1}{3}\begin{pmatrix} 3 & -18 \\ 3 & -3 \end{pmatrix}=\begin{pmatrix} 1 & -6 \\ 1 & -1 \end{pmatrix}$

20

$A=(a_{ij})$라 하면

$a_{ij}=i^2-j$이므로

$a_{11}=1^2-1=0,\ a_{12}=1^2-2=-1,\ a_{13}=1^2-3=-2,$

$a_{21}=2^2-1=3,\ a_{22}=2^2-2=2,\ a_{23}=2^2-3=1$

$\therefore A=\begin{pmatrix} 0 & -1 & -2 \\ 3 & 2 & 1 \end{pmatrix}$

$B-2A=(b_{ij})$라 하면

$b_{ij}=ij-i+j$이므로

$b_{11}=1\times1-1+1=1$, $b_{12}=1\times2-1+2=3$,

$b_{13}=1\times3-1+3=5$, $b_{21}=2\times1-2+1=1$,

$b_{22}=2\times2-2+2=4$, $b_{23}=2\times3-2+3=7$

$\therefore B-2A=\begin{pmatrix} 1 & 3 & 5 \\ 1 & 4 & 7 \end{pmatrix}$

이때 $B=(B-2A)+2A$이므로

$B=\begin{pmatrix} 1 & 3 & 5 \\ 1 & 4 & 7 \end{pmatrix}+2\begin{pmatrix} 0 & -1 & -2 \\ 3 & 2 & 1 \end{pmatrix}$

$=\begin{pmatrix} 1 & 3 & 5 \\ 1 & 4 & 7 \end{pmatrix}+\begin{pmatrix} 0 & -2 & -4 \\ 6 & 4 & 2 \end{pmatrix}$

$=\begin{pmatrix} 1 & 1 & 1 \\ 7 & 8 & 9 \end{pmatrix}$

답 $\begin{pmatrix} 1 & 1 & 1 \\ 7 & 8 & 9 \end{pmatrix}$

STEP 1 **개념 마무리** 본문 p.282

07 55	**08** -2	**09** 22	**10** -17
11 $\begin{pmatrix} 3 & 9 \\ 9 & 3 \end{pmatrix}$	**12** 110		

07

$2(A+B)-3(A-B)$

$=2A+2B-3A+3B$

$=-A+5B$

$=-\begin{pmatrix} 3 & 2 \\ 1 & 4 \end{pmatrix}+5\begin{pmatrix} 3 & 1 \\ -3 & -4 \end{pmatrix}$

$=\begin{pmatrix} -3 & -2 \\ -1 & -4 \end{pmatrix}+\begin{pmatrix} 15 & 5 \\ -15 & -20 \end{pmatrix}$

$=\begin{pmatrix} 12 & 3 \\ -16 & -24 \end{pmatrix}$

따라서 모든 성분의 절댓값의 합은

$|12|+|3|+|-16|+|-24|=55$

답 55

08

$mA+nB=m\begin{pmatrix} 2 & -1 \\ 1 & 6 \end{pmatrix}+n\begin{pmatrix} 3 & 1 \\ -1 & -4 \end{pmatrix}$

$=\begin{pmatrix} 2m & -m \\ m & 6m \end{pmatrix}+\begin{pmatrix} 3n & n \\ -n & -4n \end{pmatrix}$

$=\begin{pmatrix} 2m+3n & -m+n \\ m-n & 6m-4n \end{pmatrix}$

$C=mA+nB$에서

$\begin{pmatrix} 12 & x \\ y & 10 \end{pmatrix}=\begin{pmatrix} 2m+3n & -m+n \\ m-n & 6m-4n \end{pmatrix}$이므로

$12=2m+3n$ ……㉠

$x=-m+n$ ……㉡

$y=m-n$ ……㉢

$10=6m-4n$ ……㉣

㉠, ㉣을 연립하여 풀면

$m=3$, $n=2$

이것을 각각 ㉡, ㉢에 대입하면

$x=-m+n=-1$, $y=m-n=1$

$\therefore 3x+y=3\times(-1)+1=-2$

답 -2

09

$y=x^2+4x-7=(x+2)^2-11$의 그래프를 x축의 방향으로 2만큼, y축의 방향으로 -5만큼 평행이동한 그래프의 식은

$y=\{(x-2)+2\}^2-11-5$

$=x^2-16$

$\therefore A=\begin{pmatrix} 4 & -7 \\ 0 & -16 \end{pmatrix}$

$y=x^2-x+3=\left(x-\frac{1}{2}\right)^2+\frac{11}{4}$의 그래프를 x축의 방향으로 2만큼, y축의 방향으로 -5만큼 평행이동한 그래프의 식은

$y=\left\{(x-2)-\frac{1}{2}\right\}^2+\frac{11}{4}-5$

$=\left(x-\frac{5}{2}\right)^2-\frac{9}{4}$

$=x^2-5x+4$

$\therefore B=\begin{pmatrix} -1 & 3 \\ -5 & 4 \end{pmatrix}$

$$\therefore A-(2A-3B)=A-2A+3B$$
$$=-A+3B$$
$$=-\begin{pmatrix} 4 & -7 \\ 0 & -16 \end{pmatrix}+3\begin{pmatrix} -1 & 3 \\ -5 & 4 \end{pmatrix}$$
$$=\begin{pmatrix} -4 & 7 \\ 0 & 16 \end{pmatrix}+\begin{pmatrix} -3 & 9 \\ -15 & 12 \end{pmatrix}$$
$$=\begin{pmatrix} -7 & 16 \\ -15 & 28 \end{pmatrix}$$

따라서 구하는 행렬의 모든 성분의 합은

$-7+16+(-15)+28=22$

답 22

10

$3A+B+X=A-4B+3X$에서

$2X=2A+5B$

$$\therefore X=A+\frac{5}{2}B \quad \cdots\cdots ㉠$$
$$=\begin{pmatrix} 5 & 1 \\ -2 & 3 \end{pmatrix}+\frac{5}{2}\begin{pmatrix} 2 & -1 \\ -6 & 3 \end{pmatrix}$$
$$=\begin{pmatrix} 5 & 1 \\ -2 & 3 \end{pmatrix}+\begin{pmatrix} 5 & -\frac{5}{2} \\ -15 & \frac{15}{2} \end{pmatrix}=\begin{pmatrix} 10 & -\frac{3}{2} \\ -17 & \frac{21}{2} \end{pmatrix}$$

따라서 행렬 X의 $(2, 1)$ 성분은 -17이다.

답 -17

다른 풀이

행렬 $A=\begin{pmatrix} 5 & 1 \\ -2 & 3 \end{pmatrix}$의 $(2, 1)$ 성분은 -2이고

행렬 $B=\begin{pmatrix} 2 & -1 \\ -6 & 3 \end{pmatrix}$의 $(2, 1)$ 성분은 -6이므로

㉠에서 행렬 $X=A+\frac{5}{2}B$의 $(2, 1)$ 성분은

$-2+\frac{5}{2}\times(-6)=-17$

11

두 행렬 A, B에 대하여

$$A+B=\begin{pmatrix} -1 & 4 \\ 2 & 3 \end{pmatrix} \quad \cdots\cdots ㉠$$

$$A-2B=\begin{pmatrix} 2 & -1 \\ 1 & -2 \end{pmatrix} \quad \cdots\cdots ㉡$$

㉠－㉡을 하면

$$3B=\begin{pmatrix} -1 & 4 \\ 2 & 3 \end{pmatrix}-\begin{pmatrix} 2 & -1 \\ 1 & -2 \end{pmatrix}=\begin{pmatrix} -3 & 5 \\ 1 & 5 \end{pmatrix}$$

$$\therefore B=\frac{1}{3}\begin{pmatrix} -3 & 5 \\ 1 & 5 \end{pmatrix}=\begin{pmatrix} -1 & \frac{5}{3} \\ \frac{1}{3} & \frac{5}{3} \end{pmatrix}$$

이것을 ㉠에 대입하여 풀면

$$A=\begin{pmatrix} -1 & 4 \\ 2 & 3 \end{pmatrix}-B$$
$$=\begin{pmatrix} -1 & 4 \\ 2 & 3 \end{pmatrix}-\begin{pmatrix} -1 & \frac{5}{3} \\ \frac{1}{3} & \frac{5}{3} \end{pmatrix}=\begin{pmatrix} 0 & \frac{7}{3} \\ \frac{5}{3} & \frac{4}{3} \end{pmatrix}$$

$$\therefore 6A-3B=6\begin{pmatrix} 0 & \frac{7}{3} \\ \frac{5}{3} & \frac{4}{3} \end{pmatrix}-3\begin{pmatrix} -1 & \frac{5}{3} \\ \frac{1}{3} & \frac{5}{3} \end{pmatrix}$$
$$=\begin{pmatrix} 0 & 14 \\ 10 & 8 \end{pmatrix}-\begin{pmatrix} -3 & 5 \\ 1 & 5 \end{pmatrix}=\begin{pmatrix} 3 & 9 \\ 9 & 3 \end{pmatrix}$$

답 $\begin{pmatrix} 3 & 9 \\ 9 & 3 \end{pmatrix}$

다른 풀이 1

$$A+B=\begin{pmatrix} -1 & 4 \\ 2 & 3 \end{pmatrix} \quad \cdots\cdots ㉠$$

$$A-2B=\begin{pmatrix} 2 & -1 \\ 1 & -2 \end{pmatrix} \quad \cdots\cdots ㉡$$

㉠＋㉡을 하면

$$2A-B=\begin{pmatrix} -1 & 4 \\ 2 & 3 \end{pmatrix}+\begin{pmatrix} 2 & -1 \\ 1 & -2 \end{pmatrix}=\begin{pmatrix} 1 & 3 \\ 3 & 1 \end{pmatrix}$$

$$\therefore 6A-3B=3(2A-B)=3\begin{pmatrix} 1 & 3 \\ 3 & 1 \end{pmatrix}=\begin{pmatrix} 3 & 9 \\ 9 & 3 \end{pmatrix}$$

다른 풀이 2

$A+B=X$, $A-2B=Y$라 하고, 이 두 식을 두 행렬 A, B에 대하여 연립하여 풀면

$A=\frac{2}{3}X+\frac{1}{3}Y$, $B=\frac{1}{3}X-\frac{1}{3}Y$

$$\therefore 6A-3B=6\left(\frac{2}{3}X+\frac{1}{3}Y\right)-3\left(\frac{1}{3}X-\frac{1}{3}Y\right)$$
$$=3X+3Y$$
$$=3\begin{pmatrix} -1 & 4 \\ 2 & 3 \end{pmatrix}+3\begin{pmatrix} 2 & -1 \\ 1 & -2 \end{pmatrix}$$
$$=\begin{pmatrix} -3 & 12 \\ 6 & 9 \end{pmatrix}+\begin{pmatrix} 6 & -3 \\ 3 & -6 \end{pmatrix}=\begin{pmatrix} 3 & 9 \\ 9 & 3 \end{pmatrix}$$

12

$A+B=(a_{ij})$라 하면

$a_{ij}=3i-j+1$이므로

$a_{11}=3\times1-1+1=3$, $a_{12}=3\times1-2+1=2$,

$a_{13}=3\times1-3+1=1$, $a_{21}=3\times2-1+1=6$,

$a_{22}=3\times2-2+1=5$, $a_{23}=3\times2-3+1=4$

$\therefore A+B=\begin{pmatrix} 3 & 2 & 1 \\ 6 & 5 & 4 \end{pmatrix}$ ……㉠

$2A-B=(b_{ij})$라 하면

$b_{ij}=i-2j^2$이므로

$b_{11}=1-2\times1^2=-1$, $b_{12}=1-2\times2^2=-7$,

$b_{13}=1-2\times3^2=-17$, $b_{21}=2-2\times1^2=0$,

$b_{22}=2-2\times2^2=-6$, $b_{23}=2-2\times3^2=-16$

$\therefore 2A-B=\begin{pmatrix} -1 & -7 & -17 \\ 0 & -6 & -16 \end{pmatrix}$ ……㉡

$2\times$㉠$-$㉡을 하면

$3B=2\begin{pmatrix} 3 & 2 & 1 \\ 6 & 5 & 4 \end{pmatrix}-\begin{pmatrix} -1 & -7 & -17 \\ 0 & -6 & -16 \end{pmatrix}$

$=\begin{pmatrix} 6 & 4 & 2 \\ 12 & 10 & 8 \end{pmatrix}-\begin{pmatrix} -1 & -7 & -17 \\ 0 & -6 & -16 \end{pmatrix}$

$=\begin{pmatrix} 7 & 11 & 19 \\ 12 & 16 & 24 \end{pmatrix}$

$\therefore B=\frac{1}{3}\begin{pmatrix} 7 & 11 & 19 \\ 12 & 16 & 24 \end{pmatrix}$ ……㉢

이때 $X-B=A+3B$에서 $X=(A+B)+3B$이므로

㉠, ㉢을 대입하면

$X=\begin{pmatrix} 3 & 2 & 1 \\ 6 & 5 & 4 \end{pmatrix}+3\times\frac{1}{3}\begin{pmatrix} 7 & 11 & 19 \\ 12 & 16 & 24 \end{pmatrix}$

$=\begin{pmatrix} 3 & 2 & 1 \\ 6 & 5 & 4 \end{pmatrix}+\begin{pmatrix} 7 & 11 & 19 \\ 12 & 16 & 24 \end{pmatrix}$

$=\begin{pmatrix} 10 & 13 & 20 \\ 18 & 21 & 28 \end{pmatrix}$

따라서 행렬 X의 모든 성분의 합은

$10+13+20+18+21+28=110$

답 110

다른 풀이

㉠, ㉡에서 $A+B=P$, $2A-B=Q$라 하고, 이 두 식을 두 행렬 A, B에 대하여 연립하여 풀면

$A=\frac{1}{3}P+\frac{1}{3}Q$, $B=\frac{2}{3}P-\frac{1}{3}Q$

$X-B=A+3B$에서

$X=A+4B$

$=\left(\frac{1}{3}P+\frac{1}{3}Q\right)+4\left(\frac{2}{3}P-\frac{1}{3}Q\right)$

$=3P-Q$

$=3\begin{pmatrix} 3 & 2 & 1 \\ 6 & 5 & 4 \end{pmatrix}-\begin{pmatrix} -1 & -7 & -17 \\ 0 & -6 & -16 \end{pmatrix}$

$=\begin{pmatrix} 10 & 13 & 20 \\ 18 & 21 & 28 \end{pmatrix}$

3 행렬의 곱셈

기본 + 필수연습 본문 pp.289~297

21 (1) $\begin{pmatrix} 3 & 5 \\ -6 & -10 \end{pmatrix}$ (2) $\begin{pmatrix} 5 & 4 \\ 4 & 14 \end{pmatrix}$ (3) $\begin{pmatrix} 30 & 20 \\ 18 & 12 \\ 6 & 4 \end{pmatrix}$

22 $x=-4$, $y=\frac{1}{2}$

23 (1) $\begin{pmatrix} 4 & -1 \\ 0 & 9 \end{pmatrix}$ (2) $\begin{pmatrix} 8 & 7 \\ 0 & -27 \end{pmatrix}$ (3) $\begin{pmatrix} 32 & 55 \\ 0 & -243 \end{pmatrix}$

24 5 **25** -2 **26** 4, 11 **27** $\frac{14}{3}$

28 $1000(b+d)$원 **29** (1) 10 (2) -120

30 10 **31** 24 **32** 11 **33** 2

34 5 **35** 52

36 2 **37** -1 **38** ㄱ **39** 1

40 -9 **41** -5

21

(1) $\begin{pmatrix} 1 \\ -2 \end{pmatrix}\begin{pmatrix} 3 & 5 \end{pmatrix}=\begin{pmatrix} 1\times3 & 1\times5 \\ (-2)\times3 & (-2)\times5 \end{pmatrix}$

$=\begin{pmatrix} 3 & 5 \\ -6 & -10 \end{pmatrix}$

(2) $\begin{pmatrix} 0 & 1 & 2 \\ 3 & 2 & 1 \end{pmatrix}\begin{pmatrix} 0 & 3 \\ 1 & 2 \\ 2 & 1 \end{pmatrix}$

$=\begin{pmatrix} 0\times0+1\times1+2\times2 & 0\times3+1\times2+2\times1 \\ 3\times0+2\times1+1\times2 & 3\times3+2\times2+1\times1 \end{pmatrix}$

$=\begin{pmatrix} 5 & 4 \\ 4 & 14 \end{pmatrix}$

(3) $\begin{pmatrix} 5 \\ 3 \\ 1 \end{pmatrix}\begin{pmatrix} 6 & 4 \end{pmatrix}=\begin{pmatrix} 5\times6 & 5\times4 \\ 3\times6 & 3\times4 \\ 1\times6 & 1\times4 \end{pmatrix}=\begin{pmatrix} 30 & 20 \\ 18 & 12 \\ 6 & 4 \end{pmatrix}$

답 (1) $\begin{pmatrix} 3 & 5 \\ -6 & -10 \end{pmatrix}$ (2) $\begin{pmatrix} 5 & 4 \\ 4 & 14 \end{pmatrix}$ (3) $\begin{pmatrix} 30 & 20 \\ 18 & 12 \\ 6 & 4 \end{pmatrix}$

22

$\begin{pmatrix} 1 & -2 \\ -2 & 4 \end{pmatrix}\begin{pmatrix} x & 1 \\ -2 & y \end{pmatrix}=\begin{pmatrix} 0 & 0 \\ 0 & 0 \end{pmatrix}$에서

$\begin{pmatrix} x+4 & 1-2y \\ -2x-8 & -2+4y \end{pmatrix}=\begin{pmatrix} 0 & 0 \\ 0 & 0 \end{pmatrix}$이므로

$x+4=0,\ -2x-8=0$에서 $x=-4$

$1-2y=0,\ -2+4y=0$에서 $y=\frac{1}{2}$

따라서 등식이 성립하도록 하는 x, y의 값은

$x=-4,\ y=\frac{1}{2}$

답 $x=-4,\ y=\frac{1}{2}$

23

(1) $A^2=AA$

$=\begin{pmatrix} 2 & 1 \\ 0 & -3 \end{pmatrix}\begin{pmatrix} 2 & 1 \\ 0 & -3 \end{pmatrix}$

$=\begin{pmatrix} 4 & -1 \\ 0 & 9 \end{pmatrix}$

(2) $A^3=A^2A$

$=\begin{pmatrix} 4 & -1 \\ 0 & 9 \end{pmatrix}\begin{pmatrix} 2 & 1 \\ 0 & -3 \end{pmatrix}$ ($\because$ (1))

$=\begin{pmatrix} 8 & 7 \\ 0 & -27 \end{pmatrix}$

(3) $A^4=A^3A$

$=\begin{pmatrix} 8 & 7 \\ 0 & -27 \end{pmatrix}\begin{pmatrix} 2 & 1 \\ 0 & -3 \end{pmatrix}$ ($\because$ (2))

$=\begin{pmatrix} 16 & -13 \\ 0 & 81 \end{pmatrix}$

$\therefore\ A^5=A^4A$

$=\begin{pmatrix} 16 & -13 \\ 0 & 81 \end{pmatrix}\begin{pmatrix} 2 & 1 \\ 0 & -3 \end{pmatrix}$

$=\begin{pmatrix} 32 & 55 \\ 0 & -243 \end{pmatrix}$

답 (1) $\begin{pmatrix} 4 & -1 \\ 0 & 9 \end{pmatrix}$ (2) $\begin{pmatrix} 8 & 7 \\ 0 & -27 \end{pmatrix}$ (3) $\begin{pmatrix} 32 & 55 \\ 0 & -243 \end{pmatrix}$

다른 풀이

(3) (1)에서 $A^2=\begin{pmatrix} 4 & -1 \\ 0 & 9 \end{pmatrix}$, (2)에서 $A^3=\begin{pmatrix} 8 & 7 \\ 0 & -27 \end{pmatrix}$이므로

$A^5=A^2A^3$

$=\begin{pmatrix} 4 & -1 \\ 0 & 9 \end{pmatrix}\begin{pmatrix} 8 & 7 \\ 0 & -27 \end{pmatrix}$

$=\begin{pmatrix} 32 & 55 \\ 0 & -243 \end{pmatrix}$

24

$AB=\begin{pmatrix} 1 & 2 \\ 2 & 3 \end{pmatrix}\begin{pmatrix} 1 & 4 \\ 4 & a \end{pmatrix}=\begin{pmatrix} 9 & 4+2a \\ 14 & 8+3a \end{pmatrix}$

$BA=\begin{pmatrix} 1 & 4 \\ 4 & a \end{pmatrix}\begin{pmatrix} 1 & 2 \\ 2 & 3 \end{pmatrix}=\begin{pmatrix} 9 & 14 \\ 4+2a & 8+3a \end{pmatrix}$

$AB=BA$에서

$\begin{pmatrix} 9 & 4+2a \\ 14 & 8+3a \end{pmatrix}=\begin{pmatrix} 9 & 14 \\ 4+2a & 8+3a \end{pmatrix}$이므로

두 행렬이 서로 같을 조건에 의하여

$4+2a=14,\ 2a=10 \qquad \therefore\ a=5$

답 5

25

$AB+5X=4A$에서 $5X=4A-AB$

$\therefore\ X=\frac{1}{5}(4A-AB)$

이때 $AB=\begin{pmatrix} 2 & 4 \\ 3 & 6 \end{pmatrix}\begin{pmatrix} 3 & 5 \\ 1 & 2 \end{pmatrix}=\begin{pmatrix} 10 & 18 \\ 15 & 27 \end{pmatrix}$이므로

$$X=\frac{1}{5}(4A-AB)$$

$$=\frac{1}{5}\left\{4\begin{pmatrix}2 & 4\\ 3 & 6\end{pmatrix}-\begin{pmatrix}10 & 18\\ 15 & 27\end{pmatrix}\right\}$$

$$=\frac{1}{5}\left\{\begin{pmatrix}8 & 16\\ 12 & 24\end{pmatrix}-\begin{pmatrix}10 & 18\\ 15 & 27\end{pmatrix}\right\}$$

$$=\frac{1}{5}\begin{pmatrix}-2 & -2\\ -3 & -3\end{pmatrix}=\begin{pmatrix}-\frac{2}{5} & -\frac{2}{5}\\ -\frac{3}{5} & -\frac{3}{5}\end{pmatrix}$$

따라서 행렬 X의 모든 성분의 합은

$$-\frac{2}{5}+\left(-\frac{2}{5}\right)+\left(-\frac{3}{5}\right)+\left(-\frac{3}{5}\right)=-2$$

답 -2

26

$\begin{pmatrix}a & b\\ 3 & 2\end{pmatrix}\begin{pmatrix}-b & 1\\ -a & 3\end{pmatrix}=\begin{pmatrix}4 & -5\\ c & 9\end{pmatrix}$에서

$$\begin{pmatrix}-2ab & a+3b\\ -3b-2a & 9\end{pmatrix}=\begin{pmatrix}4 & -5\\ c & 9\end{pmatrix}$$

두 행렬이 서로 같을 조건에 의하여

$-2ab=4,\ a+3b=-5,\ -3b-2a=c$

$\therefore\ ab=-2$ ……㉠, $a+3b=-5$ ……㉡

㉡에서 $a=-3b-5$를 ㉠에 대입하면

$b(-3b-5)=-2,\ 3b^2+5b-2=0$

$(b+2)(3b-1)=0$ $\quad\therefore\ b=-2$ 또는 $b=\frac{1}{3}$

$b=-2$를 ㉠에 대입하면

$-2a=-2$ $\quad\therefore\ a=1$

$b=\frac{1}{3}$을 ㉠에 대입하면

$\frac{1}{3}a=-2$ $\quad\therefore\ a=-6$

$\therefore\ a=-6,\ b=\frac{1}{3}$ 또는 $a=1,\ b=-2$

이때 $c=-2a-3b$이므로

(i) $a=-6,\ b=\frac{1}{3}$일 때,

$\quad c=-2\times(-6)-3\times\frac{1}{3}=11$

(ii) $a=1,\ b=-2$일 때,

$\quad c=-2\times1-3\times(-2)=4$

(i), (ii)에서 등식을 만족시키는 c의 값은 4, 11이다.

답 4, 11

27

$$AB=\begin{pmatrix}a & -2\\ 4 & b\end{pmatrix}\begin{pmatrix}1 & -2\\ 3 & -6\end{pmatrix}$$

$$=\begin{pmatrix}a-6 & -2a+12\\ 4+3b & -8-6b\end{pmatrix}$$

이때 $AB=O$이므로

$$\begin{pmatrix}a-6 & -2a+12\\ 4+3b & -8-6b\end{pmatrix}=\begin{pmatrix}0 & 0\\ 0 & 0\end{pmatrix}$$

두 행렬이 서로 같을 조건에 의하여

$a-6=0,\ -2a+12=0$에서 $a=6$

$4+3b=0,\ -8-6b=0$에서 $b=-\frac{4}{3}$

따라서 $a=6,\ b=-\frac{4}{3}$이므로

$$a+b=6+\left(-\frac{4}{3}\right)=\frac{14}{3}$$

답 $\frac{14}{3}$

28

$$PQ=\begin{pmatrix}1 & 2\\ 1 & 3\end{pmatrix}\begin{pmatrix}5 & 4\\ 8 & 10\end{pmatrix}$$

$$=\begin{pmatrix}1\times5+2\times8 & 1\times4+2\times10\\ 1\times5+3\times8 & 1\times4+3\times10\end{pmatrix}$$

$\therefore\ a=1\times5+2\times8,\ b=1\times4+2\times10,$

$\quad c=1\times5+3\times8,\ d=1\times4+3\times10$ ……㉠

지원이가 B약국에서 연고를 구입하고 지불해야 하는 금액은 1×4000(원)이고, 붕대를 구입하고 지불해야 하는 금액은 2×10000(원)이므로 지원이가 B약국에서 연고와 붕대를 구입하고 지불해야 하는 금액은

$1\times4000+2\times10000=1000\times(1\times4+2\times10)$

$\qquad=1000b$ ($\because$ ㉠)

상훈이가 B약국에서 연고를 구입하고 지불해야 하는 금액은 1×4000(원)이고, 붕대를 구입하고 지불해야 하는 금액은 3×10000(원)이므로 상훈이가 B약국에서 연고와 붕대를 구입하고 지불해야 하는 금액은

$1\times4000+3\times10000=1000\times(1\times4+3\times10)$

$\qquad=1000d$ ($\because$ ㉠)

따라서 지원이와 상훈이가 Q약국에서 연고와 붕대를 구입하고 지불해야 하는 금액의 합은

$1000b+1000d=1000(b+d)$(원)

답 $1000(b+d)$원

29

(1) $A^2=AA$

$=\begin{pmatrix} 2 & 1 \\ -3 & -1 \end{pmatrix}\begin{pmatrix} 2 & 1 \\ -3 & -1 \end{pmatrix}=\begin{pmatrix} 1 & 1 \\ -3 & -2 \end{pmatrix}$

$A^3=A^2A$

$=\begin{pmatrix} 1 & 1 \\ -3 & -2 \end{pmatrix}\begin{pmatrix} 2 & 1 \\ -3 & -1 \end{pmatrix}=\begin{pmatrix} -1 & 0 \\ 0 & -1 \end{pmatrix}$

$A^5=A^3A^2$

$=\begin{pmatrix} -1 & 0 \\ 0 & -1 \end{pmatrix}\begin{pmatrix} 1 & 1 \\ -3 & -2 \end{pmatrix}=\begin{pmatrix} -1 & -1 \\ 3 & 2 \end{pmatrix}$

$\therefore A^5-2A^3-3A$

$=\begin{pmatrix} -1 & -1 \\ 3 & 2 \end{pmatrix}-2\begin{pmatrix} -1 & 0 \\ 0 & -1 \end{pmatrix}-3\begin{pmatrix} 2 & 1 \\ -3 & -1 \end{pmatrix}$

$=\begin{pmatrix} -1 & -1 \\ 3 & 2 \end{pmatrix}-\begin{pmatrix} -2 & 0 \\ 0 & -2 \end{pmatrix}-\begin{pmatrix} 6 & 3 \\ -9 & -3 \end{pmatrix}$

$=\begin{pmatrix} -5 & -4 \\ 12 & 7 \end{pmatrix}$

따라서 구하는 모든 성분의 합은

$-5+(-4)+12+7=10$

(2) $A^2=AA=\begin{pmatrix} 1 & -1 \\ 0 & 1 \end{pmatrix}\begin{pmatrix} 1 & -1 \\ 0 & 1 \end{pmatrix}=\begin{pmatrix} 1 & -2 \\ 0 & 1 \end{pmatrix}$

$A^3=A^2A=\begin{pmatrix} 1 & -2 \\ 0 & 1 \end{pmatrix}\begin{pmatrix} 1 & -1 \\ 0 & 1 \end{pmatrix}=\begin{pmatrix} 1 & -3 \\ 0 & 1 \end{pmatrix}$

$A^4=A^3A=\begin{pmatrix} 1 & -3 \\ 0 & 1 \end{pmatrix}\begin{pmatrix} 1 & -1 \\ 0 & 1 \end{pmatrix}=\begin{pmatrix} 1 & -4 \\ 0 & 1 \end{pmatrix}$

$\vdots$

$\therefore A^n=\begin{pmatrix} 1 & -n \\ 0 & 1 \end{pmatrix}$ (단, n은 자연수)

따라서 $A^{120}=\begin{pmatrix} 1 & k \\ 0 & 1 \end{pmatrix}$에서

$k=-120$

답 (1) 10 (2) -120

보충 설명

(1)에서 $A^3=\begin{pmatrix} -1 & 0 \\ 0 & -1 \end{pmatrix}=-\begin{pmatrix} 1 & 0 \\ 0 & 1 \end{pmatrix}=-E$임을 이용하여

$A^5-2A^3-3A=A^3A^2-2A^3-3A$

$=-EA^2-2(-E)-3A$

$=-A^2-3A+2E$

와 같이 주어진 식을 간단히 한 후, 행렬을 대입하여 계산할 수도 있다.

30

$A=\begin{pmatrix} 4 & 0 \\ 0 & 2 \end{pmatrix}=\begin{pmatrix} 2^2 & 0 \\ 0 & 2 \end{pmatrix}$이므로

$A^2=AA=\begin{pmatrix} 2^2 & 0 \\ 0 & 2 \end{pmatrix}\begin{pmatrix} 2^2 & 0 \\ 0 & 2 \end{pmatrix}=\begin{pmatrix} 2^4 & 0 \\ 0 & 2^2 \end{pmatrix}$

$A^3=A^2A=\begin{pmatrix} 2^4 & 0 \\ 0 & 2^2 \end{pmatrix}\begin{pmatrix} 2^2 & 0 \\ 0 & 2 \end{pmatrix}=\begin{pmatrix} 2^6 & 0 \\ 0 & 2^3 \end{pmatrix}$

$A^4=A^3A=\begin{pmatrix} 2^6 & 0 \\ 0 & 2^3 \end{pmatrix}\begin{pmatrix} 2^2 & 0 \\ 0 & 2 \end{pmatrix}=\begin{pmatrix} 2^8 & 0 \\ 0 & 2^4 \end{pmatrix}$

$\vdots$

$\therefore A^n=\begin{pmatrix} 2^{2n} & 0 \\ 0 & 2^n \end{pmatrix}$

$\therefore f(n)=2^{2n}\times 2^n=2^{2n+n}=2^{3n}$

따라서 $f(k)=2^{30}$에서 $2^{3k}=2^{30}$이므로

$3k=30$ $\quad\therefore k=10$

답 10

31

행렬 A가 이차 정사각행렬이므로 $A=\begin{pmatrix} a & b \\ c & d \end{pmatrix}$라 하면

$A\begin{pmatrix} 0 \\ 1 \end{pmatrix}=\begin{pmatrix} a & b \\ c & d \end{pmatrix}\begin{pmatrix} 0 \\ 1 \end{pmatrix}=\begin{pmatrix} b \\ d \end{pmatrix}=\begin{pmatrix} 3 \\ -1 \end{pmatrix}$

$\therefore b=3,\ d=-1$

$A\begin{pmatrix} 3 \\ 0 \end{pmatrix}=\begin{pmatrix} a & b \\ c & d \end{pmatrix}\begin{pmatrix} 3 \\ 0 \end{pmatrix}=\begin{pmatrix} 3a \\ 3c \end{pmatrix}=\begin{pmatrix} -12 \\ 6 \end{pmatrix}$

$\therefore a=-4,\ c=2$

따라서 행렬 A의 모든 성분의 곱은

$a\times b\times c\times d=(-4)\times 3\times 2\times(-1)=24$

답 24

32

두 실수 a, b에 대하여 $\begin{pmatrix} -1 \\ 4 \end{pmatrix}=a\begin{pmatrix} 3 \\ -1 \end{pmatrix}+b\begin{pmatrix} 2 \\ 3 \end{pmatrix}$이 성립한다고 하면 $\begin{pmatrix} -1 \\ 4 \end{pmatrix}=\begin{pmatrix} 3a+2b \\ -a+3b \end{pmatrix}$에서

$3a+2b=-1$, $-a+3b=4$를 연립하여 풀면

$a=-1$, $b=1$

즉, $\begin{pmatrix} -1 \\ 4 \end{pmatrix}=-\begin{pmatrix} 3 \\ -1 \end{pmatrix}+\begin{pmatrix} 2 \\ 3 \end{pmatrix}$이므로

$$A\begin{pmatrix} -1 \\ 4 \end{pmatrix}=-A\begin{pmatrix} 3 \\ -1 \end{pmatrix}+A\begin{pmatrix} 2 \\ 3 \end{pmatrix}$$
$$=-\begin{pmatrix} 5 \\ -8 \end{pmatrix}+\begin{pmatrix} 4 \\ 4 \end{pmatrix}=\begin{pmatrix} -1 \\ 12 \end{pmatrix}$$

따라서 $p=-1$, $q=12$이므로

$p+q=11$

답 11

33

$(A+B)^2=A^2+AB+BA+B^2$ ……㉠

$(A-B)^2=A^2-AB-BA+B^2$ ……㉡

㉠+㉡을 하면

$(A+B)^2+(A-B)^2=2(A^2+B^2)$

$$\therefore A^2+B^2=\frac{1}{2}\{(A+B)^2+(A-B)^2\}$$
$$=\frac{1}{2}\left\{\begin{pmatrix} 2 & 0 \\ 0 & 2 \end{pmatrix}+\begin{pmatrix} 4 & -6 \\ -2 & 4 \end{pmatrix}\right\}$$
$$=\frac{1}{2}\begin{pmatrix} 6 & -6 \\ -2 & 6 \end{pmatrix}=\begin{pmatrix} 3 & -3 \\ -1 & 3 \end{pmatrix}$$

따라서 구하는 행렬의 모든 성분의 합은

$3+(-3)+(-1)+3=2$

답 2

34

$(A+B)(A-B)=A^2-B^2$에서

$A^2-AB+BA-B^2=A^2-B^2$

$\therefore AB=BA$

이때

$$AB=\begin{pmatrix} 1 & a \\ -3 & 4 \end{pmatrix}\begin{pmatrix} 2 & -2 \\ b & -1 \end{pmatrix}=\begin{pmatrix} 2+ab & -2-a \\ -6+4b & 2 \end{pmatrix},$$

$$BA=\begin{pmatrix} 2 & -2 \\ b & -1 \end{pmatrix}\begin{pmatrix} 1 & a \\ -3 & 4 \end{pmatrix}=\begin{pmatrix} 8 & 2a-8 \\ b+3 & ab-4 \end{pmatrix}$$이므로

두 행렬이 서로 같을 조건에 의하여

$2+ab=8$ ……㉠, $-2-a=2a-8$ ……㉡

$-6+4b=b+3$ ……㉢, $2=ab-4$ ……㉣

㉡에서 $3a=6$ $\therefore a=2$

㉢에서 $3b=9$ $\therefore b=3$

$a=2$, $b=3$은 ㉠, ㉣을 만족시킨다.

$\therefore a+b=2+3=5$

답 5

35

$$(A+B)^2=A^2+AB+BA+B^2$$
$$=\begin{pmatrix} 5 & 0 \\ \frac{3}{2} & 1 \end{pmatrix}+\begin{pmatrix} -4 & 0 \\ -\frac{1}{2} & 0 \end{pmatrix}=\begin{pmatrix} 1 & 0 \\ 1 & 1 \end{pmatrix}$$

이므로

$$(A+B)^4=(A+B)^2(A+B)^2$$
$$=\begin{pmatrix} 1 & 0 \\ 1 & 1 \end{pmatrix}\begin{pmatrix} 1 & 0 \\ 1 & 1 \end{pmatrix}=\begin{pmatrix} 1 & 0 \\ 2 & 1 \end{pmatrix}$$
$$(A+B)^6=(A+B)^4(A+B)^2$$
$$=\begin{pmatrix} 1 & 0 \\ 2 & 1 \end{pmatrix}\begin{pmatrix} 1 & 0 \\ 1 & 1 \end{pmatrix}=\begin{pmatrix} 1 & 0 \\ 3 & 1 \end{pmatrix}$$
$$\vdots$$
$$\therefore (A+B)^{2n}=\begin{pmatrix} 1 & 0 \\ n & 1 \end{pmatrix}$$

따라서 $(A+B)^{100}=\begin{pmatrix} 1 & 0 \\ 50 & 1 \end{pmatrix}$이므로

구하는 행렬의 모든 성분의 합은

$1+0+50+1=52$

답 52

36

$A+B=E$에서 $B=E-A$이므로

$B^3=(E-A)^3=-A^3+3A^2-3A+E$

$\therefore A^3+B^3=3A^2-3A+E$ ……㉠

또한, $AB=O$에서

$A(E-A)=O$, $A-A^2=O$

$\therefore A^2=A$

이것을 ㉠에 대입하여 정리하면

$A^3+B^3=3A^2-3A+E=3A-3A+E$

$=E=\begin{pmatrix} 1 & 0 \\ 0 & 1 \end{pmatrix}$

따라서 구하는 행렬의 모든 성분의 합은

$1+0+0+1=2$

답 2

다른 풀이

$A+B=E$에서 $B=E-A$이므로

$AB=A(E-A)=A-A^2$

$BA=(E-A)A=A-A^2$

즉, $AB=BA=O$이므로

$A^3+B^3=(A+B)^3$

$=E^3=E=\begin{pmatrix} 1 & 0 \\ 0 & 1 \end{pmatrix}$

따라서 구하는 행렬의 모든 성분의 합은

$1+0+0+1=2$

보충 설명

두 이차 정사각행렬 A, B에 대하여

$A+B=kE$ (k는 실수)이면 $B=-A+kE$이므로

$AB=A(-A+kE)=-A^2+kA$

$BA=(-A+kE)A=-A^2+kA$

$\therefore AB=BA$

37

$A+B=E$에서

$B=E-A$

위의 식의 양변의 왼쪽에 A를 곱하면

$AB=A(E-A)=A-A^2$

이때 $AB=E$이므로 위의 식에서

$E=A-A^2 \qquad \therefore A^2=A-E$

$\therefore A^3=AA^2=A(A-E)=A^2-A$

$=(A-E)-A=-E$

같은 방법으로 $B^3=-E$

$\therefore A^{100}+B^{100}=(A^3)^{33}A+(B^3)^{33}B$

$=(-E)^{33}A+(-E)^{33}B$

$=-A-B$

$=-(A+B)$

$=-E$

따라서 $k=-1$이다.

답 -1

38

ㄱ. $(A+B)^2=O$에서 $A^2+AB+BA+B^2=O$

이때 $A^2+B^2=O$이므로 $AB+BA=O$

$\therefore AB=-BA$ (참)

ㄴ. ㄱ에서 $AB=-BA$이므로

$A^3B^3=AAABBB$

$=AA(AB)BB=AA(-BA)BB$

$=\underline{-AABABB}$

$=-A(AB)ABB=-A(-BA)ABB$

$=\underline{ABAABB}$

$=(AB)AABB=(-BA)AABB$

$=\underline{-BAAABB}$

B가 한 칸 앞으로 올 때마다 부호가 반대로 바뀐다.

$\vdots$

$=BBAAAB$

$=-BBBAAA$

$=-B^3A^3$ (거짓)

ㄷ. $(A+B+E)(A+B-E)$

$=A^2+AB-A+BA+B^2-B+A+B-E$

$=A^2+B^2+AB+BA-E$

$=(A^2+B^2)+AB-AB-E$ ($\because$ ㄱ)

$=O-E=-E$ (거짓)

따라서 옳은 것은 ㄱ뿐이다.

답 ㄱ

다른 풀이

ㄴ. $A^2+B^2=O$에서 $A^2=-B^2$, $B^2=-A^2$

또한, ㄱ에서 $AB=-BA$이므로

$A^3B^3=A^2(AB)B^2$

$=(-B^2)(-BA)(-A^2)$

$=-B^2(BA)A^2$

$=-B^3A^3$ (거짓)

ㄷ. $(A+B+E)(A+B-E)$

$=\{(A+B)+E\}\{(A+B)-E\}$

$=(A+B)^2-E^2$

$=O-E=-E$ (거짓)

39

$A^2=AA=\begin{pmatrix}1&-1\\3&-2\end{pmatrix}\begin{pmatrix}1&-1\\3&-2\end{pmatrix}=\begin{pmatrix}-2&1\\-3&1\end{pmatrix}$

$A^3=A^2A=\begin{pmatrix}-2&1\\-3&1\end{pmatrix}\begin{pmatrix}1&-1\\3&-2\end{pmatrix}=\begin{pmatrix}1&0\\0&1\end{pmatrix}=E$

$A^4=A^3A=EA=A$

$\vdots$

따라서 자연수 n에 대하여 A^n은 A, A^2, E가 이 순서대로 계속 반복된다.

이때 $2035=3\times678+1$에서

$A^{2035}=A=\begin{pmatrix}1&-1\\3&-2\end{pmatrix}$

따라서 구하는 행렬의 모든 성분의 합은

$1+(-1)+3+(-2)=1$

답 1

다른 풀이

행렬 $A=\begin{pmatrix}1&-1\\3&-2\end{pmatrix}$에서 케일리-해밀턴 정리에 의하여

$A^2-\{1+(-2)\}A+\{1\times(-2)-(-1)\times3\}E=O$

이므로

$A^2+A+E=O$

$\therefore A^2=-A-E$

$A^3=A^2A=(-A-E)A$

$=-A^2-A=-(-A-E)-A$

$=E$

40

$A^4=A^2A^2=\begin{pmatrix}1&-5\\0&1\end{pmatrix}\begin{pmatrix}1&-5\\0&1\end{pmatrix}=\begin{pmatrix}1&-10\\0&1\end{pmatrix}$

$\therefore (A^2-A+2E)(A^2+A+2E)$

$=\{(A^2+2E)-A\}\{(A^2+2E)+A\}$

$=(A^2+2E)^2-A^2$

$=A^4+3A^2+4E$

$=\begin{pmatrix}1&-10\\0&1\end{pmatrix}+3\begin{pmatrix}1&-5\\0&1\end{pmatrix}+4\begin{pmatrix}1&0\\0&1\end{pmatrix}$

$=\begin{pmatrix}8&-25\\0&8\end{pmatrix}$

따라서 구하는 행렬의 모든 성분의 합은

$8+(-25)+0+8=-9$

답 -9

41

$A^2=AA=\begin{pmatrix}2&-3\\1&-1\end{pmatrix}\begin{pmatrix}2&-3\\1&-1\end{pmatrix}=\begin{pmatrix}1&-3\\1&-2\end{pmatrix}$

$A^3=A^2A=\begin{pmatrix}1&-3\\1&-2\end{pmatrix}\begin{pmatrix}2&-3\\1&-1\end{pmatrix}=\begin{pmatrix}-1&0\\0&-1\end{pmatrix}=-E$

$A^4=A^3A=-EA=-A$

$A^5=A^4A=-AA=-A^2$

$A^6=(A^3)^2=(-E)^2=E$

따라서 자연수 n에 대하여 A^n은 A, A^2, $-E$, $-A$, $-A^2$, E가 이 순서대로 계속 반복되고

$A+A^2+A^3+A^4+A^5+A^6$

$=A^7+A^8+A^9+A^{10}+A^{11}+A^{12}$

$\vdots$

$=A+A^2+(-E)+(-A)+(-A^2)+E$

$=O$

이때 $100=6\times16+4$이므로

$A+A^2+A^3+\cdots+A^{100}$

$=\underbrace{O+O+O+\cdots+O}_{16개}+A^{97}+A^{98}+A^{99}+A^{100}$

$=A+A^2+(-E)+(-A)$

$=A^2-E$

$=\begin{pmatrix}1&-3\\1&-2\end{pmatrix}-\begin{pmatrix}1&0\\0&1\end{pmatrix}=\begin{pmatrix}0&-3\\1&-3\end{pmatrix}$

따라서 구하는 행렬의 모든 성분의 합은

$0+(-3)+1+(-3)=-5$

답 -5

다른 풀이

행렬 $A=\begin{pmatrix}2&-3\\1&-1\end{pmatrix}$에서 케일리-해밀턴 정리에 의하여

$A^2-\{2+(-1)\}A+\{2\times(-1)-(-3)\times1\}E=O$

이므로 $A^2-A+E=O$

즉, $A^2=A-E$에서

$A^3=A^2A=(A-E)A$

$=A^2-A=(A-E)-A=-E$

$\therefore A+A^2+A^3+\cdots+A^{100}$

$=A+A^2+A^3+A^3A+A^3A^2+\cdots+(A^3)^{33}A$

$=A+A^2-E-EA-EA^2+(-E)^2+\cdots$

$\quad+(-E)^{32}A+(-E)^{32}A^2+(-E)^{33}+(-E)^{33}A$

$=A^2-E$

$=\begin{pmatrix}1 & -3\\1 & -2\end{pmatrix}-\begin{pmatrix}1 & 0\\0 & 1\end{pmatrix}=\begin{pmatrix}0 & -3\\1 & -3\end{pmatrix}$

따라서 구하는 행렬의 모든 성분의 합은

$0+(-3)+1+(-3)=-5$

STEP 1 개념 마무리 본문 pp.298~299

13 ⑤	**14** 25	**15** -2	
16 18600원, $1000d$원		**17** $\pm3\sqrt{3}$	**18** 9
19 6	**20** ⑤	**21** -11	**22** 7
23 ③			

13

두 점 (a, b), (c, d)를 지나는 직선을 행렬 $\begin{pmatrix}a & b\\c & d\end{pmatrix}$에 대응시키므로 이 행렬이 나타내는 직선의 기울기는 $\dfrac{d-b}{c-a}$이다.

즉, 행렬 $\begin{pmatrix}1 & 3\\5 & 7\end{pmatrix}$에 대응하는 직선의 기울기는

$\dfrac{7-3}{5-1}=\dfrac{4}{4}=1$

ㄱ. $2\begin{pmatrix}1 & 3\\5 & 7\end{pmatrix}=\begin{pmatrix}2 & 6\\10 & 14\end{pmatrix}$

이 행렬에 대응하는 직선의 기울기는

$\dfrac{14-6}{10-2}=\dfrac{8}{8}=1$

ㄴ. $\begin{pmatrix}1 & 3\\5 & 7\end{pmatrix}-\begin{pmatrix}2 & 5\\8 & 11\end{pmatrix}=\begin{pmatrix}-1 & -2\\-3 & -4\end{pmatrix}$

이 행렬에 대응하는 직선의 기울기는

$\dfrac{-4-(-2)}{-3-(-1)}=\dfrac{-2}{-2}=1$

ㄷ. $\begin{pmatrix}1 & 3\\5 & 7\end{pmatrix}\begin{pmatrix}0 & 1\\1 & 0\end{pmatrix}=\begin{pmatrix}3 & 1\\7 & 5\end{pmatrix}$

이 행렬에 대응하는 직선의 기울기는

$\dfrac{5-1}{7-3}=\dfrac{4}{4}=1$

따라서 행렬 $\begin{pmatrix}1 & 3\\5 & 7\end{pmatrix}$에 대응하는 직선과 서로 평행하거나 일치하는 직선에 대응하는 행렬은 ㄱ, ㄴ, ㄷ이다.

답 ⑤

14

$\begin{pmatrix}\alpha & \beta\\0 & \alpha\end{pmatrix}\begin{pmatrix}\beta & \alpha\\0 & \beta\end{pmatrix}=\begin{pmatrix}\alpha\beta & \alpha^2+\beta^2\\0 & \alpha\beta\end{pmatrix}$

이차방정식 $x^2-5x-2=0$에서 근과 계수의 관계에 의하여

$\alpha+\beta=5$, $\alpha\beta=-2$

$\therefore \alpha^2+\beta^2=(\alpha+\beta)^2-2\alpha\beta$

$=5^2-2\times(-2)=29$

따라서 구하는 행렬은 $\begin{pmatrix}-2 & 29\\0 & -2\end{pmatrix}$이므로 모든 성분의 합은

$-2+29+0+(-2)=25$

답 25

다른 풀이

이차방정식 $x^2-5x-2=0$에서 근과 계수의 관계에 의하여

$\alpha+\beta=5$

이때 $\begin{pmatrix}\alpha & \beta\\0 & \alpha\end{pmatrix}\begin{pmatrix}\beta & \alpha\\0 & \beta\end{pmatrix}=\begin{pmatrix}\alpha\beta & \alpha^2+\beta^2\\0 & \alpha\beta\end{pmatrix}$의 모든 성분의 합은

$\alpha\beta+\alpha^2+\beta^2+0+\alpha\beta=\alpha^2+2\alpha\beta+\beta^2$

$=(\alpha+\beta)^2$

$=5^2=25$

15

$ABC=\begin{pmatrix}2x & -1\end{pmatrix}\begin{pmatrix}1 & -4\\0 & 3\end{pmatrix}\begin{pmatrix}2x\\-1\end{pmatrix}$

$=\begin{pmatrix}2x & -8x-3\end{pmatrix}\begin{pmatrix}2x\\-1\end{pmatrix}$

$=\begin{pmatrix}4x^2+8x+3\end{pmatrix}$

이때 $f(x)=4x^2+8x+3$이라 하면

$f(x)=4(x^2+2x+1)-1$

$=4(x+1)^2-1$

이차함수 $y=f(x)$의 그래프는 아래로 볼록하므로 함수 $f(x)$는 $x=-1$일 때, 최솟값 -1을 갖는다.

따라서 $a=-1$, $b=-1$이므로

$a+b=-2$

답 -2

16

$$PQ=\begin{pmatrix} 3 & 1.5 \\ 5 & 1.2 \end{pmatrix}\begin{pmatrix} x & x-1 \\ 2 & y \end{pmatrix}$$

$$=\begin{pmatrix} 3x+1.5\times 2 & 3(x-1)+1.5y \\ 5x+1.2\times 2 & 5(x-1)+1.2y \end{pmatrix}$$

$\therefore a=3x+1.5\times 2,\ b=3(x-1)+1.5y,$

$c=5x+1.2\times 2,\ d=5(x-1)+1.2y$

정우가 편의점 A에서 김밥과 우유를 구매할 때 지불해야 하는 금액이 15000원이므로

$3000x+1500\times 2=15000$

$3000x=12000 \qquad \therefore x=4$

또한, 정우가 편의점 A에서 김밥과 우유를 구매할 때 지불해야 하는 금액은 수아가 편의점 A에서 김밥과 우유를 구매할 때 지불해야 하는 금액보다 1500원이 많으므로 수아가 지불해야 하는 금액은

$15000-1500=13500$(원)

즉, $3000(x-1)+1500y=13500$에서

$3000\times(4-1)+1500y=13500$ ($\because x=4$)

$1500y=4500 \qquad \therefore y=3$

따라서 수아가 편의점 B에서 김밥과 우유를 구매할 때 지불해야 하는 금액은

$5000(x-1)+1200y=5000\times(4-1)+1200\times 3$

$=18600$(원)

이고, 행렬 PQ의 성분으로 나타내면 $1000d$원이다.

답 18600원, $1000d$원

17

$$A^2=AA=\begin{pmatrix} 2 & 2 \\ 0 & p \end{pmatrix}\begin{pmatrix} 2 & 2 \\ 0 & p \end{pmatrix}=\begin{pmatrix} 4 & 4+2p \\ 0 & p^2 \end{pmatrix}$$

$A^3=A^2A$

$$=\begin{pmatrix} 4 & 4+2p \\ 0 & p^2 \end{pmatrix}\begin{pmatrix} 2 & 2 \\ 0 & p \end{pmatrix}=\begin{pmatrix} 8 & 8+4p+2p^2 \\ 0 & p^3 \end{pmatrix}$$

이므로

$D(A^3)=8\times p^3-(8+4p+2p^2)\times 0=8p^3$ ······ (가)

또한, $6A=6\begin{pmatrix} 2 & 2 \\ 0 & p \end{pmatrix}=\begin{pmatrix} 12 & 12 \\ 0 & 6p \end{pmatrix}$이므로

$D(6A)=12\times 6p-12\times 0=72p$ ······ (나)

이때 $D(A^3)=3\times D(6A)$이므로

$8p^3=216p,\ p^2=27$ ($\because p\neq 0$)

$\therefore p=\pm 3\sqrt{3}$ ······ (다)

답 $\pm 3\sqrt{3}$

단계	채점 기준	배점
(가)	$D(A^3)$을 p에 대한 식으로 나타낸 경우	40%
(나)	$D(6A)$를 p에 대한 식으로 나타낸 경우	30%
(다)	실수 p의 값을 구한 경우	30%

18

조건 (나)의 등식 $A\begin{pmatrix} 2 \\ -1 \end{pmatrix}=\begin{pmatrix} 5 \\ -2 \end{pmatrix}$의 양변의 왼쪽에 A^2을 곱하면

$$A^2A\begin{pmatrix} 2 \\ -1 \end{pmatrix}=A^2\begin{pmatrix} 5 \\ -2 \end{pmatrix}$$

$$\therefore A^3\begin{pmatrix} 2 \\ -1 \end{pmatrix}=A^2\begin{pmatrix} 5 \\ -2 \end{pmatrix}$$

이때 조건 (가)에서 $A^3=3A$이므로

$$A^2\begin{pmatrix} 5 \\ -2 \end{pmatrix}=A^3\begin{pmatrix} 2 \\ -1 \end{pmatrix}=3A\begin{pmatrix} 2 \\ -1 \end{pmatrix}$$

$$=3\begin{pmatrix} 5 \\ -2 \end{pmatrix}=\begin{pmatrix} 15 \\ -6 \end{pmatrix}$$

따라서 $a=15,\ b=-6$이므로

$a+b=15+(-6)=9$

답 9

19

$A^2-AB+BA-B^2=A(A-B)+B(A-B)$

$=(A+B)(A-B)$

이때

$$A+B=\begin{pmatrix} -1 & 2 \\ 0 & 3 \end{pmatrix}+\begin{pmatrix} 0 & -1 \\ 1 & 2 \end{pmatrix}=\begin{pmatrix} -1 & 1 \\ 1 & 5 \end{pmatrix},$$

$$A-B=\begin{pmatrix} -1 & 2 \\ 0 & 3 \end{pmatrix}-\begin{pmatrix} 0 & -1 \\ 1 & 2 \end{pmatrix}=\begin{pmatrix} -1 & 3 \\ -1 & 1 \end{pmatrix}$$이므로

$$A^2-AB+BA-B^2=\begin{pmatrix} -1 & 1 \\ 1 & 5 \end{pmatrix}\begin{pmatrix} -1 & 3 \\ -1 & 1 \end{pmatrix}$$

$$=\begin{pmatrix} 0 & -2 \\ -6 & 8 \end{pmatrix}$$

따라서 구하는 행렬의 제2 열의 성분은 -2, 8이므로 그 합은
$-2+8=6$

답 6

보충 설명

행렬의 곱셈에서는 일반적으로 교환법칙이 성립하지 않으므로
$A^2-AB\neq(A-B)A$,
$BA-B^2\neq(A-B)B$,
$A(A-B)+B(A-B)\neq(A-B)(A+B)$
임에 주의해야 한다.
A^2-AB에서는 A가 왼쪽에 곱해져 있으므로
$A^2-AB=A(A-B)$,
$BA-B^2$에서는 B가 왼쪽에 곱해져 있으므로
$BA-B^2=B(A-B)$
로 변형해야 한다. 또한, $A(A-B)+B(A-B)$에서는
$(A-B)$가 오른쪽에 곱해져 있으므로
$A(A-B)+B(A-B)=(A+B)(A-B)$
와 같이 변형해야 한다.
이처럼 행렬의 곱셈을 이용한 식의 변형에서 곱하는 순서를 혼동하지 않도록 주의해야 한다.

20

ㄱ. $A*O=(A-O)(A+O)=AA=A^2$
즉, $A*O=O$에서 $A^2=O$
이때 $A^2=O$이지만 $A\neq O$인 행렬 A가 존재한다. (거짓)
(반례) $A=\begin{pmatrix} 0 & 0 \\ 1 & 0 \end{pmatrix}$

ㄴ. $A*B=A*(-B)$에서
$(A-B)(A+B)=(A+B)(A-B)$
$A^2+AB-BA-B^2=A^2-AB+BA-B^2$
$2AB=2BA \quad \therefore AB=BA$
이때 $AB=BA$이면
$(AB)^2=ABAB=AABB=A^2B^2$ (참)

ㄷ. $A*E=(A-E)(A+E)=A^2-E$
즉, $A*E=A$에서 $A^2-E=A$이므로
$A^2=A+E$
$\therefore A^3=A^2A=(A+E)A$
$=A^2+A=(A+E)+A$
$=2A+E$ (참)

따라서 옳은 것은 ㄴ, ㄷ이다.

답 ⑤

21

$2A+B=E$에서
$B=E-2A$
위의 식의 양변의 왼쪽에 B를 곱하면
$B^2=B(E-2A)=B-2BA$
$=B-6E$ ($\because BA=3E$)
또한, $2A+B=E$에서
$2A=E-B$
위의 식의 양변의 오른쪽에 A를 곱하면
$2A^2=(E-B)A=A-BA$
$=A-3E$ ($\because BA=3E$)
$\therefore 4A^2+B^2=2\times 2A^2+B^2$
$=2(A-3E)+(B-6E)$
$=2A+B-12E$
$=E-12E$
$=-11E$
따라서 상수 k의 값은 -11이다.

답 -11

다른 풀이

$2A+B=E$에서 $B=E-2A$
위의 식의 양변을 제곱하면
$B^2=(E-2A)^2=E-4A+4A^2$ ······㉠
또한, $B=E-2A$에서 양변의 오른쪽에 A를 곱하면
$BA=(E-2A)A=A-2A^2=3E$
$\therefore 2A^2=A-3E$ ······㉡
$\therefore 4A^2+B^2=4A^2+(4A^2-4A+E)$ ($\because$ ㉠)
$=8A^2-4A+E$
$=4(2A^2)-4A+E$
$=4(A-3E)-4A+E$ ($\because$ ㉡)
$=4A-12E-4A+E=-11E$
따라서 상수 k의 값은 -11이다.

22

$A^2=AA=\begin{pmatrix} 3 & 5 \\ -2 & -3 \end{pmatrix}\begin{pmatrix} 3 & 5 \\ -2 & -3 \end{pmatrix}$
$=\begin{pmatrix} -1 & 0 \\ 0 & -1 \end{pmatrix}=-E$

$\therefore A^4-2A^3+A+3E$
$=(A^2)^2-2A^2A+A+3E$
$=(-E)^2-2(-E)A+A+3E$
$=E+2A+A+3E$
$=3A+4E$

즉, $pA+qE=3A+4E$에서

$p\begin{pmatrix} 3 & 5 \\ -2 & -3 \end{pmatrix}+q\begin{pmatrix} 1 & 0 \\ 0 & 1 \end{pmatrix}=3\begin{pmatrix} 3 & 5 \\ -2 & -3 \end{pmatrix}+4\begin{pmatrix} 1 & 0 \\ 0 & 1 \end{pmatrix}$

$\therefore \begin{pmatrix} 3p+q & 5p \\ -2p & -3p+q \end{pmatrix}=\begin{pmatrix} 13 & 15 \\ -6 & -5 \end{pmatrix}$

두 행렬이 서로 같을 조건에 의하여
$3p+q=13$, $5p=15$
$-2=-6$, $-3p+q=-5$
따라서 $p=3$, $q=4$이므로
$p+q=7$

답 7

23

ㄱ. $AB=\begin{pmatrix} 1 & a \\ 0 & 1 \end{pmatrix}\begin{pmatrix} 1 & 0 \\ b & 1 \end{pmatrix}=\begin{pmatrix} 1+ab & a \\ b & 1 \end{pmatrix}$

이때 $AB=E$이면

$\begin{pmatrix} 1+ab & a \\ b & 1 \end{pmatrix}=\begin{pmatrix} 1 & 0 \\ 0 & 1 \end{pmatrix}$

두 행렬이 서로 같을 조건에 의하여
$1+ab=1$, $a=0$, $b=0$이므로
$ab=0$ (거짓)

ㄴ. $A-B=\begin{pmatrix} 1 & a \\ 0 & 1 \end{pmatrix}-\begin{pmatrix} 1 & 0 \\ b & 1 \end{pmatrix}=\begin{pmatrix} 0 & a \\ -b & 0 \end{pmatrix}$

$(A-B)^2=\begin{pmatrix} 0 & a \\ -b & 0 \end{pmatrix}\begin{pmatrix} 0 & a \\ -b & 0 \end{pmatrix}=\begin{pmatrix} -ab & 0 \\ 0 & -ab \end{pmatrix}$

$=-ab\begin{pmatrix} 1 & 0 \\ 0 & 1 \end{pmatrix}$

$=-abE$ (거짓)

ㄷ. $A^2=AA=\begin{pmatrix} 1 & a \\ 0 & 1 \end{pmatrix}\begin{pmatrix} 1 & a \\ 0 & 1 \end{pmatrix}=\begin{pmatrix} 1 & 2a \\ 0 & 1 \end{pmatrix}$

$A^3=A^2A=\begin{pmatrix} 1 & 2a \\ 0 & 1 \end{pmatrix}\begin{pmatrix} 1 & a \\ 0 & 1 \end{pmatrix}=\begin{pmatrix} 1 & 3a \\ 0 & 1 \end{pmatrix}$

$A^4=A^3A=\begin{pmatrix} 1 & 3a \\ 0 & 1 \end{pmatrix}\begin{pmatrix} 1 & a \\ 0 & 1 \end{pmatrix}=\begin{pmatrix} 1 & 4a \\ 0 & 1 \end{pmatrix}$

⋮

$\therefore A^n=\begin{pmatrix} 1 & na \\ 0 & 1 \end{pmatrix}$

$B^2=BB=\begin{pmatrix} 1 & 0 \\ b & 1 \end{pmatrix}\begin{pmatrix} 1 & 0 \\ b & 1 \end{pmatrix}=\begin{pmatrix} 1 & 0 \\ 2b & 1 \end{pmatrix}$

$B^3=B^2B=\begin{pmatrix} 1 & 0 \\ 2b & 1 \end{pmatrix}\begin{pmatrix} 1 & 0 \\ b & 1 \end{pmatrix}=\begin{pmatrix} 1 & 0 \\ 3b & 1 \end{pmatrix}$

$B^4=B^3B=\begin{pmatrix} 1 & 0 \\ 3b & 1 \end{pmatrix}\begin{pmatrix} 1 & 0 \\ b & 1 \end{pmatrix}=\begin{pmatrix} 1 & 0 \\ 4b & 1 \end{pmatrix}$

⋮

$\therefore B^n=\begin{pmatrix} 1 & 0 \\ nb & 1 \end{pmatrix}$

이때 $A^n=B^n$이면 $\begin{pmatrix} 1 & na \\ 0 & 1 \end{pmatrix}=\begin{pmatrix} 1 & 0 \\ nb & 1 \end{pmatrix}$이므로

두 행렬이 서로 같을 조건에 의하여
$na=nb=0$
이때 n이 자연수이므로 $a=0$, $b=0$
$\therefore a+b=0$ (참)

따라서 옳은 것은 ㄷ뿐이다.

답 ③

STEP 2 **개념 마무리** 본문 p.300

1 6	**2** 5	**3** 10	**4** 25
5 8	**6** 21		

1

(i) $i=1$, $j=1$일 때,
직선 $y=x+1$과 이차함수 $y=(x+2)^2-1$의 그래프의 교점의 개수는 이차방정식 $x+1=(x+2)^2-1$, 즉 $x^2+3x+2=0$의 서로 다른 실근의 개수와 같다.
이 이차방정식의 판별식을 D_1이라 하면
$D_1=3^2-4\times1\times2=1>0$
즉, 두 그래프의 교점의 개수는 2이므로
행렬 A의 $(1, 1)$ 성분은 2이다.

(ii) $i=1$, $j=2$일 때,

직선 $y=x+1$과 이차함수 $y=(x+4)^2-2$의 그래프의 교점의 개수는 이차방정식 $x+1=(x+4)^2-2$, 즉 $x^2+7x+13=0$의 서로 다른 실근의 개수와 같다.

이 이차방정식의 판별식을 D_2라 하면

$D_2=7^2-4\times1\times13=-3<0$

즉, 두 그래프의 교점의 개수는 0이므로

행렬 A의 $(1, 2)$ 성분은 0이다.

(iii) $i=2$, $j=1$일 때,

직선 $y=x+2$와 이차함수 $y=(x+2)^2-1$의 그래프의 교점의 개수는 이차방정식 $x+2=(x+2)^2-1$, 즉 $x^2+3x+1=0$의 서로 다른 실근의 개수와 같다.

이 이차방정식의 판별식을 D_3이라 하면

$D_3=3^2-4\times1\times1=5>0$

즉, 두 그래프의 교점의 개수는 2이므로

행렬 A의 $(2, 1)$ 성분은 2이다.

(iv) $i=2$, $j=2$일 때,

직선 $y=x+2$와 이차함수 $y=(x+4)^2-2$의 그래프의 교점의 개수는 이차방정식 $x+2=(x+4)^2-2$, 즉 $x^2+7x+12=0$의 서로 다른 실근의 개수와 같다.

이 이차방정식의 판별식을 D_4라 하면

$D_4=7^2-4\times1\times12=1>0$

즉, 두 그래프의 교점의 개수는 2이므로

행렬 A의 $(2, 2)$ 성분은 2이다.

(i)~(iv)에서 $A=\begin{pmatrix} 2 & 0 \\ 2 & 2 \end{pmatrix}$이므로 행렬 A의 모든 성분의 합은

$2+0+2+2=6$

답 6

2

조건 (가)에서 $AB=A$이므로

$$\begin{pmatrix} a & b \\ c & d \end{pmatrix}\begin{pmatrix} d & b \\ c & a \end{pmatrix}=\begin{pmatrix} a & b \\ c & d \end{pmatrix}$$

$$\therefore \begin{pmatrix} ad+bc & 2ab \\ 2cd & bc+ad \end{pmatrix}=\begin{pmatrix} a & b \\ c & d \end{pmatrix}$$

두 행렬이 서로 같을 조건에 의하여

$ad+bc=a$ ……㉠, $2ab=b$ ……㉡

$2cd=c$ ……㉢, $ad+bc=d$ ……㉣

이때 $bc\neq0$에서 $b\neq0$, $c\neq0$이므로

㉡에서 $2a=1$ $\quad\therefore a=\frac{1}{2}$

㉢에서 $2d=1$ $\quad\therefore d=\frac{1}{2}$

또한, 조건 (나)에서

$$A+B=\begin{pmatrix} a & b \\ c & d \end{pmatrix}+\begin{pmatrix} d & b \\ c & a \end{pmatrix}=\begin{pmatrix} a+d & 2b \\ 2c & d+a \end{pmatrix}$$

의 모든 성분의 합이 $\frac{16}{3}$이므로

$2a+2b+2c+2d=\frac{16}{3}$

$\therefore a+b+c+d=\frac{8}{3}$

$a=\frac{1}{2}$, $d=\frac{1}{2}$을 위의 식에 대입하면

$1+b+c=\frac{8}{3}$ $\quad\therefore b+c=\frac{5}{3}$

$$\therefore 6(ab+cd)=6\left(\frac{b}{2}+\frac{c}{2}\right)$$

$$=3(b+c)=3\times\frac{5}{3}=5$$

답 5

3

$$A^2=AA=\begin{pmatrix} m & 0 \\ m-5 & 5 \end{pmatrix}\begin{pmatrix} m & 0 \\ m-5 & 5 \end{pmatrix}$$

$$=\begin{pmatrix} m^2 & 0 \\ m(m-5)+5(m-5) & 5^2 \end{pmatrix}$$

$$=\begin{pmatrix} m^2 & 0 \\ m^2-5^2 & 5^2 \end{pmatrix}$$

$$A^3=A^2A=\begin{pmatrix} m^2 & 0 \\ m^2-5^2 & 5^2 \end{pmatrix}\begin{pmatrix} m & 0 \\ m-5 & 5 \end{pmatrix}$$

$$=\begin{pmatrix} m^3 & 0 \\ m(m^2-5^2)+5^2(m-5) & 5^3 \end{pmatrix}$$

$$=\begin{pmatrix} m^3 & 0 \\ m^3-5^3 & 5^3 \end{pmatrix}$$

$\vdots$

$$\therefore A^n=\begin{pmatrix} m^n & 0 \\ m^n-5^n & 5^n \end{pmatrix}$$

행렬 A^n의 모든 성분의 합이 2^{49}이 되려면

$m^n+0+(m^n-5^n)+5^n=2^{49}$

$2m^n=2^{49}$ $\quad\therefore m^n=2^{48}$

따라서 조건을 만족시키는 두 자연수 m, n의 순서쌍 (m, n)은

$(2, 48), (2^2, 24), (2^3, 16), (2^4, 12), (2^6, 8), (2^8, 6),$

$(2^{12}, 4), (2^{16}, 3), (2^{24}, 2), (2^{48}, 1)$

의 10개이다.

$48=2^4\times3$이므로 48의 양의 약수의 개수는 $5\times2=10$

답 10

4

$A^2+B^2=O$에서

$AA+BB=O$

위의 식의 양변의 왼쪽에 A를 곱하면

$AAA+ABB=O$

즉, $A^3+ABB=O$에서 $AB=E$이므로

$A^3+B=O \qquad \therefore B=-A^3$

위의 식의 양변의 왼쪽에 다시 A를 곱하면

$AB=-AA^3 \qquad \therefore A^4=-E \ (\because AB=E)$

이때 행렬 C가 $C=pA^3+qA$이므로

$$\begin{aligned}(A-B)C&=(A+A^3)(pA^3+qA)\\&=pA^4+qA^2+pA^6+qA^4\\&=-pE+qA^2-pEA^2-qE\\&=(q-p)A^2-(p+q)E\end{aligned}$$

$(A-B)C=E$이므로

$(q-p)A^2-(p+q)E=E$

$\therefore (q-p)A^2=(p+q+1)E \qquad \cdots\cdots ㉠$

$A^2=kE\left(k\text{는 0이 아닌 실수}, k=\dfrac{p+q+1}{q-p}\right)$일 때,

$A^2=kE$의 양변의 오른쪽에 B를 곱하면

$AAB=kB \qquad \therefore A=kB \ (\because AB=E)$

위의 식의 양변의 오른쪽에 다시 B를 곱하면

$AB=kBB, E=kB^2 \ (\because AB=E)$

$\therefore B^2=\frac{1}{k}E$

또한, $A^2+B^2=O$에서 $B^2=-A^2$이므로

$-A^2=\frac{1}{k}E \qquad \therefore A^2=-\frac{1}{k}E$

이때 $A^2=kE$이므로

$kE=-\frac{1}{k}E, k=-\frac{1}{k} \qquad \therefore k^2=-1$

$k^2=-1$을 만족시키는 실수 k의 값은 존재하지 않으므로

$A^2\neq kE$이다.

따라서 ㉠에서 $q-p=0, p+q=-1$

위의 두 식을 연립하여 풀면 $p=-\frac{1}{2}, q=-\frac{1}{2}$

$\therefore 100pq=100\times\left(-\frac{1}{2}\right)\times\left(-\frac{1}{2}\right)=25$

답 25

다른 풀이

$A^2+B^2=O$에서 $A^2=-B^2$

위의 식의 양변의 오른쪽에 A를 곱하면

$A^3=-B^2A=-B(BA)=-BE=-B$

$\therefore B=-A^3 \qquad \cdots\cdots ㉡$

또한,

$$\begin{aligned}(A-B)^2&=A^2-AB-BA+B^2\\&=O-2E=-2E \qquad \cdots\cdots ㉢\end{aligned}$$

$(A-B)C=E$의 양변의 왼쪽에 $(A-B)$를 곱하면

$(A-B)^2C=A-B$

$-2C=A-B \ (\because ㉢)$

$$\begin{aligned}\therefore C&=-\frac{1}{2}A+\frac{1}{2}B\\&=-\frac{1}{2}A-\frac{1}{2}A^3 \ (\because ㉡)\end{aligned}$$

즉, $p=-\frac{1}{2}, q=-\frac{1}{2}$이므로

$\therefore 100pq=100\times\left(-\frac{1}{2}\right)\times\left(-\frac{1}{2}\right)=25$

5

$A^2=AA=\begin{pmatrix}a&b\\b&a\end{pmatrix}\begin{pmatrix}a&b\\b&a\end{pmatrix}=\begin{pmatrix}a^2+b^2&2ab\\2ab&b^2+a^2\end{pmatrix}$

이므로 $A^2-6A+8E=O$에서

$\begin{pmatrix}a^2+b^2&2ab\\2ab&b^2+a^2\end{pmatrix}-6\begin{pmatrix}a&b\\b&a\end{pmatrix}+8\begin{pmatrix}1&0\\0&1\end{pmatrix}=\begin{pmatrix}0&0\\0&0\end{pmatrix}$

$\therefore \begin{pmatrix}a^2-6a+8+b^2&2ab-6b\\2ab-6b&a^2-6a+8+b^2\end{pmatrix}=\begin{pmatrix}0&0\\0&0\end{pmatrix}$

두 행렬이 서로 같을 조건에 의하여

$a^2-6a+8+b^2=0 \qquad \cdots\cdots ㉠$

$2ab-6b=0 \qquad \cdots\cdots ㉡$

㉡에서 $2b(a-3)=0$

$\therefore a=3$ 또는 $b=0$

(ⅰ) $a=3$일 때,

$a=3$을 ㉠에 대입하면

$3^2-6\times3+8+b^2=0$

$b^2=1$ $\quad\therefore b=\pm1$

(ⅱ) $b=0$일 때,

$b=0$을 ㉠에 대입하면

$a^2-6a+8=0$

$(a-2)(a-4)=0$ $\quad\therefore a=2$ 또는 $a=4$

(ⅰ), (ⅱ)에서 a, b의 순서쌍 (a, b)는

$(3, 1)$ 또는 $(3, -1)$ 또는 $(2, 0)$ 또는 $(4, 0)$이고

각 경우에 $2a+b$의 값은 순서대로 7, 5, 4, 8이다.

따라서 $2a+b$의 최댓값은 8이다.

답 8

다른 풀이

(ⅰ) $A=kE$ (k는 실수)일 때,

$A^2-6A+8E=O$에서

$(kE)^2-6(kE)+8E=O$

$k^2E-6kE+8E=O$

즉, $(k^2-6k+8)E=O$에서

$\begin{pmatrix} k^2-6k+8 & 0 \\ 0 & k^2-6k+8 \end{pmatrix}=\begin{pmatrix} 0 & 0 \\ 0 & 0 \end{pmatrix}$이므로

두 행렬이 서로 같을 조건에 의하여

$k^2-6k+8=0$, $(k-2)(k-4)=0$

$\therefore k=2$ 또는 $k=4$

즉, $A=2E$ 또는 $A=4E$이므로

$a=2$, $b=0$ 또는 $a=4$, $b=0$

(ⅱ) $A\neq kE$ (k는 실수)일 때,

행렬 $A=\begin{pmatrix} a & b \\ b & a \end{pmatrix}$에서 케일리-해밀턴 정리에 의하여

$A^2-2aA+(a^2-b^2)E=O$

이 등식이 $A^2-6A+8E=O$와 일치하므로

$2a=6$, $a^2-b^2=8$

$\therefore a=3$, $b=\pm1$

(ⅰ), (ⅱ)에서 a, b의 순서쌍 (a, b)는

$(2, 0)$ 또는 $(4, 0)$ 또는 $(3, 1)$ 또는 $(3, -1)$이고

각 경우에 $2a+b$의 값은 순서대로 4, 8, 7, 5이다.

따라서 $2a+b$의 최댓값은 8이다.

6

$(A+2E)\begin{pmatrix} x \\ y \end{pmatrix}=\begin{pmatrix} 3 \\ -3 \end{pmatrix}$의 양변의 왼쪽에 A를 곱하면

$A(A+2E)\begin{pmatrix} x \\ y \end{pmatrix}=A\begin{pmatrix} 3 \\ -3 \end{pmatrix}$

즉, $(A^2+2A)\begin{pmatrix} x \\ y \end{pmatrix}=3A\begin{pmatrix} 1 \\ -1 \end{pmatrix}$이므로 조건 ㈏에서

$(A^2+2A)\begin{pmatrix} x \\ y \end{pmatrix}=3\begin{pmatrix} 3 \\ 4 \end{pmatrix}=\begin{pmatrix} 9 \\ 12 \end{pmatrix}$

또한, 조건 ㈎에서 $A^2+2A-E=O$, 즉 $A^2+2A=E$이므로 이것을 위의 식에 대입하면

$E\begin{pmatrix} x \\ y \end{pmatrix}=\begin{pmatrix} 9 \\ 12 \end{pmatrix}$ $\quad\therefore \begin{pmatrix} x \\ y \end{pmatrix}=\begin{pmatrix} 9 \\ 12 \end{pmatrix}$

따라서 $x=9$, $y=12$이므로

$x+y=9+12=21$

답 21

B L A C K L A B E L